齐民要术 上

（北魏）贾思勰◎著

全本无删减 名师批注 无障碍阅读 有声伴读 原创手绘

北方妇女儿童出版社

图书在版编目（CIP）数据

齐民要术 / (北魏) 贾思勰著. -- 长春 : 北方妇女儿童出版社, 2021.1

（悦享丛书）

ISBN 978-7-5585-5133-8

Ⅰ. ①齐… Ⅱ. ①贾… Ⅲ. ①农学—中国—北魏 Ⅳ. ①S-092.392

中国版本图书馆CIP数据核字(2021)第008259号

齐民要术

QIMINYAOSHU

出 版 人 师晓晖

责任编辑 耿 皓

装帧设计 旧雨出版

开 本 787mm×1092mm 1/16

印 张 59

字 数 1130千字

版 次 2021年1月第1版

印 次 2023年1月第1次印刷

印 刷 北京市兴怀印刷厂

出 版 北方妇女儿童出版社

发 行 北方妇女儿童出版社

地 址 长春市福祉大路5788号

电 话 总编办：0431-81629600

定 价 140.80元

前言

Preface

德国诗人歌德说过：“读一本好书，就等于和一位高尚的人对话。”阅读中外文学名著，简直就是在和一位位文学大师对话。他们创作的名著，纵贯古今，横跨中外，大浪淘沙，沙里淘金，成为全人类共同的宝贵财富。

名著是历史的回音壁，是自然的旅行册。它可以拉近古今的距离：我们阅读名著可以探访在时间长河中和我们擦肩而过的人，看看他们怎样面对生活。它可以缩短地域间的距离：我们阅读名著便可足不出户而卧游千山万水，体察各地的风土人情。

名著是全人类智慧的结晶，那里面充满了智者的箴言。谁读了《论语》《老子》，不觉得是大师们站在人类思想的巅峰上，为我们播撒智慧的种子？我们阅读他们的书，就是站在巨人的肩膀上俯瞰世界。

名著是人类感情的储藏室，是传承文明的火炬手。它们展示着人类审视、确认、表现自身情感的过程，表现出一种摆脱生活的琐杂而趋向美与高尚的努力，其深厚的底蕴总是能够在我们的生活中唤起这种寓于诗意的情怀，因而具有永恒的魅力。

名著是真、善、美的化身，是人类生活中难得的一片净土。大师们在炼狱中心灵首先得到了净化，他们的作品无处不放射着高尚的光辉。在紧张而浮躁的社会中，我们的心灵有时会由于四处奔波而疲惫，由于过于好斗而阴暗，这时阅读名著绝对能使我们变得宁静而高尚，在阅读的过程中抚慰心灵的创痕，涤荡心灵的浮尘。

本套丛书有《红楼梦》《水浒传》等中国传统名著，还有《钢铁是怎样炼成的》《格林童话》等国外经典名著，可以带领学生领略中外人文差异，徜徉思想之海，探索文字奥秘。编者在编制本套丛书时，本着学生的认知水平和生活经验，对原著进行了全方位的解读。每一章节前加上了“精彩导读”，帮助他们获取本章的大致内容，增强总结能力；同时，在每一章的大量文段中选取了优美的词句，有精彩解读，帮助他们理解作者的情感变化、写作手法等，提升他们的写作技巧；在章节后有“精彩点拨”，总结中心思想，剖析艺术手法，加深他们的阅读印象；还有“阅读积累”，拓展他们的知识层面。

相信广大学子读完这套为他们精心打造的丛书后，一定能开阔眼界，增加智慧，健全人格，铸就人生的新境界！

编　者

贾思勰（xié），青州益都（今山东寿光市）人。北魏、东魏时期大臣，中国古代杰出的农学家。曾经做过高阳郡（今属山东临淄）太守等官职，到过山东、河北、河南等地。每到一地，他都非常认真考察和研究当地的农业生产技术，向一些具有丰富经验的老农请教，获得了不少农业方面的生产知识。中年以后，他回到故乡，开始经营农牧业活动，掌握了多种农业生产技术。约在北魏永熙二年（公元533年）至东魏武定二年（公元544年）间，贾思勰分析、整理、总结，写成农业科学技术巨著《齐民要术》。它是我国现存最早和最完善的农学名著，也是世界农学史上最早的名著之一，对后世的农业生产有着深远的影响。

《齐民要术》是一部综合性农书，为中国古代五大农书之首，该书记述了黄河流域下游地区，即今山西东南部、河北中南部、河南东北部和山东中北部的农业生产，概述农、林、牧、渔、副等部门的生产技术知识。

《齐民要术》大约成书于北魏末年（公元533年–544年），是北朝北魏时期，南朝宋至梁时期，中国杰出农学家贾思勰所著的一部综合性农学著作，也是世界农学史上最早的专著之一，是中国现存最早的一部完整的农书。全书10卷92篇，系统地总结了六世纪以前黄河中下游地区劳动人民农牧业生产经验、食品的加工与贮藏、野生植物的利用，以及治荒的方法，详细介绍了季节、气候、和不同土壤与不同农作物的关系，被誉为“中国古代农业百科全书”。

作品约11万字，其中正文约7万字，注释约4万字。书中援引古籍近200种，所引《氾胜之书》《四民月令》等现已失传的汉晋重要农书，后人只能从此书了解当时的农业运作。书前有自序、杂说各一篇，其中的序广泛摘引圣君贤相、有识之士等注重农业的事例，以及由于注重农业而取得的显著成效。收录1500年前中国农艺、园艺、造林、蚕桑、畜牧、兽医、配种、酿造、烹饪、储备，以及治荒的方法，把农副产品的加工（如酿造）以及食品加工、文具和日用品生产等形形色色的内容都囊括在内。

《齐民要术》推崇耿寿昌之常平仓、桑弘羊之均输法皆为“益国利民，不朽之术”。贾思勰建立了较为完整的农业科学体系，对以实用为特点的农学类目做出了合理的规划。对开荒、耕种到生产后的加工、酿造和利用等一系列过程详细记述，同时还论述了种植学、林学以及各种养殖学。

《齐民要术》中详尽探讨了抗旱保墒的问题。另外，他还论证了如何恢复、提高土壤肥力的办法，主要是轮换作物品种，并出现了绿色植物的栽培及轮作套种的方式，明确提出从事农业生产的原则应该是因时、因地、因作物品种而异，不能整齐划一。

《齐民要术》提出了选育良种的重要性以及生物和环境的相互关系问题。贾思勰认为种子的优劣对作物的产量和质量有举足轻重的作用。以谷类为例，书中共搜集谷类80多个品种，并按照成熟期、植株高度、产量、质量、抗逆性等特性进行分析比较，同时说明了如何保持种子纯正、不相混杂，种子播种前应做哪些工作，以期播种下去的种子能够发育完好，长出的幼芽茁壮健康。

书中叙述了养牛、养马、养鸡、养鹅等等的方法，共有6篇。书中还指出如何使用畜力，如何饲养家畜等，还提出如何搭配雌雄才恰到好处。书中又记载了兽医处方48例，涉及外科、内科、传染病、寄生虫病等，提出了及早发现、及早预防、发现后迅速隔离、讲究卫生并配合积极治疗的防病治病措施。

书中阐述了酒、醋、酱、糖稀等的制作过程，以及食品保存等。从所记载的工艺过程看，当时的人对微生物在生物酿造过程中所起的重要作用已有所认识，并掌握了很多实际经验和制作技巧。书中记载的蔬菜贮藏技术在中国北方仍被使用：9、10月间，于地上挖坑，深约一米或更多（视贮藏量而定），然后把新鲜的蔬菜一层层摆在坑中，再摆一层放一层土，最上面留下一尺多全部用土盖好。这样，冬天取出来的蔬菜不失水分，和夏秋时的一样新鲜。

书中记载了许多关于植物生长发育和有关农业技术的观察资料。譬如：种椒第四十三中讲述了椒的移栽，说椒不耐寒，属于温暖季节作物，冬天时要把它包起来；又如种梨第三十七中说梨的嫁接用根蒂小枝，树形可喜，五年方结子，鸠脚老技，三年既结子而树丑。书中还有许多类似记载材料，其中最为可贵的是栽树第三十二中所述果树开花期于园中堆置乱草、生粪、温烟防霜的经验。书中认为下雨晴后，若北风凄冷，则那天晚上一定有霜，根据这一方法，人们可以预防作物被冻坏，从而避免损失。另外还可采用放火产生烟，从而可以防霜。

《齐民要术》中很重视对农业生产、科学技术与经济效益的综合分析，描述了多种经营的可行性，使农民的收入有所增加。书中种白杨一节，预算了可得收入：1亩3垄，1垄720穴，1穴屈折插1杨枝，两头出土，1亩可得4320株，3年可为蚕架的横档木，5年可做屋椽，10年能充栋梁，以售卖蚕架横档木计算，1根5钱，1亩岁收21600文，1年若种10亩，3年一轮，那么收入将相当可观。书中还介绍了许多种以小本钱赚大钱的方法。

农史学家称赞《齐民要术》使中国农学第一次形成精耕细作的完整的结构体系，它高度概括了农业耕种的精湛技艺，使农业有了更深的发展。

经济史学家认为《齐民要术》是封建地主经济的经营指南，为其增加经济效益提供了有利的途径。

食品史学家认为《齐民要术》在农产品加工、酿造、烹调、果蔬贮藏等方面也给出了很好的技巧，为这方面的工作者提供了理论依据，为“中国古代的烹饪百科全书”。

达尔文研究进化论时，在《物种起源》中认为《齐民要术》为“中国古代百科全书”。

明代王廷相（1474–1544年）称《齐民要术》为“惠民之政，训农裕国之术”。

寿光市委党史研究室原主任、寿光市地方历史文化研究会会长赵守祥认为，作者贾思勰用凝练简洁的语言总结出了重大的政治思想和政治智慧，体现了深刻的哲学思想，非常具有前瞻性。他将《齐民要术》体现出哲学思想精髓概括为“食为政首、要在安民、富而教之、用之以节”十六字箴言。

农业“百科全书”《齐民要术》

《齐民要术》是一部农业“百科全书”。正如《自序》中所说：“起自农耕，终于醯醢，资生之业，靡不毕书。”全书共分10卷，92篇。正文7万字，注释4万字，内容相当丰富。该书前五卷介绍粮食、油料、染料作物、蔬菜、果树、桑等的栽培技术；第六卷，是关于禽畜和鱼类的养殖；第七卷到九卷，是农副产品加工、储运，包括酿造、酶制储藏、果品加工、烹饪、制糖等内容；第十卷则介绍有实用价值的热带、亚热带植物。

在这部农业科学著作中，贾思勰在农业上提出了许多精辟的见解和带规律性的认识。他总结耕种时说，“时天时，量地利，则用力少而成功多。任情返道，劳而无获。”就是说，种地要不误农时，要因地种植；在种地时要精耕细作。他提出“初耕欲深，转地欲浅，”“秋耕欲深，春、夏欲浅”；恢复土地肥力，提出实行轮作法。他说，谷子连种，“则莠多而收薄矣”。连种麻，则“有破叶夭折之患，不任作布也。”他还提出密植和套作法，重视种子品种和性能。他还特别提倡种植绿肥，以提高地力。他认为，绿豆的肥效最好，小豆、芝麻次之，肥力同蚕粪、熟粪一样好，能使谷物增产。在那时候贾思勰就能认识到绿肥的作用，把用地和养地结合起来，的确是了不起的事情。当时的欧洲还不懂得轮作和套种，不懂得绿肥的作用，直到18世纪30年代，英国才开始实行绿肥轮作制。

在播种技术方面，贾思勰强调适时播种，并指出了播种量、播种方法及其同播种期的关系。他介绍的播种方法，选种、晒种、浸种、药物或肥料拌种等种子处理方法，一直沿用到现在。同时，针对北方多干旱的气候特点，他对保墒方法还做了探讨。这些都说明，《齐民要术》在理论和实践的结合上为耕作学奠定了科学的基础。

在生物学方面，贾思勰在当时就已经认识到生物和环境的联系，懂得遗传和变异的关系，介绍了创造新品种的经验。涉及人工选择、人工杂交和定向培育等育种原理，具有很高的实用价值。英国著名生物学家、进化论的创立者——达尔文，在他的《物种起源》一书中写道：“我看到一部中国古代的百科全书，清楚记载着选择原理”。他在《动物和植物在家养下的变异》中，又一次提到这部中国古代百科全书。达尔文这里所说的中国古代百科全书就是贾思勰的《齐民要术》。

贾思勰的农学思想

顺应自然规律，发挥主观能动性。贾思勰认为，农作物生长是有规律的。谷子成熟有早晚，早熟的谷子，棵体矮小，果实多。晚熟的谷子，长得高大，而果实少。强壮的苗长得短小，黄谷就是这样。

以粮食为中心，多种经营。贾思勰重农，首先是重视粮食生产。但他又并不把农业生产归结为生产粮食，而是要多种经营。《齐民要术》包括了粮食作物、园艺作物、林木、种桑养蚕、畜牧、养鱼、农副产品加工等内容。贾思勰认为，农副产品加工是农业生产的继续，是生产转向消费的必要环节。经过加工的农副产品，不但满足了消费的需要，而且价值提高了。《齐民要术》中就有酒、醋、酱、豉的制作，还有把粮食、蔬菜、果品、肉鱼加工成耐储食品的方法。

重生产成本，有经济核算。《齐民要术》是要教导农民搞好农业生产，可是农民要生产就有一个生产成本问题。贾思勰在书中谈到，实际是教导农民，首先要按市场条件来安排生产，其次要有适当的规模和合理的田间布局来生产。要使用临时性雇工，以降低成本。要重视成本核算和利润的计算。《齐民要术》列举了大量的实例，教农民如何计算，甚至连运输、销售的费用都有计算。

尔雅

《尔雅》是辞书类文学作品，最早收录于《汉书·艺文志》，但未载作者姓名。作品中收集了比较丰富的古汉语词汇。它不仅是辞书之祖，还是典籍——经，被列入《十三经》中，是汉族传统文化的核心组成部分。

《尔雅》是第一部词典，“尔”是“近”的意思（后来写作“迩”），“雅”是“正”的意思，在这里专指“雅言”，即在语音、词汇和语法等方面都合乎规范的标准语。《尔雅》的意思是接近、符合雅言，即以雅正之言解释古汉语词、方言词，使之近于规范。

《尔雅》全书收录4300多个词语按义类编排,计2091个条目,是中国辞书之祖。本20篇，现存19篇。它大约是秦汉间的学者缀缉先秦各地的诸书旧文，递相增益而成的。这些条目按类别分为“释诂”“释言”“释训”“释亲”“释宫”“释器”“释乐（yuè）”“释天”“释地”“释丘”“释山”“释水”“释草”“释木”“释虫”“释鱼”“释鸟”“释兽”“释畜（chù）”等19篇。《尔雅》被认为是中国训诂的开山之作，在训诂学、音韵学、词源学、方言学、古文字学方面都有着重要影响，其中的今话是汉代的话。《尔雅》是我国第一部按义类编排的综合性辞书，是疏通包括五经在内的上古文献中词语古文的重要工具书。由于《尔雅》在文字训诂学方面的巨大贡献，自它以后的训诂学、音韵学、词源学、文字学、方言学乃至医药本草著作，都基本遵循了它的体例。

目录

Contents

齐民要术

上　册

下　册

上册

SHANGCE

序

精彩导读

“序”广泛摘引圣君贤相、有识之士等注重农业的事例，以及由于注重农业而取得的显著成效。首先第一句《史记》曰：“齐民无盖藏。”如淳注曰：“齐，无贵贱，故谓之齐民者，今言平民也。”这是发展农业最核心的问题，为了什么？为了使得百姓平等。我们还要回到史记来看，这句话其实是描述一种百姓吃不饱的状况。这个社会问题一旦不得到解决，就会导致不可逆转的后果。

0.1 《史记》曰[①]：“齐人无盖藏。”如淳注曰[②]：“齐，无贵贱故。谓之‘齐人’者，古，今言‘平人’也。”

后魏高阳太守贾思勰撰

注释：①《史记》：书名。汉代司马迁撰，为中国第一部纪传体通史。此处引自《平准书》，是为解释书名中“齐民”两字。《史记》原文是“齐民无盖藏”，唐代避太宗李世民讳，“民”改用“人”。这个小注“民”已改作 “人”，显然是唐代人抄写时避讳改写。

②如淳：人名。三国时魏国冯翊（今陕西大荔）人，注《史记》《汉书》。

译文：0.1 《史记》有一句话：“齐民无盖藏。”依如淳所作《史记》注解：“齐，就是没有贵贱区别。‘齐民’是古代的话，现在语言，称为‘平民’。”

0.2 盖神农为耒耜[①]，以利天下。尧命四子，敬授民时[②]。舜命后稷：“食为政首[③]。”禹制土田，万国作乂[④]。殷周之盛，《诗》《书》所述[⑤]，要在安民，富而教之。

注释：①神农：也称炎帝，传说中上古时期三皇五帝之一。耒耜（lěi sì）：古代耕地翻土的农具。耒是耒耜的柄，耜是耒耜下端的起土部分。

②尧命四子，敬授民时：尧命令四位大臣，谨慎地依季节安排耕种操作，宣布给大家知道。这是《尚书·尧典》（周代人所记关于尧的一些传说）中的故事。尧，传说中我国

古代部落联盟领袖。四子，传说中是羲叔、羲仲、和叔、和仲。“敬授民时”这句话，孔安国解释为敬记天时以授人。即掌管时令，制定历法，宣告给大家。

③舜命后稷：“食为政首”：舜给大臣后稷的命令：“粮食，是政治的第一件事。”这是《尚书·舜典》（原是《尧典》中的一部分，后来作伪的人才分出来的）的传说故事。舜，传说中尧的继位者。后稷，传说中周的始祖、舜的稷官，负责农事。

④乂（yì）：治理，即安靖，上了轨道。

⑤《诗》《书》：即《诗经》和《尚书》。

译文：0.2　大概是神农制作了耒耜，让大家利用。尧命令四位大臣。谨慎地将耕种季节，宣告给百姓知道。舜给大臣后稷的命令：“粮食是政治的第一件大事。”禹规划了土地和田亩制度，所有地方都上轨道了。此后殷代和周代兴隆昌盛的时期，据《诗》《书》的记载，主要的也只是使老百姓和平安靖，衣食丰足，然后教育他们。

0.3　《管子》曰[①]：“一农不耕，民有饥者；一女不织，民有寒者。”“仓廪实，知礼节；衣食足，知荣辱。”[②]丈人曰：“四体不勤，五谷不分，孰为夫子？”[③]《传》曰：“人生在勤，勤则不匮[④]。”语曰：“力能胜贫，谨能胜祸。”盖言勤力可以不贫，谨身可以避祸。故李悝为魏文侯作尽地力之教[⑤]，国以富强；秦孝公用商君[⑥]，急耕战之赏，倾夺邻国，而雄诸侯。

注释：①《管子》：托名管仲（约前730—前645）所写的关于管仲及其学派言行事迹的书。大致成书于战国中期至秦汉。今本《管子·揆度第七十八》有这一节，但有所差别。

②仓廪实，知礼节；衣食足，知荣辱：出自《管子·牧民第一》，与上文不相连。

③丈人曰：“四体不勤，五谷不分，孰为夫子？”：丈人，不知名的老年人。此句出自《论语·微子第十八》，是荷蓧（diào）丈人讥讽孔子的话。

④匮（kuì）：匮乏，空虚。此句见《左传·宣公十二年》，‘人’作“民”，改作“人”是唐人抄写时避讳改的。

⑤李悝（约前455—前395）：战国时法家，魏国人。任魏相，协助魏文侯变法。魏文侯：姬姓，魏氏，名斯。战国时期魏国建立者。

⑥秦孝公（前381—前338）：战国时秦国君。嬴姓，名渠梁，献公之子。公元前361—前338年在位。商君（约前390—前358）：即商鞅，原名卫鞅或公孙鞅，卫国国君的后裔。后来入秦国，取得秦孝公的信任，进行变法，使秦国富强。

译文：0.3 《管子》说："有一个农夫不耕种，可以引起某些个人的饥饿；有一个女人不纺织，可以引起某些个人的寒冻。""粮仓充实，就知道讲究礼节；衣食满足，才能体会到光荣与耻辱的分别。"蔡国的荷蓧丈人说："不劳动四肢，不认识五谷的，算什么老夫子？"《左传》说："人生要勤于劳动，勤于劳动就不至于穷乏。"古话说："劳力可以克服贫穷，谨慎可以克服祸患。"也就是说，勤于劳动可以不穷，谨于立身可以免祸。所以李悝帮助魏文侯，教大众尽量利用土地的生产能力，魏国就达到了富强的地步；秦孝公任用商鞅，极力奖励耕种和战斗，结果便招来而且争得了邻国的百姓，在诸侯中得以称雄。

0.4 《淮南子》曰①："圣人不耻身之贱也，愧道之不行也；不忧命之长短，而忧百姓之穷。是故禹为治水②，以身解于阳盱之河③；汤由苦旱④，以身祷于桑林之祭。""神农憔悴⑤，尧瘦癯⑥，舜黎黑⑦，禹胼胝⑧。由此观之，则圣人之忧劳百姓，亦甚矣。故自天子以下至于庶人，四肢不勤，思虑不用，而事治求赡者，未之闻也。""故田者不强，囷仓不盈；将相不强，功烈不成。"仲长子曰⑨："天为之时，而我不农，谷亦不可得而取之。青春至焉，时雨降焉，始之耕田，终之簠簋⑩。惰者釜之⑪，勤者钟之⑫；矧夫不为⑬，而尚乎食也哉？"《谯子》曰⑭："朝发而夕异宿，勤则菜盈倾筐。且苟有羽毛⑮，不织不衣；不能茹草饭水，不耕不食。安可以不自力哉？"

注释：①《淮南子》：书名，又名《淮南鸿列》。汉高祖刘邦之孙淮南王刘安（前179—前122）主持，由他的门客集体编写而成。全书以道家思想为主，兼采先秦儒、法、阴阳等各家学说。此处出自《淮南子·修务训》。

②禹：即大禹，姒姓，名文命。相传为古代部落联盟的首领。虞舜之时，大禹用疏导之法成功治理洪水。

③阳盱（xū）：古属秦境，在今陕西华阴市东南至潼关一带。此处所言大禹为治水，曾在阳盱之河以身为质，成为"阳盱息洪"典故由来。

④汤：即成汤，子姓，原名履、天乙。商朝的建立者。

⑤神农：也称炎帝，传说中上古时期三皇五帝之一。

⑥尧：名放勋。我国上古部落联盟首领。瘦癯（qú）：清瘦。

⑦舜：名重华，号有虞氏，冀州人。我国上古部落联盟首领，是尧的继承者。

⑧胼胝（pián zhī）：手掌脚底因长期劳动摩擦而生的茧子。

⑨仲长子（180—220）：即仲长统，字公理。东汉末散文家、政治家。山阳高平（今山东鱼台县北）人。著作有《昌言》。

⑩簠簋（fǔ guǐ）：两种盛黍稷稻粱之礼器。

⑪釜：古代容量单位。四区为一釜（64升）。

⑫钟：古代容量单位。十釜为一钟（即640升）。

⑬矧（shěn）夫：矧，况且，何况。夫，语气词。

⑭《谯子》：该书已失传。可能是三国蜀汉谯周（201—270）的书。

⑮苟有羽毛：石按："苟有"，应作"未有""苟无"，即没有长羽毛。

译文：0.4 《淮南子》说："圣人不以自己的地位名誉不高为可耻，却因为大道理不能实行而感觉着惭愧；不为自己生命的长短耽心事，只忧虑着大众的贫穷。因此，禹为了整治洪水，在阳盱河上祷告求神时，曾发誓把生命献出来；汤为了旱灾，在桑林边上求雨，也把自己的身体当作祭品。""神农的面色枯焦萎缩，尧身体瘦弱，舜皮肤黄黑，禹手脚长着厚茧皮。这样看来，圣人为着百姓担忧出力，也就到了顶了。所以皇帝也好，老百姓也好，凡不从事体力劳动，又不开动脑筋，居然能把事情办好，能满足生活要求，是不曾听见有过的。""所以，耕田的人不努力，粮仓不会充满；指挥作战的人与总理政事的人不努力，不会做出成绩。"仲长统说："自然准备了时令，我不去努力从事农业活动，也不能取得五谷。春天到了，下过适时的雨，开始耕种，最后能将食物盛在碗里。懒惰的，只收上六斗多些，勤劳的，收到六十多斗；要是不劳动，还能有得吃吗？"《谯子》说："早晨一起出发去拾野菜，晚上在不同的时候回来休息；勤快的，才可以寻到满筐满筐的菜。没长羽毛，不织布，便没有衣穿；不能单吃草喝水，不耕种便没有粮食吃。自己不努力怎么可以？"

0.5 晁错曰[①]："圣王在上，而民不冻不饥者，非能耕而食之，织而衣之[②]；为开其资财之道也。""夫寒之于衣，不待轻暖；饥之于食，不待甘旨。饥寒至身，不顾廉耻！一日不再食，则饥；终岁不制衣，则寒。夫腹饥不得食，体寒不得衣，慈母不能保其子，君亦安能以有民？""夫珠、玉、金、银，饥不可食，寒不可衣……粟、米、布、帛……一日不得而饥寒至。是故明君贵五谷而贱金玉。"刘陶曰[③]："民可百年无货，不可一朝有饥，故食为至急。"陈思王曰[④]："寒者不贪尺玉，而思短褐；饥者不愿千金，而美一食。千金尺玉至贵，而不若一食短褐之恶者，物时有所急也。"诚哉言乎！

注释：①晁错（前200—前154）：西汉初著名政论家。颍川（今河南禹州）人。汉景帝时任御史大夫，坚持"重本抑末"。强调发展农业生产为国家根本大计。主要政论有《论贵粟疏》等。

②耕而食（sì）之，织而衣（yì）之：食，给……吃。衣，给……穿。

③刘陶：字子奇。一名伟。颍川郡颍阴县（今河南许昌）人。东汉桓帝时为孝廉，多次上书要求改革内政，反对宦官专权，为宦官所害，灵帝时下狱死。此处出自他的《改铸大钱议》。

④陈思王（196—232）：曹植，字子建。三国时魏沛国谯（今安徽亳州）人，曹操第三子。这是他所上表中的几句话。

译文：0.5 晁错说："圣明的人作帝王，老百姓就不会冻死饿死，并不是帝王能耕出粮食来给他们吃，织出衣服来给他们穿；只是替他们开辟利用物力的道路而已。""冻着的人，所需要的并不是轻暖的衣服；饿着的人，所需要的并不是味道甘美的食物。冻着饿着时，就顾不得廉耻。一天只吃一顿，便会挨饿；整年不做衣服，就会受冻。肚子饿着没有吃的，身体冻着没有穿的，慈爱的父母不能保全儿子，君王又怎能保证百姓不离开他？""珍珠、玉、金、银，饿时不能当饭屹，冻时不能当衣穿……小米、大米、粗布、细布……一天得不到，便会遭受饥饿与寒冻。所以贤明的帝王，把五谷看得重，金玉看得贱。"刘陶说："百姓可以整百年地没有货币，但不可以有一天的饥饿，所以粮食是最急需的。"曹植说："受冻的人，不贪图径尺的宝玉，而想得到一件粗布短衣；挨饿的人，不希望得到千斤黄金，而认为一顿饭更美满，千斤黄金和径尺的宝玉，都是很贵重的，反倒不如粗布短衣或一顿饭，事物的需要紧急与否是有时间性的。"这些话，都非常真实。

0.6 神农、仓颉[①]，圣人者也；其于事也，有所不能矣。故赵过始为牛耕[②]，实胜耒耜之利；蔡伦立意造纸[③]，岂方缣牍之烦[④]？且耿寿昌之常平仓[⑤]，桑弘羊之均输法[⑥]，益国利民，不朽之术也。谚曰："智如禹汤，不如尝更[⑦]。"是以樊迟请学稼[⑧]，孔子答曰："吾不如老农。"然则圣贤之智，犹有所未达；而况于凡庸者乎？

注释：①仓颉（jié）：又作苍颉。黄帝时史官，相传为汉文字之祖，汉字由他创造。

②赵过：籍贯和生卒年不详。西汉农学家。汉武帝时任搜粟都尉。赵过曾教民牛耕，并提倡代田法。

③蔡伦（约61—121）：字敬仲。东汉桂阳郡（今湖南郴州）人。我国古代四大发明中造纸术的发明者。

④方缣（jiān）牍（dú）之烦：蔡伦所造的纸张，与之前所用的密绢和木板相比省事得多。方，比。缣，双丝的细绢。牍，写字用木片。

⑤耿寿昌：生卒年不详。西汉天文学家，理财家。汉宣帝时任大司农中丞，在西北创

设常平仓，用以稳定粮价并为国家储备粮食。

⑥桑弘羊（前152—前80）：西汉洛阳人。历任治粟都尉、大司农、御史大夫等职。他主张盐铁酒官营业专卖，统一铸币权，设立均输平准等经济政策。均输法：汉昭帝时，桑弘羊建议，每郡设一个均输官，凡属某一处应当纳给政府的税贡，都用土产中丰富的物品缴纳，让当地的时价平稳。政府收得这些土特产后，运到另外的地方出卖。这样，纳税的人和政府都方便，而且政府可以从运卖中得到一些利润。

⑦尝更：曾经经历过。

⑧樊迟：孔子的弟子。他向孔子请问如何种庄稼，孔子回答说："吾不如老农。"这段故事，出自《论语·子路第十三》。

译文：0.6　像神农、仓颉这样的圣人，仍有某些事是做不到的。所以赵过开始役使牛来耕田，就比神农的耒耜有用得多；蔡伦发明了造纸术，比用密绢和木片书写省事多了。像耿寿昌所倡设的常平仓，桑弘羊所创立的均输法，都是有益于国家，有利于百姓的不朽的方法。俗话说："哪怕你有禹和汤一样的聪明才智，还是不如亲身经历过。"因此，樊迟向孔子请求学习耕田的时候，孔子因为没有亲身经验便回答说："我知道的不如老农。"这就是说，圣人贤人的智慧，也还有尚未通达的地方；至于一般人，更不必说了。

0.7　猗顿[①]，鲁穷士；闻陶朱公富[②]，问术焉。告之曰："欲速富，畜五牸[③]。"乃畜牛羊，子息万计。九真、庐江不知牛耕[④]，每致困乏；任延、王景[⑤]，乃令铸作田器，教之垦辟，岁岁开广，百姓充给。炖煌不晓作耧、犁[⑥]，及种，人牛功力既费，而收谷更少。皇甫隆乃教作耧、犁[⑦]，所省庸力过半，得谷加五[⑧]。又炖煌俗，妇女作裙，挛缩如羊肠[⑨]；用布一匹。隆又禁改之，所省复不赀[⑩]。茨充为桂阳令[⑪]，俗不种桑，无蚕、织、丝、麻之利，类皆以麻枲头贮衣[⑫]。民惰窳羊主切[⑬]，少粗履[⑭]，足多剖裂血出，盛冬，皆然火燎炙[⑮]。充教民益种桑、柘，养蚕，织履，复令种纻麻[⑯]。数年之间，大赖其利，衣履温暖。今江南知桑蚕织履[⑰]，皆充之教也。五原土宜麻枲[⑱]，而俗不知织、绩；民，冬月无衣，积细草卧其中；见吏则衣草而出[⑲]。崔寔为作纺、绩、织、纴之具以教[⑳]，民得以免寒苦。安在不教乎？黄霸为颍川[㉑]，使邮亭乡官[㉒]，皆畜鸡、豚，以赡鳏、寡、贫、穷者[㉓]；及务耕桑，节用，殖财，种树。鳏、寡、孤、独[㉔]，有死无以葬者，乡部书言[㉕]，霸具为区处[㉖]：某所大木，可以为棺；某亭豚子，可以祭。吏往，皆如言。龚遂为渤海[㉗]，劝民务农桑。令口种一树榆，百本薤，五十本葱，一畦韭；家二母彘[㉘]，五母鸡。

民有带持刀剑者，使卖剑买牛，卖刀买犊。曰："何为带牛佩犊？"春夏不得不趣田亩[29]，秋冬课收敛[30]，益蓄果实、菱、芡。吏民皆富实。召信臣为南阳[31]，好为民兴利，务在富之。躬劝耕农，出入阡陌，止舍，离乡亭[32]，稀有安居。时行视郡中水泉，开通沟渎，起水门提阏凡数十处[33]，以广溉灌。民得其利，蓄积有余。禁止嫁、娶、送终奢靡，务出于俭约。郡中莫不耕稼力田。吏民亲爱信臣，号曰"召父"[34]。僮种为不其令[35]，率民养一猪，雌鸡四头，以供祭祀，死买棺木。颜裴为京兆[36]，乃令整阡、陌，树桑、果。又课以闲月取材，使得转相教匠作车[37]。又课民无牛者，令畜猪；投贵时卖，以买牛。始者，民以为烦；一二年间，家有丁车大牛[38]，整顿丰足。王丹家累千金[39]，好施与，周人之急。每岁时农收后，察其强力收多者，辄历载酒肴，从而劳之[40]，便于田头树下，饮食劝勉之，因留其余肴而去。其惰嬾者[41]，独不见劳，各自耻不能致丹；其后无不力田者。聚落以至殷富。杜畿为河东[42]，课民畜牸牛草马[43]；下逮鸡豚，皆有章程，家家丰实。

注释：①猗顿：战国时期鲁国人，出身贫贱。后求教于陶朱公范蠡，经营畜牧致富。

②陶朱公：范蠡。字少伯，春秋时期楚国人。曾与文种共同辅佐越王勾践二十余年，灭吴后受封上将军。后辞官至陶，经商成巨富。

③牸（zì）：能生产幼儿的母畜。

④九真：汉代九真郡在今越南境内，河内以南、顺化以北。庐江：汉代庐江郡在今安徽中部。

⑤任延：字长孙，东汉南阳宛县（今河南南阳）人。刘秀时，为九真太守，当地以射猎为业，不知牛耕，他教民铸作田器、垦辟农田，百姓充裕。王景（约30—85）：字仲通，东汉乐浪郡詔邯（今朝鲜平壤西北）人。东汉时期著名水利工程专家。王景为庐江太守时，百姓不知牛耕，乃率吏民共理芜废，用犁耕田，由是境内丰给。

⑥炖煌：敦煌，今甘肃西北部。

⑦皇甫隆：三国时安定（今甘肃泾川西北）人。曹魏嘉平三年（251），皇甫隆任敦煌太守，改进农业生产工具，采用先进的生产技术，提高了农业生产效率和百姓的生活水平。

⑧加五：超出百分之五十。

⑨挛（luán）：卷曲不能伸展。

⑩赀（zī）：钱财，财物。

⑪茨充：字子河。东汉宛（今河南南阳）人。建武年间任桂阳太守，教百姓种植桑麻，养蚕织履，民得其利。桂阳：地名，汉代置桂阳郡。今湖南郴州。

⑫麻枲（xǐ）头贮衣：用麻纤维代替丝绵（当时没有草棉，只有丝绵可用。）装塞在衣里面，作为御寒的冬衣。枲，此处指麻类植物的纤维。

⑬窳（yǔ）：懒惰。

⑭粗履（lǚ）：草鞋。

⑮然火燎炙：燃烧明火来烘烤。然，"燃"字本来的写法。燎，有火焰的火。炙，靠近火旁取暖。

⑯纻（zhù）麻：苎麻。

⑰江南：当时南朝所占有的地方。

⑱五原：秦九原郡，汉武帝元朔二年（前127）改置五原郡。郡治在九原县，县治在今内蒙古包头市九原区麻池镇西北。

⑲衣（yì）草而出：以草缠身而出。

⑳崔寔（shí）：字子真，一名台，字符始。东汉涿郡安平（今河北安平）人。汉桓帝时拜为议郎，后任五原太守、辽东太守等职。参编《东观汉纪》，著有《政论》《四民月令》。

㉑黄霸（前130年—前51）：字次公，西汉淮阳阳夏（今河南太康）人。颍川：郡名。秦王政十七年（前230）置。郡治在阳翟，今河南禹州。

㉒邮亭：当时官道驿站的办事处。乡官：乡区政府。

㉓鳏（guān）：成年无妻或丧妻的人。寡：单身或丧失配偶的女人。

㉔孤：没有父母的小孩。独：没有亲戚同族的单身人口。

㉕乡部书言：乡府衙门用书面报告说明。乡部，乡官的衙门。书，写书面报告。言。说明。

㉖具：完全。区处：计划处理。

㉗龚遂：字少卿，为山阳郡南平阳县（今山东邹城市）人。汉宣帝即位不久，渤海郡饥荒。龚遂被任命为渤海太守。龚遂在渤海开仓赈灾，劝民农耕，大力发展农业生产，当地百姓逐渐富裕。渤海：郡名。西汉设置。今河北、辽宁的渤海湾沿岸一带。

㉘彘（zhì）：猪。

㉙趣（qū）：赶赴。

㉚课：定出法则，随时依法检查。此处作动词用。

㉛召信臣：字翁卿，西汉九江寿春（今安徽寿县）人。元帝时任零陵太守、南阳太守，信臣为治宽政爱民。南阳：郡名。秦置。郡治宛。今河南南阳。

㉜止舍，离乡亭：止，停留。舍，住宿。离，离开。乡亭，乡部和邮亭，即乡政府所在地和驿站的房屋。

㉝提阏（è）：活动的水闸门。阏，门扇，闸板。

㉞召父：百姓将召信臣当作自己父亲一样尊敬爱戴，称他为“召父”。

㉟僮种：人名。东汉人，又名仲玉子。曾为不其县令，劝民耕织种收。不其：县名。秦置，属琅琊郡。在今山东青岛。

㊱颜裴：生卒年不详。字文林，济北人。被魏文帝任命为京兆太守。京兆：东汉的京兆尹，管洛阳及附近。三国曹魏文帝改京兆尹为京兆郡。

㊲匠：作动词用，即计划、动工，并且技巧地完成。

㊳丁：壮大。

㊴王丹：东汉人，哀帝、平帝时仕州郡，王莽时拒绝出仕。家累千金，隐居养志，好周济人，劝勉激励努力劳动者。

㊵劳（láo）：慰劳，慰问。作动词用。

㊶惰孏（lǎn）：懒惰，懈怠。孏，懒。

㊷杜畿（163—224）：字伯侯，京兆杜陵（今陕西长安东北）人。汉献帝时为河东太守，三国时为魏尚书仆射。河东：郡名。秦置。治安邑，在今山西夏县北。晋移治蒲坂，在今山西永济东南。

㊸牸（zì）牛：母牛。

译文：0.7　鲁国有一个贫穷的士人猗顿，听说陶朱公很富，便去向陶朱公请教致富的方法。陶朱公说：“要想快快致富，应当养五种母畜。”猗顿听了，回去畜养牛羊，就繁殖得到数以万计的牲口。九真和庐江不知道用牛力耕田。因此困苦贫穷；九真太守任延、庐江太守王景，命令百姓铸出耕田的农具，教会他们垦荒开地，年年扩大耕种面积，老百姓的生活，便得到满足与富裕。敦煌地方不知道制造犁和耧之类，种地时，人工牛工花费都很高，而收获的粮食却又少。皇甫隆教会大家制作犁、耧，省出一半以上的雇工费用，所得的粮食，却增加了百分之五十。敦煌的习惯，女人穿的裙，像羊肠一样，挛缩着作许多襞褶；一条裙用去成匹的布。皇甫隆禁止她们这样做，让她们改良，也省出了不少的物资。茨充作桂阳县令时，桂阳一般百姓不种桑树，得不到养蚕、织缣绢、织麻布等的好处，冬天就把麻纤维装在夹层衣中御寒。百姓们懒惰、马虎，连很糙的草鞋也不

多，脚冻裂出血，深冬，只可燃明火来烘烤取暖。茨充让大家加种桑树、柘树，养蚕，织麻鞋，又命令大家种苎麻。过了几年，大家都得到了好处，衣服鞋子，穿得暖暖的。直到现在（指南北朝时期），江南知道种桑、养蚕、织鞋，都是茨充教的。五原的土地，宜于种麻，但是当地的人不知道绩麻织布；百姓冬天没有衣穿，只蓄积一些细草，睡在草里面；政府官员到了，就把草缠在身上出来见官。崔寔因此作了绩麻、纺线、织布、缝纫的工具，来教给大家用，百姓就免除了受冻的苦处。怎么可以不教育大众呢？黄霸作颍川太守时，使邮亭和乡官，都养上鸡和猪，来帮助鳏、寡、贫、穷的人；并且，要努力耕田，种桑，节约费用，累积财富，种植树木。鳏、寡、孤、独，死后无人料理埋葬，只要乡部用书面报告，黄霸就全给计划办理：某处有可以做棺材的木料；某亭上，有可以做祭奠用的小猪。承办人员，依照指示去办，都可得到解决。龚遂作渤海太守，奖励百姓努力耕田养蚕。下命令，叫每人种一棵榆树。一百科薤子，五十科葱，一畦韭菜；每家养两只大母猪，五只母鸡。百姓有拿着或在衣带中掖着刀、剑之类武器的，就叫把剑卖了去买牛，把刀卖了去买小牛。他说："为什么把牛掖在衣带里，把小牛拿在手上？"春、夏天必须要去田里劳动，秋冬天评比收获积蓄的成绩，让大家多多收集各种可做粮食用的果实和菱角、鸡头等等。地方在职人员和百姓都富足。召信臣作南阳太守，爱替百姓举办有利的事业，总要使大家富足。他亲自下乡去奖励大家耕种，在农村里来往，住宿时远离邮亭替长官准备的驿站，少有安适的住处。随时在郡中各处巡行，考察水道和泉源，开辟大小灌溉渠道，建造了几十处拦水门和活动水闸，推广灌溉。百姓得到灌溉的帮助，大家都有剩余积蓄。他又禁止办红白喜事时的浪费铺张，努力俭省节约。一郡的人，都尽力耕种。在职人员和百姓，都亲近爱戴召信臣，称他为"召父"。僮种作不其县令时，倡导百姓，每家养一只猪，四只母鸡，平时供祭祀用，遇有丧事时，用作买棺木的价钱。颜裴作京兆尹时，命令大家整理田地，种植桑树和果树。又订出办法，让大家在农闲的月份伐木取材，相互学习作大车的技术。又安排让没有牛的百姓养猪，等猪价贵时出售，用来买牛。最初，大家都嫌麻烦；过一二年，每家有了好车和大牛，整顿丰足。王丹家里有千斤黄金的积蓄，喜欢施舍、救济别人。每年农家收获后，从访问中知道谁努力而庄稼收获多的，就在车上带着酒菜，向他致意慰问，在田地旁边树荫下，请他喝酒吃菜，奖励表扬，并且把所余的菜留下。懒惰的，便得不到慰劳，因此，觉得没有能让王丹来慰劳自己是可耻的；以后，没有不尽力耕种的。因此整个村落都繁荣富足了。杜畿作河东太守，安排百姓养母牛，母马；小到鸡和猪，都有一定的计划数量，家家都丰衣足食。

0.8　此等，岂好为烦扰而轻费损哉？盖以庸人之性，率之则自力，纵之则惰窳耳。

故仲长子曰："丛林之下，为仓庾之坻[1]；鱼鳖之堀[2]，为耕稼之场者，此君长所用心也。是以太公封[3]，而斥卤播嘉谷[4]；郑白成[5]，而关中无饥年。盖食鱼鳖，而薮泽之形可见[6]；观草木，而肥硗之势可知[7]。"又曰："稼穑不修，桑、果不茂，畜产不肥，鞭之可也；杝落不完[8]，垣、墙不牢，扫除不净，笞之可也。"此督课之方也。且天子亲耕，皇后亲蚕，况夫田父，而怀窳隋乎？

注释：①庾（yǔ）：谷堆。坻（chí）：原义是河流中的小沙滩，用来形容谷堆，是说明蓄多。

②鳖（biē）：甲鱼。堀（kū）：窟穴。

③太公：即姜太公吕尚，名望，字尚父，一说字子牙。辅佐周武王灭商有功，后封于齐，是周代齐国的始祖。

④斥卤：盐碱地。

⑤郑白：郑国渠和白渠，是秦汉时期关中由泾水开掘出来的两大灌溉渠道。

⑥薮（sǒu）：湖泽。特指有浅水和茂草的沼泽地带。

⑦硗（qiāo）：指土质坚硬瘠薄。

⑧杝（lí）落：应当写作"杝落"，即篱笆，用树枝编的疏篱。

译文：0.8　这些人，真是欢喜做些麻烦扰乱的事，而看轻了人力物力的耗费吗？他们都认为一般人的情形，是：有领导有组织，便会各自努力，让他们自流，便会懒惰马虎，所以仲长统说："丛林底下，是粮仓谷囤的堆积处：鱼鳖的窟穴，是耕种庄稼的好地方。这都是领袖人物该用心的事。因此太公分封在齐国后，盐地上种上了好庄稼；郑国渠和白渠修成后，关中就没有遭饥荒的年岁。这就是说，吃着鱼鳖时，你可以想到供给水源的洼地和沼泽地的形势；看看野生的草木，可以辨别土地的肥瘠。"又说："庄稼不整齐。桑树果园不茂盛，牲口不肥，可以用鞭打责罚；篱笆不完整。围墙屋壁不坚固，地面没有扫干净，可以用竹杖打，作为责罚。"这就是监督检查的例子。况且皇帝要亲耕，皇后也要亲自养蚕，一般种田的老汉，可以随便懒惰马虎吗？

0.9　李衡于武陵龙阳汎洲上作宅[1]，种甘橘千树[2]。临死，敕儿曰："吾州里有千头木奴，不责汝衣食；岁上一匹绢，亦可足用矣。"吴末，甘橘成，岁得绢数千匹；恒称太史公[3]，所谓"江陵千树橘……与千户侯等"者也。樊重欲作器物[4]，先种梓漆；时人嗤之。然积以岁月，皆得其用；向之笑者，咸求假焉。此种植之不可已已也。谚曰："一年之计，莫如树谷；十年之计，莫如树木……"此之谓也。

注释：①李衡：字叔平，三国时期襄阳人。汉末入吴国，曾为丹阳太守。武陵龙阳：

武陵郡龙阳县，今湖南汉寿。汎（fàn）洲：汎原义为漂浮。大的洲，很像一片浮在水面的陆地，所以称为“汎洲”。

②甘橘：柑橘。唐以前，“柑”字常常只写作“甘”。

③恒称太史公：平常引用太史公所言。太史公，司马迁。

④樊重：字君云，西汉末南阳（今河南南阳）人，东汉光武帝外祖父。善于经营和积累财富，且乐善好施。

译文：0.9　李衡在武陵郡龙阳县的大沙洲上，盖了住房，种上一千棵柑橘。临死时，命令他的儿子说：“我家乡住宅，有一千个‘木奴’，不向你要穿的吃的；给你生产每年只要纳一匹绢的租税，其余净收入都是你的，很够你花的了。”到吴国末年，柑橘长成结实之后，每年可以收几千匹绢；这就是寻常引用的，太史公在《史记》里说的“江陵有千树橘……与有一千户人口纳租给他用的侯爵相等”的意思。樊重想制作家庭日用器皿，便先种上梓供给木材，种上漆供给涂料；当时的人都嘲笑他。可是，过了几年，都用上了；从前嘲笑他的人，倒要向他借用了。这就是说，种树是不可少的事情。俗话说：“作一年的打算，最好是种粮食；作十年的打算，最好是种树木……”正是这个道理。

0.10　《书》曰[①]：“稼穑之艰难。”《孝经》曰[②]：“用天之道，因地之利，谨身节用，以养父母。”《论语》曰[③]：“百姓不足，君孰与足？”汉文帝曰[④]：“朕为天下守财矣，安敢妄用哉？”孔子曰：“居家理，治可移于官。”然则家犹国，国犹家；是以家贫则思良妻，国乱则思良相，其义一也。

注释：①《书》：《尚书》。中国最早的历史文献，儒家经典之一。相传孔子时曾对其作过编辑。西汉时，学者曾以经秦火而幸存之29篇（以汉代文字书写）教人，后被皇室立为学官，称为今文《尚书》。同时，汉代又多次发现以先秦古文书写的《尚书》文本，被称为古文《尚书》。此处引自《尚书·无逸》。

②《孝经》：中国古代儒家的伦理学著作。该书以孝为中心，比较集中地阐发了儒家的伦理思想。有人说是孔子自作，但南宋时已有人怀疑是出于后人附会。清代纪昀在《四库全书总目》中指出，该书是孔子“七十子之徒之遗言”，成书于秦汉之际。自西汉至魏晋南北朝，注解者及百家。现在流行的版本是唐玄宗李隆基注，宋代邢昺疏。全书共分18章。此处引自《孝经·庶人章》。

③《论语》：儒家经典之一。孔子弟子及其再传弟子关于孔子言行的记录，是研究孔子思想的主要资料。此处引自《论语·颜渊》。

④汉文帝：西汉第三个皇帝刘恒（前179—前157年在位）。采取“与民休息”“轻徭薄赋”政策，提倡节俭，使生产逐渐恢复发展。

译文：0.10　《尚书》说：“庄稼是艰难中得来的。”《孝经》说：“利用天然的道理，凭借土地的生产力，保重自己的身体，节省日常费用，拿来养父母。”《论语》说：“百姓用度不够，君主又如何能得到足够的用度？”汉文帝说：“我替天下老百姓看守着公众的财富，怎么可以乱消费呢？”孔子说：“管理好家庭财产。所得到的办法就可以借用来管理公共事业。”这样，家庭的经济和国家的经济，在原理上只是同样的事；所以家里贫穷，就希望有一位勤俭持家的主妇；国家乱的时候，就希望有一位公忠体国的宰相，道理也是相同的。

0.11　夫财货之生，既艰难矣，用之又无节；凡人之性，好懒惰矣，率之又不笃；加以政令失所，水旱为灾，一谷不登，胔腐相继[①]。古今同患，所不能止也，嗟乎！且饥者有过甚之愿，渴者有兼量之情。既饱而后轻食，既暖而后轻衣。或由年谷丰穰，而忽于蓄积；或由布帛优赡，而轻于施与；穷窘之来，所由有渐。故《管子》曰：“桀有天下而用不足[②]，汤有七十二里而用有余[③]。天非独为汤雨菽粟也[④]。”盖言用之以节。仲长子曰：“鲍鱼之肆[⑤]，不自以气为臭；四夷之人，不自以食为异；生习使之然也。居积习之中，见生然之事，夫孰自知非者也？”斯何异蓼中之虫，而不知蓝之甘乎[⑥]？

注释：①登：收获。胔（zì）腐：饿死的人，抛弃在野外的残余尸体。胔，骨上黏有肉。

②桀：夏代的亡国之君，是中国历史上有名的暴君。

③汤：又称武汤、高祖乙。原为商族领袖，不断积聚力量成为强国，一举灭夏，建立商朝。

④雨（yù）：落下来像雨一样。此处用作动词。

⑤鲍（bào）鱼：盐渍鱼。据刘熙《释名》：“鲍鱼，鲍，腐也；埋藏淹之使腐臭也。”即淡淡的腌着，使鱼发生不完全的腐败分解，然后再加盐使分解停止。现在的“鳢白”，就是这样做成的。“鲍鱼”有相当强烈的胺类臭气。

⑥蓼中之虫，而不知蓝之甘乎：蓼是辣的，蓼蓝不辣。吃蓼的虫，以为天下的食物，都是辣的，不知道还有不辣的东西。《楚辞》有“蓼虫不知徙乎葵菜”。

译文：0.11　财物的得来，是艰难的，使用起来还不知节俭；人的性情，是喜欢安逸的，又不坚持领导组织；加之政策号令不合时宜，或者水灾旱灾，只要有一种粮食的收成不好，便会不断地有饿死的人。古代和现在都有这样的困难，不能防止，真可叹息！饿着的人，总想吃许多食物，渴着的人，总想喝下够两个人用的水量。饱了，才会看轻食物；

温暖了，才会看轻衣服。或者因为当年收成好，忘记了蓄积粮食；或者因为粗细布匹供给充足，随便轻易赠送给人家；贫穷的来源，都是逐渐发展来的。《管子》里说：“桀有着整个‘天下’，还不够用；汤只有七十二里的地方，却用不完。天并没有单独为汤落下粮食和豆子呀！”就是说用费要有节制。仲长统说：“卖腌鱼的店，不觉得自己店里气味是臭的；中国境外的人，不觉得自己的食物有什么不同；这都是从小习惯的结果。在长久习惯的环境中，看着从小来一向如此的事，谁能知道里面还会有错误呢？”正像从小吃辣蓼长大的虫，就不知道还有不辣的蓝也是可以吃的。

0.12　今采捃经传①，爰及歌谣，询之老成，验之行事。起自耕农，终于醯醢②，资生之业，靡不毕书。号曰《齐民要术》。凡九十二篇，分为十卷。卷首皆有目录③：于文虽烦，寻览差易。其有五谷果蓏，非中国所殖者④，存其名目而已；种莳之法，盖无闻焉。舍本逐末，贤哲所非；曰富岁贫，饥寒之渐。故商贾之事，阙而不录。花木之流，可以悦目；徒有春花，而无秋实，匹诸浮伪⑤，盖不足存。鄙意晓示家童，未敢闻之有识；故丁宁周至⑥，言提其耳，每事指斥，不尚浮辞。览者无或嗤焉。

注释：①捃（jùn）：收集。原义是在人家收割庄稼后，到地里去拾人家残余的穗子。

②醯醢（xī hǎi）：醯，醋。醢，酱，肉酱。

③卷首皆有目录：原书，每卷前面，将本卷中各篇的篇名和次第，作成一个表；这就是卷首的“目录”。从前的书，都像画轴一样，裱好后，卷成许多卷；每一卷就是一“卷”。每卷前面，把卷中各篇章的名“目”，汇“录”起来，以便寻找，称为“目录”。

④中国：指黄河流域，即北朝统治范围。

⑤匹诸浮伪：相当于浮华作伪的东西。匹，与……相当。

⑥丁宁：再三重复地告诫。

译文：0.12　我现在从古今书籍中收集了大量材料，又收集了许多口头传说，问了老成有经验的人，再在实行中体验过。从耕种操作起，到制造醋与酱等为止，凡一切与供给农家生活资料有关的办法，没有不完全写上的。这部书称为《齐民要术》。全书一共九十二篇，分作十卷。每卷前面都有目录：文章虽则烦琐些，找寻材料时，倒比较容易。还有些谷物，木本、草本植物果实，中国不能蕃殖的，也把名目留了下来；栽培的方法，却没有听到过。丢掉生产的根本大计，去追逐琐屑的利钱，贤明的人不肯作的；由一天的暴利富足起来补终年的贫困，正是冻饿的起源。因此，经营商业的事，没有记录。花儿草儿，看上去很美观；但是只在春天开花，秋天没有可以利用的果实，正像浮华虚伪的东西，没有存留的价值。我写这部书的原意，是给家里从事生产的少年人看的，不敢让有学识的人见到；所以文字只求反复周到，每句话都是提着耳朵面对面地嘱咐，每件事都是直截了当地说明，没有装饰辞句。后来的读者。希望不要见笑。

精彩点拨

《管子》曰："一农不耕，民有饥者；一女不织，民有寒者。""仓廪实，知礼节；衣食足，知荣辱。"作者引用了管仲的话，表达出了一种朴素而正确的观点：对于大多数百姓来说，仓库充足，粮食保证，才能进行进一步的教化。脱离现实的教化，是无稽之谈。"夫腹饥不得食，体寒不得衣，慈母不能保其子，君亦安能以有民？"晁错基本上也是这个观点。

阅读积累

铁犁牛耕

赵过发明了铁犁牛耕，使生产力得到了进一步的发展。多数为二牛抬杠，用长单直辕犁；少数用一牛耕田，犁有双长直辕，亦有短曲辕。犁均为铁制，多使用犁壁（铧土）。这时在江南地区也推广牛耕，并使用曲辕犁。曲辕犁比直辕犁轻巧，犁辕上躬，便于深耕；牵引点低，犁架平稳；犁辕缩短，回转方便。铁器的应用——我国农业技术史上划时代的重大变革；牛耕的应用——农用动力的一次革命。

杂说

精彩导读

“杂说”中介绍耕种前对农业生产中应合理规划的各类事项，从准备好农具、耕牛开始，保墒、积肥、施肥、播种、锄耘等田间管理，到收获等均做了介绍。还根据离城市的远近来决定种菜的种类和多少，考虑到市场的需求和交通条件，确保万无一失。

题解：这篇“杂说”，从清代以来，不断有人怀疑它不是贾思勰原作中的一部分。《今释》的作者也有同样的怀疑，并通过对其用词及内容的分析，推测此文可能是隋、唐以后的人抄写时添进去的。

这篇“杂说”，对当时农业生产中应规划的各类事项，从准备好农具、耕牛开始，保墒、积肥、施肥、播种、锄耘等田间管理，到收获等均做了介绍。00.12记述的“踏粪”法，即今日所谓的“垫圈（juàn）”，是我国古农书中有关厩肥的最详细记录。

00.2　夫治生之道，不仕则农。若昧于田畴，则多匮乏。只如稼穑之力，虽未逮于老农；规画之间，窃自同于后稷①。所为之术，条列后行。

注释：①后稷：这里的“后稷”，不一定是指传说中的“教民稼穑”的“后稷”这个人；很可能从前还有着《后稷法》或《后稷书》之类口头流传着的、或存在于百姓中的一种农书，和营造上的《鲁般经》相似的（参看注解3.20.2注③）。

译文：00.2　谋生的办法，不做官就该种田。如果不懂种田的事情，就往往缺乏日用。我自己耕种收获的力量，虽然比不上老农们；但是我在经营规划方面，则已经和《后稷法》相同了。经营方法，分条列在下面。

00.3　凡人家营田，须量己力：宁可少好，不可多恶。

译文：00.3　凡属经营田地的人家，必须正确估计自己的力量：宁可少一些好一些，不要贪多弄坏。

00.4　假如一具牛[①]，总营得小亩三顷（据齐地[②]，大亩一顷三十五亩也）。每年二易，必莫频种。其杂田地，即是来年谷资。

注释：①一具牛：具，量词，通“犋”。犋，牵引犁、耙等农具的畜力单位。能拉动一张犁或耙的畜力叫一犋。大的牲口一头可以拉动一张，就是一犋；小的牲口要两头或两头以上才能拉动一张，也叫一犋。

②齐：指今山东泰山以北黄河流域及胶东半岛地区，为战国时齐国地，汉以后沿称齐。

译文：00.4　假定有一犋牛，一般可以经营三顷用小亩计算的地（依齐州的地方习惯，用大亩计算，一顷是三十五亩）。每年要轮换两次。必定不可以连续种。凡今年种杂庄稼的地，就可以作明年种谷类的田。

00.5　欲善其事，先利其器；悦以使人，人忘其劳。且须调习器械。务令快利；秣饲牛畜[①]，事须肥健；抚恤其人，常遣欢悦。

注释：①秣（mò）：喂养。

译文：00.5　想要工作好，先要有合适的工具；让工作的人心里畅快，就会忘记疲劳。因此就要时常修整器械，努力保持器械的快利；喂养牛和牲口，求得肥壮健康；安慰体恤工作的人，常常使他们高高兴兴。

00.6　观其地势，干湿得所。

译文：00.6　还要察看田地情况，保持适当的干湿程度。

00.7　禾秋收了，先耕荞麦地，次耕余地，务遣深细，不得趁多。看干湿，随时盖磨著[①]。

注释：①盖磨：即用“劳”（见正文《耕田第一》1.2.3）将耕过的地弄平。正文中，无“盖磨”两字连用的例。

译文：00.7　谷子秋收后，先耕种荞麦的地，后耕其余的地，务必要深要细，不可以贪多。看土地的干湿，随时用劳盖磨过。

00.8　切见世人耕了，仰著土块，并待孟春盖。若冬乏水雪[①]，连夏亢阳，徒道秋耕，不堪下种。

注释：①水雪：水和雪，是从旁的地方由人力运来或风吹来另增的。“水雪”表明是另增的水。有的版本“水”作“冰”，冰是就地凝冻的，不是另增加的水。

00.8　近来见到人秋天耕过地，不随时盖磨让耕起的泥块暴露着，等到初春才盖。要是冬天没有浇水，雪又下得少，夏天接连干旱，便说不该秋耕，因此弄得不能下种。

00.9　无问耕得多少，皆须旋盖磨如法。

译文：00.9　其实无论耕得多少地，都应当跟着依法则盖磨起来。

00.10　如一具牛，两个月秋耕，计得小亩三顷。经冬，加料喂。至十二月内，即须排比农具，使足。一入正月初未，开阳气上[1]，即更盖所耕得地一遍。

注释：①正月初未，开阳气上：这两句很费解。如依字面解释，“正月第一个未日，开展阳气上达”，固然也可以勉强说得通，但非常别扭。疑其中有错字；如“未”字原是“冻”字，则“正月初，冻开，阳气上”，便很顺适；或者“未”字原是“末”，也比较好说。

译文：00.10　如果有一具牛，两个月的秋耕，可以耕得小亩地三顷，随即盖磨过。过冬天，加些细料喂牛。到十二月，就要安排修理农具，务要够用。一进正月初，解冻后，阳气上升，就将耕过的地再盖一遍。

00.11　凡田地中，有良有薄者，即须加粪粪之[1]。

注释：①加粪粪之：第一个“粪”字是名词，指“粪肥”；第二个“粪”字是动词，即“上粪”。

译文：00.11　田地中，有好地也有薄地的，薄地就要上粪，让它肥些。

00.12　其“踏粪”法：凡人家秋收治田后，场上所有穰、谷穢等[1]，并须收贮一处。每日布牛脚下，三寸厚；每平旦收聚，堆积之。还依前布之，经宿即堆聚。

注释：①穰（ráng）：禾黍脱粒后的茎穗。穢（yì）：同“䄩”。谷糠。

译文：00.12　有一种“踏粪”的方法：秋收整治粮食后，打谷场上的禾茎、谷糠等，都收集起来，储在一定的地方。每天向圈地面，铺上三寸厚的一层；每天清早收集起来，另外堆聚着。又像昨天一样铺一层，过一夜，又收集起来堆聚着。

00.13　计：经冬，一具牛踏成三十车粪。至十二月正月之间，即载粪粪地。计小亩亩别用五车，计粪得六亩。匀摊，耕，盖著；未须转起。

译文：00.13　像这样，过一个冬，一头牛可以踏成三十车粪。到了十二月底正月初，就把粪用车拉去上地。小亩每亩用五车粪，这些粪就可上六亩地。均匀地摊一层在地面上，耕一遍，盖一遍；不要翻转。

00.14 自地亢后[①]，但所耕地，随饷盖之[②]，待一段总转了，即横盖一遍。

注释：①亢（kàng）：在这里是“干燥”的意思。

②随饷盖之：“饷”字，只有“赠与食物”或“赠与礼物”的解释。这里，可能是“晌”字写错，即当天的中午。

译文：00.14 到地干一些之后，所有耕过的地，当天中午随即盖一遍，等到一段地都翻转过了，再横着盖一遍。

00.15 计正月二月两个月，又转一遍。然后，看地宜纳粟：先种黑地，微带下地[①]，即种“糙种”[②]。然后种高壤白地。其白地，候寒食后，榆荚盛时，纳种；以次种大豆，油麻等田。然后转所粪得地，耕五六遍；每耕一遍，盖两遍；最后盖三遍。还纵横盖之。

注释：①微带下地：“带”字，可能作“连带”解。

②糙种：可能是稻麦等外壳不光滑的种实，和黍、穄、麻、豆等光滑的种实相对。

译文：00.15 过了正月二月两个月，又再翻转一遍。然后，估计土地相宜的情形，下粟种：先种黑土地，和稍微低些的地，种“糙种”。随后才种高田白土地。白土的地，等寒食节后，榆荚盛旺时下种；下种的次序，是先种大豆，其次种油麻等等。再将上过粪的地翻转，耕五六遍；每耕一遍，就盖两遍；最后再盖三遍。盖时前后更换纵横方向。

00.16 候昏房心中[①]，下黍种，无问[②]。谷，小亩一升，下子，稀得所。候黍粟苗未与垄齐，即锄一遍。黍经五日，更报锄第二遍[③]。候未蚕老毕[④]，报锄第三遍。如无力，即止；如有余力，秀后更锄第四遍。

注释：①昏房心中：房星和心星在黄昏当空。昏，日落后。“房”和“心”，是相邻近的两个星宿的名称。中，正当天空中。房、心、尾连合起来，就是称为“辰星”的“大火”。

②无问：即现在语言中的“没有问题”。

③报锄：“报”字，怀疑是用《礼记·少仪》中“毋报往”那个“报”字的用法，即赶紧再重复。

④未蚕：怀疑是“末蚕”之误。蚕过了最后的一眠，便称为“老”。

译文：00.16 等到房星和心星在黄昏当空的时候，种黍不必再问。谷子，每一小亩下一升种，稀稠刚好合适。等黍粟苗还没有和垄畔一样高时，先锄一遍。黍，过了五天，跟着赶上锄第二遍。等到末蚕老了，赶锄第三遍。如果人力不足，这样也就够了；倘使有余力，孕穗后再锄第四遍。

00.17　油麻、大豆并锄两遍止，亦不厌早锄①。

注释：①亦不厌早锄：也不嫌锄得早。有的版本作“亦不厌旱锄”，“旱”字显然是错误的。《种谷第三》中，说明了“春锄不用触湿，六月以后，虽湿亦无嫌”的道理，是“夏苗阴厚，地不见白，故虽湿亦无害”，可见湿锄才是有条件的，旱锄则是当然，不会有“厌”的事。早锄，可以除草，而不至于伤害作物的根，所以合宜。

译文：00.17　油麻、大豆，都锄两遍就好了，也不嫌锄得早。

00.18　谷，第一遍便科定①。每科只留两茎，要不得留多；每科相去一尺，两垄头空②。务欲深细。第一遍锄，未可全深；第二遍，唯深是求；第三遍，较浅于第二遍；第四遍，较浅。

注释：①科定：即将一科（一个植株丛）中的植株留定下来。

②两垄头空：即垄的两头应留空。

译文：00.18　谷子，锄第一遍时，就间苗定下。每窝只留两个植株，不要留多；科间距离是一尺，垄两头空着。锄要深要细。第一遍锄，不必过深；第二遍，能深到怎样便尽量深；第三遍比第二遍浅；第四遍，较浅。

00.19　凡荞麦，五月耕。经三十五日，草烂，得转并种。耕三遍。立秋前后，皆十日内，种之。

译文：00.19　荞麦，五月间耕地。经过三十五日，草腐烂了，可以翻转地来下种。耕三遍。在立秋前或立秋后十天以内种。

00.20　假如耕地三遍，即三重著子。下两重子黑，上头一重子白，皆是白汁，满似如浓，即须收刈之。但对梢相答铺之，其白者，日渐尽变为黑，如此乃为得所。若待上头总黑，半已下黑子尽总落矣。

译文：00.20　如果地耕过三遍，茎上就会结三层的子。到下面两层子老了黑了，上面一层白的，里面灌满了白浆，像脓一样，就要收割。割下来，梢对梢搭着支起来，白的渐渐变黑，这样最合适。如果等上面的子全黑了才收，下面一半的黑子便会零落尽了。

00.21　其所粪种黍地，亦刈黍子[1]。即耕两遍，熟，盖，下糠麦[2]。至春，锄三遍止。

注释：①亦刈黍子：这句中的“子”，怀疑是“下”字写错。

②糠麦：怀疑是“矿（kuàng）麦”，即大麦的一种。或者竟是“种麦”。

译文：00.21　上过粪种黍的地，也要将黍收割下来。收过，就耕两遍，地熟了，盖磨过，下大麦种。到春天，锄过三遍才停手。

00.22　凡种小麦，地以五月内耕一遍，看干湿，转之。耕三遍为度。亦秋社后即种[1]；至春，能锄得两遍最好。

注释：①秋社：古代秋季祭祀土神的日子，一般在立秋后第五个戊日。

译文：00.22　种小麦，地要在五月里耕一遍，看干湿合宜时，翻转。耕三遍为度。也在秋社后就下种；到了春天，能够锄两遍最好。

00.23　凡种麻，地须耕五六遍，倍盖之[1]。以夏至前十日下子，亦锄两遍。仍须用心细意抽拔，全稠闹[2]；细弱不堪留者，即去却。

注释：①倍盖之：即盖磨的遍数，比耕的遍数加一倍。

②全稠闹：这句很费解，大致有错漏；可能是“均稠间”，即苗稠稀均匀。

译文：00.23　种麻，地须要耕五六遍，盖磨的遍数，要加一倍（即十至十二遍）。在夏至前十天下种，种后锄两遍。还要用心留意间苗，总要稀稠匀称；细弱的苗不能留的，就拔掉。

00.24　一切但依此法，除虫灾外，小小旱不至全损。何者？缘盖磨数多故也。又锄耨以时，谚曰“锄头三寸泽”，此之谓也。尧汤旱涝之年[1]，则不敢保。虽然，此乃例程。古人云：“耕锄不以水旱息功，必获丰年之收。”

注释：①尧汤旱涝：应解释为“尧涝汤旱”，即像尧时的洪水和汤时的大旱。尧，初居于陶，后迁居唐，故号陶唐氏，史称唐尧。汤，又称成汤、成唐、武汤、武王、天乙等，商朝的开国之君。名履，契的后裔，自契至汤十四世，主癸之子。夏桀无道，汤发兵灭之，建立商朝，在位二十年。

译文：00.24　一切依照这些办法耕种，除了遭虫灾之外，遇着小小的干旱，不会全部损失。为什么？就因为盖磨的次数多。此外，锄耨也及时。俗话说“锄头上有三寸雨”，就是这个意思。不幸而遇到尧时的大水，汤时的大旱，便不能保证。不过，正常时这样的方法是不会错的。古人说：“不因为水灾旱灾，就停止耕田锄地，必定可以得到丰年的

收成。”

00.25　如去城郭近，务须多种苽、菜、茄子等[1]：且得供家，有余出卖。只如十亩之地，灼然良沃者[2]，选得五亩：二亩半种葱，二亩半种诸杂菜。似校平者[3]，种苽、萝卜。其菜，每至春二月内，选良沃地二亩，熟，种葵、莴苣。作畦，栽蔓菁收子；至五月六月，拔。（诸菜先熟，并须盛裹，亦收子。）讫，应空闲地。

注释：①苽（guā）：这字的本义是“雕胡”，即“菇（gū）”“蒋”。这里显然是“瓜”字写错，《齐民要术》正文中无“苽”字。

②灼然：可以解作像烧灼后所留痕迹一样地明显确定，也就是平常口语中的“的确”。灼，用火在一点地方继续烧炙。“灼然”这个副词，在晚唐和宋代颇通行；很可以供给一点线索，来追究这一篇《杂说》的作者。

③似校平者：以较平者。似，解作“以”。校，依本来的意义解作比较的“较”。

译文：00.25　如果隔城市近，务必要多种些瓜、蔬菜、茄子等等：一方面可以供给家庭消费，有余的还可以出卖。例如有十亩地，在里面选出五亩的确好而肥的出来：用二亩半种葱，二亩半种其他各色的菜。比较平些的地，种瓜或种萝卜。种菜，每年春天二月间，选好而肥的熟地二亩，种葵菜和莴苣。或者，开成畦，种蔓菁收子；到了五月六月，拔尽。（先成熟的菜，都须要包裹，也要收种子。）拔完后，应空下闲地来。

00.26　种蔓菁、莴苣、萝卜等，看稀稠，锄其科，至七月六日、十四日[1]，如有车牛，尽割卖之。如自无车牛，输与人[2]，即取地种秋菜。葱，四月种；萝卜及葵，六月种；蔓菁，七月种；芥，八月种；苽，二月种。如拟种苽四亩，留四月种；并锄十遍。蔓菁、芥子，并锄两遍。葵、萝卜，锄三遍。葱但培，锄四遍。白豆、小豆，一时种，齐熟，且免摘角。但能依此方法，即万不失一。

注释：①七月六日、十四日：这两个日期，定得非常奇特。推想起来，可能为第二天有“节日”，都市里需要消费较多的蔬菜。七月初七，称为“瓜果节”，这天女孩们要供上瓜果，向“天孙”（织女）“乞巧”。七月十五是“中元”，佛教的“盂兰盆会”要在这天举行，也需要许多蔬菜作 “佛事”。盂兰盆会，在隋唐以后才渐渐盛行；由这一点，也可猜测这篇《杂说》的时代。

②输：整批卖出。

译文：00.26　种蔓菁、莴苣、萝卜等等，看稀稠，锄去一些定苗成“科”。到七月初六和十四日，如果自己有牛又有车，便全割了下来运进城去卖。如果自己没有车或没有牛，可以整批卖给人家，空出地来种秋菜。葱，四月里种；萝卜和葵，六月种；蔓菁，七月种；芥，八月种；瓜，二月种。如果打算种四亩地的瓜，留四月的早瓜作种；要锄十遍。蔓菁、芥子，都要锄两遍。葵和萝卜，锄三遍。葱只要培土，加锄四遍。白豆和小豆，一齐种，一齐熟，可以不要逐荚摘收。只要依照这些方法去做，万次中不会有一次的失败。

精彩点拨

种地前要考虑地势、干湿、良薄等因素，一定要做到因地制宜，因时而异，要有自己的主见，并且须量己力，该种多少就种多少，该什么时候做什么事就要做到位，有的地耕两遍，有的要耕五六遍。《杂说》告诫耕种时不能盲目跟着别人干，一定有自己的具体计划。

阅读积累

“踏粪法”

“踏粪法”最早见于《齐民要术》卷前《杂说》，原意是在冬季将农作物秸秆铺垫于耕牛脚下，让其与耕牛夜间排泄的粪便混合，通过践踏、收集、堆聚，形成“复合肥料”。在传承过程中，踏粪技术也被不断改造、变通与扩展。至明清时期，垫圈材料突破了农作物秸秆的局限，还包括青草、干土、草木灰、作物根茬等；踏粪的动物则由原先的耕牛扩展到猪、羊、马，乃至“六畜”；积肥的时间也从原来的冬季延展到全年；甚至积肥的场所也突破了圈舍的空间范围，凡牲畜经常活动的区域都可依据踏粪技术原理积制相同性质的肥料。踏粪多用作基肥，作追肥施用亦有记载，但并不普遍。鉴于不同家畜粪便中的养分、腐殖质、微生物等存在差异，在踏粪的施用过程中，需要因地、因物、因时制宜。

卷　一

精彩导读

记忆中的耕田是“几处牛儿水田里？一犁春雨子规啼”，或者就是农夫“锄禾日当午”？首先是“耕”，左边的“耒”，是一种最原始的农具，古人选结实的树枝制作而成的一种二分叉形的翻土工具，这和我们小时候的弹弓一样；井代表井田，本义指犁田、翻地。古时候没有除草剂，将土深耕、翻动，可以将杂草截断深埋；还可以让土块经过风化作用变疏松。

耕田第一

题解：本篇1.1.1—1.1.5为篇标题注。

本篇专谈如何开荒，开荒后如何耕作。在篇中，贾思勰详细记述了黄河中下游平原地区旱地耕田操作的基本原则，强调保墒、趁时（赶上时令）、增加土壤肥力的重要性。

1.3.1—1.3.3中介绍的耕田时应注意的基本原则及方法，说明经过长期在农业生产过程中的实践、观察，当时人们对耕作与土壤水分的关系已有明确的认识。篇中介绍了一些增肥、保墒的具体方法，如：秋天耕地时将青草盖进地里做绿肥（这可能是人类肯定绿肥效力的最早记录）；先在田里种绿豆等豆科植物使土地变肥；下雪后将雪压进地里以保墒等。

本篇中，贾思勰对一年中各个节气、时令的农事叙述具体、详实，还明确提出以“自然物候”（即自然季节变化时的野生动植物的生命活动现象）作为季节标识，来决定农业生产的操作进程。这些在今天仍是极有用、极合理的科学知识。

1.6.1—1.6.7中对天子举行“郊礼”；“田司”“田官”（古代主管农事的官）如何组织、指导农民生产的记叙，展现了在“农为立国之本”的古代中国农业社会，统治者对农业的重视及政治机构在组织农业生产中的作用，使我们对中华民族根基深厚的农耕文明有了更具体的认识。

1.1.1　《周书》曰[①]：“神农之时[②]，天雨粟[③]，神农遂耕而种之。作陶；冶斤、斧[④]，为耒、耜，锄、耨[⑤]，以垦草莽；然后五谷兴，助，百果藏实。”《世本》曰[⑥]：“倕作耒、耜[⑦]。”倕，神农之臣也。《吕氏春秋》曰[⑧]：“耜博六寸[⑨]。”

注释：①《周书》：《齐民要术》所引的这几句《周书》，既不见于今本《尚书》，也不见于所谓《汲冢周书》。应是一种今日已佚的书。

②神农：一说神农氏即炎帝。传说中上古时期三皇五帝之一，为农业和医药的发明者。相传他用木制作耒耜，教民农业生产；又传他曾尝百草，发现药材，教人治病。

③雨（yù）：作动词用，从天上落下来。粟：小米。

④斤、斧：小斧为斤，大斧为斧。

⑤耨（nòu）：小手锄。

⑥《世本》：这是一部已经散佚的古代史书，记录黄帝以来至春秋时列国诸侯大夫的姓氏、世系、居邑、制作等，东汉时尚在流传中。

⑦倕（chuí）作耒耜（lěi sì）：任，人名。上古传说中的巧匠，是神农家里的“臣”。耒耜，古代耕地翻土的农具。耒是耒耜的柄，耜是耒头上的横木臿。今本《说文》“耜”字都作“梠”，在木部。耒，古代翻土农具的曲木柄。耜，耒下端起土的部分。先以木为之，后才改用金属。故许慎《说文》解释为：耜，耒端木也。

⑧《吕氏春秋》：战国末吕不韦组织门客所撰写的一部书。成书于秦王政八年（前239）。书中《上农》《任地》《辨土》《审时》四篇是我国现存最早的农学论文。

⑨耜博六寸：今本《吕氏春秋·任地篇》中此句为“是以六尺之耜，所以成亩也；其博八寸，所以成甽也。耨柄尺，此其度也；其耨六寸，所以间稼也……”与《齐民要术》所引不同。《太平御览》卷823所引作“其博八寸”。疑《齐民要术》所引有误。博，宽度。

译文：1.1.1　《周书》说：“神农的时候，天落下小米来，神农就耕开地，把小米种下去。创制陶器；冶金作成小斧、大斧，制造了耒、耜，锄、耨，来开辟原来长着草的荒地；这样。五谷才开始由人类的力量繁盛，各种果实。也就成了人类保藏的物件。”《世本》说：“倕创作耒、耜。”倕是神农家里的“臣”。《吕氏春秋》说：“耜有六寸宽。”

1.1.2　《尔雅》曰[①]：“斪斸谓之定[②]。”犍为舍人曰[③]：“斪斸，锄也，一名定。”

注释：①《尔雅》：我国最早解释词义的专著，由秦、汉之间的学者辑周、汉诸书旧文，递相增益而成，为考证词义和古代名物的重要资料。后世经学家常用以解说儒家经义，至唐宋时遂为“十三经”之一。

②斪斸（qú zhú）：古农具，锄的别名。

③犍（qián）为舍人：汉代犍为（今四川乐山）人，曾任犍为郡文学卒史，后内迁舍

人。是最早为《尔雅》作注的人。

译文：1.1.2 《尔雅》说："斪斸叫作'定'。"犍为舍人注解说："斪斸就是锄，也叫作'定'。"

1.1.3 《纂文》曰[①]："养苗之道，锄不如耨，耨不如铲。铲：柄长二尺，刃广二寸，以铲地除草。"

注释：①《纂文》：书名。南朝宋时何承天撰，为纂录杂记之作。今已散佚。

译文：1.1.3 《纂文》说："培养禾苗的方法，锄不如耨，耨不如铲。铲是柄长二尺，刃宽二寸的农具，用来和地面平行地推过去除草。"

1.1.4 许慎《说文》曰[①]："耒，手耕曲木也；耜，耒端木也"；"斸，斫也[②]；齐谓之'镃基'[③]。一曰，斤柄性自曲者也。""田，陈也[④]；树谷曰'田'；象四口，十，阡陌之制也[⑤]。""耕，犁也；从耒，井声。一曰古者井田。"

注释：①许慎（约58—约147）：字叔重，东汉汝南召陵（今河南郾城）人。所著《说文解字》，为我国最早的文字学专著。全书共十五篇，创按部首列字体例，集古文经学训诂大成。

②斸（zhú），斫（zhuó）也：斸，古农具名，锄属。即斪斸。宋本《说文》"斸"字不只是"斤也"；木部的"欘"字下，才是"斫也，齐谓之兹其……"

③镃（zī）基：古代锄田农具。

④田，陈也：古代"陈"和"战阵"的"阵"是同一个字。阵是"整齐的排列"，田也正是整齐排列着的。

⑤象四口，十，阡陌之制也：田字的形状"口"表示四面的界限，中间的"十"，是田中塍埂制度。

译文：1.1.4 许慎《说文》说："'耒'是靠手力耕田的一条弯曲木杖；'耜'是耒头上的横木"；"'欘'是斫；齐地的方言，称为'镃其'。又有一说，装有本性弯曲木柄的小斧头是'斸'。""'田'是'陈'；种有粮食作物的叫作'田'；田字的形状'口'表示四面的界限，中间的'十'，是田中塍埂制度。""'耕'是犁；从'耒'，从'井'得声。又有人说，古来耕种是'井田'制度（所以从井从田作'畊'）。"

1.1.5 刘熙《释名》曰[①]："田，填也；五谷填满其中。""犁，利也，利则发土绝草根。”“耨[2]，似锄；妪耨禾也[3]。”“劚[4]，诛也；主以诛锄物根株也。”

注释：①刘熙《释名》：东汉经学家、训诂学家刘熙所著的《释名》一书，是我国重要的训诂著作，其体例仿照《尔雅》。此书从语音的角度，以同声相谐，推论事物所以命名之由来，并注意时音与古音之异同，为汉语语源学之重要著作。刘熙，字国成，北海（今山东昌乐）人。

②耨（nòu）：古代除草的农具，小手锄。

③妪（yù）耨禾也：据毕沅《释名疏证》的说法，是像老太太般“爱护苗根”。也可以理解为：像老太太弯着腰小心、仔细地用耨锄草。石按：《太平御览》所引《释名》却作“以耨”。暂保留“妪耨”，等待其他旁证。

④劚（zhú）：挖掘。通过挖掘彻底除去杂草的根，防止再生。

译文：1.1.5 刘熙的《释名》说：“田是填，田里面填满五谷。”“犁是利的，锐利的才能开垦土壤，切断草根。”“耨，像锄；可以‘妪耨’禾苗。”“劚是诛杀；它的用处，主要在杀死锄掉植物的根和低下枝条。”

1.2.1 凡开荒山泽田，皆七月芟艾之[1]。草干，即放火。至春而开[2]。根朽省功。

注释：①芟艾（shān yì）：芟，除草。艾，通“刈”，斩除。

②至春而开：到第二年春天再耕开。

译文：1.2.1 凡在山地和水泽地开荒作田的，都要在七月里先将草割去。等草干了，就放火烧。到第二年春天再耕开。这时草根已枯朽，可以省些工夫。

1.2.2 其林木大者，𠠎乌更反杀之[1]；叶死不扇，便任耕种[2]。三岁后，根枯茎朽，以火烧之。入地尽也[3]。

注释：①𠠎（yīng）：用刀切割树皮。由本书卷四《插梨第三十七》中，“以刀微𠠎梨枝斜攕之际”一句看来，可以推定“𠠎”是用刀切割树皮。在梨树，是将接穗下段树皮剥掉之前必需的一个准备；在开荒时要“杀”树而不砍伐，便利用“环割”，切断韧皮部和新木质部，中断树干内营养物质的输送，使茎干自行死亡。

②叶死不扇，便任耕种：树木旧叶死后，不再生出新的叶，因此不至于遮蔽庄稼所需要的阳光，这时便可以耕种了。扇。本义是指竹子或苇子编成的门片，有遮蔽义。用作动词，便是遮蔽。

③入地尽也：这样便连树的地下部分也去尽了。

译文：1.2.2　大的成林树木，切掉一圈树皮，将茎干杀死；叶已枯萎不再遮阴时，就可以耕种了。三年之后，根枯了，茎干也朽了，再用火烧它。这样便连树地下的部分也去尽了。

1.2.3　耕荒毕，以铁齿镉楱[①]，再遍杷之。漫掷黍穄[②]，劳亦再遍[③]；明年，乃中为谷田[④]。

注释：①镉楱（lòu zòu）：也作“镉锛”。耙的一种，即“铁搭”。王祯《农书》以为是“人字耙”（即尖齿铁钯），主要的作用是松土。

②漫掷黍穄（jì）：漫掷，用现在的术语说便是“撒播”。漫，随随便便，无一定规律与限制的“散漫”。穄，作物名。跟黍子相似，子实不黏，也叫糜子。

③劳（lào）：同“耢”，一种平整土地用的农具。耕后，使耕翻的土块散碎同时又排平的一种农具。由牲口拉动，可以“荡”平耕地。役使牲口的人，可以坐或立在耢上。

④中（zhòng）：可以供……之用。现在一般还有“中用”的说法，不过许多地方都已改读zhōng。

译文：1.2.3　荒地耕完之后，用有尖铁齿的铁搭扒两遍。撒播一些黍子和穄子，用耢摩两遍；明年就可以用来种谷子。

1.3.1　凡耕，高下田，不问春秋，必须燥湿得所为佳。若水旱不调，宁燥不湿。燥耕虽块[①]，一经得雨，地则粉解。湿耕坚垎胡洛反数年不佳[②]。谚曰：“湿耕泽锄，不如归去！”言无益而有损。湿耕者，白背速镉楱之[③]，亦无伤；否则大恶也。

注释：①块：此处作形动词用，即“成大块”。

②垎（hè）：土壤干燥板结而坚硬，即“土干而刚也”。现在湘中一带方言中，有“干得壳壳一样”的话，“壳”读阴去，应当是“垎垎”。

③白背：土壤表面干后，不再发黑，所以地皮表面成白色。背，地皮。镉楱（lòu zòu）：铁齿耙，耙的一种。此处“镉楱”作动词用。意为用耙松地之意。

译文：1.3.1　耕种的时候，高地低地，都是一样，不管是春或秋，总之要干湿适当才好如果雨水太多或太少，宁可在干燥时耕，不要趁湿。干燥时耕，虽然土地会结成大块，下过一次雨，就会像粉末一样散开来。湿时耕种，土壤就结成了硬块。几年还散开不了，情形极不好。俗话说：“湿时耕种，带雨锄地，不如回去，坐在家里！”就是说湿耕不但无益，而且有损。已经在湿时耕过了，等地面发白时，赶快用铁齿杷杷松散，还不要紧；否则结果一定很坏很坏。

1.3.2 春耕，寻手劳[①]；古曰“耰”[②]。今曰“劳”。《说文》曰：“耰，摩田器。”今人亦名“劳”曰“摩”；鄙语曰[③]：“耕田摩劳也。”秋耕，待白背劳。春既多风，若不寻劳，地必虚燥；秋田塌长劫反实[④]，湿劳令地硬。谚曰：“耕而不劳，不如作暴。”盖言泽难遇[⑤]，喜天时故也。桓宽《盐铁论》曰[⑥]：“茂木之下无丰草，大块之间无美苗。”

注释：①寻手劳（lào）：随即用耢摩平。寻手，“随即”。亦同于现在口语中的“马上”。

② 耰（yōu）：“劳”的古称，魏晋时期称为“劳”。一种用于弄碎土块，平整土地的农具。

③鄙语：俗话。

④塌：古代字书中，没有完满的解释。《汉语大字典》中该字为多音字，注音为zhí下有两个义项：低洼地和累土。注音为zhé，释为田实。石按：由它与“濕”“隰”（xí）两个字的关系，可以推想“塌”应当是地面下明显地有水。

⑤泽：土壤水分，包括降水和灌溉水。

⑥桓宽：字次公，西汉汝南（今河南上蔡西南）人。他将汉昭帝始元六年（前81）丞相田千秋、御史大夫桑弘羊与诸贤良文学辩论盐铁官营等问题的材料集成一书，名《盐铁论》，共六十篇。下两句引文出自《轻重》篇。

译文：1.3.2 春天耕过的地，随即摩平；古代称为“耰”，现在（贾思勰所处时代）称为“劳”。《说文》解释说：“耰，摩田的器械。”现在也还将“劳”称为“摩”；乡下的话就说：“耕田摩劳。”秋天，等地面发白再摩。春天干风很多，如果耕过不随即摩，地里就会空虚干燥；秋天田地里积水潮湿，湿着的时候摩，地就板结坚硬。俗话说：“耕翻不摩，不如闯祸。”是说雨水难得，好容易才遇到好天时。桓宽《盐铁论》说：“茂盛的林木下，没有茂盛的草；大块大块的泥土中，没有壮健的庄稼。”

1.3.3 凡秋耕欲深，春夏欲浅。犁欲廉[①]，劳欲再。犁廉，耕细，牛复不疲。再劳，地熟，旱亦保泽也。

注释：①廉：石按：“廉”的本义，是狭窄的边沿地方。因此，开平方时的两个狭长条，称为“廉”；开立方的三个小长方条，三个扁片，也称为“廉”。“廉洁”是取物自奉狭窄。因此，“犁欲廉”，我最初解释为廉和地面所成角度小，所耕起土的量少，结果“耕细”，同时有“牛复不疲”的效果。冯兆林先生以为“犁欲廉”是“犁的次数要少”，和“劳欲再”相对。我觉得冯先生的说法很好；但《齐民要术》遇到说“次数要

少”时，常用“不烦多”“不用数”“欲省”之类，而用“廉”字的却没有见到。因此，经过再三考虑，现在解释为“犁的行道要窄狭”。

译文：1.3.3　秋天耕地，犁下去要深；春、夏要浅。犁的行道要窄小，每耕一次要摩平两次。犁的行道窄，耕的土就松细，牛也不容易疲乏。摩过两次，土和得均匀，再旱的天气也可以保住墒。

1.3.4　秋耕，䅖一感反青者为上[①]。比至冬月[②]，青草复生者，其美与小豆同也[③]。

注释：①䅖：《汉语大字典》注音为yān，解释为耕作中以土盖种、盖肥。石按：就下面的例看来，“䅖”应当是把地面的东西“翻下去”盖进地里。

②比：比及，到了。

③其美与小豆同也：豆类能增加土壤中氮化物，有利于后作物的生长。本书中，屡次提到豆类与谷物轮栽的好处。

译文：1.3.4　秋天耕地，能把青草盖进地里的最好。等到冬天，青草再发芽，就和小豆一样肥美。

1.3.5　初耕欲深，转地欲浅。耕不深，地不熟；转不浅，动生土也[①]。

注释：①动生土：把心土翻动上来。生土，未耕垦熟化的土壤和耕层以下肥力很低的心土或 底土。“转地”是“重耕”（再耕）；再耕如过深，便有将心土翻动的可能。心土为土壤学术语，是指介于表土层与底土层之间的一层土壤。

译文：1.3.5　耕生地，要翻得深；种过的地再耕转时，要浅。第一次耕，翻得不深，土壤不会均匀；再翻时如果不浅些，就会把心土翻上来。

1.3.6　菅茅之地[①]，宜纵牛羊践之；践则根浮。七月耕之则死。非七月复生矣。

注释：①菅（jiān）茅：茅草的一种。

译文：1.3.6　长着茅草的地，要先赶着牛羊在上面踩过；牛羊踩踏过，根就会向上起来。七月间翻下去，茅草才会死。别的月份翻下去还会复活。

1.4.1　凡美田之法，绿豆为上；小豆、胡麻次之。悉皆五六月中穊美懿反漫掩也种[①]。七月八月，犁䅖杀之。为春谷田，则亩收十石[②]；其美与蚕矢熟粪同[③]。

注释：①穊美懿反漫掩也种：穊，《汉语大字典》注音为mèi，是“撒种”的意思。它的原注“美懿反漫掩也”：“漫”是“漫掷”，“掩”是“掩盖”。“漫掩也”三个字，很明显是后来补入的。而“穊”则怀疑原来是同音的“概”字抄错，此字音jì。稠密义。所以“穊种”应解释为：“密密地撒播。”

②亩收十石（dàn）：一亩可以收到十石。大约相当于现在的市亩每亩300斤。石，量词。计算容量或重量的单位，今制10斗为1石。据前代各家的估计，当时的十石，约合今日的1—1.2石。（缪启愉先生考证：后魏制的一亩，折合今制为1.016市亩；一石折合今制40升，即4市斗。）

③蚕矢：即“蚕屎”或“蚕沙”。

译文：1.4.1　要使地变肥，最好的方法，是先种绿豆；其次种小豆和脂麻。都要在五月六月，密密地撒播。七、八月，犁地，盖进地里去闷死它们。这样，用来作春谷田，一亩可以收到十石；和蚕粪或腐熟的人粪尿一样肥美。

1.5.1　凡秋收之后，牛力弱，未及即秋耕者，谷、黍、穄、粱、秫、茇方末反之下[①]，即移羸。速锋之[②]，地恒润泽而不坚硬；乃至冬初，常得耕劳，不患枯旱。若牛力少者，但九月十月一劳之，至春稿汤历反种亦得[③]。

注释：①秫（shú）：粱米、粟米之黏者，多用以酿酒。茇（bá）：即草木的根，兜。

②移羸（léi）。速锋之：移羸，逐渐转向瘦弱。石按：直译“移”是“逐渐向……转变”，“羸”是“瘦弱”；但这样解释，并不很合适。可能此处有错字或漏字。这是《齐民要术》中急待解决的一个谜。这一节所谈的基本事项，是收割之后，要立即进行浅耕灭茬，目的只在切断地面与下层的毛管水联系，为土地保墒，而不在灭茬。依目前所作注解：“锋”是人工用“锋”来进行浅耕。所以必须“速锋”，是因为在“茇下”，地会“移羸”，即因失水而逐渐转向瘦弱（是“跑墒”的结果）。但也有将原文句读为“……茇之下，即移羸速锋之，地恒润……”，解释为“……茬下，赶快将瘦弱的〔羸〕牲口，转过来〔移〕浅耕〔锋〕一遍，这样，地（保墒），常……”（见1956年《历史研究》第一号）锋，古代的一种农具。见图四。此处作动词用，意为“用锋翻地”。我认为本书中所有说到“锋”时，从没有正面指明用畜力；《农书》中“锋”的图，似乎只是使用人力的农具；而且，“羸”字下面，也没有一个确指牲口的名词，所以对后一种说法，暂时存疑。

③稿（tì）：稀疏点播。

译文：1.5.1　秋天收割后，如果因为收割要用牛车牛力不够，没有随即做到秋耕

的，如让谷子、黍子、糜子、粱米、秫米等底茬留着，地就会干瘦。赶快用人力锋过一次的地，就可以常常保持润泽，不至于坚硬；等到初冬闲空时，再来耕翻摩平，还不会嫌枯燥干旱。如果牛力还是少，就在九或十月摩一遍，到明年春天再稀疏点播，也还可以。

1.6.1　《礼记·月令》曰①：“孟春之月：天子乃以元日，祈谷于上帝②。郑玄注曰③：“谓上辛曰，郊祭天。”《春秋传》曰④：“春，郊，祀后稷以祈农事⑤。是故启蛰而郊，郊而后耕⑥。”上帝，太微之帝。乃择元辰，天子亲载耒耜，帅三公、九卿、诸侯、大夫，躬耕帝籍⑦。元辰，盖郊后吉辰也。帝籍，为天神、借民力，所治之田也。是月也，天气下降，地气上腾；天地同和，草木萌动。此阳气蒸达，可耕之候也。《农书》曰⑧：“土长冒橛⑨，陈根可拔，耕者急发”也。命田司，司谓“田畯”⑩，主农之官。善相丘、陵、阪、险、原、隰⑪，土地所宜，五谷所殖，以教道民。田事既饬⑫，先定准直；农乃不惑。”

注释：①《礼记·月令》：古代记载物候知识的著作。《礼记》约成书于公元前1世纪，是汉代戴圣根据其叔戴德所撰《礼记》重新删定而成，史称《小戴礼记》。其中《月令》篇，将一年四季及十二个月，分别按孟、仲、季逐月记载物候和礼仪政令，是研究战国、秦汉时代农业生产和古代物候学的重要参考著作。

②上帝：指太微星座的帝君。

③郑玄（127—200）：东汉经学家。字康成。北海高密（今山东高密）人。著《毛诗笺》，注《三礼》《周易》《尚书》《论语》等。郑玄以古文经学为主，兼采今文经说，自成一家，为汉代经学集大成者，称郑学。

④《春秋传》：即《春秋左传》。又名《左传》。我国现存最早的编年体史书。相传为春秋末左丘明为解释孔子《春秋》而作。与《公羊传》《谷梁传》并称为《春秋》三传。

⑤后稷（jì）：古代周族的始祖。传说有邰氏之女姜螈踏巨人足迹。怀孕而生，因一度被弃，故名弃。善于种植粮食作物，为虞舜时稷官，主管农事，教民稼穑。古代周人生活过的陕西省武功县至今仍保留着姜嫄墓及教稼台的遗址，被视为后稷故里。

⑥郊而后耕：行郊礼后才开始耕作。

⑦躬耕帝籍：皇帝亲自在籍田上耕种。从前的皇帝们，常有甚至于每年春初“躬耕”（“躬”就是“亲身”）的一种仪式：在一片称为“籍田”的土地上，皇帝把着犁柄，向前推行三步。所谓“籍田”或“帝籍”，郑玄在注中已解释过，是“为了祈祷和祭报天神，假借劳动人民的力量，所耕种的田”；皇帝装模作样地推了三步之后，耕种收获还是由农民完成。

⑧《农书》：书名。本书所引“《农书》”，一般都是指《氾胜之书》；但这几句，却和下面所引《氾胜之书》的语句不同，而是与崔寔《四民月令》相似。《氾胜之书》见1.9.1注。

⑨橛（jué）：树木或禾秆的残根。这里是指预先埋在地里的木桩。

⑩田畯（jùn）：又称“田司”，古代掌管农事的官。

⑪阪（bǎn）：山坡，斜坡。隰（xí）：低湿的地方。

⑫饬（chì）：整治，整顿。

译文：1.6.1　《礼记·月令》说：“正月，天子在一个好日子，向上帝请求今年给好收成。郑玄注解说：“是在上旬的辛日，举行‘郊’礼祭天。”《春秋左传》说：“春天行郊礼，祭后稷，来请求农作顺遂。一般是惊蛰后行郊礼。郊礼祭过社之后才开始耕。”上帝是太微星座的帝君。随后要选一个吉祥的‘辰’日，天子在自己的车上带着耒耜，率领三公、九卿、诸侯、大夫，到‘籍田’去，亲自耕地。元辰是郊礼以后的一个吉祥的“辰”日。“帝籍”，即皇帝的“籍田”，是为奉祀天神，借百姓的力量作成的田。这个月，天上的气向下降，地下的气向上升腾；天气地气调和均匀，草木都开始发芽长大。这就是阳气向上蒸，到了通畅的时节，是可以耕种的征候。《农书》上说：“土地向上长，遮没了木桩，去年枯死的根，已可以随手拔出来，耕田的就要赶快入手”，就是这样的情形。现在命令田司，田司就是“田畯”，也就是主管农事的官。好好地观察大小山头、陡坡、绝壁、高平地、低下地，看土地适宜种什么，哪种谷物容易长得好，来教育领导百姓。耕种的事准备整顿好，先定出标准来；这样，农民便可心中有数。”

1.6.2　“仲春之月：耕者少舍，乃修阖扇[①]。舍，犹止也。蛰虫启户[②]，耕事少闲，而治门户：用木曰“阖”，用竹苇曰“扇”。无作大事，以妨农事。”

注释：①阖（hé）：用木作的门板。

②蛰（zhé）虫启户：冬眠蛰伏的小动物打开洞门。据孙希旦《礼记集解》：“户，穴也；启户，始出——谓发所蛰之户而出。”

译文：1.6.2　“二月仲春，耕地的已经没有正月那么紧张，才开始修理门户。“舍”就是停止，蛰伏的小动物都将打开洞门出来，要扰乱人的日常生活了，所以要在耕地的工作稍微松闲一点的时候，修整双扇和单扇的门板。用木作门板称为“阖”，用竹子苇子之类作的称为“扇”。不要有大举动，以免影响农家的耕作。”

1.6.3 “孟夏之月，劳农劝民，无或失时。重力劳来之[①]。命农勉作，无休于都。”急趣农也。《王居明堂礼》曰“无宿于国”也[②]。

注释：①重（chóng）力劳来之：此句应是“重敕之”。即再三劝告他们。敕（chì）：告诫，劝勉。唐宋两代，“敕”字常写作“勑”，拆开分在两行，便成“力”“來（来）”。

②《王居明堂礼》：出自东汉经学家郑玄为《仪礼》《周礼》《礼记》所作的《三礼注》。“明堂”是古代帝王颁发政令，接受朝觐和祭祀天地诸神以及祖先的场所。

译文：1.6.3 “四月孟夏，慰问农民，鼓励大众，不要误了时令。再三劝告他们。命令农民勤恳地劳动，不要在都市里停留。”急速催促农民。《礼记·王居明堂》所谓“无宿于国”，亦即此意。

1.6.4 “季秋之月，蛰虫咸俯；在内，皆墐其户[①]。”墐，谓涂闭之；此避杀气也。

注释：①墐（jìn）：用泥土涂塞。和熟的黏土称为“墐”；此处作动词用，即用“墐”来涂塞。

译文：1.6.4 “九月，入蛰的昆虫，都头向下地躲在洞里；并且用黏土把洞户涂抹起来。”“墐”就是涂抹封闭，这是避免秋天的杀气。

1.6.5 “孟冬之月，天气上腾，地气下降，天地不通，闭藏而成冬。劳农以休息之。”党正属民饮酒[①]，正齿位是也[②]。

注释：①党（dǎng）正：党的长官。党，古代一种地方基层组织。五家为邻，五邻为里，五百家为党。正，乡长，长官。属：召集。

②正齿位：按照年纪来排定座位。齿，在这是指年龄。

译文：1.6.5 “十月，天气又回转来向上升，地气向下降，天气地气，彼此不交通，闭塞着成为冬天。慰问农民，让他们好好休息。”乡长召集百姓来举行乡饮，按照年纪来排定座位。

1.6.6 “仲冬之月，土事无作[①]。慎无发盖，无发屋室；地气且泄，是谓‘发天地之房’，诸蛰则死，民必疾疫。”太阴用事，尤重闭藏。按：今世有十月、十一月耕者，匪直逆天道，害蛰虫；地亦无膏润，收必薄少也。

注释：①土事：动用泥土的工程。

译文：1.6.6 “十一月，不要兴工动土。千万不要翻动已经覆盖好的储藏，不要开启已经关闭的大小房屋；如果开动的话，就会泄漏地气；这就称为开动了天地的‘密房’，所有潜藏的蛰虫会死去，百姓会发生瘟疫疾病。”郑玄说：“这是个太阴主持一切用事的月分，闭塞收藏更加重要。”贾思勰案：现在有十、十一月耕地的，不但完全违反了天然的道理，伤害了蛰虫；耕开了的地，也没有墒，明年的收成一定会减少。

1.6.7 季冬之月，命田官，告人出五种[①]；命田官告民出种，大寒过，农事将起也。命农计耦耕事[②]，修耒、耜，具田器。耜者，耒之金；耜广五寸。田器，镃錤之属。“是月也，日穷于次，月穷于纪；星回于天，数将几终，言日、月、星辰，运行至此月，皆匝于故基[③]。次，舍也；纪，犹合也。岁且更始。专而农民，毋有所使。”而，犹汝也；言专一汝农民之心，令人预有思于耕稼之事。不可徭役，则志散，失其业也。

注释：①出五种：拿出各种谷类种子做准备。

②耦（ǒu）耕：一般认为“耦耕”是指古代两人一组的耕作方法，即“二人并耕”。后亦泛指农事或务农，因此需要计划、组织。学界关于耦耕的解释不一，有二人二耜并耕说、二人一犁或二人二犁说、二人使犁说、二人相对说、二人配合说、二人一耜说以及耕作的经济形式说。我们认为“耦耕”是我国古代广泛采用的协同耕作方式，周代最为流行。后随着井田制的破坏和铁犁牛耕的推广，“耦耕”这种耕作方式逐渐退出历史舞台。

③匝于故基：循环一周，又回到了原来的地方。匝，循环一周。故基，原来的地方（基点）。

译文：1.6.7 十二月命令田官，告诉百姓，把各种种谷拿出来作准备。命令田官告诉百姓将藏下的种子取出来，是因为大冷天过去，农业生产操作就要开始了。命令农家，计划组织耦耕的事，修理耒、耜，准备耕田的器械。耜是耒上所装的金属部分；耜的宽是五寸。耕田的器械，指“镃錤”等类。“这个月，太阳的宿处已到终点，月和日的会合，也到了终点；星宿在天上的循环，又回转到原来开始的地方，一年的日数，快要完毕了。郑玄说：这就是说，太阳、月、星辰的循回运动，到这个月，都满了一个循环周期。“次”是“舍”，就是宿处；“纪”是“合”“会合”。一年。又要重新开始。让你的农民们，专心从事生产，不要另外使用。”“而”就是“你”；是说让你的农民们思想专一，叫他们预先体会到种庄稼的事情。不要征用他们来做工服徭役，征用时心志分散，生产事业使会遭受损失。

1.7.1 《孟子》曰[①]：“士之仕也[②]，犹农夫之耕也。”赵岐注曰[③]：“言仕之为急，若农夫不耕不可。”

注释：①《孟子》：战国思想家、政治家、教育家孟珂（约前372—前289）与弟子合

著，一说是孟子弟子、再传弟子的记录。为儒家经典著作之一，书中记载了孟子及其弟子的政治、教育、哲学、伦理等思想观点和政治活动；也是我国古代极富特色的散文专集，具有较高的文学价值。此处出自《滕文公下》。

②仕（shì）：为官，任职。

③赵岐（约108—201）：字邠卿。初名嘉，字台卿。东汉京兆长陵（今陕西咸阳东北）人。著有《孟子章句》《三辅决录》。

译文：1.7.1　《孟子》说："士去服官职，就像农民耕种一样。"赵岐注解说："'士'是急于'服官职'的，正像农夫非耕田不可一样。"

1.7.2　魏文侯曰[①]："民：春以力耕，夏以强耘[②]，秋以收敛。"

注释：①魏文侯：姬姓，魏氏，名斯。战国时代魏国的建立者。魏文侯在任时用李悝为相，吴起为将，率先变法改革，使魏国成为战国初期的强国。

②夏以强耘：夏天锄地除草。此段见于《淮南子·人间训》。

译文：1.7.2　魏文侯说："农民，春天犁耕，夏天锄地除草，秋天收获贮藏。"

1.7.3　《杂阴阳书》曰[①]："亥为天仓[②]，耕之始。"

注释：①《杂阴阳书》：是一部已经散佚的占候书。作者、时代无可考，有种看法是：此书或为汉代阴阳家著。

②天仓：星宿名。属西方七宿中的娄宿。

译文：1.7.3　《杂阴阳书》说："'亥'月是'天仓'，这是耕种开始的时候。"

1.7.4　《吕氏春秋》曰："冬至后五旬七日，昌生[①]。昌者，百草之先生也。于是始耕。"高诱注曰[②]："昌：昌蒲；水草也。"

注释：①昌：即"菖"，菖蒲。《说文》无"菖"字；以前都借用"昌"（参看卷十92.66.1"菖蒲"条）。此段见《任地》篇。菖蒲：天南星科，一种多年生水生草本，有香气。广布于全球温带，中国各地都有野生或栽培。

②高诱：东汉涿郡涿县（今河北涿州）人。东汉训诂学家。建安十年（205）辟司空掾（yuàn），除东郡濮阳令。十七年迁河东太守。著有《吕氏春秋注》《淮南子注》《战国策注》等。

译文：1.7.4　《吕氏春秋·任地》说：'冬至后五十七天，菖蒲出现，菖蒲是（一年中）最早出现的宿根草本植物。在这时候，开始耕田。"高诱注解说："'昌'是菖蒲，一种水生的草。"

1.8.1　《淮南子》曰[①]："耕之为事也，劳；织之为事也，扰。扰劳之事，而民不舍者，知其可以衣食也。人之情，不能无衣食；衣食之道，必始于耕织。物之若耕织始初甚劳。终必利也众[②]。"又曰："不能耕而欲黍粱；不能织而喜缝裳；无其事而求其功，难矣。"

注释：①《淮南子》：书名，又名《淮南鸿列》。汉高祖刘邦之孙淮南王刘安（前179—前122）主持，由他的门客集体编写而成。全书以道家思想为主，兼采先秦儒、法、阴阳等各家学说。一般认为它是杂家著作。其中《原道训》所提出的宇宙生成论，对古代唯物主义和自然科学有重要影响。保存了不少自然科学史料。此处出自《淮南子·主术训》。

②终必利也众：最后获利还是很多。此处的"众"字，《齐民要术》各版本都有；究竟是贾书原样，或是宋人依当时本《淮南子》添入的，还不能确定。在《淮南子》中，"众"字也是争执的一点。暂依王念孙的说法，将众字解作（有利）"甚多"。

译文：1.8.1　《淮南子·主术训》说："耕田是劳苦的事情，织布是麻烦的事情。百姓为什么不会放弃麻烦与劳苦的事情呢？因为大家都知道是可以得到衣来穿饭来吃的。人的生活不能没有衣食；衣食的来源，必来自耕田和织布。像耕田织布这样的事，最初总是很劳苦的，但最后利益仍很多。"又《淮南子·说林》说："不能耕田而想得到黍米和粱米；不能织布而欢喜缝新的衣裳；不作工作。只求得到成果，这都是难事呀！"

1.9.1　《氾胜之书》曰[①]：凡耕之本，在于趣时[②]，和土，务粪泽[③]，早锄早获。

注释：①《氾（fán）胜之书》：书名。西汉末氾胜之撰，成书约在公元1世纪前后。该书记载和总结了西汉时期黄河流域，尤其是关中一带的旱地农业生产技术，是我国古代第一部比较完整的农学著作。原书已失传，现存残本为后人从《太平御览》和《齐民要术》中辑成。

②趣时："趣"就是"趋"，赶急趁上义，也就是现在所谓"争取"。

③务粪泽："粪"与"泽"，是两件事。"粪"是保持肥沃；"泽"是保存水分，即今日所谓"保墒"。

译文：1.9.1　《氾胜之书》说：耕种的基本要点，在于赶上合宜的时令，使土地和解，讲究保持肥沃、保存水分，及早锄地，及早收割。

1.10.1　春冻解，地气始通，土一和解。夏至，天气始暑，阴气始盛，土复解。夏至后九十日，昼夜分，天地气和。以此时耕田，一而当五[①]。名曰"膏泽"[②]，皆得时功。

注释：①当（dàng）：即"价值相当"。

②膏泽：这里指土壤肥沃润泽。膏，肥沃的泥土。泽，雨露，土壤中的水分。

译文： 1.10.1　春天，解冻之后。“地气’开始通达，土壤第一次和解。夏至，“天气”开始暑热，阴气才旺盛，土壤第二次和解。夏至后九十天（即秋分）白昼黑夜相等，“天气”“地气”调和，土壤也就和解。在这些时候去耕地。耕一次可以当得平常的五次。这时，称为“膏泽”，都是得着适合时令的功效的。

1.11.1　春，地气通，可耕坚硬强地黑垆土[1]。辄平摩其块[2]，以生草；草生，复耕之。天有小雨，复耕。和之勿令有块，以待时，所谓“强土而弱之”也。

注释： ①黑垆（lú）土：黑色坚实的土壤。

②块：泥块或土块。“块”字的本义，是结合成为一定形体的泥土，后来演变，便用来泛指一切成团成件的物体。据《说文》，更古的写法是“由”。就是一个“土块”的象形。

译文： 1.11.1　春天“地气”通达，应当先耕坚硬的强地与黑色的垆土。一定要把泥块用“劳”摩平，让草发芽；草发芽后，再耕一遍，把草翻下去。天下小雨，再耕。要将土弄和匀，不要有大块存在，这样等待适合的时令。这就是所谓把强土变弱的办法。

1.11.2　春候地气始通：椓橛木[1]，长尺二寸；埋尺，见其二寸[2]。立春后，土块散，上没橛，陈根可拔。此时[3]。

二十日以后，和气去，即土刚。以时耕[4]，一而当四；和气去，耕，四不当一。

注释： ①椓橛（zhuó jué）木：椓，当名词用时，是一端稍大一端较尖的木棒，现在多用简写的“札”字代替。作动词用时，是制成一个“札”，或用“札”钉进去，现在多写作“札”“砸”。在此处，“椓”作动词用，即制成一个一端较尖的小木桩——木橛。

②见（xiàn）：即现出，露出。现在都写成“现”字。

③此时：这是一个完整的语句，应当解释为“此乃时也”，即“这正是合适的时令”；而不能理解为“这个时候”。

④以时耕：在适合的时令耕地。

译文： 1.11.2　怎样估定春天“地气开始通达”呢？斫一条木棒，一尺二寸长；把一尺埋在地面以下，地面上现出二寸。立春之后，土块分散成小颗粒，涌上来把木桩现出地面的二寸盖没了。在这时去年枯死的根，已可以随手拔出来。这就是适合的时令。

立春过了二十天，和气不在了，土就刚硬起来。在适合的时令耕地，耕一次当得四次；和气不在时耕，耕四次还当不了一次。

1.12.1　杏始华荣，辄耕轻土弱土。望杏花落，复耕；耕辄蔺之[1]。草生，有雨，泽，耕重蔺之。土甚轻者，以牛羊践之。如此，则土强。此谓“弱土而强之”也。

注释：①蔺（lìn）之：践踏和辊压，让松散的弱土紧实些。蔺，通“躏”。“蔺”的原意是织席用的细草；草席，本身就是一个被“践踏”被压的物件。“蔺”从“閵”，和从“蔺”的“躏”“辅”都解作践踏和辊压。

译文：1.12.1　杏花开始繁盛时，应当耕轻松的土地。等杏花谢尽，再耕；耕过，应当随即辊压紧。草在这样的地里发芽了，再下雨，土潮湿时，耕，再辊压一遍。十分轻松的土，赶着牛羊上去踏紧些。这样，地就坚硬了。这就是使弱土变为强土的办法。

1.13.1　春气未通，则土历适不保泽[1]，终岁不宜稼，非粪不解。

注释：①历适（dī）：孤立而不相黏连。“历适”两字联用，是作为物状词。我们假定“适”字读“滴”音，即“历适”是叠韵字，和其他“l-d-”的叠韵词“郎当”“伶仃”“潦倒”等，有相类的意义，即孤立而不相黏连。“碌碡”或“磟碡”这个农具，也是一块单独的大石块。

译文：1.13.1　春天，地气没有通达以前，如果耕了地土块就不会黏连，不能保存水分，这一年中庄稼都长不好，非加粪不能解决。

1.13.2　慎无早耕[1]！须草生[2]。至可种时，有雨，即种土相亲[3]，苗独生，草秽烂[4]，皆成良田。此一耕而当五也。

注释：①无早耕：无，即“毋”，不可以，不要。石按：“早耕”应是旱耕。此句应是“无旱耕”，即“不可以旱耕”。《齐民要术》各版本，这两处都是“早耕”。从字面上说，“早耕”是可以解释的。但《氾胜之书》所记耕种方法，专就西北干旱地区的情形立论，和《齐民要术》中的耕种方法，背景相同。《齐民要术》极反对湿耕：“宁燥不湿：燥耕虽块，一经得雨，地则粉解；湿耕坚垎，数年不佳。谚云‘湿耕泽锄，不如归去！’言无益而有损！”（1.3.1）可见在黄河流域，并不反对旱耕。重要的问题在于该在什么时候耕：（1）过了清明天气日暖，风又很干，大气相对湿度低；耕翻土地，增加蒸发，只会“跑墒”（损失水分），这时根本不该耕。（2）立春之后惊蛰以前，“春气未通”，耕翻后，原来地面未化的冰翻到地里，土壤温度不会增高；原来地面下翻上来的土块中，所含水分，到夜间却可能结冰，于是土壤温度上升较迟，对作物不利，对微生物的活动也不利，因此“非粪不解”，这时便不宜过早耕翻。（3）本书着眼的另一项事，即要“须草生”，耕地时要把草耕翻到地里；这时，“有雨，即种土相亲，苗独生，草

秽烂，皆成良田”。如果耕得太早，杂草还没有发芽，耕翻的结果，把一部分杂草种子翻到可以发芽的环境中，播种作物后。便会“苗秽同孔出，不可锄治”。因此，现在关中的习惯，在播种之前十天左右，翻一次，目的在除草的，只能是十天左右，太早没有用。根据以上三点，我认为两个“旱”（13.2和13.3中）字都是将“早”字钞错成“旱”字了。1906年，丁国钧（秉衡）将他自己用黄荛圃钞宋本以及各种类书汇校《齐民要术》所得材料，替江南高等学堂监督吴广霈钞在一部日本版的《齐民要术》上。对这一点，曾注明着：黄荛圃校本云：“旱疑早之讹”；可见怀疑“旱”字是“早”字的，从前便已有过。

②须：等待。

③种土相亲：种子与土壤，亲密地接近。

④秽（huì）：杂草。

译文：1.13.2　千万不可以早耕！要等杂草生出后再耕。杂草发芽后耕过，到了可以下种的时候，再有雨，种子和土壤有了紧密的结合，单长出庄稼的秧苗，杂草都腐烂了，成了好田。这样，耕一次可以当得五次。

1.13.3　不如此而旱耕，块硬，苗秽同孔出，不可锄治，反为败田。

译文：1.13.3　不这么，早耕过了，土块是坚硬的，杂草和秧苗从同一个空隙里发芽出来，不能锄草整地，反而成了坏田。

1.14.1　秋，无雨而耕，绝土气，土坚垎；名曰：“腊田。”及盛冬耕，泄阴气，土枯燥；名曰：“脯田。”“脯田”与“腊田”，皆伤①。

注释：①伤：是“损伤”“伤害”，即使田地受了伤害。

译文：1.14.1　秋天不下雨时耕地，使地气的连续断绝，翻起的土块坚硬干燥；这样的田称为“腊田”。还有，深冬时候耕地，把地气泄露了，土是枯燥的；这样的田称为“脯田”。“脯田”和“腊田”，都是受了伤害的。

1.15.1　田，二岁不起稼①，则一岁休之②。

注释：①不起稼：庄稼不茂盛。起，生长茂盛。

②休：休闲。

译文：1.15.1　田地，接连两年长的庄稼不茂盛，就让它休闲一年。

1.16.1　凡麦田，常以五月耕。六月，再耕。七月勿耕！谨摩平以待种时。五月耕，一当三；六月耕，一当再；若七月耕，五不当一。

译文：1.16.1　凡预备种麦的田，正常要在五月耕一遍。六月，再耕一遍。七月，不要耕！好好地摩平，等待下种。五月耕，一遍当得三遍；六月耕，一遍当得两遍；要是七月耕，五遍当不了一遍。

1.16.2　冬雨雪止，辄以蔺之[①]；掩地雪，勿使从风飞去；后雪，复蔺之。则立春保泽，冻虫死，来年宜稼。

注释：①辄以蔺之：随时要用器具将雪压进地里。石按：从语句结构上推究，“以”需有一个受格，同时作为“蔺”的代主语。这里没有，显然是脱漏。依10.11.6“冬，雨雪，止，以物辄蔺麦上，掩其雪……”的例，我以为应当在“以”“蔺”两字中间补一个“物”字。

译文：1.16.2　冬天下雪，雪停之后，随时要用器具将雪压进地里；同时，把地面的雪掩住，不要让它被风吹着飞走；以后下雪，再压进地去。这样，立春以后，可以保持水分，同时，虫也冻死了，明年庄稼一定好。

1.17.1　得时之和，适地之宜，田虽薄恶，收可亩十石。

译文：1.17.1　得到时令协合，配合了土地的合宜情况，尽管是瘦田，一亩也还可以收到十石。

1.18.1　崔寔《四民月令》曰[①]：“正月：地气上腾，土长冒橛，陈根可拔，急菑强土黑垆之田[②]。二月：阴冻毕泽[③]，可菑菑美田、缓土及河渚小处。三月：杏华盛，可菑沙、白、轻土之田。五月六月：可菑麦田。”

注释：①崔寔《四民月令》：崔寔（shí，？一约170），字子真，一名台，字符始。东汉涿郡安平（今河北安平）人。汉桓帝时拜为议郎，后任五原太守、辽东太守等职。所著《四民月令》是一部将一年的十二个月，可以或必须进行的农家生产、生活事项，逐月依次安排的“农家月令书”；对准确掌握农时节令，适时安排农事，合理经营管理均有意义。已佚，今存辑佚本。

②菑（zī）：“初耕地，反草为‘菑’”，是《尔雅》郭璞注所给的定义，即第一次耕地，将地面的草或茬翻到地面以下。也可解释为“开垦、耕耘”。

③阴冻毕泽：阴地的冰冻都完全消融。“阴”是太阳不能直接晒到的地方；“冻”是结着冰的；“毕”是完全；“泽”是润泽，即有液态的水存在着。“泽”也许该是

“释”，即“化解”，指冰冻后坚硬了的地，春初解冻后，渐渐松软的情形。

译文： 1.18.1　崔寔《四民月令》：“正月间，地气上升，土壤上涨，把木桩盖没的时候，去年枯死的根，可以随手拔掉时，赶快把硬地和黑色垆土的田耕翻灭茬。二月，阴地的冰冻都完全消融之后，就在好地松土和河边洲渚上的田里灭茬。三月，杏花茂盛时，可在沙土、白土、轻土的田里灭茬耕翻。五月六月，可以耕翻麦田。”

1.19.1　崔寔《政论》曰[①]：“武帝以赵过为‘搜粟都尉’[②]，教民耕殖。其法：三犁共一牛，一人将之，下种，挽耧[③]，皆取备焉；日种一顷。至今三辅犹赖其利[④]。今辽东耕犁，辕长四尺，回转相妨，既用两牛，两人牵之，一人将耕，一人下种，二人挽耧。凡用两牛六人，一日才种二十五亩，其悬绝如此。”案[⑤]：三犁共一牛，若今三脚耧矣；未知耕法如何？今自济州已西，犹用长辕犁、两脚耧。长辕，耕平地尚可；于山涧之间则不任用。且回转至难，费力。未若齐人蔚犁之柔便也。两脚耧种垄，穊[⑥]；亦不如一脚耧之得中也。

注释： ①崔寔《政论》：崔寔的政治论著，内容主要为抨击当时社会积弊，主张发展农业生产，废旧革新。已亡佚。今存辑佚本。

②赵过：西汉时人。汉武帝末任搜粟都尉。在他的主持和设计下，创造了三脚耧，还改进了其他耕耘工具，同时提倡代田法。这些对农业生产的发展都起了一定的作用。崔寔这里介绍的即三脚耧。

③耧（lóu）：一种畜力条播机。由牲畜牵引，后面有人扶，可同时完成开沟和下种两项工作。

④三辅：汉时设立的管辖京畿之地的官员，因之称他们管辖的地区为“三辅”，直至唐朝习惯上仍如此称呼。汉时“三辅”的辖境相当于今陕西中部地区。

⑤案：这个注，系谁所作，现无法推定。缪启愉先生认为“这是贾思勰按语”。

⑥穊（jì）：稠密。

译文： 1.19.1　崔寔《政论》说：“汉武帝用赵过作‘搜粟都尉’，教百姓耕田种庄稼。他的方法，是一匹牛带三个犁，一个人操纵着，连下种带拉耧都做到了；一日种一顷地。到现在（后汉末，即公元二世纪），三辅的农民还依靠他的办法。目前辽东所用耕地的犁，犁辕就有四尺长，倒回和转弯时，彼此妨碍。使两匹牛，得两个人牵牛，一个人操纵耕地，一个人下种，两个人拉耧，一共两匹牛六个人，一日仅仅种二十五亩地，相隔真是很远。”案：三犁共一头牛，有些像现在的三脚楼；不知如何耕法？现在济州以西，还是用长辕犁、两脚耧。长辕，在平地耕种还可以；在有山或有涧水的地方，就不合用。而且倒回和转弯都极困难，极费力。不如齐州“蔚犁”的灵活轻便。两脚耧种的垄。太密；也不如一脚耧合适。

收种第二

题解：2.1.1为篇标题注。

贾思勰对种子在农业生产中的重要性认识得很清楚。本篇对种子的选优，包括选种的具体标准，选种的操作以及选得后保纯、防虫和收藏的办法，都作了简单扼要的介绍；记录了我们祖先年年选种，经常换种，避免种子混杂的优良传统。篇中记录的在播种前，用动物骨汤和上兽粪来处理种子的“粪种”办法，实际上是在种子的外面，附加了一层合于理想的微生物培养基，使种子新出的幼根，获得旺盛的生长机会，效果是肯定的。

但2.6.1强调不同的土壤要用不同的动物的骨汁来“粪种”，阴阳五行谶纬的气味，浓重到了极点。《今释》的作者在自己的论文中曾指出：《齐民要术》引用的《周官》“草人”这一条，究竟是周秦之交时代的“原文”；还是西汉末年，王莽的朝臣，依据《氾胜之书》造假掺入《周官》的，要待进一步考证。可与卷三中3.18.4—3.18.5所引《氾胜之书》有关“粪种”的记述做对比。后者明显更简洁、朴素、精确。

2.1.1　杨泉《物理论》曰[①]：“粱者，黍稷之总名；稻者，溉种之总名[②]；菽者，众豆之总名。三谷各二十种，为六十。蔬果之实助谷，各二十。凡为百种。故《诗》曰：‘播厥百谷’也[③]。”

注释：①杨泉《物理论》：杨泉，魏晋之际哲学家。字德渊，梁国（今河南商丘南）人。一生隐居著书。反对当时流行的清谈风气。从研究天文、地理、工艺、农业、医学等科学知识出发，认为宇宙万物统于“气”或 “水”。所著《物理论》集中反映其唯物主义思想。共十六卷，已亡佚，今存为清人辑佚本。

②溉种：需要灌溉才能种。

③厥（jué）：代词。相当于“其”，起指代作用。

译文：2.1.1　杨泉《物理论》说：“粱，是黍稷等（小粒谷类）的总名；稻，是水种粮食的总名；菽，是各种豆类的总名。三类谷类，各二十种，合起来共六十种。草本、木本植物的果实。可以辅助谷类的。也各有二十种。总共一百种。”所以《诗经》有“播种这百种谷类”的话。

2.2.1　凡五谷种子，浥郁则不生①；生者，亦寻死。

注释：①浥（yì）：湿，湿润。郁：阻滞，闭塞，即不通风，不透气。

译文：2.2.1　谷类的种子，湿着在不通风的地方收藏，就会坏而不发芽；即使发芽后，也长不好。很快就会死去。

2.2.2　种杂者：禾，则早晚不均；舂①，复减而难熟；粜卖②，以杂糅见疵③；炊爨④，失生熟之节。所以特宜存意，不可徒然。

注释：①舂（chōng）：用杵臼捣去谷物的皮壳。

②粜（tiào）：卖出谷物。

③糅（róu）：混杂，混和。疵（cī）：嫌弃，挑剔。

④爨（cuàn）：烧火煮饭。

译文：2.2.2　如果用混杂的谷种，出的苗会迟早不均匀；得到的种实舂的时候，有的便舂得过度收回量减少了，有的还没有熟，难得均匀；卖出去，人家嫌杂乱；煮饭，也会夹生夹熟，难得调节。因此，特别要注意，不可以随便。

2.3.1　粟、黍、穄、粱、秫，常岁岁别收：选好穗纯色者，劁才雕反刈①，高悬之。至春，治取别种②，以拟明年种子③。耧耩稀种④，一斗可种一亩；量家田所须种子多少，而种之。

注释：①劁（qiáo）：收割。《玉篇》卷十七刀部解为“刈获也”。

②治取别种：整治后另外种下。治，读平声，整治义。别，另自，分开。

③拟：准备。本书常用“拟”作“准备作……用”的意思。

④耧耩（lóu jiǎng）：用耧车播种。

译文：2.3.1　无论粟、黍子、橡子、穄米、秫米。总要年年分别收种：选出长得好的穗子，颜色纯洁的，割下来，高高挂起。到第二年春天打下来。另外种下，预备明年作种用。用耧耩着地种下去，一斗种可以种一亩地；估计自己的田里需要多少分量的种子，然后按照需要来施种。

2.3.2　其别种种子，常须加锄。锄多则无秕也①。

注释：①秕（bǐ）：中空或不饱满的谷粒。

译文：2.3.2　这样另种的种子，要常常锄。锄得多，就不会有空壳谷粒。

2.3.3　先治而别埋；先治，场净，不杂；窖埋又胜器盛。还以所治蘘草蔽窖[1]。不尔，必有为杂之患！

注释：①蘘（ráng）：整理庄稼所剩下的禾秆、枯叶、稃壳……合称为“穰”.也可写作“蘘”。本书多用“穰”字。整理留种用植株，所得的蘘，立即用来塞盖留种用的种实，的确是“保纯”的最好办法。

译文：2.3.3　收回来，先整理，另外埋藏。先将场地整理干净，不会掺杂；用窖埋，又比用器具盛的好。随即就用打剩的藁秸，来塞住窖口。如果不这样，必定免不了搀杂的麻烦。

2.4.1　将种前二十许日，开出，水洮[1]。浮秕去则无莠。即晒令燥，种之。

注释：①洮（táo）：“淘”字的古写法。以水冲洗，除去杂质。

译文：2.4.1　预备下种之前二十多天，开窖，取出种子，用水淘洗。淘去浮着的空壳，就不会有杂草。随即晒干，再去种。

2.4.2　依《周官》相地所宜[1]，而粪种之。

注释：①《周官》：即《周礼》。儒家经典著作之一。相传周公所作，定型在战国时期，是一部描述理想中的政治制度与百官职守的书。

译文：2.4.2　依《周官》所规定的，观察适合当地土壤的种类，用粪种的方法来种。

2.5.1　氾胜之术曰：“牵马，令就谷堆食数口；以马践过。为种，无虸蚄等虫也[1]。”

注释：①无虸蚄（zǐ fāng）等虫也：石按：“虸蚄”所指昆虫，参考西北农学院周尧教授及南京农学院邹树文教授的观点，可以完全确定：虸蚄应当就是黏虫（Cirphus unipuncta）。是谷类作物的害虫。直到现在，“虸蚄”这个名称，在山东、河南的两省农村中，还在应用。虸蚄为害“禾稼”，可以成灾。“虸蚄”这个名称，虽然是古已有之的；但两个从“虫”的字，作为标识字，却似乎并不很早。在三国时代。这两个字仍为不加虫旁的标音字“子方”；从虫的“虸蚄”，在《齐民要术》以前的书中，暂时还没有

见过，在后魏到北齐，便已在书籍中通行。可以假定，在那时，“蚄害稼”，已经是颇为常见的一种灾害。此处描写的一套预防“虸蚄”等害虫的保藏种子的措施，很明显地是两汉以来一直很流行的迷信的“厌胜之术”（“厌胜术”：古代方士的一种巫术，用某种事物去抑制另一种事物）。注意：《齐民要术》中这里写的是“氾胜之术”，而不是《氾胜之书》。它虽记在氾胜之户名下，但是否真出自氾胜之，暂还无法作定论。

译文：2.5.1　氾胜之术说：“牵着马，让它就着谷堆吃几口谷；再牵着它从谷堆里踏着走过。用这样的谷作种，可以免除虸蚄等害虫。”

2.6.1　《周官》曰：“草人，掌土化之法[①]。以物、地，相其宜而为之种[②]。”郑玄注曰：“土化之法，化之使美，若氾胜之术也：以物、地，占其形、色，为之种；黄白宜以种禾之属。”“凡‘粪种’：骍刚用牛[③]，赤缇用羊，坟壤用麋，渴泽用鹿，咸舄用貆[④]。勃壤用狐，埴垆用豕[⑤]，强檃用蕡[⑥]，轻票用犬[⑦]。”此草人职。郑玄注曰：“凡所‘粪种’者，皆谓煮取汁也。赤缇，缥色也[⑧]；渴泽，故水处也；舄，卤也[⑨]；貆，貒也；勃壤，粉解者[⑩]；埴垆，黏疏者；强，强坚者；轻票，轻脆者。故书，‘骍’为‘挈’，‘坟’作‘盆’[⑪]；杜子春‘挈’读为‘骍’，谓地色赤，而土刚强也。郑司农云：‘用牛，以牛骨汁渍其种也，谓之“粪种”；坟壤，多盆鼠也，壤，白色，蕡麻也。’玄谓坟壤润解。”

注释：①土化：照郑玄原注的字面讲，是改变土壤性质。

②相（xiàng）：此处作动词用，即体察。

③骍（xīng）：赤色。

④咸舄（xì）用貆（mò）：盐碱地用貒骨汤。石按：“貆”，金钞作“貆”，今本《周官》同；明钞讹作“貆”（可能是因为南宋避钦宗“桓”的名讳，凡右边从亘的字，都缺末笔，看上去像“貆”，所以钞错）。现在一般都写作“貛”或“獾”，古代另有写作“貒”的。

⑤豕（shǐ）：猪。

⑥强檃（jiàn）用蕡（fèi）：坚硬的土，用麻子汤。檃同“壏”，坚硬的土壤。蕡，麻的种子。

⑦票：这里“票”是指土壤疏松易流动。现在“票”，用来专称标明价钱的纸张如：钞票、车票、船票、税票、邮票……原有的轻而易流动的意义，则分别用漂、飘、僄、慓等字代替了。

⑧赤缇（tí），縓（quán）色也：《说文》解释“缇”，是“丹黄色”；即和黄丹相似的红黄色。縓，是“一染”，即不很浓的红色。

⑨潟，卤（lǔ）也：“潟”现在都写作“泻”；“泻卤”又作“斥卤”，即钠质土壤，包括盐土、碱土、盐碱土。

⑩勃壤，粉解者：“勃”字一般用来形容轻而易飞散的粉末状物质；粉解。即容易分解成粉末状。

⑪坋（fén）：坋鼠，即坋鼹鼠，又叫“鼹鼠”“鼢鼠”。

译文：2.6.1 《周官》里有：“草人，掌管‘土化’的方法。针对着作物的种类与土地，看它们怎样配合才适当，定出该种哪一种庄稼。”郑玄注解说：“‘土化’的办法，是使它变好，如氾胜之所用的技术：针对作物与土地，决定地形土色与作物种类；像黄白色土壤该种‘禾’（谷子）之类。”“‘粪种’的办法是：红黄色的硬土，用牛骨汤；淡红土，用羊骨汤；一泡就散开的土，用麋骨汤；干涸的沼泽，用鹿骨汤；盐土，用貆骨汤；干时像粉末一样散开的土，用狐骨汤；黏土，用猪骨汤；坚硬的土，用麻子汤；轻松的土，用狗骨汤。”这是草人的职务。郑玄注解说：“凡用来‘粪种’的，都是说煮过取汤汁用。赤缇是淡红色；渴泽是从前有水的地方；潟是盐碱地；貆是貆；勃壤是像粉一样散开的；埴垆是黏的；强檃是坚硬的；轻票是轻而松脆的。古书上‘骍’字原来是‘挈’，‘坟’字原来是‘坋’；杜子春将‘挈’改读为‘骍’，解释成地面颜色红黄而土质刚硬。郑众说：‘用牛，是用牛骨煮出汤来泡种子，所以叫作“粪种”；坟壤；是地里有许多鼹鼠在；壤是白色土；蕡是麻。’我（郑玄自称）以为坟壤是加水后便会散开的土。”

2.7.1 《淮南术》曰[①]：“从冬至日，数至来年正月朔日：五十日者[②]，民食足；不满五十日者，日减一斗；有余日，日益一斗。”

注释：①《淮南术》：《淮南子》中，有所谓《万毕术》和《变化术》两部分讨论巫术的东西，本书还引用了一些《万毕术》。这些部分，都已失传。但目前这几句，则出自现存的《淮南子·天文训》而不是“术”。

②五十日者：即“恰够五十日的话”。

译文：2.7.1 《淮南子·天文训》说：“从冬至起，数到第二年正月初一。如果刚够五十日，百姓就有足够的粮食；如果不满五十日，少一天，便缺一斗；超过五十日，每多一日，便多余一斗。”

2.8.1 《氾胜之书》曰：“种伤湿郁热[1]，则生虫也。"

注释：①种伤湿郁热：潮湿、郁闷和温热，都会使储藏的种子生出虫害。

译文：2.8.1 《氾胜之书》说：“在储藏中的种子，如果嫌潮湿、郁闷和热，就会生出虫害。”

2.8.2 “取麦种：候熟可获，择穗大强者，斩，束立场中之高燥处，曝使极燥。无令有白鱼[1]！有辄扬治之。取干艾杂藏之：麦一石，艾一把。藏以瓦器竹器。顺时种之，则收常倍。”

注释：①白鱼：此处指麦穗最尖端一些不很饱满的、甚至空的籽粒。《今释》原注释为：白鱼，又名衣鱼、银鱼、蠹鱼、蟫。能利用稿秸、纸张等作为食物；也有在储存种子中出现的可能。在1963年脱稿的《农桑辑要校注》中作者在这段话后面加上：但据沈阳孟方平同志和山东科学院历史研究所王子英等同志所说，山东地区，将麦穗上最后两个空小穗称为“白鱼”，因为颜色白，形状像鱼尾。则《氾胜之书》这里所说的“白鱼”应当是这种空小穗。在麦穗晒到极干后再脱粒时，加以簸扬，“白鱼”是容易扬去的。

译文：2.8.2 “收麦种：等麦熟可以收获时，选取穗子中粗大健全的，割下来，缚成长束，竖立在打谷场中高而干燥的地方，晒到极干。不要让它有白鱼！有，就立刻簸扬赶走。用干艾和杂着收藏：一石麦子，用一把艾。用瓦器或竹器储存。按时令去种，收成可以得到加倍。”

2.8.3 “取禾种：择高大者，斩一节下，把悬高燥处。苗则不败。”

译文：2.8.3 “收禾（谷子）种：选高大的，将头上一节斩下来，扎成小把，挂在高而干燥的地方。这样收藏的种子，可以保证苗的健全。”

2.9.1 “欲知岁所宜，以布囊盛粟等诸物种，平量之，埋阴地。冬至后五十日，发取，量之。息最多者[1]，岁所宜也。”

注释：①息：随时间缓缓增加的东西。“子息”是后代，“利息”是利钱，都是这个意义衍生出的。此处作“涨出”解。

译文：2.9.1 “想知道明年年岁最合宜的谷类，可以用布袋装上各种粮食种子，平平地量好，埋在不见太阳的地方。冬至后五十天，掘开取出来，再量。涨出量最多的，就是明年年岁最合宜的。”

2.9.2 崔寔曰[①]：“平量五谷各一升，小罂盛，埋垣北墙阴下……”（余法同上）。

注释：①崔寔：东汉政论家。撰《四民月令》，记载了各种农作物的种植方法。此书已亡佚。贾思勰引载《齐民要术》。有今人佚本。

译文：2.9.2 崔寔说：“将五谷，每种平平地量出一升，分别装在小瓦器里。埋在围墙北面墙根阴处……（其余，和上面的方法相同）。”

2.9.3 《师旷占术》曰[①]：“杏多实不虫者，来年秋禾善。”“五木者，五谷之先[②]。欲知五谷，但视五木。择其木盛者，来年多种之，万不失一也。”

注释：①《师旷占术》：书名。据《后汉书·方术传序》中师旷之术注云：“占灾异之书也。”今书《七志》师旷六篇。《隋书·经籍志》五行类著录有《师旷书》三卷，又有注称梁有《师旷占》五卷。则《师旷占术》与这些书当是同一书，只是流传中出现了不同的名字。书已亡佚。

②五木者，五谷之先：五木、五谷，依上面所说的：“杏多实不虫者。来年秋禾善。”看来，所谓“五木”，应当指“五果”。五果与五谷所应包含的种类，书上的说法很分歧：五果，包含的有桃、李、梅、杏、枣、栗、梨；五谷有黍、稷、麦、菽、稻、粱、麻……（后来佛经中所说的 “五谷”，是古印度传统，差异更多）。“禾”，古代多半专指“粟”。

译文：2.9.3 《师旷占术》说：“今年杏树果实多，又不生虫，明年秋天谷子的收成一定好。”“五木是五谷的先兆。要知道五谷的收成，只需看五木。当年某种木特别茂盛，第二年就选择与它相当的那种谷，多种一些，一万回也不会有一回失误。”

种谷第三

“稗”附出（稗为粟类故）

题解：这是《齐民要术》中篇幅最长的一篇，足见贾思勰对它的重视。本篇详细介绍了黄河中下游平原的“旱农地区”谷物栽培的技术知识，它是《齐民要术》最重要的贡献之所在。

3.1.1—3.1.5为篇标题注。

全篇主要是讲粟的种植技术，为何篇名却是“种谷”？在3.1.1中，贾思勰对这点讲得很清楚：“谷”是包括一切谷类的总名称，并不是专指“粟”的。但是现在（指南北朝黄河流域）的人，因为“稷”是谷类最有名的代表，所以习俗中都把“稷”的种实“粟”称为“谷子”。3.1.5中贾思勰共搜集、记录了八十六种粟的品种，并做了品质、性能分析。

他从播种的合宜条件（“天时”“地利”）说起，分析了土地肥瘦与种植时间的关系；接着详细而系统地叙述谷物的播种方法、播种量、间苗、中耕、除草、施肥、灌溉等农田种植及管理的技术与原理；以及谷物的保护、收获、保藏。这些总结，非常精确、细致、周到，绝大多数都是第一次记载的原始材料，是《齐民要术》的精华。本篇充分体现了贾思勰“丁宁周至，言提其耳，每事指斥，不尚浮词”的文字风格。3.2.2中，贾思勰再次强调“顺天时，量地利”的重要性。这正是他贯穿于《齐民要术》的主旨。3.14.4贾思勰则通过在注中所引《史记》及谚语，暗示当时（公元前1世纪以前）阴阳家的学说已逐渐发展到阻碍生产的程度，表明了自己批判的态度。

3.19诸节及3.29诸节详细介绍的氾胜之的“区种法”和赵过的“代田法”，让我们更具体地了解到我国农业精耕细作的优良传统。“区种法”是以园艺式的勤耕细作，在小面积土地上集中施肥、用水，来获得很高单位面积丰产的密植耕作技术。但区田不是得到丰产的唯一方法。在某些特殊地区，因特殊原因必需缩小耕地面积，人力有余而其他条件不足时，“区种法”可以成为首选项目。“代田法”则是一种“轮替休耕制度”，可以节省劳力，获得较好的收成。3.29.6记述的平都令光教赵过用人拉犁来解决耕牛缺乏的困难，因此得以升官的事例，则从另一角度证明“牛耕”在我国有悠久的历史。

“区种法”中关于区田如何布置，不同的作物如何播种、管理有许多细致、复杂的计算。《今释》的作者认为："《齐民要术》中的许多计算，估计都是'纸面上的数字'，与实际情形并不符合。""不能核算的很多。"对于这些复杂的计算，他在《今释》中作了不少"校"或"注"。这些"校"和"注"我们大多只保留了结论，没有保留分析、演算的过程。读者如需进一步了解，可阅读《齐民要术今释》（中华书局2009年版）58页—66页的《种谷第三》中的3.19.5—3.19.12）。

3.24.1—3.24.3记述稗的一段，24.3的小字是贾思勰的注文，不是《氾胜之书》的正文。对于稗的救荒效用的强调，体现了贾思勰对备荒的重视。他对于"备荒"极有"兴趣"：在《齐民要术》中，凡遇到具有备荒效用的东西，总要再三强调其备荒的重要性。

在本篇中，贾思勰通过大量引用先贤的论述，如："食者，民之本；民者，国之本；国者，君之本……""为治之本，务在安民……"反复强调"重农"的政治道理，认为当政者应该讲究农时，不侵占夺取农民从事农业生产的时间.领导农民及时耕作，合理利用土地。在3.27.1中，贾思勰特地引用了被人们称为"稷下诸贤论文集"的《管子》中的一段小说式的故事来说明用政治方法可以提高农业生产效率。充分表达了自己从传统的"农本"观念出发的治国理念。

3.1.1　种谷[1]：谷，稷也。名"粟""谷"者，五谷之总名，非止谓粟也；然今人专以稷为谷望[2]，俗名之耳。

注释：①种谷：这两个字作大字，按本书体例是作为"正文"的。但以下的内容，都是为篇目标题"种谷"作注的，均作小字。本来，"种谷"两字，现成就在本篇篇目中，不必再在本篇开头再出现"种谷"两个大字。分析其原因，是因篇目下另有"稗附出（稗为粟类故）的注，怕混淆，所以才另出"种谷"两大字。这也就说明，本书所有各篇最前面的"小字夹注"，都只是作注解篇目用的，我们统称为"篇目注"，也称"篇标题注"。

②望：即典型性的，"有名望"的代表。

译文：3.1.1　种谷："谷"就是"稷"。把稷的种实"粟"称为"谷"，是因为"谷"是包括一切谷类的总名称，并不是专指粟的。但是现在（南北朝黄河流域）的人，因为"稷"是谷类最有名的代表，所以习俗中都把粟称为"谷子"。

3.1.2　《尔雅》曰："粢，稷也。"《说文》曰："粟，嘉谷也实。"

译文：3.1.2　《尔雅·释草》篇说："粢，是稷。"《说文》说："粟，是嘉谷的种实（嘉谷就是稷）。"

3.1.3 郭义恭《广志》曰[①]："有赤粟（白茎），有黑格雀粟，有张公斑，有含黄仓[②]，有青稷，有雪白粟（亦名白茎）。又有白蓝、下竹头（茎青）、白逯麦、擢石精、卢狗蹯之名种"云[③]。

注释：①郭义恭《广志》：晋代郭义恭所著一部博物志书。作者生平史籍未录。该书已亡佚。按：据胡立初考证该书成于西晋初。王利华则认为该书应为北魏前中期作品。

②含黄仓：即带黄的苍色。怀疑"仓"应作"苍"。苍，青色。

③白逯（lù）麦：谷种名。擢（zhuó）石精：谷种名。卢狗蹯：黑狗脚掌，谷种名。

译文：3.1.3 郭义恭《广志》说："有赤粟（茎是白的），有黑格雀粟，有张公斑，有含黄苍，有青稷，有雪白粟（又称为"白茎"）。还有白蓝、下竹头（茎是青的）、白逯麦、擢石精、黑狗脚掌"等等名称。

3.1.4 郭璞注《尔雅》曰[①]："今江东呼稷为粢。"孙炎曰[②]："稷，粟也。"

注释：①郭璞（276—324）：东晋文学家、训诂学家。河东闻喜（今属山西）人。所著《尔雅注》《尔雅音》《尔雅图》《尔雅图赞》，集《尔雅》学的大成。另著《方言注》《山海经注》等。

②孙炎：字叔然。三国魏时经学家。师承郑玄，曾为《尔雅》《毛诗》《礼记》《春秋三传》《国语》等作注，均亡佚。

译文：3.1.4 郭璞注《尔雅》说："现在（晋代）江东把稷称为粢。"孙炎注说："稷就是粟。"

3.1.5 按今世粟名，多以人姓字为名目；亦有观形立名，亦有会义为称。聊复载之云耳：朱谷、高居黄、刘猪獬、道愍黄、聒谷黄、雀懊黄、续命黄、百日粮[①]。有起妇黄、辱稻粮、奴子黄、䅊（音加）支谷、焦金黄、鹌乌含反履仓（一名麦争场）[②]，此十四种，早熟、耐旱、免虫；聒谷黄、辱稻粮二种味美。今堕车、下马看、百群羊、悬蛇、赤尾、罴虎、黄雀、民泰、马曳缰、刘猪赤、李浴黄、阿摩粮、东海黄、石骛良卧反岁苏卧反青（茎青黑，好黄）、陌南禾、隈堤黄、宋冀痴、指张黄、兔脚青、惠日黄、写风赤、一晛奴见反黄、山鹾粗左反、顿棁黄[③]，此二十四种，穗皆有毛，耐风，免雀暴；一晛黄一种易春。宝珠黄、俗得白、张邻黄、白鹾谷、钩干黄、张蚁白、耿虎黄、都奴赤、茄芦黄、熏猪赤、魏爽黄、白茎青、竹根黄、调母粱、磊碨黄、刘沙白、僧延黄、赤粱谷、灵忽黄、獭尾青、续德黄、秆容青、孙延黄、猪矢青、烟熏黄、乐婢青、平寿黄、鹿橛白、鹾折筐、黄移、阿居黄、赤巴粱、鹿蹄黄、饿狗仓、可怜黄、米谷、鹿橛青、阿逻逻[④]，此三十八种中，租火谷；白鹾谷、调母梁二种味美；秆容青、阿居黄、猪矢青有三种味恶；黄穇、乐婢青二种易舂。竹叶青、石抑阌[⑤]创怪反〔竹叶青一名胡谷〕、水黑谷、忽泥青、冲天棒、雉子青、鸱脚谷、雁头青、揽堆黄、青子规[④]，此十种，晚熟，耐水；有虫灾则尽矣。

注释：①獬：音xiè。愍：音mǐn。

②䅳：音jiā。鶕：音ān。今作"鹌"。

③羆：音pí。骡：音luò。隈隄：音wēi dī。晛：音xiàn。山鹾（cuó）：谷种名。可能在"粗左反"夹注下，小注本文原另有一"黄"字。因为上下两个品种，名称末了都有"黄"字，说明种实颜色，所以怀疑这种也该是黄的。本书小米品种中，以"鹾"字作为品种名称的，还有"白鹾谷""鹾折筐"。依《说文》及《曲礼》注，"鹾"是"大咸"，可能与这些名称的意义无关；但既有"白鹾"，则"山鹾黄"正好相对应。

④俗得白、续德黄：此二品种名，似乎是由同一人名得来，不过第一个字写错。钩干黄：谷种名。怀疑"干"字应是"竿"或"子"，不会是"干"。僧延黄、孙延黄：怀疑只是同名称，重复一次，并写错一字。饿狗仓：谷种名。怀疑"仓"该作"苍"；"仓"字连在饿狗下无意义，"苍"字是颜色。米谷：怀疑是"秬（jù）米谷"（即黑米）、"粒米谷"或"粗米谷""粒大谷"之类写错的。

⑤石抑阌（chuài）：谷种名。《集韵》"十七夬"收有"阌"字，音"楚快切"（音嘬），释为"石抑阌，谷名"。

译文：3.1.5　据我所知，现在（后魏）的粟名，多半用人的姓名作名目；也有看形状或配合意思作名称的。现在姑且记下来：朱谷、高居黄、刘猪獬、道愍黄、聒谷黄、雀懊黄、续命黄、百日粮。有起妇黄、辱稻粮、奴子黄、䅳（音加）支谷、焦金黄、鹌履仓（一名麦争场），这十四种，成熟早而耐旱，不惹虫；其中聒谷黄和辱稻粮两种味道好。今堕车、下马看、百群羊、悬蛇、赤尾、羆虎、黄雀、民泰、马曳缰、刘猪赤、李浴黄、阿摩粮、东海黄、石骡岁青（茎青黑，成熟时黄）、陌南禾、隈堤黄、宋冀痴、指张黄、兔脚青、惠日黄、写风赤、一晛黄、山鹾、顿棁黄，这二十四种，种子有毛，不怕风，雀鸟不伤害；其中一晛黄一种，容易舂。宝珠黄、俗得白、张邻黄、白鹾谷、钩干黄、张蚁白、耿虎黄、都奴赤、茄芦黄、熏猪赤、魏爽黄、白茎青、竹根黄、调母梁、磊碨黄、刘沙白、僧延黄、赤粱谷、灵忽黄、獭尾青、续德黄、秆容青、孙延黄、猪矢青、烟熏黄、乐婢青、平寿黄、鹿橛白、鹾折筐、黄穇、阿居黄、赤巴粱、鹿蹄黄、饿狗仓、可怜黄、米谷、鹿橛青、阿逻逻，这三十八种中，租火谷、白鹾谷、调母粱三种味道好；秆容青、阿居黄、猪矢青三种，味道不好；黄穆、乐婢青两种容易舂。竹叶青（又名"胡谷"）、

石抑阌、水黑谷、忽泥青、冲天棒、雉子青、鸱脚谷、雁头青、揽堆黄、青子规等十种，成熟晚，不怕潦；但是一有虫灾就全坏了。

3.2.1　凡谷：成熟有早晚，苗秆有高下，收实有多少，质性有强弱，米味有美恶，粒实有息耗[①]。早熟者，苗短而收多；晚熟者，苗长而收少。强苗者短，黄谷之属是也；弱苗者长，青、白、黑是也。收少者，美而耗；收多者，恶而息也。地势有良薄，良田宜种晚，薄田宜种早。良地，非独宜晚，早亦无害，薄田宜早，晚必不成实也。山泽有异宜。山田，种强苗以避风霜；泽田，种弱苗以求华实也。

注释：①息耗：增长与减少。指由种实加工成为米时的“成数”（比例）说的。

译文：3.2.1　谷子，成熟有早有晚，谷苗茎秆有高有矮，收下的种实有多有少，植株质地性状有的坚强有的软弱，谷米的味道有的好有的不好，谷粒舂成米时有的耗折多，有的耗折少。成熟早的，茎秆矮，但收获量大；成熟晚的，茎秆高而收获量少。植株坚强的，都矮小，黄谷就是这样；植株软弱的，就长得高，青谷、白谷、黑谷是这样。收获量少的味道好，但折耗多；收获量高的，味道不好而折耗少。另一方面，种谷的地，肥力有高低，好地宜于晚些种，瘦地必须早种。好地不仅宜于晚些种，种早了也不会有妨害；瘦地必须早种，种晚了一定没有种实可收。不同的地形条件，也应当作不同的配合。山地宜种苗坚强的，才可以避免气候剧烈变化的损害；低而多水的地，种较软弱的，可以希望得到较高的收获。

3.2.2　顺天时，量地利，则用力少而成功多。任情返道[①]，劳而无获。入泉伐木，登山求鱼，手必虚；迎风散水，逆坂走丸，其势难。

注释：①返：在此作“反转”解，写成“反”字更合适。

译文：3.2.2　顺随天时，估量地利，可以少用些人力，多得到些成功。要是根据主观，违反天然法则，便会白费劳力，没有收获。到泉水里去砍树，到山顶上去捉鱼，只能空手回来；逆着风向泼水，从平地往坡头滚球，形势上就困难。

3.3.1　凡谷田：绿豆小豆底为上[①]；麻、黍、胡麻次之；芜菁、大豆为下。常见瓜底，不减绿豆。本既不论，聊复记之。

注释：①绿豆小豆底为上：前作是绿豆小豆的地最好。“底”即前作物收获后的地。豆科植物，由于有根瘤细菌共生，能增加土壤中氮化物的含有量，对后作（特别是谷物）的生长有利；我国，向来用在轮作制度中，与禾谷类间作。

译文：3.3.1　谷子田，前作是绿豆小豆的地最好；麻、黍、脂麻就差些；芜菁和大豆的最不好。曾经见过种过瓜的地种谷子，和绿豆的一样好。本书原来不预备具体讨论，不过姑且记在这里。

3.3.2 良地一亩，用子五升；薄地三升。此为稙谷[①]，晚田加种也。

注释：①稙（zhī）谷：早谷，即早种的谷物。

译文：3.3.2 好地，一亩用五升种；瘦地用三升。这是指早谷说的，如果种晚田，种子分量要加高些。

3.3.3 谷田必须岁易。飍子[①]，则莠多而收薄矣。（飍尹绢反）

注释：①飍（yuàn）：《广韵》和《集韵》都收有“飍”字，解释都是“再扬谷；又，小风也”。《汉语大字典》谓：是“飍”的俗字，词义为“小风”，“再扬谷”。“再扬谷子”或“小风子”，皆无意义；也许小注“飍”字上或下面原有另一些字。此外，像这样注音附在注末的情形，在明钞、金钞很少见。这是《齐民要术》中“谜”之一。缪启愉先生在《齐民要术译注》中的注为：“指落子发芽，即重茬播子。播子与原先的落子同地重芽，因而莠草多。按：谷子忌连作，农谚有‘谷后谷，坐着哭’，‘不怕重茬（指受害后补种），只怕重芽’。落子重芽成为莠草；而莠草会传播多种病虫害，危害极大。”我们据此考虑，或可将“飍子”解释为：前茬种的谷子，收割时落下的籽粒会在地里发芽生长；如果在这地里播下新的种子，它们就会同地重芽。

译文：3.3.3 谷田，必须年年更换。飍子不更换地，就会有大量杂草混入，收成也会减低。

3.4.1 二月、三月种者为稙禾[①]，四月、五月种者为穉禾[②]。

注释：①稙（zhī）禾：早禾。“稙”和“穉”相对。

②穉（zhì）禾：晚禾。

译文：3.4.1 二、三月下种的，是稙禾；四、五月下种的，是穉禾。

3.4.2 二月上旬，及麻菩音倍、音勃杨生种者[①]，为上时；三月上旬，及清明节，桃始花，为中时；四月上旬，及枣叶生，桑花落，为下时。

注释：①麻菩（bó）：麻开花，称为“麻勃”。这里用“菩”字，是同音假借。勃是轻而易飞散的粉末。麻是风媒花，白昼气温高时，花粉成阵（勃）散出的情形，很惹人注意，所以称为“麻勃”。本书卷二《种麻第八》《种麻子第九》中，都用“麻勃”的名称。杨生：杨树的嫩叶和柔荑花序，萌发生长。

译文： 3.4.2　二月上旬，赶上雄麻散花粉，杨树出叶生花的时候下种，是最好的时令；三月上旬，到清明节，桃花刚开，是中等时令；四月上旬，赶上枣树出叶，桑树落花便是最迟的时令了。

3.4.3　岁道宜晚者，五月、六月初亦得。

译文： 3.4.3　遇到某年年运宜于晚的，到五月甚至于六月初还可以种。

3.5.1　凡春种欲深，宜曳重挞[①]；夏种欲浅，直置自生。

注释： ①宜曳（yè）重挞（tà）：应当用重的"挞"拖过压下去。挞，是用一丛枝条缚起来，在上面加上泥土或石块压着，用来压平松土的农具（图六：仿自王祯《农书》）。一般用牲口牵引，有时用人力拉。压在挞上的东西，可轻也可重。

译文： 3.5.1　凡春天下种的，要种得深些，而且应当用重的"挞"拖过压下去；夏天下种，就要种浅些，撒下去，便可以出芽了。

3.5.2　春，气冷，生迟；不曳挞，则根虚，虽生辄死。夏，气热而生速，曳挞遇雨必坚垎。其春泽多者，或亦不须挞；必欲挞者，宜须待白背。湿挞令地坚硬故也。

译文： 3.5.2　春天，温度低，出芽迟；如果不用挞压下去，根部和泥土连结不够紧密，就是发了芽，也容易死。夏天温度高，发芽快，拖挞压过之后，泥土会干后结成硬块。春天遇到雨水多的情形，也许就不该拖挞；一定要拖的话，必定要等地面发白。湿着拖挞，土便会坚硬。

3.6.1　凡种谷，雨后为佳：遇小雨，宜接湿种；遇大雨，待萝生[①]。小雨，不接湿，无以生禾苗；大雨，不待白背，湿辗，则令苗瘦。萝若盛者，先锄一遍，然后纳种[②]，乃佳也。

注释： ①萝（huì）：杂草，亦作"秽"

②纳种：即下种。本书用"纳"字的例很少，多数是借用"内"字。

译文： 3.6.1　种谷子，都以雨后下种为好：下过小雨，趁湿时种；下大雨，等杂草发芽后再种。雨下得小，不趁湿时下种，禾苗不容易生出；雨大了，如不等地面发白，湿着就去辊压，禾苗会瘦弱。杂草如果很多，先锄一遍，然后下种，才合适。

3.6.2　春若遇旱，秋耕之地，得仰垄待雨[①]。春耕者不中也。

注释： ①仰垄（lǒng）：敞开田垄。

译文： 3.6.2　春天遇到干旱时，去年秋天耕过的地，可以敞开地面等下雨。春天耕开的地可不能这么办！

3.6.3　夏若仰垄，匪直荡汰不生[①]，兼与草薉俱出。

注释： ①匪直：不但。荡汰：被雨水推走。荡，摇动，动荡。汰，冲刷，淘汰。这几句话合起来说，即是春天在秋耕地里播种后，如果天旱，可以敞开畦畤等雨；夏天，如果敞开畦畤，则不但大雨来可能将种子冲走，即使不冲走，也会因为杂草同时发芽，不可收拾。

译文： 3.6.3　夏天如果敞开地面，不仅大雨会将种子冲去，不能发芽，而且，发芽时庄稼和杂草混杂一处。

3.7.1　凡田欲早晚相杂。防岁道有所宜。

译文： 3.7.1　田，能有些早有些晚更好。预防本年年运季节宜早宜晚有变化。

3.7.2　有闰之岁，节气近后[①]，宜晚田；然大率欲早，早田倍多于晚。早田净而易治，晚者芜秽难治。其收任多少[②]，从岁所宜，非关早晚。然早谷皮薄，米实而多；晚谷皮厚，米少而虚也。

注释： ①节气近后：节气落后于日期。中国旧历法，闰年有十三个太阴月。闰月以前的各个节气，在日期上比平常年早；闰月以前，特别是初春（正月向例不能置闰，最早只能闰二月），日期虽到，但节气却还未到；亦即这段时间内，节气落后于日期。

②任：即"堪"，能够，可以，胜任。

译文： 3.7.2　有闰月的年份，闰月以前的节气落后一些，应当晚点种田；但一般都应当早些种，早田要比晚田加一倍。早田干净，容易整理；晚田杂草多，整理麻烦。至于收成该多少，是当年年运有相宜或不相宜，本来与早种晚种无关。但是早谷皮壳薄，米粒充实而且数量多；晚谷皮壳厚，米粒少而且不充足。

3.8.1　苗生如马耳，则镞锄[①]。谚曰："欲得谷，马耳镞初角切。"

注释： ①镞（chuò）锄：《集韵》引用本书这两句谚语，注释"镞"字，是"锄也"。案："镞"本来是箭镞，即箭的金属尖头，镞锄大概是一种尖锐像箭镞式的小型锄。

译文：3.8.1　苗长到像马耳一样长时，就用小尖锄来锄。俗话说：“想得到谷，马耳时镞。”

3.8.2　稀豁之处①，锄而补之。用功盖不足言，利益动能百倍。

注释：①豁：露出。下面小注中两句劝人补苗的话，非常有意义，说明千五百年前，农家对补苗问题的认识。

译文：3.8.2　缺苗而露出了地面的地方，锄开地，移些秧苗来补上。虽然费些工夫，但大可不必计较：因为所收的利益.总是能到功的百倍。

3.9.1　凡五谷，唯小锄为良①。小锄者，非直省功，谷亦倍胜。大锄者，草根繁茂，用功多而收益少。

注释：①小锄：苗小时就锄。小，是指苗的大小说的。锄，定苗时锄掉多余植株（即“间苗”）的操作。

译文：3.9.1　谷类作物，总是在秧苗小时加锄好。小时锄，不但省功夫，所得的谷，也加倍地好。大了才锄，杂草也长大了，根多而密，功夫用得多，益处却反而不大。

3.9.2　良田，率一尺留一科①。刘章《耕田歌》曰②：“深耕穊种，立苗欲疏；非其类者，锄而去之。”谚云：“回车倒马，掷衣不下，皆十石而收③。”言大稀大概之收，皆均平也。

注释：①率（lǜ）：在此当“比例”解。科：指植物的科丛。

②刘章《耕田歌》：刘章，西汉人，刘邦之孙。高后时封为朱虚侯。曾于吕后酒宴上，借《耕田歌》暗讽吕氏专权。见《汉书·朱虚侯传》。

③回车倒马，掷衣不下，皆十石而收：这几句谚语，虽未说明以什么地面面积为标准；推想起来，应当是指“亩”说的。当然，这所谓“石”与“亩”，只是贾思勰时代山东地区的标准，和现行度量衡制必定不同。“回车倒马”，是说庄稼的“科丛”中留下的空隙，可以容许马拉的大车掉头，即极稀的稀植。“掷衣不下”，是庄稼密到能将扔下的衣服挡住撑起来。“稀植和极度密植，总产量都是每亩十石”，是当时的一般看法。

译文：3.9.2　好田，间苗的标准，是一尺留下一“科”。刘章《耕田歌》说：“深深地耕，密密地种，留下的苗却要稀；凡不属于同类的，一律都锄掉。”俗话说：“科丛之间可以让车马掉头的，和扔件衣服也都掉不下去的，一亩总只能收十石。”意思是说，太稀太密，收成都是一样。

3.9.3 薄地，寻垄蹑之[①]。不耕故。

注释：①蹑（niè）：用脚尖踏，这里是用来定苗。

译文：3.9.3 瘦地，跟着垄，用脚尖踏。因为不行中耕了。

3.10.1 苗出垄，则深锄[①]。

注释：①锄：锄地。从这段（3.10）以下，所说的“锄”，才是“锄地”，和3.9的锄指“间苗”说的，意义不同。

译文：3.10.1 苗长出垄了，深深地锄。

3.10.2 锄不厌数，周而复始，勿以无草而暂停。锄者，非止除草，乃地熟而实多，糠薄，米息。锄得十遍，便得“八米”也[①]。

注释：①八米：我们暂时以“八成米”为解释，即一百分的谷，得到八十分的米。《西溪丛语》卷下：“卢师道……时谓之‘八米卢郎’。八米，关中语：岁以六米、七米、八米，分上中下，言在谷取八米，取数之多也。”

译文：3.10.2 锄的次数不嫌多，依次序反复轮着地锄，不要因为未见到杂草就暂时停止。锄地，不单是为了除草；锄了后地均匀，结的籽实多，糠薄，舂时耗折小。锄过十遍，十成谷便可出八成米。

3.10.3 春锄，起地[①]；夏为除草。故春锄不用触湿[②]，六月已后，虽湿亦无嫌。春苗既浅，阴未覆地[③]，湿锄则地坚。夏苗阴厚，地不见日，故虽湿亦无害矣。《管子》曰[④]：“为国者，使农寒耕而热芸。”芸，除草也。

注释：①起地：使土疏松。

②触：遇到，趁上。

③阴：借作“荫”字用，即所遮蔽的地面。

④《管子》：书名。战国时齐稷下学者托名春秋初期政治家管仲所作。也有汉代附益部分。共二十四卷，分为八类。原本八十六篇，现仅存七十六篇。内容庞杂，包括道、名、法诸家思想及天文、历数、舆地、经济和农业等知识。《轻重》等篇是中国古代典籍中阐述经济问题篇幅较多的著作，在生产、分配、交易、消费、财政等方面均有所论述。《度地》篇专论水利，《地员》篇专论土壤。这里所引出自《管子·轻重》篇。

译文：3.10.3 春天锄，为使土地疏松；夏天锄，为的除草。所以春天不要在湿时锄；六月以后，湿时锄也无妨碍。春天禾苗没有长起来，荫蔽地面的力量不够。湿时锄，就会干成硬块。夏天，苗长大了，遮蔽面大，地面见不着太阳，所以就是湿时锄，也不会发生妨碍。《管子》

说：“掌管国家政事的，使农夫在寒冷时耕，炎热时‘芸’。”芸就是除草。

3.10.4　苗既出垄，每一经雨，白背时，辄以铁齿镉榛[①]，纵横杷而劳之。杷法：令人坐上，数以手断去草。草塞齿，则伤苗。如此，令地熟软，易锄，省力。中锋止。

注释：①辄：副词，每每，总是。

②中（zhòng）锋止：可以用锋，便可停止杷摩。中，可以。锋，用“锋”来松土。这时就不再用“铁齿镉榛，纵横杷而劳之”。

译文：3.10.4　苗出垄以后。每下过一场雨，地面发白时，总要用铁齿杷，纵着横着杷，并且用劳摩平。杷的时候，叫人坐在“劳”上，不断地用手把杷齿里的草拉掉。如果草塞住杷齿，苗就会受伤。这样，地均匀柔软，容易锄，省力。可以用锋时。便不必再杷再摩。

3.11.1　苗高一尺，锋之[①]。三遍者皆佳。

注释：①锋：一种古农具，用来松土；铁制的部分，前面锐尖（所以叫“锋”），上面固着一个弯曲的，与犁相似的木柄，柄上端安有一条横木作为把柄。即一种小刀的耒耜，后来不用了。（参见《耕田第一》图四）

译文：3.11.1　苗长到一尺高，用锋来锋。锋三遍的，都很好。

3.11.2　耩故项反者[①]，非不壅本，苗深，杀草[②]，益实；然令地坚硬，乏泽难耕。锄得五遍已上，不烦耩。必欲耩者，刈谷之后，即锋茇方末反下，令突起，则润泽易耕。

注释：①耩（jiǎng）：王祯《农书》说：“无镲（‘犁耳’）而耕曰‘耩’……今耩多用歧头。”《汉语大字典》“耩”字的义项有：1. 耕。2. 耘田锄草。3. 培土。4. 用耧车播种或用粪耧施肥。此处用“耩”字，含前三个义项。

②杀草：杀灭杂草。

译文：3.11.2　用耩的，固然并不是没有向根上壅土，使苗深入土中，又可以杀灭杂草，增加种实；但耩过，使土地坚硬，保水不够，耕翻为难。如果锄到了五遍以上，不必要耩。一定要耩的话，到割过谷子之后，马上用锋在禾根下锋一遍，让地突起，以后就润泽，容易耕翻。

3.12.1　凡种，欲牛迟缓，行种人令促步，以足蹑垄底。牛迟则子匀；足蹑则苗茂。足迹相接者，亦不可烦挞也。

译文：3.12.1　用牛拉耧来下种的，牛要慢慢走，下种子的人，步伐就会紧密，让他用脚在垄底踏着走过去。牛走得慢，种子出得均匀；脚踏过让种子和土壤密接，苗长得茂盛。脚踏过的痕迹，彼此相连接，就可以免掉用挞。

3.13.1　熟速刈，干速积[①]。刈早，则镰伤；刈晚，则穗折；遇风，则收减；湿积，则藁烂；积晚，则损耗；连雨，则生耳[②]。

注释：①干速积：干后赶快堆起。积，一般都专指收获的庄稼。

②生耳：生芽。现有刻本，均作“生耳”，应是“生牙”。本书“芽”字多用“牙”，“牙”字与“耳”的行书，形状相像，所以钞错。“生耳”无意义；潮湿的种子，在贮藏中很可能生芽。

译文：3.13.1　熟了赶快收割，干后赶快堆起。收割太早稿秸未干，损耗镰刀；收割太晚，穗子可能折断；遇着风落粒严重，收获量会减少；湿时堆积，稿秸会霉坏；堆积过晚，有种种损耗；要是遇着连绵雨，还会生芽。

3.14.1　凡五谷：大判上旬种者全收[①]，中旬中收，下旬下收。

注释：①大判：大半，大概。

译文：3.14.1　谷类，大概凡是上旬种的，全有十足的收成；中旬种的，中等收成；下旬种的，下等收成。

3.14.2　《杂阴阳书》曰[①]：“禾：生于枣或杨；九十日，秀；秀后六十日，成。禾：生于寅，壮于丁、午，长于丙，老于戊，死于申，恶于壬、癸，忌于乙、丑。”

注释：①《杂阴阳书》：汉代阴阳学家所著，已亡佚。

译文：3.14.2　《杂阴阳书》说：“禾，在枣树或杨树出叶时生出；九十日后孕穗秀；孕穗后六十日成熟。禾，‘生’日在寅，‘壮’日在丁、午，‘长’日在丙，‘老’日在戊，‘死’日在申，‘恶’日在壬、癸，‘忌’日在乙与丑。”

3.14.3　凡种五谷，以生、长、壮日种者，多实；老、恶、死日种者收薄；以忌日种者，败伤。又用成、收、满、平、定日为佳[①]。

注释：①成、收、满、平、定：两汉以来，逐渐发展着的“占候”迷信的一种，所

谓“建除”的一套“日占法”。将“建、除、满、平、定、执、破、危、成、收、开、闭”十二个字，周期地循环着，另一方面，还在每次循环中；依次再重复一个字，作成了12×13的大循环。这是所谓“建除家”的“方士”们创作的把戏，一直到新中国成立前还在流传中：旧历书中，每个日子，除了月、日、干、支和与天干相对应的“金、木、水、火、土”五行之外，还有二十八宿的循环与这种建除（所谓“日建”）的大循环，来决定这个日期的“宜”“忌”。例如“正月十二日、庚子、金斗满，宜……忌……”，“正月十四日、壬寅、水女定，诸事不宜”之类。

译文：3.14.3　各种谷类，在它“生”“长”“壮”三种日子种的，结实就多；在“老”“恶”“死”三种日子种，收成一定减少；在“忌”日种，也会遭到损伤失败。此外，在“日建”逢“成”“收”“满”“平”“定”的日子种，一定好。

3.14.4　《氾胜之书》曰：“小豆忌卯，稻、麻忌辰，禾忌丙，黍忌丑，秫忌寅、未，小麦忌戌，大麦忌子，大豆忌申、卯。凡九谷有忌日；种之不避其忌，则多伤败。此非虚语也！其自然者，烧黍穰则害瓠。”《史记》曰：“阴阳之家，拘而多忌。止可知其梗概[①]，不可委曲从之。”谚曰“以时及泽，为上策”也。

注释：①梗概：大概，大略。

译文：3.14.4　《氾胜之书》说：“小豆，忌逢卯的日子；稻和麻，忌逢辰的日子；禾（谷子），忌逢丙的日子；黍子，忌逢丑的日子；秫子，忌逢寅逢未的日子；小麦，忌逢戌的日子；大麦，忌逢子的日子；大豆，忌逢申逢卯的日子。这九种谷，都有忌日；如果种的时候不避开忌日，就会遭到失败损伤。这不是假话！是一种自然的道理，正像在家里烧黍穰，田地里的壶卢就受了损害一样。”《史记》说：“阴阳家们，拘泥而有许多忌讳。我们只要稍微知道他们的一些大略就行了，不可以详细地转弯抹角去遵从他们。”俗话中的“赶上时令，趁地里有墒便是最上之策”。

3.15.1　《礼记·月令》曰[①]：“孟秋之月，修宫室，坯垣墙[②]。”

注释：①《礼记·月令》：儒家经典《礼记》中的一篇。《月令》记载了每年夏历十二月的天象、物候，并记述政府在不同时令下所应进行的祭祀、法令与禁令等活动。

②坯：用泥土填塞空隙。此处作动词用。

译文：3.15.1　《礼记·月令》说：“七月，整理公私房屋，给围墙屋壁抹泥。”

3.15.2　“仲秋之月，可以筑城郭，穿窦窖[①]，修囷仓[②]。”郑玄曰：“为民当入[③]，物当藏也。”堕曰窦[④]，方曰窖。按谚曰：“家贫无所有，秋墙三五堵。”盖言秋墙坚实；土功之时，一劳永逸，亦贫家之宝也。乃命有司，趣民收敛[⑤]。务畜菜[⑥]，多积聚。”始为御冬之备。

注释：①窦窖：古代用以藏谷物的地窖。窦是椭圆形的，窖为方形的。一说指水沟和地窖。《淮南子·时则训》：“穿窦窖。”高诱注：“穿窦所以通水，不欲地湿也；穿窖所以盛谷也。”

②囷（qūn）：圆形谷仓。

③为（wèi）：因为。依郑玄的说法，“民当入，物当藏”，是说农民应当归入村居（农忙时“庐居”，即在田地里居住），一切有用的物品应当收藏，所以“筑城郭”，以保卫村庄，“穿窦窖，修囷仓”来储存粮食。

④堕（tuǒ）：即今日的“椭”字。长圆。

⑤趣（cù）：催促。

⑥务畜（xù）菜：要预先储备过冬所需要的菜，作成干菜或“菹”。“畜”借作储蓄的“蓄”字用。

译文：3.15.2　“八月，可以发动百姓来修整城墙、城关，掘好供储藏用的土窦和窖，修理仓房。”郑玄解释说：“因为现在大家都快要回到城市里来住，收获的东西，也应当储藏起来了。”长圆形的称为“窦”，方（平底）的称为“窖”。有一句俗话说：“别笑俺穷人家啥都没有，秋天打下的墙就是三五堵。”意思是说，秋天的墙坚牢些；大家动土功的时候，一劳永逸，也就算穷人家的财宝了。就叫有职责的人，催促百姓收藏。注意多储藏些菜，多积累其他日常生活资料。”作过冬的准备。

3.15.3　“季秋之月，农事备收。”备犹尽也。

译文：3.15.3　“九月，农业生产完全结束。”备就是“完全”。

3.15.4　“孟冬之月，谨盖藏，循行积聚，无有不敛。”谓刍、禾、薪、蒸之属也[①]。

注释：①刍：作饲料用的干草。薪、蒸：冬天斩取木柴、草柴，大的叫“薪”，小的叫“蒸”。

译文：3.15.4　“十月，遮盖与闭藏，都要严密，各处去视察大家积累物资的情形，不要有还未收敛的。”像稿秸、谷粒、木柴、草柴之类。

3.15.5　“仲冬之月，农有不收藏积聚者，取之不诘[①]。”此收敛尤急之时，有人取者不

罪，所以警其主也。

注释：①诘（jié）：追问，查究。

译文：3.15.5　“十一月，农民还有留在外面没有收藏累积起来的物资，任何人都可以取去，不得追究。”现在已经到了非收敛不可的紧要时候，任何其他人取去，没有罪过，这就是使主人警惕的道理。

3.15.6　《尚书考灵曜》曰[①]：“春，鸟星昏中[②]，以种稷。”鸟，朱鸟鹑火也。“秋，虚星昏中，以收敛。”虚，玄枵也[③]。

注释：①《尚书考灵曜（yào）》：纬书的一种，现已佚散。“纬书”是对“经书”而言，是汉代人混合神学附会儒家经义的书。“六经”和《孝经》都有纬书，均因隋炀帝禁止、焚毁亡佚。灵曜，日月星辰。《尚书考灵曜》是通过考察天体日月星辰的运行，讲占验之书；其中记录了一部分天文、历法知识，但大部分充满迷信。

②鸟星昏中：黄昏日落星现时，鸟宿已经在天空正中（即关中方言所谓“端”；长江流域方言所谓“当顶”）。鸟，星宿名，已见本文小注。古代以至现在，许多老农都能由星宿在天空转运的位置，说明一年中季节早晚。

③玄枵（xiāo）：十二星次之一。与二十八宿相配为女、虚、危三宿，与十二辰相配为子，与占星术的分野相配为齐。

译文：3.15.6　《尚书考灵曜》说：“黄昏时鸟星当顶，种稷。”鸟星，就是朱鸟（朱雀），鹑火。“秋天，黄昏时虚宿当顶，就收敛。”虚宿，就是玄枵，即玄武中的一部分。

3.16.1　《庄子》[①]：“长梧封人曰：‘昔予为禾，耕，而卤莽忙补反之[②]，则其实亦卤莽而报予；芸，而灭裂之，其实亦灭裂而报予。郭象曰[③]：“卤莽灭裂，轻脱末略，不尽其分。”予来年变齐在细反[④]，深其耕而熟耰之，其禾繁以滋；予终年厌飧[⑤]。’”

注释：①《庄子》：战国时思想家庄周（约前369—前286？）所著，为道家经典之一。其文章汪洋恣肆，并多采用寓言故事形式，想象丰富。在哲学、文学上都有较高研究价值。此处引自《则阳篇》。

②卤莽：粗糙。

③郭象（252—312）：字子玄。河南（今河南洛阳）人。西晋哲学家。作《庄子

注》，为庄子大注释家。

④齐（jì）：“度”也，即程序、办法。

⑤厌飧（sūn）：吃得很饱。厌，即“餍”，饱或过饱的情形。飧，即饭。这段出自《庄子·则阳篇》。

译文：3.16.1 《庄子·则阳篇》：“长梧封人说：‘从前我种禾，耕的时候粗粗糙糙，浅耕稀种，禾结的实也就粗粗糙糙，稀稀疏疏地回报我；除草的时候，随随便便，断折拖拉，结的实也就随随便便，断折拖拉地回报我。郭象注说：“卤莽灭裂，就是马马虎虎，不精细不到家。”第二年，我改变办法，深深地耕，细细地耨，禾苗长得又茂盛又丰满，我一年到头吃得饱饱的。

3.16.2 《孟子》曰：“不违农时，谷不可胜食[1]。”赵岐注曰[2]：“使民得务农，不违夺其农时，则五谷饶穰，不可胜食也[3]。”“谚曰：‘虽有智惠[4]，不如乘势；虽有镃錤上镃下其[5]，不如待时。’”赵岐曰：“乘势，居富贵之势。镃錤，田器，耒耜之属。待时，谓农之三时。”又曰：“五谷，种之美者也；苟为不熟，不如稊稗。夫仁亦在熟而已矣[6]。”赵岐曰：“熟，成也。五谷虽美，种之不成。不如稊稗之草[7]，其实可食。为仁不成，亦犹是。”

注释：①不违农时，谷不可胜食：出自《孟子·梁惠王章句上》。

②赵岐：东汉人，作《孟子章句》注释《孟子》。

③胜（shēng）：胜任，即可以担负。在此读平声。

④虽有智惠：虽然有智识聪明。惠，通“慧”。这一段出自《孟子·公孙丑章句上》。

⑤镃錤（zī jī）：农具名。大锄。亦作“镃基”。小字注应为“上兹下其”，是作注音的。

⑥“又曰”几句：引文出自《孟子·告子章句上》。

⑦稊稗（tí bài）：野生的稊与栽培的稗子。

译文：3.16.2 《孟子》说：“不违背农家的耕作时令，收的粮食就可以吃不完。”赵岐注释说：“让农民专心注意农业生产工作，不违背或占用他们的生产时间，粮食就会丰富到吃不完。”“俗话说：‘尽管有智识聪明，究竟不如借权位力量；尽管有耕种器械，究竟不如等待合宜的时令。’”赵岐注释说：“乘势，是凭借权贵的势力。镃錤，是耕田的器械，如耒耜之类。待时是说等待农家的三种时候（即春、夏、秋三季中的操作时令）。”《孟子》又说：“五谷，是谷种中最好的了；可是如果种下去不能成熟，反而不如稊与稗。譬如行仁，也需要做到家才算成熟。”赵岐注释说：“熟是成熟。五谷虽然好，但种下去不成熟，反而不如稊与稗，结的种实还可以吃。行仁如果不能成熟（即不能得到结果），也就是这样。”

3.16.3 《淮南子》曰[①]："夫地势，水东流[②]；人必事焉，然后水潦得谷行[③]。水势虽东流，人必事而通之，使得循谷而行也。禾稼春生；人必加功焉，故五谷遂长。高诱曰："加功，谓是藨是蓘[④]，芸耕之也。遂，成也。"听其自流，待其自生，大禹之功不立，而后稷之智不用。"

注释：①《淮南子》：这段出自《淮南子·修务训》。

②夫地势，水东流：西北高而东南低的地形趋势，使得河流向东流。中国黄河与长江两大河流之间的地带中，所有大小河道的流向。绝大多数是由西向东。因此，"东流""水向东"等，便成了口语与文章中代表"自然趋势"的一种说法。这一个自然趋势，是中国总地形西北高而东南低的必然结果；在战国时代，交通稍微方便了一些。大家便由旅行中，逐渐认识了这个地形与水流方向的关系。因此，邹衍一派"谈天"的人，便附会了一个"天倾西北，地陷东南"的"共工触山"的神话。《淮南子·天文训》中，已有"地不满东南，故水潦尘埃归焉"的话，《原道训》更引用了那个神话，说："昔共工之力，触不周之山，使地东南倾。"

③潦（lào）：同"涝"，骤然增涨而拥挤着的水，形势颇大的称为 "潦"。现在都写作"涝"。

④加功，谓是藨（biāo）是蓘（gǔn）：加功，是指除草耕地等操作。藨，通"穮"，耕耘。"穮"，据《广韵》下平"四宵"是"除田秽（杂草）也"。蓘，是"以土壅苗根"。

译文：3.16.3 《淮南子·修务训》说："地势，是西北高而东南低，所以河流是向东流的；但是须要人力整理，然后正常的水和暴涨的水，才会在一定的水道中流动。水的趋势虽然是向东流的，还需要人整理通畅，才会在一定的水道中流行。禾苗'是该在春天生出的；但是也需要人力加工，然后五谷才会畅适地生长。高诱注释说："加功，即所谓是藨是蓘，指除草，耕地等操作。遂，是顺利成就。"听从水自已流行，等待庄稼自己生长，大禹就不能建立治水的功绩，后稷也不能应用建立耕种的方法的智慧了。"

3.16.4 "禹决江疏河，以为天下兴利，不能使水西流；后稷辟土垦草，以为百姓力农，然而不能使禾冬生。岂其人事不至哉？其势不可也[①]！"春生、夏长、秋收、冬藏，四时不可易也[②]。

注释：①"禹决江疏河"八句：出自《淮南子·主术训》。

②"春生"二句：为贾思勰作的注。

译文：3.16.4　又在《主术训》里有："禹，开浚长江流，疏通黄河道，替百姓创造了有益的事，却不能使水倒转向西流；后稷开辟土地，垦除杂草，让百姓从事农业生产，却不能让谷子在冬天生长。这些难道是人力没有做到么？是事实没有可能。"正像春天生出，夏天长大，秋天收敛，冬天闭藏，都必须适合四季的气候条件，不能更换。

3.16.5　"食者，民之本；民者，国之本；国者，君之本。是故人君上因天时，下尽地利，中用人力；是以群生遂长，五谷蕃殖。教民养育六畜，以时种树，务修田畴，滋殖桑麻。肥硗高下，各因其宜。丘、陵、阪、险，不生五谷者，树以竹、木。春伐枯槁，夏取果、蓏，秋畜蔬食，菜食曰"蔬"，谷食曰"食"。冬伐薪、蒸，大曰"薪"，小曰"蒸"。以为民资。是故生无乏用，死无转尸①。"转，弃也。

注释：①"食者，民之本"一段：此处也出自《淮南子·主术训》。但与上面的3.16.4不相连。大曰"薪"，小曰"蒸"，冬天斩取木柴、草柴，大的叫 "薪"，小的叫"蒸"。

译文：3.16.5　《主术训》说："食物是百姓生活的根据，百姓是国家的根据，国家是君主的根据。君主向上凭借天时，向下开发地利，中间利用人力；这样，一切生物都顺适地生长，各种谷物都有丰富的收获。教百姓养育各种家畜家禽，按季节种植树木，努力整理田地，多种桑树和麻。肥地、瘦地、高田、低田，分别依照所适合的作安排。大小山头陡坡、绝壁，不能种粮食的，种上竹子或树木。春天砍伐枯树干枝，夏天收取草木果实，秋天储积蔬菜粮食，菜类作食物叫"蔬"，籽粒作食物叫"食"。冬天斩取木柴、草柴，大的叫"薪"，小的叫"蒸"。这样替百姓作准备。所以，活着的人，不缺乏物资，死了的人，不会有遗弃的尸首。"转，是遗弃。

3.16.6　"故先王之制：四海云至，而修封疆；四海云至，二月也。虾蟆鸣、燕降①，而通路除道矣②；燕降，三月。阴降百泉，则修桥梁。阴降百泉，十月。昏张中③，则务树谷；三月昏，张星中于南方，朱鸟之宿。大火中，即种黍菽；大火昏中，六月。虚中即种宿麦；虚昏中，九月。昴星中则收、敛、蓄、积，伐薪木。昴星，西方白虎之宿。季秋之月收、敛、蓄、积④。所以应时修备，富国利民⑤。"

注释：①虾蟆：即"蛤蟆"，是青蛙和癞蛤蟆的统称。

②除道：清除道路，包括整平、加阔、修缮桥梁。

③昏张中："张宿"黄昏时在天空正中。下文"大火""虚""昴"都是星宿。

④季秋之月："昴星昏中"的时令是"季秋"，即寒露、霜降两个节气。

⑤"故先王之制"至"富国利民"：本段仍出自《淮南子·主术训》，但与上面3.16.4及3.16.5都不相连。

译文：3.16.6　《主术训》另一段说："所以，古代帝王，定下制度：天四边都有云气向天中央汇合，便要修理边防工事；高诱原注："立春之后，四海出云。"虾蟆叫、燕子下到地来做巢，便要修理人行路和大车道；原注："燕降，三月。"地下水位下降，便要修桥梁。原注："阴降百泉，十月。"黄昏时，张宿在南边天空正中，便从速种谷子；原注："三月昏，张星在南方正中，朱鸟之宿。"如果大火星座当中，便种小麦和豆子；原注："大火昏中，六月。"虚宿当中，便种冬小麦；原注："虚昏中，九月。"昴宿当空，便将收获的谷物蔬果等整理好，收藏贮积起来，同时准备过冬的柴炭。原注："昴星，西方白虎之宿也。季秋之月，收敛蓄积也。"这些都是对应着时令，预先做好准备，使国家富足，百姓得利的。"

3.16.7　"霜降而树谷，冰泮而求获[①]；欲得食，则难矣[②]。"

注释：①冰泮（pàn）：冰消解。

②"霜降"至"则难矣"：此处出自《淮南子·人间训》。

译文：3.16.7　《人间训》说："下霜时种谷子，想在解冻时收获，这样要得到粮食是困难的！"

3.16.8　又曰："为治之本，务在安民；安民之本，在于足用；足用之本，在于勿夺时；言不夺民之农要时。勿夺时之本，在于省事；省事之本，在于节欲；节止欲贪[①]。节欲之本，在于反性。反其所受于天之正性也。未有能摇其本而靖其末，浊其源而清其流者也[②]。"

注释：①节止欲贪：节制遏止贪图享受的思想。

②未有能摇其本而靖其末，浊其源而清其流者也：这两句，在《泰族训》中和上文相连；《诠言训》中没有这两句。按，从"为治之本"至"清其流者也"一段，《淮南子》的《泰族训》和《诠言训》中都有，字句略有出入。

译文：3.16.8　《诠言训》和《修务训》都有这样的话："政治的基本，必须使百姓安居乐业：使百姓安居乐业的基本，在于使大家有足够的应用物资；物资要足够，就要不侵占夺取生产活动的时间；就是说不要侵夺百姓从事农业生产的重要时间。要做到不侵占生产时间，先要减少要求；要减少对百姓的要求，先得节制贪欲；节制遏止贪图享受的思想。要节制贪欲，就要回到自然的情况。回到从自然得来的正当性质。动摇着根本时，末端没有保持安靖的可能；源头浑浊时，下游的水也不会清澈。"

3.16.9 “夫日回而月周，时不与人游；故圣人不贵尺璧而重寸阴，时难得而易失也，故禹之趋时也，履遗而不纳，冠挂而不顾。非争其先也，而争其得时也[1]！”

注释：①“夫日回”至“争其得时也”：这一节出自《淮南子·原道训》。

译文：3.16.9 《原道训》说：“太阳循环着，月周转着，时间不能随着人的愿望停留；因此，圣人将一寸光阴，看得比对径一尺的玉璧还重，就是因为时间容易失去而难得掌握，所以禹为赶上时间，鞋掉了来不及扳上，帽子挂住了也来不及管。并不是要抢先，只是要抢得适当的时间。”

3.17.1 《吕氏春秋》曰：“苗：其弱也，欲孤；弱，小也，苗始生，小时，欲得孤特；疏数适[1]，则茂好也。其长也，欲相与俱；言相依植，不偃仆。其熟也，欲相扶。相扶持，不伤折。是故三以为族[2]，乃多粟。族，聚也。吾苗有行，故速长；弱不相害，故速大；横行必得，从行必术[3]，正其行，通其风[4]。”行，行列也。

注释：①疏数（shuò）适：稀稠合宜。数，本指重复多次，这里做“密”讲。适，适当，适宜。

②三：此处为概数，几个，少数。

③术：“术”原来是“邑中道”，即大家可以共同走的正路。“技术”“方术”的意义从此衍生。作形容词，便是相当宽大、正直。

④“苗：其弱也”至“通其风”：此处出自《吕氏春秋·辨土》。

译文：3.17.1 《吕氏春秋·辨土篇》说：“庄稼幼小时要彼此有间隔；弱是幼小，庄稼刚生出还小的时候，要孤单独立；只有稀稠合宜才可以长得旺盛。长大时，便要相互靠近；就是说彼此靠拢不倒覆。成熟时，要相互撑持。彼此扶住拉住，不会受伤折断。就因为这样，几个植株联成一簇，就可以多结实。族，聚集。我的庄稼，有齐整的行列，所以生长便很快；幼小时彼此不相妨碍，所以长大也很快；横行中必定彼此相对，直行必定正直；每行都正直整齐，好通风。”“行”是行列。

3.17.2 《盐铁论》曰：“惜草芳者耗禾稼，惠盗贼者伤良人[1]。”

注释：①石按：今本《盐铁论》中，没有这两句。依文义看来，“芳”字应当是字形相近的“茅”。

译文：3.17.2 桓宽《盐铁论》说：“爱惜茅草，就要损耗庄稼；对盗贼行仁惠，就要伤害好人。”

3.18.1 《氾胜之书》曰："种禾无期，因地为时[①]。"

注释：①种禾无期，因地为时：种禾没有固定的日期，要根据地的情况来决定时候。无期，不机械地定下日期。必需"因地"（随不同地方）决定时间。这是最合理的原则。石按：种禾无期：《齐民要术》各版本无"禾"字。《太平御览》卷839及956所引，有"禾"字。《艺文类聚》和《初学记》所引，也都有禾字。"禾"字应当有，所以补入。

译文：3.18.1 《氾胜之书》说："种谷子，没有固定的日期，要看地的情况，来决定最合适的时候。"

3.18.2 "三月榆荚时[①]，雨，高地强土[②]，可种禾。"

注释：①荚（jiá）：此处作动词，即结荚。

②高地强土：高处的强土。

译文：3.18.2 "三月间，榆树结翅果时，如果下雨，可以在高处的'强土'上种禾"

3.18.3 "薄田不能粪者，以原蚕矢杂禾种种之[①]，则禾不虫。"

注释：①原蚕矢：原蚕的蚕粪。原蚕，一年多化的蚕。矢，现在写作"屎"。

译文：3.18.3 "太瘦的地，又没有能力上粪的，所以用多化蚕的蚕粪，和入种子一齐播种；这样，还可以免除虫害。"

3.18.4 "又：取马骨，剉[①]，一石以水三石煮之。三沸，漉去滓[②]，以汁渍附子五枚。三四日，去附子，以汁和蚕矢羊矢各等分[③]，挠呼老反[④]，搅也。令洞洞如稠粥[⑤]。先种二十日时，以溲种[⑥]；如麦饭状。常天旱燥时，溲之，立干；薄布，数挠[⑦]，令易干；明日复溲。天阴雨则勿溲！六七溲而止。辄曝，谨藏；勿令复湿。至可种时，以余汁溲而种之，则禾稼不蝗、虫[⑧]。"

注释：①剉（cuò）：斫碎，打碎。

②漉（lù）去滓（zǐ）：过滤掉骨渣。漉，过滤。滓，渣，沉淀的杂质。

③蚕矢羊矢各等分：《太平御览》卷823所引无后面四字。很可能这四字并非《氾胜之书》的原文。

④挠（náo）：搅拌。

⑤洞洞：像稠粥或稀的浆糊一样的稠度。搅时，很容易匀和，不搅时，随即泯合。现

在一般称为“胶冻”。“冻”“洞”同音。

⑥溲（sǒu）：用少量的水或水液，和固体块粒，一并搅和，称为“溲”。例如用水淘米，称为“溲米”；和面，称为“溲面”；用水和泥，称为“溲埴”之类。

⑦数（shuò）：多次、频繁。

⑧蝗、虫：和前后文详细核对后，觉得“蝗虫”不是简单的一个名称而是“蝗与其他害虫”。

译文：3.18.4 “将马骨，斫碎，一石碎骨，用三石水来煮。煮沸三次后，过滤掉骨渣，把五个附子泡在清汁里。三四天以后，又漉掉附子，把分量彼此相等的蚕粪和羊粪加下去，搅匀，让混合物像稠粥一样地稠。下种前二十天，把种子在这糊糊里拌和，让每颗种子都黏上一层糊糊，结果变成和麦饭一样。一般只在天旱、空气干燥时拌和，所以干得很快；再薄薄地铺开，再三拌动，叫它更容易干；第二天，再拌再晾。阴天下雨就不要拌。拌过六七遍，就停止。立刻晒干，好好地保藏；不要让它潮湿。到要下种时，将剩下的糊糊再拌一遍后再播种，这样的庄稼，不惹蝗虫和其他虫害。”

3.18.5 “无马骨，亦可用雪汁。雪汁者，五谷之精也，使稼耐旱。常以冬藏雪汁，器盛，埋于地中。治种如此，则收常倍。”

译文：3.18.5 “没有马骨，也可用雪水代替。雪水是五谷之精，可以使庄稼耐旱。记住经常在冬天收存雪水，用容器保存，埋在地里准备着。这样处理种子，常常可以得到加一倍的收成。”

3.19.1 《氾胜之书》“区种法”曰：“汤有旱灾，伊尹作为‘区田’教民粪种[①]，负水浇稼[②]。”

注释：①区（ōu）田：《氾胜之书》所记载的古代的耕作技术；是与“陇田漫种”相对的一种“精耕细作”的方法。讲究深耕细作，集中施肥、灌水、适当密植等，是在干旱环境下争取高产的办法。“区”应读ōu。它的本义，只是在地上“抠”（即“掊”）出一个小“瓯”形的“区”来。盛受一些小对象。“区种”或“区田”的“区”，正是“区”字的原音本义，不必再借用后来的“刚”字，而且要借也可借更近的“抠”字。（见图七，仿自《农政全书·田制》）。

②负水浇稼：即运水来浇庄稼。负，用背和肩来承物，包括背负和肩挑。《太平御览》卷821所引，有氾胜之奏曰：“昔汤有旱灾，伊尹为‘区田’，教民粪种，收至亩百石。胜之试为之，收至亩四十石”。前几句，和3.19.1相似，但后面“胜之试为之，收至

亩四十石”，却是很特别的材料。可惜没有注明更详细实在的出处，无法进一步追查、研究。

译文：3.19.1　《氾胜之书》中所记的区种法：“汤时有旱灾，宰相伊尹就创造了‘区田’的办法，教百姓用粪种法处理种子后，运水来浇庄稼。”

3.19.2　“区田，以粪气为美，非必须良田也。诸山陵，近邑高危倾坂，及丘城上[①]，皆可为区田。”

注释：①“诸山陵”几句：这些都是不平整的地面：山是连绵的更高的；陵是孤单的大土堆，即所谓“垄（máo）”；近邑是靠近城镇；高危是一面峻峭的高崖；倾坂是陡坡；丘是小土堆；城上，是城墙内侧，有时作成斜坡，仍可种植。

译文：3.19.2　“区田，完全靠肥料的力量来长庄稼.所以并不一定要好地。就是大大小小的山，靠近城镇的高崖、陡坡以及小土堆，城墙内面的斜坡上，都可以作成‘区田’。”

3.19.3　“区田不耕旁地，庶尽地力。”

译文：3.19.3　“作了区田就不再耕种旁边的地方，让土地肥力，可以集中发挥。”

3.19.4　“凡区种，不先治地，便荒地为之[①]。”

注释：①便：在此为“就”“随”“将就”义。

译文：3.19.4　“种区田，不要先整地，就在荒地上动手。”

3.19.5　“以亩为率：令一亩之地，长十八丈，广四丈八尺。当横分十八丈作十五町；町间[①]，分为十四道，以通人行[②]。道，广一尺五寸；町，皆广一丈五寸[③]，长四丈八尺。”“尺直横凿町作沟[④]。沟广一尺，深亦一尺，积穰于沟间，相去亦一尺（尝悉以一尺地积穰，不相受；令弘作二尺地以积穰[⑤]）。”

注释：①町（tǐng）：（1）田界或田间的小路。（2）古代地积单位名。本篇的“町”两种义项都有。

②以通人行：耕种的人，必须时常在町间走动，所以必须“通人行”。

③町，皆广一丈五寸：所有的《齐民要术》早期版本，包括明钞这里都是“一尺五寸”，只有崇文书局刻本是“一丈五寸”，依书中数据计算，应是“一丈六寸”，和一丈五寸尚接近。“丈”错成“尺”，究竟是氾胜之原书如此，还是贾思勰引错，无法澄清。

但《齐民要术》中的数字，不能核算的很多；所以贾思勰缠错的可能性很大。故译文作“每町便有一丈六寸阔”。

④尺直横凿町作沟：尺，是承接上句末的，多写了一个，属于抄写错误。直横凿町作沟。即“横断着町，掘成平行的直沟”。依上文，每町长48尺，广105尺，便是横长的矩形。直横凿町作沟，即垂直于48尺的长边，横着町开沟。

⑤弘：即加宽。积穰：累积的松土。石按：南京农学院植物生理教研组朱培仁先生，提出了一个极好的解释：“积穰”是“积壤”写错，“壤”是“息土”，也就是掘松了的土。“积壤”就是累积起来的松土。在地面“凿町作沟，广一尺，深一尺”之后，掘出来的“壤”，在“沟间”积起来至少要占地一尺；很可能还容纳不下，而需要“令弘做二尺地以积壤”。不过，“沟间”弘作二尺以后，每町的沟数便得减少一些了。

译文：3.19.5　“以一亩地作标准来谈：一亩地，十八丈长，四丈八尺阔。将这一亩地的十八丈长，横断作十五町；十五町之间，留下十四条道，让耕作的人可以走过。每条道一尺五寸阔；每町便有一丈六寸阔，四丈八尺长。”

“横断着町，掘成平行的直沟。沟：阔一尺，深也是一尺。在沟与沟之间的地面上，累积松土彼此间的距离也是一尺（曾经尝试过，将一尺地全累积松土，容纳不下；便加宽成二尺，来累积松土）。”

3.19.6　“种禾黍于沟间，夹沟为两行[①]。去沟两边各二寸半。中央，相去五寸；旁行相去亦五寸。一沟容四十四株，一亩合万五千七百五十株[②]。”

注释：①于沟间，夹沟为两行：区种法的主要原理，是使作物科丛托根处所，在地平面以下（因此才称为“区”），来“保泽”（保墒）与利用“粪气”。“区”在地平面以下，水分的向上蒸发量可以稍微降低一些，侧渗的漏出与蒸发，则减低很多；同时，营养物质的侧渗流失，大部分也可以避免。因此，“于沟间，夹沟为两行”，我们必须了解为种“于沟底循沟为两行”；“沟间”是“沟里面”或“沟底”，如将“沟间”解释为两沟之间的地面上，便不合于区种原理，不能称为区种了。

②四十四株，一亩合万五千七百五十株：这两个数字有问题，彼此不能核对，中国科学院历史研究所第二所钱宝琮教授，认为每町应有24沟，每沟44株，每亩共15840株。

译文：3.19.6　“种禾或黍：在沟中间，沿着沟种两行。株与沟两边距离二寸半。株距五寸；这一行和另一行，相距也是五寸。一条沟旁两行，共四十四株，一亩共一万五千七百五十株。”

3.19.7　“种禾黍，令上有一寸土。不可令过一寸，亦不可令减一寸。”

译文：3.19.7　“种禾或黍，要让种子上面有一寸厚的土。不要超过一寸也不可以少于一寸。”

3.19.8　“凡区种麦，令相去二寸一行。一沟容五十二株，一亩凡四万五千五百五十株[①]。”

“麦上土，令厚二寸。”

注释：①一沟容五十二株，一亩凡四万五千五百五十株：这条，原来接在3.19.7之后，则画区的办法，自然还是承接3.19.6所说的分町用沟割分。本节没有株距，只有行距。若是依“每沟容52株”计算，在植株稍稍进行一两次分蘖之后，便已经无“距”可言，而只是颇稠密的条播了。

译文：3.19.8　“区种麦，行与行相距二寸。每条沟容纳五十二株，一亩共四万五千五百五十株。”

“麦种上的土，让它有二寸厚。”

3.19.9　“凡区种大豆，令相去一尺二寸。一沟容九株，一亩凡六千四百八十株[①]。”禾：一斗有五万一千余粒；黍：亦少此少许；大豆：一斗一万五千余粒[②]。

注释：①如将6480株按一亩360沟计算，则每沟应有18株。和原来的每沟9株相比，应解释为沟每边9株。但一畦只有1尺阔，种两行豆，便得和“禾黍”一样，两行之间只留5寸的行距，即约0.135公尺，便又不合区种法的原理原则了。

②“禾”几句：是贾思勰加的注。

译文：3.19.9　“区种大豆，要让各株相距一尺二寸。每沟容纳九株，一亩共六千四百八十株。”一斗谷子，有五万一千多粒；黍子，比这数目稍微小一些；大豆一斗，一万五千多粒。

3.19.10　“区种荏[①]，令相去三尺。胡麻，相去一尺。”

注释：①荏（rěn）：榨油用的苏子。

译文：3.19.10　“区种苏子，株间距三尺。区种脂麻，株间距一尺。”

3.19.11　“区种，天旱常溉之；一亩常收百斛。”

译文：3.19.11　“区种的作物，天旱时要常灌水；一亩常常可以收一百斛。”

3.19.12 “上农夫[1]：区，方深各六寸，间相去九寸。一亩三千七百区[2]。一日作千区。”“区：种粟二十粒；美粪一升，合土和之。亩，用种二升。秋收，区别三升粟，亩收百斛。丁男长女治十亩[3]；十亩收千石。岁食三十六石[4]，支二十六年。”

“中农夫：区，方七寸，深六寸，相去二尺。一亩千二十七区[5]，用种一升，收粟五十一石[6]。一日作三百区。”

“下农夫：区，方九寸，深六寸，相去三尺，一亩五百六十七区[7]。用种六升[8]，收二十八石。一日作二百区。”谚曰：“顷不比亩善”；谓多恶不如少善也。西兖州刺史刘仁之（老成懿德）[9]，谓余言曰：“昔在洛阳，于宅田以七十步之地，试为区田收粟三十六石。”然则一亩之收，有过百石矣；少地之家，所宜遵用之。

注释：①上农夫：古代，历朝将田地分给农民时，原则上是按田地的质来定量分配的。产量高的好地，每丁每口的分配量低些；分得这样的地的农民，称为“上农”。每一分田的单位，称为“夫”；“上农夫”，约指分得高产量好地一“夫”的一个“组”，不一定是指从事农业生产的个别男丁（《后汉书》注所引《氾胜之书》，称“上农区田法”，没有“夫”字）。质较低，产量较小的地，因为有“岁易”（即“轮替休闲”）的必要，所以每分地的量较大。因此“中农夫”（分得的）地比“上农夫”多；“下农夫”比“中农夫”又多些。

②三千七百区：如依每区方6寸，区间9寸计算，则一亩应有3840区。比较接近一亩3700区；若依《后汉书》所引，区间为7寸，一亩则有5743区。因此，我们仍保留9寸的区间距。

③丁男长女：从前男子到20岁，称为“丁年”，即可以服兵役的年龄。“丁男”即达到丁年的男性，长女则是年岁已达到成年的女性。

④岁食三十六石：据钱宝琮教授依《九章算术》“粟米章”计算：1斗粟，舂成九折米，合现在1.08市升，可供丁男一日之食，所以“岁食三十六石”，千石粟应可支持二十八年。

⑤千二十七区：石按：经计算，认为1027区数字太小。

⑥五十一：钱宝琮教授认为这个“一”字是衍文。

⑦五百六十七区：石按：经计算，认为567区的数字偏小。

⑧用种六升：如按上面上农夫、中农夫田的区数及所用的种子量推算，下农夫最多只应用种子0.75升，充其量是一升。“六升”肯定有误。钱宝琮教授认为“升”字应是“合”字。

⑨西兖州：后魏置，州治在今山东定陶。刘仁之（？—544）：字山静，北魏洛阳（今河南洛阳）人。粗涉书史，颇工真草。初任著作郎，节闵帝时兼黄门侍郎，孝武帝时任西兖州刺史。

译文：3.19.12　“上农夫：每区。六寸见方，六寸深，两区之间的距离是九寸。一亩地可作成三千八百四十区。一个人工，可以做千区。”

“每一区里面，种二十粒粟种；用一升好粪，和土混合作为基肥。一亩。要用二升种子。到秋天，每一区可以收三升粟，一亩可以收一百石以上。成年男女劳力，合起来可以种十亩；十亩的总收获量是千石。每人每年的粮食，需要三十六石，千石可以维持二十六年。”

“中农夫：区，七寸见方，六寸深，区间距离二尺。一亩地一千零二十区以上，用种子一升，收五十一石粟。一个人工，可以做三百区。”

“下农夫：区，九寸见方，六寸深，区间距离三尺。一亩地至少五百六十七区。用六升种，收二十八石。一个人工，可以做二百区。”俗话说：“一顷不一定比一亩好”，即是说多而薄的地，不如少而好。西兖州刺史刘仁之（是一个老成而有德的人），告诉我说：“他从前在洛阳时，在住宅的田地里，用七十方步的地尝试种区田，结果收了三十六石粟。”这样，一亩地的收成，应当可以超过一百石；地少的人家，正应当应用这方法。

3.19.13　“区中草生，茇之[1]。区间草，以利刬刬之[2]，若以锄锄[3]。苗长不能耘之者[4]，以䥂镰比地刈其草矣[5]。”

注释：①茇（bá）：除茇，即连根拔掉。“茇”在这里作动词。

②以利刬刬（chǎn）之：用锋利的铲子铲掉。刬，同“铲”。第一个“铲”字是名词，即“以”的受格；第二个是动词，以“之”为受格。

③若：即“或”。

④苗长（zhǎng）：苗长大后，不能到区中去除茇，也不能铲或锄，便是“不能耘”的情形。

⑤以刨（gōu）镰比（bì）地：用镰刀贴着地面。刨镰，弯曲像钩一样的镰刀。比地，贴着地面。比，连接。

译文：3.19.13　“区里长了草，必须连根去掉。区间长着草，用锋利的铲子铲掉，或者用小锄锄掉。禾苗长大，不容许拔草锄草时，就用镰刀贴着地面割去。”

3.20.1　氾胜之曰：“验：美田，至十九石；中田，十三石；薄田，一十石。”

译文：3.20.1　氾胜之说：“试验结果：好地，每亩可以收十九石；中等地，十三石；瘦地，十石。”

3.20.2　“尹择取减法神农复加之骨汁粪汁种种[1]。锉马骨、牛、羊、猪、麋、鹿骨一斗，以雪汁三斗，煮之三沸。取汁，以渍附子；率：汁一斗，附子五枚。渍之五曰，去附子。捣麋、鹿、羊矢，分等，置汁中，熟挠，和之[2]。候晏，温，又溲曝，状如《后稷法》[3]。皆溲汁干，乃止。”

注释：①尹择取减法神农：石按：“尹”字是“居”字之误，“择”是“泽”字之误，“取”字是“趣”字之误，“减”字是“咸”字之误。将这七个字改作“居泽，趣时，咸法神农”八个字，解释为保墒、趁时，一切依照《神农书》的规划。否则照字面来说，“尹择取减法，神农复加之”，不但无法说明减的是什么，加的是什么？而且，还得忽然在神农这个半神话式的人物之前，更假定有不见于其他任何传说的尹择先存在，“复”字才能有交代。这段文字是否真是氾氏原文，疑点颇多，暂且保留，不作结论。种种：《齐民要术》各版本，都是“种种”。但由前后各节《氾胜之书》，特别是3.18.4和10.11.2两节，相互对照，应当改作“粪种”。“粪种”，即以粪汁骨汤处理种子，是氾胜之自己提出的名称（见3.19.1）。《周官·草人》郑玄注：“土化之法，化之使美，若氾胜之术也”；氾胜之却“托古”，把这种处理法记在伊尹名下。这节所说的“骨汁粪

汁”，正是“粪种”的方法，所以我们觉得“粪种”比不确定的“种种”更合适些。

②和之：和入种子。之，指种子。所有《齐民要术》各版本，都是“和之”。但下句“候晏，温，又溲曝”，溲曝的对象，当然只能是种子；那一句话的主格（即种子），却省略了。这句，如果依原文作“和之”，则“之”字所代表的，不应当是种子而只能是各种屎。这样，“粪种”这套手续中的对象，竟始终不曾明白见面。因此，如果不在“和之”之后，加一句，“以溲种”，则必须把“之”字改作“种”字。

③《后稷法》：这里所说的“后稷法”究竟是什么？我们寻不出任何线索。可能是当时流行着的，关于农业生产技术的一些传说方法，正像农家书中的《神农书》《野老书》之类，假托出自后稷。《汉书·艺文志》中所收书目，像这样假托古代名人的还很多，不过，偏就没有“《后稷书》”，所以我们的推想，只能作为一种无根之说。3.20.4节末了“十倍于后稷”，也应当是《后稷法》。

译文：3.20.2　“保墒，趁时，一切依照《神农书》的规划。再加上用骨汁粪汁来处理种子。把马骨、牛、羊、猪、麋、鹿骨一斗斫碎，用三斗雪水，煮到三沸。取得清汁，再用来浸附子。比例是：一斗清汁，五个附子。让附子在汁里泡五天，取出附子。将等量的麋、鹿、羊三种粪混合，捣烂，加到这汁里，搅拌均匀，和入种子晾干。等到下午，天气暖些的时候，又拌和，晒干，像《后稷法》所规定的。把汁都用完，才停手。”

3.20.3　“若无骨，煮缫蛹汁和溲。”

译文：3.20.3　“如果没有这些骨头，可以将煮蛹缫丝的汁煮热，来和粪拌种，

3.20.4　“如此，即以区种之。大旱浇之。其收至亩百石以上，十倍于后稷。”

译文：3.20.4　“这样处理的种子，用区种法种上。太旱，用水浇。这样收获量可以达到每亩百石以上，也就是《后稷法》最高指标的十倍。”

3.20.5　“此言马、蚕，皆虫之先也；及附子，令稼不蝗、虫。骨汁及缫蛹汁，皆肥，使稼耐旱，终岁不失于获。”

译文：3.20.5　“这是说，马和蚕，都是虫中间最大的；加上了附子，就可以使庄稼不遭蝗和其他虫害。骨汤和缫丝汤，都很肥，可以使庄稼耐旱，因此年终收获不会有损失。”

3.21.1　“获，不可不速，常以急疾为务。芒张叶黄[①]，捷获之无疑。”

注释：①芒张叶黄：谷芒竖起来了，叶子发黄了。

译文：3.21.1 “收获必须要迅速，总之，尽量地抓紧尽量地加快。谷芒竖起来了，叶子发黄了，便尽快地收割，不必考虑。”

3.21.2 “获禾之法，熟过半，断之。”

译文：3.21.2 “收禾，只要有一半熟了，就把穗子切下来。”

3.22.1 《孝经援神契》曰①：“黄白土宜禾。”

注释：①《孝经援神契》：书名。《孝经纬》的一种，已亡佚。原引众义，阐发微旨，以孝道通乎神明，故曰《援神契》。本书内容包括天文、地理、历史、时令、五德之运、明堂制度等各方面，而以人神合契，天人感应论为中心。

译文：3.22.1 《孝经援神契》说：“黄白色土地，宜于种禾。”

3.22.2 《说文》曰：“禾，嘉谷也。以二月始生，八月而熟，得之中和，故谓之禾。禾，木也，木王而生，金王而死①。”

注释：①禾，木也，木王（wàng）而生，金王（wàng）而死：禾是木类，所以在木旺的季节出生，在金旺的季节死亡。王，通“旺”，旺盛，兴盛。依汉代“五行”的说法，春季属“木”；二月，是“木”旺盛的时候。秋季属“金”，八月是“金”旺盛的时候。禾二月生，八月死；所以说“木王而生，金王而死”。依五行生克的安排，金克木；属于木的东西，必定被金克制。禾既在木旺的时候生，又在金旺的时候，被金克制而死，则禾应是“木”这一类的东西。这是许慎（怀疑是否后人窜改的！）对于“禾”字下面从“木”的解释。事实上，禾字下面的部分，只是叶、茎、根的形状，与“木”字相同，而并不是从“木”。

译文：3.22.2 《说文》解释说：“禾是好谷，二月才生出，八月就成熟了，获得了‘天地中和’之气，所以称为‘禾’（禾与和同音）。禾是木类，所以在木旺的季节出生，在金旺的季节死亡。”

3.22.3 崔寔曰：“二月三月，可种植禾；美田欲稠，薄田欲稀。”

译文：3.22.3 崔寔说：“二、三月，可以种早禾；好田要留苗稠些，薄田就稀些。”

3.23.1　《氾胜之书》曰："稙禾[1]，夏至后八十、九十日[2]，常夜半候之[3]。天有霜，若白露下[4]，以平明时，令两人持长索，相对，各持一端，以概禾中[5]，去霜露。日出，乃止。如此，禾稼五谷不伤矣。"

注释：①稙（zhī）禾：早禾，和"稺"（迟禾）相对。

②夏至后八十、九十日：依节令算来，即白露、秋分两个节气之后，寒露、霜降之前。

③候："伺候"，有等待、观察、估定等含义。粤语系统的方言中，至今还保留着单用一个"候"字作为动词，表示等待窥伺的动作。

④若：解作"或""及""与"。

⑤概：平着荡去、括去。用升斗斛等量器，量干燥物件如粮食、果实等时，要用一个小器具，把量器口上的"堆尖"括去。这一个小器具，就称为"概"。湖南称为"荡扒子"。用概来括平的动作，就是"概括"。

译文：3.23.1　《氾胜之书》说："早谷子，过了'夏至'之后八十天至九十天，半夜后，都得留心伺候。如果天有霜和白露下来，便在快天明时，叫两个人，拿一条长索子，相对地拉直，一人各拿着索子的一端，在谷子上面来回地括着荡着，把露水或霜括掉。太阳出来，就停止。这样，可以保证庄稼五谷不受霜露伤害。"

3.24.1　《氾胜之书》曰："稗，既堪水旱，种无不熟之时。又特滋茂盛，易生。芜秽良田，亩得二三十斛。宜种之以备凶年。"

译文：3.24.1　《氾胜之书》说："稗子，因为能忍受大水和干旱，所以种下去没有不能成熟的年岁。又蕃殖得特别茂盛，容易生活。凡因为长着杂草而荒了的好田，若种稗子，每亩可以收二三十斛。应当种来准备过荒年。"

3.24.2　"稗中有米。熟时，捣取米炊食之，不减粱米。又可酿作酒。"

译文：3.24.2　"稗种实中有米。熟后，舂捣出米来蒸饭吃，比得上粱米。又可以酿酒。"

3.24.3　酒势美酽，尤逾黍秫。魏武使典农种之[1]，顷收二千斛，斛得米三四斗。大俭，可磨食之。若值丰年，可以饭牛、马、猪、羊[2]。

注释：①魏武：即曹操。典农：即典农校尉，是曹操作后汉丞相时，"奏请"设立的。

②可以饭牛、马、猪、羊：可以用来喂牛、马、猪、羊。饭，作动词用，即“喂”“饲养”。按，这一节是贾思勰为《氾胜之书》作的注。

译文：3.24.3　酒的力量，美而且浓，比黍子和秫子还好。魏武帝让管农产的“典农校尉”种稗，一顷地收了二千斛（今日的四万六千升），一斛（一百升）可以得到三四斗（今日的七一九升）米。荒年，可以磨来作饭吃。丰年，至少可以用来喂牛、马、猪、羊。

3.25.1　虫食桃者粟贵[①]。

注释：①虫食桃者粟贵：此句与上文（3.23.1至3.24.3）不相涉，显然不会出自《氾胜之书》。可能是录自迷信的占候书《杂阴阳书》。卷二《大小麦第十》10.7.2所引《杂阴阳书》“虫食杏者麦贵”，可以参证。

译文：3.25.1　虫吃伤桃子的一年，粟就会贵。

3.26.1　杨泉《物理论》曰[①]：“种作曰‘稼’，稼犹种也；收敛曰‘穑’，穑犹收也。古今之言云尔[②]：稼，农之本；穑，农之末。本轻而末重，前缓而后急。稼欲熟，收欲速，此良农之务也。”

注释：①杨泉《物理论》：一部晋代的书，集中反映了杨泉朴素唯物主义哲学思想，现已散佚。

②古今之言云尔：即古代和现今的说法，是这样分别的。这里，“古今”两字相连，和自序0.1注中的“古今”两字分属两句不同。

译文：3.26.1　杨泉《物理论》说：“耕种操作称为‘稼’，稼也就是种；收获储藏称为‘穑’，穑也就是收。古代和现在言语上，是这样分别的：耕种是农事的起点，穑是农事的结束。起点轻而结束重，前面缓而后面急。耕种要调匀，收获要快，这就是生产能手所应注意努力的。”

3.27.1　《汉书·食货志》曰[①]：“种谷：必杂五种，以备灾害。师古曰[②]：“岁，田有宜，及水、旱之利也。种即五谷，谓黍、稷、麻、麦、豆也。”田中不得有树，用妨五谷。五谷之田，不宜树果。谚曰：“桃李不言，下自成蹊。”匪直妨耕种，损禾苗，抑亦堕夫之所休息[③]，竖子之所嬉游。故《管子》曰：桓公问于[④]：“饥寒，室屋漏而不治；垣墙坏而不筑，为之柰何？”管子对曰：“沐涂树之枝[⑤]。”公令谓左右伯，“沐涂树之枝”。期年，民被布帛、治屋、筑垣墙。公问：“此何故？”管子对曰：“齐，莱夷之国也。一树而百乘息其下；以其不梢也[⑥]，

众鸟居其上，丁壮者挟丸操弹居其下，终日不归；父老拊枝而论[⑦]，终日不去。今吾沐涂树之枝，日方中，无尺阴；行者疾走，父老归而治产，丁壮归而有业。”

注释：①《汉书·食货志》：《汉书》，东汉班固撰。中国第一部纪传体断代史。其体例略同《史记》，惟改书为志，《食货志》即相当于《史记·平准书》，专叙经济史。《汉书》对‘食货”的定义是：‘食，谓农殖嘉谷，可食之物；货，谓布帛可衣，及金刀龟贝，所以分财布利，通有无者也。”后因以“食货”统称国家财政经济。亦为以后多数史书所仿效。《汉书》是研究西汉历史的重要资料。通行注本有唐颜师古注。

②师古：即颜师古（581—645），字师古，唐京兆万年（今陕西西安）人。传家业，博览群书，精于训诂，善属文。唐太宗时官至秘书监。弘文馆学士。著有《汉书注》《匡谬正俗》《急就章注》。

③堕：可解作“惰”用。

④“故《管子》曰”二句：所以《管子》中记载着：齐桓公问管子。“于”字显然有误，怀疑是“云”，否则该是“故桓公问于管子曰”。齐桓公，（？—前643）春秋时齐国君。在位58年，任用管仲进行改革，国力富强。成为春秋时第一个霸主。

⑤沐：砍伐树的小枝梢。“沐”本义是洗头及整理头发，用于树，便是整理树冠，作及物动词用。

⑥梢（shào）：切去树木的枝梢。此处作动词用。

⑦拊（fǔ）：抚摩。

译文：3.27.1　《汉书·食货志》说：“种粮食，必须错杂着各种种类才可以防备灾害。颜师古注解说：“因为年岁、田地有不同的相宜，以及利于多水，或利于干旱。五种，就是五谷，指黍、稷、麻、麦、豆。”田里不可以有树，使五谷受到树的妨碍。”五谷田里不应当种果树。俗话说：“桃树李树，并不说话，可是树下面，却是聚集着成了众人的小路。”不但妨害耕种操作，而且还是懒人偷懒休息的地方，少年们嬉戏游荡的所在。所以《管子》记着：齐桓公问管子：“大家饿着冻着，房屋漏了不修理；围墙屋壁坍了也不补筑，该怎么办？”《管子》说：“把大路边树枝剪干净。”桓公命令左伯右伯“把大路边树枝剪干净”。一年之后，民众都穿上布衣帛衣，修理房屋，补筑围墙屋壁。桓公问：“这是什么道理？”管子说：“齐国是一个平原国家。一棵树阴下，歇着成百的大车；因为树没有剪枝，鸟群住在上面，年轻力壮的男人，拿着石子带着弹弓，整天在下面守着，不回去；老头们摸着树枝谈天，整天不走动。现在我们剪净路边的树枝，太阳当顶时，没有一点阴；路上的人赶快走，老头们回去做工，年轻人回家作业。”

3.27.2　“力耕数耘，收获如寇盗之至。”师古曰：“力，谓勤作之也；如寇盗之至，谓促遽之甚[①]，恐为风雨所损。”

注释：①遽（jù）：赶快，疾速。

译文：3.27.2 “努力耕地，多次除草，收获要像避免土匪强盗来那样迅速。”颜师古说：‘力’，是勤劳努力地作；‘如寇盗之至’，是说迅速匆忙得利害，事实上是恐怕被风雨损害。”

3.27.3 “还庐树桑[①]；师古曰：‘还，绕也。’菜茹有畦；《尔雅》曰：“菜，谓之蔌[②]”，“不熟曰馑”，“蔬，菜总名也；凡草菜可食，通名曰‘蔬’”。案：生曰“菜”，熟曰“茹”；犹生曰“草”，死曰“芦”。瓜、瓠、果、蓏郎果反[③]。应劭曰[④]：“木实曰果，草实曰蓏。”张晏曰[⑤]：“有核曰果，无核曰蓏。”臣瓒案[⑥]：“木上曰果，地上曰蓏。”《说文》曰：“在木曰果，在草曰蓏。”许慎注《淮南子》曰：“在树曰果，在地曰蓏。”郑玄注《周官》曰：“果，桃李属；蓏，瓠属。”郭璞注《尔雅》曰：“果，木子也。”高诱注《吕氏春秋》曰：“有实曰果，无实曰蓏。”宋沈约注《春秋元命苞》曰[⑦]：“木实曰果；蓏，瓜瓠之属。”王广注《易传》曰[⑧]：“果蓏者，物之实。”殖于疆易[⑨]。”张晏曰：“至此易主，故曰‘易’。”师古曰：“《诗·小雅·信南山》云：‘中田有庐，疆易有瓜。’即谓此也。”

注释：①庐：庐是临时性的、草率的住处，和现在所谓“工棚”相类。据从前的说法，古代农作季节时，大家在田野的庐中住着，冬天就回到都邑（市集）里住。

②蔌（sù）：蔬菜的总称。

③蓏（luǒ）：草本植物的果实。

④应劭：字仲远。东汉汝南南顿（今河南项城）人。汉灵帝时举孝廉，拜泰山太守，镇压黄巾军，后投袁绍，任军谋校尉。著有《汉官仪》《风俗通义》《汉书集解》。

⑤张晏：字子博。三国时魏国中山（今河北正定县）人。著有《汉书音释》。

⑥臣瓒：西晋学者，作《汉书集解音义》。

⑦沈约注《春秋元命苞》：沈约（441—513），字休文。吴兴武康（今浙江湖州南）人。生活了南朝宋、齐、梁间。诗人、史学家，擅长诗赋，与谢朓等创“永明体”诗，提出“声韵八病”之说。著有《宋书》《齐记》《梁武记》等，均亡佚。明人辑《沈隐侯集》。《春秋元命苞》，《春秋纬》的一种。其书早佚，沈约注本未见其他书著录。

⑧王广（？—251）：字公渊。三国时魏太原祁（今山西祁县）人，曾注《易传》。

⑨疆易：指地界或国界。“易”字，后来都写作“埸（yì）”。这里指田间的界限。

译文：3.27.3　“在耕种时住的住处周围，种上桑树；颜师古说：“‘还’就是环绕。”蔬菜有固定的畦；《尔雅·释器》解释说：“菜就是‘蔌’”；《释天》又说：“菜没有收成，称为‘馑’。”郭璞注释说：“‘蔬’是菜的总名；凡生长的和已死的草，可以供食用的，一概称为‘蔬’”。案：生时叫“菜”，熟时叫“茹”；正像草生时叫“草”。死了就叫“芦”一样。瓜、瓠、果树和草本植物的果子应劭（解释）说：“‘果’是树木结的实，‘蓏’是草本植物结的实。”张晏说：“‘果’有核‘蓏’没有核。”臣瓒说：“‘果’是结在树上的，‘蓏’是结在地面上的。”《说文》的解释是：“在树上的是‘果’，在草上的是‘蓏’。”许慎注解《淮南子》，又说：“在树上的是‘果’，在地面的是‘蓏’。”郑玄注解《周官》说：“‘果’是桃李之类；‘蓏’是瓜瓠之类。”郭璞注《尔雅》说：“‘果’是树木的籽实。”高诱注解《吕氏春秋》说：“有子的是‘果’；无实的是‘蓏’。”南北朝的江南的宋沈约注解《春秋元命苞》说：“树木结的实是‘果’；‘蓏’是瓜瓠之类。”王广给《易传》作注，说：“果、蓏是植物的籽实。”种在疆界上。”张晏注解说：“田地到这里‘易’换主人，所以疆界称为‘易’。”颜师古说：“《诗经·小雅》中的《信南山篇》，有两句‘中间的田里有壶卢，疆埸上有瓜’，就是指这种情形。”

3.27.4　“鸡、豚、狗、彘[①]，毋失其时，女修蚕织，则五十可以衣帛，七十可以食肉。”

注释：①鸡、豚（tún）、狗、彘（zhì）：豚是小猪，彘是母猪。鸡、豚、狗是专供肉食用的，彘则是兼作繁殖小猪与供肉两方面用的。

译文：3.27.4　“鸡、小猪、菜狗、母猪，都不要错过喂养的时候，妇女们注意养蚕织布，这样，五十岁以上的人，可以有细布衣服穿，七十岁以上的人，可以有肉吃。”

3.27.5　“入者必持薪樵。轻重相分[①]，班白不提挈。”师古曰：“班白者，谓发杂色也。不提挈者，所以优老人也。”

注释：①轻重相（xiàng）分：根据实际情况适当分配轻重体力活。相分，作适当的分配。相，酌量。

译文：3.27.5　“从田野回来的人，一定带上一些柴火。轻的重的劳力，有适当的分配；头发花白的人，用不着搬重的东西。”颜师古说：“斑白是头发颜色不纯。不提不搬，是照顾老年人。”

3.27.6　“冬：民既入，妇人同巷相从，夜绩女工[①]，一月得四十五日。服虔曰[②]：“一月之中，又得夜；半，为十五日；凡四十五日也。”必相从者，所以省费燎火[3]，同巧拙而合习俗。”师古曰：“省费，燎火之费也。燎所以为明，火所以为温也。”燎，音力召反。

注释：①女工（hóng）：女子所作纺织、刺绣、缝纫等事。有时直接写作“女红”，即妇女们的劳动。

②服虔（qián）：字子慎，初名重，又名祇，后更名虔。东汉河南荥阳（今河南荥阳东北）人。中平末年，出任九江太守。著《春秋左氏传解谊》。

③燎（liáo）火：燎火是在地上堆着燃料点着发光。营火即是一种燎火。“尞”是古字；“燎”字多加了一个“火”旁，是后来的字。

译文：3.27.6 “冬季，百姓搬进都邑市集中来住之后，同住在一条巷里的妇女们，联合起来，夜里绩麻织布做各种活，这样，一个月可以得到四十五个工作日。服虔解释说：“一个月的白昼之外，还有夜间；夜间可以抵白天的一半，合起来又得到十五个工作日；因此，总计有四十五个工。”所以一定要联合起来，是因为组织起来，可以节省照明取暖的材料，又可以从相互学习中，使会作的与不会作的，彼此相补；调和习惯风气。”颜师古说：“省费，是节省燎和火的消费。燎是照明的，火是取暖的。”

3.28.1 “董仲舒曰[1]：‘春秋他谷不书；至于麦禾不成，则书之。以此，见圣人于五谷最重麦禾也。’”

注释：①董仲舒（前179—前104）：西汉哲学家，今文经学大师。广川（治今河北景县西南）人。专治《春秋公羊传》。曾任博士、江都相和胶西王相。汉武帝采纳他的“罢黜百家，独尊儒术”的建议，开此后两千余年封建社会以儒学为正统的先声。著作有《春秋繁露·董子文集》。

译文：3.28.1 “董仲舒说：‘《春秋经》里面，其他的谷没有丰收时不作记载；但麦和禾如果不成熟，就记载下来。这就是说，圣人将麦和禾看作五谷中最重要的两种。’”

3.29.1 “赵过为‘搜粟都尉’[1]。过能为代田，一晦三甽[2]，师古曰：“甽，垄也。音工犬反，字或作‘畎’。”岁代处，故曰‘代田’；师古曰：‘代，易也。’古法也。”

注释：①赵过：西汉时人。汉武帝末任搜粟都尉。在他的主持下，创造了三脚耧，还改进了其他耕耘工具，同时提倡代田法。

②一晦（mǔ）三甽（quǎn）：将一亩地分作三畎。晦，亩的古字。甽，同“畎”，田间的小沟。在代田法中“甽”与“垄”相对，“甽”与“垄”来年更替，作物

播种于“甽”中。

译文：3.29.1　“赵过作‘搜粟都尉’。赵过能行“代田”的办法，就是将一亩地分作三甽，颜师古说：“‘甽’就是垄，又写作‘畎’。”每年轮换着休耕，所以称为‘代田’。颜师古说：“代就是更换。”代田是古代的方法。”

3.29.2　“后稷始甽田[①]；以二耜为耦。师古曰：“并两耜而耕。”广尺深尺，曰‘甽’，长终晦[②]；一晦三甽，一夫三百甽，而播种于甽中。师古曰：“播，布也；种谓谷子也。”苗生叶以上，稍耨陇草。师古曰：“耨，锄也。”因隤其土[③]，以附苗根。师古曰：“隤，谓下之也。音颓。”故其《诗》曰：‘或芸或芓[④]，黍稷儗儗[⑤]。’师古曰：“《小雅·甫田》之诗。儗儗，盛貌；芸，音云；芓，音子；儗，音拟。”芸，除草也；耔，附根也。言苗稍壮，每耨辄附根。比盛暑，陇尽而根深，师古曰：“比，音必寐反。”能风与旱；师古曰：“能读曰‘耐’也。”故儗儗而盛也。”

注释：①甽（quǎn）：（1）古田制，一亩的三分之一。（2）田间小沟。在这一节中两个义项都有。

②晦：即“亩”的古写法。

③隤（tuí）：使坠下。

④芓（zǐ）：同“耔”，给禾苗的根部培土。

⑤儗儗（nǐ）：茂盛的样子。

译文：3.29.2　后稷时代，已开始作为“甽田”；用两个耜作为一耦。颜师古说：“把两个耜并排来耕。”一尺深一尺宽的一片地，长度和亩相等的，称为一“甽”；一亩地共分为三甽，一‘夫’共三百甽，在甽中播种。颜师古注说：“‘播’就是散布；‘种’就是谷类种子。”苗上长了三片叶时，稍稍耨一耨垄里的草。颜师古说：“耨就是锄。”就是把垄上的土拨一些下来，培在苗底根上。颜师古说：“隤是弄下来，音颓。”所以那时的《诗》有这样的句子：“有的锄草，有的培土，让黍子和稷长得茂盛。”颜师古注说：“这是《诗经·小雅·甫田》的一节。“儗儗”是茂盛的样子；芸音云，芓音子，儗音拟。”芸是除草，耔是在根上培土。就是说苗稍微长大些之后，每次耨就在根上培土。等到十分暑热时，垄上高出的土已经拨完，根也壅得很深了。颜师古注说：“比，音必寐反”。耐得起风和旱；颜师古说：“‘能’读作‘耐’。”所以就会儗儗地茂盛。

3.29.3　“其耕、耘、下种田器，皆有便巧。”

译文：3.29.3　“他（赵过）所使用的耕翻、除草、下种的各种田器，都有特殊的方便与巧妙。”

3.29.4　“率十二夫为田，一井一屋，故晦五顷。邓展曰[①]：“九夫为‘井’，三夫为‘屋’；夫百晦，于古为十二顷。古百步为晦；汉时，二百四十步为晦，古千二百晦，则得今五顷。”用耦犁：二牛三人。一岁之收，常过缦田晦一斛以上，师古曰：“缦田[②]，谓不为甽者也。缦，音莫干反。”善者倍之。”师古曰：“善为甽者，又过缦田二斛已上也。”

注释：①邓展：生卒年不详。三国魏时河南南阳人。曾在建安年间（196—220）为魏奋威将军。尝注《汉书》。

②缦（màn）田：古代不作垄沟耕作的土地。

译文：3.29.4　“标准是十二个‘夫’，共有田一井九夫一屋三夫，以古亩换算成汉亩是五顷。邓展说：“九夫是一井，三夫是一屋；每夫百亩，按古算法是十二顷。古来一百步一亩，汉代二百四十步一亩；所以十二夫是古亩一千二百亩，合汉亩五顷。”用耦犁：即三人使用两头牛。一年的收成，每亩比满种的田多收一斛即一百升，颜师古注说：“缦田，即不作‘甽’的田。缦，音莫干反。”会作甽的多收的分量还要加倍。”颜师古注说：“会作甽的，比缦田每亩要多收二斛以上。”

3.29.5　“过使教田太常三辅[①]。苏林曰[②]：“太常，主诸陵；有民，故亦课田种。”大农置功巧奴与从事[③]，为作田器；二千石遣令、长、三老、力田及里父老，善田者，受田器，学耕种养苗状。”苏林曰：“为法意状也[④]。”

注释：①太常：官名。九卿之一，掌宗庙礼仪。兼掌选试博士。历代沿置，为司祭祀礼乐之官。故也掌管皇帝的陵墓。

②苏林：字孝友。三国魏陈留（今河南开封）人。博学，长于古今文字，能解释诸书传文之间的疑难。魏文帝黄初中，为博士、给事中。累迁散骑常侍。

③大农：职官名。秦汉时全国财政经济的主管官，后逐渐演变为专掌国家仓廪或劝课农桑之官。秦治粟内史，汉景帝后元年，更名为大农令。

④法意状：说明方法和意义的说明书。“状”在这里可理解为“说明书”。法意，方法和意义。

译文：3.29.5　“赵过使人教太常和三辅的农民，都学种田的方法。苏林解释说：“太常管死了的皇帝的坟墓，有农民，所以也要他们学习耕田收种的方法。”大农卿设置工巧奴和从事，作好耕田的器械；二千石的官府派‘令’‘长’‘三老’‘力田’和民间的‘父老’，会作田的，承受这些耕种器械，学习耕田、下种和培养庄稼的说明书。”苏林解释说：“作好了说明方法、意义的文书。”

3.29.6 “民或苦少牛，亡以趋泽[1]；师古曰：“趋，读曰趣；趣及也。泽，雨之润泽也。”故平都令光[2]，教过以人挽犁[3]。师古曰：“挽，引也；音晚。”过奏光以为丞，教民相与庸挽犁[4]。师古曰：“庸，功也；言换功共作也。义亦与庸赁同。”率多人者，田日三十晦；少者十三晦。以故田多垦辟。”

注释：①亡：借作“无”字用。

②故平都令光：曾作过平都地方长官的光。故，过去，旧时。过去曾经作过，现在已经解职的。平都，地名。汉置平都县。今陕西安定县。令，长官。光，人名。此人的姓不可考，只知道他在教赵过用人力拉犁以前作过平都地方长官。

③挽：用力牵引一个东西，使它运动。“挽”古时写作“輓”。

④庸：同“佣”，佣请。颜师古在注中所谓“换功”，是付出一定物质或货币作代价，去“换”取人“功”；所以“义亦与佣赁同”。有一个时期，农村中实行的“换功制度”，与光所教的“相与庸”完全相同。

译文：3.29.6 “农民有缺少牛，不能赶上雨耕种的；颜师古说：‘趋，读趣，赶上的意思；泽，就是雨的润泽。’曾任平都令光，教赵过用人力来拉犁。颜师古说：‘挽就是牵引，音晚。’赵过就上奏，请给光以‘丞’的官职，教给百姓相互换工来拉犁。颜师古说：‘庸就是功；就是说换工来共同工作。意义和出钱雇工相同。’一般人多的，一个工作日可以耕三十亩；少的十三亩。所以许多田地都开发了。”

3.29.7 “过试以离宫卒，田其宫壖地[1]，师古曰：“离宫，别处之宫；非天子所常居也。壖，余也；宫壖地，谓外垣之内，内垣之外也。诸缘河壖地，庙垣壖地，其义皆同。守离宫卒，闲而无事；因令于壖地为田也。壖音而缘反。”课得谷皆多其旁田[2]，晦一斛以上。令命家田三辅公田。李奇曰：“令，使也，命者，教也。令离宫卒教其家田公田也。”韦昭曰[3]：“命谓爵命者；命家，谓受爵命一爵，为公士以上，令得田公田，优之也。”师古曰：“令，音力成反。”又教边郡及居延城[4]。”韦昭曰：“居延，张掖县也，时有田卒也[5]。”

注释：①田其宫壖（ruán）地：教守离宫的兵，将他们所守离宫围墙间的地，开垦作田来耕作。田，作动词用，耕垦作为田。壖，空地，边缘余地。

②课：规定办法，推行之后，加以检查计算和督促。赵过这一系列的做法，很像一个农学家的工作：先根据一定的原理，想出一定的办法，在一定地面上作了一些试验。然后根据试验的结果，计算出来，再行推广。

③韦昭（204—273）：字弘嗣。三国吴吴郡云阳（今江苏丹阳）人。好学善属文。孙亮时，为太史令，与华核等同撰《吴书》。注《论语》《孝经》《国语》。著《官职训》《辩释名》等。

④居延：古县名。西汉置县。故城在今内蒙古额济纳旗东南。西汉为张掖都尉治所，东汉为张掖居延属国都尉治所；魏晋为西海郡治所。后废。

⑤田卒：屯垦的军队。

译文：3.29.7　“赵过试着叫守离宫的兵，在离宫围墙内的空地上种田。颜师古说：“离宫，是离开正式居处的宫，不是皇帝正常居住的地方。壖，是余下；宫壖地，是外围墙以内，内围墙以外的地。其他像缘河壖地、庙垣壖地，意义也都是一样。守离宫的兵士，闲着没有工作，所以叫他们在围墙外空地上种田。壖音而缘反。”考察结果，所收的谷，都比近边的好，一亩多收一斛以上。因此就命令其中的能手，种三辅的公田。李奇说：“令是使，命是教。命令守离宫的兵士，教他们自己家里的人，去耕种公田。”韦昭说：“命是有爵命的；命家是受有爵命、有一级爵、作到公士以上的.命令他们可以耕公家的田；表示奖励。”颜师古说：“令，音力成反。”又把这方法教给沿边几郡和居延城。”韦昭说：“居延就是张掖郡的属县，当时有屯垦军队。”

3.29.8　“是后，边城、河东、弘农、三辅、太常民[1]，皆便代田[2]；用力少而得谷多。”

注释：①河东：古地区名。战国、秦、汉时指今山西西南部。弘农：古郡名。西汉置。治弘农（今河南灵宝市北）。辖今河南黄河以南，宜阳以西的洛、伊、淅川等流域和陕西洛水、社川河上游、丹江流域。

②便代田：以代田为方便。

译文：3.29.8　“此后，沿边的城塞，和河东、弘农、三辅，以及太常的农民，都认为代田法很便利；用的劳力少，得到的谷多。”

精彩点拨

古代的“耕读”中，“耕”是放在第一位的，“耕”是维持生命的劳动，能“耕”得好，就不愁吃穿生存。耕田可以事稼穑，丰五谷，养家糊口，以立性命。这些都是广义的耕，指从事农业生产。本卷的耕田则是指具体的耕田耕地的农活，这里也有很多学问和讲究，如何保墒、趁时（赶上时令）、增加土壤肥力。阅读时要注意二者的区别。

阅读积累

耕读传家

“耕读传家久，诗书继世长”，是传统文化的核心解读。“耕读传家”在老百姓中流传深广，深入民心。“耕读传家”既学做人，又学谋生，本分做人，不废学业，耕读为生，朴中带雅，且沾一点书香，在农耕社会里被视为世代传家、民族延续的根本。耕读是人格的升华。能"耕"得好，就不愁吃穿生存；“读”是放在第二位的，因为“读”得好实在不易，但真要读好了，那是要成龙变虎，成官成宦的。阡陌中，藏有志士仁人，于生活变迁中有激发、有感悟，成于思想，行于文字，著书立说，留下精神财富。耕读中也有隐逸者产生建业理想，求取一世功名，留下丰功伟绩，成功后讲述着耕读的轻逸和快乐。所以古人曾说“读而废耕饥寒交迫，耕而废读礼仪渐亡”“耕读并举家国遂昌”。“一等人忠臣孝子，两件事读书耕田。”纪晓岚的一副对联既指出了做人做事的境界，也是高尚的人格追求和高洁的生活情趣的客观写照。

精彩导读

卷二包括黍穄、粱秫、大豆、小豆、种麻、种麻子、大小麦、水稻、旱稻、胡麻、种瓜、种瓠、种芋共十三项，主要讲了播种方法、田间管理、收获注意事项等。这里对作物的种类仔细区分，这里大量引用了《尔雅》《杂阴阳书》《氾胜之书》《广志》等书的资料，介绍得非常具体，有的在现在仍有指导作用。

黍穄第四

题解：4.1.1—4.1.5为本篇标题注。

本篇介绍了黍和穄这两种粮食作物的性能，种植方法（时令、对土壤的要求、种子的用量等），田间管理，收获时的注意事项等。黍，种实黏，今称“黏糜子”或“黄米”。穄，现代叫糜子，是黍的别种，种实不黏（这与4.1.5崔寔的说法恰好相反）。4.8.3记述的黍孕穗时除去露水的方法与上篇的3.23.1所记的谷除霜露的办法一致，在当时的确是简单易行的巧妙办法。

贾思勰在《齐民要术》中采用了30多条民谣谚语，它们生动简洁，是劳动人民智慧的结晶，精炼而极有价值。本篇关于黍和穄的收割时期，就引用了“穄青喉，黍折头”。仅六个字，已将如何把握黍、穄的收割时机明白而肯定地概括无遗。

4.1.1　《尔雅》曰：“秬①，黑黍。秠②，一稃二米。”郭璞注云：“秠亦黑黍，但中米异耳。”

注释：①秬（jù）：黑黍。古人视为嘉谷。

②秠（pī）：黑黍的一种，每个壳中有两颗米。

译文：4.1.1　《尔雅》：“秬，是黑黍。秠，是一个壳里有两颗米的黍。”郭璞注解说：“秠也是黑黍，不过里面含的米不同。”

4.1.2　孔子曰："黍可以为酒①。"

注释：①孔子曰："黍可以为酒"：这句与上面的《尔雅》郭注无关。因此，另作一节。今本《说文》"黍"字下引有这么一句，可能《齐民要术》这句原来也引自《说文》，本来该是"《说文》黍，禾属而黏者也……孔子曰……"但后来传钞中有所脱漏。

译文：4.1.2　孔子说："黍可以作酒。"

4.1.3　《广志》云："有牛黍，有稻尾黍，秀成赤黍；有马革大黑黍①，有秬黍；有温屯黄黍，有白黍。有'坘芒''燕鸽'之名②。""穄，有赤、白、黑、青黄、燕鸽，凡五种。"

注释：①马革：是黑褐色的，用以形容该黍种。

②坘（ōu）芒：黍种名。为何以这两字命名，很费解。可能是成熟或播种很早的品种，所以借用畛神（句芒，古代"句"读音与"坘"极近似）为名；也可能它的芒是钩曲的，所以叫作"钩芒"，转变成为"坘芒"。燕鸽：黍种名。燕鸽黍大概是像燕与鸽，胸下有鲜明的白色。也有版本写作"燕颔"，燕颔单指燕胸口的白色。

译文：4.1.3　《广志》说："有牛黍，有稻尾黍，秀成赤黍；又有马革大黑黍，秬黍；有温屯黄黍，有白黍。还有坘芒、燕鸽等等名称。""穄有赤、白、黑、青黄、燕鸽等，一共五种。"

4.1.4　案今俗有鸳鸯黍、白蛮黍、半夏黍；有驴皮穄。

译文：4.1.4　案现今百姓中，有鸳鸯黍、白蛮黍、半夏黍、驴皮穄等名称。

4.1.5　崔寔曰："縻，黍之秫熟者，一名'穄'也。"

注释：①縻（méi）：即穄子。黍的一个变种，其子实不黏者。

译文：4.1.5　崔寔说："黏糯的黍称为'縻'，又叫作'穄'。"

4.2.1　凡黍、穄田，新开荒为上；大豆底为次①；谷底为下。

注释：①底：相对于现在种下的作物，之前种植的作物称"底"。大豆底，即前作是大豆。谷底，前作是小米。

译文：4.2.1　种黍子、穄子的田，最好是新开的荒地；其次是大豆茬下的地：最差的是谷子茬下。

4.2.2　地必欲熟。再转乃佳；若春夏耕者，下种后，再劳为良。

译文：4.2.2　黍子、穄子的地务必要耕得很均匀。转两遍才好；要是春天夏天耕开的地，下种之后，. 用劳摩上两遍更合适。

4.2.3　一亩，用子四升。

译文：4.2.3　一亩地，用四升种子。

4.2.4　三月上旬种者，为上时；四月上旬为中时；五月上旬为下时。

译文：4.2.4　三月上旬种，是最好的时令；四月上旬是中等时令；五月上旬是最迟的了。

4.3.1　夏种黍穄，与稙谷同时[①]；非夏者，大率以椹赤为候。谚曰："椹厘厘[②]，种黍时。"

注释：①稙（zhī）谷：早稻谷。"稙"是早禾。明钞、金钞同作"稙"，明清刻本多作"植"。"稙"是早禾，但释文中却译为"迟谷子"；因《种谷第三》3.4.1讲：二、三月种早谷，四、五月种迟谷，此处是讲夏天种谷，应为"稙谷"或"迟谷"。故释文中译为"迟谷子。"

②椹厘厘：桑椹多且熟。

译文：4.3.1　夏天种黍子、穄子，和迟谷子同一时节；不在夏天种，大概可以看桑椹发红时种的为标准。俗话说："桑椹厘厘，种黍之时。"

4.3.2　燥湿候黄场始章切[①]。种讫，不曳挞[②]。

注释：①黄场（shāng）：显黄色的湿润土壤。场，原写作"䁤"，现在写作"墒"，即保有一定水分一定结构的土壤。

②曳挞（tà）：即用"挞"拖过。

译文：4.3.2　不管天干天湿，总以地下的吻黄色时为合适。种后，不要拖挞。

4.3.3　常记十月、十一月、十二月"冻树"日，种之，万不失一。"冻树"者，凝霜封著木条也。假令月三日冻树[①]，还以月三日种黍（他皆仿此）。十月冻树，宜早黍；十一月冻树，宜中黍；十二月冻树，宜晚黍。若从十月至正月皆冻树者，早晚黍悉宜也。

注释：①假令月三日冻树：假使某月初三那天，有了"冻树"的情况。"冻树"，原文小注中已有解释。

译文：4.3.3　常常记住十、十一、十二月（这三个月中）"冻树"的日子，在"冻树"的日子去下种，万无一失。"冻树"是霜凝结包裹着枝条的意思。假定今年是初三日冻

树，明年就在初三种黍子（其余类推）。十月冻树，明年宜于早黍；十一月冻树，宜于中黍。十二月冻树，宜晚黍。如果从十月到正月，每月都有冻树的情形，早黍晚黍都合宜。

4.4.1　苗生陇平，即宜杷劳①；锄，三遍乃止；锋而不耩②。苗晚耩，即多折也。

注释：①杷劳：用劳杷平。

②锋而不耩（jiǎng）：只锋地，不要耩。锋，此处用作动词，用小而尖的手推犁去耕。耩，耕时犁不用“耳”。“耳”，指犁耳，装在铧或镵上方的铁板，又称犁“镵（bì）”，使被耕开的土壤破碎和翻转。

译文：4.4.1　苗长出和垄一样高时，就要杷劳；锄三遍就够了；只锋地，不要耩。耩得太迟，秧苗易折断。

4.5.1　刈穄欲早，刈黍欲晚。穄，晚，多零落；黍，早，米不成。谚曰：“穄青喉①，黍折头②。”皆即湿践③。久积则浥郁，燥践多兜牟④。

注释：①穄青喉：穄的穗基底和秆相接的部分，相当于颈或喉的地方，还保有青绿色。这时就要收割。

②黍折头：黍的穗要重而弯曲下垂了，这时才能收割。

③即湿践：趁湿时立即脱粒。践，从庄稼上将成熟子粒压下来。

④久积则浥郁，燥践多兜牟：趁湿脱下的籽粒积堆过久就会郁坏。因沾湿后不通风，湿热不大容易散出，容易引起霉坏，因而有颜色气味发生改变的情形，称为“裛坏”。《齐民要术》中“浥”“裛”常混用。太干后再脱粒，则外壳容易和种仁脱离，辊压时会脱出许多空壳，种仁也有被压碎的情形。兜牟，空壳。从前多写作“兜鍪”，更古称为“胄”，即避箭的帽子，一般称为“盔头”。

译文：4.5.1　穄子收割要早，黍子要晚。穄子割得晚.种实就会先落掉一些；黍子割得太早。米还没有成熟。俗话说：“穄青喉，黍折头。”都要趁湿时辊压下种实来。割回后堆积得久一点，就会沤坏；干了，再脱粒，就会有很多护颖罩在谷粒顶上脱不下来。

4.5.2　穄，践讫即蒸而裛于劫切之①。不蒸者难舂，米碎，至舂土臭。蒸则易舂，米坚，香气经夏不歇也。黍，宜晒之令燥。湿聚则郁。

注释：①蒸而裛（yì）之：是蒸后，沾湿后不通风而保温的情形。

译文：4.5.2　穄子脱粒下来之后，立刻蒸一遍，趁湿热时密封收藏。不蒸过，将来难舂，米容易碎，到明年春天，发出像泥土一样的气味（放线菌生长的结果）。蒸过。容易舂.米粒紧实。经过明年夏天还是香的。黍子则要晒干。湿时收藏就闷坏了。

4.6.1　凡黍，黏者收薄；穄味美者，亦收薄，难舂。

译文：4.6.1　黍子中，黏的收成都较低；穄子，味道好的，收成也低，而且难舂。

4.7.1　《杂阴阳书》曰："黍生于榆；六十日，秀；秀后，四十日成。黍生于巳，壮于酉，长于戌，老于亥，死于丑，恶于丙、午，忌于丑、寅、卯。穄，忌于未、寅。"

译文：4.7.1　《杂阴阳书》说："黍在榆出叶时生出，生出后六十天孕穗；孕穗后四十天成熟。黍子生日是巳，壮日是酉，长日是戌，老日是亥，死日是丑，丙和午是恶日，丑、寅、卯是忌日。穄子的忌日是未和寅。"

4.7.2　《孝经援神契》云①："黑坟，宜黍、麦。"

注释：①《孝经援神契》：书名。汉代人所作的《孝经纬》的一种。

译文：4.7.2　《孝经援神契》说："黑色的坟壤，宜于种黍和麦。"

4.7.3　《尚书考灵曜》云①："夏，火星昏中②，可以种黍、菽。"火，东方苍龙之宿；四月昏中，在南方。菽，大豆也。

注释：①《尚书考灵曜（yào）》：《尚书纬》的一种，汉代人混合神学附会儒家经义的书，已亡佚。

②夏，火星昏中：夏天，火星在黄昏（日落星出）时，就在天空正中。按：在古代以及现在，许多老农，都能按星宿在天空运转的位置，说明季节早晚。例如现在关中老农都认为"参端"（参星在天空正中）时种冬小麦最合适。

译文：4.7.3　《尚书考灵曜》说："夏天大火星在黄昏时当顶，这时可以种黍子和大豆。""大火"是东方苍龙的星宿；四月中，在黄昏时当顶，位置在南方。菽是大豆。

4.8.1　氾胜之曰①："黍者，暑也；种者必待暑②。先夏至二十日③，此时有雨，强土可种黍；谚曰："前十鸱张，后十羌襄④，欲得黍，近我傍。""我傍"谓近夏至也，盖可以种晚黍也。一亩，三升。"

注释：①氾胜之：我国古代杰出的农学家，山东曹县人，汉成帝时为议郎，曾教田三辅，后徙为御史。所著《氾胜之书》总结黄河流域旱地农业耕作技术，至今仍极有价值。

②种者必待暑：种黍，一定要等到暑天。

③二：《齐民要术》各本作"二"，《初学记》作"三"。按夏至前三十日是小满，

种黍还嫌太早。应是“二”。

④前十鸱（chī）张，后十羌襄：早十天，太嚣张；迟十天，太匆忙。鸱张，过分夸大、嚣张。羌襄，怀疑是字音相近似的“劻勷”，即窘迫过分。“前十”是夏至前十日，“后十”是夏至后十日。

译文：4.8.1　氾胜之说：“‘黍’带有‘暑’的意义；种黍，一定要等到暑天。夏至之前二十日，这时如果有雨，‘强土’可以种黍了；俗话说：“早十天，太嚣张；迟十天，太匆忙！想要黍子收成好，尽量向我靠。””“向我靠”是说靠近夏至；靠近夏至，可以种晚黍。每亩地，用三升种。”

4.8.2　“黍心未生，雨灌其心，心伤[1]，无实。”

注释：①心伤：花序受伤。

译文：4.8.2　“黍的花序没有抽出以前，如果被雨水灌进了苗心，花序受伤，就不能结实。”

4.8.3　“黍心初生，畏天露。令两人对持长索，搜去其露[1]，日出乃止。”

注释：①搜：和“概括”意义相似。（见种谷第三3.23.1“概”的注）

译文：4.8.3　“黍孕穗时怕露水。教两个人相对牵一条长索，括去黍心上的露水，等太阳出来再停止。”

4.8.4　“凡种黍，覆土，锄治皆如禾法。欲疏于禾。”案：疏黍虽科，而米黄，又多减及空。今概虽不科，而米白，且均熟不减，更胜疏者。氾氏云：“欲疏于禾”，其义未闻[1]。

注释：①“氾氏云”三句：“氾胜之所谓‘要比禾稀’，道理没有听见过”。这是贾思勰的按语。贾思勰就他个人的经验，主张小黍和谷子应当同等密植，批判氾胜之黍“欲疏于禾”的主张。但氾胜之是就西北干旱地区说的；贾思勰的经验，可能只是山东西部的情况。是否环境同，处理各别，应当研究。

译文：4.8.4　“种黍时，培土，锄草等操作，都和谷子相同。黍子要比禾稀。”案：稀植的黍子，科虽然大些，但米是黄的，而且不饱满以及全空的颗粒多。现在密植，科丛虽然小些，但米色白，而且颗粒成熟均匀，内容饱满，比稀植的好。氾胜之所谓“要比禾稀”，道理没有听见过。

4.9.1 崔氏曰："四月蚕入簇时，雨降，可种黍、禾[①]，谓之上时。""夏至先后各二日，可种黍。"

注释：①"四月蚕"至"可种黍"：出自崔寔的《四民月令》。按："氏"字可能应作"寔"字或作"寔《四民月令》"五字。

译文：4.9.1 崔寔说："四月蚕入簇上山结茧时，有雨，可以种黍子和谷子，这是最好的时令。""夏至前两天和后两天，可以种黍子。"

4.9.2 "虫食李者，黍贵也[①]。"

注释：①虫食李者，黍贵也：这一句与《四民月令》无关，可能仍是引自《杂阴阳书》的。

译文：4.9.2 "虫吃伤李，今年黍子贵。"

粱秫第五

题解：5.1.1—5.2.4为篇标题注。

本篇对粱和秫这两种粮食作物栽种时的特殊要求——“瘦地稀植”，以及它们的管理、收割作了简单的介绍。

关于粱、秫究竟是什么作物？众说纷纭。有人认为：秦、汉以前，粟为谷类总称，包括黍、稷、粱、秫等。粱被视为细粮，是精美的饭食。亦有认为：汉以后，始称穗大、毛长、粒粗的为粱；穗小、毛短、粒细的为粟。按现代的解释：粱，是高粱；秫，是黏高粱。现在北方一些地区，如关中还称高粱作“秫秫”。但也有种说法是：粱秫分名也好，合称也好，都不是高粱。“粱”即粟，是优质谷子的专称；“秫”是黏粟。粱和秫都不是个别的某一种作物，而只是谷子的某一个品种。那贾思勰缘何在“种谷第三”之后将粱、秫单独成篇？由此我们可以试作推论：他认为这是不同于“粟”（北方的谷子）的两种粮食作物。

5.1.1　《尔雅》曰：“虋[①]，赤苗也”；“芑[②]，白苗也。”郭璞注曰：“虋，今之赤粱粟；芑，今之白粱粟。皆好谷也。”犍为舍人曰：“是伯夷、叔齐所食首阳草也[③]。”

注释：①虋（mén）：赤粱粟。谷的良种。

②芑（qǐ）：粟的一种。茎白色，又名白粱粟。

③伯夷、叔齐：皆为人名。伯夷，墨胎氏，名允，字公信。商末人。叔齐，墨胎氏，名智，字公达，为伯夷之弟。二人为孤竹国君初之子。相传其父亲遗命立弟叔齐为国君，叔齐让伯夷，伯夷遁去。叔齐也不立，而相与往归西伯。周武王伐纣，两人叩马谏，以为不仁。周灭商后，伯夷、叔齐耻食周粟而隐居在首阳山，采薇而食，后饿死。首阳：山名，在今山西永济西南。

译文：5.1.1　《尔雅·释草》：“‘虋’是赤苗，‘芑’是白苗。”郭璞注解说：“‘虋’，现在（晋代）称为赤粱粟；‘芑’，现在称为白粱粟。都是好谷类。”犍为舍人注解说：“伯夷、叔齐所食的首阳山的草，就是虋和芑。”

5.1.2　《广志》曰：“有具粱、解粱，有辽东赤粱[①]；魏武帝尝以作粥[②]。”

注释：①辽东：三国时期地名。辽东郡，战国时期燕国昭王置郡。郡治襄平（今辽阳市），辖今辽宁大凌河以东，开原市以南，朝鲜清川江下游以北地区。

②魏武帝（155—220）：曹操。字孟德，小字阿瞒。沛国谯（今安徽亳州）人。三国时政治家、军事家、诗人。

译文：5.1.2 《广志》记载："具粱、解粱，有辽东赤粱；魏武帝曾用赤粱煮粥。"

5.2.1 《尔雅》曰："粟，秫也。"孙炎曰："秫，黏粟也。"

译文：5.2.1 《尔雅》说："粟是秫。"孙炎注释说："秫是黏粟。"

5.2.2 《广志》曰："秫，黏粟；有赤，有白者。有胡秫，早熟及麦①。"

注释：①及麦：赶上和麦一同熟。

译文：5.2.2 《广志》说："秫，是黏粟；有红的，有白的，还有一种胡秫成熟很早，可以赶上麦子。"

5.2.3 《说文》曰："秫，稷之黏者。"

译文：5.2.3 《说文》说："秫是黏的稷子。"

5.2.4 案今世有黄粱、谷秫、桑根秫、槵天棓秫也①。

注释：①槵（xiǎn）天棓（bàng）秫：疑为秫的一种。按：金钞"槵"字作"穗"。但同样地不可解。其中一定有错、漏字，需要考证。

译文：5.2.4 现今（后魏）还有黄粱、谷秫、桑根秫、槵天棓秫。

5.3.1 粱秫并欲薄地而稀：一亩用子三升半。地良多雉尾①；苗概穗不成。种与植谷同时。晚者全不收也。

注释：①雉（zhì）尾：谷穗过于长大细软，尖端像雉尾羽一样屈曲下垂。

译文：5.3.1 粱米和秫子一样，都只要瘦地稀植：一亩地用三升半种。地太肥，穗子会长成野鸡尾；密植，长不成穗子。和早谷子同时下种。晚了就毫无收获。

5.3.2 燥湿之宜，杷劳之法，一同谷苗。

译文：5.3.2 对水分的要求，杷地和劳摩的需要，全和谷子一样。

5.3.3 收刈欲晚。性不零落，早刈损实。

译文：5.3.3 收割要迟。粱和秫都不落粒，收割太早，便长不饱满，种实有损失。

大豆第六

题解：6.1.1—6.1.5为篇标题注。

大豆是我国原产。考古学的成果证明，大豆在我国的栽培已有悠久的历史。大豆蛋白质最接近动物性蛋白质的标准，营养价值很高。自古我国劳动人民就喜爱用豆及豆制品作为食物，尽管肉、蛋、乳等食品较少一些。仍能维持相当高的健康水平。

本篇介绍了大豆的品种，播种的时间，对土壤的要求；特别指出因下种时间不同，种子的用量也不同。另外，还介绍了氾胜之的"区种大豆法"。本篇中记述播种时"美田欲稀，薄田欲稠"；收割时要让"豆熟于场，于场获豆"。这些正是劳动人民从生产中总结的富于特色的宝贵经验。

6.1.1 《尔雅》曰："戎叔谓之荏菽①。"孙炎注曰："戎叔，大菽也。"

注释：①戎叔：即戎菽。没有"草"字头的"叔"字。后来一般不用作豆子的名称，只用作动词，即"收取""拾取"豆子。

译文：6.1.1 《尔雅·释草》："戎菽称为荏菽。"孙炎注释说："戎菽是大豆。"

6.1.2 张揖《广雅》曰①："大豆，菽也；小豆，荅也；豍方迷切豆、豌豆②，留豆也③；胡豆，䂬济江切䂬音双也④。"

注释：①张揖《广雅》：张揖，三国魏时清河人，太和中为博士。他博采汉人笺注及《三仓》《说文》《方言》诸书，以增广《尔雅》的内容，故名《广雅》。隋朝时避炀帝杨广讳，改名《博雅》，后复用原名。此书是研究古代词汇和训诂的重要资料。

②豍（bī）豆：即豌豆。所注反切音疑有误，"方"可能是"奱（mián）"字残缺抄错。

③留（豆）：《康熙字典》中"蹓"字下所引的书，无宋以前的；可见"蹓"字的"豆"旁，到宋代才添加上去。

④䂬䂬（xiáng shuāng）：豇豆。

译文：6.1.2 张揖《广雅》说："'菽'是大豆；'荅'是小豆；豍豆、豌豆是蹓豆；胡豆是豇豆。"

6.1.3 《广志》曰："重小豆[①]，一岁三熟，味甘；白豆，粗大可食；刺豆，亦可食；秬豆，苗似小豆，紫花，可为面，生朱提、建宁[②]。大豆：有黄落豆，有御豆（其豆角长），有杨豆（叶可食）。胡豆：有青，有黄者。"

注释：①重小豆：即萱（láo）豆。"重"没有作为豆名的前例，显然是写错的字。应该是字形相似的"萱"。萱豆又称为"穞豆""鹿豆"。很可能也就是所谓"蹓豆"，因为留字在从前读láo和"萱"同音，是近于野生状态的一种小豆。

②朱提：汉置。故城在今四川宜宾县西南。建宁：三国蜀置。故治在今云南曲靖市西十五里。

译文：6.1.3 《广志》说："萱豆是小豆，一年可以收三遍，味道很好；白豆豆粒粗大。可以吃；刺豆，也可以吃；秬豆，苗像小豆，开紫花，可以磨面，生在四川朱提、建宁。大豆有黄落豆，有御豆（它的豆角很长），有杨豆（叶子可以吃）。胡豆有青色的，黄色的。"

6.1.4 《本草经》云[①]："张骞使外国[②]，得胡豆。"

注释：①《本草经》：即《神农本草经》的简称。现存最早的中药经典著作，撰者托名神农而作。成书年代有先秦、两汉、六朝诸说。现一般认为其主体约形成于西汉。原书早佚，现行本为后世从历代本草书中所集辑。

②张骞（？—前114）：西汉汉中成固（今陕西城固）人。官大行，封博望侯。曾奉汉武帝之命两次出使西域，加强了中原和西域的联系，开辟了中国通往西方的"丝绸之路"。中国内地原来没有的某些"西域"的植物，从这条通道，陆续引进我国。这就是后来传说中张骞从西域带回许多植物的根源。

译文：6.1.4 《本草经》里说："张骞出使外国，带了胡豆种子回来。"

6.1.5 今世大豆，有白、黑二种及"长梢""牛践"之名。小豆有绿豆、赤、白三种。黄高丽豆、黑高丽豆、燕豆、豍豆，大豆类也；豌豆、江豆、萱豆[①]，小豆类也。

注释：①江豆：即豇豆。"豇"是较迟出现的字。萱（láo）豆：一种野生的豆类。也称鹿豆、野绿豆。茎细长，有小叶三片。叶和茎都生褐色毛。荚红色，种子黑色。

译文：6.1.5 现在（后魏）大豆，有白色黑色两种，还有"长梢""牛践"等名称。小豆有绿豆、赤小豆、白小豆三种。黄高丽豆、黑高丽豆、燕豆、豍豆，是大豆类；豌豆、豇豆、萱豆，是小豆类。

6.2.1 春大豆，次稙谷之后；二月中旬为上时；一亩用子八升。三月上旬为中时；用子

一斗。四月上旬为下时。用子一斗二升。岁宜晚者，五六月亦得，然稍晚稍加种子。

译文：6.2.1　春大豆，在早谷子之后下种；二月中旬最好；一亩用八升种。其次三月上旬；一亩用十升种。最迟到四月上旬。一亩用十二升种。遇着适宜晚种的年岁，五、六月也还可以种，但愈晚愈要多用些种子。

6.2.2　地不求熟。秋锋之地，即稿种①。地过熟者，苗茂而实少。

注释：①稿（tì）：稀疏点播。

译文：6.2.2　地不要很细熟。秋天锋过的地，就可以直接稀疏点播。太细熟的地，苗长得很旺，子实反而少。

6.2.3　收刈欲晚。此不零落，刈早损实。

译文：6.2.3　收割要晚些。大豆不落粒，收早了种实不足。

6.2.4　必须耧下，种欲深故。豆性强，苗深，则及泽①。锋耩各一；锄不过再。

注释：①及泽：“及”是达到，“泽”是土壤中的水分供给。按：此处的用法，和书中其他地方作“趁雨”解不一样。

译文：6.2.4　必须用耧下，因为要种得深些。豆子性质健强，根长得深，就可以用到地里的墒。锋一遍，耩一遍；锄也只需要两遍。

6.2.5　叶落尽，然后刈。叶不尽，则难治。刈讫则速耕。大豆性雨①；秋不耕，则无泽也。

注释：①大豆性雨：本书中“潮湿”的“湿”字，多半写作“湿”，有许多地方和“温”字混淆，因此《农桑辑要》等书此处作“性温”，但“性温”也不好解释。金抄，这字像“焉”字的下段，下边是四点并排，上面像阿拉伯数字“5”，与“雨”字的草书有些相像，怀疑这就是明钞作“雨”的来历。暂保留“雨”字，但仍怀疑“性雨”原是“喜湿”两字。

译文：6.2.5　叶子落尽了，再收割。叶没有落尽，不易整治。割后，地从速耕翻。大豆喜欢雨，秋天不耕翻，地里就没有墒。

6.3.1　种茭者①，用麦底，一亩用子三升。

注释：①茭（jiāo）：做饲料用的干草。《说文解字》解释“茭”，是“干刍也”，即干贮藏的饲料。这里所说的“种茭”，是种植豆科植物，作为冬季饲料用的干刍。

译文：6.3.1 种植用作饲料的作物，用麦茬地，一亩地下三升种。

6.3.2 先漫散讫，犁细浅畤良辍反而劳之①。旱则萁坚叶落②，稀则苗茎不高，深则土厚不生。

注释：①犁细浅畤（liè）：用小铧犁耕成窄而细的浅道。畤，耕田起土，即犁铧头所翻出的土块行列，像肋骨般排在地面上的。西川一带，有些地方将这样翻转的土块行列，称为“牛肋巴”。细浅畤，用小铧犁耕成的小块浅畤。

②萁（qí）：豆秆。

译文：6.3.2 先撒播上种子，然后用犁犁成窄而细的浅道，再摩平。天旱，豆萁粗硬，叶少；播种稀，苗长不高；种得太深，盖的土厚了，苗长不出。

6.3.3 若泽多者，先深耕讫；逆垡掷豆①，然后劳之。泽少则否，为其浥郁不生。

注释：①垡（fá）：又写作“坺”。耕田起土时犁头翻起的土块。犁起的土块，都有光滑的（接近犁镜面）和较粗糙（原来地面）的两个面；犁成的畤，因此也就有着一定的方向。这种排列，就是垡；与人走路的步伐相似，所以称垡。

译文：6.3.3 如果地很湿，先深深犁翻；在和犁道相反的方向撒下种子，然后再摩平。地不湿就不这样做，因为太湿怕豆子沤坏。

6.3.4 九月中，候近地叶有黄落者，速刈之。叶少不黄①。必浥郁。刈不速，逢风，则叶落尽；遇雨，则烂不成。

注释：①叶少不黄：叶子还未发黄。“少”作副词用，说明“不黄”的程度。

译文：6.3.4 九月里，看见靠地面的老叶有变黄要落的，应赶快收割。叶子还未发黄，太湿容易沤坏。不赶快收，遇风，叶就要全落；遇雨，萁就要全烂，没有收成。

6.4.1 《杂阴阳书》曰①：“大豆：生于槐；九十日秀；秀后，七十日熟。豆生于申，壮于子，长于壬，老于丑，死于寅，恶于甲、乙，忌于卯、午、丙、丁。”

注释：①《杂阴阳书》：一部已经散佚的占候书。

译文：6.4.1 《杂阴阳书》说：“大豆：槐出叶时生出；生出后九十天开花；花开过后七十天成熟。豆，生日是申，壮日是子，长日是壬，老日是丑，死日是寅，恶日是甲、乙，忌日在卯、午、丙、丁。”

6.4.2 《孝经援神契》曰："赤土，宜菽也。"

译文：6.4.2 《孝经援神契》说："赤土，宜于种大豆。"

6.5.1 《氾胜之书》曰："大豆保岁易为[①]，宜古之所以备凶年也[②]。谨计家口数，种大豆；率人五亩[③]。此田之本也。"

注释：①保岁易为：要保证当年有收获，是容易做到的。保，保证。岁，一年的收获。易为，容易办到。过去的断句为"大豆保岁，易为宜，古之所以备凶年也"，时常感觉难解；和《小豆第七》相比较后，觉得该如此断句，才能解释，也才能和7.5.1的"小豆不保岁难得"联系起来说明。

②凶年：即荒年。

③率（lǜ）：即"比例""标准"。

译文：6.5.1 《氾胜之书》说："种大豆，要保证当年有收获，是容易做到的，所以古来用它作为准备度过荒年的作物，是很合适的。好好地计算家里有几口人，按人数来种大豆；计算标准，是每个人需要五亩地的大豆。这是田家的基本经营事项。"

6.5.2 "三月榆荚时，有雨，高田可种大豆。土和、无块，亩五升；土不和，则益之。"

"种大豆，夏至后二十日尚可种。"

译文：6.5.2 "三月，榆荚结成时，有雨，可以在高地种大豆。土地调和，没有大块的，一亩用五升种；土不调和，就要加大播种量。"

"种大豆，夏至后二十天，还可以下种。"

6.5.3 "戴甲而生[①]，不用深耕。"

注释：①戴甲：形容豆的种子萌芽出土时，顶着种被的样子像士兵戴着盔甲。

译文：6.5.3 "大豆秧苗出土时，子叶顶着种被出来，不需要深耕，"

6.5.4 "大豆须均而稀。"

译文：6.5.4 "大豆，株间要均匀，要稀疏。"

6.5.5 "豆花，憎见日，见日则黄烂而根焦也[①]。"

注释：①根焦：在此，似乎应作“枯焦”。否则，“黄烂”应作“叶烂”；但这样又与“豆花”不合。

译文：6.5.5　“大豆开花时，怕见到太阳；见到太阳，豆花便变黄发烂而枯焦了。”

6.5.6　“获豆之法：荚黑而茎苍，辄收无疑。其实将落，反失之。故曰：‘豆熟于场[①]。’于场获豆，即青荚在上，黑荚在下。”

注释：①场：即农家用来“打场”的“场地”。

译文：6.5.6　“收获豆子的法则：荚子开始发黑，茎开始褪色就收割，不必考虑。因为如果不收，老的种子就会自己零落反而造成损失。因此俗话说：‘豆熟于场。’从场上去收豆子，就是上一段豆荚还青着，下一段荚已发黑时收回来，让豆萁带着豆荚在场上成熟。”

6.6.1　氾胜之区种大豆法：“坎[①]，方深各六寸；相去二尺。一亩得千六百八十坎[②]。其坎成，取美粪一升，合坎中土，搅和，以内坎中[③]。临种沃之，坎三升水。坎，内豆三粒。覆上土勿厚；以掌抑之，令种与土相亲。一亩用种二升，用粪十六石八斗。”

注释：①坎：即“窝窝”，凹下去的地方；也就是区种法中“区”的正常形式。

②一亩得千六百八十坎：《种谷第三》里面所说的标准区种法，一亩长18丈，横阔4丈8，则一亩1，680株，应当是80×21的安排。即作21坎，坎6寸见方，坎沿与坎沿相距1尺7寸（也就是坎心相距二尺时），刚好48尺。

③内（nà）：同“纳”，放下去。

译文：6.6.1　氾胜之的区种大豆的方法：“窝六寸见方，六寸深；窝距二尺。一亩可以有一千六百八十株。窝掘好之后，拿一升好粪，与掘出的泥土搅和，仍旧填在窝底上。下种时，浇水，每窝三升。每窝里，放下三粒豆。盖上土，土不要厚；用手掌按实，让种子和土壤紧密接近。一亩，用二升种子，十六石八斗粪。”

6.6.2　“豆生五六叶，锄之。旱者，溉之，坎三升水。”

译文：6.6.2　“豆苗出了五六片真叶，要锄。干旱时浇下水，一窝用三升水。”

6.6.3　“丁夫一人，可治五亩。至秋收，一亩中十六石[①]。”

注释：①中（zhòng）：可以。

译文：6.6.3 “一个全男劳动力，可以管五亩。到秋天，一亩可收到十六石。”

6.6.4 “种之上，土才令蔽豆耳。”

译文：6.6.4 “种子上面，泥土只要刚刚遮住豆子就够了。”

6.7.1 崔寔曰：“正月，可种豍豆；二月，可种大豆。”

译文：6.7.1 崔寔说：“正月可以种豍豆，二月可以种大豆。”

6.7.2 又曰：“三月昏参夕[①]，杏花盛，桑椹赤，可种大豆。谓之上时。”

注释：①昏参夕：参星当顶。“夕”字无意义，依上下各节的例比较，应当是“中”字，即“昏参中”。（参看卷一《种谷第三》3.15.6注②及本卷《黍穄第四》4.7.3注②）。

译文：6.7.2 崔寔又说：“三月黄昏时，参星在南方天空当中，杏花茂盛，桑椹红的时候，可以种大豆。这就是上时。”

6.7.3 “四月时雨降，可种大小豆。美田欲稀，薄田欲稠。”

译文：6.7.3 “四月，合时的雨落下，可种大豆、小豆。好地下种要稀，瘦地要稠。”

小豆第七

题解：本篇介绍了小豆播种的时间，播种的方法以及锄、治等田间管理的注意事项。介绍的“豆角三青二黄，拔而倒竖笼丛之”的收获方式很有意思。至于7.6.1—7.6.3这三小节所说地避免瘟疫的办法则纯属迷信。

7.1.1　小豆，大率用麦底。然恐小晚；有地者，常须兼留去岁[①]，谷下以拟之[②]。

注释：①去岁：去年。

②谷下以拟之：谷下，即“谷底”或“小米茬”，也就是前作是小米的地。拟，拟定。即准备、预定，或口语中“打算”。

译文：7.1.1　小豆。一般用麦茬地。但嫌太晚一些；有地多的，常常要留去年的谷子茬地准备种小豆。

7.1.2　夏至后十日种者，为上时；一亩用子八升。初伏断手为中时[①]；一亩用子一斗。中伏断手为下时；一亩用子一斗二升。中伏以后，则晚矣。谚曰“立秋，叶如荷钱[②]，犹得豆”者，指谓宜晚之岁耳；不可为常矣。

注释：①断手：断是“停止”。“断手”即“停手”“罢手”或“放下”。

②荷钱：新出的幼小荷叶。

译文：7.1.2　夏至后十天种最好；一亩用八升种。其次初伏种完；一亩用十升种。最迟到中伏种完；一亩用十二升种。中伏以后就太迟了。俗话说：“立秋时，豆叶像荷钱一样小，还可以收得豆子。”是指特别宜于晚的年岁说的只是例外，不可以认为正常。

7.1.3　熟耕耧下以为良。泽多者，耧耩，漫掷而劳之，如种麻法。未生，白背劳之，极佳。漫掷犁次之；稿土历反种为下[①]。

注释：①稿（tì）：稀疏点播。

译文：7.1.3　耕得很细很熟，用耧下种最好。地很湿的，用耧耩过，撒播后，再摩平，像种麻一样。没发芽以前，地面发白时，摩平一遍最好。其次是撒播后“犁”成畤，稀疏点播最不好。

7.2.1　锋而不耩，锄不过再。

译文：7.2.1　小豆地只锋，不要耩，锄也只要两遍。

7.2.2　叶落尽，则刈之。叶未尽者，虽治而易湿也[①]。豆角三青两黄，拔而倒竖笼丛之[②]，生者均熟，不畏严霜；从本至末，全无秕减。乃胜刈者。

注释：①虽治："虽"字应当是"难"字，错钞刻成"雖"。"难治"指操作困难，在此处是指"脱粒"困难。

②笼丛：彼此相牵连相挂碍而合成一丛。笼，带有牵连的意义。丛，许多条干的累积。

译文：7.2.2　叶子落完就收割。叶没有落完就收，难脱粒，又容易潮湿。豆荚大半青小半黄时，拔回来，倒竖着，攒成堆，生的也就都熟了，这样，不怕霜；从根到梢，没有空壳或不饱满的子粒，比割的强。

7.3.1　牛力若少，得待春耕；亦得稿种。

译文：7.3.1　牛力不够，可以等到春天再耕翻地；也可以直接撒播不犁不摩。

7.3.2　凡大小豆生，既布叶[①]，皆得用铁齿镉榛俎遘切纵横杷而劳之[②]。

注释：①布叶：子叶之后出来的真叶。布，展开。真叶和子叶不同：子叶一般比真叶小，而且形状也简单些；真叶长出来就是大形复杂的，而且展放着。只有这样解释，才可以和下文7.5.3的"生五六叶"调和。以后在关于麻的记述（8.3.1及9.6.2）中，麻的"布叶"，也应当解作生出真叶。

②镉榛（lòu zòu）：尖齿铁耙。

译文：7.3.2　大豆小豆，已经长出真叶，都得用铁齿耙，纵横杷过，摩平。

7.4.1　《杂阴阳书》曰："小豆生于李；六十日秀；秀后，六十日成。成后，忌与大豆同。"

译文：7.4.1　《杂阴阳书》说："小豆在李出叶时生出，六十日开花，花后六十日成熟。成熟后忌日和大豆相同。"

7.5.1　《氾胜之书》曰：'小豆不保岁，难得。"

译文：7.5.1　《氾胜之书》说："小豆，不易保证当年的收获，种下去难有把握得到收成。"

7.5.2 “宜椹黑时[1]，注雨种。亩五升。”

注释：①宜：应当。

译文：7.5.2 “应当在桑椹熟到发黑时，跟着大雨种。一亩地用五升种。”

7.5.3 “豆生布叶，锄之；生五六叶，又锄之。”

译文：7.5.3 “豆苗长出真叶后，要锄；长了五六片叶，又锄。”

7.5.4 “大豆、小豆不可尽治也[1]。古所以不尽治者：豆生布叶，豆有膏；尽治之，则伤膏[2]；伤则不成。而民尽治，故其收耗折也。故曰：‘豆不可尽治。’”

注释：①治：整理。这里最好的解释是“指摘取叶子，整理作为蔬菜”。石按：“治”字作动词，一般读平声，即整理义。但“整理”的内容很广泛：由耕地、锄草、整枝，到脱粒、去麸……都可称为“治”；《氾胜之书》中“治”字的用法，共有：（甲）锄治（乙）扬治（丙）治种（丁）作成——“丁男长女治十亩”；“治肥田十亩”（戊）耕治，还有单用一个“治”字而不易确定是以上哪种操作的，即这里的“治”，与3.19.4中的“治地”，和16.3.2的“治芋如此”。“治地”和“治芋如此”的“治”，则可以解作“总结一切的操作”。

②膏：固态脂肪。“膏”也就是“肥”的根据。

译文：7.5.4 “大豆小豆，不可尽量地采取叶子。从前所以不尽量地采叶用，是因为豆出真叶之后，豆苗才能有把自己长肥的依据；如果尽量摘叶，养肥的资料就受了损失；损失之后，种实也就长不好。种豆的人，尽量地摘叶，所以收成有减少折扣。因此，我们说：‘豆不可尽量摘叶。’”

7.5.5 “养美田亩可十石[1]；以薄田，尚可亩收五石。”谚曰：“与他作豆田。”斯言良美可惜矣。

注释：①养美田：《齐民要术》各本所引均同。“养美田”是不通的；应依9.6.5“养麻”的例，补一个“豆”字，即“养豆，美田……”

译文：7.5.5 “如此培养豆子，好田，一亩可收十石；用薄田，还可以收到五石。”俗话说：“给他作豆田。”是说好地可惜。

7.6.1 《龙鱼河图》曰[1]：“岁暮夕，四更中，取二七豆子，二七麻子，家人头发少

许，合麻豆著井中。咒勑井[②]，使其家竟年不遭伤寒，辟五方疫鬼。”

注释：①《龙鱼河图》：书名。汉代纬书之一，胡立初认为：“其文皆后世厌胜之术。”作者不详。原书已佚。

②咒勑（chì）井：念咒，吩咐井。咒，念咒，祷告。勑，同“敕”，告诫，警告。

译文：7.6.1 《龙鱼河图》说：“大年夜，四更天，取二十七颗豆子，二十七颗麻子，和家里人的一些头发，连麻子豆子放入井内。念咒，吩咐井，可以使这家人整年不害伤寒，也可以避免五方瘟疫鬼来侵犯。”

7.6.2 《杂五行书》曰[①]：“常以正月旦（亦用月半），以麻子二七颗，赤小豆七枚，置井中。辟疫病，甚神验。”

注释：①《杂五行书》：书名。胡立初认为：“诸志弗载其目，无以考其卷帙撰人耳。”其内容皆趋避厌胜之术，即汉代人所谓五行吉凶之说。原书已佚。

译文：7.6.2 《杂五行书》说：“要在正月初一清早（也可以在十五清早），用二十七颗麻子，七颗赤小豆放入井内。可以避免瘟疫，很有灵验。”

7.6.3 又曰：“正月七日，七月七日，男吞赤小豆七颗，女吞十四枚，竟年无病；令疫病不相染。”

译文：7.6.3 《杂五行书》又说：“正月初七，七月初七，男人吞七颗赤小豆，女人吞十四颗，整年不生病；可使瘟疫不相传染。”

种麻第八

题解：8.1.1—8.1.2为本篇标题注。

本篇的麻，是指大麻。自古以来，人们就知道这是一种雌雄异株的植物，各有一个字的专名：雄株是“枲”，雌株是“莩”或“苴”。要获取纤维，必须专种雄株。本篇就专门讲述种植雄株的方法。从选种、播种（包括时令、土质、种子的用量等）、田间管理到麻的收获都做了介绍。

其中8.2.2中“不用故墟”的说法说明当时已清楚地认识到麻的立枯病是土壤传染的，所以忌“连作”。“故墟”在这里指原来种过同一种作物的地。这经验以前还未曾有过记录。

8.2.5则强调了种麻必须抓住时令，已到了该下种的时机，连父子之间都来不及互借人力，来形容时间的紧迫。

8.2.6的浸种催芽法，整个操作过程贾思勰记述得非常清楚、详细。这是我国古农书中有关浸种催芽的最早的详细记载。

8.3.2对如何掌握麻的收获时间的说明，证明当时人们已认识到纤维织物的纤维性能与生殖程序的关系。8.5.3中讲的“沤枲”，一个“沤”字，说明我国劳动人民很早就掌握了利用微生物的酵解作用分离韧皮纤维的方法。《诗经》的《陈风·东门之池》中就有“可以沤麻，可以沤纻”相对相连的两句。

8.11　《尔雅》曰：“黂，枲实①；枲，麻。”别二名。“莩②，麻母。”孙炎注曰：“黂，麻子，莩苴麻盛子者。”

注释：①枲（xǐ）：大麻的雄株。只开雄花，不结子，纤维可织麻布。亦泛指麻。

②莩（zì）：苴（jū）麻。即大麻的雌株。

译文：8.1.1　《尔雅·释草》说：“‘黂’是枲的果实，枲是麻。”分别为两个名称。又说“莩，麻的母体”。孙炎注解说：“黂是麻子；莩是苴麻，结子很茂盛的。”

8.1.2　崔寔曰①：“牡麻无实，好肥理②，一名为‘枲’也。”

注释：①崔寔：东汉著名农学家，《四民月令》的作者。本篇及《种麻子第九》中的“崔寔曰”皆引自《四民月令》。

②好肥理：麻，供纤维用的是韧皮部分，也就和“肌理”相当的部分。各本俱作“肥理”，“肥”字显然是“肌”字写错，本书常有这样的例。

译文：8.1.2　崔寔说：“牡麻没有子实，但皮肉好；也称为‘枲’。”

8.2.1　凡种麻，用白麻子。白麻子为雄麻。颜色虽白，啮破枯燥无膏润者[①]，秕子也；亦不中种。市籴者[②]，口含少时，颜色如旧者，佳。如变黑者，裛[③]。崔寔曰：“牡麻青白无实[④]，两头锐而轻浮。”

注释：①啮（niè）破：咬开。

②籴（dí）：买入粮食称“籴”。在此，可理解为“买入”。

③裛（yì）：潮湿，霉烂。裛，通“浥”。

④牡麻青白无实：这句各种版本都同一。怀疑应是“牡麻子，青白色”。石按：牡麻不结实，是正确的事实；本篇标题小注所引《尔雅》，已经说明。中国古代对麻的雄、雌株，是用不同的名称“枲”和“荸”（苴）的；小注所引崔寔的话，尤其明白。但这里再来一句“牡麻青白无实”，而且下面接上“两头尖锐轻浮”，又是解释“种麻用白麻子”的，就很难理解。至少“无实”是过多的重复。和下面《种麻子第九》所引崔寔的话：“苴麻子，黑，又实而重”，对比来看，怀疑这里的六个字有错误，该是“牡麻子，青白色”。“牡麻子”，即种子将来能长成雄性植株（牡麻）的；和将来长成雌性植株（苴麻）的，“苴麻子”相对待。这样的麻子，颜色是青白的，两头尖，而且轻浮，和“黑，又实而重”相对待，很是明白。宋代苏颂在《图经本草》中，也做了一个与崔寔这一总结相似的叙述，说“农家择其（麻）子之有斑黑文者，谓之‘雌麻’；种之，则结子繁。他子，则不然也”。这就说明，中国农民不但早已知道麻是雌雄异株植物；而且，还知道由种子的颜色、形状、比重等，断定将来植株的性别；由此控制着播种的植株中，取麻（雄）和取子（雌）株数的比例。

译文：8.2.1　种雄株麻，用白色的种子。白麻子长大是雄株。颜色虽然白，但咬开枯燥不含油的，是空壳；也不要种。市场上买来的，放在口里含一段时间，如果颜色不变，就是好种子。如含过会变黑色的，便已经沤坏了。崔寔说：“长成雄株麻的麻子，青白色；将来不结实。两头尖，轻，可以漂浮在水面。”

8.2.2　麻欲得良田，不用故墟[①]。故墟亦良，有黖丁破反、叶夭折之患[②]，不任作布也。

注释：①故墟：“墟”是从前人类利用过而现在空下或荒废了的地面。现在一般都从狭义的范围上着想，用来专指住宅毁坏后的遗址，便不甚与本义相合。本书所谓“故墟”，是指过去种植过而现在休闲的地。

②黠：石按：这个字，明钞、金钞都作“黠”；黠字下，也都有“丁破反”的一个小注。我们暂时假定：“黠”是“藍（jiē）”字钞错，藍指麻茎。玄应《一切经音义》卷十七，《阿毗昙毗婆沙论》第十六卷，有一条“麻杆”，注说“麻茎也……字宜作‘藍’‘秸’二形，音皆，今呼为‘麻藍’是也”。“藍”，字形与“黠”很近似，又是指麻茎，可与下文的“叶”字相对，所以这个字作“藍”最合适。

译文：8.2.2　麻一定要好田，不可以连作。连作固然也可以，但是有茎、叶早死的毛病，至少不能作布用。

8.2.3　地薄者粪之。粪宜熟。无熟粪者，用小豆底亦得。崔寔曰：“正月粪畴。”畴，麻田也。耕不厌熟，纵横七遍以上，则麻无叶也[1]。田欲岁易。抛子种则节高。

注释：①麻无叶：刈获后的麻，不应当带叶，但长在地里的活麻。如果无叶便坏了。显然“叶”上脱漏了一字，可能是“黄”或“败”之类。

译文：8.2.3　瘦地，先要上粪。粪要用腐熟过的。没有熟粪，可以用小豆茬地。崔寔说：“正月粪畴。”畴就是麻田。耕翻不嫌熟，纵横耕到七遍以上，麻就没有破烂或黄色的叶。麻田每年要换地方。下种时，向空抛撒，将来麻的节间就长。

8.2.4　良田一亩，用子三升，薄田二升。概则细而不长[1]，稀则粗而皮恶。

注释：①细而不长（zhǎng）：细弱而且不生长。长，此处作动词，即“生长”。

译文：8.2.4　好地，一亩用三升种子；瘦地，用二升。太密就细弱而且不长；太稀就粗大，皮也不好。

8.2.5　夏至前十日为上时，至日为中时，至后十日为下时。“麦黄种麻，麻黄种麦”，亦良候也。谚曰：“夏至后，不没狗。”或答曰：“但雨多，没橐驼[1]。”又谚曰：“五月及泽，父子不相借。”言及泽急[2]，说非辞也。夏至后者，匪唯浅短，皮亦轻薄。此亦趋时。不可失也。父子之间，尚不相假借；而况他人者也？

注释：①橐（luò）驼：骆驼。

②及泽：赶上雨水。及，赶上，达到。泽，土壤中可供用的水分，此处指雨水。

译文：8.2.5　夏至前十天下种，最好；夏至是中等时令；夏至后十天最迟。“麦黄种

麻，麻黄种麦”，也是很好的物候。俗语说：“夏至以后种的麻，长遮不住狗。”有人代替回答说：“只要雨水多，遮得住骆驼。”又有谚语说：“五月间，趁天雨作庄稼活时，父子之间，都来不及互借人力。”就是说趁雨要紧，所以说出不合情理的话来了。夏至后种的麻。麻固然矮小，皮也轻而且薄。所以必须趁早，不要失掉时机。父子之间，都来不及互借人力，旁人还用说吗？

8.2.6　泽多者先渍麻子令牙生[①]。取雨水浸之，生牙疾；用井水则生迟。浸法：著水中，如炊两石米，顷漉出。著席上，布，令厚三四寸。数搅之，令均得地气；一宿，则牙出。水若滂沛，十日亦不生。

注释：①渍（zì）：浸泡。

译文：8.2.6　地里水多，先把麻子浸到生芽。用雨水浸的，发芽快；用井水，发芽迟。浸的方法：炊熟两石米的饭那么久之后，漉出来。放在席子上，摊开，成三四寸厚的一层。多搅和几遍，让它们均匀地得到地气；过一宿，就出芽了。如果水给得太多滂沛，十天也不发芽。

8.2.7　待地白背，耧耩，漫掷子，空曳劳。截雨脚即种者，地湿，麻生瘦；待白背者，麻生肥。泽少者，暂浸即出，不得待牙生。耧头中下之。不劳曳挞。

译文：8.2.7　等到地面发白，耧耩，撒播种子之后，拖着空劳摩一遍。赶雨下完立刻就种的，地湿，麻苗瘦小；等地面发白后种的，麻苗肥大。地不太湿的，种子只要泡湿就播下，不要等出芽。耧头里面下种。下种后，不必拖挞。

8.3.1　麻生数日中，常驱雀。叶青乃止。布叶而锄。频烦再遍，止。高而锄者，便伤麻。

译文：8.3.1　麻出芽后几天中，要时时驱逐麻雀。叶子发绿后就不用管了。真叶展开后就锄地。接连锄两遍就够了。苗高了再锄，麻会受伤。

8.3.2　勃如灰便收[①]。刈、拔，各随乡法。未勃者收，皮不成。放勃不收。而即骊[②]。穊欲小[③]，穛欲薄[④]；为其易干。一宿辄翻之。得霜露，则皮黄也。

注释：①勃：放出细粉末。

②骊（lí）：黄而带黑色；麻老了之后，朋皮部因为有色物质（多元酚类）沉积，颜色变深，漂也不易白。

③穊（jiǎn）：小束。穊字下，《农桑辑要》《学津讨原》及《渐西村舍》本有小

注："古典反；小束也。"

④稗（pū）：《农桑辑要》及《学津讨原》本，"稗"字下有小注"普胡反"，即读pū音。现在都用"铺"字。

译文：8.3.2　花放出花粉像灰一样时，便要收。割或拔，各处有不同的习惯。没有放粉就收的，皮没有长成。放了粉还不收，皮就变黄黑色了。束的把要小，铺时要摊得薄；这样才干得快。过一夜，就要翻一遍。露湿后不翻，皮就发黄。

8.3.3　获欲净。有叶者，憙烂[①]。沤欲清水，生熟合宜。浊水，则麻黑；水少，则麻脆。生则难剥，大烂则不任。暖泉不冰冻，冬曰沤者，最为柔肕也[②]。

注释：①憙（xǐ）：这里指容易发生某种变化。也写作"喜"。明抄本常以"憙"字作"喜"。

②肕（rèn）：古同"韧"，柔软而坚实，不易折断。本书"韧"字都用"肕"。

译文：8.3.3　收获要干净不带叶。有叶的容易霉烂。沤麻要用清水，沤的生熟要合宜。水不清，麻要变黑；水少了，麻会脆。沤得太生不够久，剥起来困难；太烂了，又不经久。最好是暖暖而不结冰的泉水，冬天沤出来。最柔软最强韧。

8.4.1　《卫诗》曰[①]："蓺麻如之何[②]？衡从其亩[③]。"《毛诗》注曰："蓺，树也。衡猎之，从猎之，种之，然后得麻。"

注释：①《卫诗》：指《诗经》"国风"中的《卫风》。按：此处两句，今本《诗经》在《齐风·南山》中。因此，"卫"字有问题。《诗经》是我国最早的诗歌总集。本来只称《诗》，儒家列为经典之一，故称《诗经》。编成于春秋时代，共三百零五篇。分为"风""雅""颂"三大类。《风》有十五国风。汉代传《诗》的以古文诗学的《毛诗》影响深远，魏晋后通行的《诗经》就是《毛诗》，有东汉郑玄作注的《毛诗笺》。为本书所引用。

②蓺（zí）：草木生长的样子。此处用作动词，即种植。

③衡从（zòng）："衡"在此作与"直"相对的"横"解。"从"在此读zòng，同"纵"。

译文：8.4.1　《诗经·齐风·南山》有："怎样种麻？先纵着后横着整理地。"《毛诗》注解说："'蓺'，是种植。横耕整，纵耕整，再种，才能得到麻。"

8.5.1　《氾胜之书》曰："种枲太早，则刚坚，厚皮多节；晚，则皮不坚。宁失于早，不失于晚。"

译文：8.5.1　《氾胜之书》说：“种雄麻种得太早，茎就会太硬，皮厚而节多；种晚些。不会硬。可是宁愿错在种得太早，不要错在种得太迟。”

8.5.2　获麻之法[①]：穗勃，勃如灰[②]，拔之。

注释：①获麻之法：收获雄麻的法则。“麻”应当改作“雄麻”或“枲”。由9.6.6和8.5.3，知道作“枲”更恰当。

②穗勃，勃如灰：花穗放花粉，粉喷出来像灰尘一样。勃是放出一阵细粉来（因此，有“勃壤”“马勃”等名称）。大麻是风媒花，花粉成熟后，气温高时，药囊便会自动地裂开，放出一阵花粉，像烟尘一样，所以称为“勃”。这里，第一个“勃”字是动词，第二个是名词。“勃”字读bó或bèi，有时写作“菩”。（见卷一《种谷第三》3.4.2）

译文：8.5.2　收获雄麻的法则：花穗放粉，粉喷出来像灰尘一样，就拔下来。

8.5.3　夏至后二十日沤枲，枲和如丝。

译文：8.5.3　夏至后二十天，沤雄麻，所得纤维和丝一样柔和。

8.6.1　崔寔曰：“夏至先后各五日，可种牡麻。”牡麻有花无实[①]。

注释：①牡麻有花无实：雄麻有花不结实。石按：这六个字，和本篇上文8.2.1的“牡麻青白无实”六个字，第一、二、五、六，四个字全同；“青”字和“有”字字形相似，“白”字和“花”字，也有混淆的时候。如果能证明这六个字的小注，是崔寔本人所作，而不是出于贾思勰甚至于更后来作“音义”的人，便可以解决上文的问题。而且即使有证据说明这六个字确是崔寔的话，为什么他对于“牡麻无实”重复了三遍，每遍都不同？也正是一件待解决的事。

1962年10月完成，1965年3月由中华书局出版的石声汉著《四民月令校注》的“五月”中已确定“牡麻有花无实”是崔寔的本注；并明确此条“本注”的全文应是：“［牡麻］牡麻有花无实，好肌理，一名为‘枲’。牡麻子青白，两头锐而轻浮。”至此，本篇8.1.2注②及8.2.1注④中的疑问均解决。

译文：8.6.1　崔寔说：“夏至前五天和后五天，可以种雄麻。”雄麻有花不结实。

种麻子第九

题解：9.1.1为本篇标题注，是明钞《齐民要术》中极少数保持了正确体例的标题注之一。

为了蕃殖麻，必须取得种子；要取得种子，必须兼种一部分雌株（《齐民要术》书中称之为“麻子”）。本篇专门讨论种麻子的一整套技术，包含：选种、下种、间种、锄地、施肥、浇水、收获。

9.3.4的小注“若未放勃去雄者，则不成子实”。说明贾思勰对于雌雄异株作物授粉受精过程，已有很深刻的认识。

9.4.1中贾思勰特别介绍了凡种植谷物的田地，若其田边在道路旁的，可种上芝麻或雌麻，以防止牲畜侵害的保育措施。9.4.3介绍了在麻地里套种芜菁的办法。

9.1.1　崔寔曰：“苴麻，麻之有‘蕴’者[1]，荸麻是也[2]。一名‘黂’[3]。”

注释：①蕴：王引之在《广雅疏证》中作有推断，认为崔寔在这里称为“蕴”的，应是麻实，即果实种子。而一般所谓“蕴”，则指碎麻，但崔寔在这里一定是指麻实，还需要证明。崔寔原文是否“蕴”字，也还要考证。

②荸（zì）：苴麻，即大麻的雌株，可结子。也可解释为大麻的子实。

③黂（fén）：《种麻第八》标题注中所引《尔雅》：“‘黂’，枲实也”，说明黂是麻实。

译文：9.1.1　崔寔说：“苴麻，是有蕴的麻，也就是‘荸麻’。又称为‘黂’。”

9.2.1　止取实者，种斑黑麻子。斑黑者，饶实。

译文：9.2.1　种麻只为取得种子的，应当种斑黑色的麻子。斑黑色的，结实多。

9.2.2　崔寔曰：“苴麻子，黑，又实而重。捣治作烛[1]，不作麻。”

注释：①烛：古代的“烛”或“庭燎”，是在易燃的一束枝条（如干芦苇、艾蒿或沤麻剩下的麻茎）等材料中，灌入耐燃而光焰明亮的油类（或夹入含油颇多的物质），点着

后，竖起来照明的。这就是现在的“火把”或“火炬”（“炬”是“烛”字的别写）。蜡烛只是其中小形的一种。

译文：9.2.2　崔寔说：“长成苴麻的麻子，颜色黑，又坚实而且重。这种麻只捣破作火炬，不取纤维。”

9.3.1　耕须再遍。一亩，用子二升。种法与麻同。

译文：9.3.1　地要耕翻两遍。一亩用二升种子。种法和麻一样。

9.3.2　三月种者为上时，四月为中时，五月初为下时。

译文：9.3.2　三月种最好，其次四月，最迟五月。

9.3.3　大率二尺留一根。概则不耕。锄常令净。荒则少实。

译文：9.3.3　株距大概留成二尺。密了可以不用中耕。常常锄净杂草。杂草多，麻子就少。

9.3.4　既放勃，拔去雄。若未放勃去雄者，则不成子实①。

注释：①若未放勃去雄者，则不成子实：放勃，是雄株放出花粉的情形。由这一句，可以知道我们祖先，对于雌雄异株植物授粉受精过程，已有很深刻的认识。

译文：9.3.4　放了花粉之后的雄株。就可以拔去沤麻了。如果雄株还没有放粉就拔掉了，麻子结不成。

9.4.1　凡五谷地畔近道者，多为六畜所犯①；宜种胡麻、麻子以遮之。胡麻，六畜不食；麻子啮头则科大。收此二实，足供美烛之费也。

注释：①凡五谷地畔近道者，多为六畜所犯：这节中的“五”“六”两个数字，都不是具体的数量。

译文：9.4.1　凡谷物田边在道路旁的，常被牲口侵犯；应当在这种田边上种上脂麻或雌麻。脂麻，牲口不咬；雌麻被咬断头后，会长出更多侧枝，成为大科丛。这两种油料作物的种子，收下来，可供给灯烛的费用。

9.4.2　慎勿于大豆地中杂种麻子！扇地①。两损，而收并薄。

注释：①扇地：这里指豆与麻彼此荫蔽引起的妨害。参看卷一1.2.2及本卷种瓜第十四

14.4.3的注解。扇。荫蔽。

译文：9.4.2　千万不要在大豆地里种麻子！彼此遮蔽，相互损伤，两样收成都要减少。

9.4.3　六月中，可于麻子地间，散芜菁子而锄之；拟收其根[1]。

注释：①拟收其根：将来打算收芜菁根。石按：这种在麻地里套作芜菁的办法，极可注意。

译文：9.4.3　六月中，可以在麻子地里，撒一些芜菁子，同时锄地；将来打算收芜菁根。

9.5.1　《杂阴阳书》曰："麻生于杨或荆；七十日花；后六十日熟。种忌四季，辰、未、戌、丑、戌、己。"

译文：9.5.1　《杂阴阳书》说："麻在杨树或荆出叶时生出；七十天开花；花后六十天成熟。种时忌逢四个季日，以及辰、未、戌、丑、戌、己。"

9.6.1　《氾胜之书》曰："种麻，预调和田。"

译文：9.6.1　《氾胜之书》说："种麻，要预先把田土耕到调和。"

9.6.2　"二月下旬，三月上旬，傍雨种之。麻生，布叶，锄之。率，九尺一树[1]。"

注释：①九尺一树：《齐民要术》各本，都是"九尺一树"；这是与情理不合的，应依9.3.3"大率二尺留一根"，改作二尺。

译文：9.6.2　"二月下旬，三月上旬，趁雨种。麻苗出土，真叶展开后，锄地。株距是二尺。"

9.6.3　"树高一尺，以蚕矢粪之（树三升）；无蚕矢，以溷中熟粪粪之亦善（树一升）[1]。"

注释：①溷（hùn）：大的粪坑。

译文：9.6.3　"植株长到一尺高时，用蚕屎来施肥（每株给三升）；没有蚕屎，用坑中腐熟过的人粪尿也好（每株给一升）。"

9.6.4　"天旱，以流水浇之（树五升）；无流水，曝井水，杀其寒气以浇之[1]。"

"雨泽时适勿浇[2]。浇不欲数[3]。"

注释：①杀（shài）：减少，降低。

②雨泽时适：即："雨水合时，墒够（地里的水分合适）。"时，是对雨而言，即是"及时"；适，对泽而言，是"合适"。两个字，意义不相同，而且各有专指。

③数（shuò）：屡次，频繁。

译文：9.6.4 "天旱，用流水浇（每株给五升水）；只有井水没有流水时，把井水晒暖，让它的寒气减低后用来浇。"

"雨水合时，墒够，就不用浇！浇的次数不要过多。"

9.6.5 "养麻如此，美田则亩五十石，及百石[①]，薄田尚三十石。"

注释：①五十石，及百石：6000—12000斤。石按：若按古代重量单位每石重120斤计算，则美田每亩可产麻6000—12000斤；薄田尚能亩产3600斤。这几乎达到了不可相信的限度。我在《氾胜之书分析》中曾分析这种情况出现的原因有二：第一，当时的度量衡，和今日的制度，相差颇大。据前代各家的估算，汉代的一升，约合今日的市制0.1—0.12升；则五十石为600斤左右，百石为1200斤左右。第二，《氾胜之书》中许多数字描写在辗转传抄的过程中出现了错误。

译文：9.6.5 "像这样培养的麻，好地，一亩可以收五十到一百石麻子，瘦地也还可以得到三十石。"

9.6.6 "获麻之法，霜下实成，速斫之。其树大者，以锯锯之。"

译文：9.6.6 "收获麻子（雌麻）的法则：下霜后，种实成熟，快快砍下。植株太粗可用锯。"

9.7.1 崔寔曰："二、三月，可种苴麻。"麻之有实者为"苴"。

译文：9.7.1 崔寔说："二月、三月，可种苴麻。"苴麻是结子的麻。

大小麦第十

瞿麦附

题解：10.1.1—10.1.4为标题注。

本篇正文详细讲述大小麦播种的时令、方法，田间管理，收获和储藏。10.13专门介绍了氾胜之的“区种麦法”。10.11.2记述遇到“天旱无雨泽”，而种麦的季节又到了，可用酸浆水浸上蚕粪泡麦种的“粪种”办法。10.11.4中讲到的秋天锄麦后，向麦根壅土的“黄金覆”和10.11.6再次介绍的冬天下雪后，用器具将雪压进地里，不让它随风吹去的保墒办法。这些我们祖先创造的极其宝贵的农业生产经验，展现了我国精耕细作的优良传统。

10.4.4介绍的“窖麦法：必须日曝令干，及热埋之”，很值得注意。上个世纪五十年代，中国科学院植物生理研究所赵同芳同志，研究仓储中种子的生理情况时，发现农民在收割后随即晒热着“热进仓”是很好的办法：可以避免虫害，而且发芽力不受影响。1500多年前，我们的祖先已经在应用这一方法了。10.4.5介绍的“劁刈”的办法，即利用火将麦粒上附着的虫卵和虫蛹清除，在当时也的确是防止储藏的粮食长虫的有效办法。

本篇所附“瞿麦”即燕麦（又称“雀麦”）。

10.1.1 《广雅》曰：“大麦，麰也①，小麦，麳也②。”

注释：①麰（móu）：大麦。

②麳（lái）：小麦。

译文：10.1.1 《广雅》记载：“大麦称为麰，小麦称为麳。”

10.1.2 《广志》曰：“虏小麦，其实大麦形，有缝。椀麦①，似大麦，出凉州②。旋麦③，三月种，八月熟，出西方。赤小麦，赤而肥，出郑县④。语曰：‘湖猪肉，郑稀熟⑤。’山提小麦，至黏弱⑥，以贡御。”“有半夏小麦，有秃芒大麦，有黑𥝩麦⑦。”

注释：①椀（wǎn）：麦名。

②凉州：古地名。三国魏国黄初元年，魏文帝置凉州。今甘肃武威。

③旋麦：今年种，今年随即收的麦。即春麦。旋，随即。

④郑县：秦汉时代的郑县，即今日陕西华县西北，不是郑国所在的今河南郑州。下文“湖猪肉”的湖，也应当是汉代京兆的湖县，在现在河南的阌乡县。从前这两县是邻县，所以谚语中把这两县的名产联了起来。

⑤郑稀：郑县稀植的小麦。稀，稀植的庄稼。

⑥山提小麦，至黏弱：山提小麦，很黏很软。弱，软。《渐西村舍》本“山提”作“朱提”（朱提是古代蜀中的地名），但未举出根据，因此暂乃存疑。

⑦穬（kuàng）：稻麦等有芒的谷物。

译文：10.1.2 《广志》说：“有虏小麦，它的子实，形状像大麦，有缝。稨麦，也像大麦，出在凉州。有旋麦，是三月种，八月就收的，出在西边。有赤小麦，子实红而肥，出在关中的郑县，俗话说：‘湖县的猪肉，郑县的红麦。’山提小麦。很黏很软，是进贡给皇帝吃的。”“还有半夏早小麦，有秃芒大麦，有黑穬麦。”

10.1.3 陶隐居《本草》云[①]：“大麦：为五谷长；即今‘倮麦’也，一名‘辫麦’，似穬麦，唯无皮耳。”“穬麦，此是今马食者[②]。”然则大穬二麦，种别名异；而世人以为一物，谬矣[③]。

注释：①陶隐居：即陶弘景（456—536），南朝梁齐时道教思想家、医学家。字通明，丹阳秣陵（今江苏南京）人。曾仕齐，梁时隐居勾曲山（今苏南茅山），自号华阳隐居，人称陶隐居、华阳真人。主张儒、释、道三教合流。工草隶，行书尤妙。对历算、地理、医药等都有较深研究。曾整理古代的《神农本草经》，并增收魏晋间名医所用新药，成《本草经集注》七卷，共载药物七百三十种（原书已佚，现存有敦煌卷子残本）。

②马食（sì）者：疑为“食马者”。食，作动词，即“饲”字。

③“然则大穬二麦”几句：这似乎是贾思勰对陶弘景的说法推得的结论。

译文：10.1.3 陶隐居《本草》说：“大麦是五谷之长；就是现在（南朝齐）所谓‘倮麦’，又叫作‘辫麦’，和穬麦很相像，只是没有皮。”又说：“穬麦，这是现在喂马的。”这样看来，大麦和穬麦，是两种不同的谷，名称也彼此相异；现在的人，以为是一种东西，就错误了。

10.1.4 按世有落麦者，秃芒是也。又有春种穬麦也。

译文：10.1.4 现在（后魏）有落麦，即无芒的麦。也还有春天下种的穬麦。

10.2.1　大小麦，皆须五月六月暵地[1]。不暵地而种者，其收倍薄。崔寔曰："五月六月菑麦田也[2]。"

注释：①暵（hàn）地：利用太阳热力，提高土壤温度的"晒翻"；今曰称"烤田"（浙江的说法）、"烘田"（福建的说法）。

②菑：灭茬。

译文：10.2.1　大麦小麦，都要在五、六月，先把地耕开来晒过。不晒地就种，收成加倍地少。崔寔《四民月令》说："五、六月麦田要灭茬。"

10.2.2　种大小麦：先畤[1]，逐犁稀种者[2]，佳。再倍省种子，而科大。逐犁掷之亦得，然不如作稀耐旱。其山田及刚强之地，则耧下之。其种子宜加五省于下田[3]。

注释：①畤（liè）：耕田起土。犁铧头所翻出的土块行列像肋骨般排列在地面上。

②稀（yǎn）：耕作中以土盖种盖肥。

③加五省：即减省到"一百五十分之一百"，也就是用三分之二。

译文：10.2.2　种大小麦：先耕成"畤"，随犁点播盖土的最好。种子省了两倍，而且科丛大。犁后撒播也可以，但不如稀种的耐旱。山地和刚强的地，用耧下种。用的种要比低田省去三分之二。

10.2.3　凡耧种者，匪直土浅易生，然于锋锄亦便。

译文：10.2.3　用耧下种的，不但盖的土不厚，容易出芽，锋地锄地，也比较方便。

10.3.1　穬麦，非良地则不须种。薄地徒劳，种而必不收。凡种穬麦，高下田皆得用，但必须良熟耳。高田借拟禾、豆[1]，自可专用下田也。

注释：①借拟：即"假定已准备作为……"。

译文：10.3.1　穬麦，如果不是好地，就不必种。瘦地种穬麦，白费气力，种下没有收获。种穬麦，高地低地都可以，但是必需要好地熟地。高地如果打算种谷子和豆子，就可以专用低地。

10.3.2　八月中戊社前种者[1]，为上时；掷者，亩用子二升半。下戊前，为中时；用子三升。八月末九月初为下时。用子三升半或四升。

注释：①社前：指祭祀社神的节日之前。社，传说中的土地之神。

译文：10.3.2　八月中旬的戊日，赶社以前种，是最好的时候；撒播时，每亩用二升半种子。下旬戊日，是中等时候；每亩用三升种子。八月底九月初是最迟的时候。每亩用三升半至四升种子。

10.4.1　小麦宜下田。歌曰："高田种小麦，稴䅟不成穗[①]。男儿在他乡，那得不憔悴？"

注释：①稴䅟（liàn shān）：禾穗空而不实。亦用来形容细弱，有气无力、瑟瑟缩缩等有欠缺的情况。现在两粤方言中，还保留着这个用法，例如形容"丧家之狗"的情形，称为"稴䅟狗"。

译文：10.4.1　小麦要种低地。有首歌："高原田里种小麦，有气无力不结穗。正像男儿在他乡，怎能欢喜不憔悴？"

10.4.2　八月上戊社前为上时；掷者，用子一升半也。中戊前为中时；用子二升。下戊前为下时。用子二升半。

译文：10.4.2　八月上戊日最好；撒播的，每亩用一升半种。中旬戊日是中等时候；用二升种。下旬戊日最迟了。用二升半种。

10.4.3　正月、二月，劳而锄之。三月、四月，锋而更锄。锄，麦倍收；皮薄面多。而锋、劳、锄各得再遍，为良也。

译文：10.4.3　正、二月，摩平，锄整。三、四月锋过再锄。锄了，麦收成可以增加一倍，皮薄面多。锋、摩、锄都来上两遍，就好。

10.4.4　今立秋前，治讫。立秋后，则虫生。蒿艾箪盛之[①]，良。以蒿艾蔽窖埋之，亦佳。窖麦法：必须日曝令干，及热埋之。

注释：①箪（dān）：盛种子的草织容器。

译文：10.4.4　今年立秋以前，一定要整治完毕。过了立秋，就会生虫。用蒿艾茎秆编成的篓子盛很好。埋在窖里，用蒿艾塞住窖口也好。窖藏的方法：必须先在太阳下晒干，趁热时进窖。

10.4.5　多种、久居供食者[①]，宜作劁才雕切麦[②]：倒刈，薄布；顺风放火。火既著，即以扫帚扑灭，仍打之。如此者，经夏虫不生[③]，然唯中作麦饭及面用耳。

注释：①久居：预备长久储存，并不一定指人久住一地。居，停积。

②劁（qiáo）麦：将麦子割倒，放火燎过，再脱粒。劁，割。

③经夏：经过夏天。

译文：10.4.5　种得多，预备长久储存来供给食粮的，应当作成劁麦：割下放倒，铺成薄层；顺风放火。火着了以后，用扫帚扑灭，然后脱粒。这样可以经夏天可不生虫；不过，这种劁麦，只可作麦饭，磨面粉。

10.5.1　《礼记·月令》曰[①]：“仲秋之月，乃劝人种麦，无或失时。其有失时，行罪无疑。”郑玄注曰：“麦者，接绝续乏之谷，尤宜重之。”

注释：①《礼记·月令》：汉代戴圣撰。将一年四季及十二个月，分别按孟、仲、季逐月记载物候和礼仪政令。

译文：10.5.1　《礼记·月令》说：“九月，就劝人种麦，不要稍微失了时机。如果失掉了时令，可以不考虑就行罚。”郑玄注解说：“麦是连接粮食缺乏时的谷物，更应当重视。”

10.6.1　《孟子》曰：“今夫麰麦，播种而耰之。其地同，树之时又同。浡然而生[①]，至于日至之时[②]，皆熟矣。虽有不同，则地有肥、硗[③]，雨、露之所养，人事之不齐。”

注释：①浡（bó）然：今本《孟子》作“勃然”。“勃然”与“浡然”，都是借用的形容语。推究起来，都与“孛”字有关：“孛”是彗星或大流星群；也就是一大堆细小的东西，同时爆炸式地表露出来。因此，同时放出一阵粉末称为“勃”（见8.5.2）；一阵小气泡从水中冒出，称为“浡”（就是今日的“泡”字）。

②日至：即夏至、长至。

③硗（qiāo）：土地坚硬不肥沃。

译文：10.6.1　《孟子·告子章句上》说：“大麦小麦之类，种下去，耨过了。土地是一样的，种下去的时间也是一样的。一样地蓬蓬勃勃地生长起来，到了夏至，便都熟了。虽然还是有差异，那是由于地有肥瘦，雨露的营养，人力培植等种种原因不能完全一致之故。”

10.7.1　《杂阴阳书》曰[①]：“大麦生于杏；二百日秀；秀后，五十日成。麦生于亥，壮于卯，长于辰，老于巳，死于午，恶于戌，忌于子、丑。小麦生于桃；二百一十日秀；秀后，六十日成。忌与大麦同。”

注释：①《杂阴阳书》：一部已散佚的古代占候书。

译文：10.7.1　《杂阴阳书》说："大麦在杏出叶时生出，二百天孕穗，孕穗后五十天成熟。麦生日在亥，壮日在卯，长日在辰，老日在巳，死日在午，戊日是恶日，子、丑是忌日。小麦在桃出叶时生出；二百一十天孕穗，孕穗后六十天成熟。忌日和大麦一样。"

10.7.2　"虫食杏者，麦贵。"

译文：10.7.2　"虫吃伤杏实的一年，麦贵。"

10.8.1　种瞿麦法[①]：以伏为时。一名"地面"。良地，一亩用子五升；薄田，三四升。亩收十石。

注释：①瞿麦：石竹科的瞿麦，种子虽有些像麦，但并没有用作食物的。怀疑是"燕麦"；燕麦有时误称为"雀麦"，"雀"字和"瞿"字容易混淆。

译文：10.8.1　种瞿麦的方法：以起伏为下种的时令。又名为"地面"。好地，每亩用五升种；瘦地，三至四升种。每亩可以收十石。

10.8.2　浑蒸[①]，曝干，舂去皮；米全，不碎。炊作飧[⑦]，甚滑。细磨，下绢簁[③]，作饼，亦滑美。

注释：①浑蒸：连壳带仁一齐蒸。浑，整个。

②飧（sūn）：熟饭，用汤汁泡着吃，称为"飧"。

③簁（shāi）：筛子。"簁"即现在的"筛"字。

译文：10.8.2　整粒蒸过，晒干，再舂去皮；米就是整粒的，不破碎。炊熟后用汤水泡着吃，很滑。如果磨成细粉，用绢筛筛过，再做成饼，也很滑很好。

10.8.3　然为性多秽：一种此物，数年不绝；耘锄之功，更益劬劳。

译文：10.8.3　但瞿麦是一种容易变成杂草的植物，种了一次，几年还不能断绝；往后锄草的工夫，就要增加劳苦。

10.9.1　《尚书大传》曰[①]："秋，昏，虚星中，可以种麦。"虚，北方玄武之宿；八月昏中，见于南方。

注释：①《尚书大传》：解释《尚书》的书。旧题西汉伏生撰，可能是伏生弟子张生、欧阳和伯或更后者杂录所闻而成。其书除《洪范五行经》完整外，其余各卷只存佚文。有郑玄注本三卷，已亡佚。这节引文后的注文即为郑玄注。

译文：10.9.1　《尚书大传》说："秋天，黄昏时，虚宿当顶，是种麦的时候。"虚宿是北方玄武星宿；八月黄昏时当顶，在南方出现。

10.10.1　《说文》曰："麦，芒谷。秋种厚埋，故谓之'麦'。麦金王而生，火王而死。"

译文：10.10.1　《说文》说："麦是有芒的谷。秋天下种，厚厚地埋在地里，所以称为'麦'。麦在金旺的季节生出，在火旺的季节死去。"

10.11.1　《氾胜之书》曰："凡田有六道，麦为首种。种麦得时，无不善。夏至后七十日，可种宿麦[①]。早种则虫而有节[②]；晚种，则穗小而少实。"

注释：①宿麦：即冬麦。种下去，要过一年才能收获，所以称为宿。

②虫而有节：石按：这句，意义很难了解。怀疑应作"免虫而有息"，和下文"穗小而少实"对举。卷一《种谷第三》，说明早熟的谷子可以免虫（迟熟的"有虫则尽矣"），而且（整治成粒时）耗折少（多息）；似乎也可以应用到麦上。加一个"免"字，句法可以和下句相称；"有息"也和"少实"相对。据日本大阪市立大学天野元之助教授函告，他所见的《太平御览》，所引《氾胜之书》，这一句是"穗强而有节"，则"虫"是"强"字烂成。

译文：10.11.1　《氾胜之书》说："田地可以接连种六期作物，麦是第一期。在适当的季节种麦，收成没有不好的。夏至后七十天，就可以开始种越冬的麦。种得太早，也许可以不遭到虫害，而且秆节坚硬；种得太迟，穗子不大，子粒不饱满。"

10.11.2　"当种麦，若天旱无雨泽，则薄渍麦种以酢且故反浆并蚕矢。夜半渍，向晨速投之，令与白露俱下。酢浆[①]，令麦耐旱，蚕矢，令麦忍寒。"

注释：①酢（cù）浆：熟淀粉稀薄液经过适当的发酵变化，产生了一些乳酸，有酸味也有香气；古代用来作为清凉饮料。古代将浆和水、醴（发酵所得醅汁，带有原来的饭粒的）、凉（漉清了的醴加上水）、医（刚起酒精发酵的稀粥汤，酒味不浓，更没有酸味的）和酏（稀粥），合称"六饮"。酢，古同"醋"。浆，熟淀粉的稀薄悬浊液。

译文：10.11.2 “该种麦的时候到了，遇到干旱不下雨，地里又没有足够的墒，就用酸浆水浸上蚕粪，稀稀地泡着麦种。半夜泡，在天没亮以前赶快播下，让种子和露水一齐下到地里。酸浆水能使麦耐旱，蚕矢可以使麦耐寒。”

10.11.3 “麦生，黄色，伤于太稠。稠者，锄而稀之。”

译文：10.11.3 “麦苗出土后，如果颜色黄，是太密所引起的损害。太密，可以锄稀一些。”

10.11.4 “秋，锄，以棘柴耧之（以壅麦根）。故谚曰：子欲富，黄金覆！‘黄金覆’者，谓秋锄麦，曳柴壅麦根也。”

译文：10.11.4 “秋天锄麦后，用酸枣柴拖一遍，把土壅在麦根上。俗语说：你想致富，用‘黄金覆’。‘黄金覆’，就是秋天锄过麦，拖着酸枣柴向麦根壅土的意思。”

10.11.5 “至春冻解，棘柴曳之，突绝其干叶。须麦生[①]，复锄之。到榆荚时，注雨止[②]，候土白背[③]，复锄。如此，则收必倍。”

注释：①须麦生：等待麦回青。“须”是等待，这里的“生”。不能解作“出芽”，“生苗”，而只能是“回青”。

②注雨：即“大雨如注”。注，倾泻。

③白背：土壤湿时，地面是黑的；表面现出白色时，便是表面已干，但里面还有潮湿的情形。

译文：10.11.5 “到春天解冻后，用酸枣柴拖过，把干枯的叶子拉断去掉。等到麦回青后，再锄。到榆荚生成，连绵大雨停止后，等地面干到现白色时，再锄。做到这些，收成可以增加一倍。”

10.11.6 “冬雨雪，止，以物辄蔺麦上，掩其雪，勿令从风飞去。后雪，复如此。则麦耐旱多实。”

译文：10.11.6 “冬天，下雪，雪停止后，总要用器具在麦地上辊压，把雪压进地里。不让它随风吹去。再下雪，又这样压。这样，麦就能耐旱，而且种实多。”

10.12.1 “春冻解，耕和土[①]，种旋麦[②]。麦生，根茂盛，莽锄如宿麦[③]。”

注释：①耕和土：将和解的土耕出。和土，指和解的土。

②旋麦：今年种，今年随即可收的春麦。和今年种明年才能收的“宿麦”，即冬麦相对。

③莽锄：粗锄。莽，在这里解作“粗”，是“鲁莽”“莽撞”的意思。也写作“莽”。

译文：10.12.1 “春天解冻后，将和解的土耕出，种当年可收的春麦。麦发芽后，根茂盛的时候，像锄冬麦一样地粗锄。”

10.13.1 氾胜之区种麦：“‘区’大小如‘中农夫区’。禾收，区种。凡种一亩，用子二升。覆土，厚二寸；以足践之，令种土相亲。”

译文：10.13.1 氾胜之区种麦：“区底大小。和‘中农夫区’一样，即‘方七寸，相去二尺’。禾收了之后就开始区种。种每一亩，用二升种。种子上，盖二寸土；用脚踏实，使种子和土紧密接近。’”

10.13.2 “麦生根成[1]，锄区间秋草。缘以棘柴律土[2]，壅麦根。秋旱，则以桑落时浇之[3]。秋，雨泽适，勿浇之！”

注释：①成：《齐民要术》各版本都作“成”。“成”字不易解；参照10.12.1条旋麦“麦生，根茂盛，莽锄如宿麦”的“茂盛”，应改作“茂”或“盛”。“盛”或“茂”两字，都很容易误写作字形相似的“成”。

②缘以棘柴律土：各本都作“缘”。“缘”字不可解；可能应改作字形相近的“還”。律，本条中有两处“棘柴律之”。“律”字的解释，应当和10.11.4条的“棘柴耧之”的“耧”字，10.11.5条的“棘柴曳之”的“曳”字，相似。现在粤语系统的方言中，用手排除障碍向前推进，称为“律（lat）过”，可以作这里“律”字的解释。这是用汉字为粤语记音，与字义无关。“t”是入声标记。

③桑落时：即桑树落叶的时候，是很明显的物候。

译文：10.13.2 “麦出苗，根长好之后，把区间的秋草锄掉。又用酸枣柴拖过地面，把泥土壅在麦根上，秋天天旱，待桑树落叶时浇水。秋天雨好，或地里还有墒，就不要浇。”

10.13.3 “麦冻解[1]，棘柴律之，突绝去其枯叶。区间草生，锄之。”

注释：①麦冻解：石按：比照10.11.5和10.12.1各条，“麦”应当改作“春”字。解释为春天解冻。行书的“麦”字和“春”字很容易相混，可能就是这样引起的错误。

译文：10.13.3　“春天解冻后，用酸枣柴拖过，把枯叶拉断去掉。区间长了草，要锄。”

10.13.4　“大男大女治十亩。至五月，收；区一亩得百石以上，十亩得千石以上。”

译文：10.13.4　“成年男女劳动力，每人管十亩。到五月，收割；一亩地可以得到百石以上，十亩就是千石以上。”

10.14.1　“小麦忌戌；大麦忌子。除日不中种①。”

注释：①除日：我国古代历法兼顾了太阳（日）和太阴（月）两种周期，作了妥善的安排，因此，对于气候、物候、日月躔道等，都可作正确的预告。甲骨文字中已存在的干支，一直就沿用着作为纪年、纪月、纪日、纪时的次第。由干支配合所演生的“六十甲子”，记载着年、月、日的循环，也很便利。但是在演进的过程中，逐渐沾染了许多唯心的成分。于是乎就有岁占、月占、日占等附会迷信的附加物。所谓“建除”，便是其中之一。这里所谓“除日”，是指“日建”逢“除”，不是指“大年夜”（阴历每年最后一日）的“岁除日”（除夕）。中（zhòng）：可以。

译文：10.14.1　“小麦，忌逢戌的日子；大麦，忌逢子的日子。日建逢除，都不可以种。”

10.15.1　崔寔曰：“凡种大小麦，得白露节，可种薄田；秋分，种中田；后十日，种美田。”

译文：10.15.1　崔寔说：“种大麦和小麦，白露节过后，薄地就可以开始种；中等地，秋分后开始；好地，秋分后十天开始。”

10.15.2　“唯䵃①，早晚无常。”

注释：①䵃（kuàng）：䵃麦。又名“穬麦”。大麦的一种。芒长，成熟时自然脱粒，粒外有皮。

译文：10.15.2　又说：“穬麦没有一定的早晚。”

10.15.3　“正月，可种春麦、豍豆①。尽二月止②。”

注释：①豍豆：上面《大豆第六》条末了，也引有崔寔的话，是“正月可种豍豆，二月……”却没有“春麦”两字。可能现在这一句，才是崔寔《四民月令》的原文。

②尽（jǐn）二月：二月底。“尽”字读上声，在这里作介词用，表示以某个范围为最大限度。

译文：10.15.3　又说：“正月，可以种春麦和豍豆。到二月底止。”

10.16.1　“青稞麦，治打时稍难[①]，唯伏日用碌碡碾[②]。右每十亩[③]，用种八斗。与大麦同时熟。好，收四十石，石，八九斗面[④]。

注释：①治打：即脱粒。治，整治。

②碌碡（liù zhou）：碾压用的农具。

③右：在此处无任何意义，是衍字。

④石，八九斗面：明钞、金钞都只上句末了有一“石”字；《群书校补》所据钞本同。《秘册汇函》系统版本，“石”字重叠。依文义说“八九斗面”上如果有这“石”字（意思是“每石”，说明面的来历），便交代得清楚些，所以依明清刻本补一“石”字。但面用斗（容量）作为计算单位，颇为离奇；恐怕还有其他问题。

译文：10.16.1　青稞麦，脱粒比较难些，只有在伏天晒透，用碌碡碾。每十亩地用八斗种子。和大麦同时熟。种实很好，十亩地可以收四十石，每石可以得八、九斗面。

10.16.2　堪作麨及馎饦[①]，甚美；磨尽无麸。

注释：①麨（chǎo）及馎饦（bó tuō）：炒面和饼。

译文：10.16.2　可以做炒面、烙饼，味好；磨尽不出麸皮。

10.16.3　锄一遍，佳；不锄亦得。

译文：10.16.3　锄一遍固然好，不锄也可以。

水稻第十一

题解：11.1.1—11.1.7为篇标题注。本篇标题注中记述了当时已知的水稻品种。

正文中对种稻的时令，如何将土地治整成适合种水稻的稻田，水稻的田间管理，水稻的收获及稻种的储藏，舂稻米的注意事项等都做了详细地记述。

11.3.1中水稻先浸种到“芽长二分”再播种的记叙，可能是有关“浸种”的最早文字记载。

水稻，产量高。因为它能靠水层保持比较稳定的温度，所以对水的要求很严格。水过多过少都不能生长，含泥过多的浊水也对生长不利。水稻种植的关键之.是管好水。本篇详细介绍了管理水稻田用水的办法，其中11.15.3抄录《氾胜之书》中两套为稻田保持初春与盛夏水温的办法，简便而巧妙。

11.1.1　《尔雅》曰：“稌[①]，稻也。”郭璞注曰[②]：“沛国今呼稻为‘稌’[⑦]。”

注释：①稌（tú）：稻。

②郭璞：东晋文学家、训诂学家。为《尔雅》作注。

③沛国：东汉改沛郡为沛国，故治在今安徽宿州。

译文：11.1.1　《尔雅·释草》说：“稌是稻。”郭璞注解说：“沛国现在称稻为‘稌’。”

11.1.2　《广志》云：“有虎掌稻、紫芒稻、赤芒稻（白米）[①]。南方有蝉鸣稻（七月熟）；有盖下白稻（正月种，五月获；获讫，其茎根复生，九月熟）；青芋稻（六月熟）、累子稻、白汉稻（七月熟），此三稻：大而且长，米半寸，出益州[②]。秔：有乌秔、黑矿、青函、白夏之名。”

注释：①赤芒稻（白米）：紫芒、赤芒，是指谷粒外面的附属物有紫色或赤色色素，但胚乳（米）是白的。

②益州：汉置，在今四川省。治所先后在广汉、绵竹、成都。

译文：11.1.2　《广志》说：“有虎掌稻、紫芒稻、赤芒稻（米是白的）。南方有蝉鸣稻（七月成熟）；有盖下白稻（正月种，五月就可收获；收过，根上又生出稻荪，九月又成熟了）；青芋稻（六月成熟）、累子稻、白汉稻（七月成熟），这三种，米粒大而且长，一粒米长到半寸，出益州。秔，有乌秔、黑秔、青函、白夏等名目。”

11.1.3 《说文》曰："穄[1]，稻紫茎，不黏者。""稉，稻属。"

注释：①穄（fèi）：一种紫秆不黏的稻。

译文：11.1.3 《说文》记有："穄，是茎干紫色的稻，不黏的。""稉，稻类。"

11.1.4 《风土记》曰[1]："稻之紫茎[2]；稴[3]，稻之青穗；米，皆青白也。"

注释：①《风土记》：西晋周处所作，现已散佚。周处（约236—297），义兴阳羡（今江苏宜兴南）人。相传少年时横行乡里，父老将其与蛟、虎合称"三害"，后发愤改过。其所作《风土记》记述宜兴及其附近地区的风土习俗。

②稻之紫茎：石按：此句脱漏了作"主格"的"穄"字，应是："穄，稻之紫茎"，即：穄是紫茎的稻。

③稴（xián）：籼稻。米粒烧煮后较松散，不相黏着。

译文：11.1.4 《风土记》说："穄是紫茎的稻，稴是青穗的稻，米都是青白色。"

11.1.5 《字林》曰[1]："秜力脂反[2]：稻，今年死，来年自生，曰'秜'。"

注释：①《字林》：西晋文字学家吕忱著的字书，增补《说文》所未备，现已散佚。

②秜（ní）：稻谷种子落地后，明年自行生长。后称穞生稻。

译文：11.1.5 《字林》说："'秜'：稻，今年死，明年自然又生出的，叫'秜'。"

11.1.6 案今世有黄瓮稻、黄陆稻、青稗稻、豫章青稻、尾紫稻、青杖稻、飞蜻稻、赤甲稻、乌陵稻、大香稻、小香稻、白地稻、菰灰稻（一年再熟）[1]。

注释：①菰灰：可能是说稻熟时，"菰首"（茭郁）中的孢子也成熟而显现着灰色。

译文：11.1.6 现在有黄瓮稻、黄陆稻、青稗稻、豫章青稻、尾紫稻、青杖稻、飞蜻稻、赤甲稻、乌陵稻、大香稻、小香稻、白地稻、菰灰稻（一年两熟）。

11.1.7 有秫稻[1]；秫稻米，一名"糯"奴乱反米，俗云："乱米"，非也。有九稆秫、雉目秫、大黄秫、棠秫、马牙秫、长江秫、惠成秫、黄般秫、方满秫、虎皮秫、荟柰秫[2]，皆米也。

注释：①秫（shú）稻：糯稻。秫，泛指谷物之有黏性者。

②稆（hé）：禾属，似黍而小。

译文：11.1.7 还有秫稻；秫稻米又名为糯米，一般误称"乱米"，是错误的。有九稆秫、雉目秫、大黄秫、棠秫、马牙秫、长江秫、惠成秫、黄般秫、方满秫、虎皮秫、荟柰秫，都是秫米。

11.2.1　稻，无所缘；唯岁易为良。选地，欲近上流。地无良薄，水清则稻美也。

译文： 11.2.1　稻不要什么特殊条件；只要每年换田就好了。选地，要靠近上游。不论地好地坏，总之水清就长得好。

11.2.2　三月种者，为上时；四月上旬为中时；中旬为下时。

译文： 11.2.2　三月种，是上等时令；四月上旬是中等时令；四月中旬便是最迟了。

11.2.3　先放水；十日后，曳陆轴十遍[①]。遍数唯多为良。

注释： ①陆轴：辊压水田，用以平地，同时压死杂草的一种农具：是一个木架，具有笋轴，轴上装一重的石制或木制重辊。见图九（仿自王祯《农书》）。

译文： 11.2.3　先将水放干：十天之后，用陆轴拖十遍。遍数越多越好。

11.3.1　地既熟，净淘种子，浮者不去，秋则生稗。渍。经五宿，漉出，内草篅市规反中裛之[①]。复经三宿，牙生。长二分，一亩三升，掷。

注释： ①内：同"纳"，放入。篅（chuán）：盛谷的圆形容器，用草编织成。裛（yì）：保温保湿的处理，对有萌发力的稻种子，有催促萌发的效果。但如所用温度过高，再"裛"便可消灭发芽力。

译文： 11.3.1　地熟之后，将稻种淘净，浮的不除掉，秋天就生成稗子。用水泡着。过了五夜，漉出来，放在草篮中保温保湿。再经过三夜，芽就出来了。芽有二分长时，一亩地撒播三升种子。

11.3.2　三日之中，令人驱鸟。

译文： 11.3.2　播种之后，三天之内，要有人守着赶鸟。

11.4.1　稻苗长七八寸，陈草复起，以镰侵水芟之[①]，草悉脓死。稻苗渐长，复须薅[⑦]；拔草曰"薅"，虎高切。薅讫，决去水，曝根令坚。量时水旱而溉之。

注释： ①芟（shān）：割草。

②薅（hāo）：拔，除去。

译文： 11.4.1　稻秧有七至八寸长时，已死的杂草，又长起来了，用镰刀就水面以下割掉，草全泡坏死了。稻苗慢慢长大，再要薅；拔草叫薅。薅完，放掉水，让太阳把根晒硬。依天时的水旱，估量着灌些水。

11.4.2　将熟，又去水。

译文： 11.4.2　稻子快熟时，又放掉水。

11.5.1　霜降获之[1]。早刈，米青而不坚；晚刈，零落而损收。

注释： ①获：收割，收获。

译文： 11.5.1　霜降时收获。割得太早，米绿色，不坚实；太晚，落粒，会减损收成。

11.6.1　北土高原，本无陂泽，随逐隈曲而田者，二月，冰解地干，烧而耕之[1]，仍即下水。十日，块既散液[2]，持木斫平之[3]。

注释： ①烧而耕之：用火烧地，有以下几种作用：（1）提高土壤温度；（2）消灭一部分原生动物和不利于高等植物的细菌；（3）催促硝化；（4）使某些有机质腐败中间产物挥散等。现在福建省还有"烘田"的操作。

②液：作动词用，即变成融和流动的情况。

③木斫（zhuó）：即耰（yōu），一种大的木椎（槌）。

译文： 11.6.1　北方高原，本来没有蓄水的陂和塘，只随地势低洼些的地方作成稻田的，二月间，解冻了，地面干了，烧过耕翻，随即放水进去。十天后，土块都已泡散化开，用木作的"斫"，打平。

11.6.2　纳种如前法[1]。既生，七八寸，拔而栽之。既非岁易，草稗俱生，芟亦不死。故须栽而薅之。溉灌收刈，一如前法。

注释： ①纳种：下种。这是本书中用"纳"字的少数例子之一。

译文： 11.6.2　像上面的方法下种。秧苗生出，有七八寸长后，拔起来栽过。因为不是每年换田，草和稗子生出来的很多，芟也芟不死，只有栽了秧之后来薅。浇灌和收割，都和上面说的一样。

11.6.3　畦大小无定，须量地宜，取水均而已。

译文： 11.6.3　种稻的田，畦子大小没有定准，全看地势决定，不过务必要使田里水

的深度平均。

11.7.1　藏稻，必须用箪[①]；此既水谷，窖埋得地气则烂败也。若欲久居者，亦如劁麦法。

注释：①箪（dān）：古代盛饭及谷物的圆竹器。

译文：11.7.1　贮藏稻种，必须用箪；稻本来是水生谷类，埋在窖里，得到地气，就会腐烂败坏。如果想保藏得久些，也可以用作劁麦的方法。

11.8.1　舂稻：必须冬时，积日燥曝，一夜置霜露中，即舂。若冬舂不干，即米青、赤脉起；不经霜，不燥曝，则米碎矣[①]。

注释：①"若冬"几句：这几句小注，可能有次序颠倒的情形。"不燥曝"三字，也许该在"不干"上面或下面。"不经霜"下面，可能漏一"露"字。

译文：11.8.1　舂稻：必须在冬天，连晒几日，干后，在霜露里过一夜，立即舂。如果冬天舂而不干，米就会起青色红色的纹道；不经霜露，一舂就碎了。

11.9.1　秫稻：法一切同。

译文：11.9.1　秫稻的一切种植栽培方法，都和粳稻一样。

11.10.1　《杂阴阳书》曰："稻生于柳或杨；八十日秀；秀后，七十日成。戊、己、四季日为良，忌寅、卯、辰，恶甲、乙。"

译文：11.10.1　《杂阴阳书》说："稻在杨树或柳树出叶时生出；生后八十天孕穗，孕穗后七十天成熟。戊、己和四季日好，忌日是寅、卯、辰，甲、乙是恶日。"

11.11.1　《周官》曰："稻人掌稼下地。"以水泽之地种谷也；谓之"稼"者，有似嫁女相生。

译文：11.11.1　《周官》说："'稻人'掌管在低地种庄稼。"就是在有水的沼泽地里种谷物；称为'稼'，是因像嫁女一样，可以获得同类的后裔。

11.11.2　"以'猪'蓄水[①]，以'防'止水[②]，以'沟'荡水[③]，以'遂'均水[④]，以'列'舍水[⑤]，以'浍'写水[⑥]，以涉扬其芟[⑦]，作田。郑司农说"猪""防"以《春秋传》[8]，曰：“町原防，规偃猪”；“以列舍水”，“列”者非一道以去水也；“以涉扬其芟”，以其水写，故得行其田中，举其芟钩也。杜子春读“荡”为“和荡”；谓“以沟行水也”。玄谓：“‘偃猪’者，畜流水之陂也；‘防’，猪旁堤也；‘遂’，田首受水大沟也；‘列’，田之畦也；‘浍’田尾去水大沟；‘作’，犹治也。开遂，舍水于列中；因涉之，扬去前年所芟之草，而治田种稻。”凡稼泽，夏，以水殄草[9]，而芟夷之[10]。”殄，病也，绝也。郑司农说“芟、夷”以《春秋传》，曰：“‘芟、夷、蕴、崇之’：今时谓‘禾下麦’为‘夷下麦’，言芟刈其禾，于下种麦也。”玄谓：“将以泽地为稼者，必于夏六月之时，大雨时行，以水病绝草之后生者；至秋，水涸，芟之。明年乃稼。”

注释：①猪：同“潴”，水停聚处。

②防：本义是土筑的厚墙，作为遮蔽或阻挡某些灾害用。此处的“防”可解为“堤”。

③沟：干渠。

④遂：田首（田和沟接头的地方）的给水大渠。

⑤列：指田中的畦。舍：停留、止息。

⑥浍（kuài）：田尾（田距沟远一端）的排水渠。写（xiè）：倾泻。

⑦以涉扬其芟（shān）：可以从蓄水的地里，涉着水走过，将刈断的野草排除，芟，割草。

⑧郑司农：郑众，东汉人。这一段中的小字是郑玄的注解。其中，郑司农是指郑众，因和其父经学家郑兴在郑玄之前，所以并称为“先郑”；又因曾任大司农，故后世称其为“郑司农”，以便和“后郑”（即郑玄）区别。（本书中“郑司农云”，一般是郑玄所引用的郑众的话）。《春秋传》：即《春秋左传》，解释《春秋》的书。

⑨殄（tiǎn）：灭绝，绝尽。

⑩芟夷：同“芟荑”“芟刈”，割草。

译文：11.11.2 “水，用‘潴’蓄积着，用堤阻拦着，用干渠通出去，用给水大渠来分配；让水在畦中停留些时，然后由排水渠排泄出去。随着，便可以从蓄水的地里，涉着水走过，将刈断的野草排除，作成稻田。郑玄注解说：“郑众用《春秋左氏传》‘町原防，规偃猪’两句，来解释‘猪’和‘防’；用‘列是许多水道来排去水’来解‘以系列排去水’；用‘因为水已泻去，所以可以在田中扬动芟钩’来解‘以涉扬其芟’。杜子春将‘荡’体会成‘和荡’（荡动调和）的‘荡’；所以‘以沟荡水’该解作‘用沟来使水和荡运行。’”我（郑玄）以为：“‘偃猪’是成片的大洼地，可以截蓄流水的；‘防’，就是‘偃猪’周围的堤；‘遂’，是田和沟接头的地方，承受水的大渠；‘列’，是田中的畦；‘浍’，是田距沟远一端的，排水出

去的大沟；'作'就是'整治'。将'遂'开开，让水到行列中停留；随着，涉水走过，把去年所芟的草扬开，作成田来种稻。"要在停水的地方种庄稼，便得在夏天有水时，让水把野草淹死，割平它们。"郑玄注："殄是使……受害，使……断绝。郑众用《春秋左氏传》的'芟、夷、蕴、崇之'来解释'芟、夷'，以为现在（应当了解为二郑的当时，即东汉！）将'禾下麦'称为'夷下麦'，就是说'芟夷了禾，在禾茬地里种麦'。"我（郑玄）以为："如想在沼泽地种庄稼，必须在夏天六月间，常下大雨的季节里，让水把后来生出来的野草淹死；到秋天水干后，割去已淹死的草。明年才可以种庄稼。"

11.11.3 "泽草所生，种之'芒种'。"郑司农云："泽草之所生，其地可种'芒种'。""芒种"，稻、麦也。

译文：11.11.3 "长泽草的地方，种各种有芒的'芒种'。"郑众注解说："泽草生长的地方，地可以种'芒种'。""芒种"，指稻子、麦子。

11.12.1 《礼记·月令》云："季夏，大雨时行；乃烧、薙、行水[①]，利以杀草，如以热汤。郑玄注曰："薙，谓迫地杀草。此谓欲稼莱地，先薙其草；草干，烧之。至此月大雨流潦，畜于其中，则草不复生，地美可稼也。""薙氏，掌杀草：春草生而萌之，夏日至而夷之，秋绳而芟之[②]，冬日至而耜之。若欲其化也，则以水火变之。"可以粪田畴，可以美土强。"注曰："土润、溽暑，膏泽易行也。粪美，互文；土强，强檕之地[③]。"

注释：①薙（tì）：除去野草。此处是"平地面割草"。

②秋绳而芟之：秋天草结实时，割去。绳，孕，结实。

③檕（jiàn）：坚土。

译文：11.12.1 《礼记·月令》："六月，常降大雨；就烧掉平地面割下来的草，让水来浸着，利用它来杀草，像用热水一样。郑玄注解说："薙是贴近地面杀掉草。这就是说，要在长草的地上种庄稼，先要薙掉草；草干后，烧掉它。到六月，大雨，将潦水留在地里，草不能再生出来，地也就肥沃可以种了。""《周官》'薙氏'，专管杀草：青草发芽时，除掉已经长出的萌芽，夏至前后用镰贴地割掉，秋天结实时割去，冬天用耜把它耕翻。如果还想使它变化到土地里，可以用水浸或火烧。"可以使田肥，可以使硬土变好。"郑玄注解说："土潮湿，天气湿热，肥水容易行动。肥和美是一件事；土强，指强檕之地。"

11.13.1 《孝经援神契》曰："污泉宜稻[①]。"

注释：①污（wū）：低洼。

译文：11.13.1　《孝经援神契》说："低洼和有地下水的地，宜于种稻。"

11.14.1　《淮南子》曰[①]："蓠先稻熟而农夫薅之者，不以小利害大获。"高诱曰："蓠，水稗。"

注释：①《淮南子》：西汉淮南王刘安及其门客著。亦称《淮南鸿烈》。注本有东汉高诱《淮南鸿烈解》。

译文：11.14.1　《淮南子·泰族训》说："水稗比稻子先成熟，但农夫却要薅掉它，不因为有小的利益，妨害大的收获。"高诱注解说："蓠就是水稗。"

11.15.1　《氾胜之书》曰："种稻：春冻解[①]，耕反其土。种稻区不欲大，大则水深浅不适。"

注释：①"种稻"二句：《太平御览》所引，作"种稻，春解冻，地气和时耕"。"地气和时"四字，值得注意。

译文：11.15.1　《氾胜之书》说："种稻：春天解冻后，把田里的土耕翻转来。种稻的窝不可以太大，大了，水的深浅不容易调节得合适。"

11.15.2　"冬至后一百一十日[①]，可种稻。稻，地美，用种亩四升。"

注释：①冬至后一百一十日：冬至后一百二十日，是"谷雨"节；种稻不能迟于谷雨。所以说"冬至后一百一十日，可种稻"。

译文：11.15.2　"冬至后一百一十日，可以种稻。好田，一亩地用四升种子。"

11.15.3　"始种，稻欲温。温者，缺其塍[①]，令水道相直[②]。夏至后，大热，令水道错。"

注释：①塍（chéng）：隔在两"坵"田相邻处的土埂。现在湖南、江西口语中还保存这个字。四川称为田埂（gěng）。

②相直："直"字，依现在的习惯应改写作"值"。"相值"，即在一条线上，相当

相对。水道相值，水的流动只是局部的，所以一“坵”田中的水，温度变化比较小；白天晒热后，晚上还可以保持温暖。如“水道错”，则两坵田中水的流动面就大了（因为更换得多），所以可避免过高的水温。

译文：11.15.3 “稻苗刚出不久，要温暖些。如果使田塍的缺口相对，让水成直线流动，就可以保温，夏至以后，水晒得太热，就该使水流的方向，彼此错开。”

11.16.1 崔寔曰：“三月可种秔稻。稻：美田欲稀，薄田欲稠。”

译文：11.16.1 崔寔《四民月令》说：“三月可以种秔稻。稻子，好田要稀，瘦田要稠。”田要稠。”

11.16.2 “五月可别种及蓝①，尽夏至后二十日，止。”

注释：①可别种：种，应依《古逸丛书》本《玉烛宝典》所引崔寔《四民月令》，改为“稻”。别，分栽。

译文：11.16.2 “五月，可以分栽稻和蓝，尽夏至后二十天为止。”

旱稻第十二

题解：旱稻是对水要求较低的品种，耐旱也耐涝。它适宜在春旱而夏秋易涝的低洼地区种植，即“旱稻用下田”。本篇介绍了如何整治种旱稻的田土，旱稻播种的时令、方法以及它的田间管理。最后还介绍了高地种旱稻的注意事项。

12.1.1　旱稻用下田，白土胜黑土。非言下田胜高原，但夏停水者，不得禾、豆、麦。稻，田种，虽涝亦收；所谓彼此俱获，不失地利故也。下田种者，用功多①；高原种者，与禾同等也。

注释：①“非言下田”至“用功多”：怀疑这段小注有脱漏和错字的可能，整个小注，应当是“非言下田胜高原，但夏停水者，不得禾、豆、麦。下田种稻，虽涝亦收；所谓彼此俱获，不失地利故也。下田种豆、麦者，用功多；高原种者，与禾同等也”。上面《大小麦第十》，曾说明小麦需要下田；但夏天停水的下田，仍不宜于种麦，因为麦是究竟怕夏涝的。稻，无论水稻旱稻，都能耐涝，所以“虽涝亦收”，与小麦不同。这样反复着重地说明稻特别适宜于下田，其他作物，在下田中没有像稻那么有利，是“用下田”的理由所在。

译文：12.1.1　旱稻用低地，白土比黑土好。用低地，并不是说低地比高原好，只是因为夏天积水的地，不能种谷子、麦或豆子。稻，种在低地，就是有涝水，也有收成：这样，两种地都有收获，不会有损失地力的情形。低地种豆、麦，用的人工多；高原种的，用的人工和谷子一样。

12.1.2　凡下田停水处，燥则坚垎，湿则污泥，难治而易荒，硗埆而杀种（其春耕者，杀种尤甚！）①。故宜五六月暵之，以拟麦。麦时，水涝不得纳种者，九月中复一转；至春种稻，万不失一。春耕者，十不收五，盖误人耳。

注释：①硗埆（qiāo què）：田土瘠薄，现在习惯写作“硗确”。杀种：即耗费种子。

译文：12.1.2　有积水的低田，干时硬而板结，湿时成浆，难于耕种，容易长草；地瘦，耗费种子很多（春天耕的，耗费种子的分量更大）。应当在五月、六月翻开来，让太

阳晒过，预备种秫麦。到了种麦时，潦水存留着不能下种的，九月间再翻转一遍；到第二年春天种稻，便万无一失。春天才耕的，十次难有五次收成，就会误事了。

12.2.1　凡种下田，不问秋、夏，候水尽，地白背时，速耕，杷、劳，频烦令熟[①]。过燥则坚，过雨则泥，所以宜速耕也。

注释：①频烦：即重叠多次。

译文：12.2.1　种低下地，不管秋天或夏天，等水干后，地面发白时，赶快耕翻、杷、摩平，多次地整治，使它和熟。太干是硬的，雨多时是浆的，所以要赶快耕翻。

12.2.2　二月半种稻，为上时，三月为中时，四月初及半为下时。

译文：12.2.2　二月半下种，是最上的时令，三月是中等，四月初到四月半，便是最迟的。

12.2.3　渍种如法，裛令开口[①]。耧耩掩种之[②]，掩种者，省种而生科，又胜掷者。即再遍劳。若岁寒早种，虑时晚，即不渍种，恐牙焦也[③]。

注释：①裛（yì）：通“浥”，沾湿。

②掩种：依卷一《耕田第一》中1.3.4的用法，“掩”字应作从“禾”的“稖”，即耕时将耕翻的土块，盖在种子上面。

③牙焦：牙，即“芽”字。芽焦，是已发芽的稻种，如果撒种后遇了寒冷，可能枯焦，反不如用未浸过而没有发芽的，抗寒力大。

译文：12.2.3　浸种像前篇所说的办法，保湿保温，让种被裂开，耧耩点下，盖土，稖种的，种子用得省，科丛大，比撒播强。跟着，摩两遍。如果某年春天还很寒冷，需要早些种，担心时令迟，就不要浸种；浸过的种子，发了芽的，可能受冻而枯焦。

12.2.4　其土黑坚强之地，种未生前遇旱者，欲得令牛羊及人履践之。湿，则不用一迹入地。稻既生，犹欲令人践垄背。践者茂而多实也。

译文：12.2.4　土黑而坚实的地，种下去没发芽，遇着天旱，要叫牛羊和人踏过。湿时，就不可有一只脚进地里去。稻发芽后，还要有人从垄脊上踏过。踏过，苗就长得茂盛，结实多。

12.3.1　苗长三寸，杷、劳而锄之。锄唯欲速。稻苗性弱，不能扇草[①]，故宜数锄之。每经一雨，辄欲杷、劳。苗高尺许，则锋。

注释：①扇草：生长比草快，能将草荫盖压倒。扇，荫蔽妨碍。

译文：12.3.1　苗有三寸长时，耙、摩平，再锄。锄务必要快。稻苗柔弱，不能将杂草荫盖下去，所以要多锄，除草。每下过一次雨，就要耙、摩。秧苗到一尺左右高，就改用锋。

12.3.2　天雨无所作，宜冒雨薅之。

译文：12.3.2　天下雨，做不了其他活时，就冒雨去薅稻田。

12.3.3　科大，如概者，五六月中，霖雨时，拔而栽之。栽法欲浅，令其根须四散，则滋茂；深而直下者，聚而不科。其苗长者，亦可捩去叶端数寸[①]，勿伤其心也。入七月，不复任栽[②]。七月百草成，时晚故也。

注释：①捩（liè）去叶端数寸：把叶尖拧掉几寸。捩，拗折，折断。这样纠正过盛的营养性生长，来催促开花，是稻农们所熟知的一种补救办法；凡氮肥过多，稻叶长得太旺时，都可以这样做。又这样地“分科”，应当就是上篇末了11.16.2所引崔寔《四民月令》中“五月可别种（稻）”所指的办法。

②任：在此当“可能”“有可能”“作得到”等解。

译文：12.3.3　稻科丛长大了，如嫌太稠，五六月里，下大雨时，拔起来另外栽。栽要浅浅地着土，叫根须向四面散开，就长得茂盛；如果深栽，根直往下长，攒紧着的科丛长不大。苗太长时，可以把叶尖拧掉几寸，但注意不要扭断了花序。到七月，便不能再移栽了。七月草本植物已经停止生长，时间太晚了。

12.4.1　其高田种者，不求极良，唯须废地。过良则苗折[①]，废地则无草。

注释：①折：倒伏。

译文：12.4.1　高地种旱稻，不要求极肥的田，只需用刚种过的地。太肥的地容易倒伏，种过的地没有多少杂草。

12.4.2　亦秋耕，杷，劳，令熟；至春，黄场纳种[①]。不宜湿下。余法悉与下田同。

注释：①黄场纳种：赶黄色墒下种。场，即“墒”（参看《黍穄第四》4.3.2注①）。“纳”字是本书不常见的字；第一段12.1.2和这一段，连用了两次“纳种”。

译文：12.4.2　也是秋天耕翻，杷过、摩平，要匀要熟，到春天赶黄色墒下种。不要太湿时下。其余办法，和低地种的一样。

胡麻第十三

题解：13.1.1—13.1.4为篇标题注。

胡麻即芝麻（又称“脂麻”）。本篇介绍了它播种的时令，播种的方法。贾思勰对不同的农作物要用不同的方法收获，才能得到最理想的收成，是再三强调的；本篇13.4记述的收胡麻的方法就很具特色。

13.1.1 《汉书》张骞“外国得胡麻”①，今俗人呼为“乌麻”者非也。

注释：①《汉书》：又名《前汉书》。东汉班固（32—92）所撰，是中国第一部纪传体断代史。张骞（？—前114）：西汉汉中成固（今陕西城固县）人。“张骞外国得胡麻”句，其中省去一“自”字。但今本《汉书》中未见此句，也没有见到“胡麻”这个名称，不知其所本。

译文：13.1.1 《汉书》记载：张骞从外国得来胡麻；现在（后魏）人称为“乌麻”是错误的。

13.1.2 《广雅》曰：“狗虱、胜茄，胡麻也。”

译文：13.1.2 《广雅》说：“狗虱、胜茄，就是胡麻。”

13.1.3 《本草经》曰：“胡麻，一名巨胜，一名鸿藏①。”

注释：①胡麻，一名巨胜，一名鸿藏：《秘册汇函》系统版本，作“菁蘘一名巨胜”。据《本草纲目》所引，陶弘景《名医别录》，是“胡麻又名巨胜；‘菁蘘’巨胜苗也”。

译文：13.1.3 《本草经》说：“胡麻又名巨胜，又名为鸿藏。”

13.1.4 案今世有白胡麻、八棱胡麻。白者油多，人可以为饭。柱治脱之烦也①。

注释：①柱治脱之烦也：“柱”字不可解，应当是“但”或“惟”。两字都有些和“柱”字相像，写时混了。治，整治。

译文：13.1.4　案：现在（后魏）有白胡麻、八棱胡麻。白的油多，种仁可以作成饭吃。不过脱皮很麻烦。

13.2.1　胡麻宜白地种。二、三月为上时，四月上旬为中时，五月上旬为下时。月半前种者，实多而成；月半后种者，少子而多秕也。

译文：13.2.1　胡麻该种白地。二、三月种是最好的时令，四月上旬是中等时令，最迟五月上旬。月半以前种的，种子多而饱满；月半以后种的，子少而空壳多。

13.2.2　种，欲截雨脚；若不缘湿，融而不生①。一亩用子二升。

注释：①融而不生：消融而不发芽。融，融和，消融。胡麻种子很小，留在耕过的干燥土壤中，可能由于被鸟类啄食或地里面的小动物吃掉搬走，尚未发芽便“自然消灭”了。

译文：13.2.2　要趁雨还没有完全停时，就播下；如不趁湿播下，就化掉了，不发芽。一亩用二升种子。

13.2.3　漫种者，先以耧耩，然后散子，空曳劳①。劳上加人，则土厚不生。耧耩者，炒沙令燥，中和半之。不和沙，下不均；垄种若荒，得用锋耩。

注释：①空曳劳：拖着上面不坐人的空劳。劳，是一种用牲口拉着（曳）来荡平耕地的农具，上面可以坐人。

译文：13.2.3　撒播时，先用耧耩，然后撒子，再用空劳摩平。劳上加了人的重量，盖的土就嫌厚，不出芽。用耧耩下种的，先把沙炒干，和上沙，一半一半地下。不加沙，不容易下均匀；垄种时，如果地里已经长了杂草，可以锋或者耩。

13.3.1　锄不过三遍。

译文：13.3.1　锄，不过三次。

13.4.1　刈束欲小，束大则难燥，打手复不胜。以五六束为一丛，斜倚之。不尔，则风吹倒，损收也。

译文：13.4.1　收割后，扎成的把要小，把太大不容易干，打时手也不容易握住。五六把摆成一丛，斜斜地彼此靠着。不然，风一吹倒，子就损失掉一些了。

13.4.2　候口开，乘车诣田斗薮[1]，倒竖，以小杖微打之。还丛之。三日一打，四五遍乃尽耳。若乘湿横积，蒸热速干，虽日郁裛，无风吹亏损之虑。裛者，不中为种子；然于油无损也。

注释：①斗薮：现写作“抖擞”，即提起来敲打。

译文：13.4.2　等果皮裂开，乘着大车到田里去“斗薮”，倒竖着，用小棍轻轻敲打。再堆成丛。三天打一次，打四五遍，才收得完。要是趁湿横着堆积，郁闷着有热气，反倒还干得快些。这样，虽说“浥”过了，究竟不怕有风吹散去的损失。浥过的，不能用来作种子；但油量不会损失。

13.5.1 崔寔曰：“二月、三月、四月、五月，时雨降，可种之。”

译文：13.5.1　崔寔说：“二、三、四、五月，下了合时的雨，可种胡麻。”

种瓜第十四
茄子附

题解：“种瓜第十四”这个篇标题，在卷首总目中，各本都同样是“种诸色瓜第十四 茄子附”，与篇中内容相称。

14.1.1—14.1.10为篇标题注。本篇标题注中错字、疑问颇多，《齐民要术今释》的作者经仔细校勘、推断，加了大量注释以释疑，请读者注意。

蔬菜园艺，是我国农业生产上最光辉、伟大的成就之一：历史最悠久，种类最丰富，品质也很优良。重视蔬菜栽培，是我国农业生产的另一个特点。《齐民要术》里，从本篇起到第二十八篇都是记述蔬菜的；也许第二十九篇“种苜蓿”在当时也还有一半是当作蔬菜用的，因此，贾思勰将其收入卷三，与其余蔬菜放在一起。《齐民要术》中叙述的，当时在黄河流域栽培着作为蔬菜的植物，已有31种；有几种，还包含着栽培的变异品种在内。

“种瓜”是贾思勰选择的介绍蔬菜栽培方法的典型。从选取瓜子、收藏瓜子说起。14.2.2所记载的收藏瓜子的方法巧妙而有趣。接着，他讲述种瓜的方法。14.3.1—14.3.3先介绍了适宜种瓜的土壤和时令；14.4.1—14.4.4介绍了具体的方法，其中包含以下要点：（1）用盐处理种子，消灭真菌性病。（2）要防止干表土到种穴中。（3）将大豆和瓜子同种。大豆发芽早，生长快，可以顶破地皮，替出芽较迟的瓜子准备条件。（4）将早出的豆苗掐掉，其断口上流出的汁水可以使瓜苗根得到一部分水的补给。（3）（4）两条，说明当时人们已懂得利用某种植物的特性，替另一种植物创造有利于生活的条件。如果不是极熟悉这两种植物的特性，是办不到的。

14.6.1—14.7.2介绍的“又种瓜法”中，记述了先种晚禾，令“地腻”；收割禾穗时，长留茬，以便于利用禾茬帮助瓜生长；所介绍的瓜田耕法十分特别：秋天，“起规逆耕”，“至春，起复顺耕”；有关瓜田的布置，介绍了在瓜田中安排十字形大车道以便运输的经验。这一切，都极巧妙，技术含量很高，充分体现了我国古代劳动人民的聪明才智。下面记叙的摘瓜和保护瓜蔓的方法，也都包含有一套由实践经验总结出来的道理。这些都是贾思勰的亲笔记述，充分体现了他严谨、直白、平实的文字风格。

14.11.1—14.12.2记述的两种种瓜法，其中堆雪保墒的技术措施值得重视；14.14氾胜之的区种瓜法里的在瓜区中种薤或小豆，说明“套作”在我国已有近两千年的历史。

本篇最后分别介绍了越瓜、胡瓜、冬瓜、茄子的栽种、管理和收获的方法。内容正符合《齐民要术》各种版本卷首总目中的篇标题——“种诸色瓜第十四茄子附”。

14.1.1　《广雅》曰：“土芝[1]，瓜也。其子谓之‘瓣力点反[2]。’”瓜，有“龙肝、虎掌、羊骹、兔头、瓞音温、瓠大昆反、狸头、白瓝秋、无余[3]。缣瓜[4]，瓜属也”。

注释：①土芝：今本《广雅》作“水芝”。

②瓣（liǎn）：瓜子。

③龙肝：瓜的一种。肝，今本《广雅》作“蹏”，《广志》亦作“蹄”。瓜像动物的“蹄”，椭圆长形，可以想象；形状或颜色像任何动物的肝，不可想象。也可能是“骭”（gàn，胫骨、小腿）字，陆机《瓜赋》中就有“玄骭”的名称。“骭”与“蹄”或“肝”都容易混淆。羊骹（qiāo）：瓜的一种。瓞瓠（wēn tún）：瓜的一种。对比前文《黍穄第四》4.1.3所举的黍类品种中“温屯黄黍”，可认为：“温屯”“瓞瓠”可能同样是指某一种色调的黄色。白瓝（pián）秋：瓜的一种。石按：“秋”字在此毫无意义。因此推断它原来是三个字的音切小注；这三个字可能是“卜犬反”。

④缣（jiān）瓜：今本《广雅》，这一条都是一些两个字的瓜名；最后“无余缣瓜属也”，其中“瓜属”两个字应相连成为一个名词；这句话，便可能有三种解释：第一是“无余缣”三字是一个名称；第二是“缣”是一个名称；第三是“缣瓜”的“瓜”字，因为下面另有“瓜”字而漏掉了。第三个情形，似乎最合理。下文所引《广志》中，就有“缣瓜”。

译文：14.1.1　《广雅》说：“土芝就是瓜，瓜子称为‘缣’。”《广雅》还记载着瓜的种类，有“龙蹏、虎掌、羊骹、兔头、瓞瓠、狸头、白瓝秋、无余。缣瓜，都是瓜类”。

14.1.2　张孟阳《瓜赋》曰[1]：“羊骹累错，瓝子庐江[2]。”

注释：①张孟阳：西晋文学家，名载。原有《张载集》，已亡佚。这一段赋，《艺文类聚》卷87、《太平御览》引作“羊骹、虎掌、桂枝、蜜筒。玄表丹里，呈素含红。丰敷外伟，绿瓤内酿”。

②庐江：郡名。楚汉之际分秦之九江郡置，辖区在今安徽长江以南等地。汉武帝后徙治舒（今安徽庐江西南）。

译文：14.1.2　张孟阳《瓜赋》有：“羊骹、累错、瓝子、庐江。”

14.1.3　《广志》曰：“瓜之所出，以辽东、庐江、敦煌之种为美[1]。有乌瓜、缣瓜、狸头瓜、密筒瓜、女臂瓜、羊髓瓜[2]。瓜州大瓜[3]，大如斛，出凉州[4]。厌须旧阳城御瓜[5]，有青登瓜，大如三升魁[6]。有桂枝瓜[7]，长二尺余。蜀地温食[8]，瓜至冬熟。有春白瓜，细小小瓣，宜藏[9]；正月种，三月成。有秋泉瓜，秋种，十月熟；形如羊角，色黄黑。”

注释：①辽东：郡国名。战国时燕置郡。秦汉时治襄平（今辽阳市）。东汉时分辽东、辽西两郡，治昌黎（今辽宁义县），辖今辽宁西部大凌河下游一带。敦煌：郡名。西汉分酒泉郡置，治敦煌县（今甘肃敦煌市西），辖境相当今甘肃疏勒河以西及以南地区。

②羊髓瓜：可能“髓”字是“骹”字之误，也可能是“羊骹瓜、桂髓瓜”漏了“桂髓瓜”三个字。

③瓜州：敦煌，古代也名瓜州。

④凉州：今甘肃武威。

⑤厌须旧阳城御瓜：厌须，各本作“厌须”。地名中未见“厌须”，只有“厌次”；“次”字和“须”字的行书有些相像，可能是这样弄错的。厌次，今山东惠民县。旧阳城，旧日阳城。春秋郑国城邑，秦代置县，故城在今河南登封市东南，因境内阳城山得名。御，《太平御览》所引《广志》无“厌须旧”三字，亦无“御”字，直接上文“出凉州”下，就是“阳城瓜”。

⑥三升魁：是盛三升的碗。魁，盛汤的大碗。

⑦桂枝：《初学记》卷28和《龙龛手鉴》瓜部引作“柱杖”，可能是对的，因为长二尺余，是颇长的瓜，夸大一点，说它像柱杖，是合情的。食：《初学记》“食”字作“良”，属于上句。

⑧藏：藏瓜，预备保藏（作“瓜菹”“酱瓜”）下来的瓜。

译文：14.1.3 《广志》说：“瓜，出在辽东、庐江、敦煌的种类最好。有乌瓜、缣瓜、狸头瓜、蜜筒瓜、女臂瓜、羊骹瓜、桂髓瓜。瓜州大瓜，有斛那么大，出在凉州。厌次（在今山东）和旧日阳城（在今河南）进贡的瓜，有所谓青登瓜，有容三升大汤碗那么大。有桂枝瓜，两尺多长。四川地方温和，瓜到冬天，还在成熟着。有春白瓜，瓜小，瓜子也小，宜于作‘藏瓜’；正月种，三月成熟。有秋泉瓜，秋天种，十月成熟；样子像羊角，色黄带黑。”

14.1.4 《史记》曰：“邵平者，故秦东陵侯。秦破，为布衣，家贫；种瓜于长安城东。瓜美，故世谓之‘东陵瓜’，从邵平始[1]。”

注释：①从邵平始：从邵平开始起的名。建安本《史记》，作“从召平以为名也”。这一节见《史记·萧相国世家》。

译文：14.1.4 《史记》说：“邵平，本来是秦帝国的东陵侯。秦亡后，他成了

平民，家里穷了，就在长安东门外种瓜。瓜很好，所以人称为‘东陵瓜’，是从邵平起的。”

14.1.5　《汉书·地理志》曰[①]：“敦煌，古瓜州地，有美瓜。”

注释：①《汉书·地理志》：景祐本《汉书》，“敦煌”下注“……杜林以为古瓜州，地生美瓜”。

译文：14.1.5《汉书·地理志》载：“敦煌，古时是瓜州地方，有很好的瓜。”

14.1.6　王逸《瓜赋》曰[①]：“落疏之文[②]。”

注释：①王逸《瓜赋》：王逸所作的《瓜赋》，全文不详。王逸，东汉文学家。生卒年不详，据江瀚考证，约生活于汉和帝和顺帝时。字叔师，东汉南郡宜城（今湖北宜城）人。元初中，举上计吏，为校书郎。顺帝时，为侍中。著有《楚辞章句》《汉诗》，以及赋、诔、书、论及杂文二十一篇。（参落疏：“落疏”前面，缺一个动词，应补一“有”字。“落疏”两字还寻不到解释。在《齐民要术译注》中，缪启愉先生解释为：“指瓜皮上的条纹稀疏开朗。”

译文：14.1.6　王逸《瓜赋》，有“落疏”的文句。

14.1.7　《永嘉记》曰[①]：“永嘉美瓜，八月熟，至十一月肉青瓠赤[②]，香甜清快，众瓜之胜。”

注释：①《永嘉记》：作者郑缉之，据胡立初考订，可能是东晋末，宋至梁（南朝）的人。《永嘉记》是较早的古代地记作品，记述了永嘉地方的山川物产等。北宋前期犹存，南宋亡佚。永嘉即今浙江温州。

②瓠：明钞的“瓠”字不好解，金钞空白。依文义，应改为“瓤”字。

译文：14.1.7　（郑缉之）《永嘉记》说：“永嘉有好瓜，八月熟，到十一月，外肉青绿，里面瓤红色，香甜清快，是一切瓜中最好的。”

14.1.8　《广州记》曰[①]：“瓜冬熟，号为金钗瓜。”

注释：①《广州记》：据《太平御览》所引，这一段是裴渊《广州记》。裴渊，据胡立初先生考证，大致是东晋时代的人。《广州记》主要记载岭南地区的物产、风俗等。

译文：14.1.8　裴渊《广州记》说：“有瓜，冬天熟，名为‘金钗瓜’。”

14.1.9　《说文》曰：“瓞，小瓜；瓞也[①]。”

注释：①棨（xíng），小瓜；瓞（dié）也：棨，小瓜。瓞，小瓜。"瓞"字与上文无涉。若不去掉"瓞"，就要依《说文》，在"瓞"字后补上"瓝（bó）"，以使"瓞"字有交待。

译文：14.1.9 《说文》说："棨是一种小瓜；瓞是瓝。"

14.1.10 陆机《瓜赋》曰[①]："括楼、定桃、黄瓟、白抟[②]；金钗、蜜筒、小青、大斑；玄骭、素腕、狸首、虎蟠。东陵出于秦谷[③]，桂髓起于巫山也[④]。"

注释：①陆机（261—303）：字士衡。西晋吴郡吴县（今江苏苏州）人。陆逊孙，陆抗子。少领父兵为牙门将。吴亡后，退居勤学。仿贾谊《过秦论》作《辩亡论》，又作《文赋》。太康十年（289），陆机兄弟与顾荣被征入洛阳，文才倾动一时。其诗重藻绘排偶，骈文亦佳。有《陆士衡集》。

②定桃：应依本书卷十《余甘》条所引《异物志》"理如定陶瓜"句，改正作"陶"。"定陶"是地名，在山东曹州附近。黄瓟、白抟："瓟"与"抟"，都是指形状的（"抟"现在写作"团"）。

③秦谷：金钞作"泰谷"。"东陵瓜"出在长安城东，所以只能是"秦"。"秦谷"即秦中谷地。

④巫山：山名，在今重庆、湖北两省市边境。又有巫山县，在今重庆市东北万县市东北部。

译文：14.1.10 陆机《瓜赋》："括蒌（现在的王瓜）、定陶、黄瓟、白抟；金钗、蜜筒、小青、大斑；玄骭（青腿）、素腕（大概就是所谓女臂瓜）、狸首、虎蟠（大概就是张载所谓'虎掌'）。东陵瓜出在秦中的谷地，桂髓瓜出在巫山。"

石按：14.1.1—14.1.10的标题小注，错字很多，现在以明钞为根据，依各本校正如下：由对校推断，与明钞不同的，用·记出（注解只留"注"字；号码省去）。

14.1.1 《广雅》曰："土芝注，瓜也；其子谓之'瓟'力点反。"瓜，有"龙蹏、虎掌、羊骹、兔头、瓞音温瓠大昆反注、狸头、白瓟卜犬反、无余，缣瓜注，瓜属也"。14.1.2张孟阳注《瓜赋》曰："羊骹、虎掌、桂枝、蜜筒、累错、瓟子、温屯、庐江注。"14.1.3《广志》曰："瓜之所出，以辽东、庐江、敦煌之种为美。有乌瓜、缣瓜注、狸头瓜、蜜筒瓜、女臂瓜、羊骹瓜、桂髓瓜注。瓜州大瓜，大如斛，出凉州。厌次注、旧阳城注进注御瓜，有青登瓜，大如三升魁注。有桂注枝瓜，长二尺余。蜀地温良注，瓜至冬

熟。有春白瓜，细小小瓣，宜藏注；正月种，三月成。有秋泉瓜，秋种，十月熟，形如羊角，色黄黑。”14.1.4《史记》曰：”召平者，故秦东陵侯。秦破，为布衣，家贫；种瓜于长安城东。瓜美；故世谓之‘东陵瓜’，从召平始。”14.1.5《汉书·地理志》注曰：“敦煌，古瓜州地，有美瓜。”14.1.6王逸《瓜赋》注有“落疏”之文。14.1.7《永嘉记》注曰：“永嘉美瓜，八月熟，至十一月，肉青瓤赤，香甜清快，众瓜之胜。”14.1.8《广州记》注曰：“瓜冬熟，号为金钗瓜。”14.1.9《说文》曰：“瓞，小瓜。”“瓞注，瓝也。”14.1.10陆机《瓜赋》曰：“括蒌、定陶注、黄䫋、白抟注、金钗、蜜筒、小青、大斑、玄肝、素腕、狸首、虎蹯。东陵出于秦谷注，桂髓起于巫山”也。

14.2.1 收瓜子法：常岁岁先取“本母子”瓜，截去两头，止取中央子。“本母子”者，瓜生数叶，便结子；子复早熟[①]。用中辈瓜子者，蔓长二三尺，然后结子；用后辈子者，蔓长足，然后结子，子亦晚熟。种早子，熟速而瓜小；种晚子，熟迟而瓜大。去两头者：近蒂子，瓜曲而细；近头子，瓜短而喎[②]。凡瓜：落疏，青黑者为美；黄白及斑，虽大而恶。若种苦瓜，子虽烂熟气香，其味犹苦也。

注释：①子复早熟：意思是说“本母子瓜”的子，结瓜较早，而且所结的瓜，成熟也早。

②喎（wāi）：偏斜。现在写成“歪”字。

译文：14.2.1 收瓜子的法则：每年拣“本母子瓜’收下，截掉两头，只用中间一段的种子。“本母子”是刚刚长出几片叶后，就结成的瓜；这样的瓜，它的种子所长成的植株将来结瓜也早。用中批瓜的瓜子作种，瓜苗要长了二三尺的瓜蔓，才会结实；用迟瓜瓜子种成的瓜苗，蔓子长足了之后，才会结瓜，瓜成熟得也很晚。种早瓜的瓜子，结的瓜成熟早而瓜小；种迟瓜的瓜子，瓜成熟迟，但瓜大。所以要将瓜两头的种子去掉：是因为靠蒂的种子，长出的瓜苗，结的瓜弯曲细小；靠瓜头上的子，秧苗结的瓜，短而歪斜。瓜类中，“落疏”和青黑色的味道都好；黄色、白色和有花斑的，尽管大，味还是不好。有的瓜味苦，这种苦瓜，就是熟烂了，气味香了，味道还是苦的。

14.2.2 又收瓜子法：食瓜时，美者收取；即以细糠拌之，日曝向燥。挼而簸之[①]。净而且速也。

注释：①挼（ruó）：两手搓叫“挼”。揉搓，摩挲。现在粤语系统方言中，还保存这个字与这个用法。

译文：14.2.2 又，收子的法则：吃瓜时，遇着好味道的，收下种子；随即用细糠拌和，晒到快干时。挼去所黏的糠，一簸，又干净又快。

14.3.1 良田小豆底佳；黍底次之。刈讫即耕；频烦转之。

译文：14.3.1 好地，尤其是小豆茬地最好；其次用黍子茬地。割过这两种庄稼就耕翻，要多转几遍。

14.3.2 二月上旬种者为上时，三月上旬为中时，四月上旬为下时。

译文：14.3.2 二月上旬种是最好的时令，其次三月上旬，最迟四月上旬。

14.3.3 五月六月上旬，可种藏瓜。

译文：14.3.3 五月和六月上旬，可以种作“藏瓜''用的瓜。

14.4.1 凡种法：先以水净淘瓜子，以盐和之。盐和则不笼死[①]。

注释：①笼：这显然是瓜的一种病，由14.5.1节看来，似乎是虫害所引起的。

译文：14.4.1 种瓜法：先用水将瓜子洗净，用盐拌着。盐拌过，就不患病。

14.4.2 先卧锄[①]，耧却燥土；不耧者，坑虽深大，常杂燥土，故瓜不生。然后掊坑[②]，大如斗口，纳瓜子四枚，大豆三个，于堆旁向阳中。谚曰：“种瓜黄台头[③]。”

注释：①卧锄：即将锄头卧下与地面平行。

②掊（póu）：以手、爪或工具扒物或掘土。古代“掊”读bou，现在口语中，多用páo音。一般往往写作“刨”字。“掊坑”这句话，现在也还通用。

③种瓜黄台头：是说在向阳的一面种瓜。

译文：14.4.2 先用锄，平行于地面，去地面的干泥土；不去掉地面的干土，坑再开得深且大，也还因为有干土在内，瓜不易发芽。然后掊一个口像大碗大小的坑，在坑里向阳的一面，搁四颗瓜子，三颗大豆。俗话说：“种瓜黄台头。”（即是说在向阳的一面种瓜）

14.4.3 瓜生数叶，掐去豆。瓜性弱苗，不能独生，故须大豆为之起土。瓜生不去豆，则豆反扇瓜[①]，不得滋茂。但豆断汁出，更成良润。勿拔之！拔之，则土虚燥也。

注释：①豆反扇瓜：豆苗反而妨害瓜苗的生长。扇，荫蔽与荫蔽引起的妨害。

译文：14.4.3 等到瓜苗上长出几片真叶后，便将豆苗掐掉。瓜苗软弱，单独生长时，长不出土，所以要靠豆苗帮助顶开泥土。瓜长出来后，如不把豆苗掐掉，则豆苗反而会妨害瓜的生长，使瓜不能旺盛。把豆苗掐断，断口上有水流出，可以使土润湿。切记不要拔！一拔，土就疏松了，容易干燥。

14.4.4　多锄则饶子，不锄则无实。五谷、蔬菜、果、蓏之属，皆如此也。

译文：14.4.4　锄的次数多，结实也多，不锄就没有果实。五谷、蔬菜、瓜果之类都是这样。

14.4.5　五六月种晚瓜。

译文：14.4.5　五、六月种晚瓜。

14.5.1　治瓜笼法：旦起，露未解，以杖举瓜蔓，散灰于根下。后一两日，复以土培其根。则迥无虫矣。

译文：14.5.1　治瓜笼病法：清早起来，趁露水还在，用小棍把瓜蔓挑高起来，在根附近撒些灰。过一两天，再用土培在根上，以后就没有虫了。

14.6.1　又种瓜法：依法种之，十亩胜一顷。于良美地中，先种晚禾。晚禾令地腻[①]。熟，劁刈取穗[②]，欲令茇方末反长[⑦]。秋耕之。耕法：弭缚犁耳[④]，起规逆耕@；耳弭，则禾茇头出而不没矣。至春，起复顺耕；亦弭缚犁耳，翻之，还令草头出。耕讫，劳之，令甚平。

注释：①地腻：指土壤肥润细致。

②劁（qiáo）：割。依《玉篇》，“劁”有“刈”义。

③茇（bá）：即禾本科作物残留在地里的“茬”。

④弭（mǐ）缚犁耳：将犁耳，平平地缚上。弭，平。

⑤起规逆耕：将一片地，平半分开，依对分线耕一路过去，然后向两侧分开绕圈；结果，是在这片地里耕起了沿中线对称的两种“畤”纹。畤，是犁铧头所翻出的土块形成的行列。因犁耳已缚平，翻起的土块不会破碎。这时，田里的畤纹图案，像规（即圆周与直径）一样。逆耕，则使犁开的垡（fá，耕田起土时，犁头翻起来的土块）向内翻转，结果，两侧的垡相对，禾茇基部（头）翻了出来，在垡外面。至明年春，却依正常的情形再耕（叫“顺耕”，按逆耕相反的方向耕），于是垡也是正常地倒向一侧，禾茇基部，仍留在垡外。石按：这一个注，是向西北农学院耕作教研组黄志尚教授、钮溥副教授两位请教后作的；在这里声明致谢！

译文：14.6.1　种瓜法：依此法种瓜，种十亩比一顷强。在上好地里，先种一道迟谷子。迟谷子可以使地细腻。谷子熟后，割下穗，长长地留下茬。到秋天耕翻。耕的方法：把犁耳向下缚平些，破田心绕圈，反着耕，因为犁耳平，所以谷茬兜翻出来不会再下到地里面去了。到春天再顺着耕，也还是将犁耳缚平，顺向翻一遍，让禾头出在地面上，耕完，摩得很平很平。

14.6.2 种谷时种之。种法：使行阵整直，两行微相近，两行外相远，中间通步道；道外还两行相近。如是作，次第经四小道，通一车道。凡一顷地中，须开十字大巷，通两乘车，来去运辇。其瓜，都聚在十字巷中。

译文：14.6.2 第二年种旱禾的时候，种瓜。种法：一定要行列整齐正直，两行彼此稍微靠近些，和另外的两行，中间又隔远一些，中间留着可以过人的路；路外又是两行彼此靠近的。像这样，每隔四条小路，作一条大车道。每一顷地里，要开十字形的大巷道，道里要可以容两乘大车来往。来去搬运摘下的瓜，都积聚在十字巷道中。

14.6.3 瓜生比至初花，必须三四遍熟锄。勿令有草生。草生，胁瓜无子[①]。

注释：①胁：从旁逼迫称为“胁”。

译文：14.6.3 瓜发芽到开始开花之间，必须好好地锄三四遍。不要让草生长。草长起来，挤着瓜，瓜就不结实。

14.6.4 锄法：皆起禾茇，令直竖。

译文：14.6.4 锄的方法，要将谷茬竖起，直着向上。

14.7.1 其瓜蔓本底，皆令土下四厢高[①]。微雨时，得停水。

注释：①土下四厢高：瓜藤根底下面的泥土要低，而周围高，即成一个钵的形式；因此下小雨时，水可以聚集在钵里面，“停”积“水”分。

译文：14.7.1 瓜蔓根底下，要让土四围高中间洼下去。下小雨时，水可以积在里面。

14.7.2 瓜引蔓，皆沿茇上；茇多则瓜多，茇少则瓜少。茇多则蔓广，蔓广则歧多，歧多则饶子。其瓜，会是歧头而生；无歧而花者，皆是浪花，终无瓜矣。故令蔓生在茇上，瓜悬在下。

译文：14.7.2 瓜牵蔓时，都沿着谷茬向上长；茬多瓜也多，茬少，瓜也少。茬多蔓长得大，蔓大就分叉多，分叉多结果就多。瓜，一定是在分叉枝的头上生长的；不分叉的地方开的花，都是空花，不会结瓜。因此必须叫蔓生在禾茬上，瓜悬在蔓下面。

14.8.1 摘瓜法：在步道上，引手而取；勿听浪人踏瓜蔓，及翻覆之。踏则茎破，翻则成细。皆令瓜不茂而蔓早死。

译文：14.8.1 摘瓜的方法：在瓜田留出的步道上，伸手去摘；不要听任粗卤的人，踏在瓜蔓上或翻转瓜蔓。踏会踏破蔓茎；翻转，已结的瓜就长不大。这样，都会使瓜长不旺盛，而且蔓子死得早。

14.9.1 若无茇而种瓜者，地虽美好，正得长苗直引，无多盘歧[①]；故瓜少子。

注释：①盘歧：瓜蔓上蟠曲歧出的分叉头。

译文：14.9.1 如果没有谷茬来种瓜，地再肥些，也只能长一条长长的蔓，直长过去，分叉不多；所以结瓜少。

14.9.2 若无茇处[①]，竖干柴亦得。凡干柴草，不妨滋茂。

注释：①若无茇处：指瓜蔓长到的地方，刚好碰上没有禾茬。这时可以插些干柴代替禾茇头。

译文：14.9.2 没有禾茬的地方，把干柴竖着接上也可以。干柴干草，不会妨害到瓜的滋长茂盛。

14.10.1 凡瓜所以早烂者，皆由脚蹑，及摘时不慎翻动其蔓故也。若以理慎护，及至霜下叶干，子乃尽矣。但依此法，则不必别种早晚及中三辈之瓜。

译文：14.10.1 瓜所以会早烂坏，是由于脚把蔓踏伤，以及摘的时候不小心翻动了蔓所引起的。如果按道理好好保护，等到霜降了，叶子干死时，瓜才完毕。只要依这个方法种，就不必分别种早、中、晚三批的瓜。

14.11.1 区种瓜法：六月雨后，种绿豆。八月中，犁稚杀之。十月又一转，即十月中种瓜。

译文：14.11.1 区种瓜法：六月下过雨，种下绿豆。八月中，犁翻，盖下去，闷死它。十月，又翻一转，就在十月里种瓜。

14.11.2 率：两步为一区。坑：大如盆口，深五寸；以土壅其畔，如菜畦形。坑底必令平正，以足踏之，令其保泽。

译文：14.11.2 标准办法：两步作成一个区。掊成坑，坑口和盆口一样大，五寸深；在坑周围用土堆起来，像菜畦一样。坑底必定要平正，用脚踏紧，让水可以保存着不渗出去。

14.11.3　以瓜子大豆各十枚，遍布坑中。瓜子大豆，两物为双，藉其起土故也[1]。以粪五升覆之。亦令均平。又以土一斗，薄散粪上，复以足微蹑之。

注释：①藉：凭借、依托。起土：使土松动后向上升起。

译文：14.11.3　将十颗瓜子，十颗大豆，布置在坑里。瓜子、大豆，每处配成一对，借豆子的力量来把土顶破。上面，盖上五升粪。也要弄均匀平正。再用十升土薄薄地盖在粪上面，用脚轻轻踏一遍。

14.11.4　冬月大雪时，速并力推雪于坑上为大堆。

译文：14.11.4　冬天，下大雪的时候，赶急纠合人力，把雪推到种有瓜子的坑上，作成一个大堆。

14.11.5　至春，草生，瓜亦生；茎叶肥茂，异于常者。且常有润泽，旱亦无害。

译文：14.11.5　到春天，草长出来时，瓜也发芽了；茎和叶肥壮茂盛，和一般的大不相同。而且地常是润的，不怕旱。

14.11.6　五月瓜便熟。其掐豆锄瓜之法与常同[1]。若瓜子尽生，则太概，宜掐去之。一区四根，即足矣。

注释：①与常同：和寻常一样，指与前面14.4下各条一样。

译文：14.11.6　五月瓜就熟了。其中，掐去豆苗，锄瓜地的办法，和寻常一样。如果十颗瓜子都发芽了，就嫌太密，应当掐掉些。一区留下四株就够了。

14.12.1　又法：冬天以瓜子数枚，内热牛粪中，冻则拾聚，置之阴地。量地多少，以足为限。

译文：14.12.1　另一方法：冬天把几颗瓜子，放到热牛粪里面，结冻后，捡起，积聚在阴处。估量有多少地，要聚到够用。

14.12.2　正月地释，即耕，逐鴫布之。率：方一步，下一斗粪，耕土覆之。肥茂早熟；虽不及区种，亦胜凡瓜远矣。凡生粪粪地，无势；多于熟粪，令地小荒矣。

译文：14.12.2　正月地里的冰化了，就耕翻，赶墒种下去。标准：是一方步下十升粪，耕起土来盖上。这样的瓜肥壮茂盛，成熟也早；虽然赶不上区种的，却比普通的瓜强得多了。生粪下地，没有力；如果生粪用得比熟粪多，就会使地少现“荒”象。

14.13.1　有蚁者，以牛羊骨带髓者，置瓜科左右；待蚁附，将弃之[1]。弃二三，则无蚁矣。

注释：①将：此处作动词用，解作“持”。

译文：14.13.1　瓜田有蚁，用带有髓的牛羊骨，放在瓜科附近；等蚁爬到骨上，拿去抛掉。抛掉几次，就没有蚁了。

14.14.1　氾胜之区种瓜：“一亩为二十四科[1]。区方圆三尺，深五寸。一科用一石粪；粪与土合和，令相半。以三斗瓦瓮，埋著科中央，令瓮口上与地平。盛水瓮中，令满。种瓜，瓮四面，各一子。以瓦盖瓮口。水或减，辄增，常令水满。”

“种：常以冬至后九十日、百日，得戊辰日，种之。”

注释：①科：禾本科植物的许多分蘖，总合起来，称为一“科”；“科”字因此有同类汇合一处的衍生意义。又引申为窪下处。此处的“科”就是指地面局部低洼的地方，与区种法的“区”意义相当。

译文：14.14.1　氾胜之的区种瓜：“一亩地分作二十四科（每科占地十方步）。科中，作成区，对径三尺，深五寸。每科用一石粪；将粪与泥土，对半地和起来。科中心，埋一个能盛三斗水的瓦瓮子，让瓮口和地面平。瓮里要盛满水。瓮底外面四边，每边种一粒瓜子。用瓦把瓮口盖上。瓮里的水如果减少了，立刻加水，总要使它满满的。”

“种瓜，要在冬至以后九十天到一百天（春分后），遇到戊辰日，下种。”

14.14.2　“又，种薤十根[1]，令周回瓮，居瓜子外。至五月，瓜熟，薤可拔卖之，与瓜相避。”

注释：①薤（xiè）：一种蔬菜，俗称藠头。

译文：14.14.2　“在瓮周围，瓜子外面，种十株薤子。到五月，瓜成熟了，可将薤子拔来出卖，免得和瓜相妨碍。”

14.14.3　“又，可种小豆于瓜中；亩四、五升；其藿可卖[1]。”“此法，宜平地。瓜收，亩万钱。”

注释：①藿（huò）：豆叶称为“藿”，嫩时摘下来可以做蔬菜。

译文：14.14.3　“也可以在瓜田空处种上小豆；每亩四五升；豆的嫩叶，可以做蔬菜卖。”“这方法，宜于在平地上用。瓜收成时，一亩地可以得到一万文钱。”

14.15.1　崔寔曰：“种瓜，宜用戊辰日。”“三月三日可种瓜。”“十二月腊时祀炙萐树瓜田四角[①]，去‘蓝’胡滥反[②]。”瓜虫谓之“蓝”。

注释：①祀炙萐（shà）：这一个“迷信用品”，是个什么东西？还得另外考证。可能是农历十二月“蜡祭”（“腊”字就是这么来的；蜡祭日，在冬至后第三戌）时用的一个与扇子（篓）形状相似的，挂炙肉的“翜（shà）”或“罯（zhǎ）”之类的草束。萐，传说中的瑞草名。

②蓝（hàn）：一种害瓜的虫。但其究竟是“守瓜”之类的鞘翅类成虫，还是其他昆虫，还待考证。

译文：14.15.1　崔寔说：“种瓜，宜于在戊辰日。”“三月三日可以种瓜。”“十二月腊祭时，挂炙肉的草把，插在瓜田四角，可以解除瓜虫。”害瓜的虫叫“蓝”。

14.16.1　《龙鱼河图》曰：“瓜有两鼻者杀人[①]。”

注释：①瓜鼻：指花中宿存的柱头和花柱部分，随着子房生长而膨大。甜瓜、丝瓜，瓜鼻特别显著。畸形雌蕊，有时具有双歧柱头，有时子房复化又愈合，因此，果实上都可以带有两鼻。两鼻是确实有的反常现象，但不会杀人。

译文：14.16.1　《龙鱼河图》说：“瓜有两个鼻的，吃了会死。”

14.17.1　种越瓜、胡瓜法：四月中种之。胡瓜宜竖柴木，令引蔓缘之。

译文：14.17.1　种越瓜、胡瓜的方法：四月中种。胡瓜，要竖些柴枝，让它的蔓缘着向上长。

14.17.2　收越瓜，欲饱霜；霜不饱则烂。收胡瓜，候色黄则摘。若待色赤，则皮存而肉消也。并如凡瓜，于香酱中藏之，亦佳。

译文：14.17.2　越瓜，要受够了霜再收；没有受够霜的就会烂。胡瓜，等颜色变黄了收。如果等它变红，就只剩有皮，肉都化掉了。都和普通的瓜一样，在香酱中藏着作酱瓜，也很好。

14.18.1　种冬瓜法：《广志》曰：“冬瓜，蔬地拒，《神仙本草》谓之‘地芝’也[①]。”傍墙阴地作区，圆二尺，深五寸，以熟粪及土相和。

注释：①“《广志》曰”几句：石按：这个小注，经考证后，认为应改正作“《广雅》曰：‘冬瓜菰（jí）也’；《神农本草》谓之‘地芝’也”。

译文：14.18.1　种冬瓜法：《广雅》说：“冬瓜就是‘菰’；《神仙本草》把它称作‘地芝’。”靠墙阴地掊一个坑，二尺周围，五寸深，用熟粪和在土里。

14.18.2　正月晦日种[①]。二月、三月亦得。既生，以柴木倚墙，令其缘上。旱则浇之。

注释：①晦日：夏历每月的末一天。

译文：14.18.2　正月月底的一天下种。二月、三月也可以。发芽后，用柴枝靠着墙，让蔓缘上墙去。天旱就浇水。

14.18.3　八月断其梢，减其实，一本但留五六枚。多留则不成也。

译文：14.18.3　八月断掉苗尖，除掉一部分果实，一条蔓只留五六个。留多长不成。

14.18.4　十月霜足，收之。早收则烂。削去皮子，于芥子酱中（或美豆酱中）藏之，佳。

译文：14.18.4　十月，霜打够了，收下来，收早了会烂。割去皮，除掉子，在芥子酱或好豆酱里储藏着很好。

14.19.1　冬瓜、越瓜、瓠子，十月区种，如区种瓜法。

译文：14.19.1　冬瓜、越瓜、瓠子，十月间作成区，像区种瓜的方法种。

14.19.2　冬，则推雪著区上为堆；润泽肥好，乃胜春种。

译文：14.19.2　冬天，把雪推到区上，作成堆；润泽肥美，比春天种的强。

14.20.1　种茄子法：茄子九月熟时，摘取，擘破。水淘子，取沉者；速曝干，裹置。

译文：14.20.1　种茄子法：茄子九月间成熟，熟时，摘回来擘开。用水淘出子来，取沉在水底的子，快快晒干，包裹着收藏。

14.20.2　至二月畦种。治畦下水，一如葵法。性宜水，常须润泽。著四五叶，雨时，合泥移栽之。若旱无雨，浇水令彻泽[①]，夜栽之。向日以席盖，勿令见日。

注释：①彻泽：即“湿透”。彻，通彻到底。

译文：14.20.2　到二月，作成畦，种下去。作畦，灌水，和种葵（见下卷《种葵第十七》）一样。茄子爱水，常常需要润泽。长了四、五片叶子后，下雨时，连泥移栽。如遇天旱无雨，浇水，让地湿透，夜间移栽。到白天用席子盖着，不要让它见太阳。

14.20.3　十月种者，如区种瓜法，推雪著区中，则不须栽。

译文：14.20.3　十月间种的，像区种瓜的办法，把雪推到区里面，这样可以不必移栽。

14.20.4　其春种（不作畦，直如种凡瓜法）者，亦得，唯须晚夜数浇耳①。

注释：①晚夜：疑为“晓夜”，字形相近钞错。

译文：14.20.4　春天里，不作畦，像普通种瓜的方法一样也可以，不过晚上夜间要多浇几次水。

14.20.5　大小如弹丸，中生食①；味似小豆角。

注释：①中生食：中，可供。茄子在后魏时代，除“缹”（见卷九《素食第八十七》87.11.1条“缹茄子法”）以外，“生食”的食法也有（大概该是和现在河南、河北各省的吃法相似）。

译文：14.20.5　茄子果实和弹丸一样大小，可以生吃；味道和小豆荚差不多。

种瓠第十五

题解：15.1.1—15.1.6为篇标题注。

本篇首先讲了瓠的种法，接着介绍了如何收获、收藏、作瓢。15.2.2中提高瓠实品质的办法简单、有趣。15.2.3—15.2.4对瓠的经济价值做了详细的介绍。

15.3.1—15.3.4介绍了氾胜之区种瓠法。其中将十条茎聚合在一处，用布缠泥封的方法让它们愈合成一个整体，再留下茎中最强的一条，以期结出硕大的瓠来。这方法很独特，值得注意。15.3.4介绍的浇水法实际是“浸润灌溉法”，这在北方干旱地区极有价值。

15.1.1　《卫诗》曰：“匏有苦叶①。”毛云：“匏谓之瓠。”

注释：①匏（páo）：葫芦的一种。即瓠。

译文：15.1.1　《卫诗·邶风》有“匏有苦叶”句，毛公解释为“匏谓之瓠”。

15.1.2　《诗义疏》云①：“匏叶，少时可以为羹，又可淹煮，极美；故云：‘瓠叶幡幡，采之亨之②。’（河东及扬州常食之③。）八月中，坚强不可食，故云‘苦叶’。”

注释：①《诗义疏》：书名，即《毛诗草木虫鱼疏》，三国吴陆玑撰，二卷。专释《诗经》中动物、植物的名称。是中国研究生物学较早的著作，也被视为是一部《诗经》学文献。

②亨：同“烹”。

③河东：古地区名。战国、秦、汉时指今山西西南部，唐后泛指今山西全省。因黄河流经此作北南流向，本区位于黄河以东而得名。

译文：15.1.2　陆玑《毛诗义疏》说：“匏叶嫩时可以做汤，又可以腌或煮，极好吃；所以《诗经·鱼藻》有：‘瓠叶幡幡，采来煮汤。’（河东和扬州常常吃。）到了八月中，便老硬不能吃了，所以又有‘匏有苦叶’的说法。”

15.1.3 《广志》曰："有都瓠，子如牛角，长四尺。有约腹瓠，其大数斗，其腹窈挈，缘蒂为口[①]，出雍县[②]；移种子佗则否[③]。朱崖有苦叶瓠[④]，其大者受斛余[⑤]。"

注释：①缘蒂为口：把蒂去掉，利用现成穿孔作为口。缘，随机会的方便利用。口，指"壶卢"（现在写作"葫芦"，本注下面所引《郭子》作"瓠楼"）的口。

②雍县：汉置，故城在今陕西凤翔南。

③佗（tā）：在此通"他"。代词，表示远指，别的，其他的。

④朱崖：地名。汉置朱庐县，后汉作朱崖。故治在今广东琼山县东南三十里。

⑤斛（hú）：旧时量器，也作量词、容量单位。古代十斗为一斛，南宋末年改作五斗为一斛。

译文：15.1.3 《广志》说："有都瓠，果实像牛角一样，有四尺长。有细腰瓠，大可以容几斗（约等于今日的几升），腹部凹入细小，就蒂作口，出在雍县；移种到旁的地方，就变样了。朱崖有苦叶瓠，大的可以容纳一斛多。"

15.1.4 《郭子》曰[①]："东吴有长柄壶楼[②]。"

注释：①《郭子》：东晋郭澄之写的小说，共三卷。原书已散失，佚文散见于唐宋类书。鲁迅《古小说钩沉》中的缉本最为完备。

②东吴：从《郭子》成书的时间看，"东吴"应是指三国时的吴。

译文：15.1.4 《郭子》说："东吴有长柄壶楼。"

15.1.5 《释名》曰[①]："瓠蓄，皮瓠以为脯[②]，蓄积以待冬月用也。"

注释：①《释名》：东汉经学家、训诂学家刘熙所撰，为汉语源学之重要著作。

②皮：作动词用，有"去皮"与"连皮切开"两种解释。

译文：15.1.5 刘熙《释名·释饮食》篇说："瓠蓄，是把瓠连皮切开，作成干，蓄积起来冬天食用。"

15.1.6 《淮南万毕术》曰[①]："烧穰杀瓠，物自然也。"

注释：①《淮南万毕术》：西汉淮南王刘安（前179—前122）招淮南学派作《淮南子》，是部丛书。大约成书于公元前2世纪，是我国古代有关物理、化学的重要文献。

《万毕术》为其中的一部分，是讨论巫术的。原书已佚，今存清人辑本。见卷一《收种第二》2.7.1《淮南术》注。

译文：15.1.6 《淮南万毕术》说：“（家里）烧黍穰，地里的瓠就死了，这是自然的道理。”

15.2.1 《氾胜之书》种瓠法：“以三月，耕良田十亩，作区[①]。方深一尺；以杵筑之，令可居泽[②]；相去一步。区，种四实；蚕矢一斗，与土粪合。浇之，水二升；所干处，复浇之。”

注释：①区（ōu）：古代农民播种时所开的穴或沟。它的本义，只是在地上“抠”（即“掊”）出一个小“瓯”形的“区”来，盛受一些小对象。

②居泽：保留水分。居，停留。泽，水分。

译文：15.2.1 《氾胜之书》种瓠法：“三月间，耕出十亩好田，作成‘区’。每区四方都是一尺，深也是一尺；底下和四畔用杵筑紧些，让它可以保留水分；区与区之间，距离是一步。每区里，种下四颗种；用一斗蚕粪，和上土粪放在区里，作为基肥。每区浇上二升水；哪里干得太快，就再加上一些水。”

15.2.2 “著三实[①]，以马箠敲其心[②]，勿令蔓延。多实，实细。以藁荐其下，无令亲土，多疮瘢[③]。”

“度可作瓢[④]，以手摩其实，从蒂至底，去其毛。不复长，且厚。八月微霜下，收取。”

注释：①实：从15.2.2条以后，至15.2.4，“实”字都作“果实”解；和15.2.1“区种四实”的“实”字作种子解不同。

②马箠（chuí）：“敲”马的竹杖，即“马鞭”。敲，石按：敲字，现在该读qiāo音，实际上，也就和“毃”乃至于“敲”“考”同是一字，即“打”的意思。《汉语大字典》注音为què，意为“从上击下”。

③无令亲土，多疮瘢：不要让果实直接与泥土接触，和泥土直接接触的果实容易受伤成疮，结瘢。亲，直接接触。疮，受伤伤口溃烂。瘢，疮好后留下的痕迹，即“痍”。

④度（duó）：此处作动词，即“估量”。

译文：15.2.2 “每条蔓结了三个果实之后，就用马鞭打掉蔓心，不让蔓长长。因为果实总数结得多，各个果实就长不大。用稿秸垫在瓠的果实底下，不要让果实直接与泥土接触，和泥土直接接触的果实容易受伤成疮，结瘢。”

“估量够作瓢的大小了，用手在果实外面，从蒂到底，整个地摩擦一遍，把果面上的毛去掉。这样，就不再长大而只长厚。八月，稍微见霜后，就收取回来。”

15.2.3 “掘地深一丈，荐以藁，四边各厚一尺。以实置孔中，令底下向。瓠一行，覆上土，厚三尺。”

“二十日出，黄色，好；破以为瓢。其中白肤[1]，以养猪，致肥[2]。其瓣以作烛[3]，致明。”

注释：①肤：在这里，应解释为皮以下柔软的肉，不是“皮肤”表皮。

②致：通“至”，是到极端的意思。

③瓣：原意为“瓜子”。这里指瓠的种子。

译文：15.2.3 “掘一个一丈深的土坑，坑底上和四边，都用干稿秸铺上一尺厚的一层。把收来的瓠，搁在坑洞里，让瓠底朝下蒂朝上。一层瓠上，铺一层三尺厚的干土。”

“二十天以后，从坑里掊出来，瓠已经变成黄色，到了好处；破开，作成瓢。里面白色的肉，用来养猪，极肥。瓠种子用来作火炬材料，极光亮。”

15.2.4 “一本三实，一区十二实；一亩得二千八百八十实。十亩，凡得五万七千六百瓢。瓢直十钱，并直五十七万六千文。用蚕矢二百石，牛耕功力，直二万六千文。余有五十五万。肥猪明烛，利在其外。”

译文：15.2.4 “一条蔓上结三个瓠，一区四条蔓得到十二个瓠；一亩地可得到二千八百八十个瓠。十亩地，可得到二万八千八百个瓠，破开后得到五万七千六百个瓢。每个瓢，值十文钱，一共值五十七万六千文钱。一共用去二百石蚕粪，再加上牛耕地用的人力畜力工本费，估计是二万六千文钱。这样，净余五十五万文钱。用瓠肉养肥的猪，种子所做的火炬，所获利润，还不曾计算在内。”

15.3.1 《氾胜之书》区种瓠法：“收种子[1]，须大者。若先受一斗者，得收一石；受一石者，得收十石。”

“先掘地作坑。方圆，深各三尺。用蚕沙与土相和，令中半；若无蚕沙[2]，生牛粪亦

得。著坑中，足蹑令坚。以水沃之，候水尽，即下瓠子十颗，复以前粪覆之。”

注释：①子：“子”字，当果实讲，下文“引蔓结子，子外之条”及“留子法”及其中的“初生二、三子”；“区留三子即足”等处，“子”字都是当果实讲。只有“下瓠子十颗”的“子”，才指种子。

②蚕沙：即蚕粪。石按：《氾胜之书》一直称蚕矢。“沙”字和上面注解15.3.1的“子”字（《氾胜之书》他处用“实”），“足蹑令坚”的“蹑”字（《氾胜之书》他处用“践”），“小渠子”等处，与《氾胜之书》其他文字大不相类，怀疑这一段不是真实的《氾胜之书》，而是后人掺入的。

译文：15.3.1 《氾胜之书》区种瓠的方法：“收种时，要选大形果实。原来容量一斗的，区种后可以收到容一石的；原来容一石的，可以收到容十石的。”

“先在地里掊坑。坑三尺对径，三尺深。用蚕粪和泥土，对半地混和起来；没有蚕粪，也可以用生牛粪。放在坑里，用脚踏紧。浇水下去，等水渗尽了，种下十颗种子，再用先和好的蚕粪和泥土各半的混和物盖上。”

15.3.2 “既生，长二尺余，便揔聚十茎一处①，以布缠之，五寸许，复用泥泥之。不过数日，缠处便合为一茎。留强者，余悉掐去。引蔓结子，子外之条，亦掐去之，勿令蔓延。”

注释：①揔（hū）：本义击，去尘，在此处不可解。应是”揔”字，因字形相近而抄错。揔（zǒng）：持，揽。

译文：15.3.2 “发芽，长了二尺多长的茎之后，把十条茎集合在一处，用布缠起来，缠约五寸长，外面用泥土密封。过不了几天，缠着的地方便愈合成一个整体了。现在，留下茎中最强的一条，其余九条全部掐掉。让蔓长出去，结实之后，其余未结实的梢，也都掐掉，不要让蔓徒长。”

15.3.3 “留子法：初生二、三子，不佳，去之；取第四、五、六。区留三子即足。”

译文：15.3.3 “留果的法则：最初结的三个果不好，去掉它们；只留第四、第五、第六。每一区，只留三个果实。”

15.3.4 “旱时，须浇之：坑畔周匝小渠子，深四、五寸，以水停之，令其遥润。不得坑中下水。”

译文：15.3.4 “天旱，须要浇水：可以在坑周围掘一道小沟，深四、五寸，在沟里留着水，让水从远处浸过去。不可以向坑里浇水。”

15.4.1 崔寔曰：“正月可种瓠，六月可畜瓠①。八月可断瓠作蓄瓠。瓠中白肤实，以养猪，致肥。其瓣则作烛，致明。”

注释：①畜瓠：崔寔这一段话（出自他的《四民月令》）中，“六月可畜瓠”和“八月可断瓠作蓄瓠”，应当是不同的两件事：六月畜瓠可能是把瓠切开晒干，作成“瓠蓄”（如标题注中15.1.5所引《释名》中说的），预备冬天吃。八月断瓠作“蓄瓠”，如无错字，则应当是与上面15.2.2至15.2.3所记“八月微霜下……”把瓠窖藏起来，预备“作瓢”的手续是相同的；因为以下所说利用“白肤”养猪，用“瓣”（瓜子）作烛，两处完全一样。

译文：15.4.1 崔寔《四民月令》说：“正月可以种瓠，六月可以做‘瓠蓄’。八月，可以断下瓜来做蓄瓠。瓠里的白肉，用来养猪，极肥。瓜子作火炬，极明亮。”

15.5.1 《家政法》曰：“二月可种瓜瓠。”

译文：15.5.1 《家政法》说：“二月可以种瓜和瓠。”

种芋第十六

题解：16.1.1—16.1.4为篇标题注。

有些植物，根和地下茎中，储藏了大量淀粉，作为无性繁殖的器官。这些种类，我国古老的称呼是薯类或芋类。其中我国自己驯化的，应以芋为最早。

本篇介绍了芋的种类，种芋的方法及其田间管理。一贯重视救荒的贾思勰在16.4.1的“按”中强调了芋可以救荒，谴责不重视救荒的现象。

16.1.1 《说文》曰：“芋，大叶，实根骇人者，故谓之‘芋’。齐人呼芋为‘莒’。”

译文：16.1.1 《说文》说：“芋，叶大，实根也大得骇人，所以叫作‘芋’。齐人把芋称为‘莒’。”

16.1.2 《广雅》曰：“渠，芋，其叶谓之‘蕨’必杏反[①]。”“藉姑，水芋也；亦曰‘乌芋’[②]。”

注释：①渠，芋，其叶谓之“蕨”必杏反：“渠”就是芋，它的茎称为“蕨”。“蕨（gěng）”究竟是“叶”是“茎”，是值得推究的。王引之《广雅疏证》中，引下文“青芋、素芋……茎可以为菹”，说明“蕨之为言，茎也”；即是说读音相似的字，代表同一物。其实，“茎”字本身，虽然正读为“牼”，一般口语中，都称为“梗子”，简直就和“蕨”同音。而芋供食的除了块茎外，普通称为“芋蒿”（云、贵、川）“芋荷”（两湖）“芋桧（gé）”（两广）的，虽是叶柄，在一般看法中，仍应当算“茎”不算“叶”。作“茎”是正确的。下面注音切的三个小字“必杏反”应是“公杏反”。

②亦曰“乌芋”：今本《广雅》“乌芋”上无“亦曰”，而直接连在“水芋”下“也”字上面；因此王引之认为《齐民要术》误引。其实，藉姑是慈姑，乌芋是荸荠，根本都与芋无关，不过同有“芋”名而已。

译文：16.1.2 《广雅》说：“‘渠’就是芋，它的茎称为‘蕨’。藉姑，就是水芋，也称为乌芋。”

16.1.3 《广志》曰：“蜀汉既繁芋，民以为资。凡十四等：有君子芋，大如斗，魁如杵[①]。

有车毂芋，有锯子芋，有旁巨芋，有青边芋，此四芋多子。有谈善芋，魁大如瓶，少子，叶如散盖[②]，绀色；紫茎，长丈余；易熟，长味；芋之最善者也；茎可作美臛；肥涩，得饮乃下。有蔓芋，缘枝生；大者次二三升[③]。有鸡子芋，色黄。有百果芋，魁大，子繁多；亩收百斛（种以百亩，以养彘）。有早芋[④]，七月熟。有九面芋，大而不美。有象空芋，大而弱，使人易饥。有青芋，有素芋；子皆不可食，茎可为菹。凡此诸芋，皆可干腊；又可藏至夏食之。又百子芋，出叶俞县[⑤]。有魁芋；旁无子，生永昌县[⑥]。有大芋（二升），出范阳、新郑[⑦]。"

注释：①魁："魁"本义是"羹斗"，即盛汤的大木碗。碗的大小大概和人的头差不多，所以"魁"字便也"假借"去代替"馗"（字形也多少有些相似），作为"头"解；这就是"魁首""渠魁"等"魁"字的解释。芋魁，即芋的地下部分（块茎）中的主干。

②散盖：王引之《广雅疏证》引作"伞盖"是对的。"伞盖"即现在湘中方言中所谓"罗伞""统伞"的一种"仪仗"用具，用绸或布作的，圆形、平顶而周围下垂，中间用一个长柄撑着，和一般的雨伞不一样。

③次二三升：大的到二三升。怀疑"次"字是"及"字写错。

④早芋：明钞及《秘册汇函》系统版本均作"旱芋"，依金钞改正。七月熟，是相当早的早熟种。

⑤叶俞县：由汉到晋，叶俞是属于犍为郡的县，在今四川。

⑥永昌县：永昌是属于僰道的县，即今四川叙州府治。

⑦范阳：地名。秦初设范阳县，因在范水之阳而名。治所在今河北定兴县固城镇。新郑：地名。秦置，晋省。故城在今河南新郑县北。

译文：16.1.3　《广志》说："蜀汉芋很繁盛，百姓用作生活物资。共有十四种：（1）有君子芋，像斗那么大，中心大块有饭桶大小。（2）有车毂芋。（3）有锯子芋。（4）有旁巨芋。（5）有青边芋。这四种，侧面的小块茎子多。（6）有谈善芋，中心块茎有汲水瓶大，但子少，叶像伞，红色；叶柄紫色，有丈多长；容易熟，味好，是最上等的芋，可作汤煮内，很肥，很腻人，要有好清凉饮料才能解口。（7）有蔓芋，缘枝条生子；大的到二三升。（8）有鸡子芋，色黄。（9）有百果芋，魁大，子也多，一亩地可以收一百斛（种一百亩，可以养猪）。（10）有早芋，七月熟。（11）有九面芋，大而不好。（12）有象空芋，大而软，吃了容易饿。（13）有青芋。（14）有素芋，这两种芋，块茎都不能吃，只有叶柄可以腌作菹。这些芋，都可以晒干；也可以藏到夏天来吃。此外，叶俞县出一种百子芋。有一种魁芋，没有侧生的芋子，出在永昌县。范阳和新郑出一种大芋，有二升大。"

16.1.4　《风土记》曰："博士芋，蔓生，根如鹅鸭卵。"

译文：16.1.4 《风土记》说："博士芋，蔓生，根像鹅蛋、鸭蛋。"

16.2.1 《氾胜之书》曰："种芋区，方深皆三尺。取豆萁内区中，足践之，厚尺五寸。取区上湿土，与粪和之，内区中萁上，令厚尺二寸。以水浇之，足践令保泽。"

译文：16.2.1 《氾胜之书》说："种芋：区三尺见方，三尺深。掘好后，在区底上铺上豆萁，踏紧，要有一尺五寸厚。将区里掊出来的湿土，和粪拌匀，在区里豆萁层上，铺一尺二寸厚的一层。浇上水，踏过，让水分可以保存住。"

16.2.2 "取五芋子，置四角及中央。足践之。旱，数浇之。萁烂，芋生，子皆长三尺。一区收三石。"

译文：16.2.2 "取五个小芋，搁在区四角和中央。踏紧。天旱时多浇几次水。到豆萁烂后，芋发芽子，都可有三尺长。一区可以收三石芋。"

16.3.1 "又种芋法：宜择肥缓土，近水处。和柔，粪之。二月注雨，可种芋。率：二尺下一本。"

译文：16.3.1 "种芋法：应当选肥、松而靠水近的田地。细锄到调和松软，再加粪。到二月，下连绵雨时，种芋。标准的株距是二尺。"

16.3.2 "芋生，根欲深，劚其旁[①]，以缓其土。旱则浇之。有草锄之，不厌数多。"

"治芋如此，其收常倍。"

注释：①劚（zhú）：以劚松土除草，锄地。

译文：16.3.2 "芋头出芽后，根要长得深。可在根四围用小锄锄，使土疏松。旱时就浇。有草就锄，锄的次数越多越好。"

"像这样整理芋，常常可以得到加倍的收成。"

16.4.1 《列仙传》曰[①]："酒客为梁丞，使民益种芋。'三年当大饥！'卒如其言，梁民不死。"按：芋可以救饥馑，度凶年。今中国多不以此为意。后生有耳目所不闻见者，及水、旱、风、虫、霜、雹之灾，便能饿死满道，白骨交横。知而不种，坐致泯灭，悲夫！人君者，安可不督课之哉？

注释：①《列仙传》：书名。我国第一部神仙传记集，共二卷。记载了从神农时雨师赤松子至西汉成帝时仙人玄俗，共七十一位仙家的姓名、身世和事迹，时代跨度较大。旧题西汉刘向所撰，应为伪托。

译文：16.4.1 《列仙传》说："酒客，在梁作丞，叫大家多种芋。'三年后有大饥荒！’后来果真像他所说的，梁的百姓因为有准备，所以没有饿死。”按：芋可以救饥馑，度过荒年。现在（后魏）中国的人，都不考虑它。年轻人见闻不广，等到水、旱、风、虫、霜、雹等天灾一来到，就可以见到路上有饿死的人，白骨到处堆积。也有人知道，却不去种，因此招致灭亡，实在可悲。做皇帝的人，怎么能不督促大家种呢？

16.5.1　崔寔曰：“正月，可菹芋。”

译文：16.5.1　崔寔说：“正月，可以做芋菹。”

16.6.1　《家政法》曰①：“二月，可种芋也。”

注释：①《家政法》：书名，已亡佚。胡立初分析了贾思勰所引的该书内容，认为其书应为南朝人所撰。

译文：16.6.1　《家政法》说：“二月可以种芋。”

精彩点拨

“多锄则饶子，不锄则无实。”“瓜生比至初花，必须三四遍熟锄。”田间管理很多都强调了锄，既能除草，又能松土、培土、保墒。“锄头下面有肥”“锄下三分水”“过锄无荒田”，这都是实践总结的谚语，这都告诉我们：要想多结子，要想获得丰收，必须管理到位。

阅读积累

氾胜之书

氾胜之，生卒年不详，大约生活在公元前1世纪的西汉末期。氾胜之是氾水（今山东曹县北）人，著名古代农学家，编录了一部重要农学著作《氾胜之书》。《氾胜之书》总结了当时黄河流域劳动人民的农业生产经验，记述了耕作原则和作物栽培技术，对促进中国农业生产的发展产生了深远影响，由此而闻名于世。《氾胜之书》是中国现存最早的一部农书。《氾胜之书》与《齐民要术》《农书》《农政全书》为中国古代四大农书。

卷　三

种葵第十七

题解：17.1.1—17.1.4为篇标题注。

“种葵”是贾思勰介绍蔬菜类栽培方法时选择的又一典型，叙述详细、周密。当时人们对葵的栽培，极为重视：一年中要种三期（春葵、夏葵、秋葵）来供应消费。本篇对葵的栽培技术的安排，从整地作畦起，下种、下基肥、浇灌、锄治、追肥，不断更新地里的葵菜，到收菜、加工。这完整的一套，每一步骤，都作了精细的记述。17.2.3对治畦的讲究，再次反映了我国精耕细作的优良传统。

其中，17.5.1—17.5.10重点介绍了冬种葵菜的方法。17.5.10介绍的种葵时，若缺粪肥，可以先密密地种上绿豆，然后将豆犁翻，闷在土中，当作绿肥的方法，说明我们的祖先虽还不能清楚地认识到这就是利用固氮微生物增加土壤中含氮量的科学原理，但已从长期的观察、实践中摸索到了有效的增产方法。另外，贾思勰非常注意在干旱的黄河流域解决蔬菜缺水的办法。如：在菜圃中作井，压雪保墒。17.5.5介绍的如竟冬无雪，则在腊月汲井水将地浇透。这正是1500多年前，黄河流域实行的“冬灌”。

17.5.7—17.5.8对种葵的经济收益作了具体的记述，反映了当时农业生产的目的已不单纯为了自给自足，有时也以交易为目的。这样的记载在《齐民要术》中还有一些，是研究我国经济史的极有价值的史料。

只是当时在蔬菜中占有重要地位的葵，现在已从大多数菜圃中退了出来。元朝以后就迅速蜕变了，李时珍就因为“今不复食矣”，把它移入草部隰草中。到了清代，简直就不知道葵是一种什么植物。吴其濬在《植物名实考》中，把湖南的冬苋菜（冬葵）认作古代的葵；引了许多古书，作了许多推测；但古来的葵，是否就是锦葵科的冬葵，目前还无法得出结论。

17.1.1　《广雅》曰：‘䕵’，丘葵也[①]。”

注释：①䕵（kuī），丘葵：䕵，即葵菜。丘，大。

译文：17.1.1　《广雅》说：“䕵就是葵。”

17.1.2　《广志》曰：“胡葵，其花紫赤。”

译文：17.1.2 《广志》说：“胡葵，花紫红色。”

17.1.3 《博物志》曰[①]：“人食落葵，为狗所啮，作疮则不差[②]；或至死。”

注释：①《博物志》：笔记。西晋张华撰。十卷，多取材于古书，分类记载异境奇物及古代琐闻杂事，也宣扬神仙方术。原书已佚，今本由后人搜辑而成。

②差（chài）：痊愈，使病愈。

译文：17.1.3 《博物志》说：“吃了落葵的人，遭狗咬后，长的疮，一辈子也不会好，甚至可能因此而死亡。”

17.1.4 按今世葵有紫茎、白茎二种，种别复有大小之殊。又有鸭脚葵也。

译文：17.1.4 现在（后魏）的葵，有紫茎和白茎两种，每种都有大有小。此外还有鸭脚葵。

17.2.1 临种时，必燥曝葵子。葵子虽经岁不浥[①]；然湿种者，疥而不肥也[②]。

注释：①浥（yì）：燠（yù）坏。按：本书“浥”“裛”两字常常混用（参看卷二《黍穄第四》注解4.5.2）。沾湿后密闭生霉以至朽坏，称为“裛郁”。本书惯例用“裛”字（如本卷《种韭第二十二》中22.2.1，《胡荾第二十四》中24.3.2和《杂说第三十》的30.101.6），但也常写作“浥”。

②疥：“疥”是有瘢痕。按：《渐西村舍》本，“疥”作“瘠”，比较合理；但未说明根据。更可能原书本是“瘠”字，抄错成“疥”。

译文：17.2.1 葵在下种之前，必定要把种晒干。葵子虽然可以过一年不会燠坏，但是湿的种下去，瘦而长不肥。

17.2.2 地不厌良，故墟弥善，薄即粪之。不宜妄种。

译文：17.2.2 地越肥越好，种过葵的地连作更好，瘦了，就加粪。不要随便种。

17.2.3 春必畦种水浇。春多风旱，非畦不得；且畦者，省地而菜多，一畦供一口。畦长两步，广一步。大则水难均，又不用人足入。深掘，以熟粪对半和土覆其上，令厚一寸；铁齿杷耧之，令熟；足蹋使坚平[①]；下水，令彻泽[②]。水尽，下葵子；又以熟粪和土覆其上，令厚一寸余。

注释：①蹋（tà）：即践踏的“踏”字原来的写法。本书一般已改用后来通行的

踏字。

②彻泽：即湿透。彻，通透。泽，润湿。

译文：17.2.3　春天，一定要开畦种下，用水浇。春天不下雨和吹干风的日子多，非开畦种不可；而且开畦种的，省地面，收菜多，一畦地可以供给一口人。畦：长十二尺，阔六尺（后魏的尺）。畦大了，水难浇得均匀；而且菜畦里是不许人践踏的，太大的畦，这一点就办不到了。掘得深些；再用熟粪和掘起的土，对半和起来，在畦面上，盖上一寸厚的一层；用铁齿耙耧过，混合均匀；再用脚踏过，让泥土贴实而且平匀；浇水，让地湿透。水渗完之后，撒下葵种子；再用熟粪和泥土对半和匀，在种子上面盖上一寸多厚的一层。

17.2.4　葵生三叶，然后浇之。浇用晨夕，日中便止。

译文：17.2.4　葵苗出土，共长了三片叶时，才开始浇水。只在早上和晚上浇，太阳快当顶时便停止。

17.2.5　每一掐，辄杷耧地令起，下水加粪。

译文：17.2.5　每掐一次，就把土地杷松、耧松，浇一次水，上一次粪。

17.3.1　三掐更种。一岁之中，凡得三辈。凡畦种之物，治畦皆如种葵法，不复条列烦文。

译文：17.3.1　掐过三次，就拔掉再种过。一年要种三批。所有开畦种的作物蔬菜，都像种葵这样的开法，以后不再作详细叙述了。

17.3.2　早种者必秋耕；十月末，地将冻，散子劳之。一亩三升。正月末散子亦得。人足践踏之乃佳。践者菜肥。地释即生[①]，锄不厌数[②]。

注释：①释：冰冻后坚硬了的地，春初解冻后，渐渐松软。

②数（shuò）：多次重复。

译文：17.3.2　早种的，必须在秋天，先把地耕好；十月底，地快要结冻时，撒上子，摩平。每亩地三升子，正月底撒子也可以。这时，要人踏过才好。踏过的，菜长得肥些。地解冻后，就发芽了，以后，总不怕锄的遍数多。

17.3.3　五月初，更种之。春者既老，秋叶未生，故种此相接。

译文：17.3.3　五月初，再种一批。春天发芽的已经老了，秋季吃的还没有发芽，所以种这一批来接上过渡。

17.3.4　六月一日，种白茎秋葵。白茎者宜干；紫茎者，干即黑而涩。

译文：17.3.4　六月初一，种白茎的秋葵。白茎的才可以作成葵干；紫茎的干了就发黑而且粗糙。

17.3.5　秋葵堪食，仍留五月种者取子[1]。春葵子熟不均，故须留中辈。于此时，附地翦却春葵，令根上桥生者[2]，柔软至好，仍供常食，美于秋菜。留之亦中为榜簇[3]。

注释：①仍留五月种者取子：是指"秋葵堪食"的时候（秋播的葵已经可以采取供食时），仍要在地里留下一些五月初播种的植株，以供收取种子。

②桥（niè）植物主干切断后，下部近根的腋芽、不定芽或潜伏芽，迅速生长所形成的新条称为"桥"，也写作"蘖""櫱""不"。

③留之：指将这时剪下的春葵老枝留下来。榜簇：将成束的枝条，作成支架，供晾晒之用。种秋葵时剪下的春葵枝条，正好留到霜降后。全部摘取葵叶来晾干时，作晾（只能是晾而决不是"晒"，因为下文说明"榜簇"皆须阴中）干的支架。榜，高高提出。现在所谓"标榜"的"榜"字，作动词用的，是这个意义；"发榜""出榜"等作名词的"榜"字，也是这个意义。簇，一束枝条。由本节末所引崔寔"九月作葵菹干葵"的话，可知从前葵有干藏的办法。

译文：17.3.5　秘葵可以吃的时候，还要将五月间种的留下一些来收子。春葵种子，成熟不均匀，所以必须用第二批的来留种子。这时将春葵平地面剪掉，让它从根上生出新枝条；这样的新枝条，嫩而肥，很好吃，比秋葵还好。剪下的茎，也可以留着作晾葵干的支架。

17.3.6　掐秋菜，必留五六叶。不掐，则茎孤；留叶多，则科大。凡掐，必待露解。谚曰："触露不掐葵，日中不翦韭。"

译文：17.3.6　掐秋菜时，必须留下五六片叶。不掐，只有一条孤单的主干；留的叶多，长的侧枝也会多，结果科丛大。要等露水干后才掐。俗话说："不要趁露水掐葵，不要在太阳当顶时剪韭菜。"

17.3.7　八月半翦去[1]，留其歧[2]。歧多者，则去地一二寸；独茎者，亦可去地四五寸。桥生肥嫩；比至收时，高与人膝等，茎叶皆美。科虽不高，菜实倍多。其不翦早生者，虽高

数尺，柯叶坚硬，全不中食。所可用者，唯有菜心；附叶黄涩至恶③；煮亦不美。看虽似多，其实倍少。

注释：①翦（jiǎn）：用剪刀铰。

②歧：明钞和明清刻本都作“岐”。“岐”是山名，无意义；这里应当是作分叉讲的“歧”字（参看卷二《种瓜第十四》中14.7.2“蔓广则歧多，歧多……”四句中的四个“歧”字）。

③附叶：菜心上着生的叶子。或为“跗叶”，即近苔的叶子。附，依、近、着、旁……

译文：17.3.7　八月半，剪除，留下分叉的底部。分叉多的，离地面一两寸剪；单茎的，也可以在离地面四五寸的地方剪，让下面的侧枝长出来。长出的新枝条，又肥又嫩；到收的时候，齐人膝头那么高，茎和叶子都好。科丛虽然不太高，菜的分量却加了一倍。早生出来，没有剪过的，虽然有几尺高，下面的粗枝大叶，又老又硬，不能吃。能够供用的，只有菜心；甚至于靠苔的叶，都是萎黄而粗糙的，很坏很坏；煮也不好吃。看起来分量好像很多，事实上有用的非常的少。

17.4.1　收待霜降；伤早黄烂，伤晚黑涩。榜簇皆须阴中。见日亦涩。其碎者，割讫，即地中寻手纠之①。待萎而纠者必烂。

注释：①纠：将许多条形的东西曲折地结聚组织成为一束。“纠合”“纠集”以至于“纠察”，都有组织聚合义，也可写作“纠”。右边的㇄或丩，是象形而兼指事的符号。

译文：17.4.1　下过霜后，就开始收；收得早了，容易发黄烂掉；收得晚些，会变黑而且粗糙。要支架在阴处来晾干。见了太阳，也会粗涩。剩下的零碎，在割完后，就在地里随手收集后结起来。等到不新鲜了再结，必定会破烂。

17.5.1　又，冬种葵法：近州郡都邑有市之处，负郭良田三十亩。九月收菜后，即耕；至十月半，令得三遍，每耕即劳，以铁齿杷耧去陈根，使地极熟，令如麻地①。

注释：①麻地：即适合于种麻的地。

译文：17.5.1　又，冬天种葵的方法：州、郡的大城市与集镇，有市场的地方，近郊，取得三十亩好地。九月收过秋葵后，就耕翻；到十月半，一共要耕三遍，耕一遍就摩平，用铁齿杷把枯死的根耧掉，让土壤细软均匀，和种麻的地一样。

17.5.2　于中，逐长穿井十口；井必相当①，邪角则妨地②。地形狭长者，井必作一行；地形正方者，作两三行亦不嫌也。井别作桔槔、辘轳。井深用辘轳[3]，井浅用桔槔[4]。柳罐令受一石[5]。罐小，用则功费。

注释：①井必相当：井一定要打成直线。当，相对，即排成直线。

②邪：意思是不正。现在都写作“斜”，与上文“井必相当”相连，即是说，使所开凿的井，横直都排成直线，不要让联结各井的线，彼此斜交，形成“邪角”。

③辘轳（lù lú）：一种利用轮轴的汲水器械；用绳挽起汲水容器的。

④桔槔（gāo）：一种利用杠杆的汲水器械；用一个或两个直立的木柱，作为支架，另用一条长的横木，中央固定在支架上，横木的一端，装上汲水的容器，另一端，绑一重物。将重的“坠子”向上推，汲器就下到井里；再将坠子向下一拉，汲的水，就出井了。

⑤罐：汲器。即从井里汲水出来“灌”地用的容器。有些地方，用柳枝编成，轻而易举并可免在撞击中碰破，名曰栲栳（kǎo lǎo）。

译文：17.5.2　在地里面，依地的长向，打十口井；井一定要打成直线，如果成斜线，就糟蹋了地。如果地形窄长，就成直线打井：正方形的地，打成两三行也不错。每口井都做一个桔槔或辘轳。深井用辘轳，浅井用桔槔。用可以容一石水的柳条栲栳汲水。太小的栲栳，费的功夫多。

17.5.3　十月末，地将冻，漫散子，唯穊为佳[1]。亩用子六升。散讫，即再劳。

注释：①穊（jì）：稠密。

译文：17.5.3　十月底，地快结冻时，撒播种子，愈稠愈好。每亩下六升种子。撒过，摩两遍。

17.5.4　有雪，勿令从风飞去；劳雪，令地保泽，叶又不虫。每雪辄一劳之。

译文：17.5.4　下雪，不要让雪被风吹走；雪摩到地里，可以使地保墒，叶也不会生虫。下一次雪就摩一次。

17.5.5　若竟冬无雪，腊月中汲井水普浇，悉令彻泽。有雪则不荒[1]。

注释：①有雪则不荒：有雪就不会多杂草。按：这个小注，疑应在上节（17.5.4）“每雪辄一劳之”的后面；否则，“雪”字应是“泽”字或者“荒”是“浇”字。

译文：17.5.5　如果一冬没有下过雪，腊月里，汲出井水来，普遍地浇一次，让地湿透。有雪就不会多杂草。

17.5.6　正月地释，驱羊踏破地皮。不踏即枯涸，皮破即膏润。

译文：17.5.6　正月，地面冻的冰融化了，赶着羊在地里跑一遍，把地面踩开，不踩开，就干枯了，踩开才有润泽。

17.5.7　春暖，草生，葵亦俱生。三月初，叶大如钱，逐穊处拔大者卖之。十手拔乃禁取①。儿女子七岁已上，皆得充事也②。一升葵还得一升米。日日常拔，看稀稠得所乃止。有草拔却，不得用锄。一亩得葵三载③。合收米九十车④；车准二十斛，为米一千八百石。

注释：①禁（jīn）：胜任。

②充事：即“满足要求”。充，填满。

③载：一车所能载得下的。

④合收米九十车：三十亩共收九十大车葵。按：“米”字必定是“菜”字刻错。

译文：17.5.7　春天暖和的时候，杂草发芽，葵也都发芽了。三月初，葵叶长到了像铜钱大小，拣稠密的地方把大的拔出来卖。要十个人拔才来得及。七岁以上的男女小孩，都适合做这种工作。一升葵可以换得一升米。天天间拔，到稀稠合适时才罢手。有杂草，拔掉它，不要用锄。一亩地可以出三大车的葵，三十亩共收九十大车葵；每车可以换二十斛米，共换得一千八百石米。

17.5.8　自四月八日（？）以后，日日剪卖①。其剪处，寻以手拌斫②，劚地令起，水浇粪覆之。四月亢旱，不浇则不长；有雨即不须。四月已前，虽旱亦不须浇，地实保泽，雪势未尽故也。比及剪遍，初者还复；周而复始，日日无穷。至八月社日止，留作秋菜。九月指地卖，两亩得绢一疋。

注释：①日日剪卖：天天剪下来卖。上文“四月八日”，“八日”两字怀疑是“入月”写错；“入月”，即初一日，月的开始。“四月八日”虽有“浴佛节”这么一个解释，但很牵强；此外还找不出单独指明这一天的理由。

②手拌斫（zhuó）：一种手用的有刃的小型农具。拌，即“判”。

译文：17.5.8　从四月初八日（？）起，天天剪下来卖。剪过的地方，随即用“手拌斫”把地培松，浇上水，盖上粪。四月很旱，不浇水就不生长；有雨便不须要浇水。四月以前，天不下雨，也不必浇，地里实在有墒，去年冬天积下的雪，力量还没有消耗完毕。等到每亩地都剪过了一遍，开始剪的地方，已经又长出来了；像这样循环地剪，每天都有可剪的。到八月社日止，留下来，作为秋菜。九月，就地“盘卖”（整片地的葵菜全盘卖出）出去，两亩地的菜，可以卖得一匹绢。

17.5.9　收讫，即急耕，依去年法；胜作十顷谷田。止须一乘车牛，专供此园。耕、劳、辇粪、卖菜，终岁不闲。

译文：17.5.9　九月中菜全部收清之后，赶快又耕翻，依照去年的办法再种；这样三十亩地，比一千亩地谷田还强，只需要一辆牛车，专门供这菜园用。耕地、摩地、运粪、卖菜，一年到头够忙的。

17.5.10　若粪不可得者，五、六月中概种绿豆，至七月、八月，犁掩杀之[①]，如以粪粪田[②]，则良美与粪不殊，又省功力。其井间之田，犁不及者，可作畦，以种诸菜。

注释：①掩：应当是“稖（yān）”，耕作中以土盖种、盖肥。

②如以粪粪田：意思是“如粪以粪田”，即：把处理稖杀过的绿豆当粪一样用来肥田。

译文：17.5.10　如果没有粪，每年六月里，密密地种下绿豆，到七月八月犁翻，闷下去，像用粪一样来肥田，地也就和上过粪一样的肥，而且省功夫。两井之间的一条地，牛犁不到的，可以作成畦，种其他各种菜。

17.6.1　崔寔曰：“正月可种瓜、瓠、葵、芥、薤，大小葱，苏[①]。苜蓿及杂蒜亦可种（此二物皆不如秋）。”

注释：①苏：明清各刻本均作“蒜”，明钞本独作“苏”。据《古逸丛书》刻旧钞卷子本《玉烛宝典》所引，是“蓼、苏”，即这句应读作“……大、小葱，蓼、苏”。

译文：17.6.1　崔寔说：“正月可种瓜、瓠、葵、芥、薤、大葱、小葱、蓼、苏。苜蓿和杂蒜也可以种（这两样都不如秋天种的好）。”

17.6.2　“六月六日可种葵；中伏后，可种冬葵。”

译文：17.6.2　“六月六日可以种葵；中伏后可以种冬天吃的葵。”

17.6.3　“九月作葵菹、干葵。”

译文：17.6.3　“九月腌葵菹、晒干葵。”

17.7.1　《家政法》曰：“正月种葵。”

译文：17.7.1　《家政法》说：“正月种葵。”

蔓菁第十八
菘、芦菔附出

题解：18.1.1—18.1.3为篇标题注。

蔓菁又叫“芜菁”，本篇正文就称之为“芜菁”。原书卷首总目，本篇篇标题下，有“菘、芦菔附出”一个小字夹注，我们据此亦加上。

本篇强调了种芜菁要选择合适的土壤，记述了栽种的时令和方法。芜菁是一种叶和根都可以食用的蔬菜，篇中详细介绍了芜菁叶和根的收获及加工、保存的办法。

18.5.2—18.5.3讲到芜菁的根与叶可卖钱获利时，为我们留下了当时人口买卖中奴婢的价格：三大车芜菁叶得一奴，二十大车芜菁根可以换一婢。18.6.1将种蔓菁与种谷的收益作比较，突出其经济效益；则体现了贾思勰善于经营，很有经济头脑。这些也都是有价值的经济史料。

当时芜菁是一种重要的蔬菜，从春到秋，可以种得三批。可是现在我们餐桌上的主要蔬菜白菜（本篇的菘）和萝卜（本篇的芦菔）在当时却是次要的品种，仅作为本篇的附出提了一下。现在，经过劳动人民创造性的努力提高，我国培育了许多优良的白菜、萝卜品种，其中一些，还是全世界有名的品种，已推广到许多国家。

18.1.1　《尔雅》曰“蕦，葑苁”[①]；注：“江东呼为芜菁[②]，或为菘”，“菘”“蕦”音相近，蕦则芜菁[③]。

注释：①蕦（xū），葑（fēng）苁（cōng）：石按：这三个字，过去大家都认为该句读成“蕦，葑苁”。我怀疑这样句读是否正确？依我的推想“蕦葑”两字是一个名称，“蕦葑”两字连读，可以同化成“sōng”或“zōng”，即“菘”或“枞”。正像葫芦hulu可以连读成“瓠”hu。“松”字，现在湖南口语和粤语系统方言中正读“从（cōng）”；“松”“枞”古来也常混用。所以，这句该读作“蕦葑，苁”。

②江东：长江在芜湖市、南京市间作西南、东北流向，是南来北往主要渡口所在。秦汉以后，习惯称自此以下的长江南岸地区为江东。

③蕦则芜菁：蕦就是芜菁。“则”字作“即”字用。本书“则”“即”常互换使用；

如1.3.1的“地则粉解”，应解为“地即粉解”。

译文：18.1.1 《尔雅》说：“蘋，葑苁”；（旧）注说：“江东叫‘芜菁’或‘菘’。”菘和蘋音相近，蘋就是芜菁。

18.1.2 《字林》曰：“葍[①]，芜菁苗也”，乃齐、鲁云。

注释：①葍（fēng）：芜菁苗。

译文：18.1.2 《字林》说：“葍是芜菁苗”，正是齐鲁的方言。

18.1.3 《广志》云：“芜菁有紫花者、白花者。”

译文：18.1.3 《广志》说：“芜菁有开紫花的，有开白花的。”

18.2.1 种不求多，唯须良地；故墟新粪坏墙垣乃佳[①]。若无故墟粪者[②]，以灰为粪，令厚一寸；灰多则燥，不生也。耕地欲熟。

注释：①故墟新粪坏墙垣：新近用旧墙土当粪上过的、旧连作地最好。按：故墟是原来种过的地，现在“休闲”着，因此称为“墟”。“新粪坏墙垣”，是新近用旧墙土作粪上过。用旧墙土作肥料的意义，至少有两种可能，都是与土壤中微生物的氮循环活动有关的：一种，是非共生性固氮细菌和蓝绿藻，可能在这种长期休闲（版筑的墙，一般都是就地取土）的土壤里，得到了它们的合适生长条件，因此固定了一些大气氮，成为氮化物。另一种是硝化细菌群，在这样的墙土中，积累了一些硝酸盐。现在连微生物带土，带微生物加工所得氮化物，一并接种在土壤中，便可以提高土壤肥沃度。②若无故墟粪：如果没有旧连作地作粪。这与前面不一致，故疑“墟”字应是“垣”字；即用“故垣”（旧墙壁土）作的粪。

译文：18.2.1 种芜菁不要太多，但必须用好地；新近用旧墙土当粪上过的、旧连作地最好。如果没有旧连作地（应是旧墙土）作粪上的，可以用灰作粪，要铺一寸厚；灰再多，地就嫌太干，不容易发芽了。地要耕得细软均匀。

18.2.2 七月初种之，一亩用子三升，从处暑至八月白露节，皆得。早者作菹，晚者作干。漫散而劳；种不用湿。湿则地坚叶焦。既生不锄。

译文：18.2.2 七月初下种，每亩地下三升种子。从处暑到八月白露节止，都可以种。早种的可以腌，迟种的做干菜。撒播后摩平；种时，不要趁湿地。湿时地面坚硬，出来的叶子会枯焦。发芽后，不要锄。

18.2.3 九月末收叶，晚收则黄落。仍留根取子。

译文：18.2.3 九月尾，收取叶子；收晚了，叶就要发黄凋落。但仍把根留在地里，预备收种子。

18.2.4 十月中，犁粗畤[①]，拾取耕出者。若不耕，则留者英不茂[②]，实不繁也。

注释：①犁粗畤（liè）：犁成粗大的土块行列。畤，翻耕土地后犁铧头所翻出的土块行列。

②英：英字历来有两种解释：一种是不结实的花；所谓“落英”，是指花说的。另一种是花以外的嫩枝和叶；下文（18.5.2）所说“九英芜菁”，即用这个意义。“九”是“数之极”，即很多很多，九英则是分枝繁茂。现在长江流域方言中，还保存着“萝卜英子”这句话。

译文：18.2.4 十月中，犁成粗“畤”，把翻出来的根捡起来。如果不耕翻，留下来的明年长出的英不茂盛，结的果实也不多。

18.3.1 其叶，作菹者[①]，料理如常法。

注释：①菹（zū）：腌菜。

译文：18.3.1 叶子，预备腌的，用寻常方法处理。

18.3.2 拟作干菜及蘸人文反菹者[①]，蘸菹者，后年正月始作耳，须留第一好菜拟之[②]。其菹法列后条[③]。割讫，则寻手择治而辫之[④]，勿待萎；萎而后辫则烂。挂著屋下阴中风凉处，勿令烟熏；烟熏则苦。燥则上在厨[⑤]，积置以苫之[⑥]。积时宜候天阴润，不尔多碎折。久不积苫，则涩也。

注释：①蘸（niàng）：腌制菹菜。

②拟：各版本此字不同，按本书用字的习惯看来，应当是当“打算作……用”的“拟”字。

③其菹法列后条：卷九《作菹藏生菜法第八十八》中，有“葵、菘、芜菁、蜀芥成菹法”（88.1）“汤菹法”（88.2），“蘸菹法”（88.3），“作菘成菹法”（88.7），“菘根榼菹法”（88.26），“菘根萝卜菹法”（88.29）等各分条。

④辫：此处作动词用，即编成辫。

⑤厨：同“橱”，房屋中搁藏各种物品的高架。“厨”字，现在几乎已成为做饭做菜的地方的专称了。

⑥苫（shān）：草或禾秸编成的箔盖。现在湖南、贵州、四川一些地区的方言中，还保存着“茅苫”这个名称。

译文：18.3.2　预备作干菜和腌制菹菜的叶，作菹要第二年正月才动手，须要留头等好叶准备着。作法，后文另有专条说明。割回来后，随即选择清理，结成辫，不要让它萎缩；萎缩后再结辫，就会破烂。结好，挂在屋里不见太阳而有风不热的地方，不要让烟熏；烟熏过味道就会苦。干了之后，搁在架子上，堆积好，用席箔盖住。堆积的时候，应当等候潮润的阴天，不然，叶就会破碎折断。长时期不堆积起来盖好，就会粗老。

18.4.1　春夏畦种供食者，与畦葵法同。翦讫更种，从春至秋，得三辈，常供好菹。

译文：18.4.1　春、夏天，开畦种来做菜的，与开畦种葵（参看17.2.3）的方法一样。剪掉再种，从春到秋，可以种得三批。经常供给很好的菹。

18.4.2　取根者，用大小麦底[①]，六月中种；十月将冻，耕出之。一亩得数车，早出者根细。

注释：①大小麦底：前作为大麦、小麦的地。

译文：18.4.2　预备收根的，用大麦小麦茬地，六月中种；十月间快要结冻时，耕翻出来收取。一亩地可以得到几车根，早收的根小些。

18.5.1　又：多种芜菁法：近市良田一顷，七月初种之。六月种者，根虽粗大，叶复虫食；七月末种者，叶虽膏润，根复细小；七月初种，根叶俱得。

译文：18.5.1　又：多种芜菁的方法：靠近都市的好地一顷，七月初种。六月种的，根固然粗大些，但叶子易遭虫吃；七月底种的，叶子固然肥嫩，但根却细小；只有七月初种的，根和叶子都合适。

18.5.2　拟卖者，纯种九英。九英叶根粗大，虽堪举卖，气味不美。欲自食者，须种细根。一顷取叶三十载；正月二月，卖作蘸菹，三载得一奴[①]。

注释：①三载（zài）得一奴：三载菜叶的市价，等于一个男性奴隶的身价。和下文18.5.3“收根”中“二十载得一婢”相对比，可以知道当时人口买卖中，男性奴隶与女性奴隶的买卖价值。载，量词，一车所载的容量。

译文：18.5.2　打算卖给人的，专种九英。九英芜菁，叶和根都粗大，虽然好卖，气与味都不好。预备自己吃的，宜于种细根品种。一顷地，可以收三十大车叶；正、二月，卖给人家作菹，三大车叶的价钱，可以换一个奴。

18.5.3　收根：依晖法[①]，一顷收二百载。二十载得一婢。细锉，和茎饲牛羊；全掷乞猪[②]，并得充肥，亚于大豆耳。

注释：①依晖（liè）法：此处应指"耕粗拾取"的方法。参见18.2.4所记。

②掷乞："乞"字可解作"予"，这是栾调甫先生的说法。本书卷八《作酱法第七十》70.3.1中，引有"《术》曰：乞人酱时"，也应解作"给予"。但这个用法，出于贾思勰自己的文章的，只有这一处。

译文：18.5.3　收根时，依"耕粗拾取"的方法（即18.2.4所记的），一顷地可以收二百大车，二十载根可以换一个婢。斫碎，和茎一并喂牛羊；或整的扔给猪吃，都可以长膘，比大豆差一点。

18.6.1　一顷收子二百石。输与压油家，三量成米[①]，此为收粟米六百石，亦胜谷田十顷。是故汉桓帝诏日："横水为灾[②]，五谷不登，令所伤郡国，皆种芜菁，以助民食。"

注释：①三量成米：可以换成三倍量的米。

②横水：《太平御览》卷979所引《东观汉记》："桓帝永兴二年，诏司隶：'蝗水为灾，五谷不登'……"横字从前本读wáng，与"蝗"字同音（现在许多地区的口语中，横还是读"王"）。横字可能是因为同音而写错。但究竟是《东观汉记》写错，还是贾思勰写错，不能确定。这一点也是栾调甫先生提出的。另一方面，"横"可能是指名为"横虫"的行军虫，即食叶的鳞翅类幼虫。

译文：18.6.1　一顷地，可以收二百石子。把子转卖给榨油坊，可以换成三倍分量的米，也就是收得六百石米，也比十顷谷田强。所以汉桓帝下诏说："虫和水成灾，五谷不收，让受了损害的郡国，都种上芜菁，接济粮食。"这就说明，它可以供人过荒年，救饥饿。

18.6.2　然此可以度凶年[①]，救饥馑。干而蒸食，既甜且美，自可借口，何必饥馑？若值凶年，一顷乃活百人耳。

注释：①然：石按：怀疑"然"字下还应有一"则"字。

译文：18.6.2　而且，晒干蒸熟了吃，又甜又好，已经很成理由，何必一定要用来过荒年？过荒年时，一顷地的芜菁，可以养活一百人。

18.7.1　蒸干芜菁根法：作汤，净洗芜菁根，漉著一斛瓮子中。以苇荻塞瓮里以蔽口，合著釜上[①]，系甑带。以干牛粪然火，竟夜蒸之。粗细均熟，谨谨著牙[②]，真类鹿尾。蒸而卖者，则收米十石也[③]。

注释：①合著釜上：即将装满芜菁根，用芦苇填了口的瓮倒覆在锅口上。“合”字这一特别用法，现在粤语系统方言中，还保留着，读作kap，“p”不发音，是粤语的入声标记。

②谨谨：细密。现在湖南南部方言中，还保存这个形容词。

③“作汤”至“收米十石也”：都应当是大字正文，由18.5.1，24.9.1等条，可以证明。

译文：18.7.1　蒸干芜菁根的方法：烧热水，把干芜菁根洗净，漉到盛一斛（旧时的一百升，约合今日二三斗）的瓦瓮中，将苇荻塞进去，遮住口，倒覆在瓦釜上，系上甑带使瓮固定。下面用干牛粪烧着，蒸一整夜。粗的细的都熟了，咬时，感觉细致紧密，像鹿尾一样。蒸熟出卖，一石可以换十石米。

18.8.1　种菘、芦菔蒲北反法[①]，与芜菁同。

注释：①芦菔（fú）：现在写作“萝卜”“莱菔”。今本《尔雅》“菔”字作“葩”。

译文：18.8.1　种白菜、萝卜法，和芜菁相同。

18.8.2　菘，菜似芜菁，无毛而大。《方言》曰[①]：“芜菁，紫花者谓之芦菔。”案芦菔，根、实粗大，其角及根叶，并可生食，非芜菁也；谚曰：“生啖芜菁无人情。”

注释：①《方言》：语言和训诂书。西汉扬雄撰。全称是《輶轩使者绝代语释别国方言》。扬雄撰此书经二十七年，似尚未完成，体例仿《尔雅》，类集古今各地同义词语，大部分注明通行范围。材料来源有古代的典籍，有直接的调查，可以看出汉代语言分布情况，为研究古代词汇的重要材料。晋郭璞作《方言注》。

译文：18.8.2　菘，是像芜菁的菜，茎叶上没有毛，大些。扬雄《方言》以为：“开紫花的芜菁叫‘芦菔’。”案：芦菔的根和种子都粗而且大，它结的角，和它的根与叶子，都可以生吃，并不是芜菁；芜菁是不能生吃的，所以俗话说：“生吃芜菁，没有人情。”

18.8.3　取子者，以草覆之，不覆则冻死。

译文：18.8.3　预备收子的，冬天要用草盖着，不盖就会冻死。

18.8.4 秋中卖银[①]，十亩得钱一万。

注释：①银：石按：《渐西村舍》本改作“钱”。“卖银”的话，本书他处不见，明代以前银是否通用作为交易货币，颇有问题（卷五种树各条所记价格，都以缗钱为计算单位）。但改作“钱”字，下文“得钱一万”，又嫌重复。也许“银”字只是“根”（或“根叶”）写错了。

译文：18.8.4 秋天出卖根，十亩地可以得到一万文钱。

18.8.5 《广志》曰：“芦菔一名雹突[①]。”

注释：①雹突：从前这两字是叠韵字。

译文：18.8.5 《广志》说：“芦菔又叫雹突。”

18.9.1 崔寔曰：“四月，收芜菁及芥、葶苈、冬葵子[①]。”

注释：①葶苈（tíng lì）：十字花科植物，一年生草本，为原野杂草。种子叫葶苈子，可入药。

译文：18.9.1 崔寔说：“四月，收芜菁子、芥子、葶苈子、冬葵子。”

18.9.2 “六月中伏后，七月可种芜菁，至十月可收也。”

译文：18.9.2 “六月中伏以后，到七月可以种芜菁，到十月就可以收了。”

种蒜第十九

泽蒜附出

题解：19.1.1—19.1.7为篇标题注。“泽蒜附出”这四个字明钞本有，在篇标题下面；明清刻本没有。明钞本卷首总目中也没有。这就说明，本文中关于泽蒜的记载，似乎是成书后临时添的；因此，在篇标题下虽然记下了新添材料，总目中却未注明。

本篇介绍了蒜的种法，田间管理及其收获、收藏的方法。19.2.3引用民间谚语：“左右通锄，一万余株”，清楚地说明了每亩蒜的植株数。

贾思勰在本篇19.4.1—19.5.1中特别介绍了自己做的两个实验。（1）用蒜薹顶上，花序中夹着的“珠芽”（条中子）来繁殖大蒜，第一年只能得到独蒜；第二年再蕃殖，得到的大蒜头有拳头大。（2）将蒜头放在瓦片上，埋种在沟里，结果长出的蒜头扁而阔，形状奇特。由此可以了解贾思勰是如何通过实践，努力寻找提高农作物产量和品质的技术的。

19.5.2—19.5.3是贾思勰自己记下的注，他通过自己亲身经历和观察：取朝歌的大蒜，在并州种下，一年后蒜瓣变小；而他州的芜菁种子种在并州，一年后根却变大。从而总结出同一作物在不同地区生长情况各异，是因为“土地之异也”。说明他在1400多年前对“风土条件”（即气候与土壤等环境条件）在农业生产中的重要性，已有了足够的认识。

19.1.1　《说文》曰：“蒜，荤菜也①。”

注释：①荤（hūn）菜：有特殊熏人气味的蔬菜。如葱、蒜、韭、薤之属。

译文：19.1.1　《说文》说：“蒜，是有熏人气味的菜。”

19.1.2　《广志》曰：“蒜，有胡蒜、小蒜。黄蒜长苗无科，哀牢①。”

注释：①哀牢：地名。汉置哀牢县。故治在今云南保山县东。西汉到晋，将现在云南西南部称为“哀牢夷”。明钞本“哀牢”前原空一格，由文义看来，应补“出”字。

译文：19.1.2　《广志》说：“蒜，有胡蒜、小蒜，有一种黄蒜，苗很长，没有蒜头，出在哀牢。”

19.1.3　王逸曰[①]："张骞周流绝域，始得大蒜、葡萄、苜蓿[②]。"

注释：①王逸：东汉宜阳人，字叔师。著楚辞章句及赋诔、书论杂文凡二十一篇；又作汉诗百二十二篇。

②葡萄：显然是"葡萄"写错。苜蓿：显然是"苜蓿"写错。

译文：19.1.3　王逸说："张骞在离中国极远的地方旅行，得到了大蒜、葡萄、苜蓿等植物带回中国。"

19.1.4　《博物志》曰："张骞使西域，得大蒜、胡荽[①]。"

注释：①胡荽（suī）：即芫荽，俗称"香菜"。

译文：19.1.4《博物志》说："张骞出使西域，得到了大蒜和胡荽。"

19.1.5　延笃曰[①]："张骞大宛之蒜[②]。"

注释：①延笃（？—167）：人名。字叔坚。东汉南阳犨（今河南鲁山东南）人，学者、文学家。少从唐溪典受《左氏传》，又师从马融，博通经传及百家之言，善著文，名于京师。《隋书·经籍志》有《延笃集》一卷，已佚。今存七篇，清人严可均辑入《全上古三代秦汉三国六朝文》。

②大宛（yuān）：葱岭附近的一个古代国家。为西域三十六国之一，北通康居，南面和西南面与大月氏接，产汗血马。大约在今中亚费尔干纳盆地。

译文：19.1.5　延笃说："张骞从大宛带了蒜回来。"

19.1.6　潘尼曰[①]："西域之蒜。"

注释：①潘尼（约251—约311）：字正叔。西晋荥阳中牟（今河南中牟县东）人。晋代文学家。潘岳之侄，与岳同以文学著名，世称"两潘"。《隋书·经籍志》著录有集十卷，已散佚。明人辑有《潘太常集》。传附《晋书》卷五十五《潘岳传》。

译文：19.1.6　潘尼赋中有"西域之蒜"句。

19.1.7　朝歌大蒜甚辛[①]，一名"葫"；南人尚有齐葫之言。又有葫蒜，泽蒜也。

注释：①朝歌：地名，殷代的都城，约在今河南淇县附近。

译文：19.1.7　朝歌的大蒜很辣，大蒜又称为"葫"；现在（后魏）的南方人，还有"齐葫"的说法。另有一种"胡蒜"，则是"泽蒜"。

19.2.1 蒜宜良软地。白软地蒜甜美而科大；黑软次之；刚强之地，辛辣而瘦小也。三遍熟耕，九月初种。

译文：19.2.1 蒜宜于种在肥好软熟的地里。白软地，蒜味甜，蒜头也大；黑软地就差些；坚实的地，蒜的味道辣，蒜头也瘦小。细细地耕三遍，九月初种。

19.2.2 种法，黄墒时，以耧耩，逐垄手下之。五寸一株。谚曰："左右通锄，一万余株。"空曳劳。

译文：19.2.2 种法：地里有"黄墒"的时候，用耧耩过，跟着垄一垄垄地用手贴种。株距五寸。俗话说："种蒜，左右锄头通得过，一亩地一万颗。"用不加人的空劳摩一遍。

19.2.3 二月半锄之，令满三遍。勿以无草则不锄，不锄则科小。条，拳而轧之。不轧则独科。

译文：19.2.3 二月半，开始锄，一共要锄满三遍。不要因为没有草就不锄，不锄蒜头就长不大。把蒜薹卷起来，压一遍。不压就只能得到独瓣的蒜头。

19.3.1 叶黄锋出，则辫，于屋下风凉之处桁之[①]。早出者，皮赤科坚，可以远行；晚则皮皴而喜碎[②]。

注释：①桁（héng）：屋梁上或门窗框上的横木。今称檩子、桁条。即两头固定，中间悬空的横木。

②皴（chuò）：表皮破损、剥落。

译文：19.3.1 叶子发黄了，用锋锋出蒜头，结成辫，挂在屋里有风凉爽的地方，两头都固定着，中间悬空。早锋出来的，皮色红，蒜头紧密，可以运到远处；锋出较迟的，皮会自己破碎剥落，蒜头也松碎。

19.3.2 冬寒，取谷稈奴勒反布地[①]，一行蒜一行稈。不尔则冻死。

注释：①稈（nè）：谷穰，即谷物脱粒后所剩的茎秆稃壳。

译文：19.3.2 冬天天气冷时，将谷稃铺在地面，谷上面，再一层蒜一层稃壳地铺着。不然蒜就会冻死。

19.4.1 收条中子种者[①]，一年为独瓣；种二年者，则成大蒜，科皆如拳，又逾于凡

蒜矣。

注释：①条中子：蒜薹顶上，花序中夹着的“珠芽”，形状像小蒜瓣；种下，第二年也可以长出苗叶。

译文：19.4.1　用蒜薹中的蒜子来种，第一年只能得到独瓣的蒜头；种到第二年，才成为大蒜，蒜头有拳头大，又比普通的蒜强。

19.5.1　瓦子垄底，置独瓣蒜于瓦上，以土覆之，蒜科横阔而大，形容殊别，亦足以为异。

译文：19.5.1　在垄底上放一片小瓦片，将独瓣蒜放在瓦片上，再盖上土，蒜头就长成扁而阔的，看起来很大，形状特别，也很新奇。

19.5.2　今并州无大蒜[1]，朝歌取种，一岁之后，还成百子蒜矣；其瓣粗细，正与条中子同。芜菁根其大如碗口，虽种他州子，一年亦变。大蒜瓣变小，芜菁根变大，二事相反，其理难推。又八月中方得熟，九月中始刈得花子。至于五谷蔬果，与余州早晚不殊，亦一异也。

注释：①并州：地名。西汉武帝置。东汉时治所在今山西太原西南。

译文：19.5.2　现在山西并州没有大蒜，都得向河南朝歌去取得蒜种。种了一年，又成了百子蒜——蒜瓣只有蒜薹中珠芽那么小。而并州的芜菁根都有碗口大，就是从旁的州郡取子来种，种下一年，也会变大。蒜瓣变小，芜菁根变大；两个变化，方向相反，不容易推测理由。此外芜菁八月才长得成，九月中才有花和种子可以收割。至于五谷，其他蔬菜、果实，成熟的早晚，却又和其他州郡同样，也很特别。

19.5.3　并州豌豆，度井陉已东[1]，山东谷子入壶关、上党[2]，苗而无实，皆余目所亲见，非信传疑。盖土地之异者也。

注释：①井陉：地名。在今河北。

②壶关：地名。北魏置，在今山西长治东南。上党：今山西东南部，主要为长治、晋城两市。

译文：19.5.3　还有并州产的豌豆，种到井陉口以东，山东的谷子，种到山西壶关、上党，便都徒长而不结实，这都是我亲眼见到的，并不是单听传说。总之，都是土地条件的不同。

19.6.1　种泽蒜法：预耕地，熟时，采取子漫散劳之。

译文：19.6.1　种泽蒜的方法：先把地耕翻。到蒜子熟后，采取种子，撒播，摩平。

19.6.2　泽蒜可以香食（吴人调鼎，率多用此）[1]。根叶解菹[2]，更胜葱、韭。

注释：①香：此处作动词用，即将具有香气的"调和"或"作料"，加到烹调着的或已烹好的熟食物中，使食物得到香气。现在长江流域各省方言中，还有很多保存有这个用法的；如"香点葱"与"香料""香头"之类。

②解菹：依卷八70.4.5，73.1.10等处"解"字的用法，作调和稀释讲。

译文：19.6.2　泽蒜可以做烹调时的香料，江南吴人烹调食物，一般都用它。根叶用来调和菹，比葱和韭菜都强。

19.6.3　此物繁息，一种永生，蔓延滋漫，年年稍广。间区剧取，随手还合；但种数亩，用之无穷。种者地熟，美于野生。

译文：19.6.3　这种东西蕃殖很快很多，种一次，以后就常有，蔓延散布，一年比一年多。分区轮流地掘来用，随即又长满了；种得几亩地，就用不完。种的，因为地熟，比野生的好。

19.7.1　崔寔曰："布谷鸣，收小蒜；六月七月，可种小蒜；八月，可种大蒜。"

译文：19.7.1　崔寔说："布谷鸟叫的时候，收小蒜；六月七月，可以种小蒜；八月，可以种大蒜。"

种䪥第二十

题解：20.1.1为篇标题注。

“䪥”即“薤”的古写法。“薤”，俗称“藠头”。本篇介绍了它的栽种，田间管理及收获。

“薤”与前一篇的“蒜”，二十一篇的“葱”，二十二篇的“韭”，都是中国古老的蔬菜品种。它们开始“种”时是种种子，但要大量蕃殖则只能用“分栽”或“分根”的办法做无性蕃殖；即用地下器官或鳞芽进行蕃殖。但古人观念中，凡是可以生长成新植株的材料，一律称为“子”，而不考虑它们形态上的及来源的差别，东方西方都是如此。如：《氾胜之书》中，就称芋的小块茎为子。20.3.1的“薤子”实际上就是薤的小鳞茎。贾思勰写这几篇时，详细地记述了它们蕃殖、增产的办法，再次证实了我国蔬菜园艺古老光辉的成就。

20.1.1 《尔雅》曰：“䪥鸿荟[①]。”注曰：“䪥菜也。”

注释：①䪥（xiè）：薤。又名藠（jiào）头，小蒜、薤白头、野蒜、野韭等。内蒙、山西人称“薤”为“害害”。百合科葱属多年生草本，地下有鳞茎，鳞茎和嫩叶可食。古代作为蔬菜，今南方还作蔬菜食用。

译文：20.1.1 《尔雅》说：“䪥是鸿荟。”郭璞注说：“就是䪥菜。”

20.2.1 䪥宜白软良地，三转乃佳。

译文：20.2.1 䪥要种在白软的好地，耕转三遍才好。

20.2.2 二月三月种。八月九月种，亦得。秋种者，春末生。率：七八支为一本。谚曰：“葱三䪥四。”移葱者，三支为一本；种䪥者，四支为一科。然支多者科圆大，故以七八为率。

译文：20.2.2 二月三月种。八月九月种也可以；秋天种的，第二年春末才发芽。标准是一窝种下七八支。俗话说：“葱三䪥四。”移栽葱的，三支作一窝；栽䪥，四支作一窝。但是支数多的，科圆而且大，所以将七八支作为标准。

20.3.1 䪥子三月叶青便出之[①]，未青而出者，肉未满，令䪥瘦。燥曝，挼去莩余，切却强根[②]。留强根而湿者，即瘦细不得肥也。先重耧耩地，垄燥，掊而种之[③]。垄燥则肥，耧重则白长。

注释：①子：此处“子”字，所指的不是果实种子，只是供蕃殖用的旧鳞茎。

②强根：已经枯死的根。“强”字可以借作“僵”字用。

③掊：即“掊坑”“掐坑”“挖坑”。

译文：20.3.1　䪥子，三月间，叶子回青时掘出来，没有回青就掘出来，肉没有长满，䪥子是瘦小的。晒干，按掉外面的枯皮，切掉干了的死根。留着干根，又没有晒干的，就瘦弱，细小，不会肥大。先用耧把地耩过两次，等垄干了，掊坑种下。垄干的，䪥子长得肥些，用两次耧，地翻得更松，䪥白也长得长些。

20.3.2　率一尺一本。叶生即锄，锄不厌数。䪥性多秽，荒则羸恶[①]。

注释：①䪥性多秽，荒则羸恶：䪥叶直立，又纤细，科丛外容易有杂草；不锄，草便会多；草多，䪥便瘦了。多秽，易生杂草。秽，杂草。

译文：20.3.2　标准窝距是一尺。新叶发出就开始锄，锄的次数愈多愈好。䪥地里容易长杂草，草多了，䪥子便瘦弱。

20.3.3　五月锋，八月初耩。不耩则白短[①]。

注释：①白短：“白”指䪥的鳞茎。

译文：20.3.3　五月锋一遍，八月初，耩一遍。不耩，䪥白短。

20.3.4　叶不用翦。翦则损白，供常食者，别种。

译文：20.3.4　叶子不要翦。剪叶䪥白长不好，想经常用来做菜的，应当多分栽一些。

20.3.5　九月十月出卖。经久不任也。

译文：20.3.5　九月十月，掘出来卖。再经久些，就不中用了。

20.4.1　拟种子[①]，至春地释，出即曝之[②]。

注释：①拟种子：预备作种用的“子”（“子”见上注解20.3.1）。

②出即曝之：依20.3.1解释为“取出，未种之前先晒”。

译文：20.4.1　预备作种的䪥头，到了春天地解冻时，取出来，随即晒干。

20.5.1　崔寔曰：“正月可种䪥、韭、芥[①]。七月别种䪥矣[②]。”

注释：①䪥、韭、芥：“芥”字，明钞有；明清刻本均无。似不应有，暂时存疑。

②别种：即分栽。

译文：20.5.1　崔寔说：“正月可种䪥、韭菜、芥菜。七月就分栽䪥子。”

种葱第二十一

题解：21.1.1—21.1.4为篇标题注。

本篇首先记述了收葱子的注意事项。强调种葱的地必须在春天先种上绿豆，翻转埋在地里作为绿肥。21.2.3介绍的葱子播种的方法十分巧妙：用炒过的谷子和葱子一起撒播，使播种均匀；还有专门的播种工具“窍瓠”。21.3.1—21.4.1对葱的田间管理做了较详细的介绍。

21.6.1介绍可以在葱地里套种一些胡荽。《齐民要术》中有不少“套作”的例子。“套作”在我国已有两千年的历史。初期的“套种”，就是在可用的地面上，同一个时期要保有最大数量的植株，比较合理的办法是种上两种作物：一种作物，出苗后不久就可以收获利用，另一种作物一直在地里生长到成熟。这样，苗期地面可以得到充分利用；而第二种作物在后期生长时又可以有充裕的发展空间，一举两得。我国劳动人民很早就在生产实践中充分考虑到在蔬菜园艺中如何对小面积土地最高限度利用；并通过长期实践、细心研究，摸索到一些因时、因地制宜合理安排套种作物的方法。

21.1.1　《尔雅》曰：“茖[1]，山葱。”郭璞注曰：“茖葱，细茎大叶。”

注释：①茖（gè）：葱的一种。

译文：21.1.1　《尔雅》说：“茖，是山葱。”郭璞注解说：“茖葱，茎小叶大。”

21.1.2　《广雅》曰：“藿葤蕏，葱也；其蓊谓之苔[1]。”

注释：①葤蕏（chóu chú）：葱名。此句在今本《广雅》，是“葤蕏葱也”“蓊苔也”这么相连而不相涉的两条。“藿”是豆叶，则在前面相距颇远的一条中。究竟是本书传钞刻写有错，或是《广雅》错误，还待考证。蓊（wěng）：蒜、韭菜、葱、油菜等生花的茎，即俗语所称“苔”。

译文：21.1.2　《广雅》说：“藿、葤、蕏，是葱；它的蓊称为苔。”

21.1.3　《广志》曰：“葱有冬春二种。”“有胡葱、木葱、山葱。”

译文：21.1.3　《广志》说：“葱有冬葱春葱两种。”“有胡葱、木葱、山葱。”

21.1.4　《晋令》曰[1]："有紫葱。"

注释：①《晋令》：晋代法令的通称。晋武帝泰始四年（268）颁布《泰始律》时，也颁《晋令》。同为贾充、郑冲、杜预等十四人所编纂。《隋书·经籍志》《旧唐书·经籍志》《新唐书·艺文志》均载《晋令》四十卷，贾充等撰。宋后亡佚，现存辑佚本。

译文：21.1.4　《晋令》中记着："有紫葱。"

21.2.1　收葱子，必薄布阴干，勿令浥郁。此葱性热，多喜浥郁；浥郁则不生[1]。

注释：①浥郁：沾湿后密闭生霉以致朽坏。

译文：21.2.1　收得的葱子，必须薄薄地铺开，阴干，不要让它燠坏。葱性热，很容易燠坏；燠坏了就不发芽。

21.2.2　其拟种之地，必须春种绿豆，五月掩杀之[1]。比至七月，耕数遍。

注释：①掩：应作"稖"，在此应当是指把地面的东西翻下去。

译文：21.2.2　预备种葱的地，必须在春天先种上绿豆，五月间，把绿豆翻下去闷杀。到七月，再翻耕几遍。

21.2.3　一亩用子四五升。良田五升，薄地四升。炒谷拌和之。葱子性涩，不以谷和，下不均调；不炒谷，则草秽生。两耧重耩，窍瓠下之[1]；以批蒲结反契苏结反系腰曳之[2]。

注释：①窍瓠：用干壶卢做成的、下种用的器具。

②批契（pí xiè）："批"是从中劈破；"契"是一头大一头小的木"楔"子。定枎案：一九六五年《今释》作者在他撰的《农桑辑要校注》中对"批契系腰"重新作注，现将此注全文抄录于后："'批契'这个工具，过去未找到适当的解释；就操作需要和使用方法上，望文生义，以为可能是一个'批'开的'楔'，在上面扣一条绳索，带动其他农具的。最近，承沈阳孟方平同志专函见告，辽宁省朝阳县一带大众使用的一种工具称为'bǒ qì'，应当就是'批契'。现根据孟方平同志绘来的图和《辽宁农业科学》一九六三年第五期载"辽宁省垄作与平作的现状"的介绍，将'bǒ qì''系腰'，即系在腰间：这样，人除了带动'bǒ qì'覆土之外，还空下两手，可以同时从事其他操作。人腰间所带的，大致是一个'窍瓠'在前下种，跟着一个'bǒ qì'覆上土；两手扶住前面开沟的耧，耧则由牲口带动；走一行，先开沟，随着已下了种，覆了土。这样，所有应进行的作业，全部完成，实在既经济又实惠。"

译文：21.2.3　每亩地用四至五升种子。好地五升，瘦地四升。将炒过的谷子拌和着。葱子有棱角、粗涩，不用谷子拌和，下种不容易均匀；谷子如不炒过，就会长成"杂草"。用两个耧重复耩过，将拌和的种子在"窍瓠"里播下；将批契系在腰上拉。

21.3.1　七月纳种，至四月始锄，锄遍乃翦。翦与地平；高留则无叶，深翦则伤根。翦欲旦起，避热时。

译文：21.3.1　七月下种，到四月里才锄一遍，锄完才剪。剪得和地面一样平。留得高，后来叶就少；剪得再深，根会受伤。剪，应当在早晨刚起来以后，要避免太热的白昼。

21.3.2　良地三翦，薄地再翦；八月止。不翦则不茂，翦过则根跳。若八月不止，则葱无袍而损白[①]。

注释：①袍：葱叶基部，层层包裹着，称为“袍”。

译文：21.3.2　好地，可以剪三次，瘦地剪两次；八月就不要再剪了。不剪，不会茂盛；剪的太多，根向地面上升。八月还不停止，葱就没有“袍”，葱白也减少了。

21.4.1　十二月尽，扫去枯叶枯袍。不去枯叶，春叶则不茂。二月三月出之。良地二月出，薄地三月出。

译文：21.4.1　十二月底，把地里的枯叶枯袍去掉。枯叶不去掉，春天叶不会茂盛，二、三月间，掘出来。好地二月就要掘，瘦地等到三月。

21.5.1　收子者，别留之。

译文：21.5.1　预备收种子的，要分栽后另外留下。

21.6.1　葱中亦种胡荽，寻手供食；乃至孟冬为菹[①]，亦不妨。

注释：①孟冬为菹：指胡荽可以留到十月作菹，也不妨害葱的生长。

译文：21.6.1　可以在葱地里套种一些胡荽，随时供给食用；也可以到十月间作胡荽殖，还不会妨害葱的生长。

21.7.1　崔寔曰：“三月别小葱[①]，六月别大葱。七月可种大、小葱。”夏葱曰小，冬葱曰大[②]。

注释：①别：分栽。

②夏葱曰小，冬葱曰大：“曰”字，似乎该是“白”字。夏天的葱，葱白较小也较短；冬天的葱，葱白才较大。如果只有夏葱才是“小”葱，则“三月别种”的，就不应当是小葱，而七月种的“小”葱，这时已不是夏，是否算夏葱，就有点不好说了。

译文：21.7.1　崔寔说：“三月份栽小葱，六月份栽大葱。七月，可以种大葱小葱。”夏葱白头小，冬葱白头大。

种韭第二十二

题解：22.1.1—22.1.2为篇标题注。

本篇首先介绍了如何检定韭菜的种子。贾思勰在介绍其方法时明白地指出：韭子只能放在火上“微煮”，“须臾”即生芽者才是好种子。对火候和时间的要求交代得极准确。

对韭菜的田间管理则强调耙耧、浇水、施肥。并告诉人们，韭菜虽种下后可长久生长，但一年中只可剪五次；而且田间管理要跟上。

22.1.1　《广志》曰：“弱韭长一尺，出蜀汉。”

译文：22.1.1　《广志》说：“弱韭，有一尺长，出在蜀汉。”

22.1.2　王彪之《关中赋》曰[①]：“蒲韭冬藏也。”

注释：①王彪之（305—377）：字叔虎，唐人避讳改作叔武。晋琅琊临沂（今属山东）人。诗人、辞赋家。曾官至尚书令，与谢安共掌朝政。有集二十卷，佚。今存文四十三篇，见《全上古三代秦汉三国六朝文》；存诗四首，见《先秦汉魏晋南北朝诗》。

译文：22.1.2　王彪之《关中赋》，有“蒲韭冬藏”（冬天有藏下的蒲芽和韭菜）的文句。

22.2.1　收韭子如葱子法。若市上买韭子，宜试之：以铜铛盛水[①]，于火上微煮韭子。须臾牙生者好，牙不生者[②]，是裛郁矣。

注释：①铛（chēng）：小锅。

②牙：即“芽”（参看《种谷第三》注解3.13.1）。

译文：22.2.1　收藏作种用的韭菜子，方法和收葱子一样。如果在市上买韭菜种子，应当先试过：用小铜锅，盛些水，在火上稍微煮一煮。韭菜子不多久便出芽的，是好种子；不出芽，就是熅坏了的。

22.2.2　治畦、下水、粪覆，悉与葵同；然畦欲极深。韭一翦一加粪，又根性上跳，故须深也。

译文：22.2.2　作畦、浇水、盖粪土，一切都和种葵一样；但是畦要做得深。韭菜每剪一次，就得加一次粪，它的根又容易向地面升上来，所以畦一定要做得深。

22.2.3　二月、七月种。种法，以升盏合地为处[1]，布子于围内。韭性内生，不向外长，围种令科成。

注释：①合地：即将盏向地面覆下，印成一圆形洼（参看注解18.7.1“合著釜上”的“合”字）。

译文：22.2.3　二月、七月种。种法：用容量一升的盏子，印在畦底上，作成一个小洼；将韭菜种子撒在洼的范围以内。韭菜根只向内发展，不向外面扩展，作成洼围来种，可以得到大些的科。

22.2.4　薅令常净。韭性多秽，数拔为良。

译文：22.2.4　常常要薅净杂草。韭菜地容易长杂草，所以要勤于拔草才好。

22.3.1　高数寸，翦之。初种，岁止一翦。

译文：22.3.1　长到有几寸高时，就剪一次。种下去，第一年只能剪一次。

22.4.1　至正月，扫去畦中陈叶。冻解，以铁杷耧起；下水加熟粪。

译文：22.4.1　到正月间，扫除畦里的枯叶。解冻后，用铁齿杷耧松；浇水，加熟粪。

22.4.2　韭高三寸便翦之，翦如葱法。一岁之中，不过五翦。每翦，耙耧，下水、加粪，悉如初。

译文：22.4.2　韭菜长到三寸高时，剪一次。剪法，和剪葱一样。一年中，只可剪五次。每次剪后，就和第一次剪一样，用杷楼过，浇水，加粪。

22.4.3　收子者，一翦即留之。

译文：22.4.3　预备收种子的韮菜，只剪一次就留下不要再剪。

22.5.1 若旱种者，但无畦与水耳，杷粪悉同。一种永生。谚曰："韭者，懒人菜"，以其不须岁种也。《声类》曰[①]："韭者久长也，一种永生。"

注释：①《声类》：书名。三国魏李登撰，《隋书·经籍志》著录，为古代字书。已亡佚。

译文：22.5.1 也可以旱地种，只是不做畦不浇水；杷耧、加粪都还是一样。种下去，以后就长久生长了。俗话说："韭菜是懒人菜"，因为它不用每年种新的。《声类》说："韭是久长的意思，种一次，永久都有。"

22.6.1 崔寔曰："正月上辛日，扫除韭畦中枯叶。七月藏韭菁。"菁，韭花也[①]。

注释：①菁，韭花也：《说文》及《广雅》也都有"菁"，是韭菜花的解释。

译文：22.6.1 崔寔说："正月第一个辛日，把韭菜畦里的枯叶扫除。七月，腌韭菜花。"韭菁就是韭菜花。

种蜀芥、芸薹、芥子第二十三

题解：23.1.1为篇标题注。

本篇介绍的三种蔬菜都是食叶的菜。可以鲜食或腌来吃，也可以晒作干菜。现代有学者认为：蜀芥，可能是大芥菜；芥子，可能是小芥菜。芸薹则是油菜的一种，植株较矮小，现在北方地区还普遍栽种。标题注中所说的水苏、劳蒩实际上与“芥”无涉。

贾思勰介绍了它们的播种（季节、对土质的要求、种子用量等），田间管理。特别提醒：用叶子的在七月半下种，十月收；预备收子用的，则在二三月种，五月收

23.1.1　吴氏《本草》云[①]：“芥蒩，一名水苏，一名劳抯[②]。”

注释：①吴氏《本草》：即《吴普本草》。吴普，东汉末广陵（今扬州）人，华佗弟子。《吴普本草》共六卷，今已亡佚。

②芥蒩（zū），一名水苏，一名劳抯（zhā）：此句，各本所引不尽相同。现在假定是：本文原来该作“芥蒩，一名水苏，一名劳蒩”。“蒩”字，读“租”音。《现代汉语大字典》解释为：“蕺菜，又叫鱼腥草，三白草科。”水苏是唇形科植物，与二十六篇的“荏”同科，与本篇所讨论的十字花科植物“芥”无关。

译文：23.1.1　吴氏《本草》说：“芥蒩，又叫水苏，又叫劳蒩。”

23.2.1　蜀芥、芸薹取叶者，皆七月半种。

译文：23.2.1　预备用叶子作食物的蜀芥和芸薹，都在七月半下种。

23.2.2　地欲粪熟。蜀芥一亩，用子一升。芸薹一亩。用子四升[①]。

注释：①用子一升、用子四升：按：此段两处小注，都应作正文：即蜀芥一亩，用子一升；芸薹一亩，用子四升。

译文：23.2.2　地要加粪，要均匀细熟。蜀芥每亩用一升子；芸薹每亩用四升子。

23.2.3　种法与芜菁同。

译文：23.2.3　种法和种芜菁一样。

23.3.1　既生，亦不锄之。

译文：23.3.1　发芽后，不要锄。

23.3.2　十月，收芜菁讫时收蜀芥。中为咸淡二菹，亦任为干菜。芸薹足霜乃收。不足霜即涩。

译文：23.3.2　十月芜菁收完，就收蜀芥。可以腌作成菹或淡菹，也可以晒作干菜。芸薹要霜下足了才收。霜不足菜还是粗老的。

23.4.1　种芥子及蜀芥、芸薹取子者，皆二三月好雨泽时种。三物性不耐寒，经冬则死，故须春种。旱则畦种水浇。

译文：23.4.1　种芥子、蜀芥和芸薹预备收子用的，都在二三月间雨水好的时候种。三种植物都不耐寒，过冬会死，所以要春天种。天旱，就做畦种，用水浇。

23.4.2　五月熟而收子。芸薹冬天草覆，亦得取子，又得生茹供食。

译文：23.4.2　五月，子熟了就收子。芸薹冬天用草盖着，也可以过冬，到第二年收子；而且还可以得到生菜供食用。

23.5.1　崔寔曰："六月大暑中伏后，可收芥子。七月八月可种芥。"

译文：23.5.1　崔寔说："六月大暑，中伏以后，可以收芥子。七月八月可以种芥。"

种胡荽第二十四

题解：胡荽即芫荽，俗称“香菜”。胡荽适于栽种在熟软的好地，可以大面积撒播，也可以开畦种。篇中记述了胡荽种植的时令、种子的用量等。由于胡荽种子构造特别，对它的种法做了详细的介绍。

胡荽的果实，和所有伞形科植物一样，都是称为“悬果”的复子房果；每个子房中，只有一个种子。果实成后，两个干燥的分果，都沿中线由果柄上分裂离开，只有原来种孔所在的一端，连在原来的果柄上；原来的种孔，便由果柄堵塞着。只有完全脱离了果实的分果，种孔露出的，水分与空气才可以很快地由种孔透过。贾思勰对于悬果这些构造上的特征，也许并没有深入地观察；但是对于悬果种子发芽所需条件，却认识得非常周到精确，因此才能在24.3.2中，对胡荽的种法作了细密的记述。

24.4.1—24.4.3介绍了胡荽种子的收获和收藏。24.4.4介绍了胡荽的经济价值。24.2.2—24.2.3讲的离市场近的胡荽可以种得密些，一亩下两升子，可以随时锄出一些来卖；而不靠近市场的地方就种稀些，一亩只下一升种子。这种园地理位置不同而特地采用疏密不同的种植方法，正体现了贾思勰因地制宜的经营理念。

24.3.3及24.8.2中特别介绍了胡荽种子的催芽处理技术。24.8.3还指出：种子不易发芽的蔬菜都可以采用此种技术。

24.9.1—24.9.3讲述了胡荽的食用方法。

24.1.1　胡荽宜黑软青沙良地，三遍熟耕。树阴下，得；禾豆处，亦得[①]。

注释：①树阴下，得；禾豆处，亦得：明钞、《农桑辑要》及《学津讨原》本，都是这样。胡荽不需要强烈的日照，在树阴下可以生长，所以“树阴下得”，是容易理解的。禾（谷子）和豆，却是不耐阴的，“禾豆处亦得”，便不合理，而“处”字也不很好讲。因此，应当依《农政全书》所引，加一“不”字，即“树阴下，不得禾豆处，亦得”。树阴下，禾、豆不能生长的地方，种胡荽还合适，这样，既与事理相合，语气也更顺适。卷四《种桑柘第四十五》中45.3.2条，桑树定植时“率：十步一树下”的小注“阴相接者，则妨禾豆”，如果树阴彼此连接，就妨害到（树隙中间）所种的谷子或豆子。看来，“树阴下”便也正应当是“不得禾豆”的地方。

译文： 24.1.1　胡荽宜于黑、软、青沙的好地，要熟耕三遍。树阴下，可以；不能种禾或豆子的地，也可以。

24.2.1　春种者，用秋耕地。开春冻解地起，有润泽时，急接泽种之[①]。

注释： ①接泽：趁湿或赶墒。

译文： 24.2.1　春天种的，要用去年秋天耕翻好了的地。开春后，解冻了，地也松动了。地里有水的时候，赶墒种下去。

24.2.2　种法：近市负郭田一亩，用子二升；故概种[①]，渐锄取，卖供生菜也。

注释： ①故概（jì）种：特意种密。故，在此作“故意”“特地”讲，不作“所以”讲。

译文： 24.2.2　种法：靠近市场的近郊地，一亩，下二升种；特意种密些，慢慢锄出一些来，卖给人家做生菜吃。

24.2.3　外舍无市之处，一亩用子一升，疏密正好。

译文： 24.2.3　乡村不靠近市场的地方，每亩只下一升种，稀密正合适。

24.3.1　六七月种，一亩用子一升。

译文： 24.3.1　如果六七月种，每亩也下一升种子。

24.3.2　先燥晒。欲种时，布子于坚地，一升子与一掬湿土和之，以脚蹉令破作两段[①]。多种者，以砖瓦蹉之亦得，以木砻砻之亦得。子有两人，人各著[②]，故不破两段，则疏密水裛而不生。著土者，令土入壳中[③]，则生疾而长速。种时欲燥，此菜非雨不生，所以不求湿下也。

注释： ①以脚蹉（cǎi）：从前有“蹉跎”这叠韵的词，翻译成近代语，即“踱来踱去”。“蹉”字，显然只是用脚来回“蹉”，和蹉跎的意义相近，和用手“搓”的意义也极相似。手搓的话，现在各处的方言中都还保存，“搓”字的读音，也仍是“cuō”，但脚蹉的“蹉”字，各处都改读作cǎi，也都写成“踩”了。

②子有两人，人各著：种实里有两个种仁，种仁是分开生着的。种仁的“仁”，从前是用“人”字的；“著”字也比较后起，最初只用“箸”，后来才有“著”。

③令土入壳中：此处应当是：“破后，令土（指所和湿土）注入壳中，则生疾而长速。”抄写时，颠倒错漏了几个字，意思便模糊不清了。胡荽的果实，和所有伞形科植物

一样，都是称为“悬果”的复子房果；每个子房中，只有一个种子。果实成后，两个干燥的分果，都沿中线由果柄上分裂离开，只有原来种孔所在的一端，连在原来的果柄上；原来的种孔，便由果柄堵塞着。只有完全脱离了果柄的分果，种孔露出的，水分与气体才可以很快地由种孔透过。因此，“破后”两字不可缺。

译文：24.3.2　种子先干着晒。要种之前，把种子铺在硬地上，一升子，和上一把湿土，用脚来回地踩，让种实破成两段。种得多的，用砖瓦来回搓也可以，或者用砻谷的木砻推也可以。种实里有两个种仁，种仁是分开生着的。如果不搓破成为两段，便会因为有些种子被水闷住，不能发芽，因此地里有疏有密。着土之后，让湿土进到壳里面去，发芽便快，生长也快。种的时候，种实要干，这种菜没有雨长不好，所以不要用湿种子下种。

24.3.3　于旦暮润时，以耧耩作垄，以手散子，即劳令平。春雨难期，必须借泽；蹉跎失机，则不得矣。地正月中冻解者，时节既早，虽浸，牙不生，但燥种之，不须浸子。地若二月始解者，岁月稍晚，恐泽少，不时生，失岁计矣。便于暖处，笼盛胡荽子，一日三度，以水沃之，二三日则牙生；于旦暮时，接润漫掷之，数日悉出矣。大体与种麻法相似。假令十日二十日未出者，亦勿怪之，寻自当出。有草，乃令拔之。

译文：24.3.3　清早或黄昏后，大气比较潮湿的时候，用耧耩成垄，随即用手撒下子，摩平。春雨难得遇见，必须赶墒；疲沓一下，错过了机会，就不能种了。在正月里地就解了冻，这时季节太早，种子就是泡着也不会发芽，只管将干的种下去，不须要泡种。要是二月才解冻的，季节稍微晚了一些，恐怕墒不够，不能及时发芽，就打乱了今年的计划。这时应当在温暖地方，用篮子盛着胡荽种子，一天用水浇三次，两三天后，就发芽了；清早或晚上，趁大气潮润时撒播下去，几天之后，便出苗了。办法大致和种麻相像。如果十天到二十天还没有出苗，也不必以为奇怪，等等仍旧会出的。有草，就拔掉。

24.3.4　菜生三二寸，锄去概者供食及卖；十月足霜，乃收之。

译文：24.3.4　菜长到两三寸长时，把密的锄出来供食或出卖；十月霜下得够了，就收割。

24.4.1　取子者，仍留根，间古苋反拔令稀[1]，概即不生。以草覆上。覆者得供生食，又不冻死。

注释：①间（jiàn）拔：拔去或锄去多余的。

译文：24.4.1　预备留种的，初冬收割后，让根留在地里，去掉一部分，使留下的稀疏些。密了不会再生出。用草盖上。盖着的，再生后可以供给生吃，又不会冻死。

24.4.2　又五月，子熟，拔取曝干，勿使令湿，湿则裛郁。格柯打出，作蒿篅盛之。

注释：①格柯打出，作蒿篅（chuán）盛之："格"读"各"，即阻隔；"柯"是枝条；"格柯"即将枝条架起来。这样，捶打时不会碎裂。蒿篅，用蒿茎编成的容器。蒿篅固然可以解作用蒿茎编成的容器，但更可能的是"蒿"字原应该是"槀（gǎo）"字，指禾秆；即是禾秆编成的"槀篅"。

译文：24.4.2　到第二年五月，种子成熟后，整株拔出来，晒干，不要让它潮湿，湿了就会熰坏。格着枝条打下来，用蒿草编的篅盛着。

24.4.3　冬日亦得入窖；夏还出之。但不湿，亦得五六年停[1]。

注释：①停：保存。

译文：24.4.3　冬天，可以搁到窖里去，夏天再取出来。只要不受潮，也可以保存五六年。

24.4.4　一亩收十石，都邑粜卖，石堪一匹绢。

译文：24.4.4　一亩地，可以收十石胡荽子；在大都市里出卖，每石可以换到一匹绢。

24.5.1　若地柔良，不须重加耕垦者，于子熟时，好子稍有零落者，然后拔取。直深细锄地一遍，劳令平。

译文：24.5.1　如果地很软很肥，用不着再耕翻的，可以等种子成熟时，好的早熟的种子稍微有些自然零落以后，再拔掉。然后再深深地细锄一遍，摩平。

24.5.2　六月连雨时，穞音吕生者亦寻满地[1]，省耕种之劳。

注释：①穞（lǔ）：本应作"旅"，也有些书上写作"秜"。即栽培植物（特别指稻）遗留的种子，生出所成半野生状态的新植株。

译文：24.5.2　到六月，下连绵雨时，自己生出的，也会长满一地，就免得耕翻播种等工作。

24.6.1　秋种者，五月子熟，拔去，急耕。十余日又一转：入六月，又一转，令好调

熟（调熟如麻地）[1]。

注释：①调熟如麻地：这里“调熟”两字重复，固然可能是抄错，但也可能这五个字只是贾思勰自加的注解。

译文：24.6.1　秋天种的，五月间原有的一批种子成熟后，拔掉，赶快耕翻。十几天后，再转一遍；到六月，再转一遍，让地好好地调匀软熟到和种麻的地一样。

24.6.2　即于六月中旱时，耧耩作垄。蹉子令破，手散还劳令平，一同春法。但既是旱种，不须耧润。此菜旱种，非连雨不生；所以不同春月，要求湿下。种后，未遇连雨，虽一月不生，亦勿怪。

译文：24.6.2　就在六月里干旱的时候，用耧耩出垄来。把种子踩破，手撒下去，又摩平，一切都和春天种的情形一样。但是，现在既是旱天种的，耧时便不需要润湿的地。这种菜，旱天种的，没有遇到绵雨就不会生出；所以和春天不同，不像春天那样需要湿时下种。下种后，没有遇到连绵雨，尽管一个月里还不会出苗，也不要觉得奇怪。

24.6.3　麦底地亦得种，止须急耕调熟。

译文：24.6.3　麦茬地也可以种，只要赶快耕到调匀软熟。

24.6.4　虽名秋种，会在六月。六月中，无不霖望；连雨[1]，生，则根强科大。

注释：①“六月中”几句：《农桑辑要》“望”字作“遇”。和上文“种后，未遇连雨”排比看时，似乎“遇”字是对的。但也许是“望、遇”两字都有，即“六月中，无不霖望，遇连雨……”用现代的话说，就是“六月中没有不下连绵大雨的情形，遇着连绵雨……”

译文：24.6.4　名义上虽是“秋种”，事实上总还要在六月。六月里，没有不下连绵雨的情形；遇到连雨，就发芽了，根壮实，科也大。

24.6.5　七月种者，雨多亦得，雨少则生不尽，但根细科小[1]，不同六月种者，便十倍失矣。

注释：①但：疑为“且”字写错。

译文：24.6.5　七月里种的，雨多也还可以；雨少，就不尽能发苗，而且根细弱，科也小，比不上六月种的，这样，便损失了十倍。

24.7.1　大都不用触地湿入中①。

注释：①不用触地湿入中：理解为“不要在地潮湿的时候进到地中去”，免得地被践踏到紧实（参看卷一《种谷第三》3.10.3注解）。

译文：24.7.1　种了胡荽，地湿的时候，不可以赶湿时走进地里去。

24.7.2　生高数寸，锄去概者，供食及卖。

译文：24.7.2　苗长到几寸高时，锄掉密的，供食或出卖。

24.7.3　作菹者，十月足霜乃收之。一亩两载，载直绢三匹。

译文：24.7.3　作菹的，到十月，下足了霜时再收。每亩收得两大车，一车可值三匹绢。

24.7.4　若留冬中食者，以草覆之，尚得竞冬中食①。

注释：①中（zhòng）：和上面的“冬中”意思不同，即“适合于……之用”。

译文：24.7.4　要想留在冬季里吃的，用草盖上，整个冬天都可以吃。

24.8.1　其春种小小供食者，自可畦种。

译文：24.8.1　春天种少量供食的，当然可以开畦来种。

24.8.2　畦种者，一如葵法。若种者，挼生子①，令中破，笼盛，一日再度以水沃之，令生牙，然后种之。再宿，即生矣。昼用箔盖，夜则去之。昼不盖，热，不生；夜不去，虫耧之②。

注释：①挼（ruó）生子：即用手将能生活的种子搓破。

②虫耧：虫在上面爬行，现在粤语系统中仍保存这个用法。

译文：24.8.2　开畦种胡荽的准备手续和种葵一样。种时，把能生活的种子，用手搓破成两段，盛在篮里，一天浇两次水，让它发芽，然后种下去。过两夜，就出苗了。白天用箔子盖上，夜间揭掉。白天不盖，太热，不发芽；夜间不揭掉，会惹上虫在里面活动。

24.8.3　凡种菜，子难生者，皆水沃令牙生，无不即生矣。

译文：24.8.3　种菜时，遇着种子不易发芽的，都可以用水浇后保温、保湿，让它发芽，再播种，便没有不出苗的了。

24.9.1　作胡荽菹法：汤中渫出之[1]，著大瓮中，以暖盐水经宿浸之。明日，汲水净洗，出，别器中，以盐酢浸之，香美不苦。

注释：①渫（zhá）：在沸水中涮熟。在沸油中煎叫“煠”。后一字，现在在全国各地的方言中，几乎普遍保留；不过一般都错写成“炸”字。“渫”字在山东、河北、河南、安徽、湖南和两粤方言中保存着；湖南、河南等处，读zá或zhá，与“煠”同音；粤语读作sap（“p”是粤语入声的标记）。

译文：24.9.1　作胡荽菹的方法：在开水汤里煮一下，漉出来，放在大瓮子里，用暖盐水泡一隔夜。明早新汲水洗净，取出来放在另外的容器中，用盐醋浸着，又香又好吃，没有苦味。

24.9.2　亦可洗讫，作粥津麦䴷，味如蘸芥菹法[1]，亦有一种味。

注释：①作粥津麦䴷（huǎn），味如……怀疑是“著粥清麦䴷末，如……”，即“著”字错成为音相近的“作”，“末”字错成为形相近的“味”（参看卷九《作菹藏生菜法第八十八》88.1和88.3两节）。䴷，用麦作成的酱曲。

译文：24.9.2　也可以在洗净后，加稀粥清麦䴷末，像作蘸芥菹一样，也有一种味道。

24.9.3　作裹菹者[1]，亦须渫去苦汁，然后乃用之矣。

注释：①裹：本书许多作菹的方法（卷九第八十八篇）中，没有“裹菹”一项，可能是“蘸菹”的“蘸”字钞错，二者字形多少有些相似。蘸（niàng）：腌制菹菜。

译文：24.9.3　作裹菹的，也要先渫掉苦汁，然后再用。

种兰香第二十五

题解： 25.1.1—25.1.3为篇名标题注。

兰香和前篇的胡荽，都属于蔬菜中的香菜。本篇介绍了它栽种的时令和方法，田间管理以及如何收获、收藏。

25.1.1 兰香者，罗勒也。中国为石勒讳①，故改；今人因以名焉。且兰香之目，美于罗勒之名，故即而用之。

注释： ①中国：当时指黄河流域。石勒（274—333）：十六国时期后赵的建立者。羯族。父祖皆部落小帅，二十多岁时被晋官吏掠卖到山东为耕奴，后聚众起兵，联合汉族统治阶级，发展为割据势力，取得中国北方大部分地区。建都襄国（今河北邢台），在位15年。石按：这一小节，文体不像引用古书；似乎只是贾思勰自己的陈述，专为解释篇名标题的。因此我们可以推想到每篇最前面的小字，应当都是篇名标题注。

译文： 25.1.1 兰香就是"罗勒"。中国为了避石勒的名讳，所以改称；现在（后魏）也就沿用了这个名称。"兰香"这个名目，究竟比罗勒这名称好，所以我也就用它了。

25.1.2 韦弘赋叙曰①："罗勒者，生昆仑之丘②，出西蛮之俗。"

注释： ①韦弘：西汉邹县（今山东邹城东南）人。韦贤次子。初为太常丞，后为太山都尉，迁东海太守。

②昆仑：中国西部的山脉。西起帕米尔高原东部，横贯新疆、西藏间，东延入青海境内。

译文： 25.1.2 韦弘赋叙有："罗勒，生在昆仑山，用它是西蛮的风俗。"

25.1.3 按今世大叶而肥者，名朝兰香也①。

注释： ①朝兰香："朝"字，怀疑是"胡"。"胡"本有肥大的意义，再连上所引韦弘赋叙中"西蛮之俗"一句，都与"胡"字有关，而"朝"字却没有可以寻绎的意思。

译文： 25.1.3 现在（北魏）把叶大而肥壮的，称为"朝兰香"。

25.2.1 三月中，候枣叶始生，乃种兰香。早种者，徒费子耳；天寒不生。

译文： 25.2.1 三月中，看着枣叶才发芽时，就种兰香。早种的，只白耗费子；天冷不出苗。

25.2.2　治畦下水，一同葵法。及水散子讫[①]；水尽，蓰熟粪[②]，仅得盖子便止。厚则不生，弱苗故也[③]。

注释：①及：趁。

②蓰（shāi）：现在写作“筛”，更早的字是“籭”。

③弱苗故也：应解释为“苗弱故也”。

译文：25.2.2　作畦，浇水，都和种葵的方法一样。趁水撒下种子；等水渗尽了，筛些熟粪，刚刚盖没种子就够了。太厚了，就不出苗；因为它的苗太软弱。

25.2.3　昼日箔盖，夜即去之。昼日不用见日，夜须受露气。生即去箔。常令足水。

译文：25.2.3　白天用箔子盖着，夜间撤掉。白天不要让它见太阳，晚上必须受到露水凉气。出苗后箔子就要撤掉。时常维持足够的水。

25.2.4　六月连雨，拔栽之。掐心著泥中[①]，亦活。

注释：①掐心著泥中：掐下苗尖，扦插在泥土里面。心，指苗尖。

译文：25.2.4　六月间，下连绵雨时，拔出来栽。掐下苗尖插在泥里，也可以活。

25.3.1　作葅及干者[①]，九月收。晚即干恶。

注释：①葅（zū）：同“菹”，酸菜，腌菜。

译文：25.3.1　预备作菹或者作干菜的，九月间就要收。再晚些，便干了，不好了。

25.3.2　作干者：大晴时，薄地刈取[①]，布地曝之。干，乃挼取末，瓮中盛；须则取用。拔根悬者，裛烂，又有雀粪尘土之患也。

注释：①薄地：即“迫地”，“靠近地面”。薄，迫，靠近。

译文：25.3.2　作干菜的：大晴天，靠近地面割下，铺在地上晒。干了，就挼成粉末，藏在瓮子里；需要时便取出应用。连根拔的，容易熰烂，又有沾上麻雀粪和灰尘的麻烦。

25.3.3　取子者十月收。自余杂香菜不列者，种法悉与此同。

译文：25.3.3　预备收取种子的，十月间收。其余各种杂色香菜，没有专门列入的，种法都和兰香一样。

25.4.1　《博物志》曰：“烧马蹄羊角成灰，春散著湿地，罗勒乃生。”

译文：25.4.1　《博物志》说：“把马蹄和羊角烧成灰，春天撒在湿地上，就生出罗勒。”

荏、蓼第二十六

题解：26.1.1—26.1.4为篇标题注。

本篇介绍了荏、蓼的种植、管理、收获、用途，特别记述了它们的多种吃法。

荏子除作酱菜外，主要是用来榨荏子油。荏子油可食用；又由于它是干性油，还有特殊的用途。26.3.2中提到“荏油不可为泽（焦人发）……作‘帛煎油’弥佳”，说明贾思勰对于性油的特性已有清楚的认识。“帛煎油”是用来涂在布帛上制作油布用的。干性油是可由大气氧化而凝固的油类，涂成薄层后在空气中能干燥结成一层固体的膜。但它必须经过“煎制”，加速氧化，然后才能成为可防雨水的“帛煎油”。煎制干性油，我国历来都要加入某些重金属的氧化物（普通用氧化铅、氧化锰、氧化铁）作催化剂，使它氧化得更快，更容易干。我国古代留下的这一套加工处理制作帛煎油的办法，是我们祖先极有用的发明。

26.1.1　紫苏、姜芥、熏柔[1]，与荏同时，宜畦种。

注释：①姜芥：是一种植物名，即假苏。按，这一小节，与上篇25.1.1相类，是贾思勰自己的陈述，是为篇名标题作注的。

译文：26.1.1　紫苏、姜芥（假苏）、熏柔（小苏），和榨油用的苏同时，宜于作畦来畦种。

26.1.2　《尔雅》曰：“蔷，虞蓼。”《注》云：“虞蓼，泽蓼”也。“苏，桂荏”，“苏，荏类，故名‘桂荏’也[1]。”

注释：①苏，荏类，故名“桂荏”也：这一句显然是《尔雅》郭璞注；但今本《尔雅》郭注，最后是“亦名‘桂荏’”，略有不同。

译文：26.1.2　《尔雅》说：“蔷是虞蓼。”郭璞注解说：“虞蓼就是泽蓼。”又说：“苏，桂荏”，郭注说“苏和荏同类，但有香味，所以称为‘桂荏’。”

26.1.3　《本草》曰[1]：“芥葅音粗一名水苏。”吴氏曰[2]：“假苏一写鼠蓂，一名姜芥。”

注释：①《本草》：《太平御览》卷九七七“苏”引作《本草经》，但《本草

经》“水苏”项下无此记载，而陶弘景《本草经集注》中有“水苏……一名芥葅（原注‘音祖’）”。

②吴氏曰：这里是指吴普在他撰的《吴氏本草》中说，不是吴普为上文作注。

译文：26.1.3 《本草》说：“芥葅也叫作‘水苏’。”吴普说：“假苏又叫作‘鼠蓂’，又叫作‘姜芥’。”

26.1.4 《方言》曰[①]：“苏之小者谓之穰菜[②]。”《注》曰：“熏菜也。”

注释：①《方言》：语言和训诂书。西汉扬雄撰。晋郭璞作《方言注》。

②穰菜（róu）：今本《方言》是“苏，芥草也……其小者谓之蘸菜”。

译文：26.1.4 《方言》说：“苏中有小的，称为‘穰菜’。”郭璞注说：“就是熏菜（香薷）。”

26.2.1 三月可种荏、蓼。荏，子白者良，黄者不美。

译文：26.2.1 三月间，可以种荏和蓼。荏，要结白色种子的才好，黄色种子的不好。

26.2.2 荏性甚易生。蓼尤宜水畦种也。

译文：26.2.2 荏，非常容易生长。蓼，作成浇水的畦来种更合适

26.2.3 荏则随宜，园畔漫掷，便岁岁自生矣。

译文：26.2.3 荏，可以随便在园地旁边撒播，以后就每年自己发芽生长。

26.3.1 荏子，秋末成，可收蓬于酱中藏之。蓬，荏角也；实成则恶。

译文：26.3.1 荏子，秋末成熟，可以将它所结的果实摘来，放在酱里保藏着，作为酱菜。“蓬”是荏结的蒴果；要在嫩的时候摘，成熟后就不好吃了。

26.3.2 其多种者，如种谷法。雀甚嗜之，必须近人家种矣。收子压取油，可以煮饼。荏油色绿可爱，其气香美；煮饼亚胡麻油，而胜麻子脂膏（麻子脂膏，并有腥气）。然荏油不可为泽（焦人发）[①]。研为羹臛[②]，美于麻子远矣。又可以为烛。良地十石，多种博谷则倍收[③]，与诸田不同。为帛煎油弥佳[④]。荏油性淳[⑤]，涂帛胜麻油。

注释：①泽：这里作“润发油”讲。

②羹臛（huò）：原指蔬菜或肉类做成的羹汤。此处指研磨荏子所做成的浓汤。

③多种博谷：“博谷”两字费解，可能是与谷轮栽的意思。定扶按：查《汉语大字

典》“博”可作贸易、换取讲。则“多种博谷则倍收”，可理解为：“多种荏，以其换取谷物，则收益可以成倍地增长。”

④帛煎油：将干性油（即可由大气氧化而变成固体的油类）加入某些重金属氧化物作催化剂，共同加热煎过，使它氧化得更快，更容易干，称为“光油”。帛煎油，很显然正是像这样煎过的、制油布用的油。

⑤淳：浓厚，即“黏滞度大”。在这里，似乎还应当包括不透水的意思。

译文：26.3.2　要多种，就像种谷子一样种法。麻雀非常喜欢吃荏子，所以必须种在住宅附近才可以免得被雀吃光。收取种子，压榨得的油，可以炸食物。荏子油绿色可爱，气味也很香；炸饼，虽比不上脂麻油，但比麻子油强（麻子油都有腥气）。但荏子油不能作梳头油用，用了，头发枯焦。如果研碎来做浓汤，就比麻子强得多。也可以作烛用。用好地种，（每亩）收十石；多种，和谷子轮栽，收成可以加一倍，和其他的田不同。作涂油布的油更好。荏油浓稠不透水，涂油布，比麻油强。

26.4.1　蓼作菹者，长二寸，则翦。绢袋盛，沉于酱瓮中。又长，更翦，常得嫩者。若待秋子成而落，茎既坚硬，叶又枯燥也。

译文：26.4.1　蓼预备作菹的，苗有二寸长时，就剪下。用绢袋盛着，沉在酱瓮里。再长出来时，再剪，就可以经常得到嫩芽。如果等到秋天，子成熟落下时，茎便粗老硬涩，叶也会干枯。

26.4.2　取子者，候实成速收之。性易凋零，晚则落尽。

译文：26.4.2　预备收子的，等果实成熟时赶快收取。种子容易脱落，收晚些，就会落尽。

26.4.3　五月六月中，蓼可为齑[①]，以食苋。

注释：①齑（jī）：此处指用切细捣碎的蓼末做成的调味菜。

译文：26.4.3　五、六月里，可以把蓼作成齑，来和苋菜一同吃。

26.5.1　崔寔曰：“正月可种蓼。”

译文：26.5.1　崔寔说：“正月可种蓼。”

26.6.1　《家政法》曰：“三月可种蓼。”

译文：26.6.1　《家政法》说：“三月可种蓼。”

种姜第二十七

题解：27.1.1—27.1.2为篇标题注。

本篇介绍了姜的种植和存放方法等。由于姜要求阴湿而温暖的环境，贾思勰指出当时的“中国”（就北魏的疆域而言，只指黄河流域）的土壤和气候条件不适合姜的大量蕃殖；少量种植是作药物用。27.4.1 介绍的“封生姜”催芽法，是有关姜在栽培前进行催芽处理的最早记载。

27.1.1 《字林》曰：“姜，御湿之菜。”“茈音紫，生姜也。”

译文：27.1.1 《字林》说：“姜是辟湿气的菜。”“茈（音紫）就是生姜。”

27.1.2 潘尼曰[①]：“南夷之姜。”

注释：①潘尼：文学家，晋时人，字正叔。潘岳从子，元康中曾为宛令。此处出自《钓赋》。

译文：27.1.2 潘尼《钓赋》说：“南夷的姜。”

27.2.1 姜宜白沙地，少与粪和。熟耕如麻地；不厌熟，纵横七遍尤善。

译文：27.2.1 姜宜于种在沙地里，稍微和上一些粪。要耕得很熟，和种麻的地一样；总不嫌太熟，纵横合计耕到七遍更好。

27.2.2 三月种之。先重耧耩，寻垄下姜，一尺一科，令上土厚三寸，数锄之。

译文：27.2.2 三月间种。先用耧耩两遍，再作成垄，随垄搁下种姜，每科相距一尺，科上盖三寸厚的土，多锄几遍。

27.2.3 六月，作苇屋覆之。不耐寒热故也[①]。

注释：①寒热：疑应作“暑热”。

译文：27.2.3 六月，在姜畦上用苇箔子作棚遮住。姜禁不住热。

27.2.4 九月掘出置屋中。中国多寒[①]，宜作窖，以谷稈合埋之[②]。

注释：①中国：当时的“中国”，只指黄河流域，长江流域称为“江南”“南方”。

②谷稈（nè）：谷物脱粒后所剩的茎秆稃壳。又称谷穰。

译文：27.2.4 九月，掘出来，在房屋里存放。黄河流域太寒冷，应当作成土窖，用谷穰和着埋藏。

27.3.1 中国土不宜姜[①]，仅可存活，势不滋息。种者，聊拟药物小小耳[②]。

注释：①土：指“土宜”，包括土壤与气候。

②聊：姑且，勉强。

译文：27.3.1 黄河流域土壤与气候对姜不相宜，只可保持存在与生活，不能大量蕃殖。种姜，只是勉强打算作药物，少量地使用。

27.4.1 崔寔曰：“三月清明节后十日，封生姜；至四月立夏后，蚕大食，牙生[①]，可种之。”

注释：①蚕大食，牙生：蚕食量加大时，姜出芽。牙，通“芽”。

译文：27.4.1 崔寔说：“三月清明节后十天，把生姜用泥土封起来；到四月，过了立夏，当蚕食量加大的时候，封着的姜也发芽了，就掊出来种到地里。”

27.4.2 “九月藏茈姜、蘘荷。其岁若温，皆待十月。”生姜谓之茈姜。

译文：27.4.2 “九月里，茈姜、蘘荷，可以掘出埋藏。如果当年天气特别温和，可以等到十月。”生姜叫作“茈姜”。

27.5.1 《博物志》曰：“妊娠不可食姜，令子盈指[①]。”

注释：①盈指：多长出手指。盈，多出。

译文：27.5.1 《博物志》说：“怀孕的女人不可以吃姜，吃了姜，腹中的胎儿就会多长手指。”

蘘荷、芹、藘第二十八

芹、胡葸附出

题解：28.1.1—28.1.5为篇标题注。藘（qú），菜名。菊科，多年生草本。

原书卷首总目录，在“蘘”字前有“种”字；篇标题下有“芹、胡葸附出”一个小注。据此，我们在篇标题下加上此小注。

蘘荷是一种多年生草本，亦称阳藿。花穗，嫩芽可食，其根状茎可腌食。本篇介绍了它的种植技术及田间管理。28.4.1引用《食经》所记的蘘荷腌藏法，更是生动、细致，操作性极强。

介绍芹和藘时，除介绍它们的种法和用途，更强调栽种的比野生的好，说明我们的祖先在驯化野生植物的过程中不断取得成就。蔗，又叫苦苣，苦荬菜；而芹菜在今天已成为重要的蔬菜品种。

28.1.1　《说文》曰：“蘘荷，一名葍蒩[①]。”

注释：①葍（fú）蒩：蘘荷的另一名称。蘘（ráng）荷又称“阳藿”。姜科，多年生草本，根状茎淡黄色，具辛辣味。

译文：28.1.1　《说文》说：“蘘荷，也称为‘葍蒩’。”

28.1.2　《搜神记》曰[①]：“蘘荷或谓嘉草。”

注释：①《搜神记》：志怪小说集。东晋干宝撰。原本三十卷，已散佚。有后人辑录的今本二十卷。所记多为神怪灵异故事，其中保存了一些民间传说。

译文：28.1.2　《搜神记》说：“蘘荷，或称为‘嘉草’。”

28.1.3　《尔雅》曰：“芹，楚葵也。”

译文：28.1.3　《尔雅》说：“芹，楚葵。”（郭璞注解说：“今水中芹菜。”）

28.1.4　《本草》曰：“水靳一名水英[①]”“藘，菜似蒯[②]”。

注释：①水靳（jìn）：水荬。“靳”字，《本草纲目》卷二十六作“蘄”。

②蒯（kuǎi）：“蘆”是菊科的苦荬菜，《本草纲目》卷二十七解释“苦苣”时，说：“许氏《说文》‘苣’作‘豦’；吴人呼为苦荬……”它便不应当和莎草科的“蒯”相似；这个“蒯”也许另是一种植物，不能是莎草科和“菅”相类的东西。夏纬瑛先生认为该是“蓟”字写错：此植物既和苦荬同一科，字形也极相似。

译文：28.1.4　《本草》说：“水靳，一名水荬”；“蘆是像蒯的菜”。

28.1.5　《诗义疏》曰[①]：“蘆，苦菜；青州谓之‘芑’[②]。”

注释：①《诗义疏》：三国吴陆玑撰，专释《诗经》中的动物、植物。

②青州：古地名，在今山东境内。芑（qǐ）：菜名。孔颖达疏引陆玑曰：“芑菜，似苦菜也，茎青白色，摘其叶白汁出，脆。可生食，亦可蒸为茹。青州谓之芑，西河雁门芑尤美。”

译文：28.1.5　《诗义疏》说：“蘆就是苦菜，青州称为‘芑’。”

28.2.1　蘘荷宜在树阴下。二月种之。一种永生。亦不须锄。微须加粪，以土覆其上。

译文：28.2.1　蘘荷宜于种在树阴下面。二月间种。一种之后，宿根存在可以不断地生出，也不用锄。只需稍微加点粪，再用土盖上。

28.3.1　八月初，踏其苗令死。不踏，则根不滋润[①]。

注释：①则根不滋润：这里的根实际上是根状茎。

译文：28.3.1　八月初，把地上的苗踏死。苗不踏死，根就不够滋润。

28.3.2　九月中，取旁生根为菹。亦可酱中藏之。

译文：28.3.2　九月里，将旁边新生的根实际是新的芽，掘取作菹。也可以在酱里保藏。

28.3.3　十月中，以谷麦种覆之[①]。不覆则冻死。二月扫去之。

注释：①谷麦种：壅菜根，决不会用到完整的谷粒；因此这里的“种”字，一定有错误；可能是“稃”或“稃”或“穅”（栾调甫先生提出应是“穅”字）写错的。王旻《山居录》中关于蘘荷的一段，和本书极相似，末了说：“十月中以穅覆其根下，则过冬不冻死也”，正是用谷壳，可以作为参证。

译文：28.3.3　十月中，用谷麦稃壳盖上。不盖就会冻死。二月间，把稃壳扫掉。

28.4.1　《食经》藏蘘荷法[①]：蘘荷一石，洗，渍[②]。以苦酒六斗[③]，盛铜盆中，著火上，使小沸[④]。以蘘荷稍稍投之，小萎便出，著席上，令冷。下苦酒三斗[⑤]，以三升盐著中，干梅三升，使蘘荷一行[⑥]，以盐酢浇上，绵覆罂口。二十日更可食矣。

注释：①《食经》：据胡立初先生考证，隋以前共有五种“食经”，现在都已失传。其中一种是后魏崔浩的母亲所作；据崔浩所作的序文，知道内容是食物的保存、加工、烹调、修治等。这一条，出自何种“食经”，无从考证。藏蘘荷法：以下的小注，应作大字正文。24.9.1作胡荽菹法，正是同样的材料，都是大字，可以证明。

②渍（zì）：用水浸着。

③苦酒：即醋。

④小沸：刚刚滚而不到大翻腾的程度，沸是煮“开”或煮“涫”（现在写作“滚”）。

⑤下苦酒三斗：句上，省去了“于罂中”几个字。“罂（yīng）”，瓶一类的容器，腹大口小，比缶大。

⑥使蘘荷一行：即铺蘘荷一层。“干梅三升”句上，似乎还应有“又下”等字。

译文：28.4.1　《食经》中所记的蘘荷（腌）藏法：蘘荷一石，洗净，用水泡着。铜盆内盛六斗醋，放在火上，煮到“小沸”。把少数蘘荷，搁在热醋里，稍变软后，便取出来，摊在席子上，让它冷却。随后，在瓦容器里倒入三斗醋，加三升盐，再加三升干梅子，一层层铺上蘘荷，最后撒上盐，浇上醋，用丝绵盖上口扎紧。二十天后，就可以吃了。

28.5.1　葛洪方曰[①]：“人得蛊，欲知姓名者，取蘘荷叶著病人卧席下，立呼蛊主名也。”

注释：①葛洪（283—363）：字稚川。自号抱朴子。丹阳句容（今江苏句容）人。东晋道教理论家、医学家、炼丹术家。著有《抱朴子》。

译文：28.5.1　葛洪医方说：“人中了蛊生病时，如果要知道放蛊人的姓名，可以用蘘荷叶放在病人睡处席下，病人就会叫出蛊主姓名来。”

28.6.1　芹、蒙，并收根，畦种之。常令足水，尤忌潘泔及咸水[①]。浇之即死。

注释：①潘泔：现在称为“淘米水”“米泔水”或“米潲水”。

译文：28.6.1　芹和藘，都是收取宿根，开畦来种。总要常常有足够的清水，特别怕用淘米水和咸水来浇。浇上就会死。

28.6.2　性并易繁茂，而甜脆胜野生者。

译文：28.6.2　两种菜都容易蕃殖茂盛，种的甜而脆，比野生的强。

28.7.1　白藘尤宜粪，岁常可收。

译文：28.7.1　白藘更宜于加粪，一年中常有可以收取的。

28.8.1　马芹子，可以调蒜韲[①]。

注释：①蒜韲（jī）：捣碎的蒜。韲，同“齑”。用醋、酱拌和，切成碎末的菜或肉。

译文：28.8.1　马芹子，可以调在用蒜作的齑里。

28.9.1　堇及胡葸[①]，子熟时收子。收又[②]，冬初畦种之。开春早得，美于野生。

注释：①堇（jǐn）：据《本草纲目》的说法，即是“旱芹”。胡葸（xǐ）：本书说“葈（xǐ）耳”时，常用“葸耳”“胡葈”“胡葸”等名称（参看本卷《杂说第三十》30.5.2注解①，卷六《养羊第五十七》57.9.3注解）。卷十中，又用“胡荽”。卷十胡荽条（92.70），还列举出许多别名。

②收又：《学津讨原》无上句的“收子”两字，只有“收又”。由文义看“收子”两字应有；“收又”两字可能是多余的，也可能是“取子”两个字形相近的字。

译文：28.9.1　旱芹和葈耳，在种子成熟时收下来。冬初，作畦种下。明年开春，很早就可以收取，比野生的好。

28.9.2　惟概为良，尤宜熟粪。

译文：28.9.2　要种得稠，上熟粪特别合宜。

种苜蓿第二十九

题解：29.1.1—29.1.3为篇标题注。

苜蓿是汉代输入的植物，名称可能仍是外来语对音。《史记》写作“苜蓿”，《汉书》则作“目宿”。一般都认为是张骞出使西域时带回苜蓿种子。实际上，严格地说：应是张骞死后，汉使从西域大宛采回苜蓿种子。

本篇记述了苜蓿的种法，田间管理及其用途。贾思勰是把它作为蔬菜收入《齐民要术》的；同时也指出：“长（此处音zhǎng）宜饲马，马尤嗜此物。”而历史发展到今天，人们栽培它的目的已转变为主要是作为饲料和绿肥。

29.1.1　《汉书·西域传》曰[①]：“罽宾……有……苜蓿[②]。大宛……马。（武帝时，得其马。）汉使采……苜蓿种归，天子益种离宫和别馆旁。”

注释：①《汉书·西域传》：这一段引文是节录的，不是原文。

②罽（jì）宾：西域古国。所指地域因时代而异。汉代指今喀布尔河下游及克什米尔一带。居民主要务农，金银铜锡器物制作精巧。汉代以后有许多僧人来中国传教译经。

译文：29.1.1　《汉书·西域传》中有：“罽宾国的物产，有……苜蓿……大宛国……出好马。（武帝时，得到了大宛马。）汉朝出使到西域的人，采了……苜蓿种回来，皇帝便在离宫别馆旁边，增加种苜蓿的地。”

29.1.2　陆机与弟书曰[①]：“张骞使外国十八年，得苜蓿归。”

注释：①陆机：西晋时人，与其弟陆云并以文才著称。

译文：29.1.2　陆机写给他弟弟的信里说：“张骞出使外国十八年，带了苜蓿回来。”

29.1.3　《西京杂记》曰[①]：“乐游苑自生玫瑰树，下多苜蓿。苜蓿一名‘怀风’，时人或谓‘光风’；光风在其间，常肃然[②]，自照其花，有光彩，故名苜蓿‘怀风’。茂陵人谓之‘连枝草’。”

注释：①《西京杂记》：古小说集，东晋葛洪撰。西京指西汉京都长安。书中记载多为西汉遗闻轶事。有的颇有资料价值，亦间杂怪诞的传说。今本《西京杂记》这一段是：

“乐游苑自生玫瑰树，树下多苜蓿。苜蓿一名‘怀风’，时人或谓之‘光风’；风在其间常萧萧然，日照其花有光彩，故名苜蓿为‘怀，风’。茂陵人谓之‘连枝草’。”

②肃然：“肃”字应重复。“肃肃”与“萧萧”，意义相同，都是描绘风声的。

译文：29.1.3　《西京杂记》载：“乐游苑有野坐的玫瑰树，树下很多苜蓿。苜蓿又名‘怀风’，现在人也有称它为‘光风’的；因为风穿过时，枝叶摇动，太阳照着它的花，也有光彩，所以称为‘怀风’。茂陵人把它叫作‘连枝草’。”

29.2.1　地宜良熟。七月种之；畦种水浇，一如韭法。亦一翦上粪，铁耙耧土令起，然后下水。

译文：29.2.1　地要好要熟。七月间下种；开畦、下种、浇水，一切都和种韭菜的方法一样。每剪一次，也要加一次粪，用铁耙将土耧松，然后浇水。

29.2.2　旱种者，重耧耩地，使垄深阔；窍瓠下子[①]，批契曳之[②]。

注释：①窍瓠：用干壶卢做成的、下种用的器具。

②批契：播种葱、苜蓿等种子时系在腰上的一种覆土的农具。

译文：29.2.2　旱地种的，用耧将地耧过两次，让垄又深又阔；用窍瓠下种，牵着批契拖过。

29.2.3　每至正月，烧去枯叶。地液辄耕垄，以铁齿镉楱锅镉楱之[①]，更以鲁斫劚其科土[②]，则滋茂矣。不尔瘦矣。

注释：①以铁齿镉楱镉楱之：第一个“镉楱”是名词，即尖齿铁耙。第二个“镉楱”是动词，是耙地松土。

②鲁：是粗的意思。斫：即“钁”，王祯《农书》有图；即现在通称为“锄”的农具。

译文：29.2.3　每到正月，用火把地面的枯叶烧去。地解冻后，立即耕翻垄，用铁齿镉楱耙一遍，再用粗锄把科上的土块敲开，就会长得很茂盛。不然，就瘦了。

29.3.1　一年三刈；留子者，一刈则止。

译文：29.3.1　一年可以收割三次；预备留种的，收一次就停手。

29.4.1　春初既中生啖[①]，为羹甚香；长宜饲马，马尤嗜此物。

注释：①既中生啖（dàn）：新生的苜蓿，特别是由宿根发出的嫩苗，是颇好的食品，“为羹甚香”。生长一段时期，茎叶粗硬，便只好作为家畜饲料，家畜都很爱吃，“马尤嗜此物”。

译文：29.4.1　苜蓿，在春初菜少的时候，可以生吃，做汤也很香；长大之后，可以喂马，马非常喜欢吃。

29.4.2　长生[1]，种者一劳永逸。都邑负郭，所宜种之。

注释：①长生：石按：怀疑上面有“此物”两字，因为和上句末了重复，抄写时漏掉了；也可能是上句末了漏了一个“之”字，而“此物”两字和“长生”两字连为一句。《农桑辑要》和《农政全书》所引，正是上句末了有一个“之”字，此句为“此物长生”。

译文：29.4.2　这种植物很长命，种下去，一劳永逸，以后每年可以收割几次。城市集镇的近郊，宜于种上一些。

29.5.1　崔寔曰：“七月八月，可种苜蓿。”

译文：29.5.1　崔寔说：“七月八月，可种苜蓿。”

杂说第三十

题解：本篇的前半部分是依照《四民月令》的规模，比较完整地说明了一个农业大家庭，如何按一年十二个月将农业生产操作和家庭经济以及生活大事作合适的安排。除主要记述农业生产安排外，还包括了祭祀、社交处理、子弟教育、收藏保管、家中雇佣成员的督促使用，以及当月应当进行的"籴粜"（即农产品和手工业品的囤贱卖贵）。介绍了许多当时积累下来的这些方面的经验。

本篇在介绍每个月应安排的农事及生活大事时，在有的月份中贾思勰插入了不少有关某些具体方法的记述。如：只因崔寔谈到在正月要让家庭里的幼童、成童去读"书"，贾思勰特别将"书"的制作和保存等一套方法"附录"在这里。因其是与上下文不相涉的独立段落，编码时，所有这种独立段的代号均用三位数字。本篇30.101.1—30.202.3插入的内容就与上面的"正月"和下面的"二月"都不直接相连。这两段都是关于方法的正式文字，但除了"染潢及治书法""雌黄治书法"是大字外，其余都作小字。小字的内容是介绍具体方法的，并不是注解标题的；因此，都应作"正文大字"。本书中，有许多地方（尤其是卷六、卷七、卷八）都有这样体例紊乱的情形。

贾思勰对如何染制写书的纸，如何看书、补书、防治书虫，谨慎藏书、晾书等都叙述得非常详细。甚至连卷着的书摊开来读时，如何小心避免损坏书页都交代得清清楚楚。书籍在只能靠手抄流传的时代，是稀缺的；所以书香门第出身的贾思勰将书视为珍宝，精心呵护，并反复叮咛后人。的确，在所有的财富中，书才是最可宝贵的。

30.2.4介绍的洗涤绸子的方法，证明在肥皂还未发明的古代，我们的祖先已知道利用豆类种子中的皂素除去污垢。《齐民要术》中用小豆洗绸子效果胜皂荚的记载，可能是人类利用皂素除垢的最早记录。

30.5.1抄录了崔寔《四民月令》中记述的"以竿挂油衣"的收藏油衣的方法，说明"油衣"在当时已很普遍。这"油衣"是用"帛煎油"涂过的布制作的。"油衣"的出现，必然要在有了煎制干性油的技术以后或同时；因此，我们可以推定，油衣的出现，至少也可以作为我们祖先利用无机催化剂的时代指标。据此我们可断定：至少在崔寔（2世纪）时，我们的祖先已在利用着无机催化剂了。

30.601记述的"河东染御黄法"，说明我们的祖先在1500多年前，已知道利用植物的

灰汁作媒染剂来染色。

本篇的后半段，贾思勰引经据典地说明：粮食价格与“国计民生”的关系，储备粮食的重要性，预卜谷价贵贱的方法。告诫国君必须关注粮食收成的好坏，粮食的储备，五谷的贵贱。他还通过所写的“本注”，进一步阐述了自己“以农为本”的政治理念，尖锐地指出：“饿役死者，王政使然。”至于《师旷占》中一些迷信的说法。这些是《齐民要术》的缺点，也是时代局限性的反映。

本篇有四处：30.3.2、30.9.3、30.10.4、30.12.1提出让人们要“扶贫济困”，宗亲同乡间要和睦相处。

贾思勰在本篇为自己心中理想的小农经济社会描绘了一副蓝图：家家户户按季节、时令有计划地勤劳生产，合理安排一年四季的家庭经济和生活；人人尊老爱幼，重视教育，互相帮助，和睦相处。表达了他希望统治者能关心百姓疾苦的愿望。

30.1.1　崔寔《四民月令》曰：“正旦，各上椒酒于其家长，称觞举寿，欣欣如也。”

译文：30.1.1　崔寔《四民月令》说：“正月初一早上，一家的小辈，分别给家长敬一杯花椒酒。在举杯敬酒时，同时祝贺长寿，大家都非常高兴。”

30.1.2　“上除若十五日[①]，合诸膏、小草续命丸、散[⑦]，法药[③]。”

注释：①上除若十五日：“上除”，是上旬的“除”日（“除日”，参看卷一《种谷第三》注解3.14.3）。若，或者，及。即：如正月上旬无除日，则在正月十五日。

②散：药散。

③法药：严格要求遵照一定特殊条件（如某天取某种药材，用另一个某天的某种材料配制之类）制备的药。这些条件，往往只有迷信意义。

译文：30.1.2　“正月上旬的除日或正月十五日，配制各种药膏、远志续命丸、各种药散、各种法药。”

30.1.3　“农事未起，命成童以上，入太学，学五经[①]。谓十五以上至二十也[②]。砚冰释命幼童入小学，学篇章。”谓九岁以上，十四以下。篇章谓六甲、九九、《急就》《三仓》之属[③]。

注释：①五经：五部儒家经典。即《诗经》《尚书》《礼记》《易经》《春秋》。其中保存有中国古代丰富的历史资料，长期成为中国封建社会的教科书。

②谓十五以上至二十也：此注解释正文的“成童”；下面“九岁以上，十四以下”解释“幼童”。

③六甲、九九、《急就》《三仓》：均是当时认为学童必读的书。六甲，指四时和天干地支配合的六十甲子之类的知识，古时启蒙从这学起。九九，即乘法的九九歌诀，是学童必学的最初算术知识。《急就》，即西汉史游所撰《急就章》，成书约在公元前40年。它罗列各种名物的不同文字，编成韵语；由于实用性强，容纳的知识量多，又易于记诵，一出现就颇受欢迎，作为学童的识字与常识课本，广为流传。《三仓》，也作《三苍》。字书。秦时李斯《仓颉篇》、赵高《爰历篇》、胡毋敬《博学篇》的合称。至汉代将扬雄《训纂篇》，贾鲂《滂喜篇》增加进来。大抵四字一句，两句一韵，便于诵读，当时以教学童识字。

译文：30.1.3　“农业操作还未开始时，让‘成童’以上的男孩，上太学，学五经。成童指十五岁到二十岁的男孩。砚池中结的冰融化后，让‘幼童’上小学，学‘篇章’。”幼童指九岁到十四岁的男孩。“篇章”，是“六甲”“九九”《急就章》《三仓书》等字书。

30.1.4　“命女工趋织布[①]，典馈酿春酒[②]。”

注释：①女工：即女红，专管纺织缝纫等工作的女奴。《玉烛宝典》所引，写作“女红”。趋：“趋”字与“趣”字，六朝以前常互换着用，作“从速”讲；作动词、副词或助动词。

②典馈：专管食物的人。典，掌管、专司。馈，食物。

译文：30.1.4　“令家里专管纺织缝纫等工作的女奴从速织布；令专管食物的人，酿造春酒。”

30.101.1　染潢及治书法[①]：

注释：①染潢（huáng）：用黄色染料将纸染成黄色。现在许多方言中都还保存“装潢”的说法。

译文：30.101.1　染潢和制备保存书的方法：

30.101.2　凡打纸欲生，生则坚厚，特宜入潢。

译文：30.101.2　为写书用所打的纸，要打得松些，生纸厚而坚牢，因为吸收性强，特别适于“入潢”。

30.101.3　凡潢纸灭白便是[①]，不宜太深；深则年久色暗也[②]。

注释：①是：怀疑是字形相似的“足”字写错。

②色暗：“暗”假借作“黯”字，即颜色发黑。

译文：30.101.3　潢纸，只要不见白色底子就可以了，颜色不宜过深；颜色深了，年代久些就变成深暗到不显字迹了。

30.101.4　人浸蘗熟[①]，即弃滓直用纯汁，费而无益。蘗熟后，漉滓捣而煮之；布囊压讫，复捣煮之；凡三捣三煮，添和纯汁者，其省四倍，又弥明净。

注释：①蘗（bò）：黄蘗，一般多写作“黄柏”。所含黄色色素，可作染料。

译文：30.101.4　现在的人，把黄蘗浸水，得到汁后，就把黄蘗滓弃去，专用纯汁，浪费多而没有得到好处。黄蘗浸熟透之后，把滓漉出来，捣碎，煮一遍；用布袋盛着压出汁来，把滓再捣再煮；可以捣三次煮三次，将三次所得的汁，添和在第一次得到的纯汁里，可以节省四倍原料，而蘗汁又更清明洁净。

30.101.5　写书经夏然后入潢，缝不绽解。其新写者，须以熨斗缝缝熨而潢之。不尔，入则零落矣[①]。

注释：①入：“入”字下应有“潢”字。

译文：30.101.5　写成的书，经过一个夏天之后再来入潢，则纸接缝的地方才不会裂开。新近写好的书，如果未经夏天要想随时入潢，必须先用熨斗将每条缝都熨过，然后再潢。不这样，一浸到潢汁里就要散开。

30.101.6　豆黄特不宜裛[①]，裛则全不入黄矣。

注释：①豆黄：可能是“豆黏”，豆黏容易裛坏，所以郑重申明，以引起注意。裛（yì）：通“浥”，沾湿熯坏。

译文：30.101.6　豆黏黏成的书特别不可熯坏，熯坏后，便（染）不黄。

30.102.1　凡开卷读书，卷头首纸不宜急卷[①]，急则破折，折则裂。

注释：①急：紧。

译文：30.102.1　把卷着的书摊开来读时，卷头的“首纸”不要卷得太紧，紧了会破折；折了，就会裂开。

30.102.2　以书带上下络首纸者，无不裂坏。卷一两张后，乃以书带上下络之者，稳而不坏。

译文：30.102.2　开卷后，如果用书带直接上下把“首纸”缠一圈，没有不裂开，破坏的。卷一两张书纸之后，再将书带连首纸和书纸一并上下缠一圈，书就稳定而不会坏。

30.102.3　卷书勿用鬲带而引之[①]。匪直带湿损卷[②]，又损首纸令穴；当御竹引之[②]。

注释：①鬲（è）带：将食指与拇指伸直，把书带张开硼直的情形。鬲，拇指与食指都伸直的情形。

②带湿损卷：石按：“湿”字，可能指手汗染湿书带的情形（夏纬瑛先生以为应这样解释）。但手汗不是经常必有，也很少有会将书带完全湿透的情况，怀疑是音形相似的“濇（sè）”字写错。“濇”即“涩”，不光滑。

③御竹：即“凭竹轴”。“御”在这里是“凭靠”的意思，“竹”指每卷书的书轴上的竹条（轴）。“御竹”即“凭靠竹轴”。东汉以后，以纸张抄写的书形成卷轴形式。贾思勰在本篇讲的就是这种形式的书。唐代以来逐渐由手抄改为刻版印刷，书也由卷轴演变成册页形式。

译文：30.102.3　卷书的时候，不要用手指将书带硼直拉开。这样，带子滞住会把书的天地头磨坏，而且因为拉时着力，“首纸”受的力太大，便会穿成洞。应当捉着书当（轴）上的竹条，慢些拉开，然后卷。

30.102.4　书带勿太急，急则令书腰折；骑蓦书上过者[①]，亦令书腰折。

注释：①骑蓦（mò）书上过：横跨着夹取的一种情形。“骑”是上马，“蓦”也是上马。

译文：30.102.4　书带不要系得太紧，紧了，书会当腰折断；横跨着在腰上压过，书也会腰折。

30.103.1　书有毁裂，劆方纸而补者[①]，率皆挛拳[②]，瘢疮硬厚[③]，瘢痕于书有损[④]。裂薄纸如薤叶，以补织，微相入[⑤]，殆无际会。自非向明，举而看之，略不觉补。

注释：①劆（lí）：即“分割”，但并不一定指用刀分割，现在粤语系统方言中，用手撕破还叫劆开。

②挛（luán）拳：向内皱缩卷曲，不能平直。挛，不能伸展或皱缩。拳，手指向掌心卷缩的情形。

③瘢疮：创口或疮口愈合后留下的痕迹。此处借指补书后留下的斑点痕迹。

④瘢痕：上面已有“瘢疮”两字，因此怀疑这两字是误多的。

⑤微相入：使补处和被补处，彼此泯合无缝。

译文：30.103.1　书有坏了或破裂的地方，可割一方形的纸补在后面，一般都是在补的地方挛缩不平，有着又硬又厚的疮瘢，对于书是一种损害。应当把像䉤叶白色部分那么薄的薄纸，裂取一点下来，像织补一般，刮薄弄匀补上，使补入的纸和书纸完全泯合，几乎看不出边缘会合。如果不是举起对光透着看过去，几乎不会觉察到是才补好的。

30.103.2　裂若屈曲者，还须于正纸上，逐屈曲形势，裂取而补之。若不先正元理[①]，随宜裂斜纸者，则令书拳缩。

注释：①元理："元"是"基本"；"元理"如解作"基本的纹理"或"原来的纹理"，也可勉强解释。但怀疑是"文理""分理"之误。文理现在写作"纹理"，意义很显明。"分理"，见《说文》，也正是"文理"义。

译文：30.103.2　如果裂口是弯曲的，也应当在正向的纸上，依照裂口的弯曲形势，取出纸来补。如果不先对正纸的纹理，随便扯取斜向的纸来补，书就会皱缩不平。

案：这一段，内容和文件都和《四民月令》不同，显然不是崔寔的书，而只是因为崔寔谈到要让家庭里的幼童、成童去读"书"，所以贾思勰便将关于"书"的制造保存等一套方法，"附录"在这里。下一段"雌黄治书法"，也是因为同一理由而附在这里的。

30.104.1　足点书记事[①]，多用绯缝[②]。缯体硬强，费人齿力；俞污染书[③]，又多零落。若用红纸者，匪直明净无染，又纸性相亲，久而不落。

注释：①足点："足"字怀疑是"凡"字。"点"字，怀疑是"贴"；下文"多零落"及"纸性相亲，久而不落"，可以说明是贴上去的"记事"。

②绯缝：怀疑是"绯绛"，即深红色的（丝织品）。

③俞：怀疑是"渝"，变色义。

译文：30.104.1　在书上贴记事的签注，近来常用红绸。绸子硬直不易弯，咬破撕开很费齿力；而且脱色，染污着书；贴后又容易掉下。如果用红纸，不但清晰干净，不会污染，而且纸与纸性质相同，容易亲密连结，长久不会脱落。

30.201.1　雌黄治书法：先于青硬石上，水磨雌黄，令熟。曝干，更于瓷碗中，研令极熟。曝干，又于瓷碗中研令极熟。乃融好胶清[①]，和，于铁杵臼中熟捣，丸如墨丸[②]，阴干。以水研而治书，永不剥落。

注释：①胶清：即流动性大，而没有渣滓的胶。

②丸如墨丸：即“作成丸”。第一个“丸”字在此处作动词用。

译文： 30.201.1　雌黄治书的办法：先在青硬石上，用水磨雌黄，让它成为熟粉。晒干，再在瓷碗里，研到极细极匀。再晒干，又在瓷碗里研到极细极匀。将上好的“胶清”，加热融化，和上这样研过的雌黄，用铁杵在铁臼中捣和匀熟，团成像墨一样的丸子，阴干。用时加水研磨，像磨墨一样，用来涂在书面上，永远不会脱落下来。

30.201.2　若于碗中和用之者，胶清虽多，久亦剥落。

译文： 30.201.2　如果只在碗里临时和上胶来用，胶清再用得多，久了还是会脱落。

30.201.3　凡雌黄治书，待潢讫治者佳。先治，入潢则动。

译文： 30.201.3　凡要用雌黄涂在书面上来保存书的，等潢好之后再涂更好。如果涂雌黄再潢，染时雌黄就走掉了。

30.202.1　书厨中，欲得安麝香、木瓜，令蠹虫不生①。

注释： ①蠹（dù）虫：虫名。即蟫，又称衣鱼。蛀蚀书籍、衣服。体小，有银白色细鳞，尾分二歧，形稍如鱼，也叫“蠹鱼”。

译文： 30.202.1　书橱里，要放些麝香或木瓜，可以避免蠹鱼生出。

30.202.2　五月湿热，蠹虫将生，书经夏不舒展者，必生虫也。五月十五日以后，七月二十日以前，必须三度舒而卷之。须要晴时，于大屋下风凉处，不见日处。

译文： 30.202.2　五月间，天气湿热，蠹虫快要生出，书如果过一个夏季未展开过，就会生虫。五月十五日以后，到七月二十日以前的六十五日之内，必须将所有的书摊开，再卷起。这样的动作要重复三次。必须选晴天，在大屋子里风凉而太阳不能直晒的地方进行。

30.202.3　日曝书，令书色暍①。热卷，生虫弥速。阴雨润气，尤须避之。慎书如此，则数百年矣。

注释： ①暍（yē）：暍只是“伤暑”；这里应是作变色解的“黦（yè）”字。

译文： 30.202.3　太阳晒书，书的颜色会变暗。趁热卷起，生虫更快。阴雨天的潮气，更要避免。像这样谨慎地来保护书，可以保存几百年。

30.2.1 “二月：顺阳习射①，以备不虞。”

注释：①顺阳：顺随阳气。

译文：30.2.1 “二月顺随阳气，讲究发扬学习射箭，作为对意外事件的准备。”

30.2.2 “春分中，雷且发声，先后各五日，寝别内外。”有不戒者，生子不备①。

注释：①不备：不完备。

译文：30.2.2 “春分中，雷快要开始发声了；在春分前五天和后五天，男女分床。”不遵守这戒条的，所得的婴儿，生出来会不完备（残缺不全）。

30.2.3 “蚕事未起，命缝人浣冬衣，彻复为袷；其有羸帛②，遂供秋服。”

注释：①彻复为袷（jiá）：将绵衣中的绵拆出，改成夹衣。彻，到底，取去。现在将作“取去”解的字，专写作“撤”。复，是“褚之以绵”的衣。褚（zhǔ），塞，也就是以丝绵装衣服（草棉未输入中国以前，大家都用丝绵）。袷，夹衣。

②羸：假借作为同音的“赢”字，即有余。《玉烛宝典》所引正作“赢”字。

译文：30.2.3 “养蚕的工作还未开始，命令缝衣的人，把冬天的衣服洗净，将绵衣中的绵拆出，改成夹衣；如有多余的细布，就作成秋天的衣服。”

30.2.4 凡浣故帛，用灰汁则色黄而且脆。捣小豆为末①，下绢簁，投汤中以洗之，洁白而柔肕②，胜皂荚矣。

注释：①捣小豆为末：许多豆类种子中都含有稠圜萜类的“皂素”化合物，能去污。豆类种子含有去污性皂素的记载，可能以本书为最早。

②肕（rèn）：同“韧”，柔韧。《齐民要术》中一律用“肕”字；“韧”“韌”这两个字比较后起。

译文：30.2.4 旧白绸，用灰汁洗，颜色会变黄，质地也会变脆。把小豆捣成粉末，用绢筛将细粉筛入热水中，用水洗绸，洁白柔软，比皂荚还好。

30.2.5 “可粜粟、黍、大小豆、麻、麦子等，收薪炭。”

译文：30.2.5 “可以粜出小米、黍子、大豆、小豆、麻子、麦种，收买柴炭。”

30.2.6 炭聚之下，碎末，勿令弃之。捣、簁①，煮淅米泔溲之，更捣令熟，丸如鸡子，曝干。以供笼炉种火之用②，辄得通宵达曙；坚实耐久，逾炭十倍。

注释：①簁（shāi）：同“筛”。

②种火：现在一般称为“火种”。这一段，是“炭墼”的早期记载之一。“墼（jī）”：是用炭屑或粪渣等捣实压制晒干而成的块，可以供取暖等用。现在吴语区域的方言中，还有“炭墼”这名称，不过常写作“炭基”。

译文：30.2.6　炭堆下面的碎末，不要丢弃。捣细，筛过，把淘米水煮沸，作成淀粉浆和进炭末里，再捣和熟，作成鸡蛋大的团子，晒干。用来作火炉里的火种，往往可以过一夜到第二天早晨；坚实耐久，比炭强十倍。

30.301.1　漱素钩反生衣绢法[①]：以水浸绢令没[②]，一日数度回转之。六七日，水微臭，然后拍出[③]。柔肕洁白，大胜用灰。

注释：①漱（shù）：洗濯。生衣绢：是未经练过的，作衣服用的绢。

②没（mò）：物件浸到水面以下。

③拍：拍是拍打，用在这里不合适，怀疑是“挼”“抒”“扭”（现在写作“抓”）、“拽”“扱”等字形相似的字写错。挼：搓揉。抒：舀出。拽（yè）：牵引。扱（chā）：取。

译文：30.301.1　洗生丝衣和生丝绢的方法：用水浸后，每天翻动几次。六、七天之后，水有点臭气时，再取出来。这样既柔软又洁白，比用灰洗的强（参看30.2.4）。

30.401.1　上犊车蓬軬及糊屏风、书帙[①]，令不生虫法：水浸石灰，经一宿，浥取汁[⑦]，以和豆黏及作面糊，则无虫。若黏纸写书，入潢则黑矣。

注释：①蓬軬（fàn）：车篷。“軬”音“反”或“本”，也是车篷。“蓬”字，今日多依扬雄《方言》作“篷”。书帙（zhì）：书函。目前，线装书的“书函”，和过去“卷子”式书的书函，形式自然不会全同；希望有人能说明“卷子”的“函”，是什么形式。

②浥（yì）：应为“挹”字，即以瓢舀取。

译文：30.401.1　上犊车軬、糊纸屏风、糊书帙等，让它不生虫的办法：用水泡浸石灰，过一夜，取得上面的清汁，和入豆黏或面糊，就不会生虫。但这样的浆糊，如用来黏接写书的纸，书入潢时，就会变黑。

30.501.1　作假蜡烛法：蒲熟时，多收蒲台。削肥松[②]，大如指，以为心。烂布缠之，融羊牛脂，灌于蒲台中；宛转于板上，接令圆平。更灌更展，粗细足便止。融腊灌之[③]，足得供事。其省功十倍也。

注释：①蒲台：香蒲的花轴。

②肥松：有松香的松枝。

③腊：应作“蜡”，由标题“作假蜡烛法”可以证明。“灌”之怀疑是“裹”之。

译文：30.501.1　作假蜡烛的方法：香蒲成熟时，多收些蒲苔。把含有松脂的松木，剖成指头粗细的条，用作烛心。在蒲苔外，用烂布缠一层，融些牛羊脂膏，灌在蒲苔里；趁热，来回在平板上搓到平而圆。再灌，再搓，到粗细合适时停手。再融些蜡包在外面，就可以用了。可以省十倍人工。

30.3.1　“三月：三日及上除，采艾及柳絮。”絮止疮痛[①]。

注释：①絮止疮痛：絮，指柳絮。疮，怀疑应是泛指一切伤口的“创”字，不是专指炎肿化脓的“疮”。用柳絮、蒲黄、蒲茸，甚而至于陈石灰、香灰等细而柔软的物体，敷在出血的伤口上，使血液凝固，可以减少伤口的痛感，在百姓中流传已久，这是最早记载之一。

译文：30.3.1　“三月初三日和上旬除日，采集艾和柳絮。”柳絮可以使疮口不痛。

30.3.2　“是月也，冬谷或尽，椹麦未熟；乃顺阳布德，振赡穷乏[①]，务施九族，自亲者始。无或蕴财，忍人之穷[②]；无或利名，罄家继富；度入为出[③]，处厥中焉。”

注释：①振：通“赈”，救济，拯救，扶助。

②忍：忍受、忍耐，有勉强安心的意义。

③度（duó）：即“估量”，此处作动词。

译文：30.3.2　“这个月，可能有些人冬天储蓄的粮食已经吃完，桑椹和麦子又还未成熟，就会没有吃的；应当顺随阳气，散布恩德，救济补足穷困缺乏的人，尽力向亲族施与，从最亲的起。不要藏匿物资，眼看着人家挨饿；也不要贪名，尽家里所有的，送给富有的人；总之，‘量入为出’，守在适中的地方。”

30.3.3　“蚕农尚闲，可利沟渎[①]；葺治墙屋，修门户。警设守备，以御春饥草窃之寇。”

注释：①利沟渎：使沟渠水道顺利。利，在这里作及物动词用，当“使……顺利”解。与上面“无或名利”的“利”字，作“贪”解释稍有不同。

译文：30.3.3　“养蚕和农业操作两方面，都还未到大忙的时候，可以整理沟渠水道、补墙壁房屋、修治门户、留心设置守备，抵御因为春天缺粮而出来的盗贼。”

30.3.4 “是月尽，夏至；暖气将盛，日烈暵燥。利用漆油[1]，作诸日煎药。”

注释：①利用漆油：有利于用漆。这个“利”字，和上两个都不同，是自动不及物动词，兼领“用漆油”和“作日煎药”，依现在的用法“利”字下面还要加一“于”字。

②日煎：利用太阳热力来浓缩。煎，加热蒸去水分，使溶液浓缩。

译文：30.3.4 “这个月过完，夏天就到了；暖气会加强，太阳光强烈，晒热晒干的力量加大了。这样，就利于用漆、油涂饰器具，也利于作各种‘日煎药’。”

30.3.5 “可粜黍，买布。”

译文：30.3.5 “可以出卖黍子，收买布匹。”

30.4.1 “四月：茧既入簇，趋缲[1]。剖线[2]，具机杼，敬经络[3]。草茂，可烧灰[4]。”

注释：①趋：从速。

②剖线：《玉烛宝典》所引《四民月令》作“剖绵”，绵字可能更合适：因为用已出蛾的开口茧，不能缲丝，只可撕开作“绵”。大概是字形相似看错。剖绵，是剖出丝绵。

③经络：这里所说的“经络”，是织布用的经和预备作纬用的络。

④草茂，可烧灰：古代染色用“灰汁”作媒染剂。这里烧草灰，是作“灰汁”的准备。

译文：30.4.1 “四月，蚕已经上簇作了茧，赶急缲出丝来。剖出丝绵，准备机杼，好好地检查经络。草长茂盛了，可以烧作灰。”

30.4.2 “是月也，可作枣糒[1]，以御宾客。可籴麺及大麦、弊絮[2]。”

注释：①枣糒（bèi）：是和有枣肉的干粮。

②麺：应据《玉烛宝典》所引作“䵃”，与下文五月相同。

译文：30.4.2 “这个月，可以开始做‘枣糒’，准备客人来时应用。可买进䵃麦、大麦和旧丝绵。”

30.5.1 “五月：芒种节后，阳气始亏，阴慝将萌[1]；暖气始盛，蛊蠹并兴。乃弛角弓弩[2]，解其徽弦[3]；张竹木弓弩，弛其弦。以灰藏旃裘毛毳之物及箭羽[4]。以竿挂油衣[5]，勿辟藏[6]。”暑湿相著也[7]。

注释：①慝（tè）：一切祸害邪恶，都称为“慝”。

②弛：同“弛”，放松。明清刻本即皆作“弛”。

③徽弦（xián）：三股纠合所成的绳，用作弓弦。

④旃（zhān）：“毡”字的原来写法，即粗制毛织物。毳（cuì）：鸟兽毛经过加工而制成的毛织品。

⑤油衣：即雨衣，衣的外面涂有一层干性的油（可以是先作成油布，然后裁制；也可以是先裁制成衣，然后涂油）。所涂的干性油，是经过加入重金属的氧化物作催化剂，煎制而成的“帛煎油”。（见本卷26.3.2“帛煎油”的注解）。

⑥勿辟藏：不能折叠着收藏。“辟”字，《玉烛宝典》所引作“襞”，折叠义。罂子桐是长江流域及以南地方的植物，在两汉时代可能还没有加以利用。那时的干性油，只是“荏油”，荏油氧化干燥后，熔点还不够高，“湿”便会“相黏着”，因此必须用竹竿挂着，不能折叠着收藏。

⑦暑湿相著：热天潮湿就会相互黏着。

译文： 30.5.1 “五月芒种节之后，‘阳气’开始亏损，属于‘阴气’的一切祸患将要发生；暖气兴盛起来，各种害虫一起都出现了。将角制的弓弩放松，解开所上的绳弦；竹木制的弓弩，弦也松下来，但弓弩背却要另外绷紧。用灰藏毡、皮衣、毛织物和箭翎避免虫蛀。用竿子将油衣挂起，不要折叠来收藏。”热天潮湿就会黏着。

30.5.2 “是月五日，合止痢黄连圆、霍乱圆，采葸耳、取蟾蜍[①]，以合血疽疮药[②]。及东行蝼蛄[③]。”蝼蛄有刺，治去刺，疗产妇难生，衣不出[④]。

注释： ①圆：“圆”字应作“丸”。南宋时，避钦宗名讳（桓），写作“圆”。《玉烛宝典》正作“丸”字。葸（xǐ）耳：即葈耳。又名苍耳。菊科，一年生草本。果实称苍耳子，倒卵形，有刺，易附于人畜体上到处传播，可入药。蟾蜍（chán chú）：俗名癞蛤蟆。两栖动物，皮上有许多疙瘩，内有毒腺。

②血疽疮药：《艺文类聚》卷四、《太平御览》卷949所引，作“恶疽疮药”。“恶”字较合适。

③蝼蛄（lóu gū）：昆虫名。又名蝲蝲蛄、土狗子。背部茶褐色，腹部灰黄色，前脚大，呈铲状，适于掘土，有尾须。生活在泥土中，昼伏夜出，吃农作物嫩茎。

④衣：胎盘的俗称，如：“胞衣”“衣胞”。

译文： 30.5.2 “这个月初五日，配合‘止痢黄连丸’‘霍乱丸’，采葈耳、捉蟾蜍，准备配制血疽疮药。取向东行的蝼蛄。”蝼蛄有刺，弄掉刺可以作药，治难产，胎盘不下。

30.5.3 “霖雨将降，储米、谷、薪、炭，以备道路陷滞不通。”

译文：30.5.3 “连绵的大雨快到了，储蓄米、谷、柴、炭，作为道路泥泞阻滞不通时的准备。”

30.5.4 “是月也，阴阳争，血气散。夏至先后各十五日，薄滋味，勿多食肥醲[①]。距立秋，无食煮饼及水引饼[②]。”夏月食水时；此二饼，得水即坚强难消，不幸便为宿食伤寒病矣。试以此二饼置水中，即见验。唯酒引饼，入水即烂矣。

注释：①肥醲（nóng）：肥腻且口味浓厚。“醲”字，据《说文》是“厚酒也”，味厚义。

②水引饼：用水和面，扞压成为面条。

译文：30.5.4 “这个月，‘阴阳相争’，人身‘血气分散’。夏至之前和夏至之后的十五天之内，不要多吃重油和过浓厚的食物。到立秋以前，不要吃‘煮饼’和水调面所做的‘煮饼’和面条。”夏天是喝水最多的季节；这两种食物，在水里坚强不消化，弄得不好，便会得“夬食伤寒”的病。把这两种食物在水里漫着试看，就可以看出效验。只有用酒和面做成的饼，见水就烂。

30.5.5 “可粜大小豆、胡麻、籴矿、大小麦[①]。收弊絮及布帛。至后[②]，籴麫䴬[③]，曝干，置罂中密封[④]，使不生虫。至冬可养马。”

注释：①矿（kuàng）：矿麦。大麦的一种。

②至后：这里指夏至之后。

③麫䴬（fū xiè）：即麦麸，麦糠。

④罂（yīng）：小口大腹的容器。多为陶制，亦有木制者。

译文：30.5.5 “可卖出大豆，小豆、脂麻，买进矿麦和大麦、小麦。收买旧丝绵和绸布。夏至以后，买麦麸、麦糠，晒干，搁在瓦器里密封着，避免生虫。到冬天，可用来养马。”

30.6.1 “六月：命女工织缣练[①]。绢及纱縠之属。可烧灰，染青、绀杂色[②]。”

注释：①缣（jiān）练：缣是生丝织成的；练是熟丝织成，或将生丝织品加以漂煮椎打（“练”就是椎打、漂煮），使其成为熟丝品。

②烧灰，染青、绀杂色：过去，我国使用各种植物性染料时，用含有氧化铁及氧化铝的灰汁作媒染剂，已有很久的历史。这是早期记载之一。

译文：30.6.1　“六月，叫管理纺织的女奴织‘缣’和‘练’。绢、纱、縠之类。可以烧草灰，染青色、紫色等杂色。”

30.7.1　“七月：四日，命治曲室，具箔槌[①]，取净艾。六日馔治五谷磨具[②]。七日，遂作曲。及曝经书与衣裘，作干糗，采葸耳。”

注释：①箔槌（bó zhuì）：“箔”和“槌”，都是在室内作成支架，为制曲或养蚕作准备时所需的材料。箔，整条小竹子或苇子编成的粗“帘”子。槌，作支架用的条子。

②馔（zhuàn）治：“馔”字作动词，包括将食物准备、烹调直到可供食用为止，所需要的一切手续。

译文：30.7.1　“七月：初四日就叫人把制曲室整理好，将匡匾支架准备妥当，采取干净的好艾。初六日‘馔’五谷，准备磨具。到初七日就作曲。初七日，还要晒经书、衣服、皮衣、作干粮、采葈耳。”

30.7.2　“处暑中，向秋节，浣故制新；作袷薄[①]，以备始凉。”

注释：①袷（jiá）薄：袷是夹衣，薄是薄棉衣。

译文：30.7.2　“处暑后，到秋分，把旧衣洗净，添制新衣；做好袷衣和薄棉衣，作新凉天气的准备。”

30.7.3　“粜大小豆麦；收缣练。”

译文：30.7.3　“出卖大豆、小豆、大麦、小麦；收买缣练。”

30.8.1　“八月：暑退，命幼童入小学，如正月焉。”

译文：30.8.1　“八月：暑气已退，和正月一样，让幼童上小学。”

30.8.2　“凉风戒寒，趣练缣帛，染彩色。”

译文：30.8.2　“凉风警诫我们，寒冷的天气就要到了，赶快将生缣生帛捣练好，染成各种彩色。”

30.601.1　河东染御黄法[①]：碓捣地黄根，令熟，灰汁和之[②]，搅令匀，搦取汁[③]，别器盛。

注释：①河东染御黄法：各本均作小字夹注。依本书体例，这一段应另起一行，附在本节后面，像上面“正月”一节后所附“染潢及治书法”和“雌黄治书法”，“二月”一节所附“漱生衣绢法”“上犊车蓬……法”“作假蜡烛法”等一样。这一段也是关于方法的正式文字，应作正文大字。

②灰汁：用地黄作为植物染料染黄时，需要用含有氧化铁和氧化铝的灰汁作为媒染剂。四月就开始烧灰，准备到六月、八月用。

③搦（nuò）：现在写作“扭”。

译文：30.601.1　河东染御黄法：将地黄根在碓里捣碎到极熟，加上灰汁，调和，搅匀，扭出汁来，另外用容器盛着。

30.601.2　更捣滓使极熟，又以灰汁和之，如薄粥。泻入不渝釜中[①]，煮生绢，数回转使匀；举看有盛水袋子，便是绢熟。

注释：①不渝釜（fǔ）：不变色的铁锅。

译文：30.601.2　把地黄滓再在碓里，又捣到极熟，再和上灰汁，成为稀粥一样。倒在不会变色的大铁锅里，煮生绢，多翻动，使它均匀；提起来看，里面有“包着水的小口袋”，绢就熟了。

30.601.3　抒出，著盆中，寻绎舒张。少时捩出，净搌去滓[①]，晒极干。

注释：①搌（zhǎn）：字义不适合，怀疑是“振”写错。

译文：30.601.3　平平地拖出来，搁在盆里，顺着拉伸扯直。等一会，拧干，将上面所黏的滓抖干净，晒到极干。

30.601.4　以别绢滤白淳汁[①]，和热抒出，更就盆染之，急舒展，令均。汁冷捩出，曝干，则成矣（治釜不渝法在醴酪条中）。

注释：①白淳汁：“白”字前似乎应有一“得”字；“白”是“空白”，即未加灰汁的浓汁。

译文：30.601.4　用另外的绢把没有灰的浓汁滤出来，将熟绢放到汁中去煮，趁热平拖出来，又在盆里染，快些拉平，让它染得均匀。等汁冷却，拧出晒干，就成功了（把铁锅治到不变色的办法，在醴酪条中，见卷九《醴酪第八十五》）。

30.601.5　大率三升地黄，染得一匹御黄。地黄多则好。柞柴、桑薪、蒿灰等物，皆得用之。

译文：30.601.5　大概三升地黄，染得一匹御黄。地黄愈多，颜色愈好。柞柴灰、桑柴灰、蒿灰，都可以用。

30.8.3　“擘绵治絮，制新浣故。”

译文：30.8.3　“擘开丝棉，作成棉絮，制作新衣，洗涤旧衣。”

30.8.4　“及韦履贱好[①]，预买，以备冬寒。”

注释：①及韦履贱好：趁熟皮鞋子贱时。及，趁。韦，熟皮。

译文：30.8.4　“趁熟皮鞋子贱时，拣好的，预先买下，预备冬天寒冷时穿。”

30.8.5　“刈萑、苇、刍、茭[①]。”

注释：①萑（huán）：同“萑”，草名，荻类植物。

译文：30.8.5　“割下芦苇、干草和饲料用草。”

30.8.6　“凉燥，可上角弓弩；缮理檠锄[①]，正缚铠弦[②]，遂以习射。弛竹木弓弧[③]。”

注释：①檠（qíng）锄：“檠”是“正弓器”，不是灯，也不是有角的器皿，是矫正弓弩的器具。“锄”在这里所指是什么，无法推定。《玉烛宝典》所引无“锄”字，可能《齐民要术》误多一字。

②铠弦：“铠弦”不甚好解。《玉烛宝典》所引“徽弦”，恰好和五月的“解其徽弦”相对应，应依《宝典》改正。

③弛竹木弓弧：此句似应在“可上角弓弩”之后。

译文：30.8.6　“天气凉爽而干燥时，把五月松放下来的角制弓弩上好；修补整理‘正弓器’和锄，绑好绳弦，随即去学习射箭。也把五月弸上的竹木弓背放下来。”

30.8.7　“粜种麦，籴黍。”

译文：30.8.7　“出卖种麦，买进黍子。”

30.9.1　“九月：治场圃，涂囷仓[①]，修箪窖[②]。”

注释：①囷（qūn）：古代一种圆形的谷仓。

②箪（dān）：储藏种子的草织容器。

译文：30.9.1　“九月，整治打场的地和菜园，谷仓外面加涂泥，修理储藏种子用的容器和土窖。”

30.9.2 “缮五兵[①]，习战射，以备寒冻穷厄之寇。”

注释：①五兵：《礼记·月令》注：“五兵：弓矢、殳、矛、戈、戟”，即各种武器。

译文：30.9.2 “修理各种武器，练习战阵和射箭，准备防御因冬天寒冻穷困而没有出路的盗贼。”

30.9.3 “存问九族、孤、寡、老、病，不能自存者，分厚彻重[①]，以救其寒。”

注释：①彻重（chóng）：是将同样而多的分出来给人家。重，重复，即同样而多出的。

译文：30.9.3 “慰问亲族中孤、寡、老、病、无力养活自己的那些人，将厚的、多余的衣服分些给他们，救济他们以免受冻。”

30.10.1 “十月：培筑垣墙，塞向墐户。”北出牖谓之“向”[①]。

注释：①牖（yǒu）：窗户。段玉裁注《说文》：“在墙曰牖，在屋曰窗。”

译文：30.10.1 “十月，培补旧有，加筑新的围墙和屋壁，塞住向北的透光窗，用泥涂没门缝。”向北开的透光墙洞，称为“向”。

30.10.2 “上辛，命典馈渍曲，酿冬酒；作脯腊。”

译文：30.10.2 “第一个辛日，叫家里专管食物的人，泡上酒曲，酿冬酒：做些肉脯和腊肉。”

30.10.3 “农事毕，命成童入太学，如正月焉。”

译文：30.10.3 “农忙已毕，让成童和正月一样，去上太学。”

30.10.4 “五谷既登，家储蓄积；乃顺时令，敕丧纪[①]。同宗有贫窭久丧[②]，不堪葬者[③]，则纠合宗人，共兴举之，以亲疏贫富为差，正心平敛，无相逾越，先自竭以率不随[④]。”

注释：①敕丧纪：整顿丧葬方面的规矩。敕，整顿。丧纪，丧葬方面的规矩。

②贫窭（jù）：贫乏，贫穷。

③堪：能。

④率：带领，从前常和“帅”字互用。随：跟随。

译文：30.10.4　“五谷都已收获了，各家都有蓄积；现在，可以按照时令，整顿丧葬方面的规矩。同宗里有穷的人家，死亡很久，还没有能力营葬的，现在应纠合同宗的人，大家来办理，以亲属的亲疏和富有的程度作分别，公平地收取些钱，不要争夺，总是先尽自己的力量，来带动不肯帮助的。”

30.10.5　“先冰冻，作‘凉饧’[①]，煮‘暴饴’[②]。”

注释：①饧（xíng）：糖稀加上糯米粉熬成的糖。饧，又读táng，是“糖”字的古代写法。

②饴（yí）：用米、麦芽等熬成的糖浆，即糖稀。

译文：30.10.5　“在冻冰以前，作‘凉饧’，煮‘暴饴’。”

30.10.6　“可桥麻[①]，缉绩布缕。作‘白履’‘不借’。”草履之贱者曰“不借”。

注释：①析麻：“桥”应当是“析”字。“析麻”，把析得的麻纤，缉合绩成织布的缕。

译文：30.10.6　“可以破麻纤，缉合着绩成织布用的缕。做些‘白履’‘不借’。”不好的草鞋称为“不借”。

30.10.7　“卖缣、帛、弊絮，籴粟、豆、麻子。”

译文：30.10.7　“出卖缣、帛、旧棉絮，收买小米、豆子、麻子。”

30.11.1　“十一月：阴阳争，血气散。冬至日先后各五日，寝别内外。”

译文：30.11.1　“十一月，阴阳相争，人身‘血气分散’。在冬至前五天和冬至后五天，男女要分床睡觉。”

30.11.2　“砚冰冻[①]，命幼童读《孝经》《论语》篇章[②]，入小学。”

注释：①冰：明钞作冰，《渐西村舍》本同。《秘册汇函》系统本作“水”，《玉烛宝典》所引也作“水”。作“水”似更适合。

②《孝经》：儒家经典之一。十八章。作者各说不一，以孔门后学所作一说较为合理。论述封建孝道，宣传宗法思想，汉代列为七经之一。今《十三经注疏》本系唐玄宗注、宋邢昺疏。《论语》：儒家经典之一。孔子弟子及其再传弟子关于孔子言行的记录。

为研究孔子思想的主要资料。东汉列为七经之一。宋代把它与《大学》《中庸》《孟子》合为“四书”。

译文： 30.11.2　“砚里水结冰了，让幼童读《孝经》《论语》篇章，上小学。”

30.11.3　“可酿醢[①]。”

注释： ①醢（hǎi）：肉酱。

译文： 30.11.3　“可以做酱。”

30.11.4　“粜秔稻、粟、豆、麻子。”

译文： 30.11.4　“收买秔稻、小米、豆子、麻子。”

30.12.1　“十二月：请召宗、族、婚姻、宾、旅[①]，讲好和礼，以笃恩纪。休农息役，惠必下浃[②]。”

注释： ①请召……宾、旅：“请”是对长辈、尊贵的人，“召”是对一切非请的对象。“宗”是最亲近的同姓，“族”是一般同姓，“婚姻”是异姓的“亲戚”，“宾”是贵客，“旅”是一般的寄居在当地的人。这一句话，包含着种种复杂的社会关系，以及对这些关系的不同处理。

②浃（jiā）：遍及，满。

译文： 30.12.1　“十二月，将宗族、亲戚、贵客和一般的外乡人，邀请召集来，讲论和好，校正礼节，来加深亲爱纪律。让从事劳役的人休息，务必使恩惠达到下面的人群里。”

30.12.2　“遂合耦田器[①]，养耕牛，选任田者，以俟农事之起。”

注释： ①合耦：这里的“耦”，只当“配合修理”讲，并不一定是成对称的双件。

译文： 30.12.2　“随时配合修理农具，养好耕牛，选定掌作的人，为农业操作的开始做准备。”

30.12.3　“去猪盍车骨[①]，后三岁可合疮膏药。及腊日祀炙萐，萐一作“箑”，烧饮，治刺入肉中；及树瓜田中四角，去蠚虫[②]。东门磔白鸡头[③]。”可以合法药。

注释： ①去：也写作“弆”，收藏义。收藏猪的“盍车骨”作疮膏药；收藏“祀炙萐”和白鸡头，也预备作药材（盍车骨即猪牙床骨，《本草纲目》中，引有猪牙车骨医

“浸淫诸疮”的方法）。

②蓝（hān）：瓜虫。

③磔（zhé）：原指古代分裂牲体以祭神。此处意为斩下。

译文：30.12.3 “收藏猪牙床骨，三年后配合医疮的膏药要用。收积‘腊’日祭祀时挂炙肉的竿子，莛也写作“簇”，烧灰用水吞下，治刺进到肉里拔不出；也可以插在瓜田四角，辟瓜虫。到东门斩下白鸡的头留着。”可以配合“法药”。

30.13.1 《范子计然》曰[①]：“五谷者，万民之命，国之重宝。故无道之君及无道之民，不能积其盛有余之时，以待其衰不足也。”

注释：①《范子计然》：书名。又有《范子问计然》《范子》《范蠡计然》诸名。历来被认为是一本关于阴阳历数的书，因涉及一些天时与农业丰歉方面的内容，被误认为农书。作者和成书时代无定论。颜师古《汉书·货殖传》注云：“计然，濮上人也。博学无所不通尤善计算。尝南游，范蠡卑身事之。其书则有《万物录》，著五方所出皆述之。”南宋以后已经完全散佚。至今只剩下几大类书引用的零散语句。

译文：30.13.1 《范子计然》说：“五谷是亿万百姓的命，国家贵重的财宝。不懂道理的国君和不懂道理的百姓，不能在丰盛有余的时候蓄积，来准备衰耗不足时的需要。”

30.13.2 《孟子》曰[①]：“狗彘食人之食，而不知检；涂有饿殍，而不知发。言丰年人君养犬豕，使食人食，不知法度检敛；凶岁，道路之旁，人有饿死者，不知发仓廪以赈之。原《孟子》之意[②]，盖“常平仓”之滥觞也[③]。人死则曰：‘非我也，岁也！’是何异于刺人而杀之曰：‘非我也，兵也[④]！’”人死，谓饿役死者[⑤]。王政使然，而曰：“非我杀之，岁不熟杀人。”何异于用兵杀人，而曰：“非我杀也，兵自杀之。”

注释：①《孟子》：书名，儒家经典之一。战国时思想家、政治家、教育家孟轲及其弟子万章等著。一说是孟子弟子、再传弟子的记录。书中记载了孟子及其弟子的政治、教育、哲学、伦理等思想观点和政治活动，为研究孟子及思孟学派的主要材料。

②原：推寻。

③滥觞（shāng）：最初开始时微小的事物。

④兵：有刃的武器。

⑤饿役死者：饿，没有吃的，死于饥饿。役，死于劳役。

译文：30.13.2 《孟子》说："猪狗吃着人吃的粮食，不知道检查；路旁有饿死的人，还不知道开仓来赈救。"意思是说丰年时，国君养的猪、狗用着人吃的粮食，不知道按法律制度去禁止与收藏；荒年，道路旁边，人有饿死的，还不知道开仓廪来赈济。推寻《孟子》的意思，正是"常平仓"的起点。人死了，就说：'不是我害死的呀！年岁不好呀！'这和在用刀刺死了人之后，却说'不是我呀，是刀杀死的呀！'有什么不同？"人死了，是说死于饥饿和劳役。人死是国王政治措施所引起的；现在却说："不是我害死的，是年岁不好，没有收成饿死的"，这和用刀杀死人，却说："不是我杀死的，是刀杀死的。"有什么不同？

30.14.1 凡籴五谷菜子，皆须初熟日籴，将种时粜，收利必倍。凡冬籴豆谷，至夏秋初雨潦之时粜之，价亦倍矣。盖自然之数。

译文：30.14.1 凡收买五谷和蔬菜种子，都要在初成熟时收买，快要下种时卖出，就可以得到加倍的利息。在冬天收买豆子谷子，到夏天秋初，大雨涨水的时候出卖，价格也要增涨一倍。这是自然的道理。

30.14.2 鲁秋胡曰[①]："力田不如逢年[②]。"丰年尤宜多籴。

注释：①秋胡：春秋时人，因"秋胡戏妻"的故事而为后世所知。故事最早见于汉刘向《列女传》，唐代有变文，元有杂剧。写秋胡离家游学十年，其妻在家辛勤操劳，对丈夫忠诚不渝。秋胡得官返里，途中遇妻，已不相识，在桑园中调笑她而遭妻痛责。《列女传》中有"力田不如逢丰年，力桑不如见国卿"等句。

②力田不如逢年：即"用力去耕种，不一定有收获，不像年景好，收成一定好"。

译文：30.14.2 鲁国的秋胡说："劳力种田，不如逢上丰年。"丰年更要多收买一些粮食。

30.14.3 《史记·货殖传》曰："宣曲任氏[①]，为督道仓吏。秦之败，豪桀皆争取金玉[⑦]，任氏独窖仓粟。楚汉相拒荥阳，民不得耕，米石至数万；而豪桀金玉，尽归任氏，任氏以此起富。"其效也。且风、虫、水、旱，饥馑荐臻[③]，十年之内，俭居四五，安可不预备凶灾也[④]？

注释：①宣曲任氏：《史记》原文，是“宣曲任氏先”，即是说，是他家的祖先。

②豪桀：即“豪杰”。

③饥馑荐臻：饥荒年月常常有。饥，粮食歉收。馑，菜不够。荐，重复。臻，到来。

④预备：“预”是“预先”，“备”是“准备抵抗”。现今用这两个字，只有“准备”的意义；“事先”和“抵抗”的含义，似已不包括在内。

译文：30.14.3 《史记·货殖列传》记着：“宣曲地方任家，祖先是秦代督道管仓的小吏。秦代失败，豪杰都抢着收取金玉宝物，任家却把仓里的粮食用窖埋藏起来。到楚军汉军在荥阳对阵作战，农民不能耕种，一石米卖到几万文钱；结果豪杰们所抢得的金玉，都归了任家，任家因此就富有了。”这是储粮的效验。而且，风灾、虫灾、旱灾，饥荒年岁常常有，十年中，收成不好的占四五年，又怎能不事先准备凶年和天灾呢？

30.15.1 《师旷占》五谷贵贱法[①]：“常以十月朔日，占春粜贵贱：风从东来，春贱；逆此者，贵。以四月朔占秋粜：风从南来西来者，秋皆贱；逆此者，贵。以正月朔占夏粜：风从南来东来者，皆贱；逆此者贵。”

注释：①《师旷占》：书名，即《师旷占术》。本书共引五条，皆主占农田之事。此书汉代已有，今已亡佚。

译文：30.15.1 《师旷占》中占卜五谷贵贱的方法：“在每年十月初一，预卜明年春天粜卖的价格：东风，春天粮食贱；西风，春天粮食贵。又在四月初一，预卜当年秋天粜卖的价格：南风、西风，粮食都贱；风向相反，粮价就贵。又在正月初一预卜当年夏天粜卖价格：南风、东风，粮食都贱；相反则贵。”

30.15.2 《师旷占》五谷，曰：“正月：甲戌日，大风东来折树者，稻熟；甲寅日，大风西北来者，贵；庚寅日，风从西北来者，皆贵。二月：甲戌日，风从南来者，稻熟；乙卯日，稻上场，不雨晴明，不熟。四月四日雨，稻熟，日月珥[②]，天下喜。十五日十六日雨，晚稻善，日月蚀[③]。”

注释：①.稻上场：此三字，明清刻本皆在下文“不雨晴明”之下。

②日月珥（ěr）：珥，是日、月两旁的光晕。

③晚稻善，日月蚀：“日月蚀”很可能应在“晚稻善”之上。这一节恐怕有许多颠倒

错乱的地方。

译文：30.15.2 《师旷占》预卜五谷的说法："正月：甲戌日，如果有大风从东吹来，大到树都被吹折的，稻收成好；甲寅日，大风从西北来，稻贵；庚寅日，风从西北来，五谷都贵。二月：甲戌日，风从南来，稻收成好；乙卯日，稻上场，不下雨，晴明，稻收成不好。四月：四日下雨，稻收成好。日月外有环，举国丰收。十五、十六日下雨，晚稻好，日月蚀。"

30.15.3 《师旷占》五谷早晚，日："粟米常以九月为本。若贵贱不时，以最贱所之月为本[1]。粟以秋得本，贵在来夏；以冬得本，贵在来秋。此收谷远近之期也。早晚以其时差之：粟米春夏贵去年秋冬什七，到夏复贵秋冬什九者，是阳道之极也，急粜之勿留，留则太贱也。"

注释：①以最贱所之月为本：以价格最贱的一个月为"本"。"所之月"费解，应是"所在之月"。

译文：30.15.3 《师旷占》中关于五谷价格早晚的变化，有预知的方法说："粟和米，常常以九月的价格为'本'。如果贵贱变化不定，就以价格最贱的一个月为'本'。粟如果在秋天遇到'本'即最贱的一个月在秋季，则明年夏天最贵；如果在冬天遇到'本'，明年秋天贵，这种变化与收谷远近时间有关。早晚如有差别，可由时间推定：粟米，春夏之交比去年秋冬贵了百分之七十，到夏天，又比秋冬贵了百分之九十，这已经到了'阳道'的极端，赶紧脱手，不要再留，留下就会变贱了。"

30.15.4 黄帝问师旷曰："欲知牛马贵贱？""秋葵下有小葵生，牛贵[1]；大葵不虫，牛马贱。"

注释：①牛贵：据《艺文类聚》卷82及《太平御览》卷979所引均作"牛马贵"。与下文对比，可知应有"马"字。

译文：30.15.4 黄帝问师旷："想预知牛马价格的贵贱，有无征候？"师旷回答说："秋葵下生出小葵，牛马贵；大葵未受虫伤，牛马贱"。

30.16.1 《越绝书》曰[1]："越王问范子曰：'今寡人欲保谷，为之奈何？'范子曰：'欲保谷，必观于野，视诸侯所多少为备。'越王曰：'所少可得为困，其贵贱亦

有应乎？’范子曰：‘夫知谷贵贱之法，必察天之三表，即决矣。’越王曰：‘请问三表。’范子曰：‘水之势胜金，阴气畜积大盛，水据金而死，故金中有水。如此者，岁大败，八谷皆贵。金之势胜木，阳气蓄积大盛，金据木而死，故木中有火。如此者，岁大美，八谷皆贱。金、木、水、火，更相胜，此天之三表也，不可不察。能知三表，可以为邦宝……’越王又问曰：‘寡人已闻阴阳之事，谷之贵贱，可得闻乎？’答曰：‘阳主贵，阴主贱。故当寒不寒谷暴贵，当温不温谷暴贱。’……王曰：‘善！’书帛，致于枕中，以为国宝。”

注释：①《越绝书》：书名。东汉初年吴平作，叙述战国时吴越相争的历史。此段现存于《越绝外传·枕中第十六》中。

译文：30.16.1　《越绝书》中记有：“越王勾践问范子蠡：‘我现在要保护五谷从而保护百姓，该如何作？’范子回答：‘想要保护五谷，必须向外面看，看其他各国所多或所少的，作为准备。’越王问：‘其他各国所少的，可以困住外国，也有征候吗？’范子回答：‘知道谷价贵贱的方法，是看天的“三表”；知道“三表”，就可以决定了。’越王说：‘请问“三表”是什么？’范子说：‘水势胜过金，就是阴气蓄积，蓄积太盛，水就死在金里，所以金中有水。若如此，年成将大败，八种谷物都贵。金势盛过木，就是阳气蓄积，蓄积太盛，金就死在木里，所以木中有火。像这样，年成必丰盛，八种谷物都贱。金、木、水、火交替相胜，这就是“天之三表’，不可不察知。察知了“三表”，就可视为国家之宝。’……越王又问：‘阴阳的道理，我已经听到了；谷价的贵贱，可以告诉我么？’范子回答：‘阳主贵，阴主贱。因此，该寒冷而不寒冷，阳太盛，谷会骤然贵；该温暖而不温暖，阴盛，谷就骤然贱。’……王说：‘好！’写在绸子上，藏在枕内，作为传国之宝。”

30.16.2　范子曰[①]：“尧、舜、禹、汤，皆有预见之明；虽有凶年，而民不穷。”王曰：“善！”以丹书帛，致之枕中，以为国宝。

注释：①此段出自《越绝外传·枕中第十六》末了；但《太平御览》所引，题为《范子》。

译文：30.16.2　范子说：“尧、舜、禹、汤，都有预见之明；因此尽管遇到荒年，民众不会受苦。”王说：“好！”用银朱写在绸子上，藏在枕内，作为传国之宝。

30.17.1 《盐铁论》曰："桃李实多者，来年为之穰[①]。"

注释：①来年为之穰（rǎng）：该句出自《盐铁论·非鞅篇》，今本是"夫李梅实多者，来年为之衰，新谷熟者，旧谷为之亏。自天地不能两盈，而况于人事乎？"本义是指果树的"大小年"现象，所以说"不能两盈"，"衰"是必然。很可能是《齐民要术》某本，将"衰"字错写成字形相似的"襄"，再转变成"穰"。后来的类书，如：《艺文类聚》《初学记》《太平御览》等，只是以讹传讹地照钞《齐民要术》，并未与《盐铁论》原文校对，所以便发生纷歧。

译文：30.17.1 桓宽《盐铁论》说："桃李结实多，第二年果实就少。"（据《盐铁论》今本译出）

30.17.2 《物理论》曰："正月望夜占阴阳。阳长即旱，阴长即水。立表以测其长短[①]，审其水旱。表长丈二尺。月影长二尺者以下大旱[②]；二尺五寸至三尺小旱；三尺五寸至四尺，调适，高下皆熟。四尺五寸至五尺小水；五尺五寸至六尺大水。月影所极，则正面也，立表中正，乃得其定。"

注释：①立表：立一根测竿。月高则测竿之影短，是阳长；月低则测竿之影长，是阴长。

②二尺者以下：似应为"二尺以下者"。

译文：30.17.2 杨泉《物理论》说："正月十五夜，占阴阳。阳长今年旱，阴长今年水。竖立一个'表'，测定表影的长短，来审定水旱。表长十二尺。月影长二尺以下的，今年大旱；二尺五寸至三尺小旱；三尺五寸至四尺，水旱调匀合适，高低地都丰收。四尺五寸至五尺，小水；五尺五寸至六尺大水。月影要测到极度，即在正面量，所以表要立得正直，才可得到定准。"

30.17.3 又曰："正月朔旦，四面有黄气，其岁大丰。此黄帝用事，土气黄均，四方并熟。有青气杂黄，有螟虫。赤气大旱。黑气大水。"

译文：30.17.3 又说："正月初一早上，四面有黄气，今年大丰年。因为这是黄帝管事，土气黄，均匀，四方都丰收。如果黄气里杂有青气，有螟虫。有赤气，大旱。有黑气，大水。"

30.17.4　“正朝占岁星：上有青气宜桑，赤气宜豆，黄气宜稻。”

译文：30.17.4　“正月初一早上看岁星：上面有青气，今年桑好；有赤气，豆好；有黄气，稻好。”

30.17.5　《史记·天官书》曰[①]：“正月旦，决八风：风从南方来，大旱；西南，小旱；西方，有兵；西北，戎菽为，戎菽，胡豆也；为，成也。趣兵[②]；北方，为中岁；东北，为上岁；东方，大水；东南，民有疾疫，岁恶。”“正月上甲[③]，风从东方来，宜蚕；从西方，若旦黄云，恶。”

注释：①《天官书》：这一段是魏鲜所作占候。

②趣兵：今本《史记》，“趣兵”上面还有“小雨”两字。

③正月上甲：这一段是魏鲜占候快结束时的另一节。

译文：30.17.5　《史记·天官书》说：“正月初一早上，看八方的风，决定年岁：风从南方来，大旱；西南来，小旱；西方来，有战争；西北来，胡豆收成好，戎菽就是胡豆，“为”是收成好，如果还有小雨，很快将起战争；北方来，中等收成；东北来，上好丰年；东方来，大水；东南来，百姓有瘟疫，收成坏。”“正月第一个甲日，有东风，蚕好；西风或清早有黄云，收成坏。”

30.17.6　《师旷占》曰：“黄帝问曰：‘吾欲占岁苦乐善恶[①]，可知不？’对曰：‘岁欲甘，甘草先生荠；岁欲苦，苦草先生葶苈；岁欲雨，雨草先生藕；岁欲旱，旱草先生蒺藜；岁欲流，流草先生蓬；岁欲病，病草先生艾。’”

注释：①占岁苦乐善恶：石按：明钞本原作“苦药善一心”，现依《太平御览》添改。下文《太平御览》卷17所引，作“黄帝问师旷曰：‘吾欲知岁苦乐善恶，可知否？’师旷对曰：‘岁欲丰，甘草先生，荠也；岁欲饥，苦草先生，葶苈也；岁欲恶，恶草先生，水藻也；岁欲旱，旱草先生，蒺藜也；岁欲溜，溜草先生，蓬也；岁欲病，病草先生，艾也。’”《太平御览》卷994所引，几乎全同，只“溜”字作“潦”。“潦”（即今日的“涝”字）与旱对举，是适合的。而明钞此处作“流”。“潦”与“流”字双声，韵也很相近，“流潦”常常连用。因此相涉而误写，可能是明钞作“流”的来历。

译文：30.17.6　《师旷占》说：“黄帝问：‘我想预知一年的苦、乐、善、恶，可以知道么？’师旷回答说：‘今年甘，先生出的是甘草荠；今年苦，先生出的是苦草葶苈；今年雨多，先生出的是雨草藕；今年干旱，先生出的是旱草蒺藜；今年潦，先生出的是潦草蓬；今年多病，先生出的是病草艾’。”

精彩点拨

韭菜，大家都喜欢吃。“韭者久长也，一种永生”说韭菜可以多次收割，省时省力。《齐民要术》还讲了韭菜子鉴别的特殊方法：用小铜锅，盛些水，在火上稍微煮一煮。韭菜子不多久便出芽的，是好种子；不出芽，就是坏的。《齐民要术》值得研读的地方还有很多，不妨找找有趣的地方仔细读读。

阅读积累

《四民月令》

崔寔《四民月令》，是地主经营的家历。四民是指士、农、工、商，此概念早于春秋时已出现；月令是一种文章体裁，现存《礼记》中有一篇《月令》，记述每年夏历十二个月的时令及政府执行的祭祀礼仪、职务、法令、禁令等，并把其归纳在五行相生的系统中；《四民月令》现存部分的文体与月令相似。在2世纪中期的著作《四民月令》，除了描述农业运作外，书中提及的经济运作，亦为中国经济史研究提供第一手资料。

卷　四

精彩导读

讲了园篱、栽树、种枣、种桃柰、种李、种梅杏、插梨、种栗、柰林檎、种柿、安石榴、种木瓜、种椒、种茱萸十四种作物，多数是我们常见的水果，多数是可以食用的。贾思勰介绍了栽种方法、食用方法、储存方法等，有的还引用了一些有迷信思想的栽种和食用方法。从其引用的文献资料，我们看得出作者博览群书，对各家是兼收并蓄。我们只有多读书，才能取各家之长。

园篱第三十一

题解：本篇介绍了栽树作园篱的技术。介绍的可作园篱的树种有：酸枣、柳、榆。记述了这些树栽种的方法和编结成园篱的技术。

31.2.1对园篱功效的描述，夸张而有趣。31.4.1对园篱艺术效果的描述足以证明我国精妙的园林艺术历史悠久。

31.1.1　凡作园篱，法：于墙基之所，方整深耕。凡耕作三垄，中间相去各二尺。秋上，酸枣熟时，收，于垄中概种之。

译文：31.1.1　凡要作园篱，方法是这样：先在预备作墙基的地方，方方正正地整理过，深些耕翻。一共耕成三垄，垄与垄相距二尺。秋天，酸枣成熟时，收下酸枣，在垄里密些播种下去。

31.1.2　至明年秋，生高三尺许，间劚去恶者[①]；相去一尺留一根；必须稀概均调，行伍条直相当。

注释：①间（jiàn）：隔开来，中间有空，称为“间隔”。劚（zhú）：挖掘。

译文：31.1.2　到第二年秋天，新出的酸枣苗，已有三尺上下高的时候，就间断地将不好的斫去一些；隔一尺留一棵；务必要留得稀密均匀，而且一行行一列列地对准。

31.1.3　至明年春，剶敕传反去横枝[①]。剶必留距[②]；若不留距，侵皮痕大，逢寒即死。剶讫，即编为巴篱[③]，随宜夹缚[④]，务使舒缓。急则不复得长故也。

注释：①剶（chuān）：切断树枝，修剪树枝。

②距：切断树枝时，留下靠树茎的一小段，像雄鸡的“距”一样。雄鸡的“距”，关中称为“扬爪”，河北称为“后爪跟”。

③巴篱：即现在的“篱笆”。汉代至唐代都称为“巴篱”“芭篱”“笆篱”。

④缚（juàn）：卷，束起来。与“缚”（用绳索捆绑）字字形不同。

译文：31.1.3　到第三年春天，把横枝切掉。切的时候，留下一点“跟”。如果不留“跟”，皮上的伤痕过大，遇着冷天，就会冻死。切过，随手编成篱笆，看情形混合着绑结起来，但总要绑得松活一些。因为太紧就不能长了。

31.1.4　又至明年春，更剶其末，又复编之。高七尺便足。欲高作者，亦任人意。

译文：31.1.4　到第四年春天，又把末梢切掉，再编结起来。到有七尺高时，也就够了。想做得再高些，也可以随人高兴。

31.2.1　匪直奸人惭笑而返，狐狼亦自息望而回。行人见者，莫不嗟叹，不觉白日西移，遂忘前途尚远，盘桓瞻瞩，久而不能去。

译文：31.2.1　像这样做好的“生篱”不但晚上出来为非作歹的人遇到，惭愧地笑一笑回头走了，狐狸、狼遇着，也就得放下念头掉头回去，过路的人看见，没有不赞叹，不觉得太阳已经向西移动，竟忘了前面还需赶很远的路程，在篱旁来回赏玩看望，许久都舍不得离开。

31.2.2“枳棘之篱”[①]，“折柳樊圃[②]”，斯其义也。

注释：①枳棘（zhǐ jí）：枳和棘，都是有刺的小灌木，可以种来做青篱用的。

②折柳樊圃：这是《诗经·齐风·东方未明》中的一句。樊，用树枝围起来。

译文：31.2.2　所谓“枳和棘的篱笆”，和《诗经》的“折下柳枝来插着围菜园”，都是这个意思。

31.3.1　其种柳作之者，一尺一树；初即斜插，插时即编。

译文：31.3.1　种柳树作篱笆的，隔一尺栽一棵；栽时就斜着插下，插好就编起来。

31.3.2　其种榆荚者，一同酸枣。

译文：31.3.2　种榆荚树作篱笆的，方法和酸枣一样。

31.3.3　如其栽榆与柳，斜直高共人等，然后编之。

译文：31.3.3　如果又栽榆树又栽柳，就等斜的柳与直的榆都长到和人一样高的时候，再混起来编。

31.4.1　数年成长，共相蹙迫，交柯错叶，特似房笼①。既图龙蛇之形，复写鸟兽之状。缘势嵚崎②，其貌非一。

注释：①笼：疏疏的木条窗。一般都用当作装兽的木槛讲的“栊”字代替，写成“房栊”“帘栊”。

②嵚崎（qīn qí）：险峻。

译文：31.4.1　长过几年，大家挤在一处，彼此逼着，枝条和叶子相互交错，很像房屋的窗棂。看上去既有像龙蛇蟠屈的情形，又似乎描写着鸟兽聚集的状态。随势高昂，外貌有种种变化。

31.4.2　若值巧人，随便采用，则无事不成（尤宜作机）①，其盘纡弗郁，奇文互起，萦布锦绣，万变不穷。

注释：①机：承物者。据《说文》“机”是“承物者”，包括现在的“茶几”“香几”以及称为“坐子”（座子）的那些东西；原来不应当有“木”字旁。《秘册汇函》系统版本作“机”，是明以后的通行字。利用盘枝的木料，作成小桌、瓶坐、花盆架、炉架，以至于小围屏、桶扇等富有装饰意义的家具，是我国过去室内布置的一个特色；晋以后到隋唐的人物画中，已经常常见到，详细的文字记载，却很少有。

译文：31.4.2　遇着灵巧的人，依方便采作材料应用，没有什么做不出的（尤其宜于做小几和坐子），盘曲纡回，散布屈曲，奇异的花纹参差出现，围绕着铺展开来，像锦绣一样，千变万化，无穷无尽。

栽树第三十二

题解：本篇可视为包括一般树种栽种、培育经验的总结。

从32.1.1—32.5.1讲述了关于树的栽种和培育的各种注意事项，特别强调移栽树木一定要注意阴阳朝向；要掌握最佳时机，因“时难得而易失”，“非时者功难立”。

32.6.1、32.8.1介绍了扦插，低枝压条等繁殖果树的方法，说明当时我国劳动人民对无性繁殖已积累了相当丰富的经验。如：选出好的果树枝条，插在芋魁或芜菁根中，利用它们的水分、有机物质，以及生活组织中生长素类物质，帮助果树枝伤口复原生根。这些给以后的嫁接技术的形成以启发。

32.7.1介绍的在果园里熏烟来防霜的办法很值得注意，尤其是关于如何预测哪天夜里会结霜的经验十分宝贵。它是贾思勰观察入微的经验总结，实际上除了果树，还可以利用于一切农作物。

32.1.1　凡栽一切树木[①]，欲记其阴阳，不令转易。阴阳易位则难生。小小栽者，不烦记也。

注释：①栽：作动词用，是将已有的植株（树苗），移植到新的地方。

译文：32.1.1　凡属移栽树木，都要记下它的阴面阳面，照原有位置栽下不要改换。改换了原有的阴阳面，就不容易成活。很小很小的树苗，移栽时可以不必记。

32.1.2　大树髡之[①]；不髡风摇则死。小则不髡。

注释：①髡（kūn）：本义是将头发剪短。此处用在树木，便是剪去一部分枝条。

译文：32.1.2　大树，要把枝叶剪去；不剪掉，风吹摇动，根不牢固，就会死掉。小的就不必剪。

32.1.3　先为深坑。内树讫[①]，以水沃之[②]，著土令如薄泥；东西南北，摇之良久，摇，则泥入根间，无不活者；不摇，根虚多死。其小树，则不烦尔。然后下土坚筑[③]。近上三寸

不筑，取其柔润也。

注释：①内："纳"的古字。放进去。

②沃：用大量的水向下灌。

③筑：用杖或杠杆，将松土杵紧舂实。

译文：32.1.3　先掘成深坑。树放下之后，灌上水，让土和成稀泥浆；向东西南北四面各摇一大阵，摇过，泥土进到根中间，没有不活的；不摇，根中间空虚，死亡的多。小树，可以不必这么摇。然后将土拨下坑去，用杵筑紧。靠面上的三寸不要筑，让它软和润泽。

32.1.4　时时灌溉，常令润泽。每浇，水尽即以燥土覆之。覆则保泽，不然则干涸。

译文：32.1.4　时时灌水，保持经常湿润。每浇一次水，水都渗下去以后，就盖上一层干土，盖住的，可以保持湿润，不盖就会干涸。

32.1.5　埋之欲深，勿令挠动[①]。

注释：①挠：可读为"蒿"，即搅动（依《汉书·晁错传》注）。这里的"挠"，只能作搅动讲。夏纬瑛先生认为是"摇"字写错。

译文：32.1.5　根要埋得深，不要让它摇动。

32.1.6　凡栽树讫，皆不用手捉及六畜抵突[①]。《战国策》曰[②]："夫柳，纵横颠到，树之皆生。使千人树之，一人摇之，则无生柳矣。"

注释：①抵（dǐ）突：用头和角来撞击。"抵"是用头和角来触击，"突"是头撞。

②《战国策》：书名。战国时游学之士的策谋和言论的汇编。这段话出自《战国策·魏策》。

译文：32.1.6　凡栽下的树，栽了，不要再用手去摸，也不要让牲口头角身体碰动。《战国策》里有一段话："柳树，直栽横栽倒栽，都可以成活。但是一千人种下的柳树，只要有一个人把它们都摇过，就不会有活柳树了。"

32.2.1　凡栽树，正月为上时，谚曰："正月可栽大树"，言得时则易生也。二月为中时，三月为下时。

译文： 32.2.1　凡栽树，最好是在正月里栽，俗话说，“正月可以栽大树”，是说时令合宜，容易成活。其次是二月间，三月已是最迟了。

32.2.2　然枣、鸡口，槐、兔目，桑、虾蟆眼，榆、负瘤散[①]，自余杂木，鼠耳，蝱翅[②]，各其时[③]。此等名目，皆是叶生形容之所象似。以此时栽种者，叶皆即生；早栽者，叶晚出。虽然，大率宁早为佳，不可晚也。

注释： ①负瘤散（sǎn）：小颗粒形的榆树叶芽如同“负瘤”，将舒展时，便散开来。“散”，在此当自动词用。

②蝱（méng）翅：牛虻翅膀。蝱，同“虻”，是一种形体较大的吸血双翅类昆虫，常扰害人畜。

③各其时：即“各以其时”，凡叶生出，达到鸡口、兔目……蝱翅等大小的时候，最合于移栽。

译文： 32.2.2　不过枣树移鸡口，槐树移兔儿眼，桑树移虾蟆眼，榆树移“小包包”，其余各种树，像老鼠耳朵，牛虻翅膀，各有相当的时候。这些名目，都是叶芽绽开时，形状所像的东西，在这些时候栽，叶子可以随即发出；栽得早，叶便出得迟。可是尽管这样，总宁愿早些移，不要太晚。

32.3.1　树，大率种数既多，不可一一备举；凡不见者，栽莳之法，皆求之此条。

译文： 32.3.1　树的种类很多，不能全部都在这里说完；本书中没有专篇讨论的，栽种的方法，都以这条作标准。

32.4.1　《淮南子》曰[①]：“夫移树者，失其阴阳之性，则莫不枯槁。”高诱曰：“失，犹易。”

注释： ①这一段出自《淮南子·原道训》。今本《淮南子》，起处“夫移”作“今夫徙”。

译文： 32.4.1《淮南子》说：“移树时，如果失去了原来的阴阳方向，就没有不枯死的。”高诱注解说：“失去就是改变。”

32.4.2　《文子》曰[①]：“冬冰可折，夏木可结，时难得而易失。木方盛，终日采之而

复生；秋风下霜，一夕而零。”非时者功难立。

注释：①《文子》：这一部书，是杂乱地抄袭许多书（主要的是《淮南子》）编成的。作者是谁，尚无定论，章炳麟以为出自后魏张湛之手。本书所引这几句与今本《文子》相同，而与《淮南子·说林训》稍有差异。贾思勰稍后于张湛（大约一百年左右？），由此似乎可以间接证明，将《文子》撰集成书的，很可能就是张湛。

译文：32.4.2 《文子》说："冬天可以折冰，夏天可以编树，时间难于把握而容易丧失。树木生长茂盛的季节，采折叶子之后，还可以再生出；秋风下霜之后，一夜工夫，不折也都落尽了。"不在适当的时候，难得有功。

32.5.1 崔寔曰："正月，自朔暨晦①，可移诸树：竹、漆、桐、梓、松、柏、杂木。唯有果实者，及望而止，望谓十五日。过十五日，则果少实。"

注释：①自朔暨晦：从初一到月底。朔，夏历每月初一。晦，夏历每月的末一天。暨，在此作"至""到"讲。

译文：32.5.1 崔寔说："正月，从初一到月底，可以移栽一切树：竹、漆树、桐树、梓树、松树、柏树和各种杂木。但是有果实的树，必须在十五日以前，望是十五日。过了十五日移的，果实就会减少。"

32.6.1 《食经》曰："种名果法：三月上旬，斫取好直枝，如大母指①，长五尺，内著芋魁中种之②。无芋，大芜菁根亦可用。胜种核；核，三四年，乃如此大耳。可得行种③。"

注释：①大母指：即"大拇指"。

②内著芋魁中：内，即"纳"。芋魁，芋的块茎的中心主干。南方俗称"芋头娘"。

③行种：可能作"暂时种"（即假植）讲，也可能是作"成行列地种"讲。

译文：32.6.1 《食经》说："种名果的方法：三月初旬，从好树上斫取好的、直的枝条，有大拇指粗细的，大约五尺长，插在大芋魁里面去种下。没有芋魁，用大芜菁根也可以。这样，比种果树核强；种核的，三四年，才长得这样大。而且还可以'假植'。"

32.7.1 凡五果①，花盛时遭霜，则无子。常预于园中，往往贮恶草生粪②。天雨新晴，北风寒切，是夜必霜。此时放火作煴[3]，少得烟气，则免于霜矣。

注释：①五果：按习惯，是指桃、李、梅、栗、枣；但事实上应是泛指各种果树说的。因为梅花开时不可能有霜害，枣花却只在晚霜后才开花。

②往往：随时。

③煴（yūn）：郁烟，看不见火焰的燃烧而产生出来的许多烟。

译文：32.7.1　各种果树，花开得旺盛时遇到结霜，便不能结实。应当随时在园里积蓄一些杂草、烂叶、生牲口粪，作为准备。雨后新晴，吹着北风，寒气增加很急，夜间必定结霜。这时放火烧草，作成暗火，生出一些烟，就可保护果树，不受霜的侵害。

32.8.1　崔寔曰："正月尽、二月[1]，可剶树枝。二月尽、三月，可掩树枝。"埋树枝土中，令生[2]，二岁已上，可移种矣。

注释：①尽：月尾。

②令生：此下可能是脱落了一个"根"字或"栽"字。

译文：32.8.1　崔寔《四民月令》说："正月底、二月，可切除树枝。二月底、三月，可以掩埋树枝作低枝压条。"把树枝埋在地里，让它生根，两年以后，可以移栽。

种枣第三十三

诸法附出

题解：原书卷首总目下，本篇篇标题下，有“诸法附出”一个小字夹注。

33.1.1—33.1.8为标题注。按《齐民要术》的体例，标题注均应为小字，33.1.1错作大字。

枣树原产中国。本篇标题注介绍了它众多的品种（共约四十余种），正文介绍了枣的栽种、管理和它的收获、收藏，均颇具特色。

33.3.1—33.3.2介绍的“嫁枣法”与“种李第三十五”中35.3. 1—35.3.3介绍的“嫁李法”，都是为了让果树能多结果实。这是中国古代劳动人民积累的宝贵生产经验。

枣是国人喜爱的食品。贾思勰记述了干枣、枣油、枣脯、酸枣麨等各类枣制食品的制作方法。至于33.12.1讲的“樉”枣，是和柿同属，且亲缘关系相近的一种树，与枣不同，放在本篇中不合适。

33.1.1　《尔雅》曰[①]：“壶枣；边，要枣；桥[②]，白枣；樲[③]，酸枣；杨彻，齐枣；遵，羊枣；洗，大枣；煮填枣；蹶泄[④]，苦枣；皙，无实枣；还味稔枣[⑤]。”郭璞注曰：“今江东呼枣大而锐上者，为‘壶’，壶犹瓠也。‘要’，细腰，今谓之鹿卢枣[⑥]。‘桥’即今枣子白熟[⑦]。‘樲’，树小实酢。（《孟子》曰：‘养其樲枣。’）‘遵’，实小而员[⑧]，紫黑色，俗呼羊矢枣。（《孟子》曰：‘曾子嗜羊枣[⑨]。’）‘洗’，今河东猗氏县[⑩]，出大枣，子如鸡卵。‘蹶泄’，子味苦。‘皙’，不著子者。‘还味’，短味也。‘杨彻’‘煮填’未详。”

注释：①“《尔雅》曰”几句：依本书其他各卷的例，这一段大字，原是注解大标题“枣”的“标题注”，应当是小字；可能因为下面所引《尔雅》郭注，在《尔雅》原书是小字，移入本书，该作注中小注，所以临时改变了。以下还有几处，也有同样的情形。

②桥（jī）：果名。白枣。

③樲（èr）：酸枣。

④蹶（juě）泄：苦枣的别名。

⑤棯（rěn）：果木名。枣树的一种。

⑥鹿卢：细腰。郝懿行《尔雅义疏》："鹿卢，与辘轳同，谓细腰也。"

⑦枣子白熟：熟后颜色是白的枣。郝懿行《尔雅义疏》："白枣者，凡枣熟时赤，此独白熟为异。"

⑧员：即"圆"字的假借。

⑨曾子：今本《孟子》作曾皙，他是曾子（曾参）的父亲；此处作曾子是错误的。

⑩猗（yí）氏县：今山西临猗县。

译文：33.1.1 《尔雅》解释枣的种类说："有瓠形的壶枣；'边'是细腰枣；桥是白枣；樲是酸枣；杨彻是齐地的枣；遵是羊枣；洗是大枣；煮填枣；蹶泄是苦枣；皙是不结果的枣；味不好的是棯枣。"郭璞为这一段《尔雅》所作的注解，是："现在（晋代）江东将下面大而蒂端尖的枣叫作'壶'，'壶'也就是'瓠'。'要'是细腰，现在叫作'鹿卢枣'。桥，就是现在的白熟（熟后不红而白）枣子。'樲'，树小而果实酸。（也就是《孟子·告子上》所谓'养其樲枣'的樲。）'遵'，果实小而形状圆，紫黑色，俗名'羊矢枣'。（《孟子·尽心下》有'曾皙喜欢吃羊枣'的话。）'洗'，像现在河东猗氏县出的大枣，果实有鸡蛋大。'蹶泄'，果实味苦。'皙'是不结果的。'还味'是味道不好。'杨彻''煮填'，不知道。"

33.1.2 《广志》曰："河东安邑枣①；东郡谷城紫枣②，长二寸；西王母枣③，大如李核，三月熟；河内汲郡枣④，一名墟枣；东海蒸枣；洛阳夏白枣；安平信都大枣⑤；梁国夫人枣；大白枣，名曰'蹙咨'，小核多肌；三星枣；骈白枣；灌枣。又有狗牙、鸡心、牛头、羊矢、猕猴、细腰之名。又有氐枣、木枣、崎廉枣、桂枣、夕枣也。"

注释：①安邑：今山西安邑镇及夏县地。

②东郡谷城：谷城，古地名。属东郡的谷城故址在今山东平阴西南东阿镇。

③西王母：在这里是地名。古代中原用以指称某一极西地区。

④河内汲郡：河内，为古地区名，指黄河以北地区。汲郡，西晋泰始二年（266）置，治所在汲县（今河南卫辉市西南），属司州。

⑤安平信都：信都，古县名，汉置。治今河北冀州。《晋书·地理志》安平国有信都县。

译文：33.1.2 《广志》说："河东安邑出产枣；东郡谷城的紫枣，有二寸长；西王母枣，只有李核那么大小，三月就熟了；河内汲郡出的枣，又叫作'墟枣'；有东海蒸枣；洛阳夏熟的白

枣；安平信都大枣；梁国夫人枣；有大白枣，叫作‘蹙咨’，核小肉多；有三星枣；骈白枣；灌枣。还有狗牙、鸡心、牛头、羊矢、猕猴、细腰之类的名目。此外还有氐枣、木枣、崎廉枣、桂枣、夕枣，”

33.1.3 《邺中记》[1]：“石虎苑中，有西王母枣，冬夏有叶；九月生花，十二月乃熟，三子一尺。又有羊角枣，亦三子一尺。”

注释：①《邺中记》：晋代陆翙（huì）撰。书中记述后赵石虎迁都邺城后的城池、台榭、园林、宫室以及石虎的奢腐生活。原书已亡佚。现存清人辑佚本。邺城：故址在今河北临漳县西，河南安阳县北。

译文：33.1.3 陆翙《邺中记》说：“石虎的花果园中，有西王母枣，冬天夏天都有叶子；九月开花，十二月才成熟，三个枣子相接联时有一尺长。又有羊角枣。也是三个就有一尺长。”

33.1.4 《抱朴子》曰[1]：“尧山有历枣[2]。”

注释：①《抱朴子》：我国古代道家著作，晋葛洪著。《抱朴子》分内篇二十卷，外篇五十卷。内篇言神仙方药。鬼怪变化。养生延年，禳邪去祸之事；外篇则云人间得失，论世事臧否。

②尧山：旧县名。在今河北南部。现名隆尧县。

译文：33.1.4 《抱朴子》里记载：“尧山有历枣。”

33.1.5 吴氏《本草》曰[1]：“大枣者，名‘良枣’。”

注释：①吴氏《本草》：即《吴普本草》。共六卷，魏吴普撰。宋朝后已佚。

译文：33.1.5 吴氏《本草》说：“大枣称为‘良枣’。”

33.1.6 《西京杂记》曰：“弱枝枣、玉门枣、西王母枣、棠枣、青花枣、赤心枣。”

译文：33.1.6 《西京杂记》记有：“弱枝枣、玉门枣、西王母枣、棠枣、青花枣、赤心枣。”

33.1.7 潘岳《闲居赋》有“周文弱枝之枣”[1]。丹枣[2]。

注释：①潘岳《闲居赋》：潘岳，西晋文学家。曾任河阳令，著作郎，给事黄门侍郎等职。长于诗赋，尤善哀诔之文。与陆机齐名，辞藻华丽。《闲居赋》《悼亡诗》较有名。原有集，已散佚，明人辑有《潘黄门集》。

②丹枣：《齐民要术》各本“丹枣”两字都在潘岳的赋句中，但今本《文选》及《初学记》等书中潘岳的《闲居赋》中并无“丹枣”。而《西京杂记》说上林苑有七种枣，所举名称有六种与本书所引相同。本书缺的一种，今本《西京杂记》作“梬枣”，在“赤心枣”上。怀疑“丹枣”应是原来贾思勰所见到的《西京杂记》所记七种之一，后来《西京杂记》改作“梬枣”了；或《西京杂记》今本的“梬枣”不误，但贾思勰引用时误作“丹枣”；宋代校刊时，便排在隔行而且同样以“弱枝枣”起首的《闲居赋》中去了。

译文：33.1.7 潘岳《闲居赋》中有一句“周文弱枝之枣”。丹枣。

33.1.8 案青州有乐氏枣，丰肌细核，多膏，肥美为天下第一。父老相传云，乐毅破齐时[1]，从燕赍来所种也[2]。齐郡西安、广饶二县[3]，所有名枣，即是也。今世有陵枣，幪弄枣也。

注释：①乐毅：战国时燕国大将。公元前284年率军击破齐国，先后攻下七十余城，燕昭王封其于昌国（今山东淄博东南），号昌国君。

②赍（jī）：携，持。

③齐郡西安：今山东临淄县附近。广饶：古县名，汉置。今山东广饶县在东营市南部，小清河下游。

译文：33.1.8 青州有一种“乐氏枣”，多肉而核小，汁多，肥美为天下第一。老人们传说，说它是乐毅破齐军时，从燕国带来种下的。齐郡的西安、广饶两县所出的著名好枣，就是乐氏枣。现在（后魏）还有陵枣。就是幪弄枣。

33.2.1 常选好味者，留栽之。

译文：33.2.1 常常选取味道好的枣核（即种子），留下来种。

33.2.2 候枣叶始生而移之。枣性硬，故生晚；栽早者，坚垎，生迟也。三步一树，行欲相当。地不耕也。

译文：33.2.2 等枣树叶子刚生出的时候，移植树苗。枣树性质耐旱，所以叶子生出很晚；移栽太早，土壤坚硬，生长成活反而较迟。三步一棵，要排成行，以后地不要耕。

33.2.3 欲令牛马履践、令净。枣性坚强，不宜苗稼，是以耕[1]；荒秽则虫生，所以须净；

地坚饶实，故宜践也。

注释：①是以耕：这一段小注，各本错误脱落很多。由文义上说，似乎“耕”字上必须有一个“不”字，然后才能讲解，句法也才整齐；同时也就可以说明为什么小注末尾，原书应有一格空白。上面“行欲相当”下的小注，也有“地不耕也”的话；这里，说明为什么“不耕”。

译文：33.2.3　种有枣树的地，要让牛马在上面践踏，使地面干净。枣树吸收水分的本领大，树下不宜于种其他秧苗或庄稼，所以不要耕翻；不耕长着杂草，容易生虫，所以要干净；地硬，果实多，所以要牲口践踏。

33.3.1　正月一日日出时，反斧斑驳椎之①，名曰“嫁枣”。不斧则花而无实，斫则子萎而落也。

注释：①反斧斑驳椎（chuí）之：用斧的钝头到处敲打。反斧，将斧反过来，用非刃口的钝头。斑驳，零星散乱不均匀的分布。驳意义和“斑”相近，原指“马色不纯”，是指大片不同色的毛，斑是指小块的杂色。椎。用重而钝的东西打击，现在多用“锤”“捶”“棰”“槌”“搥”等字表示此义。

译文：33.3.1　正月初一日，太阳出来的时候，用斧头的钝头。在树上到处敲打，称为“嫁枣”。不敲，就只开花不结实；用斧刃斫，嫩果就会萎蔫脱落。

33.3.2　候大蚕入簇，以杖击其枝间，振去狂花。不打，花繁，不实不成。

译文：33.3.2　到大蚕上山结茧时，用棍在枝条中敲打，使“狂花”因摇动而落去。不打，花太多，不结实，结了也不能全成熟。

33.4.1　全赤即收。收法，日日撼胡感切而落之为上。半赤而收者，肉未充满；干则色黄而皮皱。将赤，味亦不佳美。赤久不收，则皮破，复有乌鸟之患。

译文：33.4.1　枣子完全红了就收。收法，天天把树摇动，使熟枣落下最好。半红就收，肉没有长饱满；干后颜色黄，皮皱。快红的，味道也不好。红了很久不收，皮会裂开；而且还会有被乌鸦和其他鸟啄吃的麻烦。

33.5.1　晒枣法：先治地①，令净。有草莱令枣臭。布椽于箔下，置枣于箔上。以机聚而复散之②，一日中二十度乃佳。夜仍不聚。得霜露气，干速。成阴雨之时，乃聚而苫盖之③。

注释：①整治，整理。

②杋（bā）：无齿耙。

③“得霜露气”几句：许多加句读的版本，都将“成”字连在“速”字下断句，读为“速成”。但“得霜露气”是不可解的。霜露气是说夜间大气温度低，因此达到水汽饱和所需要的汽分压也低，空气不会干燥。但经过一天的曝晒，枣是热的，夜间在冷空气里蒸发，还是比堆积起来时干得快。所以“干速”应是一句。“成”字，很可能是“或”，即偶然义，偶然阴雨，大气湿度既大，又可能有点溅入，所以要堆起来苫盖。

译文：33.5.1　晒枣的方法：先把地面整理干净。地面有生草或枯草，枣就会发臭。用椽条支着席箔，枣放在席箔上。用杋翻动，堆聚后又散开。一天翻动二十遍才好。夜晚还是不要堆聚。晚间得到霜露气，干得快。只有偶然遇了阴雨的时候，才堆起来用茅苫盖上。

33.5.2　五六日后，别择：取红软者，上高厨而暴之。厨上者已干；虽厚一尺，亦不坏。择去胮烂者[①]。胮者永不干，留之徒令污枣。

注释：①胮（pāng）：《一切经音义》卷一解作“腹满也”。即胀大的样子，也可读去声；现在写成“胖”的，应当就是“胮”字。现在湖南长沙附近的方言中，还用“胮烂”来形容丰满充足。

译文：33.5.2　过了五六天，分别拣择：将红的软了的，搁到高架上去晒。高架上的，已经干了；就是堆聚到一尺厚，也不会坏。胮烂的择出来不要。胮烂的，再也不会干，留下只会污染其余的好枣。

33.5.3　其未干者，晒曝如法。

译文：33.5.3　没有干的，继续如法再晒。

33.6.1　其阜劳之地[①]，不任耕稼者，历落种枣，则任矣。枣性炒故[②]。

注释：①阜（fù）劳：夏纬瑛先生认为是“阜旁”，即土堆旁边小坡上的地。“旁”字误作“劳”，本书常有。

②炒：此处，有的本子作“炒”，有的作“燥”。“炒”固然不可解，“燥”也不合理，怀疑是“炕（hāng）”，即展开义。

译文：33.6.1　土堆旁地小坡上不能耕来种庄稼的，零星种上枣树，是可以的。因为枣树是向外展开的。

33.7.1　凡五果及桑[1]，正月一日鸡鸣时，杷火遍照其下，则无虫灾。

注释：①五果：泛指各种果树。

②杷：同"把"，手握住。

译文：33.7.1　所有果树和桑树，在正月初一鸡鸣的时候，把着火炬在树下照一遍，就没有虫灾。

33.8.1　《食经》曰[1]："作干枣法：新菇蒋[2]，露于庭，以枣著上，厚二寸；复以新蒋覆之。"

注释：①《食经》：据胡立初先生考证，隋以前共有五种"食经"，现在都已失传。其中一种是后魏崔浩的母亲所作；据崔浩所作的序文，知道内容是食物的保存、加工、烹调、修治等。此处出自何《食经》，难以考证。

②菇蒋：茭白的叶子。

译文：33.8.1　《食经》所记："作干枣的办法：新收的茭白叶子，排在院子地面上，将枣子摊在上头，二寸厚之后，再用新茭白叶子盖上。"

33.8.2　"凡三日三夜，撤覆露之，毕日曝取干，内屋中。"

译文：33.8.2　"过了三天三夜，去掉盖的，露出枣来。此后，让太阳晒到干，收进屋子里。"

33.8.3　"率[1]：一石，以酒一升，漱著器中[2]，密泥之[3]，经数年不败也。"

注释：①率（lǜ）：即比例。

②漱（shù）：洗濯。

③泥：用泥封。此处作动词用。

译文：33.8.3　"按一石枣一升酒的比例，用酒把枣浸润放到盛器里，用泥土封密，可以经过几年不至于败坏。"

33.9.1　枣油法：郑玄曰："枣油：捣枣实，和[1]，以涂缯上，燥而形似油也，乃成之。"

注释：①和：均匀，把枣捣烂和匀。这样的加工品，现在普通称为"青"，只有具流动性的才称为油。

译文： 33.9.1　枣油的做法，郑玄说："枣油：把枣子捣烂，和匀，涂在绢上，干了，像油一样，就成功了。"

33.10.1　枣脯法：切枣曝之，干如脯也。

译文： 33.10.1　枣脯的做法把枣子切开来晒干，像晒肉干一样。

33.11.1《杂五行书》曰[①]："舍南种枣九株，辟县官[②]，宜蚕桑。"

注释： ①《杂五行书》：书名，原书已佚。其内容皆趋避厌胜之术，即汉代人所谓五行吉凶之说。

②辟县官：被征召去做县官。辟，被召选。下面的"辟疾病"的"辟"是"避免"，和"辟邪""辟秽"等词同一意义。或者依夏纬瑛先生说，两个字同作"避"解。在古代老百姓的生活中，"县官"常是祸害的来源，便和疾病同样，要极力避免遇见的。

译文： 33.11.1《杂五行书》说："房屋南边种九株枣树，可以希望被征辟去做县官，也宜蚕桑。"

33.11.2"服枣核中人二七枚[①]，辟疾病。"

注释： ①人：即核中的"仁"。以前都用"人"字。

译文： 33.11.2"吃下二十七枚枣仁，可以避免生病。"

33.11.3"能常服枣核中人及其刺[①]，百邪不复干矣。"

注释： ①干："干扰""干犯""相干"等词中的"干"，有侵犯、牵连的意义。

译文： 33.11.3　"能常吃枣核里的仁和枣树刺，一切妖邪都不能侵犯。"

33.12.1　种梗枣法[①]：阴地种之，阳中则少实。足霜色殷[②]，然后乃收之。早收者涩，不任食之也。《说文》云："梬枣也，似柿而小[③]。"

注释： ①梗（ruǎn）枣：果名，即梬（yǐng）枣，和柿相似，与枣不同。

②殷（yān）：读作"烟"，带黑的深红色。

③"《说文》云"几句：依本书体例，这十个字只应当是小注，而且只应当在标题之下；而"阴地……食之也"，却应当是正文。

译文： 33.12.1　种梗枣的方法：要种在阴地，种在阳地，果实不会多。果实经过足够的

霜，颜色变成带黑的深红后，才收积。收得导早的，有涩味不好吃。《说文》说："樗枣，像柿子，但形体较小。"

33.13.1 作酸枣麨法[①]：多收红软者。箔上日曝令干，大釜中煮之，水仅自淹。一沸即漉出，盆研之[②]。生布绞取浓汁，涂盘上或盆中。盛暑，日曝使干，渐以手摩挲，取为末。以方寸匕投一碗水中[③]，酸甜味足，即成好浆[④]。远行用和米麨，饥渴俱当也。

注释：①麨（chǎo）：同"炒"，即将麦、稻等谷物，炒熟，磨成面，或先磨后炒，作干粮用。酸枣麨并不是用酸枣的淀粉作成麨，而是用干酸枣汁来和麨。后面的杏李麨和酸枣麨一样；柰麨则专用柰果实的淀粉：林檎麨用林檎果实淀粉作成，但可以与米麨混和用。

②即漉（lù）出，盆研之：漉，隔出水中的固体浮游物。"盆"字下面还应当有一个"中"字。

③方寸匕：量粉末的一个数量单位。《名医别录》："方寸匕者，作匕正方一寸，抄（取）散（药粉），取不落为度。"注意：所谓"寸"是陶弘景时代的尺度。

④浆：有酸甜味的饮料。

译文：33.13.1 作酸枣麨的方法：多多收集红了软了的酸枣果实，在箔上让太阳晒干，放在大锅里煮，水刚刚淹过枣面就够了。一开，就漉出来，在盆里研磨。用未练过的布绞得浓汁，涂在盘上或盆底上。大热天，在太阳下晒干，慢慢用手指摩下，取得干粉。将这样的干粉一"方寸匕"，投在一碗水里，酸味甜味都够了，就是一碗好饮料，旅行时用这种麨来和炒米粉，解渴和充饥同时都做到了。

种桃柰第三十四

题解： 34.1.1—34.1.6为篇标题注。

本篇的内容与标题不尽吻合。标题中虽有“柰”字，正文中却没有涉及“柰”的地方；而后面却有另一篇“柰林檎第三十九”，讨论着“柰”。本篇除了“桃”之外，兼带叙述了樱桃和葡萄，但标题中却没有它们。这种现象的产生可能是《齐民要术》在辗转传抄过程中出现的错误造成的。分析起来，葡萄最初写作“蒲桃”“葡桃”，所以“顾名思义”（其实是因为它们味似桃又有核，名由义出！），樱桃、葡萄都是“桃类”。因此，怀疑大标题中的“柰”字，如非误添，便应当是“类”字，抄写错了。

“桃”是我国史前最重要的特产，至今已有三千多年的栽培历史。本篇首先介绍了种桃的方法。“桃性早实”，“桃性易种难栽”；因此，桃要先培育实生苗，再将其连树根带上泥土一起移种，34.2.1及34.2.3介绍桃的实生苗（由种子萌发而长成的苗木）的培育方法极有趣味。34.3.1贾思勰介绍了促进桃树生长旺盛的办法。

篇中记述“樱桃”时，段的序号编码用“1”起头的两位数，从34.11.1—34.12.3着重介绍了樱桃栽种的方法和注意事项。记述“葡萄”时，段的序号编码用“2”起头的两位数，从34.21.1—34.25.1对它的种植、管理到如何摘取都做了详实的记述。最后介绍了作干葡萄和保存新鲜葡萄的方法。

34.1.1　《尔雅》曰：“旄[①]，冬桃；榹桃[②]，山桃。”郭璞注曰：“旄桃，子冬熟。山桃，实如桃而不解核[③]。”

注释：①旄（máo）：冬桃。

②榹（sī）桃：山桃。

③实如桃而不解核：今本《尔雅》，“而”字下有“小”字；“小”字似乎应有。

译文：34.1.1　《尔雅》说：“旄是冬桃，榹桃是山桃。”郭璞注解说：“旄桃果实冬天成熟。山桃果实像桃，但核和肉不离解。”

34.1.2 《广志》曰：“桃有冬桃、夏白桃、秋白桃、襄桃（其桃美也），有秋赤桃。”

译文： 34.I.2 《广志》说：“桃有冬桃、更白桃、秋白桃、襄桃（它的桃子好吃），有秋赤桃。”

34.1.3 《广雅》曰：“柢子者[1]，桃也。”

注释： ①柢（dǐ）子：“柢”，明钞误作“抵子”，金钞作“柢子”。今本《广雅》作“梔子，楕桃也”，与桃不相干。

译文： 34.1.3 《广雅》说。“柢子是桃。”

34.1.4 《本草经》曰[1]：“桃枭[2]，在树不落，杀百鬼。”

注释： ①《本草经》：《神农本草》的简称。该书是我国现存的最早的药学专著。成书于秦汉之际，撰人不详；实际上它并非出于一人之手，“神农”为托名。原书已佚，其内容由于历代本草书籍的转引，得以保存。

②桃枭（xiāo）：指在桃树上干枯不落的桃子；其悬挂枝头，如枭首状，故名“桃枭”。病原为桃褐腐核盘菌，使果实变褐色，腐败并僵化。

译文： 34.1.4 《本草经》说：“桃枭是干枯的桃子，在树上不落的，可以杀一切鬼。”

34.1.5 《邺中记》曰：“石虎苑中有句鼻桃，重二斤。”

译文： 34.1.5 陆翙《邺中记》说：“石虎花果园中，有一种‘句鼻桃’，一个果实有二斤重。”

34.1.6 《西京杂记》曰：“核桃、樱桃、缃核桃、霜桃（言霜下可食）、金城桃、胡桃（出西域，甘美可食）、绮蒂桃、含桃、紫文桃。”

译文： 34.1.6 《西京杂记》记有：“核桃、樱桃、缃核桃、霜桃（因为它的桃要下过霜才可以吃）、金城桃、胡桃（出在西域，甘美可食）、绮蒂桃、含桃、紫文桃。”

34.2.1 桃柰桃欲种法[1]：熟时，合肉全埋粪地中；直置凡地，则不生，生亦不茂。桃性早实，三岁便结子，故不求栽也[2]。至春既生，移栽实地。若仍处粪中，则实小而味苦矣。

注释： ①桃柰桃欲种法：石按：这几个字联缀起来，固然不是绝不能解释，但极勉强。今本《西京杂记》所记，上林苑有桃十种，本书34.1.6 只引有九种。《西京杂记》中多出的“秦桃”，颇可怀疑。“秦”字如指地区，则上林苑正在关中，秦桃并不特别值得作为“名果异树”来“献”给皇帝。“秦”字也不是“奇丽”的美名。这就与“上林苑品种”的资格（据《西京杂记》说，汉武帝时，“……初修上林苑，群臣远方，各献名果异树，亦有制为美名，以标奇丽……”）不符合。但“秦”字字形和“柰”有些相似；本篇下文34.5.1“《术》曰”之下，就有“柰桃”之名。可能《西京杂记》中的“秦桃”，原是“柰桃”；贾思勰引用时，认为柰桃不是真正的桃，只是“桃类”，因而改排在最后，同时加以注明“柰桃，桃类”。传抄中，这四个字错成了“桃柰桃类”。“类”字草书和“欲”字相像，于是抄写中又错成了“欲”。“桃柰桃欲”不成文理，便只好将其勉强连在“种法”之上，成了正文。，于是原文“种法”两字作为一节小标题的本来面貌，便完全改变了。

②栽：可以作扦插用的枝条。

译文：34.2.1　种桃法：桃子成熟时，连皮带肉和核，一齐埋在有粪的地里；就这么种在一般地里，多半不发芽；发芽，苗也不茂盛。桃树结实很早，三岁的树，就可以结果，所以不用扦插。到明年发芽后，移栽到实地里。如果再留在粪地里，果实小，味道也苦。

34.2.2　栽法：以锹合土掘移之。桃性易种难栽[①]，若离本土，率多死矣，故须然矣。

注释：①种难栽：桃树容易种，难得栽。种，种核，即由实生苗直接定植不移。栽，利用扦插、压条，或移植野生的实生苗。

译文：34.2.2　移栽的方法：用锹连树根带土一并锹起来，移过去。桃树容易种，难得栽；离开原来着根的土，大半都会死，所以只能这么移栽。

34.2.3　又法[①]：桃熟时，于墙南阳中暖处，深宽为坑。选取好桃数十枚，擘取核，即内牛粪中，头向上，取好烂粪，和土厚覆之，令厚尺余。至春，桃始动时，徐徐拨去粪土，皆应生芽。合取核种之，万不失一。其余以熟粪粪之[②]，则益桃味。

注释：①又法：照我们现在的习惯，“又法”下面的文章，正是正文，应当用大字；但这两段却都写成了小注。这种情形，可能是原著者在书成之后，临时有所见闻，随时补入，但空处太小，写不下了，所以写成小字，后来钞刻，也就没有改正。本书中这样的例很多。

②其余：此指“以后”。

译文：34.2.3　另一方法：桃子成熟时，在墙根南面向阳温暖的地方，掘一个又深又宽的坑。选出几十个好桃，擘出核来，放在牛粪里，核头向上。取好的烂熟的粪和着泥土，盖上一尺多厚。到明年春天，桃叶要舒展时，轻轻拨掉桃核上的粪土，核应当都已经出了芽。这时，连壳取出种上，万无一失，此后，用熟粪加肥，桃子味道便会更加好。

34.3.1　桃性皮急。四年以上，宜以刀竖劙其皮[①]；不劙者，皮急则死。七八年便老，老则子细。十年则死。是以宜岁岁常种之。

注释：①劙（lí）：同“劙”。用刀、斧等利器切割或剖分开。

译文：34.3.1　桃树皮紧实。到了四年以后，应该用刀在树皮上竖着划一些口；不划的，皮紧，树就会死。七八年，树就老了，老了果实细小。十年就死去。所以每年都得种一些，准备递补。

34.3.2　又法[①]：候其子细，便附土斫去[②]；枿上生者[③]，复为少桃[④]。如此，亦无穷也。

注释：①又法：见34.2.3。即“又法”下面是正文，应作大字。

②斫（zhuó）：用刀、斧砍或削。

③枿（niè）：此处指树木砍伐后留下的桩子。

④少（shào）：幼年、少壮。

译文：34.3.2　另一方法：等桃子果实变细小时，平地面斫掉；老树桩上新生出的枝条，又是少壮的。这样也可以不至于死尽。

34.4.1　桃酢法：桃烂自零者[①]，收取；内之于瓮中，以物盖口。七日之后，既烂，漉去皮核[②]，密封闭之。三七日酢成，香美可食。

注释：①零：落下。

②漉（lù）：隔出水中的固体浮游物。

译文：34.4.1　用桃子作醋的方法：桃子熟烂，自己落下的，收来；放在瓮里，用东西将口盖住。七天之后，完全烂了，漉掉不能烂的皮和核，密密地封闭起来。二十一天以后，醋已做成，香美可食。

34.5.1　《术》曰[①]：“东方种桃九根，宜子孙，除凶祸。胡桃柰桃种亦同。”

注释：①《术》：《齐民要术》中多处引用，未知指何书。从其所引内容看，应是搜集辟邪厌胜之术而成的书。

译文：34.5.1 《术》说："房屋东边种九棵桃树，宜子孙，除凶祸。种胡桃或柰桃也一样。"

34.11.1 樱桃：《尔雅》曰："楔①，荆桃。"郭璞曰："今樱桃。"

注释：①楔（xiē）：荆桃，即樱桃。

译文：34.11.1 樱桃：《尔雅》说："楔是荆桃。"郭璞注解说："现在称为樱桃。"

34.11.2 《广志》曰："楔桃，大者如弹丸，子有长八分者，有白色者，凡三种。"

译文：34.11.2 《广志》曰："樱桃，大的像弹丸一样；果实有八分长的，有白色而多肉的，共有三种。"

34.11.3 《礼记》曰："仲夏之月，天子羞以含桃①。"郑玄注曰："今谓之樱桃。"

注释：①羞：此指精美的食品。

译文：34.11.3 《礼记》说："五月这月，天子用含桃作为美食。"郑玄注解说："现在称为樱桃。"

34.11.4 《博物志》曰①："樱桃者②，或如弹丸，或如手指；春秋冬夏，花实竟岁。"

注释：①《博物志》：笔记，西晋张华撰。十卷。多取材于古书，分类记载异境奇物及古代琐闻杂事，也宣传神仙方术。原书已佚，今本由后人搜辑而成。

②樱桃者：今本《博物志》及《艺文类聚》所引，作"樱桃，大者……"，"大"字应当有。

译文：34.11.4 《博物志》曰："樱桃，大的像弹丸，或者像手指；春、秋、冬、夏，一年到头开花结果。"

34.11.5 吴氏《本草》所说云："樱桃，一名朱桃，一名英桃。"

译文：34.11.5 吴氏《本草》说："樱桃，一名朱桃，又名英桃。"

34.12.1 二月初，山中取栽；阳中者，还种阳地；阴中者，还种阴地。若阴阳易地则

难生，生亦不实。

译文：34.12.1　二月初，山里去寻取小秧苗回来栽；阳地里的，移栽在阳地；阴地里的，移栽在阴地。如果阴阳移换，就难得成活，成活后也不结实。

34.12.2　此果性生阴地，既入园囿，便是阳中，故多难得生。

译文：34.12.2　这种果树，性质是生在阴地里的；栽进果园，便是移到了阳地中，所以多半难得成活。

34.12.3　宜坚实之地，不可用虚粪也。

译文：34.12.3　宜于坚实的地，不可以用松的粪地。

34.21.1　蒲萄：汉武帝使张骞至大宛，取蒲萄实，于离宫别馆旁尽种之。西域有蒲萄，蔓延实并似蘡①。

注释：①蘡（yīng）：即蘡薁。是Vitis Thunbergii及其相近的种类。落叶藤本，枝条细长有棱角，叶掌状，有三到五个深裂，缘有钝锯齿，下面密生灰白色绵毛，果实黑紫色。俗称野葡萄、山葡萄、山櫐。可酿酒，亦可入药作滋补品。茎的纤维可做绳索。在中国黄河、长江流域，向来很普遍。

译文：34.21.1　蒲萄：汉武帝叫张骞出使到大宛，取得了葡萄种实，在所有的离宫别馆种着。西域有葡萄，蔓的延展和果实的性状，都像蘡。

34.21.2　《广志》曰："蒲萄有黄、白、黑三种者也。"

译文：34.21.2　《广志》曰："蒲萄有黄、白、黑三种。"

34.22.1　蔓延性缘，不能自举。作架以承之，叶密阴厚，可以避热。

译文：34.22.1　蔓延展后，性质是要攀缘上去，不能自己独立的。作成架把它抬起来，叶子稠密有很厚的荫蔽，可以在下面避热。

34.23.1　十月中，去根一步许，掘作坑，收卷蒲萄，悉埋之。近枝茎薄安黍穰弥佳，无穰直安土亦得[1]。

注释：①安：安放。

译文：34.23.1　十月中，隔根五六尺远，掘一个坑，把葡萄蔓收起来卷着，全埋在坑里面。靠近茎枝，薄薄地放些碎藁秸穰壳更好，没有黍穰，直接放泥土也可以。

34.23.2　不宜湿，湿则冰冻。

译文：34.23.2　不可以潮湿，湿了就会结冰冻坏。

34.23.3　二月中，还出，舒而上架。

译文：34.23.3　明年二月里，再清理出来，拉直，蟠上架去。

34.23.4　性不耐寒，不埋即死。

译文：34 23.4　葡萄性质不耐寒，不埋就会冻死。

34.23.5　其岁久根茎粗大者，宜远根作坑，勿令茎折。其坑外处，亦掘土并穰培覆之。

译文：34.23.5　年岁久些的葡萄蔓，根干粗大，就应当隔根远些掘坑，免得埋藏时因为急弯使茎折断。坑外露出的一段，也要掘一些干土，和上黍穰堆高覆盖着。

34.25.1　摘蒲萄法：逐熟者，一一零叠一作摘取[1]；从本至末，悉皆无遗。世人全房折杀者，十不收一。

注释：①零叠一作：石按：这一处，各种版本，都很紊乱。经分析后可以这样认为："零叠"和它前面的"一一"同是形容"摘取"的副词；而"一作"决不直接与"摘取"相连，明钞在"一作"左边所留的空白，只能是一个字。而金抄"零叠"之下是三个字的夹注，右边也是"一作"，左边是一个模糊的字。分析其字形及文义，初步假定它是"牒"字。"牒"字与"叠"字从前同音，有时可以借"牒"为"叠"。这样，本书这一处原来的面貌，应当是"零叠一作牒"。"零""叠"都解作"落"；"零叠"可写作"零牒"，零落、零星、零碎。

译文：34.25.1　摘葡萄的方法：跟着每一颗熟了的，一颗颗地零星摘下来；这样从头到

尾，全部不会有任何损失。一般人整穗地折下来，十成收不到一成。

34.26.1　作干蒲萄法：极熟者，一一零叠摘取。刀子切去蒂，勿令汁出。蜜两分，脂一分，和内蒲萄中，煮四五沸，漉出阴干，便成矣。非直滋味倍胜，又得夏暑不败坏也。

译文：34.26.1　作干葡萄的方法：拣极熟的葡萄，一颗颗零星地摘下来，用刀子切掉蒂，不要弄破，让汁子流出来。用两分蜜，一分油和匀，将葡萄放下去，煮四五开，漉出阴干，就成功了。这样，不但味道加倍地好，而且可以过夏天，不会败坏。

34.27.1　藏蒲萄法：极熟时，全房折取。于屋下作荫坑[①]，坑内近地，凿壁为孔，插枝于孔中，还筑孔使坚。屋子置土覆之[②]，经冬不异也。

注释：①坑：不见阳光，又阴又凉。

②屋子：这两个字非常费解。可能“子”字是“中”字写错；也可能是下文“置土”两字，曾经误写为字形相近的“屋子”，校者改正后，抄写时连正带讹一并写上了。

译文：34.27.1　藏鲜葡萄法：葡萄极熟时，整丛地摘下来。在屋子里面掘一个不见光的坑，在坑四边近底的地方，壁上凿许多小孔，把果丛柄插进去，再用泥筑紧。屋里边坑上堆土，盖着，过一个冬还不会变。

种李第三十五

题解：35.1.1—35.1.6为篇标题注。篇标题注应为小字，35.1.1错成大字。篇标题注介绍了李的品种，正文记述了李栽种与管理的方法及加工食用的方法。

贾思勰经过认真仔细地观察，掌握了不同的果树因特性不同，繁殖的方法也不同。“桃性易种难栽”，而“李宜栽”。“栽”是可供移植的幼株，包括插条、压条或野生的实生苗。用“栽”的好处，是可以提前结果实。因为“栽”是保留着旧个体的“发育年龄”的。如果扦插用的枝条，已有两年“年龄”，则取下作“栽”时，便只需要再过三年，便是五岁了。正如35.2.1记述的“李欲栽。李性坚实晚，五岁始子，是以藉栽。栽者三岁便结子也”。它说明我国古代的人民，对于发育阶段理论的认识。这个对于发育年龄的认识，是包括了所有的插条与接穗在内的。

35.1.1 《尔雅》曰：“休，无实李；痤[①]，接虑李；驳，赤李。”

注释：①痤（cuó）：原指一种皮肤病，称痤疮，俗称“粉刺”。此处指“接虑李”。

译文：35.1.1 《尔雅》说：“‘休’，是不结实的李树；‘痤’，是接虑李；‘驳’，是结红果的李。”

35.1.2 《广志》曰：“赤李。麦李（细小有沟道）。有黄建李、青皮李、马肝李、赤陵李。有糕李（肥黏似糕）[①]。有柰李（离核，李似柰）。有劈李（熟必劈裂）。有经李，一名老李（其树数年即枯）。有杏李（味小酸，似杏）。有黄扁李。有夏李、冬李（十一月熟）。有春季李，冬花春熟。”

注释：①糕李：李的一个品种。

译文：35.1.2 《广志》说：“赤李。麦李（果实细小，一边有一道沟）。有黄建李、青皮

李、马肝李、赤陵李。有糕李（肥黏，像糕一样）。有柰李（离核，李形像柰）。有劈李（成熟后必定自己裂开）。有经李，也称为‘老李’（树只有几年就会枯死）。有杏李（味道有点酸，像杏子）。有黄扁李。有夏李、冬李（十一月成熟）。有春季李，冬天开花，春天成熟。”

35.1.3 《荆州土地记》曰[①]：“房陵、南郡有名李[②]。”《风土记》曰[③]：“南郡细李，四月先熟。”

注释：①《荆州土地记》：书名，亦称《荆州记》。已亡佚。存清陈运溶《荆湘地记》辑本。

②房陵：地名，今湖北房县。南郡：秦昭王二十九年（前278）置，治所在郢，今湖北荆州市荆州区故江陵县城。西汉辖境约当今湖北襄樊市、南漳县以南，松滋县、公安县以北，洪湖市以西，利川县及四川巫山县以东的地区。

③《风土记》：晋代人周处所撰，记江苏宜兴及其附近地区风土习俗。已亡佚。

译文：35.1.3 《荆州土地记》说：“房陵、南郡有著名的李。”周处《风土记》说：“南郡细李，四月先成熟。”

35.1.4 西晋傅玄赋曰[①]：“河沂黄建[②]，房陵缥青[③]。”

注释：①傅玄赋：傅玄（217—278），西晋哲学家、文学家。北地泥阳（今陕西耀县东南）人。学问渊博，精通音律。著作有《傅子》《傅玄集》，俱佚。此处所引出自他的《李赋》。

②沂：指沂水，即今山东沂河。

③缥（piǎo）：淡青白色。

译文：35.1.4 西晋傅玄《李赋》有：“河沂的黄建李，房陵的缥青李。”

35.1.5 《西京杂记》曰：“有朱李、黄李、紫李、绿李、青李、绮李、青房李、车下李、颜回李（出鲁）、合枝李、羌李、燕李[①]。”

注释：①本书所引《西京杂记》上林苑的李是十二种，今本《西京杂记》则多出猴李、蛮李、同心李、金枝李四种；另“合枝李”则作“含枝李”。

译文：35.1.5 《西京杂记》说："上林苑有朱李、黄李、紫李、绿李、青李、绮李、青房李、车下李、颜回李（鲁国出产）、合枝李、羌李、燕李。"

35.1.6 今世有木李，实绝大而美。又有中植李，在麦后谷前而熟者。

译文：35.1.6 现在（后魏）有木李，果实无比地大，也很好。又有中植李，麦熟后谷熟前成熟。

35.2.1 李欲栽。李性坚实晚，五岁始子，是以借栽。栽者三岁便结子也①。

注释：①"李欲栽"几句：这二十四个字的小注，应当是正文作大字；至少"李欲栽，栽者三岁便结子也"是正文，其余十三个字，可以是"李欲栽"的说明。

译文：35.2.1 李树要扦插。李性质坚强，结实迟，五年才结实；所以要扦插。扦插的，三年便可结实。

35.2.2 李性耐久，树得三十年；老虽枝枯，子亦不细。

译文：35.2.2 李树耐久，一棵树有三十年寿命；老李树虽然有着枯枝，果实还不变小。

35.3.1 嫁李法：正月一日或十五日，以砖石著李树歧中，令实繁。

译文：35.3.1 嫁李法：正月初一日或十五日，用砖石搁在李树丫杈中间，结实就多。

35.3.2 又法①：腊月中，以杖微打歧间；正月晦日，复打之，亦足子也。

注释：①又法：以下该是正文，不应当作小字注。35.3.3的"又法"以下，亦如此。

译文：35.3.2 另一方法：腊月十五日，用棍在丫杈间轻轻敲打；正月底，再打，也可以多结实。

35.3.3 又法：以煮寒食醴酪火桥著树枝间①，亦良。树多者，故多束枝，以取火焉。

注释：①桥（tiàn）：《说文》解释"桥"是"炊灶木"，即在灶中燃着的长条木

柴。“寒食煮醴酪”，参看卷九《醴酪第八十五》。

译文：35.3.3　另一方法：将寒食煮醴酪的柴枝，搁在树枝中间，也好。李树多的，有人故意多束些树枝去烧，取得足够的火。

35.4.1　李树桃树下，并欲锄去草秽，而不用耕垦。耕则肥而无实，树下犁拨亦死之①。

①树下犁拨亦死之：怀疑有错字，“树下”可能该是“根下”。

译文：35.4.1　李树桃树下，都要用锄锄掉杂草，但不可以耕翻。耕过，树长得肥，但不结实；树下受犁拨动，也会死。

35.4.2　桃李大率方两步一根。

译文：35.4.2　桃树李树，一般标准是见方两步一棵。

35.4.3　大概连阴，则子细，而味亦不佳。

译文：35.4.3　太密，树阴相连接时，果实细小，味也不好。

35.4.4　《管子》曰：“三沃之土①，其木宜梅李。”

注释：①三沃：今本《管子·地员篇》是“……五沃……宜彼群木……其梅其李……”

译文：35.4.4　《管子》说：“五沃之土，种树，宜于梅树李树。”

35.4.5　《韩诗外传》云①：“简王曰：‘春树桃李，夏得阴其下②，秋得食其实。春种蒺藜，夏不得采其实，秋得刺焉。”

注释：①《韩诗外传》：西汉汉文帝时博士韩婴撰。今本作十卷。其书杂述古事古语，虽每条皆征引《诗经》中的句子，实际上系引《诗》与古事相印证，非引事以阐述《诗经》本义。韩婴撰《内传》四卷，《外传》六卷。南宋后仅存《外传》。是研究西汉今文诗学的重要资料之一。

②阴（yìn）：通“荫”，受荫。覆荫，庇护。

译文：35.4.5　《韩诗外传》中记着：“简王说：‘春天种桃李，夏天可以在树下得到荫蔽，秋天可以得到果子吃。春天种蒺藜，夏天不能采得果实，秋天得到的是刺。’”

35.5.1 《家政法》曰："二月徙梅李也。"

译文：35.5.1 《家政法》说："二月移栽梅树李树。"

35.6.1 作白李法：用夏李。色黄便摘取，于盐中挼之。盐入汁出，然后合盐晒令萎，手捻之令褊[①]。复晒更捻，极褊乃止。曝使干。

①褊（biǎn）：通"扁"。

译文：35.6.1 作白李的方法：材料用夏熟李。李色变黄就摘下，在盐里搓。盐进去，汁出来了，再连盐一并晒到萎软，用手捻扁。再晒再捻，到极扁才罢手。晒到干透。

35.6.2 饮酒时，以汤洗之，漉著蜜中，可下酒矣。

译文：35.6.2 饮酒的时候，用热水洗浸，漉出来放在蜜里，可以下酒。

种梅杏第三十六

杏李麨附出

题解：36.1.1—36.1.5为篇标题注。原书卷首总目，本篇篇名标题下，有“杏李麨附出”一个小字夹注。

本篇的36.1.5中，贾思勰首先从花色、花期、果味、果核外形的差异说明如何鉴别梅和杏。杏是我国最古老的栽培果树之一，已有近三千年的栽培历史。对梅、杏的栽种法，本篇只有“栽种，与桃李同”一句话。这实际上没交代清楚。“桃易种”，“李宜栽”，那梅、杏究竟是种还是栽？

本篇着重介绍了用梅实制作各种食物的方法。在介绍杏的用途时，贾思勰反复强调了它可以济贫救饥。

36.1.1　《尔雅》曰：“梅，枏也①；时，英梅也。”郭璞注曰：“梅似杏，实酢；英梅未闻。”

注释：①枏（nán）：梅。诸本多作“柟（rán）”。“柟”又音nán，别名“梅”，与此篇的梅不是同一种植物。

译文：36.1.1　《尔雅》说：“梅，就是枏；时，是英梅。”郭璞注解说：“梅像杏，果实酸：英梅没听说过。”

36.1.2　《广志》曰：“蜀名梅为‘藤’①，大如雁子。梅杏皆可以为油脯。黄梅，以熟藤作之。”

注释：①藤（lǎo）：干梅，又泛指干果。

译文：36.1.2　《广志》说：“蜀人把梅称为‘藤’，有雁的蛋那样大小。梅和杏都可以作油作脯。黄梅用熟藤作成。”

36.1.3　《诗义疏》云：“梅，杏类也；树及叶，皆如杏而黑耳。实赤于杏，而醋，亦可生啖也。煮而曝干，为蘇[①]，置羹、臛、齑中[②]。又可含以香口。亦蜜藏而食。”

注释：①蘇：字书中没有这个字；郝懿行《尔雅义疏》引《齐民要术》转引《诗义疏》作“腊”。《太平御览》卷970引作“苏”。依上文，应即是“藤”字。

②臛（huò）：肉羹。齑（jī）：捣碎的姜蒜末。

译文：36.1.3 《诗义疏》说：“梅是杏子一类的；树和叶，都像杏，不过颜色黑些。果实比杏子红，味酸，也可以生吃。煮熟晒干作成藤，放在菜汤肉汤或齑里面。含在口里，可以使口气香，也可以用蜜保存着吃。”

36.I.4 《西京杂记》曰：“侯梅、朱梅、同心梅、紫蒂梅、燕脂梅、丽枝梅。”

译文：36.1.4 《西京杂记》有：“侯梅、朱梅、同心梅、紫蒂梅、燕脂梅、丽枝梅。”

36.1.5 案梅花早而白，杏花晚而红；梅实小而酸，核有细文，杏实大而甜，核无文采；白梅任调食及齑，杏则不任此用。世人或不能辨，言梅杏为一物，失之远矣。

译文：36.1.5 案：梅花开得早，花是白的；杏花开得晚，是红的。梅果实小，味酸，核上有细纹；杏果实大，味甜，核上没有文采。白梅可以调和食物和齑，杏子不能这么用。现在（后魏）的人有分辨不清的，以为梅和杏是同一植物，就错得远了。

36.2.1 《广志》曰：“荣阳有白杏[①]，邺中有赤杏[②]，有黄杏，有柰杏。”

注释：①荣阳：古今地名无“荣阳”，应是“荥阳”之误。荥（xíng）阳：魏晋时置，故地在今河南。

②邺：古都邑名。在今河北境内。

译文：36.2.1 《广志》说：“荣阳有白杏，邺中有赤杏，有黄杏，有柰杏。”

36.2.2 《西京杂记》曰：“文杏（材有文彩）；蓬莱杏（东海都尉于台献[①]，一株花杂五色），云是仙人所食杏也。”

注释：①东海都尉于台：东海，汉时东海郡，郡治在今山东。都尉是郡的高级武官。有关于台为何人，暂无其他资料可寻。

译文：36.2.2 《西京杂记》记有：“文杏（木材有文采）；蓬莱杏（东海都尉于台进贡的，一株树上，花有五种颜色），他说是仙人所吃的杏。”

36.3.1　栽种，与桃李同。

译文：36.3.1　栽种的方法，和桃李相同。

36.4.1　作白梅法：梅子酸。核初成时，摘取，夜以盐汁渍之，昼则日曝。凡作十宿，十浸，十曝便成。

译文：36.4.1　作白梅的方法：梅子是酸的。梅核刚长成的时候，摘下来，夜里用盐腌着，白天让太阳晒。一共过十夜，也就是浸十夜，晒十天，就成功了。

36.4.2　调鼎和齑，所在多入也。

译文：36.4.2　调和食物，或和入齑里面，到处可以用。

36.4.3　作乌梅法：亦以梅子核初成时摘取，笼盛，于突上熏之[1]，令干，即成矣。

注释：①突：烟囱。

译文：36.4.3　作乌梅的方法：也是在梅子刚长成的时候摘下，用笼子盛着，在烟囱上熏到干，便成功了。

36.4.4　乌梅入药，不任调食也。

译文：36.4.4　乌梅只作药用，不能调和食物。

36.5.1　《食经》曰："蜀中藏梅法：取梅极大者，剥皮阴干，勿令得风。经二宿，去盐汁，内蜜中。月许更易蜜，经年如新也。"

译文：36.5.1　《食经》引："蜀中藏梅法：取极大的梅子，剥皮，阴干，不要让它见风。盐腌经过两夜后，去掉盐汁，放到蜜里面。一个月上下之后，再换蜜，经过几年，还能和新鲜的一样。"

36.6.1　作杏李麨法：杏李熟时，多收烂者，盆中研之；生布绞取浓汁，涂盘中，日曝干，以手磨刮取之[1]。可和水浆及和米麨，所在入意也。

注释：①磨：应当是"摩"字，字形相似抄错。

译文：36.6.1　作杏李麨的方法：杏子李子成熟时，多多收集已经烂了的，在盆中研磨；用生布绞取浓汁，涂在盘底上，太阳晒干舌，用手摩着刮下来。可以和水作成饮料，或者和到米麨里，随人欢喜，都很方便。

36.7.1 作乌梅欲令不蠹法：浓烧穰[①]，以汤沃之，取汁。以梅投之，使泽，乃出，蒸之。

注释：①浓烧穰：烧穰是不可以“浓”的；这个浓字，应当在下文“取汁”上面或中间，即“浓取汁”或“取浓汁”，显然是钞错了地方。

译文：36.7.1 作好的乌梅，希望它不生虫的方法：烧些穰，浓浓地，用热水浇过，取得灰汁。把乌梅泡在里面，让它软润，然后取出，蒸过。

36.11.1 《释名》曰：“杏可为油。”

译文：36.11.1 刘熙《释名》说：“杏子可以作成杏油。”

36.12.1 《神仙传》曰[①]：“董奉居庐山，不交人[②]。为人治病，不取钱。重病得愈者，使种杏五株；轻病愈，为栽一株。数年之中，杏有数十万株，郁郁然成林。其杏子熟，于林中所在作仓。宣语买杏者：‘不须来报，但自取之；具一器谷，便得一器杏。’有人少谷往而取杏多，即有五虎逐之。此人怖遽[③]，担倾覆，所余在器中，如向所持谷多少[④]，虎乃还去。自是以后，买杏者皆于林中自平量，恐有多出。奉悉以前所得谷，赈救贫乏。”

注释：①《神仙传》：东晋葛洪撰。书中收录了古代传说中九十余位神仙的故事，宣扬道教的神仙信仰。

②不交人：今本《神仙传》作“不种田”。不交人，不和人交往。

③怖遽（jù）：被老虎吓得快跑。遽，急速、匆忙地跑。

④向：“从前”或“原来”。

译文：36.12.1 《神仙传》载有：“董奉住在庐山，不和人来往。替人治病，不取钱。重病治好了的，叫他种上五株杏；轻病治好了的，也得栽一株。几年中，积成了几十万株杏树，茂盛得很，成了一个树林。杏子熟了，就在杏林里到处作成一些仓库。告诉大家，谁来买杏，‘不须要当面说，自己去取就行了；拿一个容器的谷来，就换一容器的杏去’。有人拿少量谷去，取了多量的杏，就有五只老虎来追。这人被老虎吓得赶快跑，所担的担子也倾倒了，容器里剩下的杏，和原来拿去的谷刚好一样多，虎也就回去了。从此以后，买杏的都在林中平平地量好，唯恐取多了杏。董奉把所得的谷救助穷人和有困难的人。”

36.12.2 《寻阳记》曰[①]：“杏在北岭上，数百株，今犹称董先生杏。”

注释：①《寻阳记》：时代、撰者均不详。寻阳在今江西九江市西。

译文：36.12.2 《寻阳记》说："杏在北岭上，有几百株，至今还称为'董先生杏'。"

36.13.1 《嵩高山记》曰[①]："东北有牛山，其山多杏，至五月烂然黄茂。自中国丧乱，百姓饥饿，皆资此为命，人人充饱。"

注释：①《嵩高山记》：南北朝时后魏卢元明撰。嵩高山即中岳嵩山，在河南登封市北。此书已亡佚。

译文：36.13.1 《嵩高山记》说："东北有一个牛山，山里杏树很多，到了五月，杏子黄了，灿烂茂盛。黄河流域经过许多战乱，老百姓们挨饿时，都靠这杏来养命，个个都能吃饱。"

36.13.2 史游《急就篇》曰[①]："园菜果蓏助米粮。"

注释：①《急就篇》：中国古代教学童识字的书，是我国现存最早的识字课本与常识课本。西汉人史游著，成书约在公元前40年。由于容纳的知识量多，实用性强，一出现就颇受欢迎，广为流传。

译文：36.13.2 史游《急就篇》有一句："园菜蔬果助米粮。"

36.13.3 案杏一种，尚可赈贫穷，救饥馑，而况五果蓏菜之饶？岂直助粮而已矣！注曰[①]："木奴千[②]，无凶年。"盖言果实可以市易五谷也。

注释：①注：文意似乎指《急就篇》注，但《急就篇》注本中没有这句话。怀疑应是"语"或"谚"字。

②木奴：是以柑橘拟人，一棵树就像一个可供驱使聚财的奴仆，且不费衣食。后以木奴指柑橘或果实。

译文：36.13.3 案：杏子这一种果实，就可以帮助贫穷（董奉的故事），救济饥饿（牛山的情形），何况五果蓏菜，种类之多，岂止是帮助米粮而已？俗语有"木奴千，无凶年"的话，也就是说果实可以在市场换得五谷。

36.14.1 杏子人[①]，可以为粥。多收卖者，可以供纸墨之直也。

注释：①杏子人：即杏仁。种子仁的"仁"字，本书都用"人'。

译文：36.14.1 杏仁可以煮粥。多收集了来出卖，也可以赚到纸墨费用。

插梨第三十七

题解： 37.1.1—37.1.6为篇标题注。

梨是中国最早栽培的果树之一，民间有“果树祖宗”之称。本篇介绍了梨的种类，繁殖方法（包括培育实生苗和嫁接），鲜藏梨的方法等。重点是讲梨的嫁接。

本篇标题的第一个字，不用“种”而用“插”，是有深意的。繁殖优良果树品种，《齐民要术》所总结的方法共有三大类，即培育实生苗、扦插、嫁接。贾思勰认为用无性的扦插法繁殖，还不够快，他提倡用无性杂交的嫁接——“插”。《齐民要术》中所记嫁接方法，称为“插”；“插”的意义是“刺入”，即将接穗刺入砧木，作为砧木的树桩原有的根系，可以供给养分加速接穗的生长。因此，结实更快，成熟更早，即本篇37.3.1讲的“插者弥疾”。本篇所记的插梨法，从准备砧木，选择插条（接穗）起，到正式接插（嫁接）：包括接时应如何对准形成层“木边向木，皮还近皮”，使包含形成层在内的“青皮”相互结合；插接后，如何封闭接口，裹扎和看护管理，维护愈合后的新个体健康成长，都有一系列详细正确的技术记载和原理说明。37.3.1记述用枣或石榴作砧木嫁接，结出的梨品质上等。梨和枣、石榴的亲缘很远，要嫁接成功自然很不容易。当时，这样困难的嫁接，仍有百分之十至二十的成活率，正说明了我们祖国从前在果树园艺方面技术之高！

37.5.2再次生动地证明我国古代对于发育阶段理论、对树龄都有清楚的认识。

37.1.1　《广志》曰：“洛阳北邙①，张公夏梨，海内唯有一树。常山真定②，山阳巨野③，梁国睢阳④，齐国临菑、巨鹿⑤，并出梨。上党楟梨⑥，小而加甘。广都梨（又云‘巨鹿豪梨’）重六斤⑦，数人分食之。新丰箭谷梨⑧，弘农、京兆、右扶风郡界诸谷中梨⑨，多供御。阳城秋梨、夏梨⑩。”

注释： ①洛阳北邙：河南洛阳县东北北邙山。

②常山真定：今河北正定县西南。

③山阳巨野：今山东巨野。

④梁国睢阳：今河南商丘县南。

⑤齐国临菑："菑"应作"淄"，今山东淄博临淄。巨鹿：今河北平乡。

⑥上党：今山西东南部，主要为长治和晋城两市。

⑦广都：县名，属蜀郡，故治在今四川双流。

⑧新丰：古县名，汉置。故治在今陕西西安东北。

⑨弘农：汉置弘农郡，辖境相当今河南洛阳以西、陕西商县以东区域，治所在弘农县（今河南灵宝县东北）。京兆：汉长安及其附近地区。右扶风郡：汉置。陕西旧关中道西部，为三辅之一。

⑩阳城：地名，今山西阳城县。

译文：37.1.1 《广志》说："洛阳北邙山的张公夏梨，四海以内只有这一棵。常山的真定，山阳的巨野，梁国的睢阳，齐国的临淄和巨鹿，都出梨。上党的椁梨.梨小但味道却分外甜。广都梨（也有说是巨鹿豪梨的）重六斤，可以供几个人分着吃。新丰箭谷梨和弘农、京兆、右扶风郡界内许多山谷里的好梨，都是供皇帝吃的。阳城有秋梨、夏梨。"

37.1.2 《三秦记》曰[①]："汉武果园，一名'御宿'；有大梨如五升，落地即破；取者以布囊盛之，名曰'含消梨'。"

注释：①《三秦记》：东汉辛氏（汉代陇西人，名不详）撰。为一部重要的陕西方志地理类著作，被视为我国早期地方志的代表作。至隋唐已佚，现有清人辑佚本。

译文：37.1.2 《三秦记》说："汉武帝的果园，又称为'御宿'；有大梨，果实有五升大，落到地面就破碎了；摘取的人，用口袋先盛着才取，名为'含消梨'。"

37.1.3 《荆州土地记》曰[①]："江陵有名梨[②]。"

注释：①《荆州土地记》：有说是南朝齐刘澄之撰，书已亡佚。

②江陵：汉置江陵县。今湖北江陵。

译文：37.1.3 《荆州土地记》说："江陵有著名的梨。"

37.1.4 《永嘉记》[①]："青田村民家[②]，有一梨树，名曰'官梨'；子大，一围五寸，常以供献，名曰'御梨'。实落地即融释。"

注释：①《永嘉记》：南朝刘宋郑缉之撰，是我国较早的地记作品。郑曾任职永嘉（今浙江温州）、东阳（今浙江金华）二郡，记录下他所熟悉的当地山川物产、风土人情。《永嘉记》北宋前期犹存，南宋时亡佚。

②田：县名。唐始置县，以青田山得名。故《永嘉记》中所记青田，应是山名。

译文：37.1.4 《永嘉记》说："青田一个村民家，有一棵梨树，称为'官梨'；果实很大，一个有五寸大，经常供献给皇帝，所以名叫'御梨'。果子落到地面就破碎到不可收拾了。"

37.1.5 《西京杂记》曰："紫梨、芳梨（实小）、青梨（实大）、大谷梨、细叶梨、紫条梨、瀚海梨（出瀚海地，耐寒不枯）、东王梨（出海中）①。"

注释：①瀚海：唐以前人注释《史记》《汉书》皆解作一大海名。据方位推断，当在今蒙古高原东北境，疑即今贝尔湖与呼伦湖。瀚海亦泛指沙漠，但当时沙漠出梨的可能性不大。

译文：37.1.5 《西京杂记》说："上林苑有紫梨、芳梨（果实小）、青梨（果实大）、大谷梨、细叶梨、紫条梨、瀚海梨（出在瀚海地方，耐寒，冬天不枯）、东王梨（出海中）。"

37.1.6 别有朐山梨①。张公大谷梨，或作"糜雀"梨也。

注释：①朐（qú）山：山名，在山东临朐县东南二里。

译文：37.1.6 还有朐山梨。张公大谷梨，也叫"糜雀梨"。

37.2.1 种者，梨熟时，全埋之。经年。至春，地释，分栽之；多著熟粪及水。

译文：37.2.1 培植实生苗的，梨熟了的时候，整个地埋下。让新苗过一年。到春天地解冻后，分开来栽；多用些熟粪作基肥，多浇些水。

37.2.2 至冬，叶落，附地刈杀之，以炭火烧头。

译文：37.2.2 冬天落叶后，平地面割掉，用炭火烧灼伤口。

37.2.3 二年即结子。

译文：37.2.3 再过两年，就结实了。

37.2.4 若穞生及种而不栽者①，则著子迟。

注释：①穞（lǚ）生：泛指野生的。也指栽培植物遗留的种子萌发。

译文： 37.2.4　野生的树苗和定植未移的实生苗，结实都很迟。

37.2.5　每梨有十许子，唯二子生梨，余皆生杜[①]。

注释： ①杜：木名，即杜梨。

译文： 37.2.5　每一个梨，有十来颗种子，只有两颗能生成梨，其余都生成杜树。

37.3.1　插者弥疾。插法：用棠杜。棠，梨大而细理[①]；杜次之；桑，梨大恶；枣、石榴上插得者，为上梨，虽治十，收得一二也。杜如臂已上皆任插。当先种杜，经年后，插之。主客俱下亦得[②]；然俱下者，杜死则不生也。

注释： ①细理：指梨肉细致。"理"是"组织""结构"，所以有"纹理""肌理""条理""道理"等词。下面"虽治十"，是"即使作了十个"。用枣和石榴这样亲缘很远的砧木来接插梨树，成功自然很不容易。因此，嫁接了十个，能成功的也只有一、二个。

②主客俱下：指砧木和接穗同时种。"主"代表砧木，"客"代表接穗。

译文： 37.3.1　插接的更快。插的方法：用棠树或杜树作砧木。用棠树的，梨结得大而果肉细密；其次是杜树砧；桑树作砧最坏；枣树或石榴树上接插所得的是上等梨，就是接十个，也只能活一两个。有胳膊粗的树，就可以作砧木。应当先种杜树，隔一年，用来作砧木。砧木和接穗同时种，固然也可以；但同时下种的，杜树砧木如果死了，作接穗的梨树苗也没有用处。

37.3.2　杜树大者，插五枝；小者，或三或二。

译文： 37.3.2　粗壮的杜树，可以接五个枝；小些的三枝或两枝。

37.3.3　梨叶微动为上时，将欲开莩为下时[①]。

注释： ①莩（piǎo）：叶芽舒展。"莩"是多年生植物的叶芽或花芽。长江流域方言中，把多年生植的芽（特别是花芽）读作bǎo，一般都写作"苞"或"葆"，实在就是"莩"。

译文： 37.3.3　梨叶芽刚刚萌动时最好，最迟不能过叶芽快要舒展成叶的时候。

37.4.1　先作麻纫汝珍反，缠十许匝；以锯截杜，令去地五六寸。不缠，恐插时皮披[①]。留杜高者，梨枝叶茂，遇大风则披。其高留杜者，梨树早成；然宜高作蒿箪盛杜，以土筑之令没；风时，以笼盛梨，则免披耳。

注释：①披：裂开。现在长江流域和岭南方言中，还有多处保存这个用法。

译文：37.4.1 先用麻缕，在树桩上缠十道光景；用锯将杜截成离地五六寸的桩。不先缠麻，插时树皮恐怕要绽裂。杜树树桩留得太高，梨树接穗枝叶茂盛，遇了大风，也会绽裂。如果杜树桩留得高些，梨树成活也就早些；最好用草袋围着杜桩，用土填满筑紧，到把桩遮没；刮大风时，再用竹笼围着梨，可以避免绽裂。

37.4.2 斜攕竹为签[1]，刺皮木之际[2]，令深一寸许。

注释：①攕（xiān）：作动词用，即削尖。

②皮木之际：树皮与木材"相接"的地方，也就是形成层附近。

译文：37.4.2 将竹片斜斜削尖，成为竹签，刺入砧木上树皮和木质部之间，到一寸多深。

37.4.3 折取其美梨枝，（阳中者！）阴中枝则实少。长五六寸，亦斜攕之，令过心；大小长短与签等。

译文：37.4.3 在好梨树上，折取作接穗用的枝条，（必须要阳面枝条）。阴面的枝条，结实要少些。要五六寸长，也削成过心的斜尖（即一面尖）：尖角大小长短，都和竹签相等。

37.4.4 以刀微劐梨枝斜攕之际[1]，剥去黑皮。勿令伤青皮！青皮伤即死。拔去竹签，即插梨令至劐处。木边向木，皮还近皮。

注释：①劐（yīng）：本义为修剪，此处引申为刻画义，即用刀切割树皮。在嫁接梨树时，是将接穗下段树皮剥掉之前必需的一个准备。

译文：37.4.4 用刀在斜面以上，平着轻轻刻画一圈，将表面的黑皮剥掉。不要让绿皮层受伤，绿皮受伤就会死去。把砧木上原先插的竹签拔去，在签孔里插上梨枝，一直插到刀刻的圈那儿为止。让接穗的木材这一边，和砧木木质部靠稳，接穗的树皮和砧木的树皮相连。

37.4.5 插讫，以绵莫杜头[1]，封熟泥于上。以土培覆，令梨枝仅得出头。以土壅四畔。当梨上沃水[2]，水尽，以土覆之，勿令坚涸。百不失一。梨枝甚脆，培土时宜慎之。勿使掌拨[3]，掌拨则折。

注释：①莫：明钞、金钞均作“莫”；《农桑辑要》作“莫”之外，加小注“同幂”；《渐西村舍》本便改作“幂”。幂，封。

②当（dàng）：正对着。

③掌拨：即靠上它，碰动它。“拨”是动；“掌”字不是“手掌”，而是读 chēng，借作“撑”，现在一般写作“撑”，即斜靠上。

译文：37.4.5 插好，用丝绵将杜桩裹严，在上面封上熟泥。用土掩盖，让梨枝刚刚露出一点尖。再在四围堆上泥土。对准梨枝浇上水，水吸尽了，再盖些土，不要让土发硬干涸。这样，插一百成活一百。梨枝很脆，盖土时，要小心些，不要碰动它，碰动就会折断。

37.4.6 其十字破杜者，十不收一。所以然者，木裂皮开，虚燥故也。

译文：37.4.6 如果把杜桩十字形劈开来夹插，插十个也活不了一个。因为砧木破裂，树皮也爆绽开来，留有空，便会干掉。

37.4.7 梨既生，杜旁有叶出，辄去之。不去势分[1]，梨长必迟。

注释：①势分：“势”代表生长力量与条件，“分”是分散。

译文：37.4.7 梨已长好，杜桩上长出的叶就要去掉。不去掉，力量分散，梨树便长得慢。

37.5.1 凡插梨：园中者，用旁枝；庭前者，中心。旁枝树下易收，中心上耸不妨[1]。

注释：①旁枝树下易收，中心上耸不妨：前一句，指果园中的树，接穗作成旁枝的形式，使树形偏于向下倾斜，易于收采果实。“中心上耸不妨”，庭前的树，接穗成直上的枝条，使树形也倾于直上耸，免与房屋相妨碍。

译文：37.5.1 凡属插梨，如果是在果园里种的树，接穗就作成旁枝的形式；院子里的，就让它在中心。作成旁枝，树向低处长，容易收果；在中心的，树向上长，不至妨碍房屋。

37.5.2 用根蒂小枝，树形可憘[1]，五年方结子；鸠脚老枝，三年即结子而树丑。

①憘（xǐ）：同“喜”，此指“可爱”。

译文：37.5.2 用近根的小枝条作接穗，树的形状美好可爱，但要五年后才能结实；分叉像斑鸠脚的老枝条，作为接穗，三年就可结实，不过树不美观。

37.6.1　吴氏《本草》曰："金创、乳妇[1]，不可食梨。梨多食，则损人，非补益之物。产妇蓐中及疾病未愈[2]，食梨多者，无不致病。咳逆气上者[3]，尤宜慎之。"

注释：①金创："创"读平声，后来习惯写成"疮"字。金创是为金属所创伤，例如中箭或被割伤之类。从前口语中的"金疮"，就是"金创"。

②蓐中："蓐"是草荐，也就是"卧具"。"蓐中"是睡在卧具里，即产后休息复原的这一段时间。现在多将"蓐"字写作"褥"，而将产后休息称为"产褥"。

③咳逆气上：咳，指咳嗽。逆，指呼吸不畅。气上，指喘。

译文：37.6.1　吴氏《本草》说："'金创'和哺乳的妇人不可以吃梨。梨吃多了损害人，不是补益的食物。产妇未满月前，病人病没有好，多吃梨，没有不发病的。咳嗽、呼吸不畅、哮喘的，更应当谨慎。"

37.7.1　凡远道取梨枝者，下根即烧三四寸[1]，亦可行数百里犹生。

注释：①下根：即"离根"，烧过可以防止伤口腐变。

译文：37.7.1　凡属从远地取梨枝供扦插的，离根之后，就把下面三四寸烧一下，也就可以走几百里，还能保持成活。

37.8.1　藏梨法：初霜后，即收。霜多，即不得经夏也。于屋下掘作深荫坑，底无令润湿。收梨置中，不须覆盖，便得经夏。摘时必令好接[1]，勿令损伤。

注释：①摘时必令好接：摘梨，应在树下好好承接，让梨掉下时不碰伤，便易保存。

译文：37.8.1　藏梨法：初霜过后，赶快收摘。经霜次数多，就不能过夏天了。在屋里掘一个不见光的深坑，坑底要干。梨就放在坑里，不必盖，也可以过明年夏天。摘的时候，一定要好好地接着，让梨掉下时不碰伤，便易保存。

37.9.1　凡醋梨[1]，易水熟煮[2]，则甜美而不损人也。

注释：①梨：酸梨。

②易水：换水。

译文：37.9.1　酸梨，换水煮熟，味就甜美，而且不会损害人。

种栗第三十八

题解：38.1.1—38.1.6为篇标题注。

本篇实际讲述了栗和榛两种果树，介绍了它们的种植方法——“种而不栽”。38.2.2记述了培育栗树实生苗的方法，接着，介绍了栗树的管理，栗子的收获和储藏。38.11.3简略介绍了榛的用途。

38.1.1　《广志》曰：“栗，关中大栗[1]，如鸡子大。”

注释：①关中：古地区名，所指范围大小不一。一指秦都咸阳，汉都长安，因称函谷关以西为关中。又或专指秦岭以北范围内，今陕西关中盆地。

译文：38.1.1　《广志》说：“关中大栗，有鸡蛋大小。”

38.1.2　蔡伯喈曰[1]：“有胡栗。”

注释：①蔡伯喈（jiē）：即蔡邕。蔡邕字伯喈。东汉文学家、书法家。蔡邕有一篇《伤故栗赋》，序文说：“人有折蔡氏祠前栗者，故作斯赋。”《汉魏三百家集》将这篇赋题名误为“胡栗”，但赋中并没有“胡栗”的字句。因此，怀疑本书这一句的原文可能是“蔡伯喈有故栗赋”。否则，这句话别有来历，与“故栗赋”无关。不过，“胡栗”还是可疑得很：因为栗树能否生长在“胡地”，颇有问题。

译文：38.1.2　蔡伯喈曰：“有胡栗。”

38.1.3　《魏志》云[1]：“有东夷韩国[2]，出大栗，状如梨。”

注释：①《魏志》：西晋史学家陈寿在晋灭吴后，搜集三国时官私著作著成《三国志》。书以三国并列，《魏志》为其一。

②东夷韩国：《三国志·魏书》及《后汉书》均作“马韩”。马韩为三韩之一，在今朝鲜半岛南部。

译文：38.1.3　《魏志》说：“东夷有韩国，出大栗，像梨。”

38.1.4 《三秦记》曰："汉武帝栗园[1]，有大栗，十五颗一升。"

注释：①栗园："栗"字怀疑是字形相类的"果"字写错。上篇《插梨第三十七》所引《三秦记》有"汉武果园"；单独的栗园，多称为"栗林"。

译文：38.1.4 《三秦记》记着："汉武帝栗园，有大栗，十五颗就满一升。"

38.1.5 王逸曰[1]："朔滨之栗[2]。"

注释：①王逸：东汉著名文学家。字叔师，南郡宜城（今湖北襄阳宜城）人。所著赋、诔、书、论、杂文及《汉诗》，后人将其整理成《王逸集》。除《楚辞章句》外，多已亡佚。

②朔滨：朔水之滨。朔水即今流经内蒙古乌审旗南，陕西北部横山、米脂、绥德等境之无定河。《元和志》卷四曰："无定河一名朔水，一名奢延水。"

译文：38.1.5 王逸《荔枝赋》有一句："北燕荐朔滨之巨栗。"

38.1.6 《西京杂记》曰："榛栗、瑰栗、峄阳栗（峄阳都尉曹龙所献[1]，其大如拳）。"

注释：①峄阳都尉曹龙：峄阳，山名，又名葛峄山，在今江苏邳县。史载并无峄阳郡，而"都尉"是郡掌武职的官，作"峄阳都尉"当有误。曹龙，《中国人名大辞典》收录的曹龙条曰"曹龙，晋人，辟召不就，善画"。应不是献峄阳栗的。

译文：38.1.6 《西京杂记》记有："榛栗、瑰栗、峄阳栗（是峄阳都尉曹龙贡献的，栗有拳头大）。"

38.2.1 栗，种而不栽。栽者，虽生，寻死矣。

译文：38.2.1 栗只可以种，不能栽。移栽的，即使成活了，也还是很快就会死掉。

38.2.2 栗初熟，出壳，即于屋里埋著湿土中。埋必须深，勿令冻彻。若路远者，以韦囊盛之。停二日已上，及见风日者，则不复生矣。至春二月，悉芽生，出而种之。

译文：38.2.2 栗刚刚成熟，从壳中剥出后，立即放在房屋里面用湿土埋着，必须埋得够深，不要让它冻透。如果从遥远的地方取种的，用熟皮口袋盛着。凡剥出后在大气中停留过两天以上，见过风和太阳的，都不能发芽。到第二年春天二月间，都已经生了芽，就拿出来种上。

38.2.3　既生，数年不用掌近①。凡新栽之树，皆不用掌近；栗性尤甚也。

注释：①掌（chēng）近：即"撑近"。撑，抵住，支持。移栽的大树，为让其根能深扎土中，常用木棍之类斜撑着，免被大风吹动或人畜碰撞。对新生的幼树苗，不能用这种方法，更不能碰动。

译文：38.2.3　生出了之后，几年之中，不要撑它碰动它。所有新栽的树，都不要碰；栗树尤其如此。

38.3.1　三年内，每到十月，常须草裹；至二月乃解。不裹则冻死。

译文：38.3.1　生出后三年以内，每到了十月，常常要用草包裹；到第二年二月解掉。不裹就会冻死。

38.4.1　《大戴礼·夏小正》曰①："八月栗零，而后取之，故不言'剥'之。"

注释：①《大戴礼·夏小正》：《夏小正》是中国现存最早的一部农事历，相传是孔子及其门生记载下来的农事历书；被戴德收入《大戴礼记》，为其中的第四十七篇。在唐宋时佚散，现存的《夏小正》为宋朝傅嵩卿所著《夏小正传》。

译文：38.4.1　《大戴礼记·夏小正》说："八月，栗子已经自己零落下来，然后才收取，所以不说'剥'栗。"

38.5.1　《食经》藏干栗法：取穰灰，淋取汁渍栗，出日中晒，令栗肉焦燥，可不畏虫。得至后年春夏。

译文：38.5.1　《食经》所记藏干栗的方法：取得稿秸灰，用热水淋溶，得到灰汁，浸着栗子，然后取出来，在太阳下晒到栗肉完全干燥，便可以不怕虫蛀。而且能够保存到第二年春天或夏天。

38.6.1　藏生栗法：著器中。晒细沙可燥①，以盆覆之。至后年五月，皆生芽而不虫者也。

注释：①细沙可燥："可"字不能解释，应当是"使""候"　"保"；最可能是"候"，因为"候"字读音，从前与"可"字最近。

译文：38.6.1　保存新鲜栗的方法：放在容器里。加上晒干了的细沙，用瓦盆盖在口上。到第二年五月，都发芽了，但不生虫。

38.11.1 榛：《周官》曰[①]：“榛，似栗而小。”

注释：①《周官》：书名，又称《周礼》，相传周公所作。是一部理想中的政治制度与百官职守。

译文：38.11.1 榛：《周官》曰：“榛子像栗子，但小些。”

38.11.2 《说文》曰：“榛，似梓实如小栗[①]。”

注释：①榛，似梓实如小栗：宋本及今本《说文》，“榛”字作“亲”，无“似梓”两字。

译文：38.11.2 《说文》解释说：“榛，像梓树；果实像小的栗子。”

38.11.3 《卫诗》曰：“山有蓁”[①]；《诗义疏》云[②]：“蓁，栗属，或从木。有两种：其一种，大小、枝叶，皆如栗，其子形似杼子[③]，味亦如栗，所谓‘树之榛栗’者。其一种，枝茎如木蓼，叶如牛李色，生高丈余，其核心悉如李，生作胡桃味，膏烛又美，亦可食啖。渔阳、辽、代、上党皆饶[④]。其枝茎生樵爇烛，明而无烟。”

注释：①《卫诗》曰：“山有蓁”：实际上是《诗经·邶风》中的，下面陆玑《诗义疏》所引“树之榛栗”，才是《诗经·卫风》中的。

②“《诗义疏》云”至“明而无烟”：应当是指陆玑的《毛诗草木鸟兽虫鱼疏》。

③杼（shù）子：即壳斗科的麻栎的果实，又称橡子或橡斗。有碗状壳斗，与槠（zhū）子形状相似。“杼”应写作“栩”“柔”或“芧”。“杼”则只作为织布机上的“杼轴”解，读zhù。

④渔阳、辽、代、上党：渔阳，古郡名，治地在今北京市附近。辽，现为辽宁省简称，古代亦为这一带的通称。代，古国名，故址在今河北、山西境内。上党，古郡名，辖境在今山西东南部。

译文：38.11.3 《卫诗·邶风·简兮》有一句：“山有蓁”；《诗义疏》解释说：“蓁，属于栗一类，字或从‘木’作‘榛’，共有两种：其中一种，树的大小、枝叶，都像栗子，它的果实，形状像槠子，味道也像栗子，这就是《卫风·定之方中》所谓‘树之榛栗’的榛。另一种，枝和茎像木蓼，叶子颜色像牛李，核中完全像李，生吃味道像胡桃仁，油作烛极好，也可生吃。渔阳、辽、代、上党都很多。它的枝茎，生斫回来，烧着作烛，光亮而没有烟。”

38.11.4 栽种与栗同。

译文：38.11.4 栽种的方法和栗相同。

柰林檎第三十九

题解： 39.1.1—39.1.6为篇标题注。

柰与林檎都属蔷薇科，它们的树和果实均相似，前者大些；俗名都叫花红，又叫“沙果”。本篇介绍了柰、林檎的繁殖方法——“不种，但栽之”。贾思勰特别指出：这两种果树难得遇见天然可用的插条，因此要用压条法取得树栽。除了压条法，39.2.2又介绍了一种很好很特别的取栽的方法。

39.4.1—39.6.1记述了几种用柰和林檎制作食品的方法。

39.1.1 《广志》曰：“橏、椓、苡，柰也[①]。”

注释： ①橏（zhǎn）、椓（yǎn）、苡（ōu），柰也：这是《广雅》中的句子，本书错引为“《广志》曰”；下文39.1.2中的“柰有白、青、赤三种……”才是引自《广志》的。据王引之在《广雅疏证》中的考证，“柰”应作“榇”；“橏”是木生瘿瘤；“椓”是已死的木；“苡”是枯死的木；“榇”是“木立死”，即已死而未仆的树。这句话与“柰”这植物无关；只是因为“柰”字有时写作“榇”，所以才引到了“柰”下面。

译文： 39.1.1 《广雅》说：橏、椓、苡，都是死树。”

39.1.2 又曰：“柰有白、青、赤三种。张掖有白柰[①]，酒泉有赤柰[②]。西方例多柰，家以为脯，数十百斛，以为蓄积，如收藏枣栗。”

注释： ①张掖：汉置张掖郡。郡治在今甘肃张掖西北。

②酒泉：汉武帝置酒泉郡。郡治在今甘肃酒泉。

译文： 39.1.2 《广志》说：“柰有白、青、赤三种。张掖有白柰，酒泉有赤柰。西方各处，都出产柰，每家都拿来作成柰脯，几十到百石地储藏着，作为蓄积，像内地收藏干枣栗子一样。”

39.1.3 魏明帝时[①]，诸王朝，夜赐东城柰一奁[②]。陈思王谢曰[③]：“柰以夏熟，今则冬生；物以非时为珍，恩以绝口为厚。”诏曰：“此柰从凉州来[④]。”

注释：①魏明帝：三国时期曹魏的第二任主曹叡，226—239年在位。

②东城柰：金钞独作“冬成柰”；由曹植谢表所说“……赐臣等冬柰一奁。柰以夏熟，今则冬生……”看来，“冬成”似乎更合适。奁（lián）：盛放东西的箱盒。

③陈思王：即曹植。三国魏诗人，字子建。曹操子，魏明帝的叔父。

④凉州：西汉武帝置凉州，至三国魏时，移治姑臧（今甘肃武威）。辖境限于今甘肃黄河以西大部。

译文：39.1.3　魏明帝（曹叡）的时候，各亲王来朝见他，夜间各人都赏赐了一盒东城柰。陈思王（曹植）有一道谢表说：“柰是夏天成熟的，现在居然冬天还是新鲜的；像这样不当时令的东西才很珍贵，而您，陛下割舍食物来赏赐，恩情更是隆厚。”回答的诏书说：“这柰是从凉州来的。”

39.1.4　《晋宫阁簿》曰[①]：“秋有白柰。”

注释：①《晋宫阁簿》：由于宫廷对花木的需求，刺激或导出了花卉庭院这一方面的专书。《晋宫阁簿》当属于这一类的专书。该书的出现应稍迟于《西京杂记》，原书已佚，作者不详。

译文：39.1.4　《晋宫阁簿》记载：“秋天，有白柰。”

39.1.5　《西京杂记》曰：“紫柰、绿柰。”别有素柰、朱柰。

译文：39.1.5　《西京杂记》记载：“（上林苑中）有紫柰、绿柰。”另外有素柰、朱柰。

39.1.6　《广志》曰：“理琴似赤柰[①]。”

注释：①理琴似赤柰：明抄本作“理琴”，其余版本有的作“里琴”甚至“黑琴”（“黑”显然是“里”字抄错）。怀疑“里琴”或“理琴”都是“林檎”这个音译名的最初形式。林檎不是中国原产，晋代的译名是“来禽”（王羲之时代通用的名称）。“里”和“来”，到唐初还几乎是同音字；“禽”和“琴”更是一直同音（qín）。“来禽”“里琴”，显然同是音译名，指“似赤柰”的这一外来果类。

译文：39.1.6　《广志》说：“理琴像赤奈。”

39.2.1　柰、林檎，不种，但栽之。种之虽生，而味不佳。取栽[①]，如压桑法。此果根不浮蔹[②]，栽故难求，是以须压也。

注释：①栽：可供移植的幼株，包括压条、插条、野生的籽苗等。

②浮薉（huì）：薉，同“秽”。原意为“杂草”。此处指根不近地面，不易生出不定芽。

译文：39.2.1　柰和林檎，都不用种子种，只用扦插。种种子，也可以生苗，但实生苗的果子味道不好。要取得插条，可用像栽桑一样的压条法。这两种果树的根不近地面，不容易出不定芽，难得遇见天然可用的插条，因此必须用压条的方法。

39.2.2　又法：于树旁数尺许，掘坑，泄其根头[①]，则生栽矣。凡树栽者皆然矣。栽如桃李法。

注释：①泄：露出。现在还有“泄漏”的说法。

译文：39.2.2　还有一个办法：在树周围几尺的地面，掘一个坑下去，把树的支根末端露出来，切伤，就会在这些地方长出不定芽生成插条，所有要取“栽”的树，都可以这样办。移栽的方法，和桃李一样。

39.3.1　林檎树，以正月二月中，翻斧斑驳椎之[①]，则饶子。

注释：①翻斧：此处的“翻”，也就是“嫁枣”的“反”。

译文：39.3.1　林檎树，在正月二月里，翻转斧头，用钝头到处敲打，就结实多。

39.4.1　“作柰麨法：拾烂柰，内瓮中，盆合口，勿令蝇入。”

译文：39.4.1　作柰麨的方法：拾得烂柰，放到瓮子里，用盆子把瓮口盖严，不要让苍蝇进去。

39.4.2　六七日许，当大烂。以酒淹，痛抨之[①]，令如粥状。下水，更抨，以罗漉去皮子[②]。良久清澄，泻去汁，更下水，复抨如初。臭，看无气[③]，乃止。

注释：①痛抨（pēng）：用力搅拌打击。“痛”是极用力，“抨”是搅和与打击同时进行。

②皮子：果皮与种子。

③臭，看无气：《秘册汇函》系统及《学津讨原》各本，均作“看无臭气”；明钞

和金钞，则作“臭看无气”。依语意，应当是“臭，看无臭气”。第一个“臭”字，是动词，即用鼻去辨气味，现在习惯写作“嗅”。第二个，是形容词，即“不良的”（气味）。在现在这一句，有了第一个作为动词的“臭”，则第二个可省略。因此，金钞、明钞的“臭看无气”是合适的。

译文：39.4.2　六七天后，会全部发烂。倒下酒去，淹没着，用力搅拌打击，让它，变成稀糊，像粥一样。加水，再用力搅拌，用罗隔着，漉掉果皮和种子。过了很久，完全澄清之后，倒掉上面的清汁，再加水，又像原先一样搅打。再澄清，倾泻，加水，搅打几回，到嗅上去没有臭气了，才放手。

39.4.3　泻去汁，置布于上，以灰饮汁[1]，如作米粉法。

注释：①饮（yìn）：吸去水分。此处作动词用。

译文：39.4.3　倾泻掉上面的清汁后，用布盖在上面，用灰把里面的汁吸去，像作米粉的方法。

39.4.4　汁尽，刀刷大如梳掌[1]，于日中曝干，研作末，便成。

注释：①梳掌：梳上有许多齿，像手指，梳子背像手掌，所以叫“梳掌”。也就是一面厚，一面稍薄的片。

译文：39.4.4　汁干之后，用刀切开成梳子大小的块，在太阳里晒干，研成粉末，就成功了。

39.4.5　甜酸得所，芳香非常也。

译文：39.4.5　这样的柰麨，甜酸味道适当，又很芳香，不是寻常的东西。

39.5.1　作林檎麨法：林檎赤熟时，擘破，去子、心、蒂，日晒令干。

译文：39.5.1　作林檎麨的方法：林檎红了熟了，摘来切开，去掉中间的种子、心和蒂，在太阳里把它晒干。

39.5.2　或磨或捣，下细绢筛。粗者，更磨捣，以细尽为限。

译文：39.5.2　跟着磨碎或捣碎，用细绢筛筛过。粗的，再磨或再捣，总要全部都细了才罢手。

39.5.3　以方寸匕投于碗中，即成美浆。

译文：39.5.3　每次用一方寸匕，放到一碗水里面，就成了好饮料。

39.5.4　不去蒂，则太苦；合子，则不度夏；留心，则太酸。

译文：39.5.4　不去蒂，味道太苦；连种子，不能保存过夏天；留着果心，太酸。

39.5.5　若干啖者，以林檎麨一升，和米面二升①，味正调适。

注释：①米面：应当是“米麨”。

译文：39.5.5　打算干吃的，用一升林檎麨，和上二升米麨，味道正合适。

39.6.1　作柰脯法：柰熟时，中破曝干，即成矣。

译文：39.6.1　作柰脯的方法：柰成熟时，从中破作两半，晒干，就成功了。

种柿第四十

题解：40.1.1—40.1.5为篇标题注。

柿原产中国。它的繁殖可以移栽，也可以用“梗”枣做砧木嫁接。

本篇介绍了柿的收摘和藏柿法，40.4.1的“以灰汁澡柿”的脱涩法，正是至今还通行的，用灰水泡柿的“酥柿法”。另一方面，如所用“灰水”是石灰水，能使果胶酸成钙盐沉淀，便可以得到“脆柿”。这种简单的处理，可以使柿果肉中鞣质在碱性环境中水解，解除涩味。这是我国自己的发明。

40.1.1　《说文》曰：“柿，赤实果也①。”

注释：①赤实：依段玉裁的解释，“实”是“中”。“赤中与外同色，惟柿”，即“只有柿子是透心红的果子”。

译文：40.1.1《说文》说：“柿，是透心红的果子。”

40.1.2　《广志》曰：“小者如小杏。”又曰：“梗枣①，味如柿。晋阳梗②，肌细而厚，以供御。”

注释：①梗（ruǎn）：果名。即梬枣。

②晋阳：秦置。今山西太原。

译文：40.1.2　《广志》说：“小的，像小杏子。”又说：“梗枣味道像柿子。晋阳的梗，肉细而厚，是进贡给皇帝吃的。”

40.1.3　王逸曰：“宛中朱柿①。”

注释：①宛：南阳郡治。今河南南阳。

译文：40.1.3　王逸《荔枝赋》说：“宛中的红柿。”

40.1.4　李尤曰①：“鸿柿若瓜②。”

注释：①李尤：字伯仁。汉和帝时，拜兰台令史。安帝时迁谏议大夫，受诏与谒者仆射刘珍等共撰《汉纪》。

②鸿柿若瓜：即“大柿子有瓜那么大”。鸿，大。

译文：40.1.4　李尤《七款》说：“大柿子像瓜。”

40.1.5　张衡曰[①]：“山柿。”左思曰[②]：“胡畔之柿。”潘岳曰：“梁侯乌椑之柿[③]。”

①张衡（78—139）：东汉科学家、文学家。字平子，河南南阳人。文学作品有《两京赋》《归田赋》等。“山柿”出自张衡《南都赋》。

②左思：西晋文学家。字太冲，齐临淄（今山东淄博）人。《晋书》本传谓其构思十年，另成《三都赋》（三都：蜀都、魏都、吴都），名重一时，“洛阳为之纸贵”。但“胡畔之柿”不见于《三都赋》，未能查到出处。

③潘岳：西晋文学家。字安仁，荥阳中牟（今属河南）人。长于诗赋，尤善哀诔之文，与陆机齐名。《闲居赋》《悼亡诗》较有名。“梁侯乌椑之柿”出于《闲居赋》。椑（bēi）：木名。即椑柿。实似柿而青，汁可制漆，常用于制雨伞，也叫漆柿。

译文：40.1.5　张衡说：“山柿。”左思赋说：“胡畔之柿。”潘岳赋说：“梁侯乌椑之柿。”

40.2.1　柿，有小者，栽之；无者，取枝于枣根上插之，如插梨法。

译文：40.2.1　柿子，有现成的小树，就移栽；没有，取下枝条，在枣桩上接嫁，像插梨的方法一样。

40.3.1　柿有树干者，亦有火焙令干者。

译文：40.3.1　柿子有在树上自已干的，也有摘下来用火焙干的。

40.4.1　《食经》藏柿法：柿熟时，取之；以灰汁澡再三[①]。度干，令汁绝。著器中，经十日可食。

注释：①澡：明钞本和《秘册汇函》系统版本，都作“燥”。依金钞作“澡”，便容易解说。在“澡”字以下的文字，像现在这样标点后，可以读，但意义仍含糊。怀疑原文应当是“以灰汁澡再三度讫，合汁挹著器中”：“讫”字和“乾”（“干”的繁体）字，“令”字和“合”字，“挹”字和“绝”字，字形极相似，很容易混淆。如果照所改的情形说，正是至今还通行的、用灰水泡柿的“醂柿法”。

译文：40.4.1　《食经》藏柿法：柿子熟时摘取，用灰汁澡再三洗过，连灰汁装到容器里，过了十天，就可以吃了。

安石榴第四十一

题解：41.1.1—41.1.7为篇标题注。

安石榴即石榴，它是从西域传入我国的。本篇详细记述了栽石榴的方法和它的培育管理。41.4.1介绍的将石榴的插条弯曲成圆形，横埋在地里的盘枝扦插法很特别。

41.1.1 陆机曰："张骞为汉外使者，十八年，得涂林。"涂林，安石榴也。

41.1.1 陆机在写给他弟弟陆云的信中说："张骞替汉朝出使外国，经过十八年，得了涂林。"涂林，就是安石榴。

41.1.2 《广志》曰："安石榴有甜酸二等。"

译文：41.1.2 《广志》说："安石榴有甜酸两种。"

41.1.3 《邺中记》云①："石虎苑中有安石榴，子大如盂碗，其味不酸。"

注释：①《邺中记》：晋陆翙撰，是记载后赵石姓王朝的国都邺城（故址在今河北临漳县西，河南安阳县北）的专门史籍。原书已佚，仅存辑本。

译文：41.1.3 《邺中记》说："石虎苑中有安石榴，果实有杯或饭碗大小，味道不酸。"

41.1.4 《抱朴子》曰："积石山有苦榴①。"

注释：①积石山：即今阿尼玛卿山，藏语意为"祖父大玛神之山"。在青海东南部，延伸至甘肃南部边境，为昆仑山东段。富珍贵野生动物和矿藏。

译文：41.1.4 《抱朴子》里有："积石山有苦榴。"

41.1.5 周景式《庐山记》曰①："香炉峰头，有大盘石，可坐数百人；垂生山石榴。二月中作花，色如石榴而小，淡红敷紫萼②，烨烨可爱。"

注释：①周景式《庐山记》：周景式故里未详。据胡立初考证当是南朝宋齐间人。

《庐山记》，书名，已亡佚。从书名推测，应是记述庐山风光物产的书。此庐山当是今江西庐山，其香炉峰为庐山著名胜迹之一。

②敷：花萼的底部，称为“花柎”；有“不”“跗”“敷”等别写。

译文：41.1.5　周景式《庐山记》说：“香炉峰顶上，有一块大而扁平的石头，可以坐几百人；上面垂覆着山石榴。二月中开花，和石榴相像，不过小些，淡红色的‘跗’，紫色的萼，光辉可爱。”

41.1.6　《京口记》曰[①]：“龙刚县有石榴[②]。”

注释：①《京口记》：南朝刘宋时代刘损著，是较早介绍京口地区景物风光的专著。京口，为南朝宋武帝刘裕世居籍里，在今江苏镇江。

②龙刚县：《中国古今地名大辞典》有龙刚县，“晋置，今缺，当在广西境”。不知其是否为此龙刚县？

译文：41.1.6　《京口记》说：“龙刚县有石榴。”

41.1.7　《西京杂记》曰：“有甘石榴也。”

译文：41.1.7　《西京杂记》说：“（上林苑）有甘石榴。”

41.2.1　栽石榴法：三月初，取枝大如手大指者，斩令长一尺半。八九枝共为一窠。烧下头二寸。不烧则漏汁矣。

译文：41.2.1　栽石榴的方法：三月初，取得像手指粗细的枝条，斩成一尺半长的小段。八九枝合作一窠。每枝都将下头二寸烧一下。不烧汁就会漏掉。

41.2.2　掘圆坑，深一尺七寸，口径尺。竖枝于坑畔，环圆布枝，令匀调也。置枯骨礓石于枝间[①]，骨石此是树性所宜[②]。下土筑之。一重土，一重骨石，平坎止。其土，令没枝头一寸许也。

注释：①礓（jiāng）石：《玉篇》石部“礓，砾石也”；现在黄河、淮河流域还有“礓石”“沙礓”的名称，不过一般都写作“薑”字。砾石，直径大于2毫米的岩石碎屑。因颗粒粗大，没有塑性、膨胀性和吸湿性，没有保持水分和养分的能力。

②此是：可能是抄写颠倒，即“是此（树之……）”；也可勉强解释为“这就是……”

译文：41.2.2　掘一个圆坑，深一尺七寸，坑口对径一尺。把一窠的八、九枝，都竖立在坑周围，围着坑布置这些枝，使它们排列均匀。在枝中间放些枯骨和“礓石”，枯骨和礓石是和这树相宜的。搁下一层土，用杵筑实。一层土，一层枯骨礓石，到和坑口平为止。所用的土，应当把枝头埋没，只留出一寸多些在土面以外。

41.2.3　水浇，常令润泽。

译文：41.2.3　用水浇，时常保持润泽。

41.2.4　既生，又以骨石布其根下，则科圆滋茂可爱。若孤根独立者，虽生亦不佳焉。

译文：41.2.4　成活后，再用枯骨和礓石散布在根科周围，科丛就茂密可爱。如果单独地种一枝，就是成活了，也长不好。

41.3.1　十月中，以蒲藁裹而缠之；不裹则冻死也。二月初乃解放。

译文：41.3.1　十月中，用蒲和藁秸裹住缠好；不裹就会冻死。二月初，再解放出来。

41.4.1　若不能得多枝者，取一长条，烧头，圆屈如牛拘而横埋之①，亦得。然不及上法根强早成。

注释：①牛拘：穿在牛鼻孔中的圆圈形木条，现在河北称为“牛鼻圈”，南方称为“牛桊（juàn）”。玄应《一切经音义》卷四所引《大灌顶经》卷七，引有“牛桊”及字书解释：“桊是‘牛拘’，今（案指唐代）江南以北皆呼‘牛拘’，以南皆曰‘桊’。”《说文》解释“桊”，是“牛鼻环”。

译文：41.4.1　如果不能得到许多枝条，可以取一条长的，把“根极”烧过，弯曲成圆形，像牛鼻圈一样，横埋在地里也可以，但是不如上面所说的方法好，那样根强些，成活也早些。

41.4.2　其劚中，亦安骨石。

译文：41.4.2　圈中，也应当放些枯骨和礓石。

41.5.1　其劚根栽者，亦圆布之，安骨石于其中也。

译文：41.5.1　斫取根来栽种的，也要作圆形摆布，在中央放枯骨和礓石。

种木瓜第四十二

题解：42.1.1—42.1.3为篇标题注。

本篇简要介绍了木瓜的繁殖方法（可种种子和插条，也可以压条）和食用方法。

42.1.1 《尔雅》曰：“楙[①]，木瓜。”郭璞注曰：“实如小瓜，酢，可食。”

注释：①楙（mào）：木瓜。

译文：42.1.1 《尔雅》说：“楙，就是木瓜。”郭璞注解说：“果实像小瓜，有酸味，可以吃。”

42.1.2 《广志》曰[①]：“木瓜，子可藏，枝可为数号，一尺百二十节。”

注释：①《广志》曰：本书所引这一段《广志》，各本皆同。石按：“子可藏”的果实很多，何以木瓜要特别指出？“一尺百二十节”的“树枝”，在草本植物短缩茎不算稀奇；木瓜属木本植物，初发叶时，节间的确很短，但一尺却无论如何不能有一百二十节。木瓜的果实，所含种子，在胎座上的排列，很是整齐，和壶卢科植物相似（所以有木“瓜”之名）。一尺的距离中，排一百二十颗种子，没有什么问题。如果把干木瓜子连缀成串，用作计数的工具，颇为方便。因此，我怀疑这一段《广志》，原文是否应是“木瓜子，可藏‘之’为数号，一尺一百二十节？”即“枝可”两字，原是一个“之”字。

译文：42.1.2 《广志》说：“木瓜，果实可以腌着保存，种子可以作为记数的号码，一尺中有一百二十个节。”

42.1.3 《卫诗》曰：“投我以木瓜。”毛公曰：“楙也。”《诗义疏》曰：“楙，叶似柰叶；实如小瓜，上黄，似著粉，香。”欲啖者，截著热灰中，令萎蔫，净洗，以苦酒豉汁蜜度之[①]，可案酒食。蜜封藏百日，乃食之，甚益人。

注释：①蜜度之：“度”怀疑是“浸”或“渍”字。

译文：42.I.3 《诗经·卫风·木瓜》有一句：“投我以木瓜。”毛公解释说：“木瓜是榅。”《诗义疏》说：“榅的叶子像柰叶，果实像小瓜，面上黄的，像盖有粉，气味很香。”要吃它，横切断，埋在热灰里，让它变软，再洗净，用醋、豉汁或蜜浸着，可以下酒食。加蜜，封藏过一百天，再吃，对人很有益。

42.2.1 木瓜，种子及栽皆得；压枝亦生。栽种与李同。

译文：42.2.1 木瓜，种种子和插条都可以；压条也可以生出。栽种方法，和种李树一样。

42.3.1 《食经》藏木瓜法：先切去皮，煮令熟。著水中，车轮切。百瓜，用三升盐，蜜一斗，渍之。昼曝，夜内汁中，取令干，以余汁蜜藏之。亦用浓杬汁①。

注释：①杬（yuán）：木名。生南方，皮厚汁赤，煎汁可用来腌制果品和禽蛋。

译文：42.3.1 《食经》藏木瓜的方法：先切掉皮，煮熟。放在水里面，切成车轮样的横片。一百个瓜，用三升盐，十升蜜浸着。白天漉出来晒，夜间又浸在汁里，到后来干了之后，用剩下的汁和密保存。也可以用浓的红杬皮汁浸。

种椒第四十三

题解：43.1.1—43.1.4为篇标题注。

本篇的“椒”是“花椒”。首先介绍了花椒的繁殖，从实生苗的培育到移栽，记述详实，特别强调移栽时一定要“合土移之”。

43.1.4中，贾思勰记录了四川的花椒，在山东青州偶然种活之后，所得的植株，便有变化。43.4.1记述了本不耐寒的花椒在不同环境中成长后，抗寒能力会不同。从幼年起就在寒冷环境中生长的花椒树，经过锻炼就增强了抗寒能力。这是“习以性成”。这些让我们了解到1400多年前，贾思勰是怎样认识环境因素对遗传变异的影响的；也显示了我国古代的劳动人民在不断增加栽培作物品种方面的毅力与创造性。

43.5—43.6介绍了如何收获花椒及花椒的用途。

43.1.1 《尔雅》曰：“檓①，大椒。”

注释：①檓（huǐ）：大花椒。

译文：43.1.1 《尔雅》说：“檓，是大花椒。”

43.1.2 《广志》曰：“胡椒出西域。”

译文：43.1.2 《广志》说：“胡椒出在西域。”

43.1.3 《范子计然》曰：“蜀椒出武都①，秦椒出天水②。”

注释：①武都：汉代置。今甘肃武都。故城在今甘肃成县西八十里。陇南花椒至今仍被视为花椒中优良品种。

②天水：秦邽县，汉武帝置天水郡。上邦为其中一县，在今甘肃天水西南。

译文：43.1.3 《范子计然》书说：“蜀椒出在武都，秦椒出在天水。”

43.1.4　案今青州有蜀椒种。本商人，居椒为业[①]，见椒中黑实，乃遂生意种之。凡种数千枚，止有一根生。数岁之后，便结子。实芬芳，香、形、色与蜀椒不殊，气势微弱耳。遂分布栽移，略遍州境也[②]。

注释：①居：“居积”，即留存货物。

②略：渐渐前进。遍：遍及。

译文：43.1.4　案：现在青州有蜀椒种。原来有一个商人，囤积花椒做生意，看见花椒中黑色种实，就转念头要种它。一共种了几千颗，只生出一株幼苗。几年后这株幼苗，也结了果实。果实芬芳，香味、形状、颜色，都和蜀椒没有大差别，只是气势稍微差一些，此后分布栽种移植，渐渐遍满了青州一州。

43.2.1　熟时收取黑子。俗名“椒目”。不用人手数近[①]，捉之则不生也。四月初，畦种之。治畦下水，如种葵法。方三寸一子。筛土覆之，令厚寸许，复筛熟粪以盖土上。

注释：①数（shuò）：多次、屡次。

译文：43.2.1　花椒成熟时，收取里面黑色的种子。俗名“椒目”（因为像人的瞳孔）。不要让人的手常常播弄它，播弄多了，就不发芽。四月初，开畦来种。整理，灌水等等，像种葵的方法一样。每方隔三寸，下一颗种子。筛些细土盖上，要盖到一寸上下，再筛些熟粪盖在上面。

43.2.2　旱辄浇之，常令润泽。

译文：43.2.2　天不下雨，就浇水；常常使它保持湿润。

43.3.1　生高数寸，夏连雨时，可移之。

译文：43.3.1　苗长到几寸高以后，夏天遇到连绵雨时，可以移栽。

43.3.2　移法：先作小坑，圆深三寸；以刀子圆劚椒栽，合土移之于坑中，万不失一。若拔而移者，率多死。

译文：43.3.2 移栽的方法：先掘一个小圆坑，对径和深，都是三寸；用小刀在秧苗根周围圆圆地挖下去，连土一并取出来，移到坑里，万无一失。如果拔起秧苗来移栽，一般就是死的多成活的少。

43.3.3 若移大栽者[①]，二月三月中移之。先作熟蘘泥[②]，掘出，即封根，合泥埋之。行百余里犹得生之。

注释：①栽：可供移植的实生苗或插条。

②蘘（ráng）：通"穰"，即禾茎，也泛指庄稼脱粒后的茎穗。

译文：43.3.3 如果要移栽大的植株，就要在二月三月里移。先将谷穰与泥和熟，植株掘出来之后，就用这样的穰泥包着根，连泥埋到地里。这样用泥封过可以运行百多里还能成活。

43.4.1 此物性不耐寒：阳中之树，冬须草裹；不裹即死。其生小阴中者，少禀寒气[①]，则不用裹。所谓"习以性成"。一木之性，寒暑异容；若朱蓝之染，能不易质[②]？故观邻识士，见友知人也。

注释：①少：幼年。禀：取得。

②易质：发生了本质的变化。这一段说明我国古人对于环境因素影响遗传变异的认识。

译文：43.4.1 花椒这植物不耐寒：原来长在阳地的树，冬天须要用草包裹；不包裹就会冻死。生在比较上向阴处所的，从小获得了寒冷的习惯，就不必包裹。这就是所谓"习惯成本性"。一种树的本性，耐寒与否，有不同的表现；正像碰着红土蓝淀，就会染上颜色一样，性质怎能不发生改变？所以由邻居和朋友，可以推想到某人的性情和为人。

43.5.1 候实口开，便速收之。

译文：43.5.1 等到成熟的果实裂开了口子，便赶快收获。

43.5.2 天晴时摘下，薄布[①]，曝之令一日即干，色赤椒好。若阴时收者，色黑失味。

注释：①薄布：摊开成薄层。布，展开。

译文：43.5.2　天晴时摘下来，薄薄地摊开，要尽一天之内晒干，这样颜色是红的，品质也好。如果阴天收的，颜色黑，香味也不够。

43.6.1　其叶及青摘取，可以为菹；干而末之，亦足充事。

译文：43.6.1　花椒叶，青时摘取，可以腌菹；晒干研成粉，也可以供用。

43.7.1　《养生要论》曰[①]：“腊夜，令持椒卧房床傍，无与人言，内井中，除温病。”

注释：①《养生要论》：这是一部已经散佚的书。《隋书·经籍志》有《养生要术》一卷，无撰人名氏。胡立初考证曰：“本书所引，殆即其书欤。”这一件迷信的行为，不但意义不明，连文字也不大好了解。

译文：43.7.1　《养生要论》说：“腊月的夜间，教人拿着花椒，睡在卧房床边，莫和人说，放在井里，除温病。”

种茱萸第四十四

题解：44.1.1为篇标题注。

本篇介绍的是食用的茱萸，它与花椒同属。先叙述了茱萸移栽的时令，对土壤、环境的要求；然后介绍收获茱萸的注意事项及其用途。44.4.1—44.5.2中都是有关茱萸可以防病、辟邪的迷信说法。

44.1.1 食茱萸也，山茱萸则不任食。

译文：44.1.1 这篇是谈"食茱萸"的，山茱萸不能吃。

44.2.1 二月、三月栽之。宜故城、堤、冢，高燥之处。

译文：44.2.1 二月、三月移栽。宜于种在旧城墙、堤、大坟等高而较干燥的地方。

44.2.2 凡于城上种莳者，先宜随长短掘土壍①，停之经年，然后壍中种莳。保泽沃壤，与平地无差。不尔者，土坚泽流，长物至迟，历年倍多，树木尚小。

注释：①壍（qiàn）：同"堑"，沟壕。

译文：44.2.2 凡属在城墙上种的，先要按长短掘一个坑，让它过一两年，然后再在坑里种。这样，保住墒，土也肥沃，与平地没有分别。不然，土坚硬，水分流走了，植物生长很迟，过了加倍的年限，树木还只是小小的。

44.3.1 候实开便收之，挂著屋里壁上，令荫干；勿使烟熏。烟熏，则苦而不香也。

译文：44.3.1 等到果实裂开，就收回来，挂在屋内壁上，让它阴干；不要用烟熏。烟熏的味苦，也不香。

44.3.2 用时，去中黑子。肉酱、鱼鲊①，遍宜所用。

注释：①鲊（zhǎ）：用腌、糟等方法加工的鱼类食品。也作为盐藏而带汁液的腌制品的泛称。

译文：44.3.2 用时，去掉中间的黑子。作肉酱、作鱼鲊，都合适。

44.4.1 《术》曰："井上宜种茱萸，茱萸叶落井中，饮此水者，无温病。"

译文：44.4.1 《术》说："井上宜于种茱萸，茱萸叶落到井中，饮用这种井水的，不害温病。"

44.5.1 《杂五行书》曰："舍东种白杨、茱萸三根，增年益寿，除患害也。"

译文：44.5.1 《杂五行书》说："房屋东边种三株白杨、三株茱萸，延年益寿，除一切祸害。"

44.5.2 又《术》曰："悬茱萸子于屋内，鬼畏不入也。"

译文：44.5.2 又《术》说："雀屋里挂着茱萸子，可以使鬼畏惧，不敢靠近来。"

精彩点拨

"东方种桃九根，宜子孙，除凶祸"；栽树植绿不被人或者牲畜摇晃，可以编织奇异的围屏花纹；要防霜冻，要涂石灰；教你种枣、嫁接枣树、晒枣，教你做枣油、做枣脯等；"蓬生麻中，不扶自直"；多种红蓝花、栀子等，以红蓝花为例来说明种法、收摘、经济价值、提取较纯色素的方法，用碱性溶液取得黄色的色素，再用醋等带酸的水恢复中性时的鲜红色。本卷还记述了香泽、面脂、唇脂、手药等化妆护肤品的制作。贾思勰把竹子的种植时间、方向和不要浇水等介绍得非常的清楚。《齐民要术》为国宝，要细读。

阅读积累

抱朴子

《抱朴子》东晋葛洪所撰，分为内、外篇。《抱朴子内篇》主要讲述神仙方药、鬼怪变化、养生延年，禳灾却病，属于道家（指神仙）。其内容可以具体概括为：论述宇宙本体、论证神仙的确实存在、论述金丹和仙药的制作方法及应用、讨论各种方术的学习应用、论述道经的各种书目，说明世人修炼的广泛性。《抱朴子外篇》则主要谈论社会上的各种事情，属于儒家的范畴，也显示了作者先神仙后儒教的思想发展轨迹。其内容可具体概括为：论人间得失，讥刺世俗，讲治民之法；评世事臧否，主张藏器待时，克己思君；论谏君主任贤能，爱民节欲，独掌权柄；论超俗出世，修身著书等。

卷 五

精彩导读

卷五是说明材用树木和染料植物，讲述了种桑柘，种榆白杨，种棠，种榖楮，种漆，种槐、柳、楸、梓、梧、柞，种竹，种红蓝花及栀子，种蓝，种紫草，种地黄，还介绍了伐木的时机和要求，树可以做木料，作燃料，有的树根作染料，经济价值高，都是讲的种植和利用时的关键点和要点，照做执行定有收获，还有些特殊方法效果独特。

种桑柘第四十五

养蚕附

题解：45.1.1—45.1.3为篇标题注。原书卷首总目，本篇篇标题下，有“养蚕附”一个小字夹注。

《齐民要术》中的这一篇是我国现存系统地讲述种桑和养蚕的最古文献。本篇从培育桑苗起，到移栽、整理桑树、摘叶、肥培等，对这一整套经营桑园的操作技术，都做了介绍。蚕，是我们祖国最早发现利用的昆虫，世界各民族利用蚕丝，也以我们为最早。“养蚕”虽是“附”在此篇的，但它所占篇幅实际上不比“种桑柘”少。本篇对于养蚕的准备工作，饲蚕、育蚕的注意事项，如何提高蚕茧的质量，收茧的一般技术，都作了较详实地记载。不过，这还不是中国最早的养蚕记录。

在《种葱第二十一》中，我们已介绍过“套作”在我国悠久的历史。本篇介绍了在桑田中套种绿豆、小豆、芜菁和黍，对套种的方法和其作用都做了具体记述。尤其是**译文**：45.5.2描述的在桑田中套种芜菁，收获芜菁后再放猪去拱土吃芜菁残根，使地松软的做法，实在巧妙。说明我国古代劳动者经过长期细心观察研究，以自己的聪明才智，因时制宜，因地制宜地找出套种的最合理的安排，令人惊叹。

45.36.3、45.36.5、45.36.6各节中抄录的《永嘉记》中的用低温处理蚕卵，使孵化延期的记载，尤其可贵。它记述的方法非常巧妙，技术性很强，操作起来需要心灵手巧，充分展现了我国古代劳动者的聪明才智，让我们看到养蚕妇女的勤劳和细心。45.36.5 由于原文有错字，很费解。经《今释》作者破读后，让人豁然开朗。请读者注意所作注解。

本篇还简略记述了柘的种法及管理。45.21.3—45.22.2特别介绍了柘树的经济价值。它是木材和养蚕两用的树种，叶可饲蚕；它的干和枝是很好的器用木材。养育柘蚕的记载，则可能以《齐民要术》为最早。

45.53.1—45.53.3所录各条，虽属迷信，但也说明当时人们对老鼠是蚕的天敌，对养蚕业造成极大威胁已有清醒的认识，想方设法寻求杜绝鼠害的办法。

本篇“错简”（古代的书以竹简按次序串联编成，“错简”是说前后次序错乱。后用作古书文字颠倒错乱之称）现象严重，阅读时请注意《齐民要术今释》作者加的编码。

45.1.1 《尔雅》曰：“桑辨有葚①，栀。”注云：“辨，半也。”“女桑，桋桑。”注曰：“今俗呼桑树小而条长者，为女桑树也。”“檿桑、山桑②。”注云：“似桑，材中为弓及车辕③。”

①桑辨有葚：桑树一半有果实。桑是雌雄异株的植物，偶然有同株的，毕竟不多。“一半有葚”，大体上是正确的。葚，桑树的聚合果称为“葚”，也写作“椹”或“黮”。本书就常用“椹”字。辨，一半。“辨有葚”，即一半有果实。

②檿（yǎn）桑：山桑。桑科，落叶乔木。

③中（zhòng）：可以。

译文：45.1.1 《尔雅说》：“桑树，一‘辨’能结葚的，称为‘栀’。”郭璞注解说：“辨就是半”“女桑就是桋桑。”郭璞注解说：“现在（指晋代）一般将矮小而枝条长的桑树称为‘女桑树’。”“檿桑，就是山桑。”郭璞注解说：“像桑，木材可以制弓和车辕。”

45.1.2 《搜神记》曰①：“太古时，有人远征；家有一女，并马一匹。女思父，乃戏马云：‘能为我迎父，吾将嫁于汝！’马绝缰而去，至父所。父疑家中有故，乘之而还。马后见女，辄怒而奋击。父怪之，密问女，女具以告父。父射杀马，晒皮于庭。女至皮所，以足蹙之曰②：‘尔马，而欲人为妇，自取屠剥。如何？’言未竟，皮蹶然起③，卷女而行④。后于大树枝间，得女及皮，尽化为蚕，绩于树上。世谓蚕为‘女儿’，古之遗言也。因名其树为‘桑’。‘桑’，言‘丧’也。”

注释：①《搜神记》：志怪小说集。东晋干宝撰，已散佚。

②蹙（cù）：同“蹵”，踢，踏。现多写作“蹴”。

③蹷（jué）：同“蹶”，跳。

④卷（juǎn）：作动词用，把东西裹住。

译文： 45.1.2 《搜神记》中有这么一段故事：“很古很古的时候，有一个人，离家远征；家里留下有个女儿，还有一匹马。女孩想念父亲，就向马说着玩：‘你能替我把父亲接回来，我就嫁给你！’马拽断缰绳跑掉了，到了父亲那里。父亲见了马，疑心家里出了事，便骑着它回家了。到家之后，马一见到女孩，就发怒蹦跳。父亲觉得奇怪，私底下问女孩，女孩就原原本本告诉了父亲。父亲把马射死，皮剥下来在院子里晒着。女儿走到马皮旁边，用脚踢着它说：‘你是马呀，却想人来做妻，不是自己找来的杀死剥皮吗？’话还没有说完，皮就一下起来，把女孩卷着走了。后来在大树的树枝中间，找到了这女孩和裹着她的马皮，都变成了蚕，在树上绩丝。世人把蚕叫作‘女儿’，就是古代流传下来的说法。这种树，也就称为‘桑树’。‘桑’就是‘丧’的意思。”

45.1.3 今世有荆桑、地桑之名。

译文： 45.1.3 现在（后魏）有荆桑、地桑等名称。

45.2.1 桑椹熟时，收黑鲁椹[①]。黄鲁桑不耐久。谚曰：“鲁桑百，丰绵帛。”言其桑好，功省用多。即日以水淘取子，晒燥。仍畦种。治畦下水，一如葵法[②]。常薅令净。

注释： ①黑鲁椹：黑鲁桑的椹。

②治畦下水，一如葵法：即和种葵法（卷三《种葵第十七》）一样地整治出畦来，灌水下粪，然后播种。

译文： 45.2.1 桑椹成熟时，拣黑鲁桑的椹收下。黄鲁桑不耐久。俗话说：“鲁桑树一百，多绵又多帛。”说鲁桑叶好，功夫少，用处多。当天用水淘洗，取得种子，晒干。还是作畦种植。开畦灌水，一切都像种葵的方法一样。畦里常常薅干净。

45.2.2 明年正月，移而栽之。仲春、季春亦得。率[①]：五尺一根。未用耕故。凡栽桑不得者，无他故，正为犁拨耳。是以须概，不用稀；稀通耕犁者，必难慎，率多死矣。且概则长疾。

注释： ①率：均，标准。

译文： 45.2.2 明年正月，移苗重栽。到二月三月也可以。标准是五尺一根。因为不可以在树中间再犁耕。一般移栽的桑树栽不好，没有其他原因，只是犁拨动的结果。因此务必种密些，不要稀；稀到犁能通过的，必定不容易小心仔细，死亡的便多。况且，种得密，也就长得快。

45.2.3 大都种椹长迟，不如压枝之速。无栽者，乃种椹也。

译文：45.2.3 一般种桑椹的，树都长得迟，不如压条的快。只在没有插条可用时，才种桑椹。

45.2.4 其下，常劚掘[①]，种绿豆小豆。二豆，良美润泽，益桑。

注释：①劚（zhú）：锄一类的农具。

译文：45.2.4 桑树下，常常用劚掘开地，种些绿豆小豆。这两种豆肥美，又保持润泽，对桑树有益。

45.3.1 栽后二年，慎勿采沐[①]。小采者，长倍迟。

注释：①沐：即修剪树枝。

译文：45.3.1 移栽后头两年，千万不要采叶截枝。小时采叶，生长加倍地迟。

45.3.2 大如臂许，正月中移之。亦不须髡[①]。率：十步一树。阴相接者[②]，则妨禾豆。

注释：①髡（kūn）：整枝，剪去树枝。

②阴相接：树冠边缘相接，树阴便相连。阴，这里指“树阴”。

译文：45.3.2 有胳膊粗细时，在正月里再移栽。也不必截枝。现在的标准，是十步一株树。如果树阴彼此连接，就妨害到所种的谷子或豆子了。

45.3.3 行欲小掎角[①]，不用正相当[②]。相当者，则妨犁。

注释：①小掎（jǐ）角：偏斜不要太大。现在粤语系统方言中，还有“掎曲”的说法。掎角，是偏斜弯曲，像牛羊角。掎，即“攲”，偏斜。

②相当（dàng）：相对，相值。

译文：45.3.3 行里要有些小偏斜，不要排成正正相对。正正相对，就不好用犁。

45.4.1 须取栽者，正月二月中，以钩弋压下枝[①]，令著地；条叶生[②]，高数寸，仍以燥土壅之；土湿则烂。明年正月中，截取而种之。住宅上及园畔者，固宜即定[③]；其田中种者，亦如种椹法，先概种，二三年然后更移之。

注释：①钩弋（yì）：是钩状的弋，即一个带有钩的木桩或“木橛（zhuó）”。压下枝：即将下部的枝条，用钩弋固定到土地里面。弋，又写作“杙”，即短小的木桩。

②条：本义是“枝之小者”，现在普通还叫枝条。这里所指的条，应当是“压下”地面后的枝条，露出在地面上的末梢。

③定：即“定植”。

译文：45.4.1　须要取得插条的，正月二月间，用带钩的椓把低枝中段压下去，让它与地面相接；等到这样的枝条露出的末端发芽生叶后，而且长到几寸高之后，再用些干土壅着；用湿土就会烂。明年正月间，截断取来移栽。在住宅旁边和园周围的，固然应当立即定植不再移动；栽在田中间的，还是应当像种椹子一样，先比较稠密地假植着，两三年后再移。

45.5.1　凡耕桑田，不用近树。伤桑破犁，所谓两失。其犁不著处，斸地令起[①]。斫去浮根，以蚕矢粪之。去浮根，不妨耧犁，令树肥茂也。

注释：①斸（zhú）：小锄。这里用作动词，用锄把地挖松。

译文：45.5.1　犁耕有桑树的田时，不可以靠近桑树使用犁。桑树会受伤，犁也会破，所谓“两面损失”。犁不到的地方，用斸把地挖松。将靠近地面的浅根斫去，用蚕粪作肥料加肥。浅根去掉，就不至于妨碍耧犁，同时也可以使树长得肥好茂盛。

45.5.2　又法[①]：岁常绕树一步散芜菁子[②]。收获之后，放猪啖之。其地柔软，有胜耕者。

注释：①又法：以下应是正文，作大字。

②绕树一步：在此“步”是长度单位，即五尺。

译文：45.5.2　另一方法：每年，在树根周围一步以内，撒下一些芜菁子。收获了芜菁叶和根之后，放猪去树下吃芜菁的残根。结果，猪把地拱松了，柔和软熟，比犁耕的还好。

45.5.3　种禾豆，欲得逼树[①]。不失地利，田又调熟。绕树散芜菁者，不劳逼也。

注释：①逼：极接近。

译文：45.5.3　在桑树间里种禾或豆子，就要紧挨着树。地利没有损失，田也调和软熟。如在树周围撒种芜菁的，便不要求紧挨着树。

45.6.1　剶桑[①]：十二月为上时，正月次之，二月为下。白汁出，则损叶[③]。

注释：①剶（chuān）：砍削树枝。

②白汁出，则损叶：白汁指桑树的上升“养分流”，这是叶芽舒发时的物质根据。

译文：45.6.1　截除桑树枝条，十二月是最上的时令，其次正月，二月最下。截除后有乳汁流出，就损伤叶子了。

45.6.2 大率桑多者，宜苦斫[①]；桑少者，宜省剶。

注释：①苦：尽量、尽致。《齐民要术》中“苦”字与“痛”字作副词用时，意义相似，而和我们今日的用法大不相同，都当“尽力”“尽致”“尽量”讲。

译文：45.6.2 一般说来，桑树种得多的，应当尽量斫去老枝；树少，就得少截掉些。

45.6.3 秋斫欲苦，而避日中；触热树燋枯，苦斫春条茂[①]。冬春省剶，竟日得作。

注释：①触热树燋枯，苦斫春条茂：触热，即逢热，也就是说是气温高，而蒸发量大，这时斫树伤口容易过分干燥。“苦斫春条茂”，是老干切除得愈多，明年春天，由定芽（并生副芽）和不定芽形成的新条愈多。

译文：45.6.3 秋天斫时，应当尽量多，但要避免正午前后；树遇着热，容易枯焦；斫得愈多，明年春天发出的嫩条长得愈茂盛。冬天春天，截枝要少，从早到晚整天都可以作。

45.7.1 春采者，必须长梯高机，数人一树，还条复枝，务令净尽；要欲旦暮[①]，而避热时。梯不长，高枝折；人不多，上下劳；条不还，枝仍曲；采不净，鸠脚多；旦暮采，令润泽；不避热，条叶干。

注释：①要欲旦暮：总之尽量清早和黄昏工作。“要”字读平声，即“总之”，或“在原则上”。旦，清早。暮，黄昏。即早晚气温低，蒸发量小的时候。

译文：45.7.1 春天采桑叶时，必须要够长的梯或够高的架，几个人同时采一株树，采过后，枝要放回原来的位置，叶子要摘得干净，不要余留；总之尽量清早和黄昏工作，避免热的时间。梯不够长，高枝会攀断；人不多，上下频繁，劳动多而效率少；枝条不放回，将来就弯曲；采摘不干净，会长出许多密丫杈；清早黄昏采，保持润泽；不避免热时，采过的枝条和采回的叶子都会干。

45.7.2 秋采欲省，裁去妨者[①]。秋多采，则损条。

注释：①裁：这里的“裁”字似乎不应作“裁剪”的裁讲，而只应当解释作“才”，即“刚刚”。

译文：45.7.2 秋天采叶，要节约一些，只把相妨的叶去掉。秋天采摘过多，枝条就要受损伤。

45.8.1　椹熟时，多收，曝干之；凶年粟少，可以当食。

译文：45.8.1　桑椹成熟时，多收积些，晒干留下；荒年粮食不够时，可以当饭。

45.8.2　《魏略》曰[①]："杨沛为新郑长[②]。兴平末[③]，人多饥穷。沛课民益畜干椹[④]，收萱豆[⑤]；阅其有余[⑥]，以补不足，积椹得千余斛。会太祖西迎天子，所将千人[⑦]，皆无粮。沛谒见，乃进干椹。太祖甚喜。及太祖辅政，超为邺令，赐其生口十人[⑧]，绢百匹；既欲励之，且以报干椹也。"

注释：①《魏略》：三国魏京兆人郎中鱼豢撰，已亡佚。此书为私人撰史，体例不尽沿袭前人。刘知几评论其"巨细毕载，芜累甚多"。

②杨沛：字孔渠。三国时魏国冯翊万年（今陕西临潼北）人。东汉末年为公府令史，后为新郑长。新郑：地名。春秋时期郑国都城，今河南新郑市以西地区。

③兴平：汉献帝年号（194—195）。他在位时，东汉已名存实亡，他自己也成为傀儡。汉献帝时多战乱，195年二月，李榷发兵，将汉献帝掳到了他的兵营里。

④课民益畜干椹：规定让老百姓多积蓄干桑椹。课，规定办法，推行后加以检查督促。畜，通"蓄"，储蓄。

⑤萱（láo）豆：又名"鹿豆"，是一种半野生的豆科植物。

⑥阅：是"聚集""点数"。这是"阅"字一般的意义。

⑦太祖西迎天子，所将（jiàng）千人：太祖，指曹操。曹丕时，替曹操"上尊号"为"太祖武皇帝"，《魏略》是魏的国史，所以称曹操为太祖。西迎天子，是曹操托词去迎接被郭汜抢去了的汉献帝。所将千人，曹操带的部队。

⑧生口：活的俘虏，作为奴隶的。

译文：45.8.2　《魏略》说："杨沛任过新郑县的县官。汉献帝兴平二年末了，许多平民挨饿受难。杨沛定出办法，叫大家多积蓄干桑椹，采集野小豆；加以检查，将有余的收集起来，补足不够的，积累了千多斛干椹。遇到魏太祖（曹操）出兵向西边去迎接皇帝，所带的部队千多人，都没有带粮。杨沛迎见魏太祖时，就把干桑椹交纳出来。魏太祖很欢喜。到魏太祖取得政权时，将杨沛特别提升作邺令，并且赏给他十名作工的俘虏，一百匹绢；一方面是劝勉他，一方面也是回报他交纳的干桑椹。"

45.8.3　今自河以北，大家收百石，少者尚数十斛。故杜葛乱后[①]，饥馑荐臻，唯仰以全躯命。数州之内，民死而生者，干椹之力也。

注释：①杜葛乱：526年杜洛周与葛荣的起义。

译文：45.8.3　现在黄河以北，大些的人家，收藏到一百石，少的也有几十斛。因此杜葛起义的军事行动之后，连年饥荒，只靠干桑椹保全了生命。几州地方的百姓，究竟还没有饿死，就是干桑椹的功劳。

45.21.1　种柘法：耕地令熟，耧耩作垄。

译文：45.21.1　种柘的方法：把地犁耕到很熟，用耧耩成垄。

45.21.2　柘子熟时，多收，以水淘汰令净，曝干。散讫，劳之。草生拔却，勿令荒没。

译文：45.21.2　柘树种子成熟时，多收些，用水淘得干干净净，晒干。散种后，用劳摩平。草生出后，拔掉，不要让草长到遮住柘苗。

45.21.3　三年，间劚去[①]，堪为浑心扶老杖[②]；一根三文。十年，中四破为杖[③]，一根直二十文。任为马鞭胡床[④]；马鞭一枚直十文，胡床一具直百文。十五年任为弓材，一张三百。亦堪作履[⑤]，一两六十。裁截碎木，中作锥刀靶[⑥]；音霸。一个直三文。二十年，好作犊车材。一乘直万钱[⑦]。

注释：①间（jiàn）劚去：即用间断地锄掉一些幼树的方法来“间苗”。

②浑心：带着原来树心的整条。浑，整个。扶老杖：老年人所用的拄杖。

③中（zhòng）四破为杖：可以破作四根杖。中，可以。四破，破开成四条。上文“浑心扶老杖”，是整个幼树干，带心，作成老人用的拄杖。这个杖，便是四破之后，再加工做成的长条，如“儋杖”（即“扁担”“扁挑”）“擀面杖”之类。

④胡床：可折叠的椅子，也称为“交椅”或“交床”。再老些的名称便是“胡床”，因为相传是从胡地传来的。

⑤履：怀疑是字形极相似的“屐”字抄错。古代文字记载中没有用木作“履”的记载。“屐”是“行泥”与“登山”的，鞋底应高出，所以多用木作。目前湖南、江西两省，用木作底的木屐，还很盛行。闽南和两粤有木“屧（xiè）”，两广一般仍用“木屐”作木屧的名称。因此怀疑是“屐”而不是“履”。下文小注中“一两”即今日口语中的“一双”或“一对”（粤语系统方言至今还用“一对”）。

⑥刀靶（bà）：刀把。靶，靶字本义是“辔首”即“马络头”。现在用作“射的”

的靶子，和本书的用法（借作“把”字）是同一个字两种不同的借用。

⑦一乘：“乘”是量词，“一乘”车即“一张”车、“一辆”车、“一驾”（现在多写作“一架”）车、“一部”车。

译文：45.21.3　第三年，间隔着锄掉一些，锄掉的可以做整条的老年人用的拄杖；一根值三文缗钱。十年，疏伐出来的可以直破作四根杖，一根值二十文。也可以作马鞭和交椅架子；马鞭一枚值十文，交椅架子一张值一百文。十五年，可以做弓背材料，一张值三百文。也可以作屐，一双六十文。裁截剩下的碎木料，可以做锥把刀把；一个值三文。二十年后，好做牛车的料。一乘车值一万文钱。

45.21.4　欲作鞍桥者[①]，生枝长三尺许，以绳系旁枝，木橛钉著地中，令曲如桥。十年之后，便是浑成柘桥[②]。一具直绢一匹。

注释：①鞍桥：马鞍的木架，中间高，两端低，像一个桥，所以称为鞍桥。目前长江中部方言还保存着“马鞍桥”的口语。

②浑成：天然生成，不需多加人工，称为“浑成”。

译文：45.21.4　想做鞍桥的，将生活的嫩枝条，有三尺左右长的，一端用绳系在旁边的枝条上，一端用木桩钉到地里面，让它像桥一样弯曲着。十年之后，便是浑然天成的柘桥了。一套值一匹绢。

45.21.5　欲作快弓材者，宜于山石之间，北阴中种之。

译文：45.21.5　想做称心如意的弓背材料的，应当在山上石头中间，北面向阴的地方种下。

45.22.1　其高原山田，土厚水深之处，多掘深坑，于坑中种桑柘者，随坑深浅，或一丈、丈五，直上出坑，乃扶疏四散。

译文：45.22.1　高原上，山上的田，土层厚地下水位深的地方，多掘些深坑，在坑里种桑树柘树的，随坑的深浅，在坑口上露出一丈到一丈五尺，然后向四面散开。

45.22.2　此树条直，异于常材；十年之后，无所不任。一树直绢十匹。

译文：45.22.2　柘树条干直长，和普通树不同；十年之后，可以供各种用途。一棵可以值十匹绢。

45.23.1　柘叶饲蚕，丝好；作琴瑟等弦，清鸣响彻，胜于凡丝远矣。

译文：45.23.1　柘树叶养的蚕，所得的丝，质地很好；作琴瑟等乐器的弦，发的声音干净，响亮，而且极远，比普通丝强得多。

45.9.1　《礼记·月令》曰："季春无伐桑柘。"郑玄注曰："爱养蚕食也①。""具曲、植、筥筐。"注曰："皆养蚕之器：曲，箔也；植，槌也②。""后妃斋戒，亲帅躬桑③。以劝蚕事，无为散惰④。"

注释：①爱养蚕食：节省养蚕的食料。爱，节省。养，保护。蚕食，蚕的食物。

②槌：蚕槌（根据王祯的《农书》卷20）。

③帅（shuài）：率，带领。

④"具曲、植、筥、筐"与"后妃斋戒……无为散惰"：这几句小字，都是正文，应作大字。这是本书"自坏体例"之处的另一种情形。下面45.31.1这一段中的"注曰：'质，平也……为伤马与？'"则刚好相反，应是小字，却作成正文大字了。

译文：45.9.1　《礼记·月令》说："三月，不要砍伐桑树柘树。"郑玄注释说："为的节省养蚕的食料。""准备蚕箔、箔架、桑笼、桑筐。"注释说："都是养蚕的器具：'曲'是蚕箔，'植'是搁蚕的架子。""皇后、皇妃，斋戒了亲自带头去采桑，来提倡养蚕的事，不要散漫懒惰。"

45.31.1　《周礼》曰①："马质，禁原蚕者。"注曰："质，平也；主买马平其大小之价直者。原，再也。《天文》'辰为马'②；《蚕书》③：'蚕为龙精。'月直大火，则浴其蚕种。是蚕与马同气。物莫能两大；故禁再蚕者，为伤马与？"

注释：①《周礼》：亦称《周官》《周官经》，儒家经典之一。战国时期的作品。搜集周王室官制和战国各国制度，添附儒家政治理想，增减排比而成的汇编。有东汉郑玄的《周礼注》。

②《天文》：书名。可能即《淮南子》第三卷《天文训》。

③《蚕书》：书名。宋秦观撰。全书不满一千字，是根据其妻养蚕经验，并参考兖州地区的养蚕方法写成。《蚕书》也泛指中国古代养蚕专书。此处的《蚕书》应是后一种。

译文：45.31.1　《周礼·夏官·司马》中，有管定马价的官"马质"，禁止养"二化蚕'。郑玄解释说："'质'，是'评定'；专管买马时评定马的价格值多少。'原'是'再'。依《天文》，'辰'星是马；依《蚕书》说：'蚕是龙精。'（辰属龙）大火

（辰宿）当天中的那个月，要用水洗蚕种。这些都说明蚕和马是血气相通的同类。两个同类的东西，不能同时都旺盛；禁止养二化蚕，为的是恐怕马受伤害吧？”

45.10.1　孟子曰：“五亩之宅，树之以桑；五十者可以衣帛矣。”

译文：45.10.1　《孟子》说：“五亩地，盖的住房旁边，种上桑树；五十岁的人，可以穿丝绸衣服了。”

45.32.1　《尚书大传》曰[1]：“天子诸侯，必有公桑[2]；蚕室就川而为之。大昕之朝[3]，夫人浴种于川[4]。”

注释：①《尚书大传》：《尚书》最早传文，是解释《尚书》的著作。旧题西汉伏生撰，可能是伏生弟子张生、欧阳生或更后的博士们杂录所闻而成。东汉郑玄曾为该书作注。清陈寿祺有辑本，凡四卷，补遗一卷。近人皮锡瑞撰有《尚书大传疏证》七卷。

②公桑：与“公田”相当的一种制度，即由农民义务劳役替统治者种下的桑园。

③大昕之朝：三月初一天刚亮。

④浴种：把蚕种在水中洗过。

译文：45.32.1　《尚书大传》说：“天子、诸侯，都有‘公桑’；靠近河水，修建‘蚕室’。‘大昕’那天清早，夫人把蚕种在河里洗过。”

45.33.1　《春秋考异邮》曰[1]：“蚕，阳物，大恶水，故蚕食而不饮。阳立于三春，故蚕三变而后消。死于七，三七二十一，故二十一日而茧。”

注释：①《春秋考异邮》：《春秋纬》的一种。本篇言风雨气候及物象变化与政教人事相应，说明考物应天之理，以示天人相与，其应验并见于物。其中有解说《春秋》的文字。有宋均注。

译文：45.33.1　《春秋考异邮》说：“蚕是‘阳’类的东西，阳类的东西都极不喜欢水，所以蚕只吃而不喝水。‘阳’建立于‘三春’，所以蚕经过三次改变就消释了。‘阳’到七就死亡，三个七是二十一，所以蚕活了二十一天就结茧。”

45.34.1　《淮南子》曰：“原蚕一岁再登，非不利也；然王者法禁之，为其残桑也。”

译文：45.34.1　《淮南子·泰族训》说：“原蚕，一年有两次收成，不是没有利益的；但是贤明的帝王立法禁止大家这样做，为的是怕桑树受到过多的损害。”

45.11.1　氾胜之曰：“种桑法：五月，取椹著水中，即以手渍之[①]。以水灌洗，取子，阴干。”

注释：①渍（zì）：浸洗，或“沤”。

译文：45.11.1　《氾胜之书》说：“种桑法：五月收取成熟的桑椹，浸在水里，用手搓揉。用水冲洗，取得种子，阴干。”

45.11.2　“治肥田十亩，荒田久不耕者尤善！好耕治之。每亩，以黍椹子各三升合种之。”

译文：45.11.2　“整理十亩肥田，许久没有耕种的荒田更好！好好地耕，整理。每亩，混合三升黍子与三升桑种子播种。”

45.11.3　“黍桑当俱生。锄之。桑令稀疏调适。”

译文：45.11.3　“黍子会和桑子一齐发芽出苗。锄整。桑苗要锄到稀稠合宜。”

45.11.4　“黍熟获之。桑生，正与黍高平；因以利镰摩地刈之，曝令燥。后有风调，放火烧之，常逆风起火。桑至春生，一亩食三箔蚕[①]。”

注释：①食（sì）：此处作动词用，即“饲”。

译文：45.11.4　“黍子熟了，就收黍子。这时桑苗正和黍子一样高；用锋利的镰刀，平地面和黍子一齐割下来，把割下的桑苗晒干。后来，有风而方向适合时，便逆着风放火，把地面烧一遍。到明年春天，从根上发出的新桑苗，所生的叶，一亩地够作三箔蚕的饲料。”

45.35.1　俞益期笺曰[①]：“日南蚕八熟[②]，茧软而薄，椹采少多。”

注释：①俞益期笺（jiān）：俞益期，东晋豫章（郡治在今江西南昌）人。《水经注》卷三十六中记载：他性气刚烈，不为世俗所屈，容身无所，远走岭南。笺，书信。也就是俞益期在南方时写给友人韩康伯的信。

②日南：越南的古名。蚕八熟：一年收八次茧。

译文：45.35.1　俞益期通信集记有：“日南的蚕，一年成熟八次，茧软而薄，桑椹

采得稍微多些。”

45.36.1 《永嘉记》曰[①]：“永嘉有八辈蚕：蚖珍蚕[②]，三月绩。柘蚕，四月初绩。蚖蚕，四月初绩[③]。爱珍，五月绩。爱蚕，六月末绩。寒珍，七月末绩。四出蚕，九月初绩。寒蚕，十月绩。”

注释：①《永嘉记》：南朝刘宋时代郑缉之作，是我国较早的地方志作品，记述地方的山川物产等。南宋时亡佚。永嘉即今浙江温州。

②蚖（yuán）：原指蝾螈或蜥蜴一类的动物。石按：“蚖”字，可能仍只是原蚕的“原”。《永嘉记》作者，也许忘了甚或不知道《周礼》中“原蚕”正是多化蚕，只依口语语音，写了这么一个别字。本书《种谷第三》引用《氾胜之书》，就提到用原蚕矢处理种子。本篇45.31.1也引了《周礼》“马质禁原蚕者”及注文。贾思勰对所引《永嘉记》中的“蚖”字，却没有说明应当是“原”字，因此这个假定还要再加考证。

③蚖蚕，四月初绩：石按：经过仔细、认真地分析推敲后可以认定，“初”字是错误的，应当是“末”字。和下文小注的“六月末”“七月末”一样。因此，这句应该是：“蚖蚕，四月末绩。”

译文：45.36.1 《永嘉记》说：“永嘉，一年中有八批蚕：蚖珍蚕，三月作茧。柘蚕，四月初作茧。蚖蚕，四月底作茧。爱珍，五月作茧。爱蚕，六月底作茧。寒珍，七月底作茧。四出蚕，九月初作茧。寒蚕，十月作茧。”

45.36.2 “凡蚕再熟者，前辈皆谓之‘珍’[①]。养‘珍’者，少养之。”

注释：①前辈：即上一代或上一“化”。

译文：45.36.2 “凡一年有两化的蚕，前一化都称为‘珍’。养‘珍’的，都只养少数。”

45.36.3 “‘爱蚕’者，故蚖蚕种也：蚖珍三月既绩，出蛾，取卵，七八日便剖卵蚕生。多养之，是为‘蚖蚕’。欲作‘爱’者，取蚖珍之卵，藏内罂中，（随器大小，亦可十纸。）盖覆器口，安硎苦耕反、泉、冷水中[①]，使冷气折其出势。得三七日，然后剖生；养之，谓为‘爱珍’，亦呼‘爱子’。”

注释：①硎（kēng）：同“坑”。硎谷，即“坑谷”，指山中有时有溪水流淌的山谷；是一个普通的名称，并不是专名。三四月间，山中的溪水，温度可能较气温低得多，可以利用来做低温处理，延迟蚕的孵化。

译文：45.36.3 “‘爱蚕’。本来就是蚖蚕的种：‘蚖珍’三月结茧之后，出蛾，产卵，七八天之后，卵就破开出蚕蚁。这次该多养些，这就称为‘蚖蚕’了。想作‘爱蚕’的，将‘蚖珍’的卵，藏在大腹小颈的瓦器中。（按照瓦器的大小，最多可以放到十张卵纸。）盖上罂口，放在溪流、泉水，或其他冷水里，让冷气把卵孵化的速度延迟。这样可以延迟到二十一日，然后才破卵出蚁；养这种蚁蚕，称为‘爱珍’或‘爱子’。”

45.36.4 “绩成茧，出蛾，生卵；卵七日又剖成蚕；多养之，此则‘爱蚕’也。”

译文：45.36.4 “爱珍结了茧以后，出蛾，产卵；卵过七天，又破出蚁蚕来，这时该多养，就是‘爱蚕’了。”

45.36.5 “藏卵时，勿令见人。应用二七赤豆安器底，腊月桑柴二七枚，以麻卵纸①。”

注释：①以麻卵纸：石按：“麻”字很费解。它连同上文“二七枚”的“枚”字都属错字。“枚”应当是“枝”，“麻”字则是“度”“庋”“承”等字形相似的字。下面“当令水高下，与重卵相齐……”这一节，是说这种低温处理的安排：瓦坛底上，放几颗赤小豆，将最下一张蚕卵纸垫高；在这上面搁几条细桑柴枝，再放一张卵纸，每一张卵纸都这样用桑柴支起来，彼此不相挤压。坛子外面，用冷的溪涧水“冰”着；外面的水面和坛子内最顶上层一张卵纸一样高。“若外水高，则卵死不复出”，即冷得太过；“若外水下卵，则冷气少，不能折其出势”，即冷水水面，若在蚕卵纸以下，则在水面以上的卵，没有冷够，仍可依正常情况中的速度发育，孵化成蚁。

译文：45.36.5 “藏卵时，不要让人家知道。还要在瓦罂底上，放二十七颗赤豆，此外，用腊月桑树枝柴枝二十七枝，把卵纸垫高。”

45.36.6 “当令水高下，与重卵相齐。若外水高，则卵死不复出；若外水下卵，则冷气少，不能折其出势。不能折其出势，则不得三七日；不得三七日，虽出‘不成’也。‘不成’者，谓徒绩成茧、出蛾、生卵，七日不复剖生，至明年方生耳。”

译文：45.36.6 “要使外面水面的高低，和最上面的一张卵纸齐。要是外面水面太高，蚕卵便冻死，再也不会孵出；要是外面水面在卵纸以下，那么冷气不够，不能阻挠孵出的势子。不能阻挠孵出的势子，便等不到二十一日；等不到二十一日，就算孵出来，

也达不到再传种的目标，称为‘不成’。‘不成’就是只结茧，出蛾，产卵了，所产的卵，过七日不再孵化，到明年才能出蚁。”

45.36.7 “欲得荫树下。亦有泥器口三七日，亦有成者。”

译文：45.36.7 “要搁在树荫下面。也有用泥封住罂口，‘三七’日，也可以成功。”

45.37.1 《杂五行书》曰[①]：“二月上壬[②]，取土泥屋四角，宜蚕；吉。”

注释：①《杂五行书》：书名。原书已佚，其内容皆汉代人所谓五行吉凶之说。

②上壬：上旬中，天干遇壬的日子。

译文：45.37.1 《杂五行书》说：“二月上旬逢壬的日子，取些土，和成泥，涂在屋四角，可以使蚕兴旺，吉利。”

45.38.1 按今世有三卧一生蚕，四卧再生蚕，白头蚕，颉石蚕，楚蚕，黑蚕，儿蚕（有一生再生之异），灰儿蚕，秋母蚕，秋中蚕，老秋儿蚕，秋末老儿蚕，绵儿蚕[①]。同茧蚕[②]，或二蚕三蚕，共为一茧。凡三卧四卧，皆有丝绵之别。凡蚕从小与鲁桑者，乃至大入簇，得饲荆鲁二桑，小食荆桑，中与鲁桑，则有裂腹之患也。

注释：①按……这一段，应附在前面45.36.1所引《永嘉记》末了；是说明贾思勰时代，山东蚕品种的情形的。这个“错简”的例，可能是抄写时的错误，也可能是原书写错了地方。

②同茧蚕：现在将“二蚕或三蚕共为一茧”的情形，称为“双宫”“三宫”，以为是共住一个房屋。

译文：45.38.1 案：现在有三眠一生蚕，四眠再生蚕，白头蚕，颉石蚕，楚蚕，黑蚕，儿蚕（有“一生”和“再生”的差别），灰儿蚕，秋母蚕，秋中蚕，老秋儿蚕，秋末老儿蚕，绵儿蚕。同茧蚕，有两条或三条蚕，合起来做一个茧。凡三眠四眠的，都有丝有绵。凡蚕从小时就吃鲁桑的，一直到大眠上簇，都可以换着将荆桑鲁桑喂，小时吃惯荆桑，中间换鲁桑喂，就会有“裂腹”的毛病。

45.39.1 杨泉《物理论》曰：“使人主之养民，如蚕母之养蚕；其用，岂徒丝茧而已哉？”

译文：45.39.1 杨泉《物理论》说："假使君主养百姓，能像蚕母养蚕一样；所得的效用，难道单只是丝和茧么？"

45.51.1 《五行书》曰[①]："欲知蚕善恶，常以三月三日：天阴，如无日，不见雨，蚕大善。"

注释：①《五行书》：怀疑应为《杂五行书》。因本篇前后所引都是《杂五行书》。

译文：45.51.1 《五行书》说："要知道今年蚕茧收成好坏，就要看三月初三日：如果这天天阴，没有太阳，又不见雨，蚕收成特别好。"

45.51.2 又法：埋马牙齿于槌下，令宜蚕[①]。

注释：①"又法"下面的小字，应是正文，该作大字。这一段不是占候，是"厌胜"。

译文：45.51.2 还有一个方法：在蚕箔架子柱底下，埋马牙和马齿，可以招致蚕的好收成。

45.52.1 《龙鱼河图》曰[①]："埋蚕沙于宅亥地，大富；得蚕丝，吉利。以一斛二斗，甲子日镇宅，大吉，致财千万。"

注释：①《龙鱼河图》：书名。汉代纬书之一，作者不详，原书已佚。

译文：45.52.1 《龙鱼河图》说："在住宅亥向地埋蚕沙，可以招致大富；蚕丝可得好收成，吉利。用一斛二斗蚕沙，在甲子日'镇宅'，大吉，可以招致千万财富。"

45.41.1 养蚕法：收取种茧，必取居簇中者。近上则丝薄，近下则子不生也。

译文：45.41.1 养蚕的方法：收取作种的茧，一定要用蚕簇中间的。靠簇上面的，将来孵出的蚕作茧丝薄；靠近下面的，卵不能孵化。

45.41.2 泥屋，用福、德、利上土[①]。

注释：①福、德、利：迷信中的"岁向"方位。

译文：45.41.2 涂养蚕房屋的泥，要用"福""德""利"三个方位上的土。

45.41.3 屋欲四面开窗，纸糊；厚为篱[①]，屋内四角著火。火若在一处，则冷热不均。

注释：①篱：也许该是“帘”（簾）字。

译文：45.41.3 养蚕的房屋，要四面开窗，窗上用纸糊；厚些作“篱”，屋子里四角都生火炉。火如果集中在一处，冷热就不得均匀。

45.41.4 初生，以毛扫。用荻扫，则伤蚕。调火，令冷热得所。热则焦燥，冷则长迟。

译文：45.41.4 蚕蚁生出来时，用羽毛扫。用荻花扫的，蚕蚁会受伤。调整火炉的火，使冷热合适。太热就焦枯干燥，太冷生长迟缓。

45.41.5 比至再眠，常须三箔：中箔上安蚕，上下空置。下箔障土气，上箔防尘埃。

译文：45.41.5 到再眠以前，常常用三层箔：中层箔才真正安放蚕，上下两箔空着。下箔遮断土气，上箔防止尘埃。

45.41.6 小时，采福、德上桑，著怀中令暖，然后切之。蚕小不用见露气，得人体则众恶除。

译文：45.41.6 蚕蚁小时，从福德方位上采回桑叶，在怀里煗暖，然后再切。蚕小时不可以见露气；在人身上过，便消除了一切毛病。

45.41.7 每饲蚕，卷窗帏，饲讫还下。蚕见明则食，食多则生长。

译文：45.41.7 每次喂叶，都把窗上的窗帏卷起来，喂完，再放下。蚕见到阳光就吃，吃得越多长得越快。

45.42.1 老时值雨者，则坏茧；宜于屋里簇之：薄布薪于箔上，散蚕讫，又薄以薪覆之。一槌得安十箔。

译文：45.42.1 蚕老时，遇着雨天，容易坏茧；这时最好在房子里面让它们“上簇”：在箔上薄薄地铺一层小柴枝，将蚕散在柴上之后，又用一层柴枝薄薄地盖着。一个箔架上，可以安置十箔。

45.42.2 又法[①]：以大科蓬蒿为薪，散蚕令遍。悬之于栋、梁、椽、柱；或垂绳、钩弋、鹗爪、龙牙[②]，上下数重，所在皆得。悬讫，薪下微生炭，以暖之。（得暖则作速，伤寒则作迟。）数入候看：热则去火。蓬蒿疏凉，无郁浥之忧；死蚕旋坠，无污茧之患；沙叶不住[③]，无瘢痕之疵。郁浥则难缲，茧污则丝散，瘢痕则绪断。设令无雨，蓬蒿簇亦良：其在外簇者，脱遇天寒，则全不作茧。

注释：①“又法”以下，应是大字正文。

②钩弋：简单的曲钩。鸦爪：一个柄上某一处集中地有几个弯曲的枝条。龙牙：一个柄上有一长排侧枝。

③沙：蚕粪，即蚕沙。叶：食残的桑叶。如果沙和叶留住簇上，可能挂入茧衣，作成瘢痕；因此“沙叶不住”是有利的条件。

译文：45.42.2　另一方法：用大棵的干蓬蒿柴，将蚕散在上面，让它们布满。将这些草柴，挂在房屋里面的栋、梁、椽、柱等木架上，或者用绳索垂着各种各样的木钩——简单的钩弋，丛枝的鸦爪，上下重列的“龙牙”，上上下下多重，到处都行。挂好之后，在柴下生一点小小的炭火，使它们温暖（温暖作茧就快，嫌冷就结得慢）。多多进去察看：嫌热就把火移开。蓬蒿稀疏凉爽，不会嫌湿；死了的蚕，也会自己掉下来，不会把其余的好茧染脏；蚕粪碎桑叶不会夹进茧中，茧上就没有结瘢。湿燠着，难得缫；沾染脏了的茧，丝就会散；有结瘢，缫时丝会断。假使没有雨，用蓬蒿作簇也还有好处：在外面上簇的，如果遇了冷天，就不会作茧了。

45.43.1　用盐杀茧，易缲而丝肕；日曝死者，虽白而薄脆。缣练衣著，几将倍矣；甚者，虚失岁功，坚脆悬绝。资生要理，安可不知之哉？

译文：45.43.1　用盐来杀茧的，容易缫，缫得的丝也强韧；太阳晒死的茧虽白，但茧薄丝脆。做成的双丝绸、熟丝绸衣服，几乎要差一倍；甚至于一年的工夫都白费了，坚牢和脆弱的，相差很远。这是经营生产的重要条件，怎么可以不预先知道？

45.44.1　崔寔曰：“三月清明节，令蚕妾治蚕室[①]，涂穴，具槌持箔、笼[②]。”

注释：①蚕妾：“妾”是服役的女奴；蚕妾是专门主管养蚕的女奴。

②槌持：槌，即蚕槌。持，恐系“栚（zhé）”字，即蚕槌。

译文：45.44.1　崔寔《四民月令》说：“三月清明节，叫专管养蚕的女奴，整理养蚕的房屋，涂塞蚕室中的墙缝和洞穴，预备直架、横木、蚕箔、桑笼。”

45.53.1　《龙鱼河图》曰：“冬以腊月鼠断尾。”“正月旦，日未出时，家长斩鼠，著屋中；祝云[①]：‘付敕屋吏，制断鼠虫，三时言功！’鼠不敢行。”

注释：①祝（zhòu）：咒语。

译文：45.53.1 《龙鱼河图》说："冬天，在腊月里，老鼠断尾巴。""正月初一日，太阳没出来以前，家长把鼠斩着，安放在房子里，念着祝语说：'交待管房屋的小神，制裁老鼠和昆虫，三时来我这里报告除鼠的功绩！'老鼠便不敢行动了。"

45.53.2 《杂五行书》曰："取亭部地中土涂灶[①]，水、火、盗、贼不经。涂屋四角，鼠不食蚕。涂仓、箪，鼠不食稻。以塞坎，百日鼠种绝。"

注释：①亭部：亭长办公之处。亭长是秦汉以来的一个小官（即保甲长或相等的地位，在"乡"之下），部即"官署"。

译文：45.53.2 《杂五行书》说："取驿亭官舍地中的泥土来涂灶，水、火、盗、贼都不在家里经过。涂在房子四角，老鼠不吃蚕。涂仓和种箪，老鼠不吃稻。用来塞洞，百日之后，老鼠绝种。"

45.53.3 《淮南万毕术》曰[①]："狐目狸脑，鼠去其穴。"注曰："取狐两目，狸脑大如狐目三枚，捣之三千杵，涂鼠穴，则鼠去矣。"

注释：①《淮南万毕术》：书名。西汉淮南王刘安（前179—前122）招淮南学派作《淮南子》丛书，《万毕术》为其中一部分，是讨论巫术的。原书已佚，今存清人辑本。

译文：45.53.3 《淮南万毕术》说："狐目狸脑，鼠去其穴。"注解说："取得狐的两只眼，狸脑像狐眼大的三个，混合用杵捣三千下，涂在老鼠洞口，老鼠就离开洞去了。"

种榆白杨第四十六

题解：46.1.1—46.1.4为篇标题注。

首先讲述榆的种植，从散播榆荚到第二年培育“栽”，再到第三年移栽的技术措施以及以后如何培育，都讲述得很清楚。

接着介绍了榆树的经济价值，教人们如何经营牟利。榆树在中国古代是用途较广的器用木材。46.4.9—46.4.11介绍了它所供给的木材可制作的各种器具，特别指出它可以上镟床，镟成多种中空的器皿，如杯子，碗，瓶子，带盖的盒子，缸，车毂等。还介绍了各种器皿价格及榆树的枝条当柴卖时的价格，说明了贾思勰很有经济头脑。这些也是很有趣味很难得的社会经济史材料。榆荚（俗名“榆钱”）可食，46.6.1—46.6.2介绍了它的各种吃法。

本篇记述的另一树种是白杨。介绍了它的用途、经济价值和种植方法。指出在当时它主要是用作建筑房屋的木材，并就材质的特性与榆树做了比较。46.11.2进一步指出松柏、白杨、榆树哪个最适于作建材。这说明经过长期的实践、观察，当时人们对不同木材的材质和用途已有清楚的认识。

46.1.1　《尔雅》曰：“榆，白枌[①]。”注曰：“枌、榆，先生叶，却著荚；皮色白。”

注释：①枌（fén）：木名。白榆。

译文：46.1.1　《尔雅》说：“榆，白的是枌。”郭璞注解说：“枌、榆树，先出叶，随后才长荚；树皮白色。”

46.1.2　《广志》曰：“有姑榆，有朗榆[①]。”

注释：①朗榆：榆树的一种，现在通用“榔榆”为名，也有写作“榔榆”或“椰榆”。

译文：46.1.2　《广志》说：“有姑榆，也有朗榆。”

46.1.3 案：今世有刺榆，木甚牢肕，可以为犊车材；枌榆，可以为车毂及器物；山榆，人可以为芜荑①。

注释：①人：通“仁”，种仁。芜荑（wú yí）：酱名。

译文：46.1.3 案：现在（北魏）有刺榆，木材很牢很韧，可以供作牛车的木料；枌榆，可以做车毂和各种器皿；山榆，果仁可以做芜荑酱。

46.1.4 凡种榆者，宜种刺、梜两种①，利益为多；其余软弱，例非佳木也。

注释：①梜（jiā）：梜榆。

译文：46.1.4 凡种榆树的，应当种刺榆和梜榆这两种，获得的利益最多；其余的榆树，都软弱，一般不是好木材。

46.2.1 榆性扇地；其阴下，五谷不植。随其高下广狭，东、西、北三方①，所扇各与树等。种者，宜于园地北畔。秋耕令熟；至春，榆荚落时，收取漫散，犁细畤劳之。

注释：①东、西、北三方：在北纬地区，树南面不会有阴影。这一句，可以表明我们祖先对于自然现象观察精细正确的程度。

译文：46.2.1 榆树遮蔽力强；在它的荫蔽下，五谷都长不好。依它树冠的高低宽窄，东、西、北三个方向所遮蔽的范围，和树冠一样。因此种榆树的，应当在园地北面种。秋天，先把地耕到和熟；到春天榆荚成熟零落时，收取榆荚，随便散播，犁成细畤，再用劳摩平。

46.2.2 明年正月初，附地芟杀，以草覆上，放火烧之。一根上必十数条俱生；止留一根强者，余悉掐去之。一岁之中，长八九尺矣。不烧则长迟也。

译文：46.2.2 第二年正月初，平着地割掉，将草盖在上面，放火一烧。过一段时间后，一个根上必定就会长出十几条新条来；只留下一条最强壮的，其余都掐掉。一年下来，就长到八九尺高了。不烧，便长得慢。

46.2.3 后年正月、二月，移栽之。初生即移者，喜曲；故须丛林长之三年，乃移种。

译文：46.2.3 第三年，正月或二月，再移栽。初生的秧苗，移栽后容易弯曲；所以要在丛林里长养，过三年后，才移栽。

46.2.4　初生三年，不用采叶，尤忌捋心[①]。捋心则科茹不长[②]，更须依法烧之，则依前茂矣。不用剶沐。剶者长而细，又多瘢痕。不剶虽短粗而无病。谚曰："不剶不沐，十年成毂。"言易粗也。必欲剶者，宜留二寸。

注释：①捋（luō）心：摘顶芽。

②科：根近旁的茎基部。茹：和茎连着的根。长（zhǎng）：生长，作动词用。

译文：46.2.4　初生的三年中，不要采叶，尤其不可以摘顶芽。摘过顶芽的，长不高长不大，须要依上面所说的方法烧过，便可以像从前一样茂盛。不要整枝修顶。整枝过的，树干细而长，又有许多瘢痕。不整枝，虽然矮些粗些，但没有毛病。俗话说："不剶枝，不修顶，十年长成车毂心。"就是说不修整便容易长粗。一定要整枝，必须留下两寸。

46.3.1　于堑坑中种者，以陈屋草布堑中，散榆荚于草上，以土覆之。烧亦如法。陈草速朽，肥良胜粪。无陈草者，用粪粪之亦佳。不粪，虽生而瘦。既栽移者，烧亦如法也。

译文：46.3.1　要在坑里种的，先在坑底上铺些旧陈的盖屋草，把榆荚撒在草面上，再盖土。生出后，依上述的方法用火烧。陈屋草很快就腐烂了，比粪还肥好。没有陈屋草，也可以用粪。如果不加肥，生出的树苗瘦弱。已经移种过的"栽"，也要依这个方法用火烧。

46.4.1　又种榆法：其于地畔种者，致雀损谷；既非丛林，率多曲戾；不如割地一方种之。

译文：46.4.1　又，种榆法：凡在田地边上种榆树的，一方面招惹麻雀损害谷物；另一方面，因为不在丛林中，树干都常常长得弯曲歪斜；不如分出一片地来专种的好。

46.4.2　其白土薄地，不宜五谷者，唯宜榆及白榆。

译文：46.4.2　白色土壤的瘦地，不宜于种五谷的，却宜于种榆树和白榆。

46.4.3　地须近市。卖柴、荚、叶，省功也。

译文：46.4.3　地要靠近市集。卖柴、卖榆荚、卖榆叶都省人工。

46.4.4　梜榆、刺榆、凡榆三种[①]，色别种之[②]，勿令和杂。梜榆荚叶味苦，凡榆荚味甘。甘者，春时将煮卖，是以须别也。

注释：①凡榆：普通的榆树。

②色别：分别。

译文：46.4.4　梜榆、刺榆和普通的榆树，这三种，应当分开来种，不要混杂。梜榆的荚和叶，味是苦的；普通榆树，荚和叶是甜的。甜的预备在春天取来煮熟出卖，所以必须分开来。

46.4.5　耕地收荚，一如前法：先耕地作垄，然后散榆荚。垄者看好[1]，料理又易。五寸一荚，稀概得中。散讫，劳之。

注释：①看好：有希望。

译文：46.4.5　耕地和收荚的办法，都和前面一样：先把地耕成垄，然后播种榆荚。作成垄的有希望长得直，又容易照料整理。五寸一窝榆荚，便稀稠合适了。撒种后，用劳摩平。

46.4.6　榆生，共草俱长，未须料理。明年正月，附地芟杀，放火烧之。亦任生长，勿使掌杜康反近[1]。

①掌：撩拨，碰撞。“掌”读chēng，与“撑”字相通，本应写作“樘”“樘”等字，有相近或相拒的意义。与卷四37.4.5　的“掌拨”及38.2.3　中的“掌近”读音、意义相同或相近。北宋刻本及《农桑辑要》作“棠”，注的读音为“杜康反”（tang）。石按：也许宋代口语中，读“杜康反”的从“尚”字得音的某些字，是专指相近相拒的；为《齐民要术》作音义的人，才特别提出这个音切来，使当时的读者容易明白。我们也保留“杜康反”这个音切。为有兴趣的人，提供进一步研究的材料。

译文：46.4.6　榆荚发芽出苗后，和杂草一起生长，这时不必去照料整理。到明年正月，平地面割掉，再放火烧。烧过，让它们自己生长，不要去撩拨它们。

46.4.7　又至明年正月，劚去恶者。其一株上有七八根生者，悉皆斫去，唯留一根粗直好者。

译文：46.4.7　再过一年，到明年正月，斫掉些不好的。凡一个树桩上长出七八条枝条的，只留下一根粗大而直顺的好枝条，其余的都斫掉。

46.4.8　三年春，可将荚叶卖之。

译文：46.4.8　发芽后的第三年春天，可以采取荚叶出卖了。

46.4.9　五年之后，便堪作椽。不梜者即可斫卖[①]；一根十文。梜者，镟作独乐及盏[②]。一个三文。

注释：①不梜（jiā）：不是梜榆的“刺榆”与“凡榆”。

②独乐：即小儿玩具陀螺。

译文：46.4.9　五年之后，就可以作椽条。不是梜榆的树，便可以斫来出卖；一根十文缗钱。梜榆可以上镟床，作成陀螺、小杯。每个三文钱。

46.4.10　十年之后，魁、碗、瓶、榼，器皿[①]，无所不任。一碗七文；一魁二十；瓶、榼，各直一百文也[②]。

注释：①魁：盛汤的大木碗。

②榼（kē）：泛指盒类容器。

译文：46.4.10　十年之后，梜榆便可以作为镟制大汤碗、小碗、瓶子、带盖的盒子等材料，样样器皿都好作了。一个碗七文钱；一个大汤碗二十文钱；瓶和带盖的盒，都值得一百文。

46.4.11　十五年后，中为车毂及蒲桃瓨[①]。瓨一口，直三百；车毂一具，直绢三匹。

注释：①瓨（hóng）：同“项”，长颈大腹的陶器。现在写作“缸”。

译文：46.4.11　十五年之后，可以做车毂或镟葡萄缸。一口缸值三百文，一副车毂值三匹绢。

46.4.12　其岁岁科简剥治之功，指柴雇人（十束雇一人）。无业之人，争来就作。

译文：46.4.12　每年疏伐修剪的人工，可以指定柴来雇零工（十捆柴雇一个工）。没有事做的人，便争着来帮工了。

46.4.13　卖柴之利，已自无赀；岁出万束，一束三文，则三十贯；荚叶在外也。况诸器物，其利十倍。于柴十倍，岁收三十万。

译文：46.4.13　单只卖柴的利润，已经是算不尽的；一年一万捆柴，每捆三文钱，就已经是三万文；荚叶还不在内。再加上各种器具材料，又有柴价的十倍。柴价的十倍，就是每年三十万文。

46.4.14　斫后复生，不劳更种，所谓“一劳永逸”。

译文：46.4.14　而且斫去之后，又会再生出来，不须要重新种，真是“一劳永逸”。

46.4.15　能种一顷，岁收千匹。唯须一人，守护、指挥、处分。既无牛、犁、种子、人功之费，不虑水、旱、风、虫之灾；比之谷田，劳逸万倍。

译文：46.4.15　种一顷地的树，一年收一千匹绢。只需要一个人守护，指挥处分。既没有牛、犁、种子、人工等费用，又不怕水、旱、风、虫等天灾；比起种五谷田地来，劳逸相差万倍。

46.4.16　男女初生，各与小树二十株；比至嫁娶，悉任车毂。一树三具，一具直绢三匹，成绢一百八十匹；娉财资遣[①]，粗得充事。

注释：①娉（pìn）：娶。娉财即聘礼。

译文：46.4.16　男女小孩刚生下，给他（或她）们各人种二十棵小树；等到结婚的年龄，树已长到可以做车毂。一棵树可以做三副车毂，一副值三匹绢，合起来就是一百八十匹绢；聘礼或嫁奁，已勉强够了。

46.5.1　《术》曰：“北方种榆九根，宜蚕、桑，田谷好。”

译文：46.5.1　《术》记着：“房屋北面种九棵榆树，对蚕桑都很相宜，对谷田也好。”

46.6.1　崔寔曰：“二月榆荚成，及青收，干以为旨蓄。”旨，美也；蓄，积也。司部收青荚，小蒸，曝之。至冬，以酿酒，滑香，宜养老。《诗》云：“我有旨蓄，亦以御冬”也。

译文：46.6.1　崔定《四民月令》记着：“二月，榆荚长好了，趁青时收集，晒干，用来作‘旨蓄’。”旨就是美，蓄就是蓄积。司部收集青榆荚，稍微蒸一下，晒干。到冬天，用来酿酒，又香又滑，宜于养老。《诗经·邶风·谷风》里有“我储蓄着好吃的东西，也可以过冬天”。

46.6.2　“色变白，将落，可作醔（上敄下酉）酳[①]。随节早晏，勿失其适。”醔音牟，酳音头，榆酱。

注释：①醔醶（mú tú）：榆酱。

译文：46.6.2　“榆荚颜色变白，快要落下时，可以做醔醶。随着季节的早晚，不要失掉最适当的时机。”醔醶，是榆荚作的酱。

46.11.1　白杨：一名“高飞”，一名“独摇”。性甚劲直，堪为屋材；折则折矣，终不曲挠奴孝切。榆性软，久无不曲；比之白杨，不如远矣。且天性多曲，条直者少；长又迟缓，积年方得。

译文：46.11.1　白杨树，又名“高飞”，又名“独摇”。性质强劲顺直，可以做房屋材料；可以断折，但不会屈曲。榆树性质比较软，时间久些，便会弯曲；比起白杨来，差得远了。而且榆树天然弯曲的多，直长的少；生长又缓慢，要很多年才能成材。

46.11.2　凡屋材，松柏为上，白杨次之，榆为下也。

译文：46.11.2　建筑房屋的木材，松柏最好，其次是白杨，榆树最不好。

46.12.1　种白杨法：秋，耕令熟。至正月二月中，以犁作垄；一垄之中，以犁逆顺各一到；中宽狭，正似作葱垄。

译文：46.12.1　种白杨的方法：秋天，把地耕到和熟。到第二年正月二月中，用犁作成垄；每一垄，都用犁顺耕一遍，逆耕一遍；垄中的宽度，正像种葱的垄一样。

46.12.2　作讫，又以锹掘底一坑作小堑①。

注释：①堑（qiàn）：壕沟。

译文：46.12.2　作成垄后，又用锹在垄底上掘一道坑，作成小堑。

46.12.3　斫取白杨枝，大如指，长三尺者，屈著垄中。以土压上，令两头出土，向上直竖，二尺一株。

译文：46.12.3　斫些白杨枝条，像手指般粗细，三尺长的，弯在垄底的坑里面。用土压盖住，让枝条两端都露在土外面，向上直竖着，每二尺一株。

46.12.4　明年，正月中，剝去恶枝。

译文：46.12.4　明年正月，修剪掉不好的枝条。

46.13.1　一亩三垄，一垄七百二十株；一株两根，一亩四千三百二十株[1]。

注释：①和本书其余的许多计算一样，这些估计都是“纸面上的数字”，与实际情形不符合的。一亩四千三百二十株白杨，秧苗也许可以容纳得下，但如本书所说的“一亩三垄，一垄七百二十根”，就已无法安排。

译文：46.13.1　每亩三垄，每垄七百二十株；一株两根，一亩总共四千三百二十根。

46.13.2　三年，中为蚕樀都格反[1]；五年，任为屋椽；十年，堪为栋梁。

注释：①樀（zhé）：同“槌”。“槌”是蚕箔阁架上直立的柱子，樀是横阁的小柱，联合起来，放置蚕箔。

译文：46.13.2　三年，树干已经可以做蚕箔架的小柱子；五年，可以做椽条；十年，可以做栋梁。

46.13.3　以蚕樀为率，一根五钱，一亩岁收二万一千六百文。柴及栋梁椽柱在外。岁种三十亩，三年九十亩；一年卖三十亩，得钱六十四万八千文。周而复始，永世无穷。比之农夫，劳逸万倍。去山远者，实宜多种；千根以上，所求必备。

译文：46.13.3　拿蚕樀作标准说，一根值五文钱，每亩地每年可以卖二万一千六百文。柴和栋梁在外。每年种三十亩，三年种九十亩；每年出卖三十亩，就可以得到六十四万八千文。三年轮流着由九十亩来供应，周而复始，永世无穷。和种庄稼的农夫比起来，劳苦安逸，相差万倍。隔山林远的，实在应当多种；种了一千株以上，任何要求都可解决。

种棠第四十七

题解：47.1.1—47.1.3为篇标题注。

棠，有赤白两种。赤棠，木材红色，木理坚韧，可作弓干，果实酸而粗涩。白棠即甘棠，也叫棠梨，果实味酸甜，可食。

本篇简要地介绍了棠的繁殖（可种，可移栽）和棠叶的收摘及用途。棠叶可作染料，染绛（大红色）及紫色。

47.1.1《尔雅》曰："杜，甘棠也。"郭璞注曰："瓜之杜梨。"

译文：47.1.1　《尔雅》说："杜，是甘棠。"郭璞注解说："现在（晋代）称为杜梨。"

47.1.2　《诗》曰："蔽芾甘棠①。"《毛》云②："甘棠，杜也。"《诗义疏》云："今棠梨，一名杜梨；如梨而小，甜酢可食也。"《唐诗》曰③："有杕之杜。"《毛》云："杜，赤棠也。""与白棠同，但有赤白美恶：子白色者，为白棠，甘棠也；酢滑而美。赤棠子涩而酢，无味；俗语云：'涩如杜'。""赤棠木理赤，可作弓干。"

注释：①蔽芾（fèi）：幼小的样子。

②《毛》：《毛诗故训传》，简称《毛传》。西汉毛亨所作，注释《诗经》的著作。其训诂大抵以先秦学者的意见为依据，保存了很多古义，虽有误解，仍为研究《诗经》的重要文献。

③《唐诗》：指《诗经》中的《唐风》。

译文：47.1.2　《诗经·召南》有："蔽芾甘棠。"《毛传》注释说："甘棠就是杜。"《诗义疏》解释说："今日的棠梨，也叫杜梨；像梨一样，但形状小些，味甜带酸，可以吃。"《诗经·唐风》"有杕之杜"，《毛传》说"杜是赤棠"。《诗义疏》说："赤棠与白棠同，但果实有红色与白色、不好吃与好吃的分别：果实白色的，称为'白棠'，也就是'甘棠'；味酸甜，细嫩好吃。赤棠果子粗糙而酸，没有味；俗话说

‘涩如杜’，是说像杜一般粗涩。”“赤棠，木材红色，可以做弓干。”

47.1.3　案：今棠叶有中染绛者，有惟中染土紫者①，杜则全不用。其实，三种别异。《尔雅》《毛》郭以为同，未详也。

注释：①棠叶“中染绛与中染土紫”：棠梨树叶中，含有多种花青素类及多种多元酚类，可以染红及紫色。但染绛（大红），现在却不可能。也许是古代另有方法（如加特殊媒染剂），也许古代所用的棠，和现在的有些不同。另一方面，颜色的标准，也许不一样：古代所谓绛，未必是今日的大红，至少也许不如现在的鲜艳。

译文：47.1.3　案：现在（北魏）的棠，有叶子可做大红染料的，有只可以染“土紫”的，杜叶全不中用。这就是说事实上，三样是完全不同的东西。《尔雅》《毛传》，郭璞以为是相同的植物，正是没有详细区分。

47.2.1　棠熟时，收种之。否则春月移栽。

译文：47.2.1　棠果实成熟时，收集来种下。要不，就春天移栽。

47.3.1　八月初，天晴时，摘叶薄布，晒令干，可以染绛。

译文：47.3.1　八月初，天晴的时候，摘下叶子来，薄薄地铺开，晒干，可以染大红。

47.3.2　必候天晴时，少摘叶；干之，复更摘。慎勿顿收①：若遇阴雨，则浥；浥，不堪染绛也。

注释：①顿收：短时期内大量收采。顿，立刻。

译文：47.3.2　必须等候天晴的时节，少量摘些叶子；干了之后，再摘些来晒干。千万不要一下大量地收采：因为如果遇了阴雨的天气，叶子就会坏；坏就不能染成大红了。

47.3.3　成树之后，岁收绢一匹。亦可多种，利乃胜桑也。

译文：47.3.3　树长成之后，每年可以收得价值相当于一匹绢的叶子。也可以多种些，利润比桑树还大。

种榖楮第四十八

题解：榖、楮和构树，实际上为同一种树。树皮可以造纸。本篇介绍了它的种植和培育管理，均颇具特色。榖楮的种子要和麻子一起撒播。楮、麻一起种：一方面利用闲地，取得补偿；一方面还借麻的力量排挤杂草，同时也使树苗端正向上；另外还可利用麻给楮保暖，防止它们在秋冬季冻死。

48.3中，贾思勰告诉人们种榖楮时，要如何经营才能多获利。

48.1.1 《说文》曰："榖者①，楮也。"案今世人，乃有名之曰"角楮"，非也，盖"角""榖"声相近，因讹耳。其皮可以为纸者也。

注释：①榖（gǔ）者：今本《说文》，各种版本均无"者"字；由《说文》的体例说，也不应当有。可能由于下面的"楮"字右边是"者"，抄写时看错，多写了一个"者"字。榖，木名。又称楮（chǔ），构树，落叶乔木，树皮是制造桑皮纸和宣纸的原料。

译文：48.1.1 《说文》解释说："榖就是楮。"案：现在（北魏）的人，有人把这树称为"角楮"是错误的。只是因为"角""榖"读音相近，所以缠错了。它的树皮，可以造纸。

48.1.2 楮，宜涧谷间种之；地欲极良。

译文：48.1.2 楮树，应当在涧边或山谷间种；须要极好的地。

48.2.1 秋上，楮子熟时，多收；净淘，曝令燥。耕地令熟，二月耧耩之，和麻子漫散之，即劳。秋冬仍留麻勿刈，为楮作暖。若不和麻子种，率多冻死①。明年正月初，附地芟杀，放火烧之。一岁即没人②。不烧者瘦，而长亦迟。

注释：①率：均，都。

②没（mò）人：高与人齐，人进到里面便被"埋没"了。

译文：48.2.1 秋天，楮树果实成熟时，多多收取；在水里泡着，淘洗洁净，然后晒

到干。把地耕到和熟，二月间，用耧耩一遍，和雌麻一同撒播后，用劳摩平。秋天冬天，还是将麻留着不要割，让它们给楮保暖。如果不和雌麻种，便多数要冻死。到明年正月初，贴近地面割下放火烧。这样，长足一年，就长到比人还高了。不烧的树瘦，长高也缓慢。

48.2.2 三年便中斫[①]。未满二年者，皮薄不任用。

注释：①斫（zhuó）：本义为大锄，引申为砍、斩，作动词用。

译文：48.2.2 三年便可以斫了。不满二年的，皮太薄，不合用。

48.2.3 斫法：十二月为上，四月次之。非此两月而斫者，楮多枯死也。

译文：48.2.3 斫法：十二月斫最好，其次四月。不是这两个月斫的，楮树便多数枯死了。

48.2.4 每岁正月，常放火烧之。自有干叶在地，足得火燃。不烧，则不滋茂也。二月中，间劚去恶根。劚者，地熟楮科[①]，亦所以留润泽也。

注释：①科：作动词用，长得好。

译文：48.2.4 每年正月，常要放火烧。自然有干叶在地面上，够引火燃烧。不烧，就长不茂盛。二月中旬，把中间不好的植株间伐掉。这样劚过，地和熟了，楮树科丛长得好，同时也可以保留土壤水分。

48.2.5 移栽者，二月莳之[①]；亦三年一斫。三年不斫者，徒失钱，无益也。

注释：①莳（shì）：移栽植物。

译文：48.2.5 移栽的，二月间种；也要三年斫一次。三年还不斫，白白损失钱，没有益处。

48.3.1 指地卖者，省功而利少；煮剥卖皮者，虽劳而利大。其柴足以供然。自能造纸，其利又多。

译文：48.3.1 整片地面出卖的，人工省些，利钱也少些；煮过剥下皮来卖的。付出的劳力虽然增多些，但利钱大。柴可以供燃烧。要是能够自己造纸。利钱又更加大了。

48.3.2 种三十亩者，岁斫十亩；三年一遍。岁收绢百匹。

译文：48.3.2 种三十亩地的楮树，每年斫十亩；三年一个循环。每年可以收得一百匹绢。

种漆第四十九

题解：本篇在卷首总目录中，各版本的标题都是“种漆第四十九”，正文标题中，却又都没有“种”字。

《诗经·墉风·定之方中》有“椅桐梓漆”，可见春秋时，黄河中游地区曾有漆树种植。贾思勰时，也许有人在山东试种过。但本篇内容，却只有漆器的保存和使用方法，没有一个字涉及“种漆”；为什么它又夹杂在种树与种染料植物的各种种植方法之中？《齐民要术今释》的作者怀疑是以下原因造成的：（1）贾思勰原书曾有过关于种漆方法的记载，后来佚散了；抄刻时，因为篇中没有“种”法，所以删去了篇标题中的“种”字。或者（2）贾思勰曾计划搜集一些关于种漆方法的材料，后来没有找到实际材料，因此放弃了，同时就自己删去了标题中的“种”字。

49.1.1　凡漆器（不问真伪），过客之后，皆须以水净洗，置床箔上，于日中半日许曝之使干，下晡乃收[1]，则坚牢耐久。

注释：①晡（bū）：黄昏、傍晚。

译文：49.1.1　所有漆器，不管是真漆或假漆器，客人来用过之后，都必须用水洗洁净，放在架子或席箔上，在太阳下晒上半天，让它干，到黄昏再收拾，就坚固牢实耐久用。

49.1.2　若不即洗者，盐醋浸润气彻，则皱；器便坏矣。

译文：49.1.2　如果不立刻洗净，让盐醋泡着渗进了漆衣里面，就会皱起来，这样，这个器皿就坏了。

49.1.3　其朱里者[1]，仰而曝之。朱本和油，性润耐日故。

注释：①朱里：用朱砂漆涂在里面的器皿。朱，作为红色颜料的朱砂，即氧化低汞。

译文：49.1.3 里面朱漆的漆器，可以敞开起来晒。朱漆本来是和油作的，性质润泽，能耐日晒。

49.2.1 盛夏连雨，土气蒸热，什器之属①，虽不经夏用，六七月中，各须一曝使干。

注释：①什：本来的意义应当是整十件东西，合成一套或一副。后来引申开来，指一定数量成套成副的器物，可以同时应用的。

译文：49.2.1 大热天，下着连绵大雨，地面的水汽，使空气潮湿热闷，各种成套的漆器，虽然不是整个夏天都在使用中的，六月七月里，也都要取出晒一次，让它们干燥。

49.2.2 世人见漆器暂在日中，恐其炙坏，合著阴润之地；虽欲爱慎，朽败更速矣。

译文：49.2.2 现在人，看见漆器偶然在太阳下面，怕它晒坏了，便拿来倒覆在阴湿的地方；自己以为是爱护谨慎了，其实朽烂败坏得更快些。

49.3.1　凡木画、服玩、箱、枕之属[①]。入五月，尽，七月、九月中，每经雨，以布缠指，揩令热彻，胶不动作，光净耐久[②]。

注释：①木画：在木版上，用朱漆或黑漆作地，再用单色或多色的漆绘画，亦称为“漆画”，作为艺术作品。另一种木画，是用不同色的木材，镶成为图画。本书所说，应当是前一种所谓“漆画”的物件，和服玩、箱、枕等，同是漆制的，所以才要用保护漆器的办法保存。服玩：好玩的物件。

②“入五月”几句：这一些小字，与上文相连，应当同样作大字。现写作小字，可能是成书之后临时添入的，因为“篇幅限制”，所以写成了小字。

译文：49.3.1　所有漆画、漆制小用具、漆箱、漆枕之类的东西。到了五月底，七月中，九月中，每下了一场雨之后，就用布裹在手指上，揩抹到全面发热，胶就不会移动变易，光明洁净耐久用。

49.3.2　若不揩拭者，地气蒸热，遍上生衣[①]，厚润彻胶，便皱；动处起发，飒然破矣。

注释：①生衣：即霉类着生后，长成菌丝体之外，同时也出现了子囊柄，成了颇厚的一层被覆，像“衣”一样。

译文：49.3.2　如果不这样揩抹过，地面水汽潮湿热闷，使器皿表面生霉，含着足够的水气，渗透到胶里面，便会起皱褶；移动变化的地方，再高起来，一下便破了。

种槐、柳、楸、梓、梧、柞第五十

题解：本篇介绍的各种树种均可作器用木材。贾思勰详实地记述了它们栽种、培育的方法。槐树一定要和麻一起种，才能使树苗直立向上。柳树则用枝条扦插，本篇介绍的柳有弱柳（即垂柳）、杨柳、凭柳、箕柳，但它们扦插、培育的方法是不一样的。梓树先培育实生苗再移栽。楸树则是取其根茎（“栽”）移植，其取栽方法很特别，与卷四柰林檎第三十九所介绍的方法是一样的。梧桐（青桐）要培育实生苗移栽。白桐的繁殖方法与楸树同。柞树种子种下后，“一次定苗，不移栽”。

对以上各树种的用途及其经济价值，本篇也尽力地做了介绍。除了均可作器用木材外，箕柳的枝条可编簸箕；青桐是很好的庭院观赏树木，其籽实可作干果；白桐的木材可作乐器。

由此可见，在1400多年前，黄河流域的劳动人民在林业生产中，对林木的培养和经营，已积累了相当丰富的知识。

50.1.1　《尔雅》曰：“守宫槐，叶昼聂宵炕。”注曰：“槐，叶昼日聂合而夜炕布者[1]，名守宫。”孙炎曰：“炕，张也。”

注释：①聂合：槐的复叶，小叶片成对地互相贴合。炕布：舒展。

译文：50.1.1　《尔雅》说：“守宫槐，叶子白天闭合，夜晚开张。”郭璞注解说：“槐树中，叶子在白天闭合而夜间舒展的，名叫守宫槐。”孙炎说：“炕是开张。”

50.2.1　槐子熟时，多收，擘取[1]；数曝，勿令虫生。

注释：①擘（bò）：分开，剖裂。

译文：50.2.1　槐树种子成熟的时候，多多收集，剥开取得种子；多晒几回，不要让它生虫。

50.2.2　五月，夏至前十余日，以水浸之；如浸麻子法也。六七日，当芽生。好雨种麻

时，和麻子撒之。

译文：50.2.2　五月间，夏至以前的十多天，用水浸着；像浸麻子的方法。过六七天，就会出芽。雨水好，可以种麻的时候，和麻子一齐撒下。

50.2.3　当年之中，即与麻齐。

译文：50.2.3　当年里，就会长高到和麻一样。

50.2.4　麻熟刈去，独留槐。

译文：50.2.4　麻成熟后，把麻割去，单独留下槐树秧苗。

50.2.5　槐既细长，不能自立，根别竖木[①]，以绳栏之。冬天多风雨，绳栏宜以茅裹；不则伤皮，成痕瘢也。

注释：①根别：每一根，分别地。

译文：50.2.5　这样的槐树秧苗，又细又长，不能自己独立，得每一根旁边竖一枝木条，用绳子拦在木条上。冬天风多雨多，绳子栏的地方，还得用茅草裹住；不然，树皮会受伤，皮伤后就有瘢痕。

50.2.6　明年，劚地令熟，还于槐下种麻。胁槐令长[①]。

注释：①胁：“裹胁”，即以麻秆群的力量迫使槐树苗木为争阳光挺直向上生长。

译文：50.2.6　明年，把地锄熟，在槐秧苗丛下面，再种一批麻。强迫着槐树秧苗，让它向上长长。

50.2.7　三年正月，移而植之；亭亭条直[①]，千百若一。所谓“蓬生麻中，不扶自直”。

注释：①亭亭：无依靠而自己直向上，称为“亭亭”。

译文：50.2.7　到第三年正月，移栽；这时，棵棵自己直立向上，正直得很，千百棵都是一样。这就是《荀子》中所谓“蓬生麻中，不扶自直”的情形。

50.3.1　若随宜取栽[①]，匪直长迟，树亦曲恶。宜于园中割地种之。若园好，未移之间妨废耕垦也。

注释：①随宜：即“随意”“随缘”“随便”。

译文：50.3.1　如果不加选择，随便寻取插条来用，不但长得慢，树也弯曲不好。应当在园子里特别画出一些地来种。如果园子里土地好，则长出的秧苗，没有移栽以前，会妨碍耕地的工作。

50.11.1　种柳：正月二月中，取弱柳枝①，大如臂，长一尺半，烧下头二三寸，埋之令没，常足水以浇之。

注释：①弱柳：“弱”是细而软，垂柳枝条正是细而软的，所以垂柳常被称为“弱柳”。

译文：50.11.1　种柳：正月到二月中，取得胳膊粗细的垂柳枝条，长一尺半左近的，把下头“根极”的二三寸烧一烧，埋在土里，全部用土盖上，并且经常把水浇够。

50.11.2　必数条俱生。留一根茂者，余悉掐去。别竖一柱以为依主。每一尺，以长绳柱栏之①。若不栏，必为风所摧，不能自立。

注释：①以长绳柱栏之：“栏”字，在这里只可以作及物副动词用（以“之”字为目的格），形容上面“以长绳……柱”的动作。“长绳”是“以”的目的格，“柱”如何与“长绳”发生关系，还得有一个动词来交待，可能是“系”或“就”等字，漏掉了。

译文：50.11.2　必定同时长出许多枝条来。将其中最茂盛的一枝留下，其余的都掐掉。另外插一条直柱作为依傍的中心。每一尺高的地方，用一条长些的绳系在柱上栏着。如果不栏着，必定被风吹断，不能自己独立的。

50.11.3　一年中，即高一丈余。其旁生枝叶即掐去，令直耸上。

译文：50.11.3　一年之内，可以长到一丈多高。旁边长出的枝条和叶，都要掐掉，让它直立向上耸。

50.11.4　高下任人取足，便掐去正心①，即四散下垂，婀娜可爱。若不掐心，则枝不四散；或斜或曲，生亦不佳也。

①正心：即“顶芽”。

译文：50.11.4　树干总的高矮，随人的需要留够之后，就掐掉顶芽，现在，许多侧芽同时发展，向各方各面散开垂下来，婀娜可爱。如果不掐掉顶芽，枝条不会向各方面散开；树干歪斜或者弯曲，长出来也不好。

50.12.1　六七月中，取春生少枝种[①]，则长倍疾。少枝叶青而壮，故长疾也。

注释：①少（shào）：幼年。“少枝”即“幼枝”。

译文：50.12.1　六七月中，取今年春天的嫩枝条来栽种，生长可以加倍地快。嫩枝条叶青绿，势子也健壮，所以长得快。

50.13.1　杨柳：下田停水之处，不得五谷者，可以种柳。

译文：50.13.1　杨柳：低田停潴着水的地方，不能种五谷的，可以种杨柳。

50.13.2　八九月中，水尽，燥湿得所时，急耕则鳎榛之[①]。

①则鳎榛（lòu zòu）之：则，当“即”字用。锅榛，原指铁齿耙，在此作动词用。

译文：50.13.2　八九月中，水涸了之后，不太干也不太湿时，赶急耕翻，随即用铁齿耙耙过。

50.13.3　至明年四月，又耕熟，勿令有块；即作垄；一亩三垄；一垄之中，逆顺各一到；中宽狭，正似葱垄。

译文：50.13.3　到明年四月，又耕到和熟，不要让它有大的土块留存；跟着，作成垄，一亩分作三垄；每垄中，顺着倒着各耕一道；垄的宽窄，正像种葱的垄一样。

50.13.4　从五月初，尽七月末，每天雨时，即触雨折取春生少枝[①]，长一尺已上者，插著垄中。（二尺一根。）数日即生。

注释：①触雨：趁雨。

译文：50.13.4　从五月初起，到七月底止，每遇到下雨，就趁雨折下当年春天发出的嫩枝，有一尺多长的，插在垄里。（每根相距二尺。）几天就活了。

50.14.1　少枝长疾，三岁成椽；比如余木，虽微脆，亦足堪事。

译文：50.14.1　嫩枝条长得快，三年就可以作椽条；和其余木材相比，虽然稍微脆一些，也还可以供用。

50.14.2　一亩，二千一百六十根，三十亩，六万四千八百根；根直八钱，合收钱五十一万八千四百文。

译文：50.14.2　一亩，有二千一百六十根，三十亩，共有六万四千八百根；每根值八文钱，合计收得五十一万八千四百文。

50.14.3　百树得柴一载，合柴六百四十八载；载直钱一百文，柴合收钱六万四千八百文。都合收钱五十八万三千二百文。

译文：50.14.3　一百棵，可以供给一大车的柴，三十亩的树，合共供给六百四十八车柴；每车柴值一百文钱，柴共收入六万四千八百文。两样合计，收钱五十八万三千二百文。

50.14.4　岁种三十亩，三年种九十亩；岁卖三十亩，终岁无穷。

译文：50.14.4　每年种三十亩，三年种九十亩；每年出卖三十亩，循环斫伐，一生一世无穷无尽。

50.15.1　凭柳，可以为楯、车辋、杂材及枕[①]。

注释：①楯（shǔn）：栏杆的横木，也指栏杆。辋（wǎng）：车轮外廓。

译文：50.15.1　凭柳，可以做栏杆、车轮外廓、杂用材料、枕头。

50.16.1　《术》曰：“正月旦，取杨柳枝著户上，百鬼不入家[①]。”

注释：①按本书其他各节的例，这一条应在下两节50.18.1“《陶朱公术》曰”之后。

译文：50.16.1　《术》里有着：“正月初一早晨，取杨柳枝，放在户上，所有的鬼都不进到家里来了。”

50.17.1　种箕柳法[①]：山涧、河旁及下田不得五谷之处。水尽干时，熟耕数遍。

注释：①箕柳：是可以做箕的柳。

译文：50.17.1　种箕柳的方法：山涧、河旁边以及低下不能种五谷的地方，到水尽涸干后，好好耕几遍。

50.17.2　至春冻释，于山陂河坎之旁，刈取箕柳，三寸截之，漫散，即劳；劳讫，引水停之[1]。至秋，任为簸箕。

注释：①停之：将水聚集留下。停，是聚集留下；之，代表“水”。

译文：50.17.2　到了春天，冰化了，就在山边河旁低处，割些箕柳枝条，截成三寸长的段，随便撒下，盖上土，摩平；摩后，引水过来淹着。到秋天，长出的柳条，可以做簸箕了。

50.17.3　五条一钱，一亩岁收万钱。山柳赤而脆，河柳白而肕。

译文：50.17.3　每五条值一文钱，一亩地可以收到一万文。山柳红色而脆，河柳白色而韧。

50.18.1　《陶朱公术》曰[1]：“种柳千树，则足柴。十年以后，髡一树得一载[2]；岁髡二百树，五年一周。”

注释：①《陶朱公术》：诸志无其目，胡立初认为此书“当为农田治生之术”。系后人托名春秋时期范蠡所作，全文已亡佚。

②髡：整枝，剪去树枝。

译文：50.18.1　《陶朱公术》说：“种一千株柳树，就可有足够的柴。十年以后，修一棵树可以得到一车柴；每年修二百棵树，五年一个循环。”

50.21.1　楸梓[1]：《诗义疏》曰：“梓，楸之疏理；色白而生子者，为梓。”

注释：①楸（qiū）：木名。落叶乔木，叶子三角状卵形或长椭圆形，花冠白色，有紫色斑点。木材质地细密，可供建筑、造船等用。

译文：50.21.1　楸梓：《诗义疏》说：“梓是木材疏松的楸树；木材颜色淡，树能结子的，是梓。”

50.21.2　《说文》曰：“榎[1]，楸也。”

注释：①榎（jiǎ）：即楸，落叶乔木。

译文：50.21.2　《说文》说：“榎，就是楸树。”

50.21.3 然则“楸”“梓”二木相类者也。白色有角者，名为“梓”；似楸有角者名为“角楸”，或名“子楸”；黄色无子者为“柳楸”。世人见其木黄，呼为“荆黄楸”也。

译文： 50.21.3 这样看来，楸和梓是两种同类的树。木材白色，能结角的，名为“梓”；像楸树而结角的，称为“角楸”，或者叫“子楸”；木材黄色，不结子的，称为“柳楸”。一般人见到它的木材是黄的所以叫它“荆黄楸”。

50.21.4 亦宜割地一方种之。梓楸各别，无令和杂。

译文： 50.21.4 也应当画出一块地来专门种。而且楸树梓树应当分开来，不要让它们混杂。

50.22.1 种梓法[1]：秋，耕地令熟。秋末冬初，梓角熟时，摘取，曝干，打取子。耕地作垄，漫散即再劳之。

注释： ①梓（zǐ）：木名。紫葳科，落叶乔木。叶子对生或三枚轮生，花黄白色。木质优良，轻软，耐朽，供建筑及制家具、乐器等用。

译文： 50.22.1 种梓法：秋天，把地耕到和熟。秋末冬初，梓树角子成熟时，摘回来，晒干，打出种子。地上耕成垄，撒种后，摩两遍。

50.22.2 明年春生，有草拔令去，勿使荒没。

译文： 50.22.2 明年春天，发芽了，有草就拔掉，不要让草长到遮住秧苗。

50.22.3 后年五月间，劚移之，方两步一树。此树须大，不得概栽。

译文： 50.22.3 后年五月间，锄出移栽，每株每方要留下两步十二尺。这种树将来长得很大，不可栽得过密。

50.23.1 楸既无子，可于大树四面，掘坑，取栽，移之[1]。

注释： ①掘坑，取栽，移之：在大树根周围掘坑，使一部分根折断，从伤口上生出不定芽和不定根，成为可供扦插用的新条栽，是本书特别记载的方法。

译文： 50.23.1 楸树不结子，只可以在大树四面，掘坑造成不定芽生出的枝条作为插条，拿来移植。

50.23.2　亦方两步一根。两亩一行[①]，一行百二十株；五行合六百树。

注释：①两亩一行：这所谓“亩”，应当是一步阔二百四十步长的一长条土地。一棵树四面都要两步，所以须要两亩并列，才能种一行。下文“五行”，则是十亩地合并来种，共有五行。

译文：50.23.2　也是每株每方要留下两步。两亩联起来作一行，一行二百四十步种一百二十株；十亩五行，共六百株树。

50.23.3　十年后，一树千钱；柴在外；车、板、盘、合、乐器[①]，所在任用。以为棺材，胜于松柏[②]。

注释：①合：即现在的“盒”字。

②胜于松柏：《农桑辑要》将这四个字作为大字正文，说明了“以为棺材”的理由，是正确的。

译文：50.23.3　十年之后，每株树值得一千文；枝条所供给的柴在外；树干正材作车架、木板、盘子、盒子、乐器，都很合用。作棺木材料，比松树柏树还好。

50.24.1　《术》曰：“西方种楸九根，延年，百病除。”

译文：50.24.1　《术》里记着：“西方种九株楸树，可以使人延年，百病消除。”

50.25.1　《杂五行书》曰：“舍西种梓楸各五根，令子孙孝顺，口舌消灭也[①]。”

注释：①令子孙孝顺，口舌消灭也：《农桑辑要》将这两句作为大字正文。从文理上说，是合适的。口舌，指因言语而引起的是非、争吵、纠纷。

译文：50.25.1　《杂五行书》说：“房屋西面，种五株梓树五株楸树，可以使子孙孝顺，口舌是非消灭。”

50.31.1　梧桐：《尔雅》曰：“荣，桐木”，注云：“即梧桐也。”又曰：“榇[①]，梧。”注云：“今梧桐。”是知荣、桐、榇、梧，皆梧桐也。桐叶花而不实者，曰“白桐”；实而皮青者，曰“梧桐”。案今人以其皮青，号曰“青桐”也。青桐，九月收子；二三月中，作一步圆畦种之。方大则难裹，所以须圆小。治畦下水，一如葵法。五寸下一子，少与熟粪和土覆之。

注释：①榇（chèn）：梧桐的一种，即青桐。

译文：50.31.1　梧桐：《尔雅》里面，有“荣，桐木”，郭璞注解说：“就是梧桐。”又有：“榇，梧。”注说：“现在的梧桐。”由此可见荣、桐、榇、梧，都是梧桐。叶像梧桐，只开花不结果的，称为“白桐”；结果的青皮桐树，称为“梧桐”。案：现在（北魂）因为它的皮是青色的，所以叫“青桐”。青桐，九月间收子；二月三月中，作成直径一步的圆形畦种下。方畦大畦，包裹为难，所以要作成圆而小的畦。作畦灌水，一切都和种葵同样。每隔五寸下一棵种子，用少量和有熟粪的土盖上。

50.31.2　生后，数浇令润泽①。此木宜湿故也。当岁即高一丈。

注释：①数（shuò）：多次、屡屡。

译文：50.31.2　出苗后，常常用水浇到够潮湿。因为这种树需要湿。当年可以长到一丈高。

50.31.3　至冬，竖草于树间令满，外复以草围之；以葛十道束置。不然则冻死也。

译文：50.31.3　到了冬天，在树与树之间，竖着立些草束，把空处填满，外面再用草围上；最后，用葛麻缠绑十道。不然就会冻死。

50.31.4　明年三月中，移植于厅斋之前，华净妍雅，极为可爱。

译文：50.31.4　明年三月中，移栽到客厅或书房前面，华丽、洁净、漂亮、清雅，极为可爱。

50.31.5　后年冬，不复须裹。

译文：50.31.5　后年冬天，可以不须再包裹。

50.31.6　成树之后，树别下子一石。子于叶上生①；多者五六，少者二三也。炒食甚美。味似菱芡，多啖亦无妨也。

注释：①子于叶上生：梧桐蓇果，每一个心皮，从幼嫩到老熟，都保持着和叶的相似。成熟后，依胎座缝线裂开；成熟的种子，就黏在缝线上。因此，“子于叶上生”，不能算是大错误。

译文：50.31.6　树成熟之后，每株能落下一石种子。种子生在叶子上；多的，一片叶上有五六个，少的二三个。炒来吃，味很美。味道像菱角与鸡头，多吃也不会出毛病。

50.32.1　白桐无子。冬结似子者，乃是明年之花房[①]。亦绕大树掘坑，取栽，移之。

注释：①花房：这里所谓“花房”，所指的应当是“花芽”。

译文：50.32.1　白桐不结果。冬天结着像果的，是明年的花芽。白桐也要绕着大树掘坑，取得插条来移植。

50.32.2　成树之后，任为乐器。青桐则不中用。于山石之间生者，乐器则鸣[①]。

注释：①乐器则鸣：“乐器则鸣”上，似乎应有一“作”字。

译文：50.32.2　树长成了之后，可以作乐器材料。青桐却不能作乐器用材。生在山上石缝里的，作乐器声音更好。

50.33.1　青白二材，并堪车、板、盘、合、木屧等用[①]。

注释：①木屧（xiè）：即以一片木版，代替鞋。现在两广还用这种“屧”，不过通常称为“屐（jī）”。日本的“下驮”，也就是它。一般至今都还是用桐木作。屐：原注粤语读“kiek”，末尾的“k”是入声的标记。

译文：50.33.1　青桐白桐的木料，都可以作车架、板、盘、盒子、木鞋。

50.41.1　**柞**《尔雅》曰[①]：“栩，杼也。”注云：“柞树。”案俗人呼杼为“橡子”，以橡壳为“杼斗”，以剜剜似斗故也[②]。橡子，俭岁可食以为饭；丰年放猪食之，可以致肥也。宜于山阜之曲，三遍熟耕，漫散橡子，即再劳之。生则薅治，常令净洁。一定不移。

注释：①柞（zuò）：木名。常绿灌木或小乔木。生棘刺。叶卵形或长椭圆状卵形，边缘有锯齿。初秋开花，花小，黄白色。木质坚硬，供制家具等用，树皮及叶可入药。

②剜（wān）：用作动词，即今日通用的“挖”字。但此处连用两个剜字，很费解。怀疑上一个“剜”字是“形”字，即“形剜似斗”。

译文：50.41.1　**柞**《尔雅》说：“栩是杼。”郭璞注解说是“柞树”。案：一般人将杼叫作“橡子”，把橡壳叫作“杼斗”，因为橡壳窝窝地像斗一样。橡子荒年可以用来作饭；丰年给猪吃，也容易长膘。应当在土山土堆旁边低处，和熟地耕过三遍，满地撒上橡子，摩两遍。

出苗之后，薅去杂草，常常保持洁净，一次定苗，不移栽。

50.42.1　十年中椽①，可杂用；一根直十文。二十岁中屋槫②。一根直百钱。柴在外。

注释：①椽（chuán）：放在檩子上架屋面板和瓦的条木。

②槫（tuán）：原意为屋栋，即檩子；或音shuàn，是古代运棺柩的车子，也指古代一种盛酒的器皿。石按：以上解释，都不合本书要求。此处怀疑是“欂（bó）”，《说文》：“欂，壁柱也。”

译文：50.42.1　十年之后，可以做椽条，也可以供各种杂用；一根值十文钱。二十年，可以做壁柱。一根值一百文钱，柴在外。

50.42.2　斫去寻生，料理还复。

译文：50.42.2　斫去，根上又生出蘖条，照料整理，可以循环利用。

50.51.1　凡为家具者，前件木皆所宜种。十岁之后，求不给。

译文：50.51.1　所以预备制作家具的，以上各种木料，都应当种些。十年之后，没有一种要求不能自己供给。

种竹第五十一

题解：51.1.1—51.1.2为篇标题注。

本篇详细记述了竹的繁殖、培育及用途，用相当篇幅介绍了竹笋的种类及收获、食用的方法。

竹的繁殖是靠掘取其地下茎（即竹鞭）及连在上面长出的茎秆，将其移植来实现的。强调竹在繁衍过程中“爱向西南引，故于园东北角种之”的特性。

51.1.1　中国所生①，不过淡苦二种。其名目奇异者，列之于后条也②。

注释：①中国：在当时只指黄河流域一带。

②列之于后条也：后条是指卷十中“竹”（92.62）一段说的，那里列举有长江以南的许多竹类。

译文：51.1.1　黄河流域所生的竹，只有淡竹苦竹两种。其余名目奇特新异的，列在后面（卷十）中。

51.1.2　宜高平之地；近山阜尤是所宜。下田得水，则死。黄白软土为良。

译文：51.1.2　竹应当种在高而平的原地上；靠近山的小土堆更合宜。低地有积水的，就会死亡。黄白色软松土合适。

51.2.1　正月二月中，劚取西南引根并茎，芟去叶，于园内东北角种之。

译文：51.2.1　正月或二月里，锄取向西南方生长着的地下茎和茎干，芟掉叶子，在园的东北角上种着。

51.2.2　令坑深二尺许，覆土厚五寸。竹性爱向西南引，故于园东北角种之。数岁之后，自当满园。谚云：“东家种竹，西家治地”，为滋蔓而来生也。其居东北角者，老竹；种不生，生亦不能滋茂。故须取其西南引少根也。稻麦糠粪之，二糠各自堪粪，不令和杂。不用水浇！浇则

淹死。

译文：51.2.2　先掘二尺上下深的坑，放下竹鞭后，盖上五寸厚的泥土。竹的本性爱向西南方向延展，所以要在园子的东北角上种。几年之后，自然会长满一园。俗话说“东家种竹，西家整地”，就是说竹子会渐渐蔓延过来。在东北角上的，是老竹子；移来种，不会生出，生出也不会繁盛。所以必须取向西南角延展的嫩根。用稻糠或麦糠作肥料，两种糠单独地都可以作肥料，不要混和。不要浇水！浇了就会淹死。

51.2.3　勿令六畜入园。

译文：51.2.3　不要让牲口进竹园。

51.3.1　二月食淡竹笋，四月五月，食苦竹笋。蒸、煮、炰、酢[①]，任人所好。其欲作器者，经年乃堪杀。未经年者，软未成也。

注释：①炰（páo）：炰读fǒu时，是蒸煮，与前面重复，此处应读páo，烧烤。酢（zhǎ）：可能是“鲊”字抄错，否则应当是“菹”。参看卷九88.23。“鲊”在此是腌制品的泛称。

译文：51.3.1　二月吃淡竹笋，四月、五月，吃苦竹笋。蒸、煮、炰、鲊，随各人的爱好。要做器具的，必须经过一年，才可以砍来用。没有过年的竹子，太软，没有长成。

51.11.1　笋：《尔雅》曰：“笋，竹萌也。”《说文》曰：“笋，竹胎也。”孙炎曰：“初生竹谓之笋。”

译文：51.11.1　笋：《尔雅》说：“笋是竹的芽。”《说文》解释说：“笋是竹胎。”孙炎说：“刚生的竹子是笋。”

51.11.2　《诗义疏》云：“笋皆四月生，唯巴竹笋八月生，尽九月，成都有之。篃[①]，冬夏生。始数寸，可煮；以苦酒浸之，可就酒及食。又可采藏及干，以待冬月也。”

注释：①篃（mèi）：竹名。箭竹类，江南山谷中多。节密而短，一尺数节。叶大如履，可以做蓬。其笋冬生。

译文：51.11.2　《诗义疏》说：“笋都是四月间出生，但巴竹笋八月出生，到九月还在，成都就有。篃竹，冬天夏天都有。才生出来，几寸长时，可以煮；煮后用醋浸着，可以下酒作食品。也可以采来鲜藏或干藏，预备冬天用。”

51.12.1　《永嘉记》曰：“含箨竹，笋六月生，迄九月，味与箭竹笋相似。”

注释：①含箨（duò）：竹名。也写作“篙箨”，是记音的字。

译文：51.12.1　《永嘉记》说：“含箨竹，笋六月生出，到九月还有，味和箭竹笋相像。”

51.12.2　“凡诸竹笋，十一月掘土取，皆得长八九寸。”

译文：51.12.2　“所有竹笋，如果在十一月里掘开地面去找，都已有八九寸长。”

51.12.3　“长泽民家[①]，尽养黄苦竹；永宁、南汉[②]，更年上笋[③]；大者一围五六寸。明年应上今年十一月笋，土中已生，但未出，须掘土取。可至明年正月出土，讫五月[④]。”

注释：①长泽：西魏大统十二年（546）析山鹿县东部置，为长州大安郡治。治所在今内蒙古鄂托克前旗城川镇北1公里处。此长泽是否为“尽养黄苦竹”的长泽？尚存疑。

②永宁：东晋置长宁郡。南朝宋改为永宁。故治在今湖北荆门西北。南汉：南朝宋置。故治在四川成都北。

③上：进贡。

④讫：怀疑是“迄”字，与上下文相同。讫：完结，终了。迄：到，始终。

译文：51.12.3　“长泽县民众，都培养着黄竹苦竹；永宁县、南汉县，间一年就进贡一次笋；大笋，一棵有五六寸围。明年应当进贡今年十一月的笋，已经在土中生出了，但还没有出土，须掘开地面去寻。可以等到明年正月出土，到五月间还有继续出来的。”

51.12.4　“方过六月，便有含箨笋；含箨笋迄七月八月。九月已有箭竹笋，迄后年四月。竟年常有笋不绝也。”

译文：51.12.4　“刚过了六月，就已经有含箨笋；含箨笋可吃到七月八月。九月又有了箭竹笋，可以吃到第二年四月。因此，一年到头，常常有笋，不会断绝。”

51.12.5　《竹谱》曰[①]：“棘竹笋味淡，落人鬓发。箽、篃二笋[②]，无味。鸡颈竹[③]，笋肥美。篃竹，笋冬生者也。”

①《竹谱》：一卷，三千余字。晋戴凯之撰。此书正文为四字一句的韵文，逐条加以注释。名称有很多和现在不同。共记载七十多种竹子，分别从性状、产地、来源、用途等方面加以描述。是我国现存最早的一部竹类专著。《竹谱》后的引文应作大字正文。

②筶、篛（yé）：均为竹名。“筶”字书无此字。《竹谱》中的竹名多为记音字，故此字亦可视为记音字，音qǐ。

③鸡颈竹：据《竹谱》的叙述，鸡颈竹“纤细，大者不过如指……”作“鸡颈”正是形容它纤细；“笋美”，则也可用“鸡颈”来比拟。暂且保留“颈”字。

译文：51.12.5 《竹谱》说：“棘竹笋味淡，吃下，使人鬓发脱落。筶笋和篛笋没有味。鸡颈竹，笋肥美、篃竹，笋冬天出生。”

51.12.6 《食经》曰[①]：“淡竹笋法：取笋肉五六寸者，按盐中一宿。出，拭盐令尽。煮糜斗，分五升与一升盐相和，糜热须令冷。内竹笋咸糜中，一日，拭之。内淡糜中，五日，可食也。”

注释：①《食经》后的引文应作大字正文。

译文：51.12.6 《食经》曰：“淡竹笋的做法：取五六寸长的笋肉，压在盐下面过一夜。取出来，把盐揩净。煮一斗稀粥，分出五升来，加上一升盐，让热粥冷透。把盐中藏过的笋，在咸粥里面泡一天，揩净。放在淡粥中泡五天，就可以吃了。”

种红蓝花及栀子第五十二

燕支、香泽、面脂、手药、紫粉、白粉附

题解：原书卷首总目中，本篇篇标题下，有“燕支、香泽、面脂、手药、紫粉、白粉附”一个小字注，现仍将其放在篇标题下。

从本篇开始到“种紫草第五十四”是专讲染料的。本篇的标题与内容出现了“文不对题”的情形，正文中实际上没有关于栀子的记述。本篇插入的记述各种化妆品和护肤品的制作方法，是与红兰花种植不相涉的独立段落，因此，本篇三位数的段码特别多。

本篇先简要记叙了红蓝花的种法，收摘及其经济价值。52.11.1—52.11.3详细介绍了从红蓝花中提取较纯色素的方法：采得红蓝花后，先要“杀花”；然后用碱性溶液草灰汁（草灰汁是碳酸钾、钠混合溶液）取得黄色的色素溶液；再用酸石榴，或醋（在矿物酸还没有制出的古代，只能通过它们获取有机酸），或淀粉发酵的饭浆的酸浆水，使颜色恢复中性时的鲜红色。在140多年前黄河流域的小农“家庭”里，能用这样的方法来提取较纯的色素，正体现了他们的聪明才智。

本篇还记述了古代多种化妆品和护肤品的制作，如胭脂等，同样反映出当时操作技术的精良。111.1—131.3记叙油脂类化妆品的做法，包括：香泽、面脂、唇脂、手药。在黄河大平原，冬天寒冷而干燥，皮肤上涂油是必要的，但油脂往往有些不良气味，搁些香料下去可以矫正它。但如何将一些植物性芳香油，藉溶液过渡到脂肪里，是必须解决的。篇中记述的用清酒（醇的稀薄溶液）浸香，溶解一部分芳香油，再将它与油脂一起加热，先煎出酒精，再煎去水分，芳香油就过渡到脂肪里面了；最后再用淬火的方法试验脂肪中有无残余水分。这一整套提炼，除水的技术实在精细、巧妙。201.1—221.2记叙各种粉的做法，其中211.1—211.9各节记述的做米粉法（本篇的米粉是化妆品的厚料），其精细程度，也令人惊叹。

52.1.1　花地欲得良熟。二月末三月初种也①。

注释：①52.1.1应当作大字正文。

译文：52.1.1　种花的地，要好，要耕得和熟。二月尾三月初种。

52.1.2　种法：欲雨后速下；或漫散种，或耧下，一如种麻法。亦有锄掊而掩种者①，子科大而易料理。

注释：①锄掊（póu）：用锄头掘地。“掊”即现在口语中的“刨土”的“刨”（páo）。

译文：52.1.2　种法：要在雨停后赶快播种；或者满地撒播，或者用耧播，像种麻一样。也有用锄掊成窝窝下种后盖土的，这样，科丛大，也容易照料整理。

52.1.3　花出，欲日日乘凉摘取；不摘则干。摘必须尽。留余即合①。

注释：①合：即“闭阖”。红蓝花花序，开过一天，到晚上就蔫了闭阖起来。

译文：52.1.3　花开后，要每天趁天凉时摘；不摘就干坏了。摘要尽量摘完。留下的就蔫了。

52.1.4　五月子熟，拔曝令干，打取之。子亦不用郁浥。

译文：52.1.4　五月间，种子成熟，拔下，晒干，打下储藏。红花种子也不可以燠。

52.2.1　五月种“晚花”。春初即留子，入五月便种；若待新花熟后取子，则太晚也。七月中摘，深色鲜明，耐久不黦①，胜春种者。

注释：①黦（yè）：色泽变坏。

译文：52.2.1　五月种“晚花”。春初就预先留下一部分种子，五月初便下种；如果等到新花结子成熟后再取新种子来种，就太迟了。七月中摘的，颜色鲜明，耐久不变色，比春天种的强。

52.3.1　负郭良田，种一顷者，岁收绢三百匹。一顷收子二百斛，与麻子同价：既任车脂①，亦堪为烛。即是直头成米，二百石米，已当谷田；三百匹绢，超然在外②。

注释：①车脂：车毂用的润滑油。

②“二百石米”几句：这几句应当连在上句“即是直头成米”的下面，字的大小应与“直头成米”相同。这几句话的意思是：二百石红蓝花种子，本身就与麻子同价；即使再折低些，只算“直头”成米的价钱，也就等于二百石米，已经可以当得过种谷子的田……直头成米，直接折成米价。

译文：52.3.1　靠近城市的好地，种上一顷红花，每年可以收到三百匹绢。一顷地收得二百石种子，种子和麻子价值相同：可以做车毂润滑油，也可以作烛。就是直接折作米价，种子换得的二百石米，已经抵得过谷田的收获；还有花所换得的三百匹绢在外。

52.4.1　一顷花，日须百人摘；以一家手力，十不充一。

译文：52.4.1　一顷花，每天要一百人摘；单靠一家人自己的人手力量，十家也没有一家会够的。

52.4.2　但驾车地头，每旦当有小儿僮女，十百余群，自来分摘；正须平量，中半分取。是以单夫只妇①，亦得多种。

注释：①只妇：孤独的女人。

译文：52.4.2　只要把车驾到地头上，每天清早，便会有男女小孩，几十个到几百个，一群一群，来帮助摘花；但须要公平地量，大家对分。因此，就是单身男女，也可以放心多种。

52.11.1　杀花法①：摘取即碓捣使熟，以水淘，布袋绞去黄汁。

注释：①杀花：褪去花中的部分黄色素，是从红兰花中提取纯净红色素的第一道工序。按，"杀花法"后的三节（52.11.1、52.11.2、52.11.3），均应作大字正文，更合于正常的体例。杀，在这里是衰退、削弱、除去的意思。

译文：52.11.1　杀花法：红花摘回来之后，就用碓捣烂和匀。加水淘洗一遍，用布袋盛着，绞去黄色的汁。

52.11.2　更捣，以粟饭浆清而醋者淘之。又以布袋绞去汁。即收取染红，勿弃也！绞讫，著瓮器中，以布盖上。

译文：52.11.2　再捣，用发酸的澄清粟饭浆来淘。又用布袋把汁绞出来。这次绞出来的汁，收下来可以染红，不要丢掉。绞干后，把花放在小口的容器中，用布盖着。

52.11.3　鸡鸣，更捣令均，于席上摊而曝干，胜作饼。作饼者，不得干，令花浥郁也。

译文：52.11.3　天明鸡叫时，再捣匀，摊在席子上晒干，比做成饼强。做成饼，不能干透，花便坏了。

52.101.1　作胭脂法：预烧落藜、藜、藋及蒿作灰①；无者，即草灰亦得。以汤淋取清汁，初汁纯厚太酽，即教花不中用，唯可洗衣。取第三度淋者，以用揉花，和，使好色也。揉花。十许遍，势尽乃止。

注释：①落藜："落藜"无法解释，怀疑其中必有一个错字，最可能的是与"落'字字形多少有些相似的"蒺"——蒺藜灰中钾、钠、镁分量相当高，可以制灰碱。

译文：52.101.1　作胭脂法：预先烧好蒺藜、藜、藋和蒿等，取得碱灰；没有，用普通的草灰也可以。用热水淋，取得清灰汁，第一次淋得的汁，太浓立即使花不中用了，只可以洗衣。淋过两遍，第三遍的，用来揉花，温和些，可以得到很好的颜色。拿灰汁来揉花。要揉十多次，花的力量尽了才停止。

52.101.2　布袋绞取淳汁，著瓷碗中。取醋石榴两三个，擘取子，捣破，少著粟饭浆水极酸者和之；布绞取渖①，以和花汁。若无石榴者，以好醋和饭浆，亦得用。若复无醋者，清饭浆极酸者，亦得空用之②。

注释：①渖（shěn）：即"汁"。

②空用之：即单用极酸的清饭浆。这一套是很有趣的，用灰中的碜金族碳酸盐作成碱提取液，用弱酸（酸石榴中有大量的多羧酸，比用醋酸或醋酸乳酸混合液清饭浆安稳）来中和的办法。空用，单独使用。

译文：52.101.2　用布袋绞出灰汁揉得的浓汁出来，放在瓷碗里。另外，取两三个酸石榴，破开取出子来，捣破，加很少量极酸的粟饭浆水和匀；布包着，绞出酸汁来，和到花汁里面。如果没有石榴，用好的醋和上饭浆，也可以用。要是连醋也没有，极酸极酸的清饭浆，也可以单独使用。

52.101.3　下白米粉大如酸枣，粉多则白。以净竹箸不腻者，良久痛搅；盖冒①。

注释：①盖（gài）：同"盖"。

译文：52.101.3　将酸枣大的一颗白淀粉，放下去，粉多了，颜色嫌淡。用没有油腻的干净竹筷子，用力搅拌一大阵；盖住。

52.101.4　至夜，泻去上清汁，至淳处止；倾著帛练角袋子中，悬之。

译文：52.101.4　到夜里，倒掉上面的清汁，到浓厚的地方，停止；倒进一个用生绸或熟绸作的、三角形的袋子里，高挂起来。

52.101.5 明日，干浥浥时[1]，捻作小瓣，如半麻子，阴干之，则成矣。

注释：①浥浥（yì）：带水半干。

译文：52.101.5 明天，半干半湿时，捻成小片，像半颗麻子大小，让它阴干，就成功了。

52.111.1 合香泽法[1]：好清酒以浸香。夏用冷酒，春秋温酒令暖，冬则小热。鸡舌香、俗人以其似丁子，故为丁子香也[2]。藿香、苜蓿、泽兰香，凡四种[3]；以新绵裹而浸之。夏一宿，春秋再宿，冬三宿。

注释：①香泽：有香气的头发油。泽，膏泽。

②丁子：现在写作"钉子"。我国古代的钉，头上膨大的部分，并不是平顶的，钉的茎部，也有棱角。"丁香"是阴干的花芽，颜色形状，都像铁钉，所以称为"丁子香"，省称"丁香"。"鸡舌香"也是象形。

③苜蓿：苜蓿从来不用来作为芳香油料，怀疑是字形极相近似的"豆蔻"两字误写；或者是"草木樨"（草木樨可以用作香料）。

译文：52.111.1 配合香泽的方法：用好的清酒来浸香料。夏天用冷酒；春天秋天，把酒烫暖；冬天要把酒烫到热热的。香料，用鸡舌香、一般人因为鸡舌香形状像小钉子，所以称为"丁子香"（现在叫"丁香"）。藿香、豆蔻、泽兰香四种；用新丝绵包着，浸在酒里。夏天，过一夜；春天秋天，两夜；冬天，三夜。

52.111.2 用胡麻油两分，猪脂一分，内铜铛中[1]，即以浸香酒和之。

注释：①铛（chēng）：古代的锅。有耳和足，用于烧煮饭食等。以金属或陶瓷制成。

译文：52.111.2 把两分麻油，一分猪油，放在小铜锅里。加上浸香的酒。

52.111.3 煎数沸后，便缓火微煎；然后下所浸香，煎。缓火至暮，水尽沸定，乃熟。以火头内泽中。作声者，水未尽；有烟出无声者，水尽也。

译文：52.111.3 煮沸几遍后，将火退小，慢慢地煎。随后再将浸过的香一起煎，更要小火。到晚上酒带来的水煎干了，也不再沸了，就已成功。拿火头淬到香泽里，如果有声音，表示水还没干；出烟而不响，便是水干了。

52.112.1 泽欲熟时，下少许青蒿以发色。

译文： 52.112.1 “泽”快要成功时，加少量的青蒿，使它生出青色。

52.112.2 以绵幂铛觜瓶口①，泻著瓶中。

注释： ①幂（mì）：覆盖，遮掩。觜：古同“嘴”。

译文： 52.112.2 用丝绵盖着锅嘴和瓶口过滤，倒到瓶中储存。

52.121.1 合面脂法：用牛髓。牛髓少者，用牛脂和之；若无髓，空用脂亦得也。温酒浸丁香藿香二种，浸法如煎泽方。煎法一同合泽①，亦著青蒿以发色。

注释： ①煎法一同合泽：煎的方法，一切与“合香泽法”相同。这两套操作，都是用醇稀薄溶液，浸取植物性芳香油（芳香油都是脂溶性物质，在水中不溶，可溶于醇）后，过渡到脂性物质里面，再蒸去所含的水分。提炼和除水的技术，都很精细；尤其是用淬火的方法，来检验制品中残余的水分，非常巧妙。

译文： 52.121.1 配合面脂的方法：用牛骨髓油。牛骨髓油不够，可以和上些牛脂；如果没有牛骨髓油，净用牛脂也可以。把酒烫暖，浸着丁香和藿香两种香，浸法，和配合香泽一样。煎法和配合香泽一样，也加些青蒿来着色。

52.121.2 绵滤著瓷漆盏中，令凝。

译文： 52.121.2 用丝绵滤到瓷或漆的小容器里面，让它冷凝。

52.122.1 若作唇脂者，以熟朱和之①，青油裹之②。

注释： ①熟朱：是研过，“飞”过，颗粒大小均匀的朱砂。飞：矿物药和颜料，研成细末，置水中以漂去其浮于水面的粗屑。

②青油：很可能就是上文所说用青蒿染色的油。

译文： 52.122.1 如果要做涂在嘴唇上的“唇脂”，可以和上一些熟朱砂外面用“青油”包裹。

52.123.1 其冒霜雪远行者，常啮蒜令破，以揩唇；既不劈裂，又令辟恶。

译文： 52.123.1 有必需冒着霜雪的远程旅行，常常把蒜咬破，揩在嘴唇外面；既可以防止嘴唇裂开，又可以辟除邪恶。

52.124.1 小儿面患皴者[①]，夜烧梨令熟，以糠汤洗面讫，以暖梨汁涂之，令不皴。

注释：①皴（cūn）：皮肤暴露在干燥空气中后，自行裂开成小裂口称为皴。大而深的裂口，一般称为“皲”（jūn，古代写作“龟”）。糠汤所供给的乙种维生素复合物，对于皮肤，很有益处；再加上梨汁中糖分吸潮后所维持的湿润，便可以减少皮肤的干裂。

译文：52.124.1 小孩们有脸上发皴的，晚间，把梨烧熟，先用糠汤洗过脸，再用暖梨汁涂，可以不皴。

52.124.2 赤蓬染布，嚼以涂面，亦不皴也。

译文：52.124.2 赤蓬染的布，嚼出汁来，涂在小孩们脸上，也不皴。

52.131.1 合手药法[①]：取猪胰一具[②]，摘去其脂。合蒿叶，于好酒中痛挼，使汁甚滑。

注释：①手药：即保持手和面部不皴裂的手药。

②胰（yí）：猪胰腺体。现在多用“胰”字。胰脏可以供给脂肪乳化剂。

译文：52.131.1 配合手药的方法：取一副猪胰，把附着的脂肪组织摘掉。加上青蒿叶子，在好酒里面，用力挼揉，让汁液滑腻。

52.131.2 白桃人二七枚[①]，去黄皮，研碎，酒解取其汁。以绵裹丁香、藿香、甘松香、橘核十颗，打碎，著胰汁中。仍浸置勿出，瓷瓶贮之。

注释：①白桃人二七枚：白色桃仁二十七颗，“酒解取汁”后，可以供给另一部脂肪乳化剂。

译文：52.131.2 用二十七枚白桃仁，剥去黄色的种皮，研碎，用酒浸取汁。用丝绵包裹丁香、藿香、甘松香和十颗打碎了的橘核，一同放在胰子汁里。让它们浸着，不要取出来，搁在瓷瓶里贮藏着。

52.131.3 夜煮细糠汤，净洗面，拭干，以药涂之。令手软滑，冬不皴。

译文：52.131.3 晚上，把煮细糠所得到的汤，将手脸洗净，擦干，将手药涂上。可以使手柔软滑润，冬天不皴裂。

52.201.1 作紫粉法：用白米英粉三分[①]，胡粉一分，不著胡粉，不著人面[②]。和合均调。

注释：①英粉：最精最细的淀粉，称为“英粉”，制法见下段（211.1—211.9）。

②不著胡粉，不著人面：胡粉是铅粉，制法从胡族传来。第一个“著”字是“加”，第二个“著”字是“附着”。

译文：52.201.1 作紫粉的方法：用白色的细淀粉三分，铅粉一分，不加胡粉，不容易附上人的皮肤。混合均匀。

52.201.2 取落葵子熟蒸①，生布绞汁，和粉，日曝令干。

注释：①落葵子：落葵成熟果实，含有大量花青素，可用作食用淀粉的染料，染成的颜色极鲜艳，和苯胺染料中的“富克新”一样。现在四川西南还有利用的。因此落葵在川西被称为“染绛菜”或“染绛”。

译文：52.201.2 将落葵果实蒸熟，用生布绞出紫色的汁子来，和在粉里，在太阳下晒干。

52.201.3 若色浅者，更蒸取汁，重染如前法。

译文：52.201.3 如果颜色嫌浅，再蒸些落葵果实，取得汁子，重新像这样染过。

52.211.1 作米粉法：粱米第一，粟米第二。必用一色纯米。勿使有杂。師使甚细①；简去碎者。各自纯作，莫杂余种。其杂米、糯米、小麦、黍米、穄米作者，不得好也。

注释：①師（féi）：舂，用杵臼捣去谷物的皮壳。

译文：52.211.1 作米粉法：粱米最好，其次粟米。必定要用清一色的纯米，不要使它有杂色米在。舂到很白。把碎米拣掉。每一种米，单独地作，不要让另外的种子混进去。杂米、糯米、小麦、黍子、糜子作的米粉都不好。

52.211.2 于木槽中下水，脚蹋十遍；净淘，水清乃止。

译文：52.211.2 把米搁在木槽里，加水，用脚踏十遍；淘净，到水清为止。

52.211.3 大瓮中，多著冷水，以浸米。春秋则一月，夏则二十日，冬则六十日。唯多日佳。不须易水，臭烂乃佳。日若浅者，粉不滑美。

译文：52.211.3 在大瓮子里，多搁些冷水，将米泡着。春秋两季，浸一个月；夏季浸二十天；冬季浸两个月。越久越好。不要换水，发臭烂了才会好。日子不够久，粉就不够细滑。

52.211.4　日满，更汲新水，就瓮中沃之[①]。以手杷搅，淘去醋气。多与遍数，气尽乃止。

注释：①沃：用水冲洗。

译文：52.211.4　日子满了之后，汲新水换上，就在瓮子里洗。用手扒开搅动，把酸气淘掉。多洗几遍，到没有气味时才放手。

52.211.5　稍稍出著一砂盆中，熟研；以水沃，搅之；接取白汁，绢袋滤，著别瓮中。粗沉者[①]，更研，水沃，接取如初。

注释：①粗沉者：粗，在此指颗粒大。

译文：52.211.5　现在倒一点出来，在一个沙盆里，尽量地研；倒上水，搅动；将白汁接到绢口袋里面，向另外的瓮中滤出。沉在盆底的粗粒，再研，再倒上水，再搅，再接到绢口袋里去滤。

52.211.6　研尽，以杷子就瓮中良久痛抨，然后澄之，接去清水。贮出淳汁[①]，著大盆中，以杖一向搅——勿左右回转！——三百余匝[②]，停置，盖瓮，勿令尘污。

注释：①淳汁："淳"是"浓"，淳汁即浓汁。

②多匝（zā）：周，圈。以杖一向（向一个方向）搅三百余匝，是利用远心力来使悬浊液沉淀分离的方法。本书这样详细正确的记载，在全世界科学纪录中可能是最早的。

译文：52.211.6　研完，用耙子把瓮中聚积的粉汁，用力搅拌，然后澄清，舀掉上面的清水。将醖汁倒在一个大盆里，用一枝杖，向一个方向，搅三百多下，不要换方向！让它安静下来，盖上瓮口，别让灰尘掉下去。

52.211.7　良久清澄，以杓徐徐接去清。以三重布帖粉上，以粟糠著布上，糠上安灰。灰湿，更以干者易之，灰不复湿乃止。

译文：52.211.7　很久以后，澄清了，便轻轻地用杓子将上面的清水舀掉。在湿粉面上，帖上三重布，布上铺一层粟壳糠，糠上再搁灰。灰湿透后，换上干的，到灰不再湿为止。

52.211.8　然后削去四畔粗白无光润者，别收之，以供粗用。粗粉，米皮所成[①]，故无光润。其中心圆如钵形，酷似鸭子白光润者[②]，名曰“粉英”。英粉，米心所成，是以光润也。

注释：①粗粉，米皮所成：“粗粉”中，包括种实外壳和糊粉层，所以说是米皮所成，和“英粉”（粉英）是中心部分胚乳（米心）所成的不同。

②鸭子白：即鸭蛋白。

译文：52.211.8　最后，将这块粉四边粗些、白些、没有光泽的，削下来，另外收藏作粗粉用。粗粉是米皮所成，所以没有光泽。粉块中心，像钵一样圆圆的一块，和熟鸭蛋白一样光泽的，叫作“粉英”。粉英的粉，是米心所成，所以有光泽。

52.211.9　无风尘好日时，舒布于床上[①]，刀削粉英如梳，曝之。乃至粉干足将住反[②]，手痛挼勿住。痛挼则滑美，不挼则涩恶。拟人客作饼[③]；及作香粉，以供妆摩身体。

注释：①床：只是一个高架，上面宽而平的，不一定指睡眠用的床。

②足：在这里当“满足”讲。

③拟：即“准备作……之用”。

译文：52.211.9　等没有风，没有尘土，又有好太阳的时候，摊在矮架上，用刀将粉削成梳掌形的片，晒干。干后，尽量用手使力搓散。搓时用力大，粉就细滑，不搓就粗糙不滑。留来预备做饼待客，也可以作为扑身的香粉。

52.221.1　作香粉法：唯多著丁香于粉合中[①]，自然芬馥。

注释：①合：即盒。

译文：52.221.1　作香粉法：只要在粉盒子里多放些整颗的丁香，自然就芳香馥郁。

52.221.2　亦有捣香末绢筛和粉者，亦有水浸香以香汁溲粉者。皆损色，又费香。不如全著合中也。

译文：52.221.2　有人把香捣成末，绢筛筛过和到粉里面的；也有用水浸着香料，用香汁和粉的。都使粉色不白，而且费香。不如整颗放在盒中的好。

种蓝第五十三

题解：53.1.1—53.1.3为篇标题注。

本篇记述了蓝的种植方法（从浸种催芽到下种、移栽）和培育管理；对于从蓝中提取作染料的蓝靛的方法，叙述得非常细致。

53.1.1 《尔雅》曰："葴[1]，马蓝。"注曰："今大叶冬蓝也。"

注释：①葴（zhēn）：马蓝。

译文：53.1.1 《尔雅》说："葴是马蓝，"郭璞注解说："就是现在的大叶冬蓝。"

53.1.2 《广志》曰："有木蓝。"

译文：53.1.2 《广志》记有木蓝。

53.1.3 今世有茇赭蓝也[1]。

注释：①茇（yǒu）：石按："茇"字，陆玑以为是鼠尾草，可以染皂；陶弘景以为是瞿麦根，吴普以为是紫葳。此外，"茟茇""茇葀""藁茇"都是连用，不作单名。茇赭连用，也考不出。怀疑该字与"莀（lì）"有些关系，莀是紫草，可以"染紫，染留黄，染绿"。赭蓝相加，即是紫色；所以说"莀，赭蓝也"。

译文：53.1.3 现在育莀草，是赭蓝。

53.2.1 蓝地欲得良，三遍细耕。

译文：53.2.1 种蓝的地要好地，细细耕过三遍。

53.2.2 三月中，浸子令芽生，乃畦种之。治畦下水，一同葵法。

译文：53.2.2 三月中，把种子用水泡着，让它们发芽，再在畦里种下。整畦灌水，一切和种葵的方法一样。

53.2.3　蓝三叶，浇之；晨夜再浇之。薅治令净。

译文： 53.2.3　蓝苗出了三片叶，就要浇水；清早、夜晚共浇两遍。把杂草薅干净。

53.2.4　五月中，新雨后，即接湿耧耩拔栽之。《夏小正》曰："五月浴灌蓝蓼。"

译文： 53.2.4　五月中，新近下过雨，就趁湿用耧把地耩开，拔出蓝苗来移栽。《夏小正》说："五月浴灌蓝蓼。"

53.2.5　三茎作一科，相去八寸。栽时，宜并功急手，无令地燥也。白背即急锄，栽时既湿，白背不急锄，则坚确也[①]。五遍为良。

注释： ①坚确：怀疑应作"坚垎（hè）"，土地硬结。

译文： 53.2.5　三株共作一科，每科相距八寸。栽时，务必要赶工急急下手，不要让地干。地面发白就赶紧锄，栽时地是湿的，白背时如果不赶紧锄，就会硬结。锄五遍才好。

53.3.1　七月中，作坑，令受百许束；作麦得泥泥之[①]，令深五寸；以苫蔽四壁。

①麦稃（nè）：麦种实外壳。

译文： 53.3.1　七月里，掘一个能容纳一百把蓝的坑；将麦糠和上泥在坑的五面都涂上五寸厚一层；坑口上，用茅苫遮住四面。

53.3.2　刈蓝倒竖于坑中；下水，以木石镇压令没。

译文： 53.3.2　割下蓝来，叶朝下倒竖在坑里；灌上水，用石头或木柱压着蓝，使它不浮起。

53.3.3　热时一宿，冷时再宿，漉去荄[①]，内汁于瓮中。

注释： ①荄（gāi）：茎叶残渣。

译文： 53.3.3　热天，过一夜，冷天，过二夜，将植物残渣漉出去。将剩下的汁，移到瓦瓮中。

53.3.4　率：十石瓮，著石灰一斗五升，急手抨普彭反之。

译文： 53.3.4　比例：瓮如容十石，加石灰一斗五升，照此比例增减石灰，从速搅和。

53.3.5　一食顷止，澄清，泻去水。别作小坑，贮蓝淀著坑中[1]；候如强粥，还出瓮中盛之，蓝淀成矣。

注释：①蓝淀：现在写作蓝靛。蓝草中提取出的蓝色染料。

译文：53.3.5　一顿饭久后，停止，让它澄清，把上面的清水去掉。另外掘一个小坑，把瓮底的蓝色沉淀倒在坑里；等这沉淀干到像浓粥一样时，再舀回瓮中，就成了蓝淀。

53.4.1　种蓝十亩，敌谷田一顷；能自染青者，其利又倍矣。

译文：53.4.1　种十亩的蓝，抵得过一百亩的谷田；能够自己染青的，利益又要增加一倍。

53.5.1　崔寔曰："榆荚落时，可种蓝；五月，可刈蓝。"

译文：53.5.1　崔寔《四民月令》说："榆荚落时，可以种蓝；五月，可以收割蓝。"

53.5.2"六月可种冬蓝。"冬蓝，木蓝也；八月用染也[1]。

注释：①冬蓝，木蓝也；八月用染也：小字部分的两句，是贾思勰所加按语及注。

译文：53.5.2"六月可种冬蓝。"冬蓝就是木蓝，八月间用来染色。

种紫草第五十四

题解：54.1.1—54.1.4为篇标题注。

本篇介绍了紫草的种植和培育，详细地记述了紫草的收藏。种植紫草，是因它的根可作紫色染料，因此如何尽量将紫草根收净和保管好是本篇记述的重点。

54.1.1 《尔雅》曰："藐，茈草也[①]。"一名紫莀草[②]。

注释：①茈（zǐ）草：即紫草。

②一名紫莀草：这是郭璞的注，本书多一"草"字。

译文：54.1.1 《尔雅》说："藐是茈草。"郭璞注解说："可以染紫，又名紫莀草。"

54.1.2 《广志》曰："陇西紫草[①]，染紫之上者。"

注释：①陇西：秦昭王设陇西郡。今甘肃陇山以西。

译文：54.1.2 《广志》说："陇西所出的紫草，是最好的染紫染料。"

54.1.3 《本草经》曰[①]："一名紫丹。"

注释：①《本草经》：即《神农本草经》的简称。后人托名神农而作，原书早佚。

译文：54.1.3 《本草经》说："一名紫丹。"

54.1.4 《博物志》曰[①]："平氏山之阳[②]，紫草特好也。"

注释：①《博物志》：西晋张华撰。原书已佚，今本由后人搜辑而成。

②平氏山之阳：平氏，古地名。今河南桐柏县有平氏镇，位于桐柏山北麓。山之阳，山的南面。

译文：54.1.4 《博物志》说："平氏山的南面，紫草分外好。"

54.2.1 宜黄白软良之地，青沙地亦善；开荒，黍穄下大佳[①]。性不耐水，必须高田。

注释：①开荒，黍穄下：新开垦的荒地，和刚种过黍穄的熟地。下，即"底"，对现在种下的作物来说，称前作为"底"。

译文：54.2.1　应当种在黄白色软和的好地上，青沙地也好；新开荒，或者前作是小米糜子的地最好。不耐潦，所以一定要高地。

54.2.2　秋耕地，至春又转耕之。

译文：54.2.2　秋天耕过的地，到春天又转耕。

54.2.3　三月种之：耧耩地，逐垄手下子。良田一亩，用子二升；薄田用子三升。

译文：54.2.3　三月间下种：用耧把地耧成垄，跟着垄下种子，好地每亩用二升种子，瘦地每亩用三升。

54.2.4　下讫，劳之。锄如谷法，唯净为佳。其垄底草则拔之。垄底用锄，则伤紫草。

译文：54.2.4　下种后，摩平。锄的法则，和谷子一样，愈干净愈好。垄脚下的草，用手拔掉。垄脚用锄锄时，紫草容易受伤。

54.2.5　九月中子熟，刈之。候稃芳蒲反燥载聚[①]，打取子。湿载[⑦]，子则郁浥。

注释：①稃（fū）：泛指果实外面的包被，包括宿存萼和苞等。

②载：这个作动词用的“载”字，用法颇为特别。可能应当解作“裁”，即切断；更可能该解作读去声的“积”。

译文：54.2.5　九月中，种子成熟了，割下来。等外壳干燥了，再积起来，打下种子收存。湿时积着，种子就会燠坏。

54.2.6　即深细耕。不细不深，则失草矣。

译文：54.2.6　随即很深很细地把地耕翻。不细不深，根不会全翻出来，紫草的收获，就受到损失了。

54.3.1　寻垄以杷耧取、整理。收草宜并手力，速竟为良；遭雨，则损草也。一扼随以茅结之[①]，擘葛弥善。四扼为一头。

注释：①扼：即现在所谓“把”，拇指和食指，作成的围。

译文：54.3.1　每一垄，都用耙耧过，把根清出来，加以整理。收草，要人多尽量赶着快些弄完才好；遇到下雨，草就损失了。每一把，随即用茅草叶扎起来；撕葛皮来扎更好。四把合成一“头”。

54.3.2　当日则斩齐。颠倒十重许为长行[1]，置坚平之地，以板石镇之令扁。湿镇，直而长；燥镇则碎折；不镇，卖难售也。

注释：①重（chōng）：解释为“层”。

译文：54.3.2　当天，把扎好的“把”和“头”斩齐。头尾相错叠上十层，累积成为长行，放在硬而平的地面上，用石板压扁着。湿时镇压，草又直又长；干了再镇，就会断折破碎；没有镇压过的，卖不出去。

54.3.3　两三宿，竖头著日中曝之，令浥浥然[1]。不晒则郁黑，太燥则碎折。

注释：①浥浥：半干半湿。

译文：54.3.3　过了两三夜，把头竖着，在太阳里晒到半干半湿。不晒过，燠了就会变黑，太干又会破碎断折。

54.3.4　五十头作一“洪”。洪，十字大头向外[1]。以葛缠络。著敞屋下阴凉处棚栈上。其棚下，勿使驴马粪及人溺；又忌烟。皆令草失色。其利胜蓝。

注释：①十字大头向外：采回整理过压干了的紫草，四扼作成一“头”，五十头再集合成一“洪”。当然，每扼都有一端粗大一端小，每头中的四扼，便应当都是大端与大端并排，小端与小端并排的。现在，再一头一头地将大端向外，小端向内，十字交叉地排成“洪”，用葛缠起来。

译文：54.3.4　五十“头”，合成一“洪”。每一洪中，十字交叉地把每头的粗大一端向外排着。用葛缠绑起来。放在开敞的房屋里，阴凉的地方，木条架上。棚下，不要让牲口和人大小便；又不可有火烟。这些情形都会使草损失颜色。种紫草的利益，比蓝还强。

54.4.1　若欲久停者，入五月，内著屋中。闭户塞向，密泥，勿使风入漏气。过立秋，然后开出，草色不异。

译文：54.4.1　如果想保留得久些，五月中，放在一间屋里。把门关严，窗塞上，还用泥涂到泯缝，不让风进去或漏气出来。过了立秋，再开开取出来，草的颜色不会有变化。

54.4.2　若经夏在棚栈上，草便变黑，不复任用。

译文：54.4.2　如果在棚栈上过夏天，草便变成黑色，不能再用。

伐木第五十五
种地黄法附出

题解：种地黄法，依材料性质说，应当是与“种红兰花”“种蓝”“种紫草”等染料植物栽培法平行的一条；至少，也得作为以上三篇中任一篇的附录才合理。贾思勰将其附在本篇，是临时将材料补入“卷”末尾的一种变通排法。

本篇中贾思勰先总结了伐木的合适时期与伐木后对木材的处理。用化学药剂来处理木材，防腐、防虫，是近百多年来的事。在这以前，只有水泡和火烘两个方法。1400多年以前，我国的劳动人民，早已由经验中知道对不合时令砍伐的木材，经这两种方法处理后，可以达到防虫、防腐的效果。

接着贾思勰引述各家提出的适合砍伐树木的季节，告诉人们应如何合理安排一年中伐木的计划。砍伐所得木材的品质，和砍伐的季节有关。冬季，树木大半处于休眠状态，各部分的含水量相差最小。春天开始生长活动时，新老材的含水量差异就慢慢增大。夏天，水分变化最剧烈，直到果实种子成熟后才逐渐趋于稳定。水分分布愈不均匀，木材干燥后破裂、翘曲、扭转等变化就愈大。另外，新种子成熟后再砍伐，落下的种子产生幼树的机会较多。因此，对伐木来说：“凡木有子实者，候其子实将熟，皆其时也。”我们的祖先通过长期的观察、实践，已体会到其中一些规律，加以总结利用。

55.101.1—55.103.2记述的是种地黄的方法：包括时令，对土质的要求等。地黄是用根茎繁殖的。地黄根可提取黄色染料，应归入染料作物。

55.1.1　凡伐木，四月七月，则不虫而坚肕。

译文：55.1.1　凡四月七月砍伐的木材，不生虫，而且坚实牢韧。

55.1.2　榆荚下，桑椹落，亦其时也。

译文：55.1.2　榆树落荚，桑树落椹，也就是砍伐榆树和桑树最好的时候。

55.1.3 然则凡木有子实者，候其子实将熟，皆其时也。非时者，虫而且脆也。

译文：55.1.3 由此可见，所有能结果实的树木，等它的果实将要成熟的时候砍伐，也都合适。不合时砍伐的，容易生虫，而且脆。

55.2.1 凡非时之木，水沤一月，或火煏取干[①]，虫皆不生。水浸之木，更益柔肕。

注释：①煏（bì）：逼近火旁烘烤。现在长江流域方言中还保存这个字。

译文：55.2.1 不在合适时令砍伐的树，在水里泡着沤一个月，或者在火旁边烘干，也都可以避免生虫。水泡的木材，更加柔和牢韧。

55.3.1 《周官》曰[①]：“仲冬斩阳木，仲夏斩阴木。”郑司农云：“阳木，春夏生者；阴木，秋冬生者（松柏之属）。”郑玄曰：“阳木生山南者，阴木生山北者。冬则斩阳，夏则斩阴，调坚软也。”

注释：①《周官》：即《周礼》。相传周公所作，是一部描述理想中的政治制度与百官职守的书。

译文：55.3.1 《周官》（《地官·司徒》《山虞》）说：“十一月斩阳木，五月斩阴木。”郑众解释说：“阳木，是春夏生的；阴木，是秋冬生的，像松柏之类。”郑玄解释说：“阳木，是生在山的南面的；阴木，是生在山北面的。冬天斩阳木，夏天斩阴木，可以调度坚软。”

55.3.2 按柏之性[①]，不生虫蠹，四时皆得，无所选焉。山中杂木，自非七月四月两时杀者，率多生虫，无山南山北之异。郑君之说，又无取。则《周官》伐木，盖以顺天道调阴阳，未必为坚肕之与虫蠹也。

注释：①按：这一段是贾思勰加的案语。

译文：55.3.2 按柏树的本性，不生虫蠹，一年四季，砍来都可应用，没有选择的必要。至于山中的其余杂树，如果不是四月与七月砍杀的，都会生虫，山南面山北面的都一样。郑玄的说法，也没有根据。《周官》关于伐木的规定，只是“顺天道调阴阳”，未必一定是为了坚韧或虫蠹的问题。

55.4.1 《礼记·月令》：“孟春之月，禁止伐木。”郑玄注云：“为盛德所在也。”

译文：55.4.1 《礼记·月令》：“正月禁止伐木。”郑玄注解说：“因为孟春盛德在木。”

55.4.2 “孟夏之月，无伐大树。”逆时气也。

译文：55.4.2 “四月不要伐大树。”郑玄注解说因为和时气相反。

55.4.3 “季夏之月，树木方盛，乃命虞人[1]，入山行木，无为斩伐！”为其未坚肕也。

注释：①虞人：古官名。西周始置，掌管山泽禽兽之事。

译文：55.4.3 “六月，树木正茂盛，就命令‘虞人’，到山里巡行，察看树木，不要有斩伐的事情！”郑玄注解说因为还没有坚肕。

55.4.4 “季秋之月，草木黄落，乃伐薪为炭。”

译文：55.4.4 “九月，草木黄落，才伐木，烧炭。”

55.4.5 “仲冬之月，日短至，则伐木取竹箭。”此其坚成之极时也。

译文：55.4.5 “十一月，冬至了，就砍伐树木，取竹作箭。”这是竹与木坚硬成熟到极点的时令。

55.5.1 孟子曰：“斧斤以时入山林，材木不可胜用。”赵岐注曰[1]：“时谓草木零落之时；使材木得茂畅，故有余。”

注释：①赵岐：东汉人，作《孟子章句》注释《孟子》。

译文：45.5.1 《孟子》里有：“大小斧头，只要在一定的时期进山林，成材的木料便用不完。”赵岐注解说：“一定的时期，指草木零落的时候；这样，成材的木料可以长得茂盛畅遂，所以有余。”

55.5.2 《淮南子》曰：“草木未落，斤斧不入山林。”高诱曰[1]：“九月，草木解也。”

注释：①高诱：东汉训诂学家，曾为《淮南子》作注。

译文：55.5.2 《淮南子·主术训》里有：“草木没有落叶以前，大小斧头不上山。”高诱注解说：“九月，是草木凋落的时令。”

55.5.3　崔寔曰："自正月以终季夏，不可伐木；必生蠹虫。或曰：'其月无壬子日，以上旬伐之。'虽春夏不蠹，犹有剖析间解之害[①]；又犯时令；非急无伐。""十一月，伐竹木。"

注释：①剖析间解：即依纵向与斜向裂开。

译文：55.5.3　崔寔说："从正月到六月，不要砍树作材料；砍回必定生虫。也有人说：'如果某个月中没有壬子日，可以在这个月上旬去砍伐。'但这样，尽管当年春天夏天不生虫，也会纵斜裂缝；又犯时令；如果不是急需，不要砍伐。""十一月，伐竹木。"

55.101.1　种地黄法：须黑良田，五遍细耕。三月上旬为上时，中旬为中时，下旬为下时。

译文：55.101.1　种地黄的方法：须要黑土好地，先细细耕五遍。三月上旬最好，其次三月中旬，最迟是三月下旬。

55.101.2　一亩下种五石，其种还用三月中掘取者；逐犁后如禾麦法下之。

译文：55.101.2　一亩下五石种，用三月间掘出的根作种；跟着犁后面像禾和麦一样种下去。

55.101.3　至四月末、五月初，生苗讫。至八月尽，九月初，根成，中染。

译文：55.101.3　到了四月底、五月初，该都出苗了。到八月底九月初，根已经长好，可以做染料。

55.102.1　若须留为种者，即在地中勿掘之。待来年三月，取之为种。计一亩可收根三十石。

译文：55.102.1　如果须要留来做种的，就留在地里不要掘出来。等到明年三月，拿来作种。每亩可以收三十石根。

55.102.2　有草，锄不限遍数。锄时，别作小刃锄，勿使细土覆心！

译文：55.102.2　有草，尽量锄，遍数没有限制。锄时，应该另外作成一种小刃口的锄，免得泥土盖住苗心。

55.103.1　今秋取讫，至来年更不须种，自旅生也[①]，唯须锄之。

注释： ①旅生：即“稆生”“橹生”。栽培植物遗留的种子，发芽生长成半野生状态的新植株。

译文： 55.103.1　今年秋天收完后，明年不须要再种，自然会有宿根生出，只要锄整。

55.103.2　如此，得四年不要种之，皆余根自出矣。

译文： 55.103.2　像这样，可以连续四年不要下种，剩下的根，自然会出苗的。

精彩点拨

在房屋北面种九棵榆树，对蚕桑、田谷相宜；做柴是砍后复生，一劳永逸；还说“千根以上，所求必备”。柘子树三年一根三文，十年一根值二十文，十五年一根，值一两三百六十，二十年值万钱，贾思勰都通过了计算，调研了市场，对时间、数量、方位都进行了准确的讲解。种地黄，种紫草，种蓝，种竹，种槐、柳、楸、梓、梧、柞，种棠，种榆白杨，种桑柘，等等，行动起来，绿化我们美好的家园。

阅读积累

夏小正

《夏小正》是中国现存最早的一部记录农事的历书，收录于西汉戴德汇编《大戴礼记》第47篇。在《隋书·经籍志》首次出现《夏小正》单行本。本历书可窥见先秦中原农业发展水平，保存了古代中国的天文历法知识。《夏小正》撰者无考。一般认为成书时间为战国时期、两汉之间。宋朝傅嵩卿著《夏小正传》集成了当时两个版本《夏小正》文稿。《史记·夏本纪》载：“太史公曰：孔子正夏时，学者多传《夏小正》云”。有人据此认为是孔子及其门生收录整理出源于中国夏朝的农事历法知识。

卷　六

精彩导读

卷六是说明六畜和养鱼技术，具体讲了养牛、马、驴、骡，养羊，养猪，养鸡，养鹅鸭，养鱼，还讲了相牛马及防治诸病方法，讲了毡及酥酪、干酪法，讲了收驴马驹、羔、犊法，讲了羊病诸方，讲了养鱼，鱼池里可以种莼、藕、莲、芡、芰，大力宣传养鱼致富。

养牛、马、驴、骡第五十六

相牛马及诸病方法

题解：原书卷首总目，在标题下还有“相牛马及诸病方法”的小字夹注。

56.1.1—56.2诸段说明畜牧业在农业社会中的地位，56.3　介绍了中国古代社会对民间畜牧的管理。56.4.1是“经验方法”中对驹的保护。

从56.11.1—56.38.2是“相马法”。先讲整体相马法；接着，介绍根据马的五脏、体形、眼球色、马耳、毛色、旋毛位置、牙齿等，来推断马的性情、能力、年龄等的方法。其中，还有多条识别千里马的方法。这部分可能是从许多不同的来源钞集拢来的，所以有重复与矛盾，显得很零乱、破碎，不成章法。这在《齐民要术》的各篇中是罕见的。另外，《齐民要术》最优良的作风之一，是对所引的每一句话，都标明出处，态度极认真、严肃、负责，读者因此很容易找出根据来对证。可是，这一部分，却没有注明出处。因此更可能是除了贾思勰原书原有的材料之外，还夹杂着后来读者随手钞入“增附”的条文。它们与贾思勰无关，所以不依《齐民要术》的规矩，没有注明出处。

56.51.1—56.53.5记述了役使马的方法，即“使用注意”，其中有关“五劳”的观察和“五劳”的治法，说明当时我国劳动人民已积累了合理役使马的丰富经验。

56.54.1—56.56.1记述了饲养马的方法，即“饮食注意”。

56.61.1—56.62.1说明了骡、驴与马的关系。

56.101.1—56.115.1是治马、驴病的各种医方。

从56.201.1开始，是关于牛的，记述了“相牛法”和治牛的医方。

56.1.1　服牛乘马[1]，量其力能；寒温饮饲，适其天性；如不肥充繁息者，未之有也。

注释：①服牛：役使牛来驾车。

译文：56.1.1　役使牛和马，估计它们力量能达到的限度；天气冷热，喂水喂食物，依照它们不同的天性；做到这样，还不肥壮充沛，大量繁殖，是不会有的。

56.1.2　金日磾降虏之煨烬[1]，卜式编户齐民[2]；以羊马之肥，位登宰相。公孙弘、梁伯鸾[3]，牧豕者，或位极人臣，身名俱泰；或声高天下，万载不穷。宁戚以饭牛见知[4]，马援以牧养发迹[5]。莫不自近及远，从微至著。呜呼！小子！何可已乎？故小童曰[6]：“羊去乱群，马去害者。”卜式曰：“非独羊也，治民亦如是：以时起居，恶者辄去，无令败群也。”

注释：①金日磾（dī）（前134—前86）：字翁叔，西汉武帝时大臣。金日磾原为匈奴休屠王的太子，汉武帝初年，归降汉。初任马监，替皇家管理马匹，把马养得很肥。因此，他的忠诚可靠，得到汉武帝的信任，最后做到宰相。煨烬（wēi jìn）：燃烧后残余下来的火。此处暗喻匈奴本来很强盛，向汉朝投降了的休屠王，再也没有成为强盛国家的可能，因此说金日磾是“虏之煨烬”。煨，是燃烧，但不能起焰，也就是力量不强的火。烬，是热灰。

②卜式：西汉武帝时河南人。原是普通百姓，因善于经营生产，牧羊累积了许多财产；曾把家财捐献给皇家作军饷，汉武帝很重视他。后在长安替皇帝经营牧羊事业，成绩也很好，并且以养羊的方法向皇帝说明管理老百姓的道理（见本段末）。最后也做过宰相。编户齐民：编入保甲“户”口中的一个平民。

③公孙弘（前200—前121）：西汉菑川（郡治今山东寿光）薛人，字季，一字次卿。年轻时做过狱吏，犯错误免职后，家贫，在海边牧猪。晚年也做过汉武帝的宰相。梁伯鸾：梁鸿，字伯鸾。东汉扶风平陵（今陕西咸阳西北）人。幼年无父母，家里很穷，靠牧猪为生。后来和妻子孟光迁到吴郡，替人家舂米。他和妻子安贫乐道，相敬如宾，他们“举案齐眉”的故事流传千古。

④宁戚：传说中是春秋时卫国的贤人。后人傅会着说他作过一部《牛经》，专门讨论相牛和养牛的方法。但贾思勰时代还没有确定他是《牛经》的作者。饭牛见知：宁戚至齐国时曾边喂牛边咏歌，被路过的齐桓公听见，齐桓公认为他是贤才，拜为上卿。王逸《楚辞注》说：“宁戚，卫人；修德不用而商贾，宿齐东门外。（齐）桓公夜出，宁戚方饭牛而歌；桓公闻之，知其贤，举用为客卿。”

⑤马援（前14～49）：字文渊，扶风茂陵（今陕西兴平东北）人。东汉初的功臣。在加入东汉光武帝刘秀的军队以前，曾在“北边”养过大群的马，累积了大量财产，也获得了许多马匹。

⑥小童：这句出自《庄子·徐无鬼》：“牧马小童曰：‘夫为天下者，亦奚以异乎牧马者哉？亦去其害马者而已矣……’”

译文：56.1.2 像金日磾这样投降了的外族残余，像卜式这样从老百姓出身的人，因为养羊养马养得肥，便都做到了宰相。又像公孙弘和梁鸿，都是放猪的，可是公孙弘也做到极品的大臣，个人和名誉都很好；梁鸿声名当时传遍了全国，往后千万年也受人尊敬。宁戚由喂半出身，被齐桓公赏识了，马援从牧马起家。这些，都是由近到远，由不出名到很出名。啊！我们年轻的老百姓，怎么要自暴自弃呢？所以牧马小童说：“把羊群中捣乱的除掉，把马群中妨害集体的去掉。”卜式说：“不但管羊，管老百姓也一样：一定的时节，有一定的工作安排着；个别不好的，一定要除掉，不要让它败坏集体。”

56.2.1 谚云：“羸牛劣马寒食下[①]。”言其乏食瘦瘠，春中必死。务在充饱调适而已。

注释：①羸（léi）：瘦弱。原来的意义是指瘦弱的羊，后来扩大指一切生物。寒食：清明节前一天或两天称为“寒食”。

译文：56.2.1 俗话说：“瘦牛坏马，过不了寒食，”意思说因为吃得不够，瘦弱的，到春天气温变化剧烈时一定会死。总而言之，必须喂得充足饱满，调节适当。

56.2.2 陶朱公曰：“子欲速富，当畜五牸[①]。”牛、马、猪、羊、驴，五畜之牸。然，畜牸则速富之术也[②]。

注释：①牸（zì）：母牛母马的名称。此处泛指能生产幼畜的雌性牲畜。

②然，畜牸则速富之术也：这句，固然也可在“然”字后点断，解作“这样”，但不甚合理。怀疑抄写有错误，即“则”字应在“然”字之下，“畜”字之上。

译文：56.2.2 陶朱公说：“要想快快致富，应当养五种母畜。”牛、马、羊、驴、猪，五种家畜的母兽。这样，可以知道养母兽是快速致富的方法。

56.3.1 《礼记·月令》曰：“季春之月，合累牛腾马，游牝于牧[①]。”累、腾，皆乘匹之名。是月，所以合牛马。

注释：①牝（pìn）：鸟兽的雌性。

译文：56.3.1 《礼记·月令》说："三月，可以让牡牛牡马，和牝兽交配，让发情的牝兽在放牧时散开" "累"和"腾"，都是可以在交配中授胎的牡兽的名称。这个月专让牛马等大牲口交配。

56.3.2 "仲夏之月，游牝别群，则縶腾驹。"孕任欲止[①]，为其牝气有余[②]，恐相蹄啮也。

注释：①孕任：现在的写法是"孕妊"或"孕娠"。

②牝气：这里指牡马"发情"后的冲动，应当是"牡气"。但为了《齐民要术》的传抄真像，暂仍保存"牝"字。

译文：56.3.2 "五月，发情的牝兽分别成群，把牡马拴起来。"郑玄注解说："牝兽已经怀孕，应当停止交配；但牡兽发情的冲动还没有完，恐怕它踢伤或咬伤牝兽与胎儿。"

56.3.3 "仲冬之月，牛、马、畜兽[①]，有放逸者，取之不诘。"《王居明堂礼》曰[②]："孟冬，命农毕积聚，继放牛马[③]。"

注释：①畜：驯养后已经开始繁殖的家畜，牛、马之外还有羊和猪。兽：捕获后正在驯养中的野兽，如麇、鹿等半驯养家畜。

②《王居明堂礼》：此处为《礼记·月令》中郑玄的注。

③继放牛马：把牛马全部拴着收起来。"继"是借作"系"。"放"依文义，应该是"收"，字形相似，写错。

译文：56.3.3 "十一月，牛、马、家畜和养着的兽，如没有收好或逃走了出来的，任何人可以收去，不算犯罪。"郑玄注解说："《王居明堂礼》已说过，十月命令农家全部聚积收藏，把牛马全部拴着收起来。"

56.4.1 凡驴、马驹，初生，忌灰气；遇新出炉者，辄死。经雨者则不忌。

译文：56.4.1 凡驴马小驹初生出的，忌灰气；遇了新从火炉中出来的灰，一定死亡。灰后来经过雨淋的就不忌。

56.11.1 马头为王，欲得方；目为丞相，欲得光；脊为将军，欲得强；腹胁为城郭，欲得张；四下为令[①]，欲得长。

注释：①四下：四肢。令：地方官。

译义：56.11.1　马头是“土”，要方；马眼是丞相，要有光；马背脊是将军，要强；马肚和胸，是城墙，要鼓出；马四条腿是地方官，要长。

56.12.1　凡相马之法，先除三羸五驽[①]，乃相其余。

注释：①羸：弱。和“驽”相对来说，弱是不能负重。驽是不能行速。

译文：56.12.1　看马的外相，先要把“三羸五驽”除掉，才值得看其余的特征。

56.12.2　大头小颈[①]，一羸；弱脊大腹[②]，二羸；小胫大蹄[③]，三羸。

注释：①大头小颈：头大颈小，表示早期生长中营养不良，保持着幼态，所以是“羸”弱的一个条件。

②弱脊大腹：“弱脊”是脊柱软弱下垂，弱脊大腹的马，肺活量不够大，而肠胃松弛，自身成为一种负担；这样的马，持久力也不够。

③小胫大蹄：腿骨细弱而蹄相对肥大，也是营养不良的情况。

译文：56.12.2　头大颈小是第一种“羸”；背脊细弱肚腹大是第二种“羸”；腿骨小，蹄子大，是第三种羸。

56.12.3　大头缓耳[①]，一驽；长颈不折[②]，二驽；短上长下[③]，三驽；大髂枯价切短胁[④]，四驽；浅髋薄髀[⑤]，五驽。

注释：①大头缓耳：缓是不紧张，弛缓无力，头部相对地大，耳又不是很有力地竖立的，就不会是精力充沛的马。

②长颈不折：不折是弯曲程度不够，也就是颈部肌肉神经发育不够高，便不是能“疾走”的马。

③短上长下：这是四肢上下段的比例。

④大髂（qià）短胁：胸部短而腰部粗大，和“弱脊大腹”相似而不同。弱脊大腹是发育不全的障碍，基础细弱；大髂短胁，发育与营养方面的关系较小（也许竟是营养颇好），但结构方面不合适；这样的马，因为肺活量不够，不会快走。髂，腰骨。胁，包括肋在内，从肩以下，胸两侧连背在内的骨和肉。肋则是胁中的骨。因此，胁可以包括肋，而肋不能包括胁。

⑤浅髋（kuān）薄髀（bì）：骨盆小，大腿不厚重，容易疲劳。髋，骨盆。髀，大腿。

译文：56.12.3　头大耳不竖的，是第一种“驽”；长长的颈不弯曲的，是第二种

“驽”；四肢上短下长，是第三种“驽”；腰大胸短，是第四种“驽”；骨盆浅股骨薄，是第五种“驽”。

56.13.1　骝马骊肩[①]，鹿毛□□马、驒、骆马[②]，皆善马也。

注释：①骝（liú）：栗褐色，枣红色的马。骊（lí）：深黄而带黑色。

②鹿毛□□：石按：在查阅了《齐民要术》各种版本和许多古籍后，认为根据《授时通考》卷七十所引，所缺两字为“阙黄”。虽然没有讲明来历，但目前没有更好的根据来补足缺字，所以暂时只能就这两个字来分析推理。这一小段上下文都是讨论马毛色的，所以怀疑这两字为“阑黄”；“鹿毛”则应是“鹿色”，即“鹿色阑（或间）黄”，正可和上下文一致，都是毛色斑驳的马。弹（tuó）：毛色深浅不均，看上去像有鱼鳞纹，所以称为“连钱马”。骆（luò）：鬃、尾黑色的白马。

译文：56.13.1　栗褐色的马，肩部是黄带黑的；鹿毛而间黄的；连钱马；白毛黑鬃的马；都是好马。

56.13.2　马生，堕地无毛，行千里；溺[①]，举一脚，行五百里。

注释：①溺：排尿。据《太平御览》卷896，这一段两节，也出自《伯乐相马经》。

译文：56.13.2　马生下没有毛的，日行一千里；撒尿时提起一只脚的，日行五百里。

56.14.1　相马五藏法[①]：肝欲得小；耳小则肝小，肝小则识人意。

注释：①相马五藏法：依据五脏来相马的方法。五藏，即“五脏”，是心、肝、脾、肺、肾。这一段，除了列举心、肝、脾、肺、肾等五脏之外，还有两句关于“肠”的。“肠”向来属于“六腑”。而且文句结构也和心、肝、脾、肺不同。另外，“肾欲得小”，却没有下文交代。因此，怀疑这一段有不少错漏的地方。

译文：56.14.1　从外表看马的五藏的方法：马肝应当小；耳朵小的马，肝都小，肝小就懂得人的意图。

56.14.2　肺欲得大；鼻大则肺大，肺大则能奔。

译文：56.14.2　马肺应当大；鼻子大的肺都大，肺大的马可以长时期快跑。

56.14.3　心欲得大；目大则心大，心大则猛利不惊。目四满则朝暮健[①]。

注释：①目四满则朝暮健：精神饱满的马，从清早到黄昏都可以健行。目四满，眼神饱满，精光四射。

译文：56.14.3　马心要大；眼大的，心都大，心大的就可猝然发动立即行走而不惊跳。眼神饱满，精光四射，便可以从早到晚走得很稳而有力。

56.14.4.　肾欲得小……

译文：56.14.4　马肾脏要小。

56.14.5　肠欲得厚且长；肠厚则腹下广方而平。

译文：56.14.5　马肠要又厚又长；肠厚，肚皮下面就宽舒，方正而且平坦。

56.14.6　脾欲得小；膁腹小则脾小①，脾小则易养。

注释：①膁（qiǎn）：“牛马肋后胯前”，牲畜腰两侧肋与胯之间的虚软处，俗称“软肚皮”。粤语系统方言中所谓“肚nam”的nam，一般写作“腩”，也可能是这个字。

译文：56.14.6　马脾要小；整个软肚小的，脾都小，脾小的就容易养。

56.15.1　望之大，就之小，筋马也；望之小，就之大，肉马也；皆可乘致①！

注释：①皆可乘致：“乘致”两字怀疑有错漏。或者是“远乘”。落了一个“远”字之后，因为下文起首处是“致”字，误添了一个“致”字。也可能是“致远”，把“远”字落了，加了一个“乘”字在“致”字前面。

译文：56.15.1　远望大，近看小的，称为“筋马”；远望小，近看大的，称为“肉马”；都是可以走长途的马。

56.15.2　致瘦，欲得见其肉；谓前肩守肉。致肥①，欲得见其骨。骨谓头颅。

注释：①致瘦、致肥：两个“致”字，都应作“致极”（即极端）解。

译文：56.15.2　马再瘦些，也得能见到“肉”；指肩头前面的“守肉”。再肥些，也得能见到“骨”。“骨”指“头颅骨”。

56.15.3　马：龙颅，突目；平脊，大腹；胜重①，有肉；此三事备者，亦千里马也。

注释：①髀（bì）：同“髀”，上腿骨。

译文：56.15.3 马中间，具有龙样的头颅，眼睛突出；背脊平坦，腹部大；上腿骨重而多肉；这三种特征都完备的，也就是“千里马”了。

56.16.1 “水火”欲得分。水火，在鼻两孔间也。

译文：56.16.1 “水火”要分明。水火，在两个鼻孔中间。

56.16.2 上唇欲急而方，口中欲得红而有光；此马千里。

译文：56.16.2 上唇要紧而方正，口腔里面要是红色而有光；这样的马，也是千里马。

56.16.3 马上齿欲钩，钩则寿；下齿欲锯，锯则怒。

译文：56.16.3 马上面的后齿要像“钩”，像钩的就长寿；下面的后齿要像“锯”，像锯的气势足。

56.16.4 颔下欲深，下唇欲缓。

译文：56.16.4 下巴颏要深，下唇要松弛。

56.16.5 牙欲去齿一寸[①]，则四百里；牙剑锋，则千里。

注释：①牙、齿：这两字，有时连用，有时分别用。分别时，“牙”专指口腔前面的“门齿”“犬齿”，“齿”则专指后面的“大、小白齿”。

译文：56.16.5 门牙和后齿之间，要相隔一寸，有这样的距离，日行四百里；门牙像剑锋的，日行千里。

56.17.1 嗣骨欲廉如织杼而阔[①]，又欲长。颊下侧小骨是。

注释：①廉：此处作形容词，即有廉，也就是有棱。作为名词时廉是物体的棱。

译文：56.17.1 “嗣骨”要像织布的杼一样有棱，要阔，又要长。“嗣骨”是颊下面侧边的小骨。

56.18.1 目欲满而泽；眶欲小，上欲弓曲，下欲直。

译文：56.18.1　眼睛要饱满，有光泽；眼眶要小，眶上沿要像弓背一样弯曲，下沿要直。

56.19.1　素中欲廉而张。素，鼻孔上。

译文：56.19.1　“素”中间要有棱，要张开。素是鼻孔以上。

56.20.1　“阴中”欲得平。股下。“主人”欲小。股里上近前也。“阳里”欲高，则怒[①]。股中，上近“主人”。

注释：①怒：马肥壮饱满，精神奋发，称为“怒”马。下齿“锯”，“阳里”高和“飞凫”见，两肩骨深，都是“怒”马的条件。

译文：56.20.1　“阴中”要平。股以下。“主人’要小。股内侧上面靠近前面。“阳里”要高，就气势足。股中间，上面接近“主人’的地方。

56.21.1　额欲方而平。‘八肉”欲大而明。耳下。“玄中”欲深。耳下近牙。

译文：56.21.1　额头要方要平。“八肉”要大，要分明。“八肉”右耳下面。“玄中”要深。耳下面靠近牙床的地方。

56.21.2　耳欲小而锐如削筒，相去欲促。

译文：56.21.2　耳壳要小，要像削尖的竹筒一样尖锐；两个耳之间要挤得紧促。

56.21.3　鬃欲戴中骨[①]，高三寸。鬃中骨也。

注释：①鬃（zōng）：马鬃。

译文：56.21.3　马鬃要正戴在“中骨”上面，有三寸高。“中骨”是鬃中的骨。

56.21.4　易骨欲直。眼下直下骨也。

译文：56.21.4　“易骨”要直。眼下面直下的骨。

56.21.5　颊欲开尺长[①]。

注释：①开尺长：似乎是“长出一尺以外”的意思。根据《太平御览》所引：“尺”作“而”，且无“长”字；因此，很可能“而”字是和下文相连，即“颊欲开而膺下欲广”。

译文：56.21.5　面颊要开张到一尺长。

56.21.6　膺下欲广：一尺以上，名曰“挟一作扶尺”，能久走。

译文：56.21.6　胸底下要宽：达到一尺以上的，称为‘挟或扶尺’，能长久快走。

56.21.7　鞅欲方；颊前。喉欲曲而深；胸欲直而出；髀间前向。“凫间”欲开[1]，望视之如双凫。

注释：①凫（fú）间：胸两边的两组大肌肉，称为“双凫”，凫间是双凫之间。

译文：56.21.7“鞅”要方正；面颊前边。喉要弯曲要深；胸部要直要突出；两股中间向前的地方。“凫间”要开展，远望起来像一对凫。

56.22.1　颈骨欲大。肉次之。髻[1]，欲桎而厚且折[2]。

注释：①髻（jì）：马鬃。

②桎（zhì）：古代拘束犯人两脚的刑具，比喻束缚。

译文：56.22.1　颈骨要大。次之有肉。髻要紧要厚，要曲折。

56.22.2　“季毛”欲长，多覆，肝肺无病。发后毛是也。

译文：56.22.2　“季毛”要长，要盖覆的地方大，这样，肝和肺就没有毛病。“季毛”是头顶发后面的毛。

56.22.3　背欲短而方，脊欲大而抗。脢筋欲大[1]。夹脊筋也。飞凫见者怒。膂后筋也[2]。

注释：①脢（méi）：脊肉，猪、牛、马等脊椎两旁的条状瘦肉；《说文》解作背肉。现在粤语方言系统中，还保存着这个用法。长江以北一般称为lǐjī（膂肌，多写作“里脊”）肉。

②膂（lǚ）：腰脊骨。

译文：56.22.3　背要短要方，脊骨要大要高抗。晦筋要大。脊骨两边的筋。“飞凫”明显的，气势旺足。飞凫是腰脊骨后面的筋。

56.22.4　三府欲齐。两髂及中骨也[1]。尻欲颓而方[2]。尾欲减，本欲大。

注释：①髂（qià）：腰骨。腰椎骨虽然较粗大，但外面包有皮肉的腰椎，却不容易看出椎骨两边的横突与椎上的棘突并立的情况，因此怀疑这个“髂”字可能是“髋”字缠错了的。

②尻：石按："尻"是"居"字的古写法；用在这里显然不合适，如不作"尻"（kāo，屁股），便应当作"屍"；"屍"是"臀"字的古写法。

译文：56.22.4　"三府"要齐。三府指髂骨两边和中间的荐骨部分脊椎。臀部，要斜下要方正。尾要渐渐小，尾基要粗大。

56.22.5　胁肋欲大而洼[①]；名曰"上渠"，能久走。"龙翅"，欲广而长。"升肉"欲大而明。髀外肉也。"辅肉"欲大而明。前脚下肉。

注释：①胁肋：胁旁的肋骨，即"真肋"；和下文的"季肋"（即"浮肋"或"假肋"）相对。胁，身躯两侧自腋下至腰的部分。

译文：56.22.5　胁部的肋骨（即"真肋"）之间，要向下洼；这样的情形称为"上渠"，能长久快走。"龙翅"要宽要长。"升肉"要大要明显突出。大腿外的肌肉。"辅肉"也要大要明显。前脚下面的肉。

56.22.6　腹欲充，腔欲小。腔，膁。

译文：56.22.6　腹部要充满，软肚要小。腔就是膁。

56.22.7　季肋欲张[①]。短肋。

注释：①季肋、短肋：与胸骨不直接连结的浮肋。

译文：56.22.7　"季肋"要舒张。季肋是短肋，现在称为"假肋"或"浮肋"。

56.22.8　"悬薄"欲厚而缓[①]。脚胫。"虎口"欲开[②]。股内。

注释：①悬薄：即脚胫（jìng）。脚胫：从膝盖到脚跟的小腿骨。

②"虎口"欲开：指股间要有空隙。虎口，即股内，"股"指大腿。

译文：56.22.8　"悬薄"要厚要松。脚胫。"虎口"要开，股内或股间。

56.22.9　腹下欲平、满，善走；名曰"下渠"，日三百里。"阳肉"欲上而高起[①]。髀外近前。

注释：①阳肉：大腿外靠前面的肉。

译文：56.22.9 肚皮下面要平、要满，就会快走；这样的情形称为"下渠"，日行三百里。"阳肉"位置要向上，要高起来。大腿外靠前面的肉。

56.22.10 髀欲广厚。汗沟欲深明①。直肉欲方②，能久走。髀后肉也。输一作翰鼠欲方③。直肉下也。肭肉欲急④。髀里也。问筋欲急、短而减⑤，善细走。输鼠下筋。机骨欲举⑥，上曲如悬匡。

注释：①汗沟：由尾基起到会阴的褶缝。

②直肉：大腿后面的肌肉。

③输鼠：直肉下面的肌肉。

④肭（nà）肉：大腿里面的肌肉。

⑤间筋：输鼠下面的筋。

⑥机骨：上眼眶骨。

译文：56.22.10 大腿要宽要厚。“汗沟”要深，要明显。“直肉”要方，能够长久地快走。“直肉”是大腿后面的肉。“输或写作翰鼠”要方。直肉下面。“肭肉”要紧张。大腿里面。“间筋”要紧张要短，要一头大一头小，这样善于小跑步。输鼠下的筋是“间筋”。“机骨”要抬起，向上凸出弯曲，像悬挂的筐一样。

56.23.1 马头欲高①。距骨欲出，前间骨欲出前后曰外凫，临蹄骨也。附蝉欲大。前后目夜眼②。

注释：①马头：“马”字似乎应改作“乌”。“乌头欲高”这句，后面56.37.12还有一处。

②“前间骨欲出”几句：可以明显地看出，是有抄错字句的。其中小注“外凫，临蹄骨也”，说明正文中一定有“外凫”两字，现在也不见了。

译文：56.23.1 ‘乌头”要高。距骨要向前突出……（原书错漏甚多，无法解释。）

56.24.1 股欲薄而博，善能走。后髀前骨。

译文：56.24.1 股要薄要宽，会快走。后大腿前骨。

56.24.2 臂欲长而膝本欲起；有力。前脚膝上向前。

译文：56.24.2 前腿下节要长，膝骨要突起；这样，有力量。前脚膝以上，向前。

56.24.3　肘腋欲开，能走。

译文：56.24.3　肘和腋之间要展开，这样能快走。

56.24.4　膝欲方而庳①。髀骨欲短。

注释：①庳（bì）：短。

译文：56.24.4　膝要方，要短。大腿骨要短。

56.24.5　两肩骨欲深，名曰“前渠”；怒。

译文：56.24.5　两肩骨的窝要深，这样，称为“前渠”；气势旺足。

56.24.6　蹄欲厚三寸，硬如石；下欲深而明；其后开如鹞翼，能久走。

译文：56.24.6　蹄要有三寸厚，像石头一样硬；下面要深，要明净；后面要像鹞翼一样张开，能长久快走。

56.25.1　相马从头始：头欲得高峻，如削成。头欲重，宜少肉如剥兔头。寿骨欲得大，如绵絮苞圭石①。寿骨者，发所生处也。

注释：①圭（guī）石：可以作圭的白色石头，一般是“水合硅酸”结晶。圭，古代帝王、诸侯在举行典礼时拿的一种玉器，上圆（或剑头形）下方。

译文：56.25.1　看马的外相，从马头上看起：头要高，要直立，像用刀削成的一样。头要重，肉应当少，像剥了皮的兔头。“寿骨”要大，像用棉絮包着的硬石头。“寿骨”，是生长头发的地方。

56.25.2　白从额上入口，名“俞膺”①，一名“的颅”。奴乘客死，主乘弃市②，大凶马也。

注释：①俞膺（yīng）：马名。

②弃市：古代被判死刑的罪人，在“市”中当众处决的，称为“弃市”。

译文：56.25.2　马头上如果有一条由额上到口边的白条纹，这种马称为“俞膺”，又称为“的颅”。这种马，奴隶乘着，死在外乡，主人乘着，要被处当众执行的死刑，是极不好的“凶马”。

56.26.1　马眼：欲得高；眶，欲得端正；骨，欲得成三角；睛，欲得如悬铃，紫、艳、光①。

注释：①艳：美好，光焰，照耀。

译文：56.26.1　马的眼睛，要高；眼眶，要端正；眼骨要成三角形；眼睛珠子要像悬着的铃，紫色，闪动有光。

56.26.2　目不四满，下唇急，不爱人；又浅，不健食。

译文：56.26.2　眼睛不是四面丰满的，下唇紧张的，不易和人亲近；凡眼浅的，食量不大。

56.26.3　目中缕贯瞳子者，五百里；下上彻者，千里。

译文：56.26.3　眼睛中，有一条白纹，贯穿着瞳人的，日行五百里；从上到下一直贯通的，日行一千里。

56.26.4　睫乱者伤人。

译文：56.26.4　睫毛乱的，容易使骑乘的人受伤。

56.26.5　目小而多白，畏惊。瞳子前后肉不满，皆凶恶。

译文：56.26.5　眼睛小，而且眼白多的，容易受惊。瞳孔前后肉不满的，都凶恶。

56.26.6　若旋毛眼眶上，寿四十年；值眶骨中，三十年；值中眶下，十八年。在目下者，不借①。

注释：①不借：依下面56.26.15的一节“旋毛在目下，名曰：‘承泣’，不利人’来看，则“借”字，可能是“利”，也可能和“草履”名“不借”和“不惜”一样，只是轻贱的一种说法，即指寿命不长。

译文：56.26.6　对着眼眶上面有旋毛的，有四十岁寿命；在眶骨正中，三十岁；在眼眶中间下面，十八岁。在眼睛下的，轻贱。

56.26.7　睛却转，后白不见者①，喜旋而不前。

注释：①睛却转，后白不见者：即瞳仁在眼球中占有很大的比例，所以眼球向后移动时，后面不见“眼白”。

译文：56.26.7　眼睛珠子向后转动时，后面看不见眼白的，欢喜旋转着不向前直走。

56.26.8　目睛欲得黄，目欲大而光，目皮欲得厚[①]。

注释：①“目睛”至“欲得厚”：从此以下，和上面多处重复，因此怀疑是从另一来源引录的，应从此另分一段。

译文：56.26.8　眼睛珠子要黄，眼要大要有光，眼皮要厚。

56.26.9　目上、白中有横筋，五百里；上下彻者，千里。

译文：56.26.9　上面的眼白中有横筋的，日行五百里；上下通彻的，日行一千里。

56.26.10　目中白缕者，老马子。

译文：56.26.10　眼珠中有白缕的，是老马的儿女。

56.26.11　目赤、睫乱，啮人[①]。反睫者善奔，伤人。

注释：①啮（niè）：咬。

译文：56.26.11　眼发红，睫毛乱的，会咬人。睫毛翻进眼内的，欢喜乱跑，会使人受伤。

56.26.12　目下有横毛，不利人。

译文：56.26.12　眼下有横毛，对人不利。

56.26.13　目中有“火”字者，寿四十年。

译文：56.26.13　眼睛中有像“火”字的花纹，有四十岁的寿命。

56.26.14　目偏长一寸，三百里。目欲长大[①]。

注释：①目欲长大：怀疑这四个字是为上一句“目偏长一寸，三百里”作注解的，即应作小字。目偏长一寸，便是长大的情形之一。

译文：56.26.14　眼斜过眼珠，量着有一寸长的，日行三百里。眼要长要大。

56.26.15　旋毛在目下，名曰“承泣”，不利人。

译文：56.26.15　在眼下的旋毛，名叫“承泣”，对人不利。

56.26.16　目中五采尽具，五百里，寿九十年。

译文：56.26.16　眼睛里五种色彩都具有的，日行五百里，寿命九十岁。

56.26.17　良多赤，血气也；驽多青，肝气也；走多黄，肠气也；材知多白，骨气也；材□多黑，肾气也[①]。

注释：①材知多白，骨气也；材□多黑：和上面几句排比看时，可以看出这两句是有错误的：“材知多白”，应作“知多白”。知，同“智”，智慧。下面“材”字下的空格是多余的。或者颠倒过来，做“材多白，骨气也；知多黑”。

译文：56.26.17　良马眼中多红色，是“血气”；驽马多青色，是“肝气”；快马多黄色，是“肠气”；智慧的马，多白色，是“骨气”；有力的马，多黑色，是肾气。

56.26.18　驽用策乃使也[①]。

注释：①驽用策乃使：“使”字可能是“驶”字写错。

译文：56.26.18　驽马，一定要用鞭才能使用。

56.26.19　白马黑目[①]，不利人。

注释：①白马黑目：怀疑这句是钞错了地方，下面56.33.1有“白马黑毛不利人’的一节，“毛”“目”读音有些相似，所以牵缠着写多了这么一句。一般地说，马的瞳仁，所谓“黑眼珠子”，总是黑的；白马也只是颜色稍淡，不会脱离“黑”的范围；如果“白马黑目不利人’，所有白马便都是“不利人’的了。

译文：56.26.19　白马黑眼，不利于人。

56.26.20　目多白，却视有态，畏物喜惊。

译文：56.26.20　眼白多，向后看，有这种姿态的，胆小，容易受惊。

56.27.1　马耳：欲得相近而前竖。小而厚。

译文：56.27.1　马耳，要彼此相近，向前面直竖。要小，要厚。

56.27.2　一寸，三百里；三寸，千里。

译文：56.27.2　马耳长一寸，日行三百里；三寸，日行一千里。

56.27.3　耳欲得小而前竦[①]。

注释：①竦（sǒng）：耸立。

译文：56.27.3　耳要小，要向前面竖。

56.27.4　耳欲得短杀者[①]，良；植者，驽[②]；小而长者，亦驽。

注释：①杀（shài）：逐渐减小，也就是“斜截”。

②多驽（nú）：劣马。能力低下的马。

译文：56.27.4　耳要短，成斜截形的，是好马；整齐直立的，是驽马；小而长的，也是驽马。

56.27.5　耳欲得小而促，状如斩竹筒。

译文：56.27.5　耳要小，要相距很近，形状像斜斩的竹筒。

56.27.6　耳方者，千里；如斩筒，七百里；如鸡距者，五百里。

译文：56.27.6　耳方的，日行一千里；像斜斩的竹筒的，七百里；像鸡距的，五百里。

56.28.1　鼻孔欲得大。鼻头文如“王”“火”，字欲得明。

译文：56.28.1　鼻孔要大。鼻头上的文理，像“王”字“火”字的，字要明显。

56.28.2　鼻上文如“王”“公”，五十岁；如“火”，四十岁；如“天”，三十岁；如“小”，二十岁；如“今”[①]，十八岁；如“四”，八岁；如“宅”，七岁。

注释：①如“今”：高丽本《集成马医方》，“今”作“介”。“介”字字形是对称的，似乎比“今”更合适。但这本《马医方》中，所有“个”字几乎都刻作“介”，可能原来还是与“今”字更相似的“个”字。《元亨疗马集》所引正是“个”字。

译文：56.28.2　鼻上的纹理，像“王”字“公”字的，寿命五十岁；像“火”字，四十岁；像“天”字，三十岁；像“小”的，二十岁；像“个”，十八岁；像“四”，八岁；像“宅”，七岁。

56.28.3　鼻如“水”文，二十岁。

译文：56.28.3　鼻上的纹理像“水”字的，寿二十岁。

56.28.4　鼻欲得广而方。

译文：56.28.4　鼻要宽要方。

56.29.1　唇不覆齿，少食。上唇欲得急，下唇欲得缓；上唇欲得方，下唇欲得厚而多理[①]。故曰：“唇如板鞮[②]，御者啼。”

注释：①理：皮上显出褶皱的纹理。

②唇如板鞮（dī）：唇像皮片一样，指唇薄。板，木片。鞮，一片牛皮做成的鞋。

译文：56.29.1　嘴唇不能盖住牙齿的，食量小。上唇要紧，下唇要松；上唇要方，下唇要厚而多皱。所以说：“嘴唇像皮片，赶车的要哭脸。”

56.29.2　黄马白喙，不利人。

译文：56.29.2　黄马白嘴尖，对人不利。

56.30.1　口中色，欲得红白如火光，为善材；多气，良，且寿。即黑[①]，不鲜明，上盘不通明[②]，为恶材；少气，不寿。

注释：①即黑：接近于黑。即，接近或趋向。

②盘：屈曲。屈曲可能“盘纡交错”，因此“不通”。下文有“上理欲使通直”就是说“盘不通”的马“为恶材”，即材力不好。

译文：56.30.1　口里面的颜色，要像火光一样，有红有白的，是材力好的马；气势旺，驯良，而且长寿。靠黑色，不鲜明，上腭纹理盘曲不通，不明显，是材力不好的马；气势不旺，不长寿。

56.30.2　一曰：相马气：发口中，欲见红白色，如穴中看火，此皆老寿。

译文： 56.30.2　又有一个说法，要看马的气势：扳开口，看口里面，要看见红白色，像从洞里看见火光一样的，这就是能到年老长寿的马。

56.30.3　一曰：口欲正赤；上理文欲使通直，勿令断错。口中青者，三十岁；如虹腹下[①]，皆不尽寿[②]，驹齿死矣[③]。

注释： ①如虹腹下：像"虹"腹侧下面的颜色，也就是带紫的暗灰色。

②皆不尽寿：都不能达到寿命极限。就是"驹齿"的时候就已经死了。

③驹齿：还没有长出成齿的时候，指年幼。

译文： 56.30.3　又有一个说法，口里要正红色；上腭的文理要通达直顺，不要错杂断绝。口里青色的三十岁；像虹腹下紫色灰暗的颜色的，都不能达到马的高寿命期限，往往没有长出大牙就死了。

56.30.4　口吻欲得长。口中色，欲得鲜好。

译文： 56.30.4　口吻要长。口里颜色要鲜明。

56.30.5　旋毛在吻后为"衔祸"，不利人。

译文： 56.30.5　口缝后面有旋毛，称为"衔祸"，对人不利。

56.30.6　"刺刍"欲竟骨端[①]。"刺刍"者，齿间肉。

注释： ①刺刍（chú）：牙齿中间的肉。

译文： 56.30.6　"刺刍"要一直到骨的末端。刺刍是牙齿中间的肉。

56.31.1　齿：左右蹉[①]，不相当[②]，难御。齿不周密，不久疾[④]；不满、不厚，不能久走。

注释： ①蹉：差错，即"不能刚好相和"。

②相当（dàng）：相对相值，即"当头"。现在许多地区的方言中还保存"当头"的话，不过一般却写作"档头"。

③不久疾：不能长久地保持高速度行走。疾，走得快。

译文： 56.31.1　牙齿，左右错开，不正相对的，难驾驭。牙齿咬合不完全紧密，不能长久快跑；不满，不厚，不能长久快走。

56.31.2　一岁，上下生乳齿各二；二岁，上下生齿各四；三岁，上下生齿各六；四岁，上下生成齿二；成齿，皆背三入四方生也[①]。五岁，上下著成齿四；六岁，上下著成齿六。两厢黄，生区受麻子也[②]。

注释：①背三入四：满三岁进四岁。

②生区（ōu）：即四面高中间凹入的情形。

译文：56.31.2　一岁，上颚下颚都生有两个乳齿；两岁，上下颚各有四个乳齿；三岁，上下各有六个齿；四岁，上下颚都生出两个成齿；成齿都要满三岁进四岁才生出来。五岁，上下都生有四个成齿；六岁，上下都有六个成齿。这时两侧靠边开始现出黄色，而且，齿上有可以容纳一颗麻子的窝。

56.31.3　七岁，上下齿两边黄，各缺区，平，受米[①]；八岁，上下尽区如一，受麦；九岁，下中央两齿臼，受米；十岁，下中央四齿臼；十一岁，下六齿尽臼。

注释：①各缺区，平，受米：缺出的区，底下平，可以容纳一颗米。米，指北方的“米”（即小米、粟、黍、粱……）而不是南方的“大米”。

译文：56.31.3　七岁，上下的齿两边现黄，都缺一个窝，可以平平容纳一颗米；八岁，上下都有窝，都一样可以容纳一颗麦；九岁，下面中间两个牙齿有臼形凹陷，可以容纳一颗米；十岁，下面中间四个牙齿有臼；十一岁，下面中间六个牙齿都有臼。

56.31.4　十二岁，下中央两齿平；十三岁，下中央四齿平；十四岁，下中央六齿平。

译文：56.31.4　十二岁，下面中间两个牙齿齿冠磨平了；十三岁，下面中间四个牙齿平了；十四岁，下面中间六个牙齿平。

56.31.5　十五岁，上中央两齿臼；十六岁，上中央四齿臼；若看上齿，依下齿次第看。十七岁，上中央六齿皆臼。

译文：56.31.5　十五岁，上面中间两个牙齿有臼形凹陷；十六岁，上面中间四个牙齿有臼；看上面的牙齿时，依下牙的次序来看。十七岁，上面中央六个牙齿都有臼。

56.31.6　十八岁，上中央两齿平；十九岁，上中央四齿平；二十岁，上下中央六齿平。

译文：56.31.6　十八岁，上面中间两个牙齿齿冠磨平了；十九岁，上面中间四个牙

齿平了；二十岁，上面下面中间的六个牙齿全部都平了。

56.31.7 二十一岁，下中央两齿黄；二十二岁，下中央四齿黄；二十三岁，下中央六齿尽黄；二十四岁，上中央二齿黄；二十五岁，上中央四齿黄；二十六岁，上中齿尽黄。

译文：56.31.7 二十一岁，下面中间两个牙齿，齿冠变成全面黄色；二十二岁，下面中间四个牙齿变黄；二十三岁，下面中间六个牙齿尽都黄了；二十四岁，上面中间两个牙齿变黄；二十五岁，上面中间四个牙齿变黄；二十六岁，上面中间的牙齿尽都黄了。

56.31.8 二十七岁，下中二齿白；二十八岁，下中四齿白；二十九岁，下中尽白；三十岁，上中央二齿白；三十一岁，上中央四齿白；三十二岁，上中尽白。

译文：56.31.8 二十七岁，下面中间两个牙齿现出白色；二十八岁，下面中间四个牙齿现白；二十九岁，下面中间的牙齿全现白色；三十岁，上面中间两个牙齿现白；三十一岁，上面中间四个牙齿现白；三十二岁，上面中间尽都白了。

56.32.1 颈欲得腘而长[①]，颈欲得重[②]。

①腘（hùn）：圆而长。

②颈欲得重："颈"字怀疑是"头"字写错。56.25.1有"头欲重"的话，头是应当重的，颈重无意义。头重，颌才会"折"。

译文：56.32.1 马颈要圆而扁，要长，颈要重。

56.32.2 颔欲折，胸欲出，臆欲产，颈项欲厚而强。

注释：①臆：本应作"肊"。依《说文》解释是"胸骨"，实际上是"锁骨"（口语中称为"琵琶骨"）。

译文：56.32.2 下巴要曲折，胸要向两侧突出，锁骨部分要宽，颈项要厚，要强大。

56.32.3 回毛在颈，不利人。

译文：56.32.3 颈上有旋毛，对人不利。

56.33.1 白马黑髦[①]，不利人。

注释：①白马黑髦：指骆马。髦，即"鬣（liè）"，马鬣。

译文：56.33.1　白马黑鬣的，对人不利。

56.33.2　肩肉欲宁。宁者，却也。“双凫”欲大而上①。“双凫”，胸两边肉，如凫。

注释：①双凫（fú）：胸口两边像凫（野鸭）一样的两组肌肉。

译文：56.33.2　肩头上的肉要“宁”。“宁”就是却，即向后退。“双凫”要大，要向上。“双凫”，是胸口两边像凫一样的两组肌肉。

56.34.1　脊背欲得平而广能负重。背欲得平而方。

译文：56.34.1　脊骨背面要平要宽，这样才能负荷较大的重量。背要平要方。

56.34.2　鞍下有回毛，名“负尸”，不利人。

译文：56.34.2　鞍下的旋毛，叫作“负尸”，对人不利。

56.35.1　从后数其胁肋，得十者良①。凡马：十一者，二百里；十二者，千里；过十三者，天马；万乃有一‘耳。一云：十三肋五百里，十五肋千里也。

注释：①良：怀疑这个“良”字是多余的；即“得十者，凡马；十一者，二百里……”真肋愈多愈能远行（是否事实，是另一个问题）；“凡马”，是“平凡”的，不好的马。

译文：56.35.1　从后面起，数胸旁的肋，有十条的，好。一切马，有十一条真肋的，日行二百里；十二条的，日行一千里；十三条以上的是天马；一万匹马中也许遇到有一匹。又有一说：总共十三条肋的，日行五百里；十五条肋的，一千里。

56.36.1　腋下有回毛，名曰“挟尸”，不利人。

译文：56.36.1　腋下的旋毛，叫作“挟尸”，对人不利。

56.36.2　左胁有白毛直下，名曰“带刀”，不利人。

译文：56.36.2　左边胸侧有一道白毛，直下去的，叫作“带刀”，对人不利。

56.36.3　腹下欲平，有“八”字；腹下毛，欲前向。腹欲大而垂。结脉欲多；“大道筋”欲大而直。大道筋，从腹下抵股者是。

译文：56.36.3　肚皮下面要平坦，有“八”字；肚皮下面的毛，要向前走。肚要大，要下垂。“结脉”要多；“大道筋”要大要直。大道筋，从腹部向下到股上。

56.36.4　腹下阴前，两边生逆毛入腹带者，行千里；一尺者，五百里。

译文：56.36.4　牡马肚皮下面，生殖器前面，两边有逆毛走到腹带里面的，日行一千里；有一尺长的，五百里。

56.36.5　三“封”欲得齐[①]，如一。三封者，即尻上三骨也。

注释：①三“封”欲得齐：即上面56.22.4所说的“两髂及中骨”的“三府”。

译文：56.36.5　三封要整齐，一样高。三封是臀部上面的三个骨。

56.37.1　尾骨欲高而垂。尾本欲大，欲高。尾下欲无毛。汗沟欲得深。

译文：56.37.1　尾骨要高，要下垂。尾骨要粗大，地位要高。尾下面要没有毛。“汗沟”要深。

56.37.2　尻欲多肉[①]，茎欲得粗大。

注释：①尻：应作“尻”或“屍”，臀部。

译文：56.37.2　臀部要肉多，阴茎要粗大。

56.37.3　蹄欲得厚而大。踠欲得细而促[①]。

注释：①踠（wǎn）：怀疑应作“踝”或“腕”，（《后汉书·班固传》“马踠余足”，“踠”当“曲足”讲，不是四肢的部分）。1992年版的《汉语大字典》中对“踠”的解释为：骡马等脚与蹄相连接的弯曲处。

译文：56.37.3　蹄要厚，要大。腕节要细要紧凑。

56.37.4　髂骨欲得大而长[①]。

注释：①髂（qià）骨：腰部下面腹部两侧的骨，左右各一，下缘与耻骨、坐骨联成髋骨。

译文：56.37.4　腰骨要大，要长。

56.37.5　尾本欲大而强。

译文：56.37.5　尾基要大，要有力。

56.37.6　膝骨欲圆而长，大如杯盂。

译文：56.37.6　膝骨要圆而长，像饮水的杯大小。

56.37.7　沟上通尾本者，蹹杀人[①]。

注释：①蹹（tà）：同“踏”。

译文：56.37.7　汗沟一直通到尾基部的，会踩死人。

56.37.8　马有双脚胫，亭行六百里[①]。回毛起踠膝，是也。

注释：①亭行：一直不停地行走。亭，可作“直”讲，即“一口气、不停”。

译文：56.37.8　有“双脚胫”的马，可以一气行六百里。旋毛在腕节和膝上的，就是“双脚胫”。

56.37.9　胜欲得圆而厚裹肉生焉[①]。

注释：①胜（bì）：同“髀”，大腿。裹肉生焉：裹字怀疑是“裹”字写错。如果这样，便是“胜欲得圆而厚裹肉生焉”，不难讲解，否则很费解。

译文：56.37.9　大腿要圆，要厚，裹（？）面生肉。

56.37.10　后脚欲曲而立。臂欲大而短。骸欲小而长[①]。

注释：①骸（hái）：胫骨。

译文：56.37.10　后脚要弯曲，要立起。前膊要大，要短。胫骨要细，要长。

56.37.11　踠欲促而大[①]，其间才容靽[②]。

注释：①促而大：和上文56.37.3　对比，“大”字显然是错误的，应当是“细”。两句几乎完全重复。

②靽（bàn）：“羁绊”的“绊”字，以前写作从“革”的“靽”（绊在马身上的一切套索，总称为“羁绊”）。

译文：56.37.11　腕节要紧凑，要细，中间仅仅可以容纳绊绳通过。

56.37.12　“乌头”欲高。乌头，后足外节。后足辅骨欲大。辅足骨者，后足骸之后骨。

译文： 56.37.12　“乌头”要高。乌头是后脚外面的节。后脚的辅骨要大。辅足骨，后脚胫骨后面的骨，即腓骨。

56.37.13　后左右足白，不利人。白马四足黑，不利人。黄马白喙，不利人。后左右足白，杀妇。

译文： 56.37.13　后左右脚白色，对人不利。白马四脚黑的，对人不利。黄马白嘴尖的，对人不利。后左右脚白色，杀牝马。

56.38.1　相马视其四蹄：后两足白，老马子；前两足白，驹马子。白毛者，老马也。

译文： 56.38.1　看马，看四蹄：后两脚白的，是老马生的子女；前两脚白的是驹马的子女。白毛的是老马。

56.38.2　四蹄欲厚且大。四蹄颠倒若竖履①，奴乘客死，主乘弃市，不可畜。

注释： ①竖履：这两个字的本意不了解。可能是小奴隶竖穿的鞋，特别轻便耐久的；也可能是像一双竖立着的履。但后一种形状，和颠倒的马蹄如何相似，很难想象。

译文： 56.38.2　四蹄要厚，又要大。四蹄颠倒像“竖履”的，奴隶乘了死在外边，主人乘了要被当众处死，是大凶马不要养。

56.51.1　久步，即生筋劳；筋劳则发蹄痛凌气①。一曰：生骨则发痈肿②。一曰：发蹄，生痈也。

注释： ①发蹄：是一个病名，即“蹄间发痛”。也就是《元亨疗马集》及《集成马医方》所说的：“毒气发于蹄间，其痛凌气也。”此处漏去“发”字，应该是“发发蹄”，是发生了“发蹄”，与“痛凌气”对举。

②痈（yōng）：肿疡，由皮肤或皮下组织化脓性炎症引起。“生骨则发痈肿”的小字注文有错，是错列于此的衍文。这条注文应是：“谓毒气散于膈间，其痛凌气也。一曰：发蹄，生痈也。”

译文： 56.51.1　步行过久，就发生“筋劳”；筋劳就发“发蹄”的毛病，有凌气痛。发蹄是毒气散于膈间，痛直迫胸腔、腹腔。一说：发蹄，生肿疡。

56.51.2　久立，则发骨劳；骨劳即发肿。

译文：56.51.2　站立太久，就发生“骨劳”；骨劳就生痈肿。

56.51.3　久汗不干，则生皮劳；皮劳者，骣而不振[①]。

注释：①骣（zhàn）：即“马土浴”，马卧地上打滚。

译文：56.51.3　出汗很久不干，就发生“皮劳”；皮劳，打滚后起来不振毛。

56.51.4　汗未善燥而饲饮之[①]，则生气劳；气劳者，即骣而不起[③]。

注释：①善：《学津讨原》本根据《农桑辑要》删去“善”字，是合适的。

②即骣而不起：这句应改为“即振而不喷”。大概因为“振”字像“碾”，所以写错。

译文：56.51.4　汗没有干，就喂草喂水，会发生“气劳”；气劳，打滚振毛后不喷气。

56.51.5　驱驰无节[①]，即生血劳；血劳则发强行[②]。

注释：①驱驰：策走马，也就是俗语所谓“快马加鞭”。驱，策马。驰，疾走。

②强（jiàng）：倔强的情形。即不停地急走，狂走，无方向地乱走，不听从人的驱赶。

译文：56.51.5　驱驰过久，就会发生“血劳”；血劳就“强行”。

56.52.1　何以察五劳？终日驱驰，舍而视之：不骣者，筋劳也；骣而不时起者，骨劳也；起而不振者，皮劳也；振而不喷，气劳也；喷而不溺者，血劳也。

译文：56.52.1　怎样察出这“五劳”呢？鞭策着走了一天，停下来看它：不打滚的，有“筋劳”；打滚而不随时起身的，是“骨劳”；打滚后起来不振毛的，是“皮劳”；振毛后不喷气的，是“气劳”；喷过气不撒尿的，是“血劳”。

56.53.1　筋劳者，两绊[①]，却行三十步而已[②]。一曰：筋劳者，骣起而绊之[③]，徐行三十里而已。

注释：①两绊：不知如何解释。怀疑“两”字是字形相似的“再”。或者是“重”字，即（重新上绊）误解为两重，写成了“两”。

②三十步：怀疑是“三千步”。已：痊愈。

③骣：强迫它打滚。

译文：56.53.1　筋劳的，“两绊”起来，再走三十步，就好了。又有人说：筋劳的，强迫打滚后，起来绊上，慢慢走三十里，就好了。

56.53.2　骨劳者，令人牵之起[①]，从后笞之，起，而已。

注释：①起：这是对马“不时起”所做的处理，即硬牵起来。

译文：56.53.2　骨劳的，叫人牵着，拉起来，从后面用竹版打它，它自己起来后，就好了。

56.53.3　皮劳者，侠脊摩之[①]，热，而已。

注释：①侠（jiā）：《农桑辑要》作“夹”，是正写，“侠”是借用。

译文：56.53.3　皮劳的，夹着背脊摩到发热，就好了。

56.53.4　气劳者，缓系之枥上[①]，远餧草[②]，喷，而已。

注释：①枥（lì）：马槽。

②餧（wèi）：同“喂”。

译文：56.53.4　气劳的，松松地系在槽上，远些喂草，让它喷气，就好了。

56.53.5　血劳者，高系，无饮食之，大溺，而已。

译文：56.53.5　血劳的，高系着，不给喝的吃的，让它撒尿，就好了。

56.54.1　饮食之节：食有三刍，饮有三时。

译文：56.54.1　喂水喂食物，有一定的法则：食物有“三刍”，饮水有“三时”。

56.54.2　何谓也？一曰恶刍[①]，二曰中刍，三曰“善刍”。

注释：①刍（chú）：喂牲畜的草料。

译文：56.54.2　怎样讲呢？“三刍”是：第一种叫“恶刍”，第二种叫“中刍”，第三种叫“盖刍”。

56.54.3　“善”，谓饥时与恶刍，饱时与善刍，引之令食；食常饱，则无不肥。锉草粗，虽足豆谷，亦不肥充。细锉无节，簁去土而食之者[①]，令马肥，不㖗苦江反[②]，自然好矣。

注释：①簁（shāi）：同"筛"。

②㖗（xiāng）：《集韵》解作"嗽也"；又解作"鲠着"或"卡住"的情形。马吃了过分干的东西，鲠住喉时，就会咳到"㖗"有声。原注"㖗"音kāng。

译文：56.54.3　"善刍"，是饿时给坏的，饱时给好的，总要引诱它吃，吃得老是饱饱的，没有不肥的。草铡得太粗，尽管豆子粮食给得充足，也不会肥实充满。铡细些，不要有整个的节，把泥土筛掉来喂，这样马就长得肥，又不咳，自然就好了。

56.54.4　何谓三时？一曰朝饮，少之；二曰昼饮，则胸餍水[①]；三曰暮[②]，极饮之。

注释：①餍（yàn）：足够。

②三曰暮："暮"字下，似乎缺少一个"饮"字。

译文：56.54.4　怎样叫"三时"？第一、是"朝饮"，早上喂水少给些；第二、是"昼饮"，依胸部情况，水够就行了；第三、"暮饮"，尽量给。

56.54.5　一曰：夏汗冬寒，皆当节饮。谚曰："旦起骑谷，日中骑水。"斯言旦饮须节水也。每饮食，令行骤，则消水；小骤数百步亦佳。十日一放，令其陆梁舒展[①]，令马硬实也。

注释：①陆梁：跳跃或自由行走。

译文：56.54.5　另一说法：夏天多出汗，冬天冷，都应当少饮水。俗话说："早起骑谷，日中间骑水。"就是说早上要少给水饮。每次饮食之后，叫它小跑，就消水；哪怕小小跑几百步也好。十天松放一次，让它自由走动舒展，马也硬实。

56.54.6　夏即不汗，冬即不寒；汗而极干。

译文：56.54.6　做到了这些夏天不出汗，冬天也不怕冷；就是出汗，也容易干。

56.55.1　饲父马令不斗法[①]：多有父马者，别作一坊，多置槽厩；锉刍及谷豆，各自别安。唯著鞴头[②]，浪放不系。非直饮食遂性，舒适自在；至于粪溺，自然一处，不须扫除。干地眠卧，不湿不污。百匹群行，亦不斗也。

注释：①父马：作种马用的牡马。

②羁（lóng）头：套在骡马头上用来系缰绳或挂嚼子的器具。

译文：56.55.1　养种马让它不争斗的方法：种马养得多的，另外辟一个院子，多准备些食槽；铡碎的草和马谷料豆，也另外准备。马只上羁头，放着不系。这样，不但饮食随它的性情，舒适自在；它撒粪撒尿，也自然会在一定的地方，用不着经常跟着扫除。它们便有干地方可以睡眠，不湿不污秽。哪怕一百匹成群，也不会争斗了。

56.56.1　饲征马令硬实法[①]：细锉刍，枚掷[②]，扬去叶，专取茎，和谷、豆秣之[③]。置槽于迥地[④]，虽复雪寒，勿令安厂下。一日一走，令其肉热；马则硬实而耐寒苦也。

注释：①征马：能远行的马。征，远行。

②杴（xiān）掷："杴"（见图十八，仿自王祯《农书》）是一个有长柄的农具，作翻动土壤谷物等用途的。现在这个农具和它的名称以及读法，还在黄河流域各省保存着。"枕掷"锉碎的草，就是用杴来翻动抛扬，利用下坠时因比重不同而落下的远近有差别，使刍草中的茎秆集在中间，叶在外围。"杴"现在多写作"锨"。

③秣（mò）：饲养、喂养。作动词用。

④迥（jiǒng）地：另一个地方。

译文：56.56.1　养长行马养得硬实的方法：草铡得细碎，用杴抛簸，让枯叶飞扬去掉，专门取得茎秆，和上马谷，料豆来喂它。槽放远些，尽管下雪寒冷，也不要放在厂屋下面。每天走一遭，让它肌肉发热；这样，马就硬实而耐寒苦了。

56.61.1　骡[①]：驴覆马，生骡则难。常以马覆驴，所生骡者，形容壮大，弥复胜马。然必选七八岁草驴[②]，骨目正大者[③]。母长则受驹，父大则子壮。

注释：①骡：驴父马母的杂交后代。马父驴母的后代称为"駃决駃騠（jué tí）"。可能后魏时代，驴父母马的骡很少，所以说"难"。

②草驴：牝驴。草即"牝"；现在许多地方农村的言语中，还一直用这个字。

③骨目：怀疑是"骨肉"。"肉"字本作"月"，与"目"字很易混淆。按，此节应为正文大字。

译文：56.61.1　骡：牡驴和牝马交配，生出的是骡，比较难有。通常用牡马和牝驴交配，所生的骡，身体强壮，形容高大，比马还好。但必须选择七八岁的牝驴，骨骼正，肌肉大的。这样，母亲身体长得够大了，容易受胎；也可以用更壮的种马作父亲，种马大的，子女一定更强壮。

56.61.2 草骡不产，产无不死；养草骡常须防，勿令杂群也[①]。

注释：①此节应为正文大字。

译文：56.61.2 牝骡不能生产，生产便没有不难产而死的；所以有草骡的，常常要防备，不要让它和牡兽在一处。

56.62.1 驴大都类马，不复别起条端。

译文：56.62.1 驴的情形，大体上和马相像，不必再分别细列条文。

56.63.1 凡以猪槽饲马；以石灰泥马槽；马汗，系著门。此三事皆令马落驹[①]。

注释：①落驹：即“小产”。

译文：56.63.1 用喂过猪的槽来喂马；用石灰泥马槽；马出汗时系在门边。这三件事，都能使牝马小产。

56.63.2 《术》曰[①]：“常系猕猴于马坊，令马不畏，辟恶，消百病也。”

注释：①《术》：未知指何书？从其内容看应是搜集辟邪厌胜之术而成的书。

译文：56.63.2 《术》说：“常在养马的院子里系上一只猕猴，可以让马不畏惧，便可以解恶，消除百病了。”

56.101.1 治牛马病疫气方：取獭屎煮以灌之。獭肉及肝弥良，不能得肉肝，只用屎耳。

译文：56.101.1 治牛马害疫气病的方子：取獭屎煮过作药灌。獭肉和獭肝更好，得不到肉和肝，就只能用屎了。

56.102.1 治马患喉痹欲死方：缠刀子，露锋刃一寸，刺咽喉，令溃破，即愈。不治，必死也。

注释：①喉痹（bì）：《农桑辑要》中收有同样的一个治方，但所治是“马喉肿”。怀疑“痹”字应是当“肿”解的“瘴（duī）”字。

译文：56.102.1 治马“喉痹”近乎死的方法：把刀子缠扎到只露出一寸的锋刃，来刺咽喉，让它破开溃散，就会好。不治，一定会死亡。

56.103.1　治马黑汗方：取燥马屎置瓦上，以人头乱发覆之。火烧马屎及发，令烟出，著马鼻下熏之，使烟入马鼻中。须臾即差也[①]。

注释：①差（chài）：病愈。

译文：56.103.1　治马“黑汗”的方子：把干燥的马屎，放在瓦片上，把人的乱头发盖在上面。用火来烧马屎和头发，让它们出烟，搁在马鼻下面熏，使烟到马鼻孔中去。一会儿就会好。

56.103.2　又方：取猪脊引脂、雄黄、乱发[①]，凡三物，著马鼻下烧之，使烟入马鼻中。须臾即差。

注释：①脊引脂：“脊引”不知道是什么，怀疑是“脊外脂”，即猪板油。

译文：56.103.2　另一方法：把猪脊外脂、雄黄、乱头发三样东西，搁在马鼻下烧，让烟进到马鼻孔去。一会儿就会好。

56.104.1　马中热方：煮大豆及热饭，啖马；三度，愈也。

译文：56.104.1　治马“中热”的方子：将大豆和饭煮热喂马；三次，马就会好。

56.105.1　治马汗凌方：取美豉一升，好酒一升。夏著日中，冬则温热。浸豉使液，以手搦之，绞去滓，以汁灌口。汗出则愈矣。

译文：56.105.1　治马“汗凌”的方子：用一升好豆豉，一升好酒和着。夏天在太阳下晒着，冬天用火温热。豆豉泡融后，用手搓，扭掉渣，把扭得的汁子，灌在马口里。汗出之后，就会好。

56.106.1　治马疥方：用雄黄、头发二物，以腊月猪脂煎之，令发消。以砖揩疥，令赤，及热涂之，即愈也。

译文：56.106.1　治马疥疮的方子：用雄黄和头发两样，加在腊月猪油里面煎熬，让头发消融。用砖擦疥疮，让疮发红后，趁热把药涂上，就会好。

56.106.2　又方：汤洗疥，拭令干。煮面糊热涂之，即愈也。

译文：56.106.2　另一方法：用热水将疥疮洗净，揩干。将煮热的面糊涂上，就会好。

56.106.3　又方：烧柏脂涂之，良。

译文：56.106.3　另一个方子：柏树脂烧着后涂，很好。

56.106.4　又方：研芥子涂之，差。六畜疥悉愈。然柏沥芥子[①]，并是躁药；其遍体患疥者，宜历落班驳，以渐涂之，待差更涂余处。一日之中，顿涂遍体，则无不死。

注释：①柏沥：即上文“烧柏脂涂之”所用的药。我国古代常将新鲜的植物枝叶，用火烧灼，取得滴出的液体作药物用，称为“沥”；有“竹沥”“苇沥”等等。柏脂燃烧时，便会有“溚”（即煤焦油）性的物质，成为“柏沥”滴出。

译文：56.106.4　另一个方子：把芥子研碎涂上，可以好。各种牲畜的疥，都可以医。不过柏脂溚和芥子，都是“躁药”；凡遍身有着疥疮的牲口，应当零星地分散着分批渐渐地治，等第一批涂过的地方好了，再涂另外的。如果一天内，将全身一下子涂遍，牲口没有不死的。

56.107.1　治马中水方：取盐著两鼻中（各如鸡子黄许大），捉鼻，令马眼中泪出，乃止。良也。

译文：56.107.1　治马“中水”的方子：每个鼻孔里放进鸡蛋黄大的一撮食盐，捏着马鼻子，让它眼中流出泪来才放手。很好。

56.108.1　治马中谷方：手提甲上长鬃[①]，向上提之，令皮离肉。如此数过，以铍刀子刺空中皮[②]，令突过。以手当刺孔，则有如风吹人手，则是谷气耳。令人溺上，又以盐涂。使人立乘数

十步，即愈耳。

注释：①甲：据刘熙《释名》：“甲，阖也；与胸胁背相会阖也。”即肩胛的胛。

②铍（pī）刀子：铍刀，是“大针”，就是两侧有刃、狭长而尖的小刀：也就是所谓“披针”。这是中国早期的外科手术用具之一。

译文：56.108.1　治马“中谷”的方子：手捉住肩胛上长的长毛，向上面提，让皮离开肉。这样提过几下之后，用“披针”刺提起来的空皮，让刀穿过到对面。用手挡在刺着的孔上，会有气出来，像风一样吹着手，这就是“谷气”。叫人在铍刀穿的地方撒尿，再用盐涂。做完，叫人立刻骑着走几十步，就会好。

56.108.2　又方：取饧如鸡子大，打碎，和草饲马，甚佳也。

译文：56.108.2　又一个方子：取一块鸡蛋大小的饧糖，打碎，和在草里喂马，很好。

56.108.3　又方：取麦蘖末三升[①]，和谷饲马，亦良。

注释：①蘖（niè）：麦、豆等的芽。

译文：56.108.3　又一个方子：取三升麦芽末，和在草里喂马，也好。

56.109.1　治马脚生附骨（不治者，入膝节，令马长跛）方[①]：取芥子，熟捣，如鸡子黄许。取巴豆三枚，去皮留脐，三枚亦捣熟[②]。以水和令相著。（和时，用刀子；不尔，破人手。）当附骨上，拔去毛；骨外，融蜜蜡周匝拥之。（不尔，恐药躁疮大。）著蜡罢，以药傅骨上；取生布割两头，作三道，急裹之。骨小者，一宿便尽，大者不过再宿。然须要数看，恐骨尽便伤好处。看附骨尽，取冷水净洗。疮上，刮取车轴头脂作饼子，著疮上，还以净布急裹之。三四日，解去，即生毛而无瘢。此法甚良，大胜灸者。然疮未差，不得辄乘。若疮中出血，便成大病也。

注释：①附骨：“附骨疽”，很可能是骨膜结核病。

②三枚：上面已有“巴豆三枚”一句；这两字，怀疑是误多的。

译文：56.109.1　治马脚上长的“附骨”（不医治，长到膝关节里，马就长久跛了）的方子：将芥子捣烂融和，取鸡蛋黄大小的一块。取三颗巴豆，去掉皮，留下“脐”，也捣融和。用水将两样调和成一团（和时，用刀子调，不然手也会破！）在附骨上，拔去毛；疮外面，将融的蜜蜡周围堆一个圈束住（不然的话，恐怕药太躁烈，创口要廓大）。蜡堆完，将药贴在疮上；将未用过的干净布，割开两头，在药外面缠三道，裹紧。疮小的，过一夜已经尽好了，大的，也不过两夜。但务必要随时解开来看，恐怕疮尽了，本来完好的地方也受到药伤。看看附骨好尽了，用冷水洗净。创口上，刮些车轴头的油脂，做成饼，贴在上面，又用净布紧缠上。三四天后，解开，就会生毛，没有瘢。这个方法很好，比用艾火灸强得多。但创口没有长好以前，不要骑乘。如果创口中出血，便会成大病。

56.110.1 治马被刺胜方：用𪎊麦和小儿哺涂[1]，即愈。

注释：①小儿哺：小孩嚼烂的饭。

译文：56.110.1 治马脚被刺伤的方子：用大麦粉和上小孩嚼烂的饭涂上，就会好。

56.111.1 马灸疮：未差，不用令汗；疮白痂时，慎风。得差后，从意骑耳。

译文：56.111.1 马灸疮：马受灸后，伤口没有长好，不可以让马出汗；伤口结着白痂时，要禁风。完全好了，就可以随意骑了。

56.112.1 治马瘙蹄方：以刀刺马踠丛毛中，使血出，愈。

注释：①瘙蹄：蹄部发炎红肿甚至化脓。

译文：56.112.1 治马瘙蹄的方子：用刀子刺在踠节的丛毛中，让它出血，就会好。

56.112.2 又方：融羊脂涂疮上，以布裹之。

译文：56.112.2 又一方法：把羊脂温化，涂在疮上，用布包着缠起来。

56.112.3 又方：取咸土两石许，以水淋取一石五斗，釜中煎取三二斗。剪去毛，以泔清净洗，干，以碱汁洗之。三度即愈。

译文：56.112.3 另一个方子：取两石上下带碱的土，把水淋上去，收得一石五斗汁，在锅里煎浓，到剩三两斗。将毛剪掉，用淘米水洗净，干后，用碱汁洗。三次之后就会好。

56.112.4 又方：以汤净洗，燥拭之。嚼麻子涂之，以布帛裹。三度愈。若不断，用毂涂五六度[1]，即愈。

注释：①毂：明钞是明代的俗字“穀”，金钞和明清刻本都作“穀”。“穀”不可理解；怀疑是“穀浆”：榖树白色的乳汁中，含有酚性物质，可以治皮肤病。

译文：56.112.4 另一个方子：用热水洗净，揩干。麻子嚼烂敷上，用布或绸包着缠住。三次，应当会好。如果不断根，用榖树浆涂五六次，就会全好。

56.112.5　又方：剪去毛，以盐汤净洗，去痂，燥拭。于破瓦中煮人尿令沸，热涂之，即愈。

译文：56.112.5　另一个方子：剪去毛，用盐汤洗净，去掉痂，揩干。先在破瓦里将人尿煮开，趁热涂在疮口上，就会好。

56.112.6　又方：以锯子割所患蹄头，前正当中，斜割之，令上狭下阔，如锯齿形。去之，如剪箭括[①]。向深一寸许，刀子摘令血出，色必黑。出五升许，解放，即差。

注释：①箭括：箭括的“括”字，普通多写作“筈”，即箭翎毛部分的末端。现在所说的，是将蹄外角质的壳，先用锯锯成一个上尖下阔的三角形，然后再像剪箭筈一样，把这一块三角形切去。

译文：56.112.6　另一个方法：用锯将有病的蹄蹄头前面正当中，斜斜地锯开，锯的地方，上小下大，像锯齿的形状。像剪箭翎一样，把这片尖形的蹄壳剪掉。向里面插下刀子，到约一寸深处，挤出血来，一定是黑的。出了五升左近的血，再解放，就会好。

56.112.7　又方：先以酸泔清洗净[①]，然后烂煮猪蹄，取汁，及热洗之，差。

注释：①酸泔清：已经发酵发酸的淘米泔水，澄清后，上面的清液。

译文：56.112.7　又一个方子：先用酸淘米水洗净，然后将煮烂猪蹄所得的汁趁热洗过，会好。

56.112.8　又方：取炊底釜汤净洗，以布拭水令尽。取黍米一升，作稠粥；以故布广三四寸，长七八寸，以粥糊布上，厚裹蹄上疮处，以散麻缠之。三日，去之，即当差也。

译文：56.112.8　又一个方子：用笼屉或甑下锅中的开水来洗净，用布揩干水。将一升黍米煮成稠粥，在三、四寸阔，七、八寸长的旧布上，糊上粥，厚厚地裹在蹄上生疮的地方，用散麻缠上。过三天，解开，应当就好了。

56.112.9　又方：耕地中，拾取禾茇东倒西倒者。（若东西横地，取南倒北倒者。）一垄取七科，三垄凡取二十一科。净洗，釜中煮取汁，色黑乃止。剪却毛，泔净洗，去痂，以禾茇汁热涂之。一上即愈。

译文：56.112.9　另一个方子：在耕地里，检取向东向西倒着的禾兜。（如果是东西长的横地，就取向南向北倒的。）每一垄取七科，三垄，共取得二十一科。洗净，在锅里煮着，到成了黑汁时，才停止。剪掉毛，用淘米水洗净，去掉痂，将热禾兜汁涂上。涂一次就会好。

56.112.10　又方：尿清羊粪令液[1]。取屋四角草，就上烧，令灰入钵中。研令熟。用泔洗蹄，以粪涂之，再三，愈。

注释：①尿清："清"很明显地是当"浸"讲的"渍"字破烂或写错而成。"尿"字前，似脱漏了"钵盛"两字，即此句应是"钵盛尿，渍羊粪令液"。

译文：56.112.10　另一个方子：在钵里用尿将羊粪泡到融化。把屋顶四角的草，就着钵口上烧，让草灰掉到钵里。研到融和。用淘米水把蹄洗净，把这样的羊粪涂上，多涂几次，就会好。

56.112.11　又方：煮酸枣根，取汁。净洗讫。水和酒糟，毛袋盛[1]，渍蹄，没疮处。数度即差也。

注释：①毛袋：用黑羊毛和牛毛织成的"毼子"，连缀成袋，可以盛酒醪。毼（hé）：毛织的布。

译文：56.112.11　另一个方子：把酸枣根煮出汁来。将蹄洗净。用酸枣根汁和上酒糟，盛在毛袋里，浸着蹄，让疮全没在水底下。这样处理几次，就会好。

56.112.12　又方：净洗了，捣杏仁和猪脂涂。四五上，即当愈。

译文：56.112.12　另一个方子：洗净疮口后，把杏仁捣烂和上猪油涂。涂四五回，应当就会好。

56.113.1　治马大小便不通，眠起欲死：（须急治之；不治，一日即死！）以脂涂人手，探谷道中[1]，去结屎。以盐内溺道中，须臾得溺。便当差也。

注释：①谷道：肛门以内和直肠，合称"谷道"。北京农业大学兽医教研组于船教授提出，在中兽医，"谷道"只指肠管，肛门称为"粪门"。

译文：56.113.1　治马大小便不通，眠下又起来，起来又眠下：（要赶急治！不治，一日之内就死了！）用油脂涂在人手上，探到直肠里，将结住的屎取出来。将盐送进尿道里，一会儿小便就出来。这样，就应当会好。

56.114.1　治马卒腹胀，眠卧欲死方：用冷水五升，盐二斤。研盐令消，以灌口中，必愈。

译文：56.114.1　治马猝然间肚胀，起卧不安，要死的情形。方子：用五升冷水，二斤盐，混合着。将盐研到溶化，灌到马口中，一定会好。

56.115.1　治驴漏蹄方①：凿厚砖石，令容驴蹄，深二寸许。热烧砖，令热赤。削驴蹄令出漏孔，以蹄顿著砖孔中，倾盐、酒、醋，令沸；浸之。牢捉匆令脚动。待砖冷，然后放之，即愈。入水远行，悉不发。

注释：①漏蹄：是指蹄底生疮，包括蹄底蹄皮炎、蹄叉腐烂、蹄叉癌等症。（转引自缪启愉《齐民要术译注》）

译文：56.115.1　治驴“漏蹄”的方子：在厚的砖或石上，凿成可以容下驴蹄的孔，约二寸深。把这砖或石烧到发红。将驴蹄削到露出漏孔，放进砖孔里，倒上盐、酒、醋，让它滚沸；泡着。捉牢蹄子，不让脚移动。等砖冷了，再放出来，就好了。以后下水也好，走远道也好，都不会再犯。

56.201.1　牛：歧胡有寿①。歧胡，牵两腋；亦分为三也。

注释：①歧胡：即分歧的胡。胡，牛颈项下垂着的一片皮肉。原注已经说明：歧胡有二歧与三歧。

译文：56.201.1　牛：颈下垂皮分歧的，长寿。歧胡，牵到两边腋下；也有分三叉的。

56.202.1　眼去角近，行驶①。

注释：①駃（jué）：走得快。南北朝以前，一般人的交通工具是牛拉的大车。马拉的车，是贵族与战争用的。

译文：56.202.1　眼和角隔得近地走得快。

56.202.2　眼欲得大，眼中有白脉贯瞳子最快。

译文：56.202.2　眼要大；眼中有贯穿着黑眼珠的白筋，最快。

56.202.3　二轨齐者快①。二轨：从鼻至髀为前，从甲至髂为后②。

注释：①轨：同“轨”。

②甲：肩胛。髂：腰骨。

译文：56.202.3　“二轨”一样长的，快。二轨：从鼻到大腿称为“前”，从肩胛到腰称为“后”。

56.202.4　颈骨长且大，快。

译文：56.202.4　颈骨又长又大的，快。

56.203.1“壁堂”欲得阔。“壁堂”，脚股间也。

译文：56.203.1“壁堂”要阔。壁堂，是两脚股骨之间。

56.203.2　倚欲得如绊马[①]，聚而正也。

注释：①倚：“倚”有“侧”的一个解释，在这里，也只能解作身体两侧，包括胸腹。

译文：56.203.2　胸腹两侧要像上了绊的马一样，集中而且端正。

56.203.3　茎欲得小。膺庭欲得广。膺庭，胸也[①]。“天关”欲得成[④]。天关，脊接骨也。“儁骨”欲得垂。儁骨，脊骨中央欲得下也。

注释：①膺庭，胸也：《太平御览》卷899所引《相牛经》，“也”字作“前”；“胸前”，即一般口语中所谓“胸口”，似乎更合于“庭”字的含义。《初学记》所引，作“胸前也”，可作佐证。

②“天关”欲得成：这句找不到解释，姑且作如此推测：由“天”字，可以设想是全身中最高的地方；由“关”字，可以设想这是几个骨相连接的地方；“成”字，可以设想为这个关底连接的密合程度。依《太平御览》所引，这句下面的小注是“脊接骨”。则“天关欲得成”，可能是两侧肩胛骨和最末颈椎、与第一背椎四个骨相互的位置，是不是能配合得很好，配合好，便有力持久。

译文：56.203.3　阴茎要小。胸口要宽。膺庭是胸前。“天关”要“成”。天关是背上骨相接的地方。“儁骨”要下垂。儁骨，是脊骨中央，要向下垂。

56.204.1　洞胡无寿[①]。洞胡，从颈至臆也。

注释：①洞胡：没有分歧的胡，即颈下垂皮不分叉，由颈直到臆骨。

译文：56.204.1　“洞胡”不长寿。洞胡是胡由颈到臆骨。

56.204.2　旋毛在“珠渊”，无寿。珠渊，当眼下也。

译文：56.204.2　“珠渊”有旋毛，不长寿。珠渊，正在眼睛下面。

56.204.3　“上池”有乱毛起，妨主。“上池”，两角中；一曰“戴麻”也。

译文：56.204.3　“上池”有乱毛起来的，妨害主人。“上池”是两角之间，这种特征又称为“戴麻”。

56.205.1　倚脚不正[①]，有劳病；角冷，有病；毛拳，有病。

注释：①倚脚不正：“倚”字的解释，见56.203.2；“脚”字无法解释，怀疑是“却”，即退缩。

译文：56.205.1　胸腹两侧退缩不整齐，有劳伤病；角冷，有病；毛蜷缩，有病。

56.206.1　毛欲得短、密；若长、疏，不耐寒气。

译文：56.206.1　毛要短要密；如果毛长而疏，耐不住寒冷。

56.206.2　耳多长毛，不耐寒热。

译文：56.206.2　耳壳上长毛多的，不耐寒也不耐热。

56.207.1　单膂无力[①]。

注释：①膂（lǚ）：脊骨、腰骨。

译文：56.207.1　脊骨、腰骨单行的，力不大。

56.207.2　有生疖即决者，有大劳病。

译文：56.207.2　有生疖而很快就破的，有大劳伤病。

56.208.1　尿射前脚者，快；直下者不快。

译文：56.208.1　尿射到前脚的，走得快；直向下射的，不快。

56.209.1　乱睫者抵人[①]。

注释：①抵：动物用角触。

译文：56.209.1　睫毛乱的，喜欢用角触人。

56.210.1　后脚曲及直，并是好相；直尤胜。进不甚直，退不甚曲，为下。

译文：56.210.1　后脚弯曲或直，都是好相；直的更强。向前进不很直，向后退又不很弯曲的，是下等牲口。

56.210.2　行，欲得似羊行。

译文：56.210.2　走路时，要像羊走一样。

56.211.1　头，不用多肉。臀欲方。

译文：56.211.1　头不要肉太多。臀部要方。

56.211.2　尾，不用至地；至地，劣力[1]。尾上毛少骨多者，有力。

注释：①劣：少或不够。

译文：56.211.2　尾，不要长到拖地；拖到地的，力不够。尾上毛少骨多的，有力。

56.211.3　膝上“缚肉”欲得硬。

译文：56.211.3　膝上的“缚肉”，要硬实。

56.211.4　角欲得细，横竖无在大。

译文：56.211.4　角要细，横上竖上都不需要大。

56.211.5　身欲得促，形欲得如卷。卷者，其形圆也。插颈欲得高。一曰体欲得紧。

译文：56.211.5　身躯要紧凑，要像“卷’一样。卷着的东西都是圆筒形。颈要插得高。又有一说，躯干要紧。

56.212.1　大膁、疏肋，难饲。

译文：56.212.1　软肚大，肋骨相距宽的，难喂。

56.212.2　龙颈突目好跳[1]。又云：不能行也。

注释：①突（yào）：深陷。

译文：56.212.2　像龙一样长颈，眼睛又洼下的，欢喜跳。也有说是不能快走的。

56.212.3　鼻如镜鼻难牵①。

注释：①镜鼻：古代的镜，后面有一个穿“纽”的地方，称为“镜鼻”。镜鼻，一般是弯曲相通的。

译文：56.212.3　鼻子像“镜鼻”的难牵。

56.212.4　口方易饲。

译文：56.212.4　口方的容易喂养。

56.213.1　“兰株”欲得大。“兰株”，尾株。“豪筋”欲得成就。豪筋，脚后横筋。“丰岳”欲得大。丰岳，膝株骨也。

译文：56.213.1“兰株”要大。“兰株”就是尾株。“豪筋”要“成就”。豪筋是脚后面的横筋。“丰岳”要大。“丰岳”是膝株骨。

56.213.2　蹄欲得竖。竖如羊脚。“垂星”欲得有“怒肉”①。垂星，蹄上；有肉覆蹄，谓之“怒肉”。“力柱”欲得大而成②。力柱，当车。

注释：①怒肉：一般将眼内角上突出而遮着眼球的肉，称为“怒肉”。又作“胬肉”。怒，有突出义。

②力柱：“当车骨”，即肩胛部受轭处。成：这个“成”字，与上节56.213.1“豪筋”欲得“成就”的“成就”，都不知应如何解释。

译文：56.213.2　蹄要竖。像羊脚一样竖。“垂星”要带有“怒肉”。垂星是蹄上的部分，盖在蹄上的肉叫作“怒肉”。“力柱”要大，要“成”。力柱是“当车骨”。

56.213.3　肋欲得密；肋骨欲得大而张。张而广也。

译文：56.213.3　肋要密，肋骨要大要张出。张出宽广。

56.213.4　髀骨欲得出儁骨上。出背脊骨上也。

译文：56.213.4　大腿骨要出在“儁骨”上。就是高出在背脊骨之上。

56.214.1　易牵则易使，难牵则难使。

译文：56.214.1　容易牵的，容易使用；难牵的难使用。

56.215.1　泉根不用多肉及多毛。泉根，茎所出也。悬蹄欲得横。如“八”字也。

译文：56.215.1　“泉根”不要肉多，也不要毛多。“泉根”是阴茎伸出的地方。悬蹄要横的。像“八”字一样。

56.216.1　“阴虹”属颈，行千里。阴虹者，有双筋白毛骨属颈①。宁公所饭也②。

注释：①双筋白毛：“白毛”两字很费解；《格致镜原》所引，作“自尾”，就很容易领会，可能是字形相近写错。

②宁公：宁戚。春秋时期齐国大夫，曾怀才不遇，为人喂牛。

译文：56.216.1　“阴虹”连在颈上的，日行一千里。“阴虹”是一对白色的筋，从尾骨起，连到颈上。这就是宁戚所养的牛。

56.216.2　“阳盐”欲得广。阳盐者，夹尾株前两膁也。当阳盐中间，脊骨欲得窜。窜则双膂，不则为单膂。

注释：①窜（yā）：窄小而突起。原注“窜”音jiá，古时读qiap，“p”是入声标记。

译文：56.216.2　“阳盐”要宽。“阳盐”是尾基前面的软肚部分。在阳盐中间的脊骨，要狭小而突起。窜的，腰骨才成双行，不窜的就是“单膂”。

56.216.3　常有似鸣者有黄①。

注释：①有黄：牛胆结石称为“牛黄”，有黄就是有胆结石病。

译文：56.216.3　常常像在鸣的，有胆结石病。

56.301.1　治牛疫气方：取人参一两，细切，水煮，取汁五六升。灌口中，验。

译文：56.301.1　治牛疫气的方子：取一两人参，切细，用水煮出五六升汁。灌在牛口中，灵验。

56.301.2　又方：腊月兔头烧作灰，和水五六升，灌之，亦良。

译文：556.301.2　另一个方子：腊月兔头烧成灰，和五六升水，灌进去，也很好。

56.301.3　又方：朱砂三指撮，油脂二合，清酒六合，暖灌，即差。

译文：56.301.3　另一个方子：三个手指撮起的朱砂，二合油脂，六合清酒，调着烫暖，灌下去，随时会好。

56.302.1　治牛腹胀欲死方：取妇人阴毛，草裹与食之，即愈。此治气胀也。

译文：56.302.1　治牛肚胀到要死的方子：取妇人阴毛，草裹着，喂给牛吃，就会好。这是治"气胀"的方子。

56.302.2　又方：研麻子取汁，温令微热，擘口灌之。五六升许愈。此治食生豆，腹胀欲垂死者，大良。

译文：56.302.2　另一个方子：把麻子研碎，取得汁，烫暖到稍微嫌热时，扳开牛口灌下去。灌五六升，就会好。这方子治吃生豆，肚胀到快要死的，非常好。

56.303.1　治牛疥方：煮乌头汁[1]，热洗；五度，即差耳。

注释：①乌头：《本草纲目》中，乌豆（黑大豆）没有能治疥的说法，只说乌头能治"疮毒"。因此暂改作"乌头"。

译文：56.303.1　治牛疥的方子：煮乌头汁，趁热洗；五次，就会好。

56.304.1　治牛肚反及嗽方[1]：取榆白皮，水煮极热，令甚滑。以二升灌之，即差也。

注释：①肚反：即中医学称的"反胃"，指食后隔一定时间吐出的症状。

译文：56.304.1　治牛"肚反"和咳嗽的方子：将榆树白皮，水煮到极热，让它很黏很滑。拿两升来灌下去，就会好。

56.305.1　治牛中热方：取兔肠肚，勿去屎以裹草，吞之。不过再三，即愈。

注释：①中（zhòng）热：即中暑。《伤寒溯源集》说："中暍、中暑、中热，名虽不同，实一病也。"

译文：56.305.1　治牛"中热"的方子：取兔子的肠肚，连屎在内，一并用草裹着，让它吞下去。最多两三遍，就会好。

56.306.1　治牛虱方：以胡麻油涂之即愈；猪脂亦得。凡六畜虱，脂涂悉愈。

译文：56.306.1　治牛虱的方子：用胡麻油涂上，就会好；猪油也可以。所有家畜生虱时，用油脂涂上，都可以治好。

56.307.1　治牛病：用牛胆一个，灌牛口中，差。

译文：56.307.1　治牛病：用一个牛胆，灌在牛口里，就会好。

56.311.1　《家政法》曰[①]："四月伐牛茭[②]。"四月毒草[③]，与茭豆不殊。齐俗不收，所失大也。

注释：①《家政法》：书名，已亡佚。胡立初分析后认为其书应为南朝人所撰。

②伐牛茭：是作贮藏饲料的准备。

③毒草："毒草"固然可以勉强说明（在贮藏中，可能起自铄性酶解而消失毒性）。但仍怀疑"毒"是字形相似的"青"字抄刻错误。

译文：56.311.1　《家政法》说："四月，砍喂牛的草。"四月间的毒草，和茭草，料豆一样。齐郡习惯不收四月的草，损失很大。

56.312.1　《术》曰："埋牛蹄著宅四角，令人大富。"

译文：56.312.1　《术》里面有："在住宅四角上埋牛蹄，可以使人大富。"

养羊第五十七

毡及酥酪、干酪法，收驴马驹、羔、犊法，羊病诸方并附

题解： 原书卷首总目，在篇名标题下，还有“毡及酥酪、干酪法，收驴马驹、羔、犊法，羊病诸方并附”小字夹注。

从本篇可以知道贾思勰家养过两百头羊，由于没有掌握喂养的技术，损失惨重。有了这段痛苦的经验教训，他非常注意收集、整理养羊的有关技术，给后人留下了丰富、宝贵的经验。

本篇从选种、放牧、修羊圈、饲料的种植和储藏，对产羔的母羊的调护和对羊羔的照护，挤羊奶（包括牛）的注意事项，直到如何防治羊的疾病等都记载了详实、生动的材料。如：选种育羔，首先得选好母畜，但不能只看“遗传性质”，还必须注意季节。57.1.1—57.1.2清楚地告诉我们羊羔出生的季节，对它们将来的生长发育，影响很重大。57.8.3—57.8.4则告诉我们：同是放牧，白羊、黑羊的放牧方法就不同。白羊应将母羊和小羊羔一起带出去放牧；而黑羊则只将母羊带出去，将小羊羔留在地坑中。

为让养羊能充分获利，本篇对剪羊毛、羊毛加工成毡的方法做了详细记载；对挤奶和制作乳制品（奶酪、酥油）的技术和注意事项也做了详尽的记载。57.21的“作酪法”中，明确记述当时作奶酪要用酵。这酵，可以是已做成的“甜酪”，也可以是冷酸饭浆水。而57.24.1“作马酪酵法”，进一步让我们知道在当时（1400多年前）作酪，人们已经知道要先作“酵”，即要准备比较纯粹的乳酸细菌，作为接种材料。在叙述作酪时，对于保温的注意，明确提出以人的体温为标准；在没有温度计以前，这一个恒定的标准，既简便、合理，也很有趣。

57.31.1—57.35.1详细记述了羊易患的各种疾病及其防治方法。

57.41—57.42对养羊可获得的利及如何尽可能多获利的方法都做了具体生动地介绍。

57.51及57.52所引《家政法》的两段，证明我国古代的劳动人民在畜牧业中已积累了许多宝贵的经验，它们不仅十分巧妙而且也符合科学原理。羊喜欢舔盐，从学理上看，草

食动物，因食物中含钾多，必须从另外的渠道吸收足够的钠，来保持一定的钾钠平衡，生命活动才能正常。《齐民要术》所引这一段话，应当是15世纪以前的“有蹄类舔盐”的正式记载。

57.1.1 常留腊月、正月生羔为种者，上；十一月、二月生者，次之。非此数月生者，毛必焦卷，骨髓细小。

译文：57.1.1 将腊月、正月的羊羔留来做种，最好；十一月、二月的，次一等。不是这几个月生的，毛不润泽顺直，骨架也小。

57.1.2 所以然者，是逢寒遇热故也。其八、九、十月生者，虽值秋肥，然比至冬暮，母乳已竭，春草未生，是故不佳。其三、四月生者，草虽茂美，而羔小未食，常饮热乳，所以亦恶。五、六、七月生者，两热相仍，恶中之甚。其十一月及二月生者，母既含重①，肤躯充满，储草虽枯，亦不羸瘦。母乳适尽，即得春草，是以极佳也。

注释：①含重：母畜有孕。

译文：57.1.2 原因是出生之后逢寒遇热的结果。八、九、十月生的，母羊虽然在“秋肥”中，但到冬天母羊奶完了，青草没有出生，小羊便长不好。三、四月生的，草是很好的春草，可是羊羔还不能吃，所饮的，只是晒热着的母羊的奶，所以也不好。五、六、七三个月生的，羔羊热，母羊也热，两个热相加，不好之中的最不好。十一月和二月生的，母羊怀孕后长肥了，虽然已经没有青草，可是母羊并不会瘦。母羊奶刚完，青草已经出生，所以很好。

57.2.1 大率十口二羝①。羝少则不孕，羝多则乱群。不孕者必瘦；瘦则匪唯不蕃息，经冬或死。

注释：①十口二羝（dī）：“口”是一匹羊，包括公羊、母羊，羝是牡羊，即公羊。

译文：57.2.1 一般地说，每十匹羊中，有两匹公羊最合适。公羊太少，母羊便不怀孕；公羊太多，羊群就不安靖。母羊不怀孕，一定会瘦；瘦了之后，不但不能繁殖，过冬时也许会死亡。

57.2.2 羝无角者更佳。有角者喜相抵触，伤胎所由也。

译文：57.2.2 没有角的公羊更好。有角的羊，喜欢用角相互抵触，就常引起伤胎。

57.2.3　拟供厨者宜剩之[①]。剩法：生十余日，布裹齿脉碎之[②]。

注释：①剩：即“阉割”或“去势”；字本应作“骒（chéng）”，即阉马。各种家畜的去势处理，古来各有专字；而且，处理过的雄性动物，也就用这些专字来作特称。“骒马”也就是阉过的马；牛称为“犗（jiè）”或“犍（jiān）”，羊称为“羠（yí）”，狗称为“猗（yī）”，猪称为“豮（fén）”（以上这些字，《说文》中都有著）。鸡的去势称为“骟（xiàn）”（《说文》中没有骟字），骟过的鸡称为“骟鸡”。有时这些字可以互借，如牛可以称“骟（shàn）牛”，狗可以称“骟狗”之类。“阉”字则各种家畜可以公用。

②布裹齿脉碎之：用布裹着“脉”（睾丸），“齿”作动词用，即啮碎。石按：这句，照字面无法解释。我曾在四川西部乡下见到人用布包着小猪的肚皮咬一口，询问后所得的答复是：“就这么骟了它。”推想起来，大概也是用同一方法来处理小羊：即用布裹着睾丸咬碎。

译文：57.2.3　预备供厨房用的，宜于先“剩”它。剩法：生下来十几天的羔子，用布包着它的睾丸，把它咬碎。

57.3.1　牧羊，必须大老子[①]，心性宛顺者。起居以时，调其宜适。卜式云[②]：“牧民何异于是者？”

注释：①大老子：老子指老年男人。“大”兼指年龄大与身体健康。

②卜式：人名，西汉武帝时大臣。河南人。初年曾入山畜牧十余年，有羊千余头，置田产。《汉书》有传。这里所引的卜式的话，不是《汉书》原文，只是转述。

译文：57.3.1　牧羊的人，必须是年纪大身体好的老头，性情体贴平和的。在需要的时候动作或休息，调整到合宜适当。卜式说：“看管老百姓，与这不正是一样吗？”

57.3.2　若使急性人及小儿者，拦约不得，必有打伤之灾；或游戏不看，则有狼犬之害；懒不驱行，无肥充之理；将息失所，有羔死之患也。

译文：57.3.2　如果用急性的人，或者小孩们，他们遮拦约束不住，必定有打伤羊的灾祸；或者贪着自己游戏，不看管羊，则可能有狼或狗咬羊的灾害；懒惰，不赶着羊群走动，便没有长到肥壮充满的道理；照顾休息不适当，小羔子就有累死的可能。

57.4.1　唯远水为良，二日一饮。频饮，则伤水而鼻脓。

译文：57.4.1　不要接近水，每两天放它们喝一次水。饮水次数过多，就会“伤水”，鼻中出脓。

57.4.2　缓驱行勿停息。息，则不食而羊瘦；急行，则坌尘而蚛颡也[①]。

注释：①坌（bèn）：搅动尘土。蚛颡（zhòng sǎng）：跑时跌倒额头碰在地面上。蚛，原指被虫咬，这里借作“撞”，即碰击。颡，额头，脑门子。“坌尘”与“蚛颡”两件事，都是快跑的恶果。

译文：57.4.2　赶着缓缓地走，不要长久休息。长久停着不动，羊就不吃，也就瘦了；走得太快，会搅起尘土，撞伤额头。

57.4.3　春夏早放，秋冬晚出。春夏气暖，所以宜早；秋冬霜露，所以宜晚。《养生经》云[①]：“春夏早起，与鸡俱兴；秋冬晏起，必待日光。”此其义也。

注释：①《养生经》：《隋书·经籍志》有《养生经》一卷，无撰人姓氏和名。宋《崇文总目》著录有《养生经》一卷，陶弘景撰。胡立初认为可能就是此书。但《梁书·弘景传》只言其善辟谷导引之法，未记陶著有《养生经》。其书已佚。

译文：57.4.3　春天夏天，早晨要早些放；秋天冬天，早晨要晚些出来。春天夏天天气暖，所以宜于早些；秋天冬天有露有霜，所以宜干晚些。《养生经》说：“春夏早起，和雄鸡同时动作；秋天冬天晚起，等待太阳出来。”正是同一道理。

57.4.4　夏日盛暑，须得阴凉；若日中不避热，则尘汗相渐，秋冬之间，必致癣疥。七月以后，霜露气降；必须日出，霜露晞解[①]，然后放之。不尔，则逢毒气，令羊口疮腹胀也。

注释：①晞（xī）：干，干燥。

译文：57.4.4　夏天天气极热的时候，须要阴凉；如果日中间不避开炎热，灰尘和汗渐渐累积起来，到了秋末冬初，必定会发生癣和疥。七月以后霜露的冷气来了；一定要等待太阳出来，霜露得到早晨太阳照射后解散了，然后才放出来。不然，遇着寒毒气，羊口上生疮，肚腹发胀。

57.5.1　圈不厌近。必须与人居相连，开窗向圈。所以然者，羊性怯弱，不能御物。狼一入圈，或能绝群。

译文：57.5.1　羊圈要靠近。必须和人住的地方连接，而且住宅要对着羊圈开有窗。

因为羊性情怯懦软弱，没有抵抗侵害的能力。万一狼进了圈，便可能全群覆灭。

57.5.2 架北墙为厂[①]。为屋即伤热，热则生疥癣。且屋处惯暖，冬月入田，尤不耐寒。

注释：①厂：本义是有屋顶而四面的墙不完备（即只有一面多至三面有墙）的建筑物。“屋”则是四面的墙都完备的。

译文：57.5.2 在北边的墙头上竖架作成屋顶，围成“厂”。作成“屋”，就嫌太热；热了就会发生疥与癣。再，屋子里住惯了，冬天到了田地里时，耐寒的本领更小。

57.5.3 圈中作台，开窦[①]，无令停水。二日一除，勿使粪秽。秽则污毛；停水，则挟蹄[②]；眠湿，则腹胀也。

注释：①窦（dòu）：孔，洞。

②挟蹄：蹄甲中出脓。

译文：57.5.3 圈里地面要填高，开好出水口，不要让地面有积水。隔一天，除一次，不要让粪尿堆积污秽。圈内污秽，羊毛就会脏；有积水，就生“挟蹄”；羊在湿处睡，就会肚胀。

57.5.4 圈内，须并墙竖柴栅，令周匝。羊不揩土，毛常自净；不竖柴者，羊揩墙壁，土咸相得，毛皆成毡。又竖栅头出墙者，虎狼不敢逾也。

译文：57.5.4 圈里面凡有墙的地方，要与墙平行立下柴栅，把墙完全遮住。羊不在土墙上揩擦，毛自然常常是洁净的；不立柴栅，羊在土墙上揩擦，泥土和汗里的盐分结起来，毛便成了毡。另外，如果立的栅子，木梢露出墙头的，虎和狼就不敢在上面爬过来。

57.6.1 羊一千口者，三四月中，种大豆一顷，杂谷并草留之[①]，不须锄治。八九月中，刈作青茭[②]。

注释：①杂谷并草：这里所谓“谷”，可能是指大豆的。古来有所谓“六谷”，是“稻、粱、菽、麦、黍、稷”，其中的“菽”，就是大豆。但更好的解释，应当是大豆加上谷子“混作”，将来混收，作为青饲料；只有这样，下文（57.6.2）的“不种豆谷”，谷与豆连举，才可以解释。

②青茭：在草、豆未长老变黄前就收割下来，贮作干饲料。茭，喂牲口用的草料。

译文：57.6.1 有一千匹羊的人家，每年三四月间，种上一顷地的大豆，连草带豆子一并留下，用不着锄整。到了八九月，一齐割回来，作饲料。

57.6.2 若不种豆谷者，初草实成时，收刈杂草，薄铺使干，勿令郁浥。

译文：57.6.2 如果不种豆子和谷类，则等最早的草种实结成的时候，把各种杂草割下收集回来，薄薄地铺着，让它们快干，不要让它们燠坏。

57.6.3 萱豆、胡豆、蓬、藜、荆、棘，为上[1]。大小豆萁，次之。高丽豆萁，尤是所便。芦薍二种[2]，则不中。

注释：①萱（láo）豆：一种野生豆类。一称鹿豆，又名野绿豆。

②薍（wàn）：嫩的荻。

译文：57.6.3 萱豆、胡豆、碱蓬、藜、荆条、酸枣是上等的青茭。大豆小豆的豆萁次之。高丽豆萁，更是方便。芦和薍这两类，就不合用。

57.6.4 凡秋刈草，非直为羊然，大凡悉皆倍胜。

译文：57.6.4 秋天割草作饲料准备，不只是为羊着想；一般地说，秋天割下总之加倍地强。

57.6.5 崔寔曰："七月七日刈莒茭[1]。"

注释：①莒（chú）：同"刍"，此处意为喂牲口的谷类植物的茎秆和草。

译文：57.6.5 崔寔《四民月令》说："七月七日，收割青刍茭草。"

57.6.6 既至冬寒，多饶风霜，或春初雨落，青草未生时，则须饲，不宜出放。

译文：57.6.6 到了冬天寒冷的季节，多半常有风霜，或者初春雨下来了，春草还没有生成，这些都是需要在家里给饲料的时候，不应当放出去。

57.7.1 积茭之法：于高燥之处，竖桑棘木[1]，作两圆栅，各五六步许。积茭著栅中，高一丈亦无嫌。任羊绕栅抽食，竟日通夜，口常不住。终冬过春，无不肥充。

注释：①桑：怀疑是"枣"字，字形相近抄错。

译文：57.7.1 藏饲料的方法：在地势高爽的处所，将桑枝或酸枣枝竖着插起来，围成两个圆形的栅栏，每一个，周围都有两丈五到三丈。在栅栏里堆积干牧草，就堆到一丈高也没有关系。任随羊在栅栏外周围走动，抽草吃，成日到晚，总不停口。这样过了冬，再过春天没有不肥的。

57.7.2　若不作栅，假有千车茭掷与十口羊，亦不得饱；群羊践蹑而已，不得一茎入口。

译文：57.7.2　如果不作这样的栅栏，即使有一千车的干草，扔给十只羊吃，也还吃不饱；羊群挤来挤去把草都踩坏糟蹋了，一根草也没有吃上。

57.7.3　不收茭者，初冬乘秋，似如有肤。羊羔乳食其母，比至正月，母皆瘦死，羔小未能独食水草，寻亦俱死。非直不滋息，或能灭群断种矣。

译文：57.7.3　不这样藏积饲料的，初冬时候，趁着秋天的余势，看上去母羊小羔似乎都有厚肉。从这时起小羔全靠母乳长大，等到了正月，母羊都瘦死了，羔子还太小，不能靠水和草生长，渐渐也都死了。不但不能增加，甚而至于全群绝灭到断种。

57.7.4　余昔有羊二百口，茭豆既少，无以饲。一岁之中，饿死过半；假有在者，疥、瘦、羸、弊，与死不殊；毛复浅短，全无润泽。余初谓家自不宜，又疑岁道疫病。乃饥饿所致，无他故也。

译文：57.7.4　我自己从前有过两百头羊。家里没有积下干草和豆草，没有东西喂它们。一年下来，饿死了一大半；纵使活着留下的，也都满身疮，瘦弱得像快死的样儿，也就和死的差不了多少；毛又短又粗，没有一点润泽。最初我自以为家里不合宜养羊，又怀疑是年岁该遭瘟疫？其实只是饿坏，并无其他原因。

57.7.5　人家八月收获之始，多无庸暇①；宜卖羊雇人，所费既少，所存者大。传曰：“三折臂知为良医。”又曰：“亡羊治牢，未为晚也。”世事略皆如此，安可不存意哉？

注释：①庸暇：有空闲的劳力，可以供雇佣。庸，同“佣”，是以劳动力换取代价。

译文：57.7.5　一般人家，在八月开始收割，就没有人有闲暇作零工；应当把羊卖去几只，来雇请专人，所花费的不多，所保全的很大。古书上说：“折断过三回胳膊的人，自己也会作医生。”又说：“羊失去了，回来补羊圈，还不算晚，”世事大概也就这样，哪可不留意？

57.8.1　寒月生者，须燃火于其边。夜不燃火，必致冻死。

译文：57.8.1　寒冻的月份生出的小羔，须要在旁边烧些火，夜间不烧火，必定冻死。

57.8.2 凡初产者，宜煮谷豆饲之。

译文：57.8.2 凡第一次产羔的母羊，应当煮些粮食和豆子去喂。

57.8.3 白羊留母二三日，即母子俱放。白羊性佷[①]，不得独留；并母久住，则令乳之[②]。

注释：①佷（hěn）：狠，毒辣。

②则令乳之："之"字，怀疑是"乏"字。这个注的意思，是说白羊对子女的爱护，不大周到，如将羔羊单独留下，母羊回来可能不让它们吃奶；如连母羊长留在圈中，则母羊吃的青草太少，奶会不够（"乏"）。

译文：57.8.3 白羊，将母羊留在家里过三两天之后，就连母羊带小羔一齐放牧出去。白羊性情不慈爱，羊羔不能单独留下，留下，母羊回来可能就不再管它们；如连母羊一起留下，奶又会不够。

57.8.4 羖羊但留母一日[①]。寒月者，内羔子坑中；日夕母还，乃出之。坑中暖，不苦风寒；地热使眠，如常饱者也。十五日后，方吃草，乃放之。

注释：①羖（gǔ）：这里泛指黑色的羊。

译文：57.8.4 黑羊，母羊只需要留下一天。天冷时，黑羔放在土坑里；等天黑母羊回来后，就放出来跟母亲。坑里暖和，不会嫌有冷风；地里暖暖的，它们安静睡下，也就等于常常吃饱了一样。十五天之后，羔子开始吃草，就放出去。

57.9.1 白羊三月得草力，毛床动[①]，则铰之。铰讫，于河水之中，净洗羊；则生白净毛也。

注释：①毛床：此处指底毛，即氄（róng）毛或绒毛。

译文：57.9.1 白羊三月间，由于吃够了青草，底毛开始变化，就铰毛。铰过，在河水里把羊洗刷洁净，以后长的毛就白净。

57.9.2 五月毛床将落，又铰取之。铰讫，更洗如前。

译文：57.9.2 五月，底毛要掉了，又铰。铰完，还像前次一样洗羊。

57.9.3 八月初，胡菓子未成[①]，时，又铰之。铰了，亦洗如初。其八月半后铰者，勿

洗；白露已降，寒气侵入；洗即不益。胡菜子成然后铰者，匪直著毛难治；又岁稍晚，比至寒时，毛长不足，令羊瘦损。

注释：①胡菜（xǐ）子：菜耳。其果实外部密生硬刺，常附着于兽毛和人的衣服上到处传播。

译文：57.9.3　八月初，趁菜耳子没成熟以前，再铰一次。铰了之后，也像第一次一样，将羊洗净。八月半以后才铰的，不要洗；已经过了白露节，露水大，早晚寒气很厉害，洗羊没有好处。菜耳子成熟后才铰毛，不但菜耳子黏在毛上不容易除掉；同时，时令已经晚了，到了冷天，毛没有长够，羊就瘦弱易受损害。

57.9.4　漠北寒乡之羊，则八月不铰；铰则不耐寒。中国必须铰，不铰则毛长相著；作毡难成也。

译文：57.9.4　沙漠以北，长城以外的羊，八月不要铰毛；铰了不耐寒。“中国”的羊，八月必需铰，不铰，毛长到黏连起来，作毡做不好了。

57.11.1　作毡法：春毛秋毛，中半和用。秋毛紧强，春毛软弱，独用太偏，是以须杂。

译文：57.11.1　作毡的方法：春羊毛，秋羊毛，一样一半，混合着用。秋天毛紧而硬，春天毛软而细弱，单用一种，质地太偏，所以要混杂。

57.11.2　三月桃花水时毡①，第一。

注释：①桃花水：即阴历二、三月间桃花开时泛滥盛涨的汛水，又称“桃花汛”。这里是用来指时令。

译文：57.11.2　三月，桃汛时作的毡，最好。

57.11.3　凡作毡，不须厚大，唯紧薄均调乃佳耳。

译文：57.11.3　作毡，不要太厚太大，只要宽紧厚薄都均匀适当就好。

57.11.4　二年敷卧，小觉垢黑，以九月十月，卖作靴毡①。明年四五月出毡时，更买新者。此为长存，不穿败。若不数换者，非直垢污；穿穴之后，便无所直，虚成糜费。此不朽之功，岂可同年而语也？

注释：①靴毡：作靴的毡。

译文：57.11.4　垫来睡，用过两年，稍微有些脏，嫌带黑了，就在九月十月，卖给人，去作靴的毡用。明年四五月，新毡出来时，再买新的。这样，常常有着完好的毡，没有穿洞或败坏的。如果不常换，不但脏；穿了洞之后，便不值钱，白糟蹋了。这就是所谓“不朽”的工作，不要随便看待。

57.12.1　令毡不生虫法：夏月敷席下卧上，则不生虫。

译文：57.12.1　让毡不生虫的方法：夏天，铺在席下，人睡在席上，毡就不生虫。

57.12.2　若毡多，无人卧上者，预收柞柴桑薪灰。入五月中，罗灰遍著毡上，厚五寸许；卷束，于风凉之处阁置，虫亦不生。如其不尔，无不生虫。

译文：57.12.2　如果毡太多，没有许多人睡，可以预先收下柞柴桑柴灰。到五月中，将灰撒在毡上，有五寸厚；卷起来，扎上，在通风凉爽的地方搁高收着，虫也不会生出，如果不这样，没有不生虫的。

57.10.1　羝羊[①]，四月末五月初铰之。

注释：①羝（dī）：这个“羝”字，应当是“羖（gǔ）”字，是指黑色的羊。羝是牡羊。“羖”据《说文》该是牡羊，《尔雅》则以为牝羊；依郭璞《尔雅注》，则不论牝牡，只要是黑毛的羊都可称为羖。本书上文叙述产羔后留母与否，黑白羊处理不同，就用“羖”字专指黑羊；因此，我们可以假定本书是将黑羊称为“羖”的。黑羊毛和上牛毛，织成“毼（hé）子”，是制酒袋的材料。

译文：57.10.1　羖羊（指黑羊）四月底五月初铰毛。

57.10.2　性不耐寒；早铰，寒，则冻死。双生者多，易为繁息。性既丰乳，有酥酪之饶；毛堪酒袋，兼绳索之利。其润益又过白羊。

译文：57.10.2　黑羊怕冷；早些铰毛，天气冷就冻死了。黑羊双生时多，容易繁殖。黑羊乳汁很多，可以多作酥酪；毛可以做滤酒的袋子，也可以绹（táo）做绳索，利润比白羊还高。

57.21.1　作酪法[①]：牛羊乳皆得。别作和作，随人意[②]。

①酪（lào）：乳中蛋白质，经微生物或酶性凝固作用，生成的凝块，再经过一定程度的水解，所成食物，称为“奶酪”。从前住在黄河流域的汉民族，原来只有由植物性淀

粉、蛋白质、脂肪制成，由植物性乳化剂保护着，所得的复杂凝胶性食物，称为“醴酪”（见卷九）。由牛羊乳作成奶酪，不是汉民族原有的，而是从当时的北方或西方民族学习得来。

②从此段起，至57.24.1各段中的小字均应作大字。

译文：57.21.1　作酪法：牛奶羊奶都可以作。分开来或者混和着作，随自己的意思决定。

57.21.2　牛产日，即粉谷如糕屑，多著水煮，则作薄粥，待冷饮牛。牛若不饮者，莫与水；明日渴，自饮。

译文：57.21.2　牛产犊的一天，就把谷子作成像糕屑一样的粉，多给些水，煮成稀稀的粥，等冷后，拿来喂母牛。母牛如果不喝，不给它水；明天，它渴了，自然会喝的。

57.21.3　牛：产三日，以绳绞牛项胫[①]，令遍身脉胀，倒地，即缚；以手痛挼乳核[②]，令破；以脚二七遍蹴乳房，然后解放。羊：产三日，直以手挼核令破，不以脚蹴。若不如此破核者，乳脉细微，摄身则闭。核破脉开，捋乳易得。曾经破核，后产者不须复治。

注释：①胫：这里是指牛的四肢。因为用绳绞紧牛的项和四肢，则血液集聚在躯干部分，才会遍身脉胀。

②乳核：即乳头。

译文：57.21.3　牛产犊后第三天，用绳子把牛颈项和腿绑紧，让它遍身血管紧张，倒在地下，再用绳捆住；用手使劲搓揉乳头，让乳头破裂；再用脚向乳房踢十多次，然后解松放起。羊，产羔后三天，就用手把乳头揉破，不用脚踢。如果不这样把乳头揉破，奶流出的注细小，牛羊只要把身体紧缩一下，就闭锁流不出来。乳头破了，乳脉开大了，挤奶才容易得到。曾经揉破一次的，再生产时，就不必再处理。

57.21.4　牛产五日外，羊十日外，羔犊得乳力，强健能啖水草，然后取乳。

译文：57.21.4　牛产犊后过五天，羊产羔后过十天，羔和犊得到母乳的力量，长大强健，能够自己喝水吃草时，才可以取奶。

57.21.5　捋乳之时[①]，须人斟酌；三分之中，当留一分，以与羔犊。若取乳太早，及不留一分乳者，羔犊瘦死。

注释：①挼（ruó）乳：用手握着牛的乳房，顺着乳房移动，即挤奶的动作。

译文：57.21.5　挤奶时，人还须要斟酌；三分奶中，要留下一分来给小牛小羊。如果取奶太早，或者没有留下这三分之一，羔和犊就会瘦死。

57.21.6　三月末四月初，牛羊饱草，便可作酪，以收其利，至八月末止。从九月一日后，止可小小供食，不得多作；天寒草枯，牛羊渐瘦故也。

译文：57.21.6　三月底四月初，母牛母羊吃饱了青草，就可以开始大规模取奶作酪，从作酪中收取利润，至八月底为止。从九月初一后，止可小规模地作一点，零星自己食用，不可以多作；因为天冷，草枯了，牛羊渐渐瘦了。

57.21.7　大作酪时，日暮牛羊还，即间羔犊[①]，别著一处。凌旦早放[②]，母子别群，至日东南角，啖露草饱，驱归捋之。讫，还放之。听羔犊随母，日暮还别。如此得乳多，牛羊不瘦。若不早放先捋者，比竟[③]，日高则露解，常食燥草，无复膏润；非直渐瘦，得乳亦少。

注释：①间（jiàn）：间别，分别隔离。

②凌旦：刚天亮，大清早。

③比竟：等将奶挤好，再放出去。“比及”即“达到”。“竟”是“完成”。

译文：57.21.7　大规模作酪时，头天黄昏，牛羊回家，就将羔犊和母畜间隔开来，另外收在一处。靠天明早些放，母畜和小畜分别成群，到有太阳照着的东南角上，让它们吃饱有露水的草，赶回来挤奶。挤了，再放出去，让羔犊跟随母亲，到黄昏再间别。这样，得的奶多，母牛母羊也不瘦。如果不早些放，早些挤奶，等挤完奶，太阳已经高了，露水干了，母畜吃的常常是已干的草，没有润泽；不但会瘦下去，奶也不多。

57.21.8　捋讫，于铛釜中，缓火煎之。火急则著底焦。常以正月、月，预收干牛羊矢，煎乳第一好；草既灰汁，柴又喜焦；干粪火软，无此二患。

译文：57.21.8　挤得后，在锅里，用慢火来煎。火急，就会底焦坏。应当在正月二月，预先将牛羊屎收来干着，用来煎奶第一好；烧草，灰飞起来落在汤汁里，烧柴，容易焦；干牛羊粪作燃料，火力软弱，没有这两种毛病。

57.21.9　常以杓扬乳，勿令溢出。时复彻底纵横直勾[①]，慎勿圆搅，圆搅喜断[②]。亦勿口吹，吹则解[③]。四五沸便止。泻著盆中，勿便扬之；待小冷，掠取乳皮，著别器中以为酥。

注释：①勾：由下向上挑起的动作。

②圆搅喜断：由于离心力使奶酪沉淀太快，酥油没有分出来。断，作不成功。

③亦勿口吹，吹则解：第二个“吹”字上，似乎还应有一个“口”字；“解”字的意义，大概和“断”字相似。

译文：57.21.9　继续用杓子将煮着的奶舀动，不要让它满出来。间隔不久，就得由锅底直上直下地舀动。切不可在底上画圆圈地搅动，这样搅过，常常做不成。也不要用口吹，咬着会离解。沸了四五过，就不再煮。倒在浅盆里，不要立时再舀动；等稍微冷些时，将面上的奶皮，浮面揭起来，放在男外的容器里，预备作“酥”。

57.21.10　屈木为棬[①]，以张生绢袋子；滤热乳，著瓦瓶子中卧之[②]。新瓶，即直用之，不烧。若旧瓶已曾卧酪者，每卧酪时，辄须灰火中烧瓶，令津出；回转烧之，皆使周匝热彻。好，干，待冷乃用。不烧者，有润气，则酪断不成。若日日烧瓶，酪犹有断者，作酪屋中有蛇、虾蟆故也。宜烧人发，羊、牛角以辟之；闻臭气，则去矣。

注释：①屈木为棬（quān）：弯曲成圈的木条。

②卧：这个字在本书的一个特殊用法，即作“保持定温”，让发酵作用顺利进行。现在许多地方的方言中，还保存这个术语：有些地方读成阴去，有些地方读成上入。其他书中，有写作“奥”“暍”“罨”等的；比较合适的写法应当是“燠”。

译文：57.21.10　把树枝弯成一个圆圈，撑着生绢做成的袋子；让热奶从袋中滤到瓦瓶子里，保温。新瓶子，可以直接“卧”，不必烧。如果用已经拿来卧过酪的旧瓶，则每次卧的时候，必须要在灰火中煨着烧，让水气渗出来；而且要转动煨过，让周围到处都热透。煨好，干着等冷了才用。不烧的，有水气，酪会“断”，如果每天都把瓶子烧过，酪还是断，则是作酪的屋子里面藏有蛇或虾蟆。应当烧些人发或牛羊角，来“辟”它们；它们嗅到臭气，就会走开。

57.21.11　其卧酪，待冷暖之节。温温小暖于人体，为合宜适。热卧，则酪醋；伤冷则难成。

译文：57.21.11　卧酪，靠调节温度。暖暖的，稍微比人的体温高一点，最合适。太热酪会变酸；太冷，酪作不成。

57.21.12　滤乳讫，以先成甜酪为酵[①]。大率：熟乳一升，用酪半匙。著杓中，以匙痛搅令散，泻著熟乳中。仍以杓搅，使均调。以毡絮之属，茹瓶令暖[②]；良久，以单布盖之；明旦酪成。

注释：①酵（jiào）：即作接种用的，发酵微生物的“纯培养”。吴语系统的方言，至今称“老面”或“起子”为“老酵”。

②茹：包裹。现在许多方言中将“填塞进去”称为“茹”，常常写成“乳”字。本书常用这个字，卷七、八中特别多。

译文：57.21.12　热奶滤过之后，用先作的“甜酪”作“酵”。大致一升熟奶，用半小勺酵。酵下在大杓子里，用小勺子用力搅化散开，倒进熟奶里面。还是用杓子搅匀和。用毡子或绵絮之类，包着瓶子，让它暖暖的；过一大会，用单布盖上；明早，酪就成功了。

57.21.13　若去城中远，无熟酪作酵者，急揄醋飧[①]，研熟以为酵。大率：一斗乳下一匙飧搅令均调，亦得成。

注释：①揄：调和搅动称为“揄”（见《方言》）。醋飧（sūn）：冷的酸浆水（乳酸发酵产物）中，掺有冷饭的，古来用作饮料。

译文：57.21.13　如果距离城市远，无法买，自己又没有熟酪作酵，可以将冷酸饭浆水，加快搅和，研化和匀作酵。大概一斗奶下一小勺子酸饭浆，搅匀和，也可以作成酪子。

57.21.14　其酢酪为酵者，酪亦醋；甜酵伤多，酪亦醋。

译文：57.21.14　用酸酪作酵的，做成的酪也酸；就是用甜酪作酵，酵搁得太多，酪子也还是酸的。

57.21.15　其六七月中作者，卧时令如人体，直置冷地，不须温茹。冬天作者，卧时少令热于人体。降于余月，茹令极热[①]。

注释：①极热：“极”字有些问题，不能机械地作“极端”解释，只能作常常讲。可能是字形相似的“恒”字之误。

译文：57.21.15　六七月中作酪，初作时让它和人的体温一样，以后就直接放在凉地方，不需要用东西包裹来保持温度。冬天作时，让它比人体温稍高一点。其他的时候，都包裹着让它和人体温一样。

57.22.1　作干酪法：七月八月中作之。日中炙酪。酪上皮成，掠取；更炙之，又掠。肥尽无皮[①]，乃止。

注释：①肥尽：指乳脂完全分出来之后。

译文：57.22.1　作干酪的方法：七月八月作。在太阳下面烤酪，酪上成奶皮后，浮面揭

起；再烤，再搦。到油尽了，没有皮出来了，才停火。

57.22.2　得一斗许，于铛中炒少许时，即出。于槃上日曝[①]，浥浥时[②]，作团，大如梨许；又曝，使干。得经数年不坏。以供远行。

注释：①槃：古同“盘”。

②浥浥（yì）：有相当多的水分，但并不滴出或流出。

译文：57.22.2　聚积得一斗多些除了油的酪子，在锅里炒一会，就倒出来。搁在浅盘中，让太阳晒，到半干不湿时，捏成梨子大小的团；再晒到干，可以几年不坏，供给远道旅行时用。

57.22.3　作粥作浆时，细削，著水中煮沸，便有酪味。亦有全掷一团著汤中；尝，有酪味，还漉取，曝干。一团则得五遍煮，不破。舌势两渐薄[④]，乃削研用，倍省矣。

注释：①看势两渐薄：是指煮得的汤和留下的干酪团子，两方面的味道都渐渐淡薄时。

译文：57.22.3　煮粥或作浆时，细细削些，在水里煮沸，水便有酪的味道，也有把整团酪扔在热水里煮着；尝试后，有了酪味就漉取出来，晒干。一团可以煮上五遍，不要破开。后来看看两方面力量都渐渐淡薄时，再削下来研碎用，就省得多了。

57.23.1　作漉酪法：八月中作。

译文：57.23.1　作漉酪的方法：八月里作。

57.23.2　取好淳酪，生布袋盛，悬之，当有水出，滴滴然下。水尽，著铛中蹔炒[①]，即出，于盘上日曝。浥浥时，作团，大如梨许。亦数年不坏。削作粥浆，味胜前者。

注释：①蹔：同“暂”。

译文：57.23.2　取好的浓酪子，用生布口袋盛着，挂起，就会有水渗出来，滴滴掉下。水滴尽了，在锅里稍微炒一下，就倒出来，在盘子里盛着，让太阳晒。到半干不湿时，捏成梨子大小的团。也可以几年不坏。削下来煮粥作浆，味比干酪好。

57.23.3　炒，虽味短，不及生酪，然不炒生虫，不得过夏。

译文：57.23.3　炒后做成的干酪，虽味道差些，不像生酪好，但不炒就会生虫，不能过夏天。

57.23.4 干漉二酪，久停皆有暍气[①]，不如年别新作，岁管用尽。

①暍（yē）：热坏。这里的情形，显然是食物久置后气味变坏了的“餲（ài）”而不是“暍”。

译文：57.23.4 干酪漉酪，搁久了都有坏气味，不如每年作新的，当年用尽。

57.24.1 作马酪酵法：用驴乳汁二三升，和马乳不限多少。澄酪成，取下淀；团曝干。后岁作酪，用此为酵也。

译文：57.24.1 作马酪酵的方法：用驴奶二三升，和上马奶（马奶分量不拘多少）。让酪子自己沉淀下去；作成团，晒干。第二年作酪时，用这种团来作酵。

57.25.1 抨酥法[①]：以夹榆木碗为杷子。作杷子法：割却碗半上，剜四厢各作一圆孔，大小径寸许。正底施长柄，如酒杷形。

注释：①酥：奶油。从此节起，至57.25.11 各节中的小字均应作大字。

译文：57.25.1 打酥油法：用夹榆镟成的小木碗改作“杷子”。作杷子的方法：把一个碗切去上段一半，留下的一半，四边各剜一个圆孔，孔的大小，直径大约一寸。在碗底子正中间装一个长柄，整个作成像酒杷子一样。

57.25.2 抨酥酥酪，甜醋皆得所；数日陈酪，极大醋者，亦无嫌。

译文：57.25.2 打酥用的酥酪，甜的酸的都合用；陈了几天的陈酪子，酸味极大的也不要紧。

57.25.3 酪多用大瓮，酪少用小瓮。置瓮于日中。旦起，泻酪著瓮中炙，直至日西南角起。手抨之，令杷子常至瓮底。

译文：57.25.3 酪子多，用大瓮盛；酪少，用小瓮盛。把瓮子放在太阳下面。清早起来，把酪子倒在瓮里烤着，一直到太阳转到西南角上。这时，动手搅打，让杷子常常达到瓮底上。

57.25.4 一食顷，作热汤，水解令得下手[①]，写著瓮中[②]。汤多少，令常半酪。乃抨之。良久，酥出；下冷水，多少亦与汤等。更急抨之。于此时，杷子不须复达瓮底，酥已浮出故也。

注释：①作热汤，水解令得下手：将水烧热成烫水（汤），再掺冷水下去，到手放下去不觉得太烫。即稍高于人的体温。

②写：倾泻。

译文：57.25.4　一顿饭久之后，烧些热水，用冷水冲开，到刚伸得手下去的温度，倒进瓮子里。热水的分量，大约等于酪子的一半。再搅打。好一会，酥油出来了，倒些冷水下去，冷水的分量，也和热水一样多。又用力搅打。在这时，杷子不再要直到瓮底，因为酥油已经浮了出来了。

57.25.5　酥既遍覆酪上，更下冷水，多少如前。

译文：57.25.5　到浮起来的酥油盖满了酪子面上时，再倒些冷水下去，分量和前次一样。

57.25.6　酥凝，抨止。水盆盛冷水，著盆边[①]，以手接酥，沉手盆水中，酥自浮出。更掠如初，酥尽乃止。抨酥酪浆，中和飧粥。

注释：①水盆盛冷水，著盆边：怀疑是“小盆，盛冷水，著瓮边”，字形相似写错。

译文：57.25.6　酥凝聚后，搅打也就完了。用小盆盛冷水，放在瓮边，用手承着酪子面的酥，移到小盆里，把手往下一沉，酥便浮出在冷水面上了。再承取，再向冷水中浮出，一直到酪子面上的酥接完。打酥的酪浆，可以调和冷饭浆或粥。

57.25.7　盆中浮酥，得冷悉凝。以手接取，搦去水，作团，著铜器中（或不津瓦器亦得[①]）。

注释：①不津：不渗水。

译文：57.25.7　水盆里浮着的酥，冷后都会凝结起来。用手接取出来，捏掉水，作成团，放在铜器里（或者放在不渗水的瓦器里也可以）。

57.25.8　十日许，得多少，并内铛中；然牛羊矢[①]，缓火煎，如香泽法[②]。

注释：④然：同“燃”，点着。

②如香泽法：即卷五《种红蓝花及栀子第五十二》中所附“煎香泽法”，即用火加温，使杂在油脂中的水分蒸发出去的办法。

译文：57.25.8　十天左右，积累了多少酥，一并放在锅里；点燃牛羊粪，慢火煎，像煎香泽的方法一样。

57.25.9　当日内，乳涌出，如雨打水声。水乳既尽，声止沸定，酥便成矣。

译文：57.25.9　当天，酥里面残余的奶，就会涌出来，像雨打着水的声音。酪中的水和奶都干尽了，声音也没有了，也不再沸时，酥就煎成了。

57.25.10 冬即内著羊肚中，夏盛不津器。

译文：57.25.10 冬天，放在羊肚里，夏天用不渗水的容器盛着。

57.25.11 初煎乳时，上有皮膜；以手随即掠取，著别器中。写熟乳著盆中，未滤之前，乳皮凝厚，亦悉掠取。明日酪成，若有黄皮，亦悉掠取。并著瓮中，以物痛熟研。良久，下汤，又研；亦下冷水。纯是好酪[①]，接取作团，与大段同煎矣。

注释：①好酪：“酪”字应作“酥”。

译文：57.25.11 刚煎奶作酪时，奶上结有皮膜；用手随时揭起，放在另外的容器里。把煎过的熟奶削在盆里，没有过滤以前，也育厚厚的奶皮凝结着，也都揭起来。到第二天，酪子成功后，上面如果有黄皮，也可以揭起来。把这些奶皮，归并到一个瓮子里，用力研匀。好一会，加些热水，再研；又下冷水。这样，也可以得到许多酥，而且还都是好酥，用手接起来，作成团，和大瓮做出的酥一同煎干。

57.31.1 羊有疥者，间别之！不别，相染污，或能合群致死。

译文：57.31.1 羊有疥的，要隔离开来！不隔离，彼此传染，很可能全群都死掉。

57.31.2 羊疥先著口者，难治，多死。

译文：57.31.2 羊疥先从口上长起的，难治好，死亡的多。

57.32.1 治羊疥方：取藜芦根[①]，㕮令破[②]，以泔浸之。以瓶盛，塞口，于灶边常令暖。数日醋香，便中用。以砖瓦削疥令赤（若强硬痂厚者，亦可以汤洗之）。去痂，拭燥，以药汁涂之。再上，愈。若多者，日别渐渐涂之，勿顿涂令遍。羊瘦不堪药势，便死矣[③]。

注释：①藜芦：百合科。多年生草本，有毒。其根用作外用药，可治癣、疥等恶疮，并能毒杀蚤、虱、臭虫等。

②㕮咀（fǔ jǔ）：古代将植物性药材弄细碎的方法，是用牙咬碎。后来不用牙咬，只弄碎，仍称为“㕮咀”。

③从此段起至57.34.1中的小字均是正文，应作大字。

译文：57.32.1 治羊疥的方子：取藜芦根，弄破碎，用淘米水浸着。盛在瓶子里，塞着

口，放在灶边上，让它保持温暖。过几天，生出醋香，就可以用了。用砖瓦把羊疥揩刮到发红（如果结有强硬的厚痂，也可以先用热水洗净）。把痂刮掉揩干，把药汁涂上去。涂两次，就会好。如果疥很多，每天分批地涂，不要一次涂到满。羊已经瘦弱了，禁不起药的力量，就会死掉。

57.32.2　又方：去痂如前法。烧葵根为灰；煮醋淀，热涂之，以灰厚傅。再上，愈。寒时勿剪毛，去即冻死矣。

译文：57.32.2　另一个方子：像上面所说的方法，把痂刮掉。把葵根烧成灰；将醋淀煮热，趁热涂上，再敷上厚厚的一层葵根灰。治两次，就会好。天气寒冷时，不要剪去毛，剪了毛就会冻死。

57.32.3　又方：腊月猪脂，加熏黄涂之①，即愈。

注释：①熏黄：即雄黄。雄黄臭气颇明显，亦称“臭黄”。

译文：57.32.3　另一个方子：腊月猪油加雄黄涂上，就会好。

57.33.1　羊脓鼻、眼不净者，皆以“中水”治①。方：以汤和盐，用杓研之极咸，涂之为佳。更待冷，接取清，以小角（受一鸡子者）灌两鼻各一角。非直水差，永自去虫。五日后，必饮。以眼鼻净为候；不差更灌，一如前法。

注释：①皆以“中水”治：即都当作“中水”医治。“中水”应是57.4.1所说的“饮频，则伤水而鼻脓”。

译文：57.33.1　羊鼻出脓，眼睛不干净，都当作“中水”治疗。方子：用热水，和食盐，研化，作成极咸的盐水涂上，很好。等盐水冷了，取能容纳一个鸡蛋的小角，向两个鼻孔里，每个灌上一角盐水。这样，不但“中水”治好了，以后也不会有虫。过了五天，羊必定要喝水。以眼鼻都干净了为征候；没有全好，就用同样的方法再灌。

57.33.2　羊脓鼻、口颊生疮如干癣者，名曰“可妬浑”①，迭相染易，著者多死。或能绝群。治之方：竖长竿于圈中，竿头施横板，令猕猴上居数日，自然差。此兽辟恶，常安于圈中，亦好。

注释：①可妬（dù）浑：这个名称，显然不是汉语，而是当时兄弟民族的语言。

译文：57.33.2　羊鼻出脓，口颊生疮，像干癣一样的，称为“可妬浑”，彼此相互传染，染上了死的多。可以全群覆灭。治法：在羊圈里竖一枝长竹竿，竿头上放一块横板，让猕猴在板上住几天，自然就好了。猕猴辟恶，常常让它在羊圈里也好。

57.34.1　治羊挟蹄方：取羝羊脂，和盐煎使熟。烧铁令微赤，著脂烙之。著干地，勿令水泥入。七日自然差耳。

译文：57.34.1　治羊“挟蹄”的方子：用羝羊脂，和盐煎熟。把铁烧到有点红，蘸着和盐的羊脂去烙蹄。此后放在干地上，不要让水和泥进蹄。七日之后，自然会好。

57.35.1　凡羊经疥得差者，至后夏初肥时，宜卖易之。不尔，后年春，疥发，必死矣。

译文：57.35.1　羊害过疥，治好了的，到第二个夏天刚刚长肥，应当就卖掉，换健康的回来。不然，第三个春天，疥再发，必定会死。

57.41.1　凡驴、马、牛、羊，收犊子、驹、羔法。常于市上伺候，见含重垂欲生者，辄买取。驹犊一百五十日，羊羔六十日，皆能自活，不复借乳。乳母好，堪为种产者，因留之以为种，恶者还卖。不失本价，坐赢驹犊[①]。

注释：①赢（léi）：应是“赢”字，意为赚。

译文：57.41.1　凡驴、马、牛、羊，收买犊子、小驹、小羔的方法：常到市场上去等着观察，看见怀孕快要生产的，总是买回来。小驹小牛，生下来一百五十天，小羊羔六十天，便都可以自己独立生活，不再要靠母亲的奶。母畜好的，可以做种畜的，留下来作种；不好的，仍旧卖掉。母畜的身价本钱，可以收回；小驹小牛，则是现成赚下的。

57.41.2　还更买怀孕者。一岁之中，牛、马、驴得两番，羊得四倍。

译文：57.41.2　得这钱再去买怀孕的。一年之中，牛、马、驴可以循环两周，羊可循环四周。

57.42.1　羊羔：腊月正月生者，留以作种；余月生者，剩而卖之。

译文：57.42.1　腊月和正月生的羊羔，留下作种；其余月份生出的，阉割后卖掉。

57.42.2　用二万钱为羊本，必岁收千口。所留之种，率皆精好，与世间绝殊，不可同日而语之。何必羔犊之饶，又赢毡酪之利也？

译文：57.42.2　用二万钱作本来经营羊，每年可以收一千匹羊。所留的种，都是精选

的好的，和一般的大不相同，“不可同日而语”。已经就够好了，何况还要有羔子羜子赚得，又赚得了毛子和酪呢？

57.42.3　羔有死者，皮，好作裘褥。肉，好作干腊及作肉酱。味又甚美。

译文：57.42.3　羔子死了的，皮可以做皮衣皮褥子。肉可以干腊，也可作成肉酱，味道也很好。

57.51.1　《家政法》曰：“养羊法，当以瓦器盛一升盐，悬羊栏中。羊喜盐，自数还啖之，不劳人牧。”

译文：57.51.1　《家政法》说：“养羊法：应当用一个瓦器，盛上一升盐，悬挂在羊栏中。羊欢喜盐，自然常常回来吃，用不着人去赶回。”

57.52.1　羊有病，辄相污。欲令别病法：当栏前作渎①，深二尺，广四尺。往还皆跳过者，无病；不能过者，入渎中行；过，便别之。

注释：①渎（dú）：水沟、小渠。

译文：57.52.1　羊有病，常常传染。要想个办法将有病的隔离开来。方法是：在栏前掘一个沟，二尺深，四尺阔。来回都跳过沟的没有病；不能跳的，会走下沟去走上来；这样走过时，便可以隔离了。

57.53.1　《术》曰：“悬羊蹄著户上，辟盗贼。”

译文：57.53.1　《术》里面说：“把羊蹄挂在房门上，辟盗贼。”

57.53.2　“泽中放六畜，不用令他人无事横截群中过。道上行，即不讳。”

译文：57.53.2　“在有水的地方牧放牲口，不可以让人随便从群中横着走过；走在路上，就不忌讳。”

57.54.1　《龙鱼河图》曰①：“羊有一角，食之，杀人。”

注释：①《龙鱼河图》：汉代纬书之一。其文皆记厌胜之术。作者不详，原书已佚。

译文：57.54.1　《龙鱼河图》说：“一只角的羊，吃了会死人。”

养猪第五十八

题解：58.1.1—58.1.3为本篇标题注。

本篇介绍了如何选种猪，修猪圈；特别对如何饲管猪记载生动、详实的材料。当时养猪采取圈养和放养相结合的办法，何时该放养，何时该饲养，喂什么，都交代得很清楚。其中58.6.2介绍的当母猪与小猪圈在一起时，如何保证小猪能吃到足够的饲料的办法，十分巧妙有趣。

58.5.2讲到猪的阉割时提到："如犍牛法者，无风死之患。"这句话很明显地告诉我们，当时阉割牛，是已经非常成熟的技术，阉割过的牛是不会死于破伤风的。生殖腺是动物身体中最脆弱的部分之一。我国的劳动人民，却从古以来，就已从经验中掌握了一套技术：能在不经消毒处理的情况下，在哺乳动物身体脆弱而不易愈合的地方施手术，骒马、犗牛、羠羊、豮猪，将这些动物毫不在乎地阉割，而且死亡率低得惊人，实在是少有的成就。骒（chéng）、犗（jiè）、羠（yí）、豮（fén）是阉割马、牛、羊、猪的手术以及阉割过的动物的专称。按中国古文字的通例，凡某一种情况，用一个特别的字来做专称，便是历史悠久的表征。这些字的出现，足以说明我国阉割肉用兽技术的悠久。

58.1.1 《尔雅》曰："'豶'①，豮；'么'，幼；奏者'豱'②；四豴皆白曰'豥'③；绝有力，'豟'④；牝，'豝'⑤。"

注释：①豶（wéi）、豮（fén）：阉割后的猪。

②豱（wēn）：一种头短皮紧的猪。

③豴（dí）：即今日的"蹄"字。豥（gāi）：四蹄都白的猪。

④豟（è）：大猪。

⑤豝（bā）：母猪。

译文：58.1.1 《尔雅》说："'豶'是豮猪；'么'是同窝中最小的一只猪；皮紧，不容易长大的叫'豱'；四蹄都白的叫'豥'；力大身高的叫'豟'；母猪叫'豝'"。

58.1.2 《小雅》云①："彘②，猪也；其子曰'豚'。一岁曰'豵③'。"

注释：①《小雅》：相传秦末孔子后裔孔鲋所作，郭璞注《方言》时，引用了许多条，称为《小雅》或《小尔雅》。

②彘（zhì）：猪。

③豵（zōng）：一岁的小猪。

译文：58.1.2 《小雅》说："'彘'就是猪，小猪叫'豚'。一岁的猪叫'豵'。"

58.1.3 《广志》曰①："狶、豠、豭、彘②，皆豕也；豯、豱③，豚也；豰④，艾豭也。"

注释：①《广志》：石按：经核对，这段文字都是引自《广雅》，与《广志》无关。

②豠（chú）：猪。豭（jiā）：公猪，或泛指猪。

③豯（xī）：小猪。豱（míng）：小猪。

④豰（hù）：小公猪。

译文：58.1.3 《广雅》说："狶、豠、豭、彘都是猪；豯、豱是小猪；豰，是小公猪。"

58.2.1 母猪，取短喙无柔毛者良。喙长则牙多，一厢三牙以上，则不烦畜（为难肥故）。有柔毛者，焗治难净也①。

注释：①焗（yàn）：同"燖"（xún，又读qián），古字作"爓"，把已宰杀的猪或鸡等用热水烫后去掉毛。

译文：58.2.1 母猪，要嘴筒短，没有软底毛的好。喙筒长的牙齿多，一边有三颗牙的，不必喂（因为长不肥）。有底毛的，不容易爓干净。

58.3.1 牝者，子母不同圈。子母同圈喜相聚不食，则不肥。牡者同圈，则无嫌。牡性游荡；若非家生，则喜浪失。

译文：58.3.1 母猪，不要让小猪和母亲同一个圈。小母猪和母亲同圈，欢喜聚在一处，忘了吃东西，这样就长不肥。小公猪同母亲在一处就没有妨害。公猪喜欢乱跑；如果没有"家"的习惯，就容易走失。

58.3.2 圈不厌小；圈小则肥疾，处不厌秽。泥秽得避暑。

译文：58.3.2 圈不怕小；圈小，肥得快。住的地方不怕污水多。有污泥，可以避免暑热。

58.3.3 亦须小厂，以避雨雪。

译文：58.3.3 也要有一点小小的有些房顶的地方，可以遮雨雪。

58.4.1 春、夏中生。随时放牧；糟糠之属，当日别与。糟糠经夏辄败，不中停故。

译文：58.4.1 春天夏天出生的，随生随时放出去吃野食；每天还喂一点新鲜的糟和糠之类。糟糠等，在夏天过了夜就会坏，不能久搁。

58.4.2 八、九、十月，放而不饲；所有糟糠，则畜待穷冬春初[①]。

注释：①穷冬：冬天将完毕的时候。

译文：58.4.2 八月、九月、十月，只放出去吃，不用喂；糟和糠留下来准备极冷的冬天和初春作饲料。

猪性甚便水生之草；耙耧水藻等，令近岸；猪则食之，皆肥。

译文：58.4.3 猪，很喜欢吃水里生长的草；把水藻等耙耧起来，靠近岸边，猪就会吃，而且都会长肥。

58.5.1 初产者，宜煮谷饲之。

译文：58.5.1 刚生出的小猪，应该煮些粮食喂它。

58.5.2 其子三日便掐尾；六十日后犍[①]。三日掐尾，则不畏风[②]。凡犍猪死者，皆尾风所致耳。犍不截尾，则前大后小。犍者，骨细肉多；不犍者，骨粗肉少。如犍牛法者，无风死之患。

注释：①犍（jiān）：阉割。

②风：怀疑是指“破伤风”。

译文：58.5.2 小猪生下三朝，就掐去尾尖；六十天后，阉割。三天截去尾尖，就不怕“风”。犍猪所以会死，都是“尾风”引起的。犍而不截掉尾，猪会长得前头大后头小。犍过的猪，骨细肉多；不犍，骨架粗而肉少。像犍牛一样犍猪，猪便不会死于“风”。

58.5.3　十一、十二月，生者，豚[①]，一宿蒸之。蒸法：索笼盛豚，著甑中；微火蒸之，汗出便罢。不蒸，则脑冻不合，出旬便死。所以然者，豚性脑少，寒盛则不能自暖，故须暖气助之。

注释：①豚：这个“豚”字，怀疑是应添在下一行“脑冻不合”上的，却错抄到这行来了。

译文：58.5.3　十一月十二月生出的小豚，过一夜后，要蒸一下。蒸的方法：用索作的笼盛着小猪，放在甑里面；用小火蒸一下，出了汗就够了。不蒸，脑受冻了，囟门长不严，满十天之后就会死。为什么呢？因为小猪脑少，太冷时，自己不够暖，所以要用暖气帮助一下。

58.6.1　供食豚，乳下者佳。简取别饲之[①]。

注释：①简：拣选。

译文：58.6.1　供食用的小猪，正吃奶的最好。拣出来，另外喂养。

58.6.2　愁其不肥，（共母同圈，粟豆难足。）宜埋车轮为食场[①]，散粟豆于内。小豚足食，出入自由，则肥速。

注释：①埋车轮为食场：即用车轮竖起来围出一块地，将饲料放在圈内，让小猪可以从车辐中穿过出进，母猪却不能。

译文：58.6.2　嫌它不容易长肥，（因为和食量大的母亲同一个圈，粮食豆子不容易满足。）可以将车轮竖起来埋着，围成一个小食场，把粮食和豆子散在场里。小猪出入很方便，吃得够，便长得快。

58.7.1　《杂五行书》曰：“悬腊月猪羊耳著堂梁上，大富。”

译文：58.7.1《杂五行书》说：“将腊月猪羊的耳，挂在正堂梁上，大富。”

58.8.1《淮南万毕术》曰[①]：“麻盐肥豚豕。取麻子三升，捣千余杵，煮为羹。以盐一升，著中；和以糠三斛；饲豕，则肥也。”

注释：①《淮南万毕术》：西汉淮南王刘安招淮南学派所撰《淮南子》的一部分。原书已佚。

译文：58.8.1　《淮南万毕术》说：“麻子和盐，可以使小猪大猪长肥。将三升麻子，杵捣一千多下，煮成糊。加一升盐在里面；和上三斛糠；用来喂猪，就会肥。”

养鸡第五十九

题解：59.1.1—59.1.5为本篇标题注。

本篇从如何选取鸡种，饲养时如何给鸡提供安全、舒适的栖息地，如何育肥肉食鸡，如何使鸡多生蛋，直到鸡蛋的吃法，都做了详细地记叙。

59.1.1 《尔雅》曰："鸡大者，蜀；蜀子，雓①。未成鸡，僆②；绝有力，奋。鸡三尺曰'鶤'③。"郭璞注曰："阳沟巨鶤④，古之鸡名⑤。"

注释：①雓（yú）：大种鸡的幼雏。

②僆（liàn）：雏鸡。

③鶤（kūn）：大鸡。也写作"鹍"。

④阳沟：古地名。具体在何处？《中国古今地名大辞典》未载，暂无法确定。

⑤古之鸡名：依今本《尔雅》郭注，原文应是"古之名鸡"。

译文：59.1.1 《尔雅》说："鸡，有大的，是'蜀'；蜀的雏是'雓'。没有长成的鸡叫'僆'；气力很大的斗鸡叫'奋'。鸡高三尺，叫'鶤'。"郭璞注解说："阳沟地方的大鶤，是古来有名的斗鸡。"

59.1.2 《广志》曰："鸡有胡髯、五指、金骹、反翅之种①。大者蜀，小者荆。白鸡金胶者，鸣美。吴中送长鸣鸡②，鸡鸣长，倍于常鸡。"

注释：①骹（qiāo）：胫骨近脚处较细的部分。

②吴中：吴，古国名。属地为今江苏、上海大部分和安徽、浙江的一部分，都城在吴（今苏州）。吴中亦为苏州别称。

译文：59.1.2 《广志》记着："鸡有下颌有长毛，像胡人胡子一样的，有脚生五趾的，有黄脚胫的，有翻毛各种。大的是'蜀'，小的是'荆'。白鸡黄脚胫的鸣声好。吴中送来长鸣鸡，鸡鸣的时间，比平常的鸡加一倍。"

59.1.3　《异物志》曰[1]："九真长鸣鸡[2]，最长；声甚好，清朗。鸣未必在曙时，潮水夜至，因之并鸣，或名曰'伺潮鸡'。"

注释：①《异物志》：东汉议郎杨孚撰。本书所引各条，皆记江南以及交趾、九真诸郡之物产。

②九真：地名。汉武帝时将南越改为九真郡，即今越南河内到顺化一带。

译文：59.1.3　《异物志》说："九真的长鸣鸡，鸣得最长；声音很好，清朗。鸣不一定在天亮的时候，潮水夜间来到时，也会一齐鸣，所以也称为'伺潮鸡'。"

59.1.4　《风俗通》云[1]："俗说朱氏公，化而为鸡；故呼鸡者，皆言'朱朱'。"

①《风俗通》：东汉应劭撰，是专门记述风尚习俗的著作。原书三十二卷，今残存十卷。

译文：59.1.4　《风俗通》说："一般传说，有个姓朱的老头，变成了鸡；所以呼鸡时，都说'朱朱'。"

59.1.5　《玄中记》云[1]："东南，有桃都山。上有大桃树，名曰'桃都'；枝相去三千里。上有一天鸡。日初出，光照此木，天鸡则鸣，群鸡皆随而鸣也。"

注释：①《玄中记》：晋代郭璞撰。为古代博物体志怪之书。

译文：59.1.5　《玄中记》说："东南有一个桃都山。山上有大桃树，树叫'桃都'；树枝相隔三千里。树上有一只天鸡。太阳刚出来，光照到这树上时，天鸡就鸣，所有的鸡，也就跟着鸣。"

59.2.1　鸡种：取桑落时生者良。形小，浅毛，脚细短者，是也。守窠少声，善育雏子。春夏生者则不佳。形大，毛羽悦泽，脚粗长者是。游荡饶声，产乳易厌，既不守窠，则无缘蕃息也。

译文：59.2.1　鸡种，要留桑树落叶时的蛋好。体形小，毛色浅，脚细短，守在窠中不大出来也不多叫喊；而且多生蛋，会带小鸡。春天夏天的蛋不好。鸡大，毛羽漂亮，脚粗长的就是。爱游荡，爱叫喊，生蛋和孵蛋都容易厌烦，因为不肯守窠，所以无从繁殖。

59.3.1　鸡：春夏雏，二十日内无令出窠，饲以燥饭。出窠早，不免乌鸱[1]；与湿饭，则令脐脓也。

注释：①鸱（chī）：猫头鹰一类凶猛的鸟，捕食小鸟、鸡、兔、鼠等。

译文：59.3.1　鸡，春天夏天孵出的小雏，二十天以内，不要让它们出窠，用干饭喂。出窠早，不能避免老鸦和猫头鹰残害；给湿饭吃，脐会出脓。

59.4.1　鸡栖[1]：宜据地为笼，笼内著栈。虽鸣声不朗，而安稳易肥，又免狐狸之患。

注释：①鸡栖（qī）：鸡栖息的地方。栖，鸟在树枝上休息。黄河流域养鸡，到唐代还一直有让它们栖息在树上的。所以《杜甫》诗中还有"驱鸡上树木"的句子。《齐民要术》这节关于鸡笼的记载，说明做鸡埘时，里面还要安放枝条作架，让它们能"栖"，而不是像现在，让它们直接蹲在埘中地面。

译文：59.4.1　"鸡栖：应当就地作成鸡笼，笼里用树枝搭成离地的架子。这样，鸣声虽然遮住了，不清朗，但是安稳，容易长肥，又可以避免狐和野猫的祸害。

59.4.2　若任之树林，一遇风寒，大者损瘦，小者或死。

译文：59.4.2　如果让它们在树林里生活，遇到风寒，大鸡会冻瘦冻伤，小鸡会冻死。

59.5.1　燃柳柴，杀鸡雏：小者死，大者盲。此亦烧穰杀瓠之流，其理难悉。

译文：59.5.1　烧柳树柴，会杀死小鸡：小雏死，大雏盲。这也和"烧穰杀瓠"一样，道理不明白。

59.6.1　养鸡令速肥，不杷屋，不暴园[1]，不畏乌、鸱、狐、狸法：别筑墙匡。开小门，作小厂令鸡避雨日。雌雄皆斩去六翮[2]，无令得飞出。常多收秕、稗、胡豆之类以养之。亦作小槽，以贮水。荆藩为栖，去地一尺。数扫去屎。

注释：①杷（pá）屋暴（bào）园：杷屋，"杷"原意为用手扒。这里指鸡上屋顶。暴园，损害园圃。暴，为害，当及物动词用。

②翮（hé）：鸟翅膀羽毛茎下端的中空部分。

译文：59.6.1　养鸡：让它们肥得快，不上屋顶，不损害园圃.不怕老鸦、猫头鹰、狐、野猫的方法：另外筑墙，围成一个方场。开个小门，搭一点小屋顶，让它们可以躲雨躲太阳。雌鸡雄鸡一律斩掉翅翎，不让它们可以飞出来。常常收集些瘪谷、稗子、野胡豆之类，来养它们。也作一个小水槽来盛饮水。用荆条编成矮篱，搭上“栖”，离地面一尺高。常常把鸡粪扫去。

59.6.2　凿墙为窠，亦去地一尺。唯冬天著草（不茹则子冻）①。春、夏、秋三时，则不须，直置土上②，任其产伏③；留草则蜫虫生④。

注释：①茹：将草填塞进去。

②直置土上：这句，只能了解为墙上的窠，直接就以窠底上的泥土作底，不须要加草。

③产：产卵。伏：是“抱蛋”，即“孵”。

④蜫（kūn）：虫类的总称。

译文：59.6.2　在墙上凿些窠，也离地面一尺高。冬天，窠里放些草（不茹些草，鸡蛋会结冻）。春、夏、秋三季，就不放草，直接在泥土上，让它们产卵孵伏；留下草来，会生出小虫。

59.6.3　雏出，则著外许，以罩笼之。如鹌鹑大，还内墙匡中。其供食者，又别作墙匡，蒸小麦饲之。三七日，便肥大矣。

译文：59.6.3　小雏孵出后，拿开，在外面另外笼罩着。到有鹌鹑大小时，再放回“匡”里去。预备吃的雏鸡，另外再围一个“匡”，蒸熟小麦去喂。廿天后，就肥大了。

59.7.1　取谷产鸡子供常食法①：别取雌鸡，勿令与雄相杂。其墙匡、斩翅、荆栖、土窠，一如前法。唯多与谷，令竟冬肥盛，自然谷产矣。

注释：①谷：这是本书特别专用的一个术语，指未经交配受精而产出的家禽卵。

译文：59.7.1　取得“谷产”的鸡卵，供给平常食用的方法：专门挑出一些母鸡，不要让它们和公鸡杂处。筑墙围匡，斩去翅翎，作成荆条的栖和土窠，都和上一段所说的一样。要多给粮食喂，让整个冬天都长得很肥很饱满，自然就会一直产不受精的蛋。

59.7.2　一鸡生百余卵，不雏；并食之，无咎。饼炙所须，皆宜用此。

译文：59.7.2　一只母鸡，生百多个蛋，都不能孵成小鸡；一起用来供食，不会有什么罪过。

做饼作炙，需要鸡蛋，都可以用。

59.8.1 瀹鸡子法[①]：打破写沸汤中，浮出即掠取。生熟正得，即加盐醋也。

注释：①瀹（yuè）：以汤煮物。

译文：59.8.1 瀹鸡子的方法：打破，倒在沸汤里，一浮上来，立即舀出。生熟正合适，随手加盐加醋。

59.8.2 炒鸡子法：打破，著铜铛中；搅令黄白相杂。细擘葱白，下盐米、浑豉，麻油炒之，甚香美。

译文：59.8.2 炒鸡子的方法：打破，在铜锅里；搅到黄白和匀。再加上擘碎了的葱白，加盐颗，整粒豆豉，麻油炒一炒，很香很好吃。

59.9.1 《孟子》曰："鸡、豚、狗、彘之畜，无失其时；七十者，可以食肉矣。"

译文：59.9.1 《孟子·梁惠王上》说："鸡、小猪、菜狗、母猪等家畜都合时养着；七十岁的人，可以有肉吃了。"

59.10.1 《家政法》曰："养鸡法：二月，先耕一亩作田。秫粥洒之，刈生茅覆上，自生白虫。"

译文：59.10.1 《家政法》记着："养鸡法：二月间，先耕一亩地，耕到像田的形式。洒上秫米粥，割些生茅盖上，自然会生出白虫。"

59.10.2 "便买黄雌鸡十只，雄一只。于地上作屋，方广丈五。于屋下悬箦[①]，令鸡宿上。并作鸡笼，悬中。夏月盛昼，鸡当还屋下息。并于园中筑作小屋，覆鸡得养子，乌不得就。"

注释：①箦（zé）：竹编的席子、箔子之类软而薄的物品，是否可以"悬"挂起来，让鸡宿在上面，颇有问题。怀疑是字形相近的"篑（kuì）"字写错。篑是竹或荆条编成的，担土用的"篼箕"，两旁有可供悬挂的"系"，也相当坚牢，可以供鸡栖宿。这样悬起来的"篑"，和下文"并作鸡笼，悬中"，意义相近。

译文：59.10.2 "买十只黄母鸡，一只公鸡。在这地上，作一间每边十五尺长的方

形房屋。在屋顶下悬挂一些竹或荆条编的筐，让鸡住在上面。再作鸡笼，悬在中间。夏天正午，太阳强烈时，鸡会回到屋下来休息。也可以在园里筑些小屋，盖着鸡，让它可以养育小鸡，乌鸦不会靠近伤害它们。”

59.11.1 《龙鱼河图》曰：“玄鸡白头，食之病人。鸡有六指者，亦杀人。鸡有五色者，亦杀人。”

译文：59.11.1 《龙鱼河图》说：“黑鸡白头，吃了会害病。有六个脚趾的，吃了会死。五色的鸡，吃了也会死。”

59.12.1 《养生论》曰[①]：“鸡肉不可食小儿[②]；食，令生蚘虫[⑨]，又令体消瘦。鼠肉味甘，无毒；令小儿消谷，除寒热。炙食之，良也。”

注释：①《养生论》：梁嵇康撰，三卷，已亡佚。为养生服食之作，即所谓保命之术。

②食（sì）：作他动词，解为“给……吃”。

③蚘（huí）虫：蛔虫。蚘，本来应当写作“蛕”，现在多写作“蛔”。

译文：59.12.1 《养生论》说：“鸡肉，不可以让小孩们吃；吃了，会生蛔虫，而且身体消瘦。老鼠肉味好，没有毒；吃了叫小孩们消食，免除寒热。炙了吃，很好。”

养鹅鸭第六十

题解：60.1.1—60.1.4为本篇标题注。

本篇记述了鹅、鸭怎样选种，如何饲养（包括作窠、育雏，根据鹅鸭的习性择选饲料等）以及它们的食用方法。60.5.2—60.5.4对育雏时的“填嗉”“饮水”、幼雏的“入水”等的注意事项，交代得非常细致、周到，道理也讲得透彻。

贾思勰还特地介绍了我国特有的盐藏动物性食品——泡咸鸭蛋的方法。《今释》作者为其中“咸彻则卵浮”一句作了长注，用现代科学知识详细分析了用盐水泡制的鸭蛋变成咸鸭蛋的复杂过程，说明我国古代人民通过长期生活实践，总结出来的“咸彻则卵浮”的结论是符合科学原理的。

60.1.1　《尔雅》曰：“舒雁，鹅。”《广雅》曰①：“驾鹅②，野鹅也。”《说文》曰：“鴚鹅③，野鹅也。”

注释：①《广雅》曰：应是《广志》曰。

②驾（gē）鹅：野鹅。此句实引自《广志》。

③鴚鹅（lù lǚ）：野鹅。

译文：60.1.1　《尔雅》说：“舒雁是鹅。”《广志》说：“驾鹅是野鹅。”《说文》说：“鴚鹅是野鹅。”

60.1.2　晋沈充《鹅赋》序曰①：“于时绿眼黄喙，家家有焉。太康中得大苍鹅②，从喙至足，四尺有九寸，体色丰丽，鸣声惊人。”

注释：①沈充：字士居。晋代吴兴武康（今浙江德清武康镇）人。曾为王敦参军，任吴兴太守，后王敦兵败被杀。沈充年轻时喜读兵书，故此在乡里中甚有声望。他的《鹅赋》序最后尚有“三年，而为暴犬所害，惜其不终。故为赋云”。

②太康：晋武帝年号（280—289）。

译文：60.1.2　晋沈充《鹅赋》序里说：“当时绿限黄嘴的，家家都有着。太康年中，得到大

灰色鹅，从嘴到脚，长（晋尺）四尺九寸，身体丰肥，颜色美丽，鸣声惊人。”

60.1.3 《尔雅》曰：“舒凫，鹜[①]。”《说文》：“鹜，舒凫。”《广雅》曰：“鹜，鸭也。”是鸭。

注释：①鹜（wù，又读mù）：鸭。

译文：60.1.3 《尔雅》说：“舒凫是鹜。”《说文》说：“鹜是舒凫。”《广雅》说：“鹜是鸭。”

60.1.4 《广志》曰：“野鸭，雄者赤头，有距。鹜生百卵，或一日再生。有露华鹜，以秋冬生卵，并出蜀中[①]。”

注释：①蜀：指今四川。因此地古为蜀国，秦置蜀郡，三国时又为蜀汉地，因此得名。

译文：60.1.4 《广志》说：“野鸭，雄的头红色，脚有距。鹜可以生一百卵，有时一天生两个。有一种露华鹜，秋天冬天产卵，都出在蜀。”

60.2.1 鹅鸭，并一岁再伏者为种[①]。一伏者得卵少；三伏者，冬寒，雏亦多死也。

注释：①伏（fù）：此字读去声时，指禽类孵卵。

译文：60.2.1 鹅、鸭都用一年两“抱”的作种。一年一抱的，生蛋少；一年三抱的，冬天太冷，所抱出的小鹅小鸭，也有许多要冻坏。

60.2.2 大率鹅三雌一雄，鸭五雌一雄。

译文：60.2.2 大概的比例是：鹅三个雌一个雄，鸭五个雌一个雄。

60.2.3 鹅初辈生子十余，鸭生数十；后辈皆渐少矣。常足五谷饲之，生子多；不足者，生子少。

译文：60.2.3 鹅第一批生十几个蛋，鸭第一批生几十个；以后再生，数量就渐渐少了。常常给够五谷喂着的，生的蛋多；不够的，蛋少。

60.3.1 欲于厂屋之下作窠[①]。以防猪、犬、狐、狸惊恐之害。

注释：①窠（kē）：鸟兽的巢穴。

译文：60.3.1 要在厂屋下作窠。免得猪、狗、狐、野猫惊吓它。

60.3.2 多著细草于窠中，令暖。

译文： 60.3.2 窠里多放些细草，让它温暖。

60.3.3 先刻白木为卵形，窠别著一枚，以诳之。不尔，不肯入窠；喜东西浪生。若独著一窠，复有争窠之患。

译文： 60.3.3 预先用白色的木材，刻成蛋的形状，每个窠里放一个，来骗它。不然，不肯到窠里来；随便东生一个，西生一个。如果只在一个窠里放，又会争窠。

60.3.4 生时寻即收取，别著一暖处，以柔细草覆藉之。停置窠中，冻，即雏死。

注释： ①藉（jiè）：铺、垫。

译文： 60.3.4 生过，随即收集起来，另外藏放，用柔软的细草盖着垫着。如果留在窠里，冷了，小雏就死了。

60.4.1 伏时，大鹅一十子，大鸭二十子；小者减之。多则不周。

译文： 60.4.1 孵时，大鹅孵十个蛋，大鸭二十个；小鹅小鸭，还要减少，多了热得不够周到。

60.4.2 数起者，不任为种。数起则冻冷也[①]。

注释： ①数（shuò）：屡屡。

译文： 60.4.2 常常起来的鹅鸭，不可以留种。常起来，蛋就冷了。

60.4.3 其贪伏不起者，须五六日一与食，起之，令洗浴。久不起者，饥羸身冷，虽伏无热。

译文： 60.4.3 贪孵不起来的，五六天喂一顿，赶起来，让它洗浴。久久不起身的，饿了瘦了，身体是冷的，孵着也不够热。

60.5.1 鹅鸭皆一月雏出。量雏欲出之时[①]，四五日内，不用闻打鼓、纺车、大叫、猪、犬及舂声；又不用器淋灰，不用见新产妇。触忌者，雏多厌杀[②]，不能自出；假令出，亦寻死也。

注释： ①量：估计。

②厌（yā）：古代有一种迷信，以为某一种行动，可以由另外一件事情发生神秘的禁制作用，称为“厌胜”。马吃谷可治虸蚄，祀炙箑可以治虫，“烧穰杀瓠”都是“厌胜”之术。

译文：60.5.1 鹅和鸭，都要孵一个月才出雏。估计出雏的时候，四五天之内。不要让它们听见打鼓声、纺车声、人大喊大叫、猪、狗叫，以及舂碓的声音；也不要在这天泡灰取灰汁，不可以见到新产的产妇。触犯这些忌讳的，雏就被“厌”死了，不能自己出来；即使出来，不久也就死了。

60.5.2 雏既出，别作笼笼之。先以粳米为粥糜，一顿饱食之，名曰“填嗉”[1]。不尔，喜轩虚羌立向切量而死[2]。然后以粟饭，切苦菜、芜菁英为食。以清水与之，浊则易。不易，泥塞鼻则死。

注释：①填嗉（sù）：用稀软的食物，让刚出壳的小鹅、小鸭饱食一顿。嗉，即嗉囊，俗称“嗉子”。鸟类食管后段暂时储存食物的膨大部分。食物在嗉囊里经过湿润和软化，再送入前胃和砂囊，有利于消化。

②多喜轩虚羌量而死：“轩”是“车前高”，小鸭小鹅，常有高举头部而喘息致死的病，“轩虚”两个字，大概就是描写这种情形。“羌量（qiāng liang）”：《方言》中记着：“自关而西，秦晋之间，凡大人少儿，泣而不止，谓之‘唴’；哭极声绝，亦谓之‘唴’。平原谓啼极无声谓之‘哓哴’。”所以，“唴哴”在这里是指小鹅小鸭哑声嘶叫，像人饮泣或“哭极音绝”时的情形。全句的意思是：若不“填嗉”，小鹅小鸭就会被干硬的食物噎住，高举着头部，啼极无声地痛苦地死去。“唴”字后的反切音“立向切”则应是“丘尚切”，因字形相似写错。

译文：60.5.2 雏出壳后，另外用笼子罩着。先把粳米煮成稠粥，给它们吃一顿大饱，称为“填嗉”。不这么填过，就容易哑声叫着死去。然后，再给些干饭，切碎了的苦菜、芜菁英子喂。给它们清水，水浑浊了就换。不换水，泥塞了鼻孔就会死。

60.5.3 入水中不用停久，寻宜驱出。此既水禽，不得水则死；脐未合，久在水中，冷彻亦死。

译文：60.5.3 下水之后.不要让它们久停留，应当随即赶出来。鹅鸭都是水禽，没有水就会死；但幼雏“脐”没有长满，在水中停留太久，冷透了，也会死。

60.5.4 于笼中高处，敷细草，令寝处其上。雏小，脐未合，不欲冷也。十五日后乃出笼。早放者，匪直乏力致困；又有寒冷，兼乌鸱灾也[④]。

注释：①鸱（chī）：猫头鹰。

译文：60.5.4 在笼里高些的干爽的地方，铺些细草，让它们睡在草上。雏小时，“脐”没有长满，不要冷着。十五天之后，才放出笼来。放得早，不但气力不够，容易疲倦；还有寒冷和老鸹、猫头鹰的祸害。

60.6.1 鹅唯食五谷稗子及草菜，不食生虫。《葛洪方》曰[①]：“居射工之地[②]，当养鹅，鹅见此物能食之。故鹅辟此物也。”

注释：①《葛洪方》：东晋葛洪所撰。葛洪为东晋道教理论家、医学家、炼丹术家，曾撰《金匮要方》等。胡立初认为其与本书所引不合，疑其别为一书也。

②射工：“射工”是一种神话式的动物（即“蜮”），能“含沙射影”；影被它的沙射中了的人，会无故死亡。

译文：60.6.1 鹅只吃五谷、稗子和生草死草，不吃活虫。《葛洪方》说：“住在有‘射工’的地方，应当养鹅，鹅见了‘射工’就能吃掉。所以鹅可以辟它。”

60.6.2 鸭靡不食矣。水稗实成时，尤是所便。啖此足得肥充。

译文：60.6.2 鸭是什么都吃的。水稗成熟后，尤其方便。吃下熟稗子，就可以肥实充满。

60.7.1 供厨者，子鹅百日以外，子鸭六七十日，佳。过此，肉硬。

译文：60.7.1 供肉食的，子鹅一百天以外，子鸭六七十天以外，就好。过了时候，肉老硬了。

60.7.2 大率鹅鸭六年以上，老不复生伏矣；宜去之。

译文：60.7.2 一般说，鹅鸭六年以上，老了，不再产卵，也不会孵了，可以不要它。

60.7.3 少者，初生，伏又未能工；唯数年之中佳耳。

译文：60.7.3 小的、刚生，又不会孵，只有中间的三几年好。

60.7.4 《风土记》曰："鸭，春季雏，到夏五月，则任啖。故俗，五六月则烹食之。"

译文： 60.7.4 周处《风土记》说："鸭，春天的雏，到夏季五月时，就可以吃。所以一般习惯，到五六月就煮来吃。"

60.8.1 作杬子法[1]：纯取雌鸭，无令杂雄；足其粟豆，常令肥饱，一鸭便生百卵。俗所谓"谷生"者。此卵既非阴阳合生，虽伏亦不成雏；宜以供膳，幸无麛卵之咎也[2]。

注释： ①杬（yuán）子：咸鸭蛋。现在江南一带有些地区（如无锡）方言中，还有称咸鸭蛋为"成杬子"的。不过现在的咸鸭蛋都不用植物色素染色了。（西川一带，有所谓"盐皮蛋"，是作皮蛋时先加足够的盐，作成后，变了颜色，并不是染色，与"杬子"不同。）

②麛（mí）卵：麛，刚出生的幼兽。卵，指正在孵雏的母鸟。《礼记》中有"春田，士不取麛卵"，是中国古来伦理观念中"仁慈"的具体表现；以"天地之大德曰生"，"万物并育而不相害"之类的"爱人及物"思想，与人道主义说法，作为根据。六朝佛教传到中国后，戒杀放生的一套道理，可能也就因为当时已有这样的伦理观念为基础，大家更容易接受。贾思勰这个本注似乎可以说明当时士大夫们对这件事调和后的看法。

译文： 60.8.1 作杬子的方法：净养母鸭，不要有一只雄的。给够粮食豆子，让它们吃饱，长肥；这样，一只母鸭就可以下一百个蛋。这就是一般所谓"谷生"的蛋。这样的蛋，既不是阴阳交配所生，就孵也不会出雏；拿来吃很合宜，没有犯"取麛卵"（残害幼小动物）的罪过。

60.8.2 取杬木皮，《尔雅》曰："杬，鱼毒。"郭璞注曰："杬，大木，子似栗，生南方。皮厚汁赤，中藏卵果。"无杬皮者，虎杖根、牛李根并作用。《尔雅》云："蒤，虎杖。"郭璞注云："似红草，粗大，有细刺，可以染赤。"净洗细茎[4]，锉，煮取汁。率：二斗，及热下盐一升和之，汁极冷，内瓮中。汁热卵则致败[3]，不堪久停。浸鸭子；一月，任食。

注释： ①杬（yuán）：一种乔木，树皮煎汁可贮藏和腌制水果、蛋类。

②茎：这个字怀疑是误多的。

③卵则致败：解作"卵即易败"。

译文： 60.8.2 把杬木皮，《尔雅》曰："杬，鱼毒。"《尔雅》郭璞注说："杬是大村，种子像栗，生在南方。树皮厚，汁是红色的，可以保藏蛋和果子。"如果没有杬皮，可以用虎杖的根或牛李的根。《尔雅》里有“蒤，虎杖”。郭璞注说：“像红草，不过粗大，有细刺，可以染红。”净洗，切碎，煮出浓汁。每两斗汁，趁热和下一升盐，等到汁完全冷透，倒在瓮里，泡鸭蛋。汁太热，鸭蛋便容易坏，不能久搁了。一个月以后，就可以吃。

60.8.3　煮而食之，酒食俱用。

译文：60.8.3　煮熟后吃，下酒送饭都可用。

60.8.4　咸彻则卵浮[①]。

注释：①咸彻则卵浮：“咸彻”即“咸透”，咸透之后，卵的比重降低，便在盐水中逐渐向上浮动。但并不是完全漂在盐水面上。这是很值得注意的一个结论。咸蛋的成熟过程颇为复杂。卵壳是一个透过性很低的厚层，但淹没在盐水下，或包裹在浓溶液中时，可能由于接触性离子交换，而逐渐增加了对食盐等分子的透过性，到后来，盐可以向蛋壳以内积累。卵膜是“条件透过的生物性膜”，正常，对水分子的透过较快，对水溶性物质的透过较低；所以，当盐分进到卵壳以内，卵膜以外后，卵中的水会向膜外渗出，渐渐也就出到卵壳以外。这时，卵的黄白两部分，整个地在逐渐缩小容积，而气室相对地在扩大，于是，卵的比重，也就趋向于减低。但卵膜不是绝不透盐的；进到卵壳以内的盐，也会慢慢浸入卵膜；卵的实质内容（气室以外的东西），溶液浓度在逐渐增加，接近卵膜的部分，可能发生不可逆的蛋白质变性沉淀，结果卵膜也“增厚”了。这样，又阻止了水和盐的再渗入。

译文：60.8.4　咸透了之后，就会浮上来。

60.8.5　吴中多作者，至十数斛；久停弥善，亦得经夏也。

译文：60.8.5　江南（吴中）作的很多，有作到十几斛；搁得愈久愈好，也可以过夏天。

养鱼第六十一

种莼、藕、莲、芡、芰附

题解：本篇记述了鱼池的设计和建造，池中“九洲八谷”的构思十分巧妙。对放养鱼的技术，特别是大小混养作了较详实的记述。对养鱼的经济效益作了比较夸张地介绍，目的是让人相信养鱼可致富。

本篇接着介绍了莼的吃法（莼菜，在我国历来都是与鲈鱼相提并论的美味）、用途及种植方法。对藕、莲、芡（鸡头）、芰（菱）的种植法分别做了介绍。61.6.2—61.6.3统一叙述了上述水生植物的用途，特别强调了它们可以救荒。

61.1.1　《陶朱公养鱼经》曰[①]：威王聘朱公[②]，问之曰：“闻公在湖为‘渔父’，在齐为‘鸱夷子皮’，在西戎为‘赤精子’，在越为‘范蠡’。有之乎？”

曰：“有之。”

曰：“公任足千万[③]，家累亿金，何术乎？”

朱公曰：“夫治生之法，有五；水畜第一，水畜，所谓‘鱼池’也：……”

注释：①《陶朱公养鱼经》：此书时代作者不详，书中人物则可以断定都是假托的。

②威王聘朱公：齐威王聘请陶朱公。

③任：行装中必需用车来载的东西。（依焦循《孟子正义》的说法）

译文：61.1.1　《陶朱公养鱼经》是这么记着：威王礼聘了陶朱公来，问他说：“听说您老先生，在太湖称为‘渔父’，在齐国称为‘鸱夷子皮’，在西戎称为‘赤精子’，在越称为‘范蠡’。有这么一回事吗？”

陶朱公说：“有的。”

威王说："您老先生行装足有千万文钱，家里累积上亿斤的'金'，用什么方法得到的？"

朱公说："经营生产的方法有五种；第一种是'水畜'，水畜，就是所谓'鱼池'：……"

61.1.2 "以六亩地为池，池中有九洲。求怀子鲤鱼，长三尺者，二十头，牡鲤鱼，长三尺者，四头；以二月上庚日[1]，内池中，令水无声，鱼必生。"

注释：①上庚日：上旬中天干逢庚的一天。

译文：61.1.2 "用六亩地作成池，池中留下九个洲。寻得三尺长的、怀有子的鲤鱼二十只，三尺长的雄鲤鱼四只；在二月上旬的庚日，放池里，让水不要响，鱼一定可以活。"

61.1.3 "至四月，内一'神守'；六月，内二'神守'；八月，内三'神守'。（'神守'者，鳖也。）所以内鳖者：鱼满三百六十，则蛟龙为之长，而将鱼飞去。内鳖，则鱼不复去；在池中，周绕九洲无穷，自谓江湖也。"

译文：61.1.3 "到四月，放下一个'神守'；六月，放下两个'神守'；八月，放下三个'神守'（'神守'就是鳖）。为什么放鳖呢？因为有了三百六十只鱼以后，就有蛟龙到来领导它们，会将鱼带着走了。放了鳖，鱼就不会再走；在池中的九洲周围，绕来绕去，自以为在江湖里面了。"

61.1.4 "至来年二月，得鲤鱼：长一尺者，一万五千枚；三尺者，四万五千枚；二尺者，万枚。枚直五十，得钱一百二十五万[1]。"

注释：①得钱一百二十五万：钱，在战国时是否已通行，大为可疑，可能只是两汉的事。就由这一点已可说明这所谓《陶朱公养鱼经》是后来伪托的书，与范蠡无关。此外，本篇中这个数字，和本段中其余数字，都是不能核对的。和本书中其他各处一样。

译文：61.1.4 "到明年二月池中鲤鱼的情形是：一尺长的，一万五千只；三尺长的，四万五千只；二尺长的，一万只。每只价五十文，共一百二十五万文。”

61.1.5　“至明年：得长一尺者，十万枚；长二尺者，五万枚；长三尺者，五万枚；长四尺者，四万枚。留长二尺者二千枚作种，所余皆得钱，五百一十五万钱。候至明年，不可胜计也。”

译文：61.1.5　“到明年，一尺长的十万只；二尺长的，五万只；三尺长的，五万只：四尺长的，四万只。留下二千只二尺长的做种，其余都卖成钱，合共得五百一十五万文。再等到明年，就计算不完了。

61.1.6　王乃于后苑治池，一年得钱三十余万。池中九洲八谷，谷上立水二尺；又谷中立水六尺。所以养鲤者，鲤不相食，易长，又贵也。

译文：61.1.6　威王就在后苑里作了鱼池，一年，得了三十多万文。池中九洲八个谷，谷上边，有二尺深的水；谷底，有六尺深的水。所以要养鲤鱼，是因为鲤鱼不吃同类，容易长，又贵。

61.1.7　如朱公收利，未可顿求；然依法为池，养鱼，必大丰足，终天靡穷，斯亦无赀之利也。

译文：61.1.7　像陶朱公这样估计去收取利润，不是一下可以得到的；但是照这样做池养鱼，必定可以大大地富足，一生一世也吃用不尽，这也就是不可计算的利益了。

61.2.1　又作鱼池法：三尺大鲤，非近江湖，仓卒难求。若养小鱼，积年不大。欲令生大鱼，法：要须载取薮、泽、陂、湖①，饶大鱼之处，近水际土十数载，以布池底。二年之内，即生大鱼。盖由土中先有大鱼子，得水即生也。

注释：①薮（sǒu）：湖泽。特指有浅水和茂草的沼泽地带。

译文：61.2.1　另一个作鱼池的方法：三尺长的大鲤鱼，不是靠近江湖的地方，不会一下就找到。如果养小鱼，好几年还长不大。想要生大鱼，有方法：须要从大小沼泽、蓄水池、湖等，平常大鱼多的地方，将靠近水边的泥土，运来十几车，铺在池底上。两年之内，就有大鱼生出。这是因为土里面先有大鱼子，得到水就孵出了。

61.3.1　莼：《南越志》云[①]："石莼，似紫菜，色青。"《诗》云："思乐泮水，言采其茆[②]。"毛云[③]："茆，凫葵也。"《诗义疏》云[④]："茆，与葵相似。叶大如手，亦圆；有肥[⑤]，断著手中，滑不得停也。茎大如箸。皆可生食，又可沟滑羹[⑥]。江南人谓之'莼菜'。或谓之'水葵'。"《本草》云："治消渴热痹。"又云："冷，补下气。杂鲤鱼作羹[⑦]。亦逐水，而性滑。谓之'淳菜'，或谓之'水芹'[⑧]。服食之家，不可多啖。"

注释：①《南越志》：南朝宋沈怀远撰。沈曾因罪被谪广州。他在广州十余年，以其所见的山川草木，鳞介羽族等异物写成此书。书已亡佚。

②茆（mǎo）：莼菜。

③毛云：即《毛诗故训传》，简称《毛传》。西汉毛亨所作，是注释《诗经》的著作。

④《诗义疏》：即三国吴陆玑所撰《毛诗草木虫鱼疏》。

⑤肥：腻或黏滑的涎。

⑥沟（yuè）：即"瀹"字简写。涮，煮。

⑦鲤鱼：依卷八，应作"鳢鱼"。鳢鱼又名黑鱼，古名鲖鱼，俗名乌鱼。

⑧水芹：怀疑是"水葵"写错。

译文：61.3.1　莼：《南越志》说："石莼，形状像紫菜，不过颜色是绿的。"《诗》（《鲁颂·泮水》）有"思乐泮水，言采其茆"，毛（传）说："茆即是凫葵。"《诗义疏》说："茆，有些像葵。叶有手那么大，也是圆的；有黏滑的黏液，断后拿在手里，滑得捏不住。茎像筷子粗细。茎叶都可以生吃，也可以在汤里烫来吃。江南人叫它作'莼菜"，或者称为'水葵'。"《本草》说："治消渴和热痹。"又说："冷，补下气。和鳢鱼作羹。可以'逐水'，性质滑。所以称为'淳菜'，或者'水芹"。炼丹吃的人，不要多吃它。"

61.3.2　种莼法①：近陂湖者，可于湖中种之；近流水者，可决水为池种之。以深浅为候：水深则茎肥而叶少，水浅则叶多而茎瘦。

注释：①莼（chún）：莼菜，又名水葵。多年生水草，浮在水面，叶子椭圆形，开暗红色花。茎和叶背面都有黏液，可食。

译文：61.3.2　种莼菜的方法：靠近蓄水池或湖沼的，可以在湖里种；靠近流水的，可以引流水流到池塘里种。看水的深浅不同：水深时，茎肥叶少；水浅，叶多茎瘦。

61.3.3　莼性易生，一种永得。宜洁净，不耐污，粪秽入池，即死矣。种一斗余许，足以供用。

译文：61.3.3　莼菜很容易生长，种一次，以后可以长期有。塘水应当洁净，莼菜不耐脏有粪水流到池塘里，就会死掉。种上一斗多些，可以够用。

61.4.1　种藕法：春初，掘藕根节头，著鱼池泥中种之，当年即有莲花。

译文： 61.4.1　种藕的方法：春初，掘出藕根的节头，放在养鱼池塘底上泥里种下，当年就会有莲花。

61.4.2　种莲子法：八月九月中，收莲子坚黑者，于瓦上磨莲子头，令皮薄。取墐土作熟泥[①]，封之，如三指大，长二寸。使蒂头平重，磨处尖锐。泥干时，掷于池中；重头沉下，自然周正。皮薄易生，少时即出。其不磨时，皮既坚厚，仓卒不能生也。

注释： ①墐（jìn）土：黏土。

译文： 61.4.2　种莲子的方法：八月九月，收取硬而黑的老熟莲子，将莲子头在瓦上磨薄。取黏土作成熟泥，把莲子封在里面，像三个手指那么粗，二寸长。让莲子蒂的一头平而且重，磨的一头尖锐。等泥干透，扔进池塘里；因为蒂头重，自然向下沉到泥里，而且位置周正。顶头皮薄，容易发芽，不久就出生了。不磨的，皮又硬又厚，一下子不会发芽。

61.5.1　种芡法[①]：一名“鸡头”，一名“雁喙”，即今“芡子”是也。由子形上花似鸡冠，故名曰“鸡头”。

注释： ①芡（qiàn）：睡莲科，大型水生植物。种子含淀粉，可食用或酿酒。

译文： 61.5.1　种芡的方法：芡又名“鸡头”，又名“雁喙”，也就是今日所谓“芡子”。结的果实，上面有花，像鸡冠一样，所以叫“鸡头”。

61.5.2　八月中收取，擘破，取子，散著池中，自生也。

译文： 61.5.2　八月中收得果实，劈破，取得种子，撒在池塘里，自己就会发生。

61.6.1　种芰法[①]：一名菱。秋上，子黑熟时，收取；散著池中，自生矣。

注释：①芰（jì）：菱，俗称菱角。两角的叫菱，四角的叫芰。

译文：61.6.1 种菱角法：芰又名菱。秋天，果实成熟发黑时，收来；撒在池塘里，自然就会发生。

61.6.2 《本草》云[①]："莲、菱、芡中米，上品药。食之，安中、补藏、养神、强志[②]，除百病，益精气。耳目聪明，轻身耐老。多蒸曝，蜜和饵之，长生，神仙。"

注释：①《本草》：应即是《神农本草经》。

②补藏（zàng）：补五脏。藏，即内脏。后写作"臟"，简化成"脏"。

译文：61.6.2 《本草》说："莲子、菱角和芡中的'米'，都是上品药。吃下，使体中安和，补五藏，滋养精神，强健智力，消除百病，添加精气。可以耳目聪明，轻身耐老。多蒸，晒干。用蜜和着吃，可以长生，像神仙一样。"

61.6.3 多种，俭岁资此，足度荒年。

译文：61.6.3 多种这些植物，到了荒年，靠它们可以渡过饥荒。

精彩点拨

想要致富，应当养五种母畜，讲究繁殖技巧。要选择优良品种，相马技术：马头为王，要方；马眼是丞相，要有光；脊背是将军，要强；肚和胸是城墙，要鼓出；四条腿是地方官，要长；等等。养羊尤其要注意季节，不同羊养殖细节不同。养猪者在腊月将猪羊的耳朵挂在正堂梁上，大富，这主要增强人的信念和意志力。养鸡有开小门、围方场、勤喂食、常清洁等很多技术，养鹅鸭做咸蛋，养鱼栽荷有诗情画意。精读，选取一种试试，知识财富双丰收。

鲤　鱼

鲤鱼是在亚洲原产的温带性淡水鱼，约有2900种，有红鲤、团鲤、锦鲤、火鲤、芙蓉鲤、荷包鲤等，体态颜色各异，深受喜爱，观赏价值高。其适应性强，耐寒、耐碱、耐缺氧。

鲤鱼味甘、性平，入脾、肾、肺经。有补脾健胃、利水消肿、通乳、清热解毒、止嗽下气的作用。对各种水肿、浮肿、腹胀、少尿、黄疸、乳汁不通皆有益。鲤鱼胆味苦有毒，勿使污染鱼肉。宜：鲤鱼对孕妇胎动不安、妊娠性消肿有很好的食疗效果。中医学认为，鲤鱼各部位均可入药。鲤鱼皮可治疗鱼梗；鲤鱼血可治疗口眼歪斜；鲤鱼汤可治疗小儿身疮；用鲤鱼治疗怀孕妇女的浮肿，胎动不安有特别疗效。忌：根据民间经验，鲤鱼为发物，鲤鱼两侧各有一条如同细线的筋，剖洗时应抽出去掉。恶性肿瘤，淋巴结核，红斑狼疮，支气管哮喘，小儿痄腮，血栓闭塞性脉管炎，痈疖疔疮，荨麻疹，皮肤湿疹等疾病患者均忌。

悦享摘抄

悦享摘抄

悦享摘抄

齐民要术 下

（北魏）贾思勰◎著

全本无删减　名师批注　无障碍阅读　有声伴读　原创手绘

北方妇女儿童出版社

卷 七

精彩导读

卷七讲了货殖、涂瓷、造神曲并酒、白醪曲、笨曲并酒、法酒等的技术及其变钱法子。货值钱，如同植物开花结果繁殖；油脂涂陶瓷经久耐用，美观悦目；造神曲来酿酒，有中国特殊的曲菌毛霉发酵传统；白醪酒曲制作及其酿酒技术，制作工艺复杂，酒美味醇；春酒曲等大而粗的“大曲”制作技巧；法酒是依一定配方调制酿造酒。法酒发酒，以酒致富养生，及黎民。

货殖第六十二

题解：“货”是有价值的物件，包括实在物质的货物（货）与代表价值的“货币”（财）；“殖”是增大增多。货殖两字连用，是说有价值的物件的增多，即财富的积累。现代对“货殖”的解释为“货殖是经商，囤积财货以营利”。

贾思勰从“农本观念”出发撰写《齐民要术》，他的主要注意方向是提高农业生产品的产量、质量和利用方法，认为这才是改善大众物质生活，安定社会秩序的根本。他在序文中曾说过：“舍本逐末，贤哲所非，日富岁贫，饥寒之渐，故商贾之事，缺而不录。”但“以贫求富，农不如工，工不如商”的社会现实也使他认识到一切农、林、牧、副、渔的产品均可以通过买卖增值获利。因此，在《齐民要术》中，贾思勰除详尽记述农、林、牧、副、渔各业的生产技术外，也详细地记述了如何营谋，如何通过农、林、牧、副、渔产品交易换钱获利的办法。如：《种瓠第十五》《种榆杨第四十六》《养羊第五十七》《养鱼第六十一》等。这一篇更是专讲货殖，依据《汉书·货殖传》和《史记·货殖列传》，教人们如何利用农、林、牧、渔产品和它们经过加工的农副产品来经营商业，积累财富。贾思勰所提倡的是在搞好生产的前提下的“自产自销”的经营方式，有利于发展再生产和提高大众的生活；不是专搞他人产品转手买卖的纯粹的经商行为。这与他反对“舍本逐末……故商贾之事，缺而不录”的理念是一致的。

本篇所引，除篇末《淮南子》外，均出于《汉书》《史记》。其所引注中，除三国时孟康注外，还有大量颜师古的注。颜师古是唐朝人，贾思勰不可能看到他的《汉书注》。这些注文大概是后人钞写时认为颜注与孟康注颇有出入，有意增附的。贾思勰治学严谨，

《齐民要术》中引书都注明出处，而本篇有少量注没有题名，没有注明出处，估计是后人加进颜注时，原来的“孟康曰”被搞乱或搞丢造成的。

62.1.1　范蠡曰[①]：“计然云[②]：‘旱则资车，水则资舟，物之理也。’”

注释：①范蠡（lǐ）：字少伯，春秋楚国宛（今河南南阳）人。春秋末年越国大夫，曾与文种共同辅佐越王勾践二十余年，是越王勾践最得力的谋臣之一。灭吴后受封上将军。后辞官至陶（今山东定陶西北），经商成巨富，改名陶朱公。

②计然：又名计倪、计砚、计研。春秋时期越王勾践的谋士。范蠡拜他为师，授范蠡七计。另有一种说法：计然是范蠡所著书的篇名，谓之“计然”者，所计而然也；即所计算的都正确实现。

译文：62.1.1　范蠡说：“计然曾说过：‘在陆地上一定要靠车，在水里一定要靠船，这是事物的天然道理。’”

62.1.2　白圭曰[①]：“趣时若猛兽鸷鸟之发[②]；故曰‘吾治生，犹伊尹、吕尚之谋[③]，孙、吴用兵[④]，商鞅行法’是也[⑤]。”

注释：①白圭（约前370—前300）：战国时大商人、经济学家。因擅长贸易致富之术，成为后世商人所崇奉的祖师。

②鸷（zhì）鸟：凶猛的鸟。

③伊尹：又称阿衡，姓伊，名挚，是商代著名的贤相。吕尚：姜姓，吕氏，名尚，字牙，尊称子牙，号太公望。商周时期东海（今山东日照）人。曾为周文王谋士，后辅助周武王灭商，被周武王尊为“师尚父”。

④孙、吴：指孙膑和吴起。孙膑（约前390—前320），战国时著名军事家。齐国阿（今山东阳谷东北）人，孙武的后代。曾为齐威王军师，有《孙膑兵法》。吴起（约前410—前381），战国时兵家。卫国左氏（今山东曹县北）人。曾在鲁国、魏国、楚国为将，有《吴起兵法》。

⑤商鞅（约前390—338）：即公孙鞅，亦称卫鞅。战国时卫国人。在秦以战功封于商，因此被称为商鞅、商君。商鞅在秦孝公支持下，在秦国施行变法，为秦国奠定富强基础。秦孝公死后，为公子虔等所诬害，被车裂。著有《商君书》。

译文：62.1.2　白圭说：“争取时间，要像猛兽猛禽捕捉食物时一样迅速坚决；所以说，‘我经营生产，正像伊尹、吕尚的设计，孙膑、吴起的用兵。和商鞅的行法一样，迅速坚决’。”

62.2.1　《汉书》曰[①]：“秦汉之制，列侯、封君[②]，食租，岁率户二百[③]；千户之君，则二十万。朝觐、聘、享出其中[④]。庶民、农、工、商、贾[⑤]，率亦岁万息二千，百万之家则二十万；而更、徭、租、赋出其中[⑥]。”

注释：①《汉书》：又名《前汉书》。东汉班固所著，是中国第一部纪传体断代史。它沿用《史记》的体例而略有变更，改“书”为“志”，改“列传”为“传”，改“本纪”为“纪”，删去“世家”。全书包括纪十二篇，表八篇，志十篇，传七十篇，共一百篇，记载了上自汉高祖六年，下至王莽地皇四年，共230年的历史。

②列侯：汉朝的制度，凡不是刘家（皇帝家）的人，因功封侯的，称为“列侯”。封君：《汉书》原注，封君，是“公主列侯之属”，即连列侯在内，一切受封赐土地的人。

③率（lǜ）：规定的比例。岁率户二百，即规定每年每户200文钱，依此比例计算：200文×1000=200，000文，所以“千户之君，则二十万”。

④朝觐、聘、享：古来相传的说法，“朝”是诸侯在春天去见天子，“觐”是诸侯在秋天去见天子。“聘”是诸侯之间相互见面时的赠礼，“享”是诸侯之间相互用酒食款待。这些，都必须付出一定的旅行费、宴会费。

⑤商：是“行商”，即旅行贩卖的商人。贾（gǔ）：是“坐贾”，即定居不动的商人。

⑥更、徭、租、赋：都是“庶民、农、工、商、贾”等平民，应向政府纳的税。“更”在汉代指轮流更替的兵役。“徭”是古代国家强迫百姓从事的无偿劳动。原义是本人义务无偿劳动；后来允许雇人代服役，再迟，可以缴钱代替。“租”是田赋。即中国历代对田地征收的税。“赋”包括田地税和兵赋。这句话后面，《汉书》原来还有一句“衣食美好矣”，《史记》则是“衣食之欲，恣其所好；美矣”。

译文：62.2.1　《汉书》说：“秦和汉两代的制度，凡属封建地主，能向土地收取的租税，标准是每年每户二百；如果封地达到一千户，就可以得到二十万租税。一切入都朝见皇帝，相互之间招待过往费用，都由租税供给。一般没有官职的百姓、农民、手艺工人、行商、坐商，普通的利息（指赢利所得），也是每年每万得到二千；家财百万的，利息应当有二十万。所需要付出的义务劳役费（实际上是支付雇佣别人代服劳役和兵役的费用）和税款，也都由这笔利息中支付。”

62.2.2　故曰：陆地牧马二百蹏，孟康曰[1]：“五十四也。蹏，古蹄字。”牛蹏角千[2]，孟康曰：“一百六十七头。牛马贵贱，以此为率。”千足羊；师古曰[3]：“凡言千足者，二百五十头也。”泽中千足彘；水居千石鱼陂[4]；师古曰：“言有大陂，养鱼，一岁收千石；鱼以斤两为计。”山居千章之楸[5]；楸任方章者千枚也[6]。师古曰：“大材曰‘章’。解在《百官公卿表》。”安邑千树枣[7]，燕秦千树栗[8]，蜀汉江陵千树橘[9]，淮北、荥南、济、河之间千树楸[10]，陈、夏千亩漆[11]，齐、鲁千亩桑麻[12]，渭川千亩竹[13]；及名国万家之城，带郭千亩亩钟之田[14]；孟康曰：“一钟受六斛四斗。”。师古曰：“一亩收钟者凡千亩。”若千亩栀茜[15]，孟康曰：“茜草、栀子，可用染也。”千畦姜、韭。——此其人，皆与千户侯等。

注释：①孟康：人名。生卒年不详。字公休，安平广宗（今河北广宗）人，三国时魏大臣，历任散骑侍郎，弘农太守，领典农校尉。后徙渤海太守，入为中书令，至中书监，封广陵亭侯。著有《汉书音义》九卷和《老子注》。

②蹏（tí）：同“蹄”。

③师古曰：即颜师古曰。颜师古（581—645），唐训诂学家、文学家。名籀，字师古，以字行于世。祖籍琅邪临沂（今山东临沂），其祖颜之推徙居关中，遂为京兆万年（今陕西西安）人。官至中书侍郎。撰《汉书注》《急就章注》《匡谬正俗》等。《汉书注》为其晚年力作，深为历代学者所重。

④千石（dàn）鱼陂（bēi）：石，古重量单位，重一百二十斤。陂，池塘湖泊。

⑤楸（qiū）：木名。落叶乔木，叶子三角状卵形或长椭圆形，花冠白色，有紫色斑点，木材质地细密。可供建筑、造船等用。

⑥楸任方章者：可以解（xiè）作方形长大木料的楸树。任，可以。方章，解掉边作成方形长大木料。

⑦安邑：古代都邑名，汉置，在今山西夏县。

⑧燕：西周封国，姬姓。都城在今天北京房山琉璃河镇附近。春秋时期国力尚弱，战国时易王开始称王，成为战国七雄之一。又以武阳（今河北易县南）为下都。公元前222年为秦国所灭。秦：古国名。嬴姓。相传为伯益之后。善养马，被周孝王封于秦（今甘肃张家川回族自治县东）。公元前770年，秦襄公护送周平王东迁洛邑有功，获封诸侯。春秋时德公建都于雍（今陕西凤翔南三里豆腐村），战国时期孝公迁都咸阳（今陕西咸阳东北二十里窑店镇北），为七雄之一。公元前221年秦王嬴政统一中国，建立秦朝。

⑨蜀：蜀郡。公元前314年，秦惠王置，治所在成都县（今四川成都）。汉：汉中郡。公元前312年，秦惠王置，治所在南郑县（今陕西汉中东）。因水为名。江陵：江陵县。

秦置，为南郡治。治所即今湖北荆州市荆州区旧江陵县。

⑩淮北：地区名，淮水北岸地。即今安徽凤台县至亳州东南一带。荥（xíng）：水名，即荥泽。在今河南郑州西北古荥镇西北。春秋战国时期尚与济水、黄河相通。自西汉平帝以后，荥泽淤塞为平地。济（jǐ）：济水。古四渎（江、河、淮、济）之一。包括黄河南、北两部分。河：黄河。

⑪陈：西周封国。妫姓。都宛丘（今河南淮阳）。公元前478年灭于楚。夏：战国楚封邑。约在今湖北武昌一带。

⑫齐：指今山东泰山以北黄河流域及胶东半岛地区，为战国时齐国地，汉以后仍沿称齐。鲁：今山东泰山以南的汶、泗、沂、沭水流域，是春秋时期鲁国的故地。秦汉以后仍沿称这一地区为鲁。

⑬渭川：渭河。

⑭千亩亩钟之田：每亩能收六十四斗的田一千亩。钟，古代容量单位，合六十四斗。

⑮若：或者。

译文：62.2.2　所以说，陆地上牧有二百只蹄的马，孟康说："这就是五十匹。蹏是蹄字的古写法。"连蹄带角一千只的牛，孟康说："就是一百六十七头牛。牛马贵贱，可以依这比例计算。"一千只脚的羊；颜师古说："说一千只脚，就等于二百五十头。"或者沼泽地带有一千只脚的大猪；住在水乡的，有一个每年出十二万斤鲜鱼的蓄水池；颜师古说："这是说，有一个大的陂养着鱼，一年可以收一千石鱼：鱼是论斤两的。"住在山上的，每年能伐出一千棵解去边后、能作大件木料的楸树；可以解成四方木料的楸树一千棵。颜师古注说："大材料称为'章'，在《百官公卿表》里有注解在。"或者安邑县有一千棵枣树，燕地秦地有一千棵栗树，蜀郡汉中郡或江陵县有一千棵橘树，淮北、荥南、济水、黄河等处，有一千棵楸树，陈留郡、江夏郡有一千亩地的漆园，齐地、鲁地有一千亩的桑园或麻地，渭河沿岸有一千亩竹林；或者有名的大国国都，具有万户人家的大城，城外有一千亩每亩能收一钟的田；孟康注解说："一钟的容量是六十四斗。"颜师古注解说："每亩能收一钟的田一千亩。"或者有一千亩的栀子茜草，孟康注解说："茜草和栀子，都可用作染料。"一千畦的姜或韭菜。这样的人，收入都和封了一千户的侯相等。

62.2.3　谚曰："以贫求富，农不如工，工不如商。""刺绣文，不如倚市门。"此言末业贫者之资也。师古曰：'言其易以得利也。"

译文：62.2.3　俗话说："穷人想发财：种田不如作手艺，作手艺不如把店开。""穷在家里作针线，不如靠着市门装笑脸。"这都是说，下等职业是穷人可以靠来过活

的。颜师古注解说："这就是说，比较容易得到利润。"

62.2.4 通邑大都，酤一岁干[1]，酿师古曰："千瓮以酿酒。"醯酱千瓨[2]，胡双反。师古曰："瓨长颈罂也[3]，受十升。"浆千儋[4]；孟康曰："儋，罂也。"师古曰："儋，人儋之也；一儋两罂。儋，音丁滥反。"屠牛、羊、彘千皮[5]；谷籴千钟[6]，师古曰："谓常籴取而居之。"薪藁千车，船长千丈，木千章，洪桐方章材也。旧将作大匠掌材者，曰章材掾[8]。竹竿万筒[9]；轺车百乘[10]，师古曰："轺车，轻小车也。"牛车千两[11]；木器漆者千枚，铜器千钧，钧，三十斤也。素木铁器，若栀、茜千石[12]；孟康曰："百二十斤为石；素木，素器也。"马蹏噭千[13]，师古曰："噭，口也；号与口共千，则为马二百也。噭音江钓反。"牛千足，羊彘千双；僮手指千[14]；孟康曰："僮，奴婢也。古者无空手游口[15]，皆有作务；作务须手指，故曰'手指'以别马牛蹄角也。"师古曰："手指谓有巧伎者，指千则人百。"筋、角、丹砂千斤；其帛、絮、细布千钧[16]，文采千匹，师古曰："文，文缯也；帛之有色者曰采。"荅布皮革千石[17]；孟康曰："荅布，白叠也[18]。"师古曰："粗厚之布也；其价贱，故与皮革同其量耳，非白叠也。荅者重厚貌。"漆千大斗；师古曰："大斗者，异于量米粟之斗也。今俗犹有大量。"蘖、曲、盐、豉千合[19]。师古曰："曲蘖以斤石称之，轻重齐则为合。盐豉则斗斛量之，多少等亦为合。合者相配偶之言耳。今西楚、荆、沔之俗[20]，卖盐豉者，盐豉各一斗，则各为裹而相随焉；此则合也。说者不晓，乃读为升合之合，又改作台。竞为解说，失之远矣。"鲐鮆千斤，师古曰："鲐，海鱼也；鮆，刀鱼也，饮而不食者。鲐音胎，又音落。紫音荠，又音才尔反。而说者妄读鲐为夷，非惟失于训物，亦不知音矣。"鲰鲍千钧[21]；师古曰："鲰，膊鱼也，即今不著盐而干者也。鲍，今之鲃鱼也。鲰，音辄；膊，音普各反；鲃，音于业反。而说者乃读鲍为鲍鱼之鮠（音五回反），失义远矣。郑康成以为于煏室干之[22]，亦非也。煏室干之，即鲰耳，盖今巴荆人所呼鳀鱼者是也（音居偃反）[23]。秦始皇载鲍乱臭则是鱼耳，而煏室干者本不臭也（煏音蒲北反）。"枣栗千石者三之；师古曰："三千石。"狐貂裘千皮，羔羊裘千石；师古曰："狐貂贵，故计其数；羔羊贱，故称其量也。"旃席千具[24]；它果采千种[25]；师古曰："果采，谓于山野采取果实也。"子贷金钱千贯。——节驵侩[26]，孟康曰："节，节物贵贱也。谓除估侩，其余利比于千乘之家也。"师古曰："侩者，合会二家交易者也；驵者，其首率也。"（驵，音子朗反；侩，音工外反。）贪贾三之，廉费五之[27]，孟康曰："贪贾未当卖而卖，未当买而买，故得利少而十得其三。廉贾贵乃卖，贱乃买，故十得五也。"亦比千乘之家，此其大率也。"

注释：①酤（gū）一岁千：过去各家都在"酿"字断句，大概大家都相信颜师古所作注，以为一岁“千瓮以酿酒”。和上下文联系比较后，我们觉得“酤”字作动词，是“买卖”的意思；“一岁千”，便是一年中，酤一千次，很可能下面脱去了一个“瓮”字。“酿”字应属下句，即“酿”字作动词用，以下两句的醯酱（千瓨）、浆（千儋）为受格。这样，全句应是“酤一岁千瓮；酿醯酱千瓨”。“酤”字、“酿”字，便和“屠”“贩”“籴”平行。所有这节中的项目和数字，都是通计全年的交易总额，而不是生产总额或积蓄总额。也只有这样解释，才合于“商业行为”的情况。

②酿醯（xī）酱千瓨（xiáng）：酿醋酱一千瓨。醯，醋。瓨，长颈大腹的陶器。

③罂（yīng）：小口大腹的容器。多为陶制，亦有木制者。

④浆千儋（dàn）：作饮料的浆水一千儋。浆，作饮料的浆水。儋，通“甔”，坛子之类的瓦器。若按颜师古的解释，则“儋”同“担”。作量词用，是成担货物的计量单位。

⑤彘（zhì）：猪。

⑥籴（dí）：买进谷物。

⑦洪桐方章材：洪，大。桐，树木名称，也可以作为树干讲。洪桐，即粗大的桐树或粗大的树干。它们可解（xiè）掉边作成方形长大材料。

⑧“旧将作大匠”二句：将作大匠，汉代官名。掌管宫室、宗庙、陵寝及其他土木营建。他下面掌管木料的下级官员称“章材掾（yuàn）”。掾，中国历代属官的通称。

⑨箇（gè）：原义是“竹一枝”。引申为量词“个”。

⑩轺（yáo）车百乘：轺车，一马驾的轻便车。《史记》作“其轺车百乘”，“其”字可能是多余的，更可能是“具”字写错，“具”就是装配起来的意思。

⑪牛车千两：即一千辆牛车。两，《史记正义》解释说，“车一乘为一两”；引《风俗通》的说法“箱（车箱，即坐人或载东西的地方）辕及轮，两两相偶之，称两也”。现在都写作“辆”。

⑫“素木铁器”二句：素木，即未上漆的白木器。千石，是十二万斤。木器漆过的价格高，所以只贩一千个；而未漆过的价格低，所以要贩卖到十二万斤，和栀子、茜草等染料一样多。

⑬马蹏噭（qiào）千：马蹄和口共一千。蹏，同“蹄”。噭，即“口”，指动物的嘴。若联着上下文一齐考虑，则此处所说只是“交易总额”，即经手过200—250匹马的买卖，而不是经常养有这么多马匹。私人养到200—250匹马，在汉代很可能是犯禁的事。

⑭僮（tóng）：奴婢（未成年的男女奴隶），在当时是商品。

⑮空手游口：空闲的手与空闲的人。泛指没有工作的人。

⑯其帛、絮、细布千钧：这个“其”字，在这里又是不好解释的。可能仍只是

“具”字，即“具备丝绸、丝绵、细布共30，000斤；有花纹的和染了色的绸缎共1，000匹；木棉布、皮、革合共120，000斤”。

⑰荅（dá）：粗厚，厚重。

⑱白叠：当时由印度输入的木棉布。

⑲蘖（niè）：酒曲，酿酒用的发酵剂。

⑳西楚、荆、沔：西楚，古地区名。在淮水以北，泗水、沂水以西，当今豫东、皖北和江苏西北部地区。荆，荆州。唐代约有今湖北松滋至石首两市间的长江流域，北部兼有今荆门、当阳两市。沔，沔州。唐代治汉阳（今武汉）。

㉑鲐（tái）鮆（jì）千斤，鲰（zhé）鲍千钧：鲐，鱼名。也称鲭鱼、油筒鱼、青花鱼。黄海、渤海盛产。鮆，鱼名。即刀鱼。新鲜的不如腌过的好吃。根据《本草纲目》，便也是腌过出卖的。鲰，不加盐晒干的淡鱼，又叫膊鱼。鲍，唐朝时叫鲃（yè）鱼。现在湖南湘中区滨湖几县，还将破开后加盐腌过、稍微晾一下而不晒干的鱼，称为“鲃鱼”。因为没有干，还在继续分解之中，所以一般都带有很强烈的臭味。史载：秦人暑天运秦始皇尸体时用它来掩盖尸体的臭气。以上四种均是作商品的鱼类产品。钧，古代重量单位之一，三十斤为钧。按，《齐民要术今释》中对这些鱼名字的古今读音有详细的说明，读者若有需要可查阅中华书局2009年2013年版《齐民要术今释》下册629页的释文。

㉒郑康成（127——200）：即郑玄。字康成，东汉高密（现山东高密）人。东汉经学家。著有《毛诗笺》、注《三礼》（《周礼》《仪礼》《礼记》），另注《周易》《尚书》《论语》。郑玄以古文经学为主，兼采今文经说，自成一家，号称“郑学”。经学家称郑众为先郑，郑玄为后郑。煏（bì）：用烘烤以催促干燥的动作，称为煏；就是逼近火旁烘烤。煏干的鱼即鲰鱼（淡干鱼），又称膊鱼。

㉓巴：巴州。唐代治所，在今四川巴中。

㉔旃（zhān）：通“氈”。

㉕它果采千种：别的地方出产的果子蔬菜一千种。石按：颜师古的解释有些牵强。怀疑“它”是“它地”，“采”是“菜”字写错。这句应是“它地果菜千种”。秦汉已有岭南的甘（柑）、龙眼（桂圆）、离枝（荔枝）等果实，运到黄河流域来卖；竹笋大量从南方运来供食之外，姜与桂两种菜用香料，也是战国以来习惯着使用的。这说明当时商业中，存在着专营他地果菜的一种行业，即经营果菜贩运商业。

㉖驵侩（zǎng kuài）：大经纪人。驵，大。侩，旧时说合牲畜交易的人，后泛指一切买卖的居间人（即“中介”），过去称市侩、牙侩，现称经纪人。怀疑今日北方口语中“掌柜”这个词，正是由这个“大经纪人”的古名衍生而来。

㉗贪贾三之，廉贾五之：孟康注释，如本节所引，对“贪贾”“廉贾”的解法，大家没有异议。至于“三之”“五之”，孟康以为是“十得三，十得五”（即30%或50%的利润）。李光地以为是“三分取一，五分取一”。杨树达先生以为黄生《义府》中所提的3%与5%才对。刘奉世则以为这两句是连上文的，“此谓子贷取息也；贪贾取利多，故三分取息一分；廉贾则五分取一耳——所谓‘岁息万二千’也”。石按：廉贾是薄利多卖，贪贾是紧囤看涨；三与五，则是每年周转次数的比例。廉贾因为多卖，可以多周转几次；廉贾周转五次，贪贾才周转了三次。

译文：62.2.4　还有交通方便的县城和大城市里，每年作酒类零售生意一千次：颜师古注解说：“用一千只瓮来酿酒。”酿醋酱一千瓨，颜师古注解说：“瓨是长颈的瓦器，容量十升（等于二公升）。”或一千儋浆；孟康说：“儋是瓦器。”颜师古说：“儋是人挑担，一担有两个瓦甖。”宰出一千张皮的牛、羊、猪；贩一千钟谷；颜师古解释说：“为经常籴进来囤积着。”一千车柴草，一千丈长的船，或一千件木料，大件解方了的树木成为“章”的。旧时将作大匠（即建筑工程部）管木材的，称为“章材掾”。一万件竹竿；一百乘小车，颜师古解释说：“轺车是轻而小的车。”一千辆牛车；一千件漆过的木器皿，一千钧铜器，钧是三十斤。一千石没有上漆的木器皿或铁器，或栀子、茜草；孟康解释说：“一石是一百二十斤；素木是白木器皿。”一千只蹄带口的马，颜师古说：“噭就是口；蹄带口共一千，应是一百二十四马。”一千只脚的牛，两千只羊或猪；或者一千个手指的奴婢；孟康注解说：“僮是男性与女性的奴隶。古时候没有空闲的手与空闲的人，都有一定的工作任务；工作任务要手指来完成，所以人用‘手指’来计数，和马牛用蹄角计算的不同。”颜师古解释说：“手指，指有精巧手艺的人；一千个手指即是一百个人。”或者筋、角、丹砂一千斤；或绵绸、丝绵、细布三万斤，织有花纹或染有颜色的丝绸一千匹，颜师古解释说：“文是有花纹的厚绸；染了颜色的绵绸称为彩。”十二万斤荅布或皮革；孟康解释说：“荅布就是白叠布。”颜师古解释说：“荅布是粗厚的大布；价钱贱，所以才能和皮革以同等的量来计算，不是外国来的白叠布。荅是厚而且重的意思。”漆一千大斗；颜师古解释说：“大斗，和量谷米的斗不同；现在（唐代）还有大一级的容量单位。”蘖、曲、盐、豆豉十斗。颜师古解释说：“曲蘖是论斤论石的，同样重量的曲和蘖，称为‘合’。盐和豆豉是论斗论斛的，同样容量的盐和豆豉也称为‘合’。‘合’就是配合相随的说法。今日（唐代）西楚、荆州、沔州的习惯，卖盐和豆豉的，如有人两样各买一斗，便分开来包着，一起交出，这就是‘合’了。解说的人，不知道这件事，把合字读成一升十合的‘合’，也有人改作‘台’。争着讲解，实在都错得远了。”一千斤鲐鱼或鮆鱼，颜师古注解说：“鲐是海鱼；鮆是只饮水不吃固体食物的刀鱼。鲐字读胎或落，鮆字读荠或册。解说的人，有时将鲐读成‘夷’，不但所指的

东西不对，音也错了。”三千斤鲰鱼或鲍鱼：颜师古解释说：“鲰鱼是膊鱼，就是今日（唐代）不加盐而干制的。鲍鱼，就是现在（唐代）的鲍鱼。鲰音辄，膊我们现在读普各反；鲍音于业反；解说的人，有将‘鲍’读作鮠鱼的‘鮠’（音五回反，wéi）的，意义相差很远。郑康成以为‘是在煏室里制干的鱼’，也是不对的。煏室里干制的鱼，就是鲰鱼，也就是今日（唐代）巴州、荆州人所谓的鳢鱼。秦始皇死后，尸体放在车子里腐臭了，载上鲍鱼来混盖臭气的，则应当是鲍鱼；煏室里干制的鱼，本来就不会臭（煏音蒲北反）。”三千石枣子或栗子；一千件狐皮或貂皮作成的裘，十二万斤羔羊皮裘；颜师古注解说：“狐皮貂皮贵，所以论件数计；羔羊贱，所以论斤称。”一千条毡席；别的地方出产的果子蔬菜一千种；颜师古解释说：“果采，即在山里和野地里采取果实。”用一百万文钱作本金放债收息的；这一些，把经纪人的“用钱”除去之后，孟康解释说：“节是估计物价贵贱。这句话，是说除了经纪人的用钱，剩下的利润，可以和千乘之家相比。”颜师古解释说：“侩是从中把买卖双方的交易说合起来的人；驵是其中为首的。”（驵，音子朗反；侩，音工外反）贪得的人，一年中周转三遍，愿意薄利多卖的，周转五遍，孟康解释说：“‘贪贾’是不应当卖就卖，不应当买也买，所以得利少，十分只得到三分。‘廉贾’要贵才卖，贱才买，所以十分能得到五分。”收入也可以比得上千乘之家，这就是大概情形。

62.3.1　卓氏曰[①]：“吾闻山峪山之下[②]，沃壄[③]；下有踆鸱[④]，至死不饥。”孟康曰：“踆，音蹲。水乡多鸱，其山下有沃野，灌溉。”师古曰：“孟说非也！踆鸱，谓芋也；其根，可食，以充粮，故无饥年。”《华阳国志》曰[⑤]：“汶山郡都安县有大芋[⑥]，如蹲鸱也。”

注释：①卓氏：人名，不详。

②峪山：《史记》作汶山。事实上它们是一个字，今日通用写法是岷山。它在四川中北部，绵延川、甘两省边境。

③沃壄（yě）：土地肥美。壄，同“野”。

④踆鸱（dūn chī）：大芋头。踆，同“蹲”。

⑤《华阳国志》：原名《华阳国记》，或简称《华阳记》。是一部记述我国古代西南地区历史、地理、人物等的地方志著作。作者常璩，东晋蜀郡江原（今四川崇庆）人，生卒年不详。

⑥汶山郡：西汉元鼎六年（前111）置，治所在汶江县（今四川茂县北）。辖境相当今四川黑水，邛崃山以东，岷山以南，北川、都江堰以西地区。都安县：三国蜀汉置，属汶山郡。治所在今四川都江堰东南二十里导江铺。

译文：62.3.1 卓氏说："我听说岷山下面，土地肥美；地下出产有大芋头，到死也不会有荒年。"孟康注解说："踆音蹲。多水的地方，猫头鹰很多；那边山下有肥地，可以灌溉。"颜师古改正说："孟康的说法错了：'踆鸱'是芋；芋根可以吃，当得粮食，所以不会有饥荒年。"《华阳国志》里面有："汶山郡都安县，有大芋头，样子像蹲着的猫头鹰。"

62.3.2 谚曰[①]："富何卒[②]？耕水窟；贫何卒？亦耕水窟。"言下田能贫能富。

注释：①谚曰：这是贾思勰加的注，不是《汉书》的注文。

②卒（cù）：同"猝"，急速。

译文：62.3.2 俗话说："怎么富足得这样快？因为在水地里耕种；怎么穷得这样快？也是因为在水地里耕种。"就是说，低地可以使人贫穷。也可以使人致富。

62.4.1 丙氏[①]，家自父、兄、子、弟，约[②]：俯有拾，仰有取。

注释：①丙氏：鲁国的富室，以冶铁起，富至巨万。《秘册汇函》系统各本作："曹邴氏家，起富至巨万，然自父、兄、子、弟勤约。"

②约：约定，规定。

译文：62.4.1 鲁国丙氏家里，从父兄到子弟，大家约定，动一动就要有相当收获：低头要拾，抬头要摘。

62.5.1 《淮南子》曰："贾多端，则贫；工多伎[①]，则穷。心不一也。"高诱曰："贾多端，非一术；工多伎，非一能，故心不一也。"

注释：①伎（jì）：技艺。

译文：62.5.1 《淮南子·诠言训》说："作坐商，经营项目太多，就不发财；作手艺的，技术方面太多，就不会精通。因为注意力不集中。"高诱注解说："坐商项目多，道路不能统一；工匠技术多，技巧不能统一，所以注意力不集中。"

涂瓮第六十三

题解： 此篇记述了用油脂涂陶瓮的办法。贾思勰将它安排在此，是因为本卷后面的四篇是讲酿酒，卷八、卷九均讲述食品的加工、保藏、烹调。这一切，在当时都离不开陶制的容器。所以先介绍陶器的涂治。

63.1.1 凡瓮[①]：七月坯为上，八月为次，余月为下。

注释： ①瓮（wèng）：古代用以盛水或酒的陶器。

译文： 63.1.1 凡买瓦瓮，七月作的瓮坯烧成的最好；其次是八月坯；其余各月的坯都不好。

63.2.1 凡瓮，无问大小，皆须涂治。瓮津则造百物皆恶[①]；悉不成。所以特宜留意。

注释： ①津：液体通过小缝罅缓缓透漏，称为津或渗。

译文： 63.2.1 凡瓦瓮，如果预备作酿造时的容器，不管大小，都必须先涂过整治过。用渗水的瓮子，制造任何物件都不好，不能成功。所以应当特别留意。

63.2.2 新出及热脂涂者，大良。若市买者，先宜涂治，勿便盛水！未涂遇雨亦恶。

译文： 63.2.2 新出的，或者用热脂膏涂过的才好。如果在市上买新的回来，便要先涂过，不要立刻盛水。没有涂过却淋了雨的，也不好。

63.3.1 涂法：掘地为小圆坑，傍开两道，以引风火。生炭火于坑中。合瓮口于坑上而熏之[①]。火盛喜破，微则难热；务令调适乃佳。

注释：①合：将容器口向下倒覆着，称为合。这是“合”字的一种特别用法。现在粤语中还保留着，读kap去声。

译文：63.3.1　涂的方法：先在地下掘一个小圆坑，坑旁边开两个风路，来让风火出入。在坑里烧上炭火。将瓮口盖在坑上来熏。火太旺瓮容易破，太弱又不容易烤热；总要调整到刚合适才好。

63.3.2　数数以手摸之；热灼人手，便下。写热脂于瓮中[①]，回转浊流[②]，极令周匝。脂不复渗所荫切乃止[③]。牛羊脂为第一好；猪脂亦得。俗人用麻子脂者，误人耳。若脂不浊流，直一遍拭之，亦不免津。俗人釜上蒸瓮者，水气亦不佳。

注释：①写（xiè）：倾泻。《曲礼》：“溉者不写。”《周官·稻人》：“以浍写水。”

②浊流：缓缓地流动。浊，本义是流动不快的水；挟有固体（今日胶体化学上所谓“悬浊”）或其他的液体（今日胶体化学上所谓“乳浊”）的水，流速总比清水表现得慢。

③渗：液体流到小孔隙中，慢慢减少了。

译文：63.3.2　随时用手摸着；觉得热到烫手了，就离开火。将热着的脂膏倒进去，回转着瓮，使脂膏在瓮里缓缓地各处都流遍，务必要周到。到脂膏再也渗不进瓮壁了，才停手。用牛羊脂最好；猪油也可以。许多人用大麻子油，是会误事的。如果不让脂膏缓缓地流遍，只周围揩抹一次，仍旧免不了渗漏。许多人在锅上蒸瓦瓮，只得到水气，也不会好。

63.3.3　以热汤数斗著瓮中，涤荡疏洗之[①]，写却，满盛冷水。数日便中用。用时更洗净，日曝令干。

注释：①疏洗：这个“疏”字，可能是“漱”字，因同音而写错的“漱洗”。即洗涤。

译文：63.3.3　把几斗热水放进涂好了的瓮里，洗着，荡动着，倒掉，盛满冷水。过几天，便可以用了。临用前，再洗净，在太阳下晒干。

造神曲并酒等第六十四

安曲在藏瓜卷中九①

注释：①安曲在藏瓜卷中九："安"字应当是"女"字写错。"九"字，乍看是没有意义的；但卷九的第八十八篇中，"藏瓜法"一段里，有"女曲法"。女曲是曲的一种，这个"九"字提供了线索，让我们知道这个标题注除有错字外，还可以在卷九中去寻求解答。这个标题注，应解释为"女曲，在卷九藏瓜法中"，可能原书就是像我们注解的形式，钞写时弄错了。

题解：我国的酿造技术历史悠久，而且中国酿酒的方法，有特殊的传统，与欧洲的酿法不同：是利用曲菌而不是淀粉酶将淀粉水解成糖。当然，1500多年前，我国人民还不了解发酵与微生物之间的关系，但经过劳动人民在生产、生活中的长期积累，已从经验中认识和掌握了发酵的环境条件、发酵材料，以及发酵产物的品质与发酵材料及发酵条件等的关系。贾思勰将这些整理出一定规律来。这样整理得来的规律，就是科学知识。我们祖国和全世界其他古老民族一样，这一方面的知识，有一部分是史前就有了的。如：十二地支中的"酉"与"酒"的关系非常明显。必定先有了酒这个实物，然后才有记载它的文字。但对酿造过程的详细、严谨的记述，却以《齐民要术》为最早。《齐民要术》关于酿酒的叙述，从作曲起。介绍先用淀粉、蛋白质、很干净的水混合作成培养基，让它在定温、定湿、不见光的密室里，拦截着大气中浮游着的曲菌孢子。这就做成了含有曲菌的菌丝体，可作以后的接种材料——酒曲。本篇非常详细地记述了三斛麦曲、神曲（共有四种）、卧曲等六种治曲的方法，还详细记叙了多种用曲造酒的方法，对如何浸曲、蒸米、下酘的酿酒过程及环境、温度（特别注意说明在发酵过程中保持定温的必要）、湿度、洁净程度、水质对酒的质量的影响都交代得十分精细、准确。对收藏酒的办法也反复作了详尽的介绍。其中一些迷信的、唯心的"禁忌"，如：祭曲王，酿酒的饭不能给人或狗吃之类，是时代的局限，不应苛求于贾思勰。实际上，贾思勰对这些并不真的相信。如：在64.26.5中，他就说："酒脯祭与不祭，亦相似，今从省。"在64.31.12中又说："其糠渖杂用，一切无忌。”

64.1.1 作三斛麦曲法：蒸、炒、生，各一斛。炒麦，黄，莫令焦。生麦，择治甚令精好。种各别磨，磨欲细。磨讫，合和之[①]。

注释：①和（huò）：混和。

译文：64.1.1 作三斛麦曲的方法：蒸熟的、炒熟的和生的麦各一斛。炒的，只要黄，不要焦。生的，拣选洗净，务必要极精细极洁净。三种，分别地磨；要磨得很细。磨好，再合拢来，混和均匀。

64.1.2 七月，取中寅日[①]，使童子著青衣，日未出时，面向杀地[②]，汲水二十斛。勿令人泼水[③]！水长[④]，亦可写却[⑤]，莫令人用。

注释：①中寅日：“寅日”就是地支为寅的日子。如用地支计日，每隔十二天就会出现一个寅日。石按：中寅日可能指一个月里中旬逢寅的曰子，也可能指第二个寅日。

②杀地：这是占卜中一个方位的名称。

③泼：将水由下向上面和远处泼出去，水应依“抛物线”在空中运动。

④长（zhàng）：嫌太多。

⑤写（xiè）：将水由上向下倾注，水是直线或斜线地流下。和“泼”相对应。

译文：64.1.2 七月，拣第二个寅日，让一个童子穿上青色衣服，在太阳未出之前，面对着“杀地”的方位，汲取二十斛水。不要让人泼水！汲的水稍嫌多些，可以倒去一些，不能让人用。

64.2.1 其和曲之时，面向杀地和之，令使绝强[①]。

注释：①绝强：强是硬，绝强即极硬。少给些水在麦粉里，勉强和匀，搓揉不易成团（没有达到“可塑”的范围内），便是“绝强”。

译文：64.2.1 用水和上麦粉作曲的时候，也要面对着“杀地”的方位，和成后不要软。

64.2.2 团曲之人，皆是童子小儿，亦面向杀地。有污秽者不使，不得令人室近[①]。

注释：①不得令人室近：即不要和住有人的房屋相邻近。一方面避免某些不合需要的微生物，有机会污染，一方面也防止温度的强烈变化，不全是迷信。

译文：64.2.2　作曲团的，都是小孩们，也都面对着“杀地”的方位。不要用有污秽的小孩，曲室也不要靠近有人居住的房屋。

64.2.3　团曲当日使讫④，不得隔宿。

注释：①当（dàng）日：即“本日”，现在许多地方的口语中，还保留着这个用法。

译文：64.2.3　团曲，当天就要完工，不要留下隔夜再来做。

64.2.4　屋用草屋，勿使瓦屋①；地须净扫，不得秽恶，勿令湿。

注释：①勿使瓦屋：不要用瓦房。瓦顶房屋，保温效果不如草屋好。

译文：64.2.4　房屋要用草顶的，不要用瓦房；地面要扫净，不要脏，也不要弄潮湿。

64.3.1　画地为阡陌①，周成四巷。作曲人，各置巷中。

注释：①阡陌（qiān mò）：田间纵横交错的大小道路。

译文：64.3.1　把地面分出大小道路来，四面留下四条巷道。作曲的人，都立在巷道里。

64.3.2　假置“曲王”王者五人①。曲饼随阡陌，比肩相布②。

注释：①王者：衣冠形相像“王”的人。②比（bǐ）肩：肩头相并的“并肩”“肩随”。比，并排，排列。

译文：64.3.2　假设五个穿上王者衣冠的“曲王”。曲饼作成，依道路一排排地排好。

64.3.3　布讫，使主人家一人为“主”莫令奴客为主！与王酒脯。之法①：湿曲王手中为碗，碗中盛酒脯汤饼。主人三遍读文，各再拜。

注释：①之法："之"字可作第三身代名词领格用，意义与"其"相同。这里，可能这样解释；但更可能是上面还有"与王酒脯"四个字，作为"之"字的主位，因为和上句末了重复，钞写时遗漏了。

译文：64.3.3 排完曲饼后，让主人家里的一个成员，作为"主祝"，不要让奴隶或客人来作"主祝"！向曲王致送酒脯。致送的方法：把曲王手里的曲弄湿，当作碗，向这"碗"里搁些酒、干肉和面条汤。主人读祝文三次，每次都拜两拜。

64.4.1 其房欲得板户，密泥涂之，勿令风入。

译文：64.4.1 曲室要有一扇单扇的木板门，作好曲后用泥把门封密，不让风出进。

64.4.2 至七日，开。当处翻之[①]，还令泥户。

注释：①当处：在原来的处所。

译文：64.4.2 满了七天，开门。将地上的曲饼，就它们原来所在的地方翻转过来，又用泥把门封闭。

64.4.3 至二七日，聚曲，还令涂户，莫使风入。

译文：64.4.3 到第二个七天满了，把曲饼堆聚起来，又用泥将门封闭，不让风进去。

64.4.4 至三七日，出之。盛著瓮中，涂头[①]。

注释：①涂头：在头上涂上稀泥，加强封闭效果。头，是瓮口上盖的东西。

译文：64.4.4 到第三个七天满后，取出来，盛在瓮里，用泥将瓮口涂满。

64.4.5 至四七日，穿孔绳贯，日中曝[①]，欲得使干，然后内之[②]。

注释：①曝（pù）：晒。②内（nà）：同"纳"，收藏。

译文：64.4.5 到第四个七天，取出来，穿孔，用绳子串着，在太阳里晒；要干后，

才收拾起来。

64.5.1　其曲饼：手团，二寸半，厚九分。

译文：64.5.1　曲饼，用手团，每个二寸半（约6厘米）大，九分（约12厘米）厚。

64.6.1　祝曲文①：东方青帝土公，青帝威神；南方赤帝土公，赤帝威神；西方白帝土公，白帝威神；北方黑帝土公，黑帝威神；中央黄帝土公，黄帝威神：某年月，某日，辰朝日，敬启五方五土之神。

注释：①祝（zhòu）：后来写成“呪”，再变成“咒”。

译文：64.6.1　祝曲文（作酒曲时读的祝文，即“咒语”）：东方青帝土公，青帝威神；南方赤帝土公，赤帝威神；西方白帝土公，白帝威神；北方黑帝土公，黑帝威神；中央黄帝土公，黄帝威神：某年七月某日，上午辰时，敬向五方五土诸位神告白。

64.6.2　主人某甲，谨以七月上辰①：

造作麦曲，数千百饼；

阡陌纵横，以辨疆界，须②

建立五王，各布封境。

酒脯之荐，以相祈请：

愿垂神力，勤鉴所愿：使③

虫类绝踪④，穴虫潜影。

衣色锦布⑤，或蔚或炳。

杀热火熛⑥，以烈以猛。

芳越薰椒⑦，味超和鼎。

饮利君子，既醉既逞⑧；

惠彼小人，亦恭亦静。

敬告再三，格言斯整⑨。

神之听之，福应自冥⑩。

人愿无违，希从毕永。

急急如律令[11]！

注释：①上辰：是古时候大家公认的好日子。《楚辞》中有“吉日兮良辰”。

②以辨疆界，须：怀疑“界”字是误多的，“须”字是“领”字烂成。这就是说，这五个字应是“以辨疆领”四字一句，“领”字和上文的“饼”，下文的“境”协韵。“疆领”即疆界领域。

③勤鉴所愿，使：怀疑这五个字应当是“勤鉴所恳”。恳字是借协。这样，“愿”字便不与上句“愿垂神力”重复，同时，全篇祝文，都是四字一句的韵语，也很合于六朝人的风格。

④虫类：怀疑为鼠类。

⑤衣色：衣，是霉类的菌丝体和孢子囊混合物；曲菌常产生某些色素，所以“衣”便有“色”，而且可以布置得像“锦”。

⑥熕（fén）：同“焚”，燃烧。

⑦薰椒：用花椒的香气薰过。

⑧逞：有通、彻底、放开怀抱等意义，也就是“痛快”。

⑨格言斯整：格，作动词用，说明神与人之间的交通感应。格言，即神感到了人的语言所表达的要求，不是一般将可作为法则的言语当作“格（作形容词）言”的意义。整，办到，实现。

⑩自冥：即从暗中来。

⑪急急如律令（líng）：这是我国道教的符祝语末了照例有的一句话。据说“律令”是雷部推车推得最快的一个鬼。如律令，是和律令这鬼一样快。但汉代官文书末了，常用“如律令”（即“把这当法律命令一样，迅速办妥！”）；张鲁们创立五斗米教时，可能只是依当时习惯，引用了一个“公文程式”的零件；雷部的神话，是后来傅会的。

译文：64.6.2　主人某甲，谨择七月的一个好日子：

造成了几千百饼麦曲；

设了横直道路，来分别疆界领域。

建立了五个曲王，每个管领一方。

供上了酒和干肉，请求神们帮助：

请神们向下界表现你们的力量，殷勤地看重我的愿望：

让鼠类不要到这里来，住在洞里的虫类也躲开。

将来曲饼穿上锦样的衣装，又茂盛又辉煌。

曲饼消化力和热力也旺盛，像火一样热烈有劲。作成的酒比花椒薰过还香，味道也比盐梅高尚。

老爷们喝了，醉得很过瘾；

小子们尝了，又恭敬又安靖。

我告白了三遍，你们一定受感动，使我的愿望实现。

神们，你们听到了，从暗中给我福报！

一定不违反人的要求，希望的实现、又彻底又长久。

急急如律令!

64.6.3　祝三遍。各再拜。

译文：64.6.3　祝文读三遍。每读一遍，拜两拜。

64.11.1　造酒法：全饼曲，晒经五日许。日三过以炊帚刷治之①，绝令使净。若遇好日，可三日晒。

注释：①炊帚：由字面上看，应当是一个煮饭用的器具。比较《白醪曲第六十五篇》65.2.2的“以竹扫冲之”，和《煮粿第八十四篇》中84.1.1的“以粿帚舂取勃”，我们可以推测：它大概是一把细竹条，扎成一个帚，用来将整颗的米粒捣成粉末的。这样的家具，平常是制造食物用的，比较干净，可以借用来刷去曲饼外面的尘土和表层。

译文：64.11.1　造酒的方法：把整饼的曲，晒上五天光景。每天，用炊帚刷三遍，总之要把曲饼弄到极干净。如果遇见好太阳，晒三天也就够了。

64.11.2　然后细锉①，布帊②，盛高屋厨上③，晒经一日，莫使风土秽污。

注释：①锉（cuò）：用锉刀磋磨。

②帊（pà）：用布盖着，作为荐底。这个用法，现在四川、贵州口语中还保存着。例如包裹褥子或席子的布单，称为“帊单”。也称手帕为“帊子”。

③厨：即房屋中搁藏各种物品的高架，现在写作“橱”。

译文：64.11.2　现在，把晒干刷净的曲饼，用刀斫碎，用布垫着，放在有高顶棚的架子上，再晒一天，注意不要让风或泥土沾污。

64.11.3　乃平量曲一斗，臼中捣令碎①。若浸曲，一斗，与五升水。

注释：①臼（jiù）：舂米或捣物的器具，多用石头或木头制成。

译文：64.11.3　平平地量出一斗碎曲，在臼中再捣细碎些。如果浸一斗曲，就放五升水。

64.11.4　浸曲三日，如鱼眼汤沸①，酘米②。

注释：①鱼眼汤沸：水因热而放出气泡，温度愈高，气泡愈大，最初像蟹眼大小，慢慢便像鱼眼大小（苏轼《试院煎茶》诗句："蟹眼已过鱼眼生，飕飕欲作松风声"，就是描写水煮沸时的经过）。曲在水中泡涨后，起酒精发酵，也会发生一连串的气泡；气泡大的，可以像鱼眼一样。

②酘（dòu）：将煮熟或蒸熟的饭颗，投入曲液中，作为发酵材料，称为"酘"。

译文：64.11.4　曲浸了三天，发生像鱼眼般大小的气泡时，就下米。

64.11.5　其米，绝令精细，淘米可二十遍。酒饭，人狗不令啖。

译文：64.11.5　米，先要整治得极精极细致，淘二十遍左右。预备作酒的饭，不要先给人或狗吃。

64.11.6　淘米，及炊釜中水，为酒之具有所洗浣者①，悉用河水佳也。

注释：①浣（huàn）：洗涤。

译文：64.11.6　淘米的水，炊饭的水，以及洗涤作酒用具的水，都以用河水为最好。

64.12.1　若作秫黍米酒①：一斗曲，杀米二石一斗②。第一酘，米三斗。停一宿，酘米五斗。又停再宿，酘米一石。又停三宿，酘米三斗。

注释：①秫（shú）：糯米。

②杀：消耗、消化、溶去。

译文：64.12.1　如果用糯米或黍来酿酒，一斗曲可以消去二十一斗米。第一次，下三斗米。过一夜，酘五斗米。再过两夜，酘十斗米。再过三夜，酘最后的三斗米。

64.12.2　其酒饭，欲得弱炊①，炊如食饭法。舒使极冷②，然后纳之。

注释：①弱炊：即炊到很软。“弱”在这里是“软”的意思。

②舒：即摊开、展开。依本卷及下卷的用法，应写作“抒”。

译文：64.12.2　酿酒的饭，要炊到很软，像炊供食的饭时一样。炊好，摊开，到冷透，然后再下酿瓮中去。

4.13.1　若作糯米酒：一斗曲，杀米一石八斗。唯三过酘米毕。

译文：64.13.1　如果用糯稻米来酿酒，一斗曲可以消化十八斗米。米分三次下完。

64.13.2　其炊饭法：直下馈①，不须报蒸②。

注释：①馈（fēn）：是将米蒸（或在水中煮沸）到半熟的饭。四川、湖南都有这样的办法，都是用水将米煮到半熟，用筲箕捞出。将馈在甑中再蒸，称为“馏”。

②报蒸：回过去再蒸，也就是馏。报，回过去。

译文：64.13.2　炊饭的方法：直接将半熟的“馈饭”搁下瓮里去“下馈”，不须要再蒸。

64.13.3　其下馈法：出馈瓮中，取釜下沸汤浇之，仅没饭便止。此元仆射家法①。

注释：①元仆射（yè）：人名。生卒年不详。仆射，官名。魏晋以后，仆射处于副相地位，称为端副。此人应做过仆射。

译文：64.13.3　下馈的方法：将馈饭倒在瓮里，将炊馈的锅里的沸水浇下去，把饭淹没就行了。这是元仆射家里酿酒用的方法。

64.21.1　又：造神曲法：其麦，蒸、炒、生三种齐等，与前同。但无复阡陌、酒、

脯、汤饼[①]，祭曲王，及童子手团之事矣。

注释：①脯（fǔ）：干肉。

译文：64.21.1　另一种造神曲的方法：所用的麦，蒸熟、炒黄和生的三种分量，彼此相等，和上面所说的方法一样。但并不需要留道路，也不用酒、干肉、面条汤来祭“曲王”，也不要用童子们手团曲。

64.21.2　预前事一麦三种[①]，合和，细磨之。

注释：①事：当“治”讲解，即整治。也就是64.1.1节所说的“炒麦，黄，莫令焦。生麦，择治甚令精好”。再加上“蒸一分”，三种准备工作。

译文：64.21.2　老早将三种麦准备好，混和，磨细。

64.21.3　七月上寅日作曲。溲欲刚[①]，捣、欲粉细、作熟，饼、用圆铁范，令径五寸，厚一寸五分。于平板上，令壮士熟踏之。以杙刺作孔[②]。

注释：①溲（sǒu）欲刚：即少加水，与上面64.2.1的“令使绝强”意义相同。溲，向固体颗粒中加水调和。

②杙（yì）：一头尖的短小木桩。刺：应是“刺”写错。

译文：64.21.3　七月第一个寅日，动手作曲。和粉要干些硬些；捣粉时，要使粉细密，作得很熟；曲饼用圆形的铁模压出，每饼直径五寸（约12厘米），一寸五分厚（约3.6厘米）。搁在平板上，让有力气的男人用脚踩坚实。用棒在中心穿一个孔。

64.21.4　净扫东向开户屋，布曲饼于地，闭塞窗户，密泥缝隙，勿令通风。

译文：64.21.4　将一间向东开单扇门的房屋，地上扫干净，把曲饼铺在地面上，把窗塞好，门关上，用稀泥将缝涂密，不让透风。

64.21.5　满七日，翻之。二七日，聚之。皆还密泥。三七日，出外，日中曝令燥，曲成矣。

译文：64.21.5　满了七天，开开门翻转一遍。第二个七天，堆聚起来。每次开门后，仍旧要用稀泥将门缝封密。第三个七天后，取出来太阳里晒干，曲便作成了。

64.21.6　任意举阁，亦不用瓮盛。瓮盛者，则曲乌肠。“乌肠”者，绕孔黑烂①。

注释：①“乌肠”者，绕孔黑烂：上面说过，曲饼作成，“以杖刺作孔”。如果将没有干透冷透的曲饼，收在瓦瓮里，则因为吸收水汽，有一部分霉类会开始从新生长，因此消耗掉曲中的淀粉，引致“烂”。生长达到一定时候，因为环境恶化，从新生长了的霉便得又长出孢子囊来；曲菌孢子囊是黑色。因为水汽在这样穿成的孔中更容易凝聚，孔中也更容易有黑色的孢子囊出现，所以，“肠”便“乌”了。

译文：64.21.6　随便怎样放高些，可不能用瓮子装。瓮子装的，曲会发生成“乌肠”。“乌肠”就是在中央穿的孔周围变黑发烂。

64.21.7　若欲多作者，任人耳；但须三麦齐等，不以三石为限。

译文：64.21.7　如果想多作一些，也可随人的意思；只要三种麦分量相等就行，并不限定就是整三石。

64.21.8　此曲一斗，杀米三石；笨曲一斗①，杀米六斗。省费悬绝如此。用七月七日焦麦曲及春酒曲②，皆笨曲法。

注释：①笨曲：笨曲即现在通用的“大曲”；“神曲”“女曲”都是“小曲”。笨，粗重。

②用：这个“用”字和句末的“法”字，怀疑都是误多的。七月七日焦麦曲（66.1.1）就是作春酒用的“笨曲”。

译文：64.21.8　这种曲，一斗就能消化三石米（所以称为“神曲”）；普通的大曲。一斗只能消化六斗米。节省与耗费的对比，是这样分明的。七月初七日作的焦麦曲和春酒曲，都是笨曲。

64.22.1　造神曲黍米酒方：细锉曲，燥曝之。曲一斗，水九斗，米三石。须多作者，

率以此加之。其瓮大小任人耳。

译文：64.22.1　用神曲酿造黍米酒的方法：把曲饼斫细，晒干。每一斗曲，要用九斗水，可以消化三石米。想多作的，可以照这个比例增加。酒瓮大小，任随人的意思。

64.22.2　桑欲落时作①，可得周年停。

注释：①桑欲落时：桑树快要落叶时。

译文：64.22.2　桑树要落叶时作，可以留一周年。

64.22.3　初下，用米一石；次酘，五斗；又四斗，又三斗。以渐①，待米消即酘，无令势不相及。

注释：①以渐：在此解作：以后、渐渐。

译文：64.22.3　第一次下酘，用一石米的饭；第二次，用五斗；接着，用四斗，用三斗。以后，看米消化完了，就下酘，不要让所下的酘赶不上曲的消化力。

64.22.4　味足沸定为熟。气味虽正，沸未息者，曲势未尽，宜更酘之，不酘则酒味苦薄矣。得所者，酒味轻香，实胜凡曲。

译文：64.22.4　酒味够浓了，不再翻气泡，酒就已经成熟。酒气酒味尽管很好，但还在冒气泡，就是曲势还没有尽，还应当再下酘，不下酘，酒味就嫌淡了。合适的，酒味轻爽而香，比一般曲实在好得多。

64.22.5　初酿此酒者，率多伤薄；何者？犹以凡曲之意忖度之。盖用米既少，曲势未尽故也，所以伤薄耳。

译文：64.22.5　第一次用神曲酿黍米酒的，一般多半坏在太淡；为什么呢？就是还在当作一般的曲看待。这样，用米就会太少，曲的力量没有发挥完毕，所以酒就嫌淡了。

64.22.6　不得令鸡狗见。

译文：64.22.6　不许让鸡狗看见酿造的过程。

64.22.7　所以专取桑落时作者，黍必令极冷也①。

注释：①黍必令极冷也：黍饭，在发酵过程中，因为微生物酵解而放出的热，散出很缓慢，所以是热的，这样的高温，可以使往后的酵解进行得更快，但同时也容易走上岔道，累积某些有损的副产物，使酒的品质变坏。酿酒时，必须注意保持比较恒定的温度，原因也就在这里。保持恒温，在寒冷时，可以用加热的方法，达到目标；在外界气温高的天气，要冷却下来，却不容易。所以酿酒便要选择"桑落时"，使黍饭的热，可以散出，不会过热，目的并不在于"极冷"。

译文：64.22.7　所以专门拣桑树落叶时作酒，是因为酿造中的黍饭要保持很冷。

64.23.1　又神曲法：以七月上寅日造，不得令鸡狗见及食。

译文：64.23.1　又一种作神曲的方法：要在七月第一个寅日作，作时不许鸡狗见到，或吃到作曲的材料。

64.23.2　看麦多少，分为三分：蒸炒二分正等；其生者一分，一石上加一斗半。各细磨，和之。溲时微令刚，足手熟揉为佳④。

注释：①足（cù）手：尽快。

译文：64.23.2　看准备的麦有多少，把它分作三分：蒸的炒的这两分，分量彼此相等；生的一分，比蒸炒两分每一百分多加十五分。分别磨细，混和起来。和水时，稍微硬一些，尽快揉和熟。

64.23.3　使童男小儿饼之。广三寸，厚二寸。

译文：64.23.3　让小男孩去作曲饼。每饼阔三寸，厚二寸（约7cm² x 5cm）。

64.23.4　须西厢东向开户屋中。净扫地，地上布曲。十字立巷，令通人行；四角各造

曲奴一枚。

译文：64.23.4 须要用西边厢房，向东开单扇门的房屋。将地扫净，曲饼就铺在地上。中间留下十字形的大巷道，让人通行；四只角上，每角作一只“曲奴”。

64.23.5 讫，泥户，勿令泄气。七日，开户，翻曲，还塞户。二七日，聚，又塞之。三七日，出之。

译文：64.23.5 铺好，用泥将门缝涂密，不要让房屋漏气。过了七天，开开门，把曲饼翻转一次，翻完又塞上门。过了两个七天，堆聚起来，又塞上门。过了第三个七天，取出来。

64.23.6 作酒时，治曲如常法，细锉为佳。

译文：64.23.6 作酒时，曲要依常用的方法先作准备，斫得愈细愈好。

64.24.1 造酒法：用黍米一斛，神曲二斗，水八斗。

译文：64.24.1 作酒法：用一斛黍米，二斗神曲，八斗水。

64.24.2 初下米五斗，米必令五六十遍淘之！第二酘七斗米，三酘八斗米。满二石米已外，任意斟裁。然要须米微多。米少酒则不佳。

译文：64.24.2 第一次，酘下五斗米的饭。米必须淘过五六十遍！第二次酘七斗米的饭，第三次酘八斗米的饭。满了二石米以后，随意斟酌断定。但总之须要多酘一点米。米太少，酒就不好。

64.24.3 冷暖之法，悉如常酿，要在精细也。

译文：64.24.3 保持温度的法则，和平常酿酒一样，总之要细细考虑。

64.25.1 神曲粳米醪法[①]：春月酿之。燥曲一斗，用水七斗，粳米两石四斗。

注释：①醪（láo）：连水带渣的酒，即醪糟。很多人误将醪字读作jiáo，用它来表示发酵着的混合物；其实那个jiào字，只是“酵”；像酒酵酱酵之类，就是酵解微生物及基质的混合物。现在四川、云南、贵州、陕西等地方言中，仍将带糟食用的糯米甜酒称为láo zāo，写成捞糟。《说文》解释醪是“汁滓酒”，即连水带渣的酒。

译文：64.25.1 用神曲酿粳米醪糟的方法：春季三个月酿造。干曲一斗，水七斗，粳米两石四斗。

64.25.2 浸曲发，如鱼眼汤。净淘米八斗，炊作饭，舒令极冷。

译文：64.25.2 先将曲浸到开始活动，发出鱼眼般的气泡。把八斗米淘净，炊成饭，摊到冷透。

64.25.3 以毛袋漉去曲滓，又以绢滤曲汁于瓮中，即酘饭。

译文：64.25.3 用毛袋将曲汁的滓滤净，再用绢把滤得的曲汁，过滤到瓮子里就将饭酘。

64.25.4 候米消，又酘八斗。消尽，又酘八斗。凡三酘，毕。若犹苦者[①]，更以二斗酘之。

注释：①苦：《齐民要术》第八、第九两篇中的苦字，所指的味，常常是酸而不是真正的“苦”，“苦酒”常指“酸酒”甚至于“醋”。

译文：64.25.4 等米都消化了，又酘下第二个八斗。消化尽了，又酘第三个八斗。酘下三次，就完了。如果有些酸味，再酘下二斗。

64.25.5 此合醅饮之[①]，可也。

注释：①醅（pēi）：《广韵》解释为“酒未漉也”，也就是连糟带汁饮用的甜酒。

两湖方言称为“伏汁酒”，湘南有些地区写成“夫子酒”。应当就是“醅滓酒”。

译文：64.25.5　这酒，可以连渣一起饮用。

64.26.1　又作神曲方：以七月中旬已前作曲，为上时，亦不必要须寅日。二十日已后作者，曲渐弱。

译文：64.26.1　另一个作神曲的方法：七月中旬以前作曲为最好，不一定要是寅日。七月二十日以后作的，曲就慢慢弱了。

64.26.2　凡屋皆得作，亦不必要须东向开户草屋也。

译文：64.26.2　一般房屋都可以作，也不一定要朝东开着单扇门的草顶屋。

64.26.3　大率：小麦，生、炒、蒸三种，等分。曝蒸者令干。三种和合，碓，净簸择，细磨；罗取麸，更重磨。唯细为良。粗则不好。

译文：64.26.3　大致的比例，是用生的、炒黄的、蒸熟的三种小麦，分量彼此相等。蒸熟的要晒干。三种混和后，碓舂，簸择洁净，细磨；用细罗筛筛去麸，再重磨。愈细愈好。粗了酒就不会好。

64.26.4　锉胡叶①，煮三沸汤；待冷，接取清者，溲曲，以相著为限。大都欲小刚，勿令太泽。捣令可团便止，亦不必满千杵。以手团之，大小厚薄如蒸饼剂②，令下微浥浥。刺作孔。丈夫妇人皆团之，不必须童男。

注释：①胡叶：应为胡葈（xǐ）。葈耳、苍耳都是胡葈的异名。

②蒸饼剂：大概是将和好的大面团，切成作馒头的块，每一块这样的生面，就是一个“蒸饼剂”。现在北方仍有“面剂子”的叫法。蒸饼，蒸熟的“饼”（饼原来指一切用麦面作的熟食），也就是今日口语中所谓“馒头”“馍馍”“馍”。剂，切断分开，因此，作一次用的药也称为“一剂”。但“剂”字也可能是“济”字之误，“济”是作完。若“剂”为“济”字之误，则“济，令下微浥浥”，应解为：作完后，让曲团下面稍微有

些潮。

译文：64.26.4　把胡菜斫碎，煮成三沸汤；等冷后，将浮面的清汁舀出，和粉作曲，只要能黏着就够了。一般地说，要稍微硬些，不要太湿。捣到可以成团就行了，也不一定要满一千杵。用手捏成团，每团的大小厚薄，大致和一个馒头相像。作完时让每一团下面稍微带一点潮。穿一个孔。成年男人女人，都可以团，不一定就只要小男孩。

64.26.5　其屋：预前数日著猫，塞鼠窟，泥壁令净。扫地，布曲饼于地上，作行伍，勿令相逼。当中十字通阡陌，使容人行。作曲王五人，置之于四方及中央；中央者面南，四方者面皆向内。酒脯祭与不祭，亦相似，今从省。

译文：64.26.5　作曲的房屋：几天之前预先留下猫，再把老鼠洞堵严，壁上也新涂上泥，让墙壁干净。扫净地，把曲饼铺在地上，排成行列，彼此间留些空隙，不要相挤碰。当中留下十字形道路，让人可以走过。作五个曲王，放在四方和中央；中央一个，面向南，四方的面向中心。用酒脯祭或不祭，结果都一样，所以省掉。

64.26.6　布曲讫，闭户，密泥之，勿使漏气。一七日，开户翻曲，还著本处；泥闭如初。二七日聚之。若止三石麦曲者，但作一聚；多则分为两聚。泥闭如初。

译文：64.26.6　曲团铺好，关上门，用泥涂密，不让漏气。过了第一个七日，开开门，将曲翻转，仍旧放在原位；用泥涂密门。过了第二个七日，堆聚起来。如果只作了三石麦曲，便只作成一堆；如果多于三石，便分作两堆，像初时一样，用泥涂上门。

64.26.7　三七日，以麻绳穿之，五十饼为一贯，悬着户内，开户勿令见日。五日后，出著外许，悬之。昼日晒，夜受露霜，不须覆盖。久停亦尔，但不用被雨。

译文：64.26.7　过了第三个七日，用麻绳穿起来，五十饼一串，挂在门里，开开门，但不要让曲饼见日光。五天之后，拿出来，在外面挂着。白天让太阳晒，夜间承受霜露气，用不着盖。搁多久都行，只是不要给雨淋到。

64.26.8　此曲得三年停，陈者弥好。

译文：64.26.8　这样的曲，可以搁三年。陈的比新鲜的好。

64.27.1　神曲酒方：净扫刷曲令净。有土处，刀削去；必使极净。反斧背椎破，令大小如枣栗；斧刃则杀小。用故纸糊席曝之。夜乃勿收，令受霜露；风、阴则收之，恐土污及雨润故也。若急须者，曲干则得；从容者，经二十日许，受霜露，弥令酒香。曲必须干，润湿则酒恶。

译文：64.27.1　神曲酿酒的方法：用洁净的炊帚，将曲团刷洁净。有泥土的地方，用刀削去一些；总之必定要极洁净。翻转斧头，用斧背把曲团椎破，让它碎成和枣子或栗子一样的碎块；用斧头刃口，便会椎得过分小。将糊有旧纸的席子荐着来晒。夜间也还不要收回来，让它承受霜和露气；但有风或下雨，就要收拾，恐怕曲被风吹来的泥土弄脏，或者雨点溅湿。如果要得急，曲晒干就罢了；如果时间从容，最好是过二十天左右，承受霜露，酿成的酒更香。曲团必须干燥，润湿的曲酿出的酒不好。

64.27.2　春秋二时酿者，皆得过夏；然桑落时作者，乃胜于春。桑落时稍冷，初浸曲，与春同；及下酿，则茹瓮上，取微暖；勿太厚！太厚则伤热。春则不须，置瓮于砖上。

译文：64.27.2　春秋两季酿得的酒，都可以过夏天；但是，桑树落叶时所酿的，比春天酿的还强。桑树落叶时，天气稍微冷了一些，刚浸曲时，操作都和春天一样；到下酿饭时，就要在瓮上盖上一些东西，得到一些暖气；不要盖得太厚！太厚就嫌热了。春天便不需要盖，将瓮子搁在砖上就行了。

64.27.3　秋以九月九日或十九日收水；春以正月十五日，或以晦曰①，及二月二日收水。当日即浸曲。此四日为上时；余日非不得作，恐不耐久。

注释：①晦（huì）日：农历每月的最后一天为晦日。晦，月尽。

译文：64.27.3　秋天，在九月初九或十九刚炙取酿酒用的水；如果春天作，就在正月十五或月底，或者二月初二收取水。当天就用水把曲浸上。这四天取水是上等时令；其余

日子，不是不能作，恐怕不耐久。

64.27.4　收水法：河水第一好。远河者，取极甘井水①；小咸则不佳。

注释：①甘：味甜。黄河流域土壤中钠镁等可溶性盐类，分量很高，所以井水的味道常带咸苦，一般称为“苦水”。流速较大的河水，溶解的盐类分量相对地最少。其次是接近泉源或地下水水源较大的水，可溶性盐含量也较低，这种井水，味道就和河水一样，一般称为“甜水”。

译文：64.27.4　收水的方法：第一等好水是河水。隔河远的，用最甜的井水；稍微有点咸味的，就作不成好酒。

64.31.1　清曲法①：春十日或十五日，秋十五或二十日。所以尔者，寒暖有早晚故也。

注释：①清曲法：这一整段，所说的是酒，不是曲。因此，标题的“清曲法”，便没有意义。由本段与第六十六篇“朗陵何公夏封清酒”段（66.22）比较，再从第10节（64.31.10）“押出清澄”一句看，怀疑这一段的标题应是“酿清酒法”，标题下面，应是“春渍曲十日或十五……”只因为“清”字和“渍”字字形非常相似，钞写时弄混了。“渍曲”即“浸曲”，见66.7、66.8、66.18、66.19、66.21、66.24、66.26、67.22各条。

译文：64.31.1　酿清酒法：浸曲，春季是十天到十五天，秋季是十五到二十天。所以要这样分别，是因为天气的寒暖，有早晚不同。

64.31.2　但候曲香沫起，便下酿。过久，曲生衣，则为失候；失候，则酒重钝，不复轻香。

译文：64.31.2　只要等到曲发出酒香，有小气泡出来，就该下酘。太久，曲长衣，就已经过时；曲过时后，酿成的酒就嫌重嫌钝，再也不会轻而香。

64.31.3　米必细師①，净淘三十许遍；若淘米不净，则酒色重浊。

注释：①師（fèi）：用杵臼捣去谷物皮壳。

译文：64.31.3　米务必要舂得细而且熟，淘洗三十遍左右，务必要洁净；如果淘得不净，则酒的颜色便会浓暗，而且浑浊。

64.31.4　大率：曲一斗，春用水八斗，秋用水七斗；秋杀米三石，春杀米四石。

译文：64.31.4　一般说。一斗曲，春天用八斗水浸，秋天用七斗水浸；秋天可以消化三石米，春天可以消化四石米。

64.31.5　初下酿，用黍米四斗。再馏，弱炊，必令均熟，勿使坚刚生减也[1]。于席上摊黍饭令极冷。贮出曲汁，于盆中调和，以手搦破之[2]，无块，然后内瓮中。

注释：①减：弱炊而不到均熟的黍饭，再浸水时，坚刚的会吸收水份而涨大，容积有“生”（增加）；太熟的，会因受压缩而容积减小。

②搦（nuò）：按压。

译文：64.31.5　第一次下酿，用四斗黍米。汽馏两遍，蒸得很软，务必要熟到均匀，不要太硬，否则，将来容积会涨大或缩小。把这黍饭，在席子上摊到冷透。舀出曲汁来，在一个盆里调和黍饭，将大块的饭块用手捏破，到没有大块时，倒进瓮里去。

64.31.6　春以两重布覆；秋于布上加毡。若值天寒，亦可加草。一宿再宿，候米消，更酘六斗。第三酘，用米或七八斗；第四、第五、第六酘，用米多少，皆候曲势强弱加减之，亦无定法。或再宿一酘，三宿一酘，无定准；惟须消化乃酘之。

译文：64.31.6　春天，用两重布盖着；秋天，布上还要加一层毡。如果遇了很寒冷的天气，也可以再加一重草。过了一夜或两夜，看米消融了，再酘下六斗。第三酘，可以用到七八斗；第四、第五、第六酘，用多少米，都看曲的力量来增加或者减少，没有一定的法则。隔两夜酘一次，或者隔三夜酘一次，也没有一定的标准；只要等着看见前次酘下的米，都已消化，就可以再下。

64.31.7　每酘，皆挹取瓮中汁调和之；仅得和黍破块而已，不尽贮出。

译文：64.31.7　每次下酘时，都舀一些瓮中的酵汁来调和黍饭；但是，只需要将黍饭块弄碎调匀，并不要将所有的酵汁都舀出来。

64.31.8　每酘，即以酒杷遍搅令均调，然后盖瓮。

译文：64.31.8　每次下酘，都用酒杷满瓮搅和一次，务必要搅匀，才把瓮盖上。

64.31.9　虽言春秋二时，杀米三石四石；然要须善候曲势；曲势未穷，米犹消化者，便加米，唯多为良。世人云："米过酒甜"，此乃不解法：候酒冷沸止，米有不消者，便是曲势尽。

译文：64.31.9　虽然说的是春季一斗曲汁可以消化四石，秋季可以消化三石：但还是须要好好察看曲的力量；曲的力量还没有完，米还可以消化，便再加些米，米多些总好些。现在的人说"米太多酒就嫌甜"，是不了解方法：要看到酒不再发热，也不再冒气泡，留下有不能消化的米，才是曲的力量尽了。

64.31.10　酒若熟矣，押出清澄[1]。竟夏直以单布覆瓮口，斩席盖布上。慎勿瓮泥！瓮泥，封交即酢坏[2]。

注释：①押出：用较重的器物将酒中的固体（糟）按压下去，让液体部分（清酒）停留在上面，可以舀出，称为"押酒"。押着舀出清酒，便是"押出"。

②慎勿瓮泥！瓮泥，封交即酢坏：这两句，怀疑钞写时有颠倒错误。应当是"慎勿泥瓮，泥瓮，到夏即酢坏"，即泥瓮两字颠倒了，"封交"是"到夏"两字钞写错误。

译文：64.31.10　如果酒酿成了，押着舀出清酒来沉淀。整个夏天，仅仅只要用单层布遮住瓮口，斩一片席子，盖在布上。千万不可以用泥封瓮口，泥封瓮口的，到了夏天就会发酢变坏。

64.31.11　冬亦得酿，但不及春秋耳。冬酿者，必须厚茹瓮，覆盖。初下酿，则黍小暖下之；一发之后，重酘时，还摊黍使冷。酒发极暖，重酿暖黍，亦酢矣[1]。

注释：①亦酢矣："亦"字怀疑是"必"字，旧（晋隶）写法是"必"（和"亦"字的旧写法"夾"很相像）看错钞错。

译文：64.31.11　冬天也可以酿，但是没有春天秋天酿的好。冬天酿造时，必须用草将瓮厚厚地包裹着，再厚厚地盖住。第一次下的酘，要用微微有些温暖的黍饭；开始发动之后，第二次下酘，仍旧要将黍饭摊开冷透。酒发酵之后，很热很热，要是再酘时还用暖饭，必定发酸。

64.31.12　其大瓮多酿者，依法倍加之。其糠瀋杂用，一切无忌①。

注释：①其糠瀋杂用，一切无忌：糠，舂米时收得的糠。瀋，煮饭时剩下的米汤。本书所记的酿造法中，有特别提出酿酒时所得的糠、瀋和饭，不可以让人或家畜、家禽食用的"禁忌"。这一段，却提出"一切无忌"，即可以不管那些禁忌；正像64.26一段中再三提出，对一切唯心迷信的禁忌，如用寅日，用东向开户屋，要捣千杵，要男童团曲，要酒脯祭曲王……都是"不必须"的一样。

译文：64.31.12　用大瓮子多酿些的，按这方法的比率，去增加倍数。酿酒所余的糠和米汤等，可以随便供任何用途，没有忌讳。

64.32.1　河东神曲方：七月初治麦，七日作曲。七日未得作者，七月二十日前亦得。

注释：①河东神曲：这是用植物性药料，加入曲中（某些微生物的扰乱，可能使酒精发酵走上岔道，发生不良的气味等等，用药料可以事先防止）的最早记载。河东，郡名。后魏时郡治在今山西永济东南。

译文：64.32.1　河东作神曲的方法：七月初准备麦子，初七日作曲。初七日没有来得及作的，七月二十日以前任何一天都可以。

64.32.2　麦一石者，六斗炒，三斗蒸，一斗生；细磨之。

译文：64.32.2　一石麦中，六斗炒黄，三斗蒸熟，一斗生的，磨成细面。

64.32.3　桑叶五分，苍耳一分，艾一分，茱萸一分，若无茱萸，野蓼亦得用。合煮取汁，令如酒色。漉去滓，待冷，以和曲。勿令太泽。

译文：64.32.3　用五分桑叶，一分葈耳叶，一分艾叶，一分茱萸叶，如果没有茱萸，可以用野生的蓼叶代替，合起来煮成汁，让汁的颜色像酒一般暗褐。漉掉叶，等冷后，用来和面作曲。不要太湿。

64.32.4　捣千杵，饼如凡曲，方范作之。

译文：64.32.4　捣一千杵，作成像普通曲一样的饼，用方模印成块。

64.41.1　卧曲法①：先以麦䅌布地②，然后著曲。讫，又以麦䅌覆之。多作者，可用箔槌，如养蚕法。

注释：①卧：保持定温，让发酵作用顺利进行。这是“卧”字在本书的一个特殊用法。

②麦䅌（juān）：䅌这个字，在宋以前的书上写作“稍（juān）”。麦䅌，就是麦秸、麦茎、麦秆。

译文：64.41.1　作卧曲的方法：先在地面铺一层麦秆，跟着将曲放在麦秆上面；在曲饼上再盖一层麦秆。作得多的，可以用柱架安放筐匾，像养蚕的方法一样。

64.41.2　覆讫，闭户。七日，翻曲，还以麦䅌覆之。二七日，聚曲，亦还覆之。三七日瓮盛。后经七日，然后出曝之。

译文：64.41.2　盖好麦秆后，关上门。过了第一个七天，翻转，仍旧用麦秆盖上。过了第二个七天，堆聚起来，又仍旧盖上。过了第三个七天，用瓮子盛着。此后再过七天，再拿出来晒。

64.42.1　造酒法：用黍米；曲一斗，杀米一石。秫米令酒薄，不任事。

译文：64.42.1　酿酒的方法：要用黍米；一斗曲，可以消化一石米。糯米所酿的酒不够浓，不顶用。

64.42.2　治曲，必使表、里、四畔、孔内，悉皆净削；然后细锉，令如枣栗。曝使极干。

译文：64.42.2　准备曲时，一定要将曲的表面、里面、四方和孔的内面，都削干净；然后再斫碎，成为像枣子栗子般的小块。晒到极干。

64.42.3　一斗曲，用水一斗五升。十月桑落，初冻，则收水酿者，为上时春酒；正月晦日收水，为中时春酒。

译文：64.42.3　一斗曲，用一斗五升水来泡着。十月间，桑树落叶，水刚刚开始结冰时，就收下水来准备酿酒的，是时令最好的春酒；正月底收水的，是中等时令的春酒。

64.42.4　河南地暖①，二月作；河北地寒②，三月作。大率用清明节前后耳。

注释：①河南：黄河以南地区。

②河北：黄河以北地区。

译文：64.42.4　黄河以南地方，气候温暖，二月间作；黄河以北，气候寒冷些，三月间作。大概都该在清明节前后。

64.42.5　初冻后，尽年暮，水脉既定①，收取则用②。其春酒及余月，皆须煮水为五沸汤，待冷，浸曲。不然则动③。

注释：①水脉：黄河流域地区，地面的水流，在夏天和秋初，因为受降水量的影响，变化很大，很像"脉搏"的情形，因此称为"水脉"。到了结冻的季节，雨季已过，地面水流不大变了，便到了"水脉稳定"的情形。脉，时涨时缩的东西。

②多收取则用：即收即用，旋收旋用。这里"则"字，当"即"字用。

③动（dòng）：这里指酒变酸变坏。《广韵·董韵》："酮，酒坏。"《玉篇》酉部："酮，徒董切，酢欲坏。"这两个"酮"字，也就是专为"酒动"的"动"而创制的一个新形声字。

译文：64.42.5　从初结冻起，直到年底，水流涨缩已经稳定时，收取了水来，即刻

可以供酿酒用。作春酒，或者其余的月分，都要把水煮沸五次，作成“五沸汤”，等汤冷了，用来浸曲。不然，酒就会变酸变坏。

64.42.6　十月初冻，尚暖；未须茹瓮。十一月十二月，须黍穰茹之。

译文：64.42.6　十月间，刚结冻时，天气还暖；酿酒的瓮不必用草包裹。十一月十二月，就要用黍穰包裹起来。

64.42.7　浸曲：冬十日，春七日。候曲发气香沫起，便酿。隆冬寒厉，虽日茹瓮，曲汁犹冻；临下酿时，宜漉出冻凌①，于釜中融之。取液而已②，不得令热！凌液尽，还泻著瓮中，然后下黍。不尔，则伤冷。

注释：①凌：水面上结成的冰。

②液：作动词用，即变成液体。

译文：64.42.7　浸曲：冬季浸十天，春季浸七天。等到曲发动了，有酒香，也有泡沫浮起，就可以下酘酿造。深冬，冷得厉害，天天包裹着瓮子，曲汁还是冻着的；在下酘时，应当把面上的凌冰漉起来，在锅里融化。只要凌块变成水，不可以让曲汁变热！等凌冰都化了，倒回瓮里去，然后再酘黍饭。不然，就会嫌太冷。

64.42.8　假令瓮受五石米者，初下酿，止用米一石。

淘米，须极净，水清乃止。

炊为馈，下著空瓮中，以釜中炊汤，及热沃之，令馈上水深一寸余便止。以盆合头，良久，水尽，馈极熟软，便于席上摊之使冷。贮汁于盆中，搦黍令破，写著瓮中，复以酒杷搅之。每酘皆然。

译文：64.42.8　如果用的酒瓮，可以容纳五石米，第一次下酿时，只用一石米。

米要淘得极干净。水清了才行。

炊作半熟饭，倒在空瓮子里，将锅里炊饭的开水，趁热浇下去，让饭上面留有一寸多深的水就够了。用盆盖住瓮头，很久以后，水都吸收完了，饭极熟也极软了，就在席子上摊开，让它冷。把曲汁舀在一个盆里，倒下饭去把黍饭块捏破，倒回瓮里去，再用酒杷搅匀。每次下酘，都是这样。

64.42.9 唯十一月十二月天寒水冻，黍须人体暖下之；桑落春酒，悉皆冷下。

初冷下者，酘亦冷；初暖下者，酘亦暖。不得回易，冷热相杂。

次酘八斗，次酘七斗，皆须候曲蘖强弱增减耳[①]，亦无定数。

大率：中分米，半前作沃馈，半后作再馏黍。纯作沃馈[②]，酒便钝；再馏黍，酒便轻香。是以须中半耳。

注释：①蘖：与前后各节比较看来，似乎“蘖”字并不合适，而该是“势”字。

②沃馈（fēn）：用开水泡熟馈饭。

译文：64.42.9 只有十一月十二月，天气冷，水结冻时，黍饭要和人身体同样温暖地酘下去；桑落酒和春酒，都只可以酘下冷饭。

第一次酘的是冷饭，以后也要酘冷的；第一次酘的热饭，以后也酘热的。不要掉换来回，冷的热的混杂着下。

第二次酘八斗，再酘七斗，都要察看曲势的强弱来增加或减少，并没有一定的数量。

大概，应当把每次准备用的米，分作两个等分：一半，先作成半熟饭，用开水泡熟，剩下一半，将酘时再蒸熟成黍饭。纯粹的泡熟饭，酒就钝；纯粹的再蒸饭，酒就轻而香。因此，须要一样一半。

64.42.10 冬酿，六七酘；春作，八九酘。冬欲温暖，春欲清凉。酘米太多，则伤热，不能久。

译文：64.42.10 冬天酿，酘六七次；春天酿，酘八九次。冬天要温暖，春天要清凉。一次酘下的米太多，发热量太大，就会嫌热，不能久放，所以春天要多分几次下酘。

64.42.11 春以单布覆瓮，冬用荐盖之。冬初下酿时，以炭火掷着瓮中，拔刀横于瓮上。酒熟，乃去之。

译文：64.42.11 春天用单层布盖在酒瓮上，冬天用草荐盖着。冬天第一次下酿时，将燃着的炭火投到酒瓮里，将去掉鞘的刀横搁在瓮口上。酒成熟后，才拿开。

64.42.12　冬酿，十五日熟；春酿，十日熟。至五月中，瓮别碗盛，于日中炙之。好者不动，恶者色变。色变者，宜先饮；好者，留过夏。但合醅停，须臾便押出①，还得与桑落时相接。

注释：①须臾："须臾"平常都作"短时间"解释。用在这里，如照正常的意义，无法解释。怀疑是"须用"或"须饮"；或者，钞写时，由于将下面的"便"字看错成"更"字，多写了一个更字之后，再钞时，因为"须更"解不通，便改作"须臾"；因此根本上就是多了一个"臾"字。

译文：64.42.12　冬天酿的，十五天成熟；春天酿的，十天成熟。到了五月中，从每个酒瓮中盛出一碗来，在太阳下面晒着。好酒不会变，坏了的会变颜色。变颜色的那些瓮，要尽先喝掉；好的，留来过夏天。连糟一并储存，要用时就押出来，这样，可以留到和"桑落酒"相连接。

64.42.13　地窖著酒，令酒土气；唯连檐草屋中居之为佳。瓦屋亦热。

译文：64.42.13　地窖藏酒，酒会有泥土臭气；只有搁在满檐（即草盖到齐檐口）的草屋中才好。瓦屋也嫌热。

64.42.14　作曲、浸曲、炊、酿，一切悉用河水；无手力之家，乃用甘井水耳。

译文：64.42.14　由作曲、浸曲到炊馈下酿，一切水都要用河水；人力不够的人家，才只好用不咸的井水。

64.51.1　《淮南万毕术》曰①："酒薄复厚，渍以莞蒲。"断蒲渍酒中，有顷出之，酒则厚矣。

注释：①《淮南万毕术》：书名。西汉淮南王刘安（前179—前122）所招的淮南学派所作的《淮南子》中有关"术"的一部分。《淮南子》大约成书于公元前2世纪，是我国古代有关物理、化学的重要文献。原书已佚。今存清人辑本。

译文：64.51.1　《淮南万毕术》说："酒淡了要变浓，用蒲苇渍。"将新鲜蒲切断，泡在酒里，过些时取出来，酒就变浓了。

64.61.1　凡冬月酿酒，中冷不发者④，以瓦瓶盛热汤，坚塞口，又于釜汤中煮瓶令极热，引出。著酒瓮中，须臾即发。

注释：①中（zhòng）冷：受冷发了病。

译文：64.61.1　冬天酿酒，酒受了冷，不能发酵的，可以用瓦瓶盛上热水，将口塞严，再放在锅里的沸水中，将瓶煮到很热，用绳牵出来。放进酒瓮里，很快就发酵了。

白醪酒第六十五
皇甫吏部家法

题解： 本篇篇目下另有一行小字——皇甫吏部家法，说明所叙述的制酒方法是专属皇甫吏部家用的。三国魏时，开始设置吏部，由礼部尚书领导。晋和南北朝也都保留着这个官署。后魏的吏部，统领着“吏部”“考功”“主爵”三个“曹”。这里所谓皇甫吏部，大概应当指姓皇甫的一个礼部尚书；不会是一个“吏”或“丞”，因为像那样的小官，不能就单用“吏部”的称呼，而且也没有在自己家里大规模地酿酒的物质条件。但究竟是谁，仍待考证。

本篇介绍了制白醪曲的方法及如何酿造白醪酒。从贾思勰叙述的制作方法看，这种白醪酒的制作方法远比现代的醪糟的制作方法复杂。

65.1.1 作白醪曲法①：取小麦三石，一石熬之②，一石蒸之，一石生。三等合和，细磨作屑。

注释：①白醪曲：即作糯米甜酒的曲。醪，带糟的酒。

②熬：这里的“熬”，正是干煎，而不是加水下去“熬汤”的“爊”。但是和上篇中64.1.1、64.21.1、64.23.2、64.26.3及64.32.2各条对比之后，怀疑这个字还是字形相近的“聚”字写错了的。“聚”正是那些条文中的“蒸、炒、生”三种处理中的“炒”字。“炒”是后来的“俗字”。可能贾思勰原书第六十四篇，本来都是写的当时已通行的俗字“炒”；这一篇，却依“皇甫吏部家法”原来写的“聚”字钞下来；后来的人再钞时，便把“聚”看错成“熬”了。

译文：65.1.1 作白醪曲的方法：取三石小麦，一石炒干，一石蒸熟，一石用生的。把三种混合起来，磨碎成为面。

65.1.2 煮胡葈汤，经宿，使冷。和麦屑捣令熟，踏作饼。圆铁作范，径五寸，厚一

寸余。

译文：65.1.2　将枲耳叶煮出汁，摊一夜，让它冷透。和到面里，捣熟，踏成饼。用圆形的铁圈作模压，每饼直径五寸，厚一寸多些。

65.1.3　床上置箔，箔上安蘧蒢[①]；蘧蒢上置桑薪灰，厚二寸。

注释：①蘧蒢（qú chú）：这两个字都应从"竹"字头。指用竹篾、芦苇编的粗席。即南方所谓篾折（miè zhé）。

译文：65.1.3　在矮架上放着苇帘，帘上铺着粗篾折；折上面铺上两寸厚的桑柴灰。

65.1.4　作胡菜汤，令沸。笼子中盛曲五六饼许，著汤中。少时，出，卧置灰中。用生胡菜覆上以经宿。勿令露湿；特覆曲薄遍而已[①]。

注释：①特：即今日口语中的"只"。

译文：65.1.4　另外煮些枲耳叶子汁，让它沸腾着。每次在一个小竹篮中，放五六个曲饼，在这沸腾着的胡枲汁中泡一泡。泡一会，拿出来，在灰里"卧"着保温。用生枲耳叶盖着过夜。目的只在避免露水浸湿，所以只要薄薄地盖上一层。

65.1.5　七日，翻；二七日，聚；三七日，收。曝令干。

译文：65.1.5　满七天，翻一次；满第二个七天，堆聚起来；满第三个七天，收起来。晒干。

65.1.6　作曲屋，密泥户，勿令风入。

译文：65.1.6　作曲的屋子，要用泥把门缝封密，不让风进去。

65.1.7　若以床小不得多著曲者，可四角头竖槌，重置椽箔，如养蚕法。

译文：65.1.7　如果矮架面积太小，不能搁很多的曲，可以在架子四角竖起柱子，搭成多重的格子安上横椽，铺上筐箔，像养蚕一样。

65.1.8　七月作之。

译文：65.1.8　七月里作。

65.2.1　酿白醪泫[①]：取糯米一石，冷水净淘。漉出，著瓮中，作鱼眼沸汤浸之。

注释：①泫：应是“法”字，因形似而写错。

译文：65.2.1　酿白醪的方法：取一石糯米，用冷水淘净。漉出来，放在瓮子里，用鱼眼沸的热水泡着。

65.2.2　经一宿，米欲绝酢；炊作一馏饭，摊令绝冷。

取鱼眼汤，沃浸米泔二斗，煎取六升；著瓮中，以竹扫冲之[①]，如茗渤[②]。

注释：①以竹扫冲之：“冲”字可能是与“舂”同音写错。用一把细竹条扎成的“帚”像舂米一样向下撞击。

②茗渤：“渤”字，在从前和“浡”字互相通用。“浡”，就是水面的“泡沫”。单依字面讲，似乎可以这么解释：新点的茶汤（宋代俗语，即用沸水泡着茶叶粉末作成的；见《茶录》等宋人笔记）上面的泡沫。如苏轼词句“雪沫乳花浮午盏”所形容的东西，应当可以称为“茗渤”。但是像这样饮茶，是唐宋两代的习惯。南北朝虽已开始饮茶，那时的茶，如何“烹”“点”，还无从推侧，却未必一定就用唐宋两代的办法。所以当时是否有“茗渤”这个名词，就值得考虑。更重要的，那时候茶只产于江南，也只有南朝的人才有饮茶的习惯。北朝人嘲笑南朝人饮茶的行为，称为“水厄”，一般士大夫都不饮茶；作这种白醪酒的“皇甫吏部”是朝廷的显达，即令有茶的嗜好，也未必肯用在自己写的文章里面，公开出去，供大家嘲笑。因此，怀疑这两个字，原是同音的“糗勃”两个字（即煮糊糊汤用的“米粉”，见《煮糗第八十四》；那里84.1.1与84.1.3共有两句“以糗帚舂取勃”），是宋代钞刻时缠错了。

译文：65.2.2　过一夜，米就会极酸；才蒸成“一馏饭”，摊到极冷。用鱼眼汤，泡出两斗米泔水来，煎干成六升；放在有饭的瓮中，用竹帚像舂“粸勃”一样地舂。

65.2.3　复取水六斗，细罗曲末一斗，合饭一时内瓮中，和搅，令饭散。

译文：65.2.3　另外用六斗水，加上用细罗筛筛得的曲末一斗，同时和在加泔水舂过的饭里，搁进瓮里，调和搅动，使饭粒散开。

65.2.4　以毡物裹瓮，瓶口覆之。经宿，米消，取生疏布漉出糟[1]。

注释：①生疏布：生，干净未经用过。疏，粗而稀疏。

译文：65.2.4　用毡之类的厚东西裹着瓮，连瓮口一并盖上。过一夜，米消化了，用干净的粗疏布将糟漉出去。

65.2.5　别炊好糯米一斗作饭，热著酒中为“汎”[1]，以单布覆瓮，经一宿，汎米消散，酒味备矣。

若天冷，停三五日弥善。

注释：①汎（fàn）：浮游不定，漂在表面的东西称为“汎”。下文的“汎米”是浮在酿汁中的饭块。

译文：65.2.5　另外将一斗好糯米，炊成饭，趁热搁进酒里面，作为“汎”。用单层布盖着瓮，过一夜，“汎米”团块消散后，酒味已经具备了。

如果天气冷，多等候三五天，更好。

65.2.6　一酿：一斛米，一斗曲末，六斗水，六升浸米浆。若欲多酿，依法别瓮中作，不得并在一瓮中。

译文：65.2.6　每酿一料，用十斗米、一斗曲末、六斗水、六升浸米泔水浓缩所得的浆。如果想多酿，照这个分量比例，另外在别的瓮中作，不可以并合成一大瓮。

65.2.7　四月、五月、六月、七月，皆得作之。

译文：65.2.7　四月、五月、六月、七月，都可以作。

65.2.8　其曲，预三日以水洗令净，曝干用之。

译文：65.2.8　所用的曲，三日前用清水洗净，晒干再用。

笨符本切曲并酒第六十六

题解： 本篇篇目中“笨”字的音注明、清刻本中都没有，但它们“曲”字下却有“饼酒”两字。《齐民要术今释》依明钞保留了音注，删去“饼酒”两字。

本篇介绍了春酒曲及颐曲的制作方法。它们都属于笨曲。“笨曲”的“笨”是粗笨的意思。指其形大，与“神曲”“女曲”等相较，酿酒效率差，即现在通用的“大曲”。“神曲”“女曲”则称“小曲”。通过本篇对各类酒制作过程的记述，可以清楚地得出笨曲的酿酒效率较神曲差的结论。

《齐民要术》中所记酒的种类，比曲的种类多得多。本篇共记叙了二十七种酒的酿造方法。它们因用的材料（包括曲和粮食的种类以及它们的配比）、下料的方法以及酿造时令不同，而成为各具特色的酒。本篇对其中一些酒的特色，如：66.9.7的粱米酒的色、香、味作了极生动的描述。贾思勰在描述酒的醇香、美味的同时，不忘告诫人们饮酒必须有节制，否则后果严重。66.10.8记述的帮助喝醉酒的人醒酒的办法，十分特别，易行。

66.1.1　作秦州春酒曲法①：七月作之，节气早者，望前作②；节气晚者，望后作。

注释：①秦州：后魏的秦州，在今甘肃南部，靠近四川的一些地方。州治在上封，今甘肃天水南。

②望：农历每月第十五日。

译文：66.1.1　作秦州春酒曲法：七月间作，节气早的，十五日以前作；节气晚十五日以后作。

66.1.2　用小麦不虫者，于大镬釜中炒之。

炒法：钉大橛，以绳缓缚长柄匕匙著橛上①，缓火微炒。其匕匙，如挽棹法，连疾搅之，不得暂停；停则生熟不均。

候麦香黄，便出；不用过焦。然后簸、择，治令净。磨不求细；细者，酒不断②；粗，刚强难押。

注释：①缓：与“紧”“急”相对。“缓缚”，是缚得不紧，也就是绳套余裕多，运动起来灵活。下面的“缓火”，是不急的火，也就是慢火。

②酒不断：是指清酒与酒糟不易分离。断，即分隔开来。

译文：66.1.2　用没有生虫的小麦，在大锅里炒。

炒的方法：钉实一条大的木棒，将一个长柄的勺子，用一个较长的绳套，松松地系在木棒上，用慢炒。将勺子，像摇桨一样，接连着迅速地搅动，不要稍微停止一下；一停手，就会生熟不均匀。

等到麦子炒到有香味发黄了，便出锅；不要炒得太焦。出锅后，再簸扬、拣择，弄得干干净净。

磨，不要磨得太细：太细了，酒不容易滤出来；太粗，又会嫌太硬，押酒时押不动。

66.1.3　预前数日刈艾；择去杂草，曝之令萎，勿使有水露气。

译文：66.1.3　早在几天以前，割些艾回来；把杂在艾中的草都拣出去，晒到发蔫，总之不让它再有多余的水分。

66.1.4　溲曲欲刚，洒水欲均。初溲时，手搦不相著者①，佳。

溲讫，聚置经宿，来晨熟捣。

作木范之②：令饼方一尺，厚二寸；使壮士熟踏之。饼成，刺作孔。

注释：①搦（nuò）：《说文》解作“按”，即用手压住，现在多写作“捏”。

②范：作动词，用模子制作。

译文：66.1.4　拌和曲粉，要干些，因此硬实些，洒水要均匀。刚拌和时，手捏着不黏的最合适。

拌好，堆起来过一夜，第二天早上，再捣到熟。

用木头模子围起来：使每一饼有一尺见方，二寸厚；让有力的年轻人在上面踏紧。曲饼作成后，在中央穿一个孔。

66.1.5　竖槌，布艾椽上，卧曲饼艾上，以艾覆之。大率下艾欲厚，上艾稍薄。

译文：66.1.5 竖起柱子支架，在横椽上铺上艾，将曲饼放在艾上，再用艾盖着。一般下面垫的艾要厚些，上面盖的稍微薄点。

66.1.6 密闭窗户。三七日，曲成。打破看，饼内干燥，五色衣成[1]，便出曝之。如饼中未燥，五色衣未成，更停三五日，然后出。

反覆日晒，令极干，然后高厨上积之。

注释：①五色衣："衣"即曲中霉类菌丝体和孢子囊混合物，能产生某些色素，它所表现出的颜色是多样的。

译文：66.1.6 密密地关上窗和门。过了二十一天，曲应当已经成熟了。打开来看，饼里面是干燥的，而且有了五色衣，就拿出曲室外面来晒。如饼里没有干透，五色衣还没有成，就再停放三天五天，然后才拿出来晒。

翻来覆去晒过，晒到极干燥了，然后放在高架上累积起来。

66.1.7 此曲一斗，杀米七斗。

译文：66.1.7 一斗这样的曲，可以消化七斗米。

66.2.1 作春酒法：治曲欲净，锉曲欲细，曝曲欲干。

译文：66.2.1 作春酒的方法：曲，要整治得洁净，斫得细，晒得干。

66.2.2 以正月晦日，多收河水。井水苦咸[1]，不堪淘米，下馈亦不得。大率：一斗曲，杀米七斗，用水四斗，率以此加减之。

注释：①苦：在此不作"苦味"解，而应作"苦于"（即"嫌"）解。

译文：66.2.2 在正月底的一天，多收积一些河水。井水嫌咸，不能用来淘米、泡米，也不可以用来下米馈（会使米馈发涨）。按一般比例：一斗曲，消化七斗米，要用四斗水，用这个比例来增加或减少所储备的河水。

66.2.3　十七石瓮，惟得酿十石；米多则溢出。作瓮，随大小①，依法加减。

注释：①作瓮，随大小：这两句，显然有颠倒，可能是“随瓮大小，依法作加减。”

译文：66.2.3　一个容量十七石的瓮里，只可以酿十石；用米太多，就会漫出来。依瓮的大小，照比例增加或减少所用的米。

66.2.4　浸曲七八日，始发，便下酿。假令瓮受十石米者，初下以炊米两石，为再馏黍。黍熟，以净席薄摊令冷。块大者，擘破然后下之。没水而已，勿更挠劳①！待至明旦，以酒杷搅之，自然解散也。初下即搦者，酒喜厚浊。下黍讫，以席盖之。

注释：①挠劳：挠，搅动。劳，摩平。

译文：66.2.4　曲浸下七八天，开始发酵，就可以下酿了。如果用一个能容酿十石米（实容量十七石）的瓮，在第一次下二石炊过的米，将其作成汽馏两次的“再馏饭”。馏熟之后，在洁净席子上摊成薄层冷却。有结成了大块的，弄散再下。只要浸在水面以下就够了，不要再搅动！等明早，用酒杷搅和一下，自然就会散开来。如果刚下酿就捏开饭的，酒容易变得厚重浑浊。饭下完了，用席盖上。

66.2.5　已后，间一日辄更酘，皆如初下法。第二酘，用米一石七斗；第三酘，用米一石四斗；第四酘，用米一石一斗；第五酘，用米一石；第六酘第七酘，各用米九斗。

译文：66.2.5　以后，隔一天下一次酘，都像第一次一样。第二酘，用十七斗米；第三酘，用十四斗米；第四酘，用十一斗米；第五酘，用十斗米；第六酘和第七酘，都用九斗米。

66.2.6　计满九石，作三五日停，尝看之；气味足者，乃罢。若犹少米者，更酘三四斗。数日，复尝，仍未足者，更酘三二斗。数日，复尝，曲势壮，酒仍苦者，亦可过十石米。但取味足而已，不必要止十石。然必须看候，勿使米过，过则酒甜。

译文：66.2.6　合计酘够了九石米，就停上三天五天，尝尝看；如果气味都够了，就罢手。如果米还太少，就再酘下三四斗。过几天，再尝尝看，如果还不够，再酘下三两斗。过几天，再尝尝，如果曲的势力还很壮盛，酒还有些苦，可以再加酘，酘下的米，总计可以超过十石。只要味够就停止，不一定要达到十石才停止。不过，总要随时留心看着，不要让米过量，过量后，酒就嫌甜。

66.2.7　其七酘以前，每欲酘时，酒薄霍霍者[1]，是曲势盛也，酘时宜加米，与次前酘等。虽势极盛，亦不得过次前一酘斛斗也。势弱酒厚者，须减米三斗。

势盛不加，便为“失候”；势弱不减，刚强不消[2]。加减之间，必须存意！

注释：①霍霍：这个复举连绵字的解释，过去曾有争论。有些人主张是形容“迅速”的，有些人主张是形容刀剑光的。用来解释在《木兰诗》中“磨刀霍霍向猪羊”一句，这两种解释都说得通。此外，当作拟声字，也可以讲解。但这三种解释，在这里都用不上。怀疑是当时的口语，作副词用，夸张“薄”的情形，如今日口语中“蒙蒙细”“喷喷香”“绷绷脆”之类，并没有具体的意义。

②消：指米因发酵而消化了。

译文：66.2.7　在第七酘以前，每次下酘时，看见酒“薄霍霍”的，就表示曲的势力壮盛着，酘时应当加些米，加到和上一次所下的相等。但是，尽管势力壮盛，也不可以超过上一次所酘的一斗以外。如果曲势力弱，酒厚重，就要减去三斗米。

曲的势力壮盛时，不增加下酘的米，便会“失候”；势力弱时不减少，刚强的饭残留着消化不完。加减米的时候，必须留意。

66.2.8　若多作，五瓮已上者，每炊熟，即须均分熟黍，令诸瓮遍得。若偏酘一瓮令足，则余瓮比候黍熟，已失酘矣。

译文：66.2.8　如果作得多，总数在五瓮以上的话，每次将下酘的饭炊熟后，就得将熟饭均匀分开，让各个瓮都能分到。如果只酘在一个瓮，让它满足，其余各瓮，得等待第二批饭熟，便已经失时了。

66.2.9　酘：当令寒食前得再酘，乃佳，过此便稍晚。若邂逅不得早酿者[1]，春水虽臭，仍自中用。

注释：①邂逅（xiè hòu）：不期而遇，即出乎意料之外地遇到，碰上。

译文：66.2.9　下酘，应当在寒食节以前下过第二酘，才最好，过了寒食便稍微嫌晚了。如果碰到了不能早酿的情形，春天的河水，虽然可能有臭气，也还可以用。

66.2.10　淘米必须极净；常洗手剔甲，勿令手有咸气；则令酒动①，不得过夏。

注释：①则令酒动：上面省略了一句重复的“有咸气”。

译文：66.2.10　淘米务必要淘到极洁净；淘时常常先洗净手，剔净指甲，不要让手有点咸气；手有咸气酒就会变坏，不能过夏天。

66.3.1　作䴷曲法①：断理麦艾布置，法悉与春酒曲同。然以九月中作之。大凡作曲，七月最良；然七月多忙，无暇及此，且䴷曲。然此曲九月作亦自无嫌②。

注释：①䴷（nǎo）：石按：䴷这个字依字义是头脑的“脑”字。有不少版本此字作“颐”字。䴷字用在这里，似乎并不比“颐”字更好讲解。但因它的读音，与臑（nào）、羺（nóu）等字相近，便可能与当作“醇厚的酒”（即浓酒）解的“醹”（《汉语大字典》音rú，但段玉裁《说文解字》将它归到“第四部”，即正应读náo）有一定渊源，至今粤语系统方言，还将过分浓厚的汤称为náo，也读阳平，所以我暂时选定了这个字。

②且䴷曲。然此曲九月作亦自无嫌：这几个字，很费解。怀疑“且”字下原有一个“作”字；“然”字是“盖”字写错。即是“且作䴷曲。盖此曲九月作亦自无嫌”。

译文：66.3.1　作䴷曲的方法：分别处理麦和艾，一切布置及方法，正规都和作春酒曲一样。不过是在九月里作。一般作曲，七月间最好；但是七月正是忙的时候，没有工夫作曲，就只好等待作䴷曲。因为䴷曲在九月里作也不要紧。

66.3.2　若不营春酒曲者，自可七月中作之。俗人多以七月七日作之。

译文：66.3.2　倘使不作春酒曲的，自然可以移在七月里作。现在一般人都喜欢在七月初七作。

66.3.3　崔寔亦曰：“六月六日，七月七日可作曲。”

译文：66.3.3 崔寔也说过“六月初六日、七月初七日，可以作曲”。

66.3.4 其杀米多少，与春酒曲同。但不中为春酒，喜动。以春酒曲作颐酒，弥佳也。

译文：66.3.4 颐曲消化米的分量，和春酒曲相同。不过不能用来酿春酒，酿的春酒容易变坏。用春酒曲来作颐酒，却更好些。

66.4.1 作颐酒法：八月九月中作者，水定难调适。宜煎汤三四沸，待冷，然后浸曲，酒无不佳。

译文：66.4.1 作颐酒的方法：八月九月中作的，水的温度一定很难调节到合适。应当把水烧开三四遍，等水冷了，然后浸曲，这样，酒没有作不好的。

66.4.2 大率：用水多少，酘米之节，略准春酒，而须以意消息之①。

注释：①消：像冰化成水一般，渐渐减少。息：累积增多。

译文：66.4.2 一般说，用水多少，每次酘下的米多少，大致和春酒相同，但是要留意减少或增加。

66.4.3 十月桑落时者，酒气味颇类春酒。

译文：66.4.3 到十月，桑树落叶时作的，酒的气味，便很像春酒了。

66.5.1 河东颐白酒法：六月七月作。用笨曲，陈者弥佳。铲治、细锉。曲一斗，熟水三斗，黍米七斗。曲杀多少，各随门法。常于瓮中酿；无好瓮者，用先酿酒大瓮，净洗，曝干，侧瓮著地作之。

译文：66.5.1 作河东白颐酒的方法：六月七月间作。用笨曲，陈旧的更好。刮去外层、斫碎。一斗曲，三斗熟水，七斗黍米。不过曲能消化多少米，各人酿法不一样。普通在瓮里酿；没有好的小瓮，就用从前酿过酒的大瓮，洗净，晒干，侧转在地上来作。

66.5.2　旦起，煮甘水，至日午，令汤色白，乃止。量取三斗著盆中。日西，淘米四斗，使净，即浸。夜半，炊作再馏饭，令四更中熟。下黍饭席上，薄摊令极冷。

译文：66.5.2　早晨起来，将甜水煮着，到太阳当空，水成白颜色时就停止。量出三斗来，搁在盆里。太阳转向西了，淘四斗米，淘得很洁净，就浸在水里。半夜里，把浸的米炊成“再馏饭”，让饭在四更中熟。把这饭倒在席上，摊成薄层，使它冷透。

66.5.3　于黍饭初熟时浸曲，向晓昧旦①，日未出时，下酿。以手搦破块，仰置勿盖。日西，更淘三斗米，浸，炊，还令四更中稍熟，摊极冷；日未出前酘之。亦搦块破。

注释：①向晓昧（mèi）旦：快要天亮，但太阳还未显现的时候。昧，掩蔽不显。

译文：66.5.3　饭刚熟时，把曲浸在白天煮过的熟水里，快天亮，太阳还没有出来时下酿。用手将饭块捏破，敞开放着，不要盖。

太阳向西了，再淘三斗米，浸着，炊过，依昨天的样子，还让它四更熟，摊开，冷透；趁太阳没有出来以前下酘。也把饭块捏破。

66.5.4　明日便熟，押出之，酒气香美，乃胜桑落时作者。

译文：66.5.4　过一夜，到第二天，酒就成了，押出来，酒气香而味美，比桑落时作的还好。

66.5.5　六月中，唯得作一石米酒，停得三五日。七月半后，稍稍多作。

译文：66.5.5　六月中，只可以作一石米的酒，停留三五天。七月半以后，才可以稍微多作些。

66.5.6　于北向户大屋中作之第一。如无北向户屋，于清凉处亦得。然要须日未出前清凉时下黍；日出已后，热，即不成。

译文：66.5.6　最好是在门向北的大屋里作。如果没有门向北开的屋，也可以在清凉的地方作。但最要紧的，是要在太阳没有出来以前，清凉的时候下黍；太阳出来，热了，就不成。

66.5.7　一石米者，前炊五斗半，后炊四斗半。

译文：66.5.7　如果作一石米的酒，第一次煮五斗半，第二次煮四斗半。

66.6.1　笨曲桑落酒法：预前净铲曲，细锉；曝干。作酿池[①]，以藁茹瓮。不茹瓮，则酒甜；用穰，则太热。

注释：①作酿池："酿池"是什么，不好解释，也许是在地面掘一个浅坑，将多数酒瓮，排列在坑里，上面盖一些麦秸，便称为"酿池"。怀疑这句中有错漏，可能是"乍酿时""作酒前""下酿前"。缪启愉先生在《齐民要术译注》中对"酿池"的解释是：低于地面放酒瓮的发酵坑，今称"缸室"……以地下水位的高低，决定挖地的深浅，多至低下四尺，少则低下二尺。低下愈深，温度愈良，冬暖夏凉，有利发酵。

译文：66.6.1　用笨曲酿桑落酒的方法：事前预先将曲饼表面铲去一层，斫碎；晒干。作成"酿池"，用禾秸包在瓮外面。不包着瓮，酒嫌甜；用麦糠，又嫌太热。

66.6.2　黍米，淘须极净。以九月九日日未出前，收水九斗，浸曲九斗。

译文：66.6.2　用黍米酿，淘洗要极干净。九月初九日，太阳还没出来以前，收九斗水，浸下九斗曲。

66.6.3　当日，即炊米九斗为馈。下馈著空瓮中，以釜内炊汤，及热沃之；令馈上游水深一寸余便止[①]，以盆合头。良久，水尽馈熟，极软。写著席上，摊之令冷。

注释：①游水：多余的，漂浸着可以游动的水。即现在"游离"这个词的来源。

译文：66.6.3　当天（案即九月初九日），就炊上九斗米馈。把馈放在空瓮子里，用锅里原来炊饭的沸水，趁热倒下去泡着；让馈上面，还有一寸多深的水漂着就够了，用盆

子倒盖住瓮口。过了很久，水被馈吸尽了，馈便已经熟了，也极软了。把它倒在席子上，摊到冷。

66.6.4 挹取曲汁①，于瓮中搦黍令破，写瓮中②，复以酒杷搅之。（每酘皆然。）两重布盖瓮甕口。

注释：①挹（yì）：指用杓子之类的器皿将“游水”舀出。

②写瓮中：这一句，和上面的“于瓮中搦破”重复矛盾。如果这里不是误多，则上面的“瓮”字，应是“盆”字之类的字写错了。很可能上句是“盆”字，因为与“瓮”字相像，钞错成为“瓮”。

译文：66.6.4　将浮面的清曲汁舀出来，在盆中浸着饭块，把块捏破，倒进瓮里，再用酒杷搅拌。（以后每次都这样作。）瓮口用两层布盖着。

66.6.5 七日一酘。每酘，皆用米九斗。随瓮大小，以满为限。

译文：66.6.5　每过了七天，酘一次。每酘一次，都用九斗米。看瓮的大小，以瓮满为限。

66.6.6 假令六酘：半前三酘，皆用沃馈；半后三酘，作再馏黍。其七酘者，四炊沃馈，三炊黍饭。

译文：66.6.6　如果酘六次，前三次酘的，用是水烫软的“沃馈”；后三次，则用“再馏饭”。如果酘七次，前四次用“沃馈”，后三次是炊的“饭”。

66.6.7 瓮满，好，熟，然后押出。香美势力，倍胜常酒。

译文：66.6.7　瓮满了，酒好了，熟了，然后押出来。酒香，酒味和力量，都比平常的酒加倍地好。

66.7.1　笨曲白醪酒法：净削治曲，曝令燥。渍曲，必须累饼置水中[①]，以水没饼为候。七日许，搦令破，漉去滓。

注释：①累（lěi）：一层层堆积称为“累”，应当写作絫或垒（现在的累、垒）。现在所用“累积”这个词，本来应当是这个意义。

译文：66.7.1　用笨曲酿白醪酒的方法：曲要洁净地削好整好，晒干。浸曲时，要将曲饼层层堆积，浸在水中，让水浸没。七天左右，把曲捏破，曲渣漉掉。

66.7.2　炊糯米为黍，摊令极冷，以意酘之。且饮且酘，乃至尽。杭米亦得作[①]。

注释：①杭（jīng）：同“粳”。

译文：66.7.2　将糯米炊成饭，摊到冷透，随自己的设计下酘。一面饮一面酘，到饮尽。也可以用粳米作。

66.7.3　作时，必须寒食前令得一酘之也。

译文：66.7.3　作的时候，必须在寒食节以前，酘第一次。

66.8.1　蜀人作酴酒法酴音涂[①]：十二月朝，取流水五斗，渍小麦曲二斤，密泥封。

注释：①酴（tú）音涂：依本书音注的惯例，这个注，应当是在标题中“酴”字下面，注上“音涂”两个小字的。“酴”，依《玉篇》，解作“麦酒不去滓饮也”，如依本节所记的方法来说明，应当是“麦曲酒，不去滓饮”。如依《白帖》，“酴”是“酴醾”，即“重酿酒”。按本节所记的方法，麦曲先要浸个多月，甚至二个多月，然后再下酘，又密封数十日，也合于“重酿”的说法。因此，我们可认为酴酒是：合滓饮的重酿酒。

译文：66.8.1　蜀人作酴音涂酒的方法：十二月初一的早上，取五斗流水，浸着二斤小麦曲，用泥密封着。

66.8.2　至正月二月，冻释，发[①]，漉去滓。但取汁三斗，杀米三斗。

注释：①发："发"字有两个可能的解释。第一个，是本篇中常见的，是"曲香沫起"，"如鱼眼汤"（64.25.2），或"细泡起"（67.1.2）等，曲中微生物，生命活动旺盛的情形。另一个，是开发，打开，即《耕田第一》所引《礼记·月令》"仲冬之月""慎无发盖，无发屋室""是谓发天地之房"的说法。这里暂且采用第二个解释，和上文的"密泥封"，下文的"复密封"相对应。

译文：66.8.2　到正月或二月，解冻了，开封，把渣漉掉，只取三斗清汁，可以消化三斗米成为酒。

66.8.3　炊作饭，调强软，合和；复密封。数十日，便熟。

译文：66.8.3　炊成饭，调整硬软，加到曲汁里去和匀；再封密。过几十天，便熟了。

66.8.4　合滓餐之，甘、辛、滑，如甜酒味，不能醉人。多啖，温温小暖而面热也。

译文：66.8.4　连渣一起吃，味甜、辛、软滑，像甜酒的味道，不会醉人。多吃些，也不过温温的觉得有点暖意，面上发热而已。

66.9.1　粱米酒法：凡粱米皆得用，赤粱白粱者佳。春秋冬夏，四时皆得作。

译文：66.9.1　用笨曲酿粱米酒的方法：所有粱米都可以用，不过赤粱、白粱酿的更好。春、夏、秋、冬，四季都可以酿。

66.9.2　净治曲，如上法。笨曲一斗，杀米六斗；神曲弥胜，用神曲，量杀多少，以意消息。

译文：66.9.2　依上面所说的方法，将酒曲整治洁净。一斗笨曲，可以消化六斗米；神曲力量更大，用神曲时，估量它的消化力有多大，设计增减。

66.9.3　春、秋，桑叶落时①，曲皆细锉；冬则捣末，下绢簁。

注释：①春、秋，桑叶落时：桑叶落，应是初冬，但下文另有一句“冬则……”，因此，我们应当这样看待：秋，是阴历七月中至九月中；桑落，是九月到十月中；十月以后，就算“寒冬”了。

译文：66.9.3　春天、秋天，桑树落叶时，曲要斫碎；冬天，曲要捣成粉末，用绢筛筛过。

66.9.4　大率，一石米，用水三斗。

译文：66.9.4　一般说来，一石米，用三斗水。

66.9.5　春、秋，桑落三时，冷水浸曲；曲发，漉去滓。冬即蒸瓮使热，穰茹之；以所量水，煮少许粱米薄粥，摊待温温，以浸曲。一宿曲发，便炊，下酿，不去滓。

译文：66.9.5　春天、秋天，桑树落叶时这三个时候，用冷水浸曲；曲开始发动后，漉掉滓。冬天，先把瓮蒸热，用麦糠包着；将所量的三斗水，加少量粱米，煮成稀糊糊，摊到温温的，用来浸曲。过一夜，曲才发动，就炊饭，下酿，曲渣不漉掉。

66.9.6　看酿多少，皆平分米作三分：一分一炊。净淘，弱炊为再馏，摊，令温温暖于人体，便下。以杷搅之，盆合泥封。

夏一宿，春秋再宿，冬三宿，看米好消，更炊酘之，还封泥。

第三酘亦如之。

译文：66.9.6　估量所用的米，平均分作三分：一次炊一分。淘洗洁净，炊软成再馏饭，摊开，让它温温的比人体稍微暖些，就下酿。用酒杷搅拌，瓮口盖上盆，用泥封密。

夏天，过一夜，春秋过两夜，冬天过三夜，看看米已经消化好了，再炊一分酘下去，还是用泥封上。

第三次下酘，也是一样。

66.9.7　三酘毕，后十日，便好熟。押出。

酒色漂漂[①]，与银光一体。姜辛，桂辣，蜜甜，胆苦，悉在其中。芬芳酷烈，轻隽遒

爽，超然独异，非黍秫之俦也。

注释：①漂漂：即摇动有光的意思，和今日口语中"漂亮"的"漂"相同。漂，本义是在水面浮动，与在风中浮动的"飘"相似。

译文：66.9.7　三酘完毕后十天，便已经好了熟了。押出来。

酒的颜色，带着闪光，和银子的光泽一样。酒的味把姜的辛味，桂的辣味，蜜的甜味，胆的苦味，一齐包括了。而且，芬芳，浓厚，强烈，轻快，有力，高爽，和一切酒不同，不是黍酒与秫酒所能比的。

66.10.1　穄米酎法酎音宙①：净治曲，如上法。笨曲一斗，杀米六斗；神曲弥胜。用神曲者，随曲杀多少，以意消息。曲，捣作末，下绢簁。

注释：①酎（zhòu）：《汉语大字典》解作"经过多次反复酿成的醇酒"。石按：《说文》的解释，是"三重醇酒"；《广韵》解作"三重酿酒"；段玉裁以为这是用酒作水来酿成重酿酒之后，再用重酿酒作水来酿，便是三重酿酒，并且说"金坛（段玉裁家乡）于氏，明季时以此法为酒"。案《左传·襄公二十二年》，有"见于尝酎与执燔"；酎的注解是"酒之新熟重者为酎"，"重"字可以读去声，即"浓厚"。《史记·孝文帝本纪》"高庙酎"张晏解为"正月作酒，八月成名曰酎，酎之言纯也"，和本段所说的完全相符合。用酒代水来酿酒，不能使酒中酒精的浓度有多少增加；三酿酒，即令有人那么作，也还不会是特别浓的，还是依张晏的解释更合理。即：酎是酿造期长，酒质醇厚、浓酽的酒。又本节"酎"字的音注，应在标题中"酎"字的后面。

译文：66.10.1　酿穄米酎的方法：依上面所说手续，将曲整治洁净。一斗笨曲，可以消化六斗米；神曲力量更大。用神曲时，依照它的消化力多少，设计增减。曲，要捣成粉末，用绢筛筛过。

66.10.2　计六斗米，用水一斗，从酿多少，率以此加之。

译文：66.10.2　总计，六斗米要用一斗水，随便酿多少，都要依这个比例增加。

66.10.3　米必须師，净淘，水清乃止。即经宿浸置。明旦，碓捣作粉；稍稍箕簸，取细者，如糕粉法。

译文：66.10.3　米一定要舂过，淘洗洁净，要淘米水清了才停手。随即在水里泡着过一夜。明早，在碓里捣成粉；稍微用箕簸扬一下，像作糕粉一样，取得较细的米粉。

66.10.4　粉讫，以所量水，煮少许穄粉作薄粥。自余粉，悉于甑中干蒸。令气好，馏；下之，摊令冷；以曲末和之，极令调均。

译文：66.10.4　粉取得后，将量好的水，加少量的粉，煮成稀糊糊。其余的粉，全部在甑里干蒸。让水气充旺，馏着；然后取下来，摊开让它冷；将曲末和进去，要和得极均匀。

66.10.5　粥温温如人体时，于瓮中和粉，痛抨使均柔，令相著。亦可椎打，如椎曲法。擘破块，内著瓮中。盆合泥封。裂则更泥，勿令漏气。

译文：66.10.5　米粉糊凉下去，到和人体差不多温暖的时候，再倒进瓮里，跟熟粉调和，用力搅拌，使它均匀柔软，让它粘着起来。也可以用木槌打，像打曲饼时一样。把熟粉块擘破，放进酒瓮里。瓮口用盆盖上，泥封好。泥裂缝时，就换新的泥，不让它漏气。

66.10.6　正月作，至五月大雨后，夜暂开看：有清中饮，还泥封，至七月好熟。

接饮不押。三年停之，亦不动。

译文：66.10.6　正月作，到了五月里，遇着下大雨的天，雨过后，夜间暂时打开来看一看：有了清酒泛出来，可以饮用了，还是用泥卦住，到七月才真正好了熟了。

只舀出来饮，不要押。停放三年，也不会变坏。

66.10.7　一石米，不过一斗糟；悉著瓮底。酒尽出时，冰硬糟脆，欲似石灰。酒，色似麻油。甚酽：先能饮好酒一斗者，唯禁得升半，饮三升大醉。三升不“浇”必死。

译文：66.10.7　一石米，酒酿成之后不过剩下一斗的糟；全部沉在瓮底上。酒舀完后，把糟取出来时，像冰一样地硬、酥、脆，很像石灰。清酒，颜色像麻子油一样。很

酽：平常能够饮一斗好酒的人，这种酒只能受得起一升半，饮到三升，就会大醉。饮到了三升，不“浇”，必定要醉死。

66.10.8　凡人大醉，酩酊无知，身体壮热如火者：作热汤，以冷水解；名曰“生熟汤”。汤令均小热，得通人手[1]，以浇醉人。汤淋处即冷，不过数斛汤，回转翻覆，通头面痛淋，须臾起坐。

注释：①得通：在这里应当作“可以通过”，即虽热，但不太烫，人手还可以在里面放着而不嫌烫。

译文：66.10.8　凡属喝得大醉的人，昏昏沉沉，没有知觉，身体表面大热到像火烧一样的，都要煮些开水，用冷水冲开；称为“生熟汤”。让这水均匀地热，仅仅可以下得手，用来浇醉人。水淋过的地方就会冷，只要几斛汤，将醉人回转翻覆，连头面一起大量浇过，不久就醒了，坐了起来。

66.10.9　与人此酒，先问饮多少？裁量与之[1]。若不语其法，口美不能自节，无不死矣。

注释：①裁量（liàng）：减少分量。裁，剪小些，即减少。

译文：66.10.9　把这种酒给人饮时，先要问他平常能饮多少？然后依分量折减着给他。如果不把这个规矩告诉他，只觉得味道好，不能自己节制，没有不醉死的。

66.10.10　一斗酒，醉二十人；得者，无不传饷亲知[1]，以为乐。

注释：①传饷：传是“传递”。饷，作动词用，即“赠送食物”。

译文：66.10.10　一斗酒，要醉二十个人；得到的，都会转送亲戚朋友们尝尝，以此为快乐。

66.11.1　黍米酎法：亦以正月作，七月熟。净治曲，捣末绢筛，如上法。笨曲一斗，杀米六斗；用神曲弥佳。亦随曲杀多少，以意消息[1]。

注释：①消：减削。息：滋息，增长。

译文：66.11.1 酿黍米酎的方法：也是正月作，七月间熟。依照上面所说的方法，把酒曲整治洁净，捣成粉末，用绢筛筛过。一斗笨曲，可以消化六斗米；用神曲更好。也要看曲的消化力多少，折算增减。

66.11.2 米，细師，净淘，弱炊再馏。黍摊冷，以曲末于瓮中和之，接令调均。擘破块，著瓮中。盆合泥封，五月暂开，悉同穄酎法。芬香美酽，皆亦相似。

译文：66.11.2 米舂熟，淘洗洁净，炊软成"再馏饭"。黍饭摊冷，在瓮子里和上曲末，手搓揉到调和均匀。把饭块擘破，放进瓮去。用盆盖住瓮口，泥封密，五月间暂时开开看一看，都和作穄米酎一样。所得的酒芬芳、关味，浓厚，也都相像。

66.11.3 酿此二酝，常宜谨慎：多喜杀人。以饮少，不言醉死，正疑药杀①。尤须节量，勿轻饮之。

注释：①正：这个字，作副词，即恰恰，单单。

译文：66.11.3 酿穄米酎、黍米酎这两种酒，一般都宜于谨慎：它们容易把人醉死。但是因为饮的量少，不会说是醉死，单单疑心是搀了毒药毒害的。更要节制自己的饮用量，不要随便喝。

66.12.1 粟米酒法：唯正月得作，余月悉不成。

用笨曲，不用神曲。

粟米皆得作酒，然青谷米最佳。

治曲，淘米，必须细净。

译文：66.12.1 酿粟米酒的方法：只有正月可以作，其余月分都不行。

只用笨曲，不用神曲。

各种粟米都可以作酒，但是只有青谷米最好。

整治酒曲和淘米，都要精细洁净。

66.12.2　以正月一日，日未出前，取水。日出即晒曲。至正月十五日，捣曲作末，即浸之。

译文：66.12.2　在正月初一日，太阳没有出来以前去取水。太阳出来了，就晒曲。到了正月十五日，把曲捣成粉末，就用水浸着。

66.12.3　大率：曲末一斗，堆量之；水八斗；杀米一石。米，平量之。随瓮大小，率以此加，以向满为度。

译文：66.12.3　一般比例：曲末一斗，堆起尖量；水八斗；可以消化一石米。米，平斗口量。依照瓮的大小，按这个比例增加，总之装到快满为止。

66.12.4　随米多少，皆平分为四分。从初至熟，四炊而已。

译文：66.12.4　无论预备用多少米，都把米平均分作四分。从动手作到酿成熟总共只炊四次。

66.12.5　预前经宿，浸米令液。以正月晦日，向暮炊酿；正作馈耳，不为再馏。

译文：66.12.5　先一天，将米浸过隔夜，让米软透。正月底的一天，天快黑时，炊酿酒的饭；只要煮成馈，不要再馏。

66.12.6　饭欲熟时，预前作泥置瓮边，馈熟，即举甑，就瓮下之；速以酒杷，就瓮中搅作三两遍。即以盆合瓮口，泥密封，勿令漏气，看有裂处，更泥封①。

注释：①更泥封：“更”字作动词读gēng，即“换过”；也可以作副词，读gèng，作“再”，“另”解释。

译文：66.12.6　饭快熟的时候，先和好一些泥，放在酒瓮边上，馈熟了，就连甑带馈，一齐搬向瓮边上放下去；跟着，赶快用酒杷在瓮里搅过三两遍。就用盆把瓮口盖上，用泥封密起来，不让它漏气，见到封泥有裂缝时，就换过泥封。

66.12.7　七日一酘，皆如初法。

四酘毕，四七二十八日，酒熟。

译文：66.12.7　过七天，加一次酘，一切手续都像初次一样。

四次酘完，再过四七，即二十八天，酒就熟了。

66.12.8　此酒要须用夜，不得白日，四度酘者，及初押酒时，皆回身映火，勿使烛明及瓮。

译文：66.12.8　作这种酒，操作都必须在夜间，不要在白天作。四次下酘和第一次押酒的时候，都要将背朝着火遮住火光，不要让火炬光照进瓮里。

66.12.9　酒熟，便堪饮。未急待，且封置，至四五月押之，弥佳。押讫，还泥封；须便择取①。荫屋贮置，亦得度夏。

注释：①择：怀疑是字形约略相近的“押”或“挹”字钞错。

译文：66.12.9　酒熟了，就可以饮。如果不是急等着用，最好暂且封着摆下，到四月五月来押，更好。押完，又用泥封着；须要时，再来押取。在不见直射光的屋里储存，也可以过夏天。

66.12.10　气味香美，不减黍米酒。贫薄之家，所宜用之，黍米贵而难得故也。

译文：66.12.10　酒的气味香而且美，不比黍米酒差。贫穷的人家，宜于作这种粟米酒，因为黍米很贵很难得。

66.13.1　又造粟米酒法：预前细锉曲，曝令干，末之。正月晦日，日未出时，收水浸曲。一斗曲，用水七斗。

译文：66.13.1　另一种酿粟米酒的方法：事前预先把曲饼斫碎，晒干，捣成粉末。正月底，太阳没有出来以前，收水来浸曲。一斗曲，用七斗水浸着。

66.13.2　曲发便下酿，不限日数；米足便休为异耳。自余法用，一与前同。

译文：66.13.2　曲发了，就下酿，不要管日数；米够了，便停止，这是两点特殊的地方。其余方法、用具，都和上面的相同。

66.14.1　作粟米炉酒法[①]：五月、六月、七月中作之。倍美。

注释：①炉酒：明代胡侍的《真珠船》曰：“古为芦酒，因以芦筒噏之，故名。今云炉，当是笔误。”胡侍根据什么其他材料，作出这一个关于芦酒的说明，我们不知道。但本段下文中有“冷水浇，筒饮之”和“以芦筒噏之”相符，所以在这里引出，供大家考虑。

译文：66.14.1　酿粟米炉酒的方法：五月、六月、七月里作，分外地好。

66.14.2　受两石以下瓮子，以石子二三升蔽瓮底。夜，炊粟米饭，即摊之令冷。夜得露气。鸡鸣乃和之。

译文：66.14.2　用一个容量在两石以下的瓮子，在瓮底上装上两三升石子。晚上，将粟米炊成饭，就把饭摊冷。一晚上可以得到露气。到半夜鸡鸣时，就和下曲去。

66.14.3　大率：米一石，杀曲末一斗[①]。春酒糟末一斗，粟米饭五斗。曲杀若少，计须减饭。

注释：①杀曲末一斗：这一节，怀疑有错漏；尤其这一句，最难解释。依本卷中各种酒曲的叙述看，只有曲杀米，没有米杀曲的说法。因此我们只好假定这一句是说明上句米一石的，即“须以曲一斗杀之”的意思。也许“杀”字该读去声，解作减少，属于上句，即“米一石杀”，解作不用一整石米。下句“春酒糟末一斗”也很可疑，我们暂时假定这是酿酒时要用的一个组分，意义在于利用这种不能再酵解了的残渣，作为固相悬浮物，让曲菌附着，加速活动。再下一句的“粟米饭五斗”是作什么用的？怎样用法，也很难说明。也许“粟米饭五斗”前也应有一“杀”字。

译文：66.14.3　一般比例：用一石米，须要一斗曲末来消化。一斗春酒酒糟的粉末，可消化五斗粟米饭。如果曲的消化力小，就要减少饭。

66.14.4　和法：痛挼令相杂。填满瓮为限。以纸盖口，砖押上。勿泥之！泥则伤热。

译文：66.14.4　和酿的方法：用力搓揉，到完全混合。把瓮填塞满为止。用纸盖着瓮口，纸上用砖压着。不要用泥封！泥封就嫌太热了。

66.14.5　五六日后，以手内瓮中看。冷，无热气，便熟矣。

译文：66.14.5　五六天之后，把手放进瓮里试试看。如果是冷的，没有热气，酒就熟了。

66.14.6　酒停亦得二十许日。以冷水浇①，筒饮之。䤖出者②，歇而不美③。

注释：①冷水浇：冷水浇的受格，没有写出；我们只好暂时假定是瓮子外边。只有这样才好说明；如果连上下句的“筒”字，作“冷水浇筒”，便无法解释。

②䤖（juān）：《说文》解作“䤙（lì）酒”，即滤过。③歇：作“泄气”解，见《广雅·释诂》。胡侍注谢灵运诗“芳馥歇兰若”，说“歇，气越泄也”。

译文：66.14.6　这种酒，也可以放二十多天。饮时，在瓮外用冷水浇，用筒子吸着。如果沥出来饮，走了气，味道就不够美。

66.15.1　魏武帝《上九酝法奏》曰：“臣县故令①，九酝春酒法：用曲三十斤，流水五石。

注释：①臣县故令：故，过去，据《北堂书钞》卷148所引，这句下面，还有“南阳郭芝”四字一句，和一个“有”字，交待了这个县令的籍贯姓名，也有了下句“九酝……”的领语。

译文：66.15.1　魏武帝曹操给皇帝的《上九酝法奏》说：“我县从前的一位县令，酿九酝春酒的方法：用三十斤曲，五石流水。

66.15.2　“腊月二日渍曲。正月冻解，用好稻米①……漉去曲滓便酿。”

注释：①用好稻米：石按：这一句，正文完了，意思还没有完：第一是分量没有交待，第二是米如何处理没有交待。看上下文，可以推测出来，这下面应当还有一句“一斛，炊熟，摊冷……”之类的补充说明，不知为什么漏掉了。

译文：66.15.2　“十二月初二日浸曲。正月，解冻之后，用好稻米……”漉去曲渣后，就下酿。”

66.15.3“法引曰：‘譬诸虫，虽久多完。’①三日一酿，满九石米，正②。”

注释：①法引曰：“譬诸虫，虽久多完”：石按：这几句，无法解释。法引曰：可以望文生义地说，“这个方法的引言中曰：“譬诸虫，虽久多完”，如果没有错漏，便只好假定当时作这个“法引”的人（或“奏”这个法的曹操），知道昆虫有一套复杂的完全变态，必须“久”，然后才能“完”全；但这种假定，是不合历史事实的，我们必须放弃。②正：这个“正”字，应当是“止”字写错，“满九担米，止”，与本篇各节可以符合，作“正”，便没有意义（曾有人提出，这个“正”字，是“完整”的“整”字省写，意思是用整九石米。但用“正”代“整”，赘在一个数量词后面，是很迟很迟的习惯；没有证明三国乃至南北朝有这种用法之前，我们不敢相信这个假说）。据严可均辑魏武帝文所引，这句是“满九斛米，止”，又《文选·南都赋》“九酝甘醴”句注，引魏武集《上九酝酒奏》曰“三日一酿，满九斛米止”，都正与我们的假想符合；而且，“石”作“斛”，也与下文“九斛””十斛”相对应。

译文：6.15.3　“法引说：‘譬诸虫，虽久多完。’三天下一次酿，下满了九石米，就停止。”

66.15.4　“臣得法酿之。常善。其上清，滓亦可饮。若以九酝苦，难饮，增为十酿①，易饮不病……”

注释：①增为十酿：《北堂书钞》所引，这句下面，还有“差甘”（比较上甘）一句。又“易饮不病”句后有“谨上献”一句，全篇到此完结。以下（现在的66.15.5节），便不是曹操上奏的原文，而是贾思勰的补充说明。

译文：66.15.4　“我得到他的方法，照样酿造，也常常很好。上面是清的，渣滓也还可以饮用。如果嫌九酝苦了，难饮，增加到十酿，味道便比较上甘，容易饮，没有毛病……”

66.15.5　九酝用米九斛，十酝用米十斛，俱用曲三十斤，但米有多少耳。治曲淘米，一如春酒法。

译文：66.15.5　九酝用九斛米，十酝用十斛米，曲都只用三十斤，不过米有多少，整治曲和淘米，一切方法和春酒一样。

66.16.1　浸药酒法①：以此酒浸五茄木皮，及一切药，皆有益，神效。

注释：①浸药酒法：依下面起首的一节看，可以知道这种酒是专门酿制了来浸药用的；所以是“酿制浸药的酒”，而不是“浸制药酒”。

译文：66.16.1　酿制浸药用酒的方法：用这种酒浸五茄皮，及一切药，都有益，效验如神。

66.16.2　用春酒曲及笨曲①，不用神曲。糠渖埋藏之②，勿使六畜食。

注释：①及笨曲：春酒曲都是笨曲。这三个字怀疑是小注误作正文；而且“及”字应是“即”字。

②渖（shěn）：汁。这里是指淘洗米的水。

译文：66.16.2　用春酒曲（即笨曲），不用神曲。舂米所余的糠和淘米所得的渖，都埋藏着，不要让畜牲吃到。

66.16.3　治曲法：须斫去四缘、四角，上下两面，皆三分去一，孔中亦剜去。然后细锉，燥曝，末之。

译文：66.16.3　整治酒曲的方法：曲饼四边缘，四只角，上下两面，都要斫掉三分之一，孔里面也要剜掉。然后再斫碎，晒干，捣成粉末。

66.16.4　大率：曲末一斗，用水一斗半；多作，依此加之。

译文： 66.16.4　一般比例，一斗曲末，用一斗半水；要多作，依这个比例增加。

66.16.5　酿用黍，必须细。淘欲极净，水清乃止。

译文： 66.16.5　用黍米酿，一定要舂得很精。淘洗也要极洁净，水清了才罢手。

66.16.6　用米亦无定方，准量曲势强弱。然其米要须均分为七分，一日一酘，莫令空阙。阙，即折曲势力。

译文： 66.16.6　用米，也没有一定方式，按照曲势强弱斟酌。不过，打算用的米，总要平均分作七分，每一天酘下一分，不要有一次空缺。如果空缺了，曲的势力就受了挫折。

66.16.7　七酘毕，便止。熟即押出之。

译文： 66.16.7　七次的酘都下完之后，就放下。等熟了，再押出来。

66.16.8　春秋冬夏皆得作。茹瓮厚薄之宜，一与春酒同；但黍饭摊使极冷。冬即须物覆瓮。

译文： 66.16.8　春秋冬夏四季都可以作。酒瓮外面包裹层的厚薄，一切都和酿春酒的情形一样；不过黍饭要摊到完全冷透。冬天，就要用厚些的东西盖在瓮上面。

66.16.9　其斫去之曲，犹有力，不废余用耳。

译文： 66.16.9　斫下来的曲边，还是有力量的，尽可以供给其余的用途。

66.17.1 《博物志》胡椒酒法[①]：以好春酒五升；干姜一两，胡椒七十枚，皆捣末；好美安石榴五枚，押取汁。皆以姜椒末，及安石榴汁，悉内著酒中，火暖取温。亦可冷饮，亦可热饮之。

注释：①《博物志》：西晋张华撰，共十卷。记载异域奇物及古代琐闻杂事。原书已佚。今本由后人缉成，与原本有出入，不排除其中有后人掺假的成分。今传本《博物志》中，就没有这个方法。

译文：66.17.1 《博物志》栽胡椒酒法：用五升好春酒；干姜一两，胡椒七十颗，都捣碎成末；好的甜安石榴五个，榨取汁。把姜和胡椒末，安石榴汁，一齐加到酒里面，用火烫到温暖。可以冷饮，也可以热饮。

66.17.2 温中下气。若病酒[④]，苦，觉体中不调，饮之。

注释：①病酒：指饮酒过度后引起的不适。

译文：66.17.2 这种酒，能够温中下气。如果喝醉酒醒来之后，觉得不舒服，身体内部不调协，就喝点这样的酒。

66.17.3 能者四五升，不能者可二三升从意。若欲增姜椒亦可；若嫌多，欲减亦可。欲多作者，当以此为率。若饮不尽，可停数日。

译文：66.17.3 能多饮酒的人，可以饮到四五升；不能多饮的，可以饮二三升，随自己的意思。如果想增加姜椒的分量也可以；若是嫌多，想减少些，也可以。想多作些，可以照这个比例配合。一次没有饮完，可以留过几天。

66.17.4 此胡人所谓荜拨酒也[①]。

注释：①荜（bì）拨：荜拨，是Piper longum L.的中国古名，《南方草木状》中也有著录。但这个药酒的配方中，并无荜拨；因此“此胡人所谓荜拨酒也”，这一句话，可以供给一点材料，说明古代中亚细亚民族，就用Piper这个名称，来称呼胡椒及同类的荜拨了。

译文：66.17.4　胡人所谓“荜拨酒”的，就是这个。

66.18.1　《食经》作白醪酒法[①]：生秫米一石；方曲二斤，细锉。以泉水渍曲，密盖。再宿，曲浮起。炊米三斗酘之[②]，使和调。盖满五日，乃好，酒甘如乳。九月半后可作也。

注释：①《食经》：据胡立初考证，凡所记为“所谓妇功所修酒食之事者，其即出于崔氏《食经》”。则此《食经》应为后魏崔浩之母卢氏所作。

②炊米三斗酘之：原来用一石米，这里只用了三斗，其余七斗，什么时候如何酘下，没有交待，显然有漏句。很怀疑这一段里，也有着像66.19.3的一节，即“凡三酘；济，令清，又炊一斗米酘酒中”；这样，3×3+1，就把一石米都酘下去了。两种都是白醪酒，不过19段用五斤曲，这里只有二斤，“曲杀”不等，所以19段用的米多些。

译文：66.18.1　《食经》里面的作白醪酒法：生糯米一石；方曲两斤，斫碎用。用泉水浸着曲，密盖着。过两夜，曲浮了起来。这时，炊熟三斗米酘下去，搅和均匀。盖好，满了五天，就熟了，酒像奶一样甘。九月半以后可以作。

66.19.1　作白醪酒法：用方曲五斤，细锉。以流水三斗五升，渍之，再宿。

译文：66.19.1　作白醪酒的方法：用五斤方曲，斫碎。浸在三斗五升流水里，过两夜。

66.19.2　炊米四斗，冷，酘之，令得七斗汁。

译文：66.19.2　炊四斗米，等饭冷透了，酘下去，让整个酿汁保有七斗的分量。

66.19.3　凡三酘；济，令清[①]，又炊一斗米酘酒中。搅令和解。封。

注释：①济，令清：济，作完。怀疑“清”字是“消”字写错。

译文：66.19.3　一共下三次酘；酘完，等它清了之后，再炊一斗米酘下去。搅拌，调和，让酘下的饭散开。然后封闭。

66.19.4　四五日，黍浮，缥色上[①]，便可饮矣。

注释：①缥（piǎo）色：青白色，浅青色。缥，《说文》解释为“帛青白色”，即白色的纺绸，带有蓝色的光泽。曹植《七启》中有“乃有春清缥酒”，正是这种“竹叶青”色的酒。

译文：66.19.4　过四五天，黍饭蚁浮了起来，青色也泛上来了，就可以饮用。

66.20.1　冬米明酒法：九月渍精稻米一斗，捣令碎末；沸汤一石浇之。曲一斤，末，搅和。三日极酢[①]，合三斗酿米炊之，气刺人鼻，便为大发。搅，成。用方曲十五斤，酘之米三斗，水四斗，合和酿之也。

注释：①三日极酢：本段从这里以下，似乎有排列错误。与下面66.21.1比较后，觉得似乎该是“……三日极酢，气刺人鼻，便为大发。再炊米三斗，用方曲十五斤，水四斗，合和酿之，搅。酘之，米三斗，成”。

译文：66.20.1　冬天酿米明酒的方法：九月间，浸上一斗极精的稻米，捣碎成末；用一石沸汤浇下。一斤曲，捣成末，搅和。过三天，很酸了，和上三斗酿米炊，有刺鼻的气味发生，就是大发。搅和，就成了。再用方曲十五斤，酘下三斗米，四斗水，合和起来酿。

66.21.1　夏米明酒法：秫米一石。曲三斤，水三斗渍之。炊三斗米酘之，凡三济，出炊一斗酘酒中。再宿黍浮，便可饮之。

译文：66.21.1　夏天酿米明酒的方法：一石秫米。三斤曲，用三斗水浸着。炊三斗米酘下去，一共酘三次，完了之后，再炊一斗酘下去。过两夜，饭浮了起来，就可以饮用。

66.22.1　朗陵何公夏封清酒法[①]：细锉曲，如雀头，先布瓮底。以黍一斗，次第间水五升浇之[②]。泥。著日中，七日熟。

注释：①朗陵：汉代在现在河南确山境内设置的一个县名。

②次第间（jiàn）水：即加一点米，浇一点水，轮流间歇着加。

译文：66.22.1　朗陵何公夏天封瓮酿清酒的方法：把酒曲斫碎，斫到像麻雀头大小，放在瓮底上。用一斗黍饭，五升水；黍饭与水轮替着投下或浇下。泥封。搁在太阳里晒着，七天便成熟了。

66.23.1　愈疟酒法：四月八日作。用水一石①，曲一斤，捣作末，俱酘水中。酒酢，煎一石取七斗。以曲四斤。须浆冷，酘曲。一宿，上生白沫。起。炊秫一石，冷酘中，三日酒成。

注释：①用水：由下文“俱酘水中”的“俱”字看来，这个“水”字应该是“米”字。上面（66.20.1段）冬米明酒法，也是米和曲都捣成粉末，加水，让它发酵，然后再加曲加米加水酿成，所以这里作“米”字是可以解的。如果不然，酿造材料便没有交待了。

译文：66.23.1　愈疟酒的作法：四月初八日作。用一石米，一斤曲，捣成末，都酘到水里面。等到酒酸了，煎沸，酿一石让它干成七斗。再加四斤曲。等到煎的浆水冷了，将曲酘下。过一夜，上面浮出白泡沫。这就是发起了。再炊一石秫米，饭冷了，酘下去，三日，酒就成了。

66.24.1　作酃卢丁反酒法①：以九月中，取秫米一石六斗，炊作饭。以水一石，宿渍曲七斤②。

注释：①酃（líng）：原来是一个地名。汉代的酃县，在现在湖南衡阳东南。现在湖南东边，和江西宁冈相邻的一个县，仍称为“酃县”。酃酒为古来的名酒之一，所谓“醽醁”，也称为“酃酒”，即指湘东地区酃水、渌水酿的酒。本书所称“酃酒”，并不是用酃湖水酿的，却仍用“酃”为名，似乎说明北朝人所谓“醽醁”，只是一种仿造的酒名，也许因为酃酒很著名，而酿酃酒的水得不着，便以“荷箬覆瓮”“令酒香”，来代替真正的酃酒。

②宿：怀疑“宿”上脱去了一个“隔”字或“前”字。

译文：66.24.1　作酃酒的方法：九月里，取一石六斗秫米，炊成饭。另外，用一石水，前一夜浸着七斤曲作准备。

66.24.2　炊饭令冷，酘曲汁中。

译文：66.24.2　炊的饭，让它冷透，酘到曲汁里。

66.24.3　覆瓮多用荷箬①，令酒香；燥复易之。

注释：①箬（ruò）：也写作“篛”，在此指箬竹的叶子，大而宽，可以编竹笠，又可以用来包粽子。古代读音与今不同。所以《本草纲目》箬叶称为“辽叶”。现在两湖方言仍将箬叶称为liao叶。“箬笠”称为“liao li壳子”。

译文：66.24.3　盖瓮口，要多用些荷叶或箬叶，可以使酒香；叶子干了就换。

66.25.1　作和酒法：酒一斗，胡椒六十枚，干姜一分，鸡舌香一分，荜拨六枚①。下簁，绢囊盛，内酒中。一宿，蜜一升和之。

注释：①荜拨：这里，荜拨与胡椒都有，如果这一句没有错误，则可以肯定的说明：荜拨，是Piper longum L.不是胡椒。与上面66.17.4《博物志》中所谓“胡人所谓荜拨酒”中的荜拨，相似而不同。

译文：66.25.1　作和酒的方法：一斗酒，六十颗胡椒，一分干姜，一分丁香，六个荜拨。都捣成粉，筛过，用绢袋盛住，放在酒里面。过一夜，加一升蜜，调和。

66.26.1　作夏鸡鸣酒法：秫米二斗，煮作糜；曲二斤，捣；合米和令调。以水五斗渍之；封头。今日作，明旦鸡鸣便熟。

译文：66.26.1　作夏天的鸡鸣酒的方法：二斗糯米，煮成粥；二斤酒曲，捣成粉；加到米里面，调和均匀。用五斗水浸着；封住瓮口。今天作，明天鸡叫的时候便熟了。

66.27.1　作椹酒法：四月，取椹叶①，合花采之。还，即急抑著瓮中。六七日，悉使乌熟；曝之，煮三四沸，去滓，内瓮中。下曲。炊五斗米。日中②。可燥手一两抑之。一宿，复炊五斗米酘之，便熟。

注释：①椹（shěn）：石按：这个字，显然是一个植物的名称；但究竟是什么植物，根据现有的材料，还不易决定。据《广韵》四十七寝引《山海经》说：“煮其汁，

味甘，可为酒”，和本段所说的“六七日，使乌熟”，《北堂书钞》卷148，烛草酒下引《服食经》“采南烛草，煮其汁也”，似乎可能是指南烛的。南烛花和叶中，含有某些能因氧化而变色的多元酚，可用来染“青精饭”。而且，南烛是四月开花的。另外，也有可能是南天竹，南天竹果实，是含有糖的浆果，也富于色素。（关于“南烛”与“南天竹”之间的混淆，《植物名实图考》有很详的考证。我们不在这里多引）

②日中：这里的“日中”和下一段（66.28）的“日中”，似乎同样的用法。下段的“目中曝之”，还好解说，这里的“日中”，却无法说明。大概上下都有缺漏的字，可能上面还有“酘之”两字，下面还有“曝”或“曝之”。

译文：66.27.1　作棉酒的方法：四月间，取棉叶，连花一并采回来，就赶快按到酒瓮里去。过六七天以后，全部都发黑熟透了；晒干，煮三四沸，不要渣，放进瓮里。下曲。炊五斗米的饭酘下去。在太阳里晒着。擦干手，把浮面的东西压下去一两回。过一夜，再炊五斗米的饭酘下去，就熟了。

66.28.1　柯梅良知反酒法①：二月二日，取水；三月三日，煎之。先搅曲中水②。一宿，乃炊秫米饭③，日中曝之。酒成也。

注释：①柯拖（lí）：无法说明“柯拖”是什么。崔豹《古今注》中，有芍药一名“可离”的话。也许“柯梅”就是“可离”的同音字。芍药根是药用的。②先搅曲中水：怀疑“中水”两字是颠倒了的。③秫（shú）米饭：怀疑下面漏去“酘之”或“下之”等字。

译文：66.28.1　作柯拖酒的方法：二月初二取水；三月初三，把取得的水煮沸。先把酒曲搅和到水里，过一夜，炊些糯米饭酘下去，放在太阳里晒着。酒就成了。

法酒第六十七

酿法酒，皆用春酒曲。其米、糠、渖汁、馈饭，皆不用人及狗鼠食之①。

注释：①“酿法酒”至“狗鼠食之”：这一段应是标题注，应为小字。法酒，依一定的配方，调制酿造的酒，称为“官法酒”，简称“法酒”。

译文：酿法酒，都只用春酒笨曲，不用神曲。酿酒时用的米、剩下的糠、渖汁、馈饭，都不能让人或者狗与老鼠吃。

题解：“法酒”是指依一定配方调制酿造的酒，古代称为“官法酒”，简称“法酒”。本篇所收的九段中，实际内容与篇标题“法酒”相符合的，只有前六段。第七段“治酒酢法”，第八段“大州白堕曲方饼法”，根本与法酒无关；第九段中“作桑落酒法”，也并不是真正的法酒。

本卷重要的主题，是制曲和酿酒的方法。大体上似乎是有相当的排列原则的：神曲及酒是一类，白醪曲及酒是一类，笨曲及酒是一类，法酒是一类。治酒酢法，对三类酒都可以应用，所以排在最后一类（法酒）各种方法之后。大概成书之后，发觉方曲（66.18及66.19作白醪酒用的）没有收入，于是也附在“卷末”，便放在“治酒酢法”之后了。还有一种属于神曲类的小曲，称为“女曲”的，没有地方好添了，只好搁在卷九的藏瓜法里面。至于本卷最后的桑落酒法，则更是随后再补入的。

但是仔细分析时，这个“原则”本卷似乎并未严格遵守：第六十四篇末了，所引《淮南万毕术》“酒薄复厚”（64.51.1）一条和冬月酿酒中冷治法（64.61）一条，都是与各种酒都有关的，便应当和“治酒酢法”一律对待；放在一起，而不应当分开。另一方面，第六十六篇的内容，也有不合“原则”的地方：66.7的笨曲白醪酒法和66.18，66.19两段白醪酒法，本应当在第六十五篇中，不过因为第六十五篇标题下已特别说明专是“皇甫吏部家法”，因此就只好放在下一篇中。这三种白醪酒都是用笨曲酿的，所以还勉强说得过去。66.17的胡椒酒、66.25的和酒，乃至于66.14的粟米炉酒、66.15的九酝酒，从定义上说，应当都是“法酒”，却又不在第六十七篇中。这些错杂的情形，似乎正说明本书在传钞中，曾有过颠倒与重排，或者有些段竟是后人搀入的。

67.1.1　黍米法酒：预锉曲，曝之，令极燥。三月三日，秤曲三斤三两，取水三斗三升浸曲。

译文：67.1.1　黍米法酒的酿法：预先将酒曲斫碎，晒到极干。三月初三日，从这样斫碎晒干了的酒曲中，秤出三斤三两来，用三斗三升水浸着。

67.1.2　经七日，曲发，细泡起。然后取黍米三斗三升，净淘，凡酒米，皆欲极净，水清乃止；法酒尤宜存意！淘米不得净，则酒黑。炊作再馏饭。摊使冷，著曲汁中，搦黍令散。两重布盖瓮口。

译文：67.1.2　过了七天，曲发动了，起了细泡。这时，取三斗三升黍米，淘洗洁净，凡酿酒用的米，都要淘净，到淘米水清了才罢手；酿法酒更要留意！米没有淘净，酿得的酒就是黑的。炊成“再馏饭”。将饭摊冷，放到曲汁里，把团块捏散。瓮口用两层布盖住。

67.1.3　候米消尽，更炊四斗半米，酘之。每酘，皆搦令散。第三酘，炊米六斗。自此以后，每酘以渐加米。瓮无大小，以满为限。

译文：67.1.3　等到米消化完了，再炊四斗半米，酘下去。每次酘下的饭，都要捏散。第三酘，炊六斗米。从这次（第三酘）以后，每次酘下的米，分量要逐渐增加。不管瓮大瓮小，总之，要酘到满为止。

67.1.4　酒味醇美，宜合醅饮之①。

注释：①醅（pēi）：未过滤的酒。

译文：67.1.4　酒味醇厚甘美，应当连糟一起饮用。

67.1.5　饮半，更炊米重酘如初，不著水曲，唯以渐加米，还得满瓮。竟夏饮之，不

能穷尽，所谓神异矣。

译文：67.1.5 饮到一半，再炊些米，像初酿时一样地酘下去，不必再加水和曲，只要逐渐加米，又可以得到满瓮。整夏天一直饮着，不会完，所以称为神异。

67.2.1 作当梁法酒①：当梁下置瓮，故曰“当梁”。

注释：①当（dàng）梁：正对着梁。当，正对着。

译文：67.2.1 作当梁酒的方法：应当正对着梁下面放酒瓮，所以称为“当梁”。

67.2.2 以三月三日，日未出时，取水三斗三升，干曲末三斗三升。炊黍米三斗三升，为再馏黍，摊使极冷。水、曲、黍，俱时下之。

译文：67.2.2 在三月初三日，太阳未出来以前，取三斗三升水，三斗三升干曲粉。将三斗三升黍米，炊成“再馏饭”，摊开到冷透。连水，带曲带饭，一起下到酒瓮里。

67.2.3 三月六日，炊米六斗酘之。三月九日，炊米九斗酘之。自此已后，米之多少，无复斗数；任意酘之，满瓮便止。

译文：67.2.3 三月初六日，炊六斗米酘下去。三月初九，又炊九斗米酘下去。从这以后，米多少都行，不必再问斗数；随意酘下去，总之瓮满了才停止。

67.2.4 若欲取者，但言“偷酒”，勿云“取酒”。假令出一石，还炊一石米酘之；瓮还复满，亦为神异。

译文：67.2.4 如果要取酒，只可以说是“偷酒”，不要说“取酒”。假使取出一石米，便再炊一石米的饭酘下去；酒瓮又还是满的，这也就是神异的地方。

67.2.5 其糠、渖，悉写坑中④，勿令狗鼠食之。

注释：①写：同“泻”，倾泻。

译文：672.5　所有糠和淘米剩下的米汤，都倒到坑里，不要让狗或老鼠吃到。

67.3.1　秔米法酒[①]：糯米大佳[②]。

注释：①秔（jīng）：同“粳”。

②糯米大佳：本段的标题，是“秔米酒法”，则“糯米大佳”，便有矛盾。怀疑“大”字是“亦”字。汉隶的“亦”字“夾”，容易与晋隶（楷书）的大字相混。可能是写的时候由此而缠错了。

译文：67.3.1　秔米法酒：糯米也好作。

67.3.2　三月三日，取井花水三斗三升[①]，绢簁曲末三斗三升，秔米三斗三升。稻米佳[②]；无者，旱稻米亦得充事。再馏弱炊，摊令小冷。先下水、曲，然后酘饭。

注释：①井花水：清早从井里第一次汲出来的水，称为“井花水”。②稻米佳：怀疑上面漏去了一个“晚”字。

译文：67.3.2　三月初三日，取三斗三升“井花水”，用绢筛筛过的曲末三斗三升，秔米三斗三升。晚稻米最好；没有，旱稻米也可以用。再馏，炊软，摊到稍微冷些。先将水和曲下到瓮里，然后酘饭下去。

67.3.3　七日，更酘，用米六斗六升。二七日，更酘，用米一石三斗二升。三七日，更酘，用米二石六斗四升，乃止。量酒备足，便止。

译文：67.3.3　过了七天，再酘一次，用六斗六升米。第二个七天之后，再酘，用一石三斗二升米。第三个七天之后，再酘，用二石六斗四升米，便停止了。估量酒已够足，就停手。

67.3.4　合醅饮者，不复封泥。令清者，以盆盖密泥封之。经七日，便极清澄，接取清者，然后押之。

译文：67.3.4　如果连糟一起饮用的，不再用泥封。如果要清酒，就用盆盖着口，用

泥封密。过七天，便会澄清下去，舀出上面的清酒，然后再押。

67.4.1　《食经》七月七日作法酒方：一石曲，作“燠饼”①：编竹瓮下，罗饼竹上，密泥瓮头。二七日，出饼，曝令燥，还内瓮中。一石米，合得三石酒也②。

注释：①燠（yù）：热，暖。②一石米，合得三石酒也：这一石米如何加？本书没有交待。

译文：67.4.1《食经》中的七月七日作法酒的方法：一石曲，先作“燠饼”：在瓮底用竹子编成架，把曲饼放在架上，瓮口用泥封密。过了二七，将曲饼取出来，晒干，仍旧放回瓮里。一石米，合共可以得到三石酒。

67.5.1　又法酒方①：焦麦曲末一石②，曝令干。煎汤一石，黍一石，合揉令甚熟。

注释：①又：“又”字的意义不明，可能是《食经》中有这个用法，所以用“又”指明出自《食经》。但也可能因为上面已有一种“法酒方”，这是“另一种”，所以说“又”。

②焦麦曲：书中虽在64.21.8中提起过“七月七日焦麦曲”，但无作法。66.1.1的“秦州春酒曲”，是七月间用炒黄了的麦作的；怀疑就是这两处所指的东西。

译文：67.5.1　又酿法酒法：用一石焦麦曲末，晒干。烧一石水的开水，和一石黍米，与曲末一同搓揉到很黏熟。

67.5.2　以二月二日收水，即预煎汤，停之令冷。

译文：67.5.2　在二月初二，收取一些水，就预先把水烧开，放下让它冷，然后用来和米跟曲。

67.5.3　初酘之时，十日一酘①。不得使狗鼠近之；于后无苦。或八日、六日一酘，会以偶日酘之②，不得只日。二月中③，即酘令足。

注释：①十日一酘：这一句，怀疑应在原书隔行的“于后无苦”一句后面。即这

一节，应当是“初酘之时，不得使狗鼠近之；于后无苦。十日一酘，或八日、六日一酘……”，似乎更顺适些。下面67.6.2也是这样的次序，可以对照。

②偶日：即偶数的日子，与下句“只日”，即奇数的日子相对举。

③二月中：依上文，“二月二日收水”，“十日一酘”，“八日、六日一酘”，则第二酘至早是二月十二日，第三酘是二月二十日，第四酘是二月二十七日。如果四酘便完了，“二月中，即酘令足”是可以作到的。如果要作第五酘，便最早也应当是二月二十八日；要依十、八、六日递减下来，四酘到五酘要四天，便不可能在二月中酘令足。因此，怀疑应和下面的三九酒一样，是“三月中即酘令足”。

译文：67.5.3　第一次下酘时，不要让狗和老鼠接近，以后就不要紧了。隔十天，再下一酘，或者隔八天、六天下，总之在偶数的天数酘下，不要用单数的日子。三月中，就要酘下足够的米。

67.5.4　常预煎汤，停之；酘毕，以五升洗手，荡瓮。其米多少，依焦曲杀之①。

注释：①依焦曲杀之：这句话，可以解为“依焦曲的力量来减少”，但更可能是原钞写有漏字，即“依焦曲曲杀定之”，漏了一个重复的曲字，和一个与“之”字相似的“定”字。

译文：67.5.4　总要预先烧下一些开水，放冷着；饭酘完，用五升冷开水洗手，将瓮边黏住的饭荡下去。用多少米，依焦曲的消化力决定。

67.6.1　三九酒法：以三月三日，收水九斗，米九斗，焦曲末九斗先曝干之，一时和之，揉和令极熟。

译文：67.6.1　作三九酒的作法：在三月初三日，收取九斗水，九斗米，九斗焦曲末，先要晒干，同时和好，搓揉到极熟。

67.6.2　九日一酘。后五日一酘；后三日一酘。勿令狗鼠近之。会以只日酘，不得以偶日也。使三月中即令酘足。

译文：67.6.2　隔九天，酘一次。以后，隔五天酘一次；再过三天，又酘一次。不要让狗和老鼠接近。总之，要在单数日子酘下，不要用双数日子。并且要在三月中，酘到足够。

67.6.3　常预作汤，瓮中停之。酘毕，辄取五升，洗手荡瓮，倾于酒瓮中也。

译文：67.6.3　总要先烧些开水，放在瓮中搁着。酘完，就取五升冷开水，洗手荡瓮后，都倒到酒瓮中去。

67.11.1　治酒酢法：若十石米酒，炒三升小麦，令甚黑。以绛帛再重为袋，用盛之，周筑令硬如石，安在瓮底。经二七日后，饮之，即回。

译文：67.11.1　医治酒发酸的方法：如果有十石米的酒，就炒三升小麦，要炒得很焦很黑。用红绵绸，作成双层的口袋，把炒麦装下去，周围筑紧，让它和石子一样硬，放在瓮子底上。过了两个七天，再喝时，酒的好味就回转了。

67.21.1　大州白堕曲方饼法①：谷三石，蒸两石，生一石，别硙之②，令细，然后合和之也。

注释：①大州白堕曲方饼：大州，此地名《古今地名大辞典》中未查到，具体地点不

详。《齐民要术今释》作者认为：可能是四川的一个地名。缪启愉先生认为：后魏孝文帝迁都洛阳，以洛阳为司州，或者以首都所在，称司州为“大州”。白堕，是晋代的一种名酒，后魏杨衒之（大约与贾思勰同时）的《洛阳伽蓝记》中，已经提到有“白堕春醪”。《中国人名大辞典》有刘白坠条。曰：“刘白坠，晋河东人。善酿酒。曝日中味不变，饮之不醒，可远至千里。故名酒为白坠。后魏永熙中，青州刺史赍酒之番。路逢盗贼，饮之即醉，皆被擒。时游侠语曰：‘不畏张弓拔刀，惟畏白坠春醪。’”曲方饼，可能原来是“方饼曲”，或者“方饼”两字是小字夹注。

②硙（wèi）：石磨。作名词时，是指碾碎谷物的器具。作动词时，指使物体粉碎。这里是作动词用。“硙”在南方口语中，多半读nai或ai，例如湖南将碾碎胡椒的“没奈何”称为“胡椒硙（ai）子”，就是“磨”或“砻”的一种。

译文：67.21.1　大州白堕酒的方饼曲制法：用三石谷子，两石蒸熟，一石生的，分别磨成细粉，然后再混和起来。

67.21.2　桑叶、胡葈叶、艾，各二尺围，长二尺许：合煮之，使烂。去滓取汁，以冷水和之，如酒色，和曲。燥湿，以意酌量。日中，捣三千六百杵。讫，饼之。安置暖屋：床上先布麦秸，厚二寸，然后置曲；上亦与秸二寸覆之。闭户，勿使露见风日。

译文：67.21.2　桑叶、葈耳叶、艾，每样都用二尺围，两尺长的一捆；合起来煮到烂。把渣去掉，取得汁，用冷水调和，让颜色稀释到和酒的颜色一样，用来和曲。和的干或湿，随自己的意思决定。在太阳下，捣三千六百杵。捣完，作成饼。准备一间暖屋：在架上先铺上两寸厚的麦秸，然后放上曲饼；曲饼上，再铺两寸厚的麦秸。关上门，不要露风或见到阳光。

67.21.3　一七日，冷水湿手拭之令遍，即翻之。至二七日，一例侧之。三七日，笼之。四七日，出置日中，曝令干。

译文：67.21.3　过了七天，用冷水蘸湿手，将每饼干曲都抹一遍，再翻转来。到第二个七天以后，每饼都侧转来竖着。到第三个七天后，堆积起来。到第四个七天，拿出来在太阳下面晒干。

67.21.4　作酒之法：净削，刮去垢；打碎，末，令干燥。十斤曲，杀米一石五斗。

译文：67.21.4 作酒的方法：将曲削净，刮掉尘垢；打碎，捣成粉末，让它干燥。十斤曲，可以消化一石五斗米。

67.22.1 作桑落酒法：曲末一斗，熟米二斗。其米，令精细。净淘，水清为度。用熟水一斗①，限三酘便止②。渍曲。候曲向发，便酘，不得失时。勿令小儿人狗食黍。

注释：①熟水：与下节“冷水”对照，怀疑这个“熟”字应是“热”字。②限三酘便止：这句怀疑应在原书隔行的“不得失时”一句的后面；“即……用热水一斗渍曲。候曲向发，便酘，不得失时。限三酘便止”。这样才可以顺理成章地解释。

译文：67.22.1 作桑落酒的方法：曲末一斗，熟米二斗。米，要舂很精很细。淘洗洁净，水清为止。用一斗热水浸着曲，等曲快要发动时，赶紧下酘，不要错过时候。下三次酘便停止。不要让小孩或狗吃到酿酒的饭。

67.22.2 作春酒，以冷水渍曲；余各同冬酒。

译文：67.22.2 作春酒，只是用冷水浸曲这一点不同；其余都和酿冬酒一样。

精彩点拨

货物货币同时增殖，发展市场经济，商业好致富。涂贫造神曲酿酒，技术重要，方式、比例、时间、用料、器具等都有讲究，捣千杵，边做还要边默默计数，心中有数；作酒曲的屋子，要用泥把门缝密封，不让风进去；用鱼眼样的开水汤泡着，过一夜，米变酸，才蒸馏成饭，摊到极冷，等等的工序，先要仔细阅读，明确了其中道理后，再操作，自己做酒，体验中国传统技艺的伟大。

阅读积累

范蠡

春秋末楚国宛（今河南南阳人），字少伯。在楚时与宛令文种为友，后与文种入越，事越王允常。勾践即位后用为谋臣。越王勾践三年（前494），越为吴败于夫椒（今浙江绍兴北），勾践被困于会稽（今浙江绍兴东南），吴越媾和后，随勾践入吴为人质三年。返越后，君臣奋发图强，等待时机。吴王夫差荒淫，忠言阻塞，勾践欲伐吴，他认为时机尚未成熟，后吴灾荒，勾践又欲伐吴，他又劝阻以待时机。十五年，吴王夫差邀晋、鲁于黄池（今河南封丘西南）相会，勾践遂乘虚率军攻入吴都，俘太子友，逼吴与越媾和。越灭吴后，他离越浮海到齐，称鸱夷子皮。到陶（今山东定陶西北）改称陶朱公，以经商成为巨富。在政治上，他认为“天道”赢缩变化，“阳至而阴，阴至而阳”（《国语·越语下》）。国势盛衰亦在不断转化，治国克敌应创造条件，掌握时机。时机不到不可轻举妄动，时机成熟应如“救火追亡人”（同上）般迅速行动。对经济政策，他认为物价变化决定于供求关系，主张政府谷贱时收购，谷贵时平价出售。自称实行计然的经济思想。《汉书·艺文志》著录《范蠡》二篇，今佚。言论见于《国语·越语下》、《吕氏春秋·当染》与《长攻》《史记·货殖列传》。引自《中国历史大辞典》（上海辞书出版社2010年版）第1735页。

卷　八

精彩导读

卷八讲酿造酱、醋、豉及食品加工和烹调技术，共十二篇。依次是黄衣、黄蒸及糵，常满盐、花盐，作酱法，作酢法，作豉法，八和齑，作鱼鲊，脯蜡，羹臛法，蒸缹法，月正（合成一字）、脂、煎、消法，菹绿，边读边思考，并且想着操作及其美味，会津液满口。

黄衣、黄蒸及糵第六十八
黄衣一名麦䴷

题解：《齐民要术》属于“农家知识大全”类型的古农书，对平民百姓获取日常生活资料所必需的技术介绍得全面而仔细。除上卷介绍的各类酒的酿造技术外，卷八接着介绍了酱、醋、豉的酿造及一些食品加工和烹调方面的技术经验，详细而各具特色。

正和酿酒必需先作曲一样，作酱也要先取得曲菌的纯粹培养。本篇记述黄衣、黄蒸的制作技术，仍是用蒸熟的小麦为材料，利用大气中或野生植物叶子上的曲菌孢子来接种。保温后，等它长出黄色的孢子囊，就得到了所需要的接种材料——“衣”。“衣”，就是霉类的菌丝体和孢子囊的混合物。它们是作酱不可少的曲菌，现在一般称为“酱曲”。本篇标题下的标题注说明“黄衣”另有一名叫“麦䴷”。麦䴷（huǎn），是用整颗麦粒制作的酱曲。它另读hún，意为完整的麦粒，又可写作“䴹”字。“黄蒸”则是用带麸皮的麦粉制作的酱曲。

在贾思勰生活时代的黄河流域，如何使淀粉糖化制糖，在当时农家生活中，是一件重要的事。淀粉的糖化，必须有淀粉酶的催化。从前就靠发着芽的谷物（特别是大、小麦）种实，即“糵米”或“糵”，供给淀粉酶类。“糵”在中国是很古老的发明。汉文帝就曾把秫糵当作著名的“土产”送给匈奴。本篇详细介绍了作糵米的方法。这是目前我们所见过的这方面的最早记载。

贾思勰将黄衣、黄蒸、糵放在同一篇中，似乎说明他视这三种物质为同类，即都是能引起物质特殊变化的“媒剂”。

68.1.1 作黄衣法[①]：六月中，取小麦，净淘讫，于瓮中以水浸之令醋[②]。漉出，热蒸之。槌箔上敷席[③]，置麦于上，摊，令厚二寸许。

注释：①作黄衣法：以下的叙述，按理应作大字正文。第六十九、第七十一、第七十二，三整篇，第七十篇的70.8到70.14各条，也是这样。

②醋：作形容词用，即“酸”。

③敷（pū）：平平地展开。现在写作“铺”。

译文：68.1.1 作黄衣的方法：六月中，将小麦淘洗洁净后，用水在瓮子里浸到发酸。漉出来，蒸得热热的。在架上铺的席箔面上，铺上蒸过的麦粒，摊开来，成为大约二寸厚的层。

68.1.2 预前一日，刈菼叶[①]，薄覆。

无菼叶者，刈胡枲，择去杂草，无令有水露气；候麦冷，以胡枲覆之。

注释：①菼（wàn）：初生的荻。

译文：68.1.2 早一天，预先割下一些嫩荻叶，这时用来薄薄地盖在麦上。

没有苇叶，割下一些胡枲，拣掉杂草，不要让它有水或者露珠；等麦冷过，用胡枲盖上。

68.1.3 七日，看黄衣色足，便出；曝之，令干。

去胡枲而已，慎勿扬簸！齐人喜当风扬去黄衣，此大谬！凡有所造作，用麦䴷者，皆仰其衣为势[①]；今反扬去之，作物必不善矣。

注释：①皆仰其衣为势：都要靠麦䴷上的黄衣来发动。即是依靠霉类的这些营养性与生殖性的细胞，生长蕃殖，才能够有酵解作用出现。衣，包括菌丝体、子囊柄与孢子囊。

译文：68.1.3 过七天，看看黄衣颜色够了，就取出来；晒到干。只要把胡枲叶子撤掉，千万不可簸扬！齐郡的人，欢喜顶着风把黄色的衣簸掉，这是大错误。凡酿造时要用到麦䴷的，都要靠麦䴷上的黄衣来发动；现在反而簸掉，制作便一定不会好了。

68.2.1 作黄蒸法[①]：六七月中，𫗴生小麦[②]，细磨之，以水溲而蒸之，气馏好，熟便下之。摊令冷。布置、覆盖、成就，一如麦䴷法。亦勿扬之，虑其所损[③]。

注释：①黄蒸：用磨成的带麸皮的麦粉作成的酱曲。

②䊧（fèi）：舂，用杵臼捣去谷物的皮壳。

③虑其所损：恐怕损伤它的酵解力。其，用作指示代名词（受格），指黄蒸中“衣”的力量。

译文：68.2.1　作黄蒸的方法：六七月里，将生小麦舂好，磨细，用水调和过，蒸，气馏好，熟了，就取下来。摊开冷透。在席箔面上的布置，用嫩荻叶盖覆，以及成熟过程，都和麦䴸一样。也不可以簸扬，恐怕损伤它的酵解力。

68.3.1　作糵法[①]：八月中作。盆中浸小麦，即倾去水，日曝之。一日一度著水，即去之。

注释：①糵（niè）：麦、豆等的芽叫“糵”。糵米，在本篇中指生芽的麦粒。

译文：68.3.1　作糵米的方法：八月里作。将小麦粒浸在盆里，多余的水倒掉，在太阳里晒着。每天用水浸一遍，随即又把水倒掉。

68.3.2　脚[①]生，布麦于席上，厚二寸许。一日一度，以水浇之。牙生便止[②]。即散收，令干。勿使饼！饼成，则不复任用。

注释：①脚：指幼根。麦粒萌发时，第一步出来的并排三点幼根，像脚趾一样。

②牙：本节所记麦粒萌发过程，是先生出“脚”。即幼根，形状部位都像脚；跟着出“牙”，是形状颜色都像“牙”的芽鞘。“牙”刚好和“脚”相对待；作“牙”，意义更深远。本书关于萌发时新出的苗，都称为“生牙”或“牙生”。

译文：68.3.2　麦粒长根了，在席上铺开，成为约二寸厚的层。每天浇一次水。芽出来了，就不要再浇水。就在这时，分散开来收下，让它干。不要等到根纠结成饼，成了饼，就不好用了。

68.3.3　此煮白饧糵[①]；若煮黑饧，即待牙生青成饼[②]，然后以刀劙取干之[③]。

注释：①饧（xíng）：用麦芽或谷芽熬成的饴糖。

②即待牙生青成饼：便等到麦芽发青。牙，指芽鞘和真叶。初出的麦芽，是白色的。“生青”，是生成了叶绿素，转变成青色。成饼，则是根纠结成一片。依上文，作白饧的糵，应当在芽没有发生叶绿素，根也还小，没有纠结成片时就晒干。那样的麦芽，所

含氧化酶分量较少。等到生青成饼时，氧化酶含量增高，就可以产生多量深色的“黑素类”物质；因此，饧的颜色也就“黑”了。③劚（lí）：用刀分割。

译文：68.3.3 这样作成的蘖，是煮白饧用的。如果要煮黑饧，便等到麦芽发青，纠结成饼，再用刀割开，让它干燥。

68.3.4 欲令饧如琥珀色者，以大麦为其蘖。

译文：68.3.4 想做琥珀色饧，用大麦制作蘖米。

68.4.1 《孟子》曰①：“虽有天下易生之物，一日曝之，十日寒之，未有能生者也。”

注释：①《孟子》：战国思想家孟珂（约前372—前289）与弟子合著。为儒家经典著作之一，也是我国古代极富特色的散文专集，具有较高的文学价值。此处出自《孟子·告子章句上》。

译文：68.4.1《孟子》里有这么一句话：“天下再容易生长的东西，如果让它热一天，冷十天，就没有能生长的了。”

常满盐、花盐第六十九

题解： 本篇记述了古代获取纯净食盐的方法。“常满盐”是用“白盐，甜水”制成饱和溶液，再煮干或晒干。造“花盐”和“印盐”则是食盐的盐底结晶精制法。

食盐的精制包含着物理化学、分析化学、工业化学上许多复杂的理论与技术知识，1400多年前不可能解决。贾思勰的记述真实地反映了当时我国劳动人民通过实践的积累，已摸索到一套获取纯净食用盐的有效办法。

69.1.1　造常满盐法：以不津瓮①，受十石者一口，置庭中石上。以白盐满之。以甘水沃之②；令上恒有游水③。

注释：①津：液体渗漏。

②甘水：即溶存盐分较少的水。如：流速较大的河水或接近泉源或地下水源的较大的水。

③游水：多余的，漂浸着可以游动的水。这里指固体沉淀物上面游离着的水。

译文：69.1.1　造常满盐的方法：用一口可以盛十石（约等于今日二百升的）不渗漏的瓮子，放在院子里石块上。瓮里放满白盐。灌上一些甜水；让盐上面常常有着一段游离的水。

69.1.2　须用时，挹取，煎即成盐。还以甘水添之；取一升，添一升。

译文：69.1.2　要用时，舀出上面的清盐水来，煮干，就成了盐。再添些甜水下去；每取出一升，就添入一升。

69.1.3　日曝之，热盛，还即成盐，永不穷尽。

风尘阴雨，则盖；天晴净，还仰①。

注释：①仰：不加覆盖。

译文：69.1.3　太阳晒着，够热了，就会成为盐，永远不会完。刮风，有尘土飞扬时，就盖上；天晴干净，便敞开来。

69.1.4　若用黄盐咸水者，盐汁则苦，是以必须白盐甘水。

译文：69.1.4　如果用的是黄盐和咸水，盐汁会有苦味，所以一定要白盐甜水。

69.2.1　造花盐、印盐法：五六月中，旱时，取水二斗，以盐一斗投水中，令消尽，又以盐投之。水咸极，则盐不复消融。

译文：69.2.1　造花盐、印盐的方法：五月、六月中，天不下雨时，取两斗水，搁下一斗粗盐下去，让它溶解。溶解完后，再搁粗盐。水咸到不能再咸时，盐就不再溶解。

69.2.2　易器淘治沙汰之①。澄去垢土，泻清汁于净器中。盐滓甚白，不废常用；又一石还得八斗汁②，亦无多损。

注释：①淘治沙汰：将粗盐水中的轻浮灰尘和泥渣等撇掉。淘，是和水搅洗。治，是清理。沙汰，是借比重的差别，将在水中的固体分层处置。

②还得八斗汁："汁"字显然是多余的。可能"即"字烂成的，则应连在下句头上，"即亦无多损"。如果一石盐只得到八斗盐汁，损失便不能说是"不多"了。

译文：69.2.2　换一个容器淘洗，撇掉轻浮的脏东西。所得盐水，澄去泥土灰尘，将清液倒在一个洁净容器里。经过这样处理后，水底下沉着的盐，已很白净，可以作寻常家用。此外，一石盐，至少可以收回八斗，损失并不太多。

69.2.3　好日无风尘时，日中曝令成盐。浮，即接取，便是"花盐"；厚薄光泽似钟乳①。

注释：①钟乳：即"钟乳石"，是碳酸钙结晶的条棒，形状像古代乐器中的钟上的"乳"一样。六朝以来，阔人讲究将钟乳当补药吃。钟乳石捣碎成片，有光泽。

译文：69.2.3　太阳好、没有风、没有尘土时，将这样的盐溶液晒着，就可以得到盐。浮在水面上随即撇出来的，称为"花盐"；它的光彩和厚薄，和作药用的石钟乳（纯净碳酸钙）粉相似。

69.2.4　久不接取，即成"印盐"：大如豆，正四方，千百相似。成印辄沉①，漉取之。

注释：①印：现在见到的“汉印”，都是接近于正立方体的六面体。食盐的结晶，是等轴的正立方体，即正六面体，和“印”相像。

译文：69.2.4 如果不把花盐撇去，时间久了，就会生成“印盐”：像豆子大小的颗粒，正四方形，几百成千颗，彼此相像”生成了“印”，就会沉到底下去，可以漉起来。

69.2.5 花、印二盐，白如珂雪[①]，其味又美。

注释：①珂（kē）：“珂”字有两种解释：一种是《玉篇》所说“石次玉也”，即白色的燧石、蛋白石、雪花石之类。另一种，是《玉篇》所谓“螺属也”，即头足类乃至于腹足类的厚重介壳。总之，都是颜色洁白而具有光泽的不透明固体。

译文：69.2.5 花盐、印盐，都和“蛋白石”或雪一样洁白，味道也好。

作酱法第七十

题解：“酱”和后面的“酢”“豉”是我们祖国特有的酿造项目。我国作酱有悠久的历史，《论语》《礼记》中都记有“酱”，《史记》中所说的“酱”，已是商品，可见汉初已大规模制作了。《齐民要术》中记载的作酱法，是现存的最早的作酱法记录。

本篇首先介绍了用豆作酱的方法；接着又记述了用各种肉类作酱的方法，有肉酱、鱼酱、虾酱等。实际上，古代的酱多用动物性蛋白质，即各种肉类作为材料。“酱”字右上角，就是一个“肉”字。所有这些酱的作成，都得利用黄衣、黄蒸或曲末作引子，促使蛋白质加水分解，生成为可溶性氨基酸，以及一定分量的谷氨醯胺，因此产生很“鲜”的味道。作“燥脡（shán）”或“生脡”，则是利用已成的酱防腐，使肉类在不腐的条件中，起“自铄性分解”；作“鱁鮧”“藏蟹”，也是利用肌肉中的组织蛋白酶所发生的“自铄性分解”，不过是先加大量的盐，防止微生物的扰乱。这与作酱需要用曲菌来引起蛋白质水解是大不相同的。这些食物的制成品中所含的成分虽和酱有些相似，由于引起分解的因素大不相同，它们与“酱”应是两类。但在贾思勰的时代，对这些复杂的科学原理还不可能了解，它们都被视为鲜美的“酱”，所以《齐民要术》将其汇集作为一篇。

本篇共介绍了9种作酱的方法和5种所含成分近似酱的美味。记述十分详尽，可操作性强。

70.1.1　十二月正月，为上时；二月为中时；三月为下时。

译文：70.1.1　十二月、正月，是最好的时候；二月，是中等时令；三月已是最迟的时令。

70.1.2　用不津瓮：瓮津则坏酱。常为菹酢者，亦不中用之①。置日中高处石上。夏雨，无令水浸瓮底。以一铚锹（一本作“生缩”）铁钉子②，背岁杀钉著瓮底石下③。后虽有妊娠妇人食之，酱亦不坏烂也。

注释：①常为菹酢者，亦不中用之：这句，可以解释，但不很妥贴，怀疑有错字：“常”字应当是“尝”，“之”字可能是“也”。即“尝为菹酢者，亦不中用也”。曾经用来作过菹或醋的瓮，现在空着，也不好用，似乎比较合情理。“常常用来作菹作醋的”，似乎不容易空出，空出也不大会用来作酱。

②鉎锹（shēng shòu）：铁生锈。鉎，金属所生的锈。锹，铁锈。《大广益会玉篇》中记载“锹”字的解释，是“铁锹也”；“锹”是“鉎也”。即现在写作“锈”的原字。现在粤语系统方言中，还保持着“鉎锹”这个名词，读sáng sóu。

③背：背对着。

译文：70.1.2 用不渗漏的瓮子：瓮子渗漏，酱便会坏。曾经酿过醋或作过菹的，也不可以用。放在太阳能晒到的、高处的石头上。夏天下雨时，不要让雨水浸着瓮底。把一个生锈了的铁钉子，背向着“岁杀”的方向，钉在瓮底下的石头下面。以后，就是有怀孕的女人吃过这酱，它也不会坏或烂。

70.1.3 用春种乌豆，春豆粒小而均；晚豆粒大而杂。于大甑中燥蒸之[①]。气馏半日许。复贮出，更装之[②]；回在上居下，不尔，则生熟不多调均也[③]。气馏周遍。以灰覆之[④]，经宿无令火绝。取干牛屎，圆累，令中央空，然之不烟，势类好炭。若能多收，常用作食，既无灰尘，又不失火，胜于草远矣。

啮[⑤]，看：豆黄色黑极熟[⑥]，乃下。曰曝取干。夜则聚覆，无令润湿。

注释：①甑（zèng）：蒸食炊器。其底有孔，古用陶制，殷周时代有以青铜制的，后多用木制。俗称甑子。燥蒸：即将干豆子，不另加水，在甑里蒸。

②更装之：换过来装。

③不多：显然是“多不”写倒了。“多”作副词，即现在口语中的“多半”。

④灰覆之：用灰把火盖住。之，指火。很可能“之”原来竟是“火”字烂成。

⑤啮（niè）：咬。⑥豆黄：“乌豆”，是种皮黑色的黑大豆。黑皮大豆的种仁，仍是黄色，所以称为“豆黄”；豆黄经过长久蒸煮，接触空气后，颜色可以变成很深暗。

译文：70.1.3 用春天下种的黑大豆作材料，春天种的大豆，豆粒小，而且很均匀；晚种的，粒大些但不齐整。在大甑里面干蒸。让水汽通过半天光景。倒出来，再装一遍；让原来在上面的，转到下面，不这样，就会有些生有些熟，多半不会均匀。气馏到全面普遍。然后用灰把火盖住，整夜不要让火熄灭。用干牛粪，堆成圆堆，让中心空着；这样，烧着之后没有烟，火力像好炭一样。要是能够大量收积干牛粪，常常烧来烹煮食物，没有灰尘，又不会嫌过火，比烧草好得多。

咬开来看，如果豆瓣颜色黑了，又熟透了，就取下来。太阳下晒到干。晚上聚集着，

盖上，不能让它潮湿。

70.1.4　临欲舂去皮①，更装入甑中，蒸，令气馏则下。一日曝之。明旦起，净簸②，择；满臼舂之而不碎③。若不重馏，碎而难净。

注释：①舂（chōng）：用杵臼捣去谷物的皮壳。

②簸（bǒ）：动词。上下颠动盛有谷米等物的簸箕，分离并扬去其中的糠秕、尘土等杂物。

③臼（jiù）：舂米器。

译文：70.1.4　到要把皮舂掉时，再装到甑里，蒸，让水汽上去，再取下。晒一天。明天早起，簸净，选择妥当；装满臼来舂，不会碎。如果不这么再馏一下，直接去舂，容易碎，而且不容易洁净。

70.1.5　簸，拣去碎者。作热汤，于大盆中浸豆黄。良久，淘汰，挼去黑皮，汤少则添；慎勿易汤！易汤则走失豆味，令酱不美也。漉而蒸之。淘豆汤汁，即煮碎豆，作酱，以供旋食。大酱则不用汁。一炊顷，下，置净席上，摊令极冷。

译文：70.1.5　舂过，再簸，拣掉破碎了的。烧上热水，把豆瓣在大盆里浸着。过很久，淘洗，搓掉黑皮，热水不够，可以添些；千万不要倒掉换水！换水，豆味走失了，酱也就不好了。漉出来，蒸。淘洗豆子所得的汤汁，就用来煮零碎的豆子，作成酱，供给随即食用。作大酱不需要用汤汁。大约像作一顿饭那么久，取下来，放在洁净的席子上，摊开，让它冷透。

70.1.6　预前，日曝白盐、黄蒸、草蓠居恤反、麦曲①，令极干燥。盐色黄者，发酱苦②；盐若润湿，令酱坏。黄蒸令酱赤美；草蓠令酱芬芳。蓠，挼、簸去草土③；曲及黄蒸，各别捣末，细簁④；马尾罗弥好⑤。

大率：豆黄三斗，曲末一斗，黄蒸末一斗，白盐五升，蓠子三指一撮⑥。盐少令酱酢；后虽加盐，无复美味。其用神曲者，一升当笨曲四升，杀多故也⑦。

豆黄堆量，不概⑧；盐曲轻量，平概。

注释：①草蓠（jú）：菜名，种子可作香料。石按：有人认为“蓠”即马芹。但在《齐民要术》的73.1.5中，两次将草蓠和马芹子并列，则它们显然不是同一种植物。但《本草纲目》引苏恭《唐本草》说：“马芹生水泽旁……子黄黑色，似防风子，调食味用之，香似橘皮，而无苦味”，又似乎说明了马芹就是“蕎”，尤其是“香似橘皮”，说明了一名为“蕎”的原因。“蕎”究竟是什么植物？仍待再做考证。下文“挼、簸去草土’，“三指一撮”，说明它是种子或小形果实。怀疑是马芹的种子或小形果实。

②发酱苦：与下文各句对比来看，怀疑“发”字应作‘令”。

③挼（ruó）：揉搓，摩挲。

④簁（shāi）：即“筛”。此处作动词用，指将物置于筛内摇动，使粗细分离。今日口语中常说“用筛子过东西”。

⑤马尾罗：用马尾毛作的罗。“罗”是一种密孔筛子。此处用作动词，用马尾罗筛过。

⑥三指一撮（cuō）：用三指抓取的份量。撮，用三指取物，抓取。

⑦杀多：指“神曲”的消化力强。

⑧概：即用概括平。概，用来刮平升、斗等量器在量物时量器口上“堆尖”部分的小器具。此处概作动词用。

译文：70.1.6　事前，预先将白盐、黄蒸、草蕎、麦曲四样，在太阳下晒到干透燥透。盐的颜色如果是黄的，作成的酱味道就会带苦；盐如果不干，会使酱坏。用黄蒸，可以使酱发红，味也好；草蕎子可以使酱芳香。草蕎子，揉搓过，簸掉草和泥土；曲和黄蒸，分别捣成粉末，细细地过筛；用马尾罗筛过，分外地好。

一般的比率：豆瓣三斗，曲末一斗，黄蒸末一斗，白盐五升，草蕎子三个指头所抓起的那么多。盐少了，酱会酸；以后再加盐.也不会有好味。如果用神曲，一升神曲可以当四升笨曲用，因为它的消化力强。

豆黄堆尖量，不要括平；盐和曲，松松地量，括平。

70.1.7　三种量讫，于盆中，面向“太岁”和之[①]，向太岁，则无蛆虫也。搅令均调；以手痛挼，皆令润彻。

亦面向太岁，内著瓮中。手挼令坚[②]，以满为限。半则难熟。

盆盖密泥，无令漏气。

注释：①太岁：是中国古代天文和占星中虚拟的一颗与岁星（木星）相对并相反运行的星。

②挼：“挼”字用在这里，不甚合适。怀疑是字形相似的“按”字。

译文：70.1.7　三种都量好，面对着本年“太岁”的方位，在盆里拌和，面对太岁，可以不生蛆虫。搅到均匀；用手使劲搓揉，使样样都湿透。还是面对着“太岁”方位，放到瓮子里。用手按紧，务必要满。半满就难得熟。用盆盖着瓮口，用泥密封着，不让漏气。

70.1.8　熟便开之。腊月，五七日；正月、二月，四七日；三月，三七日。当纵横裂，周回离瓮，彻底生衣。悉贮出，搦破块④，两瓮分为三瓮。

注释：①搦（nuò）破块：捏破成块。

译文：70.1.8　熟了便开封。腊月，要五个七日；正月、二月，要四个七日；三月，三个七日就熟了。瓮里会纵横开裂，周围也离开瓮边，到处表面都长满了衣。全都掏出来，捏破成块，把两瓮的内容，分作三瓮。

70.1.9　日未出前，汲井花水①，于盆中以燥盐和之。率：一石水，用盐三斗，澄取清汁。

注释：①井花水：清早从井里第一次汲出来的水。

译文：70.1.9　在太阳没出以前，汲出“井花水”，在盆里和上干盐。比例是一石水，用盐三斗，溶后，搅匀，澄清，取上面的清汁应用。

70.1.10　又取黄蒸，于小盆内减盐汁浸之①。挼取黄渖②，漉去滓，合盐汁泻著瓮中。率：十石酱，用黄蒸三斗。盐水多少，亦无定方；酱如薄粥便止。豆干，饮水故也。仰瓮口曝之。谚曰：“萎蕤葵，日干酱”③，言其美矣。

注释：①减：“减”可以勉强解为“少用”，但究竟很牵强。怀疑是“挹”“以”“取”或“清”“咸”等字。

②挼取黄渖（shěn）：即用手搓揉，挤出黄汁。渖，汁。

③萎蕤（ruí）葵：此处形容葵菜被太阳晒得软沓沓的样子。蕤，草木纷披下垂的样子。

译文：70.1.10　另外取一些黄蒸，在小盆里，用清盐汁浸着。用手搓揉，取得黄色的浓汁，漉掉渣，和上盐汁，一起倒进瓮里。比例：十石酱，用三斗黄蒸。用多少盐水，倒不一定；总之把酱调和到像稀糊糊一样就行了。因为豆瓣干了，会吸收水分。敞开瓮口，让太阳晒。俗话说：“软沓沓的葵菜，太阳晒的干酱。”都是说好吃的东西。

70.1.11　十日内，每日数度，以杷彻底搅之。十日后，每日辄一搅。三十日止。雨，即盖瓮，无令水入！水入则生虫。每经雨后，辄须一搅解。

译文：70.1.11　初晒的十天，每天都要用杷彻底地搅几遍。十天以后，每天搅一遍。到满了三十天，才停手。下雨就盖上瓮子，不要让雨水进去。进了雨水就会生虫。每下过一次雨之后，就要搅开一回。

70.1.12　后二十日，堪食；然要百日始熟耳。

译文：70.1.12　过了二十天，就可以吃。但总要满一百天，才真正熟透。

70.2.1　术曰[①]："若为妊娠妇人坏酱者，取白叶棘子著瓮中，则还好。"俗人用孝杖搅酱及炙瓮[②]，酱虽回，而胎损。

注释：①术：《齐民要术》所引的书，都有可查的根据。唯有这个"术"是什么，很难追查。

②孝杖：即"孝子"在丧礼中所用的"杖"。

译文：70.2.1　"术"里说："酱如果因为怀孕妇人的关系而坏了的，将白叶酸枣放在酱瓮里，可以恢复好。"一般人用孝杖在坏了的酱里搅拌，或者烧酱瓮，酱虽然可以恢复好，但是本质却受了损失。

70.3.1　乞人酱时[①]，以新汲水一盏和而与之，令酱不坏。

注释：①乞：作自动词，即今日口语中的"给"。

译文：70.3.1　给酱给人家的时候，用一盏新汲水，和在里面给他，酱可以不坏。

70.4.1　肉酱法：牛、羊、獐、鹿、兔肉，皆得作。取良杀新肉，去脂细锉。陈肉干者不任用。合脂，令酱腻。晒曲令燥，熟捣绢簁。

译文：70.4.1　作肉酱的方法：牛肉、羊肉、獐肉、鹿肉、兔肉，都可以作、取活杀的新鲜好肉，去掉脂肪，斫碎。干了的陈肉不合用。连脂肪作，酱就嫌腻。曲要晒干燥，捣细，用绢筛筛过。

70.4.2　大率：肉一斗，曲末五升，白盐二升半，黄蒸一升。曝干，熟捣，绢簁。盘上

和令均调，内瓮子中，有骨者，和讫先捣，然后盛之。骨多髓，既肥腻，酱亦然也。泥封日曝。

译文：70.4.2　一般的比例：一斗肉，五升曲末，二升半白盐，一升黄蒸。晒干，捣细，绢筛筛过。在盘子里拌和均匀，放进瓮里，有骨头的，和了先捣，再盛进瓮。骨头里骨髓多，就很肥腻，酱也就会肥腻。瓮口用泥封上，搁在太阳下面晒着。

70.4.3　寒月作之，宜埋之于黍穰积中。

译文：70.4.3　如果冷天作，要埋在黍穰堆里面。

70.4.4　二七日，开看；酱出④，无曲气，便熟矣。

注释：①酱：指肉类分解产物与食盐及酒精的浓混合溶液，也就是“酱”的原有意义。近代欧洲用的浓缩肉汁（如德国的Magi，英国的bovril，oxo之类）多少有些像这样的“酱”。

译文：70.4.4　过了两个七天，打开来看；酱已出来，没有曲气味，就是成熟了。

70.4.5　买新杀雉①，煮之令极烂，肉销尽，去骨，取汁。待冷，解酱②。鸡汁亦得。勿用陈肉，令酱苦腻。无鸡雉，好酒解之。还著日中。

注释：①雉（zhì）：雉科类鸟的统称。俗称野鸡。

②解：解释、化解、融解，就是加一点东西下去，冲淡或稀释。

译文：70.4.5　买新杀死的雉，煮到极烂，肉都融化到汤里了，漉去骨头，取得汤汁。等冷了冲稀所得的酱。鸡汁也可以。总之不要用陈肉，用陈肉就会使酱太腻。没有鸡或雉，就用好酒解。再在太阳下晒。

70.5.1　作卒成肉酱法①：牛、羊、獐、鹿、兔肉、生鱼②，皆得作。细锉肉一斗，好酒一斗，曲末五升，黄蒸末一升，白盐一升。曲及黄蒸，并曝干，绢簁。唯一月三十日停，是以不须咸，咸则不美。盘上调和令均，捣使熟，还擘碎如枣大。

注释：①卒：仓卒，匆卒，急速。现在一般写作“猝”。②生鱼：与“干鱼”相对，即新鲜的（不一定是活的）鱼。

译文：70.5.1　作速成肉酱的方法：牛肉、羊肉、獐肉、鹿肉、兔肉和鲜鱼都可以作。一斗斫碎了的肉，一斗好酒，五升曲末，一升黄蒸末，一升白盐。曲和黄蒸，都要先晒干，绢筛筛过。因为只可以保留一个月三十天，所以不要太咸，咸了味道就不够鲜美。在盘子里拌和均匀，捣到很熟，再掐碎，成为枣子大小的块。

70.5.2　作浪中坑①，火烧令赤。去灰，水浇，以草厚蔽之，令坩中才容酱瓶②。

注释：①浪中坑：就字面望文生义是无法解释的。与浪字同音的“阆”，有中空的意义，《庄子·外物篇》“胞有重阆”，扬雄《甘泉赋》“阆阆阆其寥阔兮”，都作中空讲；现在湖南、广西口语中还有“空阆阆”和“阆空”的说法。因此，假定“浪中坑”即是“阆中坑”，也就是中间一处特别深下去，成为一个中空的“坎”的坑。

②坩（gān）：原义为土制的容器。此处应是指地面凹陷之处，坑穴。即“坎”。

译文：70.5.2　在地里掘一个中间空的坑，用火烧红。把灰去掉，用水浇过了在坑里厚厚地铺上草，草中央留出一个“坎”，坎里面刚好可以搁下酱瓶。

70.5.3　大釜中，汤煮空瓶令极热；出，干。

掬肉内瓶中①，令去瓶口三寸许。满则近口者燋。碗盖瓶口，熟泥密封，内草中，下土。厚七八寸。土薄火炽，则令酱燋②。熟迟，气味美好。燋是以宁冷不燋，食虽便不复中食也③。

于上燃干牛粪火，通夜勿绝。明日周时，酱出便熟。若酱未熟者，还覆置，更燃如初。

注释：①掬（jū）：两手相合捧物。

②令：引起，产生……结果。

③燋是以宁冷不燋、食虽便不复中食也：无法依现在的文句解释。怀疑钞错。原文可能是“是以宁令不熟，不令燋；燋，便不复中食也”。即第一个“燋”字是误多的；“冷”字原是“令”字，第二个“燋”字原是“熟”字，都是字形相似而钞错；“不”字漏去；“食”字又是“令”字钞错，“虽”字应当是重复的两个“燋”字。下面的另一个小注：“若酱未熟者，还覆置，更燃如初”，可以说明“宁令不熟”是可以补救的，而“燋，便不复中食”，这样，全节便很明显很容易理解了。

译文：70.5.3　在大锅里烧上开水，将空瓶煮到极烫；拿出来，让它干。

将肉灌进瓶里，到离瓶口三寸左右就不装了。装满了，近口的肉就会烧焦。小碗盖住瓶口，用和熟了的泥密封，放进坑中的草中心。填上泥土，要有七八寸厚的土。土太薄，火旺时就会把酱烧焦。土厚些，虽然熟得慢些，但酱的气味美好。所以宁可让它不熟，不可以让它饶焦。烧焦，就再也不能吃了。

在填的土上面，把干牛粪烧起来，一整夜不要熄灭。明天，过了一整昼夜，酱渗出来，也就熟了。如果没有熟，再盖上填上，像前一次一样再烧一遍。

70.5.4　临食，细切葱白，著麻油炒葱，令熟，以和肉酱，甜美异常也。

译文：70.5.4　要吃时，将葱白切细，用麻油炒葱，炒熟后，和到肉酱里，便会非常甜美。

70.6.1　作鱼酱法：鲤鱼鲭鱼第一好[①]；鳢鱼亦中[②]。鲚鱼鲇鱼即全作，不用切。去鳞，净洗，拭令干。如脍法[③]，披破缕切之[④]。去骨。

注释：①鲭（qīng）：青鱼。

②鳢（lǐ）：即“鲖鱼”“黑鱼”“乌鱼”“七星鱼”“乌棒”；西江流域称为“生鱼”。

③脍（kuài）：细切肉，即极细的丝或极薄的片。④披破缕切：破开，切成条。披，劈开。缕，丝条。

译文：70.6.1　作鱼酱的方法：最好是鲤鱼、鲭鱼；鳢鱼也可以用。如果用鲚鱼或鲇鱼，就整条地作，不要切。去掉鳞，洗洁净，揩干。像作鱼脍一样，破开，切成条，挑去鱼刺。

70.6.2　大率：成鱼一斗，用黄衣三升，一升全用，二升作末。白盐二升，黄盐则苦。干姜一升，末之。橘皮一合[①]，缕切之。和令调均，内瓮子中，泥密封，日曝。勿令漏气。

注释：①一合：按王莽“嘉量”一斗约等于2.1市升计算，一合只有0.021市升，就是21毫升。橘皮一合，如何量法，有些难于想像。卷九“炙”法中还有半合的情况，是10毫升，便更难了解了。不过炙法中的橘皮，也许是干后研成了末的。

译文：70.6.2　比例：已切成的鱼一斗，用三升黄衣，一升整的，二升捣成粉末。二升白盐，用黄盐味便苦。一升干姜，捣成朱。一合橘皮。切成丝。拌和均匀，放进瓮里，用泥将瓮口密封，在太阳里晒，不要让它漏气。

70.6.3 熟，以好酒解之。

译文：70.6.3 熟了之后，用好酒冲稀。

70.7.1 凡作鱼酱、肉酱，皆以十二月作之，则经夏无虫。余月亦得作；但喜生虫，不得度夏耳。

译文：70.7.1 凡属作鱼酱、肉酱，都要在十二月里作，才可以过夏天，不生虫。其余各月也可以作；不过容易生虫，不能过夏天。

70.8.1 干鲚鱼酱法[1]：一名刀鱼。六月、七月，取干鲚鱼，盆中水浸，置屋里。一日三度易水，三日好，净。漉、洗，去鳞，全作勿切。

注释：①鲚（jì）：又名刀鱼。鱼纲，鳀科。体侧扁，尾部延长，银白色。胸鳍上部有游离的丝状鳍条，尾鳍不对称，腹部有棱鳞。雌大雄小。这是一种生活在海洋中的鱼，春夏集群洄游到江河产卵，形成鱼汛。我国长江流域盛产。主要种类有凤鲚（加工品称凤尾鱼）、刀鲚等。为名贵的经济鱼类。

译文：70.8.1 用干鲚鱼作酱的方法：鲚鱼又名“刀鱼”。六月、七月将干鲚鱼，在盆里用水浸着，放在屋子里。一天换三次水，三天之后，好了，清洁了。漉出来，洗过，去掉鳞，整只地作，不要切。

70.8.2 率：鱼一斗，曲末四升，黄蒸末一九。无蒸，用麦蘖末，亦得。白盐二升半。于槃中和令均调[1]。布置瓮子，泥封，勿令漏气。

注释：①槃（pán）：同“盘”，木盘，古代盛水器皿。

译文：70.8.2 用料比例：一斗鱼，用四升曲末，一升黄蒸末。没有黄蒸，用麦蘖末也可以。二升半白盐，在盘子里拌和均匀。布置在瓮子里，用泥封口，不要让它漏气。

70.8.3 二七日便熟，味香美，与生者无殊异。

译文：70.83　过两个七天，就熟了。味道香美，和新鲜鱼作的，没有差别。

70.9.1　《食经》作麦酱法：小麦一石，渍一宿，炊。卧之，令生黄衣。以水一石六斗，盐三升，煮作卤。澄取八斗，著瓫中，炊小麦投之，搅令调均。覆著日中，十日可食。

译文：70.9.1　《食经》中的作麦酱法：小麦一石，水浸一夜，炊熟。㷂到生成黄衣。用一石六斗水，三升盐，煮成盐水。澄清，取得八斗清汁，放进瓫中，将炊熟的小麦放下去，搅拌均匀。盖着，在太阳里晒，十天之后就可以吃。

70.10.1　作榆子酱法①：治榆子人一升②，捣末，筛之。清酒一升，酱五升，合和。一月可食之。

注释：①作榆子酱法：可能这一条和后几条（70.11、70.12、70.13、70.14等）都是出自《食经》的。

②人：现在写作"仁"，从前都用"人"字。

译文：70.10.1　作榆子仁酱的方法：将榆子仁一升，整治洁净，捣成粉末，筛过。加上一升清酒，五升酱，拌和均匀，一个月就可以吃了。

70.11.1　又鱼酱法：成脍鱼一斗①，以曲五升，清酒二升，盐三升，橘皮二叶，合和。于瓶内封。一日可食②，甚美。

注释：①成脍鱼：切成了脍的鱼。

②一日：怀疑是"一月"写错。

译文：70.11.1　又，作鱼酱的方法：已经切成脍的鱼一斗，用五升曲，二升清酒，三升盐，两片橘皮，一并拌和，封在瓶里。一个月之后，可以吃，味很鲜美。

70.12.1　作虾酱法：虾一斗，饭三升为糁①。盐二升，水五升，和调，日中曝之。经春夏不败。

注释：①糁（sǎn）：指用饭粒掺和其他食物制成的食品。缪启愉先生在《齐民要术译注》中分析：把米饭加入腌制的鱼肉中，淀粉糖化后，经乳酸菌作用产生乳酸，有一种酸香味，且有防腐作用。糁读shēn时，则指谷物磨成的小碎粒。

译文：70.12.1　作虾酱的方法：一斗虾，加上三升饭作为“糁”。另外加二升盐，五升水，和均匀，在太阳里晒，可以经过春天夏天不至于坏。

70.13.1　作燥脡丑延反法[①]：羊肉二斤，猪肉一斤，合煮令熟，细切之。生姜五合，橘皮两叶，鸡子十五枚，生羊肉一斤，豆酱清五合[②]。先取熟肉，著甑上蒸，令热；和生肉。酱清、姜、橘皮和之。

注释：①燥脡（shān）：肉酱。若按70.13.1及70.14.1的介绍，可理解为：“燥脡”是生熟肉加调料混合而成。生肉加调料作的则称“生脡”。石按：“燥”即干。既用豆酱清和之，便不是“燥”的。如推想“燥”原为“糁”字的异体字“糁”错成，则比较容易体会。②豆酱清：应当就是现在所谓“酱油”。北方有些地方，至今还称为“清酱”。清，滤去渣所得溶液。

译文：70.13.1　作燥脡的方法：二斤羊肉，一斤猪肉，一起煮熟，切碎。用五合生姜，两片橘皮，十五个鸡蛋，一斤生羊肉，五合豆酱清。先将熟肉，在甑里蒸到热，再和上生羊肉。豆酱清、姜、橘皮也和上。

70.14.1　生脡法[①]：羊肉一斤，猪肉白四两[②]，豆酱清渍之。缕切生姜鸡子。春秋用苏蓼著之。

注释：①生脡法：石按：本节的“生”，可能仍是读音相近的“糁”（sǎn或shēn）字钞错（按粤语的读音，“生”从前可能读seng，sang；“糁”读sem或sam相近，“m”是粤语的鼻韵母）。《北堂书钞》卷一四五引《食经》有糁脡法，与此生脡法相似。

②猪肉白：望文生义，“白”字固然可以解释为肥肉，但更可能是多出的一个字。

译文：70.14.1　作生脡的方法：一斤羊肉，四两白猪肉，用豆酱清浸着，生姜切细丝，加上鸡蛋。春天秋天，用紫苏或蓼芽作香料加上。

70.15.1　崔寔曰：“正月可作诸酱，肉酱、清酱。”“四月立夏后，鲖鱼作酱[①]。”

注释：①鲖（tóng）：鱼名。即鳢鱼。

译文：70.15.1　崔寔《四民月令》说：“正月可以作各种酱，肉酱、清酱。”“四月，立夏以后，可以作鲖鱼酱。”

70.15.2　“五月可为酱：上旬鬻楚狡切豆[①]，中庚煮之[②]，以碎豆作末都[③]。至六七月之交，分以藏瓜。”“可作鱼酱。”

注释：①鬻（chǎo）：同“炒”。

②中庚：中旬逢庚的一天。

③末都：酱名。按所引崔寔的原文，是用碎豆作的酱。石按：其读音与“蓞音牟酴音头”极相近，可能“末都”就是榆荚加碎豆作成的榆子酱。

译文：70.15.2　“五月可以作酱：上旬，把豆炒干，中旬庚日煮，把碎豆作成‘末都’；到六月底、七月初，分些出来，用来保存瓜（作成酱瓜）。”“可以作鱼酱。”

70.16.1　作鱁鮧法[①]：昔汉武帝逐夷，至于海滨。闻有香气而不见物，令人推求。乃是渔父，造鱼肠于坑中，以至土覆之[②]。香气上达。取而食之，以为滋味[③]。逐夷得此物，因名之；盖鱼肠酱也。

注释：①鱁鮧（zhú yí）：鱼肠酱。

②至土：“至土”两字无法解释。《渐西村舍》本改作“坚土”，但未说明来历。“坚”字虽可以解说，但与海滨的情形不甚符合，怀疑是“溼”（“湿”的繁体）字；“溼”字烂后，容易看错成“至”字。

③滋味：段玉裁注解《说文解字》“味，滋味也”，说：“滋，言多也。”滋有慢慢增长的一种意义；滋味，应当解释为“长久留存，慢慢增长”的味道，也就是“隽永”这个形容词所描写的情况。

译文：70.16.1　作鱁鮧的方法：从前汉武帝追逐夷人，到了海滨。闻到香气，可是没有见到香东西，叫人去追问寻找。结果知道是渔翁，在坑里酿作鱼肠，用湿土盖上。香气是从土里冲上来的。拿来吃时觉得味道很长。因为追逐夷人得到这种东西，所以就给它一个名字“鱁鮧”；也就是鱼肠酱。”

70.16.2　取石首鱼、魦鱼、鲻鱼[①]，三种，肠、肚、胞[②]，齐净洗，空著白盐，令小倚咸。内器中[③]，密封，置日中。

注释：①石首鱼：中国最主要的一种海产经济鱼类。由于头盖骨内有坚硬如石的两颗豆大的耳石，故得此名。我国重要的种类有大黄鱼、小黄鱼。魦（shā）：同“鲨”，东海的沙鱼，即吹沙鱼，又名鲛。鲻（zī）：鱼名。体延长，前部略呈圆筒形，后部侧扁。头部平扁，吻宽而短，眼大。鳞片圆形，无侧线。生活于浅海及河口。

②胞：指鱼鳔。

③内（nà）：同“纳”，放入。

译文：70.16.2　将石首鱼、鲨鱼、鲻鱼三种鱼的肠、肚和鳔，一并洗净，只放些白盐，让它稍微偏咸一些。藏到容器里，密封，放在太阳里。

70.16.3　夏二十日，春秋五十日，冬百日，乃好。熟食时下姜酢等①。

注释：①酢（cù）：同“醋”。

译文：70.16.3　夏季过二十天，春秋两季五十天，冬季过一百天，就好了。熟了以后，吃时加姜、醋等。

70.17.1　藏蟹法：九月内，取母蟹。母蟹齐大①，圆，竟腹下；公蟹狭而长。得则著水中，勿令伤损及死者；一宿，则腹中净。久则吐黄，吐黄则不好。

注释：①齐：各版本中，此字有的作“脐”，也有作“齐”的，均应作“脐”字解释。

译文：70.17.1　作藏蟹的方法：九月里，收取母蟹。母蟹脐大，形圆，整个腹下都是脐占着；公蟹脐狭而长。得到，就放到水里面，不要让它们受伤受损或死亡：过一夜，腹部里面就洁净了。放得太久，就会“吐黄”，吐黄就不好了。

70.17.2　先煮薄餹。餹：薄饧。著活蟹于冷糖瓮中，一宿。煮蓼汤和白盐，特须极咸。待冷，瓮盛半汁；取餹中蟹，内著盐蓼汁中，便死。蓼宜少著，蓼多则烂。

注释：①餹（táng）：原指饴糖。后泛指糖。此处指稀的糖。

译文：70.17.2　先煮一些稀餹水。餹就是稀的饧。把水里过了夜的活蟹，放在盛糖水的瓮里，过一夜。煮些蓼汤，加上白盐，务必要作得极咸。等盐蓼汤冷了，用瓮盛半瓮这样的盐蓼汁，把糖水里浸的蟹，移到盐蓼汁里面，蟹就死了。要少搁些蓼，搁多了蓼，蟹就会坏烂。

70.17.3　泥封二十日，出之。举蟹齐，著姜末，还复齐如初。

译文：70.17.3　瓮口用泥封着，过二十天，取出来。揭开蟹脐，放些姜末下去，依然盖上脐盖。

70.17.4　内著坩瓮中①，百个各一器。以前盐蓼汁浇之，令没。密封，勿令漏气，便成矣。

注释：①坩（gān）瓮：陶瓮。坩，陶制的容器。

译文：70.17.4　放到坩瓮里面，一个容器放一百只。用原来的盐蓼汁浇下去，让水淹过蟹上面。密封，不要漏气，就成了。

70.17.5　特忌风里①，风则坏而不美也。

注释：①风里：即在风吹着的地方。可能“里”字是多余的。

译文：70.17.5　特别留心，忌遭风吹。风吹过，容易坏，坏了就不鲜美了。

70.18.1　又法：直煮盐蓼汤，瓮盛，诣河所。得蟹，则内盐汁里；满便泥封。虽不及前，味亦好。慎风如前法。

译文：70.18.1　另一个方法：直接煮成盐蓼汤，用瓮盛着，走到有河的地方。得到蟹，立刻放进盐汁里；瓮子装满，就用泥封上。虽然没有上一种方法那么好，但味道仍旧很鲜。也要像上一种方法一样，不可当风。

70.18.2　食时，下姜末调黄①，盏盛姜酢。

注释：①调黄：这个“黄”，仍应指蟹黄（即蟹的肝脏）。

译文：70.18.2　食时，黄里加些姜末调匀，用一个盏盛上姜醋蘸吃。

作酢法第七十一

题解：71.0.1—71.0.3为标题注。

“酢”就是现在的“醋”。本篇共记载了23种作醋的方法。

其中10种是用麲或曲使炊熟的粮食（粟米、秫米、大小麦、糯米、黍米、麸皮等）起酒精发酵后，再藉醋酸细菌的生物性将酒精氧化成醋酸。这一类“正统”的方法，大概就是最初做醋的办法。这种“正统”的醋，古来称为“醯”，很是珍贵：一般烹调时很少用它，而只用盐藏的梅子。

本篇71.9.1—71.11.1记述了3种用动酒（因酿造过程中保护不够周到，其他非酒精发酵物侵入，使酒变酸，《齐民要术》称为“酒动”）转作醋的方法；71.12.1—71.15.2记述了4种利用粮食加工后的副产品麸、糠和酒糟中残余的酒精做醋的方法；71.16.1—71.18.2介绍了3种直接在炊熟的豆类或粮食中直接加酒作醋的方法。这些都是利用醋酸细菌将酒精氧化成醋酸的微生物性变化。

在显微镜没有发明前，人们还不可能发现和认识微生物。但却已从积累的经验中摸索到众多利用它们的方法。贾思勰搜集并将它们整理（有的还亲自实践过）、记录下来，既让我们了解当时我们祖先食品加工的水平，也给后人以启示。

此外，本篇最后还记述了1种用乌梅泡水作成酸汁，2种用蜂蜜作材料作醋的方法。

71.0.1　酢，今醋也①。

注释：①酢（cù）：同“醋”。石按：这个标题注不会是贾思勰自己作的。“醋”本来读作zuò，解释是“客人以酒回敬主人”。与“酬”是“主人向客人敬酒”相对应，所以古代有“酬醋”这个说法。“酢”也可读zuò，解释也是“客以酒敬主人”。在后来使用的过程中它们互换了，现在把饮酒时主客互相敬酒或朋友酒食往来称“酬酢”。而宋代中叶后，用“醋”字作为酱醋的“醋”，已成大家的习惯，才会有人专门作“酢，今醋也”这种声明。所以，下面的释文中，我们就直接用“醋”字。

译文：71.0.1　酢就是现在的醋。

71.0.2　凡醋瓮下，皆须安砖石，以离湿润。

译文：71.0.2　醋瓮下面，都要放砖或石头，隔离水湿。

71.0.3　为妊娠妇人所坏者，车辙中干土末一掬著瓮中，即还好。

译文：71.0.3　醋因为怀孕女人的关系变坏了的，可以向车辙里取一把干土末，搁在醋瓮里，就可以再变好。

71.1.1　作大酢法①：七月七日取水作之。

注释：①作大酢法：下面的叙述，应当作大字正文。本篇、下篇都是这样，下篇不再注明了。

译文：71.1.1　作大醋的方法：七月初七日，取好水，储备着作。

71.1.2　大率麦䴵一斗，勿扬簸！水三斗，粟米熟饭三斗，摊令冷。任瓮大小，依法加之，以满为限。

译文：71.1.2　比例：一斗麦䴵，不要簸扬！三斗水，三斗摊冷了的粟米熟饭。依瓮的大小，按照这个比例加减，总之装满为限。

71.1.3　先下麦䴵，次下水，次下饭，直置勿搅之。以绵幕瓮口，拔刀横瓮上。

译文：71.1.3　先把麦䴵放进瓮里，再将水放下去，再放饭，就这么直放下去，不要搅拌。用丝绵蒙住瓮口，将一把拔出鞘的刀，横搁在瓮上。

71.1.4　一七日旦，著井花水一碗；三七日旦，又著一碗，便熟。

译文：71.1.4　过了一个七天，清早，倒一碗新汲井水下去；第三个七天清早，又倒一碗井水下去，就熟了。

71.1.5　常置一瓠瓢于瓮，以挹酢①。若用湿器咸器内瓮中，则坏酢味也。

注释：①挹（yì）：酌，以瓢舀取。

译文：71.1.5　经常放一口瓠作的瓢在醋瓮里，用来舀醋。如果用湿的或者咸的器皿下到瓮中，醋的味道会变坏。

71.2.1　秫米神酢法①：七月七日作。置瓮于屋下。

注释：①秫（shú）：《汉语大字典》解释为：谷物之有黏性者。稷之黏者、粟之黏者、稻之黏者均可称秫。

译文：71.2.1　秫米神醋的作法：七月初七日作，将瓮子放在屋里。

71.2.2　大率：麦䴵一斗，水一石，秫米三斗。无秫者，黏黍米亦中用。随瓮大小，以向满为限。

译文：71.2.2　比例：一斗麦䴵，一石水，三斗糯米。没有糯米，也可以用黏黍米。依瓮的大小，按比例加减材料总要装满为限。

71.2.3　先量水，浸麦䴵讫。然后净淘米，炊为再馏，摊令冷。细擘曲破，勿令有块子。一顿下酿，更不重投。又以手就瓮里，搦破小块，痛搅，令和如粥乃止。以绵幕口。

译文：71.2.3　先量些水，把麦䴵浸着。然后把米淘净，炊成再馏饭，摊冷。把曲劈开成小点，不要有大块。一次过，把饭放下去，不再下第二次酘。用手就着瓮里，将小饭块捏破，用力搅拌，让它像粥一样均匀，就停手。用丝绵蒙住瓮口。

71.2.4　一七日，一搅；二七日，一搅；三七日，亦一搅。一月日极熟。

译文：71.2.4　过了第一个七天，搅拌一次；第二个七天，又搅拌一次；过三个七天，再搅拌

一次。一个月日子过完，就完全熟了。

71.2.5　十石瓮，不过五斗淀；得数年停，久为验。

译文：71.2.5　容量十石的瓮里，酿成后剩下的沉淀不过五斗；所得的醋，可以保留用几年，日子久了，就可以证明它的好处。

71.2.6　其淘米泔，即泻去；勿令狗鼠得食。馈黍亦不得人啖之①。

注释：①馈（fēn）：即蒸饭，煮米半熟用箕漉出再蒸熟。

译文：71.2.6　淘米所得泔水，随即倒掉；不要让狗或老鼠吃到。炊得的馈饭，也不要让。

71.3.1　又法：亦以七月七日取水。

译文：71.3.1　另一方法：也是七月七日把水取好。

71.3.2　大率：麦䴸一斗，水三斗。粟米熟饭三斗。随瓮大小，以向满为度。

译文：71.3.2　比例：一斗麦䴸，三斗水，三斗粟米熟饭。按这个比例依瓮的大小，以装满为限。

71.3.3　水及黄衣，当日顿下之。其饭，分为三分：七日初作时，下一分；当夜即沸。又三七日①，更炊一分，投之。又三日，复投一分。

注释：①又三七：前面并无其他的三七日；这里用“又三七日”，颇为可疑，也许这里只是“二七”，下面一句里“又三日”，则应当是“三七日”。

译文：71.3.3　水和黄衣，当天一次放下去。饭分作三分：第一个七天，初作的时候，下第一分；当天晚上就会冒气泡。过了第三个七天，再炊一分酘下去。再过三天，再酘一分。

71.3.4　但绵幕瓮口，无横刀益水之事。溢即加甑。

译文：71.3.4　只要用丝绵蒙住瓮口，不须要在瓮口上搁刀，也不要加井花水。如果满出来可以加一段甑。

71.4.1　又法：亦七月七日作。

译文：71.4.1　另一方法：也是七月初七日作。

71.4.2　大率：麦䴷升，水九升，粟饭九升。一时顿下，亦向满为限。绵幕瓮口，三七日熟。

译文：71.4.2　比例；是一升麦䴷，九升水，九升粟饭。同时一次下，也以瓮装满为限。用丝绵蒙住瓮口，第三个七天，便熟了。

71.4.3　前件三种酢，例清少淀多。至十月中，如压酒法，毛袋压出，则贮之。其糟别瓮水澄，压取先食也。

译文：71.4.3　以上三种醋，一概都是清液少，滓多的。到了十月里，像压酒一样，用毛袋隔着压出来，收藏着慢慢使用。剩下的糟，加上水，在另外的瓮里澄清后，压出来先吃。

71.5.1　粟米曲作酢法：七月、三月向末为上时，八月四月亦得作。

译文：71.5.1　用粟米和曲来作醋的方法：七月底、三月底是最好的时候，八月四月也可以作。

71.5.2　大率：笨曲末一斗，井华水一石①，粟米饭一石。

注释：①井华水：即井花水，清早从井里第一次汲出来的水。“花”字是六朝人才渐渐用开来的，以前都用“华”字。

译文：71.5.2　比例：笨曲末一斗，清晨新汲的井花水一石，粟米饭一石。

71.5.3　明旦作酢，今夜炊饭，薄摊使冷。日未出前，汲井花水，斗量著瓮中。量饭著盆中或

栲栳中，然后写饭著瓮中。写时直倾之，勿以手拨饭。

译文：71.5.3　明早作醋，今晚把饭炊好，摊成薄层，让它冷。太阳没出来以前，汲得井花水，用斗量到瓮里。饭，先量到盆子里或柳条栲栳里，然后一次过倒进瓮。倒时，要一直倒，不可用手拨动。

71.5.4　尖量曲末，写著饭上。慎勿挠搅！亦勿移动！绵幕瓮口。

译文：71.5.4　曲末，量时要起尖堆；量好，倒在饭上面。千万不要搅拌，也不要移动。用丝绵蒙住瓮口。

71.5.5　三七日熟。美酽少淀，久停弥好。

译文：71.5.5　三个七天之后，就成熟了。味道好，而且浓，滓又少，越搁得久越好。

71.5.6　凡酢未熟，已熟而移瓮者①，率多坏矣。熟则无忌。接取清，别瓮著之。

注释：①已熟而移瓮者：与下文“熟则无忌”相联看来，这里“已熟”两字显然是多余的。

译文：71.5.6　醋没有熟，换瓮子，一般都会坏。已经熟了，就不要紧。舀取上面的清液，放在另外的瓮里储存。

71.6.1　秫米酢法：五月五日作，七月七日熟。

译文：71.6.1　作糯米醋的方法：五月初五作，七月初七成熟。

71.6.2　入五月，则多收粟米饭醋浆，以拟和酿，不用水也。浆以极醋为佳。

译文：71.6.2　进五月初，就多收下一些粟米饭酸浆水，准备和进去酿醋，不用水。浆水越酸越好。

71.6.3　末干曲，下绢筛，经用①。粳秫米为第一，黍米亦佳。米一石，用曲末一斗，曲多则醋不美。

注释：①经用："经"字不可解；怀疑是字形相似的"迳"字，即"迳直"，直接。也可能是"候""备"等字烂成。

译文：71.6.3　把干曲捣成粉末，绢筛筛过，听候应用。粳米糯米最好，黍米也好。一石米，用一斗曲末，曲多了醋就不鲜美。

71.6.4　米唯再馏，淘不用多遍。初淘，渖汁，写却；其第二淘泔，即留以浸馈。令饮泔汁尽，重装，作再馏饭。

译文：71.6.4　米只需要再馏，也不需要淘很多次。第一次淘米的泔水，倒掉；第二次淘米的泔水，就留下来浸馈饭。让馈饭将泔汁吸尽，重新装进甑去，再炊一次，作成再馏饭。

71.6.5　下，掸去热气①，令如人体，于盆中和之；擘破饭块，以曲拌之，必令均调。下醋浆更搦破，令如薄粥。粥稠则酢尅②，稀则味薄。内著瓮中，随瓮大小，以满则限。

注释：①掸（dǎn）：解作"急排"，即很快地拂打。这个用法，现在的方言中还保存着，例如用鸡毛帚子扫去灰尘，称为"掸灰"之类。

②尅（kè）：应写作"�"，即减少。

译文：71.6.5　将再馏饭倒出来，掸掉热气，到和人的体温一样时，在盆里拌和着；把饭团弄碎，拌下曲来，务要均匀。将酸浆水和下去，又捏破捏散，使整个混合物像清粥一样。粥太稠，醋分量就少；太稀，醋味就不够厚。放进瓮中，不管瓮大瓮小，总之装满为限。

71.6.6　七日间，一日一度搅之；七日以外，十日一搅；三十日止。

译文：71.6.6　最初七天，每天搅拌一次；七天以后，十天搅一次；到三十天，停手。

71.6.7　初置瓮于北荫中风凉之处，勿令见日。时时汲冷水，遍浇瓮外，引去热气；但勿令生

水入瓮中。

译文：71.6.7　初作时，把瓮放在北面不当阳、有风、凉爽的地方，不让它见着太阳。随时汲些凉水，在瓮外浇着，把热气引出来。但是注意不要让生水进到瓮里去。

71.6.8　取十石瓮，不过五六斗糟耳。

接取清，别瓮贮之，得停数年也。

译文：71.6.8　用容量十石的瓮作，作好之后，只有五六斗糟。

把上面的清醋舀出来，盛在另外的瓮里，可以过几年。

71.7.1　大麦酢法：七月七日作。若七日不得作者，必须收藏：取七日水，十五日作。除此两日，则不成。

译文：71.7.1　大麦醋的作法：七月七日作。如果七月七日不能作，就要作收藏的准备：初七日取水，十五日作。除了这两天，其余的日子都作不成。

71.7.2　于屋里，近户里边，置瓮。

译文：71.7.2　在屋里面，靠门里边，安置醋瓮。

71.7.3　大率：小麦䴬一石，水三石，大麦细造一石①，不用作米，则科麗②，是以用造。簸讫，净淘，炊作再馏饭。掸令小暖，如人体。

注释：①细造："造"字，寻不出适当的解释，本节前后文中有两个"造"字，则看错钞错的可能性不很大。按"糙"是"粗米"，即仅仅去了外面硬壳的谷粒；这里的"麦造"，也许只是"粗粒"，即仅去硬皮而压碎了的麦粒。缪启愉先生的《齐民要术译注》解释是"造：一种粗糙舂法的俗语"。

②科麗：这两字也不可解。怀疑"科"字原是字形相似的"利"或读音相似的"可"；"麗"字原是字形相似的"麄（cū）"，同"粗"。"麄"是大，颗粒大，与"粗"原来的解释"不精"有些重合，也有些差别（参见71.13.2"粗糠不任用"）。后面的"不用

作米”，即不是供作饭用的材料；“则科麗”即“则利粗”，“则可粗”，也就是“则利粗”（粗还是有利的），或“则可粗”。

译文：71.7.3　比例：小麦作的麦䴸一石，水三石，细大麦“造”一石，因为不是拿来作饭的，可以用粗粒，用“造”。簸扬好了之后，淘洗洁净，炊成再馏饭。掸到微微温暖，像人的体温一样。

71.7.4　下酿，以杷搅之。绵幕瓮口。三日便发；发时数搅，不搅则生白醭；生白醭则不好①。以棘子彻底搅之。恐有人发落中，则坏醋。凡醋悉尔；亦去发则还好。

注释：①醭（bú）：醋上面长的白色“菌皮”。

译文：71.7.4　把这样掸凉的饭下到酿瓮里，用杷搅和。瓮口用丝绵蒙着。三天，便发动了。发动之后，要连续多次地搅动，不搅就会长出白色的醋醭；长了醋醭，醋的香气与味道就不好。用酸枣枝条，彻底地搅。恐怕有人发落到醋瓮里，便会将醋惹坏。所有的醋，都是这样，在人发取去之后，也都会恢复。

71.7.5　六七日，净淘粟米五升，米亦不用过细，炊作再馏饭。亦掸如人体投之。杷搅绵幕。三四日，看：米消，搅而尝之。味甜美则罢；若苦者，更炊二三升粟米投之。以意斟量。

译文：71.7.5　六七天之后，洁净地淘出五升粟米，米也不需要太精，炊成再馏饭。也掸到像人的体温一样地温暖，酘下去，还是用杷搅拌，用丝绵蒙着。三四天之后，看看如果米已经消化了，搅拌后，取一点尝尝。如果味道已经甜美了，就算了；如果还有苦味，再炊两三升粟米再馏饭酘下去。是否需要酘，酘多少，按需要决定。

71.7.6　二七日可食；三七日好，熟。香美淳酽①，一盏醋和水一碗，乃可食之。

注释：①酽（yàn）：汁液浓厚。

译文：71.7.6　过两个七天，可以吃；三个七天之舌，好了，真正成熟了。香美浓厚，一盏醋要和上一碗水，才可以吃。

71.7.7　八月中，接取清，别瓮贮之。盆合泥头，得停数年。

译文：71.7.7　八月里，舀出上面的清液，盛在另外的瓮里储存。用盆覆盖着上口，再封上泥，可以保留好几年。

71.7.8　未熟时，二日三日，须以冷水浇瓮外，引去热气。勿令生水入瓮中。

译文：71.7.8　没有熟以前，两天三天，必须用冷水在瓮子外面浇着，将里面的热气引出去可不要让生水进到瓮里。

71.7.9　若用黍秫米投弥佳，白仓粟米亦得①。

注释：①白仓粟米：白色和黄白色的粟。仓，可以望文生义地解释；但很可能是“苍”字写错，即与“白”相对的颜色。

译文：71.7.9　如果用黍米或糯米加更好，白色和黄白色的粟也可以。

71.8.1　烧饼作酢法：亦七月七日作。

译文：71.8.1　烧饼酿醋的方法：也只在七月初七日作。

71.8.2　大率：麦麸一斗，水三斗，亦随瓮大小，任人增加。

译文：71.8.2　比例：用一斗麦麸，三斗水作起点；也是随瓮的大小，按比例增加分量。

71.8.3　水，麸亦当日顿下。初作日，软溲数升面，作烧饼。待冷下之。

译文：71.8.3　水和麦麸，也是第一天作一次全部下到酿瓮里。开始作的一天，稀些和上几升面，作成烧饼。等它冷了，放下瓮去。

71.8.4　经宿，看饼渐消尽，更作烧饼投。凡四五度投，当味美沸定，便止。有薄饼缘。诸面饼，但是烧煿者①，皆得投之。

注释：①煿（bó）：同“爆”，是“火干”。

译文：71.8.4　过一夜，看看饼已经消化尽了，再作些烧饼，投下去。酘过四五遍，就会有好的味，也不发气泡了，便不要再酘。凡是边缘薄的各种面饼，只要是火烤熟的，都可以酘。

71.9.1　回酒酢法：凡酿酒失所味醋者，或初好后动未压者，皆宜回作醋。

译文：71.9.1　将酒转作醋的方法：凡是因为酿造不得法的酒，味道酸的，或者起初还好，后来变酸了，还没有压出来的，都可以转作醋。

71.9.2　大率：五石米酒醅，更著曲末一斗，麦一斗，井花水一石。粟米饭两石，掸令冷如人体投之。杷搅，绵幕瓮口，每日再度搅之。

译文：71.9.2　一般比例：五石米的酒连渣，再加一斗曲末，一斗麦，一石井花水。两石粟米饭，掸凉到和人的体温一样时，酘下去。用杷搅和，用丝绵蒙住瓮口，每天搅拌两次。

71.9.3　春夏七日熟，秋冬稍迟，皆美香清澄。

译文：71.9.3　春季夏季，七天就熟了；秋季冬季，稍微迟些。都很香很美，而且清澄无渣。

71.9.4　后一月，接取，别器贮之。

译文：71.9.4　一个月之后，舀出来，另外用瓮盛着保存。

71.10.1　动酒酢法：春酒压讫而动，不中饮者，皆可作醋。

译文：71.10.1　酸酒作醋的方法：春酒压出来之后变酸了，不能饮的，都可以作醋。

71.10.2　大率：酒一斗，用水三斗，合，瓮盛，置日中曝之。雨，则盆盖之，勿令水入；晴还去盆。

译文：71.10.2　一般比例：一斗酒，用三斗水，参和之后，盛在瓮里，在太阳里晒着。下雨就用盆盖着口，不让生水进去；天晴又把盆揭掉。

71.10.3　七日后，当臭，衣生，勿得怪也。但停置勿移动，挠搅之。数十日，醋成衣沉，反更香美。日久弥佳。

译文：71.10.3　七天之后，会发臭，上面生成一层衣，不要觉得奇怪。只管放着不要移动和搅拌。几十天后，醋成了，衣也沉下去了，反而很香很美。日子越久越好。

71.11.1　又方：大率酒两石，麦䴷一斗，粟米饭六斗，小暖投之。杷搅，绵幕瓮口，二七日熟，美酽殊常矣。

译文：71.11.1　另一方法：一般比例：两石酒，加一斗麦䴷，六斗粟米饭，微暖时投下去。用杷搅和，用丝绵蒙住口。两个七日就熟了，异常美而且酽。

71.12.1　神酢法：要用七月七日合和。

译文：71.12.1　神醋的作法：要在七月初七日和合材料。

71.12.2　瓮须好，蒸干。黄蒸一斛，熟蒸麸三斛。凡二物，温温暖便和之。水多少，要使相淹渍。水多则酢薄，不好。

译文：71.12.2　须要好瓮子，先蒸干。用一斛黄蒸，三斛蒸熟了的麦麸。这两样材料，在温温暖的时候拌和。加水多少的标准，是要将材料泡在水里。水太多，醋就嫌太淡，不好了。

71.12.3　瓮中卧，经再宿。三日便压之如压酒法。压讫，澄清内大瓮中。经二三日，瓮热，必须以冷水浇之；不尔酢坏。其上有白醭浮，接去之。满一月，酢成，可食。

译文：71.12.3　在瓮子里保温，过两夜。第三天，便像压酒一样压出来。压得后，澄清，盛在大瓮里。经过两三天，瓮子会热起来；必须用冷水来浇，不然，醋就坏了。上面如果有白醭浮起来，舀掉。满一个月，醋成了，可以吃。

71.12.4　初熟，忌浇热食；犯之必坏酢。

译文：71.12.4　刚熟时，不要用来浇热菜吃；犯了这个禁忌的，瓮里的醋会坏掉。

71.12.5　若无黄蒸及麸者，用麦䴷一石①，粟米饭三斛，合和之，方与黄蒸同。

注释：①一石：这里所谓“一石”，与“一斛”完全相等。一斛为十斗。

译文：71.12.5　如果没有黄蒸和麦麸，用一斛麦䴷，三斛粟米饭，混合起来作；方法和用黄蒸的完全一样。

71.12.6　盛置如前法。瓮常以绵幕之，不得盖。

译文：71.12.6　盛置装备，和上一种完全相同。瓮子上常用丝绵蒙着，不要用密实的盖。

71.13.1　作糟糠酢法：置瓮于屋内。春秋冬夏，皆以穰茹瓮下；不茹则臭。

译文：71.13.1　作糟糠醋的方法：瓮放在屋子里，春秋或冬夏季，都要用穰包在瓮下边，不包，就会臭。

71.13.2　大率：酒糟粟糠中半，粗糠不任用，细则泥；唯中间收者佳。和糟糠，必令均调，勿令有块。

译文：71.13.2　一般比例：酒糟和粟糠，对半分，粗糠不合用，细糠会成泥；只有不粗不细的，就是簸扬时中间收下的合用。调和糟与糠，必须均匀，不要留下有团块。

71.13.3　先内荆竹簟于瓮中①，然后下糠糟于簟外。均平，以手按之；去瓮口一尺许便止。汲冷水，绕簟外均浇之，候簟中水深浅半糟便止。以盖覆瓮口。

注释：①篘（chōu）：长筒形滤酒用的一种多孔器具。可兼作动词用。

译文：71.13.3　先在瓮里放一个荆条或竹编的篘，把糠糟混和物放在篘外面。周围都放平，用手按紧；隔瓮口还有一尺深光景，就停止。

汲取冷水，围绕着篘外面，均匀地浇，让水透过糠糟进入篘里，到篘里的水，有外面糠糟一半深为止。用盖把瓮口盖着。

71.13.4　每日四五度，以碗挹取篘中汁，浇四畔糠糟上。

译文：71.13.4　将篘中的液汁用碗舀出来，浇在周围的糠糟上，每天浇四五次。

71.13.5　三日后，糟熟，发香气。夏七日，冬二七日，尝，酢极甜美，无糟糠气，便熟矣。犹小苦者，是未熟；更浇如初。

译文：71.13.5　三天之后，糟熟了，发出香气来。夏季七天，冬季，十四天，尝尝，醋已经很甜美了，没有糟和糠的气味，就是熟了。如果还有些苦味，是没有熟，还要用前面的方法继续浇。

71.13.6　候好熟，乃挹取篘中淳浓者，别器盛。更汲冷水浇淋，味薄乃止。淋法，令当日即了。糟任饲猪。

译文：71.13.6　等到好了熟了，把篘里浓厚的舀出来，另外盛着。再汲些冷水去浇淋，味淡了为止。淋时，当天就要做完所有手续。糟可以喂猪。

71.13.7　其初挹淳浓者，夏得二十日，冬得六十日。后淋浇者，止得三五日供食也。

译文：71.13.7　最初从篘里舀出的浓汁，夏季可以留二十天，冬季可以留六十天。以后浇淋得来的，只可以在三五天之内食用。

71.14.1　酒糟酢法：春酒糟则酽，颐酒糟亦中用。然欲作酢者，糟常湿下。压糟极燥者，酢味薄。

译文：71.14.1　酒糟作醋的方法：春酒酒糟作的，很酽，颐酒糟也可以用。但是如果想作醋，糟应当留得湿些。糟压得很干燥的，作成的醋味道淡薄。

71.14.2　作法：用石硙子[1]，辣郎葛切谷令破[2]；以水拌而蒸之。熟，便下，掸去热气，与糟相半[3]，必令其均调。

注释：①硙（wèi）：即磨。

②辣：这个“辣”字，很显明地只是同音假借字，不是辛辣的“本义”。大概是借来当“剌”，即破断的意思。

③相半：这个“半”字，不是“对开”或“相等”（看下文“糟常居多”就可知道），只可以解释成“相伴”。

译文：71.14.2　作法：用石硙子，将谷粒压破；用水拌着蒸过。熟了，就倒出来，掸去热气，和糟掺杂，要和得极均匀。

71.14.3　大率：糟常居多。和讫，卧于酳瓮中[1]，以向满为限。以绵幕瓮口。

注释：①酳（yìn）：应当是“䤬（juān）”，现暂保留宋本系统的“酳”，但只有作“䤬”才合适。“䤬”瓮是底上有孔，可以随意开或塞的。塞满，可以盛液体，开孔，液体流去，只剩下固体“渣滓”。

译文：71.14.3　一般比例：糟总是用得多些。和匀后，在“䤬”瓮里保暖，“䤬”瓮要盛满为止。用丝绵蒙着瓮口。

71.14.4　七日后，酢香熟，便下水令相淹渍。经宿，酳孔子下之。

译文：71.14.4　七天之后，醋发生香气，成熟了，就倒水下去浸着。过一夜，拔开“䤬”的孔子，让清汁流出来。

71.14.5　夏日作者，宜冷水淋；春秋作者，宜温卧，以穰茹瓮，汤淋之。以意消息之。

译文：71.14.5　夏季作，要用冷水淋；春季秋季作，就要保温。用穰包裹，甚至用热水淋，

根据情况拿定主意调节。

71.15.1　作糟酢法：用春糟，以水和，搦破块，使厚薄如未压酒。

译文：71.15.1　作糟醋的方法：用春酒糟，放水下去调和，把团块捏破，让混合物和没有压的酒一样稀稠。

71.15.2　经三日，压取清汁两石许，著熟粟米饭四斗，投之。盆覆密泥。三七日，酢熟，美酽。得经夏停之。

译文：71.15.2　经过三天后，压出两石左右的清汁来，加上四斗粟米饭作酘。盆盖上，用三个七天之后，醋熟了，美而且酽。可以留一个整夏天。

71.15.3　瓮置屋下阴地。

译文：71.15.3　瓮子要放在屋里面阴处。

71.16.1　《食经》作大豆千岁苦酒法①：用大豆一斗，熟汰之，渍令泽。炊。曝极燥，以酒醅灌之②。任性多少，以比为率。

注释：①苦酒：《食经》中所用醋的别称。

②以酒醅灌之："酒醅"后应有若干斗的数量。显然此处有错漏。

译文：71.16.1　《食经》作大豆千岁苦酒法：用一斗大豆，淘洗得很洁净，浸到发涨。炊熟。晒到很干后，用酒醅灌下去。不管多少，都依这个标准。

71.17.1　作小豆千岁苦酒法：用生小豆五斗，水沃，著瓮中。黍米作馈，覆豆上。酒三石，灌之。绵幕瓮口。

译文：71.17.1　作小豆千岁苦酒法：用五斗生小豆，水浸后，放在瓮里。将黍米炊成馈饭，盖在豆上。再灌上三石酒。用丝绵蒙住瓮口。

71.17.2　二十日，苦酢成。

译文：71.17.2　二十天之后，醋就成了。

71.18.1　作小麦苦酒法：小麦三斗，炊令熟。著堈中①，以布密封其口。

注释：①堈（gāng）：瓮，缸。

译文：71.18.1　作小麦苦酒法：三斗小麦，炊熟。放在缸里，用布将缸口密封。

71.18.2　七日开之，以二石薄酒沃之，可久长不败也。

译文：71.18.2　七天之后，开开，用两石淡酒浇在里面，可以保持很久不坏。

71.19.1　水苦酒法：女曲，粗米①，各二斗；清水一石，渍之一宿。泲取汁②，炊米曲饭③，令熟，及热投瓮中④。以渍米汁，随瓮边稍稍沃之，勿使曲发饭起。

注释：①粗米：舂治不精的米，即糙米。

②泲（jǐ）：漉取，过滤。

③曲饭：这个"曲"字，无法解释，可能是"作"字写错；更可能这里是一个破句："炊米饭令熟，及热和曲投瓮中。"④及热：即今日口语中的"趁热"或"乘热"。

译文：71.19.1　水苦酒的作法：女曲和粗米，每样两斗，用一石清水浸一夜，挤出汁来。把米炊成熟饭，趁热和上曲，投进瓮里。将浸米的汁，沿着瓮边轻轻流下去，不要把曲和饭冲动。

71.19.2　土泥边，开中央，板盖其上。夏月，十三日便醋。

译文：71.19.2　用土泥在瓮口四边，中央开一个孔，用板盖在上面。夏季，过十三天，就成醋了。

71.20.1　卒成苦酒法：取黍米一斗，水五斗，煮作粥。曲一斤，烧令黄，搥破，著瓮底。以

熟好泥[①]，二日便醋已。

注释：①以熟好泥：这一句，显然有错漏。从文义上看，应当是“著粥其上。密泥”。

译文：71.20.1　作速成苦酒的方法：取一斗黍米，加上五斗水，煮成粥。把一斤曲，在火里烧一下，把表面烧黄，搥碎，放在瓮底上把粥倒在曲上。用泥密封，两天就酸了。

71.20.2　尝经试，直醋亦不美。以粟米饭一斗投之。二七日后，清澄美酽，与大醋不殊也。

译文：71.20.2　经过试验，一直就这样酸的，也不美。用一斗粟米饭酘下去。过十四天，清了，美而且酽，和大醋没有分别。

71.21.1　乌梅苦酒法：乌梅去核，一升许肉，以五升苦酒渍数日，曝干，捣作屑。

译文：71.21.1　作乌梅苦酒的方法：乌梅去掉核，一升左右的乌梅肉，用五升醋浸几天，晒干，捣成屑。

71.21.2　欲食，辄投水中，即成醋尔。

译文：71.21.2　要吃时，拿些搁在水里面，就成了醋。

71.22.1　蜜苦酒法：水一石，蜜一斗，搅使调和。密盖瓮口，著日中，二十日可熟也。

译文：71.22.1　蜜苦酒的作法：一石水，一斗蜜，搅拌均匀。把瓮口盖密，放在太阳里晒。过二十天可以成熟。

71.23.1　外国苦酒法：蜜一斤，水三合，封著器中。与少胡菱子著中[①]，以辟得不生虫。

注释：①胡菱（suī）：即胡荽。

译文：71.23.1　外国苦酒的作法：一斤蜜，三合水，封在容器里。里面搁几颗胡荽子，可以避免生虫。

71.23.2　正月旦作，九月九日熟。以一铜匕，水添之，可三十人食。

译文：71.23.2　正月初一日作，九月初九成熟。一铜匙这样的醋，和上水，可以供三十个人吃。

71.24.1　崔寔曰："四月四日可作酢，五月五日亦可作酢。"

译文：71.24.1　崔寔《四民月令》说："四月初四可以作醋，五月初五日也可以作醋。"

作豉法第七十二

题解：利用空气中的曲菌分解熟豆中的蛋白质，达到一定程度后，即用高温、干燥等方法，杀死曲菌，让分解停止；将所得半分解的熟豆和蛋白质分解产物，一并干燥或半干燥，保存下来。蛋白质中的某些成分，由于氧化，生成了“黑素类”的物质，因此这样的豆制品带有黑色。这样的复杂酿造制品，称为“豉”。作豉至少在西汉初年已很普遍，《史记》中将“蘖、曲、盐、豉”相连，就是证明。但对作豉方法明确、详实地记载以《齐民要术》为最早。

本篇共收有4种作豉的方法。先重点记述了大批量作淡豆豉的方法：从如何准备场地，作豆豉的合适时间，用什么豆，在豆发酵过程中如何翻动、堆积（不同时期的形状、厚度等），再如何将发酵后的豆洗净、窖藏、晾晒。整个过程和其中的注意事项都交代得极清楚、细致，还特别强调了调控温度的重要性并介绍了调控的办法。接着，介绍了两种“三蒸三晒”小规模用豆作豉的方法及一种用面作“麦豉”的方法。

72.1.1　作豉法①：先作暖荫屋。坎地，深三二尺。屋必以草盖，瓦则不佳。密泥塞屋牖②，无令风及虫鼠入也。开小户，仅得容人出入。厚作藁篱，以闭户。

注释：①豉（chǐ）：即豆豉。用煮熟的大豆发酵后制成，有咸、淡两种，供调味用；淡的也可入药。也有用小麦制成的。

②密泥塞屋牖（yǒu）：用泥将门和窗封密。屋，怀疑有错，可能是“户”字或“窗”字。牖，窗户。

译文：72.1.1　作豉的方法：先准备温暖有遮蔽的屋子，在屋里地上掘成二三尺深的坎。屋顶必须要草盖，瓦屋不好。用泥将门和窗封密，不要让风或者虫类老鼠进去。开一个小门，装上单门片，小到只容一个人出进。用禾秸编成的厚草帘挂着，遮住门口。

72.1.2　四月五月为上时，七月二十日后、八月为中时。余月亦皆得作。然冬夏大寒大热，极

难调适。大都每四时交会之际，节气未定，亦难得所。常以四孟月十日后作者[①]，易成而好。大率常欲令温如人腋下为佳。若等不调[②]，宁伤冷不伤热：冷则穰覆还暖，热则臭败矣。

注释：①四孟月：四季中每季的头一个月。孟月，每个季节开始的第一个月。四，则指四季。

②等：有差别。

译文：72.1.2　四月五月是最好的时节，七月二十日以后，到八月，是中等时节。其余月份，也可以作。但是冬季夏季，太冷太热，极难将温度调节到适合。普通在季节交替的时候，节气没有稳定，也难刚刚适合。平常总是每季第一个月初十以后作的，容易成功。一般标准，总要像人腋窝里的温度最适合。如果天气冷热差别很大，不容易调节宁可偏于嫌冷，不要偏热；冷了，用穰盖着可以回复温暖；热了就会发臭败坏。

72.1.3　三间屋，得作百石豆。二十石为一聚[①]。

常作者，番次相续，恒有热气，春秋冬夏，皆不须穰覆。作少者，唯至冬月，乃穰覆豆耳。

极少者，犹须十石为一聚；若三五石，不自暖，难得所，故须以十石为率。

注释：①聚：聚集到一起堆成一堆。

译文：72.1.3　三间屋，可以作一百石豆。二十石豆作为一“聚”。

经常作豉的，一次接一次，屋子里常常有热气，春秋或冬夏，都用不着以穰盖覆。作得少的，也只有到冬季，才要用穰盖覆豆子。

极少极少，也要十石豆子作一“聚”；如果只有三五石，自发的温暖不够维持，便难得合适，所以一定要十石作标准。

72.1.4　用陈豆弥好。新豆尚湿，生熟难均故也。

净扬簸，大釜煮之，申舒如饲牛豆[①]，掐软便止，伤熟则豉烂。

漉著净地掸之。冬宜小暖，夏须极冷。乃内荫屋中聚置。

注释：①申舒：豆粒水浸后涨大的情形。

译文：72.1.4　用陈豆子更好。因为新收的豆子，还是湿的，生熟不容易均匀。

簸扬洁净，放在大锅里煮，煮到涨开像喂牛的料豆一样，手掐去，感觉是软的，就够了。太

熟，制成的豉会嫌烂。

漉出来，在洁净的地面上，急速摊开。冬季，要让它微微温暖，夏季则要完全冷透。搬进荫屋里堆积着。

72.1.5　一日再入，以手刺豆堆中候：看如人腋下暖，便翻之。

翻法：以杷枚略取堆里冷豆，为新堆之心；以次更略，乃至于尽。冷者自然在内，暖者自然居外。还作尖堆，勿令婆陀[①]。

一日再候，中暖更翻，还如前法作尖堆。

若热汤人手者[②]，即为失节伤热矣[③]。

注释：①婆陀：是与“陂陁（pō tuǒ）”同一意义的一个叠韵联绵词，形容缓斜坡。

②汤：读去声，作动词用，现在多写作“烫”。

③失节：超过了限度，也就是失去了调节。

译文：72.1.5　每天进去看两次，用手插进豆子堆里面去体察；看像人腋窝里一样温度时，就要翻。

翻的方法：是用枚刮出堆外面的冷豆子，作为新堆的中心；依次序刮下去，一直到刮完。这样，原来冷些的，自然埋在里面深处，暖些的自然就堆在外表了。还是作成尖尖的堆，不要让坡太斜缓。

每天候两次，如果中心暖了就再翻，翻时，还是像刚才说的，作成尖堆。

如果热到烫手，就是过了限度，已经嫌太热了。

72.1.6　凡四五度翻，内外均暖，微著白衣；于新翻讫时，便小拨峰头令平，团团如车轮，豆轮厚二尺许，乃止。

复以手候[①]，暖则还翻。翻讫，以杷平豆，令渐薄，厚一尺五寸许。

第三翻一尺，第四翻厚六寸。豆便内外均暖，悉著白衣，豉为粗定。从此以后，乃生黄衣。

注释：①候：这里是探候，即“试探”的意思。

译文：72.1.6　翻过四五遍，里面外面都暖，而且，稍微见到有些白色的“衣”时，便在新翻完之后，把尖堆的尖，拨去一点，让它平下来些，团团地像一个车轮一样，豆轮的厚，大约二尺左右。

还要用手探候，暖了，又翻。翻完，用杷把豆堆杷平，让堆慢慢薄下去，大约一尺五寸厚。

第三次翻，豆层就减薄到一尺厚；第四次翻，减到六寸厚。这时，豆子应当是里外一般，均匀地温暖的，而且，都有了白衣，豉也就有了个大致“粗坯”了。以后，便生“黄衣”了。

72.1.7 复掸豆，令厚三寸，便闭户三日。自此以前，一日再入。

译文：72.1.7 再把豆子摊开，只堆成三寸厚，把门关上三日。在这以前，仍旧每天进去看两次。

72.1.8 三日开户。复以枚东西作垄[①]，耩豆[②]，如谷垄形，令稀穊均调。

枚铲法，必令至地。豆若著地，即便烂矣。

耩遍，以杷耩豆，常令厚三寸。间日耩之。

后豆著黄衣，色均足，出豆于屋外，净扬，簸去衣。

布豆尺寸之数，盖是大率中平之言矣。冷即须微厚，热则须微薄，尤须以意斟量之。

注释：①枚（xiān）：手力翻土的农具。（参看卷六56.56.1注2及附图）

②耩（jiǎng）：耕地，耘田除草，培土，用耧播种，用在这里是指铲、耙豆子的动作。

译文：72.1.8 三天，把门开开。又用枚直东直西地杷成一条条的垄，将豆子耩开成谷垄的形式，让厚薄稀密均匀。

用枚铲的规矩，一定要铲到地面。如果有铲不到而贴在地面没动的豆子，它一定会烂。

耩遍了，用杷把豆再耩平，总之要有三寸厚的一层。隔一天耩一次。

后来豆子都有了黄衣，颜色均匀充足，才把豆子搬到屋子外面，簸扬洁净，把黄衣簸掉。

以上所说的布开豆层的厚薄尺寸，只是大概中平的说法。冷了，就得堆厚些，热了就稍微薄些，总之，要注意斟酌决定。

72.1.9 扬簸讫，以大瓮盛半瓮水，内豆著瓮中，以杷急抨之使净。

若初煮豆伤熟者，急手抨净，即漉出；若初煮豆微生，则抨净宜小停之，使豆小软。

则难熟[①]，太软则豉烂。水多则难净，是以正须半瓮尔。

注释：①则难熟：上下文排比看，“则”字上还应有“不软”两个字；可能因为上句末了有“小软”两字；这里的“不”字有些像“小”，“软”字又相同，所以看错钞漏

了。下面一句“水多则难净”，是与事理不合的，“净”字可能是“调”字或“节”字，或者是“漉”字。

译文：72.1.9 簸扬完了，用大瓮子，盛上半瓮水，把豆子放下去，用把急速搅动洗净，如果最初煮豆子时嫌过熟的，赶快搅打洗洁净，立刻漉起来；如果最初煮时太生，搅洗洁净后还要稍微多等一阵，让豆子浸软些。豆子不软，豉便难成熟；太软，豉会烂。水太多，抨洗时，难得调节，所以只用半瓮水。

72.1.10 漉出，著筐中，令半筐许。一人捉筐。一人更汲水，于瓮上就筐中淋之。急抖擻筐，令极净，水清乃止。淘不净令豉苦。漉水尽，委著席上。

译文：72.1.10 洗净漉出来，放在筐子里，只要半筐。一个人抓着筐放在倒掉了水的瓮上面，另一个人，再汲些水，向放在瓮上的筐里淋。快快摇动筐，把豉洗净，到水清为止。如果不淘洁净，豉的味是苦的。水滤净后，倒在席上。

72.1.11 先多收谷蘵①。于此时，内谷蘵于荫屋窖中；掊谷蘵作窖底②，厚二三尺许。以蘧篨③蔽窖，内豆于窖中。使一人在窖中，以脚蹑豆，令坚实。内豆尽，掩席覆之。以谷埋席上④，厚二三尺许，复蹑令坚实。

注释：①蘵：石按：这个字《玉篇》的解释，是“苦蘵”的“蘵”字另一写法；《广韵》入声“二十四职”也是一样。这里无法这样解释。本书前面《杂说》中有一个“穖”字，是“字书不载”的，经分析，我们假定该作为“秇（yì）”字解释，即“麦糠”（见《杂说》注解00.12）。这个蘵字，我们只好暂时假定与那个“穖”字相同。也就是解释作“谷糠”或“麦糠”。

②掊（póu）：这里的“掊”不能作“掘”讲，而只能作“聚集”解释。

③蘧篨（qú chú）：即粗竹席，用芦苇或竹篾编成的粗席。

④埋：怀疑是字形相近的“堆”字看错钞错。

译文：72.1.11 事先多收存一些谷子的稃壳。这时，把它们堆到荫屋的窖里；在窖底上，把稃壳聚积作为底层，要二三尺厚。用粗席遮着窖边，把豆子放进窖去。让一个人下到窖里，用脚把豆子踩坚实。豆子放完，用席子盖上。席子上再堆二三尺厚的稃壳，也踩坚实。

72.1.12　夏停十日，春秋十二三日，冬十五日，便熟。过此以往，则伤苦。日数少者，豉白而用费；唯合熟自然香美矣。

译文：72.1.12　夏季，过十天；春季秋季，过十二、三天；冬季，过十五天，就成熟了。日子太长，就会嫌苦。日子不够，豉的颜色淡，用的分量就得增多；只要合宜地熟了的，味道才自然香美。

72.1.13　若自食欲久留，不能数作者①，豉熟，则出曝之令干，亦得周年。

注释：①数（shuò）：多次。

译文：72.1.13　如果是作了预备自己吃的，想多保存些时间，不能常常作的，豉成熟后，拿出来晒干，也可以过一年。

72.1.14　豉法：难好易坏，必须细意人，常一日再看之。失节伤热，臭烂如泥，猪狗亦不食。其伤冷者，虽还复暖，豉味亦恶。是以又须留意冷暖①，宜适难于调酒。

注释：①又须：又，怀疑是读音相近的“尤”字写错。“尤须留意”是《齐民要术》中极常见的一句话。

译文：72.1.14　作豉的操作，难得作好，容易弄坏，一定要有小心仔细的人，一天去体察两次。没有节制得好，太热了，就会像泥一样臭而且烂，猪狗都不肯吃。嫌冷的，尽管可以回复暖热，豉味也不够好。所以要分外地留意温度，要求的适合条件，比作酒还难调节。

72.1.15　如冬月初作者，须先以谷藏烧地令暖，勿燋，乃净扫。内豆于荫屋中，则用汤浇黍穄蘘令暖润①，以覆豆堆。每翻竟，还以初用黍蘘，周匝覆盖。

注释：①蘘（ráng）：通“穰”，禾秆。

译文：72.1.15　如果冬季作，要先用些穰壳，把地面烧暖，可不要烧焦！然后扫洁净。把豆搬进荫屋里以后，就用热水浇过的黍穄穰，暖热而潮润的，盖在豆堆上。每次翻过，又把最初所用的黍穰，沿着豆堆的周围都周到地盖上。

72.1.16　若冬作，豉少屋冷，蘘覆亦不得暖者，乃须于荫屋之中，内微燃烟火，令早暖。不尔，则伤寒矣。春秋量其寒暖，冷亦宜覆之。

译文：72.1.16　如果冬季作，豉少而屋子冷，黍穰盖着还不够暖的，就要在荫屋里，稍微烧些有烟的火，让它早些暖起来。不然，就嫌冷了。春季秋季，也要酌量寒暖；冷，就要盖上。

72.1.17　每人出，皆还谨密闭户，勿令泄其暖热之气也。

译文：72.1.17　人出进时，都要随时谨慎地把门关严密，不要让热气散掉。

72.2.1　《食经》作豉法①：常夏五月至八月，是时月也。

注释：①《食经》：据胡立初先生考证，隋以前共有五部《食经》，现在都已失传。《齐民要术》多处引用《食经》，都没有说明是引自哪部。此处所引《食经》如真是公元5世纪初后魏崔浩的母亲所作，则是我国作豉的最早记录。

译文：72.2.1　《食经》作豉法：常常在夏季五月到秋季八月，是合时的月分。

72.2.2　率：一石豆，熟澡之，渍一宿。明日出蒸之，手捻其皮，破则可。便敷于地。地恶者，亦可席上敷之。令厚二寸许。豆须通冷。以青茅覆之。亦厚二寸许。

译文：72.2.2　标准是：一石豆子，细细洗净，浸过隔夜，明早漉出来，蒸。蒸到用手一捻，皮就会破时，便算好了。铺在地上。地不好的，也可以铺在席子上。铺成约二寸厚的一层。豆子要冷透。用青茅盖着，青茅也要约二寸厚。

72.2.3　三日视之，要须通得黄为可。去茅，又薄掸之，以手指画之作耕垄。一日再三如此，凡三日，作此可止①。

注释：①作此可止：作过三天，就停止。“作此”两字，怀疑是“衍文”，至少“此”字是多余的。

译文：72.2.3　三天之后看一看，一定要全部豆子都黄了才行。撤掉盖着的茅，又掸薄些，用手指画成耕垄的形式。一天再三地聚拢摊开，画成耕垄，反覆地作；作过三天，就停止。

72.2.4　更煮豆取浓汁，并秫米女曲五升；盐五升，合此豉中。以豆汁洒溲之，令调。以手抟[1]，令汁出指间，以此为度。

注释：①抟（tuán）：将可塑性的东西捏成或揉成球形。

译文：72.2.4　再煮些豆，取得浓浓的豆汤，加上五升糯米小曲，五升盐，和进这批豉里面。用豆汤洒着，拌和均匀。用手捏，如果有汁从手指缝里出来，就合适了。

72.2.5　毕，内瓶；若不满瓶，以矫桑叶满之[4]。勿抑！乃密泥中庭二十七日，出，排曝令燥。

注释：①矫桑：不知道是什么植物，也许只是高大的野生桑树。

译文：72.2.5　拌完，装进瓶里，如果不满，用矫桑叶塞满空处。不要按紧！再用泥密封。搁在院子里，过了二十七天，倒出来，摊晒干。

72.2.6　更蒸之。时煮矫桑叶汁，洒溲之。乃蒸如炊熟久，可复排之。此三蒸曝，则成。

译文：72.2.6　再蒸。蒸的时候，煮些矫桑叶汁子，洒上去，揉和。蒸，像炊熟豆子所费的时间一样久，可以再摊开来晒。像这样三蒸三晒，就成了。

72.3.1　作家理食豉法[1]：随作多少。精择豆，浸一宿，旦炊之；与炊米同。若作一石豉，炊一石豆。熟，取生茅卧之，如作女曲形。

注释：①家理：家庭应用。

译文：72.3.1　作家理食豉的方法：随便作多少。把豆拣得干净精细。浸一夜，第二天清早炊，像炊米一样。如果作一石豉，就炊一石豆。熟了之后，用新鲜茅草盖着保暖，像作女曲一样。

72.3.2　二七日，豆生黄衣。簸去之，更曝令燥。后以水浸令湿，手投之[1]，使汁出从指歧间出为佳。以著瓮器中。

注释：①投："投"字是不好解释的，明清刻本作"抟"，与72.2.4相同。如不是"抟"，可能便应当是与"投"字字形相似的"挼"。

译文：72.3.2　过十四天，豆上生出黄衣了。簸掉黄衣，再晒干。干后，再用水浸湿，用手挼到汁子从指缝里出来为止。放进瓮子里。

72.3.3　掘地作坎①，令足容瓮器。烧坎中令热，内瓮著坎中。以桑叶盖豉上，厚三寸许。以物盖瓮头令密，涂之。十许日，成；出，曝之，令浥浥然②。又蒸熟③；又曝。如此三遍，成矣。

注释：①坎：低于地面的地穴，即坑。

②浥浥：即半干带湿。

③蒸熟："熟"字应是"热"字。作豉的豆，已经蒸熟过；成了豉更是熟了的，不应当再说蒸熟。

译文：72.3.3　在地里掘一个坎，大到可以容纳装了豉的瓮。在坎里烧火，把坎烧热：在豉上面盖上三寸厚的桑叶。瓮顶上，用东西盖严密。用泥封上。十天光景，成熟了，倒出来晒到半干，又蒸热，又晒。这样反覆蒸晒三次，就成了。

72.4.1　作麦豉法：七月八月中作之；余月则不佳。

译文：72.4.1　作麦豉的方法：七月八月里作，其余月份作的就不好。

72.4.2　䴵治小麦，细磨为面，以水拌而蒸之。气馏好熟，乃下。掸之令冷，手挼令碎。布置覆盖，一如麦䴷黄蒸法。

译文：72.4.2　舂小麦，细细磨成面，用水拌和来蒸。气馏到熟，倒出来。掸冷，用手挼碎。铺开，盖覆，手续和作麦䴷黄蒸一样。

72.4.3　七日衣足，亦勿簸扬。以盐汤周遍洒润之。更蒸。气馏极熟，乃下。掸去热气，及暖内瓮中，盆盖，于蘘粪中燠之④。

注释：①蘘（ráng）粪：即穰秸糠壳作的堆肥；粪是扫除下来的废物，不一定指动物的排泄物。燠（yù）：保热。

译文：72.4.3　过七天，黄衣长足了，也不要簸扬。用盐汤全部均匀洒着湿透。再蒸。气馏到极熟，才下甑。掸掉热气，趁暖时放进瓮里，用盆盖着，在穰秸糠壳堆里燠着。

72.4.4　二七日，色黑、气香、味美便熟。

抟作小饼，如神曲形。绳穿为贯，屋里悬之。纸袋盛笼，以防青蝇尘垢之污。

译文：72.4.4　过了两个七天，颜色变黑了，气香了，味也鲜美了，就已成熟。

用手捏成小饼，像酿酒用的神曲一样。绳穿成串，挂在屋里风干。外面用纸袋套着免得苍蝇和灰尘弄脏。

72.4.5　用时，全饼著汤中煮之，色足漉出。削去皮粕，还举①。一饼得数遍煮用。热、香、美②，乃胜豆豉。

打破，汤浸，研用，亦得。然汁浊，不如全煮汁清也。

注释：①举：提出来。

②热：这个字怀疑是误多的，也可能该在前一行，“汤中”两字上面。

译文：72.4.5　用时，整饼放在开水里煮，煮到汤的颜色够了便漉出来。削掉外皮滓，再收起来。一饼可以煮用几回。香而且鲜，比豆豉还好。

打破，热水浸开，研碎用，也可以。但这样汤汁是浑浊的，不像整饼地煮，所得的是清汤。

八和齑初稽反第七十三

题解：本篇记述了古代一种独特的用八种成分作成的调味品——八和齑①。从准备臼、杵，八种成分备料的注意事项，到加工程序交代得一清二楚。另外还介绍了做鱼脍的注意事项及两种芥子酱的作法。

从本篇开始到卷九的第八十九篇都是介绍食品加工和各种烹调技术的。

注释：①齑（jī）：用醋、酱拌和，切成碎末的菜或肉。

73.1.1　蒜一，姜二，橘三，白梅四，熟栗黄五，粳米饭六，盐七，酢八。

译文：73.1.1　蒜是第一样，姜是第二样，橘皮第三，白梅第四，熟栗子肉第五，粳米饭第六，盐第七，醋第八。

73.1.2　齑臼欲重，不则倾动起尘，蒜复跳出也。底欲平宽而圆。底尖捣不着，则蒜有粗成。以檀木为齑杵臼。檀木硬而不染汗。杵头大小，与臼底相安可。杵头著处广者，省手力而齑易熟，蒜复不跳也。杵长四尺。入臼七八寸圆之；已上，八棱作。

平立急舂之。舂缓则荤臭。久则易人；舂齑宜久熟，不可仓卒，久坐疲倦，动则尘起，又辛气荤灼，挥汗或能洒污，是以须立舂之。

译文：73.1.2　捣齑的臼要重，不重，摇动时，惹起灰尘，而且蒜容易跳出来。臼底要平、要宽、要圆。臼底尖，杵捣不上，蒜就会有粗块。最好用檀木来作捣齑的杵和臼。檀木硬，不容易染上汗。杵头的大小，要和臼底相合。杵头打着的面宽的，省手力，齑容易熟，蒜也不会跳出来。杵长四尺。进到臼里的这一段，七八寸长的，作成圆形；以上，露在臼外的作成八棱。

平立着，急速地舂。舂得慢，蒜的荤臭薰人。久了，必定要换人；舂齑要久才熟，不能赶快草率，坐久也疲倦；坐着的人站起来，就会惹起灰尘。再加上坐着太近辛味薰人，揩汗时，或者就染脏了齑。因此最好是站着舂。

73.1.3　蒜：净剥，掐去强根[①]；不去则苦。

尝经渡水者[②]，蒜味甜美，剥即用。未尝渡水者，宜以鱼眼汤湗银洽反半许[③]，半生用。

朝歌大蒜[④]，辛辣异常，宜分破去心，全心用之，不然辣[⑤]，则失其食味也。

注释：①强根：根据卷三《种薤第二十》中的用法，“强根”即“殭根”，是枯死已久的根。在蒜瓣，这应当是接近底上那一个硬结的瘢。

②渡水：在水里泡过。

③湗（zhá）：是沸油中或沸汤中煮。沸汤中煮，后来多用“渫”字；本书卷三24.9.1即用“渫”，本卷《羹臛法第七十六》，76.17.5则用“煠”（炸）。这里的“湗”，也应当是“渫”字或“煠”字。

④朝歌：古地名。商朝晚期都城，位于今河南北部淇县。

⑤全心用之，不然辣：这句，怀疑有错误脱漏。最简单的情况，是“不然”两字本来在“全心用之”之前，钞写时颠倒了过来。更可能“全”字是“除”字烂了，看成了“全”字。

译文：73.1.3　蒜：剥净硬皮，掐掉底上的“强根”；不掐掉“强根”，味道会苦。

经过水浸的蒜瓣，味道鲜美，剥去硬皮掐掉强根，就直接用。没有用水浸过的，应当用起泡的开水，烫过一半，另一半生用。

朝歌大蒜，分外辛辣，应当切破去掉心，除了心再用；不然，太辣，齑就没有味了。

73.1.4　生姜：削去皮，细切；以冷水和之，生布绞去苦汁。苦汁可以香鱼羹[①]。

无生姜用干姜：五升齑，用生姜一两；干姜则减半两耳。

注释：①香：作动词用。即加入有香气的材料（“香料”）。

译文：73.1.4　生姜：削掉皮，切细；用冷水和进去，布包着，绞掉苦汁。苦汁可以留下来香进鱼羹。

没有生姜，可以用干姜。作五升齑，要用一两生姜；干姜该减少些，用半两就够了。

73.1.5　橘皮：新者直用；陈者以汤洗去陈垢。无橘皮，可用草橘子；马芹子亦得用。五升齑，用一两草橘；马芹准此为度。

姜桶，取其香气，不须多；多则味苦。

译文：73.1.5　橘皮：新鲜的，直接用；陈的，用热水洗掉累积下来的灰尘。没有橘皮，可以用草橘子；马芹子也可以用。五升齑，用一两草橘，马芹子分量相同。

用姜和橘皮，是利用它们的香气，不要太多；多了，味苦。

73.1.6　白梅：作白梅法，在梅杏篇①。用时，合核用。五升齑用八枚足矣。

注释：①梅杏篇：即卷四《梅杏第三十六》（见卷四36.4.2）。那里就有“调鼎和齑”的叙述。

译文：73.1.6　白梅：白梅的作法，在“梅杏篇”里面。用时，连核一起用。五升齑，用八个白梅就够了。

73.1.7　熟栗黄：谚曰：“金齑玉脍。”橘皮多，则不美；故加栗黄，取其金色，又益味甜。五升齑，用十枚栗。用黄软者；硬黑者，即不中使用也。

译文：73.1.7　熟栗子肉：俗话说：“金齑玉脍”，就是要深黄色的齑。黄色固然由橘皮得来，但橘皮多了，味道不好；所以加上熟栗子肉，利用它的金黄色，同时又有甜味。五升齑，用十颗栗子。要用黄色柔软的；硬而黑色的，就不合用。

73.1.8　秔米饭①：脍齑必须浓，故谚曰：“倍著齑。”蒜多则辣；故加饭，取其甜美耳。五升齑，用饭如鸡子许大。

注释：①秔（jīng）：73.1.1用“粳米饭”，这里用“秔米饭”；粳和秔，是同一个字的两种写法。

译文：73.1.8　秔米饭：食脍用的齑要浓厚，所以俗话说：“多着齑。”蒜多可以增加稠度，但味道太辣；所以加些饭，这样齑就甜美。五升齑，用鸡蛋大的一团饭。

73.1.9 先捣白梅、姜、橘皮为末，贮出之。次捣栗、饭，使熟，以渐下生蒜，蒜顿难熟，故宜以渐；生蒜难捣，故须先下。舂令熟。次下湢蒜。齑熟，下盐，复舂令沫起。然后下白梅、姜、橘末；复舂，令相得。

译文：73.1.9 先将白梅、姜、橘皮捣成末，捣好盛在另外的容器中。再将栗肉和饭捣熟，慢慢将生蒜放下去，蒜不是立刻可以捣熟的，就先要分几次慢慢下；生蒜比熟蒜难捣，所以要先放下去。舂到熟。再放烫熟了的蒜。齑捣熟了之后，放盐，再舂，舂到起泡沫。然后加已经舂好的白梅、姜、橘皮末；再舂到相互混和。

73.1.10 下醋解之。白梅、姜、橘，不先捣，则不熟；不贮出，则为蒜所杀，无复香气。是以临熟乃下之。醋必须好，恶则齑苦。大醋经年酽者，先以水调和令得所，然后下之。慎勿著生水于中，令齑辣而苦。纯著大醋，不与水调，醋，复不得美也。

译文：73.1.10 将醋倒下去，调开来。白梅、姜、橘皮等，如果不先捣，就不会熟；不另外盛着，它们的香气就被蒜消灭了，不再有香气。所以要在快熟时才放下去。醋必须用好的，用不好的醋，齑是苦的。经过了几年的陈大醋，很浓酽的，先用水搀和到合宜，再搁下去。千万不可以向齑里下生水，否则齑就会辣而且苦。净搁陈大醋，不调些水，结果太酸，也不很好吃”。

73.1.11 右件法①，止为脍齑耳。余即薄作，不求浓。

注释：①右件法：古时书的版面是竖行从右往左，“右件法”即前面所列的方法。

译文：73.1.11 以上方法中各种成分配合，只是为食脍用的齑。为其余用途的，该稀薄些，不必要求浓厚。

73.2.1 脍鱼肉，里长一尺者④，第一好。大则皮厚肉硬，不任食；止可作鲊鱼耳②。

注释：①里：应为“鲤”。

②鲊（zhǎ）：用腌、糟等方法加工的鱼类食品。

译文：73.2.1 作脍的鱼，以多肉的鲤鱼，一尺左右长的为最好。太大了，皮厚肉

硬，作脍不好吃，只可以作鲊。

73.2.2　切脍人，虽讫，亦不得洗手；洗手则脍湿。要待食罢，然后洗也。洗手则脍湿，物有自然相厌①，盖亦烧穰杀瓠之流②，其理难彰矣。

注释：①厌（yā）：迷信指以咀咒或某物镇住、制服他人或邪恶。又称“厌胜”。

②烧穰杀瓠：在家里烧了黍穰，地里的瓠就会死。这是当时阴阳家迷信的说法。卷一3.14.4及卷二15.1.6都引有此说法。

译文：73.2.2　切脍的人，尽管切完了，也不可以洗手；洗手脍就会湿。要等脍吃完了，然后才洗。切脍的人洗手脍就湿了，这是“自然相厌”的情形，正和“烧穰杀瓠”一类，道理是难得说明的。

73.3.1　《食经》曰：“冬日，橘蒜齑；夏日，白梅蒜齑。肉脍不用梅。”

译文：73.3.1　《食经》说：“冬季，用橘、蒜齑；夏季，用白梅、蒜齑。肉脍齑不用梅。”

73.4.1　作芥子酱法：先曝芥子令干。湿则用不密也①。

注释：①湿则用不密：“用不密”，怀疑是“研不熟”烂成。

译文：73.4.1　作芥子酱的方法：先把芥子晒干。湿的研不熟。

73.4.2　净淘沙，研令极熟。多作者，可碓捣①，下绢簁，然后水和更研之也。令悉著盆。合著扫帚上②，少时，杀其苦气③。多停，则令无复辛味矣；不停，则太辛苦。

注释：①碓（duì）：舂米的工具。最早是一臼一杵，用手执杵舂米。后用柱架起一根木杠，杠端系石头，用脚踏另一端，连续起落，脱去下面臼中谷粒的皮。尔后又有利用畜力、水力等代替人力的，使用范围亦扩大，如舂捣纸浆等。此处则是用碓来捣芥子。

②扫帚：“扫”字，怀疑是“䒌（ming）”字烂成。䒌帚，可能是一把很细很长的细竹条，扎成一捆，像长江流域称为刷把的东西。可用来冲击米粉，使它细散分开的一个

工具，在古代的厨房中，可能是一件常备的厨具。芥子加水研过，里面所含的芥子苷，受到酶性水解，生成辛辣的芥子油。如果芥子油太多，辛辣味太大，一般都吃不成。所以把盛有芥末的容器，倒覆在一个不很平的物件上，让芥子油挥发去一部分。这时粰帚就成为一个很理想的东西。

③杀（shà）：在这里读去声，作“减少”解释。

译文：73.4.2　把芥子里夹杂的沙淘净，研到极熟。作得多的，可以用碓捣，绢筛筛过，再和水更研。让研好的芥末尽贴在盆里；倒盖在扫帚上，过一些时，让苦气辣味走散一部分。但不要搁得太久，使辛味完全丧失；如果不这样搁一会，就太苦太辛辣。

73.4.3　抟作丸子[①]，大如李，或饼子，任在人意也。复干曝，然后盛以绢囊，沉之于美酱中。须，则取食。

注释：①抟（tuán）：捏聚成团。

译文：73.4.3　用手捏成丸子，像李子大，或作成小饼子，随人的意思。再晒干，用绢袋盛着，沉在好酱里。需要时，取出来吃。

73.4.4　其为齑者，初杀讫，即下美酢解之。

译文：73.4.4　如果只是作齑用的，研好调好，就用好醋调稀。

73.5.1　《食经》作芥酱法：熟捣芥子，细筛。取屑，著瓯里，蟹眼汤洗之。澄，去上清，后洗之[①]。如此三过，而去其苦。

注释：①后洗之：显然是“复洗之”看错钞错。“后”的繁体是“後”，与“复”的繁体“復”相似。

译文：73.5.1　《食经》中的作芥酱法：把芥子捣熟，仔细筛过。把粉末放在小碗里，用快开的水洗一遍。澄清，把上面的清水去掉，再洗。像这样洗三次，把苦味洗掉。

73.5.2　微火上搅之，少熇[④]。覆瓯瓦上，以灰围瓯边，一宿则成。

注释：①熇（hè）：火热也。即烤得很烫。

译文：73.5.2 在小火上稍微搅一下，让它有些烫。把小碗倒覆在瓦上，用热灰围在旁边。过一夜，就成了。

73.5.3 以薄酢解，厚薄任意。

译文：73.5.3 用淡醋调稀，要浓要淡，随自己的意思。

73.6.1 崔寔曰：“八月收韭菁，作捣齑①。”

注释：①收韭菁，作捣齑：依《玉烛宝典》所引《四民月令》，从上下文义看，是两件互不相涉的事。

译文：73.6.1 崔寔《四民月令》说：“八月收取韭菜花，作捣齑。”

作鱼鲊第七十四

题解：鲊是用发酵的淀粉，保存鱼肉和蔬菜。即，藉微生物的水解，产生对人无害的化合物，来保存动物性蛋白质食料。最初，鱼鲊只用鱼为材料，后来才有用猪肉和某些蔬菜作鲊的。用蔬菜作的酢又称“菹”。卷九第八十八篇列举了许多菹法。作鱼鲊的原理，是利用绝氧发酵中，乳酸细菌消费淀粉所产生的乳酸会产生酸香味。乳酸达到一定的浓度之后，许多微生物（包括乳酸细菌本身）都要死亡，所以有防腐作用。

鲊和菹，同是利用乳酸菌；不过菹中的乳酸，出自蔬菜本身所含的糖和淀粉，而鱼肉中的肝糖，不够供给生成大量乳酸的需要，所以作鲊要另加淀粉。

本篇收集了7种作鱼鲊的方法和一种作猪肉鲊的方法。其中，第一种74.1和74.7记述详尽，操作过程交代得很清楚、直白，是贾思勰的文字风格。而74.3.1—74.6则的记述则是另一种风格，往往语焉不详。如：74.3.1中的“削”，74.4.1中的“剉鱼”究竟指什么？颇费解。又如74.3.1与74.5.1的标题是“作蒲鲊法”，可具体内容中却根本未出现“蒲”。

作鲊，是长江流域的人民先发明，然后传到黄河流域的。至今，四川地区仍将用米粉加佐料拌肉，下面以红薯、豌豆等作底蒸菜的烹调方法叫“蒸鲊”。

74.1.1　凡作鲊[①]，春秋为时，冬夏不佳。寒时难熟；热，则非咸不成。咸复无味，兼生蛆，宜作裛鲊也[②]。

注释：①鲊（zhǎ）：用腌、糟等方法加工的鱼类食品。也作腌制品的泛称。

②裛（yì）鲊：裛，通“浥”。下一篇中“作浥鱼法”的最后说它可以作鲊。可能就是这里的“裛鲊”。

译文：74.1.1　凡属作鲊，春季秋季才是合适的时候，冬季夏季不好作。天冷难熟；天热，不咸作不成，咸了便没有味。再者，热天容易生蛆，所以只宜于作“裛鲊”。

74.1.2 取新鲤鱼。鱼，唯大为佳。瘦鱼弥胜；肥者虽美，而不耐久。肉长尺半已上，皮骨坚硬，不任为脍者，皆堪为鲊也。去鳞讫，则脔。脔形长二寸①，广一寸，厚五分；皆使脔别有皮。脔大者，外以过熟，伤醋不成任食②；中始可；近骨上，生腥不堪食。常三分收一耳。脔小则均熟。寸数者，大率言耳；亦不可要然。脊骨宜方斩。其肉厚处，薄收皮；肉薄处，小复厚取皮。脔别斩过，皆使有皮，不宜令有无皮脔也。手掷著盆水中，浸洗，去血。

注释：①脔（luán）：第一个“脔”作动词用，即把肉切成块状。第二个“脔”作名词用，指切成块状的肉。

②不成任食：“成”“任”两字，意义重复，必定有一个是多余的。

译文：74.1.2 用新鲜鲤鱼。鱼越大越好。瘦鱼更好；肥鱼虽好，但不耐久。肉长到一尺半以上，皮骨坚硬，不能作脍的，都可以作鲊。去掉鳞，就切成块。每块二寸长，一寸宽，五分厚；每脔都得带上皮。脔切得太大，外面因为熟过度，酸到吃不成；只有中间一层是好吃的；靠近骨头的，生而且有腥气，也不能吃；三分中，常常只有一分实在吃得上。脔小的，便熟得均匀。这些尺寸，也只是大概说的，不能呆板地要求。脊骨近旁，要直斩下去，肉厚的地方，皮稍稍带薄一点，内薄的地方，却要稍微厚些取皮。斩下来的，每脔都得有皮，不宜于有没带皮的脔在。随手扔到盛着水的盆子里；浸着，洗掉血。

74.1.3 脔讫，漉出，更于清水中净洗，漉著盘中，以白盐散之①。盛著笼中，平板石上，迮去水②。世名“逐水盐”③。水不尽，令鲜脔烂；经宿迮之，亦无嫌也。

水尽，炙一片，尝咸淡。淡则更以盐和糁④，咸则空下糁。下，复以盐按之⑤。

注释：①散：“散”字的一个用法，是指固体研成的粉末（所谓“膏、丹、丸、散”的散），是名词。将固体粉末加到某种物体里去的动作，也称为“散”。后来，这个作动词用的意义，便另外专造了一个“撒”字。

②迮（zé）：压榨，挤压。也借用“笮”字代表，后来再演变为“榨”字。

③世名“逐水盐”：世人给了这盐另一个名称，称为“逐水盐”，即赶出水分的盐。利用盐溶解后所生的高渗透压，将生物组织中的水分吸引出来，是“盐腌”的基本原理。

④糁（sǎn）：加到菜里的饭粒。

⑤“咸则”几句：“空下糁”，糁本身有霉坏的可能，糁霉坏后，鲜也不能保全；因此，必须在下糁后，上面再盖一层盐，把糁按紧。有了盐，再按紧，饭粒不会霉坏，乳酸

发酵才可以顺利进行。

译文：74.1.3　切完，整盆漉起来，再换清水洗净，漉出来放在盘里，用白盐撒在上面。盛在篓里，放在平正的石板上，榨掉水。世人把这份盐称为“逐水盐”。鱼里面的水不赶尽，鲜块就会烂；压榨过夜，也没有坏处。水榨尽了之后，烧一脔试试咸淡。淡了可以在要加下去的“糁”里再加些盐；咸，加下去的糁就单加；加完了，上面再盖一层盐，把它按紧。

74.1.4　炊秔米饭为糁；饭欲刚，不宜弱；弱则烂鲊。并茱萸、橘皮、好酒，于盆中合和之。搅令糁著鱼乃佳。茱萸全用；橘皮细切。并取香气，不求多也。无橘皮，草橘子亦得用。酒辟诸邪，令鲊美而速熟。率：一斗鲊，用酒半斤。恶酒不用。

译文：74.1.4　将粳米炊熟作饭，当作糁；饭要硬些，不宜干太软；软了鲜会烂。连茱萸、橘皮、好酒，在盆里混和。搅到糁能黏在鲊上才好。茱萸用整的，橘皮切细；都只为了利用香气，并不要很多。没有橘皮，也可以用草橘子。酒可以解除一切邪恶的东西，可以使鲊鲜美，而成熟得快。标准：是一斗鲊用半斤酒。不好的酒不要用。

74.1.5　布鱼于瓮子中；一行鱼，一行糁，以满为限。腹腴居上①。肥则不能久，熟须先食故也。鱼上多与糁。以竹蒻交横帖上②。八重乃止。无蒻，菰、芦叶并可用。春冬无叶时，可破苇代之。削竹，插瓮子口内，交横络之。无竹者，用荆也。著屋中。著日中火边者，患臭而不美，寒月，穰厚茹，勿令冻也。

注释：①腹腴：腹部的“软边”（肥的部分）。

②蒻（ruò）：这个“篛”字，显然是“篛”字写错的。“篛”就是“箬”，也就是《本草纲目》中李时珍记音为“辽叶”的箬叶，是箬竹的叶子，大而宽。

译文：74.1.5　把鱼布置在瓮子里，一层鱼，一层糁，装满为止。多脂肪的软边放在最上面。肥的不能耐久，熟了，要先吃去。最上面一层鱼上，多给些糁。用竹叶和箬叶，交叉着平铺在顶上面。铺八层才够。没有箬叶，可以用菰叶、芦叶。春天冬天，没有新鲜叶子，可以将苇茎劈破代替。削些竹签，编在瓮子口里，交叉织着。没有竹子，可以用荆条。放在屋里面？放在太阳下面或者火边的，容易臭，而且味道不好。冬季冷天，要用穰厚厚地包裹，不要让它冻。

74.1.6　赤浆出，倾却；白浆出，味酸，便熟。

译文：74.1.6　红浆出来时，倒掉；白浆出来，味酸时，便成熟了。

74.1.7　食时，手擘；刀切则腥。

译文：74.1.7　食用时，用手撕；用刀切的有腥气。

74.2.1　作裹鲜法：脔鱼。洗讫，则盐和，糁。十脔为裹；以荷叶裹之，唯厚为佳。穿破则虫入。不复须水浸镇迮之事。只三二日，便熟，名日“暴鲊”①。

注释：①暴：速成的意思。“只三二日便熟”，应当可以称为“暴鲊”。

译文：74.2.1　作裹鲊的方法：鱼切成脔。洗过，就用盐和上，加上糁。十脔作一“裹”，用荷叶包裹起来，裹得越厚越好。破了，穿了孔，就会有虫进去。不须要水浸和压榨。只要三两天，就成熟了，称为“暴鲊”。

74.2.2　荷叶别有一种香，奇相发起，香气又胜凡鲊。有茱萸、橘皮则用，无亦无嫌也。

译文：74.2.2　荷叶另外有一种清香，和鲊的香气互相起发，比一般的鲊还香。有现成的茱萸和橘皮，就用上；没有也不妨事。

74.3.1　《食经》作蒲鲊法：取鲤鱼二尺以上，削①，净治之。用米三合，盐二合腌一宿，厚与糁。

注释：①削：“削”字，应是“剉”字写错，参见下面74.4.1“锉鱼毕”。

译文：74.3.1　《食经》中的作蒲鲊法：用长在二尺以上的鲤鱼，切成商，洗净。用三合米，二合盐，混和腌一夜，多给些糁。

74.4.1　作鱼鲊法：剉鱼毕①，便盐腌。一食顷，漉汁令尽，更净洗鱼。与饭裹，不用盐也。

注释：①锉鱼：这里用“剉”颇费解。“判”泛指两物相磋磨。可能是用物去鱼鳞。

译文：74.4.1　作鱼鲊法：把鱼去鳞切成脔后，就用盐腌。一顿饭久之后，将汁沥干净，再将鱼洗一遍。只用饭包裹，不搁盐。

74.5.1　作长沙蒲鲊法[①]：治大鱼，洗令净；厚盐[②]，令鱼不见。四五宿，洗去盐。炊白饭渍清水中[③]，盐饭酿。多饭无苦。

注释：①长沙：地名。秦置。汉为长沙国。北魏时南朝齐称长沙郡，在今湖南长沙。

②厚盐："厚"字下，显然脱漏了一个字，可能是"与""着"或"覆"。

③白饭：不是"白米饭"，而是米与水之外，不加任何其他成分的饭。

译文：74.5.1　作长沙蒲鲊法：整治大鱼，洗净；厚些盖上盐，把鱼埋在盐里到看不到鱼。过四五夜，将盐洗掉。炊些米饭连鱼漫在清水里。让盐和饭发酸。饭多些也不要紧。

74.6.1　作夏月鱼鲊法：脔一斗，盐一升八合，精米三升，炊作饭，酒二合，橘皮、姜半合，茱萸二十颗。抑著器中。多少以此为率。

译文：74.6.1　夏季作鱼鲊的方法：一斗切盛脔的鱼，一升八合盐。三升精米炊成饭。酒二合，橘皮、姜各半合，茱萸二十颗，连鱼带饭一起拌和。按到容器里。作多少，按这个比例加减。

74.7.1　作干鱼鲊法：尤宜春夏。取好干鱼，若烂者不中。截却头尾，暖汤净疏洗，去鳞。讫，复以冷水浸，一宿一易水。数日肉起，漉出，方四寸斩。

译文：74.7.1　干鱼作鲊的方法：春季夏季作特别相宜。取好的千鱼，若烂了的不合用。切去头和尾，热水洗净，去掉鳞。都作完了，再用冷水浸，每天换一次水。过几天，肉发涨了，漉起来，斩成四寸见方的块。

74.7.2　炊粳米饭为糁；尝，咸淡得所。取生茱萸叶布瓮子底。少取生茱萸子和饭，取香而已，不必多，多则苦。一重鱼，一重饭，饭倍多早熟。手按令坚实。荷叶闭口，无荷叶，取芦叶，无芦叶，干苇叶亦得。泥封，勿令漏气。置日中。

译文：74.7.2　将粳米炊成饭来作糁；尝过，将咸淡调节到合宜。取生茱萸叶铺在瓮

底上，用一点点茱萸子和在饭里面，只要取得一些香气，不必多用，多了味道苦。一层鱼，一层饭，饭多，就熟得早。手按紧实。用荷叶遮住瓮口，没有荷叶用芦叶；芦叶也没有时，就用干苇叶也可以。泥封上，不让它漏气。放在太阳里面。

74.7.3　春秋一月，夏二十日便熟。久而弥好。

译文：74.7.3　春季秋季，过一个月；夏季，过二十天，就熟了。越久越好。

74.7.4　酒食俱入，酥涂火炙特精。胚之①，尤美也。

注释：①胚（zhēng）：煎煮鱼肉。把鲊作成“胚”；是用鱼和肉一起煮成羹。下面第七十八篇第一则，就是“‘胚’鱼鲜法”；第二、三两则，也是用鱼鲊作胚。

译文：74.7.4　下酒下饭都合式，如果用油涂过在火上烤熟特别精美。作成“胚”，更加好。

74.8.1　作猪肉鲜法：用猪肥猯肉①，净爓治讫②，剔去骨，作条，广五寸。三易水煮之，令熟为佳；勿令太烂。熟，出。待干，切如鲜脔，片之皆令带皮。

注释：①猯（zōng）：周岁以下的小猪。“肥猪猯肉”不很好解说，怀疑是“肥猯猪肉”。

②爓（xún）：古代祭祀用肉，沉于汤中使半熟。这个字最初的写法，是“燅”。汉以前的书，多半借用“寻”。唐代该字的“俗字”写成“焊”。唐以后，一般多借用“燂”。“爓”是多义词。这里应是指将宰杀后的小猪用热水烫后去掉毛。

译文：74.8.1　作猪肉鲊的方法：用肥猯猪肉，先焊干净，整治好，剔去骨头，作成五寸宽的条。换三次水煮，只要熟，不要太烂。熟了，取出来。等干了，切成像鱼鲊一样的脔，每片都要带皮。

74.8.2　炊粳米饭为糁，以茱萸子白盐调和。布置一如鱼鲊法。糁欲倍多，令早熟。泥封，置日中，一月熟。

译文：74.8.2　将粳米炊成饭来作糁，用茱萸子白盐调和。布置一切，都和作鱼蚱一样。糁要加倍地多，这样，熟得早。泥封着瓮口，放在太阳下面。一月之后，就成熟了。

74.8.3　蒜齑姜酢，任意所便。脏之，尤美，炙之，珍好。

译文：74.8.3　用蒜齑或姜醋来蘸吃，随自己的方便。脏更好；作炙，也很珍贵。

脯腊第七十五

题解：本篇专门叙述如何用盐腌或风干，来保存肉类的办法。“脯”与“腊”在我们祖国，也是史前就有了的保存肉类食品的老办法。本篇中，贾思勰共记述了7种制作脯腊的方法；所用原料有猪、牛、羊、家禽，各种鱼类，野味等；记述的制作方法十分全面精细，连要去“腥窍”和“脂瓶”等细节都提到了。

75.1.1　作五味脯法[1]：正月、二月、九月、十月为佳。用牛、羊、獐、鹿、野猪、家猪肉。

注释：①脯（fǔ）：干肉。

译文：75.1.1　作五味脯的方法：在正月、二月、九月、十月作为好。用牛、羊、獐、鹿、野猪、家猪的肉。

75.1.2　或作条、或作片。罢，凡破肉皆须顺理，不用斜断。各自别。

译文：75.1.2　或者作成条，或者作成片。作完，破肉时，都要顺着肌肉走向，不要斜切。分别搁开。

75.1.3　槌牛羊骨令碎，熟煮，取汁；掠去浮沫，停之使清。取香美豉，别以冷水，淘去尘秽。用骨汁煮豉。色足味调，漉去滓，待冷下盐。适口而已，勿使过咸。细切葱白，捣令熟。椒、姜、橘皮，皆末之。量多少[1]。以浸脯。手揉令彻。

注释：①量多少：自己酌量该用多少。

译文：75.1.3　将牛羊骨槌碎，煮久些，取得汁。将汁上浮着的泡沫掠掉，停放，澄清。取得香的鲜美的豆豉，另用冷水，淘掉灰尘和杂质。用骨头汤煮豆豉。等豆豉汤颜色够了，味也好了，把豆豉漉掉；等冷了，加盐。刚合口味就行了，不要太咸。葱白切细捣熟。

花椒、姜、橘皮，都捣成粉末。自己斟酌要用多少。把作脯的肉料浸在里面。用手揉，让这些作料透进里面。

75.1.4 片脯，三宿则出；条脯，须尝看味彻，乃出。皆细绳穿，于屋北檐下阴干。条脯：浥浥时，数以手搦令坚实。

译文：75.1.4 片脯，过三夜就取出来；条脯，要尝过，看味道够了，才取出。都用细蝇子穿着，挂在屋子北面檐下，阴干。条脯，在半干半湿时，反覆用手捏紧实。

75.1.5 脯成，置虚静库中，著烟气则味苦。纸袋笼而悬之。置于瓮，则郁浥。若不笼，则青蝇尘污。

译文：75.1.5 脯作成后，放在空而没有人出进的库里。遇上了烟气，味道就苦。用纸口袋包着挂起来。放在瓮子里，就燠坏了。不包着，就给苍蝇尘土弄脏了。

75.1.6 腊月中作条者，名日“瘃脯”①，堪度夏。每取时，先取其肥者。肥者腻，不耐久。

注释：①瘃（zhú）脯：腊月里作的受过冻的肉脯。瘃，受冻。

译文：75.1.6 腊月里作的条脯，叫作“瘃脯”，可以过夏天。每次取时，先取肥的。肥的油多，不耐久。

75.2.1 作度夏白脯法：腊月作最佳。正月、二月、三月，亦得作之。用牛、羊、獐、鹿肉之精者①。杂腻则不耐久。

注释：①精：纯瘦肉。现在四川等地还有这种说法。

译文：75.2.1 作过夏天用的白脯的方法：腊月作的最好。正月、二月、三月也可以作。用牛、羊、獐、鹿的好精肉。有肥的掺在里面就不耐久。

75.2.2 破作片。罢，冷水浸，搦去血，水清乃止。以冷水淘白盐，停取清，下椒

末，浸。再宿，出，阴干。浥浥时，以木棒轻打，令坚实。仅使坚实而已，慎勿令碎肉出。

译文：75.2.2 破成片。破完用冷水浸，扭掉血水，水清为止。用冷水淘洗白盐，澄清后，取得清盐卤，加些花椒末，浸着。过两夜，取出来，阴干。半干半湿的时候，用木棒轻轻打，让肉紧实。只要使肉紧实，不要打到有碎肉出来。

75.2.3 瘦死牛羊及羔犊弥精。小羔子，全浸之。先用暖汤净洗，无复腥气，乃浸之。

译文：75.2.3 瘦死的牛羊以及羊羔牛犊更好。小羔子，整只地浸。先用热水洗净，到没有腥气时才浸。

75.3.1 作甜脆脯法①：腊月取獐鹿肉，片，厚薄如手掌，直阴干，不著盐。脆如凌雪也。

注释：①甜：这里是指不加盐保持原味。

译文：75.3.1 作甜脆脯的方法：腊月，将獐鹿肉切成片，像手掌一样厚薄，直接阴干，不要搁盐。干后，像冰冻过的雪一样地脆。

75.4.1 作鳢鱼脯法：一名"鲖鱼"也。十一月初至十二月末作之。

译文：75.4.1 作鳢鱼脯的方法：鳢鱼也叫"鲖鱼"。十一月初到十二月底作。

75.4.2 不鳞不破，直以杖刺口令到尾。杖尖头作樗蒲之形①。作咸汤，令极咸；多下姜椒末。灌鱼口，以满为度。竹杖穿眼，十个一贯；口向上，于屋北檐下悬之。

注释：①樗（chū）蒲：我国古代的博戏。博具有棋子等。

译文：75.4.2 不去鳞，不破，用一条小棍一直从口刺到尾。小棍尖头上，作成棋子一样。作些咸汤，要极咸极咸；多搁些姜和花椒末。灌在鱼口里，灌满为止。用小棍从鱼眼里穿过去，十条鱼穿成一串；口朝上，挂在北面屋檐下。

75.4.3　经冬令瘃。至二月三月，鱼成。生刳取五脏，酸醋浸食之，隽美乃胜逐夷[①]。

注释：①逐夷：即“鳀鮧”，鱼肠酱。第七十篇70.16.1对鳀鮧一名的由来作了生动的介绍。

译文：75.4.3　经过一冬，让它冻。到二月三月，鱼脯就成功了。把脏腑刳出来，生的，用酸醋浸着吃，比逐夷还鲜美。

75.4.4　其鱼，草裹泥封，煻灰中爊乌刀切之[①]。去泥草，以皮布裹而槌之。白如珂雪[②]，味又绝伦。过饭下酒，极是珍美也。

注释：①煻（táng）灰中爊（āo）之：煻，快要熄灭的火灰。爊，煨，即把食物埋在火灰中煨熟。

②珂雪：颜色洁白而具有光泽的不透明固体。

译文：75.4.4　这鱼，用草包裹，再用泥封上，搁在热灰里面煨熟后，解掉泥草，用熟皮或布裹着，槌软。像玉雪一样白，味道又极鲜美。过饭下酒，都极珍贵。

75.5.1　五味脯法[①]：腊月初作。用鹅、雁、鸡、鸭、鸧、鴇、凫、雉、兔、鸽、鹑、生鱼[②]，皆得作。乃净治去腥窍及翠上“脂瓶”[③]。留脂瓶则臊也。全浸，勿四破。

注释：①五味脯法：本篇第一则，就是“作五味脯法”，这一条看上去似乎与上一条重复。但上一条，是正、二、九、十月作，这一条是腊月作，仍有区别；而且上一条所用食材与这条也不同。

②鸧（cāng）：即鸧鸹（guā）。今日称为“灰鹤”的一种涉禽。据《本草纲目》记载：大如鹤，青苍色，亦有灰色者，长颈高脚，群飞。鴇（bǎo）：同“鸨”，鸟名。似雁而略大，头小，颈长，背部平，翅膀阔，尾巴短。羽色颈部为淡灰色，背部有黄褐和黑色斑纹，腹面近白色。常群栖草原地带，飞止有行列，足健善驰，能涉水。肉粗味美，可供食用。羽毛可作装饰品。

③乃净治去腥窍及翠上“脂瓶”：“乃”字不能解释，怀疑有错。可能是“当”字行书烂成。腥窍，即“生殖腔”。翠上脂瓶，“翠”，《礼记·内则》作“臎”；《广韵》解释为“鸟尾上肉”。脂瓶即尾上的“脂腺”，也就是“臊气”的集中点。

译文：75.5.1　作五味脯法：腊月初作，用鹅、雁、鸡、鸭、鸧、鸨、野鸭、野鸡、兔、鸽、鹌鹑、新鲜鱼，都可以作。整治干净，把“腥窍”和尾上的“脂瓶”去掉。留着脂瓶，就有臊气。整只地浸，不要切开。

75.5.2　别煮牛羊骨肉取汁，牛羊科得一种，不须并用。浸豉调和，一同五味脯法。浸四五日，尝，味彻便出，置箔上阴干。火炙熟槌。

译文：75.5.2　另外用牛羊带肉的骨煮出汁来，牛或羊，只要用一种，不须要同时用两样。浸豆豉得到豉汁，调和香料和盐等下去，和上面所说的五味脯法一样。浸过四五天，尝尝，味道够了，就取出来，放在席箔上阴干。火烤，仔细搥。

75.5.3　亦名“瘃腊”，亦名“瘃鱼”，亦名“鱼腊”。鸡、雉、鹑三物，直去腥藏，勿开臆①。

注释：①臆（yì）：胸骨，胸部。

译文：75.5.3　这种脯，也叫“瘃腊”，也叫“瘃鱼”，也叫“鱼腊”。鸡、野鸡、鹌鹑这三样，只掏出内脏，去掉腥窍和脂瓶，不要开膛。

75.6.1　作脆脯法：腊月初作。任为五味脯者，皆中作；唯鱼不中占耳。白汤熟煮，接去浮沫。欲出釜时，尤须急火。急火则易燥。置箔上阴干之，甜脆殊常。

译文：75.6.1　作脆脯的方法：腊月初作。凡可以作五味脯的材料，也都可以作脆脯，不过不能用鱼。在白开水里煮熟，舀去汤上的泡沫。快出锅时，更要急火。急火，才容易干燥。放在席箔上阴干，异常地甜而且脆。

75.7.1　作浥鱼法：四时皆得作之。凡生鱼，悉中用；唯除鲇鳠上奴嫌反；下，胡化反。耳①。

注释：①鲇鳠（nián hù）：鲇，通常写作“鲶”，即Parasilurus。鳠，现在称为“鮰鱼”，又写作“鮠鱼”。都是没有鳞而黏液极多的鱼。

译文：75.7.1　作浥鱼的方法：一年四季都可以作。所有新鲜的鱼，都可以用；只有鲇和鳠不能作。上一个字，音奴嫌反；下一个字，音胡化反。

75.7.2　去直鳃①，破腹，作鲏②。净疏洗，不须鳞③。

注释：①去直鳃：“直鳃”不能解释，怀疑“去直”两字写颠倒了：“直去鳃”，即“只要去掉鳃”，与下文“不须鳞”（不要去鳞）相呼应。

②鲏（pī）：剖开的鱼片。

③鳞：作动词，即“去鳞”。本卷76.22“汤、鳞、治”、76.23“鳞、治”、76.25“净鳞治”、78.8“鳞治”等句中“鳞”字的用法均与此同。

译文：75.7.2　只去掉腮，破开肚，切开成两半边，洗净，不要去鳞。

75.7.3　夏月特须多著盐；春秋及冬，调适而已，亦须倚咸。

译文：75.7.3　夏季作，特别要多搁盐；春秋冬三季，合口味就对了，但也要稍微咸些。

75.7.4　两两相合。冬直积置，以席覆之；夏须瓮盛泥封，勿令蝇蛆。瓮须钻底数孔，拔，引去腥汁，汁尽还塞。

译文：75.7.4　两个破开的鱼，肉向肉地合起来。冬季，就这样搁着，用席盖住；夏季，就要瓮子盛着，泥封口，不让苍蝇在里面产蛆。瓮底上要钻几个孔，拔掉塞子将腥汁流去，汁流尽了再塞上。

75.7.5　肉红赤色，便熟。食时，洗却盐。煮、蒸、炮任意，美于常鱼。作鲜、酱、爊、煎，悉得。

译文：75.7.5　肉变成红色时，就熟了。吃时，把盐洗掉。煮、蒸或者明火烤都可以，味比一般鱼还好。也可以再作鲊，作酱鱼，或者灰煨，或油炸来吃。

羹臛法第七十六

题解：从本篇起一直到“素食第八十七”都是记述烹饪方法的。从中我们可以充分体会到孔夫子描述中国人讲究烹饪技术的名言——“食不厌精，脍不厌细”，实在是总结得太精辟了。

首先我们需对羹臛（huò）作解释：羹和臛是相类似的烹饪方法。本篇所记作羹臛多用煮、炖的办法，有时也渫或炒。王逸注《楚辞·招魂》中的“露鸡臛蠵”，说“有菜曰羹，无菜曰臛”。刘熙《释名》解释“羹，汪也，汁汪郎也；臛，蒿也，香气蒿蒿也”。《说文解字》解释，“羹，五味和羹”，“臛，肉羹”。一般认为，羹是用肉（或肉菜相杂）调和五味做的有浓汁的食物，臛则是肉羹。

本篇记述了29种烹饪羹臛的方法。选材多样，有用纯肉（猪、羊、牛、鸡、鸭、鱼等）的，有肉菜兼具的，还有用动物内脏或血的。配料丰富、讲究。76.22.1中的“邪截臛叶”反映了当时烹饪技术中非常注意刀工。72.2.3专门讲到“鲤涩，故须米汁也”。这是中国烹调技术中的特色之一，即先用少量淀粉糊，裹在肉类（片或丝）外面，再加高温。这样的处理，可以保持肉类柔嫩适口。现在黄河流域和长江流域对这种处理办法通用的术语是“加芡”。《齐民要术》中这条，可能是有关这种烹调技术最早的记载。

篇末专门有一条“治羹臛伤咸法”（羹臛太咸的补救办法），非常有意思。

《齐民要术今释》作者指出：本篇以下，一直到第八十九篇，“谜”特别多，一部分的谜，是钞写刊刻时的错漏；一部分则是某些“术语”，现在已经“失传”，某些食品，现在已经淘汰了。我们尽可能地从时代相去不远的一些辞典书中，寻求了一些解谜的线索。但是我们见闻既极有限，得到的线索也就极少。这些线索，能否解决这些谜，是不需要多加说明的。

76.1.1 《食经》作芋子酸臛法：猪羊肉各一斤，水一斗，煮令熟。成治芋子一升，别蒸之。葱白一升，著肉中合煮，使熟。粳米三合，盐一合，豉汁一升，苦酒五合，口调其味。生姜十两，得臛一斗。

注释：①生姜十两：十两分量太多，怀疑是“一两”。

译文：76.1.1《食经》里的作芋子酸臛法：猪肉羊肉，每样一斤，水一斗，煮熟。整治好、也切好了的小芋一升，另外蒸好。葱白一升，加到肉里面去和着，煮熟。三合粳米，一合盐，一升豉汁，五合苦酒，口尝试过，把味道调整到合适。加十两生姜，总共得到一斗臛。

76.2.1　作鸭臛法：用小鸭六头，羊肉二斤。大鸭五头[①]，葱三升，芋二十株，橘皮三叶，木兰五寸[②]，生姜十两，豉汁五合，米一升。口调其味。得臛一斗[③]。先以八升酒煮鸭也。

注释：①大鸭五头：上文已有“小鸭六头”；这一句“大鸭五头”，意义很可疑：怀疑这句应当是接在“小鸭六头”之下的一个注。即小鸭，要用六头；没有小鸭，便用大鸭，大鸭五头便够了。

②木兰五寸：五寸长的木兰皮。木兰（Magnolia oboata）的树皮，含有不少芳香油。据李时珍《本草纲目》所引陶宏景《名医别录》，“皮似桂而香，十二月采皮阴干”，又陶弘景曰：“零陵诸处皆有之，状如枏树，皮甚薄而味辛香。今益州者（按：指四川）皮厚，状如厚朴，而气味为胜。今东人皆以山桂皮当之，亦相类。道家用合香，亦好。”可见晋代是将木兰皮作为香料用的，和现在用桂皮一样。苏颂则以为“湖、岭、蜀川诸州皆有之。此与桂全别。而韶州所生，乃云与桂同是一种：取外皮为‘木兰’，中肉为‘桂心’，盖是桂中之一种耳”，便将木兰与桂皮等同了。五寸，大概是用五寸长的一片皮。③得臛一斗：得到一斗臛。按当时的度量衡折算，一斗只有今日两市升。由所用的材料，五只大鸭，二斤（约相当今日0.9市斤）羊肉，二十个芋、一升（约相当今日二市合）米计算起来，所得的羹臛不会只有“一斗”，怀疑是“三斗”或者竟是“一斛”。（参看下面76.4.1猪蹄酸羹的“一斛”）

译文：76.2.1　作鸭臛的方法：用小鸭六只，羊肉二斤。大鸭用五只。另外用三升葱，二十个芋，三片橘皮，五寸长的木兰皮，十两生姜，五合豉汁，一升米，与羊肉和已经煮过的鸭肉一齐煮，尝过，调合味道。煮好后，可以得到一斗臛。先用八升酒把鸭煮好。

76.3.1　作鳖臛法：鳖，且完全煮[①]，去甲藏[②]。羊肉一斤，葱三升，豉五合[③]，粳米半合[④]，姜五两，木兰一寸，酒二升。煮鳖。盐，苦酒；口调其味也。

注释：①且：在此作“暂且、姑且”，“目前先……”解。

②甲藏（zàng）：甲，外壳。藏，内脏，即后来写作“脏”字的原字。

③豉五合：与上下各条参照看来，“豉”字下面似乎该有一个“汁”字。

④粳米半合：“半合”两字，可能有一个是错了的。半合，依当时的度量衡制折算，只有现在的0.1市合（约为10毫升），很难想像是怎样量的。可能是“五合”，或是“半升”。

译文：76.3.1　作鳖臛的方法：先将鳖整只煮过，再除掉外壳和内脏。另外加羊肉一斤，葱三升，豉汁五合，粳米半合，姜五两，木兰皮一寸，酒二升，煮鳖。加盐加醋；尝过，调合味道。

76.4.1　作猪蹄酸羹一斛法：猪蹄三具[1]，煮令烂，擘去大骨。乃下葱、豉汁、苦酒、盐，口调其味。旧法用饧六斤，今除也。

注释：①具：相当于今日口语中的“副”。一具猪蹄，似乎应当是整个四只蹄全包括在内。

译文：76.4.1　作一斛猪蹄酸羹的方法：三副猪蹄，煮到烂，取掉大骨头。再将葱、豉汁、醋、盐等搁下去，尝过，调合口味。依旧时的方法，还要加六斤饧糖，现在不用了。

76.5.1　作羊蹄臛法：羊蹄七具，羊肉十五斤，葱三升，豉汁五升，米一升。口调其味。生姜十两，橘皮三叶也。

译文：76.5.1　作羊蹄腔的方法：七副羊蹄，十五斤羊肉，三升葱，五升豉汁，一升米一齐煮。尝过，将口味调到合适。另加生姜十两，橘皮三片。

76.6.1　作兔臛法：兔一头，断[1]，大如枣。水三升，酒一升，木兰五分，葱三升，米一合，盐、豉、苦酒，口调其味也。

注释：①断：“断”字可以解释，但怀疑作“斲”（zhuó，今作“斫”）更适合。

译文：76.6.1　作兔臛的方法：将一只兔，斫成枣子大小的块。用三升水，一升酒，五分木兰皮，三升葱，一合米一齐煮，加盐、豆豉、醋，尝过，调到合味。

76.7.1　作酸羹法：用羊肠二具，饧六斤，瓠叶六斤，葱头二升，小蒜三升，面三升；豉汁，生姜，橘皮，口调之。

译文：76.7.1　作酸羹的方法：用两副羊肠，六斤饧糖，六斤瓠叶，二升葱头，三升小蒜，三升面粉；加上豉汁、生姜、橘皮，尝过，调到合味。

76.8.1　作胡羹法：用羊胁六斤①，又肉四斤；水四升，煮。出胁，切之。葱头一斤，胡荽一两，安石榴汁数合。口调其味。

注释：①胁（xié）：即胸部两侧的肉，也就是今日口语中的“排骨肉”。

译文：76.8.1　作胡羹的方法：用羊排骨肉六斤，另外用净肉四斤，加四升水煮。熟后把排骨肉取出来，切好。加一斤葱头、一两胡荽，几合安石榴汁。尝过，调到合味。

76.9.1　作胡麻羹法：用胡麻一斗，捣，煮令熟，研取汁三升。葱头二升，米二合，著火上。葱头米熟①，得二升半在。

注释：①米熟：“米”字不甚合适，怀疑是“半”字刻错。或者这一节错漏了几处，应是“葱头二升。米二合，合汁著火上。米熟，下葱头，共得二升半羹在”。

译文：76.9.1　作胡麻羹的方法：用一斗脂麻，捣烂，煮熟，研出三升汁来。加二升葱头，二合米，在火上再煮。葱头半熟为止，可以得到二升半羹。

76.10.1　作瓠叶羹法：用瓠叶五斤，羊肉三斤，葱二升，盐蚁五合①，口调其味。

注释：①盐蚁：这个名称，不知道所指是什么？怀疑是“盐豉”或“盐”写错。如果望文生义地解释为像蚂蚁大小的盐颗，固然可以勉强说得通，但分量不合适。

译文：76.10.1　作瓠叶羹的方法：用五斤瓠叶，三斤羊肉，二升葱，五合盐。尝过，将味道调到合适。

76.11.1　作鸡羹法：鸡一头，解，骨肉相离。切肉，琢骨①，煮使熟。漉去骨。以葱头二升，枣三十枚，合煮羹一斗五升。

注释：①琢：琢字本来的意义是“雕琢”，即用一个坚硬的工具，从一大块坚硬的物体上，逐渐敲下一些小块来，使大块成为一定的形状。本书本篇和下几篇所用“琢”字，却和这个原义不甚相符，而只是切碎成小块，有时还用“斫”“锉”，甚至用“锻”字。

译文：76.11.1　作鸡羹的方法：一只鸡，剖开腔，将骨和肉分别开来。肉切过，骨上的肉斫细碎，煮熟。骨头漉取出去。加二升葱，三十枚枣，合起来，煮成一斗五升羹。

76.12.1　作笋䈽鸭羹法[①]：肥鸭一只，净治如糁羹法[②]；脔亦如此。䈽四升，洗令极净；盐尽，别水煮数沸，出之，更洗。小蒜白及葱白、豉汁等下之。令沸，便熟也。

注释：①笋䈽（gě）：即笋干。笋䈽又可写作“笋笴”。《广韵》注：“笋䈽出南中（古代泛指中国南部地区，云、贵、川南一带）”；《集韵》解释为“笋菹”。由本条中“盐尽”和76.21.1的“汤渍令释”两句看来，应当是盐腌后晒干的笋干，和现在的“青笋”相像，不是“笋菹”（现在两广的“酸笋”）。由当时的交通运输情况设想，从“南中”运到黄河流域作为食物的，也只是干笋，不能是有水的菹。

②如糁（sǎn）羹法：这里的“如糁羹法，脔亦如此”两句，似乎表明上文或下文中，另有一段“糁羹法”。但本篇并没有“糁羹法”的文字。案《太平御览》卷861，“羹”项里面，有一条“《食经》曰：有猪蹄酸羹法、胡羹法、鸡羹法、笋笴鸭羹法”，则这一段，可能正和本篇第一段“芋子酸（《太平御览》引作“酢”）臛法”一样，是从《食经》中引出的。《食经》原文，可能另有一则“糁羹法”在。《太平御览》所引《食经》羹名，虽没有“糁羹”的名称，却不能由此就证明《食经》中本来也没有。

译文：76.12.1　作笋鸭羹的方法：肥鸭一只，切成脔，整治洁净，像作糁羹的方法一样。四升笋䈽，洗到非常洁净；到没有盐时，另外用清水煮开几遍，取出来，再洗。将小蒜白、葱白和豉汁放下去。再煮开，就熟了。

76.13.1　肺腂苏本反法[①]：羊肺一具，煮令熟，细切。别作羊肉臛，以粳米二合，生姜煮之。

注释：①肺腂（sǔn）：腂，指切熟内再煮。而当“腂”同“膶（sǔn）”时，则指把切好的熟肉放在血中拌合成肉羹。

译文：76.13.1　肺腂的作法：一副羊肺，煮熟，切碎。另外作成羊肉浓汤，加上两

合粳米，生姜，连切好的羊肺一并放在羊肉臛里煮。

76.14.1　作羊盘肠雌斛法：取羊血五升，去中脉麻迹①，裂之。

注释：①中脉麻迹：血液凝固时“可溶性”的蛋白质血纤维原，便变性成为丝条状的血纤维，沉淀分出。这些血纤维丝条，有粗有细，联合成为一个网状体系，可以全部取出，剩下血球和其余的血浆蛋白质。中脉麻迹，似乎就是指这种网状的血纤维。

译文：76.14.1　作羊盘肠雌斛的方法：取五升凝结了的羊血，把血中的大条小条“麻迹”除掉，弄破。

76.14.2　细切羊胳肪二升①，切生姜一斤。橘皮三叶，椒末一合，豆酱清一升，豉汁五合，面一升五合，和米一升作糁。都合和。更以水三升浇之。

注释：①胳肪：即“腋下肥”，就是胸腹侧面的脂肪，也就是今日所谓“板油”。胳，腋下。肪，《说文》解释为“肥”。

译文：76.14.2　把二升羊板油切细碎，又切一斤生姜。再三片橘皮，一合花椒末，一升豆酱清，五合豉汁，一升五合面粉，和上一升米，作成糁饭。再将羊板油和生姜一总合起来。再加三升水下去。

76.14.3　解大肠，淘汰，复以白酒一过，洗肠中屈申①。以和灌肠。屈，长五寸，煮之。视血不出，便熟。

注释：①屈申：是羊肠弯曲与伸直的节段相接连的情形。申，伸展，伸张。

译文：76.14.3　将羊大肠的肠间膜切断，淘洗，再用白酒，把肠中弯曲的地方洗一遍。把调和好了的混合物灌进肠里，弯曲地折叠成五寸长，煮。看看没有血渗出来，就熟了。

76.14.4　寸切，以苦酒酱食之也。

译文：76.14.4　切成一寸长的段，用醋和酱蘸来吃。

76.15.1　羊节解法：羊肶一枚①，以水杂生米三升，葱一虎口②，煮之，令半熟。

注释：①肶（pí）：应作“膍”。反刍类复房胃中的重瓣胃，历来称为“百叶”或“膍”。后来将复房胃的四个房，都合称为“百叶”或“膍”。

②虎口：大拇指和食指相连的地方，称为“虎口”；用大拇指尖和食指尖连起来，围成的一个圈，便也是一“虎口”；也便是“一把”“一握”或“盈握”“盈掬”。

译文：76.15.1　作羊节解的方法：一个羊百叶，用三升生米，一虎口葱，加水，煮到半熟。

76.15.2　取肥鸭肉一斤，羊肉一斤，猪肉半斤，合锉，作臛。下蜜，令甜。

译文：76.15.2　取一斤肥鸭肉，一斤羊肉，半斤猪肉，混合斫碎，作成浓汤，加蜜，让它甜。

76.15.3　以向熟羊肶，投臛里，更煮。得两沸，便熟。

译文：76.15.3　把将近熟的羊百叶，放进浓汤里，再煮。煮到两开，就熟了。

76.15.4　治羊合皮，如猪豚法，善矣①。

注释：①“治羊”一段：按这一节，与上文黏连不上；怀疑是“错简”，应当在“蒸缹法第七十七”中77.2.4或77.4.5，“菹绿第七十九”中79.5.5等任何一节后面。豚，小猪。

译文：76.15.4　整治连皮的羊肉，应当和整治小猪一样，就好了。

76.16.1　羌煮法①：好鹿头，纯煮令熟，著水中，洗治；作脔如两指大。猪肉琢作臛②，下葱白，长二寸一虎口。细琢姜及橘皮各半合，椒少许。下苦酒。盐、豉适口。

注释：①羌（qiāng）煮：羌是古来西北的一个民族。晋代的“五胡”，就包括羌族在内。《北堂书钞》卷145，“羌煮三十一”，引《搜神记》说“羌煮貊炙，戎翟之食也；自太始以来，中国尚之”。太始是汉武帝的年号，公元前96—前93年。

②琢（zhuó）：砍，剁。

译文：76.16.1　羌煮的作法：好的鹿头，单独煮到熟后，在水里洗净整治，切成两个手指大小的脔。猪肉斫碎，煮成浓汤，加些葱白，两寸长一根的，共用一“虎口”。半合斫碎的姜和半合橘皮，一些花椒，还加些醋。盐和豆豉，到口味合适。

76.16.2　一鹿头用二斤猪肉作臛。

译文：76.16.2　一只鹿头，用两斤猪肉作浓汤。

76.17.1　食脍鱼莼羹[①]：芼羹之菜[②]，莼为第一。

注释：①食脍鱼莼羹：这个标题，固然可以望文生义地解释为“食脍鱼用的莼羹”；但似乎不很贴切。很怀疑“食”字下面，漏了一个“经”字或“次”字。《食经》这个书名，本书引用得很多；“《食次》”的解释，见下篇注解77.11.1。“脍鱼”两个字，可能也应当是“鱼脍”颠倒了。

②芼（mào）羹：煮在肉汤里的青菜。

译文：76.17.1　食鱼脍的莼羹：煮到肉羹里去的菜，莼是最好的。

76.17.2　四月，莼生茎而未叶，名作“雉尾莼”，第一肥美。

译文：76.17.2　四月间，莼茎开始生长，还没有叶的时候，名叫“雉尾莼”，最肥也最美。

76.17.3　叶舒长足，名曰“丝莼”，五月六月用。丝莼：入七月尽，九月十月内，不中食；莼有蜗虫著故也[①]。虫甚微细，与莼一体，不可识别，食之损人。十月，水冻虫死，莼还可食。

注释：①蜗虫：蜗牛和虫。蜗，蜗牛。虫，依下文看来，该是某种环虫、线虫或圆虫；也许是某种动物的“蚴（yòu）”，即它们的幼体。

译文：76.17.3　到叶子舒展开来，长满了，名叫“丝莼”，五月六月间，可以用：

丝莼：到七月底，九月、十月间，就不可以吃了；因为这时候莼上面有蜗牛、虫黏着。虫很细小，和莼菜连结成一块，不能分辨；吃了下去，对人有害。十月间，水冻了，虫死了，莼又可以吃了。

76.17.4　从十月尽至三月，皆食“瑰莼”④。瑰莼者，根上头，丝莼下茇也。丝莼既死，上有根茇②；形似珊瑚。一寸许，肥滑处，任用；深取即苦涩。

注释：①瑰莼：是根的上头，也就是丝莼下面的根茇。

②上有根茇（bá）：“上”字，怀疑该是“下”字。丝莼死后，残余的茎尖和芽，“形似珊瑚”的，过去不知道是苗系，认为根，所以称为“根茇”。既然是“根茇”，便只可以在原有的茎叶下面，不会在上面。或者是同音的“尚”字写错。

译文：76.17.4　由十月底到第二年三月，所吃的都是“瑰莼”。瑰莼，是根的上头，也就是丝莼下面的根茇。丝莼死了之后，下面留着的根茇，形状像珊瑚一样。前端一寸左右的地方，肥而且滑，可以吃；再深些，味就苦涩了。

76.17.5　凡丝莼，陂池种者，色黄肥好，直净洗则用。野取，色青，须别铛中热汤暂煠之④，然后用；不则苦涩。

注释：①煠（zhá）：即“渫”，沸油中或沸汤中煮。在沸油中煎叫“煠”（炸）；沸汤中煮，后来多用“渫”字。

译文：76.17.5　凡属在陂池里种的丝莼，颜色带黄，肥美好吃，只要洗洁净就可以用了。采取野生的莼，颜色青绿的，须要在另外的锅中烧好热水，把莼菜放下去，渫一下，然后用；如果不渫一下，味道就苦涩了。

76.17.6　丝莼瑰莼，悉长用，不切。鱼莼等并冷水下。

译文：76.17.6　丝莼和瑰莼，采来多长，就尽长用，不要切。鱼和莼菜，同时下到冷水里去煮。

76.17.7　若无莼者，春中可用芜菁英，秋夏可畦种芮、菘、芜菁叶①，冬用荠菜以芼

之②。芜菁等，宜待沸，接去上沫，然后下之。皆少著，不用多；多则失羹味，干芜菁无味，不中用。

注释：①芮：怀疑是“芥”字钞写错误。

②荠（jì）菜：有的版本作“荠叶”。荠菜都是整棵“挑”回，择洗净后，连壮根吃，不会专将叶摘下来单用，应是“荠菜”。

译文：76.17.7　如果没有莼菜，春季可以用芜菁叶，秋季夏季，可以用地里种的芥菜、菘菜或芜菁叶子；冬季用荠菜来笔羹。芜菁等，要等汤沸了，将浮面的泡沫去掉，然后放下去。这些菜都只能少搁一些，不要搁得太多；多了，羹就失了味道。干芜菁叶没有味，不中用。

76.17.8　豉汁，于别铛中汤煮，一沸，漉出滓，澄而用之，勿以杓抳①！抳则羹浊，过不清。煮豉，但作新琥珀色而已，勿令过黑；黑则䶥䶕苦②。

注释：①勿以杓抳（sháo ní）：不要用瓢子擂。杓，瓢子。抳，研磨。

②䶥䶕（cuó gàn）：咸，苦。䶥，味咸。䶕，《玉篇》卤部解作“鹹”，“鹹”同“碱”。

译文：76.17.8　豉汁，在另外的锅里用开水煮，开一遍，把豆豉漉掉，澄清后再用。不要用瓢子擂，擂过，汤是浑浊的，过滤也不会清。煮豉汁，只要有新琥珀一般的淡黄褐色就够了，不要太黑，黑了就嫌咸嫌苦。

76.17.9　唯莼笔，而不得著葱、䪥及米糁、菹、醋等①。莼尤不宜咸。

注释：①䪥（xiè）：薤。又名藠（jiào）头，小蒜、薤白头、野蒜、野韭等。内蒙、山西人称“薤”为“害害”。百合科葱属多年生草本，地下有鳞茎，鳞茎和嫩叶可食。古代作为蔬菜，今南方还作蔬菜食用。

译文：76.17.9　只可以用莼菜笔，不可以加葱、薤、米糁、酸菹、醋等。莼更不宜于用咸的。

76.17.10　羹熟即下清冷水。大率羹一斗，用水一升；多则加之，益羹清隽。

译文：76.17.10　羹熟了之后，立刻搀清冷水下去。一般标准，一斗羹用一升水；羹多，照比例增加水，使羹更加清爽。

76.17.11　甜羹下菜、豉、盐①，悉不得搅；搅则鱼莼碎，令羹浊而不能好。

注释：①甜羹：没有加盐而不咸的羹，称为"甜羹"。现在西北方言中，还保留"甜"字与"咸苦"相对立的用法。卷七64.27.4注①对此有详尽的解释。

译文：76.17.11　甜羹里加菜、加豉、加盐的时候，都不可以搅和；搅就会把鱼和莼菜弄碎了，羹也就浑浊了，不好。

76.18.1　《食经》曰："莼羹，鱼长二寸。唯莼不切。鳢鱼，冷水入莼；白鱼，冷水入莼，沸入鱼与咸豉。"

译文：76.18.1　《食经》说："莼羹，鱼切成二寸长。但是莼菜不切。如果用的是鳢鱼，和莼菜一齐放进冷水里去；如果是白鱼，则莼菜下在冷水里，汤开了再放鱼和咸豆豉。"

76.18.2　又云："鱼长三寸，广二寸半。"

译文：76.18.2　又说："鱼切成三寸长，二寸半宽。"

76.18.3　又云："莼细择，以汤沙之①。""中破鳢鱼，邪截令薄②，准广二寸③，横尽也，鱼半体④。煮三沸，浑下莼。与豉汁渍盐⑤。"

注释：①沙：应当就是读音相近的"渫"字写错了。

②邪截：即"斜切"。

③准：准原来是"準"字的"俗体"。准的原来意义是测定物体表面平正与否的一个仪器。由此引申，有所谓"平准""准则""准绳"和现在常用的一个词"标准"。本篇和下两篇，"准"字用得很多，很难寻得适当的解释；暂时假定为平而阔的片。

④横尽也，鱼半体：这六个字，一定有错误颠倒。"鱼半体"，是指从中剖开后的半

片鱼身。怀疑“也”字应在“体”字后面，即“横尽鱼半体也”；这样，与上句“准广二寸”相连，可以勉强解释。也可能“也”字是误多的。

⑤渍：怀疑是“清”字写错。“豉汁清”，即滤清了的豉汁（参看76.24.1“下豉清”句）。

译文：76.18.3 又说：“莼莱仔细择净，用热水渫过。”“鳢鱼，沿背脊和腹中线破开，斜着切成薄片，两寸宽，已经横着尽到鱼半身的宽度了。鱼煮三开后，将整条的莼莱放下去，再加豉汁清和盐。”

76.19.1 醋菹鹅鸭羹[①]：方寸准。熬之，与豉汁米汁。细切醋菹与之；下盐。半奠[②]。不醋，与菹汁。

注释：①醋菹鹅鸭羹：由76.20段中两个“又云”，怀疑76.20与76.19都是与76.18相连，引自《食经》的。

②奠：本篇和以下几篇的“奠”字，用法相同。暂时解释为烹调就绪后，一份一份地盛入容器，准备送到席上去时的手续。半奠，是容器中盛到半满；满奠，是盛满；双奠，是盛两件；浑奠，是整件地盛出；擘奠，是撕开盛出。

译文：76.19.1 醋菹鹅鸭羹：切成方一寸的片，炒过，加豉汁和米汤。将酸菹切得极碎放下去；再搁盐。盛半碗来供上席。如果不够酸，加些菹汁下去。

76.20.1 菰菌鱼羹[①]：鱼，方寸准；菌，汤沙中出，劈。先煮菌令沸，下鱼。

注释：①菰菌：即所谓“茭笋”“茭白”“茭郁”“茭瓜”“菰首”“菰手……”的确是菌类寄生后根颈膨大所成。但古代却并不知道这件事，只是因为“菰首”的形状味道像“地菌”，所以才有“菰菌”的名称。菰，是菰蒋；菌，是植物体肥大隆起的部分。

译文：76.20.1 菰菌鱼羹的作法：鱼，切成一寸见方的准（鱼片）；菰菌先在开水中渫过，劈破。先把渫过的菰菌煮沸，然后放鱼片。

76.20.2 又云：“先下[①]，与鱼、菌、茱糁、葱、豉[②]。”

注释：①先下：“先下”，是一个副词与一个及物动词连用；这个动词的受格却不存在。怀疑下一句“与鱼菌”的“菌”字，应在“与鱼”之上，即“先下菌，与鱼、米糁、葱、豉”。

②菜（hé）：草名。但怀疑此处应是“米”字。

译文：76.20.2　又一说：“先下菌，再下鱼和米糁、葱、豆豉。”

76.20.3　又云：“洗[①]，不沙。肥肉亦可用。半奠之。”

注释：①洗：“洗不沙”的受格，也只可以是菌。

译文：76.20.3　又一说：“菰菌洗净，不要渫。肥肉也可以用。盛半碗来供上席。”

76.21.1　笋思尹反等古可反鱼羹[①]：笴，汤渍令释，细擘。先煮笴，令煮沸；下鱼、盐、豉。半奠之。

注释：①笋笴（gě）：盐腌后晒干的笋干。

译文：76.21.1　笋笴鱼羹的作法：笋笴，先用热水浸到发涨，撕成细条。先把笋笴煮开；再放鱼、盐、豆豉。盛半碗来供上席。

76.22.1　鳢鱼臛：用极大者，一尺已下不合用。汤、鳞、治、邪截臛叶[①]，方寸半准。豉汁与鱼，俱下水中；与研米汁。

注释：①汤（tàng）：用开水烫。邪截臛（huò）叶：邪即斜，截即切。臛叶，也写作“藿叶”或“霍叶”，即很薄的片。“藿”是小豆，“藿叶”，从字面上说，是像小豆叶一样的薄片。这里写作“臛叶”，也可以从字面解释为作“臛”用的薄肉片。

译文：76.22.1　鳢鱼臛的作法：用极大的鳢鱼，不够一尺长的不合用。用水烫过，去鳞，整治洁净，斜切成薄片，作成一寸半见方的准。豉汁和鱼，一齐放下水中；再加上研碎的米汁。

76.22.2　煮熟。与盐、姜、橘皮、椒末，酒。

译文：76.22.2　煮熟。再加盐、姜、橘皮、花椒末和酒。

76.22.3　鳢涩，故须米汁也①。

注释：①故须米汁：中国烹调术中的特色之一，是先用少量淀粉糊，裹在肉类的片或丝外面，再加高温。这样的处理，可以保持肉类柔嫩适口。现在一般用鸡头芡粉、藕粉、豆粉或菱粉；黄河流域和长江流域通用的术语是“放芡”（或“加芡”）。《齐民要术》中这条记载，可能是最早的。

译文：76.22.3　鳢鱼肉粗涩，所以要加米汁。

76.23.1　鲤鱼臛：用大者。鳞、治，方寸，厚五分。煮和如鳢臛。与全米糁。奠时，去米粒，半奠。若过米奠①，不合法也。

注释：①过米奠：这三个字中，前两字必有一个是错误的：可能是“并米奠”，与上面的“去米粒”相呼应；也可能是“过半奠”，与上文“半奠”相呼应。后一种的可能性较大：“米”字和“半”字相混乱的例，本书中很多。

译文：76.23.1　鳢鱼臛的作法：要用大鱼。去鳞，整治洁净，切成一寸见方，五分厚。像煮鳢臛一样地煮。但是用整粒的米作糁。盛上席时，把米粒除掉，只盛半碗供上。如果超过半碗，就不合规矩了。

76.24.1　脸䑣上力减切下初减切①：用猪肠。经汤出，三寸断之，决破，切细，熬。与水，沸，下豉清，破米汁②。

葱、姜、椒、胡芹、小蒜、芥，并细切锻，下盐、醋、蒜子，细切。

将血奠与之。早与血，则变大，可增米奠③。

注释：①脸䑣（chǎn）：石按：我们以为应当折衷《大广益会玉篇》《广韵》《广雅卷八·释器》这些书上的说法，将“脸䑣”这个羹，名称读为lǎn chǎn；解释为将生血加到有酸味的肉汤中煮成。

②破米汁：与76.22.1参照，“破”字显然是“研”字钞写错误。

③可增米奠：上文没有说到用米，只有研米汁；这里忽然说“可增米奠”，显然有错漏。最简单的情形，是“米”字下漏了一个“汁”字：增加研米汁，煮熟，成为浓汤，便把变大了的固体肠血淹没了。

译文：76.24.1　脸䑣上一个字读力减切，下一个字读初减切。作法：用猪肠，洗净用开水烫过，取出来，切成三寸长的段，纵切破，再切细，炒过。加水，水开后，放豉汁清和研碎米汁。加葱、姜、花椒、胡芹、小蒜、芥，都切细斫碎。再下盐、醋、蒜子，蒜子也要细切。煮好，将烫过的生血放下去，就盛出来上席。血放下太早，就会变大，可以增加米汁，盛着供上席。

76.25.1 鳢鱼汤臠[①]：用大鳢，一尺已上不合用[②]。净鳞治，及霍叶[③]，斜截为方寸半，厚三寸。

注释：①臠（zhì）：切成厚片。《汉语大字典》解释：臠，同“炙”，烤熟的肉食。但此解释在这明显不合用。

②一尺已上：应当是“一尺已下”。③及霍叶：应当是“为臛叶”。“霍叶”见上注解76.22.1。

译文：76.25.1 鳢鱼汤臠：要用大鳢肉，一尺以下的鱼不合用。去掉鳞，整治洁净。切成“臛叶”，斜切成寸半见方，三寸厚的块。

76.25.2 豉汁与鱼俱下水中。水，与白米糁。糁，煮熟，与盐、姜、椒、橘皮，屑米。

译文：76.25.2 豉汁和鱼，一并下进水去。水里，先给些白米作糁。糁煮熟了，放盐、姜、花椒、橘皮和米粉。

76.25.3 半奠时[①]，勿令有糁。

注释：①半奠时：怀疑是“半奠、奠时”。

译文：76.25.3 盛半碗上席，上席时，不要让碗里有米糁。

76.26.1 鲍臛[①]：汤焆徐廉切，去腹中，净洗。中解，五寸断之。煮沸，令变色，出。方寸分准，熬之，与豉清研汁[②]，煮令极熟。葱、姜、橘皮、胡芹、小蒜，并细切锻，与之。下盐醋。半奠。

注释：①鮀（tuó）：石按：根据《玉篇》“鮀”即“鮀”；《尔雅·释鱼》、陆玑《草木虫鱼疏》《广志》《本草图经》等书对鮀鱼的解释均与本段内容不合，只有《说文》所说“鮀，鲇也”，大小相当，可以“中解，五寸断之”，而且，今日的整治法，还是“汤焊，去腹中，净洗”，即在开水中烫过，抹掉外面的黏液（这就是汤焊的意义！）再破开，取掉内脏，洗净。因此我们可以认定鮀即鲇鱼。

②研汁：应当是“研米汁”。

译文：76.26.1　鮀臛的作法：在开水中烫过，抹掉凝固了的黏液，开开腹腔，除掉内脏，洗净。破开，切成五寸长的段节。煮开，变白色后，取出来。切成一寸见方的块，加油炒过，放些豉汁清和碎米粉汁，煮到极熟。葱、姜、橘皮、胡芹、小蒜，都切细斫碎，加下去。搁盐醋。盛半碗上席。

76.27.1　椠七豔切淡①：用肥鹅鸭肉，浑煮，斫为候②：长二寸，广一寸，厚四分许。去大骨。

注释：①椠（qiàn）淡：椠，是木耳（菌类）的子实体。“淡”字很难解释。可能与76.24条的“脸臘”一样，是叠韵联绵字。

②候：立方块。石按：字书中“候”字的解释，都与本书所要求的意义不相涉。怀疑现在粤语系统方言中，称立体而三轴（即长、宽、高）长度相差不远的整块为gòu的那个词，就应当写作“候”。“候”字现在读hòu；但h转为裂擦的k或g很自然也很容易。而且，在保存有阳去的方言系统中，“候”字都读阳去，可以间接证明gou可能就是候。“斥堠”是哨岗（真正用土堆成的“岗位”），“堠”字原只写作“候”；因此，用“候”字来代表一个三轴相差不远的立体，也不是不合理的。下面76.29.3还有一句“下肉候汁中”，“候”字也该作立方块解释。

译文：76.27.1　椠淡：用肥鹅或肥鸭肉，整只地煮熟，斫成二寸长，一寸宽，四分上下厚的块。大骨头去掉。

76.27.2　白汤别煮椠，经半日久，漉出，淅其中，杓迮去令尽①。

注释：①淅其中，杓迮（zé）去令尽：这句话，意思没有完全交待清楚。怀疑有颠倒错误：可能是“杓迮去水令尽，浙其中：即用杓子将檕里所涵的白汤榨干之后，再放在鹅鸭肉汤中泡着”。浙，淘米。杓，炒菜用的瓢勺。迮，压榨。

译文：76.27.2　用白开水另外先将檕煮过，过了半天，漉出来，用杓子将所涵的水榨干尽，放进肉汤里浸着。

76.27.3　羊肉下汁中煮。与盐豉。将熟，细切锻胡芹、小蒜与之。生熟[①]。如烂，不与醋。

注释：①生熟：怀疑是“煮熟”，“生”字不可解释。

译文：76.27.3　将羊肉放到浸着檕的肉汁里煮。加盐与豆豉，快熟时，把切细斫碎的胡芹、小蒜加下去。煮熟。如太烂，就不加醋。

76.27.4　若无檕，用菰菌；用地菌，黑里不中。檕：大者中破，小者浑用。

译文：76.27.4　如果没有檕，用菰菌；也可以用地菌，但黑心的不能用。用檕时，大的破开成两半，小的整个用。

76.27.5　檕者，树根下生木耳，要复接地生、不黑者[①]，乃中用。

注释：①要复：“复”字，怀疑是字形相似的“须”字看错钞错。

译文：76.27.5　檕，是树根下生出的木耳；总之须要贴地面生长、不黑的，才合用。

76.27.6　米奠也[①]。

注释：①米奠：正文一直没有“米”，这里的“米”字可能仍是“半”字。

译文：76.27.6　盛半碗供上席。

76.28.1　损肾：用牛羊百叶，净治，令白。韱叶切，长四寸；下盐豉中。不令大沸！大熟则肕；但令小卷，止。与二寸苏、姜末，和肉。漉取汁，盘满奠。又用肾，切长二寸，广寸，厚五分，作如上。奠。亦用八。姜韱，别奠随之也。

译文：76.28.1　损肾：用牛羊百叶，整治洁净，到颜色变白。切成薤叶宽的丝，四寸长；放进有了盐和豉汁的汤里。不要煮到大开！太熟了，就韧，只要稍微有些卷起就停止。给两寸苏叶，一些姜末，和在肉里面。漉掉汁，放进盘子里，满盛上席。另外，用肾，切成二寸长，一寸宽，五分厚的片，像百叶一样作法。盛入盘中供上席。也是八件盛一盘。姜和薤，另外盛着，一同供上。

76.29.1　烂熟：烂熟肉谐，令胜刀；切长三寸，广半寸，厚三寸半。

译文：76.29.1　烂熟：将肉煮到烂熟，到恰好，能够用刀切；切成三寸长，半寸宽，三寸半厚的块。

76.29.2　将用，肉汁中葱、姜、椒、橘皮、胡芹、小蒜，并细切锻。并盐醋与之。

译文：76.29.2　要用时，向肉汁里加上葱、姜、花椒、橘皮、胡芹、小蒜；这些都要切细斫碎。同时加盐加醋。

76.29.3　别作臛。临用，写臛中，和奠。有沉。将用，乃下肉候汁中，小久则变大，可增之。

译文：76.29.3　另外作好浓肉汤。要供上席时，把调和好的肉汁倒下去，和起来盛。有些东西就会沉下去。快供上席了，再将肉块放进肉汁中。时间久些，肉会涨大，可以再加些汁。

76.30.1　治羹臛伤咸法：取车辙中干土末，绵筛。以两重帛作袋子盛之，绳系令坚坚，沉著铛中。须臾则淡，便引出。

译文：76.30.1　羹臛太咸的补救方法：在车辙里取得干土粉末，用丝绵筛过。盛在两层茧绸作成的口袋里，用绳子绑得坚坚实实，沉到锅里去。不久，汤就淡了，把口袋拉出来。

蒸缶方九反法第七十七

题解：我们理解“蒸”是利用水蒸气加温，使食物变热、变熟。而“缶（fǒu）”则是将食物放在陶器中用小火慢煮。“缶”这个字《玉篇》在卷21火部注“音缶，火熟也”。《广韵》上声四十四也有，音方久切，解为“蒸缶”。《集韵》以为和“炰（fǒu）”字相同。《北堂书钞》卷145炰篇第21，引有刘劭、傅玄等的文章，都是“缶”字。今日粤语系统方言中，瓦锅称为“瓦缶”，此处“缶”字读bǒ（阴上）；用瓦缶煮汤的动词，也就称为“缶”，一般都写作“煲”字。煲、炰、缶实在都只是“缶”，只因地域不同，对同一种烹饪方法的叫法不同。另北方方言中，用慢火煨汤称dùn，写作“炖”或“燉”，其实也都只是“敦”字，读去声作动词用，正像“缶”可作动词用一样。

本篇介绍了十几种主要用蒸或煮的办法烹饪出来的菜肴。其原材料除常用的猪、羊、鱼、鸡、鹅外，还有熊和藕。这些菜肴烹调精细，配料讲究。如77.11介绍的《食次》记的“蒸熊”，共记述了4种烹调方法，每种方法配料的成分及其放置的位置都不同。77.7记述的“胡炮肉法”是一种很特别的烹调方法：将调好味的羊肉和羊脂塞进羊肚（即羊胃）缝合，再放进烧热的坑中盖上灰，灰上烧火，令熟。据贾思勰介绍，其“香美异常”。这些特殊的烹饪方法极可能是来自北方的以游牧、狩猎为生的民族。这些记述，反映出我国当时正处于农耕文明与游牧文明相互融合的民族大融合的情景。

77.1.1　《食经》曰①：“蒸熊法：取三升肉，熊一头②，净治，煮令不能半熟，以豉清渍之，一宿。”

注释：①《食经》：《齐民要术》引《食经》共三十六条。均未注明作者。胡启立先生考证共有《食经》五部，除崔氏《食经》可认定出自后魏崔浩之母卢氏外，其余不可考其详。他认为：“本书所引造酒、藏果以及蒸熊、炙丸之法，皆浩所谓妇功所修酒食之事者。”则本条应出于崔氏《食经》。

②熊一头：与77.11《食次》的蒸熊法对比来看，这熊应是一头幼小的仔熊，与乳猪相近。

译文：77.1.1 《食经》里说："蒸熊法：三升肉，一头熊；熊整治洁净，煮到还不到半熟，用豉汁清浸一个隔夜。"

77.1.2 "生秫米二升，勿近水，净拭，以豉汁浓者二升，渍米，令色黄赤。炊作饭。"

译文：77.1.2 "取二升生糯米，不要碰水，只用布揩抹干净，用浓的豉汁二升，浸着米，让米的颜色变成红黄。炊成饭。"

77.1.3 "以葱白长三寸一升，细切姜、橘皮各二升，盐三合，合和之。著甑中，蒸之取熟。""蒸羊、肫、鹅、鸭，悉如此。"

译文：77.1.3 "再用三寸长的葱白一升，切细的姜和橘皮每样二升，盐三合，连饭和肉混和起来。放进甑里面，蒸到熟。""蒸羊、小猪、鹅、鸭，都和这一样。"

77.1.4 一本用猪膏三升，豉汁一升，合洒之；用橘皮一升。

译文：77.1.4 另一方法：用三升猪油，一升豉汁，混合着洒在熊上面；还用一升橘皮。

77.2.1 蒸豚法：好肥豚一头，净洗垢，煮令半熟，以豉汁渍之。

译文：77.2.1 蒸小猪法：好的肥小猪一只，将皮上的垢洗干净，煮到半熟，用豆豉汁浸着。

77.2.2 生秫米一升，勿令近水；浓豉汁渍米，令黄色，炊作馈，复以豉汁洒之。

译文：77.2.2 生糯米一升，不要碰到水；用浓豉汁浸到颜色变黄，炊成"馈"，再用豉汁洒过。

77.2.3 细切姜、橘皮各一升，葱白三寸四升，橘叶一升，合著甑中。密覆，蒸两三炊久；复以猪膏三升，合豉汁一升，洒。便熟也。

译文：77.2.3 生姜、橘皮切细，每样一升，三寸长一根的葱白四升，橘叶一升，合起来放进甑里面。盖严密，蒸两三顿饭那么久；再用三升猪油，一升豉汁和起来，洒在米上。再蒸一次就熟了。

77.2.4 蒸熊、羊如肫法①，鹅亦如此。

注释：①肫（tún）：同“豚”，小猪。

译文：77.2.4 蒸熊、蒸羊，都像蒸小猪这样；蒸鹅也是这么蒸的。

77.3.1 蒸鸡法：肥鸡一头，净治；猪肉一斤，香豉一升，盐五合，葱半虎口，苏叶一寸围，豉汁三升。著盐，安甑中，蒸令极熟。

译文：77.3.1 蒸鸡的方法：一只肥鸡，整治洁净；一斤猪肉，一升香豆豉，五合盐，半虎口葱白，一寸围苏叶，三升豉汁。放了盐之后，搁在甑里蒸，蒸到极熟。

77.4.1 缹猪肉法：净焊猪讫①，更以热汤遍洗之；毛孔中即有垢出，以草痛揩。如此三遍。疏洗令净②。四破，于大釜煮之。

注释：①焊（xún，又读qián）：把已宰杀的猪或鸡等用热水烫后去掉毛。

②疏：这个字应当写作“漱”。是“洗”的意思。

译文：77.4.1 缹猪肉的方法：猪焊洁净后，再用热水周到地洗一遍；毛孔里就有垢土出来，用草使力揩抹。像这样洗抹三遍。用水漱洁净，破开成四块，在大锅里煮。

77.4.2 以杓接取浮脂，别著瓮中，稍稍添水，数数接脂。脂尽漉出，破为四方寸脔，易水更煮。

译文：77.4.2 用杓子将汤面上浮起的油撇出来，另外搁在一个瓮子里。再向锅里稍微

加上一点水，接连地把油撇掉。油撇完了，漉出来，切破成为四方寸的脔，换过水再煮。

77.4.3　下酒二升，以杀腥臊，青白皆得；若无酒，以酢浆代之。添水接脂，一如上法。

译文：77.4.3　放二升酒下去，辟掉猪肉的腥臊气味，青酒白酒都可以；如果没有酒，可以用酸浆水代替。添水，撇油，像上面所说的方法一样。

77.4.4　脂尽，无复腥气，漉出。板切于铜铛中缹之。一行肉，一行擘葱、浑豉、白盐、姜、椒。如是次第布讫，下水缹之。肉作琥珀色乃止。恣意饱食，亦不饵乌县切[1]，乃胜燠肉[2]。

注释：①饵（yuàn）：厌腻。

②燠肉：奥肉。“燠”应是“奥”字。《释名》卷四：“奥也；藏肉于奥内，稍出用之也”，也就是本条所说的燠肉。

译文：77.4.4　油撇完了，腥气也没有了，漉出来。再在板上切成片，在铜铛里煮。一层肉，一层撕开的葱、整颗的豆豉、白盐、姜和花椒。像这样分层地布置完，加水下去，煮。肉煮成琥珀色，就停手。这样的缹肉尽量吃饱，也不觉得太腻比奥肉还好。

77.4.5　欲得著冬瓜、甘瓠者，于铜器中布肉时下之。其盆中脂[1]，练白如珂雪，可以供余用者焉。

注释：①盆中脂：由上文（77.4.2）“以杓接取浮脂，别著瓮中”看来，这里的“盆”字，应当是瓮；大概是因字形相似，意义相近而写错的。

译文：77.4.5　如果想要搁冬瓜、甘瓠瓜菜，可以在向铜锅里铺肉时放下去。瓮子里接取的油，很洁白，像宝石雪花一样，可以供其余各种用途。

77.5.1　缹豚法：肥豚一头，十五斤；水，三斗；甘酒，三升。合煮，令熟；漉出，擘之。

译文：77.5.1　炰小猪的方法：一只肥小猪，约摸十五斤重；三斗水，三升好酒。合起来煮到熟；漉出来，撕开。

77.5.2　用稻米四升，炊一装①，姜一升，橘皮二叶，葱白三升，豉汁涑馈作糁②。

注释：①装：古人有“艾火灸一‘壮’”的说法，是把“装”好的一剂艾烧完。这里的“装”字，似乎应按此作“灸一壮”或“灼一壮”的解法，即“烧一把火，上一阵汽”。

②涑：可以作“漱”解，即洗的意思。这里似乎是同音的“溲”字写错，即用少量的水，拌和大量固体物质。馈（fēn）：蒸熟的饭。

译文：77.5.2　用四升大米，炊一次作成馈。一升姜，两片橘皮，三升葱白，和上豉汁，拌进馈里面，作为糁。

77.5.3　令用酱清调味，蒸之。炊一石米顷，下之也。

译文：77.5.3　再用酱清调和味道后，蒸。炊过一石米所需要的时候，取下来。

77.6.1　炰鹅法：肥鹅，治、解、脔切之，长二寸。率：十五斤肉，秫米四升为糁。先装如炰豚法①；讫，和以豉汁、橘皮、葱白、酱清、生姜。蒸之，如炊一石米顷，下之。

注释：①装：连米装进甑。这里的“装”，应当是《玉篇》《广韵》《集韵》中“氵壮”的意义，解释是“氵壮，米入甑也”。即是“装进去”的“装”的一个特指。

译文：77.6.1　炰鹅的方法：肥鹅整治，切开成为二寸长的脔。按比例：十五斤鹅肉，用四升糯米作糁。先像炰豚法一样，连米进甑；然后再用豉汁、橘皮、葱白、酱清、生姜等调和。蒸到炊一石米所需要的时候，取下来。

77.7.1　胡炮普教切肉法①：肥白羊肉，生始周年者，杀，则生缕切如细叶②。脂亦切。著浑豉、盐、擘葱白、姜、椒、荜拨、胡椒，令调适。

注释：①炮（pào）：同“爆”，加香料调和，用油煎，除了酱清豉汁之外，不加水。像今日口语中所谓“爆肉”。

②则生缕切如：“则”字与“即”字通用；“如”字可能是行草书字形相似的“为”字写错。“缕切”是连刀“细切”。

译文：77.7.1 外国炮音普教切肉法：肥的白羊，生下来一周年的，杀死，立即趁新鲜切成细片。羊板油也切成细片。加上整颗豆豉、盐、撕开了的葱白、生姜、花椒、荜拨、胡椒，调和到口味合适。

77.7.2 净洗羊肚，翻之①。以切肉脂，内于肚中，以向满为限。缝合。

注释：①净洗羊肚，翻之：羊肚，即羊胃，因其重瓣，又称“羊百叶”。清洗家禽、猪、牛、羊等的肠胃时，必须翻过来将里面的东西倒掉才能洗净。本段记述的烹饪方法是将羊肉、羊脂塞进羊肚后再放进土坑盖上灰火烤。因此，必须再将羊肚翻转到原先的状态。

译文：77.7.2 将羊肚洗净，翻转来，把切好的羊肉和羊油，灌进肚里，到快要满时为限。缝起来。

77.7.3 作浪中坑①，火烧使赤。却灰火，内肚著坑中，还以灰火覆之。于上更燃火，炊一石米顷，便熟。香美异常，非煮炙之例。

注释：①浪中坑：是中间一处特别深下去，成为一个中空的坎的坑。

译文：77.7.3 掘一个中空的坑，用火把坑烧热。除掉灰和火，把包有羊肉、羊油的羊肚放到坑里，用灰火盖着。在灰上再烧火，烧到炊一石米所需要的时间，就熟了。又香又好吃，不是寻常煮肉、炙肉之类的东西。

77.8.1 蒸羊法：缕切羊肉一斤，豉汁和之。葱白一升著上，合蒸。熟，出，可食之。

译文：77.8.1 蒸羊肉的方法：羊肉一斤，连刀细切，用豉汁调和。葱白一升，放在上面，盖起来合蒸。蒸熟取出，就可以吃。

77.9.1　蒸猪头法：取生猪头，去其骨；煮一沸，刀细切，水中治之。以清酒、盐、肉蒸[1]。皆口调和。熟，以干姜椒著上，食之。

注释：①清酒、盐、肉：已经是去了骨的猪头，再加“肉”，便不甚可解。怀疑“肉”是“豉”字。

译文：77.9.1　蒸猪头的方法：用新鲜猪头，去掉骨头；煮一开，用刀切细，在水里整治洁净。加清酒、盐、豉，尝过，调到口味合适。蒸熟，将干的姜和花椒末撒在上面来吃。

77.10.1　作悬熟法[1]：猪肉十斤去皮，切脔。葱白一升，生姜五合，橘皮二叶，秫三升，豉汁五合，调味。若蒸七斗米顷，下。

注释：①悬熟：《北堂书钞》卷145所引《食经》“作悬熟”为：“以猪肉，和米三升，豉五升，调味而蒸之；七升米下之”，和本书所说很相似，但错漏不少。因此，我们可以假定这条引自《食经》。

译文：77.10.1　作悬熟的方法：十斤猪肉，去掉皮，切成脔。一升葱白，五合生姜，二片橘皮，三升糯米，五合豉汁，调和味道。蒸过大概蒸熟七斗米饭的时间，取下来。

77.11.1　《食次》曰[1]：“熊蒸，大，剥大烂[2]。小者，去头脚，开腹。”“浑覆蒸。熟，擘之；片大如手。”

注释：①《食次》：丁秉衡注说：“《隋书·经籍志》，梁有《食馔次第法》；此‘食次’字，当即本此。”胡立初《齐民要术引用书目考证》，也同样认为“《食次》”就是“《食馔次第法》”。因《隋书》未写明撰者，无以考证。胡立初认为：“据本书所引各条言之，当亦为北地食馔之法矣。”

②大，剥大烂：不可解。怀疑第二个“大”字是“不”字，“烂”字是“爓”字，两个字形状相似，所以看错写错。解释是“大只的熊，剥、掉皮，不用汤焊毛”。皮既已剥掉，就没有毛，可以不必焊了。与下文“小者，去头脚，开腹”相对，小熊该是“爓不剥”，即留着皮，焊掉毛，去掉头脚和内脏的。

译文：77.11.1　《食次》记载：“熊蒸：大熊，剥皮，不焊。小熊不剥皮，要焊掉毛；去掉头脚，开膛。”“全部盖密来蒸。蒸熟后，撕成手掌大的片。”

77.11.2　又云："方二寸许，豉汁煮。秫米，薤白寸断，橘皮、胡芹、小蒜并细切，盐，和糁更蒸。肉一重，间未，尽令烂熟[①]。方六寸，厚一寸。奠，合糁。"

注释：①间未，尽令烂熟：这句也不很好讲。怀疑"未"是"米"，"尽"是"蒸"。即"肉一重，间米，蒸令烂熟"。

译文：77.11.2　又说："切成二寸见方的块，用豉汁煮。糯米、薤子白切成一寸长的段，橘皮、胡芹、小蒜都切细，放盐，和成糁，再蒸。一层肉，一层米，蒸到烂熟。作成了六寸见方、一寸厚的块盛起来供上席，连糁米一并供上。"

77.11.3　又云："秫米、盐、豉、葱、薤、姜，切锻为屑，内熊腹中。蒸熟，擘奠。糁在下，肉在上。"

译文：77.11.3　又说："糯米、盐、豆豉、葱、薤子、姜，切细斫碎，灌进熊肚里。蒸熟，撕开来盛，糁放在下面，肉在上面。"

77.11.4　又云："四破，蒸令小熟。糁用馈。葱、盐、豉和之。宜肉下更蒸。"

"蒸熟，擘。糁在下；干姜、椒、橘皮、糁在上[①]。"

注释：①糁在上：前面已有"糁在下"，此处"糁"疑有误，是"散"字之误。

译文：77.11.4　又说："破成几大块，蒸到稍微有些熟。用馈作糁，和上葱、盐、豆豉。应当放在肉下面再蒸。"

"蒸熟后，撕开。糁在碗底上；干姜、花椒、橘皮撒在上面。"

77.12.1　"豚蒸，如蒸熊。"

译文：77.12.1　"蒸小猪，像蒸熊一样。"

77.13.1　"鹅蒸，去头如豚。"

译文：77.13.1　"蒸鹅，像蒸小猪一样，去掉头。

77.14.1　“裹蒸生鱼①，方七寸准（又云：五寸准②）。豉汁煮，秫米，如蒸熊，生姜、橘皮、胡芹、小蒜、盐，细切，熬糁。”

“膏油涂箬，十字裹之。糁在上，复以糁③，屈牖④，篸祖咸反之⑤。”

注释：①裹蒸：至今两广还保存着这个名称和作法。

②又云：五寸准：这句应当是上句“方七寸准”的原注。七寸方或五寸方（尽管从前的度量衡单位小，但长度至少也应有现制的十分之七）的鱼片，很少有可能；只有连米包上，一并计算，才能达到这样的大小。

③糁在上，复以糁：这几个字中，似乎至少有两个错字；“上”字应是“下”，“复”应是“覆”。即“糁在下，覆以糁”：下面放一层米，上面再盖一层米。

④牖（yǒu）：原义为窗户，此处指开口的地方。

⑤篸（zān）：缝衣针。亦同“簪”，是别住头发的条状物。这里可视为细竹签。此处用作动词，意为“缀”，“插”。即用竹签扎住。

译文：77.14.1　“裹蒸生鱼，七寸见方一片（也有一说，是五寸见方一片）。豉汁煮，糯米作糁，像蒸熊一样，生姜、橘皮、胡芹、小蒜、盐，都切细，炒进糁里面。”“用油涂在箬叶上，十字交叉地包裹起来。下面搁一层糁，上面又用糁盖着。包裹后弯过两头开口的地方，用竹签扎住。”

77.14.2　又云：“盐和糁，上下与细切生姜、橘皮、葱白、胡芹、小蒜。置上，篸箬蒸之。既奠，开箬，褚边奠上①。”

注释：①褚（zhǔ）：“褚”是“褚”的俗字，古代用丝绵装衣服曰褚。用来解释这一句，并不合适，怀疑这个字仍是讹字。也许与上文“屈牖”的“牖”，是同一个字。

译文：77.14.2　又说：“盐和米作成糁，上下都给些切细了的生姜、橘皮、葱白、胡芹、小蒜。放在上面，用竹签劄住箬叶蒸。盛着供上席时，把箬叶摊开‘边’，供上席。”

77.15.1　毛蒸鱼菜：白鱼鯸音宾鱼最上①。净治，不去鳞。一尺已还，浑。盐、豉、胡芹、小蒜，细切，著鱼中，与菜并蒸。

注释：①鯸鱼：《集韵》以为是“鳊鱼之类”。

译文：77.15.1　毛蒸鱼菜：白鱼、鳊鱼最好。整治洁净，但不去鳞。一尺以内的，整条地用。盐、豆豉、胡芹、小蒜，切细，放进鱼里面，和菜一起蒸。

77.15.2　又鱼方寸准（亦云五六寸），下盐豉汁中，即出；菜上蒸之。奠，亦菜上蒸①。

注释：①亦菜上蒸：这个“蒸”字，显然是写错了地方的。应当在下面（77.15.3）“竹篮盛鱼，菜上”的后面。

译文：77.15.2　又：鱼，一寸见方的“准”（也有说五六寸的），放在盐和豆豉汁里，浸一浸就拿出来；在菜上面蒸。盛着上席时，也放在菜上面。

77.15.3　又云：“竹篮盛鱼，菜上。”又云：“竹蒸，并奠①。”

注释：①竹蒸，并奠：“竹蒸”无法解释，怀疑中间有“篮”字漏去了。

译文：77.15.3　又说：“竹篮盛鱼，菜在上面蒸。”又说：“用竹篮蒸，也就用竹篮奠。”

77.16.1　蒸藕法：水和稻穰糠，揩令净，斫去节，与蜜灌孔里使满。溲苏面①，封下头。蒸熟。除面，写去蜜，削去皮，以刀截，奠之。

注释：①苏面：酥油面。苏，可能是“酥”字。

译文：77.16.1　蒸藕的方法：水和着稻穰稻糠，把藕擦洗洁净，斫掉藕节，用蜜灌下孔里去，让它充满。和些酥油面，封住下头。蒸熟之后，除掉封住的面，将蜜倒出来，削掉皮，用刀切。盛进碗供上席。

77.16.2　又云：“夏生冬熟，双奠亦得①。”

注释：①双奠：一碗放两个。

译文：77.16.2　又说：“藕，夏天用生的，冬天用熟的；一碗放两个也可以。”

脡、脂、煎、消法第七十八

题解：本篇介绍脡、脂、煎、消四种烹饪方法。

脡（zhēng），根据本书材料，它的解释应是《字林》所说的“杂肴，即鱼鲊与其他肉类或鸡蛋同煮成汤”。或《玉篇》所说的“酸鱼汤”。《汉语大字典》解释为：“煎煮鱼肉。”

脂（ān）：“煮鱼肉”，即鱼或肉煮熟后，另外加汤。《汉语大字典》解释为：古代用盐、豉、葱与肉类同煮的一种烹调方法。

按本篇中，纯脡鱼，一名“缹鱼”；“脂鸡”一名“缹鸡”；“脂白肉”，一名“白缹肉”；“脂猪”，一名“缹猪肉”，则“脡”“脂”与“缹”，应当是相似甚或相同的烹饪方法。

煎：依本篇所记，是用油炸。消：依本篇所记，是“细斫熬”，“细锉……炒令极熟”，即斫碎，调和后，加油炒熟，像今日炸酱面用的炸酱。许多地区的方言，将炸酱面上所加的炸酱，称为“sào zi”（或写作“梢子”“哨子”；《水浒传》里面写作“臊子”）。sào可能就是这个“消”字。

本篇一共介绍了十余种菜肴的烹饪方法，各具特色。其中用“脡”法的7种；用“脂”法的5种；用“煎消”法的3中。有的烹饪方法一直沿用至今，如：“杂肴”（相当于现在的“烩菜”）、蜜汁鱼、炒肉臊子等。

78.1.1　脡鱼鲊法：先下水，盐、浑豉、擘葱，次下猪、羊、牛三种肉。脂两沸，下鲊①。打破鸡子四枚，写中，如瀹鸡子法②，鸡子浮，便熟，食之。

注释：①鲊（zhǎ）：用盐、米粉腌制的鱼。

②瀹（yuè）鸡子法：见卷六59.8.1所记：打破写沸汤中，浮出即掠取。

译文：78.1.1　脡鱼鲜的方法：先放水，盐、整颗的豆豉、撕开的葱，再放猪、羊、牛三种肉。这样的脡，开了两沸，放鲊鱼下去。打破四个鸡蛋，倒下去，像“瀹鸡子法”

一样；鸡蛋浮到汤面上来，就熟了，可以吃。

78.2.1 《食经》胚鲊法：破生鸡子，豉汁、鲊，俱煮沸，即奠。

译文：78.2.1 《食经》中的胚鲊法：打破生鸡蛋，和豉汁、蚱，一同煮沸，就盛着供上席。

78.2.2 又云："浑用豉，奠讫，以鸡子豉怗①。"云②："鲊，沸汤中；与豉汁，浑葱白。破鸡子，写中。奠二升，用鸡子，众物是停也③。"

注释：①怗（tiē）：怀疑"怗"该是"怗上"。"怗"通"帖"、"贴"。

②云："云"字上还有一个"又"字。③众物是停："停"字，本书常用作"留下"解，这里暂时仍照这个意义解释。

译文：78.2.2 又说："用整颗的豆豉，盛好之后，将鸡蛋和豆豉漂在汤面上。"又说："鲊，放进沸着的汤里；再加豉汁，整条的葱白。打破鸡子，倒下去。盛进碗，每碗二升（约400毫升），用鸡蛋，其他材料留下"

78.3.1 五侯胚法：用食板零揲杂鲊①、肉，合水煮，如作羹法。

注释：①揲（shé）：取。

译文：78.3.1 五侯胚的作法：将砧板上切下的零星肉，和上鲊、肉，合起来用水煮，像作肉汤一样。

78.4.1 纯胚鱼法：一名"魚鱼"。用鲼鱼，治腹里，去腮不去鳞。以咸豉、葱白、姜、橘皮、酢。细切合煮；沸，乃浑下鱼。葱白浑用。

译文：78.4.1 纯胚鱼的方法：又称为"魚鱼"。用鲼鱼作，把内脏去掉，腮去掉，但不去鳞。用咸豆豉、葱白、姜、橘皮，都切细，和醋一起煮；煮开后，将整只鱼放下去、葱白也整根地用。

78.4.2　又云：“下鱼中煮沸，与豉汁、浑葱白；将熟下酢。”

译文：78.4.2　又说：“把鱼放下去煮开，加豉汁和整根的葱白，快熟时加醋。”

78.4.3　又云：“切生姜，令长。奠时，葱在上，大奠一，小奠二。若大鱼成治，准此。”

译文：78.4.3　又说：“将生姜，切成长条的丝。盛进碗供上席时，葱在鱼上面。大鱼，每份盛一条。小鱼盛两条。如果更大的鱼，成只地整理过的，依比例加减。”

78.5.1　脂鸡，一名“焦鸡”，一名“鸡臛”①：以浑盐豉，葱白中截，干苏微火炙，生苏不炙②，与成治浑鸡，俱下水中，熟煮，出鸡及葱。漉出汁中苏、豉，澄令清。擘肉，广寸余，奠之。以暖汁沃之。肉若冷，将奠，蒸令暖，满奠。

注释：①臛（chǎn）：肉羹。

②苏：紫苏。唇形科，一年生草本。古人用其嫩叶来调味。

译文：78.5.1　脂鸡，又称为“焦鸡”，又称为“鸡臛”：用整颗的咸豆豉，葱白中间切开，干苏叶稍微在火上烘一烘，生的就不要烘，和成只整理好了的鸡，一并放进水里，煮熟，将葱和鸡取出来。漉出汁里残留的苏叶、豆豉，澄清。鸡肉，破开成寸多长的块，盛好供上席，用暖的汤汁浇上。如果肉冷了，在上席之前蒸暖。盛满碗上席。

78.5.2　又云：“葱、苏、盐、豉汁，与鸡俱煮。既熟，擘奠，与汁。葱、苏在上，莫安下。可增葱白，擘令细也。”

译文：78.5.2　又说：“葱、苏叶、盐、豉汁，和鸡一起煮。熟了之后，破开来盛，加些汁。葱和苏叶放在肉上面，不要放在下面。可以多加些葱白，葱白应当撕碎。”

78.6.1　脂白肉：一名“白焦肉”。盐豉煮，令向熟。薄切，长二寸半，广一寸。准甚薄。下新水中，与浑葱白、小蒜、盐、豉清，又薤叶，切长二寸。与葱、姜，不与小蒜、薤，亦可。

译文：78.6.1　脜白肉：又称为“白缹肉”。盐、豆豉煮肉，煮到快熟。切成薄薄的，两寸半长，一寸宽的准。准要很薄。放进另外的水里，加些整根的葱白、小蒜、盐、豉汁清，和切成二寸长的薤叶。只搁葱、姜，不搁小蒜和薤叶，也可以。

78.7.1　脜猪法：一名“缹猪肉”，一名“猪肉盐豉”。一如缹白肉之法。

译文：78.7.1　脜猪法：又称为“缹猪肉”，又称为“盐豉猪肉”。一切像缹白肉的方法。

78.8.1　脜鱼法：用鲫鱼，浑用；软体鱼不用。鳞治。刀细切葱，与豉、葱俱下。葱长四寸。将熟，细切姜、胡芹、小蒜与之。汁色欲黑。无酢者，不用椒。若大鱼，方寸准得用。软体之鱼、大鱼不好也。

译文：78.8.1　脜鱼的作法：用鲫鱼，整只地用；软体鱼不用。去掉鳞，整治洁净。葱用刀切细碎，连豆豉连葱一齐下水。葱段四寸长。快熟时，将生姜、胡芹、小蒜切细加下去。汤要黑色。如果没有放醋，就不要下花椒。如果是大条鱼，可以切成见方一寸的准用。软鱼、大鱼也不好。

78.9.1　蜜纯煎鱼法：用鲫鱼，治腹中，不鳞。苦酒、蜜，中半，和盐渍鱼；一炊久，漉出。膏油熬之，令赤。浑奠焉。

译文：78.9.1　蜜纯煎鱼的作法：用鲫鱼，把内脏去掉，不要去鳞。醋、蜜，一样一半，加上盐，把鱼浸着；炊一顿饭久之后，漉出来。用油煎，到成红色。整只盛出供上席。

78.10.1　勒鸭消：细斫，熬；如饼臛[①]，熬之令小熟。姜、橘、椒、胡芹、小蒜，并细切，熬黍米糁。盐豉汁，下肉中复熬，令似熟[②]，色黑，平满奠。兔雉肉次好。凡肉赤理皆可用。

注释：①饼臛（huò）：饼指“汤饼”，即今日的“面条”。臛，配面条用的碎肉浓汤。

②令似熟："似熟"讲不通，怀疑"似"是"极"字烂成的。

译文：78.10.1　勒鸭消：将肉斫碎，炒；像浇面用的浓汤一样，炒到稍微有些熟。姜、橘皮、花椒、胡芹、小蒜，都切细，炒进黍米作的糁里。另外加盐和豉汁，将鸭连米糁一并加到肉里面再炒，炒到极熟，颜色黑了，平满地盛着供上席。兔肉和野鸡肉，是次等的好材料。此外，凡属红色的肉都可以用。

78.10.2　勒鸭之小者[1]，大如鸠鸽，色白也。

注释：①勒鸭：《玉篇》有"鳨（lì），鸟似凫而小"。则"鳨"正可能是勒鸭。

译文：78.10.2　勒鸭中小些的，只有斑鸠和鸽子大小，颜色白。

78.11.1　鸭煎法：用新成子鸭极肥者，其大如雉，去头烂[1]，治却腥翠五藏[2]，又净洗，细锉如笼肉[3]。

注释：①烂：显然是字形相近的"爓"字，写错看错。爓，同"焊"。②腥翠：鸟尾上脂腺，也就是"臊气"的集中点。③笼肉：作馅用的肉。

译文：78.11.1　鸭煎的作法：用新长大的子鸭，极肥，有野鸡大小的。去掉头，焊净，去掉尾腺和内脏，又洗洁净，斫碎到像做馅的肉一样。

78.11.2　细切葱白，下盐豉汁，炒令极熟，下椒姜末。食之。

译文：78.11.2　葱白切细，加盐和豆豉汁，将肉炒到极熟，再加花椒、姜末吃。

菹绿第七十九

题解：本篇的“菹”是指在肉中加菜菹或醋作成菜肴的烹调方法，与卷九第八十八篇《作菹藏生菜法》中的“菹”（一种保藏蔬菜的方法）含义不同。本篇共介绍了4种菜肴的作法。“绿”，按79.4.2的解释：“切肉称为‘绿肉’。”本篇除记述了“绿肉”法外，还介绍了两种乳猪的烹饪方法。

79.1.1 《食经》曰：白菹：鹅、鸭、鸡，白煮者。鹿骨[①]，斫为准，长三寸，广一寸，下杯中[②]。以成清紫菜三四片加上[③]。盐醋和肉汁沃之。

注释：①鹿骨：“鹿骨”在这里实在无意义；怀疑是“漉骨”，即把熟肉汤里的骨漉掉。

②杯：《史记·项羽本纪》有“分我一杯羹”的话，杯应当是一个盛汤的带耳的器皿，不一定就是盛酒的（盛酒的器皿，称为“残”，或写作“盏”）。

③成清：怀疑是“成渍”，即已经渍好了的。

译文：79.1.1 《食经》说：“白菹的作法：鹅、鸭、鸡，白水煮熟的，漉掉骨头，斫成三寸长、一寸宽的准，放进盛汤的杯里。把浸好的紫菜三四片，加在肉准上，盐、醋和在肉汁里浇过。”

79.1.2 又云：“亦细切苏加上[①]。”又云：“准讫，肉汁中更煮，亦啖少与米糁[②]。凡不醋不紫菜。满奠为。”

注释：①苏：怀疑应是“菹”字。

②亦啖：望文生义，不是绝不可解；但非常牵强。怀疑“亦”是“并”字烂成；“啖”字是“菹奠”两个字看错。即此句应是“并菹奠少与米糁”。这样称为“白菹”才适合。

译文：79.1.2 又说：“也将菹切细加在上面。”又说：“切好准在肉汁里再煮，连菹一并盛上，稍微给些米糁。如果不酸，就不加紫菜。盛满碗供上席。”

79.2.1　菹肖法①：用猪肉、羊、鹿肥者。叶细切，熬之，与盐豉汁。细切菜菹叶②，细如小虫，丝长至五寸，下肉里。多与菹汁，令酢。

注释：①菹肖：“肖”字，怀疑是“消”；即上篇所记的一种烹调法。卷九88.9条，正是“作菹消法”，内容和本条大致相似。《太平御览》卷856“菹”项引卢谌《祭法》曰：“秋祠有菹消”；注：“《食经》有此法也。”可见“菹消”是向来有着的。

②菜菹叶：菜菹是连叶带茎的，所以要特地申明是“菜菹叶”。但仍怀疑菜字是“蘸”字错成。蘸，腌制菜为菹。

译文：79.2.1　菹肖的作法：用猪肉或羊肉，鹿肉用肥的。切成薤叶样的细丝，炒，加盐和豉汁。将菜菹叶切细，切成小虫一样的丝，大约五寸长，放进肉里面。多给些菹汁，让它酸。

79.3.1　蝉脯菹法①：搥之，火炙令熟，细擘，下酢。又云：“蒸之，细切香菜，置上。”又云：“下沸汤中，即出，擘如上。香菜蓼法②。”

注释：①蝉脯（fǔ）：蝉干。据古书记载，古人是吃蝉的。脯，肉干。

②香菜蓼法：如望文生义地解，则这四个字应连在“擘如上”句后，作一句，即“擘，如上‘香菜蓼法”’。但“香菜蓼法”是什么？上文没有交待。另有两种可能的解释，都要假定“法”是错字：一种，“法”字是“也”字之误，即用蓼作香菜；蓼在古代是用作香辛料的。另一种，将“法”字认作“之”字，“蓼”作动词，即用香菜（胡荽或兰香之类）来“蓼”上，蓼当加香辛料解。我们觉得“香菜蓼之”最容易说明，因此倾向于“法”字为“之”字之误。

译文：79.3.1　蝉脯菹的作法：将蝉脯搥过，火上烤熟，撕碎，加醋。又说：“蒸熟，将香菜切细，放在上面。”又说：“放在滚汤里，随即取出，像上文所说的撕碎。用香菜‘蓼’上。”

79.4.1　绿肉法：用猪、鸡、鸭肉，方寸准，熬之。与盐豉汁煮之。葱、姜、橘、胡芹、小蒜，细切与之。下醋。

译文：79.4.1 绿肉的作法：用猪、鸡、鸭肉，切成一寸见方的准，炒过。加盐，加豉汁煮。葱、姜、橘皮、胡芹、小蒜，都切细加下去。放醋。

79.4.2 切肉名曰“绿肉”，猪、鸡名曰“酸”。

译文：79.4.2 切肉称为“绿肉”，猪、鸡称为“酸”。

79.5.1 白瀹瀹[①]，煮也，音药。豚法：用乳下肥豚。作鱼眼汤，下冷水和之，攀豚令净[②]，罢。若有粗毛，镊子拔却；柔毛则剔之[③]。茅蒿叶揩、洗，刀刮、削，令极净。

注释：①瀹（yuè）：煮。

②攀（xián）：同“挦”。扯，拔取。读xún时，通“焊”。

③剔：现在的“剃”，从前借用“剔”字或“薙”字代替。《说文》中有“鬀、“鬄”两个字，也是作“剃”字用的，争论颇多。

译文：79.5.1 白瀹瀹就是煮小猪的作法：用吃着奶的肥小猪。烧些冒着大泡的水，如过烫，掺冷水和好，把小猪焊洁净才放手。如有粗毛，用镊子拔掉；软毛，用刀剃净。用茅藁茅叶擦洗，刀刮削，总之整治到干净。

79.5.2 净揩釜，勿令渝。釜渝则豚黑。

译文：79.5.2 把锅也揩擦到极洁净，不要让它变色。锅变色，小猪也就黑了。

79.5.3 绢袋盛豚，酢浆水煮之。系小石，勿使浮出。上有浮沫，数接去。两沸，急出之。及热，以冷水沃豚。又以茅蒿叶揩令极白净[①]。

注释：①蒿：院刻、金钞此字作“藁（gǎo）”，是禾秆的意思。现根据79.5.1中的“蒿”字改。但很可能两处都该是“藁”字，即将茅的叶与藁同时用。蒿叶有臭味，不一定合用。

译文：79.5.3 用绢袋盛着小猪，加酸浆水煮。袋上坠些小石子，免得它浮出来。汤上有泡沫浮出，继续多次撇掉。煮两开，赶紧取出来。趁热用冷水将小猪浇凉。又用茅叶茅蕺，擦到极白净。

79.5.4　以少许面，和水为面浆；复绢袋盛豚系石，于面浆中煮之。接去浮沫，一如上法。

译文：79.5.4　取一点面粉，和上水，作成面浆；再用绢袋盛着小猪，坠上石子，在面浆里煮。将泡沫撇掉，像上面所说的方法一样。

79.5.5　好熟，出著盆中。以冷水和煮豚面浆，使暖暖，于盆中浸之，然后擘食。皮如玉色，滑而且美。

译文：79.5.5　好了熟了，拿出来放在盆子里。用冷水搀和在原来煮猪的面浆里，让它暖暖的，在盆子里浸着，然后弄碎来吃。皮色像玉一样，肉滑嫩而且甜美。

79.6.1　酸豚法：用乳下豚，焊治讫，并骨斩脔之，令片别带皮。细切葱白，豉汁炒之，香。微下水。烂煮为佳。下粳米为糁，细擘葱白，并豉汁下之。熟下椒醋。大美。

译文：79.6.1　酸豚的作法：也用吃奶的小猪，焊洁净，连骨一起斩成脔，让每片脔都带有皮。葱白切细，加豉汁，将肉炒到有些香气。少放点水，煮到烂为好。放些粳米作为米糁，葱白撕碎，连豉汁一起，下到肉里。熟了之后，加花椒、醋，极好吃。

精彩点拨

贾思勰等人编订了农家知识大全《齐民要术》，利用大气中或野生植物的曲菌孢子接种黄衣、黄蒸，麦䴸做黄衣，麸皮做黄蒸，发芽的谷物做蘖米；煮或晒干“白盐、甜水”的饱和溶液制作常满盐，利用结晶原理制作花盐和印盐；利用黄衣、黄蒸或曲末作引子，促进蛋白质水解产生鲜美的可溶氨基酸、古氨醯胺。利用自生的防腐剂、蛋白酶等进行“自铄性分解”来制作燥脡、鲢鮧、藏蟹。用炊熟的粮食加䴸或曲先做酒精发酵再有氧呼吸生成醋酸。蛋白质氧化生成有黑素类物质的豆豉。八和调味粉，鲊鱼，腊脯，蒸缹法，月正（合成一字）、脂、煎、消法，菹绿，都有神奇之处。

阅读积累

八和齑

八和齑为我国古代一种较为著名蒜粉类调味品，上朔两汉，流行北魏，距今已有1400年的历史。蒜作为主要原料，开人胃口、促进胃酸分泌、行滞气、暖脾胃、消症积、解毒、杀虫，辅以可止呕、清神的生姜，可理气、调中、燥湿、开胃气、化痰的橘皮，主养胃健脾、补肾强筋、活血止血的栗黄，补中益气、健胃和脾、除烦渴、止泄痢的粳米等物。八和齑不但是一种去腥、解腻、滋味适口的调味品，而且是一种具有杀菌、解毒、止呕、养胃健脾、补肾强筋、助消化、去积滞的食疗良方。从工艺上看，八和齑的工序按排相当合理，如先舂粗纤维含量较多、韧性较大的生姜、橘皮、白梅，舂熟后再舂蒜，这样不但易于舂碎，而且也可防止其香气“为蒜所杀”。对粘性较大、难以舂成糊状的栗黄、粳米饭采用单独舂捣的方法。

按栗黄、粳米饭、盐、生姜、橘皮、白梅、醋的顺序依次加入，可以保证甜不为咸所杀、香不为蒜气所杀、白梅之味不为醋酸所杀。有实验表明，按照文献所载配方与工序，的确可以制作出色泽淡黄,香气宜人，咸、酸、甜、辣、微苦五味俱全的八和齑。进一步证明八和齑是现存文献中年代最早、配方最详、工艺最完整的齑类调味品。

卷　九

精彩导读

卷九讲了食品加工、保存和烹调方法，还有制胶和制笔墨两篇。烹饪方式和技巧有烤、炙、煎、烫等，还有富于特色的“炙蚶”“炙蛎”“炙车螯”“筒炙”等等，尤其讲究火候技巧，讲究用料的质量数量，比例合适，制作时耐心细致，工序到位。认真学习，传承国宝。

炙法第八十

题解：本篇共记述了20余种烤炙肉、鱼、贝类食物的烹饪方法。“炙”是直接在火上烧烤的意思。但本篇所指的“炙”，并不全是用火烧烤。如80.7的“跳丸炙法”是将斫碎的生肉在肉汤中烫熟；80.11及80.17的“饼炙法”是用油煎。所记烧烤的办法也是多样的。如：80.19的“炙蚶”、80.20的“炙蛎”、80.21的“炙车螯”都要放在铁锅上烤；80.16的“擣炙”则是将肉馅裹在竹筒上烤的“筒炙”。从本篇所介绍的各种烹饪方法可知，当时对火候的讲究和把握有其独到之处。“炙”自古以来是我国北方少数民族饮食加工的主要方法之一。南北朝时期正是我国民族大融合时期，贾思勰汇集并详细记录了各民族的烹饪方法，让我们了解到中华饮食文化的丰富多彩，古老的烹饪技术的博大精深。在今天的烹饪技术中仍随处可窥见它们的影子。

80.1.1　炙豚法：用乳下豚①，极肥者，豮牸俱得②。

注释：①乳下豚：没有断奶的小猪。豚，小猪。至今粤语系统方言中，还称为“乳猪”。这一种炙豚法，在两广作“烧乳猪”时，大体上仍在应用。

②豮牸（fén zì）：雄雌。

译文：80.1.1　炙豚的作法：用还吃着奶的小猪，要极肥壮的，雄雌都可以用。

80.1.2　挲治一如煮法①。揩洗、刮、削，令极净。小开腹②，去五藏③，又净洗。

注释：①挲治一如煮法：像上面卷八《菹绿第七十九》中，79.5.1“白瀹豚法”所描写的一套方法。“白瀹豚法”（原注：瀹煮也；所以这里称为“煮法”）也是用乳下肥豚，“挲治、揩洗、刮、削”的一套办法，正可以用来预先整治“炙豚”。

②小开腹：“小”字值得注意。这就是只将腹壁切开一点，不动胸壁；小猪的整个体腔，保持相当完整，再“茅茹腹令满”后，仍是一只彭亨（猪腹膨大貌）的小肥猪，烤起来很方便。现在两广“烧乳猪”，则是“大开膛”后，用叉串着翻转的，和以前不同。

③五藏（zàng）：即五脏。

译文：80.1.2　把小猪像白瀹豚法一样地焊烫整治。用茅藁叶揩抹，洗涤，用刀刮削，剃毛，弄到极洁净。在肚皮上作“小开膛”，掏去五脏，再洗净。

80.1.3　以茅茹腹令满①。柞木穿，缓火遥炙，急转勿住。转常使周帀②；不帀，则偏燋也。

清酒数涂，以发色。色足便止。

取新猪膏极白净者，涂拭勿住。若无新猪膏，净麻油亦得。

注释：①茅茹：用香茅塞满。

②帀（zā）：环绕，周，圈。环绕一周叫一帀。

译文：80.1.3　用香茅塞在肚腔里，塞得满满的。用坚硬的柞木棍穿起来，慢火，隔远些烤着，一面炙，一面急急不停地转动。要随时转动到面面周到；不周到，就会有一面特别枯焦。

用漉过的清酒多次涂上，让它发生好颜色。颜色够深了就停止。

取极白极净的新鲜炼猪油不停地涂抹。如果没有新鲜猪油，用洁净的麻油也可以。

80.1.4　色同琥珀，又类真金；入口则消，状若凌雪，含浆膏润，特异凡常也。

译文：80.1.4　烤好的小猪颜色像琥珀，又像真金；吃到口里，立刻就融化，像冻了的雪一样；浆汁多，油润，和平常的肉食特别不同。

80.2.1 棒或作捧炙：大牛用膂①，小犊用脚肉亦得。

注释：①膂（lǚ）：《说文解字》中，“膂”与“吕”是同一个字，“吕”字是象脊骨的形状的。《广雅·释器》，“膂”直接就是肉。现在口语中所谓“lǐ jǐ（里脊）肉”，应当就是“膂脊肉”读转了音。

译文：80.2.1 棒或写作“捧”炙法：大牛用膂脊肉，小牛用脚腿肉也可以。

80.2.2 逼火偏炙一面。色白便割，割遍又炙一面①。含浆滑美。若四面俱熟然后割，则涩恶不中食也。

译文：80.2.2 直接靠近火，专烤一边。颜色变白后立刻割下来，白的割完了烤另一面。就浆汁多，嫩，美味。如果等到处都熟透了再割，就粗老不好吃了。

80.3.1 腩奴感切炙①：羊、牛、獐、鹿肉皆得。

注释：①腩（nǎn）：石按：《玉篇》《广韵》解释为“煮肉”；《集韵》解作“臛也”。都和此处用法不甚合。将这条与后面的80.13.1条的“腩炙法”相比较，除所用的肉不同外，后者所用作料也更丰富些。但其基本原理，都是将肉类先在“盐豉汁”中淹渍很短一段时间，就在火上炙。很怀疑这“腩”字，只是一个音符，与今日四川方言中用酱油、醋、麻油拌浸生菜或用盐暴腌蔬菜，称为“揽”或“腩”的音义相同（揽和腩，古代和今日都同一韵母；而今日四川方言和湖南方言一样，l与n两个声母不分）。下面80.4.2节，“亦以葱、盐、豉汁腩之”一句中，“腩”尤其明显地是当作动词用，更与“揽”或“腩”相近，可以补助说明“腩”不是“煮肉”或“臛”，而是用调味品浸渍肉类以备炙食。

译文：80.3.1 腩炙：羊、牛、獐、鹿肉都可以。

80.3.2 方寸脔①。切葱白，斫令碎，和盐豉汁。仅令相淹，少时便炙。若汁多久渍，则肕②。

注释：①脔（luán）：切成块状的肉。

②肕（rèn）：《玉篇·肉部》：“肕，坚肉也。”

译文：80.3.2　切成一寸见方的脔。将葱白切开，斫碎，和进有盐的豆豉汁里面把肉放在这汁里，只让汁淹没着肉，一会儿便取出来烤。如果用的汁太多，或者浸得久了，肉就肕了。

80.3.3　拨火开；痛逼火回转急炙。色白热食，含浆滑美。若举而复下，下而复上；膏尽肉干，不复中食。

译文：80.3.3　将火拨开，尽量地靠近火，急些回转着烤。烤白了的肉，趁热吃，浆汁多，嫩而美味。如果拿开再放下烤，放下去再拿起来；油烤尽了，肉是干的，便不好吃。

80.4.1　肝炙：牛、羊、猪肝，皆得。

译文：80.4.1　肝炙：牛肝、羊肝、猪肝都可以。

80.4.2　脔长寸半，广五分。亦以葱、盐、豉汁腩之。

译文：80.4.2　切成半寸长五分阔的脔。也用葱、盐、豉汁腩过。

80.4.3　以羊络肚饊素干反脂裹[①]，横穿，炙之。

注释：①络肚饊（sān）脂：案卷八的76.14.2有“胳肪”；本卷80.15.2又有“胳肚饊”这个名称，这里的“络”也应当是“胳”字。“胳”是腋下，即胸腹侧面；饊是“脂肪”。“胳肪”，应是今日口语中所谓“板油”。

译文：80.4.3　用羊板油裹着，打横串起来，烤。

80.5.1　牛胘炙[①]：老牛胘，厚而脆。铲、穿，痛蹙令聚[②]。逼火急炙，令上劈裂；然后割之，则脆而甚美。若挽令舒申，微火遥炙，则薄而且肕。

注释：①胘（xián）：牛羊的百叶（重瓣胃）称为“胘”。

②痛蹙（cù）令聚：用力压绉挤紧。蹙，压迫紧缩。聚，堆聚集合。

译文：80.5.1 牛胘炙法：老牛的“百叶”，厚而且脆。铲净，用串来穿上，用力压绉挤紧。靠近火快快烤熟，让它面上裂口，再割来吃，就又脆又美味。如果拉直扯平，小火上远隔着烤，又薄又硬肕不能吃了。

80.6.1 灌肠法：取羊盘肠①，净洗治。

注释：①盘肠：依卷八76.14“作羊盘肠雌斛法”的记述，“盘肠”应当就是大肠。

译文：80.6.1 作灌肠的方法：取羊的大肠，洗涤整治洁净。

80.6.2 细锉羊肉，令如笼肉①。细切葱白，盐、豉汁、姜、椒末调和，令咸淡适口。以灌肠。

注释：①笼肉：作肉馅用的肉。

译文：80.6.2 将羊肉斫碎，碎到像作馅的肉一样。葱白切细，与盐、豉汁、姜、花椒末一并调和，让咸淡合口味。用来灌进肠里面。

80.6.3 两条夹而炙之；割食，甚香美。

译文：80.6.3 将两条灌好了的肠并排夹着来烤；烤熟割着吃，很香很美。

80.7.1 《食经》曰：作跳丸炙法①：羊肉十斤，猪肉十斤，缕切之。生姜三升，橘皮五叶，藏瓜二升②，葱白五升，合捣，令如弹丸。

注释：①跳丸炙：跳丸，是将弹丸向上抛掷接弄的一种游戏。这种作法，所得肉丸，形状像弹丸，似乎就因为这样才称为“跳丸炙”。

②藏瓜：即用盐腌过保藏的瓜，大约等于现在所谓“酱瓜”。

译文：80.7.1 《食经》说：作跳丸炙的方法：羊肉十斤，猪肉十斤，都切成细丝。加上三升生姜，五片橘皮，二升酱瓜，五升葱白，混合起来，捣烂，作成像弹丸一样的丸子。

80.7.2　别以五斤羊肉作臛；乃下丸炙①，煮之作丸也。

注释：①乃下丸炙：上文一直说到作成“肉丸”为止。这里提出了“炙”字，下面却解释为“煮之作丸’，而不是直接在火上烤。也就是说，本篇所指的“炙”，并不全是直接用火烤，本节所说的就是将斫碎的生肉在肉汤中烫熟。

译文：80.7.2　另外用五斤羊肉，煮作肉汤；将肉丸放下去，煮成丸，称为“丸炙”。

80.8.1　膊炙豚法①：小形豚一头，膊开，去骨。去厚处，安就薄处，令调。

注释：①膊（pò）：同“膊”，曝，暴露。扬雄《方言》卷七：“膊，暴也。东齐及秦之西鄙言相暴戮为膊。燕之外郊、朝鲜、洌水之间，凡暴肉、发人之私，披牛羊之五脏，谓之膊。”膊即“大开膛”，带上“开脑袋”，将脑髓和五脏暴露在外，再一齐掏出。

译文：80.8.1　膊炙豚的作法：用一只小形的小猪，整只破开，把骨头剔掉。将肉厚的地方，割些下来，安置在肉薄些的地方，总要排到均匀。

80.8.2　取肥豚肉三斤，肥鸭二斤，合细琢。鱼酱汁三合，琢葱白二升，姜一合，橘皮半合，和二种肉，著豚上，令调平。以竹弗弗之①，相去二寸下弗，以竹箬著上，以板覆上，重物迮之②。

注释：①弗（chuàn）：通“串”。《齐民要术》明清刻本中，两个写法常混杂着同时出现。串，是一枝细长的长条，把许多零碎东西贯穿连系起来，成为一贯或一串的。“炙串”，普通用铁签。这里所指的“竹串”，是一条竹签，作炙串用。

②迮（zé）：压榨。

译文：80.8.2　取三斤肥的小猪肉，二斤肥的小鸭子肉，和起来斫碎。用三合鱼酱汁，二升斫碎的葱白，一合姜，半合橘皮，和进两种肉里面，铺在膊开了的小猪上面，排得均匀平正。用竹签将膊开的小猪串好，相隔两寸，串下一枝竹签，用箬叶盖在上面，再盖木板，木板上用重的东西压榨着。

80.8.3　得一宿。明旦，微火炙。以蜜一升合和，时时刷之。黄赤色便熟。

译文：80.8.3　过一夜，明早，用小火烤。用一升蜜，放些水调和，不断地刷在上面。颜色发黄转红，就熟了。

80.8.4　先以鸡子黄涂之，今世不复用也。

译文：80.8.4　过去用鸡蛋黄涂，现在不再用了。

80.9.1　捣炙法：取肥子鹅肉二斤，剉之，不须细剉。

译文：80.9.1　作捣炙的方法：取二斤肥的子鹅肉，斫，但不需要斫得很碎。

80.9.2　好醋三合，瓜菹一合，葱白一合，姜、橘皮各半合，椒二十枚，作屑，合和之。更剉令调。聚著充竹弗上①。

注释：①聚著充竹弗上：这句不好解释，显然有错字，怀疑"充"字可能是省笔的"长"字。

译文：80.9.2　三合好醋，一合瓜菹，一合葱白，半合姜，半合橘皮，二十颗花椒，后三样都作成粉末，混合起来，和进肉里。再斫到调匀。团聚起来，敷在竹串上。

80.9.3　破鸡子十枚；别取白，先摩之，令调。复以鸡子黄涂之。

译文：80.9.3　打破十个鸡蛋，将黄与白分开，将鸡蛋白先摩在碎肉上，摩均匀。再将鸡蛋黄涂在上面。

80.9.4　唯急火急炙之，使焦。汁出便熟。

译文：80.9.4　只用大火，快快烤，烤到焦。有汁渗出来，就熟了。

80.9.5　作一挺①，用物如上；若多作，倍之。若无鹅，用肥豚亦得也。

注释：①挺：即后来写作“锭”的字，“一挺”或“一锭”就是一长块。

译文：80.9.5 作一件捣炙，需要用的材料，像以上开列着的；如果要作多些，依此比例加倍。如果没有鹅，用肥小猪也可以。

80.10.1 衔炙法[1]：取极肥子鹅一只，净治，煮令半熟。去骨，锉之。

注释：①衔：石按：很怀疑“衔”是“托名标识字”（即记音的字）。指里面是斫碎了的肉，外面用一层东西裹起来。今本刘熙《释名·释饮食第十三》有：“䭤，衔也。衔炙，细密肉，和以姜、椒、盐、豉已，仍以肉衔裹其表而炙之也。”《释名》用去声的“䭤”字作记音字，很可能就是今日写作“馅”这个字的来源。“馅”，正是外面用东西包裹起来的碎肉。则“衔炙”可视为“馅炙”。

译文：80.10.1 衔炙法：取一只极肥的子鹅，整治洁净，煮到半熟。把骨头去掉，斫碎。

80.10.2 和大豆酢五合[1]，瓜菹三合，姜、橘皮各半合，切小蒜一合，鱼酱汁二合，椒数十粒作屑，合和，更锉令调。

注释：①大豆酢：将未过滤的酒倒入炊熟的大豆中，用大豆供给固体的表面，让醋酸菌好生长，将酒氧化成的醋。

译文：80.10.2 加上五合大豆醋，三合瓜菹，半合姜，半合橘皮，一合切碎了的小蒜，二合鱼酱汁，几十粒花椒作成粉末，混合后，再斫到均匀。

80.10.3 取好白鱼肉，细琢，裹作弗，炙之。

译文：80.10.3 用好的白鱼的肉，斫碎，裹在鹅肉外面，作成串，烤。

80.11.1 作饼炙法：取好白鱼，净治，除骨取肉，琢得三升。熟猪肉肥者一升，细琢，酢五合，葱、瓜菹各二合，姜、橘皮各半合，鱼酱汁三合。看咸淡、多少，盐之[1]，适口取足。

注释：①盐：在这里作动词用，即加盐。

译文：80.11.1　饼炙法：用好的白鱼，整治洁净，除掉骨头，专取肉，斫碎，共取三升碎鱼肉。加上一升熟的肥猪肉，也斫得很碎，五合醋，两合葱，两合瓜菹，半合姜，半合橘皮，三合鱼酱汁。斟酌咸淡以及总量的多少，加盐，要配合到够合口味。

80.11.2　作饼如升盏大，厚五分，熟油微火煎之，色赤便熟，可食。

译文：80.11.2　将和好的肉作成像升口或酒盏大小的饼，五分厚，在熟油里用慢火煎，颜色红了就熟了，可以吃了。

80.11.3　一本：用椒十枚，作屑，和之。

译文：80.11.3　还有一个钞本说，要再加十粒花椒，研成粉末，搀和进去。

80.12.1　酿炙白鱼法①：白鱼，长二尺，净治。勿破腹。洗之竟，破背，以盐之②。

注释：①酿（niàng）：将斫碎的生肉装进一个空壳中，一并蒸、煮、煎、炸的烹调法，称为“酿”。现在有酿小南瓜、酿青辣椒、酿苦瓜等“名菜”；两广很讲究酿鱼，是将鱼皮揭起，将鱼肉取出来，加上猪肉或牛肉，以及虾米、冬菇等，一切斫碎，再灌进原来的鱼皮里面，下油煎熟，然后加酱油焖好。在两广用土鲮鱼，用白鱼也可以作。

②以盐之：这句少了一个字；可能原来是两个盐字，第二个作动词用的，写时漏去了一个；也可能漏去的是“入”字之类的动词。

译文：20.12.1　酿炙白鱼的作法：二尺长的白鱼，整治洁净。不要破肚皮，洗完后，从背上破开，加些盐进去。

80.12.2　取肥子鸭一头，洗，治，去骨，细锉。酢一升，瓜菹五合，鱼酱汁三合，姜橘各一合，葱二合，豉汁一合，和，炙之①，令熟。

注释：①炙之：这个炙字，可以解释；但也可能是“煼（即‘炒’）”“熬”之类的字写错。

译文：80.12.2　取一只肥的子鸭，宰好，洗净，整治，去掉骨头，斫碎。加一升醋，五合瓜菹，三合鱼酱汁，一合姜，一合橘皮，二合葱，一合豉汁，调和好，炒熟。

80.12.3　合取，从背入著腹中，弗之。如常炙鱼法，微火炙半熟。复以少苦酒，杂鱼酱豉汁，更刷鱼上，便成。

译文：80.12.3　将熟了的鸭肉，从鱼背灌进肚皮里，用串串起来，像平常炙鱼的方法，慢火烤到半熟。再用少量的醋，和上鱼酱豉汁，刷在鱼上，就成了。

80.13.1　腩炙法[①]：肥鸭，净治洗，去骨，作脔。酒五合，鱼酱汁五合，姜、葱、橘皮半合，豉汁五合，合和，渍一炊久，便中炙。子鹅作亦然。

注释：①腩炙法：这一条和80.3的腩炙法，名称相同，内容也大致相似，参看注解80.3.1注①。

译文：80.13.1　腩炙的作法：肥鸭，洗涤整治洁净，去掉骨，切成脔。五合酒，五合鱼酱汁，姜、葱、橘皮，每样半合，豉汁五合，混合调和，浸一顿饭久，就可以炙。用子鹅作也是一样。

80.14.1　猪肉鲊法[①]：好肥猪肉作脔，盐令咸淡适口。以饭作糁，如作鲊法。看有酸气，便可食。

注释：①猪肉鲊法：这一条，内容与“炙”无关，应当在卷八的《作鱼鲊第七十四》篇中，显然是随手放错了地方。第七十四篇中的74.8.1，正是作猪肉鲊法，叙述比这里还要详细。

译文：80.14.1　猪肉鲊的作法：好的肥猪，切成脔，加盐，让它咸淡适合口味。用熟饭作糁，像作鱼鲊一样，封起来。等到有酸气，就可以吃了。

80.15.1　《食经》曰：啗炙[④]：用鹅、鸭、羊、犊、獐、鹿、猪肉，肥者，赤白半。

注释：①啗（dàn）炙：由作法和材料两方面看来，都和80.10的“衔炙”很相似。如

依毕沅《疏证》、刘熙《释名》所补的名称“脂炙”，则连名称的写法也极相似，也许竟该说相同：因为“啗”字，同“啖”。和与它同音同义的“脂”“啖”两个字的同偏旁的字，都有读作ham（粤语的“馅”的读音），则“啗”也许原来和“脂”同是读hàm的字。

译文：80.15.1　《食经》说：啗炙的作法：用鹅肉、鸭肉、羊肉、小牛肉、獐肉、鹿肉或猪肉，总之要用肥壮的，精肉肥肉一样一半。

80.15.2　细斫熬之。以酸瓜菹、笋菹、姜、椒、橘皮、葱、胡芹，细切，盐、豉汁，合和肉，丸之。手搦汝角切为寸半方。以羊猪胳肚䐤裹之[①]。两歧，簇两条[②]，簇炙之，簇两脔，令极熟，奠四脔。

注释：①䐤（sān）：脂肪。络肚䐤即板油。

②簇（cù）：聚集在一起。作动词用。

译文：80.15.2　斫碎，炒熟、。加上酸瓜菹、笋菹、姜、花椒、橘皮、葱、胡芹都切碎，盐、豉汁，混合在肉里面，团成丸子，用手捏成寸半见方。用羊或猪的板油裹起来，在一个叉的两歧上，每歧簇上两条，簇着烤。一簇是两脔，烤到极熟，盛上四脔供上席。

80.15.3　牛鸡肉不中用。

译文：80.15.3　大牛的肉、鸡肉不能用。

80.16.1　擣炙一名筒炙[①]，一名黄炙：用鹅、鸭、獐、鹿、猪、羊肉。细斫，熬，和调如啗炙[②]。若解离不成，与少面。

注释：①擣炙：这条的内容（作法与材料）和上面80.9条相似，作好的成品，在80.9条是“一挺”，也很相像；“擣炙”的名称则是相同的。

②啗炙：即上面80.15中的“啗炙”。

译文：80.16.1　擣炙又叫“筒炙”，又叫“黄炙”的作法：用鹅肉、鸭肉、獐肉、鹿肉、猪肉或羊肉，斫碎炒熟，调和到像“啗炙’一样。如果稀散团聚不起来，可以加一点

面粉。

80.16.2　竹筒：六寸围，长三尺，削去青皮，节悉净去。以肉薄之①。空下头，令手捉。

注释：①薄：当“敷”字讲，即在竹筒外面，敷上一层碎肉。

译文：80.16.2　取一个六寸围、三尺长的竹筒，把外面的青皮削掉，节上凸出的地方全都去净。将肉敷在筒上。下面空一段，准备作手握的地方。

80.16.3　炙之欲熟，小干不著手。

竖�中①，以鸡鸭白手灌之。若不均，可再上白；犹不平者，刀削之。

更炙，白燥，与鸭子黄；若无，用鸡子黄，加少朱助赤色。上黄：用鸡、鸭翅毛刷之。

注释：①坂（ōu）：可解释作“瓯”，即小形的厚瓦碗。

译文：80.16.3　在火上烤，要烤熟，让它稍微干些，不黏手。

竖在一个小瓦碗里，用鸡鸭蛋的蛋白浇在肉外面。如果不均匀，可以再加些蛋白；还不平正，就用刀削掉一些。

再烤，蛋白烤干了，涂些蛋黄；没有鸭蛋黄，可以用鸡蛋黄，里面加一些银朱，增加红色。涂蛋黄：用鸡鸭翅的羽毛来刷。

80.16.4　急手数转，缓则坏。既熟，浑脱①，去两头，六寸断之。促奠二②。

注释：①浑脱：整筒地脱下来。浑，本应写作“梱”，即整个。脱，脱出来。②促：逼近、挤紧。

译文：80.16.4　烤时，要手急些多次转动，转慢了就会坏。熟了，整筒地脱下来，切掉两头，再切成六寸长的段。挤紧，两段作一分，供上席。

80.16.5　若不即用，以芦荻苞之，束两头，布芦间，可五分，可经三五日。不尔，则坏。

译文：80.16.5　如果不是立刻应用，可以用芦荻包着，将两端扎好，铺在芦荻中间，芦荻上下铺到五分厚，可以经过三五天。不这么做，会坏。

80.16.6　与面，则味少酢[①]；多则难著矣。

注释：①则味少酢：这一节似乎有错漏。怀疑该是“与面多，则味酢；少则难著矣”。

译文：80.16.6　面多了，味酸；少了，不相黏。

80.17.1　饼炙[①]：用生鱼[②]；白鱼最好，鲇、鳢不中用。

注释：①饼炙：这一条，和上面80.11的“饼炙法”，材料、作法，都十分相似。

②生鱼：和“干鱼”相对的叫法，即新鲜鱼，并不一定是活鱼。

译文：80.17.1　饼炙的作法：用新鲜鱼；白鱼最好，鲇鱼、鳢鱼不合用。

80.17.2　下鱼片离脊肋：仰椾几上[①]，手按大头[②]，以钝刀向尾割取肉，至皮即止。净洗。臼中熟舂之。勿令蒜气！与姜、椒、橘皮、盐、豉，和。

注释：①椾（xīn）：砧板，案板。

②大头：望文生义，解释为鱼身体较粗大的一头，固然也可以讲解；但仍怀疑“大”是“鱼”字烂成。

译文：80.17.2　将鱼片从脊肋上取下的方式：把鱼仰放在案板上，手按着鱼头，用不很快的刀，由头向尾割肉，到皮为止。洗净所割得的鱼片放在臼里舂碎舂匀，不要让臼和鱼惹上蒜气！加上些姜、花椒、橘皮、盐、豆豉和匀。

80.17.3　以竹木作圆范，格四寸，面油涂。绢藉之[①]，绢从格上下以装之，按令均平。手捉绢，倒饼膏油中煎之。

注释：①藉（jiè）：垫着。

译文：80.173　用竹筒或木作成的圆范，每格直径四寸，里面用油涂过。把绢垫在里面，绢要和格子上下贴着，成为一个小袋形，把肉装在小袋里面，按平。然后把绢从格子

里提取出来，把绢里包的，按成了饼的鱼肉，倒在油里煎熟。

80.17.4　出铛[1]，及热置柈上[2]；碗子底按之令拗。

注释：①铛（chēng）：即铁锅。

②柈（pán）：盘子，碟子。

译文：80.17.4　出锅后，趁热放在盘子上，用一个小碗碗底接着，使它凹下去。

80.17.5　将奠，翻仰之。若碗子奠，仰与碗子相应。

译文：80.17.5　要盛时，翻转边仰过来。如果放在小碗里奠时，则把仰过来的一面贴在碗底上。

80.17.6　又云：用白肉生鱼，等分，细斫，熬，和如上。手团作饼，膏油煎如作鸡子饼[1]。十字解，奠之；还令相就如全奠。小者二寸半，奠二。葱、胡芹，生物不得用！用则班；可增[2]。

注释：①作鸡子饼：作鸡子饼的方法，即今日煎荷包蛋的方法。

②用则班；可增：这句里面，至少"班"字是很费解的，卷八76.24末了，也有同样的句法，"旱与血，则变大，可增米奠"。对比之下，我们怀疑"班"字，是说明生葱、生胡芹的坏处，可能是"萎缩"，或"变色"（斑），所以可以再增加一些。缪启愉《齐民要术译注》的注释是："刘寿曾校记：'曾，似憎'，是说斑驳可憎。《渐西》本即据以改为'憎'字。"

译文：80.17.6　另一说：用白肉和新鲜鱼肉，同等分量，斫碎，炒熟，像上面所说的和匀。手团成饼子，在油里煎成像"荷包蛋"一样的饼。十字切开：盛在碗里，依然凑成一整个来奠。小的二寸半大小的，盛两个。葱、胡芹等，不能用生的！用生的，就会"班"，可以添一些。

80.17.7　众物若是先停此。若无，亦可用此物助诸物[1]。

注释：①“众物”一段：石按：这一整节，意义很难捉摸。假定“是”字是“足”字写错，则这节可以这么解释：“如果其他的食品很充足，可以先将这种饼炙陈列着；如果没有很充足的其他食品，也可以用这种饼炙配合奠上。”但仍感觉这样望文生义的解法，根据太薄弱。（《齐民要术今释》中这一节未释，现根据注释补上）

译文：80.17.7 如果其他的食品很充足，可以先将这种饼炙陈列着；如果没有很充足的其他食品，也可以用这种饼炙配合奠上作补充。

80.18.1 范炙①：用鹅鸭臆肉②。如浑③，椎令骨碎。与姜、椒、橘皮、葱、胡芹、小蒜、盐、豉，切和，涂肉。浑炙之。

注释：①范炙：本条的内容，与“范”字找不出丝毫关系；倒是上一条，饼炙法中，有“以竹木作圆范”的说法。因此颇怀疑这个标题，可能应是上一条末了的一句“亦名范炙”；而本条的标题却遗失了，或者错到了正文中。

②臆（yì）肉：胸前肉。

③如浑：望文生义，可以解释，但很牵强。怀疑这两个字并不是正文，而是这条的标题“浑炙”两字，但钞写中放错了位置。

译文：80.18.1 范炙的作法：用鹅鸭的胸前肉，如果是整只的，将骨头敲碎。给些姜、花椒、橘皮、葱、胡芹、小蒜、盐、豆豉，切细，调和，涂在肉上，整只地烤。

80.18.2 斫取臆肉去骨，奠如白煮之者。

译文：80.18.2 把胸肉斫出来，骨头去掉，像白煮熟的一样，盛着供上席。

80.19.1 炙蚶①：铁镉上炙之③。汁出，去半壳，以小铜柈奠之。大奠六，小奠八；仰奠。别奠酢随之。

注释：①蚶（hān）：软体动物，贝壳厚，有突起的纵线像瓦垄，故俗名称“瓦垄子”。生活在浅海泥沙中，肉味鲜美。

②镉（yè）：这个字，较早的字书辞书都没有。只有《集韵》中有，读“谒”，解释为“以铁为揭也”。《集韵》所收的字与解释，有些是作者迁就着《齐民要术》中的错字

凭空撰出来的。很怀疑这个字也出于穿凿附会，可能只是一个“锅”字写得不甚好，后来看错钞错而成。

译文：80.19.1 炙蚶：在铁锅上烤。汁出来之后，去掉半边壳，用小铜盘盛着供上。大些的：一盘盛六个，小些的盛八个。壳在下，肉朝上。另外盛些醋一起供上。

80.20.1 炙蛎[①]：似炙蚶。汁出，去半壳，三肉共奠。如蚶，别奠酢随之。

注释：①蛎（lì）：牡蛎。一种软体动物，身体长卵圆形，有两面壳，生活在浅海泥沙中，肉味鲜美。也叫“蚝（háo）”。

译文：80.20.1 炙蛎法：和炙蚶相像。汁出来之后，去掉半边壳，将三个蛎肉搁在一个盘里供上。像蚶一样，另外盛些醋一起供上。

80.21.1 炙车熬[①]：炙如蛎。汁出，去半壳，去屎，三肉一壳。与姜、橘屑，重炙令暖。仰奠四；酢随之。

注释：①车熬：“熬”应作“螯（áo）”。车螯是生活在浅海泥沙中的软体动物，可作药用。《本草纲目》等医书中均有记载。肉可食，似蛤蜊，味道鲜美。

译文：80.21.1 炙车螯法：像炙蛎一样。汁出之后，去掉半边壳，把“屎”掐掉，三个肉搁在一个壳里面。加些姜、橘皮粉末，再烤热。壳在下，肉朝上。一份盛四个，另外盛些醋一起供上。

80.21.2 勿太熟，则肕。

译文：80.21.2 不要烤得太熟，熟了吃不动。

80.22.1 炙鱼：用小鲸、白鱼最胜。浑用。鳞、治，刀细谨[①]。无小，用大为方寸准，不谨。

注释：①谨：这个字，字书中能找到的解释都不适于说明这里的用法。《说文》手部有一个“揰（jìn）”字，解作“拭”也，即修饰整齐的意思；比较上合于这句的情况。

译文：80.22.1　炙鱼法：用小形的缤鱼或白鱼最好。整只地用。去鳞，整治洁净，用刀细细地修饰妥当。没有小鱼，用大鱼，切成一寸见方的薄片，不要修饰。

80.22.2　姜、橘、椒、葱、胡芹、小蒜、苏、欓[①]，细切锻。盐、豉、酢，和以渍鱼。可经宿。

注释：①欓（dǎng）：《玉篇》解释为“茱萸类”；《尔雅翼》：“三香：椒、欓、姜也”，“欓”即作香料用的食茱萸。

译文：80.22.2　姜、橘皮、花椒、葱、胡芹、小蒜、紫苏、食茱萸，都切细斫碎。加上盐、豆豉、醋，调和着浸鱼。可以过一夜。

80.22.3　炙时，以杂香菜汁灌之。燥，复与之。熟而止。色赤则好。

译文：80.22.3　烤的时候，用各种香菜汁浇。干了再浇些。熟了为止。颜色变红就好了。

80.22.4　双奠，不惟用一[①]。

注释：①不惟用一：怀疑“不惟”是“大准”两字写错。上面说过“无小。用大为方寸准”；“大准用一”，即大鱼切成的方寸准只用一件。

译文：80.22.4　盛上两只作一份，大的薄片只用一片。

作脺、奥、糟、苞第八十一

题解：本篇介绍了篝多种制作、烹饪肉类食物的方法。

“作脺肉”是制作带骨头的肉酱。“作奥肉”是先用猪油煮猪肉，再将其浸泡在猪油中藏于瓮内，以备随时取用。它的油腻程度可想而知。所以贾思勰在卷八77.4介绍的“無猪肉法”中指出，经多次“走油”后作成的“無肉”放开吃也不会觉得太腻，比“奥肉”好。

“作糟肉”记述的是用酒糟加盐腌肉，以期较久保存肉的方法。

在没有冰箱等冷藏设施的古代，将肉长期保鲜是一个难题。81.4“作苞肉法”介绍的用草包泥封的办法，解决这一难题很有成效。据《齐民要术》介绍，头年十二月杀的猪，其肉可保鲜到第二年的七、八月。

81.5—81.6所介绍的“作腤（zhé）法”是利用骨和皮的胶原，在热水中溶出成为胶，冷了，成了胶冻；再加上鸡蛋、鸭蛋所含蛋白质遇热变性后所生凝块的黏附力，把碎肉黏合起来；然后再压紧或裹紧，成为一块可以薄切成片的肉。正和今日的“镇江肴肉”相似。

这些古老的肉类加工方法，有些直到今天还被人们采用。

81.1.1　作脺肉法①：驴、马、猪肉皆得。腊月中作者良，经夏无虫。余月作者，必须覆护；不密，则虫生。

注释：①脺（zǐ）：同“胏”，一般都解释为“干肉”。依现在这条的内容看来则不是干肉，而是带骨的肉酱。

译文：81.1.1　作脺肉的方法：驴肉、马肉、猪肉都可以作。腊月里作的好，可以过一个夏天还不生虫。其余月份作的，必定要盖上还加意保护；保护不密就会生虫。

81.1.2　粗脔肉；有骨者，合骨粗锉。盐、曲、麦䴷合和①，多少量意斟裁。然后盐曲二物等分②，麦䴷倍少于曲。

注释：①䴷（hún）：用整颗小麦制作的酒曲。

②然后：“后”字，怀疑是字形相近（特别是行书）的“须”字弄错。

译文：81.1.2　把肉切成粗大的脔；有骨头的，连骨头一起粗粗地斫碎。盐、曲、麦䴷混合，多少随意斟酌加减。但总需要用等量的盐和曲，麦䴷只要曲的一半。

81.1.3　和讫，内瓮中，密泥封头，日曝之。二七日便熟。

译文：81.1.3　和匀到肉里面以后，放进瓮里用泥密密封着瓮头，太阳里晒着。十四天就熟了。

81.1.4　煮供朝夕食①，可以当酱。

注释：①煮供朝夕食：即煮熟后，供短时期食用。朝夕，在这里指短时期，并不专指早上与晚上。

译文：81.1.4　煮熟后，当天或第二天吃，可以代替酱用。

81.2.1　作奥肉法①：先养宿猪令肥②。腊月中杀之。

注释：①奥：《释名》卷四：“腴：奥也；藏肉于奥内，稍出用之也”；也就是本条所说的奥肉。卷八炰猪肉法（77.4）写作“燠肉”。

②宿猪：经过了多年的猪，现在湖南、四川、贵州的方言中，还有“隔年猪”这个名称。

译文：81.2.1　作奥肉的方法：先把隔年猪养到长肥。腊月里杀。

81.2.2　攣讫，以火烧之令黄；用暖水梳洗之①，削刮令净。刳去五藏。猪肪煼取脂②。

注释：①梳洗：漱洗。

②煼（chǎo）：即今日写作“炒”的字。

译文：81.2.2　焊掉毛之后，用火烧到皮发黄；用暖水洗涤过，刮削洁净。掏去五

脏。将猪板油炒成炼猪油。

81.2.3　肉脔，方五六寸作；令皮肉相兼。著水令相淹渍，于釜中熘之。肉熟水气尽，更以向所熘肪膏煮肉。大率：脂一升，酒二升，盐三升[①]，令脂没肉。缓水煮半日许[②]，乃佳。漉出瓮中[③]。余膏仍写肉瓮中，令相淹渍。

注释：①盐三升：三升盐，二升酒，一升猪油，盐的分量太大；怀疑有错误：三字可能是“半”字烂成，也可能“三升”是“三合”或“五合”。

②缓水：显然是“缓火”写错。

③漉出：这下面似乎漏了一个“内”字。

译文：81.2.3　肉，切成五六寸见方的脔；每脔都带上皮。加水，浸没之后，在锅里炒着。肉熟了，水气尽了，再将先炼得的猪油用来煮肉。用油一升，酒二升，盐半升的比例，油要浸着肉。慢火煮上半天，才好。漉出来，放在瓮子里。剩下的炼猪油，也倒下肉瓮里去，浸没着熟肉。

81.2.4　食时，水煮令熟，而调和之，如常肉法。尤宜新韭。新韭烂拌。亦中炙。

译文：81.2.4　食用的时候，另外加水煮到烂，再加作料调和，像平常的新鲜肉一样。配新韭菜特别合式。可以作成“新韭烂拌”。也可以炙来吃。

81.2.5　其二岁猪，肉未坚，烂坏，不任作也。

译文：81.2.5　两岁的猪，肉没有硬，作了会烂会坏，不能作奥肉。

81.3.1　作糟肉法：春、夏、秋、冬皆得作。

译文：81.3.1　作糟肉的方法：春、夏、秋、冬四季都可以作。

81.3.2　以水和酒糟，搦之如粥，著盐令咸。内棒炙肉于糟中，著屋下阴地。

译文： 81.3.2　用水和上酒糟，捏成粥样，加盐下去，让它很咸。将棒炙形的肉放下糟去，放在屋里面背阴的地方。

81.3.3　饮酒食饭，皆炙之。

译文： 81.3.3　饮酒或吃饭，都可以将糟肉炙来吃。

81.3.4　暑月，得十日不臭。

译文： 81.3.4　夏天，也可以过十天不会臭。

81.4.1　苞肉法[①]：十二月中杀猪。经宿，汁尽浥浥时，割作棒炙形，茅菅中苞之。无菅茅[②]，稻秆亦得。用厚泥封，勿令裂；裂，复上泥。

注释： ①苞（bāo）：通"包"。此处作动词用，即"包裹"。

②菅（jiān）茅：禾本科。多年生草本植物。茎长二三尺，叶多毛，细长而尖。古代用来编盖屋顶。

译文： 81.4.1　作苞肉的方法：十二月里把猪杀了。过一夜，水汁干到半干半湿时，割成棒炙的形状，裹在茅草里，包起来。没有茅草，用稻草也可以。外面用厚厚的泥封起来，不要让它开裂；裂了，就再抹上些泥。

81.4.2　悬著屋外北阴中，得至七八月，如新杀肉。

译文： 81.4.2　挂在房子外面向北的阴处，可以保存到七八月间，像新杀的肉。

81.5.1　《食经》曰："作犬牒徒摄反法[①]：犬肉三十斤。小麦六升，白酒六升，煮之，令三沸。""易汤，更以小麦、白酒各三升，煮令肉离骨。"

注释： ①牒（zhé）：《说文》解释，是"薄切肉"，也就是薄片的肉。依本条和下条所说的作法，正是和今日"镇江肴肉"相似，即利用骨和皮的胶原，在热水中溶出成为

胶，冷了，成了胶冻，再加上鸡蛋鸭蛋所含蛋白质遇热变性后所生凝块的黏附力，把碎肉黏合起来，成为一块可以薄切了的肉。《东观汉记》中，有光武到河北“赵王庶兄胡子进狗腜醢”的话，则“𦟜肉”的作法，似乎在前汉末年便已经有了。

译文：81.5.1《食经》中说：“作犬腜的方法：三十斤狗肉，六升小麦，六升白酒，合起煮到三沸。”“换过汤，再用三升小麦、三升白酒，将肉煮烂，到骨肉分离。”

81.5.2　乃擘鸡子三十枚，著肉中。便裹肉，甑中蒸令鸡子得干，以石迮之。

译文：81.5.2　打破三十个鸡蛋，放进肉里面。把肉裹起来，放在甑里，蒸到鸡蛋干透，用石头压榨起来。

81.5.3　一宿出，可食，名曰“犬腜”。

译文：81.5.3　过一夜，取出来，就可以吃了，名叫“犬腜”。

81.6.1　《食次》曰：苞腜法：用牛、鹿头，豚蹄。白煮，柳叶细切，择去耳、口、鼻、舌，又去恶者。蒸之。

译文：81.6.1　《食次》说：苞腜的作法：用牛头、鹿头、小猪脚。先用白水煮熟，切成柳叶宽的细条，将耳缘、口缘、鼻缘和舌头拣出去，又把不好的拣掉。和起来在甑里蒸。

81.6.2　别切猪蹄，蒸熟，方寸切，熟鸡鸭卵、姜、椒、橘皮、盐，就甑中和之。仍复蒸之，令极烂熟。

译文：81.6.2　另外将切好的猪蹄先蒸熟，切成一寸见方的方块，熟鸡鸭蛋，以及姜、花椒、橘皮、盐，和在甑里蒸的材料里面。和好继续再蒸，让它烂熟。

81.6.3　一升肉，可与三鸭子。别复蒸令软，以苞之。用散茅为束附之相连必致①。令裹大如靴雍②，小如人脚䠊肠③。大长二尺，小长尺半。

注释：①附之相连必致：这六个字，显然有错漏颠倒。怀疑“附”是音相近的“缚”字，连在上面“散茅”下面，“为束”上面，即“用散茅缚之为束”，即将不成把的茅绑成束。“必致”两字是“各别”，即各束（或裹）彼此分开。

②靴雍（xuē yōng）：石按：“雍”应当是会合膨大的一点。“靴雍”似乎该解释为：“靴筒”和“靴蹠（zhí）”（靴掌，现代称靴底）联接的地方，也就是靴中最阔大的那一段，脚跟所在的点。

③脚跧（shuàn）肠：腓肠肌，即胫（小腿）上的“腱子”。跧，同“腨”。

译文：81.6.3　一升肉，再加三个生鸭蛋。又再蒸到胶冻软化，用东西包起来。用散开的茅，绑成束；彼此分开再绑成一捆。用茅草包的肉，每束，大的像靴弯，小的像小腿上的腱子。大的二尺长，小的一尺半。

81.6.4　大木迮之令平正①，唯重为佳。冬则不入水。夏作小者，不迮，用小板挟之。一处与板两重；都有四板。以绳通体缠之，两头与楔楔苏结反之②：二板之间，楔宜长薄，令中交度③，如楔车轴法。强打，不容则止。悬井中，去水一尺许。

注释：①迮（zé）：压榨。

②与楔楔之：第一个“楔”字是名词，指上平厚下扁锐的木块，用以填塞榫眼空隙。第二个“楔”字作动词用，指以楔形物插打进去的动作。

③令中交度：让两边打进去的楔，扁薄的一端在中间相遇后，彼此重复度过去。

译文：81.6.4　用大木头压平正，木头越重越好。冬天不要下水。夏天作的小束，不要压，只用小板子挟起来。一面用两层板，两面共用四层板。整个用绳缠紧，每面两头，都用楔楔上：楔要长而薄，楔在两重板板缝里，让楔头尖薄的地方在板中央相遇错过，像楔车轴一样。用力打，打到不能再进去了为止。吊在井里，隔水面一尺左右。

81.6.5　若急待，内水中，时用去上白皮①；名曰“水腤”。

注释：①时用：这两字应颠倒，即“用时，去上白皮”。

译文：81.6.5　如果等着急用，就直接浸入水里，用时，把外面的白皮去掉；这样作的，称为“水腤”。

81.6.6　又云：用牛猪肉，煮切之，如上。蒸熟。出置白茅上，以熟煮鸡子白，三重间之[1]。即以茅苞，细绳概束。以两小板挟之，急束两头，悬井水中。经一日许，方得。

注释：①间（jiàn）：即间隔开来。

译文：81.6.6　又说：用牛肉猪肉，煮熟，切成条，像上面所说的一样。蒸熟。倒出来，摊在白茅上作成层，用煮熟的鸡蛋白盖上，一层肉，一层鸡蛋白，一共盖三层蛋。就用茅卷过来包上，用细绳子密密扎起。用两块小板夹着，把两头捆紧，吊在井水里。过一天左右才算好了。

81.6.7　又云：藿叶薄切[1]，蒸；将熟，破生鸡子，并细切姜、橘，就甑中和之。蒸苞如初。奠如“白牒”，一名“迮牒”是也。

注释：①藿叶：像小豆叶一样的薄片。

译文：81.6.7　又说：将肉切成藿叶片，蒸；快熟时，打破新鲜鸡蛋，和上切细了的姜和橘皮，就着在甑里拌和。蒸熟，包裹压榨、冷却，都与上面所说的一样。像“白牒”，就是所谓“迮牒”的，一样盛着供上。

饼法第八十二

题解：《齐民要术》中除了记录古代考究的、丰富多彩的各式菜肴的烹饪方法外，还留下了用粮食作原料的各种精巧的烹饪方法。从本篇至八十六篇都是介绍各种主食及点心的制作方法的。仅本篇就介绍了十余种淀粉食品的制作方法。其原料有面粉、米粉等。“饼”，在古代是面食的通称。其中一些食品古今的叫法不同。如：“水引”“馎饦”，古代又叫“汤饼”，现在称“面条”；“乱积”“膏环”“细环饼”（又名“寒具”）等，现代称“馓子”；“粉饼”，现在湖南，桂林等地称之为“米粉”。

本篇介绍的各种淀粉食品的制作十分考究，有的特别强调了要以细致的上等淀粉作原料；要取得这种淀粉需用绢筛筛粉或以绢绸过滤淀粉浆。82.12.1“粉饼法”中更特别指出要用“英粉”（又称“粉英”）作原料。有关“英粉”的制法，在卷五52.211中作了详细的记述。要先用微生物的发酵分解，使淀粉与细胞渣滓分开，然后利用离心力，分级地取得粗细不同的淀粉颗粒，方法实在很巧妙。这些用上等淀粉制作的“小食品”，有的到现在还颇为流行。

82.10记述用细绢筛得的面制作的“水引”，可以“薄如韭叶”。日本学者认为“引”是全世界面条的肇始。

82.14所介绍的除去面粉里混杂的沙碜的办法，很特别。

82.1.1　《食经》曰：作饼酵法①：酸浆一斗，煎取七升。用粳米一升，著浆，迟下火，如作粥。

注释：①饼酵：即作“炊饼”（现在所谓“馍”“馍”或“馒头”）或“胡饼”（“烧饼”）、“煎饼”等所用的“酵”（现在称“发面”“起子”“老面”）。依本条所记的方法，看来似乎是用含有相当分量乳酸（将酸浆煎剩到原来容积的70%）的粥，承接了空气中的曲菌、酵母菌等的孢子，培养着能耐酸的某些种类，作为“纯系培育”，来保证面粉的发酵，不走岔道，而不是直接利用原有酸浆中的发酵微生物。

译文： 82.1.1《食经》说：作饼酵法：一斗酸浆，煎干到剩七升。用一升粳米，放进浆里。先浸一些时然后在火上煮，像熬稀饭一样。

82.1.2　六月时，溲一石面，著二升；冬时，著四升作。

译文： 82.1.2　六月里，和一石面粉，要用两升这样的酵；冬天，用四升酵。

82.2.1　作白饼法：面一石。白米七八升，作粥；以白酒六七升酵中。著火上。酒鱼眼沸，绞去滓，以和面。面起可作。

译文： 82.2.1　作白饼的方法：用一石面。先将七八升白米，煮成粥；加六七升白酒下去作酵。放在火边上，看着酒沸起了像鱼眼一样的大气泡时，把粥渣绞掉，用所得的清液来和面。面起了，就可以作饼。

82.3.1　作烧饼法①：面一斗，羊肉二斤，葱白一合，豉汁及盐，熬令熟。炙之。面当令起。

注释： ①烧饼：这里所谓"烧饼"该是现在的"馅儿饼"。现在面上有芝麻的"烧饼"，本来称为"胡饼"；传说是后赵石虎才把它改称为"麻饼"。

译文： 82.3.1　作烧饼的方法：要用一斗面，二斤羊肉，一合葱白，加上豉汁和盐，炒熟，包在面里面烤。面要先发过。

82.4.1　髓饼法①：以髓脂、蜜，合和面。厚四五分，广六七寸。便著胡饼炉中，令熟。勿令反覆！

注释： ①髓饼：依《太平御览》卷860所引"《食经》有'髓饼法'，以髓脂合和面"的话看来，《齐民要术》这一条，很可能出自《食经》；也就是说，本篇前面这相连的四条，可能都出自《食经》。

译文： 82.4.1　作髓饼的方法：用骨髓油、蜜，合起来和面。作成四、五分厚，六、七寸大的饼。放进贴烧饼的炉里将它烤熟。不要翻边！

82.4.2　饼肥美，可经久。

译文：82.4.2　饼很肥美，又可以经久存放。

82.5.1　《食次》曰："粲"一名"乱积"：用秫稻米①，绢罗之。蜜和水，水蜜中半，以和米屑；厚薄，令竹杓中下。先试，不下，更与水蜜。

注释：①用秫稻米：下面似乎漏了一句，"捣为屑"，至少漏了一个"屑"字。

译文：82.5.1　《食次》说："粲'又叫"乱积"的作法：用糯米粉，经过绢筛筛过。将蜜与水调和，水和蜜一样一半，用来和米粉；稀稠的程度，要能从竹杓孔里流得出来。先试一试，如果不能流，再加些水和蜜。

82.5.2　作竹杓，容一升许；其下节，概作孔④。竹杓中下沥五升铛里，膏脂煮之熟。三分之一铛，中也。

注释：①概（jì）：稠密。

译文：82.5.2　作一个竹杓，容量大约一升左右；在下面作底的竹节上，密密地钻些孔。将和好的糯米粉由竹杓里沥下到一个容量五升的锅里，让锅里的油把粉炸熟。每次大约煎三分之一锅，就合适了。

82.6.1　膏环一名"粔籹'①：用秫稻米屑，水、蜜溲之，强泽如汤饼面。

注释：①粔籹（jù nǚ）：古代的一种食品。以蜜和米面，搓成细条，组之成束，扭作环形，用油煎熟，犹今之馓子。又称寒具、膏环。

译文：82.6.1　膏环又名"粔籹"的作法：用糯米粉，用水和蜜调和，干湿程度像作面条的面一样。

82.6.2　手搦团，可长八寸许，屈令两头相就，膏油煮之①。

注释：①"屈令"二句：这一个小注，应是大字正文。

译文：82.6.2　用手将粉团捻长，到八寸左右，弯曲起来将两头连在一处，在油里炸熟。

82.7.1　鸡鸭子饼①：破，写瓯中；少与盐。锅铛中，膏油煎之，令成团饼。厚二分。全奠一。

注释：①鸡鸭子饼：正文中，没有说明将黄白搅和，所以这个“饼”，应当就是今日所谓“荷包蛋”的东西，与鸡蛋糕无关。

译文：82.7.1　作鸡鸭子饼的方法：打破在小碗里，给一点盐。在锅里，用油煎成圆形的饼。二分厚。一份盛一个供上。

82.8.1　细环饼、截饼：环饼一名“寒具”①，截饼一名“蝎子”。皆须以蜜调水溲面。若无蜜，煮枣取汁。牛羊脂膏亦得；用牛羊乳亦好，令饼美脆。

注释：①寒具：我国古代习俗，寒食节之日，不烧火煮食，均吃冷食。故油炸馓子之类可冷吃的食品又称“寒具”。有关寒食节的由来参看本卷醴酪第八十五85.1.1—85.1.2。

译文：82.8.1　细环饼、截饼的作法：环饼又名“寒具”，截饼又名“蝎子”。都要用蜜调水来和面。如果没有蜜，煮些红枣汤来代替。牛羊脂膏也可以；用牛奶羊奶和面也好，这样，饼味好而脆。

82.8.2　截饼纯用乳溲者，入口即碎，脆如凌雪①。

注释：①“入口”二句：这八个字的小注，也应是大字正文。

译文：82.8.2　完全用奶和面作的截饼，到口就碎了，和冰冻的雪一样脆。

82.9.1　餢飳起面如上法①：盘水中浸剂②，于漆盘背上水作者，省脂。亦得十日软；然久停则坚。

注释：①餢飳（bù tǒu）：饼名，根据本段所述应是油炸发面饼。石按：我们假定，餢飳与《太平御览》所引束皙的《饼赋》中的“餢饳”和“麰麮”相同。则应依《玉篇》《广韵》所注的音，读为bǒu dǒu。

②剂：切成了件的生面团，作为制饼材料的。

译文：82.9.1 馅馀先像上面所说的方法，将面发好：用一盆水，浸着切好的生发面团，在漆盘底上，用水搓出的，作起来省油些。作出的，可以保持柔软十天；但是搁久就发硬了。

82.9.2 干剂于腕上手挽作，勿著勃①！入脂浮出，即急翻，以杖周正之。

注释：①勃：干粉末。

译文：82.9.2 用干些的发面团作的，在手腕上挽出来，不要蘸干粉！下了油锅，浮起来，赶紧翻边，用小棍拨周正。

82.9.3 但任其起，勿刺令穿；熟，乃出之，一面白，一面赤，轮缘亦赤，软而可爱。久停亦不坚。

译文：82.9.3 只让它自己浮起来，不要刺穿；熟了，就取出来。这样一面白色，一面红色，周围边上也是红的，软而可爱。搁久也不变硬。

82.9.4 若待熟始翻，杖刺作孔者，泄其润气，坚硬不好。

译文：82.9.4 如果等熟了再翻，用小棍刺穿成孔，把里面的潮润气都泄漏了的，便坚硬不好。

82.9.5 法：须瓮盛，湿布盖口；则常有润泽，甚佳。任意所便，滑而且味美。

译文：82.9.5 最好的办法：须要用瓮子盛着，用湿布盖在口上；这样就常常保持着潮润，很好。随意什么时候取来吃都方便，嫩滑而且味美。

82.10.1 水引、馎饦法①：细绢筛面。以成调肉臛汁，待冷溲之。

注释：①馎饦（bó tuō）：古代用面或米粉制成的食品；制法和形式不尽相同。有将

其称为汤饼的。在本段中指一种水煮的面食。

译文：82.10.1　水引和馎饦的作法：都要用细绢筛得的面，用煮好的肉汤，冷透后，再来和面。

82.10.2　水引：挼如箸大①，一尺一断，盘中盛水浸。宜以手临铛上，挼令薄如韭叶，逐沸煮。

注释：①挼（ruó）：揉搓。箸（zhù）：筷子。

译文：82.10.2　水引：挼到像筷子粗细的条，切成一尺长的段，盘里盛水浸着。应当在锅边上用手挼到像韭菜叶厚薄，看水开了再煮。

82.10.3　馎饦：挼如大指许，二寸一断，著水盆中浸。宜以手向盆旁，挼使极薄。

译文：82.10.3　馎饦：挼到像大拇指粗，切成二寸长的段，放在水里浸着。应当用手在盆旁边，把面挼到极薄。

82.10.4　皆急火逐沸熟煮。非直光白可爱，亦自滑美殊常。

译文：82.10.4　都要大火上趁开水煮熟。不仅洁白发光可爱，入口后也异常滑嫩美好。

82.11.1　切面粥一名棋子面、麫卢货反𪍿苏货反粥法：刚溲面，揉令熟。大作剂；挼饼，粗细如小指大，重萦于干面中。更挼，如粗箸大。截断，切作方棋。簸去勃，甑里蒸之。气馏勃尽；下，著阴地净席上，薄摊令冷。挼散，勿令相黏。袋盛举置。须即汤煮，别作臛浇，坚而不泥。冬天一作，得十日。

译文：82.11.1　切面粥又名“棋子面”、麫𪍿粥的作法：把面和得干些硬些，揉到很熟。大些切成“剂”；把这些剂挼成饼，像小指一般粗细，来回地盘在干面里。再挼成粗筷子大小。切断，切成棋子大小的小块。把小面块外面黏的干粉簸掉，在甑里蒸。让水气馏上去，把干粉都湿透，从甑里取出来；放在阴地方，在洁净的席上，摊成薄层，让它凉下去。挼散，不要让它们相互黏连。用袋盛着收藏。要用时，在沸水里煮，另外用肉汤浇，清爽不黏软。冬天，作一次可以保存十天。

82.11.2　粰䉽[①]：以粟饭馈，水浸，即漉著面中。以手向簸箕痛挼，令均如胡豆[②]。拣取均者，熟蒸，曝干。须即汤煮，笊篱漉出，别作臛浇。甚滑美，得一月日停。

注释：①粰䉽（luò suò）：粟粥。又指麦粥，作法与粟粥同。此粥名所用的两个字颇奇特。这两个字只见于《集韵》，注解只是“粟粥”。可能因前面的“切面粥”后有一小注“一名棋子面”是以其形状命名，故此处也以其形命名，造出这两个字来描述其琐屑细碎的情形。它实际上是大颗的做粥的材料。读者若需进一步了解，可阅读中华书局2009年版《齐民要术今释》925页82.11.1注1对这两个字的详细分析。

②胡豆：《齐民要术》卷二《大豆第六》（6.1.2及6.1.4）所记的“胡豆”，是“跭豏”，即豇豆，与今日四川称蚕豆为“胡豆”不同。

译文：82.11.2　粰䉽：用粟米馈饭，在水里浸过，移到干面粉里。就在簸箕里面，用手出力搓揉，让颗粒均匀，都像胡豆一样。把其中均匀的拣出来，蒸熟，晒干。要用时，在开水里煮好，用笊篱漉出来，另外用肉汤浇。很嫩滑，很美味。可以保存一个月。

82.12.1　粉饼法[①]：以成调肉臛汁，接沸溲英粉[②]，若用粗粉，脆而不美[③]；不以汤溲，则生不中食。如环饼面。先刚溲；以手痛揉，令极软熟。更以臛汁，溲令极泽，铄铄然。

注释：①粉饼：本条所说的食品，大致有些像湖南和桂林的“米粉”。

②英粉：最精最细的淀粉。

③脃：同“脆”，根据本条内容怀疑是“涩”字。

译文：82.12.1　粉饼的作法：用煮好了的肉汤汤汁，趁沸时调和英粉，如果用粗粉，饼粗涩而不美；如果不用沸汤调和，就会是生的，不能吃。和到和作环饼的面一样。先和得干些硬些，手用力揉，揉到极软极熟。再加些汤汁，和到极稀极稀，可以流动。

82.12.2　割取牛角，似匙面大。钻作六七小孔，仅容粗麻线。若作水引形者，更割牛角，开四五孔，仅容韭叶。

译文：82.12.2　割一片牛角，像汤匙面大小。钻六七个小孔，孔的大小，可以容粗

麻线通过。如果想作成“水引饼”的形状，则另用一片牛角，开四五个刚好容韭菜叶通过的孔。

82.12.3 取新帛细纳两段，各方尺半。依角大小，凿去中央，缀角著细。以钻钻之，密缀，勿令漏粉。用讫，洗，举。得二十年用。裹成溲粉①，敛四角，临沸汤上搦出，熟煮，臛浇。

注释：①成溲粉：即已调好溲成的粉。

译文：82.12.3 取两段新织的白色细绢绸，每段一尺半见方。按牛角片的大小，把绸中心剪去一点，将两片牛角片各缝在一段绸上。用钻在牛角片周围钻孔，以便将绸子密密缝牢在牛角片上，不让湿粉从钻孔中漏出去。用过，洗净，收藏，可以用二十年。将调好了的粉，裹在绸袋里，收拢绸子的四角，就在一锅煮沸着的水上面，捏着装在绸袋里的粉，让粉浆从牛角片的孔中漏出来，落到沸水里，煮熟，再用肉汤浇。

82.12.4 若著酪中及胡麻饮中者①，真类玉色：稹稹著牙②，与好面不殊。

注释：①胡麻饮：将脂麻捣融和，加蜜或麦芽糖煮成的糊，大致和今日两广所谓“芝麻糊”相似。不过不加淀粉，所用的糖也不是蔗糖。

②稹稹（zhěn）：细致紧密。这两个标音的叠字，应当和卷三18.7.1中“蒸干芜菁根法”中的“谨谨”完全相同。

译文：82.12.4 如果加到酪浆里或脂麻糊里面，真是像玉一样纯白；而且牙齿咬着时，软粘细密，和很好的麦面一样。

82.12.5 一名“搦饼”。著酪中者，直用白汤溲之，不须肉汁。

译文：82.12.5 又称为“搦饼”。如果预备搁在酪浆里吃的，干脆用白开水烫粉，不须要用肉汤汁。

82.13.1 豚皮饼法一名“拨饼①：汤溲粉，令如薄粥。大铛中煮汤；以小杓子挹粉，著铜钵内；顿钵著沸汤中，以指急旋钵，令粉悉著钵中四畔。

注释：①豚皮饼：本条所说的食品，大致就是两广所谓“沙河粉”，湖南所谓“粉面”“米面”。

译文：82.13.1　豚皮饼又名“拨饼”的作法：用开水和米粉，和成像稀粥一样的粉浆。在大锅里烧一锅水，用小杓子将粉浆舀到铜盘里，将铜盘漂在大锅里的开水上，用手指将铜盘很快地旋转，让粉浆贴满在铜盘里各面上。

82.13.2　饼既成，仍挹钵倾饼著汤中①，煮熟。令漉出②，著冷水中。

注释：①挹（yì）钵：这时铜钵已经很烫，不能用手直接取，只能用另外的器具去“舀”，所以说“挹”。

②煮熟。令漉（lù）出：怀疑“令”字应在“熟”字上面。

译文：82.13.2　饼作满了，就将铜盘舀出，把盘中的饼倒在开水里，煮到熟。漉出来，放进冷水里。

82.13.3　酷似豚皮。臛浇麻酪①，任意；滑而且美。

注释：①臛浇麻酪：与上一条比较看，可以了解这四个字代表三个不同的办法，即用肉汤浇，下到“胡麻饮”或“酪浆”中。

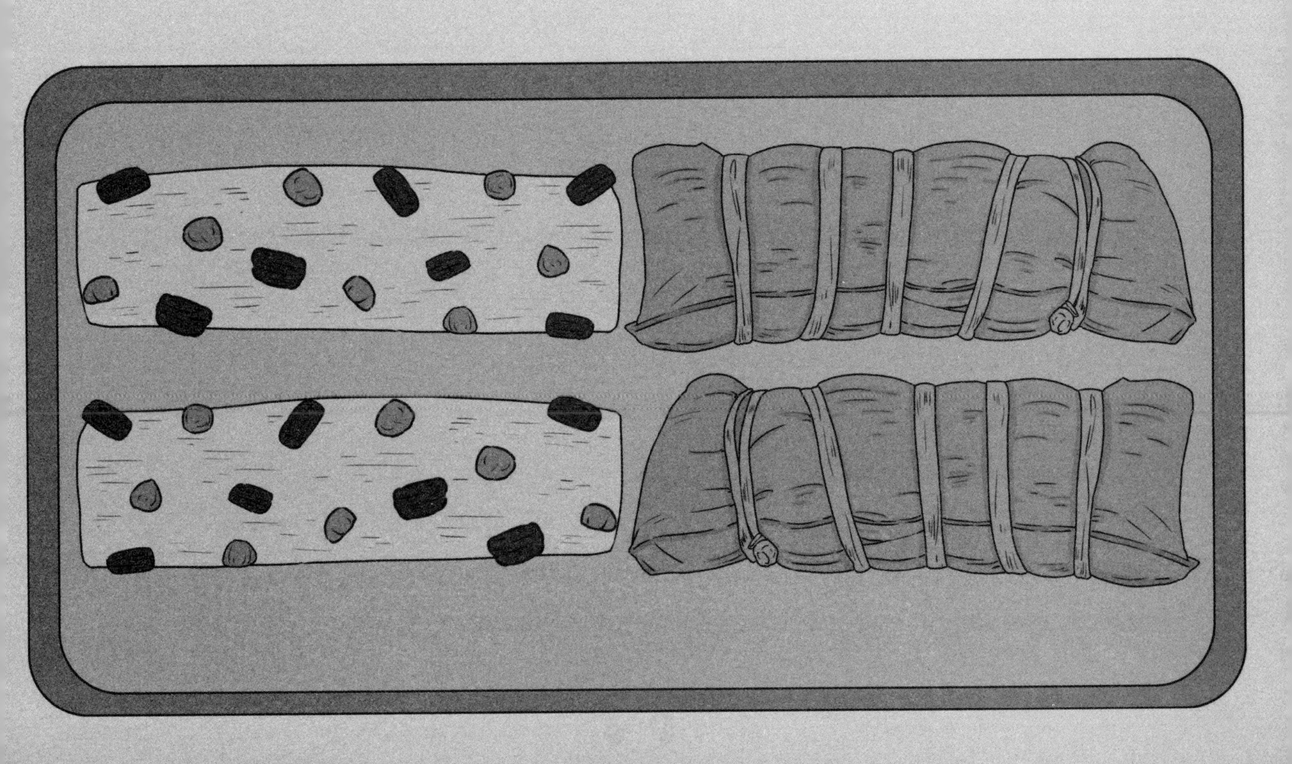

译文：82.13.3　形状和味道极像小猪皮。无论肉汤浇，酪浆或胡麻饮调和，随意都可用，嫩滑而且美味。

82.14.1　治面砂墋初饮反法①：簸小麦，使无头角。水浸令液。漉出，去水，写著面中，拌使均调。于布巾中，良久旋动之。土末悉著麦，于面无损。一石面用麦三升。

注释：①墋（chěn）：沙土。

译文：82.14.1　面里有沙墋的补救法：将小麦簸一道，把半颗和碎粒的都簸掉出去。在水里浸到发涨柔软。漉出来，把多余的水沥干，倒进面里去，拌均匀。将其放在布包里，旋转一大阵。泥土碎末都会黏到麦粒上，面却不会受损。一石面，用三升麦。

82.15.1　《杂五行书》曰①："十月亥日，食饼，令人无病。"

注释：①《杂五行书》：书名，原书已佚，撰者已不可考。从本书所引各条看，其内容皆为趋避厌胜之术。

译文：82.15.1　《杂五行书》说："十月逢亥的日子，该吃饼，吃了叫人不害病。"

粽、糉法第八十三

题解：本篇记述的粽是黍米或稻米加粟米作成的一种用叶裹、绳缚的食物，相当于现代的粽子；是端午和夏至两个节日的食品。当时已知用淳浓草木灰煮（即加碱）粽，能令其烂熟。

“糉（yè）”是糯米粉拌水蜜，加上枣、栗等果肉再裹起来蒸的粽子一类的食物。

83.1.1　《风土记》注云①：“俗，先以二节日②，用菰叶裹黍米，以淳浓灰汁煮之，令烂熟。于五月五日、夏至啖之。”

注释：①《风土记》注：这一段（83.1.1—83.1.2）是注释篇标题的“粽”字的；依前六卷的例，标题注应当是小字，排在“第八十三”下面。《风土记》，西晋平西将军周处撰。记述地方习俗和风土民情，主要记述其家乡吴郡阳羡（今宜兴）之地方风物。此书已佚散。

②二节日：即指五月五曰端午节和夏至。

译文：83.1.1　《风土记》注说：“习俗，先在两个节日，用菰的叶子包裹黍米，用很浓的草木灰汁煮，煮到烂熟。在五月初五和夏至日吃。”

83.1.2　“黏黍一名‘粽’④，一曰‘角黍’。盖取阴阳尚相裹，未分散之时象也。”

注释：①黏黍：依异名“角黍”和下面83.2条标题“粟黍”这个名称看来，这个“黍”字，和上面“黍米”的“黍”字有些不同：前面的黍，指一种谷物的种实；这里的几个“黍”，是作成了的“熟饭”，即和“杀鸡为黍”中那个黍字相像。

译文：83.1.2　“黏黍，又名‘粽’，又名‘角黍’。采取这个作法，是对当时时令中阴阳二气还相互包裹着，没有分散的情形的一个象征。”

83.2.1　《食经》云：粟黍法：先取稻，渍之使释。计二升米，以成粟一斗。著竹篡头内①，米一行，粟一行；裹，以绳缚。其绳，相去寸所一行。

注释：①篡（dàng）：石按：《玉篇》："徒党切（即读tang），竹器也，可以盛酒"，《说文》及《广韵》解释为大竹筒，是一种笙箫之属的乐器。本条所说的是"裹，以绳缚……"，这两个解释都不是可以"裹"或"缚"的，因此怀疑这个字有错误。可能是"箬"的或体（即此字的另一种写法）"篛"字烂成或看错的。

译文：83.2.1　《食经》说粟黍的作法：先取些稻米，水浸到软。每用二升稻米，就加上一斗粟米。放在竹篡里一层米，一层粟；裹起来，用绳子绑紧。每隔一寸左右，绑一行绳。

83.2.2　须釜中煮，可炊十石米间，黍熟。

译文：83.2.2　要放在锅里煮，到炊熟十石米的时间，粟黍就熟了。

83.3.1　《食次》曰：糉①，用秫稻米末，绢罗，水蜜溲之，如强汤饼面。手搦之，令长尺余，广二寸余。四破，以枣栗肉上下著之遍，与油涂竹箬裹之②。烂蒸。

注释：①糉（yè）：粽子一类的食物。《广韵》解为"粽属"。由本文的记述看来，颇与今日通行的"五仁年糕"相像。

②箬（ruò）：竹名。禾本科，秆细柱形，叶片很大，可以包粽子及做斗笠。

译文：83.3.1　《食次》说：糉的作法，用糯米粉，绢筛里面筛过，加水和蜜调和，和到像硬些的面条面一样。再捏成尺多长、二寸多粗的条。破成四条，将红枣肉和栗子肉贴在面上，上下贴满，用油涂过的箬叶裹起来。蒸到烂熟。

83.3.2　奠二，箬不开破，去两头，解去束附。

译文：83.3.2　每一份放两件，箬叶不要打开，只去掉两头，解掉绳子。

煮糗莫片反，米屑也。或作抿①第八十四

①抿（měn）：即现在写作“抿”的字。粤语系统方言，至今还把煮得极融和的粥，称为“糗粥”，读mièn（阴去）。但“抿”字则读měn。故标题注中：“或作抿”可能有误。

题解：《齐民要术今释》作者认为：这一整篇，到处是谜。我们只能作许多揣测，不能作解释。

根据《齐民要术今释》的注及释文我们可以这样揣测，“糗粍”是一种制作程序复杂的小吃。先将糗末用开水泡着，用一个刷把搅打，作成含淀粉的小泡沫——勃；再用精米煮出米汤，浇入糗汁中，再煮，加入盐，得到有盐味的浓厚糊糊；再将煮得很软的、相粘着的饭盛在小碗里，用勺压成饼，偏在碗的一边，浇上糊糊，再堆上些打出来的泡沫。

84.1.1　煮糗：《食次》曰：宿客足作糗粍苏革反①。糗末斗，以沸汤一升沃之；不用腻器。淅箕漉出滓②，以糗帚舂取勃③，勃别出一器中。

折米白煮④，取汁为白饮⑤；以饮二升投汁中。

注释：①宿客足作糗粍（miàn zhé）：“宿客足”三字无意义。怀疑“宿”字或许本是“磨”字；“客足”是“麦”字看错，或者是“䵃麦”两字烂成（参见85.4.1宿𪎊麦注）。糗粍，按本节的叙述应是将米粉用开水泡着，用一个刷把搅打，作成含淀粉的小泡沫，移入用一种精米煮出的汤中，所得到的浓厚糊糊。

②淅箕：一个过滤用的竹器。可能与湖南所谓“沥箕”相似，即一个平口大腹圆底的箕。

③糗帚舂取勃：糗帚，应是一把很细很长的竹丝，扎成一捆，像长江流域称为“刷把”，两粤称为“竹扫”的东西。日本的“茶道”中，有这么一个“道具”，专用来搅打茶汤，生成许多泡沫。根据宋人笔记，我国宋代饮茶时，正是用这种“茶帚”；因此，烹好的茶，会有“雪沫乳花”。这一种糗帚或炊帚，在古代厨房中，可能是一件常备或必备的家具。勃，是放出一阵细小的粉末或泡沫。这里的粉，已经用开水浇过，便不能再

以粉末的状况飞起来，所以只能理解为一堆泡沫。事实上，淀粉浆如用竹丝把搅打，也的确要发生一堆泡沫。这种泡沫，可能是像德国人用的蛋白质空气泡沫体系“风口袋”（Windbeutel）一样，作妆点食品用的。

④折米：一种用特殊的加工处理法得到的特别精制的米，第八十六篇86.2条有详细的解释。

⑤白饮：用折米加白水煮得的米汤。

译文：84.1.1　煮糗：《食次》的说法是：磨麦作为糗粍。取一斗糗末，用一升开水浇下去；不要用有油腻的容器。用浙箕把渣滓漉掉，用糗帚舂打，取得泡沫团，泡沫另外盛在一个容器里。

折米，用白水煮，取得米汁，作为“白饮”，将两升白饮，加到溟汁里。

84.1.2　又云：合勃下饮讫，出勃；糗汁复悉写釜中，与白饮合煮，令一沸。与盐。白饮不可过一□[①]。

折米弱炊，令相著；盛饭瓯中，半奠。杓抑令偏著一边，以汁沃之，与勃。

注释：①□：这个空白，不知是什么？很怀疑这里应是“又云”两个字。且应在下一行“折米”的前面。

译文：84.1.2　又说：向糗汁舂得的泡沫里，浇下白饮，再搅出泡沫；糗汁再倒进锅里，和白饮一齐煮，让它开一次。加盐。白饮不可过一□。

折米，炊得很软，让它成为相黏着的饭；把这饭盛在小碗里，半满。用杓子把饭压着，偏在碗的一边，用糗汁浇上，给些泡沫堆。

84.1.3　又云：糗末，以二升[①]；小器中沸汤渍之。折米煮为饭；沸，取饭中汁升半。折箕漉糗出[②]，以饮汁：当向糗汁上淋之。

以糗帚舂取勃，出别勃置[③]。复著折米渖汁为白饮，以糗汁投中，鲑奠如常[④]，食之。

注释：①以：怀疑是“取”字，或者“以二升”下面漏了一个“著”字。整篇中，只有这一节是比较容易体会的；但仍有不少错字。

②折：很显然是“淅”字写错。

③别勃置：可能是“别置勃”或“勃别置”，总之颠倒了两个字。

④鲑（guī）：六朝吴地人称菜肴为“鲑”（《南齐书》中已有这个用法），固然可以用在此地；但《齐民要术》中没有第二例。怀疑是“偏”字。

译文：84.1.3 又说：粿末，取二升，在小容器里用开水浸着。将折米煮作饭，开了之后，从饭里取出升半饭汁来。用淅箕漉出粿，来“饮”进汁里面：即向粿汁上淋。

用粿帚搅打，生成泡沫堆；将泡沫另外盛着。再加些折米饭汁，作为“白饮”。将粿汁加下去，像正常规矩，偏着奠上，吃。

84.1.4 又云：若作仓卒难造者，得停西□粿最胜[1]。

注释：①西□：怀疑是“两日”两字。《汉语大字典》中，引文为“若作仓卒难造者，得停宿粿最胜”。

译文：84.1.4 又说：如果匆忙中作不好，可以放两天，最好。

84.1.5 又云：以勃少许，投白饮中；勃若散坏，不得和白饮，但单用粿汁焉。

译文：84.1.5 又说：将少量泡沫堆，加到“白饮”里面；如果泡沫堆散了，坏了，不能和成白饮，可以单独用粿汁。

醴酪第八十五

题解：“醴”原指甜酒，“酪”是一种乳制品。但本篇85.3.1的“煮醴法”记述的是糖；而85.4记述的“杏酪粥”是用杏仁和大麦煮成，与乳无关。

最前面的85.1的“煮醴酪”，实际上讲述了一段有关“醴酪”的故事，而这种醴酪是麦粥。贾思勰说要将它的作法记录下来，但全篇中却都没有。

85.2这一大段，记述的调治铁锅，使它不变黑的方法。这是为保证醴、酪的质量必须做的，放在本篇中是合适的。

85.1.1　煮醴酪[①]：昔介子推怨晋文公[②]：赏从亡之劳不及己[③]，乃隐于介休县绵上山中[④]。其门人怜之，悬书于公门。文公寤而求之[⑤]，不获，乃以火焚山，推遂抱树而死。文公以绵上之地封之，以旌善人。

注释：①醴酪（lǐ lào）：古人寒食节吃的麦粥。

②介子推：即介之推。春秋时期，晋国人，曾随晋文公流亡。晋文公（前697—前628）：姬姓，名重耳，晋献公妃狐姬所生，因遭骊姬迫害，流亡在外十九年，于公元前636年回国即位，史称晋文公，成为春秋五霸之一。

③从亡：跟随逃亡。介子推跟随晋公子重耳在外国流亡多年。从，跟随。亡，逃亡。

④介休县绵上：介休县，在今山西中部介休市。春秋时介之推携母隐居于介休东南绵山中，绵山亦名绵上。介之推被焚后晋文公以绵上之田封介之推，名绵山为介山。介山现为介休名胜古迹，地跨介休、灵石、沁源三市县。

⑤寤（wù）：醒觉，醒悟。

译文：85.1.1　煮醴酪：古时候，介之推不满晋文公，因为晋文公赏赐跟他在外国流亡的人的功劳时，没有赏赐到介之推自己，于是就躲到介休县绵上的山里。他的门客同情他，在宫门上挂了一个文书说明这件事。文公醒悟了，派人去山里找寻他，找不到，就放火烧山，想逼介之推出来，介之推于是抱着树被烧死了。文公就把绵上的地封给介之推，算是表扬好人好事。

85.1.2 于今介山林木，遥望尽黑，如火烧状；又有抱树之形。世世祠祀[1]，颇有神验。百姓哀之，忌日为之断火，煮醴而食之，名曰“寒食”，盖清明节前一日是也。中国流行，遂为常俗。

注释：①世世祠祀：历代年年来向介之推祠堂祭祀。世世，历代。“祠”与“祀”都是祭；祠是小规模的，祀的规模可以很大。

译文：85.1.2 现在绵山的林木，远望去尽是黑色的，像火烧过一样；又有像人抱着树的形状。历年来向介之推祠堂祭祀的，都很灵验。一般人哀悼他，在他死的一天，不烧火作为纪念，煮醴冷的吃着当饭，所以称为“寒食”，事实上就是清明前一天。在黄河流域到处流行，成了经常的习惯。

85.1.3 然麦粥自可御暑，不必要在寒食。世有能此粥者，聊复录耳。

译文：85.1.3 但是麦粥本来就可以解暑，不一定就在寒食节吃。现在人会作这种粥，所以我也把作法记录下来。

85.2.1 治釜令不渝法[1]：常于谙信处[2]，买取最初铸者；铁精不渝，轻利易然。其渝黑难然者，皆是铁滓钝浊所致。

注释：①渝：易变，这里专指变色。

②谙（ān）：熟悉。

译文：85.2.1 调治铁锅，使它不变色的方法：应当在熟悉的处所，买用最初镕成的铁汁铸出的；这样的铁是铁的精华，不会变色，轻快易于烧热。容易变黑而难烧热的，都是铁汁滓，钝而且浊的缘故。

85.2.2 治令不渝法：以绳急束蒿，斩两头，令齐。著水釜中，以干牛屎然釜。汤暖，以蒿三遍净洗，抒却。水干，然使热。

买肥猪肉，脂合皮大如手者，三四段；以脂处处遍揩拭釜，察作声[1]。复著水痛疏

洗；视汁黑如墨，抒却，更脂拭疏洗。

如是十遍许，汁清无复黑，乃止；则不复渝。

注释：①察作声：让它“察察”地响。“察”字是标音字，形容擦时的声音的；“擦”这个字，右边的音标，也就是从这里得来的。依一般习惯，“察”字似乎应当重复。

译文：85.2.2　调治使不变色的方法：用绳紧捆一些蒿，将两头斩齐。在锅里放些水，用干牛粪点燃来烧热。水暖之后，用蒿把洗涤三遍，倒掉。水干之后，再烤热。

买肥猪肉，连肥肉带皮，像手掌大小的，买来三四块；将油在锅里到处揩擦，让它“察察”地响。再加水，用力地洗刷，看看汁水像墨一样黑了，倒掉，再用油擦，洗刷。

像这样反覆十来遍，看水清了不再变黑，才罢手；以后就不会变色。

85.2.3　煮杏酪、煮饧、煮地黄染，皆须先治釜；不尔，则黑恶。

译文：85.2.3　煮杏酪、煮饧、煮地黄来染布，都要先调治铁锅；不然，就会变黑色。

85.3.1　煮醴法：与煮黑饧同①。然须调其色泽，令汁味淳浓；赤色足者良。尤宜缓火，急则燋臭。

注释：①黑饧（xíng）：用发芽的麦的已产生叶绿素的芽米作的饧。煮黑饧的方法见后面89.3。

译文：85.3.1　煮醴的方法：和煮黑饧糖一样。可是要注意把颜色调和好，让汁的味道够浓厚，红色足够的才好。火更适宜用慢火，太快就烧焦发臭了。

85.3.2　传曰：“小人之交甘若醴”，疑谓此，非醴酒也①。

注释：①醴酒：“醴”，据过去各种字书的解释，作名词时，都只当作甜酒解释；作形容词时，才解为具有甜味的。这里的“醴酒”，与“醴”相对；所指的“醴”是什么，没有说明，但可以知道不会是“酒”。由85.1.3看来，似乎是加糖的麦粥。

译文：85.3.2　古书里说的：“小人之交甘若醴”，怀疑是指这种醴的，不是醴酒。

85.4.1　煮杏酪粥法：用宿穬麦①；其春种者，则不中。预前一月事麦：折令精②，细簸，拣作五六等；必使别均调，勿令粗细相杂。其大如胡豆者③，粗细正得所。曝令极干。

注释：①宿穬麦：隔年的大麦。宿，隔年。

②折：对米、麦等粮食的一种特殊精加工办法，参看86.2“折粟米法”。

③胡豆：这里的“胡豆”是豇豆。

译文：85.4.1　煮杏酪粥法：用二年生大麦；春大麦不合用。早一个月，就得将麦准备好：“折”到精细，仔细簸过，依麦粒大小拣成五六个等级；必须使各等里的颗粒都很均匀，不要粗的细的混杂在一起。像胡豆大小的粗细最合用。晒到极干。

85.4.2　如上治釜讫，先煮一釜粗粥，然后净洗用之。

打取杏仁，以汤脱去黄皮，熟研。以水和之，绢滤取汁；汁唯淳浓便美，水多则味薄。

译文：像上面（85.2.1—85.2.2）所说的办法，将铁锅调治好，先煮一锅粗粥，然用再把锅洗净来用。

将杏核打开，杏仁取出，用热水泡着，脱掉黄皮，研细。加水下去和匀，用绢滤取汁；汁愈浓愈好，水太多了，便嫌气味淡薄。

85.4.3　用干牛粪燃火，先煮杏仁汁。数沸，上作豚脑皱，然后下穬麦米。唯须缓火。以匕徐徐搅之，勿令住。煮令极熟，刚淖得所①，然后出之。

注释：①刚淖（nào）得所：不太湿也不太干，刚刚合适。刚，坚实。淖，湿润而软和。

译文：85.4.3　用干牛粪点着火，先煮杏仁汁。等杏仁汁开了几开，上面已经生出像猪脑般的皱纹时，再将大麦米放下去。总要慢火。用杓子慢慢搅和，不要住手。煮到极熟，不太湿也不太干，刚刚合适，然后倒出来。

85.4.4　预前多买新瓦盆子，容受二斗者，抒粥著盆子中，仰头勿盖。粥色白如凝脂，米粒有类青玉。停至四月八日亦不动。

译文：85.4.4　预先早准备：多买些新的瓦盆子，容量二斗的，把粥倒到盆子里，敞着不要加盖。粥的颜色，像炼过冷凝下来的脂膏，米粒像带青色的玉。留到四月初八日，也不会变坏。

85.4.5　渝釜，令粥黑；火急，则燋苦；旧盆，则不渗水；覆盖，则解离。其大盆盛者，数捲居万反亦生水也①。

注释：①数捲：数，多次。捲，依据本书音注，读juàn，现在该读作juǎn，依字书解释，是“收也”；现代字典解释为：把东西弯转成圆筒形。这应当是“捲”字作动词用时的说法，和文义不甚相符。怀疑这个字本身有错误，音注是后来勉强加上去的。有可能是字形相近的“挹”字钞错，即舀取的意思。“数挹生水”，即舀的次数多了，使胶体发生了离浆的情形。

译文：85.4.5　用变色的锅，粥是黑的；火太急，粥焦了会有苦味；旧盆盛着，水渗不出去；如果盖上盖，就会融化。用大盆盛着，捲过多次，也会分离出水来。

飧饭第八十六

题解：本篇记述了近十种用不同粮食（粟、稻、麦、菰米）烹煮饭食的方法。其中86.7，86.8记述的是作干粮的方法。从本篇的记述中可以知道，古人对饭食也相当考究，追求口感好。从粮食的加工、淘洗到蒸煮都十分精细。

86.1.1 作粟飧法①：師米欲细而不碎②。碎则浊而不美。讫即炊；经宿则涩。淘必宜净。十遍已上弥佳。

注释：①飧（sūn）：相当于现代人吃的水泡饭。《玉篇》曰："飧，水和饭也。"《释名》曰："飧，散也；投饭于水中解散也。"《通俗文》曰："水浇饭日飧。"

②師（fèi）：即舂（chōng），用杵臼捣去谷物的皮壳。

译文：86.1.1 作粟飧法：米要舂得精细，但不要碎。碎了，作成的飧是浑浊的，不好了。舂过就炊；过一夜就要嫌粗涩了。淘洗务必要洁净。十遍以上更好。

86.1.2 香浆和暖水①，浸饙少时②，以手挼无令有块。复小停③，然后壮④。凡停饙，冬宜久，夏少时；盖以人意消息之。若不停饙，则饭坚也。

注释：①香浆：指乳酸和某些乳酸酯的芳香气；和酪酸发酵的臭气相对。浆，经过乳酸发酵的稀薄淀粉糊。

②饙（fēn）：煮而未熟的饭，即半熟的饭。

③停：留下，放一会。

④壮：通"壯"。依《玉篇》"壯"字注解，是将米盛入甑中。

译文：86.1.2 香浆和上些热水，把饙浸一些时候，用手搓揉，不让它有团块。再放一会，然后装进甑。停饙的时间，冬季要稍微久些，夏季要时间短；总要注意加减。如果不停饙，饭就太硬了。

86.1.3　投飧时，先调浆令甜酢适口。下热饭于浆中，尖出便止。宜少时住，勿使挠搅，待其自解散，然后捞盛，飧便滑美。若下饭即挠，令饭涩。

译文：86.1.3　放飧饭时，先把浆调和到酸甜合口味。然后将热饭下到浆里面，让饭在浆面上冒出一点尖就够了。要稍微停一些时候，不要搅拌，等饭自然解散下去，再捞起来，盛进碗里，这样，飧就嫩滑好吃。如果饭下了之后，随即搅拌，饭便粗涩。

86.2.1　折粟米法①：取香美好谷脱粟米一石②，勿令有碎杂。于木槽内，以汤淘，脚踏。泻去渖，更踏。如此十遍，隐约有七斗米在③，便止。漉出，曝干。

注释：①折：是一种特殊的粮食精加工处理法，依本书所说，是用热水浸着，脚踏，把外面的粗皮去掉。结果得到原用粗粮的70%左近。这样，粮食折损了一部分，所以称为“折”。

②脱粟：即刚刚脱掉外皮的谷粒。

③隐约：即大致。

译文：86.2.1　折粟米法：将一石用香美好谷作成的“脱粟”，不要有杂米或碎粒。放在木槽里，用热水浸着淘洗，用脚踏。把混浊水倒掉，再踏。像这样淘洗踏到十遍，估计大致还剩有七斗米在，就停止了。漉出来，晒干。

86.2.2　炊时，又净淘。下馈时，于大盆中多著冷水，必令冷彻米心。以手挼馈，良久停之。折米坚实，必须弱炊故也。不停则硬。

译文：86.2.2　煮饭以前，又淘洗洁净。把馈取出来的时候，要在大盆里多放些冷水，务必使米心都冷透。用手搓散，停留好大一阵时候。折米米粒坚实，必须炊软。如果不在水里多停留些时间，饭就会太硬。

86.2.3　投饭调浆，一如上法。粒似青玉，滑而且美。又甚坚实，竟日不饥。弱炊作酪粥者①，美于粳米。

注释：①作酪粥：这个“酪”，该是上面“杏酪粥”的酪，不是乳酪。

译文：86.2.3　把饭下到浆里，以及调和浆的方式，都和上面（86.1.3）的一样。饭粒像青玉一样，嫩滑而且美味。又很坚实，吃了整天都不饿。煮软作成酪粥比粳米还要好。

86.3.1　作寒食浆法：以三月中，清明前，夜炊饭。鸡向鸣，下熟热饭于瓮中，以向满为限。数日后，便酢，中饭。

译文：86.3.1　寒食浆的作法：在三月中旬，清明以前，夜里煮饭。鸡快叫时，把热熟饭下到瓮里，到快满为止。过几天，就酸了，可以吃了。

86.3.2　因家常炊次，三四日，辄以新炊饭一碗酘之①。

注释：①酘（dòu）：酿造过程中，新加入熟饭作为发酵材料，称为“酘”。

译文：86.3.2　家里日常煮饭的时候，顺便每三四天就将一碗新蒸熟的饭加下去。

86.3.3　每取浆，随多少即新汲冷水添之。讫夏，飧浆并不败而常满，所以为异。

译文：86.3.3　每次取浆的时候，取出多少，跟着就临时在井里汲些冷水添下去。直到夏天，作飧饭用的浆，也不坏，而且经常是满的，所以很特别。

86.3.4　以二升，得解水一升。水冷清俊①，有殊于凡。

注释：①水：怀疑是“冰”字写错。

译文：86.3.4　每两升，可以用一升水来稀释。冰冷而清新俊美，和一般不同。

86.4.1　令夏月饭瓮井口边无虫法：清明节前二日，夜鸡鸣时，炊黍熟，取釜汤遍洗井口瓮边地，则无马蚿①，百虫不近井瓮矣。甚是神验。

注释：①马蚿（xián）：虫名，多足类的节肢动物，又叫“马陆”“百足”‘香蚿虫”。生活在阴湿的地方，食腐植质，有时会损害农作物。

译文：86.4.1　夏季的月份里，让饭瓮旁边和井口旁边没有虫的方法：清明节前两天，夜里鸡叫的时候，蒸熟一锅饭，用锅里的热水，把井口上和饭瓮旁边的地整个洗一

次，可以没有马蛀；其他各种虫，也不到井和瓮边来了。非常灵验。

86.5.1　治旱稻赤米令饭白法：莫问冬夏，常以热汤浸米。一食久，然后以手挼之。汤冷，泻去，即以冷水淘汰，挼，取白乃止。饭色洁白，无异清流之米①。

注释：①清流之米：指水稻。

译文：86.5.1　把旱稻和红米整治到成为白饭的方法：不管冬季或夏季，总是用热水浸米。一顿饭久之后，再用手搓。水冷了，倒掉，就用冷水淘，搓，到白了才停手。这样，饭的颜色洁白，与清流稻的米一样。

86.5.2　又師赤稻，一臼米里，著蒿叶一把，白盐一把，合師之，即绝白。

译文：86.5.2　又舂红稻米时，一臼米里，搁一把蒿叶，一把白盐，混合着舂，就极白。

86.6.1　《食经》曰：作面饭法：用面五升，先干蒸，搅使冷。用水一升。留一升面，减水三合；以七合水，溲四升面，以手擘解。以饭一升面粉①；粉干，下，稍切取，大如粟颗。讫，蒸熟，下著筛中，更蒸之。

注释：①以饭一升面粉：这句与这段，显然有错漏。“减水三合”，似应在“用一升水”之后。一升面粉，是原来五升，用去四升剩下的，可以理解；上面的“以饭”两字很难说明，怀疑“饭”是“饮”字，因字形相似而看错写错。即将“七合水，溲四升面”，所得的面团，还可以用剩下的这一升干面粉，再去吸出其中的水分，使这面团更干一些。至于减下三合水作什么？更无从体会。

译文：86.6.1《食经》说：“作面饭法：用五升面，先干蒸一遍，搅拌到凉。用一升水。留一升面，减少三合水；就用七合水，和进四升面里，用手将面团弄破。放进剩下的一升面粉里吸干；拿下来，随便切切，像粟米大的颗粒。切完，蒸熟，放到筛里，再蒸。

86.7.1　作粳米糗糒法①：取粳米汰洒作饭②，曝令燥。捣细，磨。粗细作两种折③。

注释：①糗糒（qiǔ bèi）：干粮。糗，炒熟的米麦。亦泛指干粮。糒，干饭，干粮。

②汰洒：汰是淘汰，洒是洗洒。

③折：这个字，怀疑是“糒”字烂成，否则无法解释。

译文：86.7.1　作粳米糗糒的方法：取粳米淘洗洁净，炊成饭，晒干。捣成细粉，再磨。粗的细的，分作两种。

86.8.1　粳米枣糒法：炊饭熟烂[①]，曝令干，细筛。用枣蒸熟，迮取精，溲精。率：一升糒，用枣一升。

注释：①烂：这个字在这里，作用意义不明，怀疑应在“曝令干”一句之下，而且上面还该加一个“捣”字。否则干饭如何“筛”法，很难说明。

译文：86.8.1　粳米枣糒的作法：把饭炊到熟，晒干，捣碎细筛。用红枣蒸熟，榨出膏汁来，和进干饭粉里。比例，是一升糒用一升枣。

86.9.1　崔寔曰：“五月多作糒，以供出入之粮。”

译文：86.9.1　崔寔《四民月令》说：“五月多作些糒，供旅行时作食粮。”

86.10.1　菰米饭法[①]：菰谷，盛韦囊中。捣瓷器为屑，勿令作末！内韦囊中，令满。板上揉之，取米。一作，可用升半。

注释：①菰米：菰是一种禾本科植物。多年生水生宿根草本。嫩茎基部经黑粉菌寄生后膨大，叫“茭白”。其颖果狭圆柱形，称菰米，也称“雕胡米”。可煮食，古为“六谷”之一。

译文：86.10.1　菰米饭的作法：菰结的谷，盛在熟皮口袋里。把瓷器舂碎，但不要舂成粉末！放在皮口袋里，要装满。在板上搓揉过，取得米。每作一次，可以用升半谷。

86.10.2　炊如稻米。

译文：86.10.2　作饭，和稻米一样。

86.11.1　胡饭法：以酢瓜菹，长切；将炙肥肉，生杂菜，内饼中，急卷卷用。两卷三

截，还令相就，并六断。长不过二寸。别奠飘齑随之①。

注释：①齑（jī）：用醋、酱拌和，切成碎末的菜或肉。

译文：86.11.1　作胡饭法：用酸瓜菹，直切成条；连炙肥肉，生杂菜，一并放进饼里面，赶急卷成卷来用。两卷，每卷切成三节，又再排到相连，一共有六段。长都不超过二寸。另外盛些飘齑一起供上。

86.11.2　细切胡芹，奠下酢中，为“飘齑”。

译文：86.11.2　将胡芹切碎，漂在醋里面，就是“飘齑”。

86.12.1　《食次》曰：折米饭，生渞①，用冷水。用虽好，作甚难。蒯苦怪反米饭蒯者②，背洗米令净也③。……

注释：①渞（xī）：同“淅”，淘米。

②蒯（kuǎi）：洗米，使米洁净。

③背洗米令：怀疑从这以下，原书烂去了一些字，所以这句话没有完；因此无法解说。缪启愉先生在《齐民要术译注》中认为“背”是吴越方言，谓扬簸，今江浙仍有此口语。

译文：86.12.1　《食次》说：折米饭，生的淘洗，用冷水。用虽好，作甚难。蒯米饭蒯是背洗米，使米洁净。……

素食第八十七

题解：本篇记述了十余种素食的作法，以蔬菜、瓜、菌等为原料。87.8—87.10记述的“無瓜瓠”“無菌”，有加肉的。贾思勰在篇中87.10.6说明了将其附在素食中的理由。《齐民要术今释》作者认为本篇个别段落（如87.6）也有不少谜。

87.1.1　《食次》曰：葱韭羹法：下油水中煮。葱、韭，五分切，沸，俱下。与胡芹、盐、豉、研米糁粒，大如粟米。

译文：87.1.1　《食次》说：葱韭羹的作法：是放到有油的水里煮的。葱和韭菜，都切成五分长，水开了，一齐下汤。加些胡芹、盐、豆豉，把米糁研成粟米大小的粒。

87.2.1　瓠羹：下油水中，煮极熟。瓠体横切；厚三分。沸而下。与盐、豉、胡芹。累奠之。

译文：87.2.1　瓠羹：放到有油的水里，煮到极熟。瓠，横着切，每片三分厚。汤开了放下去。加盐、豆豉、胡芹。一片片重叠起来盛着供上。

87.3.1　油豉：豉三合，油一升，酢五升①，姜、橘皮、葱、胡芹、盐，合和蒸。蒸熟，更以油五升，就气上洒之。讫，即合甑覆泻瓮中。

注释：①豉三合，油一升，酢五升：这个比例很奇特。怀疑是“豉三升，油一升，酢五合”，把两个表示量的单位互换错了。下面的一句“更以油五升”，“五”字可能仍是和起句的“油一升”同样，是“一”字；或者“升”字是“合”字，即是“油五合”。

译文：87.3.1　油豉：用三升豆豉，一升油，五合醋，姜、橘皮、葱、胡芹、盐，混合着蒸。蒸熟了，再用五升油，就在水汽上洒到甑里。洒完，就整甑地倒向瓮里。

87.4.1　膏煎紫菜：以燥菜下油中煎之，可食则止。擘奠如脯。

译文：87.4.1　膏煎紫菜：将干燥的紫菜，放在油里煎，可以吃就行了。撕开来盛，像干肉一样。

87.5.1　薤白蒸：秫米一石，熟舂師，令米毛不淅①。以豉三升煮之；淅箕漉取汁。用沃米②，令上谐可走虾③。

注释：①令米毛：“毛”字，没有一个适合于这里的解释。怀疑是“白”字烂后看错。淅（xī）：这个特殊的字，可能只是“淅”字的一种变体，“淅”的本义是淘米。这里以“皙”字作为“形声兼会意”的音符，即将米洗到白皙。

②用沃米：怀疑“沃”上漏了一个“水”字。

③谐可走虾：照字面上来望文生义，也很难想。怀疑“谐”字是“淅”字看错的。“水”旁，和“言”旁的行书草书，很容易相混；“析”字和“皆”字上半截的“比”，也容易看错。“淅可走虾”，是说浸没着米的水，在米上的一层，可以容许虾在里面走动；也就是今日大家说的“一指头”或“半指头”深的水。

译文：87.5.1　薤白蒸：一石糯米，舂到很熟，让米自然成白色，不要淘洗。拿三升豆豉，煮成汁，用淅箕漉出汁来，浸着米，要让米上的淅水，可以容许虾走动。

87.5.2　米释，漉出，停米豉中①。夏可半日，冬可一日，出米。葱薤等寸切，令得一石许②。胡芹寸切，令得一升许。油五升，合和蒸之。可分为两甑蒸之。气馏，以豉汁五升洒之。

注释：①停米豉中：怀疑“豉”字下漏了一个“汁”字。

②一石：可能是“一斗”；一石米，放一石葱薤，似乎太多一些。

译文：87.5.2　米浸软了之后，漉出来，让米停留在豉汁里。夏季，停留半天；冬季，可停留一天，再将米漉出来。葱、薤子等，切成一寸长，要用一石左近。胡芹也切成一寸长，要用一升。再加五升油，混合和起来，蒸。可以分作两甑来蒸。汽馏之后，另用五升豉汁洒上。

87.5.3　凡三过三洒，可经一炊久，三洒豉汁。半熟，更以油五升洒之，即下。用热食。若不即食，重蒸取气出。

译文：87.5.3　一共汽馏三次，洒三次豉汁。总共可以经过炊一甑饭久的时间，来洒这三次豉汁。葱半熟，再用五升油洒上，就下甑。趁热吃。如果不是立即吃，吃之前，要重蒸到冒气。

87.5.4　洒油之后，不得停灶上，则漏去油。重蒸不宜久，久亦漏油。奠讫，以姜、椒末粉之，溲甑亦然。

译文：87.5.4　洒了油之后，不要停在灶火上，否则漏掉了油。重蒸也不可以过久，久了也会漏油。盛好之后，撒些姜、椒粉末在上面，上甑时也一样。

87.6.1　胨音苏托饭①：托二斗，水一石。熬白米三升，令黄黑②，合托三沸。绢漉取汁，澄清；以胨一升投中。无胨与油二升。

注释：①胨（sū）托饭："胨"是"酥"字的"或体"。《集韵》上平十一模解释："酥，或作……酪属。""酥"是从牛羊乳中提炼出来的脂肪，即一种乳制品；今日还有"酥油"的名称。《齐民要术》卷六《养羊第五十七》中，记有"抨酥法"，酥字用的是"正体"。这里却用"或体"，似乎可以说明，这一节可能不是贾思勰自己的文章，是从别处钞来，或者竟是后人搀入的。"托"，怀疑是"粍"字写错：《集韵》解释"粍"是"屑米为饮"，多少与本条有点相关。如其不然，就只好和下节（87.6.2）中的"次檀托""托中价"一样，假定是当时黄河流域流行的鲜卑语；所指是什么东西，也无从揣测了。

②黄黑："黑"可能只是"色"字写错；米炒黑后，味是苦的，便没有作为食物的意义了。

译文：87.6.1　胨音苏托饭：托二斗，水一石。将三升白米，炒到黄黑色。和在托里面，三次煮到沸。用绢滤取汁，澄清后，搁一升酥油下去。没有酥油，就搁二升植物油。

87.6.2　胨托好一升"次檀托"①，一名"托中价"②。

注释：①膎托好一升：好，怀疑是“饭”字。一升，怀疑是“一名”。

②托中价：连同上面的“次檀托”，在没有更好的解释之前，我们暂时认为这是外来语的记音，很可能是鲜卑语。

译文：87.6.2　酥托饭，一名“次檀托”，一名“托中价”。

87.7.1　蜜姜：生姜一斤，净洗，刮去皮。算子切[1]；不患长，大如细漆箸。以水二升，煮令沸，去沫。与蜜二升，煮，复令沸，更去沫。

注释：①算子：这里所谓“算子”，应指当时的“算器”，即竹制的“筹”；不是指算盘上的“算珠”，今日称为“算盘子”或“子”。

译文：87.7.1　蜜姜：生姜一斤洗洁净，刮去皮。切成筹码般的方条；不怕长；大小像细的漆筷子。加二升水，煮开之后，去掉泡沫。加二升蜜，再煮开，又撇掉泡沫。

87.7.2　碗子盛，合汁减半奠[1]；用箸，二人共。

注释：①减半：即不到半满，不是减去一半。

译文：87.7.2　用小碗盛着，连上汁，不到半满，供上席。要另外用筷子挟，两人共用一双。

87.7.3　无生姜，用干姜；法如前，唯切欲极细。

译文：87.7.3　没有生姜，可以用干姜；作法仍是一样，不过更要切极细。

87.8.1　缹瓜瓠法[1]：冬瓜、越瓜、瓠，用毛未脱者；毛脱即坚。汉瓜[2]，用极大饶肉者；皆削去皮，作方脔，广一寸，长三寸。

注释：①缹（fǒu）：作动词用，原义是用瓦缶煮，与用慢火煨的“煲”“炖”同义。

②汉瓜：未能考察出指何种瓜。

译文：87.8.1　煮瓜瓠的方法：冬瓜、越瓜、瓠，都用还没有脱毛的；脱了毛的，就嫌硬了。汉瓜，用极大多肉的。都削去皮，切作方脔，一寸宽，三寸长。

87.8.2　偏宜猪肉，肥羊肉亦佳。肉须别煮令熟，薄切。苏油亦好[①]，特宜菘菜。芜菁、肥葵、韭等，皆得；苏油宜大用苋菜。

注释：①苏油：即“酥”，不是苏子油。苏子油，《齐民要术》称为“荏油”。

译文：87.8.2　加猪肉最好，肥羊肉也不错。肉须要另外煮熟，切成薄片。酥油也好，最宜于配菘菜。芜菁，肥的葵，韭菜等都可以；用酥油，可以配合大量苋菜。

87.8.3　细擘葱白，葱白欲得多于菜；无葱，薤白代之。浑豉、白盐、椒末。

译文：87.8.3　把葱白撕碎；葱白要比菜多；没有葱，可以用薤子白代替。加上整颗的豆豉、白盐、花椒面。

87.8.4　先布菜于铜铛底，次肉，无肉，以苏油代之。次瓜，次瓠次葱白、盐、豉、椒末。如是次第重布，向满为限。少下水，仅令相淹渍。缹令熟。

译文：87.8.4　先在铜锅底上铺着菜，再铺肉，没有肉，用酥油代替。再铺瓜，再铺瓠子，最后铺葱白、盐、豆豉、花椒末。像这样层层铺着，到快满为止。少加点水，刚好浸没。煮到熟。

87.9.1　又缹汉瓜法：直以香酱、葱白、麻油缹之。勿下水亦好。

译文：87.9.1　又缹汉瓜的方法：直接用香酱、葱白、麻油煮。不加水也好。

87.10.1　缹菌其殒反法[①]：菌一名地鸡。口未开，内外全白者，佳；其口开里黑者，臭不堪食。

注释：①菌：菌子，伞菌一类的植物，其菌盖无毒的可供食用，如：香菌、蘑菇等。“菌”又名“地鸡”。

译文：87.10.1　缹菌法：菌子又名“地鸡”。没有开口，里外都是白色的才好；开

了口，里面黑色的，有臭气，不好吃。

87.10.2 其多取欲经冬者，收取，盐汁洗去土，蒸令气馏，下，著屋北阴干之。

译文：87.10.2 如果多量收集，想留着过冬天用的，收取之后，用盐水洗去泥土，蒸到水气馏上之后，取下来，放在屋北面，阴干了收藏。

87.10.3 当时随食者，取，即汤煠去腥气①，擘破。

注释：①煠（zhá）：此处指“渫”，把食物放在煮沸的热水中涮。

译文：87.10.3 采取后，当时就吃的，采得后，就用开水渫，除掉腥气，撕破。

87.10.4 先细切葱白，和麻油，苏亦好。熬令香。复多擘葱白，浑豉、盐、椒末与菌俱下缹之。

译文：87.10.4 先将葱白切碎，和麻油，酥油也好。炒香。再多撕些葱白，加上整粒豆豉、盐、花椒末，和菌子一起下到锅里煮。

87.10.5 宜肥羊肉；鸡、猪肉亦得。肉缹者，不须苏油。肉亦先熟煮苏切，重重布之，如缹瓜瓠法，唯不著菜也。

注释：①苏切：“苏”字是“薄”字写错。

译文：87.10.5 与肥羊肉最相宜；鸡肉、猪肉也可以。和肉一并缹的，就不须要再加酥油。肉也是先煮好，切成薄片；一层层地铺着，像缹瓜瓠的方法一样，不过不加菜。

87.10.6 缹瓜、瓠、缹菌，虽有肉素两法；然此物多充素食，故附素条中。

译文：87.10.6 缹瓜、瓠、缹菌，虽然都有加肉的与净素的两种方式；但一般都把它们当作素食，所以放在素食里面。

87.11.1 缹茄子法：用子未成者①，子成则不好也。以竹刀、骨刀四破之。用铁则渝

黑[2]，汤去腥气。细切葱白，熬油令香，苏弥好。香酱清，擘葱白，与茄子俱下。缹令熟，下椒姜末。

注释：①子未成："子"是种子，"成"是成熟。

②用铁："铁"字下省去或漏去一个"刀"字。茄子果肉中，有颇多量的"单宁"；和铁器接触后，会立即变黑。

译文：87.11.1　缹茄子的方法：用种子没有成熟的茄子，种子成熟了的就不好了。用竹刀或骨刀破成四条。用铁刀切，会变成黑色。开水渫一下，去掉腥气。切碎了的葱白，把油熬香，用酥油更好。加上香酱清，和撕碎了的葱白，和茄子一同下锅炒—下，煮熟。再加花椒和姜末。

作菹、藏生菜法第八十八

题解：古代，在黄河流域，蔬菜的供应受季节性影响的限制很大。因此，如何加工和保藏蔬菜是必须解决的问题。贾思勰很重视这方面的经验总结，本篇就记述了数十种蔬菜的加工和保藏的方法。黄河流域的黄土层，宜于作窖：窖中干燥，又可保温，对于储藏鲜菜，是有利条件。88.5记述了利用黄河流域的黄土层窖藏鲜菜的方法。

除此之外，本篇记述的大多是"作菹"来保藏蔬菜。"作菹"，是利用乳酸细菌，将蔬菜中的可溶性糖及淀粉水解所生成的单糖，在绝氧或半绝氧状况中，分解生成乳酸，发出良好的香味和酸味；同时，也可藉乳酸来部分地防止腐败微生物再干扰。本篇记述的有"淡菹""咸菹""汤菹"，还有整颗不切的"蘸菹"。作"菹"的蔬菜，有种植的越瓜、冬瓜、葵、菘、芜菁、蜀芥等；还有野生的木耳、蒲芽、蕨、蕺、荇菜等。本篇记述的诸多"作菹法"中，实际上也包含了这些蔬菜的烹调方法。

88.1.1　葵菘、芜菁、蜀芥咸菹法①：收菜时，即择取好者，菅蒲束之。

注释：①菹（zū）：即利用乳酸发酵来加工保藏的蔬菜。有加盐的"咸菹"，不加盐的"淡菹"；整颗的"蘸菹"。现在吴语系统方言中，还称这种加工品为"菹"；四川称为"水黄菜"，粤语系统方言，称为"鲊菜"；两湖称为"鲊菜"或"酸菜"。

译文：88.1.1　用葵菘、芜菁、蜀芥作咸菹的办法：收菜的时候，就预先把好些的拣出来，用蒲草或茅叶捆成把。

88.1.2　作盐水，令极咸，于盐水中洗菜，即内瓮中。若先用淡水洗者，菹烂。其洗菜盐水，澄取清者，泻著瓮中，令没菜把即止，不复调和。

译文：88.1.2　作成很咸的盐水，在盐水里洗菜，洗完就放在瓮子里。如果先用淡水洗过的，菹会坏烂。洗过菜的盐水，澄清之后，把清的倒进菜瓮里，让它将菜把浸没，就够了，不要搅和。

88.1.3　菹色仍青；以水洗去咸汁，煮为茹，与生菜不殊。

译文：88.1.3　这样作的菹，颜色仍旧是绿的；用水洗掉咸汁子，煮作菜来吃时，和新鲜菜完全一样。

88.1.4　其芜菁、蜀芥二种，三日抒出之。粉黍米作粥清。捣麦䴬作末，绢筛。布菜一行，以䴬末薄坌之[①]，即下热粥清。重重如此，以满瓮为限。

注释：①坌（bèn）：把粉末撒在别的物体上。

译文：88.1.4　芜菁、蜀芥这两种，浸了三天之后，就清理出来。把黍米舂成粉，煮成粥，澄出粥清。把麦䴬捣成粉末，过绢筛。铺一层菜，薄薄地撒上一层麦䴬粉末，再把热的粥清浇上一层，像这样一层一层铺上去，一直到满瓮为止。

88.1.5　其布菜法：每行必茎叶颠倒安之。旧盐汁，还泻瓮中。菹色黄而味美。

译文：88.1.5　铺菜的方法：每层中的菜茎和菜叶，要颠倒错开铺。原有的盐水，仍旧倒进瓮里。菹色黄，味道也很好。

88.1.6　作淡菹，用黍米粥清，及麦䴬末，味亦胜。

译文：88.1.6　作淡菹，用黍米粥清和麦抏粉末，味道也好。

88.2.1　作汤菹法：菘菜佳[①]，芜菁亦得。

注释：①菘菜：蔬菜名，十字花科。二年生草本植物。变种甚多，通常称为白菜。

译文：88.2.1　作汤菹的方法：菘菜好，芜菁也可以。

88.2.2　收好菜，择讫，即于热汤中煠出之。若菜已萎者，水洗，漉出，经宿生之，

然后汤炸。

译文：88.2.2　收取好的菜，择完，就在热开水里烫一下取出来。如果菜已经蔫了的，水洗净，漉出来，过一夜，让它们恢复新鲜，然后再烫。

88.2.3　煠讫，冷水中濯之。盐、醋中，熬胡麻油著，香而且脆。

译文：88.2.3　烫过，在冷水里过出来。放进盐醋里，加一些熬过的脂麻油把菜放下去，便香而且脆。

88.2.4　多作者，亦得至春不败。

译文：88.2.4　作得多的，可以留到春天，不烂坏。

88.3.1　蘸菹法[①]：菹，菜也[②]。一曰：菹不切曰“蘸菹”。

注释：①蘸（niàng）：菜不切，整颗地腌。

②菹，菜也：怀疑有错漏，依本书惯例，似乎应当是“《说文》：菹，菜也”或者“《说文》：菹，酢菜也”。下一句“一曰，菹不切曰蘸菹”，今本《说文》中没有，过去各家也都没有把这句当作《说文》的。

译文：88.3.1　蘸菹的作法：菹就是酸菜。又说：菹没有切断的称为“蘸菹”。

88.3.2　用干蔓菁。正月中作。以热汤浸菜，令柔软；解辨、择、治、净洗[①]。沸汤煠，即出；于水中净洗。复作盐水暂度，出著箔上。

注释：①辨：是选别、辨别。但更可能原来是“辫”字。卷三《蔓菁第十八》中（18.3.2节）有着“作干菜及菹者，割讫则寻手择治而辫之，勿待萎。萎而后辫则烂”。现在既是用干蔓菁作材料，很可能是用那样“辫”好了的菜来作。这种辫好了的菜，在“择、治、净洗”之前，必须经过一次“解辫”的手续。

译文：88.3.2　用干蔓菁，在正月间作。用热水把干菜浸到柔软；解开来，分辨，择取，整治，洗洁净。开水煮一下，立即取出来，又在水里洗净。再准备盐水，把菜在盐水里浸一浸，取出来，摊在席箔上。

88.3.3　经宿，菜色生好；粉黍米粥清，亦用绢筛麦麸末，浇菹布菜，如前法。然后粥清不用大热①；其汁才令相淹，不用过多，泥头七日便熟。

注释：①然：但是。后：后一次的。

译文：88.3.3　过了一夜，菜的颜色恢复了新鲜的情况；现在将黍米粉煮成粥清，也筛些麦麸粉末，铺上菜，浇上粥，作成菹，像前一条所说的方法一样。但是后来的粥清，不要太热；汁子也只要刚刚浸没菜就够了，不要太多。用泥封瓮头，七天就熟了。

88.3.4　菹瓮以穰茹之，如酿酒法。

译文：88.3.4　菹瓮用稿秸包裹，像酿酒的方法。

88.4.1　作卒菹法①：以酢浆煮葵菜，擘之，下酢，即成菹矣。

注释：①卒：仓促、急速。

译文：88.4.1　作速成菹的方法：用酸浆煮葵菜，撕开，加醋，就成了酸菹。

88.5.1　藏生菜法：九月十月中，于墙南日阳中，掘作坑；深四五尺。取杂菜，种别布之，一行菜，一行土。去坎一尺许，便止；以穰厚覆之。得经冬。须即取，粲然与夏菜不殊。

译文：88.5.1　保藏新鲜菜的方法：九月到十月中，在墙南边太阳可以晒到的阳处，掘一个四五尺深的坑。将各种菜，一种一种地，分别铺在坑里；一层菜，一层土。到距坑口有一尺光景时，便不再铺菜、盖土，只在最上一层土面上厚厚地盖上藁秸。这样，可以过冬天。等到要用，便去取出来，和夏天的菜一样新鲜。

88.6.1　《食经》作葵菹法：择燥葵五斛。盐二斗，水五斗，大麦干饭四升，合濑

案①：葵一行，盐饭一行，清水浇，满。七日，黄；便成矣。

注释：①濑：濑字只作急流解，在这里无法解释。《广韵》入声十二曷“攋”，注“拨攋，手拔也”，即用手拨；再与下面的“案”字，作“抑下”的“按”讲解，便可以解释得通，因此颇怀疑此字该是“攋（là）”字。

译文：88.6.1　《食经》所载作葵菹的方法：择出五斛干燥了的葵。用二斗盐，五斗水，四升大麦干饭，合起来“濑”，按下一层葵，加一层盐和饭，清水浇到满。过七天，黄了，就成了。

88.7.1　作菘咸菹法：水四斗，盐三升，搅之，令杀菜①。又法：菘一行，女曲间之。

注释：①令杀菜：“杀”字怀疑是“没”字。

译文：88.7.1　作菘咸菹的方法：四斗水，加三升盐，搅和，把菜淹没。另一法，一层菘菜，一层小曲，间隔着。

88.8.1　作酢菹法：三石瓮，用米一斗，捣，搅取汁三升。煮滓作三升粥，令①。内菜瓮中，辄以生渍汁及粥灌之。

注释：①三升粥，令：“升”字怀疑是“斗”字；一斗米，捣碎取得三升汁之后，剩下的米，煮成粥，决不止三升，应当是三斗。“令”字下面怀疑漏了一个“冷”字。

译文：88.8.1　作酸菹的方法：取容量三石的瓮，用一斗米，捣碎，取得三升汁，把剩下的滓煮作三升粥，让它冷。把菜放进瓮里，随即将生米汁和粥灌下去。

88.8.2　一宿，以青蒿、薤白各一行，作麻沸汤浇之①，便成。

注释：①麻沸汤：即刚刚有极小的气泡冒上的开水。

译文：88.8.2　过一夜，用一半青蒿一半薤子白，煮成“麻沸汤”浇进瓮里，就行了。

88.9.1　作菹消法①：用羊肉二十斤，肥猪肉十斤，缕切之。菹二升，菹根五升②，豉

汁七升半，切葱头五升。

注释：①作菹消法：依性质说，这一条应在卷八的《脏、腤、煎、消第七十八》或《菹绿第七十九》两篇中。《菹绿第七十九》中，已有一段（79.2）菹肖法，内容和这一条大致相似。②菹根：菹根不是不可解，但不很合理。怀疑上句是“菹汁二升”，这句是“菹叶五升”。

译文：88.9.1　作菹消法：用二十斤羊肉，十斤肥猪肉，切成丝。用菹二升，菹根五升，豉汁七升半，切碎的葱头五升合起来炒。

88.10.1　蒲菹[①]：《诗义疏》曰[②]：“蒲，深蒲也；《周礼》以为菹。谓蒲始生，取其中心入地者‘蒻’[③]，大如匕柄，正白；生噉之，甘脆。”

注释：①蒲（pú）：指香蒲科的香蒲，又称蒲草。多年生草本。其叶狭长，可编蒲席、蒲包和扇子等。其嫩芽在深水和土中的部分白色，出土后近水面的部分淡绿色，均柔嫩可食，称蒲菜。

②《诗义疏》：据胡立初先生考证，除陆玑所作《诗义疏》外，还有多家《诗义疏》。这一段《诗义疏》出自何家，未著作者姓名。清陈奂所作《诗毛氏传疏·大雅（《荡之什》）·韩奕》，就引用了《齐民要术》这一段，还引有《周礼》“醢人加豆之实深蒲”郑众注：“深蒲，蒲蒻入水深，故曰‘深蒲’。”

③蒻（ruò）：嫩芽。

译文：88.10.1　蒲菹：《诗义疏》说：“蒲是深蒲；《周礼》中说它可以作菹。即是说，蒲芽刚发生时，中心钻在地下的所谓‘蒻’，有汤匙柄粗细，颜色正白；可以生吃，又甜又脆。”

88.10.2　又：煮以苦酒，受之[①]，如食笋法，大美。今吴人以为菹，又以为鲊。

注释：①受之：“受”字怀疑是“浸”字或“渍”字烂成。

译文：88.10.2　又或者，用醋煮熟，浸着，像吃笋一样，很美味。现在吴地的人用来作菹，也有作鲊的。

88.11.1 世人作葵菹不好，皆由葵大脆故也。

译文：88.1 1.1 世人作葵菹作不好，都是由于葵太脆。

88.11.2 菹菘，以社前二十日种之[①]；葵，社前三十日种之。使葵至藏，皆欲生花，乃佳耳。葵经十朝苦霜，乃采之。

注释：①社：古时春、秋两季祭祀土地神的节日，一般在立春、立秋后第五个戊日。

译文：88.11.2 作菹的菘，在社前二十天种；葵，要在社前三十天种。让葵到要收藏的时候，已经快要开花，就好了。葵经过十天严霜，然后采取。

88.11.3 秫米为饭，令冷。取葵著瓮中，以向饭沃之。欲令色黄，煮小麦时时糁桑葛反之[①]。

注释：①糁（sè）：指以米麦等掺入他物。“糁”字依《南史》和《齐书》的例，只作糉子讲解；不合于这里的意义。《广韵》入声十二曷中，音“桑割反”的有一个“檕（sā）”字，据《说文》解释是“散之也”（即抛撒）；怀疑这个字原应作“檕”。

译文：88.11.3 煮些糯米饭摊冷。将葵放在瓮里，用糯米饭浇上。如果想菹色黄，可以煮些小麦，随时撒在上面。

88.12.1 崔寔曰：“九月，作葵菹。其岁温，即待十月。”

译文：88.12.1 崔寔《四民月令》说：“九月作葵菹。如果那年天气温暖，就等到十月。”

88.13.1 《食经》曰：藏瓜法：取白米一斗，鑩熬之[①]，以作糜中。下盐，使咸淡适口。调寒热。熟拭瓜，以投其中。密涂瓮，此蜀人方，美好。

注释：①鑩：即“鬲”，又写作“甂”，是一个带脚的锅。

译文：88.13.1 《食经》说的藏瓜法：把一斗白米，在锅里煮成稀粥。加盐，让咸淡合于寻常口味。调和冷热等到合适。把瓜抹净，投到粥里面。瓮口用泥涂密。这是蜀人藏瓜的方法，瓜味美好。

88.13.2　又法：取小瓜百枚，豉五升，盐三升。破去瓜子，以盐布瓜片中[①]，次著瓮中。绵其口。三日，豉气尽，可食之。

注释：①片：这里的“片”是对半中分的“原义”，不是切成薄片的片。

译文：88.13.2　另一方法：取一百枚小瓜，五升豆豉，三升盐。瓜破开，去掉瓜子，把盐铺在半边瓜里面，再放进瓮里。用丝绵封着口。三天后，豆豉气味没有了，就可以吃。

88.14.1　《食经》藏越瓜法：糟一斗，盐三升，淹瓜三宿。出，以布拭之，复淹如此。

译文：88.14.1　《食经》里的藏越瓜法：一斗酒糟，三升盐，把瓜腌三天三夜，取出来，用布揩过，再重复像这样腌。

88.14.2　凡瓜，欲得完；慎勿伤，伤便烂。以布囊就取之，佳。豫章郡人晚种越瓜[①]，所以味亦异。

注释：①豫章郡：西汉高帝六年（前201）分九江郡置，治所在南昌县（今江西南昌东）。汉时辖境大致相当于今江西省地。

译文：88.14.2　所有腌瓜，都要完好的；千万不可让瓜有损伤，有损伤就烂了。用布袋就着蔓上取的最好。豫章郡的人，越瓜种得晚，所以味道也很特别。

88.15.1　《食经》藏梅瓜法：先取霜下老白冬瓜，削去皮，取肉，方正薄切如手板[①]。细施灰，罗瓜著上[②]，复以灰覆之。

注释：①手板：古代官员们朝见皇帝时，“手”中拿着的一片“板”，可以是玉、象牙、骨、竹、木等，也称为“笏”。本来是预备随时记事用的。

②罗：这个罗字，怀疑应与上句“细施灰”的施字互换，应是：“细罗灰，施瓜著

上”，罗字作“筛”解，可以解释；罗瓜著上，不很合理。瓜和灰接触后，一方面脱去了很多水分，一方面可以由于从灰中得到一些 碱土金属离子，使果胶质沉淀，因而变脆了。

译文：88.15.1 《食经》里的藏梅瓜法：先取经过霜的老白冬瓜，削掉皮，取得肉，方方正正地，切成像“手板”样的薄片。筛些细灰，把瓜铺在灰上，再用灰盖着。

88.15.2 煮杬皮乌梅汁著器中①。细切瓜，令方三分，长二寸，熟之，以投梅汁数日可食。以醋石榴子著中，并佳也。

注释：①杬（yuán）皮乌梅汁：杬皮，红色的食物染料。乌梅汁，利用干梅子所含的酸，使杬皮染料颜色能变成鲜红。

译文：88.15.2 杬皮和乌梅，煮成浓汁盛在容器里。把在灰中腌过的瓜，切成三分见方、二寸长的条，在开水里烫熟，搁进梅汁里面。过几天，就可以吃。把酸石榴子放下去，也很好。

88.16.1 《食经》曰：乐安令徐肃藏瓜法①：取越瓜细者，不操拭②，勿使近水。盐之令咸。十曰许，出，拭之，小阴干。熇之，仍内著盆中③，作和。

注释：①《食经》：书名。据胡立初先生考证，隋以前共有五种《食经》，现在都已失传。其中一种是后魏崔浩的母亲所作；据崔浩所作的序文，知道内容是食物的保存、加工、烹调、修治等。这一条，出自何种《食经》，无从考证。乐安令徐肃：乐安县令徐肃。乐安县，地名。《中国历史地名大辞典》此条有十余个义项，此“乐安县”属那个，有待考证。根据贾思勰生活的时代、地域考虑，以下几处的可能性较大：其一，汉元帝时匡衡所封。在山东章丘临济镇东北八十里。其二，汉置，在今山东博兴北。其三，后魏置。并置乐安县为郡治。故治在今安徽霍山县东。徐肃，人名，乐安县县令。生卒年事迹均不详。《中国历代人名大辞典》未收。待考证。

②不操拭：多数版本都是“操”字。怀疑应是“燥”字：即“不燥，拭”；“如果不干，揩干净”。这样，“拭”字不受“不”字限制，便和后面“十日许，出，拭之”的“拭”字，有同样的意义。

③盆：从下一节（88.16.2）的“以瓜投中，密涂”来看，似应是“瓮”字。

译文：88.16.1 《食经》说的乐安县县令徐肃用的藏瓜法：用细长条的越瓜不干，

揩干净，可不要接触水。加盐腌到咸。十天左右，取出来，揩净，稍微阴干一下。再在火边烤到烫，仍旧放回盆子里，作调和。

88.16.2　法：以三升赤小豆，三升秫米，并炒之令黄，合舂；以三斗好酒解之。以瓜投中，密涂，乃经年不败。

译文：88.16.2　调和方法：用三升赤小豆，三升糯米，都炒成黄色，一起舂碎；用三斗好酒拌成稀浆，把瓜放进去，泥涂封密，可以过一年不坏。

88.17.1　崔寔曰："大暑后六日，可藏瓜。"

译文：88.17.1　崔寔《四民月令》说："大暑后六天，可以藏瓜。"

88.18.1　《食次》曰：女曲[1]：秫稻米三斗，净淅、炊为饭。软炊，停令极冷。以曲范中，用手饼之。以青蒿上下奄之[2]，置床上，如作麦曲法。

注释：①《食次》曰：女曲：这段本应收在卷七《造神曲并酒等第六十四》中，前面第六十四篇中对此已作说明。

②奄（yǎn）：覆盖。

译文：88.18.1　《食次》说：女曲的作法：三斗糯米，洗洁净，蒸成饭。要蒸软些，停放到完全冷透。在曲模子里，用手作成曲饼。上下用青蒿覆盖住，放在架子上，像作麦曲的方法一样。

88.18.2　三七二十一日，开看，遍有黄衣则止。三七日无衣，乃停[1]。要须衣遍乃止。

注释：①乃停："乃"字显然是"仍"字写错。

译文：88.18.2　过了三七二十一天，开开曲室看：如果长满了黄衣，就够了。过三个七天还没有长满，便仍旧停放着，一定要等到衣长满了才行。

88.18.3　出，日中曝之，燥则用。

译文：88.18.3　拿出来，太阳下晒干，干了可以用。

88.19.1　酿瓜菹酒法：秫稻米一石；麦曲，成锉，隆隆二斗[①]；女曲，成锉，平一斗。

注释：①隆隆："隆"是丰满；叠用，即今日口语中"满满的"。

译文：88.19.1　酿瓜菹酒的方法：用一石糯米；斫碎好了的麦曲满满的二斗，斫好了的女曲，平平一斗。

88.19.2　酿法：须消化[①]，复以五升米酘之。消化，复以五升米酘之。再酘，酒熟，则用，不迮出。

注释：①须消化："须"是等待，即等到全消化了。

译文：88.19.2　酿法：等米完全消化了，再酘下五升米的饭。再消化了，再酘下五升米的饭。加过两次酘，酒熟了，就可以用，不要榨去糟。

88.19.3　瓜盐揩，日中曝令皱，盐和，暴糟中。停三宿，度内女曲酒中[①]，为佳。

注释：①度："度"应作"渡"，即"渡过去，放进"。

译文：88.19.3　瓜先用盐揩过，太阳下晒到发皱；再用盐和，放进新酒糟里。过了三天三夜，取出来转到女曲酒里面，就好了。

88.20.1　瓜菹法：采越瓜，刀子割，摘取，勿令伤皮。盐揩数遍，日曝令皱。先取四月白酒糟，盐和，藏之。数日，又过著大酒糟中，盐、蜜、女曲和糟，又藏泥瓨中[①]。唯久佳。

注释：①瓨（gāng）：大瓮。后作"缸"。

译文：88.20.1　作瓜菹的方法：采取越瓜，刀割蒂后再摘，不要使瓜皮受伤。盐揩过几遍，太阳下晒到发皱。先取些四月酿的白酒酒糟，和上盐，把瓜藏在糟里面。过几天，再过到大曲酒的酒糟里。用盐、蜜、女曲和在糟里。合起来藏在缸里，泥封着口，越久越好。

88.20.2　又云：不入白酒糟亦得。

译文：88.20.2　又说：不必先放进白酒糟里也可以。

88.20.3　又云：大酒接出清，用醅[1]；若一石，与盐三升，女曲三升，蜜三升。女曲曝令燥；手拃令解[2]，浑用。女曲者，麦黄衣也。

注释：①醅（pēi）：未过滤的酒。此节前一句已说把清酒舀去，就只剩下酒渣了。

②拃（zhà）：即"迮""笮""榨"，加压力的意思。

译文：88.20.3　又说，大曲作的酒，把清酒舀去，单用酒渣；一石醅，用三升盐，三升女曲，三升蜜。女曲晒干，用手压碎，整个地用。女曲就是麦黄衣。

88.20.4　又云：瓜，净洗，令燥；盐揩之。以盐和酒糟，令有盐味，不须多。合藏之。密泥甀口，软而黄便可食。

译文：88.20.4　又说：瓜洗洁净，让它干，用盐揩过。将盐和在酒糟里面，只要有盐味，不要多。混合保藏。盛器甀口，用泥密封，瓜变黄变软，就可以吃。

88.20.5　大者六破，小者四破，五寸断之，广狭尽瓜之形。

又云：长四寸，广一寸，仰奠四片：瓜用小而直者，不可用贮[1]。

注释：①贮："贮"字用在这里，无法解释，怀疑是声音相近的"曲"字，才能和"小而直"的"直"字对称。

译文：88.20.5　大的，破作六条，小的破作四条，每条再截成五寸长的段：但长短大小，仍要依瓜的形状来决定。又说：四寸长，一寸宽，不盖供上四片。瓜要用小而直的，不要用曲的。

88.21.1 瓜芥菹：用冬瓜；切，长三寸，广一寸，厚二分。芥子少与胡芹子，合熟研，去滓，与好酢盐之[1]。下瓜。唯久益佳也。

注释：①盐之："之"怀疑是音相近的"豉"字钞错。

译文：88.21.1 瓜芥菹：用冬瓜；切成三寸长、一寸阔、二分厚的片。芥子里面多少给一些胡芹子，合起来研熟，去掉渣，给些好醋、盐、豆豉。瓜放下去，愈久愈好。

88.22.1 汤菹法：用少菘、芜菁[1]，去根。暂经沸汤，及热与盐酢。浑长者，依柸不截[2]；与酢，并和菜汁；不尔，太酢。满奠之。

注释：①少：这个字可以望文生义，勉强解释为"未老"的，也就是少壮的。但怀疑是否误多的？或者竟是"芥"字？上面88.2条也是"汤菹"，材料仍只是菘与芜菁，没有芥，所以误多的可能性更大。

②柸（bēi）：同"杯"，盛汤的带耳的器皿。

译文：88.22.1 汤菹的作法：用菘、芜菁，去掉根。在开水里稍微浸一浸，趁热加盐加醋。整颗的长菜，依盛器切短；加醋，也加些菜汁；不然，就太酸了。盛满供上。

88.23.1 苦笋紫菜菹法：笋去皮，三寸断之，细缕切之。小者，手捉小头，刀削大头，唯细薄；随置水中。削讫，漉出。细切紫菜，和之，与盐、酢，乳用[1]，半奠。

注释：①乳用：《齐民要术》中没有用乳作为作料的叙述。这个乳字很奇特。怀疑"乳用"两字是"酱清"烂成。

译文：88.23.1 苦笋紫菜菹的作法：笋去掉外面的硬皮，切成三寸长的横段，再细切成丝。小的，手把住尖端，用刀在大的一头，一片一片削下来，片要细要薄；削好随手放在水里面。削完，漉出来。把紫菜切细，和在里面，给些盐、醋、酱清，盛半份供上。

88.23.2 紫菜，冷水渍少久，自解。但洗时勿用汤；汤洗，则失味矣。

译文：88.23.2 紫菜，用冷水浸一会，自然会软；洗的时候，不要用热水：热水一烫，就走失了原味。

88.24.1 竹菜菹法：菜生竹林下。似芹：科大而茎叶细，生极概。

译文：88.24.1 竹菜菹的作法：竹菜，生在竹林下面。像芹：科丛根颈部大，茎叶细小，生得很密。

88.24.2 净洗，暂经沸汤，速出，下冷水中，即搦去水，细切。

译文：88.24.2 洗净，在开水里烫一烫，赶快取出，放到冷水里，把多余的水捏去，细切。

88.24.3 又胡芹、小蒜，亦暂经沸汤，细切，和之。与盐、醋，半奠。春用至四月。

译文：88.24.3 另外用胡芹、小蒜，也在开水里烫过，切细，混和起来。加盐醋。盛半满供上。春天用到四月。

88.25.1 蕺菹法：蕺[1]，去土毛黑恶者，不洗。暂经沸汤即出，多少与盐。一升，以暖米清渖汁净洗之，及暖即出；漉下盐酢中。若不及热，则赤坏之[2]。

注释：①蕺（jí）：多年生草本植物。又名鱼腥草。

②则赤坏之："之"字怀疑是"也"字。这一节还有错漏矛盾：上面的"一升"两字，意义很含糊；"及暖即出，漉下……"中的"出漉"两字似乎也应倒转，"及热"，上文没有"热"字，这些都还有问题。

译文：88.25.1 蕺菜菹的作法：蕺菜，拣掉毛和泥土，去掉黑色的、不好的，不洗。在开水里烫一烫，多少给些盐。一升菜，用暖的淘米泔水的清水洗净，趁暖取出，漉出来，放进盐醋中，如不趁热，就红色败坏了。

88.25.2 又：汤撩葱白，即入冷水，漉出，置蕺中。并寸切用。米若碗子奠[1]，去蕺节。料理接奠，各在一边，令满。

注释：①米若："米"是什么意义？很难推测。就是金钞的"未若"，也不好解释。

也许上句“并寸切用”的“寸”字下，原有一个“半”字，写错而且搬错了地方。

译文：88.25.2　又在开水里捺起一些葱白，立即放入冷水，再漉出来，放在葴菜里面。都切成一寸长备用。如果用小碗盛着供上，拣去葴节。整理好，连接着盛，葱白与葴菜，各在一边，要盛满。

88.26.1　菘根榼菹法①：菘净洗，遍体须长切②，方如算子，长三寸许。束根，入沸汤，小停，出。及热与盐酢。细缕切橘皮和之。料理，半奠之。

注释：①榼：字书中找不出任何线索的一个字，只好存疑。缪启愉先生《齐民要术译注》认为：“此字疑为‘榼’字之误。榼是一种小型容器，也许这种菹就作在榼子里面，故有‘榼菹’之称。”

②遍体须长切：“遍”很明显是“通”；北宋讳“通”字时缺末笔，看错成“遍”的。这句怀疑仍有错字，即“须”应是“细”，全句应是“通体细长切”。

译文：88.26.1　菘根榼菹的作法：菘菜，洗净，整颗地直切，切成像算子一样，三寸多长的条。扎着根，放进开水里，搁一小会，取出来。趁热加盐加醋。把橘皮切成细丝，和下去，整理好，盛半满供上。

88.27.1　熯呼干反菹法①：净洗，缕切三寸长许；束为小把，大如筚篥②。暂经沸汤，速出之。及热与盐酢，上加胡芹子与之。料理令直，满奠之。

注释：①熯（hàn）菹：从字面上解释，无法说明是什么。怀疑这个“熯”，即“蔊”字。十字花科的蔊菜（Roripa montanum），一年生草本植物，种子味辛辣，茎叶可作野菜或饲料，俗称辣米菜。蔊菜一直到宋代都还是作为野菜吃的。

②筚篥（bì lì）：是从西域来的一种管乐器。又写作“觱栗”“悲篥”；中间是一个大约三指粗的竹管，有九个孔。头上另有一个小管吹气，据说现在广东乐器中的“喉管”，就是“筚篥”。

译文：88.27.1　熯菹的作法：洗洁净，切成三寸左右长；扎成小把，约摸像筚篥一样大。在开水中烫一小会，赶紧取出来，趁热加盐加醋，上面加些胡芹子。整理平直，盛满供上。

88.28.1　胡芹小蒜菹法：并暂经小沸汤出，下冷水中，出之。胡芹细切，小蒜寸切，与盐、酢，分半奠，青白各在一边。若不各在一边，不即入于水中，则黄坏。满奠。

译文：88.28.1　胡芹小蒜菹的作法：胡芹和小蒜都在开水中烫一小会取出，放进冷水里，再取出来。胡芹切碎，小蒜切成一寸长，加盐、醋，分开来一样一半，青的白的，各占一边。如果不是各占一边，烫过不立即放进冷水里，就变黄败坏。盛满供上。

88.29.1　菘根萝卜菹法：净洗，通体细切；长缕束为把，大如十张纸卷①，暂经沸汤即出。多与盐②。二升暖汤，合把手按之。又细缕切③，暂经沸汤，与橘皮和，及暖与则黄坏④。料理满奠。煴菘⑤，葱、芜菁根，悉可用。

注释：①十张纸卷：十张纸叠着或连起来作成的一个“卷”。这个卷究竟有多大，我们先要知道当时纸的长度与厚薄，才能推测。

②多与盐：“盐”字下怀疑漏去了一个“酢”字。

③又细缕切：怀疑“又”字下面应有“云”字。

④及暖与：“与”字下面，没有受格，怀疑是“盐酢”两个字漏去了。另外，似乎还该有个“不”字。即此句应是“及暖与盐酢，不则黄坏”。

⑤煴（yūn）菘：这个“煴”字，不能属于上句“料理满奠”。因为像这样的菹，一“煴”一定要坏。如果属于下面，“煴菘”是什么？就是一个很值得追究的问题。“煴”是用“无焰”的火保温。在汉代，已有用加温法提早栽培韭菜（《盐铁论·散不足》第29，有“冬葵温韭”的话）的技术。“煴菘”，如果是用加温法栽培的白菜，便增加了一个新的特别栽培项目。

译文：88.29.1　菘根萝卜菹的作法：洗洁净，尽量长地细切；长条扎成把，每把像十张纸卷成的卷一样大小，在开水里烫一下取出来。多给些盐醋。用二升温热水，整把地用手按下去。又说，细缕切，在开水里烫一下，给些橘皮和上，趁热加盐、醋。不然就变成黄色而败坏了。整理好，盛满供上。煴菘，葱、芜菁根，都可以用。

88.30.1　紫菜菹法：取紫菜，冷水渍令释；与葱菹合盛，各在一边。与盐酢，满奠。

译文：88.30.1　紫菜菹的作法：取些紫菜，冷水里浸到软；和葱菹合起来盛，一样

搁一边。给盐、醋，盛满供上。

88.31.1 蜜姜法：用生姜。净洗，削治。十月酒糟中藏之。泥头十日，熟，出。水洗，内蜜中。大者中解，小者浑用。竖奠四。

译文：88.31.1 作蜜姜法：用生姜。洗净，削皮，整治。用十月酿的酒所得糟来藏。瓮头用泥封住，十天就熟了，拿出来，水洗净，放到蜜里面。大的，从中破开，小的整块用。竖着盛四块供上。

88.31.2 又云：卒作；削治，蜜中煮之，亦可用。

译文：88.31.2 又说：要快些作，立刻要用的；削皮整治后，蜜里面煮熟，也可以用。

88.32.1 梅瓜法：用大冬瓜，去皮穰①，算子细切，长三寸，粗细如斫饼②。生布薄绞，去汁。即下杬汁③，令小暖，经宿漉出。

注释：①穰：借作“瓤”字用。

②斫（zhuó）饼：这几句显然是有错漏的；和前面88.15.1节《食经》“藏梅瓜法”对比，我们姑且假定这几句是“粗细如箸。灰上薄布，旋绞去汁……”这样就可以领会了。即原文的“斫饼”应是“箸”，生布薄”应是“灰上薄布”。

③杬汁：杬皮是红色的食物染料。《齐民要术》中有多处用杬汁储藏食物的记录。

译文：88.32.1 梅瓜的作法：用大冬瓜，削掉皮，刳掉瓤，切成算子形，三寸长，筷子粗细，薄薄地铺在灰上，再绞掉汁。随即放进杬汁里，让它暖暖地，过一夜，漉出来。

88.32.2 煮一升乌梅，与水二升，取一升余，出梅，令汁清澄。

译文：88.32.2 用一升乌梅，加上二升水，煮成汁，取一升多些汁，把梅子漉出来，汁澄清。

88.32.3　与蜜三升，杬汁三升，生橘二十枚，去皮核，取汁，复和之。合煮两沸，去上沫，清澄令冷。

译文：88.32.3　用三升蜜，三升杬皮汁，二十个新鲜橘子，去掉皮和核，取得汁，一齐和进梅汁里。合起来，煮两开，把上面泡沫撇掉，澄清，摊冷。

88.32.4　内瓜讫，与石榴酸者，悬钩子、廉姜屑[①]。石榴、悬钩，一杯可下十度。尝看[②]，若不大涩，杬子汁至一升。

注释：①悬钩子：亦称“槭叶莓”“野杨梅”。蔷薇科，学名Rubus　PalmatusThunb.，落叶灌木，有刺。果实为聚合的小核果，呈头状，黄色。果实可生吃，制果酱或酿酒。廉姜：即山柰（Kaempferia　galanga），亦称三柰、沙姜。姜科。多年生草本，具块状根状茎，有香气；无地上茎。蒴果长椭圆形。

②尝看：即今日口语中的“尝尝看”。是本书常用的一句话。

译文：88.32.4　把瓜放进梅杬汁里之后，再给石榴，酸的，悬钩子、廉姜粉末。石榴和悬钩子，一“杯”可以用十回。尝尝看，如果不太涩，可以再加石榴、悬钩子和杬汁，到一升。（此译文与原文有出入，参看下面88.32.5注1可释疑）

88.32.5　又云：乌梅渍汁淘奠。石榴、悬钩[①]，一奠不过五六。度熟[②]，去粗皮。

注释：①石榴、悬钩：这四个字，在这里没有意义。怀疑应在前一行中相对的地方，那就是说在88.32.4末，“若不大涩”之后。“杬子”两字也应倒转，将“子”字放在“悬钩”之后。即该句应是“尝看，若不大涩，石榴、悬钩子、杬汁……”

②度（duó）：估计。

译文：88.32.5　又说：乌梅浸汁，盛着供上。一分不过五六件。估计熟了，把粗皮切去。

88.32.6　杬一升，与水三升，煮取升半。澄清。

译文：88.32.6　杬皮一升，加三升水，煮到成升半。澄清用。

88.33.1　梨菹法：先作漤卢感反①。用小梨，瓶中水渍，泥头。自秋至春；至冬中，须亦可用。又云：一月日可用。

注释：①漤（lǎn）：加工处理果菜的方法，即用糖、盐腌或用调味品渍生的果菜。现在四川等地还有这种说法。而依本条的说法，"漤"是把新鲜水果密闭藏起来，让它们起无氧乳酸发酵，所得的酸汁。

译文：88.33.1　梨菹的作法：先要作成"漤"。用小梨，收在瓶里水浸着，用泥封口。从第一年秋天封好，到第二年春天；到了当年的冬天，如果急等用，也可以将就用了。也有说是只要过一个月就可以了。

88.33.2　将用①，去皮，通体薄切，奠之②。以梨漤汁投少蜜，令甜酢，以泥封之。

注释：①将用：这一节，一直都没有主题，怀疑是钞写时落去了。应在"用"字下加一个"梨"字。

②奠之：这两个字，怀疑不应该在这里，而应在88.33.3的"温令少热，下盛"后面。

译文：88.33.2　要用时，将梨去掉皮，整个地切成薄片；在梨漤汁里加些蜜，让它甜酸，将梨片放下用泥封瓶口。

88.33.3　若卒作①，切梨如上。五梨：半用苦酒二升，汤二升合和之，温令少热。下，盛。一奠五六片。汁沃上，至半，以篸置杯旁②。夏停不过五日。

注释：①卒（cù）作：速成。卒，仓猝。

②篸（zān）：同"簪"。

译文：88.33.3　如果要作速成的，把梨像上面所说的方式切好。五个梨，一半用二升醋、二升热水混合起来，加温到热热的，放下去，盛着，供上。一份盛五六片。将汁浇在上面，到半满。把簪放在容器旁边。作好夏季可以保存五天以内。

88.33.4　又云：卒作，煮枣亦可用之。

译文：88.33.4　又说：急忙速成，煮枣也可以用。

88.34.1　木耳菹：取枣、桑、榆、柳树边生，犹软湿者。干即不中用，柞木耳亦得。煮五沸，去腥汁，出，置冷水中，净洮[1]。又著酢浆水中洗出，细缕切讫。胡荽、葱白，少著，取香而已。下豉汁、酱清及酢，调和适口。下姜、椒末。甚滑美。

注释：①洮（táo）：同“淘”，淘洗。

译文：88.34.1　木耳菹：用生长在枣树、桑树、榆树、柳树上的，还软而湿的。干了的就不好用，柞树上的木耳也可以。煮开五遍，把腥汁去掉，漉出来，放在冷水里面，淘洗洁净。再放到酸浆水里洗，洗出后，切细碎。加胡荽、葱白，少放些，只取它的香气。放些豉汁、酱清和醋，调和到合口味。再搁些姜与花椒末。很嫩滑，很好吃。

88.35.1　蘧菹法[1]：《毛诗》曰：“薄言采芑”[2]，毛云：“菜也。”《诗义疏》曰：“蘧似苦菜，茎青。摘去叶，白汁出，甘脆可食。亦可为茹。青州谓之芑[3]。”

注释：①蘧（qú）：菜名。又叫“苣”，即苦荬菜。菊科。多年生草本。叶、茎皆含白汁。

②芑（qǐ）：菜名。蘧的别名。

③青州：地名。在今山东境内。后汉青州刺史治临淄，即今山东临淄。三国魏及晋初因之。

译文：88.35.1　蘧菹的作法：《毛诗》里有“薄言采芑”；《毛传》说：“芑，是一种菜。”《诗义疏》说：“蘧，像苦菜，茎干是绿的。把叶摘下，就有白汁流出来，很甜很脆，可以吃，也可以蒸来吃。青州称为‘芑’。”

88.35.2　西河、雁门[1]，蘧尤美；时人恋恋，不能出塞[2]。

注释：①西河、雁门：后魏的两个郡，都在今山西。

②塞（sài）：边境。当时指长城以北。按，以上的记述，只是“蘧”，没有“菹”；可能原书漏掉，也可能是钞写时脱去了。

译文：88.35.2　西河、雁门两郡的，蘧菹尤其好；现在的人，到那里吃了之后，恋恋不舍，不能再向北出长城。

88.36.1　蕨[1]：《尔雅》云[2]：“蕨，虌”[3]，郭璞注云[4]：“初生，无叶，可食。

《广雅》曰‘紫綦’⑤，非也。”

注释：①蕨（jué）：这一段，完全是关于“蕨”的考证，与食法很少关系。连上后面88.37和88.38两段，却自成一系，和前六卷的体例很相像。如按前六卷的体例，这一段应当是标题注，该是小字。

②《尔雅》：我国最早解释词义的专著，由秦、汉之间的学者辑周、汉时期旧文，递相增益而成，为考证词义和古代名物的重要资料。

③鳖（biē）：蕨的异名。又写作“虌”。《草木疏》云：“周、秦日蕨，齐、鲁曰虌……俗云其初生似鳖脚，故名焉。”

④郭璞（276—324）：东晋文学家、训诂学家。河东闻喜（今属山西）人。所著《尔雅注》《尔雅音》《尔雅图》《尔雅图赞》，集《尔雅》学的大成。

⑤綦（qí）：紫綦。蕨类植物。紫綦科。嫩叶可食，根茎供药用。

译文：88.36.1　蕨：《尔雅》说：“蕨就是虌。”郭璞注解说：“刚发生时，没有叶子，可以吃。《广雅》以为是‘紫綦’，是错误的。”

88.36.2　《诗义疏》曰：“蕨，山菜也。初生似蒜，茎紫黑色。二月中，高八九寸。老有叶①，瀹为茹，滑美如葵。”今陇西天水人，及此时而干收，秋冬尝之。又云，“以进御”②。

注释：①老：陈奂《诗毛氏义疏》引这一节《齐民要术》，把这个“老”字改为“先”字，大概是因为三月中才不可食，二月就不该说“老”。“老”字无疑是错了的；但改为“先”，也不好解释。怀疑原是字形和“老”相似的“者”写错。这个“者”字，属于上句，即“高八九寸者”，便很通妥了。

②“今陇西”至“以进御”：这一小节，是贾思勰为《诗义疏》所作的注。依前六卷体例，应是小字双行夹注。陇西天水，今甘肃天水。陇西指陇山之西，亦称甘肃为陇西。

译文：88.36.2　《诗义疏》说：“蕨，是山地的野菜。刚发出时，像蒜茎，紫黑色。到二月中，有八九寸高的，就有叶。把它烫过作菜吃，像葵一样，很滑嫩美味。”现在陇西天水的人，就在这时收取干藏，到秋冬去吃。又说，“用来进贡给皇帝吃”。

88.36.3　“三月中，其端散为三枝，枝有数叶，叶似青蒿，长粗坚强，不可食。周、秦曰‘蕨’①；齐、鲁日‘鳖’②，亦谓‘蕨’。”又浇之③。

注释：①周、秦：此处指今陕西关中地区。

②齐、鲁：此处指今山东地区。

③又浇之：这三个字一句，与上文毫无联系，显然是钞错了地方。最可能是在下面88.37.1“薄粥沃之”的后面。

译文：88.36.3 “三月中，末端散开成为三叉，每叉上有几个叶，叶像青蒿一样，长了，粗了，坚硬了，便不好吃。关中的人，叫它作‘蕨’，山东的人，叫它作‘虌’，也叫‘蕨’。”

88.37.1 《食经》曰：藏蕨法：先洗蕨，杷著器中。蕨一行，盐一行，薄粥沃之[①]。

注释：①沃之：下面可能应接88.36.3后面的一句“又浇之”。

译文：88.37.1 《食经》说：藏蕨法：先把蕨洗净，收到容器里，一层蕨，一层盐，用稀粥浇过，又浇一遍。

88.37.2 一法：以薄灰淹之，一宿出，蟹眼汤瀹之。出，熇，内糟中，可至蕨时[①]。

注释：①蕨时：可以望文生义地解释得通，但更可能是“秋时”。

译文：88.37.2 另一法：薄薄地用灰腌着；过一夜取出来，用起小气泡的开水烫过。取出来，用火烤热，放进酒糟里，可以保藏到接新。

88.38.1 蕨菹：取蕨，暂经汤出；小蒜亦然。令细切[①]，与盐、酢。又云：蒜、蕨，俱寸切之。

注释：①令细切：怀疑“令”是“合”字写错。

译文：88.38.1 蕨菹：蕨，在开水里烫一小会，取出来；小蒜，同样处理、合起来切碎，加盐加醋。又说：蕨和蒜，都切作一寸长。

88.39.1 荇字或作莕[①]：《尔雅》曰：“莕，接余；其叶苻。”郭璞注曰：“丛生水中。叶圆，在茎端；长短随水深浅。江东菹食之[②]。”

注释：①荇（xìng）:多年生水生草本植物，叶呈对生圆形，嫩时可食，亦可入药。

②江东：指长江以东之地。长江是南北流向的。在芜湖、南京间作西南南、东北北流向，是南来北往主要渡口所在，秦汉以后，习惯称自此以下的长江南岸地区为江东。三国时期，江东是孙吴政权的根据地，故当时又称孙吴统治下的全部地区为江东。

译文：88.39.1 荇也有写作“莕”的：《尔雅·释草》说：“莕就是接余；它的叶称为荇。”郭璞注解说：“莕丛生水中。叶圆形，在茎顶上；茎的长短，随水的深浅而变。江东用来作成菹吃。”

88.39.2 《毛诗·周南·国风》曰①：“参差荇菜，左右流之。”毛注云②：“接余也。”

注释：①《毛诗》：书名。即《毛诗故训传》，简称《毛传》。西汉毛亨所作，注释《诗经》的著作。

②毛：指西汉人毛亨。

译文：88.39.2 《毛诗·周南·国风》有：“参差荇菜，左右流之”；毛公注解以为是“接余”。

88.39.3 《诗义疏》曰①：“接余，其叶白，茎紫赤；正圆，径寸余，浮在水上。根在水底，茎与水深浅等，大如钗股，上青下白。以苦酒浸之为菹，脆美可案酒。其华为蒲黄色。”

注释：①《诗义疏》：书名。是通解《诗经》的书。原书已亡佚。胡立初考证《齐民要术》引《诗义疏》三十五条，不著作者姓名。因其引文多与孔颖达所引陆玑《草木虫鱼疏》合，故清代学者认为《齐民要术》所引通为陆玑《疏》。实际上据胡立初统计毛诗义疏有八家。此处所引与陆疏有所不同。

译文：88.39.3 《诗义疏》说：“接余，叶子白色，茎紫红色；叶圆形，直径一寸多，浮在水面上。根在水底下，茎长和水的深浅相等，有钗股粗细，上面青绿，下面白色。用醋浸来作菹吃，脆而且美，可以下酒，花是蒲黄色。”

饧铺第八十九

题解：89.1.1—89.1.3为篇标题注。

饧、饴、铺是三种不同的糖食。“饧”是麦芽糖和糊精的固态混合物；冷时像玻璃一样，脆而透明，具有玻璃光泽。“饴”则是含有较多水分的软糖。“铺”是颜色较暗，能缓缓流动的块饧。

我国黄河流域，一直没有种甘蔗的可能。二世纪初，张衡在他的《七辩》中提到的“沙饧”，可以证明蔗糖当时已来到黄河流域，但很贵重，一般人所能享受的仍只是淀粉糖化制得的麦芽糖。所以用淀粉糖化制糖，在当时平民的生活中，是一件重要的事。淀粉的糖化，必须有淀粉酶的催化；制麦芽糖，必须先取得淀粉酶。从前，就靠发着芽的谷物的种实（即卷八第六十八篇中所说的“蘖”），供给淀粉酶类。有了“蘖”，就可以利用谷物种实的淀粉，来煮“饧”作“饴”了。

本篇中，贾思勰记述了5种制饧的方法，制出的饧，色泽会不同。煮饧和饴，原理都一样：准备熟淀粉，使淀粉酶在适当的温度中，对熟淀粉发挥作用；得到水解产物后，用水溶出，再加热浓缩，最后就得到玻璃状“过冷液体”的饧。这里面，包括了生物化学、植物生理学方面的许多知识。如：绿化后的小芽，氧化酶含量增高，所得的饧，因含有某些氧化产物而颜色深暗。当时的劳动者在制饧过程中总结这些经验时，肯定还未掌握这些科学知识；但以今天的眼光看来，它们是符合科学原理的。

译文：89.8和89.9所记的“白茧饧”和“黄茧饧”实际上是黏附了糖的油炸糯米点心；而这黏附的糖只可能是甘蔗制成的砂糖，与饧、饴无关。在当时，这种点心也不是一般老百姓能享用的。

89.1.1　史游《急就篇》云①：“馓生俻反饴饧②。”

注释：①史游：西汉人，元帝时任黄门令。《急就篇》：史游著，成书约在公元前40年。它是中国古代教学童识字的书，是我国现存最早的识字课本与常识课本。由于容纳的

知识量多，实用性强，一出现就颇受欢迎，广为流传。

②馓（sǎn）：馓饭。糯米煮后煎干制成。《急就篇》原文是“枣、杏、瓜、棣、馓、饴、饧”。反切音中的“俖”字，是“侃”的一种写法。饧（táng）：即“糖”“餹”的古代写法。饧为多音字，又读 xíng。

译文：89.1.1 史游《急就篇》有“馓饴饧”。

89.1.2 《楚辞》曰[①]：“粔籹、蜜饵有餭”[②]，餭亦饧也。

注释：①《楚辞》：战国时期楚国文学总集，我国古代第一部浪漫主义诗歌集。西汉刘向所辑，以屈原作品为主，兼收宋玉及汉代淮南小山、东方朔、王褒、刘向等人承袭模仿屈原、宋玉的作品，共16篇辑录成集。

②粔籹（jù nǚ）：古代食品名。类似今天的麻花、馓子之类。餭（huáng）：即饧。

译文：89.1.2 《楚辞·大招》里有“粔籹、蜜饵有餭”，餭也就是饧。

89.1.3 柳下惠见饴，曰：“可以养老”[①]；然则饴餔可以养老自幼，故录之也。

注释：①柳下惠见饴，曰：“可以养老”：出自《淮南子·说林训》。柳下惠，春秋前期鲁大夫。姓展，名获，字禽。食邑于柳下（一说居于柳下），谥“惠”，故称柳下惠。

译文：89.1.3 柳下惠见到饴说：“这可以奉养老人”；这就是说，饴与餔，可以养老育幼，所以扣辑录在此。

89.2.1 煮白饧法：用白牙散糵佳[①]；其成饼者，则不中用。

注释：①白牙散糵（niè）：芽白色的散麦糵。

译文：89.2.1 煮白饧法：用白芽（即未发生叶绿素的）的散（即不成饼的）糵最好；成饼的，便不能用。

89.2.2 用不渝釜，渝则饧黑；釜，必磨治令白净，勿使有腻气。釜上加甑，以防沸溢。

译文：89.2.2　用不变色的铁锅，变色的铁锅煮出的饧是黑色的；锅先磨刮干净洁白，不要让它有油腻。锅上罩一个甑，免得煮沸时满出来。

89.2.3　干蘖末五升，杀米一石。米必细師数十遍，净淘，炊为饭，摊去热气。及暖，于盆中以蘖末和之，使均调。

译文：89.2.3　五升干蘖米末，可以消化一石米。米一定要仔细地舂几十遍，淘净，蒸成饭，摊开让热气发散掉一部分。趁温暖时，在盆中和上蘖末，让它们匀和。

89.2.4　卧于酮瓮中①。勿以手按！拨平而已。以被覆盆瓮，令暖；冬则穰茹。冬须竟日，夏即半日许，看米消减，离瓮。

注释：①酮（juān）瓮：底上有孔的瓮。

译文：89.2.4　用底上有孔的瓮盛着保温。不要用手去按，只拨平就对了。用被子盖在盆和瓮上，保持温暖；冬天可以外加禾秸包裹。冬天一整天，夏天半天，看饭的米粒容积减少了，把瓮拿出来。

89.2.5　作鱼眼沸汤以淋之；令糟上水深一尺许，乃上下水，洽讫。向一食顷，便拔酮取汁煮之。

译文：89.2.5　将水煮到有大气泡冒上来时，用这样的热水浇在瓮里；让糖糟上有一尺深的热水，然后将上面和下面的水搅和。搅好，等一顿饭工夫，把酮孔的塞子拔掉；让溶出的糖汁流进盆中，再舀进锅里煮浓缩。

89.2.6　每沸，辄益两杓。尤宜缓火！火急则焦气。

译文：89.2.6　每煮沸后，就添两杓。总要小火！火太大就会有焦糊气。

89.2.7　盆中汁尽，量不复溢，便下甑。一人专以杓扬之，勿令住手！手住则饧黑。量熟止火。良久，向冷，然后出之。

译文：89.2.7　盆里接的糖汁舀完了，估量煮着的稠糖再也不会因煮沸满出来时，将锅上的甑拿开。一个人守着，专拿杓子在锅里将糖汁舀起来又倒下去搅着，不要停手！停手，饧黏上锅底，就会焦黑。估量煮熟了，离火。好一大会，快凉了，才倒出来。

89.2.8　用粱米稷米者，饧如水精色①。

注释：①水精：即水晶。古代写作"水精"。

译文：89.2.8　用粱米稷米作的饧，和水晶一样的颜色。

89.3.1　黑饧法：用青牙成饼糵①。糵末一斗，杀米一石。余法同前。

注释：①青牙成饼糵：芽已有叶绿素，根纠缠成片的糵。

译文：89.3.1　作黑饧的方法：用绿芽的，已结成饼的麦糵。一斗糵末，可以消化一石米。其余方法，和前条一样。

89.4.1　琥珀饧法：小饼如碁石④，内外明彻，色如琥珀。

注释：①碁（qí）：同"棋"。

译文：89.4.1　琥珀饧的作法：小饼小得和碁子一样；里外透明，颜色像琥珀。

89.4.2　用大麦糵；末一斗，杀米一石。余并同前法。

译文：89.4.2　应当用大麦糵，一斗糵末，可以消化一石米。其余都和前条方法一样。

89.5.1　煮餔法①：用黑饧。糵末一斗六升，杀米一石。卧煮如法。

注释：①餔（bù）：据刘熙《释名》："餔，哺也；如饧而浊，可哺也。"大概是颜色较暗，像黑饧和琥珀饧，而能缓缓流动的干块饧。

译文：89.5.1　煮餔的方法：用黑饧作。一斗六升糵末，消化一石米。像作饧一样地保暖糖化，煮成。

89.5.2　但以蓬子押取汁，以匕匙纥纥搅之①，不须扬。

注释：①纥纥（gē）：不断地。

译文：89.5.2　不过，用蓬草压着过滤，来取得糖汁；煮时，用杓子不断地搅，不是舀起又来倒下去。

89.6.1　《食经》作饴法：取黍米一石，炊作黍；著盆中。糵末一斗，搅和。一宿则得一斛五斗；煎成饴。

译文：89.6.1　《食经》里的作饴法：将一石黍米，炊成饭放在盆里，和上一斗糵末，搅匀。过一夜便得到一斛五斗（十五斗）糖水，煎浓成为饴。

89.7.1　崔寔曰："十月，先冰冻，作凉饧①，煮暴饴②。"

注释：①凉饧：缪启愉先生解释为干硬的"冻饧"。

②暴饴：缪启愉先生解释为速成的"稀饴"。

译文：89.7.1　崔寔《四民月令》说："十月，在结冻以前，作凉饧，煮暴饴。"

89.8.1　《食次》曰：白茧糖法：熟炊秫稻米饭，及热于杵臼净者，舂之为糍④——须令极熟，勿令有米粒。

幹为饼②：法，厚二分许。日曝小燥；刀直为长条，广二分，乃斜裁之③，大如枣核，两头尖。更曝，令极燥。

注释：①糍（cí）：糍是稻饼，糍粑。以糯米为主要原料，制法和名称各地不尽相同。这个字，扬雄《方言》写作"粢"，《广韵》上平声"六脂"所收作"餈""餎"。《集韵》"六脂"解作"稻饼"的字，共有五个，除糍、餎、粢、餈之外，还有一个饹。

②幹（gǎn）：同"擀"。依现在口语，应读上声。一般多写成"赶"字。"幹"是一条木条或竹条；这个意义，可以引申作为动词，即用一条木条或竹条挪动着，即"擀"。"赶"，依《说文》，是马"举尾走"，即马跑时尾巴水平地翘起来，只形容快，和擀面的情形，不很符合，因此这里应用"幹"字。

③栽：依下面89.8.3的“刀斜截大如枣核”看，这个“栽”字也应作“截”。

译文：89.8.1　《食次》说：白茧糖的作法：把糯米蒸成饭，趁热在洁净的杵臼里，舂成“饹”：饹要舂得极熟，里面不能有还没有舂化的米粒。擀成饼：按规矩，只要大概二分厚。太阳里晒到稍微干些：用刀成直线地切成长条，二分宽，再斜切成枣核大小、两头尖的小丁点。再晒，晒到极干。

89.8.2　膏油煮之。熟，出，糖聚圆之；一圆不过五六枚。

译文：89.8.2　用油炸。熟了，漉出来，在糖里集合着滚成丸，每次滚五六个。

89.8.3　又云：手索粹，粗细如箭簳①。日曝小燥；刀斜截大如枣核。煮，圆，如上法，圆大如桃核。

注释：①箭簳（gǎn）：即箭杆。

译文：89.8.3　又说：手把着粹拉出来，成为箭簳粗细的条；太阳下晒到半干，用刀切成斜块，像枣核大小。炸，滚，都和上面所说的方法一样，每丸像桃核大小。

89.8.4　半奠，不满之。

译文：89.8.4　盛到半满供上席。

89.9.1　黄茧糖：白秫米，精舂，不簸淅。以栀子渍米，取色。炊、舂为粹；粹加蜜。余一如白粹。作茧，煮，及奠，如前。

译文：89.9.1　黄茧糖：白糯米，好好地舂过，不簸，也不淘洗。用栀子水浸米，染上色。蒸熟，舂成粹；粹里加蜜。其余一切都和作白粹一样。作成茧，炸和盛供的办法，和白茧糖一样。

煮胶第九十

题解：本篇《煮胶》和下一篇《笔墨》，贾思勰是将它们作为农家手工业经营的副业写进《齐民要术》的。本篇从煮胶的时令、所用原料与器具、煮胶的方法、如何取胶与区分其等级、煮好的胶如何晾晒与收藏等方面，作了全面、详细地记述。

将皮革煮作胶，是将动物性材料中所含胶原蛋白，用水溶提出来，并不是困难的操作。但其中也包含了不少科学技术原理。贾思勰根据自己的观察和思考在当时就已提出了几个极基本的、值得注意的问题：其一，熟皮，即已变成鞣酸蛋白质复合物的，胶原蛋白分量减低了，不能再用来煮胶。其二，"咸苦之水，胶乃更胜"；即在含可溶性电解质较多的水中，胶原蛋白质的溶解度较高，因此能得到更多的胶。其三，煮胶最好的时间是二月、三月、九月、十月。因"热则不凝，寒则冻瘃"，说明胶凝结时有温度特性。

90.1.1　煮胶法：煮胶要用二月、三月、九月、十月，余月则不成。热则不凝无饼；寒则冻瘃①，令胶不黏。

注释：①瘃（zhú）："瘃"是人体冻伤后，充血肿大，皮肤裂开淌水的情形。胶冻在低温中，发生"离浆"开裂的现象，有些和冻瘃相似，但并不完全相同。

译文：90.1.1　煮胶的方法：煮胶要在二月、三月、九月、十月；其余月分不行。天热不凝固，没有胶饼；天冷，冻了离浆开裂，胶没有黏力。

90.2.1　沙牛皮、水牛皮、猪皮为上；驴、马、驼、骡皮为次。其胶，势力虽复相似；但驴马皮薄，毛多，胶少，倍费樵薪。

译文：90.2.1　沙牛皮、水牛皮、猪皮作材料最好；驴皮、马皮、骆驼皮、骡皮差些。煮得的胶，力量还是一样；但驴马等皮薄，毛多，胶相对少，费的燃料就多些。

90.2.2　破皮履、鞋底、格椎皮、靴底、破鞅靫①，但是生皮，无问年岁久远，不腐烂者，悉皆中煮。然新皮胶色明净而胜。其陈久者，固宜，不如新者。

注释：①格椎皮："椎"是"锤"；像锣锤之类的打击器械，需要一定弹性的，可以在锤的头上包一层皮，这就是隔锤的"格椎皮"。鞅靫（yāng　chá）：鞅，套牲口的项圈。靫，《玉篇》解作"箭室"。《释名·释兵》解作："步叉，人所带，以箭叉其中也。"也就是"箭袋"。

译文：90.2.2　破皮鞋面、鞋底、包锤皮、靴底、破了的牲口项圈、箭袋……只要是生皮，不管年代多久，凡没有腐烂的，都可以煮。但新皮煮的胶颜色鲜明洁净胜过旧的。陈久的皮，固然也可以煮，究竟不如新的。

90.2.3　其脂肕盐熟之皮①，则不中用。譬如生铁，一经柔熟，永无镕铸之理。无烂汁故也②。

注释：①肕（rèn）：同"韧"。

②烂汁：无法解释，可能两个字都是错的："烂"可能是"炼"。《说文》解作"铄冶金也"，即锻炼的炼字；"汁"也许是"法"。按现代工业技术的观点来看：熟铁含碳量很低，而生铁含碳量很高；所以熟铁不可能再通过简单的熔化变成生铁熔液，作成铸件。

译文：90.2.3　其余加油鞣过，加盐作成的"熟皮"，就不能用。就好像生铁，一旦经过冶炼，变成软熟铁，就再也不能镕化来作铸件了。因为没有"烂汁"了。

90.3.1　唯欲旧釜，大而不渝者。釜新，则烧令皮著底；釜小，费薪火；釜渝，令胶色黑。

译文：90.3.1　只能用旧大铁锅，大而不变色的。新锅锅底不够光滑，烧时皮容易黏在锅底上；锅小，耗费燃料多；变色的锅，胶色是黑的。

90.4.1　法：于井边坑中，浸皮四五日，令极液。以水净洗濯，无令有泥。

译文：90.4.1　正规作法：在井旁作个土坑，在坑里把皮浸四五天，让它软透。用水洗到极洁净，不要有泥土。

90.4.2　片割，著釜中，不须削毛。削毛费功，于胶无益。

译文：90.4.2　割成片，放进锅里，不需要把毛削掉。削毛费工很大，但对于胶的品质没有益处。

90.4.3　凡水皆得煮；然咸苦之水，胶乃更胜。

译文：90.4.3　任何水，都可以煮；但有咸味的苦水，煮成的胶更好。

90.5.1　长作木匕，匕头施铁刃，时时彻搅之，勿令著底。匕头不施铁刃，虽搅不彻底；不彻底则焦；焦，则胶恶。是以尤须数数搅之。

译文：90.5.1　作一个柄很长的木勺子；勺子头上，加一片铁刃口，随时彻底地搅着，不要让皮片黏在锅底上。勺子头上没有铁刃，尽管用力搅也不到锅底；不到锅底就会焦；焦了，胶就不好。因此更须要多多搅拌。

90.5.2　水少更添，常使滂沛①。

注释：①滂沛：水很充足，达到过剩。

译文：90.5.2　水少了，立时添，常常保持很多水。

90.6.1　经宿晬时①，勿令绝火。候皮烂熟。以匕沥汁，看：末后一珠，微有黏势，胶便熟矣。为过伤火②，令胶燋。

注释：①晬（zuì）：“周时日晬”，即满了一周期，回到原来的时刻。

②为过伤火：“为”字显然是讹字，可能是字形相近的“无”，即“不要”。

译文：90.6.1　经过一夜，整整的“十二时辰”，不要熄火。等到皮烂熟了，用勺子

将胶汁滴回锅里时，看看：如果最后一滴，稍微有些黏滞的情形，胶就熟了。不要煮过火，使胶煮焦了。

90.6.2 取净干盆，置灶埵丁果反上①。以漉米床②，加盆；布蓬草于床上。

注释：①埵（duǒ）：是一个上面带圆形的土堆，也就是现在写成“垛”的字。

②床：在此指放置器物的坐架。

译文：90.6.2 取一个洁净的干盆，放在灶埵上，把漉米用的架，搁在盆口上；架上铺些蓬草。

90.6.3 以大杓挹取胶汁，写著蓬草上，滤去滓秽。挹时勿停火！火停沸定，则皮膏汁下，挹不得也。

译文：90.6.3 用大瓢舀出胶汁，倒在蓬草上面，滤去渣滓泥尘。舀汁时，不要停火。如果火停了，锅不开了，胶汁面上会结皮堵住，胶汁在下面，舀不出来。

90.6.4 淳熟汁尽，更添水煮之，搅如初法。熟后，挹取。

译文：90.6.4 到浓厚的汁子尽了之后，再添些水煮，像最初一样搅拌。熟了，又舀出来。

90.6.5 看皮垂尽，著釜燋黑，无复黏势，乃弃去之。

译文：90.6.5 看看，皮差不多煮化了，黏在锅底上焦黑的，没有什么黏性了，就扔掉它。

90.7.1 胶盆向满，舁著空静处屋中①，仰头令凝。盖，则气变成水，令胶解离。

注释：①舁（yú）：共同抬，扛。

译文：90.7.1 胶盆盛到快满时，抬到空的静的屋子里，敞着让它冷凝。如加盖，蒸汽凝成水滴下来，胶就溶解离散了。

90.7.2　凌旦，合盆于席上，脱取凝胶。口湿细紧线以割之。

译文：90.7.2　明天清早，将盆倒转翻在席子上面，让凝固了的胶脱出来。在口里含着细而紧实的线，使线润湿，一端咬在牙缝里，另一端手指捻着从胶块中拉过去，把胶分割开来。

90.7.3　其近盆底，土恶之处，不中用者，割却少许。然后十字坼破之[1]，又中断为段，较薄割为饼。唯极薄为佳：非直易干，又色似琥珀者好。坚厚者既难燥，又见黯黑[2]，皆为胶恶也。

注释：①坼（chè）：裂开。

①黯（àn）：深黑色，没有光泽。

译文：90.7.3　靠近盆底，有泥尘不好的，不能用，割去一点。然后将凝固了的胶十字坼割破成四瓣，每瓣再横着从中断成段，再割薄成为片。总之越薄越好：不单是容易干，又颜色像琥珀一样好。厚而硬的，既难干燥，又颜色显得黯黑，都是胶中的坏货色。

90.7.4　近盆末下，名为“笨胶”；可以建车。

译文：90.7.4　靠近盆下半的，名叫“笨胶”；可以作车子。

90.7.5　近盆末上，即是“胶清”；可以杂用。

译文：90.7.5　靠近盆上半的，名叫“胶清”；可以供给一般用。

90.7.6　最上胶皮如粥膜者，胶中之上，第一粘好。

译文：90.7.6　最上一层胶皮，像粥面上的膜的，是胶中最上等的货色，黏性好，第一。

90.8.1　先于庭中竖槌，施三重箔樀，令免狗鼠。

译文：90.8.1　预先在院子里立些柱子，横着搁三层椽子，铺上席箔，免得狗和老鼠捣乱。

90.8.2　于最下箔上，布置胶饼；其上两重，为作荫凉，并扞霜露①。胶饼虽凝，水汁未尽，见日即消。霜露沾濡，复难干燥。

注释：①扞（hàn）：护卫，抵御。“捍”的异体字。

译文：90.8.2　在最下一层席上，铺着胶饼片；上面两层，专作遮盖着保持阴凉，隔断霜露的。胶片虽然凝结了，水还没有完全干出去；见了太阳就会化。霜露沾潮泡住，更难干燥。

90.8.3　旦起，至食时，卷去上箔，令胶见日。凌旦气寒，不畏消释；霜露之润，见日即干。

译文：90.8.3　明早早起，到吃饭以前，卷起上面的席子，让胶片见见太阳。清早气温低，不用怕融化；一夜霜露中的润气，见过太阳就会干。

90.8.4　食后还复舒箔为荫。

译文：90.8.4　吃过饭，就把席子又铺开来遮阴。

90.8.5　雨则内敞屋之下，则不须重箔。

译文：90.8.5　下雨，就搬进没有墙的屋顶下面，不用层层遮盖。

90.9.1　四五日，浥浥时，绳穿胶饼，悬而日曝。极干，乃内屋内。

译文：90.9.1　过四五天之后，半干半湿的时候，用绳把一片片的胶饼穿起来，挂着晾干。晒到极干，才收进屋子里。

90.9.2　悬纸笼之，以防青蝇尘土之污。

译文：90.9.2　挂上纸遮住，以避免苍蝇和尘土弄脏。

90.10.1　夏中虽软相著，至八月秋凉时，日中曝之，还复坚好。

译文：90.10.1　夏天，虽然会变软相互黏起来，到八月里秋凉时分，放在太阳下一晒，又会坚实好转。

笔墨第九十一

题解：本篇简要记述了极具我国传统文化特色的，历史悠久的毛笔和墨的制作方法。但由于介绍得过于简单，有些关键的地方没交代清楚。如：91.1.3中的“衣”指什么？91.2.1中，对制墨的最主要的原料一‘好醇烟”如何得到，只字未提。

91.1.1　笔法：韦仲将《笔方》曰①：先次以铁梳兔毫及羊青毛②，去其秽毛③；盖使不髯茹④。

注释：①韦仲将：人名，三国时期魏人，名诞，字仲将。善辞章，官至光禄大夫。又以善书法而闻名。魏宝器铭题，皆其所书。笔墨都喜欢自己制作。世称仲将之墨，一点如漆。《笔方》：书名，应是韦仲将所作《笔墨方》的简称。

②先次以铁梳兔毫及羊青毛：《太平御览》605所引，作“作笔，当以铁梳梳兔毫毛”，似乎比《齐民要术》所引为好；“次”，可能是“当”字烂成；“梳”和“毛”两字，也应依《太平御览》补入。2013年苏州大学出版社出版的青年学者王学雷撰写的《古笔考》中，则认为“次”字当作“须”。“次”字草书与“须”形似，作“次”者，或草写之形相近所讹。

③秽毛：即不整齐、不清洁的毛。

④髯（rán）茹：弯曲杂乱。髯，是人的颌下长须，有弯曲的倾向。茹，杂乱。

译文：91.1.1　笔法：韦仲将《笔方》说：先要用铁梳梳兔毫毛和羊的青毛，把不整齐不清洁的去掉，让它不弯曲不杂乱。

91.1.2　讫，各别之，皆用梳掌痛拍整齐，毫锋端本①，各作扁，极令均、调、平、好用②。

注释：①毫锋端本：“毫锋”指毛笔头的锋，即毫尖。“端本”指毛笔头的根，即准备栽进笔管的笔头的根部。

②各作扁，极令均、调、平、好用：王学雷认为，此处标点应是“毫锋端本各作扁极，令均调平好”。“用”属下段，放在91.1.3的“衣”字的前面。“扁极”当连读，扁是状态，极是程度副词，即极其扁薄。这其实是制笔过程中的一道重要工序，俗称“打片子”。步骤是先将毛料在水盆中用梳子梳理调顺，即“去其秽毛，盖使不髯茹”；然后将这些梳理好的毛料拍平铺成片状，看上去十分扁薄，且分布及长短都很均匀整齐，即“痛拍整齐”，使之“扁极”；因为是兔毫和羊毛两种料子，所以要“各作扁极”，而且要求“均调平好”。

译文：91.1.2　梳好，兔毫毛和羊青毛各自分开来，都用梳背用力拍整齐，毫尖和头上根本都拍扁，使它们极均匀、极平正好用。

91.1.3　衣[①]，羊青毛；缩羊青毛去兔毫头下二分许[③]，然后合扁，卷令极圆。讫，痛颉之[③]。以所整羊毛中，或用衣中心。名曰“笔柱”，或曰“墨池”‘承墨”。复用毫青，衣羊青毛外，如作柱法，使中心齐。亦使平均。

注释：①衣：王学雷解释：“衣”在这里是动词，作被覆讲。“用衣羊青毛”，是以羊青毛为心，覆以兔毫。覆法是缩进兔毫锋下面“二分”左右。

②缩：退却。

③颉（xié）：压低。

译文：91.1.3　“衣”排上羊青毛；将羊青毛缩到兔毫头下二分左右，再合起来，拍扁，卷起来，卷到极圆。作好，用力压低、压紧。使所整的羊毛放在中央，或者用“衣”作中央。这样的中心名叫“笔柱”，或名“墨池”“承墨”。又用兔毫青，裹在羊青毛外，像作笔柱的方法，使中心齐。也要使它平正均匀。

91.1.4　痛颉，内管中。宁随毛长者使深，宁小不大，笔之大要也。

译文：91.1.4　用力压低、压紧，栽进笔管里。宁可让长毛深深栽进笔管，笔宁可小不要大，这就是作笔的最基本原则。

91.2.1　合墨法：好醇烟，捣讫，以细绢筛，于堈内筛去草莽[①]，若细沙尘埃。此物至轻微，不宜露筛，喜失飞去，不可不慎！

注释：①堈（gāng）：《太平御览》卷605“墨”项，所引韦仲将《笔墨方》作“缸”。草莽：应依《太平御览》作“草芥”。草芥，小草。借指细微的事物。下面的“若”字，当“及”字解。

译文：91.2.1　合墨法：好的纯净烟子，捣好，用细绢筛，在缸里筛掉草屑和细沙、尘土。这东西极轻极细，不应当敞着筛，敞着筛恐怕飞着失掉，不可不留意。

91.2.2　墨䵷一斤[①]，以好胶五两，浸梣才心反皮汁中[②]。梣，江南樊鸡木皮也[③]，其皮入水绿色，解胶，又益墨色。可下鸡子白，去黄，五颗。

注释：①墨䵷（xiè）：墨烟的碎末。䵷，粉末。

②梣（cén）：木名。木犀科。落叶乔木。木材坚韧，供制器具。枝条可编筐。树皮称“秦皮”，中医用为清热剂。树可放养白蜡虫以取白蜡，也称白蜡树。

③樊鸡木：防鸡的树枝篱笆。樊，插些枝条拦住。

译文：92.2.2　每一斤墨烟的碎末，用五两最好的胶，浸在梣皮汁里面。梣皮是江南的樊鸡木的树皮，这树皮浸的水有绿颜色，可以稀释胶，又可以使墨的颜色更好。可以加鸡蛋白，去掉黄，用五个。

91.2.3　亦以真朱砂一两，麝香一两，别治，细筛，都合调。下铁臼中，宁刚，不宜泽；捣三万杵；杵多益善。

译文：92.2.3　又用真朱砂一两，麝香一两，另外整治，细筛，混合调匀。下到铁臼里，宁可干而坚硬些，不宜于过分湿。捣三万杵；杵数越多越好。

91.2.4　合墨不得过二月九月，温时败臭，寒则难干潼溶[①]，见风日解碎[②]。重，不得过三二两。

注释：①潼溶：沾濡潮软。

②日解碎：即寒天所作，干得不好；干风烈日中，便会碎裂。

译文：92.2.4　合墨的时令，不要过二月、九月：太暖，会腐败发臭，太冷，难得干，见风见太阳，都会粉碎。重量，每锭不要超过三二两。

91.2.5　墨之大诀如此。宁小不大。

译文：91.2.5　墨的重要原则只是这样。墨锭宁可小些，不要作得过大。

精彩点拨

《齐民要术》烹调加热方法有炙烤、蒸煮、热草木灰下加热、微火慢炖等，冷天做胶冻食品，用草包泥封的方法保存食品保鲜期可达到九个月，利用离心的方法做“英粉”，做粽子，醴酪，飧饭，素食，做菹、藏生菜，饧脯，煮胶制作阿胶等滋补品。笔墨讲了制笔法和做墨的方法，而且指定捣三万杵以上，做的过程心中有数，时间不得过二月九月，技巧全在其中，敬请细读，如法制作，传承技艺和文化。

阅读积累

《齐民要术》的哲学思想

贾思勰用凝练简洁的语言总结了重大的政治思想和政治智慧，体现了深刻的哲学思想，非常具有前瞻性。他将《齐民要术》的哲学思想精髓概括为“食为政首、要在安民、富而教之、用之以节”十六字箴言。食为政首：在中国历史上，几千年处于农业社会，以农养生、以农养政。农村人口多是我国的基本国情。农业发展直接关系国家粮食安全，关系农村社会稳定，关系国民经济可持续发展的全局。要在安民：以民为本，让他们安居乐业，各司其事，社会有序发展。富而教之：要让人民过上美好的生活。吃饱饭、舒适生活，提高人民的科学技术水平，大行教育，提高人民的文化素养，实现从物质到精神层次的提升。用之以节：贾思勰在书中反映出一个尖锐的社会问题，资源对经济发展有重要的支撑作用，但也有重要的约束作用。许多资源的供给能力不是无限的，资源的承载能力反过来要制约经济增长的速度、结构和方式。以上由山东省寿光市赵守祥总结。

卷　十

精彩导读

卷十讲了北魏以外物产1篇，热带、亚热带植物100余种，野生可食植物60余种，引用了《山海经》《异物志》《博物志》《广志》《吕氏春秋》《魏书》《西域诸国志》《说文》《临海异物志》《杜兰香传》《史记》《神异经》《神仙传》《东方朔传》《汉旧仪》等非常多的各种典籍，贾思勰写得这样好，真实地表明“读书破万卷，下笔如有神”，请天天读一篇，有条件可以照章执行，定有收获。

五谷、果蓏、菜茹非中国物产者①

聊以存其名目，记其怪异耳。爰及山泽草木任食，非人力所种者，悉附于此。

注释：①果蓏（luǒ）：瓜果的总称。中国：按当时的习惯，“中国”只是指黄河流域中，拓跋氏王朝所统治的后魏的疆域；“南朝”所在的长江流域，以及岭南地方，还有北方的漠北，都不是“中国”。本篇标题明钞、金钞及大多数明清刻本，都是现在这样。《渐西村舍》本，末了还有“第九十二”四字。以前卷一至卷九，每卷“卷首皆有目录”，目录就是每卷中各篇的篇目和次第；卷十这篇，正是“凡九十二篇”的最末一篇，也就正应当是“第九十二”。但本卷只有一篇；只要把篇名写上，已经就完成了作为目录的任务，次第数字可有可无。为了保存大多数版本原样，“第九十二”这四个字便不添补了。

译文：中国所不出产的粮食、瓜果、蔬菜

姑且将名称列举了下来，把奇怪特殊的地方记录了。还有些生长在山上或水里面，可以供食用，却不是人类力量种植的草木，也附录在这里。

题解：定扶按：《齐民要术今释》在正文的前面有一篇《齐民要术今释第四分册小记》，概括了《齐民要术》卷十（即本书的第九十二篇）的内容及材料的特殊性。我在此原文照录，将它作为卷十的“题解”：

《要术》卷十，体例、内容，都和前九卷不同：它只包含一篇，即“五谷果蓏、菜茹

非中国物产者（第九十二）”；所记的材料，也以汇录当时书籍中已有的记载为主，贾思勰本人的材料极少极少。而且，这些材料，与正常的农业生产，没有什么直接关系。

所谓“五谷、果蓏、菜茹非中国物产者”这个篇名，也还是与本卷的实际内容不很相称的。事实上，必须加上贾思勰原来在这个篇标题下自加的小注：“聊以存其名目，记其怪异耳”，才可以说明这一卷这一篇的真实内容。也就是说，这一卷这一篇所记录的植物，共有这么四类：

（1）原来不产于黄河流域的一些有经济价值的真实植物；它们的植株或它们的有用部分或加工制品，到过黄河流域，曾有人就这些真实标本，作过记载的。

（2）原来黄河流域不产，它们也从没有任何真实标本到过黄河流域；但有人在它们的原产地就地观察后，作成了很真实或颇真实的记载的。这些植物的经济价值，一般不很高。

（3）黄河流域所产的一些野生植物，本身经济价值不大；但平时，尤其是遇到灾荒时，却可以作为食物的。

（4）一些神话及传说中的植物。

正因为原书本卷内容与材料的特殊，所以这一卷的“今释”，在性质上也和前九卷不同。总的说来，这一卷，校和注多，而释文则有许多省略：凡神话、迷信、传说、记录，以及仅仅汇列一些辞藻的“文章”，一概不释；——这就是我所能做到的“批判接受”。但校记、注释两方面，则仍尽力做到比较完备。特别是“注解”，分量很大；因为这卷所引古书，多半已经散佚，核对极为困难，所以“校记”往往很曲折。至于注解的内容，不仅是文字音义，还包括某些植物种名的初步猜测或估定，与某些栽培植物的沿革。当然，这些工作，已远远地超出了我的能力范围；把它们加入到《齐民要术今释》中，是有“画蛇添足”的毛病的。但是，因为在作这类尝试时，发现了许多困难；估计对于一般非专家的读者们，也许同样会遇见这些困难。所以我才想就我个人遭逢到的和想到的，提了出来，作为批判与改正的原始材料，吁请各方面的专家们，帮助大家解决。这只是窘迫的“擿埴索途”①，而不是“班门弄斧”；希望一般读者与专家们，多给予同情和原谅。

猜拟植物种名时，曾由陈嵘先生的《中国植物分类学》中得到许多启示，也由日本斋田功太郎《内外植物志》中查到一些材料。中国科学院华南植物研究所吴德邻先生对《南方草木状》的考证，也给了我很多帮助。地名的考证，则根据百衲本《廿四史》中的《地理志》部分，与杨守敬的《历代舆地沿革图》对证。

注释：①擿（zhāi）埴（zhí）索途：夜间走路或盲人行路，用手杖探地以寻求道路。比喻做学问不识门路，暗中摸索。擿，探。埴，土地。

【两点说明】

1.《齐民要术今释》中本卷不释的一共69条，现均由成都大学范崇高教授译成现代汉语补上。

2.本卷的篇、段、节编码的规律：

本卷即本书的第九十二篇，开头的篇次统一为92。本篇在介绍各种植物时，分为五谷、果蓏、菜茹及其他三大类。五谷类的编码为92.1—92.6，果蓏类的编码为92.11—92.53，菜茹类及其他的编码为92.61—92.166。长的段还需分节，节的次序是编码的第三部分。如92.1.1表示是第九十二篇五谷类第一段第一节。92.18.5则表示是果蓏类第八段第五节。92.62.3则表示是第九十二篇菜茹类第二段第三节。

五谷

92.1.1 《山海经》曰①：“广都之野②，百谷自生，冬夏播琴。”郭璞注曰③：“播琴④，犹言播种，方俗言也。”

“爰有膏稷、膏黍、膏菽⑤。”郭璞注曰：“言好味，滑如膏。”

注释：①《山海经》：是一部记载我国古代地理、民俗、物产资源以及神异鬼怪传说等的著作。今传本十八卷，包括《山经》五卷、《海经》八卷、《大荒经》四卷、《海内经》一卷。作者非一人，大约成书于战国初年到汉代初年之间。《山海经》有晋郭璞注本。有清人郝懿行《山海经笺疏》。近人有《山海经集释》。

②广都：应是地名。《中国古今地名大辞典》中有广都县条，共有4项解释。但除汉置的广都县故城在今四川华阳东南外，其余与《山海经》成书时间均不合。

③郭璞：东晋著名学者和文学家。曾注释《山海经》《尔雅》《方言》《穆天子传》等重要古籍，同时又是中国游仙诗体和风水学的鼻祖。

④播琴：石按：郭璞原注已说明这个“琴”字当“种”字解。作为实物名的“琴”字，本指乐器，但在两本古地理书中，却有着不同的借用：除这里所引的《山海经》，还有《水经注》泚水注“……有大冢，民传曰‘公琴’者，即皋陶冢也。楚人谓‘冢’为‘琴’矣”。“冢”是土堆，“种”是作成土堆覆盖着。这就说明，在当时的口语中，

以“琴”记音的某一个词，包含着有“土堆”以及“作成土堆覆盖起来”的意义。

⑤“爰有”句：《古今逸史》本及成化刊本《山海经》卷十八《海内经》作“爰有膏菽、膏稻、膏黍、膏稷”。

译文：92.1.1 《山海经》说：“广都的田野中，各种谷物自然成长，在冬天和夏天都能播琴。”郭璞注释说：“播琴，等于说播种，是方言土语。”

“又有膏稷、膏黍、膏菽。”郭璞注释说：“意思是这些东西味道好，像油脂一样滑润。”

92.1.2 《博物志》曰[①]：“扶海洲上有草[②]，名曰‘蒒’[③]；其实如大麦。从七月熟，人敛获，至冬乃讫。名曰‘自然谷’，或曰‘禹余粮’[④]。”

又曰：“地：三年种蜀黍，其后七年多蛇。”[⑤]

注释：①《博物志》：西晋张华编撰的一部博物学著作。共有十卷，分类记载了山川地理、异境奇物、神话古史、神仙方术等，多取材于古书，所记内容深受《山海经》的影响。原书已佚，今本由后人搜辑而成。

②扶海洲：古地名。地域大致为今江苏如东。

③蒒（shī）：草名。多年生草本，属莎草科，生海滨沙地。一名“禹余粮”。

④禹余粮：有同名异物三种。除蒒草外，百合科的麦冬和一种叫“石之余粮”的用于止血药的褐铁矿石也名“禹余粮”。

⑤地：三年种蜀黍，其后七年多蛇：《博物志》卷四“物理”中有一条“《庄子》曰：地三年种蜀黍，其后七年多蛇”。“《庄子》曰”三个字，如果不是后人搀进去的，便是张华作伪。蜀黍，这个名称不见于《博物志》以前的书。清训诂学家王引之所作《广雅疏证》以为是一种高粱。他说“蜀”即“独”，意思是特别大，并不指巴蜀地名。石按：承中国科学院植物研究所吴徵镒先生见告，这句应是“地节三年……”地节是汉宣帝的一个年号。《太平御览》卷八四二“黍”及九三四“蛇”所引，此处均作“地节三年”。

译文：92.1.2 《博物志》说：“扶海洲上，有一种草，名叫‘蒒’，它的种实，像大麦。从七月开始成熟，老百姓就去收获，要一直到冬天才收完。称为‘自然谷’，又称为‘禹余粮’。”

又说：“地节三年，种了蜀黍之后，此后的七年中，蛇多。”

稻

92.2.1　《异物志》曰[①]："稻，一岁夏冬再种，出交趾[②]。"

注释：①《异物志》：自东汉南海郡番禺（今广州海珠区下渡村）人杨孚撰写了中国第一部记述岭南新异物产和土著民风民俗的书籍《异物志》（又名《南裔异物志》《交州异物志》《交趾异物志》等）之后，以"异物志"为名的同类书籍又出现了二十余种。此处所引不能确定具体为哪一种《异物志》。

②交趾：泛指五岭以南的地区，包括今广东、广西大部和越南北部、中部。

译文：92.2.1　《异物志》说："稻，有一年中夏天冬天种两期的，出自交趾。"

92.2.2　俞益期笺曰[①]："交趾稻再熟也[②]。"

注释：①俞益期笺：笺，书信。《水经注》卷三六"温水"中，有："豫章俞益期，性气刚直，不下曲俗，容身无所，远适在南，与韩康伯书……"这大概就是《齐民要术》所引"俞益期笺"的来历。其信中关于稻的一节，有："九真太守任延，始教耕犁，俗化交土，风行象林。知耕以来，六百余年，火耨耕艺，法与华同。名'白田'，种白谷，七月大作，十月登熟；名'赤田'，种赤谷，十二月作，四月登熟——所谓'两熟之稻'也……"

②再：两次。

译文：92.2.2　俞益期通信中说："交趾稻一年成熟两次。"

92.3.1　《广志》曰[①]："梁禾，蔓生，实如葵子[②]。米粉白如面，可为饘粥[③]；牛食以肥。六月种，九月熟。"

注释：①《广志》：晋代郭义恭撰写的一部博物学著作，涉及农业物产、野生动物、香草药材、珠宝玉石、日用杂物、地理气候以及异族异俗等诸多方面。书已亡佚。作者生平不详。

②葵子：即一年生草本植物冬葵的种子，形状扁圆，可入药。

③饘（zhān）粥：比较稠的粥。

译文：92.3.1　《广志》说："梁禾，蔓延生长，结的种实像冬葵子。米舂成粉，像面一样白，可以煮成粥吃；牛吃了肥得快。六月播种，九月成熟。"

92.3.2　"感禾[①]，扶疏生[②]，实似大麦。"

注释：①感禾：结实像"薏苡"的禾。可能是薏苡属的"川谷"。石按：陶宏景《名医别录》中记有：薏苡一名"赣米"，一名"赣珠"。"赣"，陶注："音感。"薏苡是早已知道的东西，相传东汉时马援曾从交趾带了一车薏苡回来，似乎应该不会另外再给它安上一个异名；因为此物与薏苡只是相似而并不相同，故称其为"感禾"。即"结实像gan的禾"。

②扶疏：枝叶伸张茂盛。

译文：92.3.2　"感禾，生长得枝叶茂盛，种实像大麦。"

92.3.3　"杨禾似藋[①]，粒细。左折右炊，停则牙[⑦]。此中国巴禾、木稷也[③]。"

注释：①藋（dí）：假借作"荻"字用。荻，长在水边的草本植物，叶子长形，像芦苇，秋天开紫花。藋，是藜，单子叶植物的禾不会像藜，但像芦荻却非常普通。因此可判定此处是假借作"荻"。

②牙：即"芽"。

③巴禾：一种高大的禾，神话传说中，它的种子结成后随即发芽，又可长成新植株，继续结实。木稷：即高粱。《广雅·释草》有"藋粱，木稷也"。

译文：92.3.3　"杨禾像荻，种仁细小。采下来立刻就要炊成饭，停留一下便发芽了。这是中国所产的'巴禾''木稷'之类。"

92.3.4　"大禾，高丈余，子如小豆，出粟特国[①]。"

注释：①粟特国：西域古国，即索格狄亚那。位于帕米尔以西，锡尔河和阿姆河之间，中心都市为撒马尔干，在今乌兹别克斯坦境内。汉代以来与我国多有经济和文化交往。汉文译作粟弋、属繇、苏薤、粟特等。

译文：92.3.4 “大禾，有一丈多高，种子像小豆一样大，产于粟特国。”

92.3.11 《山海经》曰[①]：“昆仑墟上[②]，有木禾[③]；长五寻[④]，大五围[⑤]。”郭璞曰：“木禾，谷类也。”

注释：①“《山海经》曰”以下几句：从这段开始至92.3.31与前面的内容不相连，是引用经传文献的，所以“节”的次序用两位数表示。

②昆仑墟：即昆仑山。地理上指西起帕米尔高原东部，横贯新疆、西藏间。伸延至青海境内，全长约2500公里的山。墟，大土山。“昆仑墟”郭璞注：“墟，山下基也。”

③木禾：这里的“木禾”，可能是上文“杨禾”之类，高大而子实可以作食物的一种禾本科植物——也许是野生的绒毛草（Holcus）。

④寻：古代以八尺为一寻。

⑤围：“围”作为量圆柱粗细的单位有两种标准：一种是“两手合抱”，一种是两手拇指与食指合拢的周长。本卷中所说的“围”，常指后一种标准。

译文：92.3.11 《山海经》说：“昆仑山上长有木禾，有四丈高，五围粗。”郭璞注释说：“木禾，属于谷类粮食作物。”

92.3.21 《吕氏春秋》曰[①]：“饭之美者，玄山之禾[②]，不周之粟[③]，阳山之穄[④]。”

注释：①《吕氏春秋》：战国末年秦国丞相吕不韦组织门客汇集先秦各派学说而编写的杂家著作。成书于秦王政八年（前239年）。本卷所引《吕氏春秋》大部分出自《孝行览》的“本味篇”，这篇虚构的伊尹答汤问，列举了许多好吃的东西。

②玄山：古代传说中的产嘉禾的山。

③不周：中国古代神话传说中的山名，据说在昆仑山西北面。《山海经·大荒西经》有“西北海之外，大荒之隅，有山而不合，名曰‘不周’……”郭璞注引《淮南子》曰：“昔者共工与颛顼争帝，怒而触不周之山。天维绝，地柱折，故今此山缺壊而不周匝也。”可见“不周山”是因山形残缺不合围而得名。

④阳山：指昆仑山之南。山的南面为阳，故称阳山。穄（jì）：不黏的黍，也叫糜子，可以做饭。

译文：92.3.21 《吕氏春秋》说：“饭食中味美的，有玄山的禾谷，不周山的小米，昆仑山南面的糜子。”

92.3.31 《魏书》曰[①]：“乌丸[②]，地宜青穄。”

注释：①《魏书》：这里所谓《魂书》是一部已佚的吏书，专记三国魏的史实的。魏晋时王沈等撰写。王沈，字处道，太原晋阳人。曾为晋司空。生年不详，卒于晋太始二年（266）。是魏晋著名的才子，政治家和史学家。

②乌丸：今本《三国志》多作“乌桓”。这里的“丸”，显然是南宋初年刻写时避宋钦宗赵桓的名讳，改作“丸”的。乌桓是中国古代民族之一。本是东胡族的一个支派，汉初，被匈奴赶到了今内蒙古地区的“乌桓山”下，因以山名为族号。两汉时，在山西、河北的长城以外，有过一段兴盛历史，曹操把他们打散后，曾迁大量乌桓人移民中原，后渐与汉民族融合。宋本《三国志·魏书》有《乌丸传》。

译文：92.3.31《魏书》记有：“乌丸国，土地宜于种青穄。”

麦

92.4.1 《博物志》曰：“人啖麦橡[①]，令人多力，健行。”

注释：①啖（dàn）：吃。麦橡：吴本《博物志》此条作：“啖麦稼……”而《太平御览·百谷二部》“麦”项所引，作“啖麦令人多力”。则此处是否的确是“麦橡”二字？还有疑问。麦橡究竟为何物？也费解。姑且视“麦橡”为麦子和橡子。橡子，是橡树的果实，可以做饭、做饼。

译文：92.4.1 《博物志》说：“吃了麦子、橡子，使人不易疲惫，行走有力。”

92.4.2 《西域诸国志》曰[①]：“天竺[②]，十一月六日为冬至，则麦秀；十二月十六日为腊，腊麦熟。”

注释：①《西域诸国志》：作者和年代不详，书已亡佚。胡立初考证曰：“《太平御览·经史图书纲目》载其目。卷中引有释道安《西域志》，殆即其书欤？”

②天竺：我国称印度的古名。

译文：92.4.2　《西域诸国志》说："天竺国，十一月初六是冬至，那时麦子吐穗；十二月十六日是腊日，腊日麦子成熟。"

92.4.3　《说文》曰[①]："麰，周所受来麰也[②]。"

注释：①《说文》：即《说文解字》，东汉许慎编纂的我国第一部字典。

②来麰（móu）：来为小麦，麰为大麦。相传是周武王时由火变成的乌携带来的。

译文：92.4.3　《说文》说："麰，就是周王朝接受的上天赐给的祥瑞麦子。"

豆

92.5.1　《博物志》曰："人食豆三年，则身重，行动难。恒食小豆，令人肌燥粗理[①]。"

注释：①肌：皮肤。理：纹理。

译文：92.5.1　《博物志》说："人连续吃三年豆子，就会身体沉重，行动困难。经常吃小豆，让人皮肤粗燥。"

东墙

92.6.1　《广志》曰："东墙[①]，色青黑，粒如葵子。似蓬草。十一月熟。出幽、凉、并、乌丸地[②]。"

注释：①东墙：据原西北师范学院孔宪武教授说，今甘肃河西还用沙蓬（Agriophyllum arenarum）的种子作粮食，也还称为"东墙"。

②幽、凉、并：幽州，包括今河北和辽宁西部；凉州，大部分属今天的甘肃；并州包括今山西的太原、大同和河北的保定、正定等地方。乌丸：亦作乌桓。为东胡族所建国。汉末为曹操所破后，居今嫩江之北。

译文：92.6.1　《广志》说："东墙，颜色青黑，米粒像葵的种子。植株像蓬草。十一月成熟。幽州、凉州、并州、乌丸国都出产。"

92.6.2　《河西语》曰[①]：“贷我东墙，偿我田粱[②]。”

注释：①《河西语》：胡立初考证：此书，《隋书·经籍志》未著录，但《太平御览·经史图书纲目》有《西河语》。其《百谷部》引《西河语》“贷我东蔷，偿我白粱”。河西，指今甘肃、青海两省黄河以西的地区，古亦称凉州。胡立初又分析：《齐民要术》历引青、齐旧谚语，因此怀疑“河西语”亦凉州谚语之类，或集谚语成书。或即载诸《西河旧事》。

②田粱：《渐西村舍》本作“白粱”，《玉函山房辑佚书》同。白粱，也叫白粱粟，是一种良种谷子。

译文：92.6.2　河西地区谚语说：“借去我的东墙，要还给我白粱。”

92.6.3　《魏书》曰[①]：“乌丸，地宜东墙，能作白酒。”

注释：①《魏书》：《三国志·魏书·乌丸传》裴松之注引《魏书》作：“乌丸者，东胡也。地宜青穄东墙。东墙似蓬草，实如葵子，至十月熟，能作白酒。”可见此条与92.3.31同样引自王沈的《魏书》。

译文：92.6.3　《魏书》说：“乌丸国，土地宜于种东墙，可以用来作白酒。”

果蓏

92.11.1　《山海经》曰：“平丘，百果所在[①]。”“不周之山，爰有嘉果，子如枣，叶如桃，黄花赤树[②]，食之不饥。”

注释：①平丘，百果所在：两明本《山海经·海外北经》，都是“平丘，在三桑东……百果所生”。据此，则《齐民要术》所引有错漏。平丘，古地名。据《山海经》所记，应在三桑东。三桑，传说中的三株桑树。其木长百仞，无枝。

②树：《山海经·西山经》作“柎”，此处作“树”似误。柎，花萼。

译文：92.11.1　《山海经》说：“平丘，各种果树都生长在那里。”“不周山上生长一种奇妙的果树，它结出的果实像枣子，叶子像桃树叶，开黄色的花，花萼是红色的，人吃了不会饥饿。”

92.11.2　《吕氏春秋》曰："常山之北①，投渊之上②，有百果焉，群帝所食。"群帝，众帝先升遐者③。

注释：①常山：即五岳中的北岳恒山，西汉时因避汉文帝刘恒的名讳曾改名为"常山"。

②投渊：从上句看应是古地名，但无法考证具体指何处。

③升遐：帝王去世的委婉说法。

译文：92.11.2　《吕氏春秋》说："常山的北边，投渊的上面，长着各种果实，是群帝享用的。"东汉高诱注释说："群帝，指已故的帝王们。"

92.11.3　《临海异物志》曰①："杨桃②，似橄榄，其味甜。五月、十月熟。谚曰：'杨桃无蹙。一岁三熟。'其色青黄，核如枣核。"

注释：①《临海异物志》：全名为《临海水土异物志》。三国时吴人沈莹撰写，一卷。是一部主要记述当时东南沿海地区物产风俗的方志书，涉及海物及谷果、虫禽等，兼及神异传说，还记载有迄今所知最早的台湾文献。原书已散佚，存有清人王谟等多种辑佚本。

②杨桃：可能就是酢浆草科的五敛子（Averrhoa carambola Linn.），又叫羊桃、阳桃，其果实两头尖，像橄榄。92.11.5的"杨榣"及92.94的"藨"与杨桃可能都是指同一植物。

译文：92.11.3　《临海异物志》记载说："杨桃，果实形状大略像橄榄，味甜。一年中五月、十月成熟两次。俗谚说：'杨桃不会荒，一年熟三场。'果实颜色绿而带黄，核像枣核。"

92.11.4　《临海异物志》曰："梅桃子，生晋安侯官县①。一小树，得数十石实；大三寸，可蜜藏之。"

注释：①晋安侯官县：晋安，郡名。西晋太康三年（282）设置，属扬州，后属江州。辖境相当于今福建东部及南部地区；侯官县是晋安郡的治所（今福建福州）。

译文：92.11.4　《临海异物志》说："梅桃子，产于晋安郡侯官县。一棵小树每年可以收几十石果子；果子三寸长，可以用蜜保藏。"

92.11.5　《临海异物志》曰："杨摇[①]，有七脊，子生树皮中。其体虽异，味则无奇。长四五寸，色青黄，味甘。"

注释：①杨摇（yáo）：据所描写的果实看，可能仍是"五敛子"。

译文：92.11.5　《临海异物志》说："杨摇，果实有七条棱；果实从树皮里生发出来。它的形体虽然这么特别，味道却没有什么奇异。有四五寸长，颜色黄绿色，味甜。"

92.11.6　《临海异物志》曰："冬熟[①]，如指大，正赤，其味甘，胜梅。"

注释：①冬熟：怀疑这前面原本还记有一个真正的果名，钞写中漏掉了。

译文：92.11.6　《临海异物志》说："冬天成熟，像手指大小，正红色，味甜，比梅子好吃。"

92.11.7　"猴闼子[①]，如指头大，其味小苦，可食。"

注释：①猴闼（tà）子：从这条起到92.11.14止的八条，《太平御览》卷974（果部十一）都注明引自《临海异物志》。

译文：92.11.7　"猴闼子，像手指头大小，有点苦味，可以吃。"

92.11.8　"关桃子，其味酸。"

译文：92.11.8　"关桃子，它的味是酸的。"

92.11.9　"土翁子，如漆子大，熟时甜酸，其色青黑。"

译文：92.11.9　"土翁子"像漆树的果子那么大，熟时甜中带酸，颜色绿而发黑。"

92.11.10　"枸槽子，如指头大，正赤，其味甘。"

译文：92.11.10　"枸槽子，像指头大，正红色，味甜。"

92.11.11 “鸡橘子①，大如指，味甘。永宁界中有之②。”

注释：①鸡橘子：即鼠李科的“枳椇”（Hovenia dulcis Thunb.），古书中有“枝枸”“枳椇”“枳句”“稽椇”等写法，“鸡橘”可能只是一个记音词。苏轼文集中，还记有当时蜀中俗名“鸡距子”“鸡爪子”等，多少带有一些描绘形状的意味，而读着都和“枳椇”“鸡橘”相去不远。

②永宁：东汉建置的县，治所在今浙江永嘉。

译文：92.11.11 “鸡橘子，像手指大，味甜。永宁县地界内出产。”

92.11.12 “猴总子①，如小指头大，与柿相似，其味不减于柿。”

注释：①猴总子：怀疑是乌木（Diospyros ebenum Koenig）或其他同属植物。这属植物，在五岭南北，分布颇为广泛。

译文：92.11.12 “猴总子①像小指头大，形状和柿子相像，味道也不比柿子差。”

92.1 1.13 “多南子①，如指大，其色紫，味甘，与梅子相似，出晋安。”

注释：①多南子：杜宝《大业拾遗录》载有隋代俗名“都念子”的一种野果，刘珣《岭表录异》改记为“倒捻子”，并且说“食之必倒捻其蒂，故谓之‘倒捻子’，讹为‘都念子’也”。所谓“都念”或“倒捻”，也都是记音，怀疑“多南”也只是同一植物。依刘殉的记载，这植物和杜宝所说很相像，也与《临海异物志》所说的相似，可能就是“桃金娘”（Rhodomyrtus tomentosa）。

译文：92.11.13 “多南子，像手指大，颜色紫，味甜，和梅子相像，产于晋安郡。”

92.11.14 “王坛子，如枣大，其味甘。出侯官，越王祭太一坛边有此果①。无知其名，因见生处，遂名‘王坛’。其形小于龙眼，有似木瓜。”

注释：①越王祭太一：越王，即闽越王无诸，为越王勾践的后裔。越国解体后，无诸移居闽地。汉代初年受封为闽越王，建都在冶城。冶城就是东汉以后的侯官，今天的福建福州。太一，相传为最尊贵的天神。

译文：92.11.14　“王坛子，像枣一样大，味甜。产于侯官，越王祭太一神的神坛边上，有这种果子。没有人知道名称，因为见到它生出的地方，就把它称为‘王坛’。它的果实比龙眼小，形状像木瓜。”

92.11.15　《博物志》曰：“张骞使西域，还，得安石榴、胡桃、蒲桃[1]。”

注释：①安石榴：即石榴。因产于安息国，故有此称。

译文：92.11.15　《博物志》说：“张骞出使西域，回来时带来了安石榴、胡桃、蒲桃。”

92.11.1 6　刘欣期《交州记》曰[1]：“多感子，黄色，围一寸。”

注释：①刘欣期《交州记》：刘欣期是东晋末南朝宋初时江南的人，所著《交州记》主要记述今越南中、北部和中国广西、广东部分地区的地理、物产、风俗等，书已亡佚。92.11.16—92.11.18，似乎都是引自《交州记》的。

译文：92.11.16　刘欣期《交州记》说：“多感子，黄色，周围一寸。”

92.11.17　“蔗子[1]，如瓜，大亦似柚。”

注释：①蔗子：“蔗”字可能是记音的字，也就是“樝”。榠樝是“木瓜”一类的果实，所以说“如瓜”；有很大的，味也颇酸，所以说“似柚”。另一方面，也可以怀疑“蔗”是“藨（pāo）”字写错。柚子（Citrus maxima）中有一个圆球形而味酸的品种，在四川、贵州、广西、湖南（南部）都称为“pāo子”。蔷薇科悬钩子属（Rubus）的“藨”，在这些地方，也常常称为“pāo子”。用“藨”字来记酸味圆柚子的名，也很可能。

译文：92.11.17　“蔗子，像瓜，也像柚子那么大。”

92.11.18　“弥子，圆而细，其味初苦后甘，食皆甘果也。”

译文：92.11.18　“弥子，圆而细，初吃时味苦，后来变甜，吃起来都是甘美的果子。”

92.11.19　《杜兰香传》曰[1]：“神女降张硕[2]，常食粟饭，并有非时果。味亦不甘，

但食，可七八日不饥。”

注释：①《杜兰香传》：记述汉代神女杜兰香和张硕恋爱传说故事的传记，相传作者是东晋时的曹毗。

②降：下嫁。从前皇家的女儿和平民结婚，称为“降”，意思是她的尊严暂时减低了。神女和“凡人”恋爱，也是暂时减低尊严的事，所以也称为“降”。

译文：92.11.19 《杜兰香传》说：“神女杜兰香下嫁张硕，常常吃糙米饭，同时还有与时令不合的水果。这些水果味道也不甜，但只要吃了，就会七八天不感到饥饿。”

枣

92.12.1 《史记·封禅书》曰：“李少君尝游海上①，见安期生②，食枣大如瓜③。”

注释：①李少君：汉代方士，以长生不老等神仙方术骗得一心想长生不老的汉武帝的信任。海上：指海中和海边的地方。战国以来，人们相信东海中有着神仙居住的三个岛——所谓蓬莱、方丈、瀛洲这三个“三神山”。据说秦始皇就派人去追寻过；汉武帝听信了李少君的谎话，也派人去寻找神山里的“不死药”。

②安期生：李少君所说的秦时的仙人，相传在海边卖药，人称“千岁公”。秦始皇曾召见他。

③食（sì）：给人东西吃。

译文：92.12.1 《史记·封禅书》说：“李少君曾经在海上漫游，见到神仙安期生，安期生给他吃的枣有瓜那么大。”

92.12.2 《东方朔传》曰①：“武帝时，上林献枣②。上以杖击未央殿槛③，呼朔曰：‘叱叱，先生来！来！先生知此箧里何物④？’朔曰：‘上林献枣四十九枚。’上曰：‘何以知之？’朔曰：“呼朔者，上也；以杖击槛，两木，林也；朔来来者，枣也⑤；叱叱者，四十九也。’上大笑。帝赐帛十匹。”

注释：①《东方朔传》：托名汉代郭宪撰写的记述东方朔事迹的传记。不是《汉书》中的《东方朔传》。原书已佚。东方朔，汉武帝时大臣，善于辞赋，言词敏捷，滑稽诙谐，常在武帝前谈笑取乐。

②上林：指上林苑，是汉武帝在秦代旧苑基础上扩建而成的宫苑。规模宏大，功能多样，地跨今陕西蓝田、长安、户县、周至、兴平五个县和西安、咸阳的两个市区。

③槛：直立的许多并排的小木柱，也就是栏杆。

④箧（qiè）：小箱子。

⑤来来者，枣也：古代“枣”字有一种写法是由繁体的“來”字上下重叠构成，所以东方朔这么说。

译文：92.12.2 《东方朔传》说：“汉武帝时，上林苑进献枣子给皇上。皇上用木棍击打未央宫殿前的栏杆，呼叫东方朔说：‘叱叱，先生来！来！先生知道这小箱子里是什么东西吗？’东方朔回答：‘上林苑进献了四十九颗枣子。’皇上说：‘你凭什么知道的？’东方朔回答：‘呼叫我的，是“上”：用木棍击打宫殿的木栏杆，是两木相碰击，两木就是“林”；让我来来，两个“来”字上下重叠就是“枣”；叱叱就是七七，相乘得四十九。’皇上大笑。赏赐给他十匹绸缎。”

92.12.3 《神异经》曰[①]：“北方荒内，有枣林焉。其高五丈，敷张枝条一里余。子长六寸，围过其长；熟，赤如朱[②]，干之不缩；气味甘润，殊于常枣。食之可以安躯益气力。”

注释：①《神异经》：旧题汉代东方朔撰，是一部模仿《山海经》而创作的志怪小说集。原书已佚，今本是汇集唐宋类书所引逸文而成。

②朱：“朱砂”的简称。朱砂，又名丹砂，是一种提炼汞的红色矿石。

译文：92.12.3 《神异经》说：“北方荒远的地方有一片枣树林。树高五丈，枝条伸展有一里多远。枣子竖长六寸，横宽周长超过竖长；成熟时红得像朱砂，晒干后也不缩小；气味甘甜滋润，与通常的枣子不一样。吃了这种枣子可以调适身体，增加气力。”

92.12.4 《神仙传》曰[①]：“吴郡沈羲[②]，为仙人所迎上天。云天上见老君，赐羲枣二枚，大如鸡子。”

注释：①《神仙传》：东晋著名道教学者葛洪撰写的神仙传记集。这一条，《神仙传》中曾说明沈羲是说谎的。

②吴郡：古郡名。东汉时设置，治所在今江苏苏州。

译文： 92.12.4 《神仙传》说："吴郡人沈羲，被仙人迎到了天上。说在天上见到老君，老君赐给他两颗枣，有鸡蛋那么大。"

92.12.5 傅玄赋曰①："有枣若瓜，出自海滨；全生益气，服之如神。"

注释： ①傅玄赋：傅玄是西晋初年著名的文学家、思想家、政治家，此处所引，出自其《枣赋》。

译文： 92.12.5 傅玄《枣赋》说："有枣如瓜大，产于大海边；养生增力气，吃了如神仙。"

桃

92.13.1 《汉旧仪》曰①："东海之内，度朔山上，有桃，屈蟠三千里。其卑枝间曰'东北鬼门'④，万鬼所出入也。上有二神人：一曰'荼'，二曰'郁櫑'，主领万鬼，鬼之恶害人者，执以苇索④，以食虎。黄帝法而象之，因立桃梗于门④，上画荼、郁櫑，持苇索以御凶鬼；画虎于门，当食鬼也。"櫑音垒⑤。《史记》注作"度索山"⑥。

注释： ①《汉旧仪》：东汉卫宏撰。因该书记载了许多汉代官制，后人又称为《汉官旧仪》。原书四卷，今本《汉官旧仪》二卷系残本。

②其卑枝间曰"东北鬼门"：根据东汉王充《论衡·订鬼》引《山海经》、蔡邕《独断》卷上等，此句语序本应为"其卑枝间东北曰'鬼门'"。

③执以苇索：用苇草做的绳索捆绑。执，通"絷（zhí）"，捆绑。苇索，用苇草编成的绳索。

④桃梗（gěng）：用桃木刻制的木偶，古代用以避邪。

⑤櫑音垒：这三个字应与下面"《史记》注，作度索山"一样，是小字夹注。依《齐民要术》其他各处体例，这个注应在本节前面"二曰郁櫑"的"櫑"字下面。

⑥《史记》注作"度索山"：指《史记·五帝本纪》南朝宋裴骃《集解》引《海外经》："东海中有山焉，名曰度索。"这个注应在前面度朔山的"山"字下面。此句和上一句注音疑是后人加的注语。

译文：92.13.1　《汉旧仪》说："东方海里的度朔山上有一棵大桃树，盘曲延伸三千里。桃树东北的低矮树枝之间有'鬼门'，是各种鬼出入的地方。门上有两个神人：一个叫'荼'，一个叫'郁櫑'，他们主管群鬼，一旦发现祸害人的鬼，就用苇草做的绳索捆绑他们，拿来喂老虎。黄帝加以效法模仿，于是在门侧竖立桃木雕刻的人，门上画上荼和郁櫑二神，让他们手拿苇草绳索来抵御害人的鬼；又在门上画老虎，准备着吃鬼。"櫑，读音同"垒"。《史记》裴骃《集解》注作"度索山"。

92.13.2　《风俗通》曰[①]："今县官以腊除夕[②]，饰桃人，垂苇索，画虎于门，效前事也。"

注释：①《风俗通》：全名《风俗通义》，东汉应劭著，是研究古代风俗和鬼神崇拜的重要著作。据胡立初考证，此书自唐以来历有散佚，至宋而仅存三之一也。

②县官：实指官府。腊：农历十二月。

译文：92.13.2　《风俗通》说："现今官府于腊月三十日，在门口立着桃木雕饰的人，悬挂苇草编成的绳索，在门上画上老虎，这是效仿过去的事。"

92.13.3 《神农经》曰[①]："玉桃，服之长生不死。若不得早服之，临死日服之，其尸毕天地不朽。"

注释：①《神农经》：书已佚，作者、年代不详。从他书引用的文字看，《神农经》和《神农本草经》内容十分相近，都是记载药物学知识的古代文献。该书是否就是《神农本草经》的简称，还不能确定。《太平御览·经史图书纲目》（即引用书名总目）中，《神农经》列在道藏里面。这里引用的一条，则完全是神话式的道藏。

译文：92.13.3 《神农经》说："玉桃，吃下后会长生不老。如果不能早日服用，临死的那一天吃下去，尸体与天地一样长久，不会腐坏。"

92.13.4 《神异经》曰："东北有树，高五十丈，叶长八尺，名曰'桃'。其子径三尺二寸，小核，味和，食之令人短寿。"

译文：92.13.4 《神异经》说："东北方有一种树木，五十丈高，树叶八尺长，名叫'桃'。果子直径有三尺二寸，果核小，味道适口，吃后让人短寿。"

92.13.5 《汉武内传》曰[①]："西王母以七月七日降[②]。令侍女更索桃。须臾，以玉盘盛仙桃七颗，大如鸭子，形圆，色青，以呈王母。王母以四颗与帝，三枚自食。"

注释：①《汉武内传》：旧题汉班固撰，今天一般认为是魏晋间士人伪托所作。主要记述汉武帝求仙问道的经历。

②西王母：俗称王母娘娘，相传是天上最尊贵的女仙，后来成为道教敬奉的最高女神。

译文：92.13.5 《汉武内传》说："西王母在七月七日下凡。让侍女另外取来桃子。不一会儿，侍女用玉盘端来七个仙桃，像鸭蛋那么大，形状圆圆的，颜色青绿，把它呈送给西王母。西王母拿了四个送给汉武帝，留下三个自己吃。"

92.13.6 《汉武故事》曰[①]："东郡献短人[②]，帝呼东方朔。朔至，短人因指朔谓上曰：'西王母种桃，三千年一著子；此儿不良，以三过偷之矣[③]。'

注释：①《汉武故事》：旧题汉班固撰，今天一般认为是魏晋间士人伪托所作。主要记载汉武帝为求长生不老而求仙问道的传闻佚事。

②东郡：郡名。秦时设置，汉因之，大约在今河南东北部和山东西部部分地区。

③以：通“已”。

译文：92.13.6 《汉武故事》说：“东郡送来一个矮人，汉武帝叫东方朔来。东方朔到之后，矮人就指着东方朔对汉武帝说：‘西王母种的仙桃，三千年才结一次果子；这个小子存心不善，已经偷过三次了。’”

92.13.7 《广州记》曰[①]：“庐山有山桃，大如槟榔，形色黑而味甘酢[②]。人时登采拾，只得于上饱啖，不得持下，迷不得返[③]。”

注释：①《广州记》：《太平御览》卷967引出自裴渊《广州记》。裴渊，晋、宋间人，所著《广州记》主要记载岭南地区的物产、风俗等。

②形：《太平御览》卷967引作“形亦似之，色黑而味甘酢”，文意较顺。酢（cù）：酸。

③迷不得返：《太平御览》卷967引作“下辄迷不得返”，文意较佳。

译文：92.13.7 裴渊《广州记》说：“庐山上有山桃，像槟榔那么大，形状也像槟榔，颜色黑，味道甜中带酸。有人时常上山采摘拾取，但只能在山上饱吃一顿，不能拿下山，如果拿下山就会迷路回不了家。”

92.13.8 《玄中记》曰[①]：“木子大者，积石山之桃实焉[②]，大如十斛笼[③]。”

注释：①《玄中记》：旧题东晋郭璞撰写的地理博物类志怪小说。石按：实为假托郭璞所作。主要记载远古神话、精怪故事、地理山川、动物植物、远国异民等。

②积石山：在今青海东南部，延伸至甘肃南部边境，为昆仑山脉中支。

③斛（hú）：古代容量单位，十斗为一斛。

译文：92.13.8 《玄中记》说：“树木中果实大的，有积石山的桃子，像装十斛东西的竹笼那么大。”

92.13.9 《甄异传》曰[①]：“谯郡夏侯规[②]，亡后见形还家。经庭前桃树边过，曰：‘此桃我所种，子乃美好！’其妇曰：‘人言亡者畏桃，君不畏邪？’答曰：“桃东南枝长二尺八寸向日者，憎之；或亦不畏也。”

注释：①《甄异传》：东晋戴祚撰写的一部志怪小说，已亡佚。

②谯郡：郡名。东汉设置，故治在今安徽亳州。夏侯规：《艺文类聚》卷86、《太平御览》卷967、《太平广记》卷325所引皆作“夏侯文规”。

译文：92.13.9 《甄异传》说：“谯郡人夏侯规，死后显出原形回到家中。从院子里的桃树旁边经过，就说：‘这棵桃树是我栽种的，桃子竟然结得这么好！’他的妻子说：‘人们都说死去的人害怕桃树，你不害怕吗？’夏侯规回答说：‘桃树东南方二尺八寸长朝着太阳的树枝，我很厌恶，但不一定害怕。’”

92.13.10 《神仙传》曰：“樊夫人与夫刘纲[1]，俱学道术，各自言胜。中庭有两大桃树，夫妻各咒其一[2]。夫人咒者，两枝相击；良久，纲所咒者，桃走出篱。”

注释：①樊夫人：道教传说中的女仙，丈夫为县令，两人都精于道教法术。

②咒：迷信传说中，某个人以特殊的神秘力量，默诵或朗诵某些言语，便可以发生意念中的效果。这些语言和诵读，称为咒，也称“祝”。也专指古代的僧人、道术之士等自称可以驱鬼降妖的口诀。他们施行法术时，口中对人或物念念有词，以表达控制的意愿。

译文：92.13.10 《神仙传》说：“樊夫人与丈夫刘纲一起学习道教法术，各自说自己比对方强。庭院中有两棵大桃树，夫妻各自对其中一棵发咒愿。樊夫人一用咒语，两棵桃树就相互击打；过了好一会儿，刘纲施咒的桃树逃到了篱笆外面。”

李

92.14.1 《列异传》曰[1]：“袁本初时[2]，有神出河东，号‘度索君’[3]。人共立庙。兖州苏氏[4]，母病，祷。见一人，著白单衣，高冠，冠似鱼头，谓度索君曰：‘昔临庐山下，共食白李，未久，已三千年。日月易得，使人怅然！’去后，度索君曰：“此南海君也。’”

注释：①《列异传》：魏晋时人撰写的一部记述神仙鬼怪故事的小说集，作者假托为三国魏文帝曹丕，一说为西晋张华。

②袁本初：即东汉末大军阀袁绍，字本初。

③度索君：道教中的一个神仙，即度朔山的君长。

④兖州：东汉十三州之一，所辖范围在今山东西部及河南东部。

译文：92.14.1 《列异传》说："袁绍统治时期，有一个神在河东出现，叫'度索君'。人们共同为他建了庙。兖州一个姓苏的人，因母亲生病，到庙中求福。看见一人，穿白色单衣，戴高帽子，帽子像鱼头，对度索君说：'往昔到庐山下，我们一起吃白色李子，感觉时间不长，却已经过了三千年。时光过得太快，让人不禁伤感！'此人离开后，度索君说：'这是南海君。'"

梨

92.15.1 《汉武内传》曰："太上之药，有玄光梨。"

译文：92.15.1 《汉武内传》说："最上等的仙药中，有玄光梨。"

92.15.2 《神异经》曰："东方有树，高百丈，叶长一丈，广六七尺，名曰'梨'。其子径三尺，割之，瓤白如素，食之为地仙[①]，辟谷[②]，可入水火也。"

注释：①地仙：住在人间的神仙，与"天仙"相对。

②辟（bì）谷：即不吃饭可以不饿。辟，同"避"。

译文：92.15.2 《神异经》说："东方有一种树木，树高一百丈，树叶一丈长，六七尺宽，名叫'梨'。果子直径有三尺，剖开，果肉像丝绢一样洁白，吃后会成为人间的神仙，不吃粮食也不饿，能入水不沾湿，入火不被烧。"

92.15.3 《神仙传》曰："介象[①]，吴王所征[②]，在武昌[③]，速求去[④]，不许。象言病，以美梨一奁赐象[⑤]。须臾，象死，帝殡而埋之。以日中时死，其日晡时到建业[⑥]，以所赐梨付守苑吏种之。后吏以状闻，即发象棺，棺中有一奏符。"

注释：①介象：三国吴会稽人，字元则。通五经百家之言，阴修道法。据传能隐形变化，历试神仙幻术，往往奇中。吴王征至武昌，甚尊敬之。称为介君。

②吴王：指三国时吴国君主孙权。

③武昌：三国时孙权称帝前建都的地方，在今湖北鄂州。

④速：怀疑是同音的“数”（作“屡屡”解）字写错。《艺文类聚》卷86、《太平御览》卷551所引都作“连”，可从。连，连续，多次。

⑤匳（lián）：本写作“籨”，一般都写作“奁”，是盖与底相连的小匣子。

⑥晡（bū）时：即午后三时至五时。《广韵》：“晡，申时。”建业：三国时孙权称帝后建都的地方，即今江苏南京。

译文：92.15.3 《神仙传》说：“介象被吴王召到武昌，多次请求离开，没被允许。介象就称病要走，吴帝将一小箱非常好的梨子赐给介象。不一会儿，介象死去，吴帝为他停放灵柩，把他埋葬了。介象在正午时死，当天下午四点左右就到了建业，拿吴帝赐给他的梨子交给守园林的官吏栽种。后来这个官吏把情况上报给吴帝，吴帝下令马上打开介象的棺材，里面只有一张上奏的天符。”

柰①

92.16.1 《汉武内传》：“仙药之次者，有圆丘紫柰，出永昌②。”

注释：①柰（nài）：与林檎同类，又称为“花红”“沙果”。

②永昌：郡名。东汉时设置，在今云南保山东北。

译文：92.16.1 《汉武内传》说：“次等的仙药，有圆丘的紫柰，产于永昌。”

92.17.1 《异苑》曰①：“南康有蓂石山②，有甘、橘、橙、柚③。就食其实，任意取足；持归家人啖，辄病，或颠仆失径。”

注释：①《异苑》：南朝宋刘敬叔撰写的一部志怪小说集，书中记述的多为民间流传的奇闻怪事。

②南康：郡名。晋代设置，在今江西赣州附近。

③甘：这个“甘”字，不是一般的指味道的“甜美”，而是一种果实的专名。后来写作“柑”。所指植物，是柑橘属（Citrus）中的一种，大概就是Citrus reticulata Blanco.，或相近的东西。

译文：92.17.1　《异苑》说："南康郡的萋石山有柑子、橘子、橙子、柚子。到山上去吃果实，可以随意摘取来吃够；如果拿回去家里人吃，家人就会生病，或是跌落迷路。"

92.17.2　郭璞曰[①]："蜀中有'给客橙'，似橘而非，若柚而芳香。夏秋华实相继，或如弹丸，或如手指，通岁食之。亦名'卢橘'。"

注释：①郭璞曰：郭璞的这段话，见于《史记·司马相如列传》裴骃《集解》引郭璞对司马相如《上林赋》"卢橘夏熟"一句的注解。

译文：92.17.2　郭璞说："四川有一种'给客橙'，像橘但不是橘，像柚却又很芳香。从夏季到秋季，一直开花结果。果实有的浑圆像弹丸，有的长圆像手指。一年到头，都可以吃。也称为'卢橘'。"

橘

92.18.1　《周官·考工记》曰[①]："橘逾淮而北[②]，为枳，此地气然也。"

注释：①《周官·考工记》：《周官》即《周礼》，西周时周公旦著，是儒家的主要经典之一，主要记载上古时期的政治经济制度。《考工记》记载了先秦大量的官营手工业生产技艺以及生产管理和营建制度，是我国现存最早的手工业技术文献。西汉时《周官》缺"冬官"一篇，于是就用内容相近的《考工记》补足。

②逾淮而北：即越过淮水，向北方移栽。许多书都将这句误引为"化为枳"（"枳"是Poncirus trifoliata Raf.，也称为枸橘或铁篱刺）。其实"化为枳"的"化"字应是"北"字。

译文：92.18.1　《周官·考工记》说："橘树，移栽到淮河以北的地方，就变成了枳树，这是地气不同产生的结果。"

92.18.2　《吕氏春秋》曰："果之美者，江浦之橘[①]。"

注释：①江浦：长江之滨。

译文：92.18.2　《吕氏春秋》说："果实中味美的，有长江边上的橘子。"

92.18.3 《吴录·地理志》曰①："朱光禄为建安郡②，中庭有橘。冬月，于树上覆裹之；至明年春夏，色变青黑，味尤绝美。《上林赋》曰③：'卢橘夏熟'，盖近于是也。"

注释：①《吴录·地理志》：《吴录》，晋张勃撰，三十卷。似乎到隋代此书已散佚（《隋书·经籍志》中没有记载）。《地理志》应是该书中的一篇。但唐玄宗时的徐坚所著《初学记》，仍引有"张勃《吴录》"，也就是现在这一条。

②朱光禄：生卒年不详。曾为建安郡郡守。建安郡：郡名。三国吴孙策时设置，在今福建建瓯一带。

③《上林赋》：西汉辞赋家司马相如的代表作，描绘了上林苑宏大的规模以及汉天子在其中狩猎的盛大场面。

译文：92.18.3 《吴录·地理志》说："朱光禄作建安郡郡守，住宅庭院中有橘树。冬季几月里，把树上的橘子果实盖着包裹起来；到了明年春夏天，橘子变成了黑绿色，味道极其美妙，比秋冬还要好得多。《上林赋》说：'卢橘夏熟'，大概就和这种情形相近似。"

92.18.4 裴渊《广州记》曰①："罗浮山有橘②，夏熟，实大如李，剥皮啖则酢，合食极甘③。又有'壶橘'，形色都是甘，但皮厚，气臭，味亦不劣④。"

注释：①裴渊《广州记》：据胡立初考证：裴渊为东晋时人。书已亡佚。

②罗浮山：中国道教名山之一，位于今广东惠州博罗境内。

③剥皮啖则酢，合食极甘：由上句"实大如李"和这两句看来，可能是指"金橘"（Citrus nobilis Lour.var.microcarpa Hassk）的。

④不劣：在"皮厚气臭"句下面接"亦不劣"，不大合一般习惯；因此怀疑"不"字是"下"字缠错。

译文：92.18.4 裴渊《广州记》说："罗浮山有橘，夏天成熟，果实像李一样大小，剥掉皮吃是酸的，连皮一并吃就很甜。又有'壶橘'，形状、颜色都和柑子一样；不过皮厚些，气味带臭，味道也不坏。"

92.18.5 《异物志》曰①："橘树，白花而赤实，皮馨香，又有善味。江南有之，不生他所[2]。”

注释：①《异物志》：《隋书·经籍志》录《异物志》一卷，注云：“后汉仪郎杨孚撰。”皆记江南及交趾、九真诸郡之物。书已亡佚。

②不生它所：这一段《异物志》可能正是嵇含《南方草木状》的来源。《南方草木状》有：“橘，白华赤实，皮馨香，有美味。自汉武帝，交趾有‘橘长官’一人，秩二百石，主贡御橘。吴黄武（孙权年号），交趾太守士燮，献橘。十七实同一蒂，以为瑞异；群臣毕贺。”

译文：92.18.5　《异物志》说：“橘树，花是白的，果实红色，果皮芳香，又有佳妙的味道。只在江南有，其他地方不生长。”

92.18.6　《南中八郡志》曰[1]：“交趾特出好橘，大且甘。而不可多啖，令人下痢。”

注释：①《南中八郡志》：西晋魏完著，书已亡佚。南中，古地区名，范围包括今云南、贵州两省及四川南部。据胡立初考证分析：南中本古西南夷地。自汉武帝始内属为郡。八郡有：犍为、牂牁、越嶲、益州、永昌、朱提、建宁、兴古。魏灭蜀，得南中八郡，后又得交趾、郁林、日南三郡。魏末晋初，以南中八郡合交趾、郁林、日南三郡之地而为之志。

译文：92.18.6　《南中八郡志》说：“交趾特产，有很好的橘子，又大又甜。但不可吃得太多，吃多了会使人腹泻。”

92.18.7　《广州记》曰：“卢橘，皮厚，气、色、大如甘，酢多。九月正月□色[1]；至二月，渐变为青；至夏，熟。味亦不异。冬时，土人呼为‘壶橘’。其类有七八种，不如吴会橘[3]。”

注释：①□色：空白处，明钞只一格，金钞是两格。依文义推寻，空一格所缺是“黄”或“赤”字；两格应是“黄赤”二字。

②吴会：吴郡与会稽郡。

译文：92.18.7　《广州志》说：“卢橘，果皮厚，香气、颜色、大小都和柑子一

样，不过酸的多。九月到正月，是黄色的；到二月渐渐变成绿色；到夏天，就成熟了。味道没有什么奇异。冬天的时候，本地人称为‘壶橘’。相类似的一共有七八种，都没有吴、会的橘子好。”

甘

92.19.1 《广志》曰：“甘有二十一种。有成都平蒂甘②，大如升，色苍黄。犍为南安县③，出好黄甘。”

注释：①甘：本目中所有的“甘”字与92.17.1的“甘”字一样，都不是指味道的甜美，而是一种果实的专名；后来写作“柑”。

②成都：三国时蜀国都城。在今四川成都，与广都、新都号为三都。

③犍为：西汉置犍为郡，包括今四川犍为、宜宾等地区。南安：秦时置县，属蜀郡。西汉时是犍为郡的属县，在今四川夹江。

译文：92.19.1 《广志》说：“柑共有二十一种。有成都出的平蒂柑，有一升（约200毫升）大小，颜色灰黄。犍为郡南安县，出产好的黄柑。”

92.19.2 《荆州记》曰①：“枝江有名②。宜都郡旧江北有甘园③，名‘宜都甘’。”

注释：①《荆州记》：六朝时，以《荆州记》命名的书有五种，因此处未标明著者姓名，故不知所引为哪一种。

②枝江：县名。汉代设置，故治在今湖北枝江东。有名：《太平御览》卷966引作“有名甘”，《渐西村舍》本据此加一个“甘”字是合理的。

③宜都郡：三国时蜀设置的郡，故治在今湖北宜都西北。

译文：92.19.2 《荆州记》说：“枝江有出名的柑。宜都郡旧时江北，有柑园，出产有名的‘宜都柑’。”

92.19.3 《湘州记》曰①：“州故大城内有陶侃庙②，地是贾谊故宅③。谊时种甘，犹有存者。”

注释：①《湘州记》：记载湘州地理的《湘州记》，书已亡佚。据胡立初考证，应成书在东晋义熙八年复立湘州之后。有庾仲雍、郭仲彦、甄烈、无名氏等所著的四种，这里引用的不知是哪一种。湘州，东晋时设置，州治在今湖南长沙。

②陶侃（259—334）：字士行。侃，即“侃”。陶侃，东晋著名大臣，鄱阳（今江西鄱阳）人，为东晋政权的稳固立下赫赫战功。

③贾谊（前200—前168）：西汉初年著名的政治家、思想家、文学家，洛阳（今河南洛阳）人。其政论文《过秦论》《陈政事疏》等在历史上有很高的地位；辞赋《吊屈原赋》《鹏鸟赋》《旱云赋》等传世。

译文：92.19.3 《湘州记》说：“湘州旧的大城内有陶侃庙，庙址是贾谊原来的住宅。贾谊在世时种的柑，还有留存的。”

92.19.4 《风土记》[①]：“甘，橘之属，滋味甜美特异者也。有黄者，有赪者[②]，谓之‘壶甘’。”

注释：①《风土记》：三国时吴国人周处撰写，是一部记述地方风俗的著作。

②赪（chēng）者：赪，红色。《太平御览》卷966引这两个字重出。重出之后，下面一个“赪者”作为“谓之壶甘”的主语，意义更显豁。

译文：92.19.4 《风土记》说：“柑是橘类，不过滋味甜美特别突出。有黄的，有赭红色的，赭红色的称为‘壶柑’。”

柚

92.20.1 《说文》曰：“柚，条也，似橙，实酢[①]。”

注释：①实：今本各种《说文》都作“而”，《尔雅》郭璞注才是“似橙，实酢”。

译文：92.20.1 《说文》说：“柚就是条，像橙子，果实味酸。”

92.20.2 《吕氏春秋》曰：“果之美者，云梦之柚[①]。”

注释：①云梦：古地区名。是先秦时楚王狩猎区的泛称，包括江汉平原及其周边部分

丘陵地区。

译文：92.20.2 《吕氏春秋》说："果实中美味的，有云梦的柚子。"

92.20.3 《列子》曰[①]："吴楚之国，有大木焉，其名为'櫾'音柚[②]，碧树而冬青。生实，丹而味酸；食皮汁，已愤厥之疾[③]。齐州珍之[④]。渡淮而北，化为枳焉。"

注释：①《列子》：古代道家的重要典籍，战国时郑国列子著。今本八卷，内容多为民间故事、寓言和神话传说。《列子》早已失传。据胡立初考证，晋南渡后，由张湛搜集整理成书。南朝传播的《列子》便是这个版本。列子，即列御寇，又名圄寇。战国前期思想家，是老子和庄子之外的又一位道家思想代表人物，事迹已不可考。

②櫾（yòu）：果木名，即柚。古代指大果柚和部分橙类。

③已：使病愈，医治。愤厥：因愤气郁结而造成的突然晕倒。

④齐州：指中原地区。《尔雅·释地》"齐州"邢昺疏："齐，中也。中州，犹言中国也。"

译文：92.20.3 《列子》说："吴和楚的地方，有一种大树，名为'櫾'音柚；树皮深色，冬天不落叶。生出的果实，土红色，味是酸的；吃它的皮和汁，可以医治因愤气郁结、懑闷而昏厥的病。中原的人很珍视它。移到淮河北面，就变成了枳树。"

92.20.4 裴渊记曰[①]："广州别有柚，号曰'雷柚'[②]，实如升大。"

注释：①裴渊记：即裴渊所著《广州记》。

②雷柚："雷"字应作"镭"，即"罍"字，是一种容量颇大的盛酒的瓦器或铜器。镭柚是颇大的柚。

译文：92.20.4 裴渊《广州记》说："广州另有一种柚，名叫'雷柚'，果实像升那么大。"

92.20.5 《风土记》曰："柚，大橘也，色黄而味酢。"

译文：92.20.5 《风土记》说："柚是大形的橘子，颜色黄，味酸。"

椵

92.21.1　《尔雅》曰[①]：“櫠[②]，椵也。”郭璞注曰：“柚属也。子大如盂，皮厚二三寸，中似枳，供食之[③]，少味。”

注释：①《尔雅》：我国第一部词典，约成书于西汉初年，书中对上古文献词语按意义进行了分类解释。

②櫠（fèi）：果木名。即椵。

③供：今本《尔雅》和《太平御览》卷964所引都没有这个字，也不应有。

译文：92.21.1　《尔雅》解释说：“櫠是椵。”郭璞注解说：“是柚子同类的东西。果实像小碗大小，皮厚二三寸，肉像枳实一样，吃起来没有什么味道。”

栗

92.22.1　《神异经》曰[④]：“东北荒中，有木高四十丈，叶长五尺，广三寸，名‘栗’。其实径三尺，其壳赤，而肉黄白，味甜。食之多，令人短气而渴。”

注释：①《神异经》：《隋书·经籍志》录《神异经》一卷。注云：“东方朔撰。张华注。”鲁迅的《中国小说史略》中已辨明，该书为后人伪托。

译文：92.22.1　《神异经》说：“东北荒远的地方，有树木高四十丈，树叶长五尺，宽三寸，名叫‘栗’。它的果子直径有三尺，果壳是红色，果肉是淡黄色，味甜。吃多了让人呼吸短促而且口渴。”

枇杷

92.23.1　《广志》曰：“枇杷[①]，冬花。实黄，大如鸡子，小者如杏，味甜酢。四月熟。出南安、犍为、宜都[②]。”

注释：①枇杷：学名为E riobotrya japonica Lindl。蔷薇科，常绿小乔木。原产于湖北西部与重庆一带，以福建、浙江、江苏等地栽培最盛。果实供生食，树供观赏，花为良好

蜜源，叶可入中药。

②出南安、犍为、宜都：《太平御览》卷971“枇杷”项所引，无“南安”“宜都”，只有“犍为”。宜都，三国蜀置宜都郡，在今湖北宜都西北。

译文： 92.23.1　《广志》说：“枇杷，冬天开花。果实黄色，大的像鸡蛋，小的像杏子，味甜酸。四月成熟。出在南安、犍为、宜都。”

92.23.2　《风土记》曰：“枇杷，叶似栗，子似蒳[①]，十十而丛生。”

注释： ①蒳（nà）：即蒳子，植物名。棕榈科槟榔属的一种。后面92.47.1专门介绍蒳子。

译文： 92.23.2　《风土记》说：“枇杷，叶像栗，果像蒳子，十个十个地结聚成丛生长。”

92.23.3　《荆州土地记》曰：“宜都出大枇杷。”

译文： 92.23.3　《荆州土地记》说：“宜都出产大枇杷。

椑

92.24.1　《西京杂记》曰[①]：“乌椑、青椑、赤棠椑[②]。”

注释： ①《西京杂记》：东晋葛洪辑录的一部杂史类著作，主要记述西汉时期的历史和遗闻轶事。西京，指西汉的都城长安。

②椑（bēi）：一种果木，今称“油柿”，果实小，色青黑，可以制漆，也称为“漆柿”。

译文： 92.24.1　《西京杂记》说：“有乌椑、青椑、赤棠椑三种椑树。”

92.24.2　“宜都出大椑[①]。”

注释： ①宜都出大椑：今本《西京杂记》卷一“椑”节无此句。《太平御览》卷971（果部八）“椑”项引有这一句，另出一条，标明出自《荆州土地记》。石按：《太平御览》所标是否正确，颇可怀疑。《太平御览》会钞各书，常常不复勘，因此有写错出处、漏字漏句的情形。这里，固然可能是《齐民要术》脱漏，《太平御览》所加出处正确，但也可能是《太平御览》编写时随便加上的。

92.24.2　《荆州土地记》说：“宜都出产大椑。”

甘蔗

92.25.1　《说文》曰：“藷，蔗也①。”

案书传曰②：或为竿蔗，或干蔗，或邯睹，或甘蔗，或都蔗，所在不同。

注释：①藷（zhū），蔗也：应从今本《说文》作“藷，藷蔗也”，在表示“甘蔗”时，“藷蔗”两字不能拆开。

②案书传曰：这一句以下是贾思勰就他在当时能见到的书籍中搜集得来的，关于甘蔗的异名及其写法变异的一个总结。书传，泛指各种文献典籍。关于甘蔗的异名及其写法的变异，《齐民要术今释》的作者曾从语音的角度对其做了详细的分析。指出：“藷蔗”，是从公元前4世纪（战国时期）起，我国口语中已经存在着的一个名称。读者若有兴趣，可阅读中华书局2009年版《齐民要术今释》下册1038页—1041页的92.25.1的“书传曰”的注。

译文：92.25.1　《说文》说：“藷就是藷蔗。”案：各种书里面，有的写作“竿蔗”，有的写作“干蔗”，有的写作“邯睹”，有的写作“甘蔗”，有的写作“都蔗”，不同地方，写法各不相同。

92.25.2　雩都县①，土壤肥沃，偏宜甘蔗。味及采色，余县所无；一节数寸长。郡以献御②。

注释：①雩（yú）都县：西汉时建置，即今江西南部的于都县。此条失去了书名：贾思勰是北朝的官员，绝不可能在南朝的心腹地带亲身经历这些。这条只可能是引自他人的著作。但具体引自哪本书，无法确定。《齐民要术今释》对其可能的来源做了分析，共列举了八种著作为可能的来源。有兴趣的读者可阅读中华书局2009年版《齐民要术今释》下

册1041页。

②献御：进献食物给皇上。

译文：92.25.2 雩都县，土壤肥沃，特别宜于种甘蔗。雩都甘蔗的味道和颜色，都是其他郡县所没有的；一节长几寸。郡里用来进贡。

92.25.3 《异物志》曰："甘蔗，远近皆有。交趾所产甘蔗，特醇好，本末无薄厚，其味至均。围数寸，长丈余，颇似竹。斩而食之既甘；迮取汁如饴饧[①]，名之曰'糖'[②]，益复珍也。又煎而曝之，既凝如冰，破如砖其[③]，食之，入口消释，时人谓之'石蜜'者也。"

注释：①迮（zhà）取汁如饴饧：榨出汁来，像稀的麦芽糖一样。迮，压榨。饴，用米、麦芽熬成的糖浆。饧，糖稀。或指饴加上糯米粉熬成的糖。

②糖：《齐民要术》中用"糖"字，是很少有的例。

③砖其：应依《太平御览》卷857所引，改作"博棋"，即琉璃制的棋子。冰糖断面光滑，和琉璃相似，所以说"破如博棊"。

译文：92.25.3 《异物志》说："甘蔗，各处都有。交趾出产的甘蔗，特别醇美可口，根端和末稍，一样粗细，味道也最均匀。周围有几寸粗，一丈多长，很像竹子。斩断来吃，固然甜美；榨出汁来，也像饴糖麦芽糖的糖浆一样，一般把它叫'糖'，更是可贵。把榨得的汁煎浓晒干；等到凝结了，像冰一样；破开'像琉璃制的棋子一样。吃时，进口就溶化了。现在的人，把它称为'石蜜'。"

92.25.4 《家政法》曰："三月，可种甘蔗。"

译文：92.25.4 《家政法》说："三月，可以种甘蔗。

92.26.1 《说文》曰："薩，芰也[①]。"

注释：①薩，芰（jì）也：《说文》今存各本都作"蔆，芰也"。"蔆"与"薩""菱"，字形相近；依郭璞《尔雅注》，蔆是芰，即菱角；薩是薢茩，即决明。

译文：92.26.1 《说文》解释说："薩就是芰。"

92.26.2 《广志》曰："钜野大蔆也，大于常蔆。淮汉之南，凶年以芰为蔬，犹以预为资①。"钜野，鲁薮也②。

注释：①预为资：预，这一个记音字所代表的东西，可能有两种：一种是"芋"，另一种可能是通"蓣"，指"薯蓣"，即今天的山药。资，粮食。

②钜野，鲁薮（sǒu）也：钜野，古湖泽名。在今山东巨野北五里。自古就称为"钜野泽"。薮，长着草丛的沼泽。

译文：92.26.2 《广志》说："钜野的大菱角，比寻常的菱角都大。淮水、汉水以南的地区，遇到荒年，把菱角当粮食，就像用芋头或山药当粮食一样。"钜野，是鲁国的一个大沼泽。

棪

92.27.1 《尔雅》曰："棪①，樕其也②。"郭璞注曰："棪，实似柰，赤，可食。"

注释：①棪（yǎn）：木名。

②樕（sù）：同"樕"，小树，也用于比喻凡庸之才。

译文：92.27.1 《尔雅》解释说："棪是樕其。"郭璞注解说："棪，果实像柰子，红色，可以吃。"

刘

92.28.1 《尔雅》曰："刘，刘杙"也①。郭璞曰："刘子，生山中，实如梨，甜酢，核坚。出交趾。"

注释：①刘杙（yì）：这种植物到底是什么？可根据"安石榴"这个名称来推测。安石榴是由西方安石国输入的，所以叫"安石榴"；则我国黄河流域必定有一种称为"榴"的植物，果实的形状或味道和它十分相似。《文选》左思《吴都赋》"楱榴御霜"，刘逵注："榴子出山中，实如梨，核坚，味酸美。交趾献之。"文字内容和郭璞注《尔雅》"刘，刘杙"几乎全同，很可能"刘"就是"榴"。

译文：92.28.1　《尔雅》解释说：“刘是刘杙。”郭璞注解说：“刘子，生在山里，果实像梨，味甜带酸，有坚硬的核。出产在交趾。”

92.28.2　《南方草物状》曰[①]：“刘树，子大如李实。三月花色，仍连著实[②]，七八月熟。其色黄，其味酢，煮蜜藏之，仍甘好。”

注释：①《南方草物状》：作者徐衷，东晋至南朝刘宋初年人。它与今天流传的西晋人嵇含编写的《南方草木状》是不同的另一部书。《齐民要术》所引十六条均出自徐衷的《南方草物状》。此书早已亡佚。石声汉于1966年8月底在被批斗之余整理出《辑徐衷南方草物状》；并用毛笔楷书誊写出来。1900年5月农业出版社将《辑徐衷南方草物状》手迹遗稿影印出版。

②三月花色，仍连著实：这是《南方草物状》中常用的一套特殊“术语”。花色，大概即开花而颜色鲜明可见。仍连，即随着未了的花期。着实，即结果。连贯起来，即是“某月开始开放鲜明的花，花期未了，已经开始结果了”。

译文：92.28.2　《南方草物状》记载说：“刘树，果实像李一样大小。三月开花有颜色，跟着就结实，果实七八月间成熟。颜色黄，味酸，用蜜煮过收藏，可以很久还保持味道甘美。”

郁

92.29.1　《豳诗义疏》曰[①]：“其树，高五六尺。实大如李，正赤色，食之甜。”

注释：①《豳（bīn）诗义疏》：《诗经·豳风》的《义疏》。

译文：92.29.1　《诗经·豳风》的《义疏》解释“郁”说：“它的树，有五六尺高。果子像李子大小，正红色，吃起来很甜。”

92.29.2　《广雅》曰[①]：“一名‘雀李’，又名‘车下李’，又名‘郁李’，亦名‘棣’，亦名‘薁李’。”

《毛诗·七月》[②]：“食郁及薁[③]。”

注释：①《广雅》：三国魏时张揖撰，是仿照《尔雅》体裁编纂的一部解释词语的书，相当于《尔雅》的续篇。张辑，字稚让，清河（今河北临清）人，魏明帝太和年间（227—232）任博士。

②《毛诗·七月》：汉代《诗经》学有齐、鲁、韩、毛四家，鲁国毛亨和赵国毛苌所辑注的古文《诗经》称为“毛诗”，也就是现在流行于世的《诗经》。《七月》是《诗经·豳风》中的一篇。

③郁：这是借用同音字来作植物名称的标音字。这种植物的异名同音标识字，还有“郁李”“薁（yù）李”两个。现在，一般都用“郁李”，学名是Prunus japonica Thunb。“郁”字原义是“木丛”。

译文：92.29.2 《广雅》说：“郁一名‘雀李’，又名‘车下李’，又名‘郁李’，又名‘棣’，又名‘薁李’。”《毛诗·七月》有“六月食郁及薁”。

芡

92.30.1 《说文》曰：“芡[①]，鸡头也。”

注释：①芡（qiàn）：芡实（即Euryale ferox Salisb）。卷六《养鱼第六十一》种芡法（61.5）中，已有了一些关于芡的形态及异名的记载，这里有些重复。

译文：92.30.1 《说文》解释说：“芡是鸡头。”

92.30.2 《方言》曰[①]：“北燕谓之‘葰’[②]，音役；青、徐、淮、泗谓之‘芡’[③]；南楚、江浙之间，谓之‘鸡头’‘雁头’[④]。”

注释：①《方言》：西汉学者扬雄撰写的一部将各地方言进行对比解释的工具书，是我国第一部方言词典。

②北燕：指今河北长城以北的地区。葰（yì）：植物名。即芡。

③青、徐、淮、泗：青州、徐州、淮水、泗水之间的地方。相当于今天山东中部至江苏北部等地区。

④江浙（xī）：明清刻本皆讹作“江浙”，明钞、金钞作“江淅”；吴琯（《古今逸史》）本《方言》，作“江湘”。从地理位置看，应依《方言》作“江湘”。

译文：92.30.2　《方言》记载："燕北把它叫'葰'，读役；青州、徐州、淮水、泗水之间的地方叫它'芡'；楚南、长江、湘水之间的地区，叫它'鸡头'或'雁头'。"

92.30.3　《本草经》曰[①]："鸡头，一名'雁喙'[②]。"

注释：①《本草经》：即《神农本草经》，是中国现存最早的药物学专著，作者和成书年代不详，现行本是后世从历代本草书中辑录的。

②喙（huì）：鸟兽的嘴。

译文：92.30.3　《本草经》说："鸡头，又叫'雁喙'。"

92.31.1　《南方草物状》曰："甘藷[①]，二月种，至十月乃成卵。大如鹅卵，小者如鸭卵。掘食，蒸食，其味甘甜。经久，得风，乃淡泊。"出交趾、武平、九真、兴古也[②]。

注释：①甘藷（shǔ）：石按：藷，同"薯"。这里所指的"甘藷"，不是现在称为"番藷""地瓜"或"红薯"的旋花科植物Ipamaea BatatasLam，而是单子叶类薯蓣科的薯蓣（Dioscorea）这一属的几种植物。根据我自己在四川的亲身体验，新从地里掘出来的薯蓣块根，有点淡淡的甜味；稍微过两天就失去了甜味（可能是游离糖分或糖磷酯在旺盛的呼吸中消耗掉了），也就失去了特有"土腥气"。这与徐衷的记载，很相符合。旋花科的甘薯，初掘出来时，甜味远不如掘出来后搁置些时候那么浓厚。这也可以说明徐衷所指的不是旋花科植物。旋花科植物Ipomaea是美洲原产，明中叶以后，才由菲律宾输入中国；南北朝时期，中国不会有人知道。薯蓣科的Dioscorea属植物，现在有"山药""山药薯""土芋""山藷""参藷""大薯""雪藷""脚板藷"等口语中的"俗名"。概括地说，目前中国各地区大部分的方言，似乎都有着这么一个倾向：将可供食用的某些植物的地下部分，包括各种富于淀粉的块茎和块根，称为"藷""薯"或"芋"。像旋花科的称为番薯、红薯、白薯；豆科的称为凉薯、地薯；茄科的称为洋芋、咖喱薯等。

②交趾、武平、九真、兴古：交趾在今日的越南；武平，郡名。三国吴时设置，在今越南北部；九真，郡名。在今越南中北部；兴古，郡名。三国蜀时设置，地跨今云南东南部、广西西部及贵州西南部。

译文：92.31.1 《南方草物状》记载着："甘藷，二月间种，到十月间才长成蛋。蛋大的像鹅蛋，小的像鸭蛋。挖出来生吃，或是蒸熟了吃，味道甘甜。挖出来放久了，见过风，味道就淡了。"出在交趾、武平、九真、兴古等地方。

92.31.2 《异物志》曰："甘藷，似芋，亦有巨魁①。剥去皮，肌肉正白如脂肪。南人专食，以当米谷。"蒸、炙皆香美。宾客酒食，亦施设，有如果实也。

注释：①巨魁：物体中巨大的或占首位的。

译文：92.31.2 《异物志》记载："甘藷，像芋头，也有中心大个的。剥掉皮，肉像脂肪一样白。南方人专门吃它，把它当谷米。"蒸、烤都香美。宴请宾客，安排酒席时，也陈设它，把它当果实一样。

薁

92.32.1 《说文》曰："薁①，樱也。"

注释：①薁（yù）：应指今日的蘡薁（Vitis thunbergii s.et Z.），即俗名"野葡萄"或"山葡萄"的。按《说文解字》，"賏（音婴），颈饰也"；就是把许多宝贝（或称海\u868c，即Cypraea tigris）串成一串，作为项圈。由这个意义衍生出来，凡体积大约相等的许多小圆球形物体，聚成一团，也都用从"賏"的字来作名称。樱桃、蘡薁都是很好的例。《说文》写作"蘡薁"；是借用"蘡"字。从前"樱""蘡"两字常常互借，所以《广雅》解释为"樱薁"，《诗义疏》也用"樱薁"。

译文：92.32.1 《说文》解释说："薁就是'樱'。"

92.32.2 《广雅》曰："燕薁，樱薁也。"

译文：92.32.2 《广雅》说："燕薁就是樱薁。"

92.32.3 《诗义疏》曰："樱薁，实大如龙眼，黑色，今'车鞅藤实'是。《豳诗》

曰：‘六月食薁。’”

译文：92.32.3　《诗义疏》说：“樱薁，果实像龙眼大小，颜色深黑。也就是现在的‘车鞅藤的果实’。《诗经·豳风》有‘六月食郁及薁’。”

杨梅

92.33.1　《临海异物志》曰：“其子大如弹子，正赤，五月熟。似梅，味甜酸。”

译文：92.33.1　《临海异物志》记载说：“杨梅果实，像弹弓用的弹丸一样大小，颜色正红，五月成熟。像梅子，味甜带酸。”

92.33.2　《食经》藏杨梅法①：“择佳完者一石，以盐一斗淹之。盐入肉中，仍出曝令干熇②。取杬皮二斤，煮取汁渍之，不加蜜渍。梅色如初美好，可堪数岁。”

注释：①《食经》：杨梅产于南方，分布在长江以南地区。北魏人崔浩所撰《食经》似不会包含这样的内容。故未能确定此《食经》为哪部《食经》。

②干熇（kào）：干燥。

译文：92.33.2　《食经》藏杨梅的方法：“选出好而完整的杨梅，每一石，用一斗盐腌着。等盐进到果肉中，就取出来晒到干。干后，取两斤杭皮煮成汁来浸泡着，不要加蜜浸。杨梅颜色，像新鲜的一样，很美很好，可以保存几年。”

沙棠

92.34.1　《山海经》曰①：“昆仑之山，有木焉，状如棠，黄华赤实，味如李，而无核，名曰‘沙棠’。可以御水，时使不溺②。”

注释：①《山海经》曰：此处所引在《山海经·西山经》“西次三经”中。

②时使：今本《山海经》作“食之使人’，文意更顺。

译文：92.34.1　《山海经》说：“昆仑山上有种树木，形状像棠梨树，开黄色的花，结红色的果子，果子味道像李子，但没有果核，名叫‘沙棠’。可以用它预防水害，吃了它使人在水中不沉溺。”

92.34.2 《吕氏春秋》曰：“果之美者，沙棠之实。”

译文：92.34.2 《吕氏春秋·本味篇》说：“果实中味美的，有沙棠的果子。”

柤

92.35.1 《山海经》曰[①]：“盖犹之山，上有甘柤[②]，枝干皆赤，黄[③]，白花黑实也。”

注释：①《山海经》曰：此处在《山海经·大荒南经》末了。

②柤（zhā）：现在写作“楂”的字，就是由它演变而成。92.35.2，92.35.4和92.35.5所指的植物，现在一般称为“樝子”，即木桃（Chaenomeles lagenaria Var.cathayensis Rehd）。这里所谓“甘柤”，究竟是什么植物，很难判定。朱起凤先生在《辞通》中假定就是“甘蔗”，说服力还不够大。

③黄：《山海经·大荒南经》原作“黄叶”，“叶”字不可少。

译文：92.35.1 《山海经》记载：“盖犹山，上面生长有甜柤树，树枝、树干都是红色，树叶黄色，花白色，果实黑色。”

92.35.2 《礼·内则》曰：“柤、梨、姜、桂。”郑注曰：“柤，梨之不臧者[①]，皆人君羞[②]。”

注释：①不臧（zāng）：不好。《尔雅·释诂》曰：“臧，善也。”

②羞：同“馐”，美味的珍贵的食品。案郑注原文是“皆人君燕食所加庶羞也”；“庶”是众多，“庶羞”即各种各色的美味食品。

译文：92.35.2 《礼记·内则》记有：“柤、梨、姜、桂。”郑玄注解说：“柤是不很好的梨，这四样都是皇帝们的珍贵食品。”

92.35.3 《神异经》曰：“南方大荒中，有树名曰‘柤’。二千岁作花，九千岁作实，其花色紫。高百丈，敷张自辅。叶长七尺，广四五尺，色如绿青[①]。皮如桂，味如

蜜；理如甘草，味饴。实长九围②，无瓤、核，割之如凝酥。食者，寿以万二千岁。”

注释：①绿青：一种矿石，又称扁青、石绿，可用作中国画的颜料。

②实长九围：《太平广记》卷410引《神异录》作“实长九尺，围如长”，文字较顺。

译文：92.35.3 《神异经》说：“南方很荒远的地方，有树木名叫‘柤’。两千年开一次花，九千年结一次果，开的是紫色花。树有一百丈高，树枝向四周铺展，自相依托。树叶长七尺，宽四五尺，颜色像绿青。树皮像桂树皮，味道如蜜；树的纹理像甘草，味道甜美。果实长九尺，围长也是九尺，没有果肉和果核，用刀剖开就像切割凝结的酥油。吃了这种果实的人，可以活一万二千岁。”

92.35.4 《风土记》曰：“柤，梨属，内坚而香①。”

注释：①内：这个“内”字怀疑是“肉”字烂去了一部分。

译文：92.35.4 《风土记》说：“柤是梨类，果肉硬而香。

92.35.5 《西京杂记》曰：“蛮柤①。”

注释：①蛮柤：《西京杂记》（明吴琯《古今逸史》本）作：“上林苑……查三：蛮查、羌查、猴查。”李时珍以为蛮查就是“榠樝”（参看下面92.49“榠”条）。

译文：92.35.5 《西京杂记》记有：“蛮柤。”

椰

92.36.1 《异物志》曰：“椰树，高六七丈，无枝条。叶如束蒲在其上。实如瓠，系在于山头①，若挂物焉。”

“实外有皮如胡卢②。核里有肤③，白如雪，厚半寸，如猪肤，食之，美于胡桃味也。”

“肤里有汁升余，其清如水，其味美于蜜。”

“食其肤，可以不饥；食其汁，则愈渴。”

“又有如两眼处④，俗人谓之越王头⑤。”

注释：①山头：据《史记·司马相如列传》司马贞《索隐》《太平御览》卷972（果部九）“椰”项所引，“山头”两字当是“巅”字误拆所致。“头”的繁体字“頭”与“颠”字形相近。

②胡卢：同“葫芦”。

③肤：这里的“肤”字，不是指外皮，而是皮下面的结缔组织。古来所谓“肌肤”，“肤”往往是兼指外皮及皮下的结缔组织。

④两眼：椰子内果皮上有三个圆孔，恰好对着里面三个胚的幼根根尖，每个孔都有一个可以推出的塞子。萌发时，幼植物的根便把这个塞子推开，长了出来。这是一个极有趣的适应现象，早已经引起了我们祖先的注意。

⑤越王头：这是一个有趣的传说，《南方草木状》里有记载。相传过去林邑王与越王有旧仇，就派侠客刺杀越王，把他的头割来挂在树上，不久，头就化为椰子。林邑王很愤怒，让人把椰子剖开，用它的壳做成喝酒、水的器具。越王是在大醉时被刺的，所以椰子汁就像酒一样。林邑，是汉代以后在越南今顺化一带的一个国家；越是当时在今天两广一带的一个国家。

译文：92.36.1 《异物志》记载说：“椰树，有六七丈高，没有枝条。叶子像一捆蒲葵，长在顶上。果实像一个瓠，吊在树巅，像悬挂着的东西。”

“果实外面，有一层干皮，像葫芦的皮一样。核里面有一层肉，颜色像雪一样白，有半寸厚，像猪的肥肉，吃起来，比胡桃的味道还好。”

“肉里面有一升多汁液，像水一般清，味道比蜜还美。”

“肉，吃了可以不饿；汁，喝了可以止渴。”

“果实上还有像两个眼睛的地方，因此，当地人叫它做‘越王头’。

92.36.2 《南方草物状》曰：“椰，二月花色，仍连着实，房相连累，房三十或二十七、八子。十一月、十二月熟，其树黄。”

“实，俗名之为‘丹’也。横破之，可作碗；或微长如栝蒌子①，从破之②，可为爵③。”

注释：①栝蒌（kuò lóu）子：即栝楼（Trichosanthes japonica Rge）的果实。栝楼又名“瓜蒌”“果赢”。多年生草本植物，茎上有卷须，以攀援它物；果实卵圆形，橙黄色。

②从：同“纵”。较早的书都用“从”字作为纵横的“纵”。

③爵：饮酒的器皿。

译文：92.36.2 《南方草物状》说："椰树，二月间开花，跟着就结实，一房一房地接连着。每房有三十个或二十七、八个果实。十一月、十二月间成熟后，树就枯黄了。"

"椰树果实，当地叫作'丹'。横着切破，可以作碗用；有的椭圆稍微长些，像栝蒌果子的，纵着切破，可以作酒爵。"

92.36.3 《南州异物志》曰[①]："椰树，大三四围，长十丈，通身无枝。至百余年。"

"有叶，状如蕨菜，长丈四五尺[②]，皆直竦指天。"

"其实生叶间，大如升[③]。外皮苞之如莲状，皮中核坚。过于核，里肉正白如鸡子，著皮而腹内空，含汁，大者含升余。"

"实形团团然，或如瓜蒌，横破之，可作爵。形并应器用[④]，故人珍贵之。"

注释：①《南州异物志》：是岭南古代方志。三国时吴国丹阳太守万震撰写的一部记述南方地理、物产、风俗等的书籍，已亡佚。南州为古代交州的泛称，包括今广东、广西、海南和越南等地。

②长丈：这个"丈"字，如果不是"大"字弄错，便是衍文。《太平御览》所引，就没有这个字。

③升：量粮食的器具，容量为一升。

④应：是"对应"，即"可以适合做……"。

译文：92.36.3 《南州异物志》的记载说："椰树，有三四围粗，十丈高，整个树干上去，没有枝条。寿命有百多年。"

"有叶子，形状像蕨菜，每片叶子有四五尺长，都向天直立着。"

"果实生在叶子中间，有升那么大。外面有皮包着，皮像莲子皮一样。皮里的核很坚硬。过了核，往里的果肉，正白色，像熟鸡蛋白一样。果肉是贴在核皮上的，但内腔却空着，含有汁液，大些的，有升多汁。"

"果实形状，圆圆的；或者像瓜蒌一样椭圆；横着破开来，可以作酒爵。椰果的形状很宜于制作器具，所以大家很重视它。"

92.36.4 《广志》曰："椰出交趾，家家种之。"

译文：92.36.4 《广志》说："椰子出在交趾，那里每户人家都栽种。"

92.36.5　《交州记》曰①：“椰子有浆。截花，以竹筒承其汁，作酒②，饮之亦醉也。”

注释：①《交州记》：晋刘欣期所撰的一部记载交州地理、物产、人物、奇风异景等的地理书籍。交州，东汉建安八年改交趾刺史部为交州，辖境相当于今天两广大部和越南承天以北诸省。

②作酒：单子叶植物肥大的花轴，切断后常有富于糖分的“伤流”，可以作为酿酒材料。著名的墨西哥酒pulq，就是用龙舌兰（A gaveaeamericana）花序的伤流酿制的。《交州记》这一条记载，可能是全世界最早的。

译文：92.36.5　《交州记》说：“椰子有浆汁。把花序切断，用竹筒接着汁，酿成酒，喝了也会醉人。”

92.36.6　《神异经》曰：“东方荒中，有‘椰木’。高三二丈①，围丈余，其枝不桥。”

“二百岁，叶尽落而生华，华如甘瓜②。华尽落而生萼，萼下生子，三岁而熟。熟后不长不减，形如寒瓜③，长七八寸，径四五寸，萼覆其顶。”

“此实不取，万世如故。取者掐取，其留下生如初。”

“其子形如甘瓜，瓤甘美如蜜，食之令人有泽。不可过三升，令人醉，半日乃醒。”

“木高，凡人不能得，唯木下有多罗树④，人能缘得之。一名曰‘无叶’，一名‘倚骄’。”张茂先注曰⑤：“骄，直上不可那也⑥。”

注释：①高三二丈：今本《神异经》作“高三千丈”，《广群芳谱》引作“高三十丈”。

②甘瓜：即甜瓜，又叫“香瓜”。

③寒瓜：此处指冬瓜。

④多罗树：即贝多树。形状如棕榈，其叶可供书写，称贝叶。

⑤张茂先：即《博物志》的作者张华。张华，西晋诗人、辞赋家和博物学家，字茂先，范阳方城（今河北固安）人。

⑥可那：即“婀娜”，柔弱的样子。

译文：92.36.6　《神异经》说：“东方荒远的地方，有一种树叫‘椰木’。有三二丈高，一丈多粗，树上没有横长的枝条。”

“两百年后，树叶落完，长出花，花如甜瓜的花。花落完后长出花萼，花萼下面长果

实，三年后果实成熟。成熟后不再增长，也不再减小，形状像寒瓜，长七八寸，圆径有四五寸，花萼覆盖着瓜的顶端。”

“这种果实不摘取，年年都依然不变。采摘时掐断果柄取走果实，留下的花萼会像原先一样再长出果实。”

“果实形状像甜瓜，果瓤像蜜一样甜美，吃后让人身体滋润有光泽。吃这种果实不能超过三升，超过了人就醉，半天才能醒过来。”

“树很高，一般人摘不到果实，只因树下生长着多罗树，人才能顺着爬上去摘取。这种树又名叫‘无叶’，还有一名叫‘倚骄’。”张华注释说：“骄，是说劲直向上不柔弱。

槟榔

92.37.1　俞益期与韩康伯笺曰①：“槟榔②，信南游之可③：子既非常，木亦特奇。”

“大者三围，高者九丈。叶聚树端，房构叶下④；华秀房中，子结房外。”

“其擢穗，似黍；其缀实，似谷；其皮，似桐而厚；其节，似竹而穊⑤。其内空，其外劲，其屈如覆虹，其申如縋绳⑥。本不大，末不小；上不倾，下不斜。稠直亭亭⑦，千百若一。”

“步其林，则寥朗；庇其荫，则萧条⑧。信可以长吟，可以远想矣。”

“性不耐霜，不得北植，必当遐树海南。辽然万里，弗遇长者之目，自令人恨深！”

注释：①韩康伯：东晋玄学思想家、易学家。他对《易经》的注解被收入《十三经注疏》。

②槟榔：Areca catechu L.的马来半岛土名为Pinnang；中国所用这个记音名称，可能是在传述中变化后的结果。

③信：可解为“诚”，即“确实”“真正”。《水经注》温水条所引俞益期笺，“信”字作“最”；即“可观”中之“顶点”。

④房：指结构和作用像房子的东西。此处应是指“花房”。

⑤穊（jì）：稠密。

⑥縋（zhuì）：用绳索拴住人或东西从高处放下。

⑦稠直：《艺文类聚》卷87、《太平御览》卷971引作“调直”，“调”字比“稠”

字好，可从。调直，匀称挺拔。

⑧萧条：这里是形容人对周围环境的感受“干净爽快，闲静舒适”。

译文：92.37.1　俞益期写给韩康伯的信中说：“槟榔，实在是游历南方时遇到的奇观：果实固然不平常，树也特别奇异。”

“大的，树有三围粗，高的有九丈长。叶子聚集在树顶上，房就在叶子下面构成；花在房里展开，果实在房外长大。”

“抽穗，像黍子；结实，像谷子；树皮，像桐树，但厚一些；节，像竹子，但密一些。树的中心空，外面坚劲，可以像垂着的虹一样弯曲，可以像缒着的绳一样挺直。下面不特别粗，末梢也不特别细；上面不倾侧，下面不偏斜。匀称挺拔地直立着，千百株树都同一模样。”

“在这样的林子里步行，四面空阔明朗；在林荫下休息，又干净爽快、闲静舒适。真是可以放声长吟，可以展开无限遐想。”

“槟榔树性质不耐霜，不能向北面移植，只能远远地种在海外南方。中间有万里遥迢的阻隔，不能得到你老人家亲眼一见，自然是叫人深深抱恨的。”

92.37.2　《南方草物状》曰：“槟榔，三月华色，仍连著实，实大如卵，十二月熟，其色黄。”

“剥其子，肥强不可食①，唯种作子。青其子②，并壳取实，曝干之，以扶留藤、古贲灰③，合食之，食之则滑美。亦可生食，最快好④。”

“交趾、武平、兴古、九真有之也⑤。”

注释：①肥强：这两个字，和下面的“可不食，唯种作子”，从文义上看，很难讲解。怀疑有错倒：也许是“强脆，不可食”，即老熟了的种子，坚硬而脆，不能吃。下文“种作子”，则是“作子种”，即作为下种的材料。

②青其子：这句怀疑也有倒错，也许与下句连起来，作“其实青时，并壳取”，即当果实还是绿色时，连壳取来，这样可以与事实符合。

③扶留藤：一种胡椒科的植物。见92.53各节。古贲（bēn）灰：一种蚌蛤烧成的灰，又名“牡蛎粉”。详见92.53.2及92.53.3。

④快：称心，痛快。

⑤武平、兴古、九真：武平，汉治县地。在今福建汀州。兴古，郡名。晋置。故治在

今贵州普安西。九真，汉置。故治在今越南北部。

译文：92.37.2 《南方草物状》说："槟榔，三月开花，跟着就结实；果实像蛋一样大小，十二月成熟，熟了呈黄色。"

"成熟的果实剥开来，坚硬，不能吃，只可用来作种子。但果实还是青色的时候，连壳一并采摘，晒干，和上扶留藤与古贲灰一并吃，就滑而且美。也可以生吃，吃着又痛快又好。"

"交阯、武平、兴古、九真，都有出产。"

92.37.3 《异物志》曰："槟榔，若笋竹生竿，种之精硬[①]，引茎直上，不生枝叶，其状若柱。"

"其颠近上未五六尺间[②]，洪洪肿起若瘣黄圭反，又音回。木焉[③]。因坼裂，出若黍穗，无花而为实，大如桃李。又棘针重累其下，所以卫其实也。"

"剖其上皮，煮其肤熟而贯之，硬如干枣。以扶留、古贲灰并食，下气及宿食、白虫、消谷。饮啖设为口实[④]。"

注释：①种之精硬：这句不可解，显然有错字。疑"种之"是"积久"的形误，"积久"是渐渐累积之，久而久之；"精硬"是"劲硬"的音误，"劲硬"指强劲坚硬。

②未：在此是"不到"的意思。

③瘣（huì）木：树木因菌类寄生而在茎干上长出的肿瘤，称为"瘣"。

④口实：即充实口中的东西，也就是食物。

译文：92.37.3 《异物志》说："槟榔树，像笋竹生出的竹竿，上面很茂盛，下面越长越强劲坚硬。茎一直向上长，不分枝出叶，形状就像一条柱子。"

"树顶上，隔五六尺不到颠顶的地方，粗粗地肿胀起来，好像害了病的树长出的结块。随后，爆裂开来，像黍子的穗一样，不开花直接就结果实，果子有桃子或李子大小。有许多针刺，重重叠叠在下面，就是保护果实的。"

"剥掉上面的皮，把里面的肉煮熟，然后串起来晒干，就会像干枣一样硬。用扶留藤和古贲灰一并吃，可以顺气、消积食、打白虫、助消化。酒席上，陈设作为小食物。"

92.37.4 《林邑国记》曰[①]："槟榔，树高丈余[②]，皮似青桐，节如桂竹。下森秀无柯[③]，顶端有叶。叶下系数房，房缀数十子。家有数百树。"

注释：①《林邑国记》：我国古代的一部地理志书，已亡佚。作者、时代不详。据胡立初考证：林邑国，本为西汉日南郡象林县，东汉末年，功曹区达杀县令以立国。其地在今越南南部顺化一带。

②高丈余：《艺文类聚》卷87、《太平御览》卷971引作“高十余丈”，较符合事实。

③下森秀无柯：森秀，耸立挺秀。柯，草木的枝茎。此处所引“下森秀无柯”，直接“顶端有叶”，文理不顺；“下”字后有脱文。应依《太平御览》卷971所引，在下字后补：“本不大，上末不小，调直亭亭，千万若一。”可能这十五个字原是一行，钞写时整行漏掉了。

译文：92.37.4 《林邑国记》说：“槟榔，树有十多丈高，皮像梧桐，节像桂竹。下面的树干不大，上端的树梢不小，匀称挺拔亭亭而立，千万棵树都一样。树身高耸挺秀，没有分枝，顶上有叶。叶下有几个房，每房结几十个果实。每户人家都有几百株。”

92.37.5 《南中八郡志》曰[①]：“槟榔，大如枣，色青似莲子。彼人以为贵异。婚族好客，辄先逞此物[②]。若邂逅不设，用相嫌恨。”

注释：①《南中八郡志》：西晋魏完著，书已亡佚。南中，古地区名。范围包括今云南、贵州两省及四川南部。

②逞：应是“呈”字。

译文：92.37.5 《南中八郡志》说：“槟榔，和枣一样大小，颜色像嫩莲子一样暗绿。当地的人认为它是贵重的异品。亲戚朋友来往，总是先呈上它。如果偶然碰巧没有送上，便会因此发生嫌隙怨恨。”

92.37.6 《广州记》曰：“岭外槟榔，小于交趾者，而大于蒳子[①]。土人亦呼为‘槟榔’。”

注释：①蒳子：棕榈科槟榔属的一种。详见92.47蒳子条。

译文：92.37.6 《广州记》说：“五岭以南的槟榔，比交阯所产的小，但比蒳子大。当地人也叫它‘槟榔’。”

廉姜

92.38.1　《广雅》曰："蔟葰相维反[①]，廉姜也。"

注释：①蔟葰（jùn）：李时珍《本草纲目》在"山柰"条下注解说："古之所谓廉姜，恐其类也。"即认为可能是山柰。蘘荷科的Kaemp feria Galanga L.吴其濬《植物名实图考》则指实就是山柰。现在我们无从肯定是什么，大概不外蘘 荷科山柰属Kaemp feria，山姜属A lpinia或姜黄属Curcuma的植物。

译文：92.38.1　《广雅》说："蔟葰相维反，就是廉姜。"

92.38.2　《吴录》曰[①]："始安多廉姜[②]。"

注释：①《吴录》：晋初张勃撰，三十卷。书已亡佚。

②始安：三国吴建置的县，在今广西桂林附近。

译文：92.38.2　《吴录》说："始安廉姜很多。"

92.38.3　《食经》曰："藏姜法：蜜煮乌梅，去滓，以渍廉姜，再三宿，色黄赤如琥珀。多年不坏。"

译文：92.38.3　《食经》记载说："藏姜法：用蜜煮乌梅，然后把乌梅漉掉，用来浸着廉姜，过了两三夜，颜色像琥珀一样呈黄红色。可以保留多年不坏。"

枸橼

92.39.1　裴渊《广州记》曰："枸橼[①]，树似橘；实如柚大而倍长，味奇酢；皮以蜜煮为糁[②]。"

注释：①枸橼（jǔ yuán）：即香橼。这植物还包括Citrus medica L.和它的变种佛手柑C.medica L.var.Chirocarpus Lour.裴渊所记的加工制品"蜜煎"，现在还很流行，不过已改用蔗糖来煮；成品称为"香橼片"和"佛手片"。

②糁："糁"在《齐民要术》卷八、卷九中多次出现。见于《作鱼酢第七十四》《羹臛法第七十六》及《蒸缹法第七十七》等篇。这些篇中的"糁"：一种是向潮湿但无流动水分的食物中，加上颗粒状粮食；还有一种是向羹臛中加上整粒或破碎的粮食。但都与本篇的"糁"意义不同。在这里"糁"作"蜜煎"解。即用植物性材料和蜜一同煮到快干；冷后，糖分结晶分出，因此所得的固体制品是干而且净的。即我们现在称之为"蜜饯"的。《本草纲目》枸橼条下引苏颂《图经本草》，有"……寄至北方，人甚贵重，古作五和糁用之"。

译文：92.39.1　裴渊《广州记》说："枸橼，树像橘；果实像柚，大而加倍长；味道出奇地酸。皮可以用蜜煮来作糁，即做成蜜饯。"

92.39.2　《异物志》曰："枸橼，似橘，大如饭筥[①]。皮不香[②]，味不美。可以浣治葛、苎，若酸浆[③]。"

注释：①筥（jǔ）：篾织的圆形盛物器。

②皮不香："不"字怀疑有误，枸橼俗名"香橼"，不好吃，但香味很强烈。如果皮不香，便根本不能称为"香橼"了。

③酸浆：指淀粉发酵后所得的含有乳酸的带酸味的水浆。柑橘属的果实中，含有大量的有机酸，在矿物酸制法未发明前，果实中的多羧酸便算是最强的酸了。多种植物的韧皮纤维，都含有不溶性果胶酸钙镁盐，纤维因此黏合成束，不易分离。过去，除了利用"沤"（即利用微生物在水面以下的无氧发酵来溶解）的办法来溶解之外，也还有利用酸浆水中所含乳酸和果实中的有机酸来催起水解的办法。

译文：92.39.2　《异物志》说："枸橼，像橘子，像盛饭的小竹筐那么大。皮不香，味也不好。可以用来漂洗葛和苎麻，也就是说把它当作酸浆水用。"

鬼目

92.40.1　《广志》曰："鬼目似梅[①]，南人以饮酒。"

注释：①鬼目：李时珍在《本草纲目》卷三十一，果之三，曾提出："鬼目有草木三种。"木本的，依陈藏器《本草拾遗》的说法定为"麂目"；两种草本的，一种是白英，

一种是羊蹄。麂目是什么，现在很难推测。

译文：92.40.1 《广志》说："鬼目像梅子，南方人用来下酒。"

92.40.2 《南方草物状》曰："鬼目树，大者如李，小者如鸭子①。二月花色，仍连著实，七八月熟。其色黄，味酸，以蜜煮之，滋味柔嘉。交阯、武平、兴古、九真有之也。"

注释：①大者如李，小者如鸭子："大""小"两字，显然颠倒了，应是"小者如李，大者如鸭子"。

译文：92.40.2 《南方草物状》说："鬼目树，果实大的像鸭蛋，小的像李子。二月间开花，跟着就结实；七八月间，果实成熟。果实黄色，味酸，用蜜煮，滋味软而美。交趾、武平、兴古、九真都有出产。"

92.40.3 裴渊《广州记》曰："鬼目、益知，直尔不可啖，可为浆也①。"

注释：①浆：清凉饮料。

译文：92.40.3 裴渊《广州记》说："鬼目和益智，就这样直接吃是不可以的，可以作为饮料。"

92.40.4 《吴志》曰④："孙皓时②，有鬼目菜③，生工人黄耇家④。依缘枣树，长丈余，叶广四寸，厚三分"

注释：①《吴志》：西晋陈寿撰写的记载三国时吴国历史的史书。陈寿所著的《魏志》《蜀志》《吴志》三书原本单独流传，直到北宋时，才合为今本《三国志》。

②孙皓：三国时吴国的末位皇帝，公元264—280年在位。

③鬼目菜：这种草本的鬼目，应当是一种蔓本，而有多浆的叶。《尔雅·释草》："苻，鬼目。"郭璞注："今江东鬼目草。茎似葛；叶圆而毛；子如耳当，赤色丛生。"李时珍《本草纲目》卷18认为"鬼目菜"就是"白英"。白英是茄科茄属的Solanum Dulcamara L.v ar.o v atum，Dunal，形态和这段记载有些相似，不过"叶厚"没有"三分"。

④耇（gǒu）：高龄。也形容年老体瘦力弱，即"羸"。

译文：92.40.4 《吴志》说："三国吴孙皓时代，有鬼目菜，生在工人黄耇家里。靠着枣树向上长，有丈多长，叶有四寸宽，三分厚。"

92.40.5 顾微《广州记》曰[①]："鬼目，树似棠梨，叶如楮[②]，皮白，树高。大如木瓜，而小邪倾，不周正，味酢。九月熟。""又有'草昧子'，亦如之，亦可为糁用[③]。其草似鬼目。"

注释：①顾微《广州记》：顾微，南朝宋末人，所著《广州记》记述了岭南的诸多植物和典故。胡立初先生认为他的《广州记》，许多材料都钞自东晋裴渊的《广州记》。

②楮（chǔ）：楮树，叶像桑树叶，皮可以造纸。

③糁：这里的"糁"又是另一义项。似乎是指以天然带有酸味的植物，作为食物的一个成分调制而成。"草昧子"是什么，无法推测；但既然"味酢"，似乎也可以这样用。下面说"其草似鬼目"，所指的草本鬼目，可能就是《本草经》（见《太平御览》卷995，百卉部三引）中说的，"羊蹄，一名'东方宿'，一名'连虫陆'，一名'鬼目'"。羊蹄（RumeX.japonicus）正是很酸的草本植物。

译文：92.40.5 顾微《广州记》说："鬼目，树像棠梨，叶像楮，树皮白色，树干高大。果实像木瓜大小，稍微有些歪斜，不周正，味酸。九月成熟。"

"又有'草昧子'，也是一样，可以制成糁。草形状像鬼目。"

橄榄

92.41.1 《广志》曰："橄榄[①]，大如鸡子，交州以饮酒[②]。"

注释：①橄榄：和92.41.3所引《临海异物志》中的异名"柯榄"联合起来看，"橄榄"这个植物名称可能只是个记音词：可以是叠韵的gǎn lǎn也可以是kō lǎn。

②交州：古地名。包括今越南中部、北部以及中国广西、广东的部分地区。

译文：92.41.1 《广志》说："橄榄，有鸡蛋大；交州人用来下酒。"

92.41.2 《南方草物状》曰："橄榄，子大如枣，大如鸡子[①]。二月华色，仍连著实；八月九月熟。生食味酢，蜜藏仍甜。"

注释：①大如鸡子：此句与上句“子大如枣”矛盾，《太平御览》卷972引无此句，疑为上条窜入。如此句确是原书本来有的，则“大”字可能是“状”字烂成。

译文：92.41.2 《南方草物状》说：“橄榄，果实像枣一样大小。二月开花，跟着就结实；果实八月、九月成熟。生吃味是酸的，蜜藏着才甜。”

92.41.3 《临海异物志》曰[①]：“余甘子如梭且全反形[②]。初入口，舌涩；后饭水[③]，更甘。大于梅实，核两头锐。东岳呼‘余甘’‘柯榄’[④]，同一果耳。”

注释：①《临海异物志》：三国吴沈莹撰。据胡立初考证，该书又名《临海水土异物志》。原书已亡佚，散见于类书中。

②梭且全反：这条注的反切音有问题。此处所说的“余甘”就是“橄榄”，橄榄果实正像织布的梭，因此，“梭”字在这里正该读“苏禾反”。

③饭：应为“饮”字。

④东岳：即泰山。

译文：92.41.3 《临海异物志》说：“余甘子，果实形状像梭。刚入口时，舌上又涩又酸；吃后饮水，却会回甜。比梅子大，核也是两头尖的。泰山一带称呼‘余甘’‘柯榄’，指的是同一种果实。”

92.41.4 《南越志》曰[①]：“博罗县有‘合成树’[②]，十围。去地二丈，分为三衢：东向一衢[③]，木叶似练[④]，子如橄榄而硬；削去皮，南人以为糁。南向一衢，橄榄。西向一衢，三丈。三丈树，岭北之候也。”

注释：①《南越志》：南朝宋沈怀远撰。全书共八卷。记述内容涉及岭南的动物植物、地理山川、民间传说、风俗习惯等，是研究南方古代民族史的文献资料之一。沈怀远为吴兴武康县（今浙江德清）人，坐事流放于广州。原书已亡佚。现存《说郛》辑本。

②博罗县：汉代建置的县，即今广东博罗。

③衢（qú）：一般指道路，或分岔的道路。这里指树枝交错，分岔。

④练：疑为“楝”字之误，橄榄的羽状复叶和楝树（Melia azedarach）多少有些相似。

译文：92.41.4 《南越志》说：“博罗县，有一株‘合成树’，粗有十围。在距地面两丈的地方，分作三道：向东一道，树叶像楝，果实像橄榄，不过是坚硬的；削掉皮后，南边的人把它制成蜜饯。向南一道，是橄榄树。向西的一道，是三丈树。三丈树，是岭北的表征。”

龙眼

92.42.1　《广雅》曰：“益智，龙眼也①。”

注释：①益智，龙眼也：《广雅》中所谓“益智，龙眼也”，到底是“益智”（后面92.45专门介绍了蘘荷科的“益智”）还是“龙眼”？无法决定。如果下文92.42.3吴氏《本草》中确有“一名益智”一句，我们还可以推定“益智”也可以称为“龙眼”；或“龙眼”也有“益智”的异名。但《太平御览》“龙眼”项下所引吴氏《本草》，没有“一名益智”，只有“一名比目”，似乎可以说明《齐民要术》引的吴氏《本草》有误。缪启愉先生在《齐民要术译注》中注曰：“‘益智’：是无患子科龙眼的别名，跟姜科的草本‘益智’同名。此别名已见于《神农本草经》。又名‘龙目’，见左思《蜀都赋》。今俗称‘桂圆’。”

译文：92.42.1　《广雅》说：“益智是龙眼。”

92.42.2　《广志》曰①：“龙眼，树、叶似荔支，蔓延，缘木生。子如酸枣，色黑②，纯甜无酸。七月熟。”

注释：①《广志》：晋代郭义恭撰写的一部博物学著作。

②色黑：龙眼的球形果实，壳颜色淡黄或褐色，果肉白色、透明、汁多、味甜，果核黑褐色。果肉干后变深褐色。

译文：92.42.2　《广志》说：“龙眼，树、叶像荔支，和藤蔓一样，缠附着其他树向上生长。果实像酸枣，颜色黑，只甜不酸。七月成熟。”

92.42.3　吴氏《本草》曰①：“龙眼，一名‘益智’，一名‘比目’。”

注释：①吴氏《本草》：三国时魏国人吴普（华佗弟子）撰写的讲解中草药药性的书籍。

②比目：可能是“龙目”错成的。玄应《一切经音义》卷十三，《舍头谏经》“龙

目”注“《本草》云，一名‘益智’，其大者似槟榔，生南海山谷”。则吴氏《本草》中的“龙眼”，可能原是“龙目”；也可能吴氏《本草》中根本并无“一名益智”，只是“龙目”错成了“比目”。92.42.1中所引《广雅》的“龙眼”或者也只是“龙目”。但还不能肯定地说“龙目”与“龙眼”就是同一植物。

译文：92.42.3 吴普《本草》说：“龙眼，又叫‘益智’，又叫‘比目’。”

椹

92.43.1 《汉武内传》：“西王母曰：“上仙之药，有扶桑丹椹①。”

注释：①扶桑：传说中的东方古国名。因其地多扶桑木而得名。椹（shèn）：同“葚”，桑树的果实。

译文：92.43.1 《汉武内传》记载：“西王母说：‘最上等的仙药中，有扶桑的红色桑葚。’”

荔支

92.44.1 《广志》曰：“荔支，树高五六丈，如桂树。绿叶蓬蓬，冬夏郁茂，青华朱实。”

“实大如鸡子，核黄黑，似熟莲子。实白如肪①，甘而多汁，似安石榴，有甜酢者。”

“夏至日将已时，翕然俱赤②，则可食也。一树下子百斛。”

“犍为、僰道、南广③，荔支熟时，百鸟肥。”

“其名之曰焦核，小次曰‘春花’，次曰‘胡偈’。此三种为美。似‘鳖卵’⑤，大而酸，以为醢和⑥。率生稻田间。”

注释：①实白如肪：这与荔枝的实际情况不符合。荔枝供食用的果肉不是外皮，而是在果壳下面，裹在果核外面的假种皮；有些像皮下的“肤”，92.44.2中称“肤”是合适的。即此句应是“肤白如肪”。这里怀疑是因行书的“肤”（繁体为“膚”）字和“实”（繁体为“實”）字相似，看错了。

②翕（xī）然：一致。

③犍为、僰（bó）道、南广：犍为是汉代建置的郡，僰道是犍为郡的重要城市，在今四川宜宾境内。南广，县名。晋代南广郡郡治，在今四川宜宾以东、南溪以西之间的一条小河口上。

④焦核：荔支中“核”形细小，假种皮特别肥厚的一个品种。“焦”是干枯萎缩，“焦核”即核小的意思。《本草纲目》转引顾微《广州记》中有：“荔枝，冬夏常青。其实大如鸡卵；壳红肉白，核黄黑色，似未熟莲子。精者，核如鸡舌香。甘美多汁，极益人也。”“鸡舌香”即“丁香核”，两广口语中至今还保存着这个词。也许它就是今日所称的“糯米糍”一类的优良品种。

⑤似：应依《太平御览》卷971所引作“次”。生荔枝剥去外皮，里面露出的假种皮和核，浑圆白色，的确像鳖卵。但上文已说过“此三种为美”，“美”的便不会“大而酸”。因此，只能是“次鳖卵”，即再次一等的是“鳖卵”，即“大而酸”的一种。

⑥醢（hǎi）：肉酱。

译文：92.44.1　《广志》说：“荔支，树有五六丈高，像桂树。绿叶蓬蓬勃勃，冬天和夏天一样浓密茂盛，花青色，果实红色。”

“果实有鸡蛋大小，核黄黑色，形状像已熟的莲子。果肉像脂肪一样纯白，甜而汁多，像安石榴一样，有甜的有酸的。”

“夏至的日期快要结束时，一下都红透了，就可以吃。一株树可以有成百石果实。”“犍为、僰道、南广，荔支成熟时，一切鸟便很肥。”

“出名的‘焦核’最小，其次是‘春花’，再次是‘胡偈’。这三种最好。再其次是‘鳖卵’，大而酸，可以和在好肉酱里。一般长在稻田中间。”

92.44.2　《异物志》曰：“荔支为异，多汁，味甘绝口①，又小酸，所以成其味。可饱食，不可使厌。”

“生时大如鸡子，其肤光泽，皮中食②。干则焦小，则肌核不如生时奇。”

“四月始熟也。”

注释：①味甘绝口：甜味达到极致。

②皮中食：“皮”字可疑，荔枝皮不好吃，而且上句已讨论着供食的“肤”，这里插进去谈“皮”，似乎不顺当。怀疑是“乃”字写错，更可能是“最”字烂成。

译文：92.44.2 《异物志》说："荔支的特点，是汁水多，味甜到不能再甜，又稍微带点酸，这样就凑合成了它特有的美味。可以吃饱，但不会使人厌烦。"

"新鲜时，有鸡蛋大小，果肉有光泽，才真好吃。干后焦了小了，中间的肉和核也不像新鲜时那么奇异。""四月间才成熟。"

益智

92.45.1《广志》曰："益智①，叶似蘘荷，长丈余②。""其根上有小枝，高八九寸，无华萼。其子丛生，著之，大如枣。肉瓣黑，皮白。核小者，曰'益智'，含之隔涎涉③。""出万寿④，亦生交阯。"

注释：①益智：据侯宽昭教授和吴德邻先生考订，益智子是蘘荷科豆蔻属的Amomumamarum F.PSmith；由本节各条的记载看来，也只能是蘘荷科植物。

②丈：疑是"尺"字之误。

③涎涉（xián huì）：口中唾液量多而粘稠。涎，唾液。涉，水多的样子。

④万寿：县名。晋代建置，在今贵州平越。

译文：92.45.1 《广志》说："益智，叶像蘘荷，有丈多长。"

"根上会生一些小枝条，八九寸高，没有花，也没有萼。果实成丛地长在这种小枝顶上，像枣子大小。肉瓤黑色，外皮白色。核小的，叫做'益智'，含在口里可以减少唾液。"

"出在万寿，交趾也有出产。"

92.45.2 《南方草物状》曰："益智，子如笔毫，长七八分。二月华色，仍连著实，五六月熟。味辛，杂五味中，芬芳，亦可盐曝。"

译文：92.45.2 《南方草物状》说："益智，果实像毛笔头，有七八分长。二月开花，跟着就结实；五六月成熟。味道辛辣，和在五味香料中，很香，也可以用盐腌过晒干。"

92.45.3 《异物志》曰①："益智类薏苡②。实长寸许，如枳椇子④。味辛辣，饮酒食之佳。"

注释：①《异物志》：《太平御览》卷972引，标明出自陈祁畅《异物志》。

②薏苡（yì yǐ）：植物名。茎直立，节多分枝，叶扁平宽大。子粒称为薏苡仁、苡仁、薏米等，含淀粉，可食用、酿酒、入药。

③枳椇（zhǐ jǔ）：其子为近球形的果实。果实的肉质果柄像鸡爪形，长一寸左右，扭曲叉开两三枝，味甘，可食。又称“拐枣”。参见枳柜92.141.1注①、注③。

译文：92.45.3　《异物志》说：“益智，像薏苡。果实有一寸来长，像枳椇果实。味辛辣，饮酒时吃着好。”

92.45.4　《广州记》曰：“益智，叶如蘘荷，茎如竹箭。子从心中出，一枚有十子。子内白滑。四破去之，取外皮[①]，蜜煮为糁[②]，味辛。”

注释：①四破去之，取外皮：疑“去”字与后面的“取”字应互换位置。

②糁：在本节中即指“蜜饯”。“糁”字在《齐民要术》中多次出现，但用在不同的地方义项不同。可参看前面92.39.1注②及92.40.5注③。《齐民要术今释》下册1067—1070页，作者从语音、字形、字义对“糁”字作了深入的分析。

译文：92.45.4　《广州记》说：“益智，叶像蘘荷，茎像竹箭。果实从中心长出，一枝上面有十个果实。果实里面白而滑嫩，破成四瓣收取，去掉外皮，在蜜中煮成‘糁’，味道辛辣。”

桶

92.46.1　《广志》曰：“桶[①]，子似木瓜，生树木。”

注释：①桶：将92.46.2与92.152“都桷”、92.166“都昆”对勘后，怀疑这三种植物只是一种：“桶”字是“桷”字之误；“昆”字是记音字记录的音稍有差异。但这种植物究竟是什么？还是不能肯定。

译文：92.46.1　《广志》说：“桶，果实像木瓜，生在树上。”

92.46.2　《南方草物状》曰：“桶，子大如鸡卵，三月花色，仍连著实，八九月熟。采取，盐酸沤之[①]，其味酸酢。以蜜藏，滋味甜美。出交阯。”

注释：①酸：疑应作“醃”（即腌）字。

译文：92.46.2 《南方草物状》说：“桶，果实像鸡蛋大小，三月开花，跟着就结实，八九月间成熟。采摘之后，用盐腌着泡着，味道很酸。用蜜保藏，味道就甜美。出在交趾。”

92.46.3 刘欣期《交州记》：“桶，子如桃。”

译文：92.46.3 刘欣期《交州记》记载：“桶，果子像桃。”

蒳子

92.47.1 竺法真《登罗浮山疏》曰[①]：“山槟榔[②]，一名‘蒳子’[③]。干似蔗，叶类柞[④]。一丛千余干[⑤]，干生十房，房底数百子。四月采。”

注释：①竺法真：应是晋宋之间从天竺国来中国的一个僧人，籍贯和生平不详。罗浮山：罗山与浮山的合称，在广东增城东，跨博罗县界。

②山槟榔：由竺法真的纪载“干似蔗，叶类柞”看来，应是棕榈科植物。《本草纲目》引苏颂《图经本草》说：“槟榔……小而味甘者，名‘山槟榔’；大而味涩，核亦大者，名‘猪槟榔’；最小者，名‘蒳子’。”暂时假定它是Pinanga baviensis Becc.。

③蒳（nà）子：棕榈科槟榔属的一种。

④柞（zuò）：即栎（lì）的另一名称。常绿灌木或小乔木，叶卵形，边缘呈锯齿状。幼叶可饲柞蚕。

⑤千：《太平御览》卷971“槟榔”引作“十”，更合适。

译文：92.47.1 竺法真《登罗浮山疏》说：“山槟榔，又名‘蒳子’。茎干像甘蔗，叶子像柞树。一丛有十多干，每干有十个‘房’，房底上长几百只果子。四月间采取。”

豆蔻

92.48.1 《南方草物状》曰：“豆蔻树[①]，大如李[②]。二月花色，仍连著实，子相连累。其核根芬芳[③]，成壳。七月八月熟，曝干，剥食，核味辛香，五味。出兴古[④]。”

注释：①豆蔻（kòu）：植物名。蘘荷科Amomum cardamomum L.。多年生常绿草本，形似芭蕉。叶片细长形。初夏开花，花淡黄色，穗状花序。种子暗棕色，可入药。产于亚洲东南部，我国两广及云南、贵州等地有分布。

②大如李：《太平御览》卷971（果部八）引作"子大如李"，"子"字很可注意。此处似是脱"子"字。

③其核根芬芳：这句话意义是正确的，豆蔻的种子与根，都含有多量芳香油。但下句"成壳"，文句很难讲得通畅；而且下面还有一句"核味辛香"，与这句重复。因此怀疑有错倒。可能"根"字前的"核"字应去掉；而"根芬芳"三字，应在下行"五味"两字上面：即此处应表述作："……子相连累成壳，七月八月熟……核味辛香。根，芳芬五味。出兴古。"

④兴古：郡名。三国蜀国建兴三年（225）设置。治所在宛温县（今云南砚山西北四十六里维摩），辖境约相当于今云南东南部通海、华宁、弥勒、丘北、罗平等县以南地区，广西西部及贵州兴义。

译文：92.48.1 《南方草物状》说："豆蔻植株，像李树一样大。二月开花，跟着就结实，子实层层叠叠，成为一个壳。七八月间，果实成熟，晒干，剥掉壳吃，核味辛香，根也芳香，可以调和五味。出在兴古。"

92.48.2 刘欣期《交州记》曰："豆蔻似杭树①。"

注释：①似杭树：豆蔻是草本植物，"似杭树"不合理。怀疑仍有错误。杭是植物性的食物染料，在酸性环境中现红色，大概指苏枋（Caesalpinia sappan L.）；但姜黄（Curcuma longa L.）也含有能在酸性环境中变红的染料；可能《交州记》所指"杭树"，只是姜黄。姜黄也是蘘荷科植物，和豆蔻非常相像。

译文：92.48.2 刘欣期《交州记》说："豆蔻像杭树。"

92.48.3 环氏《吴记》曰①："黄初三年②，魏来求豆蔻。"

注释：①环氏《吴记》：依《太平御览·经史图书纲目》所引，是环济所作。《隋书·经籍志》注，撰述人是"晋大学博士环济"。

②黄初三年：222年。黄初，魏文帝曹丕年号。

译文：92.48.3　环济《吴记》说："黄初三年，魏国来请求供给豆蔻。"

榠

92.49.1　《广志》曰："榠查[①]，子甚酢，出西方。"

注释：①榠（míng）查：蔷薇科的Cydonia　oblonga　Mill，果实形状略似苹果，味酸涩，可作蜜饯或入药。

译文：92.49.1　《广志》说："榠查，果实很酸，出在西方。"

余甘

92.50.1　《异物志》曰："余甘[①]，大小如弹丸，视之，理如定陶瓜[②]。初入口，苦涩；咽之口中，乃更甜美足味。盐蒸之尤美，可多食。"

注释：①余甘：这是大戟科的Phyllanthus　emblica　L.，《唐本草》称为余甘子，陈藏器《本草拾遗》用梵名"庵摩勒"；又名"庵摩勒罗迦"。果实球形。

②定陶瓜：从前出产在齐郡定陶县（今山东菏泽附近）的一种甜瓜，瓜形短而圆，皮上有条纹。余甘子半熟时，颜色带黄绿，上面有纵走的白色条理，很像瓜皮上的花纹。

译文：92.50.1　《异物志》说："余甘，像弹丸一样大小，看上去，有花纹，像定陶瓜一样。才吃进口时，味又苦又涩；吞下汁去，就很甜很美，味道很好。加盐蒸过，更好，可以多吃。"

蒟子

92.51.1　《广志》曰："蒟子[①]，蔓生，依树。子似桑椹，长数寸，色黑，辛如姜。以盐淹之，下气消谷，生南安[②]。"

注释：①蒟（jǔ）子：即胡椒科的Piper betle L.。其浆果做成的酱称为"蒟酱"，味道香美。参见92.53.5注②。

②南安：三国吴建置的县，在今江西南康。另一南安县在今四川夹江。

译文：92.51.1 《广志》说："蒟子是蔓本植物，靠近树生长。果实像桑椹，有几寸长，颜色黑，味像姜一样辛辣。用盐腌了吃，顺气，助消化。生在南安。"

芭蕉

92.52.1 《广志》曰："芭蕉，一名'芭菹'，或曰'甘蕉'[①]。茎如荷芋，重皮相裹，大如盂升。叶广二尺[②]，长一丈。"

"子有角子[③]，长六七寸，有蒂三四寸。角著蒂生，为行列，两两共对，若相抱形。剥其上皮，色黄白，味似蒲萄，甜而脆，亦饱人。"

"其根大如芋魁[④]，大一石，青色。其茎解散，如丝，织以为葛，谓之'蕉葛'。虽脆，而好，色黄白，不如葛色。"

"出交阯、建安。"

注释：①甘蕉：芭蕉属的芭蕉（Musa basjoo Sieb）与"甘蕉"（Musa paradisiaca L.var.Sapientum O.Kze）是不同的两种植物，古代人不大容易分辨它们，只认为是一种。

②尺：晋尺二尺，约等于今市尺1.4尺。

③子有：疑"有"当作"如"字。角子，是长筒形略似羊角的盛酒容器。甘蕉果实，有些像酒角。

④芋魁：芋长在地下的球状块茎。

译文：92.52.1 《广志》说："芭蕉，又叫'芭菹'，又叫'甘蕉'，茎干像荷或芋，由多层皮裹着卷成，有碗口大小。叶子有两尺宽，一丈长。"

"果实像酒角，每个六七寸长，带上三四寸长的蒂。果实角子，由蒂连着生长，排成行列，一双一双地对着，像相互抱持一样。剥去果实的外皮，里面的肉颜色黄白，味道像葡萄，酸甜而脆，也可以让人饱。"

"芭蕉根，形状像芋魁，有一石大，绿色。它的茎干，解散后，像丝一样；把这种丝织成葛，叫作'蕉葛'。蕉葛虽然脆些，但很漂亮，颜色黄白，不像葛布带红。"

"出在交趾和建安郡。"

92.52.2 《南方异物志》曰："甘蕉草类，望之如树。株大者，一围余[①]。叶长一丈

或七八尺，广尺余。华大如酒杯，形色如芙蓉。”

“茎末，百余子，大名为房[②]。根似芋魁，大者如车毂[③]。实随华：每华一阖，各有六子，先后相次。子不俱生，华不俱落。”

“此蕉有三种：一种，子大如拇指，长而锐，有似羊角，名羊角蕉，味最甘好。一种，子大如鸡卵，有似牛乳，味微减羊角蕉。一种，蕉大如藕，长六、七寸，形正方，名方蕉，少甘，味最弱[④]。”

“其茎如芋。取，濩而煮之[⑤]，则如丝，可纺绩也。”

注释：①一围：这是两手两拇指与两食指合成的围。

②大名：这两个字如此连用，不可解释。怀疑是字形相似的“六各”两字写错。“六各为房”，即果实分开成为许多“房”，每房六个，下文有“每华一阖，各有六子”可以说明。

③毂（gǔ）：车轮中心有洞可以插轴的部分。

④“此蕉有三种”一段：按：很像今日的“龙牙蕉”“梅花点”和“大蕉”三种。

⑤濩（huò）：指在一个大锅（古称“镬”，也读huò）里面盖上盖久煮。

译文：92.52.2 《南方异物志》说：“甘蕉是草本植物，看过去像树。植株大的，有一围多。叶子有一丈长或七八尺长，尺多宽。花像酒杯一样大小，形状颜色都像芙蓉。”

“茎干末端，有百多个果实，六个六个地排成房。根像芋魁，大的，有车轮毂头大。果实跟着花生长：每一层花，都有六个果实，先后依次序开放。果实不是全部同时成熟，花也不是全部同时谢落。”

“甘蕉共有三种：一种，果实有大拇指粗，长而尖，有些像羊角，叫‘羊角蕉’，味道最甜美。一种，果实有鸡蛋大，味道有些像牛奶，比羊角蕉稍微差一些。一种，蕉有藕那么大，六七寸长，正方形，叫‘方蕉’，不大甜，味最差。”

“它的茎干，像芋。取来，用冷水和着煮烂，就像丝一样，可以纺线织布。”

92.52.3 《异物志》曰：“芭蕉，叶大如筵席[①]。其茎如芋。取，濩而煮之，则如丝，可纺绩。女工以为絺绤[③]，则今‘交阯葛’也[③]。”

“其内心如蒜鹄头[④]，生，大如合柈[⑤]。因为实房，著其心齐[⑥]，一房有数十枚。其实，皮赤如火，剖之中黑。剥其皮，食其肉，如饴蜜，甚美。食之四五枚可饱，而余滋味犹在齿牙间。一名‘甘蕉’。”

注释：①筵（yán）席：古人的坐具。古人席地而坐，设席每每不止一层。紧挨地面的一层称筵，筵上面的称席。通常为长方形。另古人将饮食置于几与筵之间，因称招人饮食为设筵，指酒席为筵席。

②絺绤（chī xì）：絺，细葛布。绤，粗葛布。

③则：在这当作“即”字解。

④蒜鹄（hú）头：“鹄”是天鹅，“鹄头”即像天鹅的头，一头尖出，一头钝些。蒜的鳞茎，正是这么一个形状，所以称为“蒜鹄头”。这种形体，过去也称为“骨朵”“骨突”“菁葖”。如我国古代兵器中的“金瓜锤”，宋代创制时就称为“骨朵”。

⑤合柈（pán）：有函盖的盛器，底部比顶上稍宽，腰间向外凸出。

⑥心齐：“齐”字，借作“脐”字用。心脐，即在中心以一个小圆点连系着。

译文：92.52.3 《异物志》说：“芭蕉，叶子像筵席那么大。它的茎干，像芋。取来用冷水煮烂，就像丝一样，可以纺绩。女工用来织成粗细葛布，就是今天的‘交趾葛’。”

“它的内心，像一个大的蒜疙瘩，新鲜时，有‘合柈’大小。就在这里结成成房的果实，长在中心的脐上，一房有几十个果子。它的果序，外皮像火一样红，破开来，中间是黑的。剥掉皮，吃它的肉，像饴糖和蜜一样甜，很美味。吃四五个就饱了，齿牙里还留有残余的滋味。又叫‘甘蕉’。”

92.52.4 顾微《广州记》曰：“甘蕉，与吴花、实、根、叶不异①，直是南土暖，不经霜冻，四时花叶展。其熟，甘；未熟时，亦苦涩。”

注释：①与吴：“吴”字下省去（或漏掉）了“产者”两字。吴产者，指江南生长着的芭蕉。

译文：92.52.4 顾微《广州记》说：“甘蕉，和吴地生长的甘蕉在花、果实、根、叶上都没有什么不同，仅仅因为南方地区气候温暖，没有遇到结霜结冻的时候，一年四季，花叶都可以发展而已。它的果实熟了之后，是甜的：没熟时，也带有苦涩味。”

扶留

92.53.1 《吴录·地理志》曰：“始兴有扶留藤①，缘木而生。味辛，可以食槟榔。”

注释：①始兴有扶留藤：始兴，郡名。三国吴设置，故治在今广东韶关曲江区。另有始兴县，与始兴郡不同。扶留，即胡椒科的蒟子（PiDer betle L.），也就是"土荜茇"（荜茇是P. longum L.），又叫"蒌"。"留"字的古读法是lou，因"留"现在已读作liu，故改用"蒌"字。现在云南和湖南湘潭还称扶留作"蒌"。而且，湘潭到现在还有将扶留果实和槟榔一同吃的习惯。

译文：92.53.1 《吴录·地理志》记着："始兴出有扶留藤，缠附着树木生长。味道辛辣，可以和着槟榔一起吃。"

92.53.2 《蜀记》曰[①]："扶留木，根大如箸，视之似柳根。又有蛤，名'古贲'，生水中；下，烧以为灰[②]，曰'牡砺粉'。"

"先以槟榔著口中，又取扶留藤，长一寸，古贲灰少许，同嚼之，除胸中恶气。"

注释：①《蜀记》：书名。《隋书·经籍志》不著录。本条据《太平御览》引之。据《太平寰宇记》引有李膺《蜀记》及段氏《蜀记》两种。胡立初分析此处所引可能是段氏《蜀记》。书已亡佚。

②下，烧以为灰：《太平御览》卷975引作"取，烧为灰"，更为顺畅。"下"字可能是"取"字烂成。

译文：92.53.2 《蜀记》说："扶留木，根像筷子大，看上去像柳树根。又有一种蚌蛤，叫做'古贲'，生长在水里，取来烧成灰，叫'牡蛎粉'。""先将槟榔放到口里，又取扶留藤，一寸长的一段，和少量古贲灰，一同嚼着吃，可以消除胸膈里的不舒服。"

92.53.3 《异物志》曰："'古贲灰'，牡砺灰也。与扶留、槟榔三物合食，然后善也。""扶留藤，似木防以[①]。扶留、槟榔，所生相去远，为物甚异而相成。俗曰：'槟榔、扶留，可以忘忧。'"

注释：①木防以：即"木防已"，是一种防已属的缠绕性落叶藤本植物。

译文：92.53.3 《异物志》说："'古贲灰'，是牡蛎壳烧成的灰。它和扶留、槟榔三样合起来吃，然后才好。"

"扶留藤，像木防已。扶留、槟榔，生出的地方，彼此相距很远：它们的性质，也彼此大不相同，但彼此却能相互成就。俗话说："槟榔扶留，可以忘忧。'"

92.53.4 《交州记》曰："扶留有三种：一名'获扶留'，其根香美；一名'南扶留'，叶青，味辛；一名'扶留藤'，味亦辛。"

译文：92.53.4 《交州记》说："扶留有三种：一种叫'获扶留'，它的根香美；一种叫'南扶留'，叶子青色，味道辛辣；一种叫'扶留藤'，味道也辛辣。"

92.53.5 顾微《广州记》曰①："扶留藤'，缘树生。其花实即蒟也，可以为酱②。"

注释：①《广州记》：《太平御览》卷975所引，文字全同，但所标出处是《广志》。我们根据古籍推断《广志》的作者郭义恭应是五胡十六国时东晋的人，顾微是南朝宋末的人。可能是贾思勰根据顾微的《广州记》辑录，不知顾微是转录自《广志》的；更可能是《太平御览》缠错了。

②蒟（jǔ）也，可以为酱：蒟子是扶留藤的果实，可以作酱；因此蒟又叫蒟酱。汉武帝派到南越国（今广东）的使臣唐蒙，就由南越国一次招待宴会上陈设着的蒟酱，得到了线索，得知可以通过今天四川、云南，在陆上与广东交通，由此打通了所谓"夜郎道"的交通线。

译文：92.53.5 顾微《广州记》说："扶留藤，缠附树木生长。它开花后结成的果实，就是'蒟'，可以作蒟酱。"

菜茹

92.61.1 《吕氏春秋》曰："菜之美者，寿木之华①；括姑之东②，中容之国③，有赤木、玄木之叶焉④。"括姑，山名；赤木、玄木，其叶皆可食。""馀瞀之萨，南极之崖⑥，有菜，名曰'嘉树'，其色若碧⑦。"馀瞀，南方山名；有嘉美之菜，故曰"嘉"，食之而灵⑧。若碧，青色。

注释：①寿木：昆仑山上的树，传说吃了它的花果可以不死，所以叫"寿木"。华：古"花"字。

②括姑：《吕氏春秋·本味篇》原作"指姑"，即姑余山，在东南方。

③中容之国：似是古国名。但《中国古今地名大辞典》中未载。

④赤木、玄木之叶：相传这两种树木的叶，吃后能成仙。

⑤馀瞀（mào）：小注曰：南方山名。但《中国古今地名大辞典》中未载。

⑥南极：南面极远的地方。崖：边。

⑦碧：青绿色的玉石。

⑧灵：美好。

译文：92.61.1 《吕氏春秋》说："菜蔬中味美的，有寿木的花；姑余山的东面，中容国里红树、黑树的树叶。"东汉高诱注释说："括姑，是山名；赤木、玄木，树叶都可以吃。"

"馀瞀山南面，南极边上，有一种菜名叫'嘉树'，颜色像碧玉。"东汉高诱注释说："馀瞀，是南方的山名；长出美好的菜，所以称"嘉"，吃后味道好。像碧玉，是指青色。"

92.61.2 《汉武内传》："西王母曰[①]："上仙之药，有碧海琅菜[②]。"

注释：①西王母：中国古代神话中的女神，民间多称王母娘娘。在不同的神话中被赋予不同的形象。在《汉武帝内传》中，她是年约三十，容貌绝世的女神，并把三千年结一次果的蟠桃赐给汉武帝。

②碧海：传说中的海名。

译文：92.61.2 《汉武内传》记载："西王母说：'最上等的仙药中，有碧海的琅菜。'"

92.61.3 韭：西王母曰："仙次药，有八纮赤韭[①]。"

注释：①八纮（hóng）：指八方很边远的地方。"八纮"是一个成语，见《淮南子·原道训》及《淮南子·地形》。"九州之外，仍有八殥（yín）……八殥之外，而有八纮，亦方千里……八纮之外，仍有八极。"八殥指八方偏远的地方，八纮是八方很边远的地方，八极指八方极其遥远的地方。

译文：92.61.3 韭：西王母说："次等的仙药，有八纮的赤韭。"

92.61.4 葱：西王母曰："上药，玄都绮葱[①]。"

注释：①玄都：传说中神仙居住的地方。与上文的"碧海""八纮"都属于荒远虚幻之地。

译文：92.61.4　葱：西王母说："上等的仙药，有玄都的绮葱。"

92.61.5　薤：《列仙传》曰[①]："务光服蒲薤根[②]。"

注释：①《列仙传》：西汉刘向撰，共二卷。

②务光：夏末隐士，相传他曾拒绝商汤王让位给他，负石沉水而死，因此被中国历代文人称颂。蒲薤（xiè）：石菖蒲一类的植物，叶子像蒲一样细长，也像韭薤，故有此称。

译文：92.61.5　薤：《列仙传》说："务光服食蒲薤的根。"

92.61.6　蒜：《说文》曰："菜之美者，云梦之薰菜[①]。"

注释：①薰（hūn）菜：有特殊气味的辛辣的菜。如葱、蒜、韭、薤之类。薰，同"荤"。

译文：92.61.6　蒜：《说文》说："菜中美味的，有云梦的薰菜。"

92.61.7　姜：《吕氏春秋》曰："和之美者[①]，蜀郡杨朴之姜。"杨朴，地名[②]。

注释：①和：调和。这里指调和五味的调料。

②杨朴，地名：东汉高诱注。

译文：92.61.7　姜：《吕氏春秋·本味篇》说："调味品中美好的，有蜀郡杨朴的姜。"东汉高诱注释说："杨朴是一个地名。"

92.61.8　葵：《管子》曰："桓公北伐山戎，出冬葵，布之天下。"《列仙传》曰："丁次卿，为辽东丁家作人[①]。丁氏尝使买葵，冬得生葵[②]。问："冬何得此葵？'云：'从日南买来'[③]。"《吕氏春秋》："菜之美者，具区之菁"者也[④]。

注释：①作人：指佣人。

②生葵：新鲜的葵。

③日南：郡名。西汉汉武帝时设置，在今越南中部地区。

④具区之菁（jīng）：具区，高诱注"泽名，吴越之间"。即今天的"太湖"。菁，

韭菜花。石按：这节的标题是“葵”，而这句所引《吕氏春秋》的内容是“菁”，如果不是排列有误（可能在92.61.1），则应当另作一节。

译文：92.61.8　葵：《管子》说：“齐桓公出兵向北去攻打山戎，带了冬葵出来，分散到中国各地。”

《列仙传》说：“丁次卿是辽东丁家的佣人。丁氏曾经让他去买葵，他在冬天买到了新鲜的葵。丁氏问他：‘冬天怎么能买到这样的葬？’他说：“是从日南郡买来的。’”

《吕氏春秋》说：“菜蔬中味美的，有具区泽的菁。”

92.61.9　鹿角：《南越志》曰：“猴葵，色赤，生石上。南越谓之‘鹿角’①。”

注释：①南越：又叫南越国，秦末由南海郡尉赵佗起兵建立，包括今天中国广东、广西的大部分地区，福建的小部分地区，以及越南北部、中部的大部分地区。《南越志》，南朝宋沈怀远撰。

译文：92.61.9　鹿角：《南越志》说：“猴葵，红色，生在石头上。南越叫做‘鹿角’。”

92.61.10　罗勒：《游名山志》曰①：“步廊山②，有一树，如椒而气是‘罗勒’③，土人谓为‘山罗勒’也。”

注释：①《游名山志》：《太平御览·经史图书纲目》引的《游名山志》，共有两种，一种无作者姓名，一种是谢灵运《游名山志》。《齐民要术》所引这条“步廊山”，胡立初据《太平寰宇记》考证，认为是谢灵运所作。

②步廊山：《中国地名大辞典》未载。据《太平寰宇记》记载浙江温州瑞安县有步廊山。

③罗勒：卷三《种兰香》已说明：罗勒就是兰香。因避石勒的名讳，改称兰香。

译文：92.61.10　罗勒：《游名山志》说：“步廊山有一棵树，像花椒，但气味却是罗勒，当地人把它叫‘山罗勒’。”

92.61.11　葙①：《广志》曰：“葙，根以为菹，香辛。”

注释：①葙（xiāng）：这里的“葙”，不能是苋科的青葙（Celosia argentea L），因为青葙根不会香辛。怀疑是蘘荷（Zingiber mioga Rosc）。“蘘荷”的“蘘”字应读ráng；

但如口说“从艸，从襄”，则也可能把“襄”听成“相”，因而写成“葙”。

译文：92.61.11　葙：《广志》说：“葙，根可以做腌菜，香而辛辣。”

92.61.12　紫菜：吴都海边诸山[1]，悉生紫菜[2]。又《吴都赋》云[3]：“纶组紫菜也[4]。”《尔雅》注云：“纶，今有秩啬夫所带纠青彩纶[5]。组，绶也。海中草生，彩理有象之者，因以名焉。”

注释：①吴都：据《太平御览》卷980“紫菜”项所引，这段文字出自《吴郡缘海记》，“吴都”应作“吴郡”。

②紫菜：这是红藻类中的Porphyra tenera Kjellm，我们中国很早就用来作菜了。

③《吴都赋》：西晋著名文学家左思创作的《三都赋》中的一篇，记述了三国时期吴国的概况。

④纶组紫菜：《文选》此句作“纶组紫绛”，注说：“紫，紫菜也……绛，绛草也……”

⑤有秩啬（sè）夫：“秩”是官阶。“啬夫”是古代乡官名。职掌听讼、收取赋税，是当时最低级的公务人员。

译文：92.61.12　紫菜：吴郡海底边的一些山上，都生有紫菜。

另外，《吴都赋》里有“纶组紫绛”的句子，也是指紫菜的。《尔雅》注说：“纶，是现今有官阶的‘啬夫’所带的错杂有青色丝的丝纶。组是绶带。海中的草，新鲜时带有和纶组相似的纹彩，所以也取名叫纶组。”

92.61.13　芹：《吕氏春秋》曰：“菜之美者，云梦之芹。”

译文：92.61.13　芹：《吕氏春秋》说：“菜蔬中，美味的，有云梦的芹菜。”

92.61.14　优殿：《南方草物状》曰：“合浦有[1]，名‘优殿’，以豆酱汁茹食之，甚香美，可食。”

注释：①合浦：郡名。汉代建置，在今广东雷州半岛。

译文：92.61.14　优殿：《南方草物状》说：“合浦郡有一种菜，名叫‘优殿’，用豆酱汁

和着吃，很香很美味，可以吃。”

92.61.15　雍：《广州记》云：“雍菜生水中①，可以为菹也。”

注释：①雍菜：即旋花科的Ipomoea reptans L.Poit，一般写作“蕹菜”。俗名“空心菜”。

译文：92.61.15　雍：《广州记》说：“雍菜，生在水里面，可以做腌菜吃。”

92.61.16　冬风①：《广州记》云：“冬风菜陆生，宜配肉作羹也。”

注释：①冬风：可能就是下面92.114.1的“东风菜”重出。

译文：92.61.16　冬风：《广州记》说：“东风菜，生在旱地，可以配上肉作羹吃。”

92.61.17　蔰：《字林》曰①：“蔰菜②，生水中。”

注释：①《字林》：晋代吕忱著，是一部按汉字形体分部编排的字典，书已失传。

②蔰（hù）菜：《玉篇·草部》：“蔰，蔰菜，生水中。”《本草纲目》卷十九·草之八的“水草”中有“䕮菜”，引自苏恭《唐本草》：“䕮菜，所在有之，生水旁。叶似泽泻而小，花青白色，亦堪蒸啖。江南人用蒸鱼食，甚美。”“䕮”与“蔰”同音，大概就是同一植物。怀疑是水鳖（Hydrocharis asiatica Miq）。

译文：92.61.17　蔰：《字林》里面记有：“蔰菜，生在水里面。”

92.61.18　䓍菜①：音罕。味辛。

注释：①䓍（hàn）菜：十字花科Nasturtium montanum Wall，茎叶有辛味，可供食用。

译文：92.61.18　䓍菜：䓍字音罕。味辛辣。

92.61.19　苣胡对反：《吕氏春秋》曰：“菜之美者，有云梦之苣①。”

注释：①苣（qǐ）：若按所注反切音则读hui。92.61.13引《吕氏春秋》，“菜之美者，云梦之芹”。今本《说文》，“苣”字的解释是“菜之美者，云梦之苣”。并未说明出自《吕氏春秋》。但徐铠的《说文系传》却以为这就是《吕氏春秋》中的云梦之芹。段玉裁也以为芑就是芹。缪启愉先生引《广韵》："芑菜似蕨，生水中。"认为即水蕨，生于水田或水沟中，嫩叶可食。

译文：92.61.19　芑读音为"胡对反"：《吕氏春秋》说："菜蔬中，美味的，有云梦的芑。"

92.61.20　荶：似蒜，生水中。

注释：①荶（yín）：菜名。

译文：92.61.20　荶：像蒜，生在水里面。

92.61.21　莚菜①：音谨，似蒿也。

注释：①莚（qín）：《说文》的"莚"字，段玉裁注以为就是现在的"芹"。《玉篇》注为"蒌蒿也"。

译文：92.61.21　莚菜：莚音谨，像蒿子。

92.61.22　葙菜①：紫色有藤。

注释：①葙（zǔ）：段玉裁《说文解字注》引《广雅》"葙，蕺也"，说这是蕺菜，即三白草科的Houttuynia cordata Thunb。蕺菜的匍匐性茎，多少有些像藤本。

译文：92.61.22　葙菜：带紫色，有藤。

92.61.23　蓏菜①：叶似竹，生水旁。

注释：①蓏（luó）：《玉篇》音力戈切，解释为"菜生水中"。这种能作菜的水草，与下一条的"藺"，怀疑是眼子菜科Potamogetonaceae或鸭跖草科水竹叶属（Aneilema）的种类。

译文：92.61.23　蓏菜：叶子像竹叶，生在水边上。

92.61.24　藺菜①：叶似竹，生水旁。

注释：①茵（yuè）：菜名。《玉篇·艸部》："茵，叶似竹，生水中。"《广韵·薛韵》："茵，草名，似芹。"《集韵·薛韵》："茵，菜名。叶似竹，生水旁。"

译文：92.61.24　茵菜：叶子像竹叶，生在水边上。

92.61.25　綦菜①：似蕨。

注释：①綦（qí）：紫蕨。蕨类植物。嫩叶可食，根茎可入药。

译文：92.61.25　綦菜：像蕨。

92.61.26　蒚菜①：似蕨，生水中。

注释：①蒚（è）：石按：根据《广韵》《集韵》《玉篇》各书的注音，总结起来，应读wo。怀疑是水蕨属（Ceratopteris）的植物。

译文：92.61.26　蒚菜：像蕨，生在水里面。

92.61.27　蕨菜：虌也①。《诗疏》曰："秦国谓之蕨，齐鲁谓之虌。"

注释：①虌（biē）：蕨的幼叶，即蕨菜，可食。《尔雅·释草》："蕨，虌。"郭璞注："初生无叶，可食，江西谓之虌。"

译文：92.61.27　蕨菜：就是"虌"。《诗疏》说："秦国叫'蕨'，齐鲁两国叫'虌'。"

92.61.28　堇菜①：似蒜，生水边。

注释：①堇（niè）菜：这是什么植物，无从推测，但似乎和92.61.20的"莳"是相同或相似的种类。

译文：92.61.28　堇菜：像蒜，生在水边上。

92.61.29　蘞菜徐盐反①：似荅荃菜也②，一曰染草。

注释：①蘞（xián）菜：《广韵·盐韵》：“蘞，山菜。”《集韵·盐韵》：“蘞，菜名，生山中。”

②似蓞（tà）筌（quán）菜也：这句话意义很含混。从上面《广韵》《集韵》的注中没什么线索可寻。下面92.61.31是专门介绍蓞的，可作参考。筌，同“荃”。是一种香草。作染草用的“茜（qiàn）”，与蘞的读音在从前也有着相当大的距离。

译文：92.61.29 蘞菜：蘞音“徐盐反”。像蓞筌菜，又有种说法是染草。

92.61.30 蓶菜[①]：音唯。似乌韭而黄。

注释：①蓶（wéi）菜：菜名。《玉篇》《广韵》都注作“似韭而黄”。

译文：92.61.30 蓶菜：蓶字音唯。像韭菜，色黄。

92.61.31 蓞菜他合反[①]：生水中，大叶。

注释：①蓞（tà）：《救荒本草》（据《农政全书》引）说：“泽泻，俗名‘水菜’。”和这条很相合。泽泻的学名是Alisma Plantago L.Aar.ParAiflorum Torr。

译文：92.61.31 蓞菜：音“他合反”，生在水里，叶子大。

92.61.32 藷：根似芋，可食。又云，署预别名[①]。

注释：①署预：今日通用的“薯蓣”两字是唐代或宋代才写成这样的。过去，只用“藷芎”“署预”“署豫”“储余”。薯蓣是单子叶类，薯蓣科的Dioscorea这一属的植物。

译文：92.61.32 藷：根像芋头，可以吃。又有一说，藷就是“署预”的别名。

92.61.33 荷：《尔雅》云：“荷，芙蕖；其实，莲；其根，藕。”

译文：92.61.33 荷：《尔雅》说：“荷就是‘芙蕖’，它的果实叫‘莲子’，它的根是‘藕’。”

竹

92.62.1 《山海经》曰："嶓冢之山[①]，多桃枝，钩端竹[②]。""云山有桂竹[③]，甚毒，伤人必死。今始兴郡出筀竹[④]，大者围二尺，长四丈。交阯有篥竹[⑤]，实中，劲强，有毒；锐似刺，虎中之则死。亦此类。""龟山多扶竹[⑥]。"扶竹，筇竹也[⑦]。

注释：①嶓（bō）冢之山：嶓冢山在陕西沔县西南，接羌宁县界，汉水所出。

②"多桃枝"二句：桃枝，竹名。竹皮赤色，可以织席作杖。《尔雅·释草》："桃枝，四寸有节。"郭璞注："今桃枝，节间相去多四寸。"钩端，竹名。《山海经》郭璞注："桃枝属。"

③云山：《中国古今地名大辞典》所载有四处：江西临川县北，湖南武冈南，四川营山县西，四川松潘县南。不能确定是哪处。

④始兴郡：三国吴析桂阳郡南部置。属荆州。治所在曲江县（今广东韶关东南莲花岭下）。辖境相当于今广东清远、佛冈、翁源以北地区。筀（guì）：竹名。

⑤篥（lì）竹：竹名。后面92.62.24专记篥竹。

⑥龟山：《中国古今地名大辞典》共载有十九个龟山。"云山"和"龟山"句均在《山海经·中山经》"中次十二"，但仅据此，无法确定所指龟山是哪一处。

⑦筇（qióng）竹：一种实心竹，可以用来作成"拄杖"（又称"拐杖"），所以又称为"扶竹"。即下文92.62.3所说的"邛竹"。

译文：92.62.1 《山海经》说："嶓冢山，有很多桃枝竹和钩端竹。""云山，有桂竹，很毒，人受它创伤时必定死亡。郭璞注解说：现在始兴郡出有筀竹，大的围长二尺，有四丈高。交趾出有篥竹，中心是满的，坚直有弹性而又刚硬，有毒；像刺一样尖锐，老虎被它刺伤就会死。也就是这一类的。""龟山，有许多扶竹。"郭璞注解说：扶竹，就是筇竹。

92.62.2 《汉书》[①]："竹大者，一节受一斛[②]；小者，数斗。以为柙音匣榼[③]。"

注释：①《汉书》：石按：今存各本《汉书》未见有《齐民要术》所引这几句。《初学记》卷28引《广志》，有"汉竹，大者，一节……"。与此节几乎全同，但无"书"字，疑此节原是引自《广志》。下面一节（92.62.3）正是《汉书注》，因此很可能钞写时，将其与本节开头的“汉”字相纠缠，弄错的。另，《太平御览》卷963竹部二还引有一条《广志》，是“永昌有汉竹，围三尺余”。刚好接在《初学记》所引这几句头上，连缀成章。故觉得此节应去掉“书”字。

②斛（hú）：古代量粮食的量具。十升为斗，十斗为斛（南宋末年改为五斗为斛）。一斛约合今市斗两斗。

③柙榼（xiá kē）：柙，借作“匣”字用，收藏东西的小箱子。榼，古时盛酒的容器；也泛指盒子一类的器物。利用竹的节间，制作各种简易容器，在产竹地区是很自然的事。

译文：92.62.2　汉竹大的，一个节间可以容纳一斛；小的也可以容纳几斗。可以用来作带盖的小箱子和盒子用。

92.62.3　“邛都高节竹，可为杖，所谓邛竹[①]。”

注释：①“邛（qióng）都”一段：这一节，本来是引《汉书·张骞传》“邛竹杖”句臣瓒作的注，与原文稍有出入。原注是“邛，山名，生此竹，高节，可作杖”。邛都，“邛”又称“邛都”，是汉代我国西南少数民族的一个国家，在今四川西昌东南。

译文：92.62.3　《汉书》注说：“邛都的高节竹，可以做拄杖；就是所谓的‘邛竹’。”

92.62.4　《尚书》曰[①]：“杨州[②]，厥贡篠、簜……荆州[③]，厥贡箘、簬[④]。”注云：“篠，竹箘[⑤]；簜，大竹。箘、簬，皆美竹，出云梦之泽。”

注释：①《尚书》：又称《书》《书经》，是中国现存最早的史书，由多体裁的文献汇编而成。本节引自《尚书·禹贡》，“注”是汉代孔安国作的“传”。

②杨州：“扬州”，历来都用从“手”的“扬”字。这里作“杨”，是写错了的。

③篠（xiǎo）、簜（dàng）：篠，小竹，细竹。可以制箭。簜，大竹。

④箘（jùn）、簬（lù）：箘，一种细长节稀的美竹，可作箭杆。簬，竹名。可以作箭。

⑤篠，竹箘：“篠”和“箘”都是竹名。孔安国的注说：“篠，竹箘”是钞写有错。

译文：92.62.4　《尚书·禹贡》有：“扬州，它的贡品有‘篠’、‘簜’……荆州，它的贡品有‘箘’、‘簬’。”孔安国的注说：“‘篠’‘箘’是作箭的竹；‘簜’是大竹。‘箘’和‘簬’都是好竹子，出在云梦的大泽里。”

92.62.5 《礼斗威仪》曰①："君乘土而王②，其政太平，篔竹、紫脱常生③。"其注曰："紫脱，北方物。"

注释：①《礼斗威仪》：是汉代关于《礼》的纬书的一种。汉代把依托儒家经义，宣扬符箓、瑞应、占验等的书称为"纬书"，是相对于经书而言。此书已亡佚，现存辑佚本。

②乘：五行学说的一个术语，有乘虚侵袭的意思。

③篔竹、紫脱：篔竹是一种外皮青色，内白如雪，柔软而很有韧性的竹子。紫脱是传说中一种祥瑞的草。

译文：92.62.5 《礼斗威仪》说："君主控制五行中的'土'来治理国家，政治就太平，篔竹、紫脱也经常长出。"它的注释说："紫脱是北方产的东西。"

92.62.6 《南方草物状》曰："由梧竹，吏民家种之。长三四丈，围一尺八九寸。作屋柱。出交阯。"

译文：92.62.6 《南方草物状》说："由梧竹，官吏和老百姓家里都种。有三四丈长，一尺八九寸粗。可以作屋柱用。出在交趾。"

92.62.7 《魏志》云①："倭国②，竹有条干③。"

注释：①《魏志》：西晋陈寿撰写的记载三国时魏国历史的史书，北宋时合入今本《三国志》。此段见今本《三国志·魏书·倭人传》。

②倭（wō）国：我国古代对日本的称呼。

③条干：今本《魏志》两字均从"竹"，作"篠簳（gǎn）"。簳是小竹，可做箭杆。

译文：92.62.7 《魏志》说："倭国，出产篠竹和簳竹。"

92.62.8 《神异经》曰："南方荒中，有'沛竹'，长百丈，围三丈五六尺，厚八九寸。可为大船。其子美，食之可以已疮疠。"张茂先注曰："子，笋也。"

译文：92.62.8 《神异经》说："南方边远的地方生长着'沛竹'，有一百丈长，三丈五六尺粗，八九寸厚。可以做大船。沛竹笋味美，吃了可以医治恶疮、顽癣。"张华注解说："子就是笋。"

92.62.9 《外国图》曰[①]："高阳氏有同产而为夫妇者[②]，帝怒放之，于是相抱而死。有神鸟，以不死竹覆之。七年，男女皆活，同颈异头，共身四足，是为蒙双民[③]。"

注释：①《外国图》：作者不详，大约是汉魏时产生的有图有文的书籍，颇具谶纬的性质，书已佚。

②高阳氏：相传是黄帝之孙、上古五帝中的颛顼帝，号高阳氏，居于帝丘，在今河南濮阳东南。同产：同父母的兄弟姊妹。

③蒙双民：石按："蒙"字也许应该读作páng，与"双"字叠韵。

译文：92.62.9 《外国图》说："高阳氏统治时期，有亲兄妹结为夫妇，高阳氏很愤怒，把他们放逐到外面，于是两人抱在一起死去。有一只神鸟衔来不死竹覆盖着他们经过七年，男女都活过来，他们两个头长在一个颈项上，同一个身子长着四条腿，这就是蒙双民。"

92.62.10 《广州记》曰："石麻之竹[①]，劲而利，削以为刀，切象皮如切芋。"

注释：①石麻之竹：似乎是记音字。今本嵇含《南方草木状》："有石竹林，出桂林，劲而利；削为刀割橡皮如切芋。出九真、交趾。"内容几乎与《齐民要术》所引《广州记》完全相同，"林"字显然是"麻"字写错。

译文：92.62.10 《广州记》说："石麻竹，直而且锐利；把它削成刀，切大象的皮时，就像普通刀切芋一样容易。"

92.62.11 《博物志》云："洞庭之山[①]，尧帝之二女常泣[②]，以其涕挥竹，竹尽成斑[③]。"下隽县有竹[④]，皮不斑，即刮去皮，乃见。

注释：①洞庭之山：指洞庭湖中的君山，又称湘山、洞庭山。

②尧帝之二女：即娥皇和女英，二人是尧的女儿，舜的妻子。

③竹尽成斑：五岭一带，竹皮上有菌类寄生，形成椭圆形的褐色斑点，这样的竹，称

为“斑竹”或“湘妃竹”。

④下槜（zuì）县：即下隽（jùn）县，在今湖南沅陵东北。

译文：92.62.11　《博物志》说：“洞庭山上，尧帝的两个女儿常在那里哭着想念死去的丈夫舜，把眼泪鼻涕洒在竹上，竹子就都有了斑点。”注解说：下槜县有些竹，表面上并不见有斑，假如刮掉外皮，就见到了。

92.62.12　《华阳国志》云[①]：“有竹王者，兴于豚水[②]。有一女，浣于水滨，有三节大竹，流入女足间，推之不去。闻有儿声，持归，破竹得男。长养，有武才，遂雄夷狄。氏竹为姓，所破竹，于野成林，今王祠竹林是也。”

注释：①《华阳国志》：东晋常璩撰，是一部专门记述古代中国西南地区历史、地理、人物等的地方志著作。

②豚水：“豚”又作“遯”“遁”，古水名。在古夜郎县（今贵州关岭西）境内。相传竹王所建的国即“夜郎国”。

译文：92.62.12　《华阳国志》说：“有一位竹王，兴起于豚水之间。有一个女子在河边洗衣服，有三节大竹子，漂流到她的两脚之间，推都推不走。听见里面有小孩的声音，就带回家，破开竹子，得到一个小男孩儿。小孩长大后，有军事才能，于是称雄于周边少数民族地区。他以竹作姓氏，原来破开的那三节大竹子，在野外长成竹林，就是现今竹王祠旁边的竹林。”

92.62.13　《风土记》曰：“阳羡县有袁君家[①]，坛边有数林大竹。并高二三丈。枝皆两披，下扫坛上，常洁净也。”

注释：①阳羡县：晋代的阳羡县，是汉代阳羡侯的封邑，在今江苏宜兴。家：《太平御览》卷962引作“冢”，“家”可能是“冢”之形误。暂仍从“家”。

②林：怀疑是“株”字钞错。

译文：92.62.13　《风土记）说：“阳羡县有袁君的家，家里祭坛旁边，有几株大竹。都有两三丈高。竹枝都分两边往下垂着，向下扫在登坛上，祭坛上常常很洁净。”

92.62.14　盛弘之《荆州记》曰[①]：“临贺谢休县东山，有大竹，数十围，长数丈。有

小竹生旁，皆四五尺围。下有盘石，径四五丈，极高，方正、青滑，如弹棋局。两竹屈垂，拂扫其上，初无尘秽。未至数十里，闻风吹此竹，如箫管之音。"

注释：①盛弘之《荆州记》：盛弘之是南朝宋人，所著《荆州记》记载了古代荆楚地区（今湖北、湖南一带）的山川景物、风俗掌故等，书已亡佚。

②临贺谢休：临贺是汉代建置的县，三国吴时才改为郡，在今广西壮族自治区贺县附近。谢休，当据《汉书·地理志》及《水经注》改作"谢沐"。谢沐，县名。西汉置，属苍梧郡。南北朝时属湘州临贺郡，在今潮南江永西南四十里。

③尺：与上文对勘，"尺"字显然是多余的，应删去。

④盘石：又厚又大的石头，即磐石。盘，通"磐"。

⑤弹棋局：弹棋是古代的一种游戏，有些像今天的康乐球，通过弹动棋子来比技巧。局，即棋盘。据记载，弹棋局是用石头做的。

译文：92.62.14　盛弘之《荆州记》说："临贺郡谢沐县东山，有些大竹子，有几十围粗，几丈高。旁边有些小竹生长着，也都有四五围粗。下面有一块厚而大的石头，对径四五丈，很高，方方正正，很青，也明净滑润，像一个弹棋棋盘。两株竹弯曲下垂，在石上拂扫着，扫到完全没有灰尘污秽。还隔几十里路远的地方，就可以听到风吹着这些竹子，像吹箫吹管的声音。"

92.62.15　《异物志》曰："有竹曰'篙'其大数围，节间相去局促，中实满坚强，以为柱榱[2]。"

注释：①篙（báo）竹名。戴凯之《竹谱》有"篙实肥厚，孔小、几于实中。"

②榱（cuī）：房屋的椽子。

译文：92.6.15　《异物志》说："有一种竹，称为"篙"，有几围粗大；节与节之间，距离很近很近，中间是实心的，坚硬强固，可以作屋柱和椽。"

92.62.16　《南方异物志》曰[1]："棘竹，有刺，长七八丈，大如瓮。"

注释：①《南方异物志》：据胡立初分析，即《南州异物志》。《隋书·经籍志》载有《南州异物志》一卷。注云："吴丹阳太守万震撰。"书已亡佚。

译文：92.62.16　《南方异物志》说："棘竹，有刺；有七八丈高，瓮子粗。"

92.62.17　曹毗《湘中赋》曰①："竹则筼筜、白、乌②，实中、绀族③"。滨荣幽渚，繁宗隈曲④。萋蒨陵丘⑤，薆逮重谷⑥。"

注释：①曹毗（pí）《湘中赋》：曹毗，东晋人，字辅佐。少好文籍，善属词赋。征拜太学博士，晋成帝时官至光禄勋。《隋书·经籍志》及《唐书·经籍志》均著录有《曹毗集》。书已亡佚。

②筼筜（yún dāng）、白、乌：筼筜是一种节长而竿高的大竹子；白竹、乌竹是两种以竹皮颜色命名的竹子（过去各家都注作湘中产的一种竹。）

③实中、绀（gàn）族：实中是实心竹，绀是紫红色，绀族是紫色的竹类。

④隈（wēi）曲：山水弯曲的地方。

⑤萋蒨（qiàn）：荫蔽深密。

⑥薆逮（ài dǎi）：浓阴遮蔽。也就是"叆叇"。

译文：92.62.17　曹毗《湘中赋》说："竹子有筼筜、白竹、乌竹、实心竹、紫色竹等。在幽静的水渚茂盛生长，在弯曲的水边蕃殖衍生。密密地遮蔽着大山，浓浓地掩映着深谷。"

92.62.18　王彪之《闽中赋》曰①："竹则苞甜赤若②，缥箭斑弓。度世推节③，征合实中。筼筜函人，桃枝育虫。缃箬素笋，彤竿绿筒。"筼筜竹，节中有物长数寸，正似世人形，俗说相传云"竹人'，时有得者。"育虫"，谓竹鼬④，竹中皆有耳。因说桃枝，可得寄言。

注释：①王彪之：东晋重要官员，累迁廷尉、仆射、尚书令。《晋书》有传。善于写文章，有文集二十卷传于世。

②苞甜赤若：疑"苞"本当作"笆"，"若"本当作"苦"，都因字形相近而误。"笆甜赤苦"，指笋的味道，下文"缥箭斑弓"说明用途；"缃（黄褐色）箬（应作"箨"，即笋壳）素笋，彤竿绿筒"，指竹类一生颜色变化。

③度世：这两个字的词，与下文"征合"同样不好解。可能是两种竹的名称，"度世"节间长，所以说推节；"征合"是像"筇竹"一样实心的竹。

④竹鼬（liú）：啮齿类鼠形亚目中鼢鼠科（Spalacideae）的竹鼠属（Rhizomys），中国有几种。专吃竹类和芦苇的根和地下茎。到现在还有一个传说，以为它们是住在竹秆近地的节间里面。

译文：92.62.18　王彪之《闽中赋》说："竹子有甜味的笆竹笋，有赤色的苦竹笋，淡青色的箭竹可以做箭，带斑点的斑竹可以做弓。度世是节长的竹子，征合是实心的竹子。篔筜竹中装着竹人，桃枝竹里养着幼虫。有浅黄色的笋壳、素白色的笋子，有红色的竹竿、绿色的竹筒。"篔筜竹，竹节中有几寸长的东西，很像人的形状，民间流传的说法称为"竹人'，时常有人取到这种东西。"育虫"，说的是竹䶉，竹子中都有。于是传说可以托付桃枝竹带话。

92.62.19　《神仙传》曰："壶公欲与费长房俱去①，长房畏家人觉。公乃书一青竹，戒曰："卿可归家称病，以此竹置卧处，默然便来还。'房如言。家人见此竹，是房尸，哭泣行丧。"

注释：①壶公：传说中一个卖药的仙人，在屋檐下悬一个大壶，早上从壶里出来，晚上跳进壶里住着。费长房看破了他的秘密，就向他学道。

译文：92.62.19　《神仙传》说："壶公想带费长房一起离开人世上仙界，费长房害怕家里人察觉这件事。壶公就在一段青竹上写上字，告诫他说：'你可以回家说生病了，把这段竹子放在床上，就悄悄回到我这里。'费长房按照壶公的话做了。家里人看到这段竹子，却是费长房的尸体，于是哭着把他埋葬了。"

92.62.20　《南越志》云："罗浮山生竹，皆七八寸围，节长一二丈。谓之'龙钟竹'。"

译文：92.62.20　《南越志》说："罗浮山生的竹，都有七八寸粗，节间长一两丈，叫做'龙钟竹'。"

92.62.21　《孝经河图》曰①："少室之山②，有爨器竹③，堪为釜甑④。""安思县多苦竹⑤，竹之丑有四⑥：有青苦者，白苦者，紫苦者，黄苦者。"

注释：①《孝经河图》：古代纬书的一种。已亡佚，现存辑佚本。

②少室之山：少室山即今河南的嵩山。

③爨（cuàn）器：炊具。爨，烧火做饭。

④釜甑（zèng）：釜是煮东西的锅，甑是蒸东西的炊具。

⑤安思：疑是“安昌”写错。汉代的安昌州县，在今河南沁阳与登封之间，距离嵩山很近。

⑥丑：可以相比的称为“丑”，也就是同类的意思。

译文：92.62.21 《孝经河图》说：“少室山，有爨器竹，可以作釜和甑。”“安昌县有很多苦竹，苦竹的种类有四种：有青苦的，有白苦的，有紫苦的，有黄苦的。”

92.62.22 竺法真《登罗浮山疏》曰：“又有筋竹，色如黄金。”

译文：92.62.22 竺法真《登罗浮山疏》说：“又有‘筋竹’，颜色像黄金。”

92.62.23 《晋起居注》曰[①]：“惠帝二年，巴西郡竹生紫色花[②]，结实如麦，皮青，中米白[③]，味甘。”

注释：①《晋起居注》：南朝宋徐州主簿刘道荟撰写的记录晋代大事的史书。已亡佚，现存辑佚本。

②巴西郡：后汉末刘璋建置的郡，在今四川阆中一带。

③中米白：竹种实的胚乳，也是淀粉质的，和其余禾本科植物的情形相像。

译文：92.62.23 《晋起居注》说：“晋惠帝二年，巴西郡竹，生出紫色的花，结出的果实像麦，外皮绿色，中间米是白的，味道很好。”

92.62.24 《吴录》曰[①]：“日南有篥竹[②]，劲利，削为矛。”

注释：①《吴录》：晋初张勃撰。三十卷。《隋书·经籍志》及《唐书·经籍志》均著录。书已亡佚。

②篥（lì）竹：左思《吴都赋》“篥簩有丛”，《文选》李善注引《异物志》：“篥竹大如戟槿，实中，劲强，交趾人锐以为矛，甚利。”疑“篥（piǎo）”仍恐是“篥”的形近误字。“篥”本是一个记音字，现在两广称刺竹（Bambusa stenostachya Hack）为“簕竹”，簕（lè）字也是记音。

译文：92.62.24 《吴录》说：“日南有篥竹，坚直有弹性，而且锐利，可以削来作矛。”

92.62.25　《临海异物志》曰：“狗竹，毛在节间。”

译文：92.62.25　《临海异物志》说：“狗竹，毛生长在节间上。”

92.62.26　《字林》曰[①]：“䈶竹[②]，头有父文[③]。”

注释：①《字林》：晋初吕忱撰。胡立初认为是“继《说文》补其漏略而作者也”。

②䈶（róng）：一种竹头有花纹的竹子。《齐民要术》各本都是从草的“茸”字；《玉篇》竹部有一个“䈶”，音如钟切，解作“竹也，头有文”，应当就是《字林》原来的字。

③父文：金钞作“文文”，明钞及明清各刻本皆作“父文”，怀疑应当像《玉篇》注一样，只应有一个“文”字。手写的行书“文”，有些和“父”相似，因此缠错而重写了一个。

译文：92.62.26　《字林》说：“䈶竹，头上有花纹。”

92.62.27　“篻音模竹[①]，黑皮，竹浮有文[②]。”

注释：①篻（wú）：黑皮竹。

②竹浮：这两个字不可解，怀疑是读音相近的“肤”字。另一可能是“竹浮”两个字，原来是从竹从浮的“筟”字。现行本《玉篇》“䈶”“篻”两字下，“䉶”字上，正是“筟”字。可能贾思勰和顾野王都是照吕忱《字林》录下的，但《齐民要术》在传抄中写错了。

译文：92.62.27　“篻音模竹，皮是黑色的。筟竹，有花纹。”

92.62.28　“䉶音感竹[①]，有毛。”

注释：①䉶（gǎn）：竹名。

译文：92.62.28　“䉶音感竹，有毛。”

92.62.29　“𥵜力印反竹，实中。”

注释：①篻（lìn）：实心竹。

译文：92.62.29 “篻力印反竹，竹中心是实的。”

笋

92.63.1 《吕氏春秋》曰：“和之美者，越簬之箘①。”高诱注曰：“箘，竹笋也。”

注释：①越簬：《吕氏春秋·本味篇》原作“越骆”。“越骆”是古国名。箘：即“菌”字。《吕氏春秋》中本作从“艹”的“菌”，按“菌”字原来并不专指香蕈、麻菇之类的孢子植物，而只是指植物体中任何膨大部分。这个意义，是从“囷”字（谷堆）引申得来。所以“茭瓜”也称为“菇菌”，也是菌类内寄生的结果，虽然古代“菌”“箘”两字通用，但我们还无法假定在显微镜发明以前，古人便已知道这些知识。

译文：92.63.1 《吕氏春秋》说：“调和料中，美味的，有越骆国的‘箘’。”东汉高诱注解说：“箘就是竹笋。”

92.63.2 《吴录》曰：“鄱阳有笋竹①，冬月生。”

注释：①鄱阳：郡名。三国吴时建置，在今江西东北部。

译文：92.63.2 《吴录》说：“鄱阳有‘笋竹’，冬天出笋。”

92.63.3《笋谱》曰①：“鸡胫竹②，笋肥美。”

注释：①《笋谱》：显然是“《竹谱》”写错。《太平御览》卷963引有“鸡颈竹”，出自《竹谱》，其文曰：“鸡颈竹，篁之类；纤细；大者不过如指……笋美……”鸡颈，并不特别纤细，至少比手指要粗些；怀疑是“鸡胫”写错。也就是“鸡胫竹”，出自《竹谱》。

②鸡胫（jìng）：鸡的小腿。

译文：92.63.3 《竹谱》说：“鸡胫竹，笋肥而味好。”

92.63.4 《东观汉记》曰①：“马援至荔浦②，见冬笋，名‘苞’，上言：‘《禹贡》“厥苞橘柚”，疑是谓也。’其味美于春夏[3]。”

注释：①《东观汉记》：东汉刘珍等人编纂的一部纪传体史书，记载了东汉光武帝到灵帝时期的历史。书已佚，今通行本为清人辑本。

②马援：字文渊，扶风茂陵（今陕西兴平东北）人，东汉著名的军事家。他为东汉王朝的建立和巩固立下了赫赫战功，“老当益壮”和“马革裹尸”的名言就出自他的口中。荔浦：县名。后汉设置，在今广西壮族自治区荔浦西边。

③春夏：《太平御览》卷963引作“春夏笋”，应据以补足。

译文：92.63.4　《东观汉记》说：“马援到荔浦，见到了冬笋，名叫‘苞’，就向皇帝上书说：‘《禹贡》里的“厥苞橘柚”，大概就是指这个。’冬笋味道比春笋夏笋都好。”

荼

92.64.1　《尔雅》曰：“荼[1]，苦菜。”“可食。”

注释：①荼（tú）：大概是菊科莴苣属（Lactuca）与苦苣菜属（sonchus）等属的植物。

译文：92.64.1　《尔雅》说：“荼是苦菜。”郭璞注解说：“可以吃。”

92.64.2　《诗义疏》曰：“山田苦菜甜，所谓‘堇荼如饴’[1]。”

注释：①堇（jǐn）：草本植物，花白色，带紫色条纹，全草可入药。又有紫堇，花紫色。

译文：92.64.2　《诗义疏》说：“山田长的苦菜是甜的，这就是《诗经·大雅·绵》所谓‘堇荼如饴’：堇菜和苦菜，像糖一样甜。”

蒿

92.65.1　《尔雅》曰：“蒿，菣也[1]。”‘蘩，皤蒿也[2]。”注云：“今人呼青蒿，香、中炙啖者为菣。”“蘩，白蒿。”

注释：①菣（qìn）：可能是青蒿（Artemisia apiacea Hce.）或近似的种。

②蘩（fán）：白蒿。菊科，一至二年生草本，嫩叶可食。皤（pó）蒿：可能是白蒿（Artemisia Stelleriana Bess.）或近似的种。

译文：92.65.1 《尔雅》说："蒿是菣。""蘩是皤蒿。"郭璞注解说："现在人把香而可以吃的青蒿，叫做'菣'。""蘩就是白蒿。"

92.65.2 《礼外篇》曰①："周时德泽洽和，蒿茂大，以为宫柱，名曰'蒿宫'。"

注释：①《礼外篇》：所引文字与《大戴礼记·明堂》第六十七文字全同。西汉时戴德在整理《大戴礼记》时大概有内、外篇之分，《明堂》列于外篇，所以此处标引为《礼外篇》。

译文：92.65.2 《礼外篇》说："在周代，君王的恩德融洽，蒿长得茂盛高大，用它作为宫殿的柱子，称作'蒿宫'。"

92.65.3 《神仙服食经》曰①："七禽方，十一月采旁音彭勃。旁勃，白蒿也。白兔食之，寿八百年。"

注释：①《神仙服食经》：旧题京里先生撰，是一本记述通过服食药物来获得长生的书籍，已亡佚。

②七禽方：方剂名。由泽泻、柏实、蒺藜、菴芦、地衣、蔓荆实、白蒿七种药物配制而成，据说服之可以强筋骨，益气力，延年益寿。

译文：92.65.3 《神仙服食经》说："七禽方，十一月采旁音彭勃来配制。旁勃就是白蒿。白兔服食了这剂药，可以活八百年。"

菖蒲

92.66.1 《春秋传》曰①："（僖公三十年）使周阅来聘②，飨，有昌歜③。"杜预曰："昌蒲菹也④。"

注释：①《春秋传》：这是《春秋左氏传》，是春秋末年左丘明为解释孔子的《春秋》而写的一部叙事详尽的编年体史书，被列为儒家"十三经"之一。

②周阅：今本《左传》作“周公阅”。聘：访问。古代国与国之间交好遣使访问。

③昌歜（chù）：即昌蒲菹，可佐食。

④昌蒲菹：指腌制的酸菖蒲根。石按：“昌蒲”就是天南星科的白菖（Acorus calamus L.）它的根的确相当肥大，可是味道非常不好，而且很坚韧，用来作菹，似乎不很合适，至少不能和韭、菁（不论它是韭菜花或芜菁）、茆（不论它是莼菜或苇芽）同样地“名贵”。很怀疑这所谓菖蒲，不是白菖，而是香蒲（Typha japonica Miq.）；或者更可能竟只是“菰”（即Zizania），“昌”不过是一个附加的形容词。香蒲芽，可以供食用；菰草嫩芽，更是珍贵的蔬菜。现在，两湖（称为“茭儿菜”）、贵州，尤其云南南部（称为“蒲草芽”）都把菰芽作为上等菜。

译文：92.66.1　《春秋左氏传》说：“僖公三十年周王使周公阅来聘问，鲁公用宴会招待他，陈设有昌歜’。”杜预注解说：“昌歜是腌制的酸菖蒲菹。”

92.66.2　《神仙传》云：“王兴者，阳城越人也[①]。汉武帝上嵩高[②]，忽见仙人，长二丈，耳出头，下垂肩。帝礼而问之，仙人曰：“吾九疑人也[③]，闻嵩岳有石上菖蒲，一寸九节，可以长生，故来采之。’忽然不见。帝谓侍臣曰：“彼非欲服食者，以此喻朕耳！’乃采菖蒲服之。帝服之烦闷乃止。兴服不止，遂以长生。”

注释：①阳城越：汉代阳城，在今河南登封附近，靠近嵩山。“越”字，显然是衍文，可能是把“城”字看错而缠错了的。应依《艺文类聚》卷81、《太平广记》卷10所引删去。

②嵩高：即嵩山，位于今河南登封西北面，是五岳的中岳。

③九疑：即九疑山（亦作九嶷山），相传是神仙居住的地方，位于今湖南永州宁远境内。

译文：92.66.2　《神仙传》说：“王兴是阳城人。汉武帝上嵩山，忽然看见一个神仙，身高两丈，耳朵高出头顶，下垂到肩上。汉武帝施行礼节后问他，神仙回答：“我是九疑山人，听说嵩山岩石上长有菖蒲，一寸有九节，吃后可以长生，所以来采摘。’说完就忽然不见了。汉武帝对侍奉自己的臣子说：‘他不是真想要服用这种菖蒲，而是在以此暗示我！’于是采摘菖蒲服用。汉武帝服用后心里不畅快，就停服了。王兴坚持服用，最终得以长生。”

薇

92.67.1 《召南·诗》曰："陟彼南山①，言采其薇②。"《诗义疏》云："薇，山菜也，茎叶皆如小豆。藿可羹，亦可生食之。今官园种之，以供宗庙祭祀也。"

注释：①陟（zhì）：登，由低处向上走。

②薇：是豆科巢菜属Vicia的几种蔓本种类，大概包括窄叶巢菜（V.angustifolia Benth），大巢菜（V.sαtivα L即箭筈豌豆）大叶草藤（V.pseudo orobus Fisch.Et Mey），草藤（V.craca L.）等植物。羊蕨类植物中紫萁（Osmunda）称为"薇"，是另一回事。

译文：92.67.1 《诗经·召南·草虫》有："爬上南山去，收采薇菜。"《诗义疏》说："薇是山上的野菜，茎和叶都像小豆。豆叶可以做汤，也可以生吃。现在官园里种着，准备宗庙中祭祀时用。"

萍

92.68.1 《尔雅》曰："萍①，苹也；其大者蘋②。"

注释：①萍：浮萍科（过去认为天南星科）的浮水植物。《尔雅》郭注"水中浮萍，江东谓之薸（piάo）"。现在两湖还叫"浮薸"。大概不包括所谓"大薸"的"水浮莲"（Pistia stratiotes L.）在内。

②蘋：蕨类植物的四叶蘋（Marsilia quadrifolia），即田字草。

译文：92.68.1 《尔雅》说："萍是苹；大的叫蘋。"

92.68.2 《吕氏春秋》曰："菜之美者，昆仑之蘋。"

译文：92.68.2 《吕氏春秋》说："菜蔬中味美的，有昆仑山的蘋。"

石菭大之切

92.69.1 《尔雅》曰："藫①，石衣。"郭璞曰："水菭也②，一名'石发'。江东

食之。藫叶似䲒而大[3]，生水底，亦可食。”

注释：①藫（tán）：“石衣”一般指绿藻类中的“干浒苔”（Enteromorphalinza J.G.Ag.）即所谓“苔条”或“苔菜”。《玉篇》“藫”字注：“海藻也，又名海萝，如乱发，生海水中。”

②落（tái）：青苔。后作“苔”。

③䲒（xiè）：即薤，或称为“藠子”“藠头”。

译文：92.69.1　《尔雅》说：“藫是石衣。”郭璞注解说：“就是水落，又名‘石发’。江东人吃它。也有人说：“藫的叶子像藠子，不过大些，生在水底上，也可以吃。’”

胡荾

92.70.1　《尔雅》云：“菤耳[1]，苓耳。”

注释：①菱（juǎn）耳：植物名。也作“卷耳”。即苍耳。菊科，一年生直立草本，全草和果实入药。

译文：92.70.1　《尔雅》说：“菱耳就是苓耳。”

92.70.2　《广雅》[1]：“枲耳也，亦云胡枲。”郭璞曰：“胡荾也[2]，江东呼为‘常枲’。”

注释：①《广雅》：此处所引是《尔雅》郭璞注的话。今本《广雅》是“苓耳、（苍耳）、葹、常枲、胡枲，枲耳也”（“苍耳”，王引之据陆德明《经典释文》所引补）。

②胡荾（suī）：指菊科的菜耳（Xanthium strumarium L.），即“苍耳子”。《齐民要术》各卷，常提到它。有时写作“胡葸”“胡菜”“胡枲”。卷二、卷六、卷七、卷八均出现过。

译文：92.70.2　《广雅》记着：“苓耳、苍耳、葹、常枲、胡枲是枲耳。”郭璞说：“这就是胡荾，江东人称为‘常枲’。”

92.70.3　《周南》曰：“采采卷耳[1]。”毛云：“苓耳也。”注云：“胡荾也。”

《诗义疏》曰："苓，似胡荽。白花，细茎蔓而生，可鬻为茹②，滑而少味。四月中，生子如妇人耳珰③，或云'耳珰草'。幽州人谓之'爵耳'。"

注释：①卷耳：夏纬瑛先生以为"采采卷耳"的卷耳，是念珠藻群体，一般称为"地踅""地耳"或"地木耳"的。

②鬻：这个字，显然是"鬻"（古"煮"字）看错写错。

③耳珰：又称"耳坠"。耳坠和耳环不同。耳环是一个圆圈，耳珰是一个椭圆形的小物件，用一条细枝，穿在耳垂上。

译文：92.70.3　《诗经·周南·卷耳》有："采呀，采呀，采蓍耳。"毛亨说："就是苓耳。"注说："就是胡荾。"

《诗义疏》说："苓耳，像胡荽。开白花，茎细弱，爬着生长，可以煮来作菜吃，滑，可是没味。四月中，结实，像女人带的耳坠。因此也有人叫它'耳珰草'。幽州人把它叫'爵耳'。"

92.70.4　《博物志》："洛中有驱羊入蜀，胡葸子著羊毛，蜀人取种，因名'羊负来'。"

译文：92.70.4　《博物志》记载："洛邑有人赶羊到蜀郡，胡葸子黏在羊毛上，蜀郡的人取来种了，因此叫它'羊负来'。"

承露

92.71.1　《尔雅》曰："菸葵①，蘩露。"注曰："承露也②，大茎小叶，花紫黄色，实可食③。"

注释：①菸（zhōng）葵：落葵科。一年生缠绕草本。叶肉质，广卵形。嫩叶可食。

②承露：李时珍《本草纲目》以为就是落葵科的落葵（Basella alba，L.）。

③实可食：今本《尔雅》郭璞注无此句。

译文：92.71.1　《尔雅·释草》说："菸葵是蘩露。"郭璞注解说："就是'承露'；茎粗大，叶小，花紫黄色，果实可以吃。"

凫茈①

92.72.1 樊光曰②："泽草，可食也。"

注释：①凫茈（cí）：即荸荠（Scirpus tuberosus）。

②樊光：东汉京兆（今陕西西安以东）人。樊光曾给《尔雅》作过注，这句话大概就是他注解《尔雅·释草》中"芍凫茈"的。

译文：92.72.1 樊光注《尔雅》说："凫茈是水中的草，可以吃。"

堇①

92.73.1 《尔雅》曰："齧，苦堇也。"注曰："今堇葵也。叶似柳，子如米，汋食之②，滑。"

注释：①堇（jǐn）：多年生草本植物，叶子边缘呈锯齿状，花瓣白色，带紫色条纹，全草可入药。在南北朝时的黄河流域，还是颇为流行的蔬菜。《汉语大词典》和《辞海》均引《说文·草部》的解释："堇，艸也，根如荠，叶如细柳，蒸食之，甘。"《齐民要术今释》作者指出："《尔雅》中的'堇'是什么植物，过去一直是一个纠纷的问题。"在中华书局版的《齐民要术今释》1099—1101页中作者对"堇"究竟是什么植物，作了详细分析。

②汋（yuè）：同"瀹"，涮，煮。

译文：92.73.1 《尔雅》说："齧是苦堇。"郭璞注解说："现在叫'堇葵'。叶子像柳，种子像米，烫过吃，很滑。"

92.73.2 《广志》曰："瀹为羹①。语曰：'夏荁秋堇②，滑如粉。'"

注释：①瀹（yuè）：烫煮，即上条《尔雅》郭注中的"汋"字。

②荁（huán）：堇菜一类的草本植物，生山地，根茎肥大而短，叶丛生，长柄，叶片阔大端尖，呈心脏形。夏天开淡紫色花，花瓣有浅纹。古人用来调味，也可入药。

译文：92.73.2 《广志》说："烫来作汤。俗话说'夏天的荁，秋天的堇，滑得像

线粉。’”

芸

92.74.1 《礼记》云：“仲冬之月[①]，芸始生[②]。”郑玄注云：“香草。”

注释：①仲冬：冬季的第二个月，即十一月。

②芸：依下面92.74.3“芸蒿”的说法，则芸应当是又名“芸蒿”的北柴胡（Cryptotaenia canadensis DC.Var.japonica Makino）；而与芸香（Ruta）无涉。

译文：92.74.1 《礼记·月令》说：“十一月，芸开始生出。”郑玄注解说：“芸是香草。”

92.74.2 《吕氏春秋》曰：“菜之美者，阳华之芸[①]。”

注释：①阳华：《吕氏春秋》中所谓“九薮”（九个大草滩）之一，又名“阳汙”，在今陕西华阴东南，太华山南面。

译文：92.74.2 《吕氏春秋》说：“菜蔬中美味的，有阳华泽的芸。”

92.74.3 《仓颉解诂》曰[①]：“芸蒿，叶似斜蒿[②]，可食。春秋有白蒻[③]，可食之。”

注释：①《仓颉解诂》：当即东汉杜林撰写的字书《苍颉训诂》，今已亡佚。

②斜蒿：即伞形科的邪蒿（Seseli libanostis Koch.var.daucifoliaDC.）一种野生植物，因叶的纹理都是斜的而得名。夏季开小白花，根和叶可食。

③蒻（ruò）：即嫩芽。

译文：92.74.3 《仓颉解诂》说：“芸蒿，叶子像邪蒿，可以吃。在春天和秋天，有白色的嫩芽生出，也可以吃。”

莪蒿

92.75.1 《诗》曰：“菁菁者莪。”莪，萝蒿也。《义疏》云：“莪蒿[①]，生泽田渐

洳处[2]。叶似斜蒿，细科。二月中生。茎叶可食，又可蒸。香美，味颇似蒌蒿[3]。”

注释：①莪蒿：一种野草，李时珍《本草纲目》认为就是“抱娘蒿”，《救荒本草》称为“拖娘蒿”，是十字花科的Sisymbrium sophia L.。

②渐洳（rù）：低湿的地带。

③蒌蒿：后面92.105专门记述有“蒌蒿”。

译文：92.75.1 《诗经·小雅·菁菁者莪》有“菁菁的茂盛的莪蒿呀”，毛亨说：“莪就是萝蒿。”《诗义疏》解释说：“莪蒿，生在水田里，有水潴积的地方。叶像邪蒿，科丛不大。二月中生出。茎叶都可以吃；又可以蒸。香气很好，有些像蒌蒿。”

藟

92.76.1 《尔雅》云：“藟[1]，藑茅也[2]。”郭璞曰：“藟，大叶白华，根如指，正白，可啖。”“藟，华有赤者，为藑。藑、藟一种耳，亦如陵苕，华黄、白异名[3]。”

注释：①藟（fú）：旋花科旋花属（天剑属）Calystegia的植物，又名“小旋花”。

②藑（qióng）：旋花。旋花科，多年生缠绕草本，生荒地或路旁。根茎含淀粉，可酿酒，入药。

③华黄、白异名：花色黄、白不同，名称也不同。后面92.79.1的注①有进一步的解释。

译文：92.76.1 《尔雅》说：“藟是藑茅。”郭璞注解说：“藟，叶大，花白色，根像手指，正白色，可以吃。”‘藟，也有开红花的，就是藑。藑和藟是同一‘种’；正像陵苕一样，开黄花的叫蔈，开白花的叫茇，花色不同，名称也不同。”

92.76.2 《诗》曰：“言采其藟。”毛云：“恶菜也。”《义疏》曰：“河东、关内谓之‘藟’；幽、兖谓之‘燕藟’；一名‘爵弁’[1]，一名‘蔓’[2]，根正白；著热灰中，温啖之。饥荒，可蒸以御饥。汉祭甘泉，或用之。其华有两种[3]：一种，茎叶细而香：一种茎赤，有臭气。”

注释：①爵弁（biàn）：藟的异名。即“雀弁”。

②蔓：《齐民要术》各本皆作“蔓”，仍应依邢昺《尔雅·疏》所引作“藑”。

③华：这个“华”字，可能有错：因为下文所说“两种”的情形，都没有说到花。也许下文有错漏（可能下文是：“一种，华白，茎叶细而香；一种华赤，有臭气。”）更可能这个“华”字是“茎”字写错。

译文：92.76.2 《诗经·小雅·我行其野》有：“去采那儿的葍。”毛亨解释说：“不好的一种野菜。”《诗义疏》说：“河东和关内，叫它‘葍’；幽州、兖州，叫它为‘燕葍’；又名‘雀弁’，又名‘藑’。根正白色；放进热灰里煨熟，趁热吃。在饥荒时，可以蒸来当饭。汉代甘泉宫排祭筵时，也会用到它。它的茎有两种：一种，茎叶细小，有香气；一种茎赤色，有臭气。”

92.76.3 《风土记》曰：“葍蔓生，被树而升。紫黄色，子大如牛角，形如蟦[1]，二三同叶[2]，长七八寸，味甜如蜜。其大者名‘林[3]’。”

注释：①蟦（fèi）：《尔雅·释虫》有：“蟦，蛴螬。”即鞘翅类昆虫金龟子的幼虫。

②叶：应依《太平御览》卷998引改作“蒂”。

③林（mèi）：《广韵》去声“十四泰”有“林”字，音莫贝切，解作“木名”。到底是什么植物，无法推测：蔓本的紫葳科、萝藦科、夹竹桃科……乃至于豆科，可以有这么大的果实，而且也可以二三同蒂；但“味甜，如蜜”的可能不大。猕猴桃科的植物，却没有这么大的果实。

译文：92.76.3 《风土记》说：“葍是蔓本植物，裹着树向上长。蔓子紫黄色，果实像牛角那样大，形状像蛴螬，两三个果实同一个蒂，有七八寸长，味像蜜一样甜。大的叫‘林’。”

92.76.4 《夏统别传》注[1]：“获[2]，葍也；一名甘获。正圆，赤，粗似橘[3]。”

注释：①《夏统别传》：夏统是晋代的隐士，相传修道成了神仙。别传是补充记载某人本传以外生平遗闻逸事的传记。

②获：这条记载不明确；如果从“葍”字着想，可能是木天蓼Actinidia polygama Miq。

③橘：明清刻本多作墨钉或空等；明钞作“橘”；金钞模糊，似乎是“指”字。依文义，作“指”字最合适。

译文：92.76.4 《夏统别传》注：“获就是葍，又叫‘甘获’。正圆形，红色，像手指粗。”

苹

92.77.1　《尔雅》云："苹，藾萧也①。"注曰："藾蒿也。初生，亦可食。"

注释：①藾（lài）萧：郝懿行《尔雅义疏》以为这就是《本草纲目》中的艾蒿，大概仍是Artemisia菊科蒿属中的一种或几种。

译文：92.77.1　《尔雅》说："苹是藾萧。"郭璞注解说："就是藾蒿。刚生出来时，可以吃。"

92.77.2　《诗》曰："食野之苹。"《诗疏》云："藾萧，青白色，茎似箸而轻脆。始生可食。又可蒸也。"

译文：92.77.2　《诗经·小雅·鹿鸣》记有："鹿叫着在野地里吃苹。"《诗疏》说："藾萧，绿中带白，茎像筷子粗，轻而脆。刚生出时可以吃，也可以蒸来吃。"

土瓜

92.78.1　《尔雅》云："菲，芴①。"注曰："即土瓜也。"

注释：①菲，芴（wù）："菲""芴"两字，《汉语大字典》均有两个义项：其一，葸（xī）菜。又名"菲""宿菜"。十字花科，一年生草本，可供观赏，又作菜蔬。其二，土瓜。《齐民要术今释》作者认为：它们所指的是什么植物，过去有许多争论。总结起来，"菲"是地下部分可供食用的植物，过去大家都同意；但"芴"是否就是王瓜或土瓜，则各说不一；对"菲芴"与"菲葸菜"，是否等同，大家都趋向于否定。在中华书局版的《齐民要术今释》下册1105—1107页，作者通过深入分析后，提出：究竟"菲""芴""葸菜"是什么？我们还不能决定，希望植物分类学专家进一步考证。

译文：92.78.1　《尔雅》说："菲是芴。"郭璞注释说："就是土瓜。"

92.78.2 《本草》云①："王瓜，一名土瓜。"

注释：①《本草》：《神农本草经》的简称。是中国现存最早的药学专著。撰人不详，神农为托名。胡立初认为："西汉成帝时医家已传《本草》之书……古人医方术数之书本多口授。后世著录竹帛始有传本。传之者随事随益以广其义。"

译文：92.7812 《神农本草经》说："王瓜，又叫土瓜。"

92.78.3 《卫诗》曰："采葑采菲①，无以下体！"毛云："菲，芴也。"

《义疏》云："菲，似葍。茎粗，叶厚而长，有毛。三月中，蒸为茹，滑美，亦可作羹。《尔雅》谓之'葸菜'，郭璞注云②："菲草生下湿地，似芜菁，华紫赤色，可食。'今河内谓之'宿菜'③。"

注释：①葑（fēng）：菜名。即"芜菁"，俗称大头菜。

②郭璞注云：此注，《诗义疏》中没有，可能是贾思勰连带钞进去的；如果这样，应作双行小字夹注。

③河内：郡名。秦汉时设置，晋时郡治在今河南沁阳。

译文：92.78.3 《卫诗·邶风·谷风》有："采葑也好，采菲也好，不要忘记了地下部分随季节不同。"毛亨说："菲就是芴。"

《诗义疏》说："菲，像葍。茎粗大，叶子厚而长，有毛。三月中间，蒸来作饭，滑而美味，也可以作汤。《尔雅》把它当作'葸菜'，郭璞注解说："菲草生在低湿地方，像芜菁，花紫红色，可以吃。'现在河内叫它'宿菜'。"

苕

92.79.1 《尔雅》云："苕①，陵苕。黄华，蔈；白华，茇。"孙炎云："苕，华色异名者。"

注释：①苕：《尔雅》所说的"苕，陵苕"与后两节《广志》《诗义疏》所记的，是不同的植物。《广志》所说的"苕"，是豆科巢菜属的小巢菜（Vicia hirsuta Koch），现在西川还叫巢菜或油巢菜。《诗义疏》所说的"苕"，则是豆科的紫云英（Astragalus sinicus L.），现在长江上游许多地方都在稻田里种着。《尔雅》所说开白花与黄花的，不可能是巢菜属（Vicia）植物，可能甚至根本不是豆科的种类。到底是什么，还待考证。

译文：92.79.1 《尔雅》说："苕是陵苕。开黄花的叫'藨'，开白花的叫'茇'。"孙炎注解说："苕，依照花颜色的不同，分别命名。"

92.79.2 《广志》云："苕，草色青黄，紫华。十二月稻下种之，蔓延殷盛，可以美田[①]。叶可食。"

注释：①可以美田：这一条可能是关于有意识有规律地栽种豆科植物，利用它们的根瘤来肥田的最早记载。石按：据胡立初考证，《广志》的作者郭义恭是晋武帝时代（281—289）的人物；我怀疑他是稍后的五胡之乱以后的人。

译文：92.79.2 《广志》说："苕，草的颜色青黄，花紫色。十二月在稻茬下面种下，蔓延开来长得很茂盛，可以肥田。叶子可以吃。"

92.79.3 《陈诗》曰："卬有旨苕[①]。"《诗义疏》云："苕饶也，幽州谓之翘饶。蔓生，茎如萱力刀切豆而细，叶似蒺藜而青。其茎叶绿色，可生啖，味如小豆藿[②]。"

注释：①卬（áng）：代词，表示第一人称我。旨：味美，美味。

②藿：豆类植物的叶子。

译文：92.79.3 《诗经·陈风·防有鹊巢》里有："我有美味的苕菜。"《诗义疏》说："苕指苕饶，幽州叫'翘饶'。蔓生，茎像小豆，但细一些，叶子像蒺藜，但颜色暗绿。茎和叶子绿色时，可以生吃，味道像小豆的叶子。"

荠

92.80.1 《尔雅》曰："菥蓂[①]，大荠也。"犍为舍人注曰[②]："荠有小，故言大荠。"享璞注云："似荒，叶细，俗呼'老荠'。"

注释：①菥蓂（xī mì）：荠菜的一种，可能是荠（Capsella Bursapastoris Moench）的一个变异种。据李时珍说，菥蓂是茎梗上多毛的荠，种子或全草入药，嫩苗作野菜。

②犍为舍人：西汉时汉武帝的臣子，精通经史、训诂，曾为《尔雅》作注，书已佚。

译文：92.80.1 《尔雅》说："菥蓂是大荠。"犍为舍人注解说："荠有小的，所以特别提出大荠。"郭璞注说："像荠，叶子细些，一般叫它'老荠'。"

藻

92.81.1 《诗》曰："于以采藻？"注云："聚藻也。"《诗义疏》曰："藻，水草也。生水底。有二种：其一种，叶如鸡苏[①]，茎大似箸，可长四五尺。一种，茎大如钗股，叶如蓬，谓之'聚藻'。此二藻皆可食[②]。煮熟，挼去腥气，米面糁蒸[③]，为茹佳美。荆阳人饥荒以当谷食[④]。"

注释：①鸡苏：即水苏（Stachys）。叶子辛香，可以煮鸡，又称为龙脑、香苏、芥葅等。

②此二藻：由上文的叙述推测，前一种，像鸡苏的，应当是虾藻（Potamogeton crispus L.，即菹草）或近似的种类；后一种"聚藻"，可能是黑藻属（Hvdrilla）的植物。

③米面糁蒸：将"野菜"或"园蔬"和到面粉或米里面蒸熟做饭，或倒过来在野菜里加上少量米或面蒸来做饭。

④荆阳："阳"字，怀疑是"扬"字写错。"荆阳"这个地名，还没有找到，"荆""扬"作为两个州，互相邻近，而且都是多水泽的地方，便很容易了解。《太平御览》卷999所引，正作"荆扬"。

译文：92.81.1 《诗经·召南·采苹》有："在哪儿可以采藻？"毛亨解释说："藻就是聚藻。"《诗义疏》说："藻是水草。生在水底上。有两种：一种，叶像水苏，茎像筷子粗，大约四五尺长。一种，茎像钗干粗，叶像蓬丛生在节上，叫做'聚藻'。这两种藻，都可以吃。煮熟，挼掉有腥气的汁液，和上米或面作糁，蒸来做饭，味道很美。荆州、扬州人饥荒时采来代替主食品。"

蒋

92.82.1 《广雅》云："菰，蒋也[①]，其米谓之'雕胡'[②]。"

注释：①菰，蒋："菰"，又名"蒋"。禾本科，多年生宿生草本。叶似蒲苇，嫩茎基部经黑粉菌寄生后膨大，俗名"茭笋""茭白"。其颖果狭圆柱形，叫"菰米"，又称雕胡米。

②雕胡：菰米可以做饭，在战国秦汉一段时间内，还相当通行。《古文苑》所收宋玉《讽赋》中，有"雕胡之饭"，《礼记·内则》也有"鱼宜苽（即菰米）"的话；不过，《讽赋》是假话，《礼记》时代也难以确定。

译文：92.82.1 《广雅》说："菇是蒋，它的米称为'雕胡'。"

92.82.2 《广志》曰："菰，可食。以作席，温于蒲。生南方。"

译文：92.82.2 《广志》说："菰可以吃。用它的叶来织席，比蒲草还温软。生在南方。"

92.82.3 《食经》云："藏菰法：好择之，以蟹眼汤煮之①，盐薄洒，抑著燥器中。密涂，稍用②。"

注释：①蟹眼汤：刚烧沸的水。因其泛起的小气泡像蟹眼而得名。

②稍：《说文》解释"稍"字，是"出物以渐也"，即每次拿出少量出来。

译文：92.82.3 《食经》记载："藏菰法：好好择净，在翻出小泡了的沸水里煮，撒上些盐，放进干燥的盛器里面压实压紧。用泥涂密封口，要用时每次取出一点来。"

羊蹄

92.83.1 《诗》云："言采其蓫。"《毛》云："恶菜也。"《诗义疏》曰："今羊蹄①，似芦菔②，茎赤。煮为茹，滑而不美，多啖瓜人下痢。幽、阳谓之'蓫'③，一名'蓨'，亦食之。"

注释：①羊蹄：蓼科的羊蹄（RumeX jadponicus Meisn），有"蓨（tiáo）""堇（lǐ）""蓫（zhú）""苗""蓨（tiáo）"等异名。

②芦菔：即萝卜。

③幽、阳：陈奂《诗毛氏传疏》在《小雅·我行其野》"言采其蓫"下，引曾钊《诗异同辨》，转引《齐民要术》所引《诗义疏》，是"今之羊蹄，似芦菔，茎赤……多啖令

人下痢。扬州谓之‘羊蹄’，幽州谓之‘蓫’，一名‘蓨’”。所引和现在的《齐民要术》不同。《齐民要术》中这个“阳”字，显然是错的，应改作“扬”。

译文：92.83.1　《诗经·小雅·我行其野》有：“去采那儿的蓫。”毛亨注解说：“蓫是不好的野菜。”《诗义疏》说：“现在叫‘羊蹄’，像萝卜，叶柄和茎是红色。煮熟来吃，只涎滑，不美味；吃多了要‘下痢’。幽州、扬州把它叫‘蓫’，又叫‘蓨’，也吃它。”

莬葵

92.84.1　《尔雅》曰：“莃，莬葵也①。”郭璞注云：“颇似葵，而叶小，状如藜②，有毛。汋啖之，滑。”

注释：①莃（xī），莬葵：据《本草纲目》和《植物名实图考》，又名“天葵”“兔葵”，似乎是锦葵科锦葵属的植物。

②藜（lí）：藜科。茎直立，叶子菱状卵形，边缘有齿牙，下面被粉状物。

译文：92.84.1　《尔雅》说：“莃是莬葵。”郭璞注解说：“有些像葵，可是叶子小，像藜叶，有毛。烫过吃，滑。”

鹿豆

92.85.1 《尔雅》曰："蔨①，鹿藿②；其实莥③。"郭璞云："今鹿豆也。叶似大豆，根黄而香，蔓延生。"

注释：①蔨（juàn）：草名。即鹿藿，又名鹿豆。

②鹿藿：即豆科的Rhynchosia volubilis Lour.，也叫鹿豆，一种草质缠绕藤本植物。"葛"也称为"鹿藿"，但与"根黄而香"不合，不是郭璞所指的植物。

③莥（niǔ）：鹿藿的种实。

译文：92.85.1 《尔雅》说："蔨是鹿藿，它的种子叫莥。"郭璞说："就是现在的鹿豆。叶子像大豆；根黄色，有香气；蔓延着生长。"

藤

92.91.1 《尔雅》曰："诸虑，山櫐①。"郭璞云："今江东呼櫐为藤，似葛而粗大。"

"欇，虎櫐。'今虎豆也②'。缠蔓林树而生；荚有毛，刺。江东呼为'欑欇'音涉③。"

注释：①诸虑，山櫐（lěi）：櫐，同"藟"。蔓草名。由郭注及《诗经·召南》的"南有樛木，葛藟累之"看来，"诸虑山櫐"与"葛"（Pueraria thunberoiana Benth.）应是相似或者竟是相同的植物。

②虎豆：豆科的Mucuna capitata W. et.A.，又称"狸豆""黎豆"。

③欑欇（liè shè）：植物名。即紫藤。也称虎櫐、虎豆。高大木质藤本。春季开花，蝶形花冠，青紫色。荚果长10—15厘米，密生绒毛。花和种子供食用，树皮纤维可织物，果实可入药。谢灵运《山居赋》写作"猎涉"，自注曰"出《尔雅》"。

译文：92.91.1 《尔雅》说："诸虑是山櫐。"郭璞注解说："现在江东把櫐叫'藤'，像葛，不过粗些大些。"

《尔雅》的"欇是虎櫐"，郭璞注解说："就是现在的'虎豆'。缠绕着树木，长成蔓向上生长；荚上有毛，有刺。江东叫它'欑欇'欇音涉。"

92.91.2　《诗义疏》曰："櫐，苣荒也①，似燕薁②。连蔓生，叶白色，子赤可食，酢而不美。幽州谓之'椎櫐'。"

注释：①苣荒：石按：由文中的描写与《本草纲目》对照，我假定这所谓"苣荒"，应即《本草纲目》所谓"蓬蘽（R.Tllunbergii　S.et　z.）"，明嘉靖年间汪机所作《本草会编》所谓"寒莓（R.Buerger iMiq.）"，都是蔷薇科悬钩子属（RulDUS）的植物。后面92.117对《齐民要术》中的悬钩子属的浆果有专门的总结分析。

②薁（yù）：野葡萄。

译文：92.91.2《诗义疏》说："櫐是'苣荒'；像燕薁。连着发蔓生长，叶子背面白色；果实红色，可以吃，味酸，不美。幽州叫它'椎櫐'。"

92.91.3　《山海经》曰："毕山其上多櫐①。"郭璞注曰："今虎豆、狸豆之属。"

注释：①毕山：据《山海经·中山经》"中次十一经"（第十七个山）"毕山，帝苑之水出焉；东北流，注于视。其中，多水玉，多蛟；其上，多㻬琈（tū fú）之玉"，没有关于植物的话。（第二十四个山）"卑山；其上多桃、李，苴、梓；多櫐"，下有郭璞注"今虎豆、狸豆之属。櫐一名'藤'，音诔"。《齐民要术》的"毕"，应是字形字音都相似的"卑"字，写错的。《太平御览》所引，也是"卑山"。

译文：92.91.3《山海经》说："卑山，上面有很多櫐。"郭璞注解说："櫐就是现在的虎豆、狸豆之类。"

92.91.4　《南方草物状》曰："沈藤，生子大如齑瓯①，正月华色，仍连著实，十月腊月熟，色赤。生食之，甜酢。生交阯。"

注释：①齑（jī）瓯（ōu）：齑指捣碎的姜、蒜等。齑瓯是盛齑的小盅。

译文：92.91.4《南方草物状》说："沉藤，结的果实像盛姜蒜蘸料的小盅一样大。正月开花，跟着结实；到十月腊月成熟，红色。生吃时，有甜酸味。出在交趾。"

92.91.5　"毦藤①，生山中。大小如苹蒿，蔓衍生。人采取，剥之以作毦，然不多。出合浦、兴古②。"

注释：①毦（mào）：《说文解字》释为“羽毛饰也”，也就是“缨子”。这一条和下面的92.91.6，92.91.7和92.91.8三条都是《南方草物状》中的记载；《太平御览》和《艺文类聚》不分条，《齐民要术》分条各自提行。

②合浦、兴古：合浦郡，西汉元鼎六年（前111）设置，治所在徐闻县（今广东徐闻），辖境相当于今广东新兴、开平西南，广西容县、玉林、横县以南地区。兴古郡，三国蜀建兴三年（225）设置，治所在宛温县（今云南砚山县西北四十六里），辖境相当于今云南东南部通海、华宁、弥勒、丘北、罗平等县以南地区，广西西部以及贵州兴义地。

译文：92.91.5　“毦藤，生长在山里。像苹蒿般大小，蔓附地生长。人采了来，剥取作缨子，但不多。出在合浦郡、兴古郡。”

92.91.6　“简子藤，生缘树木。正月二月华色，四月五月熟；实如梨，赤如雄鸡冠，核如鱼鳞。取生食之，淡泊无甘苦。出交阯、合浦。”

译文：92.91.6　“简子藤，缠附着树木生长。正月二月开花，四月五月成熟；果实像梨，和雄鸡冠一样红色，核像鱼鳞。采取来生吃，味道淡淡的，不甜也不苦。出在交趾郡、合浦郡。”

92.91.7　“野聚藤，缘树木。二月华色，仍连著实，五六月熟，子大如羹瓯[①]。里民煮食，其味甜酢。出苍梧[②]。"

注释：①羹瓯：汤碗。

②苍梧：郡名。西汉时设置。从汉代起，都称为苍梧，郡治在广信县，即今广西壮族自治区梧州、贺州与广东封开县一带。

译文：92.91.7　“野聚藤，缠附在树木上。二月开花，跟着就结实，五月六月成熟，果实像汤碗大小。本地人煮来吃，味甜酸。出在苍梧郡。”

92.91.8　“椒藤生金封山[①]。乌浒人往往卖之[②]。其色赤，又云以草染之。出兴古。”

注释：①金封山：未详。《中国古今地名大辞典》只载有金峰山，在江苏溧阳西南六十里。

②乌浒：是西南的一个民族。《后汉书》列传第七十六记有“交阯，其西有……国，

今乌浒人是也”，李贤注引三国吴万震《南州异物志》：“乌浒，地名也，在广州之南，交州之北。”再依下文“出兴古”推测，应当是今天贵州和广西壮族自治区西边一带地区当时的居民。据此估计，金封山大概也就应在今日苗岭山脉中。

译文：92.91.8 “椒藤，出在金封山。乌浒人常常拿出来卖。颜色是红的，又有人说是用草染成的。出在兴古郡。”

92.91.9 《异物志》曰：“葭蒲，藤类，蔓延他树，以自长养。子如莲，菆侧久反著枝格间[①]，一日作“扶相连”[②]，实外有壳，里又无核。剥而食之[③]，煮而曝之，甜美。食之不饥。”

注释：①菆（zōu）：即丛生的意思。由丛生于“枝格间”，及“外有壳，里又无核”等情形看来，这所谓“葭蒲”，似乎是无花果属（Ficus）中的一种蔓本植物。

②一日作“扶相连”：如从字面上来理解这句话，不很容易。怀疑“日”字是“曰”字写错。“一曰作‘扶相连’”，即可以解成：”枝格间’三字，有一个说法是‘扶相连’三字。”因为“枝”与“扶”、“格”与“相”字形相似，“连”字也可以是“间”字破烂后，看不清晰而认错。这样，这一句只是上句的一个“校注”，意义就容易体会了。另一方面，“扶”字读音与作“蒂”解释的“柎”（或写作“柎”“不”）很相近。“扶相连”，便是“蒂相连”，正合于“菆著”的情形，也可以解释。

③剥：“剥”字有两个解释：一个是今日通用的“剥皮”的剥；还有一个，读作“扑（pū）”，是用竿子打下来。《诗经·豳风·七月》中的“八月剥枣”，也是这样。这里两个用法都可以说得过去。不过，如果所指植物是无花果属的，似乎第二个（打下来）的解释更好。

译文：92.91.9 《异物志》说：“葭蒲是藤类，蔓子延展在其他树上，来使自身长大。果实像莲，一丛丛地着生在枝条分叉的地方，一说是‘蒂相连’。果实外面有壳，里面却没有核。剥掉壳或打下来吃，煮熟，晒干，味道甜美。吃了可以不饿。”

92.91.10 《交州记》曰：“含水藤[①]，破之得水。行者资以止渴。”

注释：①含水藤：据《本草纲目》引李珣《海药本草》转引：“刘欣期《交州记》云：“含水藤，生岭南及北海边山谷。状若葛；叶似枸杞。多在路旁。行人乏水处，便吃此藤，故以为名。”又引陈藏器（《本草拾遗》）曰：“安南、朱厓、儋耳无水处，皆种大瓠藤，取汁用之。藤状如瓠，断之水出。”与下面92.91.14顾微《广州记》所记的“诺藤”，可能是同一植物。这似乎是利用植物根压取得饮水的一种巧妙方法。究竟是什么植物，还待考证。

译文：92.91.10 《交州记》说：“含水藤，破断了可以得到水。行路的人，靠它来止渴。”

92.91.11 《临海异物志》曰：“钟藤①，附树作。根软弱，须缘树，而作上下条。此藤缠裹树，树死，且有恶汁，尤令速朽也。藤咸成树，若木自然。大者，或至十五围。”

注释：①钟藤：根据记载推测，似乎是四川、云南、贵州一带的“黄桷（也有写作‘葛’的）树”，即Ficus lacor。有直立的树，有贴在岩石、城墙或大树生长的，也有生长到屋顶上去的。

译文：92.91.11 《临海异物志》说：“钟藤，贴在树上生根。根软弱，必须缠附在其他树上，向上向下长支根。这种藤缠裹在树上，树被缠死，藤又有毒汁液，更使死树很快就腐朽了。藤却茂盛地长成了大树，像自然生长的树木。大的，可以有十五围。”

92.91.12 《异物志》曰：“葪藤①，围数寸。重于竹，可为杖。篾以缚船②，及以为席，胜竹也。”

注释：①葪（kē）藤：《玉篇》“葪”字注“苦过切，葪藤，生海边”。由本节和下面92.91.13所引顾微《广州记》参对着看，似乎很容易知道，“葪藤”是指棕榈科的Calamus rotang L.的；“葪”则是剥去了外皮的“藤心”。陈藏器《本草拾遗》所说的“省藤”，形态特征多少有些近于这里所说的“葪藤”，药用效果，似乎在于利用所含大量单宁，也还有些相近。但李时珍假定的和他所引洪迈《夷坚志》说起的织草鞋用的“红藤”，如果真就是“省藤”的话，则“省藤”便不是Calamus。现在大家都用“藤”字来代表这个植物，简单明确。比用不很明确的“省藤”好。

②篾：用作动词，即纵破成很长的长条，像把竹破成篾一样。

译文：92.91.12 《异物志》说：“葪藤，有几寸围。比竹子重，可以作拄杖。破成篾，用来捆绑船，或用来作席子，比竹子还好。”

92.91.13　顾微《广州记》曰："葪如栟榈[①]，叶疏，外皮青，多棘刺。高五六丈者，如五六寸竹；小者如笔管竹。破其外青皮，得白心，即葪。"

注释：①栟（bīng）榈：即棕榈、棕树（Trachycarpus excelsus Wendl.）。籐和棕榈亲缘很近。这段记载，十分精细正确。

译文：92.91.13　顾微《广州记》说："葪藤像棕榈树，叶子不密，叶柄外皮绿色，有许多刺。五六丈长的叶柄，只像五六寸粗的竹一样；小的像笔管竹。把外面的青皮破掉，得到里面的白心，就是'葪'。"

92.91.14　"藤类有十许种：'续断草'，藤也，一曰'诺藤'，一曰'水藤'。山行渴，则断取汁饮之。治人体有损绝。沐则长发。去地一丈断之，辄更生根至地，永不死。"

译文：92.91.14　"藤的种类有十来种。'续断草'，是一种藤，又叫'诺藤'，又叫'水藤'。在山里走路口渴时，把它切断，取它的汁来饮。可以治人的身体损伤、折断。用来洗头，使头发长长。隔地面留下一丈，就一定可以再生根到地里去，永远不死。"

92.91.15　"刀陈岭有膏藤[①]，津汁软滑，无物能比。"

注释：①刀陈岭：我们还没有找到可以考证此地的资料，故无法确定是何处。

译文：92.91.15　"刀陈岭，有一种'膏藤'；汁液软而涎滑，没有东西比得上。"

92.91.16　"柔葪藤[①]，有子。子极酢，为菜，滑，无物能比。"

注释：①柔葪藤：这似乎是另一种植物，与棕榈科Calamus rotang无关。

92.91.16　"柔葪藤，有果实。果实极酸；作菜吃，黏滑，没有东西比得上。"

92.92.1　《诗》云："北山有莱。"《义疏》云："莱，藜也[①]。茎叶皆似菉王刍[②]。今兖州人，蒸以为茹，谓之莱蒸。"谯沛人谓鸡苏为莱[③]，故《三仓》云："莱，茱萸[④]。"此二草异而名同。

注释：①蘽：这个字应当依今日通行的写法写作“藜”，即藜科藜属的白藜（Cheno podium album L.），所谓“灰藋（diào）菜”，也就是《尔雅》所谓“釐蔓华”的。

②蔜王刍：据《尔雅·释草》，“蔜王刍”即王刍又名蔜。郭璞注，“蔜薅，今呼鸱脚莎”。《太平御览》卷997（百卉部四）引吴氏《本草》：“王刍一名黄草。”李时珍以为是“荩草”，郝懿行以为是“淡竹叶”。荩草（Arthraxon ciliare Beauv.），淡竹叶（Lophatherum gracile Brongn，var.elatum Hack）都是禾本科植物。藜和禾本科植物如何相似，很难体会。也许“蔜王刍”是“蒁萹蓄”缠错了。

③谯沛：今江苏北部，接近山东、安徽的地方，汉代是沛国谯郡。鸡苏：学名为Stachys aspera Michx，ver.Japonica Maxim。又名“水苏”“芥葅”……

④故《三仓》云：“莱，茱萸”：《三仓》，字书。形成于秦汉时，大抵四字一句，两句一韵，便于诵读，古代作为儿童识字课本。莱，茱萸，石按：《尔雅》有“椒榝丑莍”。椒是花椒（Zanthoxylum spp.），榝（shɑ）是食茱萸（Z.ailanthoides S.et Z.）和吴茱萸（Evodia rutaecarpa Benth.）；“丑”是相似，“莍（qiú）”是指果实外皮密生疣状突起的腺体；即这些植物的果实相似。依陆德明《经典释文》所引古本《说文》，“莍”是“榝，茶（即椒字）宾裹如裘也”。因此，孙星衍辑本《三仓》（草部），直接写成“莍茱萸”也，在原则上是完全正确的。故此处“莱”字，必须改作“莍”才合理。同样，前文“鸡苏为莱”的“莱”字也应改作“莍”，因为鸡苏是香料植物，和茱萸一样，所以谯、沛人把它称为“莍”，不难体会。如果这两点都能成立，则从“谯沛人……”起，到“此二草异而名同”，应另作一段，用“莍”字为标题。

译文：92.92.1 《诗经·小雅·南山有苔》有：“北边山上有莱。”《诗义疏》说：“莱就是藜。茎叶都像《尔雅》所谓‘蔜王刍’。现在兖州人蒸来当饭，叫作‘莱蒸’。”谯、沛一带的人，将鸡苏称为“莱”。所以《三仓》说：“莱是茱萸，”这两样，草有分别，名称是一样。

92.93.1 《广志》云：“蒟子生可食①。”

注释：①蒟（jú）：菜名。种子可作香料。《广志》曰：“蒟子，生可食。一名马芹。”

译文：92.93.1 《广志》说：“蒟子，可以生吃。”

蘼

92.94.1　《广志》云：“三蘼①，似翦羽②，长三、四寸。皮肥细③，缃色④。以蜜藏之，味甜酸，可以为酒啖⑤。出交州，正月中熟。”

注释：①三蘼：“蘼”字本来的意义是“蒹”，即芦荻之类，这里只是用来作记音字。嵇含《南方草木状》作“五敛子”，解释说：“南人呼‘棱’为‘敛’，故以名。”“敛”字当时大概读liàn，也可读上声或阳平；“蘼”字当时大概也读lián。这是酢浆草科的Averrhoa carambola L.，今日一般称为“阳桃”。

②翦羽：怀疑应是“箭羽”，即箭两边突出的羽枝。阳桃果子上的棱，突出而扁锐，有些像箭羽。

③肥：疑当作“肌”字或“脆”字。

④缃色：是带褐的黄；一般口语中所谓“香色”，正是“缃”。

⑤酒啖：即下酒的食物。

译文：92.94.1　《广志》说：“三蘼，像箭羽，有三、四寸长。皮脆，细嫩，褐黄色。用蜜腌着保藏，味酸甜，可以下酒。出在交州，正月中成熟。”

92.94.2　《异物志》曰：“蔗实虽名‘三蘼’，或有五六。长短四五寸，蘼头之间，正岩①。以正月中熟，正黄多汁，其味少酢，藏之益美。”

注释：①岩：这个字，如果没钞错或写错，便当这样解释：棱尽头（靠近原来花柱的地方），向外突出，下面峻峭，像岩壁一样在花柱基部，作成一个小潭。

译文：92.94.2　《异物志》说：“蘼实，虽然名称叫‘三蘼’，事实上有五六棱。长短，大概在四五寸之间，棱头峻峭地耸出。在正月中成熟，颜色正黄，汁液多。味道有些酸，保藏后更好吃。

92.94.3　《广州记》曰：“三蘼快酢，新说蜜为糁①，乃美。”

注释：①新说：直译为“近来的说法”，但仍怀疑有错字。

译文：92.94.3　《广州记》说：“三蘼酸得利害，近来的说法，蜜煮成蜜饯就好吃了。”

蘧蔬

92.95.1 《尔雅》曰：“出隧，蘧蔬[1]。”郭璞注云：“蘧蔬，一似土菌，生菰草中。今江东啖之，甜滑。”音氍氀[2]。

注释：①出隧，蘧蔬：这应当是菰（zizania tate folia）的新芽，即所谓“菰手”“菰首”。怀疑“出隧”“蘧蔬”都是记音，和“菰手”“菰首”一样。

②氍氀（qú sōu）：是软滑而绒毛多的毛织物。在此作注音。

译文：92.95.1 《尔雅》说：“出隧是蘧蔬。”郭璞注说：“蘧蔬，像新鲜麻菇，长在菰草里。现在江东人吃它，味甜而滑。”蘧蔬音氍氀。

芺

92.96.1 《尔雅》曰：“钩，芺[1]。”郭璞云：“大如拇指，中空，茎头有台，似蓟[7]。初生，可食。”

注释：①芺（ǎo）：苦芺，是菊科的Cirsium? Ovalifolium Fr.et Say。味苦，嫩苗可食用。

②蓟（jì）：又叫大蓟，花紫色，可入药。

译文：92.96.1 《尔雅》说：“钩是芺。”郭璞注解说：“像拇指粗，中间空的，茎头上有苔子，像蓟。初生时可以吃。”

茿

92.97.I 《尔雅》曰：“茿[1]，萹蓄[2]。”郭璞云：“似小藜，赤茎节，好生道旁。可食，又杀虫。”

注释：①茿（zhú）：《说文解字》释“茿”为“萹筑也”。今本《尔雅》都作“竹，萹蓄”。竹、茿同音，本来可以借用，但竹既另指一大类植物，则专用茿来表示

Polygonum aviculare L.更明确。

②萹（biān）蓄：一名“萹筑”。蓼科，一年生草本，茎平卧或上升，夏季开绿色小花，全草入药。

译文：92.97.1　《尔雅》说：“竹是萹蓄。”郭璞注解说：“像小的藜，茎节都是红色，喜欢长在路边上。可以吃，也可以杀虫。”

蕵芜

92.98.1　《尔雅》曰：“须，蕵芜①。”郭璞注云：“蕵芜，似羊蹄，叶细，味醋，可食。”

注释：①须，蕵（sūn）芜：《本草纲目》引陶弘景《名医别录》：“一种：极似羊蹄而味酸，呼为‘酸模’。”从读音来分析，我们可以肯定“蕵芜”与“酸模”应是同一植物，即Rumex? acetosa L.。酸模，当时大概读suēn mú。蕵芜，当时大概该读作suēm mú；如果说得快一点，前字韵母的音随，很容易与后字的声母同化，就和suēn mú完全一样了，“蕵芜”或“酸模”，再经过急读，都很容易衍变为su，这就是“须”字当时的读法。

译文：92.98.1　《尔雅》说：“须是蕵芜。”郭璞注解说：“蕵芜像羊蹄，叶子小些，味道酸，可以吃。”

隐荵

92.99.1　《尔雅》云：“蒡，隐荵①。”郭璞云：“似苏，有毛。今江东呼为隐荵。藏以为菹，亦可瀹食。”

注释：①隐荵（rěn）：《本草纲目》引陶弘景《名医别录》，以为桔梗叶名“隐荵，可煮食之”。又引葛洪《肘后方》：“隐忍草，似桔梗，人皆食之。”李时珍根据这两点，说隐荵是荠苨苗。荠苨（Adenophora remotiflora Miq.）也属于桔梗科。

译文：92.99.1　《尔雅》说：“蒡是隐荵。”郭璞注解说：“像苏，有毛。现在江东叫它‘隐荵’。可以保藏作成菹，也可以烫熟吃。”

守气

92.100.1 《尔雅》曰："皇，守田④。"郭璞注曰："似燕麦，子如雕胡米，可食。生废田中，一名守气。"

注释：①守田：《本草纲目》卷23"菵（wǎng）草"条引陈藏器《本草拾遗》："菵草生水田中，苗似小麦而小。四月熟，可作饭。"李时珍以为就是《尔雅》的"皇守田"。菵草是禾本科的Beckmannia erucaeformisHost.属田问杂草，又叫水稗子。

译文：92.100.1 《尔雅》说："皇是守田。"郭璞注解说："像燕麦，种实像菰米，可以吃。生在废田里，也叫'守气'。"

地榆

92.101.1 《神仙服食经》云①："地榆②，一名'玉札'。北方难得；故尹公度曰③："宁得一斤地榆，不用明月珠。'其实黑如豉。北方呼'豉'为'札'，当言'玉豉'。与五茄煮服之④，可神仙。是以西域真人日："何以支长久？食石畜金盐⑤；何以得长寿？食石用玉豉。'此草雾而不濡，太阳气盛也，铄玉烂石⑥。炙其根作饮，如茗气。其汁酿酒，治风痹⑦，补脑。"

注释：①《神仙服食经》：据胡立初考证：《隋书·经籍志》有《神仙服食经》十卷，《唐书·经籍志》有《神仙服食方》十卷。均不著撰人姓氏。又《唐志》有《神仙服食经》十三卷，注云"里京"先生撰。《太清神仙服食经》五卷，又一卷，注云"抱朴子撰"。而据本书所引"地榆，北方难得"，似为南朝人作，则可能是葛洪的《太清神仙服食经》。

②地榆：蔷薇科的Sanguisorba officinalis L.，多年生草本。根粗壮，功能凉血。夏末秋初开花，花小形多数，密集成顶生的穗状花序，暗紫色。

③尹公度：传说与老子一道西出函谷关去的尹喜，是著名的道教神仙人物。

④五茄：即"五加"，一种灌木，核果球形，根皮和茎皮称五加皮，可入药。

⑤金盐：即五加皮。

⑥铄玉烂石：这里的"玉""石"，指魏晋南北朝时人们为求长生，盛行服食的矿物

类药物。地榆有凉血作用，五加有去风湿、舒筋骨和强身的功效，配合使用这两种药，可以消解石药的热毒，所以有“铄玉”或“烂石”的说法。

⑦风痹（bì）：受风寒湿侵袭而引起的四肢疼痛或麻木的病症。

译文：92.101.1　《神仙服食经》说：“地榆，又叫‘玉札’。北方难得见到，所以尹公度说：‘宁愿得到一斤地榆，也不要明月珠。’地榆的果实像豆豉一样黑。北方把‘豉’叫做‘札’，实际上应该叫做‘玉豉’。与五茄一起煮来吃掉，可以成神仙。所以西域真人说：‘用什么来保持长久？吃石药配上金盐；用什么来获得长寿？吃石药用上玉豉。’这种草雾气不能沾湿，因为它阳气很盛，能消解石药的热毒。把它的根晒干后泡制饮料，像茶叶的气味。用这种草汁酿造的酒，能医治风痒，也可以补脑。”

92.101.2　《广志》曰：“地榆可生食。”

译文：92.101.2　《广志》说：“地榆可以生吃。”

人苋

92.102.1　《尔雅》曰：“蒉①，赤苋。”郭璞云：“今人苋赤茎者②。”

注释：①蒉（kuài）：菜名。即赤苋。

②人苋：即苋菜（Amaranthus mangostanus L.）。

译文：92.102.1　《尔雅》说：“蒉是赤苋。”郭璞注解说：“就是现在红茎的那一种苋菜。”

莓

92.103.1　《尔雅》曰：“葥，山莓①。”郭璞云：“今之木莓也，实似藨莓而大②，可食。”

注释：①葥，山莓：据李时珍考证，即悬钩子（Rubus palmatus Thunb.），落叶灌木。今本《尔雅》“葥”作“葥（jiàn）”。

②藨（pāo）莓：莓的一种。俗名薅田藨。

译文：92.103.1 《尔雅》说："葥是山莓。"郭璞注解说："就是现在的'木莓'；果实像藨莓，不过大些，可以吃。"

鹿葱

92.104.1 《风土记》曰："宜男，草也。高六尺，花如莲。怀妊人带佩，必生男。"

译文：92.104.1 《风土记》说："宜男是一种草，有六尺高，花像莲花。身怀有孕的妇女佩带，必定会生儿子。"

92.104.2 陈思王《宜男花颂》云①："世人有女求男，取此草食之，尤良。"

注释：①陈思王《宜男花颂》：陈思王，即曹操之子曹植，因其生前最后的封地在陈郡，去世后谥号为"思"，所以后人称之为"陈王"或"陈思王"。《宜男花颂》，所引两句，《太平御览》未引，《艺文类聚》所引是一篇四字句的韵文，无此两句。此处所引《宜男花颂》两句，可能是原颂的序，硬可能本应是嵇含《宜男花赋序》。《太平御览》卷994引嵇含《宜男花赋序》："宜男花者，世有之久矣……荆楚之士，号曰'鹿葱'，根苗可以荐于俎。世人多女，欲求男者，取此草服之尤良也。"

译文：92.104.2 陈思王《宜男花颂》说："世间人有了女儿，想要儿子，寻找这种草来吃，效果尤其好。"

92.104.3 嵇含《宜男花赋序》云："宜男花者，荆楚之俗号曰'鹿葱'①。可以荐宗庙，称名则义过马舄也②。"

注释：①鹿葱：即萱草（Hemet'ocallis nava L.）。

②马舄（xì）：即车前草（Plantago spp.）。《诗经·周南·芣苡》"采采芣苡"，《毛传》说："芣苡，马舄；马舄，车前也。宜怀任焉。"古来传说，马舄可以使女人容易怀孕。

译文：92.104.3 嵇含《宜男花赋序》说："宜男花，荆楚地方的习俗称为'鹿葱'。可以用来祭祀宗庙，'宜男'的名称也比'马舄'含义更深。"

蒌蒿

92.105.1　《尔雅》曰："购，蔏蒌①。"郭璞注曰："蔏蒌，蒌蒿也。生下田，初出可啖。江东用羹鱼。"

注释：①蔏（shāng）蒌：水生白蒿。即蒌蒿（Artemisia vulgare L.）。

译文：92.105.1　《尔雅》说："购是蔏蒌。"郭璞注解说："蔏蒌就是蒌蒿。生在低地。刚生出时可以吃。江东的人，用来下鱼羹。"

藨

92.106.1　郭璞注曰①："藨即莓也，江东呼藨莓。子似覆葐而大，赤，酢甜可啖。"

①郭璞注曰：这是《尔雅》"藨、麃"的郭注。所指植物，李时珍以为是"薅田藨"（Rubus parvifolius L.）。

译文：92.106.1　郭璞注《尔雅》说："麃就是莓，江东叫它麃莓。果实像覆盆子，但大些，红色，酸甜好吃。"

綦

92.107.1　《尔雅》曰："綦①，月尔。"郭璞注云："即紫綦也。似蕨可食。"

注释：①綦（qí）：即紫蕨。蕨类植物，紫萁科。嫩叶可食，根茎供药用。前面92.61.25已有"綦菜"，92.61.27）又有"蕨菜"；卷九88.36.3也有过"蕨""綦"。这里又重复了一次。

译文：92.107.1　《尔雅》说："綦是月尔。"郭璞注解说："就是紫綦。像蕨，可以吃。"

92.107.2　《诗》曰①："綦，菜也。叶狭，长二尺，食之微苦，即今英菜也②。《诗》曰："彼汾沮洳③，言采其英'。"一本作"莫"。

注释：①《诗》曰：下文字句显然不是《诗》中语。《渐西村舍》本改作“《诗义疏》曰”；郝懿行《尔雅》义疏也引“《齐民要术》引《诗义疏》，以蘩菜即莫菜”，也认为这句是《诗义疏》。但《诗义疏》现无完本，且《诗经》中没有“蘩”字，我们无从决定这里的引文是否真的出自《诗义疏》。

②英：依今本《诗经》，应是“莫”。石按：案“英”字，字形与“莫”及“英”相似，又与“蕨”同音；《齐民要术》92.61.25中已有“蘩菜似蕨”的一条，蘩也的确是“蕨类”；因此怀疑这两字应是“英菜”，即借用同音的“英”字为“蕨”。又：孔颖达《诗正义》引《诗义疏》：“莫：茎大如箸，赤节；节——叶似柳叶，厚而长，有毛刺……其味酢而滑……五方通谓之‘酸迷’；冀州人谓之‘乾绛’；河汾之间，谓之‘莫’。”怀疑这里的“英”（即莫菜）所指仍是“酸模”。

③沮洳（rù）：水边低湿的地方。

译文：92.107.2　《诗义疏》说：“蘩是一种菜。叶子狭窄，有二尺长；吃时有点苦味。就是今天的英菜。《诗经·魏风·彼汾沮洳》有‘那条汾水，是这么水沮沮的，我还要去采英菜’”。有个版本，不是“言采其英”，而是“言采其莫”。

覆葐

92.108.1　《尔雅》曰：“茥①，葐葐②。”郭璞云：“覆葐也，实似莓而小，亦可食。”

注释：①茥（guī）：覆盆子。又名插田藨。蔷薇科。落叶灌木。果实可食可入药。

①葐葐（quē pén）：植物名。即覆盆子（Rubus tokkura Sieb.）

译文：92.108.1　《尔雅·释草》说：“茥是葐葐。”郭璞注解说：“就是覆盆子，果实像悬钩子，但小些，也可以吃。”

翘摇

92.109.1　《尔雅》曰：“柱夫，摇车。”郭璞注曰：“蔓生，细叶，紫华可食。俗呼翘摇车①。”

注释：①翘摇：可能即是92.79.3的“翘饶”，即巢菜属（Vicia）的小巢菜。本卷中记载Vicia的有92.67薇，92.79苕和92.109翘摇三条。

译文：92.109.1《尔雅》说：“柱夫是翘摇。”郭璞注解说：“蔓生，叶细小，开紫花，可以吃。俗名叫‘翘摇车’。”

乌苉音丘

92.110.1 《尔雅》曰：“菼[①]，萑也[②]。”郭璞云：“似苇而小，实中。江东呼为‘乌苉’[③]。”

注释：①菼（tǎn）：就是芦（Phragmites communis Trin.Var.Longivalvis Miq.）的嫩芽。李时珍在《本草纲目》中所作断语是：“芦有数种：有长丈许，中空，皮薄，色白者，‘葭’也，‘苇’。短小御苇，而中空，皮厚，色青苍者，‘菼’也，‘萑’也，‘萑’也。其最短小而中实者，蒹，也，‘蒹’也。”

②萑（wàn）：初生的荻。

③乌苉（qiū）：初生的芦苇。

译文：92.110.1 《尔雅·释草》说：“菼是萑。”郭璞注解说：“像苇，不过细小些，实心。江东叫它‘乌苉’。”

92.110.2 《诗》曰：“葭菼揭揭[①]。”毛云：“葭，芦；菼，萑。”

《义疏》云：“萑，或谓之‘荻’。至秋坚成，即刈，谓之‘藿[②]。’”

“三月中生。初生，其心挺出，其下本大如箸，上锐而细，有黄黑勃著之[③]，污人手。把取，正白，啖之甜脆。一名‘蓫薚’[④]，扬州谓之‘马尾’。故《尔雅》云：“蓫薚，马尾也。’幽州谓之‘旨苹’。”

注释：①葭（jiā）：初生的芦苇。

②藿（huán）：一般都写作“萑”，长成的荻类植物。

③勃：粉末，也就是芦苇笋箨上的茸毛。

④蓫薚（chù tāng）：蓫薚的《尔雅》郭注是：“《广雅》曰：“马尾，蔏陆’；《本草》云：“别名薚’。今关西亦呼为薚；江东呼为当陆。”所指的是商陆（Phytolacca spp.），

与芦苇无关。

译文：92.110.2　《诗经·卫风·硕人》：“葭和菼长得高高的。”毛亨说：“葭是芦，菼是萑。”

《诗义疏》说：“萑，又叫‘荻’。到秋天长硬成熟，就收割，这时叫‘萑’。”

“三月中生出。刚生出时，中心突出来，下面有筷子粗，上端尖而细，有黄黑色的细毛附在上面，碰上能黏手。可以用耙子取得。颜色正白，吃起来甜而脆。又名‘蘧蒢’，扬州人叫它‘马尾’。所以《尔雅》说：“蘧蒢是马尾。’幽州人叫它‘旨苹’。”

92.111.1　郭璞曰：“槚，苦荼[①]。树小似栀子[②]。冬生叶，可煮作羹饮。今呼早采者为‘荼’，晚取者为‘茗’。一名‘荈’[③]。蜀人名之‘苦荼’。”

注释：①槚（jiǎ），苦荼：今本《尔雅·释木》中此句属于正文，其后文字才是郭璞注。“槚”树，据许慎原来解释，是“楸也”；是一种生长较迅速的木材。《尔雅》这一条，显然是借用原有木名，来代表另一种植物。郭璞注中所说的，很明显就是今日的茶树Thea sinensis L.。对“荼”为何衍变成今日“茶”字的经历；这里为什么会借用到读音毫不相同的“槚”字？2009年中华书局版的《齐民要术今释》下册1129页的92.111.1的注1中从语音学的角度作了分析。

②栀子：木名.即茜草科的Cardenia florida L.，常绿灌木或小乔木。夏季开白花，香味浓烈。果实卵形，赤黄色，可入药。

③荈（chuǎn）：晚采的老茶。

译文：92.111.1　郭璞说：“槚就是苦荼。树小，像栀子。冬天生的叶子，可以煮作汤来喝。现在，把早采的叫‘荼’，迟些采的叫‘茗’，又叫‘荈’。蜀地人叫它‘苦荼’。”

92.111.2　《荆州地记》曰[①]：“浮陵茶最好[②]。”

注释：①《荆州地记》：书已亡佚。《隋书·经籍志》不著录。《艺文类聚》《太平御览》有引文，但无撰写人。胡立初认为可能即《荆州土地记》，撰写人应为西晋人。

②浮陵：“浮陵”这个名称，不见书传；胡立初以为“沅陵”之误。“浮”字有错误，是肯定的；但认为当作“沅”，还值得考虑。《晋书·地理志》中，属于荆州的县名，第二字是“陵”的，共有曲陵、竟陵、江陵、州陵、房陵、武陵、信陵、夷陵、孱

陵、迁陵、醴陵、巴陵、茶陵、泉陵、零陵、邵陵等十六个之多，其中，第一字字形，与“浮”相似的，有“江”与“孱”。产名茶的不一定是“沅陵”。缪启愉先生认为：应是同音的“涪陵”之误，或是借用字。

译文：92.111.2 《荆州地记》说：“浮陵的茶最好。”

92.11 1.3 《博物志》曰：“饮真茶，令人少眠①。”

注释：①饮真茶，令人少眠：这句，可能是全世界关于茶的生理功能的最早记录。

译文：92.111.3《博物志》说：“喝了真正的茶，使人不想睡觉。”

荆葵

92.112.1 《尔雅》曰：“荍，蚍衃①。”郭璞曰：“似葵，紫色。”

《诗义疏》曰：“一名‘芘芣’。华紫绿色，可食；似芜菁，微苦。”

《陈诗》曰：“视尔如荍。”

注释：①荍（qiáo）：荆葵。蚍衃（pí fǒu）：即荆葵，又名“锦葵”。据罗愿《尔雅翼》：“荆葵，花似五铢钱大，色粉红，有紫文缕之。一名‘锦葵’。”似乎即是Malva sylvestris L.var.Mauritiana Boiss.。“蚍衃”和下文“芘芣”都读pí fǒu。

译文：92.112.1 《尔雅》说：“荍是蚍衃。”郭璞注解说：“像葵，紫色。”《诗义疏》说：“又叫‘芘芣’。花紫色带绿，可以吃；像芜菁一样，有些苦”《诗经·陈风·宛丘》：“把你看作荍一样。”

窃衣

92.113.1 《尔雅》曰：“蘮蒘①，窃衣②。”孙炎云③：“似芹，江河间食之。实如麦，两两相合，有毛，著人衣。”其华著人衣，故曰‘窃衣’。”

注释：①蘮蒘（jì rú）：草名。即窃衣。

②窃衣：伞形科的植物Osmorhiza aristata Makino et Yabe。孙炎的记载，完全与实物

相似。

③孙炎云：石按：此处所引的《尔雅》孙炎注，若与今本《尔雅》郭注、《太平御览》所引郭注相对比，似乎是将孙、郭两人的注混淆了。

译文：92.113.1 《尔雅》说："蘮蒘是窃衣。"孙炎注解说："像芹菜，江河之间的人吃它。果实像麦粒，两个两个一对；有毛，能黏在人的衣服上。""它的花能黏在人衣上，所以叫'窃衣'。"

东风

92.114.1 《广州记》云："东风华叶似'落娠妇'[①]，茎紫。宜肥肉作羹，味如酪，香气似马兰[②]。"

注释：①东风：即菊科的东风菜（Aster scaber Thunb），又叫"冬风菜"。落娠妇：不知道是否虎耳草科的Astilbe chinensis Maxim. var.albiflora Maxim.?

②马兰：与东风菜同属的Aster trinerviu s Roxb.var.adustus Maxim.，也称"马兰头""鸡儿肠"。花蓝紫色，形似菊花，嫩草可食，有腥香气。

译文：92.114.1 《广州记》说："东风，花和叶子像'落娠妇'，茎紫色。和肥肉一起煮汤，最合适，味道像酪子。香气像'马兰'。"

堇[①]丑六反

92.115.1 《字林》云[②]："草似冬蓝[③]，蒸食之，酢。"

注释：①堇（lí）：即羊蹄菜（Rumex japonicus Meisn.），前面92.83.1已介绍过。

②《字林》：晋吕忱著。收字12824个，按汉字形体分部编排的文字方面的工具书。已亡佚。

③冬蓝：即爵床科的马蓝（Strobilanthus flaccidifolius Nees）。

译文：92.115.1 《字林》的"堇"字，注说："草像冬蓝，蒸了吃，味酸。"

萸①而兖反

92.116.1　木耳也②。案：木耳煮而细切之，和以姜橘，可为菹，滑美。

注释：①萸（ruǎn）：即木耳。

②木耳：《齐民要术》中所记的木耳，有卷八76.27.5中的桑，卷九88.34中的“木耳菹”。这一条所说的食用法，和88.34相似。

译文：92.116.1　就是木耳。案：木耳煮过，切细，和上姜与橘皮，可以作菹，吃起来滑而且美。

莓亡代反

92.1 17.1　莓①，草实，亦可食。

注释：①莓：《说文》中，只有“莓”字（仍读mèi）解作“马莓”。本卷中已有“巨荒”（92.91.2）、“葥”（92.103）、“藨”（92.106）、“覆盆”（92.108）等四条，都是讨论悬钩子属浆果的；而且92.103也以“莓”为标题。这条只是引有这么一个字，连解释一并记了下来，没有什么内容。我们现在依李时珍《本草纲目》的记载文字，把前四种“莓”的特征，作一个分析比较表。

《齐民要术》引用的名称	苣荒	莓	覆盆	藨
《尔雅》中的名称		葥、山莓	堇、覆盆	藨藨
李时珍认为是	割田藨	藨	插田藨	薅田藨
其他异名	寒莓、陵藥、阴藥、蓬藥	悬钩子、沿钩、树莓	缺盆、覆盆子、大麦莓、乌藨	
蔓	繁衍，有倒刺。	树生，高四五尺。	小于蓬藥，亦有钩刺。	小于蓬虆。
叶	逐节生叶；大如掌，状类小葵，面青背白，厚而有毛，冬月苗叶不凋。	似樱桃而狭长。	一枝五叶，面背皆青，光薄无毛。冬月苗凋。	二枝三叶，面青，背微白，微有毛。

续表

花	六七月开，小，白色。	四月开，小，白。	白。	小，白。
实	就蒂结；30-40颗成簇。生青黄，熟紫黯。微有黑毛。状如熟葚而扁。	与覆盆一样，色红。	四五月成。小而稀疏。生青黄，熟乌赤。	四月成熟。色红如樱桃。
实用	可入药。		入药。	不入药。
学名	R.Thunbergiana	R.paimatus	R.tokkura	R.paevifolius

译文：92.117.1　莓是草的果实，也可以吃。

萓音丸

92.118.1　萓①，干堇也。

注释：①萓（huán）：堇菜科，多年生草本。堇干了收藏起来，称为“萓”。

译文：92.118.1　萓是晒干保存的堇。

92.119.1　蕵①，《字林》曰：“草，生水中，其花可食。”

注释：①蕵（sī）：草名。

译文：92.119.1　蕵，《字林》解释说：“草类，生在水中，花可以吃。”

木

92.121.1　《庄子》曰①：“楚之南，有冥泠一本作灵者②，以五百岁为春，五百岁为秋。”

注释：①《庄子》曰：这是《庄子·内篇》第一篇《逍遥游》中的一句。《列子·汤问篇》也有，不过“楚”字作“荆”。

②冥泠（líng）：今传本《庄子·逍遥游》作“冥灵”。

译文：92.121.1　《庄子》说：“楚国的南面，有冥泠（另一个版本作‘冥灵’）树，

把五百年作为一个春天，又五百年作为一个秋天。”

92.121.2　司马彪曰[①]：“木生江南，千岁为一年。”

注释：①司马彪：晋代的宗室，曾为《庄子》作注。这篇所引，即他为“冥泠”作的注。

译文：92.121.2　司马彪说：“这种树生长在江南，以一千年为一年。”

92.121.3　《皇览·冢记》曰[④]：“孔子冢茔中[②]，树数百，皆异种，鲁人世世无能名者。人传言，孔子弟子，异国人，持其国树来种之。故有柞、枌、雒离、女贞、五味、毚檀之树[③]。”

注释：①《皇览·冢记》：《皇览》，三国魏文帝时刘劭等人奉敕所撰，将经传分门别类编排，供皇帝阅读，故称为“皇览”。原书隋唐后已失传。《冢记》是《皇览》中的一篇。

②冢茔（yíng）：墓地。

③柞（zuò）、枌（fén）、雒（luò）离、女贞、五味、毚（chán）檀：柞，栎的通称；枌，一种榆树，即白榆；雒离，未详；女贞，一种在冬天仍青翠不凋的树；五味，即五味子树，果实入药；毚檀，檀树的一种，一说就是白檀。

译文：92.121.3　《皇览·冢记》说：“孔子的墓地中，有几百棵树，都是很特别的树种，鲁国人世世代代都不能叫出树名。人们传言，孔子的弟子来自不同的诸侯国，都把自己国家的树带来种上。所以有柞、枌、雒离、女贞、五味、毚檀等树。”

92.121.4　《齐地记》曰[①]：“东方，有不灰木[②]。”

注释：①《齐地记》：据《太平御览》卷960“胜火”所引，此处应是出自西晋伏琛的《齐地记》。该书又被称作《齐记》《三齐略记》，记述今山东大部分地区的山川、物产、风俗等，书已佚。

②不灰木：一般将石绵称为“不灰木”，也可能此处所引是指石绵的。

译文：92.121.4　《齐地记》说：“东方有不灰木。”

桑

92.122.1 《山海经》曰："宣山，有桑，大五十尺；其枝四衢。言枝交互四出。其叶大尺，赤理，黄花，青叶，名曰："帝女之桑。'"妇人主蚕，故以名桑。

译文：92.122.1 《山海经·中山经》说："宣山上有桑树，五丈粗，树枝四衢郭璞注："四衢"是说树枝交叉向四周伸展。树叶有一尺大，红色的纹理，黄色的花朵，青色的叶子，名叫'帝女之桑'郭璞注：妇女负责养蚕，所以用来为桑树命名。"

92.122.2 《十洲记》曰[①]："扶桑，在碧海中。上有大帝宫，东王所治[②]。有椹桑，树长数千丈，三千余围。两树同根，更相依倚，故曰'扶桑'。仙人食其椹，体作金色。其树虽大，椹如中夏桑椹也，但稀而赤色。九千岁一生实，味甘香。"

注释：①《十洲记》：又名《海内十洲记》，旧题汉东方朔撰。是一本记述传说中的海上十洲所出产异物的志怪小说集，其中保存了不少神话和仙话材料。

②东王：即"东王公"，又称为"木公"，是道教尊奉的最高男神。

译文：92.122.2 《十洲记》说："扶桑，在碧海中。上面有大帝宫，是东王公治理事务的地方。其中有长椹的桑树，高几千丈，粗三千多围。桑树两两长在同一株根上，相互倚傍着，所以称为'扶桑'。仙人吃了扶桑树的果实，身体会变作金光色。这种树虽然很大，但桑椹却和中原地区的大小一样，只是长得稀疏，颜色是红的。扶桑九千年结一次果实，味道香甜。"

92.122.3 《括地图》曰[①]："昔乌先生避世于芒尚山，其子居焉。化民食桑，三十七年，以丝自裹。九年生翼，九年而死（其桑长千仞），盖蚕类也。去琅琊二万六千里[②]。"

注释：①《括地图》：是汉代人写的一本记述与神话传说相关的地理的书，作者不详，早已失传，类书中多有引用。

②琅琊：是山名，也是郡名、台名。三样事合在一处的，在今天的山东。

译文：92.122.3 《括地图》说："过去有个乌先生隐居在芒尚山，他的儿子也住在

那里。那里有能变化的人吃桑叶，三十七年后，用吐出的丝把自己裹起来。九年之后长出翅膀，再过九年就死了（那种桑树有千仞高），大盖是变成了蚕类吧。芒尚山离琅邪有两万六千里远。”

92.122.4 《玄中记》云[①]：“天下之高者‘扶桑’，无枝木焉，上至天，盘蜿而下屈，通三泉也[②]。”

注释：①《玄中记》：旧题晋代郭璞撰。为地理博物类志怪小说的代表作。其内容除远古神话，精怪故事，还记载了山川动植物，远国异民。书已亡佚。

②三泉：即三重泉，指地下很深的地方。

译文：92.122.4 《玄中记》说：“天下最高的树是‘扶桑’，树上没有枝丫。它上至于天，迂回蜿蜒而向下弯曲，通到地下很深的地方。”

棠棣

92.123.1 《诗》曰：“棠棣之华[①]，萼不韡韡[②]。”《诗义疏》云：“承花者曰‘萼’。其实，似樱桃、薁，麦时熟，食，美。北方呼之‘相思’也。”

注释：①棠棣：棠棣即“郁李”，即Prunus japonica L.；本卷92.29所说的“郁”，也指同一种植物。

②萼不韡韡（wěi）：萼不，今《诗经》各本萼作“鄂”。由下面《诗义疏》：“承花者曰萼”（郑玄笺作“承华者曰鄂”）一句看来，作“萼”字才合适，“鄂”只是借用。“不”在这不是作否定语的副词，而是“花柎”，即花蒂。“不”字的篆体就是一个花蒂贴在枝条上（指上面的“一”）的图形；在樱桃属的杯状花托，这个形象分外明显。韡韡，光亮的样子。

译文：92.123.1 《诗经·小雅·棠棣》有：“棠棣的花，花萼连结在蒂上光闪闪的。”《诗义疏》说：“郑笺解释托在花下面的叫‘萼’。棠棣的果实像樱桃和野葡萄，收麦子的时候成熟，吃起来，很关味。北方把它叫作‘相思’。”

92.123.2 《说文》曰[①]：“棠棣，如李而小，子如樱桃。”

注释：①《说文》：这一节不见于《说文解字》。也许是错漏了：原文应是《说文》“棫，棠棣也”，下面“如李而小……”，则是贾思勰所加说明。

译文：92.123.2　《说文》说：“棠棣，树像李子，矮小，果实像樱桃。”

棫

92.124.1　《尔雅》云：“棫[①]，白桵[②]。”《注》曰：“桵，小木。丛生，有刺。实如耳珰，紫赤，可食。”

注释：①棫（yù）：《本草纲目》认为是“蕤核”。《植物名实图考》中“蕤核”图，很像小蘖属Berberis植物；但我国产小蘖属，花多是黄色，与《本草纲目》所引韩保昇记载的“花白色”不符合。

②白桵（ruí），即棫。桵，木名。

译文：92.124.1　《尔雅》说：“棫是白桵。”郭璞注解说：“桵是小树。丛生，有刺。果实像耳坠一样，紫红色，可以吃。”

栎

92.125.1　《尔雅》曰：“栎[①]，其实梂[②]。”郭璞注云：“有梂彙自裹[③]。”孙炎云：“栎实，橡也。”

注释：①栎（lì）：壳斗科的Quercus serrata Thunb.与Q.acutissima Carr.。

②梂（qiú）：栎树的果实。

③彙（huì）：这个字（现简化作“汇”），本来是一种兽类的名称——即现在大家熟知的“刺猬”。刺猬有一个习惯，把身体蜷缩起来，将棘针向外竖着，使害敌无从伤害它。因此，便引申为收敛、收集的意义，也就是“彙集”“蝟集”这两个词的来源。这里用“彙”字，还更近于原来彙字指蝟的意义：因为栎的壳斗上，有些硬毛，很像刺猬。

译文：92.125.1　《尔雅》说：“栎的果实叫梂。”郭璞注解说：“外面有着毛茸茸的梂，像刺猬一般，包裹着自己。”孙炎解释说：“栎的果实就是橡子。”

92.125.2　周处《风土记》云："《史记》曰："舜耕于历山[①]。'而始宁、邳、郯[②]二县界上，舜所耕田，在于山下，多柞树。吴越之间，名柞为'栎'，故曰'历山'。"

注释：①历山：据唐代苏鹗总结，从前五岭以北，有四个历山：在河中、齐州、冀州和濮县。但这里所说的历山，却还在这四个之外，应当是今日浙江余姚，才与周处《风土记》的"吴越"相合。

②始宁、邳（pī）、郯（tán）：此处是三县，和下文"二县"矛盾。始宁，是后汉置的乡，在今浙江绍兴上虞区。邳是北周置的州，在今江苏、安徽、河南三省交界地区。郯，如果是汉代的县，应在今山东境内，和邳相去不太远；如果指春秋时的郯国，则在今日山东南边的郯城，就和邳更相近；如果指晋置的县，在今日江苏镇江，倒与阳羡（今日宜兴，也就是周处家乡）很近。但这三处都和始宁隔的颇远。《水经注》卷四"河水"引周处《风土记》："旧说舜葬上虞，又（按：是'史'字之讹）《记》云：'耕于历山'，而始宁、剡（shàn）二县界上，舜所耕地，于山下，多柞树。吴越之间，名柞为枥，故曰历山。"因此，应依《水经注》所引，把"邳"字去掉，"郯"改为"剡"。剡县在今浙江嵊州，与上虞区同属绍兴管辖。

译文：92.125.2　周处《风土记》说："《史记》说："舜在历山耕田。'现在始宁县和剡县界上，还留存有舜所耕的田，在山脚下，那里有很多柞树。吴、越之间，把柞树称为'栎树'，所以把山称为'历山'（历即栎）。"

桂

92.126.1　《广志》曰："桂出合浦[①]，其生必高山之岭[②]，冬夏常青。其类自为林，林间无杂树。"

注释：①桂：樟科的肉桂或玉桂（Cinnamomum cassia Bl.）。合浦：县名。汉置。故城在今广东合浦东北七十五里。

②岭：应依《太平御览》卷957所引作"颠"。可能本是"巅"字，字形与"嶺（'岭'的繁体）"相似而缠错的。

译文：92.126.1　《广志》说："桂，出在合浦，它生出的地方，一定在高山的顶上，树是冬夏常有绿叶的。它与自己同类的树聚合成林，林子中没有杂树。"

92.126.2　吴氏《本草》曰：“桂，一名‘止唾’。”

译文：92.126.2　吴普《本草》说：“桂，也叫‘止唾’。”

92.126.3　《淮南万毕术》曰[①]：“结桂用葱。”

注释：①《淮南万毕术》：由西汉淮南王刘安招集的淮南学派撰写，是一部谈论人为和自然变化的巫术书，已失传。

译文：92.126.3　《淮南万毕术》说：“服食桂结聚的毒，可以用葱来解除。”

木绵

92.127.1　《吴录·地理志》曰[①]：“交阯定安县[②]，有木绵[③]。树高大，实如酒杯口[④]，有绵，如蚕之绵也。又可作布，名曰‘白緤’[⑤]，一名‘毛布’。”

注释：①《吴录·地理志》：晋张勃撰，已亡佚。现存清人辑佚本。

②定安：汉代在交趾北部建置安定县，到南朝宋改称“定安”。《吴录》作者张勃是晋代人，不会用定安这名称，如不是缠错，则是伪作。

③木绵：“绵”原是指利用蚕丝作的丝绵。现在通用的“棉”字，本来是借用《广韵》中“屋连棉”“木棉树”的“棉”，到唐代“棉”字才渐渐代替了“绵”字，作为纤维团的名称。这里所说的“木棉”，最大可能是木本棉或“树棉”。

④口：《太平御览》卷960引作“中”，属下句，文义更切合。

⑤白緤（xiè）：石按：《说文》和《玉篇》这两部较早的字书，都没有关于“白緤”这个词的任何线索。唐朝玄应和慧琳的《一切经音义》中提到：白緤等于白氎（dié）等于毛布。其所引晋初吕忱的《字林》、后魏张辑的《埤苍》等字书有“氎”即毛布、细布的解释。总结起来，“白緤”是一种从西方输入中国的布；至少在三国魏时，这个名称已经在黄河流域一带流行。按慧琳《一切经音义》中对“白氎”的解释，则织这种布所用的植物是“西国草花絮，捻以为布；亦是彼国草名也”。根据元初的农书《农桑辑要》，可以肯定地说明，在元初以前黄河流域没有人种草棉（树棉自然更不可能有）。那时黄河流域消费的棉布，得从东南或西北这两条商业运输路线供给。即使是中国境内南方各地区的汉民族，南北朝时期也还没有种植草棉和树棉的；所消费的棉布，都由

西方南方各兄弟民族供应。对棉花栽培的历史，《齐民要术今释》下册1139页—1144作了详细的分析。

译文：92.127.1　《吴录·地理志》说："交趾郡安定县，有木绵。是高大的树，果实像酒杯，里面有绵，像蚕茧外的绵。也可以用来作布，作成的布称为'白緤'，也叫'毛布'。"

欀木

92.128.1　《吴录·地理志》曰："交趾有欀木④。其皮中，有如白米屑者，干捣之，以水淋之，似面，可作饼。"

注释：①欀（xiāng）木：李时珍《本草纲目》卷31"夷果·欀木面"条释名项下引了这节《吴录·地理志》的文字，推定欀木就是莎木。从现有的植物学知识看来，欀木也只可能是"莎木"。

译文：92.128.1　《吴录·地理志》说："交趾有'欀木'。它的树中心，有像白色米粉颗粒的东西，干的捣碎，用水淋洗出来，像面一样，可以作饼。"

仙树

92.129.1　《西河旧事》曰①："祁连山有仙树②，人行山中，以疗饥渴者，辄得之；饱，不得持去。平居时，亦不得见。"

注释：①《西河旧事》：《隋书·经籍志》未著录。《新唐书·艺文志》有《西河旧事》一卷。但没有撰人名氏。据胡立初考证分析，书中所记是汉、晋时期凉州之地。西河犹言河西。书已亡佚。

②祁连山：山名。位于青海东北部与甘肃西部边境。

译文：92.129.1　《西河旧事》说："祁连山上有一种仙树，人在山中行走，想用来止住饥渴的话，就会得到它的果实；吃饱了，也不能拿走。平日里也见不到它。"

莎木

92.130.1　《广志》曰："莎树多枝叶④，叶两边行列，若飞鸟之翼。其面色白，树收面，不过一斛。”

注释：①莎树：莎木、莎木、榱木以及下面92.137.1的“都句”，也许都是所谓“西谷椰子”（Metroxylon sagu Rottb.），它的茎干、髓部所藏的淀粉，是制造“西谷米”“珍珠米”的材料。“莎”“榱”两字，可能都与西谷米的本地名sago有关。但“西谷椰子”在兴古郡能否生长，颇有问题，是否可能指凤尾蕉（Cycas revoluta Thunb.）说的？今日云南、广西还有着野生状态的凤尾蕉在。

译文：92.130.1 《广志》说：“莎树有许多枝，枝上有许多叶，叶排在枝的两边，成为行列，像鸟的翅一样。它的面颜色白净，每一棵树收得的面，不过一斛。”

92.130.2 《蜀志记》曰①：“莎树出面，一树出一石。正白而味似桄榔②。出兴古。”

注释：①《蜀志记》：时代、作者不详。《太平御览》卷960所引只有“蜀志”两字，可能就是东晋常宽所撰的《蜀志》，书已佚。

②桄（guāng）榔：木名。棕榈科的Arenga saccharifera Labill.，常绿高大乔木。茎干中有储藏性淀粉。肉穗花序的汁可制糖，俗称砂糖椰子、糖树。

译文：92.130.2 《蜀志记》说：“莎树出面，每棵树可以出一石。面正白色，味道像桄榔面。出产在兴古郡。”

槃多

92.131.1 裴渊《广州记》曰：“槃多树①，不花而结实。实从皮中出。自根著子至杪，如橘大。食之。过熟，内许生蜜②。一树者皆有数十③。”

注释：①槃多：由本节的形态叙述，可以看出是无花果属Ficus的树。再由下节所引“思惟树”与“贝多”的名称，可以知道这所指的就是无花果属的“菩提树”（Ficus religiosab L.）。“槃多”“贝多’，“菩提”，都是梵文Bodhi（ɑ）的记音字。

②生蜜：怀疑“蜜”字是“虫”字。无花果属植物的隐头花序中，都有食花蜂（Blastophaga）在里面生长发育传粉，各个果实成熟，囊状花托软熟，蜂就钻孔出来。下

面92.149.1，92.149.2关于“古度”（即无花果Ficus carica L.）的记载，可以对证。

③十：怀疑应是“千”字。

译文：92.131.1　裴渊《广州记》说：“槃多树，不开花直接就结实。果实从树皮里冒出来。从根起长着果实，长到树的末梢，像橘子般大小。可以吃。过分熟时，里面可以生虫。每棵树上都可以长出几千个果子。”

92.131.2　《嵩山记》曰[①]：“嵩寺中，忽有思惟树，即贝多也[②]。有人坐贝多树下思惟，因以名焉。汉道士从外国来[③]，将子于山西脚下种[④]，极高大。今有四树，一年三花[⑤]。”

注释：①《嵩山记》：北魏卢元明撰写。主要记述嵩山的地理环境和宗教传说，又名《嵩高山记》。书已亡佚。

②贝多：见上面92.131.1注解①。Bodhi意义是思惟悟道，因此Bodhidrooma也译义为“思惟树”。

③道士：由后汉到晋代，佛教信徒称为“浮屠道人’或“道士”，也称为“沙门”。“沙门”是梵文Shermona的记音。“释”与“僧”，是六朝及隋唐以后的省称。

④将：即“持”。

⑤三花：无花果属的植物，无明显可见的“花”；这个“花”字，只可作为“结实”或“吐叶”解。

译文：92.131.2　《嵩山记》说：“嵩寺里，忽然出现了‘思惟树’，也就是所谓的‘贝多树’。有人坐在贝多树下思惟得道，所以就叫思惟树。后汉时，有道士从外国来到嵩山，带来种子，在嵩山的西面山脚下种了，生长得极高大。现在共有四棵，每年开花三次。”

缃

92.132.1　顾微《广州记》曰：“缃[①]，叶、子并似椒，味如罗勒[②]。岭北呼为‘木罗勒’。”

注释：①缃（xiāng）：缃是带褐的黄色。缃树无法解释。但由本节所记形态及特性，怀疑这树可能是樟科钓樟属的Lindera fragr’ans.D.1.iv，现在四川称为“香叶子树”。

②罗勒：香菜名。即唇形科的Oci mum basilicum L.。

译文：92.132.1　顾微《广州记》说："䌷树，叶和果实都像花椒；气味像罗勒。因此岭北的人把它叫做'木罗勒'。"

娑罗

92.133.1　盛弘之《荆州记》曰："巴陵县南[1]，有寺。僧房床下，忽生一木。随生旬日，势凌轩栋。道人移房避之，木长便迟，但极晚秀。有外国沙门见之[2]，名为'娑罗'也[3]，彼僧所憩之荫。常著花，细白如雪。元嘉十一年忽生一花[4]，状如芙蓉。"

注释：①巴陵：晋代建置的县，南朝宋改为郡，在今湖南岳阳。

②沙门：即佛教信徒，又称僧、和尚。

③娑罗：龙脑香科的Shorea robusta Gaertn.，梵文名sal或saul，中国旧译音为"娑罗树"。

④元嘉十一年："元嘉"是南朝宋文帝年号之一，元嘉十一年为公元434年。

译文：92.133.1　盛弘之《荆州记》说："巴陵县南，有一个寺庙。寺庙里和尚住房的床下，忽然长出一棵树来。长出十来天，形势就似乎要冲出房梁。和尚搬开去让它长，树便长得迟缓了，但是每年很晚还不落叶。有个外国和尚来，见到它后，就说它应该叫做'娑罗树'，是他们本国和尚们借来休息的树荫。这树常开花，细小，白色，像雪花一样。元嘉十一年，这棵树忽然生出一朵花，形状却像芙蓉。"

榕

92.134.1　《南州异物志》曰[1]："榕木初生少时[2]，缘抟他树，如外方扶芳藤形，不能自立根本。缘绕他木，傍作连结，如罗网相络，然彼理连合[3]，郁茂扶疏，高六七丈。"

注释：①《南州异物志》：三国吴丹阳太守万震撰。书已亡佚。

②榕：榕树，一向指Ficus Wightiana wall和它的变种与近亲种。但本节所说的，却与现在大家所熟悉的榕树不符合。因此，或者是《南州异物志》所谓"榕"，不是Ficus Wightiana，或者是《齐民要术》引用或传钞有错误。我怀疑是传钞的错误。我的假定：《齐民要术》引用的《南州异物志》可能只到"扶芳藤形"为止，以下"不能自立根本。缘绕他木……"一节，是原来的注，用来说明"扶芳藤"的。

③然彼理连合：当据下一条92.135.1同引《南州异物志》文，作“然后皮理连合”。

译文：92.134.1　《南州异物志》说：“榕树刚生出来，幼小的时候，缠附着其他的树，像别处扶芳藤的形状，自己的根基不能够单独立稳。缠附围绕着其他的树，旁边伸出枝条连结着像网罗一样，后来树皮和木材连合起来，茂盛，并且向四面散开，可以达到六七丈高。”

杜芳

92.135.1　《南州异物志》曰：“杜芳藤形[①]，不能自立根本，缘绕他木作房。藤连结如罗网，相罥[②]，然后皮理连合，郁茂成树。所托树既死，然后扶疏六七丈也。”

注释：①杜芳：怀疑“杜”字是“扶”字烂去了右下角的“人”字，便看错成“杜”。即“杜芳藤”应是“扶芳藤”，今日用来指Celastrus angulataus　Maxim s或 Evonvmus　radicans sieb.；过去所谓“扶芳藤”，却未必一定是卫矛科的植物，很有可能指无花果属的某些蔓生性巨大木本。

②罥（juàn）：缠绕。

译文：92.135.1　《南州异物志》说：“杜芳是藤的形状，自己的根基不能独立，要缠附围绕着其他的树，形成一个‘房’，作为依托。藤连结成为罗网，彼此相牵缠绕，然后树皮和木材连合起来，茂盛成为树。所寄托的树死了之后，它自己才茂盛地四散布开，长到六七丈高。”

摩厨

92.136.1　《南州异物志》曰：“木有‘摩厨[①]，生于斯调国[②]。其汁肥润，其泽如脂膏，馨香馥郁，可以煎熬食物，香美如中国用油。”

注释：①摩厨：石按：是一种生长在西域及南海等地的植物，二月开花，四五月结实，果实如瓜形，果汁香美。但依据《南州异物志》《证类本草》《太平御览》等古籍的记载，还不能确定为何种植物。李时珍怀疑是与《酉阳杂俎》中所记的“齐墩树”同类的植物。近来，我国植物学家认为“齐墩树”即木樨科的木本油料植Olea　europaca，今名油橄榄，果实可榨橄榄油。李时珍假定“摩厨亦其类也”，我觉得是正确的，“其类”并不等于说“等同”，我们还不能断然说摩厨就是Olea。有关分析，可阅读《齐民要术今释》下册1149——1152页92.136.1的注。

②斯调国：石按：近代，法国汉学家费琅、伯希和等认为是中国以南海域中的爪哇或锡兰（即今日的斯里兰卡）。我根据古书的记载推测，认为可能是咸海（位于今哈萨克斯坦和乌兹别克斯坦之间）附近的一个古国。

译文：92.136.1　《南州异物志》说：“树木中，有一种‘摩厨’，生长在斯调国。它的汁肥而润泽，它的液汁像脂肪一样，非常芳香，可以煎熬食物，像中国用的油一样。”

都句

92.137.1　刘欣期《交州记》曰：“都句④，树似栟榈，木中出屑如面，可啖。”

注释：①都句：从记载看来，应当就是92.130所记的“莎木”。

译文：92.137.1　刘欣期《交州记》说：“都句，树像棕榈，木材里有像面一样的粉末，可以吃。”

木豆

92.138.1　《交州记》曰：“木豆①，出徐门②。子美似乌豆，枝叶类柳。一年种，数年采。”

注释：①木豆：海南岛临高县的豆科植物的Cajanus indicus Millsp.，也称为“柳豆”，可能就是这里所谓的木豆。

②徐门：应作“徐闻”。《太平御览》卷841引《魏王花木志》：“《交州记》：木豆，出徐僮间。子美似乌头，大叶似柳，一年种，数年采。”其中“僮”字多余，“间”当是字形相似的“闻”字。又卷946引刘欣期《交州记》：“大吴公，出徐闻县界，取其皮，可以冠鼓。”徐闻，县名。西汉时设置，曾属交州管，在今广东雷州。

译文：92.138.1　《交州记》说：“木豆，生在徐闻县。种子像乌豆一样甜美，枝叶

像柳树。种下去一年，可以供几年采摘。"

木堇

92.139.1 《庄子》曰："上古有椿者，以八千岁为春，八千岁为秋。"司马彪曰："木堇也①，以万六千岁为一年。一名蕣椿②。"

注释：①木堇：也作"木槿"（Hibiscus Syriacus L.），是一种"朝开暮落"的花，因此有"朝华""朝容"等名称。庄子在这里是故意开玩笑，正像"鲲"字本来是一种"小鱼"的名称，他却把它说成"不知其几千里"大一样。

②蕣（shùn）椿：即木槿。

译文：92.139.1 《庄子》说："上古有一种树叫大椿，八千年是一个春天，又八千年是一个秋天。"司马彪注释说："椿是木堇，把一万六千年当作一年。又叫做'蕣椿'。"

92.139.2 傅玄《朝华赋》序曰①："朝华，丽木也。或谓之'洽容'，或曰'爱老'。"

注释：①傅玄：晋朝人。字休奕，少孤贫。博学善属文，解音律。

译文：92.139.2 傅玄《朝华赋》的"序"中说："朝华是美丽的树木。又叫做'洽容'，或叫做'爱老'。"

92.139.3 《东方朔传》曰："朔书与公孙弘借车马①，曰：'木堇夕死朝荣，士亦不长贫。'"

注释：①公孙弘：汉武帝时的宰相。这个借车马书，见《汉书·东方朔传》。

译文：92.139.3 《东方朔传》记载："东方朔写信向公孙弘借车马，说：'木堇花晚上枯萎，早晨又盛开了，读书人也不会长久贫穷。'"

92.139.4 《外国图》曰①："君子之国，多木堇之花，人民食之。"

注释：①《外国图》：古籍名。时代、作者不详。内容与《山海经》近似，记载了传

说中一些所谓“外国”的人物、风俗、物产等，书已亡佚。

译文：92.139.4 《外国图》说：“德才出众的人当政的国家，木堇花很多，百姓采摘来吃。”

92.139.5 潘尼《朝菌赋》云①：“朝菌者，世谓之‘木堇’，或谓之‘日及’，诗人以为‘蕣华’。”又一本云②：“《庄子》以为‘朝菌’。”

注释：①潘尼：西晋文学家，与叔父潘岳俱以文章知名，并称“两潘”。《朝菌赋》：《艺文类聚》卷89所引，题作潘尼《朝菌赋》，下面起句有“序曰”两字；《齐民要术》所引，正是赋序，应补“序”字。

②又一本：这句和下句，是注释“诗人以为‘蕣华’”的。

译文：92.139.5 潘尼《朝菌赋序》说：“朝菌，世人称作‘木堇’，又称为‘日及’，诗人认为是‘蕣华’。”另一个本子说：“《庄子》中认为是‘朝菌’。”

92.139.6 顾微《广州记》曰：“平兴县①，有花树，似堇，又似桑。四时常有花，可食，甜滑无子。此蕣木也。”

注释：①平兴县：南朝宋建置，在今广东佛山高明区。

译文：92.139.6 顾微《广州记》说：“平兴县，有一种开花的树，像木堇，又像桑树。一年四季都有花，花可以吃，甜而且黏滑，又不结果子。这就是所谓‘蕣木’。”

92.139.7 《诗》曰：“颜如蕣华。”《义疏》曰：“一名‘木堇’，一名‘王蒸’。”

译文：92.139.7 《诗经·郑风·有女同车》说：“面色像初开的木堇花。”《诗义疏》说：“蕣一名‘木堇’一名‘王蒸。”

木蜜

92.140.1 《广志》曰：“木蜜①，树号千岁，根甚大。伐之四五岁乃断。取不腐者为香。生南方。”“枳②，木蜜枝，可食。”

注释：①木蜜：大概是指瑞香科的沉香树（Aquilaria Agallocha RoXb.）。

②枳（zhǐ）：此字以下，可能是另一书的另一句；而且“枳”字下面似乎还应有一个“椇”字。枳椇也叫“木蜜”，但与檀香无关。

译文：92.140.1　《广志》说：“木蜜的树，据传说可以活一千年，根很大，伐下之后四五年，才会自己朽断。取得根中不腐烂的部分来作香。生长在南方。”“枳椇，即木蜜的枝梢，可以吃。”

92.140.2　《本草》曰：“木蜜，一名木香。”

译文：92.140.2　《本草》说：“木蜜又名‘木香’。”

枳柜

92.141.1　《广志》曰：“枳柜①，叶似蒲柳②；子似珊瑚③，其味如蜜，十月熟，树干者美。出南方邳、郯④。”“枳柜大如指⑤。”

注释：①枳柜（zhǐ jǔ）：“枳柜”是“枳椇”的另一写法。这里所说的枳柜肯定是鼠李科的Hovenia dulcis Thunb.，与92.11.11的鸡橘应是同一种树。“枳柜”“枳椇”“鸡橘”可能都只是记音字（我国现别名拐枣）。定扶按：现陕西岐山县周公庙所植的古树名木中有一棵枳椇树，上面悬挂的“陕西省古树名木”标志牌写着：“木名枳椇；学名枸桔；拉丁名Citrus leticulata Blanc；科名芸香；树龄约110年。”经观察、比较，我认为这是与《齐民要术》所记述的“枳椇”属同名异种的另一树种。钞录于此，仅供参考。

②蒲柳：《尔雅·释木》：“柽，河柳；旄，泽柳；杨，蒲柳。”郭璞注“杨，蒲柳”说：“可以为箭；《左传》所谓董泽之蒲。”过去认为是杨柳科的“水杨”（Salix gracilistyla Miq.，即Salix Thunbergiana B1.）。

③子：这里的子，不是指其近球形的果实，实际上是指连着果实的肉质果柄，其形扭曲似珊瑚。“其味如蜜”的也是指肉质果柄。故俗称“拐枣”。

④邳（pī）：北周置的州，在今江苏、安徽、河南三省交界地区。郯（tán）：如是春秋置的郯国，在今山东的郯城；如指晋置的县，则在今日江苏镇江。

⑤枳柜大如指：这句从文义上和《广志》体裁上看，都不应与上文相连。怀疑是贾思

勰自加或后人所作的一个注，不是《广志》原文。

译文：92.141.1 《广志》说："枳柜，叶像蒲柳；果实形状像珊瑚，味甜如蜜，十月成熟，在树上自己干的更好。出在南方邳县、郯县。""枳柜像手指一样大。"

92.141.2 《诗》曰："南山有枸。"毛云："柜也。"《义疏》曰："树高大似白杨，在山中。有子著枝端，大如指，长数寸，啖之，甘美如饴。八九月熟。江南者特美。今官园种之，谓之'木蜜'，本从江南来。其木令酒薄；若以为屋柱，则一屋酒皆薄。"

译文：92.141.2 《诗经·小雅·南山有台》有："南边山上有枸。"毛亨解说："枸就是柜。"《诗义疏》说："枳柜树高大，像白杨，生长在山里。枝条前端有果实，像指头大小，几寸长，吃起来像饴糖一样甜美。八九月成熟。江南的分外好吃。现在官园里种有，名叫'木蜜'，原来就是从江南来的。枳椇木能使酒味变淡；如果用它来作房屋柱子，整所房屋里的酒都要变淡。"

杋

92.142.1 《尔雅》曰："杋，檕梅[①]。"郭璞云："杋树，状似梅。子如指头，赤色，似小柰，可食。"

注释：①杋（qiú），檕（jì）梅：杋，木名。即山楂。李时珍《本草纲目》中"山楂"项，以为山楂就是《唐本草》的"鼠楂"，《尔雅》中的"杋，檕梅"，《图经本草》的"棠杋子"。"杋"字，现在保存在全国各处方言中；东北、河北一带，写成"楸"；陕西关中，叫"杋杋"；最特别的，是广西大瑶山的山歌中，也有"棠杋"（读成dong gu）。虽然所指的植物，都属于蔷薇科，但属与种，关系很复杂。目前公认的山楂，是蔷薇科的Mespilus cuneata S.et Z.。

译文：92.142.1 《尔雅》说："杋是檕梅。"郭璞注解说："杋树，形状像梅树。果实像手指头大小，红色，像小的柰子，可以吃。"

92.142.2 《山海经》曰："单狐之山，其木多杋[①]。"郭璞曰："似榆，可烧粪田。出蜀地。"

注释：①杋：明本《山海经·北山经》："北山之首，曰单狐之山，多机木。"郭璞注："机木，似榆，可烧以粪稻田，出蜀中。音饥。"郭注中的"音饥"两字说明这树的名称不是从"九"，而是"从几"的字。也就是说，这条的内容，与本段总标题的"杋"无关。"其木多杋"本是"其木多机"；因为木名的字形相似，"机"错成"杋"，所以混在一处的。"机"字仍是借用的记音字；今天一般写作"桤"。"桤"是桦木科赤杨属的Alnus crematogyne Burke。

译文：92.142.2　《山海经·北山经》说："单狐山，生长的树中，杋树多。"郭璞注解说："像榆树，可以烧成灰来肥田。出在蜀中地方。"

92.142.3　《广志》曰："杋木生易。长居种之为薪，又以肥田。"

译文：92.142.3　《广志》说："杋树生长很容易。长年住在一处时，可以种来当柴烧，又可以肥田。"

夫移

92.143.1　《尔雅》曰："唐棣①，移。"注云："白移②，似白杨，江东呼夫移。"

注释：①唐棣：即夫移，又名枎移、移杨，是蔷薇科的Amelanchier asiaticavar.sinica Schneid.，是白杨的同类。

②白移（yí）：今本《尔雅》无"白移"两字，此处是误写多出的。

译文：92.143.1　《尔雅》说："唐棣是移。"郭璞注解说："像白杨，江东叫它'夫移'。"

92.143.2　《诗》云："何彼秾矣①，唐棣之华。"毛云："唐棣，移也。"《疏》云："实大如小李，子正赤，有甜有酢。率多涩，少有美者。"

注释：①秾（nóng）：花木繁茂。

译文：92.143.2　《诗经·召南·何彼秾矣》有："怎么这样繁盛呀，这些唐棣的花呀！"毛亨解说："唐棣是移。"《诗疏》说："果实像小李子一样大，果子正红色，有甜有酸。一般味涩的多，少有美味的。”

䓷音诸

92.144.1　《山海经》曰：“前山有多䓷[①]。”郭璞曰：“似柞，子可食。冬夏青。作屋柱难腐。”

注释：①前山有多䓷（zhū）：前山，《中国地名大辞典》“前山”条下有两个前山：一在安徽含山县；一在江西横峰县。根据《山海经》所述，暂无法确定此前山究竟是哪个前山。䓷，同“槠”，木名。是壳斗科的槠栎（Quercus glauca Thunb.）。常绿乔木。叶长椭圆形，厚坚有光泽；花黄绿色；果实为球形坚果，可食。木材坚硬，不易开裂，弹力强，可制器具。“䓷”和“槠”，即“栩”“柔”‘芧”等记音字的另两个写法。

译文：92.144.1　《山海经·中山经》说：“前山，长的树以䓷为多。”郭璞注解说：“像柞，果实可以吃。冬夏常绿。木材作屋柱，不易腐坏。”

木威

92.145.1　《广州记》曰：“木威树高丈[①]，子如橄榄而坚，削去皮，以为粽[②]。”

注释：①木威：即乌榄（Banarium　pimela　Koenig），果实可榨油。《本草纲目》以为“橄榄之类”是正确的。树高丈：金钞本《齐民要术》作“树高大”，较合适。

②粽：应作“糁”，即蜜饯。

译文：92.145.1　《广州记》说：“木威树高大，果实像橄榄，不过硬一些，削去外皮，可以作蜜煎。”

榞木

92.146.1　《吴录》曰《地理志》曰[①]：“庐陵南县[②]，有榞树[③]。其实如甘蕉，而核味亦如之[④]。”

注释：①曰：此句中《吴录》后的“曰”字是误多的字。

②庐陵南县：这里有错漏，当据《太平御览》卷974所引作“庐陵南部雩都县”。庐陵，县名。汉代置，三国吴时升为庐陵郡，县名改作“高昌”，在今江西吉安。

③櫞（yuán）：《玉篇》“櫞”字下注“木皮可食，实如甘蔗”。到底是什么植物，无从推断。

④而核味亦如之：照字面讲，“果核味道也像甘蔗”，不是不可解，但上文既是“其实如甘蔗”，甘蔗却是无核的；核味像甘蔗，也很难想象。怀疑“而”字下漏掉了一个“无”字，或者漏掉的是“有”字。

译文：92.146.1　《吴录·地理志》说：“庐陵郡南部的雩都县有一种櫞树。它的果实像甘蔗，没有核，味道也像甘蔗。”

歆

92.147.1　《广州记》曰[①]：“歆[②]，似栗，赤色。子大如栗，散有棘刺[③]。破其外皮，内白如脂肪，著核不离，味甜酢。核似荔支。”

注释：①《广州记》：此为裴渊所著《广州记》。

②歆：此处和标题中的“歆”都应依《太平御览》卷960所引改作“韶”。“韶”是无患子科的Durio zibethinus DC.。

③散：句中的这个“散”字，如果不是多余的衍字，则可能是“壳”或“被”等字形相近的字，缠错了的。

译文：92.147.1　《广州记》说：“韶子，像栗子的形状，红色。果实和栗一样大小，外面有棘刺。把外皮剥去，里面的肉像脂肪一样洁白，黏在核上，脱不下来。味甜酸。核像荔支。”

君迁

92.148.1　《魏王花木志》曰[①]：“君迁树[②]，细似甘蔗，子如马乳。”

注释：①《魏王花木志》：《隋书·经籍志》未著录。《太平御览·经史图书纲目》有其目。魏王未详为何人。胡立初据其所引书分析，认为作者当为南朝齐、梁间人。书已亡佚。

②君迁：石按："君迁子"是柿树属的植物；但究竟是哪一种，过去颇有争论。现在认为就是柿树科柿树属的Diospyros lotus L.。不过，无论如何，君迁子树不能"似甘蕉"，这节引文，必有错漏。我假想原文是"树似柿，子细如马乳，味似甘蕉"。

译文：92.148.1 《魏王花木志》说："君迁，树像甘蕉，果实像马乳。"

古度

92.149.1 《交州记》曰："古度树①，不花而实，实从皮中出，大如安石榴，色赤，可食。其实中如有蒲梨者②，取之数日，不煮，皆化成虫，如蚁，有翼，穿皮飞出。"著屋正黑。

注释：①古度：由这节和下节《广州记》的记载看来，"古度"就是无花果（Ficus carica L.）。李时珍《本草纲目》，把文光果、天仙果、古度子附在无花果条，是很正确的。"古度"和"古度子"，估计很可能都只是记音字，不是专名：因为不见开花，从树上忽然冒出了一些一头尖出，一头钝些的像"鹄头""骨朵子"或"榾柮"的东西出来，所以称它为"骨朵树"。读音稍变，就成了"古度树"了。

②如有蒲梨：《尔雅·释虫》有'果蠃，蒲卢"，果蠃是一种"细腰蜂"。这里所说的"蒲梨"，正是"蒲卢"，也就是一种蜂类。"如有"两字，大概是颠倒了，即实中"有如蒲梨"者。无花果的隐头花序中，有着食花蜂Blastophaga产的卵，在里面生长发育，完成了无花果花序中大多数花的授粉后，花序发育为果序；果序软熟后，蜂就钻了出来。本段这里所引的《交州记》和下节《广州记》的记载，很充分地说明：我们祖国的人民，很早已注意并发现了这个现象，虽然了解得不够正确、细致。

译文：92.149.1 《交州记》说："古度树，不开花就结实，果实从树皮中冒出来，像安石榴一样大小，红色，可以吃。果实中有像蒲梨一样的小虫。采下来，隔几天不煮，就都化成了虫，像蚂蚁，有翼，穿透果皮，飞了出来。"满屋钉着，颜色正黑。

92.149.2 顾微《广州记》曰："古度树，叶如栗而大于枇杷。无花，枝柯皮中生子。子似杏，而味酢，取煮以为粽①。取之数日不煮，化作飞蚁。"

注释：①粽：即"糁"，蜜饯。

译文：92.149.2 顾微《广州记》说："古度树，叶像栗，可是比枇杷叶还大。没有花，从树枝丫的皮里，生成果实。果实像杏子，味酸；可以用来煮作蜜饯。采下来几天不

煮，里面便化成能飞的蚂蚁。”

92.149.3　“熙安县有孤古度树生[①]，其号曰‘古度’。俗人无子，于祠炙其乳[②]，则生男，以金帛报之。”

注释：①熙安县：南朝宋建置，在今广东广州以东。由此县名，我们可以推测，这一节仍是《广州记》的。

②祠：祭拜、祷祝。乳：指树上突出的结疤。

译文：92.149.3　“熙安县有一棵单独长着的古度树，名称叫‘古度’。老百姓没有儿子，在祭拜古度树时烧烤树上突出的结疤，就会生男孩，然后用钱物回报它。”

系弥

92.150.1　《广志》曰：“系弥树[①]，子赤如㮕枣[②]，可食。”

注释：①系弥：怀疑仍只是92.142.1“杭，檕梅”那个檕梅的同音词，所指仍是山楂。92.11.18的“弥子”，也可能就是这一条《广志》，写时漏去了“系”字。

②㮕（ruǎn）枣：据李时珍在《本草纲目》中的推断，就是君迁子。

译文：92.150.1　《广志》说：“系弥树，果实红色，像㮕枣，可以吃。”

都咸

92.151.1　《南方草物状》曰：“都咸[①]，树野生。如手指大，长三寸，其色正黑[②]。三月生花色，仍连着实；七八月熟。里民啖子及柯；皮干作饮，芳香。出日南[③]。”

注释：①都咸：石按：从文献记载很难推定它究竟是什么植物。从记述的花期、果期与果实的形色，以及名称这几方面来看，可以怀疑它是桃金娘，即“倒捻子”或“都捻子”“多南子”。92.11.13曾介绍过“多南子”。但从其两处各自所记用法来看，却又不像桃金娘。

②如手指大，长三寸，其色正黑：疑此十一字应在“七八月熟”后面。

③日南：郡名"南朝梁置。在今越南北部。

译文：92.151.1　《南方草物状》说："都咸，树是野生的。果实像手指头大小，三寸长，颜色正黑。三月间开花，跟着就结果；七八月果实成熟。当地人吃它的果实和树枝；皮晒干后泡水喝，也很香。出在日南郡。"

都桷

92.152.1　《南方草物状》曰："都桷①，树野生。二月花色，仍连着实；八九月熟。一如鸡卵②，里民取食。"

注释：①都桷（jué）：石按："都桷"与前面（92.46）的"桶"，后面的"都昆"（92.166）都有交错含混的地方。我估计，"都昆"（du kun）与"都桷"（duqok）这两个名词，可能原来是同一个物名，因为地区方言上的小差异，以及记音人的辨别不同，而记录上有了分歧。"桶"与"桷"，音虽差得远，字形则极相近。因此，以"桷"字的音与形为中心，桶、昆都可以说出衍变的途径的。这植物到底是什么，则应从花期、果期、果实性质及用法上去推想。现在还是无法肯定这究竟是 一种什么植物。

②一如："一"字费解，怀疑是"大"或"子"字烂得只剩了一画。

译文：92.152.1　《南方草物状》说："都桷，树是野生的。二月开花，跟着就结果；到八九月成熟。果子像鸡蛋，当地人取来吃。"

夫编一本作编

92.153.1　《南方草物状》云："夫编①，树野生。三月花色，仍连著实，五六月成子。及握②，煮投下鱼、鸡、鸭羹中，好。亦中盐藏。出交阯、武平③。"

注释：①夫编：《太平御览》卷961（木部十）有"夫漏"项，只引有一条徐衷《南方记》，内容与此条绝大部分相同。"夫编"或"夫漏"，大概都是当地俗名的记音；所指植物是什么，很难推想。

②及握：从字面上讲，可以解为"到一握大小"的"盈握"；但很勉强。怀疑有错漏。可能是"及时采"或"皮核"之类字形相近的字句缠错。

③武平：郡名。三国吴置，在今越南北部。

译文：92.153.1　《南方草物状》说："夫编，树是野生的。三月开花，跟着就结果实，五六月成熟。皮和核煮在鱼羹或鸡鸭羹里，很好。也可以盐腌保存。出在交趾、武平。"

乙树

92.154.1　《南方记》曰[①]："乙树[②]，生山中。取叶捣之讫，和繻叶汁煮之[③]，再沸，止。味辛。曝干，投鱼肉羹中。出武平、兴古。"

注释：①《南方记》：作者是东晋时的徐衷，书已佚。此书与徐衷所撰的另一同类书《南方草物状》有何关系，待考。定枎按：在《齐民要术今释》出版八年后的1966年8月，作者在他辑佚的《辑徐衷南方草物状》的"代序"中分析道：徐衷，殆东晋至刘宋初年人。尝居岭表，笔所见风土产物入笺奏，达之江表，如俞益期致韩康伯笺之属。后来聚集成卷，名《徐衷南方奏》，亦称《徐衷南方记》；或更刺取其中草物名实，别为专篇曰《南方草物状》。

②乙树：不知是什么植物。

③繻（rú）：可能是另一种植物的名称。更可能只是"濡"字看错写错，即沾濡着捣叶所得的汁。

译文：92.154.1　《南方记》说："乙树生在山中。采取叶子，捣碎后，和上叶子汁煮，煮到第二次开就停止。味道辛辣。晒干，放进鱼羹肉羹里。出在武平和兴古。"

州树

92.155.1　《南方记》曰[①]："州树[②]，野生。三月花色，仍连著实，五六及握煮[③]，如李子，五月熟，剥[④]。核滋味甜。出武平。"

注释：①《南方记》：由文字体例来看，似乎和《南方草物状》相似。亦可旁证此二书的关系。

②州树：不知是什么植物。

③五六及握煮：此句文字有错漏。句中"及握"连着下文的"煮"字，很像92.153.1

的“及握煮”。但上下文又和92.153.1无相似之处，更不能望文生义地当“盈握”解释。怀疑错漏字句为“月采”之类，却又不能像92.153.1一样，认作“皮核”之误。

④剥（pū）：击取，扑打。

译文：92.155.1 《南方记》说：“州树是野生的。三月开花，跟着就结实……（原文有错漏，不能译出）……像李子一样大，五月成熟，扑打下来。核的滋味甜美。出在武平。”

前树

92.156.1 《南方记》曰：“前树[①]，野生。二月花色，连著实，如手指，长三寸，五六月熟。以汤滴之[②]，削，去核食。以糟、盐藏之，味辛可食。出交阯。”

注释：①前树：不知道是什么植物。

②滴：显然是字形多少相似的“瀹”字看错写错。

译文：92.156.1 《南方记》说：“前树是野生的。二月间开花，跟着就结实，果实像手指大小，有三寸长，五六月成熟。用开水烫过，削皮，去核后吃。或者用糟与盐来保藏，味道辛辣，可以吃。出在交阯。”

石南

92.157.1 《南方记》曰：“石南[①]，树野生。二月花色，仍连著实；实如燕卵，七八月熟。人采之，取核，干其皮，中作肥，鱼羹和之尤美。出九真。”

注释：①石南：现在所谓石南，一类是杜鹃花科（石南科，Ericaceae）的杜鹃属（Rhododendron），一类是蔷薇科的Photinia石楠属。这里所说的石南和那两类都不相似。

译文：92.157.1 《南方记》说：“石南树是野生的。二月开花，跟着就结实；果实像燕子的卵，七八月成熟。人家采来，取出核，把皮晒干，可以作油用，和在鱼羹里味道更美。出在九真郡。”

国树

92.158.1 《南方记》曰："国树①，子如雁卵。野生。三月花色，连著实，九月熟。曝干讫，剥壳取食之，味似栗。出交阯。"

注释：①国树：不能确定是什么植物；怀疑可能是梧桐科的凤眼果（Sterculiabalanghas L.）。

译文：92.158.1 《南方记》说："国树，果实像大雁的蛋。树是野生的。三月开花，跟着就结实，果实九月成熟。晒干之后，剥掉壳来吃，味道像栗子。出在交趾。"

楮

92.159.1 《南方记》曰："楮树①，子似桃实。二月花色，连著实；七八月熟。盐藏之，味辛。出交阯。"

注释：①楮（chǔ）："楮"本来是指桑科的Broussonetia papyrifera Vent.；这节前段的记载，也有些和楮相似；但楮不会"味辛"，也不见得"出交趾"，所以仍无法推定。

译文：92.159.1 《南方记》说："楮树，果实像桃的果实。二月开花，跟着就结实；到七八月成熟。用盐腌着保藏，味道辛辣。出在交趾。"

92.160.1 《南方记》曰："栌树①，子如桃实，长寸余。二月花色，连实；五月熟。色黄，盐藏，味酸似白梅。出九真。"

注释：①栌（chǎn）：《玉篇》音色盏切，解释为"木名"。到底是什么木？无法推定。

译文：92.160.1 《南方记》说："栌树，果实像桃子，长一寸多。二月开花，跟着就结实；五月成熟。果实色黄，盐腌保藏，味酸，像干梅子。出在九真郡。"

梓棪

92.161.1 《异物志》曰："梓棪大十围①，材贞劲，非利刚截不能克②。堪作船。其实类枣，著枝叶重曝挠垂[3]。刻镂其皮，藏，味美于诸树。”

注释：①梓棪（yǎn）：这两个字古音zǐ tān和“紫檀”相近，这节所纪述的，也与紫檀很相似。不过，“实类枣”和“刻镂其皮，藏，味美”却是不容易解释的。

②刚：现在写作“钢”。

③著枝叶重曝挠垂：文字显然有错漏，无法推测解释。

译文：92.161.1 《异物志》说：“梓棪树干有十围大，木材坚硬，不用锋利的钢来切削，不能削进去。可以作船，它的果实像枣子……（原文有错漏，不能译出）……刻下它的皮来，保藏着，味道比其他树好。”

蒚母

92.162.1 《异物志》云：“蒚母树[1]，皮有盖[2]，状似栟榈[3]，但脆不中用。南人名其实为‘蒚’。用之，当裂作三四片。”

注释：①蒚（gē）母树：似乎是棕榈科的，但不知道究竟是什么植物。

②皮有盖：“盖”字怀疑有错误。缪启愉先生在《齐民要术译注》中的解释是：“树皮有盖：该是指套在茎干外的纤维质长叶鞘，像棕榈的茎干被长叶鞘形成的棕衣所包的样子。”

③栟（bīng）榈：果木名。即棕榈。

译文：92.162.1 《异物志》说：“蒚母树，皮有盖，形状像棕榈，可是脆弱不中用。南方人把它的果子称为‘蒚’。用时，要破作三四片。”

92.162.2 《广州记》曰：“蒚，叶广六七尺，接之以覆屋。”

译文：92.162.2 《广州记》说：“蒚，叶有六七尺宽，接联起来，可以盖屋顶。”

五子

92.163.1 裴渊《广州记》曰：“五子树[1]，实如梨；里有五核，因名五子。治霍乱、金疮[2]。”

注释：①五子树：李时珍在《本草纲目》中说‘今潮州有之”，不知是什么植物。

②金疮：金属利器对人体造成的伤口。

译文：92.163.1　裴渊《广州记》说："五子树，果实像梨；里面有五个核，所以叫'五子'。可以治霍乱和刀箭伤。"

白缘

92.164.1　《交州记》曰："白缘①，树高丈。实味甘，美于胡桃。"

注释：①白缘：不能推测出是什么植物。

译文：92.164.1　《交州记》说："白缘树，有一丈高。果实味甜，比胡桃还美味。"

乌臼

92.165.1　《玄中记》云："荆阳有乌臼①，其实如鸡头。迮之如胡麻子②，其汁，味如猪脂。"

注释：①荆阳："阳"字疑是"扬"字写错，荆、扬是两个州，不是一处。乌臼：即大戟科的乌桕树（sapium sebiferun Roxb.）。

②胡麻：定扶按：芝麻和油用亚麻，都可以称为"胡麻"。《齐民要术》中多处提到的脂麻，现在写作"芝麻"。相传是汉代由张骞从西域带来种子，故有此称。而这里的胡麻子，从其描述来看应是油用亚麻子。它是我国西北及内蒙古一带主要的油料作物。

译文：92.165.1　《玄中记》说："荆州、扬州有乌臼树；它的果实像芡子。榨起来，像榨胡麻子；它的汁，味道像猪油。"

都昆

92.166.1　《南方草物状》曰："都昆树①，野生。二月花色，仍连著实；八九月熟，如鸡卵。里民取食之，皮核滋味醋。出九真、交阯。"

注释：①都昆：疑是"都桷"，92.152.1注①已阐述过其理由。

译文：92.166.1　《南方草物状》说："都昆树，是野生的。二月开花，跟着就结实；果实八九月成熟，像鸡蛋。当地人取来吃，皮和核味道酸。出在九真和交趾。"

精彩点拨

五谷、果蓏、菜茹等按照《齐民要术》来做，食用物品等应有尽有，真的是"起自耕农，终于醯醢，资生之页，靡不毕书"，"采捃经传，爰及歌谣，询之老成，验之行事"，让我们仔细阅读，让我们不违农时，顺天时，量地利，因地因时因物因人制宜，种谷植绿，用绿水青山来营建我们的金山银山。

阅读积累

国宝《齐民要术》

《齐民要术》共九十二篇，其中涉及饮食烹任的内容占二十五篇，包括造曲、酿酒、制盐、做酱、造醋、做豆豉、做齑、做鱼、做脯腊、做乳酪、做菜肴和点心。列举的食品、菜点品种约达三百种。在汉魏南北朝时期的饮食烹任著作基本亡佚的情况下，《齐民要术》中的这些食品、菜点资料就更加珍贵了。书中对造乳酪强调必须严格控制温度，这也和现代科学原理相吻合。至于菜肴的烹任方法，多达二十多种，有酱、腌、糟、醉、蒸、煮、煎、炸、炙、烩、熘等。特别是"炒"，这种旺火速成的方法已明确在做菜中应用，其意义十分重大。

《齐民要术》反映了中国广大地区特别是黄河中下游地区的汉族、少数民族人民的饮食习惯。如黄河流域的人喜食鲤鱼；沿海地区的人喜食"炙蚵"；少数民族人喜食"胡炮肉"、"羌煮"（一种煮鹿头肉）、"灌肠"；吴地人喜食腌鸭蛋、莼羹；四川人喜食腌芹菜等等。此外，夏至食粽亦在长江中下游地区形成习俗；而素食也已独树一帜，在《齐民要术》中有专节记述。努力学习，国宝重辉德慧双增开心宇，为幸福美丽的生活再写华章。

附：

齐民要术序①

绍兴甲子②。夏，四月十八日，龙舒张使君③，专使贻书曰："比因暇日，以《齐民要术》刊板成书；将广其传。"求仆为序，以冠其首。

谨按《齐民要术》④，旧多行于东州⑤。仆在两学时⑥，东州士夫，有以《要术》中种植蓄养之法，为一时美谈。仆喜闻之，欲求善本寓目而不得。今使君得之于芗林居士向伯恭④，伯恭自少留意问学，故一时名士大夫，多与之游，而喜传之书。盖此书，乃天圣中⑧，崇文院校本⑨；非朝廷要人不可得。使君得之，刊于州治，欲使天下之人，皆知务农重谷之道；使君之用心可知矣。仆尝观周公戒成王以《无逸》之书⑩，有曰："不知稼穑之艰难，乃逸乃谚⑪。既诞，否则侮厥父母⑫，曰：'昔之人无闻知。'"夫惟不知稼穑之艰难，其祸至于侮厥父母而不知惧；其害教，岂小小者哉？尝谓古今亲民之官，莫如守令；故守令皆以劝农为职。汉循吏，如召信臣、龚遂辈⑬，类皆躬劝耕农，出入阡陌，至于使民卖刀买犊，卖剑买牛者。今使君以书载耕稼之要，足以为齐民法；其为贤，当不在西汉循吏之下。况舒之为州，沃壤千里；富饶鱼稻。爰自吴魏以来，为耕戍实边之地；又得贤使君劝相乎其间，其为舒缓不疑矣。仆流落州县间，晚得小垒而为之，有民人社稷于此。得使君所遗墨本，日以纵观，庶几有补于斯民，且无负于劝农之官，不亦幸乎？使君名辚，彦声其字，济南佳士也⑭。尝为越之上虞令⑮，县多力穑之农，而令实为之劝，故租赋之入，不劳而办。又尝为九江郡丞⑯，而化行乎江汉之间。自九江擢守龙舒，闻誉益美，功利益博。又以其余力，刊书累编，贻训于后。他日得君行道，岂易量哉？

四月十八日，左朝散郎，权发遣无为军⑰，主管学事，兼管内劝农营田事，镇江葛祐之序⑱。

注释：①这是南宋刻本（所谓"《龙舒》本"）的后序。后来各种翻刻本都保存着这个后序；我们因为它能说明《齐民要术》在南宋时的情况，所以也留着，而且，依明钞的体例，附在全书最后。明清各本多半都放在"卷首"，"《齐民要术》"自序前面。

②绍兴甲子：即1144年。绍兴，南宋高宗的年号。

③龙舒：汉晋时的古地名，此处指称南宋时的舒州（今安徽潜山县）。张使君：张辚，字彦声，济南人，曾任浙江上虞令，九江郡丞，后擢守龙舒。

④谨按：引用论据或史宾时开头常用的话。

⑤东州：泛指今山东一带。

⑥两学：指国学和太学，是封建时代王公贵族子弟接受教育的最高学府。

⑦向伯恭：即向子諲（yīn）（1085—1152），南宋词人，字伯恭，号芗林居士，临江（今江西清江县）人。有《酒边词》。

⑧天圣：北宋仁宗年号，即1023—1032年。

⑨崇文院：宋代贮藏图书的官署名。宋初以昭文馆、史馆、集贤院总名崇文院。

⑩周公戒成王以《无逸》之书：周公作《无逸》，告诫成王要知稼穑之艰难。周公（约公元前1100年），姓姬，名旦，为西周初期杰出的政治家、军事家和思想家。周武王灭商后，病亡，周成王尚幼，周公摄政。成王，即周成王。姓姬，名诵，周武王之子，是西周第二代天子，谥号成王。《无逸》，周公还政于周成王时所作，用以告诫成王。无，同“毋”，毋逸，即不要贪图安逸享乐。

⑪谚：粗野不恭敬。

⑫厥：他的。

⑬召信臣：著名西汉大臣，字翁卿，九江寿春（今安徽寿县）人。曾历任零陵、南阳太守，在任期间爱护百姓，经常出入田间，鼓励农民发展生产，得到百姓称颂。龚遂：西汉大臣，字少卿，山阳郡南平阳县（今山东省邹城市平阳寺）人。曾任渤海太守，鼓励百姓致力于农桑，使当地吏民生活富裕。

⑭济南：济南府，北宋徽宗政和六年（1116）升齐州设置。治所在历城县（今山东济南）。

⑮越：越州，隋置，治所在会稽县（今浙江绍兴），南宋绍兴元年（1131）升为绍兴府。上虞：县名，秦置，治所在今浙江上虞。

⑯九江郡：秦置，治所在寿春县（今安徽寿县）。丞：辅佐主要官员治理政事的官吏。

⑰左朝散郎：表示文官等级的称号，属于二十一级文官，从七品上。权发遣：宋代推行的一种官制，用于资历不够的官员要临时担任重要职务时的官称。无为军：军，宋代的行政区划名，与府、州、监同隶属于路；无为军，治所在巢县城口镇（今安徽无为县无城镇）。

⑱镇江葛祐之：镇江，北宋政和三年（1113）宋置镇江军，后升为镇江府，属于两浙

路，治所在丹徒县（今江苏镇江）。葛祐之，字茂遐，北宋真州（治今江苏仪征）人，政和二年进士。

译文：绍兴甲子年（1144）的夏天，四月十八日，舒州太守张彦声使君派专人送来书信说："近来利用闲暇时间，把《齐民要术》一书刻板印行，将使其广为流传。"请求我写一篇序，放在书的开头。

《齐民要术》一书过去多流行于东州一带。我在国学和太学的时候，有东州的读书人，使用了《齐民要术》中栽种植物或庄稼、饲养牲口的方法，被当时的人称道。我很高兴听到有《齐民要术》这部书，想要找一个好的刻本来看看却得不到。现在张使君从芗林居士向伯恭那里得到此书，伯恭从小就关注探求学问，所以当时的名人和官员，很多都与他交往，也乐意转让书给他，大致这部书就是天圣年间（1023—1031）崇文院校刻的版本，如果不是朝廷里的显要人物是得不到的。张使君得到此书，在州府刊刻印行，想要让天下的人都懂得致力于农业劳动、重视粮食生产的道理；张使君的良苦用心由此可见。我曾经读周公告诫周成王所写的《无逸》，其中说："不懂得耕种收获的艰辛，于是就贪图享乐，于是就粗暴不恭。变得骄纵放肆以后，甚至会轻蔑自己的父母，说：'你们从前的人没有见识。"只因为不懂得耕种收获的艰辛，才导致轻蔑自己的父母却不感到害怕的祸殃；这对于教育的危害，难道还算小吗？曾经以为从古到今爱抚百姓的官吏，没有比得上郡守县令的；所以郡守县令都把鼓励农业生产作为自己的职责。汉代奉公守法的官吏，像召信臣、龚遂等，都亲自鼓励农业生产，出入田间，甚至让老百姓卖了刀买犊，卖了剑买牛。现今张使君用书籍记载耕种庄稼的诀窍，完全可以被平民效法；他的贤明，自然不比西汉奉公守法的官吏差。况且作为舒州来说，有上千里的肥沃土地，是富饶的鱼米之乡。自从三国时期以来，就是一面耕田，一面守边以充实边疆的地方；又有贤明的张使君在那里劝勉农耕，他为政宽松就不容置疑了。我漂泊于州县之间，很晚才做了一个小地方的长官，在这里管理百姓、治理政事。得到张使君赠送的印行本，每天尽情阅读，但愿有益于当地百姓，也不辜负劝农官的称谓，岂不是很高兴吗？张使君名辚，字彦声，是济南府的优秀人才。曾经担任越州的上虞县令，县里有许多努力耕作的农民，而县令实实在在地给予他们鼓励，所以租税的收缴，不用费力就能完成。又曾经担任九江郡的辅佐官吏，在长江、汉水之间进行教导感化。从九江郡丞提拔为舒州太守后，声誉越来越高，功绩越来越大。又利用自己剩余的精力，刊印书籍，汇编资料，为后代留下训诫。将来得到君主的重用，实践自己的主张，前途岂能轻易估量？

四月十八日，左朝散郎官，无为太守，主管教育，兼辖区内督促农耕、开垦荒地事务，镇江府葛祐之作序。